DELIUS KLASING

AF670626

Herausgeber: R. Etzold

John S. Mead & Euan Doig

So wird's gemacht

pflegen – warten – reparieren

Übertragen und bearbeitet
von Udo Stünkel

Band 164

Ford Mondeo

Benziner
2,0 l (1998 cm^3)

Diesel
2,0 l (1998 cm^3)

Delius Klasing Verlag

Die englische Originalausgabe mit dem Titel »Ford Mondeo Owners Workshop Manual« erschien 2019
bei Haynes Publishing.

Autor: John S. Mead & Euan Doig

Bibliografische Information der Deutschen Nationalbibliothek
Die Deutsche Nationalbibliothek verzeichnet diese Publikation
in der Deutschen Nationalbibliografie; detaillierte bibliografische
Daten sind im Internet über http://dnb.dnb.de abrufbar.

1. Auflage
ISBN 978-3-667-11729-8
Die Rechte für die deutsche Ausgabe liegen beim Verlag
Delius Klasing & Co. KG, Bielefeld.

Übertragen und bearbeitet von Udo Stünkel
Lektorat: Hanno Vienken
Umschlaggestaltung: Gabriele Engel
Satz: Bernd Pettke · Digitale Dienste, Bielefeld
Printed in Malaysia 2019

Delius Klasing Verlag, Siekerwall 21, D - 33602 Bielefeld
Tel.: 0521/559-0, Fax: 0521/559-115
E-Mail: info@delius-klasing.de
www.delius-klasing.de

Inhalt

Einleitung

Die vierte Generation des Ford Mondeo (BA7) wurde ab Juni 2007 in Genk (Belgien) gebaut und löste den seit 2000 produzierten Mondeo ,01 ab. Wie seine Vorgänger wurde der neue Mondeo von Anfang an in den drei Karosserievarianten Fließheck, Stufenheck und Kombi (»*Turnier*«) angeboten. Im Herbst 2010 erhielten die Modeo-Modelle neue Benzin-Turbomotoren und modernisierte Dieselmotoren, zudem wurden sie optisch überarbeitet und mit Tagfahrlicht ausgestattet; das Stufenheck-Modell entfiel. Im August 2014 lief die Produktion des BA7 aus, und das Ford-Werk in Genk wurde geschlossen.
Das Mondeo-Modellprogramm umfasste verschiedene Benzin- und Dieselmotoren, von denen die populärsten – der 2,0 l-Benzin-Saugmotor und der 2,0 l-Turbodieselmotor – in diesem Handbuch behandelt werden.
Der mit 16 Ventilen und zwei obenliegenden Nockenwellen (DOHC) ausgerüstete Benzinmotor wird von einer komplexen Motorsteuerung überwacht, die sowohl die sequentielle Saugrohreinspritzung, die verteilerlose Zündung, die Abgasregelung samt Rückführung und Dreiwege-Katalysator sowie die variable Einlassgeometrie steuert, um bei Einhaltung der Emissionsregeln maximale Motorleistung und minimalen Verbrauch zu gewährleisten.
Der 2,0 l-Motor stammt aus der Zusammenarbeit von Ford mit PSA (Citroën und Peugeot), verfügt über zwei obenliegende Nockenwellen und jeweils vier Ventile und ist mit Common-Rail-Direkteinspritzung, einem Turbolader mit variabler Geometrie und Ladeluftkühler und einem Katalysator sowie einem Partikelfilter ausgerüstet.
Der quer eingebaute Motor treibt über eine hydraulisch betätigte Kupplung und ein Schaltgetriebe mit 5 oder 6 Gängen (beim Diesel optional auch über eine Sechsgang-Automatik) die Vorderräder an.
Die Vorderräder werden mit Querlenkern und McPherson-Federbeinen geführt, während Mehrlenker-Aufhängungen die Hinterräder aufnehmen. Vorn und hinten finden sich Stabilisatoren.
An allen vier Rädern finden sich Scheibenbremsen, die mit ABS, ESP, Notbrems-Assistenten (EBA) und elektronischer Bremskraftverteilung (EBD) über zusätzliche Sicherheits-Features verfügen.
Alle Modelle sind serienmäßig mit einer hydraulischen Servolenkung ausgerüstet. Eine Klimaanlage war optional erhältlich.
Je nach Ausstattungsvariante kann der Mondeo serienmäßig oder optional mit weiterem verschiedenem Zubehör ausgerüstet sein, darunter eine Zentralverriegelung mit Fernbedienung, eine Alarmanlage, elektrische Fensterheber, ein elektrisches Schiebedach und SRS (Gurtstraffer).
Vorausgesetzt, das Fahrzeug wurde und wird regelmäßig entsprechend der Herstellervorgaben gewartet, gilt der Corsa als zuverlässiges und wirtschaftliches Automobil. Für den Hobbyschrauber ist der Corsa ein unkompliziert zu wartendes Fahrzeug, bei dem die meisten der regelmäßig Aufmerksamkeit erfordernden Bauteile leicht zugänglich sind.

Über dieses Handbuch

Der Sinn dieses Buches ist es, Ihnen dabei zu helfen, mit Ihrem Fahrzeug viel Freude zu haben. Diese Hilfe kann auf verschiedenen Wegen geschehen: Sie können entscheiden, welche Arbeiten erledigt werden müssen und was Sie davon selbst ausführen können; Ihnen werden Informationen zur Instandhaltung und Pflege Ihres Autos gegeben; es werden Ihnen Diagnosen und Reparatur-Reihenfolgen angeboten, um Störungen zu beseitigen.
Wir wünschen uns, dass Sie mit diesem Handbuch viele Arbeiten selber erledigen können. Bei vielen simplen Arbeiten kann es einfacher sein, sie selber auszuführen, als einen Werkstatttermin auszumachen und das Auto zum Händler zu bringen und wieder abzuholen. Noch wichtiger ist, dass man schon viel Geld sparen kann, wenn man auch nur einige Vorarbeiten erledigt – noch mehr, wenn man alle Reparaturen selber erledigt. Ebenfalls ein wichtiger Punkt ist das gute Gefühl, das entsteht, wenn man eine Arbeit erfolgreich zu Ende gebracht hat.
Angaben für die rechte oder linke Seite beziehen sich – soweit nicht anders angegeben – auf die Fahrtrichtung. Im ursprünglich bei Haynes in England erschienenen Handbuch wurde ein Rechtslenker-Modell behandelt. Wir haben versucht, alle für Linkslenker relevanten Informationen zu berücksichtigen, dennoch kann es vorkommen, dass auf Fotos manche Bauteile auf der »falschen« Seite angeordnet sind.

Projekt-Fahrzeuge

Das bei der Erstellung dieses Handbuchs vor allem verwendete Fahrzeug war eine Fließheck-Limousine mit 2,0 -Dieselmotor. Manche Arbeiten wurden auch an einem Kombi (»Turnier«) sowie einer Fließheck-Limousine mit 2,0 -Benzinmotor erledigt.

Danksagung

Dank an Draper Tools, die uns einige der gezeigten Werkzeuge zur Verfügung gestellt haben. Wir möchten uns auch bei allen Menschen in Sparkford bedanken, die uns bei der

Produktion dieses Handbuchs geholfen haben. Der Übersetzer dankt dem Autohaus Piske in Wolfenbüttel für die freundliche Unterstützung.

Wir sind stets sehr um die Richtigkeit der Informationen in allen unseren Büchern bemüht, doch es kommt immer wieder vor, dass Fahrzeughersteller während der Produktion technische Veränderungen vornehmen, von denen wir nichts wissen. Autor und Verlag können deshalb keine Verantwortung für fehlende oder falsche Informationen übernehmen, die dem Kunden Schaden oder Verletzungen zugefügt haben.

Sicherheit geht vor!

Professionelle Mechaniker haben während ihrer Ausbildung viel über Arbeitssicherheit gelernt. Doch auch der Enthusiast sollte sich bei seinen Tätigkeiten die Zeit nehmen, um sicherzustellen, dass er sich nicht unnötig in Gefahr begibt. Eine kurze Unachtsamkeit kann genauso zu einem Unfall führen wie die Nichtbeachtung simpler Vorsichtsmaßnahmen. Es gibt unendlich viele Möglichkeiten, einen Unfall herbeizuführen – und es kann hier keine umfassende Liste aller Gefahren wiedergegeben werden; vielmehr soll auf das Risiko hingewiesen und auf eine sichere Herangehensweise an alle Arbeiten am Auto aufmerksam gemacht werden.

Asbest

• Verschiedene Reibmaterialien, Isolierungen und Dichtungen (z. B. Brems- und Kupplungsbeläge, Kopfdichtungen, Hitzeschilde usw.) können gefährliche Fasern wie Asbest enthalten. Absolute Vorsicht ist beim Einatmen des Staubs solcher Teile geboten, da dieser äußerst gesundheitsschädlich sein kann. Im Zweifelsfall sollte man immer davon ausgehen, dass Asbest enthalten ist.

Feuer

• Denken Sie immer daran, dass Benzin leicht entzündbar ist. Rauchen Sie niemals bei der Arbeit am Fahrzeug und lassen Sie keine offenen Flammen in die Nähe kommen. Hiermit ist das Feuerrisiko jedoch noch nicht gebannt, denn Funken durch einen elektrischen Kurzschluss, das Aneinanderschlagen zweier Metallteile, der unbedachte Einsatz von Werkzeugen oder die statische Aufladung des Körpers oder der Kleidung können in geschlossenen Räumen Benzindämpfe entzünden, die sich zu einem hochexplosiven Gemisch entwickelt haben. Verwenden Sie Benzin niemals als Reinigungsmittel, sondern benutzen Sie ungefährlichere Lösungsmittel.

• Trennen Sie vor jeder Arbeit am Kraftstoff- oder Zündsystem den Masseanschluss (–) von der Batterie. Lassen Sie niemals Benzin auf den heißen Motor oder Auspuff tropfen.

• In der Garage oder der Werkstatt muss ein für brennende Flüssigkeiten geeigneter Feuerlöscher griffbereit gehalten werden. Löschen Sie niemals brennendes Benzin oder unter Strom stehende Teile mit Wasser!

Dämpfe

• Manche Dämpfe sind hochgiftig und können schnell zur Bewusstlosigkeit oder gar zum Tod führen, wenn sie in einer bestimmten Konzentration eingeatmet werden. Benzindämpfe gehören genauso dazu wie Dämpfe von Lösungsmitteln wie Trichlorethylen. Sämtlicher Umgang mit solch flüchtigen Stoffen darf nur in gut belüfteten Bereichen geschehen.

• Bei der Verwendung von Reinigungs- oder Lösungsmitteln müssen stets sorgfältig die Anwendungshinweise durchgelesen werden. Benutzen Sie niemals Stoffe aus unbeschrifteten Behältern und mischen Sie niemals verschiedene an sich harmlose Lösungsmittel – sie können giftige Dämpfe freisetzen.

• Lassen Sie niemals einen Verbrennungsmotor in geschlossenen Räumen laufen. Auspuffgase enthalten Kohlenmonoxid, das extrem giftig ist. Wenn ein Motor gestartet werden muss, hat dies möglichst im Freien zu geschehen, zumindest ist das Auto so hinzustellen, dass der Auspuff nach draußen zeigt.

Batterie

• Setzen Sie die Batterie nie offenem Feuer oder Funken aus, da sie immer etwas Wasserstoff abgibt, der hochexplosiv ist.

• Trennen Sie vor der Arbeit am Kraftstoff- oder Zündsystem den Masse-Anschluss (–) von der Batterie – außer, die Stromzufuhr wird ausdrücklich verlangt.

• Lockern Sie beim Laden der Batterie die Einfüllstopfen. Laden Sie die Batterie nicht mit einer zu hohen Rate, da sie hierdurch beschädigt wird.

• Beim Auffüllen, Reinigen und Tragen der Batterie ist Vorsicht geboten. Die Batteriesäure ist auch im verdünnten Zustand stark ätzend. Haut- und Augenkontakt muss durch das Tragen von Gummihandschuhen und einer Schutzbrille mit Gesichtsschutz vermieden werden. Muss die Batteriesäure selber vorbereitet werden, darf nur die Säure langsam dem

Wasser zugefügt werden – kippen Sie niemals das Wasser in die Säure!

Elektrizität

• Beim Einsatz von Elektrowerkzeugen, Lampen usw. muss immer ein korrekter Stromanschluss und ggf. Masseanschluss sichergestellt sein. Verwenden Sie keine Elektrogeräte in feuchter Umgebung oder in der Nähe von Benzin oder Benzindämpfen. Achten Sie darauf, dass alle Geräte und das Stromnetz den Sicherheitsstandards entsprechen.
• Einen starken Stromschlag kann man beim Berühren bestimmter Teile der elektrischen Anlage bekommen, so zum Beispiel beim Anfassen der Zündkabel bei laufendem oder durchgedrehtem Motor – und besonders, wenn Bauteile feucht sind oder eine defekte Isolierung haben. Bei elektronischen Zündanlagen kann die Zündspannung lebensgefährlich sein!

Niemals ...

• den Motor starten, ohne geprüft zu haben, dass sich das Getriebe im Leerlauf befindet.
• plötzlich den Deckel eines heißen Kühlsystems entfernen – sondern ihn mit Lappen abdecken und langsam den Druck ablassen, um sich nicht durch austretendes Kühlmittel zu verbrühen.
• aus einem heißen Motor Öl ablassen, sondern ihn erst etwas abkühlen lassen, um sich nicht zu verbrennen.
• Teile eines heißen Motors oder Auspuffs anfassen, um sich nicht zu verbrennen.
• Bremsflüssigkeit oder Kühlmittel auf Lack oder Kunststoffteile gelangen lassen.
• giftige Flüssigkeiten wie Benzin, Bremsflüssigkeit oder Frostschutzmittel mit dem Mund ansaugen oder auf die Haut gelangen lassen.
• Staub einatmen, der gesundheitsschädlich sein kann (siehe oben unter Asbest).
• Öl oder Fett auf dem Boden belassen, sondern es aufwischen, bevor jemand darauf ausrutscht.
• verschlissene Werkzeuge benutzen, da man damit abrutschen und sich verletzen kann.
• schwere Bauteile allein heben, sondern einen Assistenten zu Hilfe holen.
• in Zeitnot arbeiten oder die Arbeit auf gefährlichen Wegen abkürzen.
• Kinder oder Tieren ermöglichen, sich in der Nähe eines unbeobachteten Fahrzeugs aufzuhalten.
• einen Reifen über den erlaubten Maximaldruck aufpumpen. Abgesehen von der Überlastung der Karkasse kann er in Extremfällen platzen.

Stets ...

• dafür sorgen, dass das Fahrzeug sicher steht. Besonders wichtig ist dies, wenn das Auto für den Ausbau eines Rades oder einer Radaufhängung aufgebockt wird.
• festsitzende Schrauben oder Muttern vorsichtig lockern. An einem Schlüssel zu ziehen, ist immer besser als ihn zu drücken, damit man beim Abrutschen nicht gegen das Bauteil stößt.
• beim Einsatz von Bohrern, Schleifern und anderen Maschinen eine Schutzbrille tragen.
• beim Arbeiten in schmutzigen Bereichen die Hände mit Schutzcreme versehen, die nicht nur vor Infektionen schützt, sondern auch das Reinigen erleichtert. Längerer Kontakt mit Motoröl kann ein Gesundheitsrisiko sein. Passen Sie auf, dass die Hände durch die Creme nicht rutschig werden.
• Kleidungsstücke wie Ärmel, Halstücher oder lange Haare außerhalb des Arbeitsbereichs beweglicher Teile halten.
• Schmuck und Uhren vor der Arbeit – besonders an elektrischen Bauteilen – ablegen.
• den Arbeitsbereich sauber und geordnet halten, um nicht über herumliegende Teile zu fallen.
• beim Zusammendrücken von Federn für den Aus- oder Einbau, Spannen und Entspannen vorsichtig sein.
• Federn nur mit geeigneten Werkzeugen greifen, die die Feder nicht plötzlich wegspringen lassen.
• aufpassen, dass Hebevorrichtungen genügend Tragkraft für die zu verrichtende Arbeit haben.
• jemanden regelmäßig die Arbeit kontrollieren lassen, wenn man allein am Fahrzeug arbeitet.
• die Arbeit in einer logischen Reihenfolge ausführen und anschließend prüfen, ob alles korrekt montiert und gesichert ist.
• daran denken, dass die Sicherheit des Fahrzeugs auch Ihre eigene Sicherheit und die anderer bedeutet. Bei jedem Zweifel muss professioneller Rat eingeholt werden.
• Da man sich trotz des Befolgens dieser Hinweise verletzen kann, muss dafür gesorgt werden, dass immer jemand (nötigenfalls per Telefon) erreichbar ist, der einem zu Hilfe kommen kann.

Straßenrand-Reparaturen

Auf den folgenden Seiten werden typische Pannen und Startprobleme behandelt. Detailliertere Fehlersuchen finden sich im Anhang dieses Buchs; Informationen zu Reparaturen sind in den entsprechenden Kapiteln zu finden.

Motor startet nicht und Anlasser dreht nicht

☐ Treten Sie bei einem Modell mit Schaltgetriebe die Kupplung vollständig durch.
☐ Prüfen Sie bei einem Automatikmodell zunächst, ob der Wählhebel auf P oder N steht; treten Sie auf das Bremspedal.
☐ Öffnen Sie die Motorhaube und prüfen Sie, ob die Batteriekabel sauber sind und fest sitzen.
☐ Schalten Sie das Fahrlicht ein und versuchen Sie, den Motor zu starten – wenn das Licht dabei sehr schwach wird, wird die Batterie wahrscheinlich stark entladen sein. Lassen Sie sich Starthilfe geben (siehe nächste Seite).

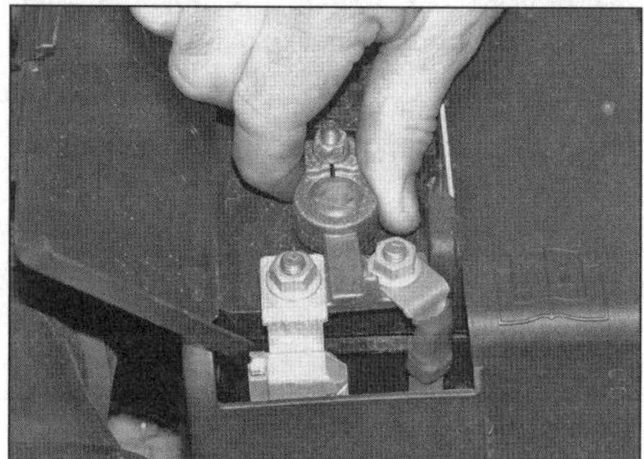

A Kontrollieren Sie die Festigkeit und den Zustand der Batterieanschlüsse.

Motor startet nicht, obwohl der Anlasser normal dreht

☐ Befindet sich Kraftstoff im Tank?
☐ Sind elektrische Komponenten im Motorraum feucht? Schalten Sie die Zündung aus und wischen Sie Feuchtigkeit mit einem trockenen Lappen ab. Sprühen Sie Kontakte des Zündsystems und der Kraftstoffversorgung mit wasserverdrängendem Mittel (z. B. WD 40) ein (siehe Abbildungen) – achten Sie dabei besonders auf den gezeigten Einspritzanlagen- und Zündsystem-Stecker.

B Prüfen Sie bei ausgeschalteter Zündung den Zustand und den festen Sitz aller zugänglichen Stecker.

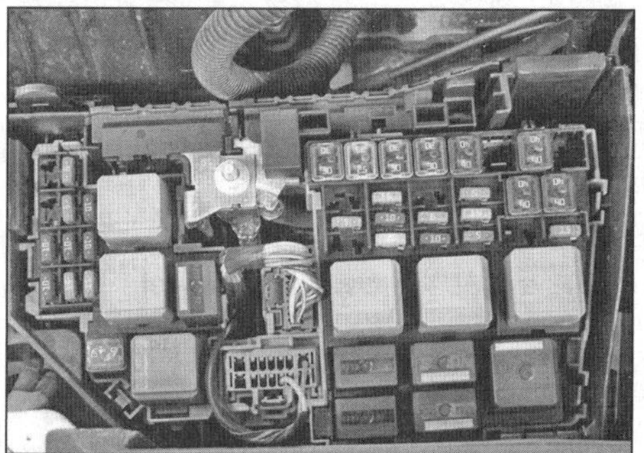

C Kontrollieren Sie alle Sicherungen auf geschmolzene Drähte.

Bei ausgeschalteter Zündung muss geprüft werden, ob alle elektrischen Anschlüsse sicher verbunden sind. Sprühen Sie alle Kontakte mit wasserverdrängendem Mittel (z. B. WD 40) ein, falls Feuchtigkeit das Problem sein kann.

Starthilfe

Beim Überbrücken eines Fahrzeugs mithilfe einer Fremdbatterie müssen die folgenden Vorsichtsmaßnahmen berücksichtigt werden:

✓ Vor dem Anklemmen der Fremdbatterie muss die Zündung ausgeschaltet werden.

Achtung: Ziehen Sie den Zündschlüssel ab, falls die Zentralverriegelung beim Anschließen der Fremdbatterie das Fahrzeug verriegelt.

✓ Sämtliche elektrischen Verbraucher (Licht, Lüftung, Scheibenwischer etc.) müssen abgeschaltet sein.
✓ Alle auf der Batterie zu findenden Sicherheitshinweise müssen beachtet werden.
✓ Die Fremdbatterie muss die gleiche Spannung haben wie die Fahrzeugbatterie.
✓ Falls die Fremdbatterie in einem anderen Auto eingebaut ist, dürfen sich die beiden Autos keinesfalls berühren.
✓ Das Getriebe muss sich im Leerlauf befinden (Automatikgetriebe auf P).

Praxis-Tipp

Starthilfe bringt den Wagen zwar erst einmal wieder in Fahrt, doch muss der Fehler umgehend behoben werden, der die Batterie zum Schwächeln brachte. Es gibt drei Möglichkeiten:

1 Die Batterie wurde durch wiederholte Startversuche oder Anlassen der Beleuchtung entleert.

2 Das Ladesystem funktioniert nicht richtig (Keilrippenriemen locker oder gerissen, Kabel mit Kontaktproblemen, Lichtmaschine selbst defekt).

3 Die Batterie ist defekt (Säurepegel niedrig oder physikalische Schäden).

Praxis-Tipp

Verwenden Sie ausreichend dimensionierte Überbrückungskabel. Die beträchtlichen Strommengen können dünne Kabel sehr heiß werden lassen.

1 Befreien Sie die Kunststoffkappe vom Pluspol (+) der leeren Batterie und verbinden Sie eine Klemme des roten Überbrückungskabels damit.

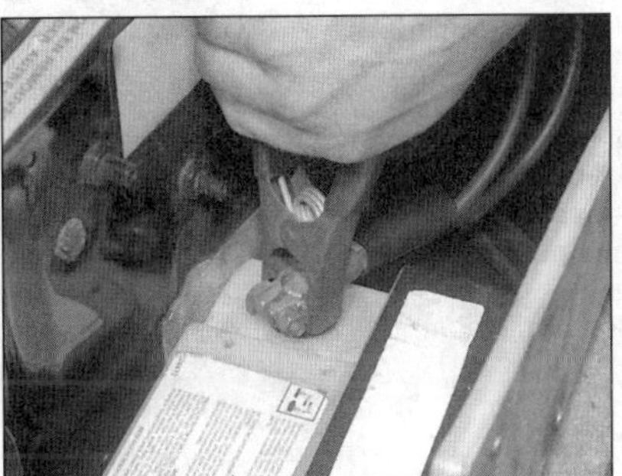

2 Die andere Klemme des roten Überbrückungskabels wird mit dem Pluspol (+) der Starthilfebatterie verbunden.

3 Eine Klemme des schwarzen Überbrückungskabels wird mit dem Minuspol (–) der Starthilfebatterie verbunden.

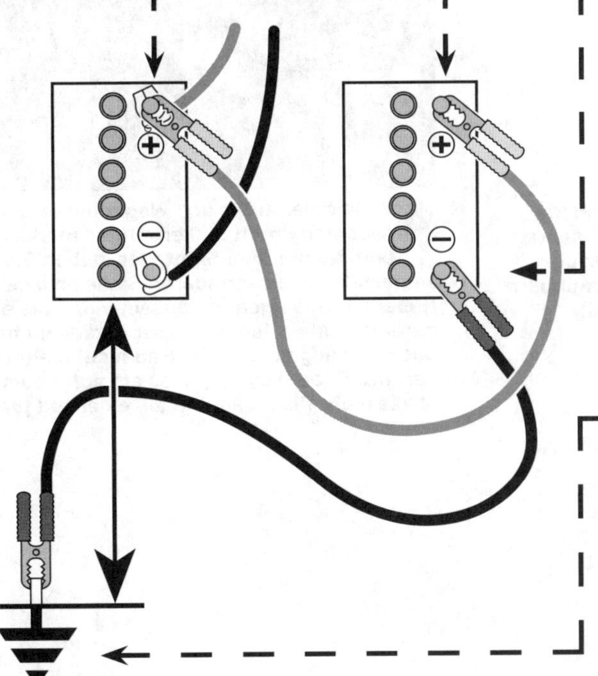

4 Die andere Klemme des schwarzen Überbrückungskabels wird mit dem Halter am Metallgehäuses vorn am Zylinderkopf des Ford Mondeo verbunden.

5 Sorgen Sie dafür, dass kein Kabel mit dem Kühlerventilator, Antriebsriemen oder anderen beweglichen Teilen in Berührung kommt.

6 Starten Sie den Motor mithilfe der Fremdbatterie und lassen Sie ihn im erhöhten Standgas laufen. Trennen Sie die Überbrückungskabel in exakt der umgekehrten Anschluss-Reihenfolge. Installieren Sie ggf. entfernte Batterie-Abdeckungen.

Radwechsel

Anmerkung: *Manche Modelle sind mit einem Reparaturset statt eines Reserverades ausgerüstet – beachten Sie in diesem Fall die Hinweise im Fahrerhandbuch.*

Warnung: Ein Radwechsel darf niemals in Situationen durchgeführt werden, wo ein Gefährdungsrisiko durch andere Verkehrsteilnehmer besteht. An belebten Straßen muss versucht werden, in einer Parkbucht oder einer Einfahrt zu halten. Bei Radwechsel muss der Verkehr stets beobachtet werden – bei der Arbeit kann man leicht abgelenkt werden.

Vorbereitung

☐ Sobald ein Druckverlust bemerkt wird, muss angehalten werden, solange dies gefahrlos möglich ist.
☐ Gestoppt werden muss möglichst auf einem ebenen Untergrund und abseits des Verkehrs.
☐ Falls nötig, muss die Warnblinkanlage eingeschaltet werden.
☐ Falls das Fahrzeug am Straßenrand steht, müssen andere Verkehrsteilnehmer mithilfe des Warndreiecks gewarnt werden.
☐ Ziehen Sie die Handbremse an und legen Sie den ersten oder den Rückwärtsgang ein (Automatik auf P).
☐ Das dem Plattfuß diagonal gegenüberliegende Rad muss verkeilt werden – ein paar größere Steine reichen aus.
☐ Auf weichem Untergrund muss die Last unterhalb des Wagenhebers mit einem Stück Holz oder Ähnlichem verteilt werden.

Austausch der Räder

1 Heben Sie den Kofferraumboden an und lösen Sie die Reserverad-Klemmschraube. Heben Sie das Rad heraus. Der Wagenheber und das Bordwerkzeug befinden sich unter dem Reserverad (die einschraubbare Abschleppöse findet sich neben dem Reserverad).

2 Hebeln Sie ggf. die Radkappe oder die Radmuttern-Abdeckungen ab. Alufelgen können mit Spezialmuttern gesichert sein – das dafür benötigte Werkzeug befindet sich entweder im Bordwerkzeug oder im Handschuhfach.

3 Lockern Sie bei noch auf dem Boden stehendem Rad die Muttern um jeweils eine halbe Umdrehung (bei sehr fest sitzenden Muttern kann das Bordwerkzeug leicht an seine Belastungsgrenzen kommen).

4 Positionieren Sie den Wagenheber unter dem nächsten durch Einkerbungen markierten Hebepunkt unter dem Schweller; heben Sie das Fahrzeug keinesfalls an einer anderen Stelle an. Drehen Sie den Heber im Uhrzeigersinn auseinander, bis er den Boden berührt, und prüfen Sie, ob er gerade steht. Heben Sie das Fahrzeug an, bis das Rad nicht mehr den Boden berührt. Bedenken Sie, dass ein aufgepumptes Rad etwas mehr Platz benötigt als eines mit plattem Reifen.

5 **Lösen Sie die Radmuttern vollständig, entnehmen Sie das Rad, und legen Sie es zur Sicherheit unter den Schweller, um ein ggf. abrutschendes Fahrzeug abzufangen.**

6 **Setzen Sie das Reserverad an der Radnabe an, installieren Sie die Bolzen, und ziehen Sie sie etwas an. Senken Sie das Fahrzeug ab. Ziehen Sie die Radmuttern über Kreuz fest an und montieren Sie ggf. die Radkappe.**

Zum Schluss ...

- ☐ ... wird der Keil entfernt.
- ☐ ... werden das defekte Rad und das Werkzeug in ihrem Fach im Kofferraum verstaut und gesichert
- ☐ ... wird der Luftdruck des soeben montierten Rades geprüft. Falls er niedrig ist oder kein Messgerät zur Hand ist, muss langsam zur nächsten Werkstatt oder Tankstelle gefahren werden, um dort den Reifen aufzupumpen. Ein Notrad muss mit einem deutlich höheren Druck aufgepumpt werden als ein Serien-Reifen.
- ☐ ... werden die Radmuttern bei nächster Gelegenheit gelockert und mit dem korrekten Drehmoment (140 Nm) angezogen.
- ☐ ... wird der defekte Reifen möglichst bald repariert oder ausgetauscht.

Anmerkung: *Manche Modelle sind mit einem platzsparenden Notrad (siehe Abbildungen 1 und 6) ausgerüstet, die so bald wie möglich durch ein Standard-Rad ersetzt werden müssen. Fahren Sie mit einem Notrad niemals schneller als angegeben (hier: 80 km/h) und seien Sie vorsichtig beim Gasgeben, Bremsen und bei Kurvenfahrten.*

Undichtigkeiten

Pfützen auf dem Garagenboden oder in der Einfahrt, eine triefende Motorhaube und eine komplett durchfeuchtete Fahrzeug-Unterseite weisen auf Lecks hin, die abgedichtet werden müssen. Manchmal ist es nicht einfach, die Quelle zu entdecken (vor allem, wenn der Motorraum und die Unterseite stark verschmutzt sind. Fahrtwind-Verwirbelungen tragen ebenfalls dazu bei, die Ursache zu verschleiern.

Warnung: Die meisten im Fahrzeug verwendeten Schmiermittel und Flüssigkeiten sind giftig! Falls man mit ihnen in Berührung kommt, muss kontaminierte Bekleidung unverzüglich ausgezogen und verunreinigte Haut abgewaschen werden.

Praxis-Tipp

Der Geruch der aus dem Auto tropfenden Flüssigkeit kann Hinweise auf deren Ursprung geben. Manche Flüssigkeiten haben auch eine spezielle Farbe. Um den Austrittspunkt zu bestimmen, kann hilfreich sein, den Motorraum und den Unterboden sorgfältig zu reinigen und über Nacht sauberes Papier unter das Auto zu legen.
Manche Flüssigkeiten treten allerdings nur aus, wenn der Motor läuft und/oder das Fahrzeug bewegt wird.

Ölwanne

Motoröl kann an der Ablassschraube ...

Ölfilter

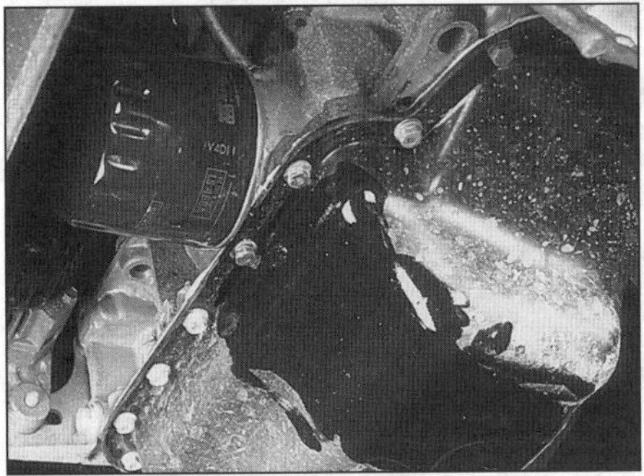

... oder am Ölfilter austreten.

Getriebeöl

Getriebeöl hat einen speziellen Geruch. Es kann durch die Dichtringe zur Kupplung oder an den Antriebswellen-Flanschen austreten.

Frostschutzmittel

Ausgetretenes Kühlmittel hinterlässt oft kristalline Ablagerungen.

Bremsflüssigkeit

Flüssigkeit im Bereich der Radaufhängungen stammt mit großer Sicherheit aus der Bremse.

Servolenkung-Hydraulikflüssigkeit

Diese Flüssigkeit tritt zumeist an den Anschlüssen am Lenkgetriebe aus.

Abschleppen

Wenn nichts mehr geht, muss das Auto abgeschleppt werden. Lange Strecken sollten nur von einem professionellen Abschleppdienst bewältigt werden. Kurze Strecken können mithilfe eines anderen Autos erledigt werden – dabei sind folgende Hinweise zu beachten:

- ☐ Abschleppen darf nur mit einem speziellen Abschleppseil oder einer Abschleppstange erfolgen. Bei beiden Fahrzeuge müssen die Warnblinkanlagen eingeschaltet sein.
- ☐ Beim gezogenen Fahrzeug muss der Zündschlüssel so weit gedreht werden, bis das Lenkschloss entriegelt ist und die Bremsleuchten funktionieren; drücken Sie ggf. einmal den »Power«-Knopf.
- ☐ Die Abschleppöse befindet sich zusammen mit dem Bordwerkzeug im Reserverad-Fach unter dem Kofferraum. Entfernen Sie die runde Abdeckung aus der entsprechenden Stoßstange, drehen Sie die Öse links herum in das dahinter sitzende Gewinde und ziehen Sie sie fest an – sie hat ein Linksgewinde!
- ☐ Das Abschleppseil oder die Abschleppstange darf nur an der Abschleppöse befestigt werden.
- ☐ Vor dem Abschleppen muss die Handbremse gelöst und der Leerlauf eingelegt sein. Ein Fahrzeug mit Automatikgetriebe darf höchstens 50 Kilometer weit mit maximal 50 km/h abgeschleppt werden, die Räder dürfen dabei ausschließlich vorwärts drehen
- ☐ Weil die Bremskraftverstärkung des Motors fehlt, muss mit erhöhtem Pedaldruck beim Bremsen gerechnet werden.
- ☐ Auch die Lenkung wird bei einer nicht funktionierenden Servolenkung deutlich schwergängiger.
- ☐ Der Fahrer des gezogenen Fahrzeugs muss stets dafür sorgen, dass das Abschleppseil gespannt ist.
- ☐ Beide Fahrer müssen vor Abfahrt die Route besprechen.
- ☐ Das Tempo muss moderat sein, die abzuschleppende Distanz möglichst gering. Der Fahrer des Zugfahrzeugs darf nur sanft an Kreuzungen usw. heranfahren.

Einleitung

Es gibt einige sehr simple Checkpunkte, die nur wenige Minuten dauern – aber vor reichlich Unannehmlichkeiten und hohen Kosten schützen können.

Diese »Wöchentlichen Kontrollen« erfordern keine großen Kenntnisse oder Spezialwerkzeuge; und das bisschen Zeit für ihre Ausführung kann eine sehr gute Investition sein. Zum Beispiel:

- ☐ Ein gelegentlicher Blick auf den Zustand und den Luftdruck der Reifen schützt nicht nur vor frühzeitigem Verschleiß und höherem Kraftstoffverbrauch, sondern kann tatsächlich Leben retten.
- ☐ Viele Pannen sind auf Elektrikprobleme zurückzuführen. Besonders häufig sind defekte Batterien die Ursache. Regelmäßige Schnell-Checks können die Mehrzahl dieser Pannen verhindern.
- ☐ Falls im Bremssystem eine Undichtigkeit auftritt, merkt man dies möglicherweise erst, wenn die Bremse nicht mehr korrekt funktioniert. Eine regelmäßige Kontrolle des Flüssigkeitspegels kann vorzeitig auf Probleme hinweisen.
- ☐ Falls Öl oder Kühlmittel austritt, ist eine Abdichtung des Lecks deutlich billiger als die Reparatur eines Motorschadens.

Motorraum-Checkpunkte

(abgebildet sind Rechtslenkermodelle – einige Bauteile sind bei Linkslenkern anders positioniert.)

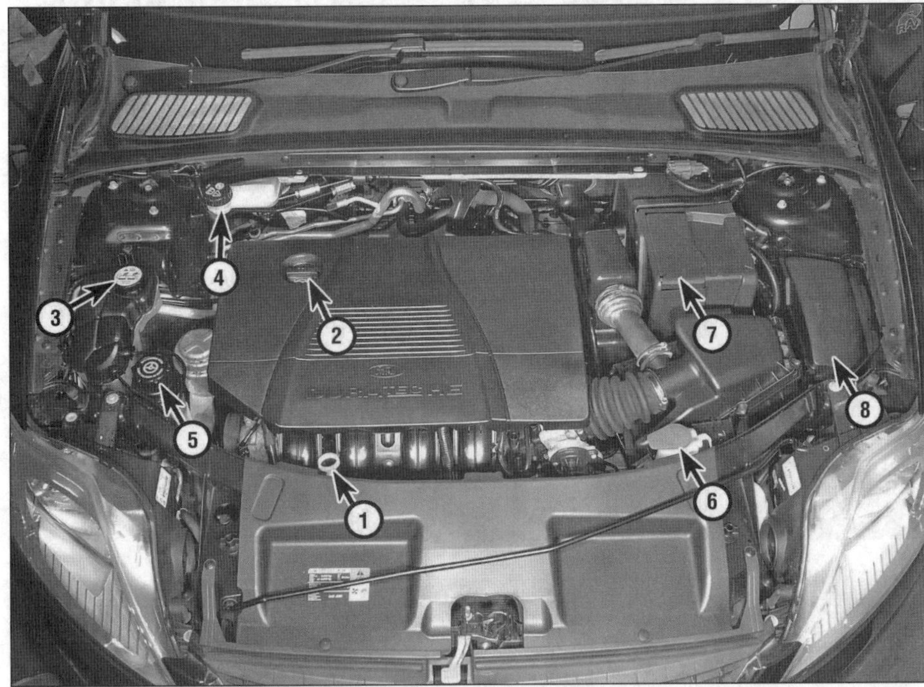

◀ Modelle mit 2,0 l-Benzinmotor

1 *Motoröl-Peilstab*
2 *Motoröl-Einfülldeckel*
3 *Kühlmittel-Ausgleichsbehälter*
4 *Brems- und Kupplungsflüssigkeitsbehälter (bei Linkslenkern auf der anderen Seite)*
5 *Servolenkungsöl-Behälter*
6 *Wischwasserbehälter*
7 *Batterie*
8 *Motorraum-Sicherungs-/Relaisbox*

◀ Modelle mit 2,0 l-Dieselmotor mit Abgasnorm Euro 3 und 4

1 *Motoröl-Peilstab*
2 *Motoröl-Einfülldeckel*
3 *Kühlmittel-Ausgleichsbehälter*
4 *Brems- und Kupplungsflüssigkeitsbehälter (bei Linkslenkern auf der anderen Seite)*
5 *Servolenkungsöl-Behälter*
6 *Wischwasserbehälter*
7 *Batterie*
8 *Motorraum-Sicherungs-/Relaisbox*

Modelle mit 2,0 l-Dieselmotor mit Abgasnorm Euro 5

1 *Motoröl-Peilstab*
2 *Motoröl-Einfülldeckel*
3 *Kühlmittel-Ausgleichsbehälter*
4 *Brems- und Kupplungsflüssigkeitsbehälter (bei Linkslenkern auf der anderen Seite)*
5 *Servolenkungsöl-Behälter*
6 *Wischwasserbehälter*
7 *Batterie*
8 *Motorraum-Sicherungs-/Relaisbox*

Motorölpegel

Vor Beginn:

✓ Das Fahrzeug muss auf einem ebenen Untergrund stehen.
✓ Der Ölpegel sollte bei warmem Motor, aber erst fünf Minuten nach dem Abschalten des Motors kontrolliert werden.

Achtung: Falls das Öl direkt nach dem Abschalten des Motors kontrolliert wird, sorgt das noch im oberen Bereich des Motors befindliche Öl dafür, dass am Peilstab möglicherweise ein niedriger Pegel festgestellt wird.

Das richtige Öl

Moderne Motoren stellen hohe Ansprüche an ihr Öl. Ford schreibt SAE 5W/30-Mehrbereichsöl nach der Spezifikation WSS-M2C913-C vor.

Vorsichtsmaßnahmen:

• Ein geringer Ölverbrauch ist normal. Falls jedoch regelmäßig Öl nachgefüllt werden muss, sollten die Gründe des Ölverlustes gefunden werden. Legen Sie dazu sauberes Papier über Nacht unter den Motor und kontrollieren Sie es am nächsten Morgen auf Ölflecken. Falls keine Tropfen zu finden sind, wird das Öl entweder vom Motor verbrannt oder es tritt nur bei laufendem Motor aus (siehe *Fehlersuche*).
• Der Ölpegel muss stets zwischen den beiden Markierungen am Peilstab stehen (Abb. 3, 4 oder 5). Bei zu niedrigem Pegel können schwere Motorschäden entstehen. Falls das Motoröl überfüllt wird, können Dichtringe und Dichtungen beschädigt werden.

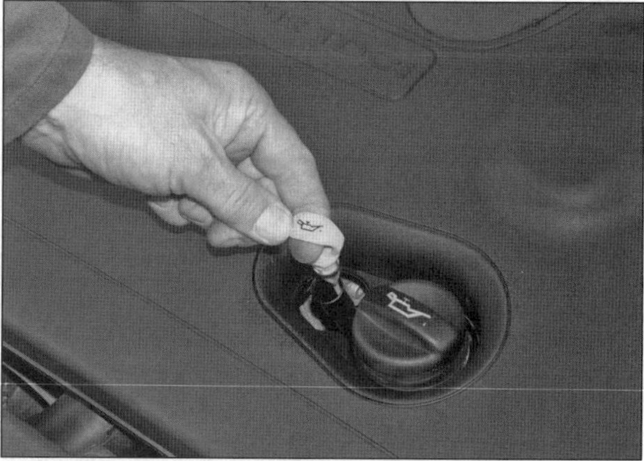

1 Der Peilstab ist durch eine markante Farbgebung gut erkennbar (beachten Sie die Abbildungen auf den vorherigen Seiten). Ziehen Sie ihn heraus.

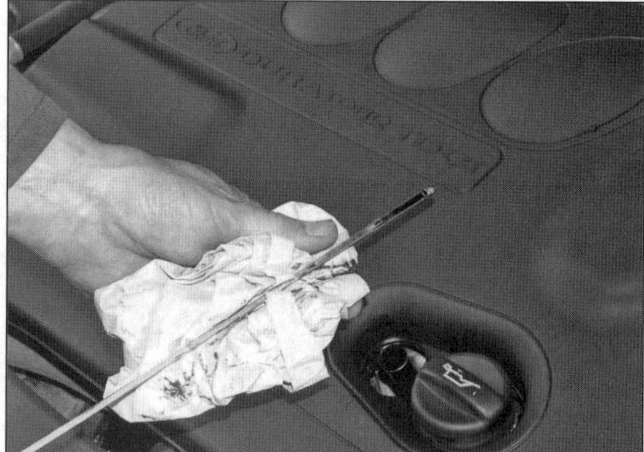

2 Der Peilstab wird mithilfe eines sauberen Lappens oder Papiertuchs abgewischt und wieder bis zum Anschlag in sein Rohr gesteckt.

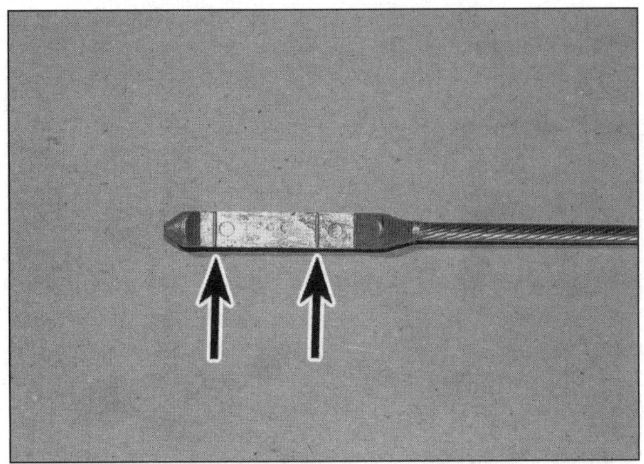

3 Am unteren Ende des wieder herausgezogenen Peilstabs wird kontrolliert, ob der Ölpegel im Bereich zwischen den beiden Markierungen steht. Die Differenz zwischen der unteren und der oberen Markierung beträgt etwa 1,0 Liter. Bei Benzinmotoren sind die Markierungen für MIN und MAX als Linien ausgeführt.

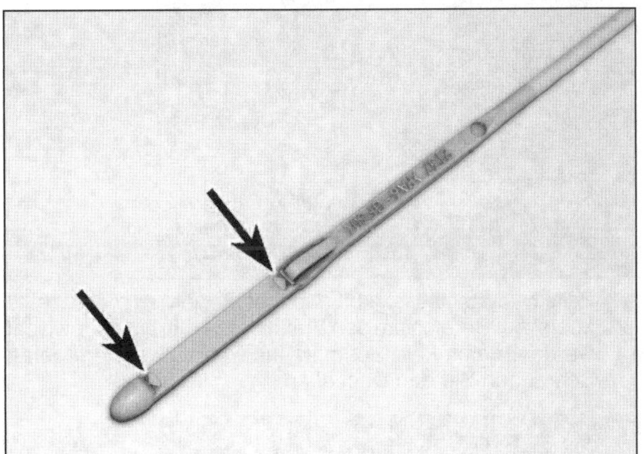

4 Beim Dieselmotoren mit der Abgasnorm Euro 3 oder 4 sind die Markierungen für MIN und MAX als Kerben ausgeführt.

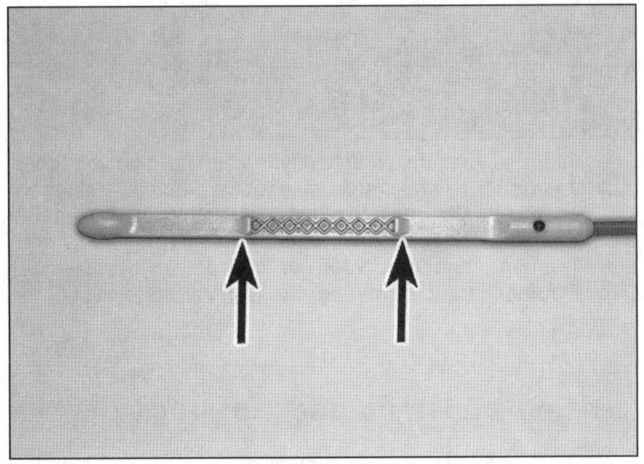

5 Bei Dieselmotoren mit der Abgasnorm Euro 5 ist der Bereich zwischen MIN und MAX schraffiert ausgeführt.

6 Falls Öl nachgefüllt werden muss, geschieht dies über den Einfülldeckel am Zylinderkopf – nötigenfalls mithilfe eines Trichters. Da das Öl erst durch den Motor laufen muss, sollte vor der erneuten Kontrolle einen Moment gewartet werden. Der Motor darf nicht überfüllt werden (siehe oben).

Kühlmittelpegel

Warnung: NIEMALS darf bei heißem Motor der Deckel des Ausgleichsbehälters entfernt werden, da eine hohe Verbrühungsgefahr besteht. Kühlmittel darf niemals in offenen Behältern gelagert werden – es ist giftig und kann durch seinen süßlichen Geruch Kindern und Tieren zum Verhängnis werden.

Vorsichtsmaßnahmen

- Bei einem abgedichteten Kühlsystem sollte nicht regelmäßig Kühlflüssigkeit nachgefüllt werden müssen. Falls der Pegel stetig abfällt, wird wahrscheinlich ein Leck entstanden sein. Überprüfen Sie den Kühler, alle Schläuche und Anschlüsse auf Flecken und Feuchtigkeit. Alle Schäden müssen umgehend behoben werden.
- Es ist wichtig, Frostschutz ganzjährig zu verwenden und nicht nur im Winter. Füllen Sie bei gesunkenem Pegel nicht nur Wasser auf, um die Flüssigkeit nicht zu verdünnen.

1 Der Kühlmittelpegel variiert mit der Motortemperatur. Bei kaltem Motor muss der Pegel zwischen den MAX- und MIN-Markierung vorn am Behälter stehen. Mit zunehmender Motortemperatur kann der Pegel leicht über die MAX-Markierung ansteigen.

2 Falls Kühlmittel nachgefüllt werden muss, wird **bei abgekühltem Motor** der Deckel entfernt – drehen Sie ihn langsam ab, um möglichen Druck sicher entweichen zu lassen.

3 Füllen Sie das aus Wasser und Frostschutzmittel (Ford empfiehlt Motorcraft SuperPlus nach der Spezifikation WSS-M97B44-D) bestehende Kühlmittel auf, bis der Pegel zwischen den MAX- und MIN-Markierung steht. Achten Sie bei einem Frostschutzmittel eines Fremdherstellers darauf, dass es die gleiche Farbe hat wie das im System vorhandene Kühlmittel. Drehen Sie den Deckel fest zu.

Brems- und Kupplungsflüssigkeit

Anmerkung: *Modelle mit Schaltgetriebe sind mit einer hydraulischen Kupplung ausgerüstet, die sich den Ausgleichsbehälter mit der Bremse teilt.*

Warnung:

- ***Bremsflüssigkeit kann zu Augenverletzungen führen und Lackoberflächen angreifen, bewahren Sie deshalb beim Umgang hiermit größte Sorgfalt.***
- ***Benutzen Sie keine Bremsflüssigkeit, die längere Zeit offen gestanden hat, da sie Feuchtigkeit aus der Luft absorbiert, was zu einem gefährlichen Verlust an Bremswirkung führen kann.***

Praxis-Tipp

- ***Das Fahrzeug muss auf ebenem Untergrund stehen.***
- ***Der Pegel im Ausgleichsbehälter sinkt langsam ab, da die Bremsbeläge verschleißen. Der Pegel darf jedoch NIEMALS unter den MIN-Pegel sinken!***

Sicherheit geht vor!

- Falls der Ausgleichsbehälter regelmäßig aufgefüllt werden muss, ist dies ein Hinweis auf ein Leck im Hydrauliksystem, das unverzüglich abgedichtet werden muss.
- Falls ein Leck vermutet wird, darf das Fahrzeug nicht gefahren werden, solange das Bremssystem nicht kontrolliert wurde. Schadhafte Bremsen stellen ein extrem hohes Sicherheitsrisiko dar.

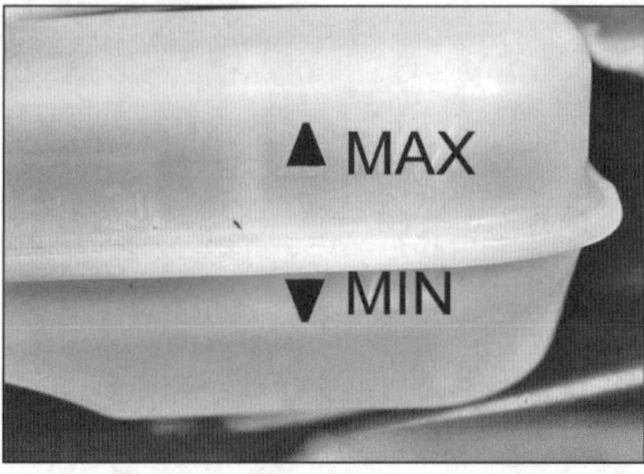

1 Die MIN- und MAX-Markierungen sind seitlich am Ausgleichsbehälter zu sehen, der sich hinten im Motorraum befindet. Der Bremsflüssigkeitspegel muss stets zwischen diesen beiden Markierungen stehen.

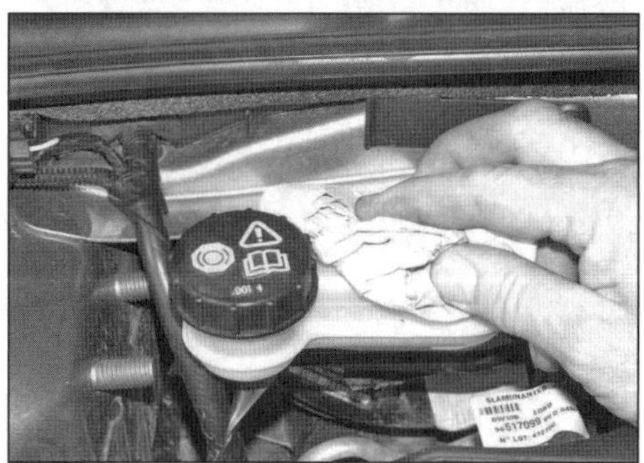

2 Falls Hydraulikflüssigkeit nachgefüllt werden muss, sollte zuerst der Bereich um den Einfülldeckel herum abgewischt werden, damit kein Schmutz ins Hydrauliksystem gerät. Schrauben Sie den Deckel ab.

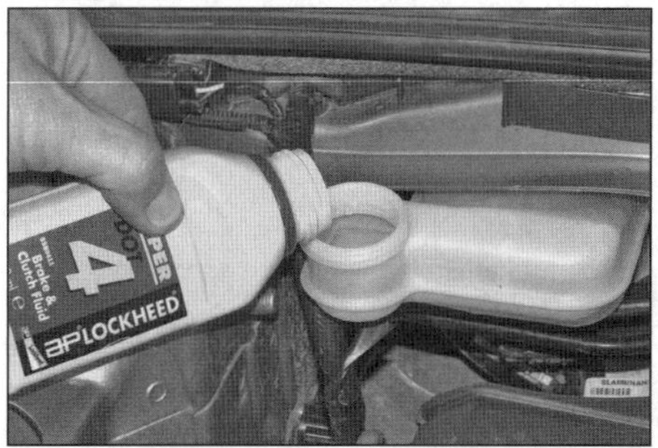

3 Füllen Sie vorsichtig frische Hydraulikflüssigkeit auf, ohne dass dabei Spritzer auf umliegende Bauteile gelangen. Verwenden Sie ausschließlich Bremsflüssigkeit vom Typ DOT 4 – das Mischen unterschiedlicher Typen kann dem Bremssystem schaden! Nach dem Auffüllen werden der Deckel aufgeschraubt und mögliche Spritzer abgewischt.

Reifen – Zustand und Luftdruck

Die Reifen müssen sich stets in einem guten Zustand befinden und den korrekten Luftdruck aufweisen – ein Reifenschaden kann bei jeder Geschwindigkeit ein hohes Risiko darstellen. Der Reifenverschleiß hängt stark von der Fahrweise ab – starkes Beschleunigen und Bremsen sowie hohe Kurvengeschwindigkeiten beschleunigen den Verschleiß. Generell gilt, dass bei unterschiedlich abgefahrenen Reifen diejenigen mit der größeren Profiltiefe hinten montiert sein sollten – es wird jedoch empfohlen, alle vier Reifen gleichzeitig auszutauschen.

Entfernen Sie alle Nägel, scharfkantigen Steine und andere Fremdkörper aus dem Reifenprofil, bevor sie sich nach innen arbeiten können. Falls nach dem Entfernen eines Nagels Luft entweicht, muss er wieder hineingesteckt werden, um die Stelle für eine Reparatur zu markieren. Tauschen Sie das Rad gegen das Reserverad aus und lassen Sie den Reifen unverzüglich reparieren.

Die Seitenwände der Reifen müssen regelmäßig auf Risse oder Beulen überprüft werden. Demontieren Sie die Räder gelegentlich, um sie innen und außen zu reinigen. Kontrollieren Sie regelmäßig die Felgen auf Korrosion und Beschädigungen. Leichtmetallfelgen können leicht beim Überfahren von Bordsteinen beschädigt werden; auch Stahlfelgen können hier verbeult werden. Bei größeren Schäden hilft meistens nur der Austausch der Felge.

Neue Reifen müssen nach der Montage ausgewuchtet werden. Allerdings müssen sie manchmal bei einem gewissen Verschleiß neu gewuchtet werden; das Gleiche gilt, wenn Gewichte verloren gegangen sind. Nicht ausgewuchtete Reifen beeinträchtigen nicht nur den Fahrkomfort, sondern lassen auch Federelemente, die Lenkung und die Reifen selbst schneller verschleißen. Eine Unwucht zeigt sich üblicherweise durch Vibrationen – meistens bei Geschwindigkeiten um 80 km/h herum. Falls diese Vibrationen lediglich im Lenkrad fühlbar sind, sind wahrscheinlich nur die Vorderräder nicht ausgewuchtet. Sind die Vibrationen im gesamten Auto spürbar, werden die Hinterräder nicht ausgewuchtet sein. Räder können bei jedem Reifenhändler ausgewuchtet werden.

1 *Profiltiefe - Sichtkontrolle*

Die meisten Reifen besitzen Profiltiefen-Indikatoren (B), auf die an den Flanken mit Dreiecken oder der Bezeichnung TWI hingewiesen wird (A). Diese Indikatoren müssen **nicht** den vorgeschriebenen 1,6 mm entsprechen!

2 *Profiltiefe - Messen*

Mithilfe eines einfachen und preiswerten Profiltiefen-Messgeräts wird die Profiltiefe an der am stärksten verschlissenen Stelle des Reifens ermittelt – die Polizei wird es bei einer Kontrolle ebenso tun.

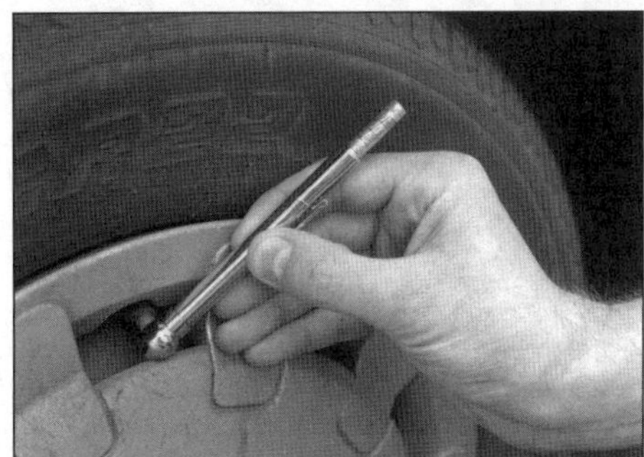

3 *Luftdruck - Kontrolle*

Der Luftdruck muss bei **kaltem** Reifen überprüft werden – also nicht direkt nach längerer Fahrt, denn hierbei wird der Reifen warm und der Luftdruck steigt. Der korrekte Druck kann bei geöffneter Fahrertür auf einem Aufkleber an der A-Säule abgelesen werden.

Reifenverschleißmuster

Seitlicher Verschleiß

Zu niedriger Luftdruck (Verschleiß an beiden Rändern)

Geringer Luftdruck sorgt für starke Erwärmung des Reifens, da er während der Fahrt zu stark walkt. Überhitzung kann zum plötzlichen Ausfall des Reifens führen! Da die Lauffläche nicht korrekt auf der Fahrbahn aufliegt, wird die Traktion vermindert und der Verschleiß stark erhöht. *Der Luftdruck muss sofort auf den korrekten Wert gebracht werden!*

Unkorrekter Sturz (Verschleiß an einer Seite)

Der Sturzwinkel des Fahrzeugs muss eingestellt werden. Beschädigte Teile des Fahrwerks müssen ersetzt werden.

Hohe Kurvengeschwindigkeiten

Der Reifen kann von der Felge springen! Langsam fahren und bei nächster Gelegenheit den Luftdruck erhöhen!

Mittiger Verschleiß

Zu hoher Luftdruck

Zu hoher Reifendruck erhöht den Verschleiß in der Laufflächenmitte, verringert die Traktion, verschlechtert den Fahrkomfort und erhöht die Gefahr eines plötzlichen Schadens an der Reifenstruktur.
Der Luftdruck muss sofort auf den korrekten Wert gebracht werden!

Falls die Reifen manchmal wegen hoher Reisegeschwindigkeiten stärker aufgepumpt werden müssen, darf nicht vergessen werden, den Druck anschließend wieder auf die normalen Werte abzusenken.

Ungleichmäßiger Verschleiß

Vorderreifen verschleißen manchmal aufgrund falscher Spureinstellungen ungleichmäßig. Viele Reifenhändler und Werkstätten sind in der Lage, die Spur zu kontrollieren und korrekt einzustellen.

Unkorrekter Sturz oder Nachlauf

Verschlissene oder beschädigte Teile des Fahrwerks müssen ersetzt werden.

Ungewuchtete Räder

Die Räder müssen ausgewuchtet werden.

Unkorrekte Spureinstellung

Die Spur der Vorderräder muss eingestellt werden.
Anmerkung: *Ungleichmäßig verschlissene Profilblöcke, die auf eine unkorrekte Spureinstellung hinweisen, lassen sich am besten per Auge und Fingergefühl ermitteln.*

Servolenkungsöl-Pegel

Vor Beginn:
✓ Das Fahrzeug muss auf einem ebenen Untergrund stehen.
✓ Die Lenkung muss in die Geradeaus-Position gestellt werden.
✓ Der Motor muss abgeschaltet sein.
✓ Für eine akkurate Kontrolle darf die Lenkung nach dem Abschalten des Motors nicht mehr bewegt werden.

Sicherheit geht vor!
• Falls der Ausgleichsbehälter regelmäßig aufgefüllt werden muss, ist dies ein Hinweis auf ein Leck im Hydrauliksystem, das unverzüglich abgedichtet werden muss.

1 Der Ausgleichsbehälter der Servolenkung sitzt rechts im Motorraum. Der Pegel muss bei **kaltem** Motor zwischen den MIN- und MAX-Markierungen des transparenten Behälters liegen.

2 Falls Hydraulikflüssigkeit nachgefüllt werden muss, sollte vor dem Entfernen des Deckels dieser und der umliegende Bereich abgewischt werden, damit kein Schmutz in den Behälter gelangt.

3 Schrauben Sie den Deckel ab und füllen Sie den Behälter mit Hydraulikflüssigkeit nach Ford-Spezifikation WSS-M2C204-A2 auf. Installieren Sie anschließend den Behälterdeckel.

Wischwasserpegel

• Wischwasserzusätze sorgen nicht nur für klare Sicht durch die Windschutzscheibe, sondern verhindern auch, dass das Wischwasser im Winter einfriert – eine Zeit, in der es am häufigsten gebraucht wird. Daher darf der Behälter niemals mit klarem Wasser nachgefüllt werden.
Auf keinen Fall darf Kühler-Frostschutzmittel für die Scheibenwaschanlage verwendet werden, da es den Lack des Fahrzeugs angreift!

1 Der gemeinsame Wischwasserbehälter für die Windschutzscheibe, die Heckscheibe und ggf. die Scheinwerfer sitzt links vorn im Motorraum. Für die Kontrolle des Pegels muss der Deckel geöffnet und hineingeschaut werden.

2 Zum Auffüllen des Behälters muss das korrekte Gemisch aus Wasser und Zusatzmittel verwendet werden.

Batterie

Achtung: Bevor an der Fahrzeugbatterie gearbeitet wird, müssen die Hinweise in der Sektion »Sicherheit geht vor!« am Anfang dieses Kapitels durchgelesen werden. Beachten Sie vor dem Trennen der Batterie die Hinweise in Kapitel 5A, Sektion 4.

- ✓ Der Batteriehalter muss sich in einem guten Zustand befinden und die Halterung muss fest sitzen. Korrosion am Halter, der Klemme und der Batterie selbst kann mithilfe von Sodalauge entfernt werden, anschließend werden alle gereinigten Bereiche mit Wasser abgespült. Durch Korrosion beschädigte Metallteile sollten umgehend mit Zink-Grundierung behandelt und anschließend lackiert werden.
- ✓ Etwa vierteljährlich sollte der Ladezustand der Batterie überprüft werden (siehe Kapitel 5A, Sektion 3).
- ✓ Muss das Fahrzeug wegen einer entladenen Batterie überbrückt werden, sind die Hinweise auf Seite 0.7 zu beachten.

Praxis-Tipp ***Korrosion der Batteriepole kann auf ein Minimum reduziert werden, wenn man sie nach dem Anschließen der Kabel mit Polfett oder Vaseline versieht. Für diesen Zweck sind auch Sprays erhältlich. Verwenden Sie kein Fett auf Mineralbasis.***

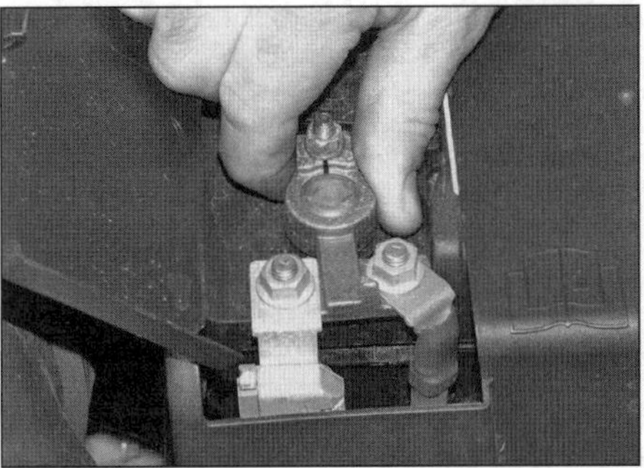

1 Prüfen Sie die Festigkeit der Batterieklemmen, um eine gute elektrische Verbindung sicherzustellen. Alle Batteriekabel müssen auf Risse in der Isolierung und abgerissene Litzen überprüft werden. Bei eingebauter Batterie können nur der Pluspol der Batterie und der Masseanschluss an der Karosserie überprüft werden. Um den Minuspol und seine Anschlüsse sowie die Batterie selbst kontrollieren zu können, muss die Batterie teilweise ausgebaut werden (siehe Kapitel 5A, Sektion 4).

2 Falls Korrosion (weiße, flockige Ablagerungen) festgestellt wird, müssen die Kabelklemmen von den Batteriepolen befreit, die Pole mit einer kleinen Drahtbürste gereinigt und die Klemmen wieder gesichert werden. Im Autozubehörhandel sind Werkzeuge erhältlich, mit denen sich sowohl die Batteriepole ...

3 ... als auch die Kabelklemmen reinigen lassen.

Elektrik

- ✓ Kontrollieren Sie alle Leuchten außen am Fahrzeug sowie die Hupe. Falls Stromkreise nicht funktionieren, müssen die Hinweise in Kapitel 12, Sektion 2 beachtet werden.
- ✓ Begutachten Sie alle zugänglichen Kabelstecker sowie die Verkabelungen und ihre Befestigungen auf sichere Anschlüsse und Hinweise auf Scheuerstellen und Beschädigungen.

✓ Die Fahrzeuge sind mit drei separaten Sicherungs-/Relais-Boxen ausgerüstet: eine sitzt links im Motorraum, eine weitere befindet sich unterhalb des Handschuhfachs im Beifahrerfußraum (Generisches Elektronikmodul [GEM] genannt) und eine dritte befindet sich hinter einer Abdeckung links im Kofferraum. Beachten Sie für Details die Hinweise in Kapitel 12.

Praxis-Tipp ***Um Bremslichter ohne fremde Hilfe kontrollieren zu können, wird das Fahrzeug rückwärts vor eine helle Wand oder ein Garagentor gefahren und die Bremse betätigt – durch die Reflexionen lässt sich erkennen, ob alle Bremsleuchten funktionieren.***

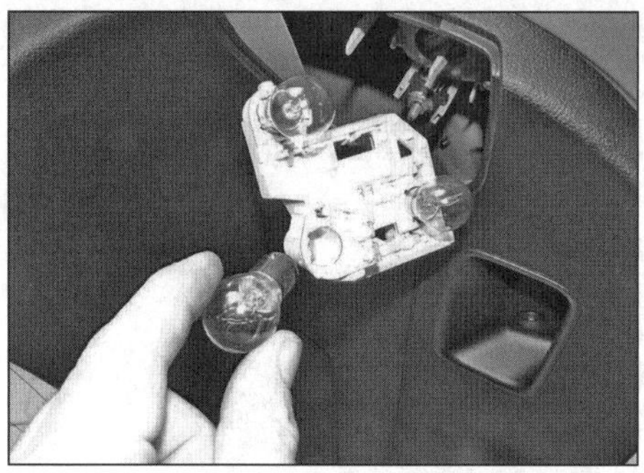

1 Falls ein einzelner Blinker, ein Bremslicht, ein Standlicht, ein Rücklicht oder ein Scheinwerfer ausfällt, muss wahrscheinlich die Lampe ersetzt werden (siehe Kapitel 12, Sektion 5). Falls alle Bremsleuchten ausfallen, wird wahrscheinlich der Bremslichtschalter defekt sein (siehe Kapitel 9, Sektion 17).

2 Falls mehr als ein Blinker oder beide Rücklichter ausfallen, wird wahrscheinlich eine Sicherung durchgebrannt sein oder im Stromkreis ein Defekt vorliegen (siehe Kapitel 12). Um Zugang zur Sicherungs-/Relais-Box im Motorraum zu erhalten, muss die Abdeckung gelöst und abgenommen werden. Beachten Sie für die Zuordnung der Sicherungen die Schaltpläne am Ende von Kapitel 12.

3 In der Sicherungsbox befinden sich mehrere Sicherungen sowie Ersatzsicherungen. Ziehen Sie mithilfe der beigefügten kleinen Zange die defekte Sicherung heraus und installieren Sie eine gleich starke Ersatzsicherung (siehe Kapitel 12, Sektion 3). Falls die neue Sicherung sofort wieder durchbrennt, muss vor dem Einbau der nächsten Sicherung die Ursache gefunden und beseitigt werden (siehe Kapitel 12, Sektion 2).

Scheibenwischer

✓ Verwenden Sie nur Marken-Scheibenwischer.

✓ Achten Sie beim Ausbau des alten Scheibenwischers dessen Einbaurichtung – die Montage neuer Scheibenwischer kann ansonsten zu einer kniffligen Aufgabe werden.

✓ Lassen Sie den Wischerarm bei demontiertem Scheibenwischer nicht auf die Windschutz- oder Heckscheibe schlagen!

✓ Positionieren Sie den neuen Scheibenwischer korrekt am Wischerarm und lassen Sie ihn korrekt einrasten, damit er sich nicht während der ersten Regenfahrt löst – hierbei würde nicht nur die Sicht stark behindert, sondern durch den über die Scheibe kratzenden Wischerarm auch große Schäden angerichtet.

Anmerkung: *Einbau-Details für Scheibenwischer können je nach Modell und Hersteller leicht abweichen – beachten Sie die beigefügte Anleitung.*

Praxis-Tipp ***Falls auch nach dem Einbau neuer Scheibenwischer auf der Windschutzscheibe Schlieren auftreten, sollte diese mit speziellem Scheibenwasch-Additiv oder Spiritus gereinigt werden.***

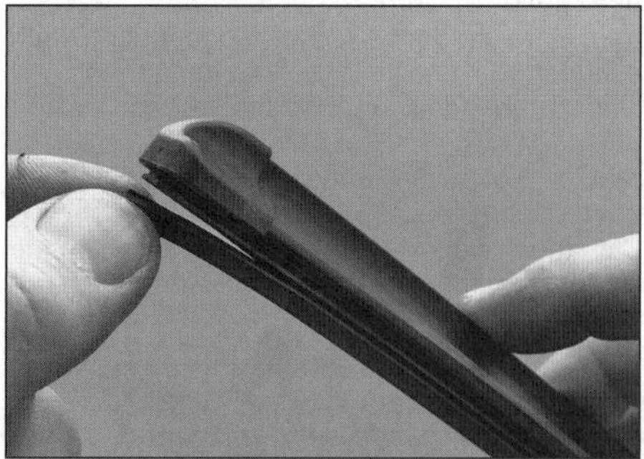

1 Kontrollieren Sie den Zustand der Wischerblätter. Ist ein Blatt eingerissen oder spröde oder erzeugt es auf der Windschutzscheibe Schlieren, muss es ersetzt werden. Wischerblätter sollten jährlich erneuert werden.

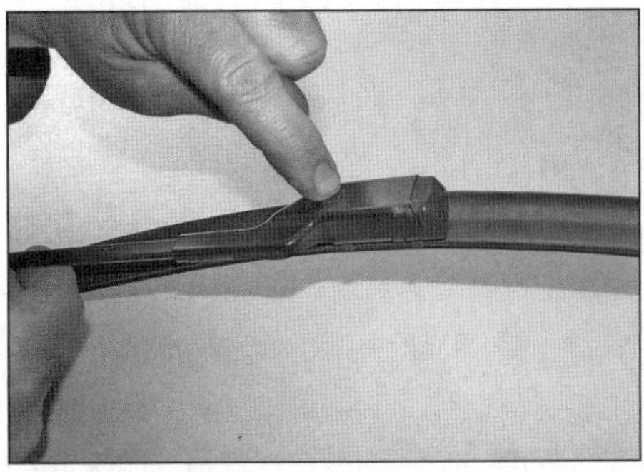

2 Um ein Windschutzscheiben-Wischerblatt zu demontieren, wird der Wischerarm von der Windschutzscheibe abgehoben, bis er einrastet. Drücken Sie die Laschen an der Seite des Wischerblatts …

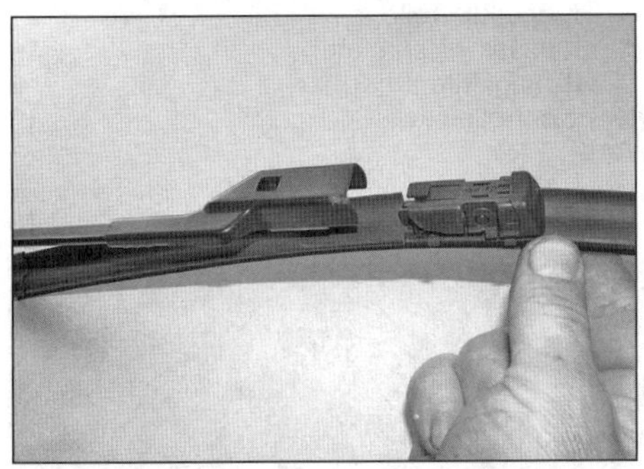

3 … und befreien Sie es vom Wischerarm.

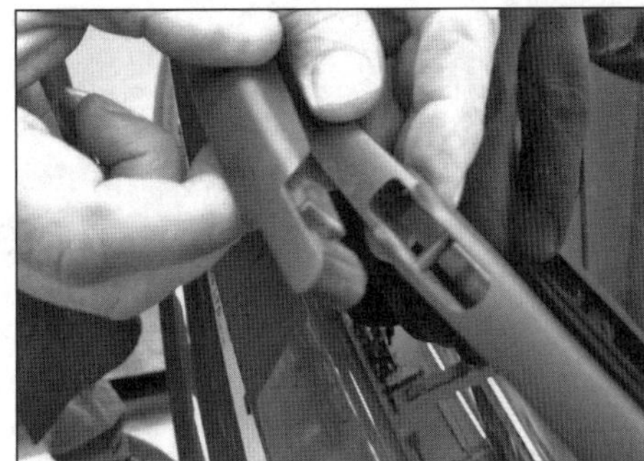

4 Vergessen Sie nicht den Heckscheibenwischer. Bei Fließheck-Modellen wird der Scheibenwischer wie an der Windschutzscheibe ausgetauscht. Beim Kombi wird das Wischerblattgelenk einfach vom Wischerarm abgezogen.

Schmierstoffe und Flüssigkeiten

Motoröl	SAE 5W/30-Mehrbereichsöl nach Ford-Spezifikation WSS-M2C913-C
Kühlmittel	Motorcraft SuperPlus nach Ford-Spezifikation WSS-M97B44-D
Schaltgetriebeöl	Getriebeöl nach Ford-Spezifikation WSS-M2C200-D2
Automatikgetriebeöl	Automatikgetriebeöl nach Ford-Spezifikation WSS-M2C924-A
Brems- und Kupplungsflüssigkeit	Super DOT 4-Hydraulikflüssigkeit nach Ford-Spezifikation WSS-M6C57-A2
Servolenkung	Hydraulikflüssigkeit nach Ford-Spezifikation WSS-M2C204-A2

Auswahl des Motoröls

Das Motoröl dient nicht nur der Schmierung beweglicher Teile, sondern es unterstützt auch die Kühlung, minimiert den Verschleiß, reinigt Bauteile, steigert die Motorleistung und sorgt für geringen Kraftstoffverbrauch.

Wie Motoröl funktioniert

- **Verschleißminderung**

Ohne Öl würden die beweglichen Teile des Motor aneinanderreiben, sich dabei stark erhitzen und schmelzen bzw. miteinander verschweißen – ein rascher Motorschaden wäre die Folge. Motoröl erzeugt zwischen beweglichen Teilen einen Film, der vor Verschleiß und Überhitzung schützt.

- Hotspot-Kühlung

Im Motor können Temperaturen von über 1000 °C entstehen. Das zirkulierende Motoröl dient dabei als Kühlmittel, indem es die Hitze in die Ölwanne transferiert.

- Motorreinigung

Hochwertiges Motoröl reinigt Motorbauteile und nimmt Verbrennungsrückstände auf, um sie im Ölfilter abzulagern. Spezielle Additive sorgen dafür, dass sich kleinste Schwebeteilchen nicht absetzen, sondern im Öl verbleiben und beim nächsten Ölwechsel herausgespült werden.

Achtung: Motoröl darf nicht mehr verwendet werden und muss in einen auslaufsicheren Behälter gefüllt werden. Jeder Händler, der technische Öle verkauft, ist auch dazu verpflichtet, entsprechende Mengen Altöl zurückzunehmen und zur fachgerechten Entsorgung oder zum Recycling zu bringen. Lassen Sie nie Altöl in die Kanalisation gelangen oder im Boden versickern!

Reifen-Luftdruck

Die Luftdruck-Werte sind auf einem Aufkleber an der rechten A-Säule angegeben.

Kapitel 1A

Einstellungs- und Wartungsarbeiten – Modelle mit Benzinmotoren

Inhalt — Sektion

Schwierigkeitsgrade

Leicht. Geeignet für Anfänger mit wenig Erfahrung. 	**Relativ leicht.** Geeignet für Anfänger mit etwas Erfahrung. 	**Relativ schwierig.** Geeignet für geübte Selbstschrauber. 	**Schwer.** Geeignet für Selbstschrauber mit viel Erfahrung. 	**Sehr schwer.** Geeignet für Experten und Profis. 

1 Technische Daten

Schmiermittel und Flüssigkeiten . . . . **siehe Seite 23**

Füllmengen

Motoröl (bei Filterwechsel)	4,3 Liter
Kühlsystem	6,2 Liter
Schaltgetriebe	1,9 Liter
Wischwasserbehälter	3,8 Liter
Kraftstofftank	70 Liter

Kühlsystem

Frostschutzgemisch (Ethylenglykol)	**Frostschutzmittel**	**Wasser**
Frostschutz bis –37 °C	50 %	50 %

Anmerkung: *Beachten Sie die Hinweise des Herstellers auf der Verpackung.*

Zündsystem

Zündkerzen	Erkundigen Sie sich im Fachhandel
Zündfolge	1-3-4-2
Position von Zylinder Nr. 1	rechts (Steuerketten-Seite)

Bremsen

Bremsbelag-Verschleißgrenze	
Vorderradbremsen	2,0 mm
Hinterradbremsen	1,5 mm

Fernbedienungs-Batterie

Typ	CR 2032 (3,0 Volt)

Anzugsdrehmomente	**Nm**
Motoröl-Ablassschraube	25
Radmuttern	140
Schaltgetriebe-Einfüll-/Kontrollschraube	35
Zündkerzen	12
Zündspulen-Befestigungsschrauben	10

2 Wartungsplan

1 Die in diesem Handbuch angegebenen Wartungsintervalle beziehen sich darauf, dass der Fahrzeugbesitzer – und nicht die Werkstatt – die Arbeiten durchführt. Es sind die von uns empfohlenen Minimum-Wartungsintervalle für täglich bewegte Fahrzeuge. Wer sein Auto in einem hervorragenden Zustand erhalten will, muss einige dieser Punkte öfter ausführen. Wir empfehlen, alle Wartungen regelmäßig durchzuführen, da hierdurch die Wirtschaftlichkeit, die Leistungsfähigkeit und der Wiederverkaufswert des Fahrzeugs erhalten bleiben.
2 Falls der Wagen viel in staubiger Umgebung, mit geringem Tempo (viel Stadtverkehr), mit Anhänger oder auf kurzen Strecken gefahren wird, empfehlen wir, die Wartungsintervalle zu verkürzen oder gar zu halbieren.
3 Ein Fahrzeug sollte bis zum Ablaufen der Garantie von einer von Ford anerkannten Fachwerkstatt gewartet werden, da andernfalls Garantieansprüche möglicherweise nicht anerkannt werden. Während der Garantiezeit dürfen nur Original-Ersatzteile eingebaut werden.

Alle 400 km oder wöchentlich

☐ Alle »Wöchentlichen Kontrollen«

Alle 10.000 km oder spätestens nach 6 Monaten

☐ Zurücksetzen der Wartungsintervall-Anzeige (Sektion 4)
☐ Wechsel des Motoröls und des Ölfilters (Sektion 6)
Anmerkung: *Ford schreibt den Austausch des Motoröls alle 20.000 km oder 12 Monate vor. Weil sich der Austausch des Motoröls und des Ölfilters sich äußerst positiv auf den Motor auswirkt, empfehlen wir jedoch, diesen Wechsel mindestens zweimal jährlich durchzuführen – besonders wenn das Fahrzeug viel auf Kurzstrecke eingesetzt wird.*

Alle 20.000 km oder spätestens nach 12 Monaten

☐ Austausch des Pollenfilters (Sektion 7)
☐ Kontrolle des Motorraums, aller Leitungen und Schläuche auf Undichtigkeiten (Sektion 8)
☐ *Kontrolle des Keilrippenriemens (Sektion 9)*
☐ Kontrolle des Kühlmittel-Frostschutzes (Sektion 25)
☐ Kontrolle des Zustands und der Funktion der Sicherheitsgurte (Sektion 10)
☐ Kontrolle des Bremssystems (Sektion 11)
☐ Kontrolle der Antriebswellenmanschetten (Sektion 12)
☐ Kontrolle des Zustands und der Sicherheit der Lenkung und Radaufhängungen (Sektion 13)
☐ Kontrolle der Auspuffanlagen-Komponenten (Sektion 14)
☐ Festigkeitskontrolle der Radmuttern (Sektion 15)
☐ Schmieren aller Schlösser und Scharniere (Sektion 16)
☐ Kontrolle der Hupe, aller Lampen, der Scheibenwischer und der Wischwaschanlage (Sektion 17)
☐ Probefahrt (Sektion 18)

Alle 60.000 km oder spätestens nach 3 Jahren

Zusätzlich zu den oben aufgeführten Punkten:
☐ Austausch der Zündkerzen (Sektion 19)
☐ Austausch des Luftfilterelements (Sektion 20)

Alle 200.000 km oder spätestens nach 10 Jahren

☐ Austausch des Zahnrippenriemens (Sektion 21)

Alle 2 Jahre (ungeachtet der Laufleistung)

☐ Austausch der Brems- und Kupplungsflüssigkeit (Sektion 22)
☐ Kontrolle des Getriebeöl-Pegels (Schaltgetriebe) (Sektion 23)
☐ Austausch der Fernbedienungs-Batterie (Sektion 24)
☐ Austausch des Kühlmittels (Sektion 25)*
* *Ford schreibt vor, die Kühlflüssigkeit bei Verwendung des SuperPlus-Frostschutzmittels nach zehn Jahren auszutauschen. Bei jedem Zweifel über den Typ und den Zustand des Frostschutzmittels empfehlen wir, das Wechselintervall auf zwei Jahre zu verkürzen.*

3 Lage der Baugruppen

Motorraum 2,0 l Duratec HE

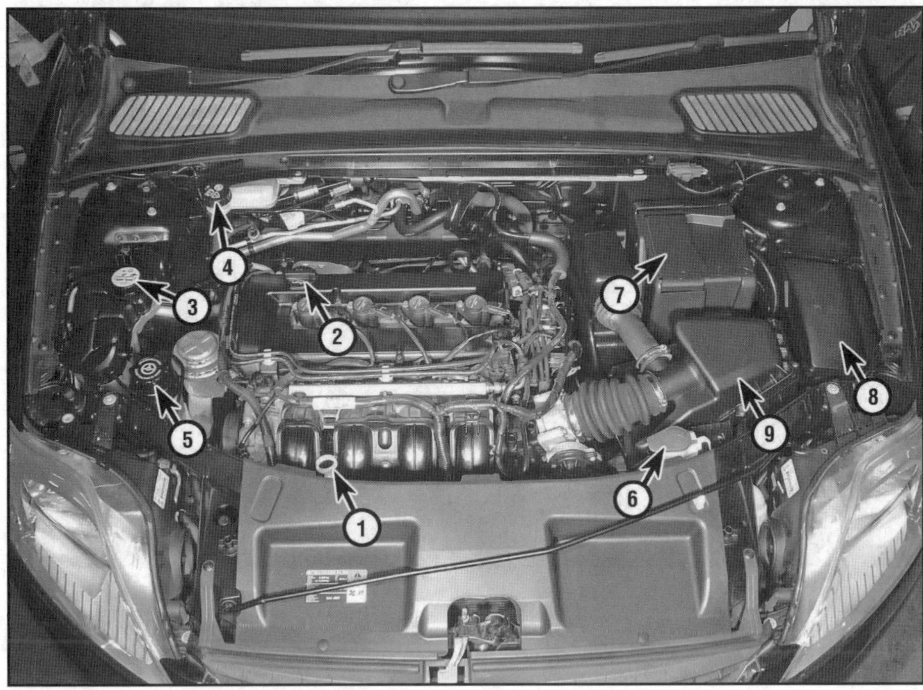

1 Motoröl-Peilstab
2 Motoröl-Einfülldeckel
3 Kühlmittel-Ausgleichsbehälter
4 Brems-/Kupplungsflüssigkeitsbehälter (bei Linkslenkern auf der anderen Seite)
5 Servolenkungsöl-Behälter
6 Wischwasserbehälter
7 Batterieabdeckung
8 Motorraum-Sicherungs-/Relaisbox
9 Luftfiltergehäuse

Unterseite Frontbereich

1 Bremssattel
2 Bremsschlauch
3 Klimaanlagen-Kompressor
4 Ölfilter
5 Motoröl-Ablassschraube
6 Unterer Querlenker
7 Hintere Motorhalterung
8 Vordere Auspuffhalterung
9 Antriebswelle
10 Vorderer Hilfsrahmen
11 Hilfsrahmen-Querstrebe
12 Spurstangenkopf

Unterseite – Heckbereich

1 *Stabilisator*
2 *Aktivkohlebehälter für Benzingase*
3 *Kraftstofftank*
4 *Auspuff-Endschalldämpfer*
5 *Stoßdämpfer*
6 *Schräglenker*
7 *Unterer Querlenker*
8 *Spurstange*
9 *Hilfsrahmen*

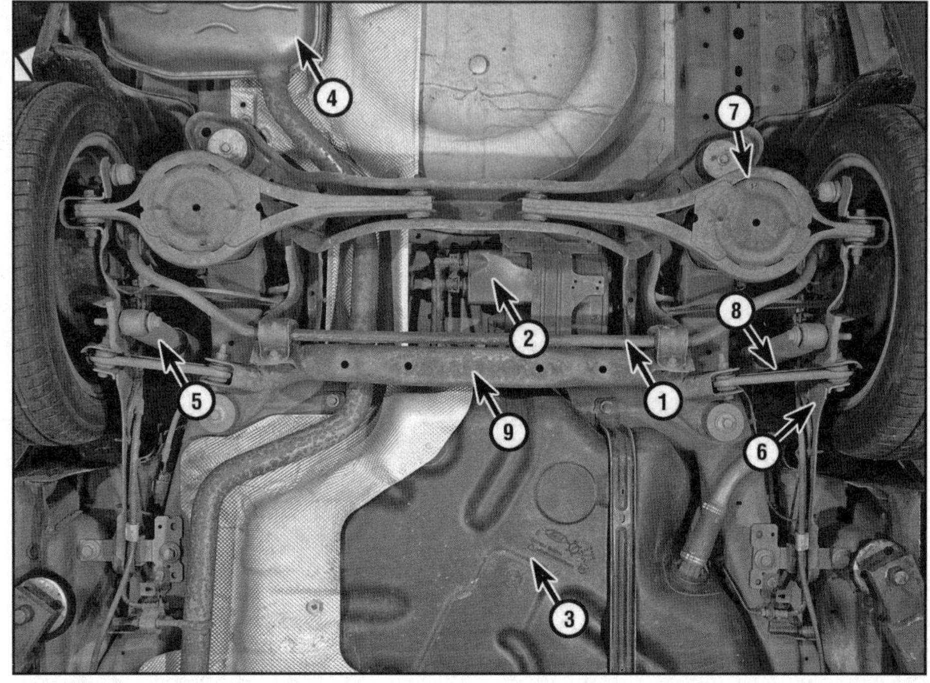

4 Allgemeine Informationen

1 Dieses Kapitel soll dem Hobbyschrauber helfen, sein Fahrzeug in einem sicheren und technisch guten Zustand zu halten, sodass es immer voll leistungsfähig ist und eine lange Lebensdauer erreicht.
2 Dieses Kapitel beinhaltet einen Master-Wartungsplan und Sektionen, die sich im Einzelnen mit jeder Aufgabe in diesem Plan beschäftigt; darin finden sich Sichtkontrollen, Einstellungen, der Austausch von Komponenten und andere hilfreiche Dinge. Das Auffinden der diversen Komponenten wird mithilfe der Motorraum- und Unterseitenbilder auf den vorherigen Seiten erleichtert.
3 Werden die Arbeiten am Fahrzeug entsprechend des Wartungsplans (s. o.) und der folgenden Sektionen durchgeführt, sollte dies zu einem lange und zuverlässig funktionierendem Fahrzeug führen. Es handelt sich um einen sehr umfangreichen Plan – und das regelmäßige Warten einiger Komponenten, aber die Vernachlässigung anderer Baugruppen bringt nicht die gleichen Ergebnisse.
4 Während der Wartungsarbeiten wird auffallen, dass viele Prozeduren gemeinsam erledigt werden können – entweder wegen der speziellen Prozeduren oder der unmittelbaren Nähe zweier ansonsten nicht zusammenhängender Komponenten. Wird das Fahrzeug beispielsweise aus einem bestimmten Grund angehoben, kann neben einer Kontrolle der Lenkung und Radaufhängungen auch gleich eine Inspektion des Auspuffs durchgeführt werden.
5 Der erste Schritt dieses Wartungsprogramms ist, sich selbst vor der eigentlichen Arbeit korrekt vorzubereiten. Alle relevanten Sektionen müssen sorgfältig durchgelesen werden. Dann wird eine Liste erstellt und alle erforderlichen Teile und Werkzeuge müssen beschafft werden. Falls ein Problem auftritt, muss Rat bei einem Ersatzteilhändler oder einer Fachwerkstatt gesucht werden.

Wartungsintervall-Anzeige

6 Bei dieser Anzeige handelt es sich um eine »Ölwechsel«-Warnleuchte oder einen »Service Oil«-Hinweis. Nach jedem Ölwechsel muss die Anzeige wie folgt zurückgesetzt werden:
a) Alle Türen müssen geschlossen sein.
b) Schalten Sie die Zündung ein und treten Sie für mindestens 15 Sekunden sowohl das Gaspedal als auch das Bremspedal fest herunter.
c) Drücken Sie bei betätigtem Gas- und Bremspedal den OK-Knopf am Lenkrad.
d) Lösen Sie die Pedale und schalten Sie die Zündung ab.

5 Große Inspektion

1 Wenn das Fahrzeug von Beginn an nach Wartungsplan inspiziert wurde und entsprechend der Hinweise in diesem Handbuch regelmäßig Flüssigkeitspegel und Verschleißteile überprüft worden sind, kann davon ausgegangen werden, dass sich der Motor in einem relativ guten Zustand befindet und kaum zusätzliche Arbeiten nötig sind.
2 Möglicherweise lief der Motor mangels regelmäßiger Wartung nicht korrekt. Dies kann bei Gebrauchtwagen, die nicht regelmäßig gewartet wurden, durchaus auftreten. In solchen Fällen können neben den üblichen Wartungsintervallen zusätzliche Arbeiten auftreten.

3 Bei Verdacht auf erhöhten Motorverschleiß kann ein Kompressionstest (siehe Kapitel 2A, Sektion 2) wertvolle Informationen über die Gesamtperformance wichtiger Motorinnereien liefern. Solch ein Test kann als Grundlage genutzt werden, um zu entscheiden, wie umfangreich die Arbeit ausfallen wird. Falls ein Kompressionstest beispielsweise auf einen hochgradigen Verschleiß von Motorkomponenten hinweist, würde die in diesem Kapitel beschriebene konventionelle Wartung die Leistungsfähigkeit des Motors kaum verbessern und sich stattdessen als Zeit- und Geldverschwendung erweisen, solange nicht zuvor umfangreiche Überholungen (siehe Kapitel 2C) stattgefunden haben.
4 Die folgenden Arbeitsabläufe sind oft nötig, um die Leistungsfähigkeit eines generell schlecht laufenden Motors zu verbessern:

Primär-Tätigkeiten

a) Reinigung, Kontrolle und Testen der Batterie (siehe Wöchentliche Kontrollen)
b) Kontrolle aller für den Motor wichtigen Betriebsflüssigkeiten (siehe Wöchentliche Kontrollen)
c) Kontrolle aller Schläuche auf Undichtigkeit (Sektion 8)
d) Kontrolle des Zustands des Keilrippenriemens (Sektion 9)
e) Austausch der Zündkerzen (Sektion 19)
f) Kontrolle und ggf. Austausch des Luftfilterelements (Sektion 20).

5 Falls die oben beschriebenen Tätigkeiten nicht das gewünschte Ergebnis bringen, müssen zusätzlich die folgenden Arbeiten durchgeführt werden:

Sekundär-Tätigkeiten

g) Kontrolle des Batterieladesystems (siehe Kapitel 5A, Sektion 5)
h) Kontrolle des Zündsystems (siehe Kapitel 5B, Sektion 2)
i) Kontrolle des Kraftstoffsystems (siehe Kapitel 4A)

6 Motoröl und Ölfilter – Austausch

1 Ein regelmäßiger Öl- und Filterwechsel ist die wichtigste präventive Wartungsarbeit, die ein Hobbyschrauber zum Erhalt seines Fahrzeugs erledigen kann. Motoröl wird mit der Zeit schlecht und verunreinigt, sodass vorzeitiger Motorverschleiß einsetzt.
2 Bevor mit dieser Prozedur begonnen wird, müssen alle erforderlichen Werkzeuge beschafft sein. Um Spritzer aufzuwischen, werden Lappen oder Zeitungspapier benötigt. Motoröl sollte möglichst gewechselt werden, wenn der Motor nach einer Fahrt auf Betriebstemperatur ist; warmes Öl und Ölschlamm fließen so leichter ab. Bei Arbeiten unter dem Fahrzeug dürfen weder der Auspuff noch andere heiße Komponenten berührt werden. Um Verbrühungen vorzubeugen und sich selbst vor Hautreizungen und im Öl enthaltenen giftigen Stoffen zu schützen, sollten bei dieser Arbeit Handschuhe getragen werden.
3 Der Zugang zur Unterseite des Autos wird deutlich besser, wenn es vorn angehoben, auf Rampen gefahren oder mit Böcken abgestützt wird (siehe Seite 390).
4 Entfernen Sie den Öleinfülldeckel – so wird der Motor belüftet und daran erinnert, dass sich kein Öl im Motor befindet.
5 Lockern Sie mit einem passenden Steckschlüssel die Ablassschraube etwa eine halbe Umdrehung (siehe Abbildung), stellen Sie einen geeigneten Sammelbehälter unter die Ablassschraube, und drehen Sie diese vollständig heraus (siehe Praxis-Tipp).

6.5 Ölablassschraube

Praxis-Tipp

Drücken Sie die Ablassschraube während der letzten Umdrehungen von Hand gegen die Ölwanne und ziehen Sie sie dann rasch weg – so läuft das Öl nicht über die Hand und den Arm.

6 Geben Sie dem Öl genug Zeit zum Ablaufen – nötigenfalls muss der Behälter umgesetzt werden, wenn es nur noch tröpfelt.
7 Wischen Sie die Ablassschraube sauber, kontrollieren Sie ihren O-Ring und ersetzen Sie ihn nötigenfalls. Reinigen Sie den Bereich um die Ablaufbohrung, installieren Sie die mit dem (ggf. neuen) O-Ring ausgerüstete Ablassschraube und ziehen Sie sie mit 25 Nm an.
8 Positionieren Sie den Sammelbehälter unter dem vorn am Motor sitzenden Ölfilter (siehe Abbildung).

6.8 Position des Ölfilters vorn am Motor

9 Lockern Sie mit einem geeigneten Ölfilterschlüssel die Filterpatrone und schrauben Sie sie von Hand ab (siehe Abbildung). Gießen Sie das im Filter befindliche Öl in den Behälter.

6.9 Lockern Sie den Ölfilter z. B. mit einem Bandschlüssel.

10 Wischen Sie mit Lappen Ölrückstände, Schmutz und Schlamm von der Ölfilter-Dichtfläche am Stutzen.
11 Schmieren Sie das Dichtgummi des neuen Filters dünn mit frischem Motoröl (siehe Abbildung) und drehen Sie den Filter von Hand fest auf den Stutzen – verwenden Sie dazu kein Werkzeug!

6.11 Tragen Sie etwas frisches Motoröl auf dem Dichtgummi des neuen Filters auf.

12 Entfernen Sie den mit Altöl gefüllten Sammelbehälter und sämtliches unter dem Fahrzeug liegendes Werkzeug und senken Sie den Wagen ab.
13 Füllen Sie etwa die Hälfte (ca. 2 Liter) des vorgeschriebenen Motoröls (siehe Wöchentliche Kontrollen) durch den Einfüllstutzen ein. Warten Sie ein paar Minuten, damit das Öl in die Ölwanne sickern kann. Füllen Sie dann Öl in kleinen Mengen nach, bis der Pegel an der unteren Markierung des Peilstabs erreicht ist. Bis zur oberen Markierung muss jetzt noch ein halber bis ganzer Liter nachgefüllt werden. Installieren Sie den Peilstab und den Einfülldeckel.
14 Starten Sie den Motor. Die Öldruck-Warnlampe wird noch einige Sekunden leuchten, bis der Ölfilter und alle Ölkanäle im Motor gefüllt sind. Die Drehzahl darf in diesem Zeitraum nicht erhöht werden. Lassen Sie den Motor einige Minuten laufen und kontrollieren Sie die Bereiche um den Ölfilter und die Ablassschraube auf Undichtigkeiten.
15 Schalten Sie den Motor ab und warten Sie einige Minuten, damit sich das Öl wieder in der Ölwanne gesammelt hat. Kontrollieren Sie erneut den Pegel und füllen Sie nötigenfalls etwas Öl nach.
16 Das alte Motoröl kann nicht mehr verwendet werden und muss in einen auslaufsicheren Behälter gefüllt werden. Jeder Händler, der technische Öle verkauft, ist auch dazu verpflichtet, entsprechende Mengen Altöl zurückzunehmen und zur fachgerechten Entsorgung oder zum Recycling zu bringen. Lassen Sie nie Altöl in die Kanalisation gelangen oder im Boden versickern!

7 Pollenfilter – Ersetzen

1 Befreien Sie im Beifahrerfußraum die Abdeckung unterhalb des Handschuhfachs (siehe Abbildungen).

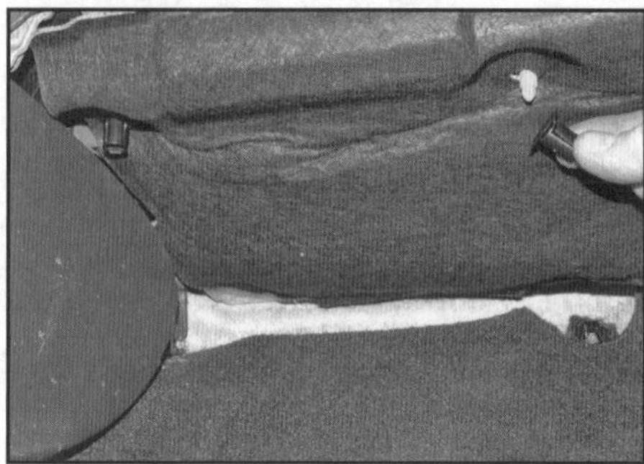

7.1a Schrauben Sie unterhalb des Handschuhfachs die zwei Halter ab ...

7.1b ... und entnehmen Sie die Abdeckung.

2 Drehen Sie die Verriegelung um 90°, senken Sie das Generische Elektronikmodul (GEM) ab und heben Sie es aus seinen beiden unteren Aufnahmen, um es beiseite zu legen (siehe Abbildungen).

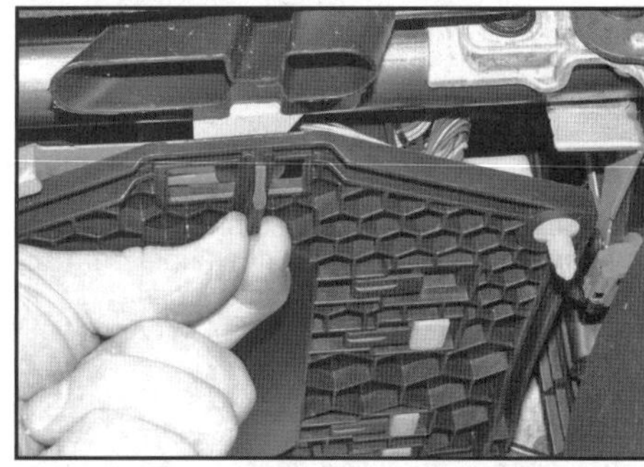

7.2a Drehen Sie die Verriegelung um 90°, senken Sie das GEM) ab ...

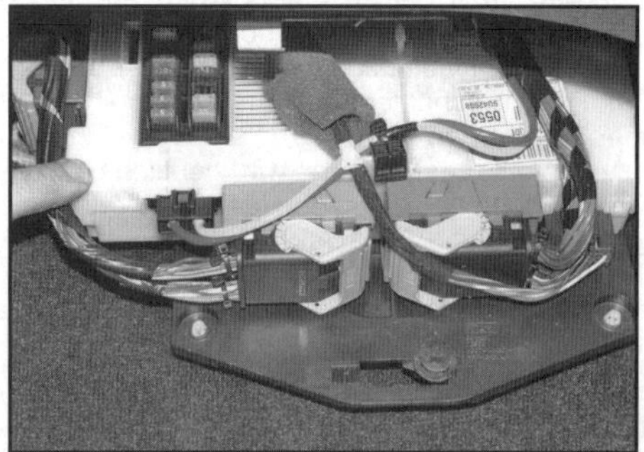

7.2b ... und heben Sie es aus seinen beiden unteren Aufnahmen, um es beiseite zu legen.

3 Lösen Sie die drei Schrauben der Pollenfilter-Abdeckung und entfernen Sie diese (siehe Abbildungen). Der Zugang ist etwas begrenzt und kann durch die Demontage des Handschuhfachs (siehe Kapitel 11, Sektion 27) erleichtert werden.

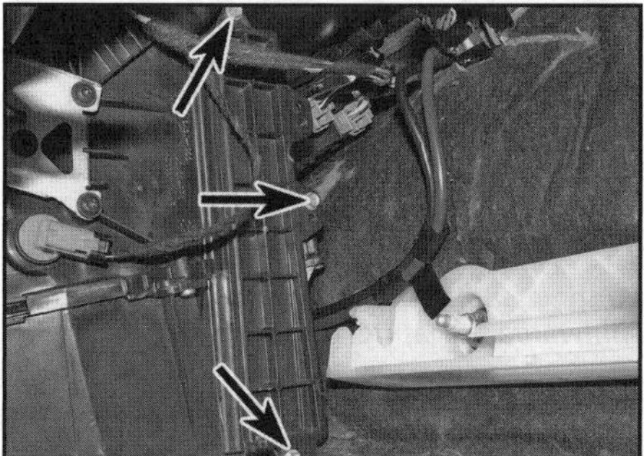

7.3a Lösen Sie die drei Schrauben ...

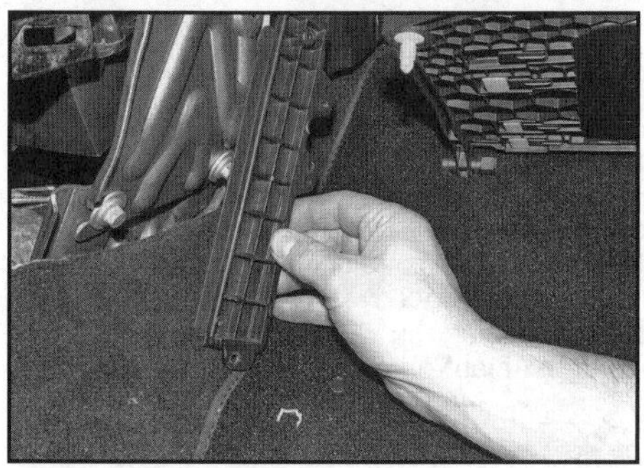

7.3b ... und entfernen Sie die Pollenfilter-Abdeckung.

4 Ziehen Sie den Pollenfilter aus dem Gehäuse in den Fußraum und entfernen Sie ihn (siehe Abbildung).

7.4 Ziehen Sie den Pollenfilter aus dem Gehäuse.

5 Installieren Sie den neuen Filter in der umgekehrten Ausbaureihenfolge – achten Sie auf die korrekte Einbaurichtung (der Pfeil an der Oberseite muss ins Gehäuse zeigen).
6 Setzen Sie die Pollenfilter-Abdeckung und an und sichern Sie sie mit den drei Schrauben (Abb. 7.3b und a).
7 Montieren Sie ggf. das Handschuhfach (siehe Kapitel 11, Sektion 27).
8 Installieren Sie das GEM und die Abdeckung in der umgekehrten Ausbaureihenfolge.

8 Schläuche und Undichtigkeiten – Kontrolle

Anmerkung: *Beachten Sie auch die Hinweise in den Sektionen 11 und 25.*

Allgemein

1 Unterziehen Sie alle Motor-Dichtflächen, Dichtungen und Dichtringe auf Spuren ausgetretenen Öls oder Kühlmittels – beachten Sie dabei besonders die Bereiche um die Zylinderkopf-, die Ventildeckel-, die Ölfilter- und die Ölwannendichtung. Kontrollieren Sie ebenfalls das Getriebe und ggf. den Klimaanlagen-Kompressor auf Undichtigkeiten. Mit der Zeit können Dichtungen zu »schwitzen« beginnen, was aber normal ist; an »echten« Undichtigkeiten tropft Flüssigkeit ab. Werden solche Lecks entdeckt, muss die entsprechende Dichtung oder der Dichtring erneuert werden – beachten Sie das entsprechende Kapitel in diesem Handbuch.
2 Die hohen Temperaturen im Motorraum können Gummi- und Kunststoffschläuche am Motor, Nebenaggregaten und der Abgasregelung spröde und rissig werden lassen, sodass regelmäßige Kontrollen auf Alterung, lockere Schellen, Verhärtungen und Undichtigkeiten durchgeführt werden müssen.
3 Überprüfen Sie bei der Kontrolle der Schläuche auch deren Halterungen und Kabelbinder. Gerissene oder gebrochene Halterungen können dazu führen, dass Schläuche, Kabel oder Rohre scheuern – und rasch größere Schäden entstehen.
4 Überprüfen Sie sorgfältig alle Kühler- und Heizungsschläuche auf ihrer gesamten Länge; vergessen Sie nicht die zur Spritzwand führenden Heizungsschläuche und Rohre. Alle Schläuche, die Risse aufweisen, angeschwollen oder spröde sind, müssen ersetzt werden. Risse zeigen sich besser, wenn man den Schlauch von Hand an mehreren Stellen quetscht. Achten Sie besonders auf die Schellen, mit denen die Schläuche an den Kühlsystem-Komponenten gesichert sind. Eine zu fest angezogene Schlauchschelle kann einen Schlauch abklemmen oder durchstechen, sodass Kühlmittel austritt. Ersetzen Sie ggf. vorhandene Einweg-Schellen durch wiederverwendbare Schraubschellen.
5 Prüfen Sie die Festigkeit aller Schlauchverbindungen. Falls die größeren Schläuche zwischen dem Luftfilter und dem Einlassbereich locker sind, dringt Luft ein und das Standgas kann sich verschlechtern. Ersetzen Sie ggf. vorhandene Einweg-Schellen durch wiederverwendbare Schraubschellen.
6 Manche Schläuche sind mit Federklemmen auf ihren Stutzen gesichert. Falls diese Klemmen ermüdet sind, können Undichtigkeiten auftreten. Wo keine Klemmen zum Einsatz kommen, muss geprüft werden, ob die Schlauch-Enden nicht geweitet oder verhärtet sind, sodass sie undicht werden können.
7 Begutachten Sie alle Flüssigkeitsbehälter, Einfülldeckel, Ablassschrauben usw. auf Spuren ausgetretenen Öls, Kühlmittels oder Hydraulikflüssigkeit. Überprüfen Sie die Leitungen der Kupplungshydraulik zwischen dem Ausgleichsbehälter, dem Geberzylinder und dem Ausrückzylinder am Getriebe.
8 Falls das Fahrzeug stets an der gleichen Stelle geparkt wird, sollte der Untergrund regelmäßig auf ausgetretene Flüssigkeiten untersucht werden – Kondenswasserpfützen der Klimaanlage sind jedoch nach deren Betrieb normal. Legen Sie eine saubere Pappe unter den Motor, um mögliche Tropfen besser lokalisieren zu können – beachten Sie jedoch, dass der heiße Katalysator die Pappe nicht in Brand setzt.
9 Manche Undichtigkeiten entstehen nur bei laufendem Motor, bei großer Hitze oder bei kaltem Motor. Ziehen Sie die Handbremse, starten Sie den kalten Motor und begutachten Sie ihn von unten auf Undichtigkeiten.

10 Falls – besonders bei heißem Motor – ungewöhnliche Gerüche wahrgenommen werden, können dies Hinweise auf Undichtigkeiten sein.
11 Sobald ein Leck festgestellt wird, muss die Ursache gefunden und beseitigt werden. Wo längere Zeit Öl austrat, muss der angesammelte Schmutz wahrscheinlich mit einem Dampfstrahler oder Hochdruckreiniger entfernt werden, damit die Quelle besser lokalisiert werden kann.

Unterdruckschläuche

12 Vor allem die Unterdruckschläuche der Abgasregelung sind farbig markiert oder mit eingewebten Farbstreifen versehen. Verschiedene Systeme erfordern Schläuche mit unterschiedlich starker Wandstärke, Bruchfestigkeit und Temperaturbeständigkeit. Achten Sie beim Austausch von Schläuchen darauf, dass sie aus dem gleichen Material bestehen wie die ursprünglichen Schläuche.
13 Oft kann ein Schlauch nur kontrolliert werden, nachdem er vollständig ausgebaut ist. Falls mehr als ein Schlauch demontiert werden, müssen sie markiert werden, um wieder korrekt positioniert werden zu können.
14 Achten Sie bei der Kontrolle von Unterdruckschläuchen auf mögliche T-Stücke und kontrollieren Sie auch diese auf Schäden. Die Schläuche müssen sicher auf dem T-Stück sitzen.
15 Zur Lokalisierung von Unterdruck-Lecks kann ein Schlauch mit etwa 6 mm Innendurchmesser als Stethoskop verwendet werden, indem man ein Ende an sein Ohr und das andere Ende in die Nähe von Anschlüssen und anderen vermuteten Lecks hält – zischende Geräusche weisen auf Undichtigkeit hin.

Warnung: Achten Sie bei der Verwendung eines Schlauchs als Stethoskop darauf, dass dieser nicht in bewegliche Teile wie den Keilrippenriemen oder den Kühlerventilator gerät!

Kraftstoffschläuche

Warnung: Bei der Kontrolle und Arbeiten am Kraftstoffsystem sind bestimmte Vorsichtsmaßnahmen einzuhalten. Arbeiten Sie stets in gut belüfteter Umgebung und halten Sie offene Flammen vom Arbeitsbereich fern. Wischen Sie Benzinspritzer umgehend auf und lagern Sie entsprechende Lappen und Tücher abseits von Heizungen, offenen Flammen und Elektrogeräten.

16 Kontrollieren Sie alle Kraftstoffleitungen auf Alterungserscheinungen und Scheuerstellen. Kontrollieren Sie besonders die Bereiche an Biegungen und Anschlüssen.
17 Falls Kraftstoffschläuche ersetzt werden müssen, sollte auf hochwertigen Ersatz mit der Beschriftung »Fluorelastomer« zurückgegriffen werden. Keinesfalls dürfen unverstärkte Unterdruckschläuche, transparente Kunststoffschläuche oder Wasserschläuche verwendet werden, weil sie oft nicht (lange) benzinfest sind.
18 Kraftstoffschläuche sind oft mit Federklemmen gesichert, die jedoch nach längerer Zeit ihre Federkraft verlieren und beim Ausbau ermüden. Ersetzen Sie bei jedem Austausch von Schläuchen alle Federklemmen durch spezielle Benzinleitungs-Schellen.

Metallrohre

19 Kraftstoffleitungen, Bremsleitungen und Klimaanlagen-Leitungen sind in vielen Bereichen als Rohre ausgeführt. Achten Sie darauf, dass Rohre nicht gequetscht oder geknickt sind und keine Ermüdungsrisse auftreten. Ein weiteres Problem bei Rohren ist Korrosion.
20 Falls ein Rohrsegment der Kraftstoffleitungen ausgewechselt werden muss, dürfen keine Rohre aus Kupfer oder Aluminium verwendet werden; nur nahtlos gezogene Stahlrohre bieten genügend Widerstand gegen normale Motorvibrationen.
21 Kontrollieren Sie Bremsleitungsrohre an den Anschlüssen zum Bremszylinder, zur ABS-Einheit und zu den Bremssätteln auf Risse und lockere Befestigungen. Jeder Hinweis auf ausgetretene Hydraulikflüssigkeit erfordert umgehende Kontrollen und Reparaturen.

Klimaanlagen-Kältemittel

Warnung: Beachten Sie zunächst die Sicherheitshinweise in Kapitel 3, Sektion 1!

22 Die Klimaanlage ist mit einem flüssigen Kältemittel befüllt, das unter beträchtlichem Druck steht. Falls das System ohne professionelle Hilfe geöffnet wird, tritt das Kältemittel umgehend aus und verdampft. Beim Kontakt mit Haut sorgt Kältemittel für starke Erfrierungen. Hinzu kommt, dass Kältemittel äußerst umweltschädlich ist. Lassen Sie das Ablassen und Arbeiten an Kältemittel-Leitungen daher stets von einem Fachbetrieb ausführen.
23 Jedes Leck im Klimaanlagen-System sollte unverzüglich bei einer Ford-Werkstatt oder einem Klimaanlagen-Fachbetrieb gemeldet werden. Lecks zeigen sich durch einen stetig abfallenden Kältemittel-Pegel.
24 Nachdem die Klimaanlage in Betrieb gewesen ist, ist es normal, dass aus dem Ablaufrohr des Verflüssigers Kondenswasser austritt.

9 Keilrippenriemen – Kontrolle

Allgemein

1 Der flache und mit mehreren Längsrippen versehene Riemen treibt rechts am Motor von der Kurbelwellen-Riemenscheibe aus die Lichtmaschine, die Wasserpumpe, die Servolenkungspumpe und ggf. den Klimaanlagenkompressor an.
2 Damit der Riemen korrekt arbeiten kann, muss er sich in einem guten Zustand befinden und korrekt gespannt sein. Aufgrund seiner Zusammensetzung verschleißt ein Keilrippenriemen mit der Zeit und kann reißen – eine regelmäßige Kontrolle ist daher unerlässlich.

Kontrolle

3 Schalten Sie die Zündung ab und öffnen Sie die Motorhaube. Um den Zugang zur rechten Motorseite zu verbessern, können die Radmuttern des rechten Vorderrads gelockert, der Wagen rechts vorn angehoben und das Rad demontiert werden (siehe Seite 390). Demontieren Sie dann die rechte Radlaufabdeckung.
4 Drehen Sie mithilfe eines Steckschlüssels samt Verlängerung die Kurbelwellen-Riemenscheibe im Uhrzeigersinn, um den/die Riemen über die gesamte Länge auf glänzende Scheuerstellen, Risse, ablösendes oder ausgefranstes Gewebe und andere Schäden inspizieren zu können – verwenden Sie dazu nötigenfalls eine Taschenlampe.
5 Verdrehen Sie den Riemen, um beide Seiten betrachten zu können; tasten Sie den Riemen nötigenfalls mit den Fingern ab, um unsichtbare Schäden zu entdecken. Ein schadhafter oder auch nur zweifelhafter Riemen muss ersetzt werden (siehe Sektion 21).

Riemenspannung

6 Der Keilrippenriemen wird automatisch gespannt, sodass regelmäßige Kontrollen nicht nötig sind. Eine Einstellung des Spanners ist nicht möglich.
7 Falls der Keilrippenriemen durchrutscht (durch Quietschen hörbar), muss der Riemenspanner ersetzt werden.

Austausch

8 Beachten Sie hierzu die Hinweise in Sektion 21.

10 Sicherheitsgurte – Kontrolle

1 Überprüfen Sie alle Gurte auf korrekte Funktion und guten Zustand. Ziehen Sie kräftig am Gurt, um zu kontrollieren, ob die Arretierung korrekt einrastet. Begutachten Sie das Gewebe auf Ausfransungen und Risse. Die Gurte müssen sich selbstständig wieder aufrollen.
2 Prüfen Sie die Festigkeit aller zugänglichen Gurt-, Umlenkungs- und Peitschen-Befestigungen.

11 Bremssystem – Kontrolle

Vorderradbremsen

1 Ziehen Sie die Handbremse fest an, heben Sie dann das Fahrzeug vorn an, und stützen Sie es sicher ab (siehe Seite 390). Demontieren Sie ggf. die Vorderräder, um einen besseren Zugang zu den Bremssätteln zu erhalten.
2 Die Belagstärke kann jetzt durch die Öffnung im Bremssattel kontrolliert werden (siehe Abbildung). Messen Sie mit einem Lineal nach – die Belagstärke darf nicht unter 2 mm liegen.

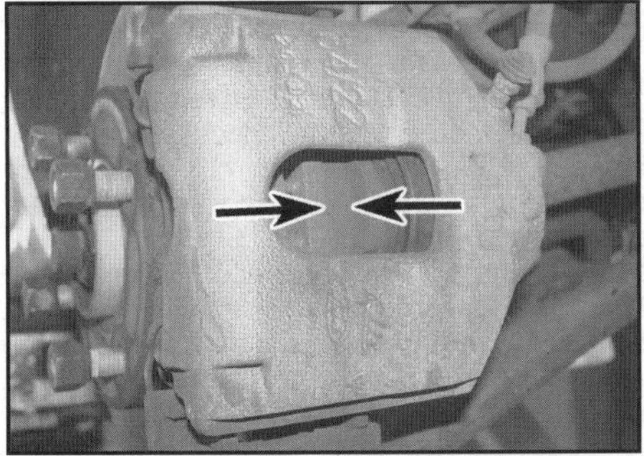

11.2 Nach der Demontage des Rades kann die Belagstärke durch die Öffnung des Bremssattels kontrolliert werden.

3 Für eine umfangreiche Kontrolle müssen die Bremsbeläge ausgebaut und gereinigt werden (siehe Kapitel 9, Sektion 4).
4 Kontrollieren Sie den Bremssattel der anderen Seite auf die gleiche Weise.
5 Falls das Belagmaterial auch nur eines Bremsbelages unter der Verschleißgrenze von 2 mm liegt, müssen alle vier Bremsbeläge beider Bremssättel als Set ausgetauscht werden (siehe Kapitel 9).
6 Kontrollieren Sie die vorderen Bremsscheiben (siehe Kapitel 9, Sektion 6).
7 Prüfen Sie vor der Montage der Räder alle Bremsleitungen und -Schläuche (siehe Kapitel 9, Sektion 3) – kontrollieren Sie besonders die Bremsschläuche an den Bremssätteln, da sie Lenkbewegungen ausgleichen müssen; drücken Sie die Schläuche mit den Fingern, um versteckte Risse, Brüche und andere Schäden zu entdecken (siehe Abbildung).

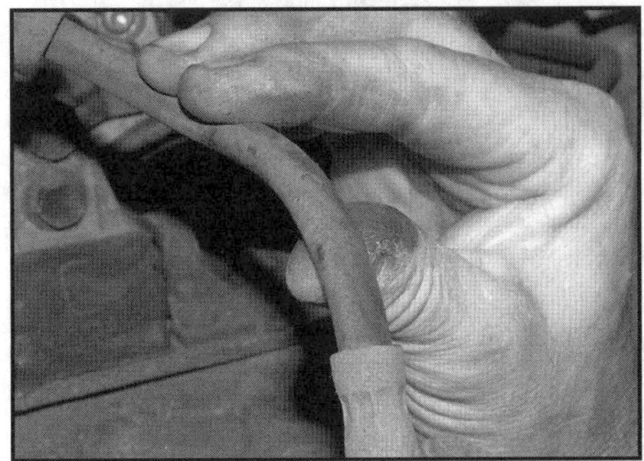

11.7 Drücken Sie die Bremsschläuche mit den Fingern, um versteckte Risse, Brüche und andere Schäden zu entdecken.

8 Montieren Sie die Vorderräder und senken Sie das Fahrzeug ab. Ziehen Sie die Radmuttern mit 140 Nm an.

Hinterradbremsen

9 Blockieren Sie die Vorderräder, heben Sie dann das Fahrzeug hinten an, und stützen Sie es sicher ab (siehe Seite 390). Demontieren Sie die Hinterräder.
10 Die Kontrolle der Hinterrad-Bremsbeläge ähnelt der an den Vorderradbremsen (siehe Schritte 2 bis 8) – die Belagstärke darf hier bis auf 1,5 mm absinken.

Handbremse

11 An leichtem Gefälle muss die fest angezogene Handbremse das Fahrzeug sicher halten. Lösen Sie die Bremse und prüfen Sie, ob das Fahrzeug ohne Schleifen der Bremsen ins Rollen kommt. Bei anderen Ergebnissen muss die Handbremse eingestellt werden (siehe Kapitel 9, Sektion 14).

12 Antriebswellen-Manschetten – Kontrolle

1 Das Fahrzeug muss vorn angehoben und sicher abgestützt sein (siehe Seite 390). Lenken Sie die Vorderräder nach links oder rechts bis zum Anschlag und drehen Sie dann langsam eines der Räder, um den Zustand der Manschette über dem äußeren Gleichlaufgelenk zu ermitteln – drücken Sie diese an verschiedenen Stellen von Hand, um die Bereiche in den Falten freizulegen (siehe Abbildung). Falls Risse oder andere Beschädigungen festgestellt werden, die Fett austreten lassen, kann hierdurch auch Wasser und Schmutz eindringen. Kontrollieren Sie ebenfalls die Schellen. Wiederholen Sie die Kontrolle an der inneren Manschette (siehe Abbildung) und am anderen Vorderrad. Falls irgendwelche Schäden oder Hinweise auf Alterung festgestellt werden, müssen die Manschetten ersetzt werden (siehe Kapitel 8).

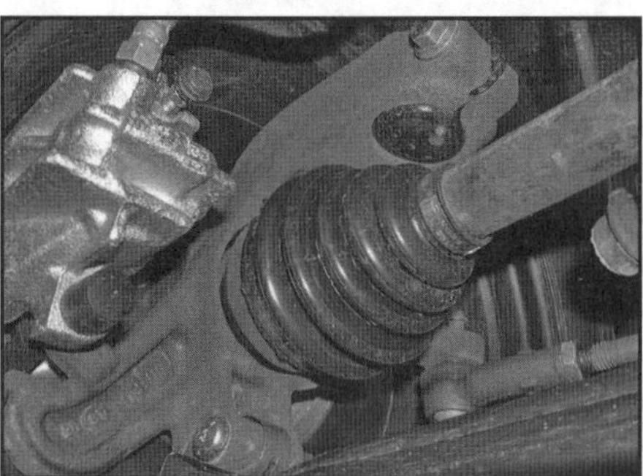

12.1a Kontrollieren Sie die äußeren ...

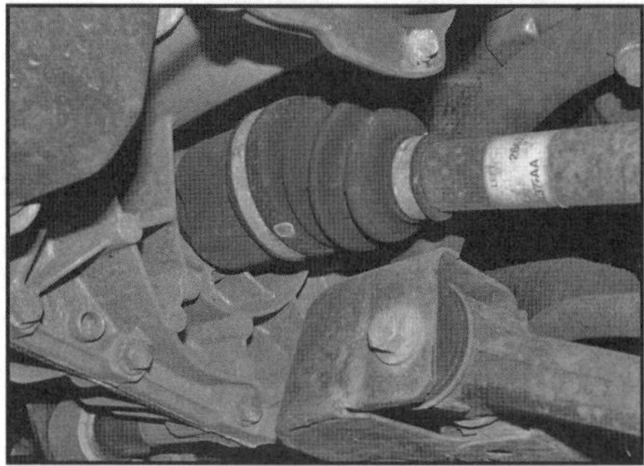

12.1b ... und inneren Antriebswellen-Manschetten.

2 Kontrollieren Sie gleichzeitig den Zustand des Gleichlaufgelenks selbst, indem Sie die Antriebswelle festhalten und versuchen, das Rad zu drehen. Wiederholen Sie die Kontrolle, indem Sie den inneren Flansch halten und versuchen, die Antriebswelle zu drehen. Jedes fühlbare Spiel weist auf Verschleiß im Gelenk oder in den Mitnehmerverzahnungen hin – oder auf eine lockere Antriebswellenmutter.

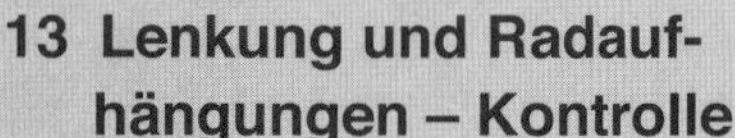

13 Lenkung und Radaufhängungen – Kontrolle

Lenkung und Vorderradaufhängungen

1 Ziehen Sie die Handbremse an, heben Sie das Fahrzeug vorn an, und stützen Sie es sicher ab (siehe Seite 390).
2 Begutachten Sie die Staubkappen der Spurstangenköpfe und die Lenkstangen-Manschetten auf Risse, Scheuerstellen und Alterungserscheinungen (siehe Abbildung). Jeder Schaden an diesen Komponenten lässt Schmutz und Wasser eindringen und Schmiermittel austreten, sodass die Spurstangenköpfe und das Lenkgestänge rapide verschleißen.
3 Greifen Sie das Rad in der 12-Uhr- und der 6-Uhr-Position und versuchen Sie, daran zu wackeln (siehe Abbildung). Sehr geringes Spiel ist normal, doch wenn deutliche Bewegung spürbar ist, müssen weitere Untersuchungen die Ursache ermitteln. Wackeln Sie weiter am Rad, während ein Assistent das Bremspedal betätigt. Wenn die Bewegung jetzt verschwunden oder deutlich verringert ist, werden wahrscheinlich die Radlager defekt sein oder ggf. Einstellungen benötigen. Ist das Spiel auch bei betätigter Bremse vorhanden, wird der Verschleiß an den Radaufhängungen oder Federsystemen zu suchen sein.

13.2 Kontrollieren Sie die Lenkstangen-Manschetten auf Risse.

13.3 Wackeln Sie so am angehobenen Rad, um mögliches Spiel der Radlager zu ermitteln.

4 Greifen Sie jetzt das Rad jetzt in der 9-Uhr- und der 3-Uhr-Position und versuchen Sie erneut, daran zu wackeln. Jede jetzt fühlbare Bewegung kann wieder auf defekte Radlager zurückzuführen sein – oder auf Verschleiß in den Spurstangenköpfen. Falls das innere oder äußere Lenkgestänge-Kugelgelenk verschlissen ist, wird seine Bewegung deutlich zu beobachten sein. Spiel am inneren Gelenk kann ggf. erfühlt werden, wenn eine Hand über die Lenkstangen-Manschette gelegt und die Lenkstange gegriffen und mit der anderen Hand am Rad gewackelt wird.
5 Mithilfe eines zwischen die Federelemente und ihren Befestigungspunkten eingesetzten großen Schraubendrehers oder einer flachen Stange kann durch Hebeln Verschleiß in den Lagerbuchsen ermittelt werden. Da die Buchsen aus Gummi bestehen, ist etwas Bewegung normal, doch übermäßiger Verschleiß sollte deutlich fühlbar sein. Kontrollieren Sie auch den Zustand aller sichtbaren Gummibuchsen; achten Sie auf Risse und sprödes Gummi.
6 Während das Fahrzeug wieder auf seinen Rädern steht, dreht ein Assistent das Lenkrad etwa eine achtel Umdrehung hin und her – die Räder müssen sich ein kleines Stück bewegen. Ist dies nicht der Fall, müssen alle zuvor beschriebenen Gelenke und Halterungen genau untersucht werden, zusätzlich müssen auch die Kreuzgelenke und das Zahnstangengetriebe auf Verschleiß überprüft werden.

Hinterradaufhängungen

7 Blockieren Sie die Vorderräder, heben Sie dann das Fahrzeug hinten an, und stützen Sie es sicher ab (siehe Seite 390).
8 Kontrollieren Sie die Aufhängungen wie bei den Vorderrädern – überprüfen Sie hier die Radlager, die Lagerbuchsen und die Stoßdämpferaufnahmen auf Verschleiß.

Stoßdämpfer

9 Kontrollieren Sie das Stoßdämpfergehäuse sowie die Gummidichtung der Kolbenstange auf ausgetretenes Öl (siehe

Abbildung) – in diesem Fall ist das Bauteil defekt und muss ersetzt werden.
Anmerkung: *Die Stoßdämpfer einer Achse müssen stets paarweise ersetzt werden.*

13.9 Kontrollieren Sie den Stoßdämpfer auf ausgetretenes Öl.

10 Die Funktion der Stoßdämpfer kann geprüft werden, indem das Fahrzeug an jeder vorderen Ecke heruntergedrückt wird. Die Karosserie sollte in ihre normale Position zurückkehren und dort verbleiben; falls sie sich über die ursprüngliche Lage hinaus anhebt und wieder einsackt, wird der Stoßdämpfer wahrscheinlich defekt sein. Kontrollieren Sie auch seine obere und untere Aufnahme auf Verschleiß.

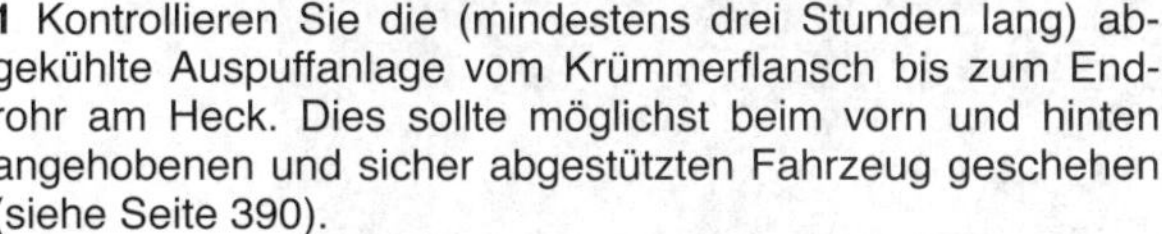

14 Auspuffanlage – Kontrolle

1 Kontrollieren Sie die (mindestens drei Stunden lang) abgekühlte Auspuffanlage vom Krümmerflansch bis zum Endrohr am Heck. Dies sollte möglichst beim vorn und hinten angehobenen und sicher abgestützten Fahrzeug geschehen (siehe Seite 390).
2 Alle Halterungen und Gummis müssen in Ordnung und fest verbunden sein. Falls Haltegummis ersetzt werden müssen, ist auf den korrekten Typ zu achten – diejenigen in der Nähe des Katalysators müssen mehr Hitze abkönnen und sind darum anders eingefärbt (siehe Abbildung).

14.2 Kontrollieren Sie die Auspuffanlagen-Haltegummis.

3 Überprüfen Sie alle Rohre und Anschlüsse auf Undichtigkeit, starke Korrosion und Beschädigungen. Oft treten Rost und Undichtigkeiten an den Schweißnähten zwischen den Rohren und den Schalldämpfern auf. Rußablagerungen sind Hinweise auf Löcher. **Anmerkung**: *Auspuff-Dichtmasse darf niemals zwischen dem Motor und dem Katalysator eingesetzt werden – Reste davon können innen abbrechen und im Katalysator verklemmen und zu Überhitzung führen.*

4 Kontrollieren Sie gleichzeitig die Unterseite der Karosserie auf Löcher, Korrosion, offene Schweißnähte usw., durch die Abgase in den Innenraum gelangen können. Dichten Sie alle Karosserie-Öffnungen mit Silikon oder geeigneter Spachtelmasse ab.
5 Klappern und andere Geräusche weisen oft auf Defekte an der Auspuffanlage hin – meistens auf schadhafte Haltegummis. Versuchen Sie, an den Schalldämpfern und am Katalysator zu wackeln; falls dabei Auspuffteile gegen die Karosserie schlagen, müssen sie mit neuen Halterungen gesichert werden. Trennen Sie nötigenfalls – und falls möglich – die Auspuff-Komponenten und verdrehen Sie die Rohre, um den Abstand zur Karosserie zu vergrößern.
6 Die Ablagerungen im Endrohr können auf den Zustand des Motors hinweisen – falls sie nicht trocken und hellgrau bis dunkelgrau sind, sondern schmierig, schwarz oder weiß, sollten der Motor und seine Steuerung genauer überprüft werden.

15 Radmuttern – Festigkeitsprüfung

1 Entfernen Sie ggf. die Radkappen von den Felgen und lockern Sie die Radmuttern leicht.
2 Ziehen Sie die Radmuttern mithilfe eines Drehmomentschlüssels nacheinander mit 140 Nm an.
3 Stecken Sie ggf. zum Schluss die Radkappen wieder auf – sie müssen korrekt und sicher sitzen.

16 Scharniere und Schlösser – Schmieren

1 Schmieren Sie alle Tür-, Motorhauben- und Kofferraum- oder Heckklappen-Scharniere mit Mehrzweck- oder Maschinenöl.
2 Schmieren Sie ebenfalls die Motorhaubenverriegelung samt Bowdenzug und alle Schließmechanismen.
3 Kontrollieren Sie sorgfältig die Sicherheit und Funktion aller Scharniere, Verriegelungen und Schlösser, und stellen Sie sie nötigenfalls ein (siehe Kapitel 11). Prüfen Sie ggf. die Funktion der Zentralverriegelung.
4 Kontrollieren Sie die Gasfedern der Motorhaube und der Heckklappe – falls eine undicht ist oder sie die Haube bzw. Heckklappe nicht mehr sicher halten kann, muss sie ersetzt werden.

17 Elektrik – Kontrolle

1 Prüfen Sie die Funktion aller elektrischen Verbraucher: Beleuchtung, Blinker, Hupe usw. Beachten Sie für entsprechende Details die entsprechende Sektion in Kapitel 12, falls ein Stromkreis ausgefallen ist.
2 Beachten Sie, dass der Bremslichtschalter in Kapitel 9, Sektion 17 behandelt wird.
3 Kontrollieren Sie alle zugänglichen Kabelstecker, Verkabelungen und Befestigungen auf lockere Verbindungen, Scheuerstellen und andere Schäden – beseitigen Sie diese.

18 Probefahrt

Instrumente und Elektrik

1 Kontrollieren Sie die Funktion aller Instrumente, aller Lampen und anderen elektrischen Bauteile.
2 Stellen Sie sicher, dass alle Instrumente korrekt anzeigen und sämtliche Schalter korrekt funktionieren.

Lenkung und Radaufhängungen

3 Vergewissern Sie sich, dass die Lenkung, die Federung, das Handling und die Straßenlage keine Auffälligkeiten aufweisen.
4 Kontrollieren Sie beim Fahren, ob keine ungewöhnlichen Vibrationen oder Geräusche auftreten.
5 Die Lenkung darf sich nicht schwammig oder rau anfühlen. Beim Durchfahren von Kurven oder auf schlechten Straßen dürfen die Federelemente keine Geräusche erzeugen.

Antrieb

6 Kontrollieren Sie die Leistungsfähigkeit des Motors, der Kupplung, des Getriebes und der Antriebswellen.
7 Aus dem Motor und dem Antrieb dürfen keine ungewöhnlichen Geräusche zu hören sein.
8 Der Motor muss sich warm und kalt problemlos starten lassen, im Standgas rund laufen und verzögerungsfrei beschleunigen.
9 Beim Schaltgetriebe muss die Kupplung sanft und progressiv die Kraft übertragen und darf weder schleifen noch rutschen. Der Pedalweg darf nicht zu lang sein. Bei gedrücktem Kupplungspedal dürfen keine Geräusche auftreten. Details finden sich in Kapitel 6.
10 Alle Gänge des manuellen Schaltgetriebes müssen sich sanft und geräuschfrei einlegen lassen. Im Schalthebel muss das Einrasten der Gänge deutlich fühlbar sein.
11 Beim Automatikgetriebe müssen die Gangwechsel sanft und ruckfrei sowie ohne ein Ansteigen der Motordrehzahl zwischen den Fahrstufen erfolgen. Mit dem Wahlhebel müssen sich bei stehendem Fahrzeug alle Fahrstufen auswählen lassen. Falls ein Problem auftritt, muss eine Fachwerkstatt zurate gezogen werden.
12 Bei langsamer Fahrt mit vollständig eingeschlagener Lenkung dürfen im Frontbereich keine klickenden Geräusche auftreten. Führen Sie diesen Test in beide Richtungen durch. Klicken würde auf einen Schmiermangel oder Verschleiß in den äußeren Gleichlaufgelenken der Antriebswellen hinweisen (siehe Kapitel 8)

Bremsanlage

13 Prüfen Sie, ob das Fahrzeug beim Bremsen nicht zu einer Seite zieht und die Räder bei Vollbremsungen nicht frühzeitig blockieren.
14 Beim Bremsen dürfen in der Lenkung keine Vibrationen auftreten.
Anmerkung: *Durch das ABS können beim heftigen Bremsen im Bremspedal Vibrationen spürbar sein – dies ist normal und beeinträchtigt nicht die Funktion der Bremse.*
15 Prüfen Sie, ob die Handbremse korrekt funktioniert – sie muss das Fahrzeug problemlos an einem Gefälle halten können.
16 Prüfen Sie die Funktion der Servobremse bei ausgeschaltetem Motor wie folgt: Treten Sie vier- bis fünfmal auf die Bremse, um den Unterdruck abzubauen. Starten Sie dann den Motor – das Bremspedal muss sich unverzüglich durch den aufgebauten Unterdruck weiter herunterdrücken lassen. Lassen Sie den Motor mindestens zwei Minuten laufen und schalten Sie ihn wieder ab. Wird die Bremse nun erneut gedrückt, sollte dabei ein Zischen aus der Servopumpe zu hören sein. Nach vier bis fünf Tritten auf die Bremse sollte kein Zischen mehr hörbar sein und der Pedaldruck deutlich härter werden.

19 Zündkerzen – Ersetzen

1 Damit ein Motor rund, leistungsfähig und wirtschaftlich läuft, müssen die Zündkerzen mit maximaler Effizienz funktionieren. Der wichtigste Faktor hierfür ist, dass die passenden Zündkerzen installiert sind – erkundigen Sie sich hierfür bei einem Fachhändler.
2 Befindet sich der Motor in einem guten Zustand, sollten die Zündkerzen zwischen den Wechselintervallen keine Aufmerksamkeit verlangen. Zündkerzen müssen bei Einspritzmotoren nur selten gereinigt werden. Solange nicht die nötigen Hilfsmittel zur Hand sind, sollten Reinigungsversuche auch unterbleiben, damit die Elektroden nicht beschädigt werden.
3 Der Austausch von Zündkerzen erfordert einen geeigneten Schlüssel samt Verlängerung und Knarre – möglichst auch einen Drehmomentschlüssel. Ein Zündkerzenschlüssel ist innen mit einem Gummiring ausgerüstet, damit der aus Porzellan bestehende Isolator nicht beschädigt wird und die Kerze aus ihrem Sitz im Zylinderkopf herausgehoben werden kann. Zum Ermitteln und Einstellen des Elektrodenabstands werden Fühlerlehrenblätter oder möglichst eine spezielle Drahtlehre samt Biegevorrichtung benötigt (Abb. 19.12a und b).
4 Öffnen Sie die Motorhaube und ziehen Sie die Motorabdeckung nach oben ab (siehe Abbildung).

19.4 Ziehen Sie die Motorabdeckung nach oben ab.

5 Jede Zündkerze ist mit einer in den Kerzenstecker integrierten Zündspule ausgerüstet – markieren Sie diese, um sie später wieder korrekt installieren zu können. Lösen Sie die Befestigungsschraube der Spule und ziehen Sie sie von der Zündkerze (siehe Abbildungen).

19.5a Lösen Sie die Befestigungsschraube der Zündspule …

19.5b … und ziehen Sie sie von der Zündkerze.

6 Vor dem Ausbau der Zündkerzen sollte ggf. vorhandenes Wasser mit Lappen aus ihre Sitze gesaugt und diese mit einer Bürste, Druckluft und/oder einem Sauger von Verunreinigungen befreit werden, damit nichts in die Brennräume fallen kann.

Warnung: Tragen Sie beim Einsatz von Druckluft stets eine Schutzbrille!

7 Stecken Sie den Kerzenschlüssel korrekt auf die Zündkerze – falls er verkantet angesetzt wird, kann der Isolator der Kerze beim Lösungsversuch abbrechen. Schrauben Sie die Zündkerze aus dem Zylinderkopf.

8 Falls beim Lösen einer Zündkerze Schwierigkeiten auftreten, müssen die Gewinde der Kerze und des Zylinderkopfes sowie die Dichtflächen auf Verschleiß, Korrosion oder andere Schäden überprüft werden – konsultieren Sie bei einem beschädigten Zylinderkopf eine Fachwerkstatt, um ihn reparieren zu lassen.

9 Begutachten Sie die Zündkerzen, um gute Hinweise über den Zustand des Motors zu erhalten:

a) *Ein weißer Isolator ist ein Hinweis auf zu mageres Gemisch oder eine »zu heiße« Zündkerze (die wenig Wärme von der Elektrode ans Gehäuse überträgt).*

b) *Falls die Mittelelektrode und der Isolator mit harten schwarzen Ablagerungen bedeckt sind, weist dies auf zu fettes Gemisch oder eine »zu kalte« Zündkerze (die viel Wärme von der Elektrode ans Gehäuse überträgt); auch Motorverschleiß kann die Ursache sein.*

c) *Schwarze und ölige Ablagerungen weisen sowohl auf einen verschlissenen Motor als auch auf ein zu fettes Gemisch hin.*

d) *Hellbraune oder graubraune Ablagerungen weisen darauf hin, dass das Gemisch korrekt ist und der Motor sich in einem guten Zustand befindet.*

> **Praxis-Tipp**
>
> ***Zündkerzen können für viele Symptome verantwortlich sein: Schlechtes Anspringen, ungleichmäßiges Standgas, Fehlzündungen, hoher Verbrauch, mangelnde Leistung usw. Ein Kerzenwechsel bewirkt hier oft Wunder.***

10 Falls die Zündkerzen durch Neuteile ersetzt werden sollen, müssen diese zunächst auf schadhafte Isolatoren und beschädigte Gewinde überprüft werden.

11 Der Elektrodenabstand bestimmt die Länge des Zündfunkens, die wiederum für eine korrekte Verbrennung sehr wichtig ist. Bei manchen in diesem Handbuch beschriebenen Modelle sind die Zündkerzen mit mehreren Masse-Elektroden ausgerüstet, bei denen – soweit nicht anders vom Hersteller angegeben – der Elektrodenabstand nicht eingestellt werden kann. Bei Zündkerzen mit einer einzelnen Masseelektrode kann diese vorsichtig nachgebogen werden.

12 Messen Sie den Abstand möglichst mithilfe einer Drahtlehre – notfalls kann auch eine Fühlerlehre verwendet werden (siehe Abbildungen). Verbiegen Sie dann ggf. vorsichtig die Masseelektrode, um den korrekten Wert zu erhalten. Niemals darf die Mittelelektrode verbogen werden – hierbei würde der Isolator brechen und schlimmstenfalls im laufenden Betrieb in den Brennraum fallen.

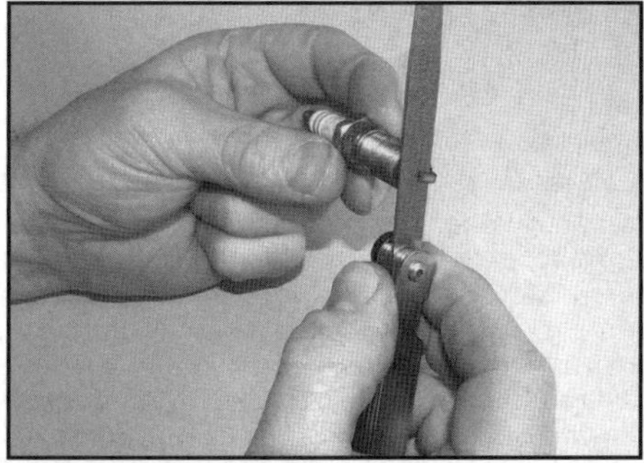

19.12a Der Elektrodenabstand kann mit einer Fühlerlehre …

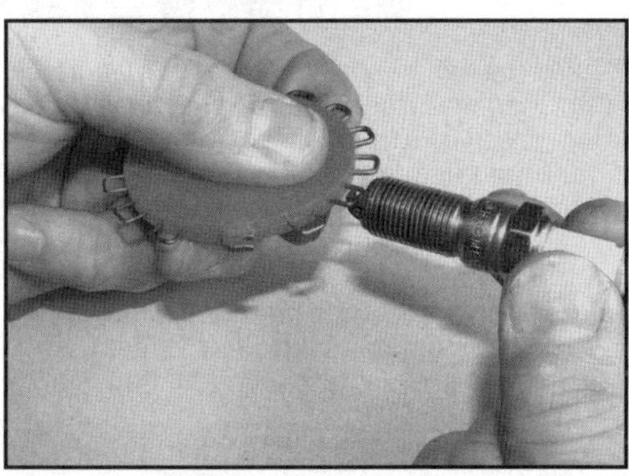

19.12b … oder einer speziellen Drahtlehre ermittelt werden.

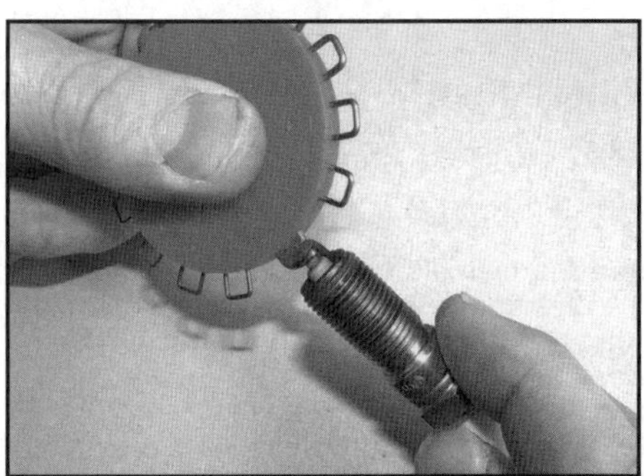

19.12c Biegen Sie die Masseelektrode nötigenfalls vorsichtig nach.

13 Vor dem Einbau der Zündkerze muss ggf. geprüft werden, ob die Hülse fest auf die Gewindespitze geschraubt ist. Die Zündkerze und ihr Gewinde müssen sauber sein. Braune Ablagerungen am Porzellan (direkt über dem Metallgehäuse) sind normal und weisen normalerweise nicht auf ein Leck zwischen Isolator und Gehäuse hin.

14 Prüfen Sie vor dem Einbau der Zündkerze, ob das Gewinde und die Dichtfläche im Zylinderkopf sauber sind – reinigen Sie sie nötigenfalls mithilfe eines mit um einen Pinsel gewickelten Lappen. Versehen Sie das Zündkerzengewinde zum Schutz vor Korrosion dünn mit Kupferpaste und drehen Sie die Kerze möglichst weit per Hand in den Motor – so wird verhindert, dass die Zündkerze verkantet (siehe Praxis-Tipp).

Praxis-Tipp

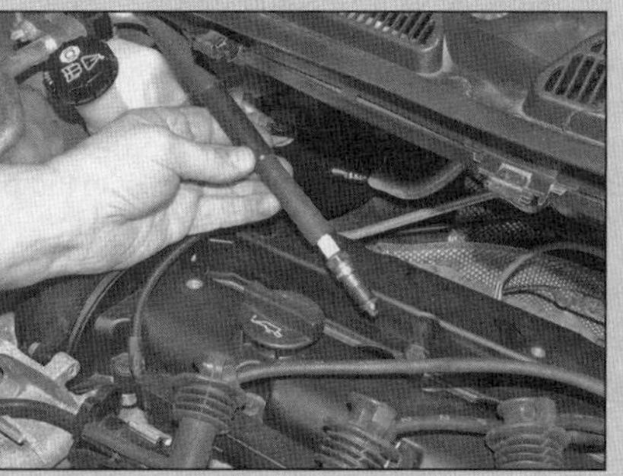

Zündkerzen lassen sich oft nur schwer in den Motor schrauben. Damit sie auch in tiefere Kanäle von Hand geschraubt werden können (sodass sie nicht verkanten), wird ein Schlauch aufgeschoben, der flexibel genug ist, die Kerze senkrecht zu ihrem Gewinde aufzusetzen. Sollte die Zündkerze beim Einschrauben verkanten, wird der Schlauch überrutschen, und es muss ein neuer Versuch gestartet werden.

15 Sobald die Zündkerze handfest eingeschraubt ist, wird sie mithilfe des Drehmomentschlüssels mit 12 Nm angezogen. Falls kein Drehmomentschlüssel zur Hand ist, darf die Zündkerze nach dem Aufliegen auf der Dichtfläche nicht mehr als eine 1/16 Umdrehung weitergedreht werden – zu fest angezogene Zündkerzen können leicht das Aluminium des Zylinderkopfes beschädigen.
16 Richten Sie die Schraubenbohrung der Zündspule zu derjenigen im Ventildeckel aus und pressen Sie sie fest auf die Zündkerze. Installieren Sie die Schraube und ziehen Sie sie mit 10 Nm an.
17 Installieren Sie die anderen Zündkerzen auf die gleiche Weise.
18 Montieren Sie die Motorabdeckung.

20 Luftfilterelement – Ersetzen

Achtung: Fahren Sie niemals ohne Luftfilterelement mit dem Fahrzeug – dies kann zu erhöhtem Motorverschleiß und Fehlzündungen führen, die einen Motorraumbrand auslösen können.
1 Das Luftfiltergehäuse sitzt links im Motorraum.
2 Öffnen Sie die Motorhaube und ziehen Sie die Motorabdeckung nach oben ab (Abb. 19.4).
3 Lösen Sie die Schrauben des Luftfilterdeckels.

20.4 Heben Sie den Deckel an und entfernen Sie das Filterelement.

4 Heben Sie den Deckel links an und entfernen Sie das Filterelement (siehe Abbildung). Der Deckel kann nötigenfalls vollständig entfernt werden, um das Gehäuse zu reinigen:
5 Lockern Sie die Schellen des Ansaugschlauchs und des Resonator-Stutzens, um diese vom Luftfilterdeckel zu trennen.
6 Ziehen Sie den Deckel ab und entfernen Sie das Filterelement – merken Sie sich seine Einbaurichtung.
7 Das Filterelement muss nach 60.000 km ungeachtet seines Zustands ausgetauscht werden.
8 Falls das Filterelement aus anderen Gründen ausgebaut wurde, muss seine Unterseite auf Verschmutzung und Verölung kontrolliert werden. Wenn es nur leicht verschmutzt ist, kann es von oben mit Druckluft ausgeblasen werden. Weil der Filter aus Papier besteht, darf er nicht ausgewaschen oder eingeölt werden. Ein stark verschmutztes oder veröltes Element muss ersetzt werden.

Warnung: Tragen Sie beim Einsatz von Druckluft stets eine Schutzbrille!

9 Falls der Luftfilterdeckel entfernt wurde, sollte das Gehäuse innen mit einem feuchten Lappen ausgewischt werden. Im Einlassbereich oder dem Luftmassenmesser dürfen sich keine Fremdkörper befinden.
10 Der Einbau entspricht der umgekehrten Ausbaureihenfolge – beachten Sie dabei folgende Punkte:

a) Das Filterelement muss richtig herum installiert werden – beachten Sie vorhandene Richtungspfeile.
b) Das Filterelement und der Deckel müssen korrekt sitzen, sodass keine ungefilterte Luft in den Motor gelangen kann.
c) Sichern Sie den Deckel mit den Schrauben und ziehen Sie ggf. die Schellen des Ansaugschlauchs und des Resonator-Stutzens an.

21 Keilrippenriemen – Ersetzen

1 Schalten Sie die Zündung ab und öffnen Sie die Motorhaube. Um den Zugang zur rechten Motorseite zu verbessern, können die Radmuttern des rechten Vorderrads gelockert, der Wagen rechts vorn angehoben und das Rad demontiert werden (siehe Seite 390). Demontieren Sie dann die rechte Radlaufabdeckung.
2 Falls der vorhandene Riemen wiederverwendet werden soll, muss seine Laufrichtung markiert werden, damit diese später sichergestellt werden kann.
3 Entspannen Sie den Riemen, indem Sie die Spannrolle mithilfe eines auf ihren Befestigungsbolzen angesetzten Schlüssels im Uhrzeigersinn drehen.
4 Heben Sie den Riemen von der Spannrolle und entspannen Sie diese wieder. Arbeiten Sie von unten und befreien Sie den Riemen von allen Riemenscheiben und Rollen – merken Sie sich seine Verlegung.
5 Kontrollieren Sie die Riemenscheiben – alle Nuten müssen sauber sein und nötigenfalls gereinigt und entfettet werden. Prüfen Sie die Funktion des Spanners – beim Drehen im Uhrzeigersinn muss starke Federkraft spürbar sein, beim Lösen muss er sanft wieder in seine Ursprungslage zurückkehren.
6 Falls der alte Riemen wiederverwendet werden soll, muss mithilfe der angebrachten Markierungen dafür gesorgt werden, dass er in der ursprünglichen Laufrichtung dreht. Richten Sie die Keilrippen des Riemens so zu den Nuten der Riemenscheiben aus, dass der Riemen korrekt sitzt und nicht übersteht. Achten Sie auf die korrekte Verlegung (siehe Abbildung) – beginnen Sie oben und arbeiten Sie sich nach unten zur Kurbelwellen-Riemenscheibe vor; drehen Sie die

Spannrolle im Uhrzeigersinn, legen Sie den Riemen über die untere Riemenscheibe und entspannen Sie die Spannrolle wieder.

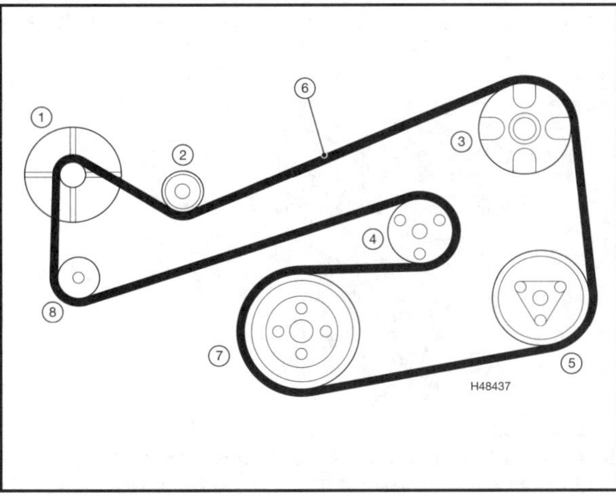

21.6 Verlegung des Keilrippenriemens am 2,0 l-Benzinmotor

1 Lichtmaschine
2 Umlenkrolle
3 Servolenkungspumpe
4 Wasserpumpe
5 Klimaanlagen-Kompressor
6 Keilrippenriemen
7 Kurbelwelle
8 Riemenspanner

7 Drehen Sie den Riemen mit einem am Bolzen der Kurbelwellen-Riemenscheibe angesetzten Schlüssel mindestens zwei Umdrehungen im Uhrzeigersinn, damit sich der Riemen setzen kann, und prüfen Sie, ob er korrekt installiert ist.
8 Montieren Sie alle entfernten Komponenten in der umgekehrten Ausbaureihenfolge. Senken Sie das Fahrzeug ab und ziehen Sie die Radmuttern mit 140 Nm an.

22 Hydraulikflüssigkeit – Austausch

Warnung:
- ***Hydraulikflüssigkeit kann zu Augenverletzungen führen und Lackoberflächen angreifen, bewahren Sie deshalb beim Umgang hiermit größte Sorgfalt.***
- ***Benutzen Sie NIEMALS Bremsflüssigkeit, die längere Zeit offen gestanden hat, da sie Feuchtigkeit aus der Luft absorbiert, was zu einem gefährlichen Verlust an Bremswirkung führen kann.***

1 Die Prozedur ähnelt dem Entlüften der Hydraulik, wie in Kapitel 9, Sektion 2 (Bremse) oder Kapitel 6, Sektion 5 (Kupplung) beschrieben. Nur wird hier der Ausgleichsbehälter zunächst entleert – möglichst durch Abpumpen – und dann beim Herauspumpen beobachtet, wann frische Bremsflüssigkeit austritt.
2 Gehen Sie wie in Kapitel 9, Sektion 2 beschrieben vor, öffnen Sie das erste Entlüftungsventil, und pumpen Sie sanft mit dem Bremspedal, bis fast die gesamte Bremsflüssigkeit aus dem Ausgleichsbehälter abgepumpt ist.

Praxis-Tipp

Alte Hydraulikflüssigkeit ist deutlich dunkler als frische. Pumpen Sie so lange Hydraulikflüssigkeit heraus, bis helle Flüssigkeit austritt.

3 Füllen Sie bis zur MAX-Markierung frische Hydraulikflüssigkeit in den Ausgleichsbehälter und pumpen Sie sie so lange durch, bis sämtliche alte Flüssigkeit aus dem System gepumpt ist. Füllen Sie dabei regelmäßig frische Hydraulikflüssigkeit nach. Ziehen Sie die Entlüftungsschraube anschließend sorgfältig an und stecken Sie die Kappe auf.
4 Gehen Sie bei den anderen Entlüftungsschrauben genauso vor. Achten Sie darauf, dass der Pegel im Ausgleichsbehälter nicht unter die MIN-Markierung fällt – falls Luft ins Hydrauliksystem eindringt, muss es zeitaufwendig entlüftet werden.
5 Entlüften Sie die Kupplung wie in Kapitel 6, Sektion 5 beschrieben.
6 Prüfen Sie zum Schluss, ob alle Entlüftungsschrauben fest sitzen und mit den Gummikappen ausgerüstet sind. Waschen Sie Spritzer ab und kontrollieren Sie erneut den Pegel im Ausgleichsbehälter.
7 Prüfen Sie die Funktion der Bremse bzw. der Kupplung, bevor Sie das Fahrzeug im Straßenverkehr bewegen.
8 Entsorgen Sie die alte Hydraulikflüssigkeit (separat von Ölen!) im Fachhandel, wo sie auch verkauft wird – hier ist man verpflichtet, »handelsübliche« Mengen wieder zurückzunehmen.

23 Schaltgetriebe – Ölpegelkontrolle

1 Das Schaltgetriebe ist nicht mit einem Peilstab ausgerüstet – stattdessen muss der Pegel über die Einfüllschraube kontrolliert werden. Heben Sie das Fahrzeug an und stützen Sie es sicher ab (siehe Seite 390) – achten Sie darauf, dass es waagerecht steht. Halten Sie Tücher oder Lappen bereit, um abtropfendes Öl aufzunehmen.
2 Die auch als Kontrollschraube dienende Einfüllschraube sitzt vorn am Getriebe (siehe Abbildung) – lösen Sie sie mit einem geeigneten Inbusschlüssel (sie kann sehr fest sitzen).

23.2 Einfüll-/Kontrollschraube am Schaltgetriebe

3 Der Ölpegel muss am unteren Rand der Einfüllöffnung stehen.
4 Falls der Pegel weiter unterhalb steht, muss Getriebeöl nachgefüllt werden – erledigen Sie dies mit einer Spritze oder einer kleinen Flasche samt Schlauch.
5 Füllen Sie Öl auf, bis es herauszutropfen beginnt, und warten Sie, bis der Pegel korrekt ist.
6 Installieren Sie die Einfüll-/Kontrollschraube und ziehen Sie sie mit 35 Nm an. Senken Sie das Fahrzeug ab, führen Sie eine Probefahrt durch und kontrollieren Sie den Bereich um die Schraube auf Undichtigkeiten.
7 Falls regelmäßig Getriebeöl nachgefüllt werden muss, ist die Ursache hierfür unverzüglich zu beseitigen, da es bei Ölmangel rasch verschleißt.

24 Fernbedienung – Batteriewechsel

Anmerkung: *Alle Fernbedienungen sind mit 3-Volt-Knopfbatterien des Typs CR2032 ausgerüstet.*

1 Falls die Türverriegelung wiederholt nicht auf Drücken der im normalen Abstand gehaltenen Fernbedienung reagiert, sollte zunächst deren Batterie ausgetauscht werden, bevor anderen mögliche Ursachen nachgegangen wird. Obwohl nicht im Ford-Wartungsplan enthalten, sollte die Batterie unabhängig von der Laufleistung des Fahrzeugs alle zwei Jahre ersetzt werden.

Schlüssel mit klappbarem Blatt

2 Stecken Sie einen kleinen Schraubendreher seitlich in die Nut der Transmitter-Einheit und drücken Sie ihn zum Schlüsselblatt, um die beiden Gehäusehälften zu trennen (siehe Abbildungen).

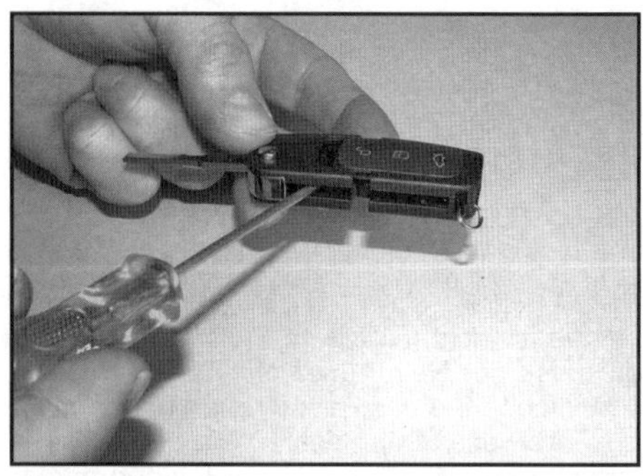

24.2a Stecken Sie einen kleinen Schraubendreher seitlich in die Nut der Transmitter-Einheit ...

24.2b ... und drücken Sie ihn zum Schlüsselblatt, um die beiden Gehäusehälften zu trennen.

24.3 Hebeln Sie die Transmitter-Einheit seitlich und vorn auseinander.

3 Hebeln Sie die Transmitter-Einheit mit einem seitlich und vorn eingeschobenen Schraubendreher auseinander (siehe Abbildung).

4 Hebeln oder klopfen Sie die alte Batterie aus ihrem Sitz und installieren Sie die korrekt ausgerichtete neue Batterie (Plus nach unten) (siehe Abbildung) – vermeiden Sie es, die Batterie direkt mit den Fingern zu berühren.

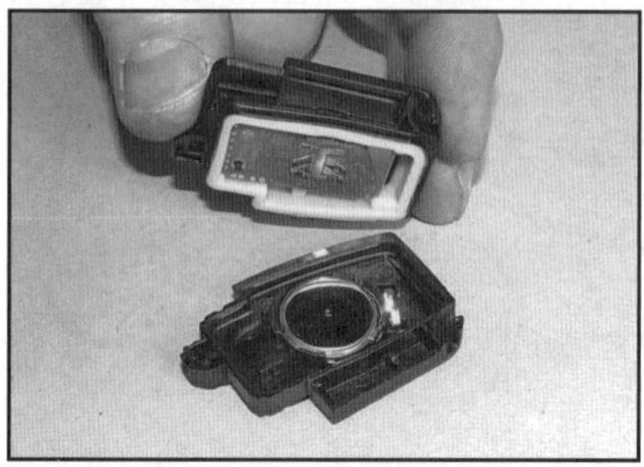

24.4 Beachten Sie die Einbaurichtung der Batterie, hebeln Sie sie heraus und installieren Sie eine neue.

5 Drücken Sie die Gehäusehälften der Transmitter-Einheit zusammen und schieben Sie das Schlüsselblatt-Teil auf.

Schlüssel ohne klappbare Blatt

Typ 1

6 Stecken Sie einen kleinen Schraubendreher in die Nut der Transmitter-Einheit und schieben Sie diese vom Schlüsselblatt-Teil (siehe Abbildung).

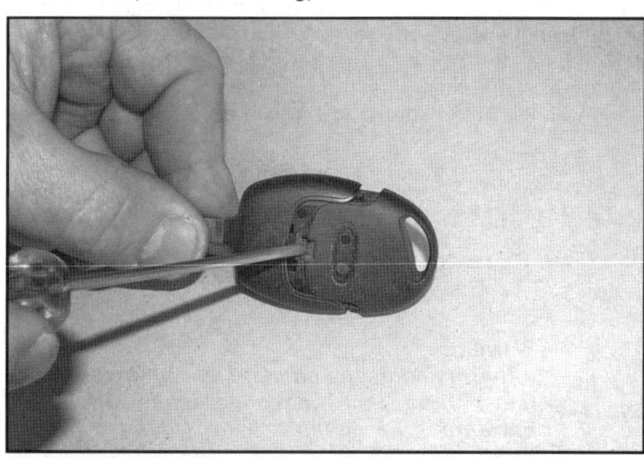

24.6 Drücken Sie mit einem Schraubendreher die Transmitter-Einheit vom Schlüsselblatt-Teil.

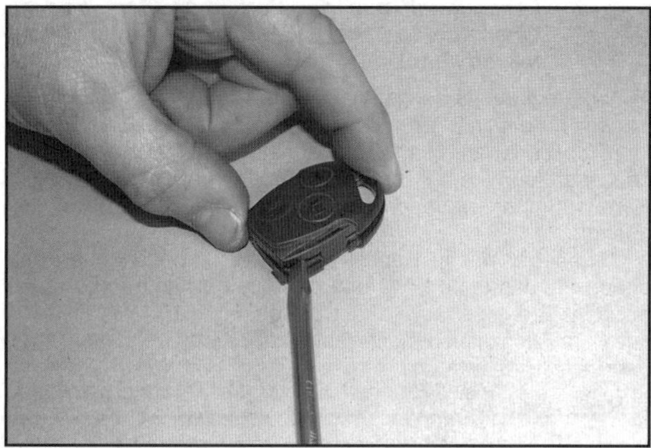

24.7 Drücken Sie an beiden Seiten die Lasche ein und öffnen Sie die Transmitter-Einheit.

7 Drücken Sie mit einem Schraubendreher an beiden Seiten die Lasche ein und öffnen Sie die Transmitter-Einheit (siehe Abbildung).
8 Hebeln oder klopfen Sie die alte Batterie aus ihrem Sitz und installieren Sie die korrekt ausgerichtete neue Batterie (Plus nach oben) (siehe Abbildung) – vermeiden Sie es, die Batterie direkt mit den Fingern zu berühren.

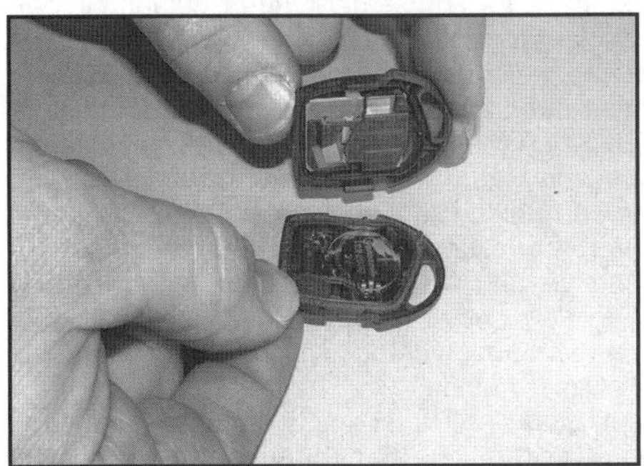

24.8 Beachten Sie die Einbaurichtung der Batterie, hebeln Sie sie heraus und installieren Sie eine neue.

9 Drücken Sie die Gehäusehälften der Transmitter-Einheit zusammen und schieben Sie das Schlüsselblatt-Teil auf.

Typ 2

10 Schieben Sie die Auslöser-Seite an der Oberseite zur Seite und entfernen Sie das Schlüsselblatt-Teil.
11 Stecken Sie einen kleinen Schraubendreher in die Nut oben in der Transmitter-Einheit und verdrehen Sie ihn, um die beiden Hälften zu trennen.
12 Hebeln oder klopfen Sie die alte Batterie aus ihrem Sitz und installieren Sie die korrekt ausgerichtete neue Batterie (Plus nach unten) – vermeiden Sie es, die Batterie direkt mit den Fingern zu berühren.
13 Drücken Sie die Gehäusehälften der Transmitter-Einheit zusammen und schieben Sie das Schlüsselblatt-Teil auf.

Typ 3

14 Drücken Sie die zwei Laschen an der Seite des Transmitters und heben Sie vorsichtig die Abdeckung ab (siehe Abbildung).

24.14 Drücken Sie die zwei Laschen an der Seite des Transmitters und heben Sie vorsichtig die Abdeckung ab.

15 Entfernen Sie das Schlüsselblatt aus der Transmitter-Einheit (siehe Abbildung).
16 Stecken Sie einen kleinen Schraubendreher in die Nut oben in der Transmitter-Einheit und verdrehen Sie ihn, um die beiden Hälften zu trennen (siehe Abbildung).
17 Stecken Sie den Schraubendreher seitlich in den Transmitter, um ihn zu öffnen (siehe Abbildung).

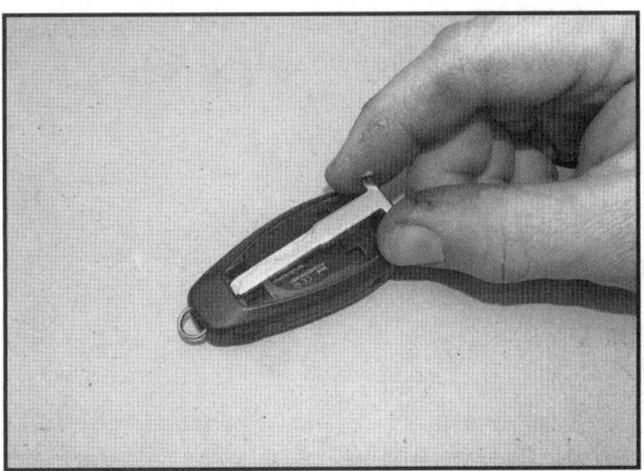

24.15 Befreien Sie das Schlüsselblatt aus der Transmitter-Einheit.

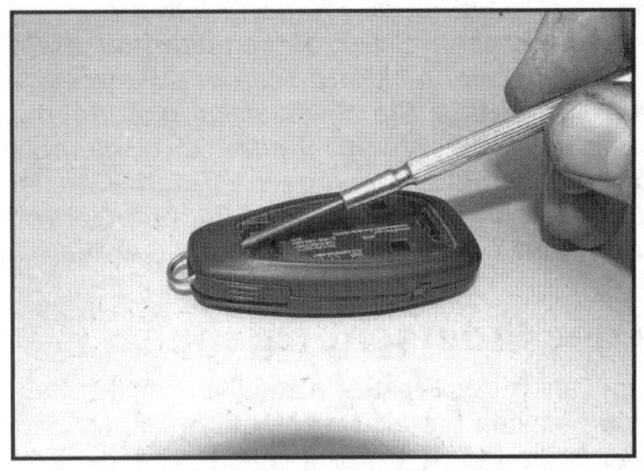

24.16 Stecken Sie einen kleinen Schraubendreher in die Nut oben in der Transmitter-Einheit und verdrehen Sie ihn, um die beiden Hälften zu trennen.

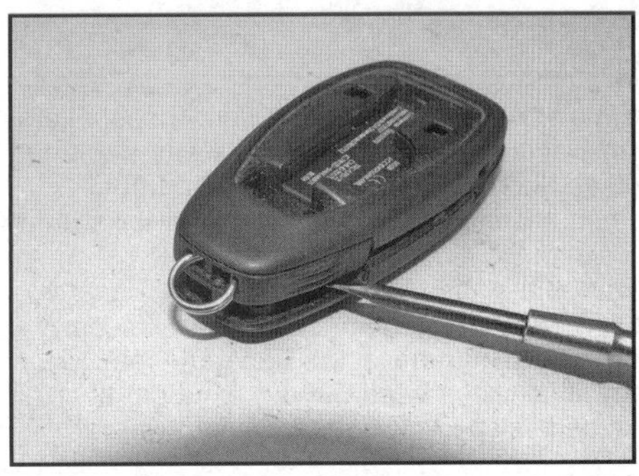

24.17 Hebeln Sie den Transmitter mit dem Schraubendreher auf.

18 Hebeln oder klopfen Sie die alte Batterie aus ihrem Sitz und installieren Sie die korrekt ausgerichtete neue Batterie (Plus nach unten) (siehe Abbildung) – vermeiden Sie es, die Batterie direkt mit den Fingern zu berühren.

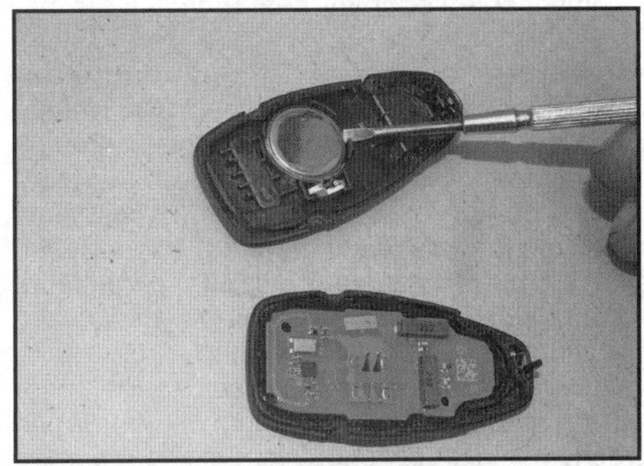

24.18 Beachten Sie die Einbaurichtung der Batterie, hebeln Sie sie heraus und installieren Sie eine neue.

19 Drücken Sie die Gehäusehälften der Transmitter-Einheit zusammen und installieren Sie die Abdeckung.

25 Kühlflüssigkeit – Kontrolle des Frostschutzgehalts und Austausch

Warnung: Diese Arbeit darf erst ausgeführt werden, wenn der Motor abgekühlt ist. Öffnen Sie niemals bei heißem Motor den Deckel des Ausgleichsbehälters, da Dampf und heiße Flüssigkeit zu Verbrühungen führen können!

Warnung: Lassen Sie Frostschutzmittel nicht auf die Haut oder lackierte Teile des Fahrzeugs gelangen. Spülen Sie Spritzer umgehend mit reichlich Wasser ab. Kühlmittel darf niemals in offenen Behältern gelagert werden – es ist giftig und kann durch seinen süßlichen Geruch Kindern und Tieren zum Verhängnis werden.

Kontrolle des Frostschutzgehalts

1 Prüfen Sie den Gehalt des Frostschutzmittels mithilfe eines Hydrometers und befolgen Sie die beigefügte Anleitung. Der Frostschutzgehalt sollte bei 50 Prozent liegen – bei deutlich niedrigerem Gehalt muss etwas Kühlmittel aus dem Kühler abgelassen (siehe unten) und der Ausgleichsbehälter mit Frostschutzmittel aufgefüllt werden. Kontrollieren Sie den Gehalt erneut und wiederholen Sie die Prozedur nötigenfalls.

Ablassen

2 Entfernen Sie zunächst den Deckel des Ausgleichsbehälters.
3 Ziehen Sie die Handbremse an, heben Sie das Fahrzeug vorn an und stützen Sie es sicher ab (siehe Seite 390).
4 Stellen Sie einen ausreichend großen Behälter links unter den Kühler.
5 Öffnen Sie den Kühlmittel-Auslass und lassen Sie das Kühlmittel ablaufen. Verschließen Sie den Auslass wieder.
6 Falls das Kühlmittel aufgrund einer Reparatur am Motor oder Kühlsystem abgelassen wurde und noch nicht sehr alt sowie sauber ist, darf es später wiederverwendet werden.

Spülen

7 Falls der Wechsel des Kühlmittels vernachlässigt oder das Gemisch verdünnt wurde, verliert das Kühlsystem mit der Zeit seine Wirksamkeit, da sich die Kühlkanäle mit Rost, Ablagerungen und anderen Sedimenten zusetzen. Die Wirksamkeit kann durch das Spülen des Systems wiederhergestellt werden. Spülen Sie das Kühlsystem nach jedem Austausch von Komponenten oder vor dem Einfüllen frischer Kühlflüssigkeit.
8 Nachdem das Kühlmittel abgelassen ist, wird der Kühler-Ablass verschlossen und das System mit frischem Wasser aufgefüllt. Installieren Sie den Deckel des Ausgleichsbehälters. Starten Sie den Motor und bringen Sie ihn auf Betriebstemperatur. Schalten Sie ihn ab, lassen Sie ihn vollständig abkühlen und entleeren Sie das System erneut. Wiederholen Sie dies nötigenfalls, bis nur noch sauberes Wasser abläuft. Füllen Sie das Kühlsystem anschließend mit dem korrekten Kühlmittel auf.
9 Wenn stets sauberes und weiches Wasser sowie hochwertiges Frostschutzmittel (das nicht unbedingt den Vorgaben von Ford entsprechen muss) verwendet wird, sollte die oben beschriebene Prozedur ausreichen, um das Kühlsystem längere Zeit sauber zu halten. Wurde das Kühlsystem allerdings vernachlässigt, müssen weitere Schritte durchgeführt werden:
10 Entleeren Sie zuerst das Kühlsystem. Ziehen Sie dann den oberen und unteren Kühlerschlauch ab. Verbinden Sie einen Gartenschlauch mit dem oberen Kühlerstutzen und lassen Sie solange Wasser durch den Kühler strömen, bis dies unten sauber wieder austritt.
11 Zum Spülen des Motors muss der Gartenschlauch in den unteren Kühlerschlauch gesteckt und mit Lappen umwickelt werden, um ihn abzudichten. Lassen Sie solange Wasser durch den Motor strömen, bis dies oben sauber wieder austritt.
12 Versuchen Sie, den Motor in entgegengesetzte Richtung zu spülen – dies wird wahrscheinlich nicht funktionieren, da der Thermostat den Kühlkreislauf schließt.
13 Bei starker Verunreinigung muss der Kühler in entgegengesetzte Richtung gespült werden – stecken Sie dazu den Gartenschlauch in den unteren Stutzen und umwickeln Sie ihn mit Lappen, um ihn abzudichten. Spülen Sie so lange, bis oben sauberes Wasser austritt.
14 Wird vermutet, dass der Kühler stark verstopft ist, muss er ausgebaut (siehe Kapitel 3, Sektion 6), auf den Kopf gestellt und erneut in entgegengesetzte Richtung gespült werden (Schritt 13).
15 Die Verwendung chemischer Reinigungsmittel ist nicht empfehlenswert und gilt nur als letzte Rettung, da der Einsatz von Chemie zu anderen Problemen führen kann. Im Normalfall hilft der regelmäßige Wechsel des Kühlmittels gegen starke Ablagerungen im Kühler.

Frostschutzmittel und Gemisch

Achtung: Verwenden Sie kein Motor-Kühlmittel im Wischwasserbehälter, da es den Lack angreift; hierfür gibt es spezielle Frostschutzmittel.
16 Bei einer unbekannten Wartungs-Historie und somit Unwissen über die Qualität des Kühlmittels sollte das alte Kühlmittel abgelassen und das Kühlsystem sorgfältig entgegen der Strömungsrichtung gespült werden, bevor frisches Kühlmittel aufgeführt wird.
17 Soweit Frostschutzmittel nach Ford-Vorgaben verwendet wird, müssen die Mischungs-Hinweise auf der Verpackung beachtet werden.
18 Ford empfiehlt unter üblichen Witterungsbedingungen ein Gemisch aus gleichen Teilen Frostschutzmittel und weichem Wasser (nach Volumen) – achten Sie darauf, ob das gekaufte Frostschutzmittel bereits vorgemischt ist.
19 Weil nur selten das gesamte Kühlsystem entleert wird und die vorgegebene Menge von 6,2 Liter eher ein akademischer Wert ist, sollte davon ausgegangen werden, dass – außer nach einer Komplett-Entleerung des Motors – nur ca. 4 Liter erneuert werden können.
20 Weil das Kühlsystem nach dem Spülen teilweise mit klarem Wasser gefüllt ist, sollte die Hälfte des erforderlichen Frostschutzmittels in den Ausgleichsbehälter gefüllt und dann mit Wasser aufgefüllt werden. Erforderliche Ergänzungen sollten jetzt mit frischem Wasser erfüllen – siehe *Wöchentliche Kontrollen*.
21 Kontrollieren Sie vor dem Auffüllen alle Schläuche auf einen guten Zustand und festen Sitz – frisches Frostschutzmittel findet rasch schwache Stellen im Kühlsystem.
22 Nach dem Auffüllen frischen Kühlmittels muss am Ausgleichsbehälter ein Hinweis angebracht werden, auf dem der Typ, die Konzentration, das Datum und die Laufleistung vermerkt ist. Zum Nachfüllen darf nur das gleiche Mittel verwendet werden.

Kühlsystem auffüllen

23 Bevor das Kühlsystem aufgefüllt wird, müssen alle Schläuche und Schellen auf einen guten Zustand und festen Sitz überprüft werden. Frostschutzmittel muss das ganze Jahr über verwendet werden, da es auch als Korrosionsschutz wirkt.

24 Weil das Kühlsystem nach dem Spülen teilweise mit klarem Wasser gefüllt ist, sollte zunächst die Hälfte des erforderlichen Frostschutzmittels aufgefüllt werden.
25 Füllen Sie das System langsam auf, bis der Pegel den Rand des Ausgleichsbehälters erreicht.
26 Starten Sie bei offenem Ausgleichsbehälter den Motor und lassen Sie ihn für etwa eine Minute mit ca. 2500/min laufen – hierdurch wird der Heizungskreis befüllt.
27 Schalten Sie den Motor ab und füllen Sie den Ausgleichsbehälter auf, bis der Pegel 15 mm über der MAX-Markierung steht.
28 Setzen Sie den Ausgleichsbehälterdeckel auf, starten Sie den Motor und lassen Sie ihn elf Minuten mit ca. 2500/min laufen – oder bis er Betriebstemperatur erreicht.
29 Lassen Sie den Motor weitere drei Minuten mit ca. 2500/min laufen und erhöhen Sie dann die Drehzahl für fünf Sekunden auf 4000/min.
30 Lassen Sie den Motor weitere drei Minuten mit ca. 2500/min laufen und schalten Sie ihn ab.
31 Kontrollieren Sie das Kühlsystem auf Undichtigkeiten und lassen Sie den Motor mindestens eine halbe Stunde abkühlen.
32 Entfernen Sie den Ausgleichsbehälterdeckel und füllen Sie Kühlmittel bis zur MAX-Markierung auf.

Allgemeine Kühlsystem-Kontrollen

33 Der Motor muss für die Kontrolle vollständig abgekühlt sein, lassen Sie ihm dafür mindestens drei Stunden stehen.
34 Entfernen Sie den Ausgleichsbehälterdeckel und reinigen Sie ihn innen mit einem sauberen Lappen. Säubern Sie ebenso den Einfüllstutzen des Behälters – Korrosionsspuren weisen darauf hin, dass das Kühlmittel ausgetauscht werden sollte. Das Kühlmittel im Ausgleichsbehälter muss relativ sauber und durchsichtig sein – falls es rostfarben ist, muss es abgelassen und das Kühlsystem gespült werden.
35 Kontrollieren Sie sorgfältig alle Kühler- und Heizungsschläuche und ersetzen Sie alle rissigen, verformten oder verhärteten Schläuche.
36 Inspizieren Sie alle anderen Kühlsystem-Komponenten und ihre Verbindungen auf Undichtigkeiten. Ein Leck im Kühlsystem lässt sich normalerweise durch weiße Ablagerungen erkennen. Schadhafte Bauteile oder Dichtungen müssen ersetzt werden – beachten Sie dazu die Hinweise in Kapitel 3.

Luftblasen

37 Falls sich nach dem Entleeren und Auffüllen des Kühlsystems Symptome von Überhitzung zeigen, die zuvor nicht existierten, werden dafür wahrscheinlich Luftblasen verantwortlich sein, die den Kühlkreis behindern. Luftblasen entstehen oft, weil das System zu schnell aufgefüllt wurde.
38 Wird eine Luftblase vermutet, müssen alle zugänglichen Kühlerschläuche vorsichtig gedrückt werden – mit Luft gefüllte Schläuche fühlen sind anders an als wenn sie Kühlmittel enthalten. Nach dem Auffüllen des Kühlsystems steigen die meisten Luftblasen nach dem Abkühlen auf, sodass Kühlmittel nachgefüllt werden muss.
39 Sobald der Motor auf Betriebstemperatur ist, werden die Heizung und ihr Gebläse eingeschaltet, um ihre Funktion zu prüfen. Vorausgesetzt, das Kühlsystem ist korrekt befüllt, weist ein verzögertes Einsetzen der Heizung auf Luftblasen im System hin.
40 Luftblasen können aber nicht nur die Heizung ausfallen lassen, sondern den gesamten Kühlkreislauf unterbrechen. Prüfen Sie bei warmem Motor, ob der obere Kühlerschlauch warm ist – ein kalter Schlauch kann auf eine Luftblase oder einen nicht geöffneten Thermostaten hinweisen.
41 Falls das Problem weiter besteht, muss der Motor abgeschaltet werden und vollständig abkühlen. Öffnen Sie den Ausgleichsbehälterdeckel oder lockern Sie Kühlerschlauchschellen um Luft austreten zu lassen. Nötigenfalls muss das gesamte Kühlsystem entleert und gespült oder gereinigt werden. Lassen Sie das System nötigenfalls von einem Fachbetrieb absaugen und per Vakuum auffüllen.

Kontrolle des Ausgleichsbehälterdeckels

42 Der Motor muss für die Kontrolle vollständig abgekühlt sein.
43 Umwickeln Sie den Ausgleichsbehälterdeckel mit Lappen und drehen Sie ihn langsam ab.
44 Begutachten Sie die Gummidichtung im Deckel – falls sie verhärtet oder rissig ist, muss ein neuer Deckel beschafft werden.
45 Nach einigen Jahren oder einer hohen Laufleistung empfiehlt sich der generelle Austausch des Ausgleichsbehälterdeckels – er ist relativ preiswert. Falls das im Deckel integrierte Überdruckventil ausfällt, kann steigender Druck im Kühlsystem zu Schäden an Schläuchen und anderen Kühlsystem-Komponenten führen.

Kapitel 1B

Einstellungs- und Wartungsarbeiten – Modelle mit Dieselmotoren

Inhalt — Sektion

Schwierigkeitsgrade

Leicht. Geeignet für Anfänger mit wenig Erfahrung. 	**Relativ leicht.** Geeignet für Anfänger mit etwas Erfahrung. 	**Relativ schwierig.** Geeignet für geübte Selbstschrauber. 	**Schwer.** Geeignet für Selbstschrauber mit viel Erfahrung. 	**Sehr schwer.** Geeignet für Experten und Profis. 

1 Technische Daten

Schmiermittel und Flüssigkeiten .... **siehe Seite 23**

Füllmengen

Motoröl (bei Filterwechsel	5,6 Liter
Kühlsystem	8,1 Liter
Automatikgetriebe (Gesamtfüllmenge)	7,0 Liter
Schaltgetriebe	
Fünfganggetriebe	1,9 Liter
Sechsganggetriebe	1,75 Liter
Wischwasserbehälter	3,8 Liter
Kraftstofftank	70 Liter

Kühlsystem

Frostschutzgemisch (Ethylenglykol)	**Frostschutzmittel**	**Wasser**
Frostschutz bis –37 °C	50 %	50 %

Anmerkung: *Beachten Sie die Hinweise des Herstellers auf der Verpackung.*

Bremsen

Bremsbelag-Verschleißgrenze	
Vorderradbremsen	2,0 mm
Hinterradbremsen	1,5 mm

Fernbedienungs-Batterie

Typ	CR 2032 (3,0 Volt)

Anzugsdrehmomente	Nm
Automatikgetriebe-Ablassschraube	47
Automatikgetriebe-Einfüllschraube	40
Automatikgetriebe-Ölkontrollschraube	8
Motoröl-Ablassschraube	34
Radmuttern	140
Schaltgetriebe-Einfüll-/Kontrollschraube	35

2 Wartungsplan

1 Die in diesem Handbuch angegebenen Wartungsintervalle beziehen sich darauf, dass der Fahrzeugbesitzer – und nicht die Werkstatt – die Arbeiten durchführt. Es sind die von uns empfohlenen Minimum-Wartungsintervalle für täglich bewegte Fahrzeuge. Wer sein Auto in einem hervorragenden Zustand erhalten will, muss einige dieser Punkte öfter ausführen. Wir empfehlen, alle Wartungen regelmäßig durchzuführen, da hierdurch die Wirtschaftlichkeit, die Leistungsfähigkeit und der Wiederverkaufswert des Fahrzeugs erhalten bleiben.
2 Falls der Wagen viel in staubiger Umgebung, mit geringem Tempo (viel Stadtverkehr), mit Anhänger oder auf kurzen Strecken gefahren wird, empfehlen wir, die Wartungsintervalle zu verkürzen oder gar zu halbieren.
3 Ein Fahrzeug sollte bis zum Ablaufen der Garantie von einer von Ford anerkannten Fachwerkstatt gewartet werden, da andernfalls Garantieansprüche möglicherweise nicht anerkannt werden. Während der Garantiezeit dürfen nur Original-Ersatzteile eingebaut werden.

Alle 400 km oder wöchentlich

- ☐ Alle »Wöchentlichen Kontrollen«

Alle 10.000 km oder spätestens nach 6 Monaten

- ☐ Zurücksetzen der Wartungsintervall-Anzeige (Sektion 4)
- ☐ Wechsel des Motoröls und des Ölfilters (Sektion 6)

Anmerkung: *Ford schreibt den Austausch des Motoröls alle 20.000 km oder 12 Monate vor. Weil sich der Austausch des Motoröls und des Ölfilters sich äußerst positiv auf den Motor auswirkt, empfehlen wir jedoch, diesen Wechsel mindestens zweimal jährlich durchzuführen – besonders wenn das Fahrzeug viel auf Kurzstrecke eingesetzt wird.*

Alle 20.000 km oder spätestens nach 12 Monaten

- ☐ Austausch des Pollenfilters (Sektion 7)
- ☐ Kontrolle des Motorraums, aller Leitungen und Schläuche auf Undichtigkeiten (Sektion 8)
- ☐ Kontrolle des Keilrippenriemens (Sektion 9)
- ☐ Kontrolle des Kühlmittel-Frostschutzes (Sektion 28)
- ☐ Entwässern des Kraftstofffilters (Sektion 10)
- ☐ Kontrolle des Zustands und der Funktion der Sicherheitsgurte (Sektion 11)
- ☐ Kontrolle des Bremssystems (Sektion 12)
- ☐ Kontrolle der Antriebswellenmanschetten (Sektion 13)
- ☐ Kontrolle des Zustands und der Sicherheit der Lenkung und Radaufhängungen (Sektion 14)
- ☐ Kontrolle der Auspuffanlagen-Komponenten (Sektion 15)
- ☐ Festigkeitskontrolle der Radmuttern (Sektion 16)
- ☐ Schmieren aller Schlösser und Scharniere (Sektion 17)
- ☐ Kontrolle der Hupe, aller Lampen, der Scheibenwischer und der Wischwaschanlage (Sektion 18)
- ☐ Probefahrt (Sektion 19)

Alle 60.000 km oder spätestens nach 3 Jahren

Zusätzlich zu den oben aufgeführten Punkten:

- ☐ Austausch der Kraftstofffilters (Sektion 20)
- ☐ Austausch des Luftfilterelements (Sektion 21)

Alle 150.000 km

- ☐ Austausch des Zahnriemens (Sektion 22)

Anmerkung: *Bei manchen Motoren empfiehlt Ford, den Zahnriemen erst nach 200.000 km oder spätestens 10 Jahren zu wechseln. Wir empfehlen jedoch, die Wechselintervalle deutlich zu verkürzen – besonders, wenn das Fahrzeug viel auf Kurzstrecke gefahren und sehr oft abgeschaltet und wieder gestartet wird. Generell muss bedacht werden, dass ein reißender Zahnriemen zu schweren Motorschäden führen kann.*

Alle 200.000 km oder spätestens nach 10 Jahren

- ☐ Austausch des Zahnrippenriemens (Sektion 23)

Alle 2 Jahre (ungeachtet der Laufleistung)

- ☐ Austausch der Brems- und Kupplungsflüssigkeit (Sektion 24)
- ☐ Kontrolle des Automatikgetriebeöl-Pegels (Sektion 25)
- ☐ Kontrolle des Schaltgetriebeöl-Pegels (Sektion 26)
- ☐ Austausch der Fernbedienungs-Batterie (Sektion 27)
- ☐ Austausch des Kühlmittels (Sektion 28)*

** Ford schreibt vor, die Kühlflüssigkeit bei Verwendung des SuperPlus-Frostschutzmittels nach zehn Jahren auszutauschen. Bei jedem Zweifel über den Typ und den Zustand des Frostschutzmittels empfehlen wir, das Wechselintervall auf zwei Jahre zu verkürzen.*

3 Lage der Baugruppen

Motorraum – 2,0 l-TDCi-Turbomotor mit Abgasnorm Euro 3 oder 4

1 Motoröl-Peilstab
2 Motoröl-Einfülldeckel
3 Kühlmittel-Ausgleichsbehälter
4 Brems-/Kupplungsflüssigkeitsbehälter (bei Linkslenkern auf der anderen Seite)
5 Servolenkungsöl-Behälter
6 Wischwasserbehälter
7 Batterieabdeckung
8 Motorraum-Sicherungs-/Relaisbox
9 Luftfiltergehäuse

Motorraum – 2,0 l-TDCi-Turbomotor mit Abgasnorm Euro 5

1 Motoröl-Peilstab
2 Motoröl-Einfülldeckel
3 Kühlmittel-Ausgleichsbehälter
4 Brems-/Kupplungs-Ausgleichsbehälter (bei Linkslenkern auf der anderen Seite)
5 Servolenkungsöl-Behälter
6 Wischwasserbehälter
7 Batterieabdeckung
8 Motorraum-Sicherungs-/Relaisbox
9 Luftfiltergehäuse

Unterseite Frontbereich – 2,0 l-TDCi-Turbomotor mit Abgasnorm Euro 3 oder 4

1 *Bremssattel*
2 *Bremsschlauch*
3 *Ladeluftkühler-Luftrohr*
4 *Motoröl-Ablassschraube*
5 *Unterer Querlenker*
6 *Vordere Auspuffhalterung*
7 *Antriebswelle*
8 *Hintere Motorhalterung*
9 *Vorderer Hilfsrahmen*
10 *Hilfsrahmen-Querstrebe*
11 *Spurstangenkopf*

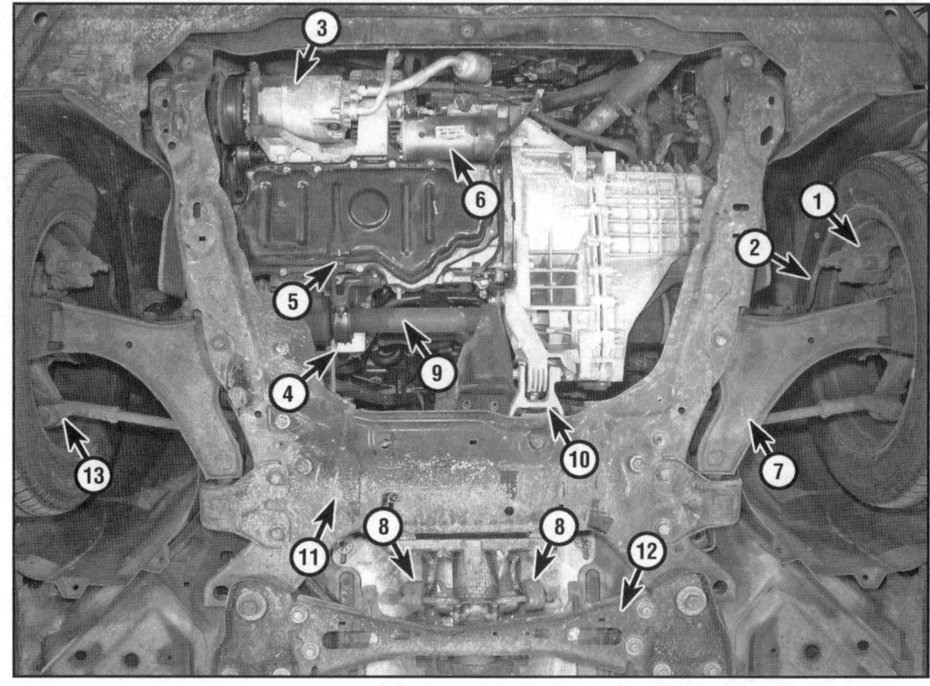

Unterseite Frontbereich – 2,0 l-TDCi-Turbomotor mit Abgasnorm Euro 5

1 *Bremssattel*
2 *Bremsschlauch*
3 *Ladeluftkühler-Luftrohr*
4 *Motoröl-Ablassschraube*
5 *Unterer Querlenker*
6 *Vordere Auspuffhalterung*
7 *Antriebswelle*
8 *Hintere Motorhalterung*
9 *Vorderer Hilfsrahmen*
10 *Hilfsrahmen-Querstrebe*
11 *Spurstangenkopf*

Unterseite – Heckbereich

1 *Stabilisator*
2 *Kraftstofffilter*
3 *Kraftstofftank*
4 *Auspuff-Endschalldämpfer*
5 *Stoßdämpfer*
6 *Schräglenker*
7 *Unterer Querlenker*
8 *Spurstange*
9 *Hilfsrahmen*

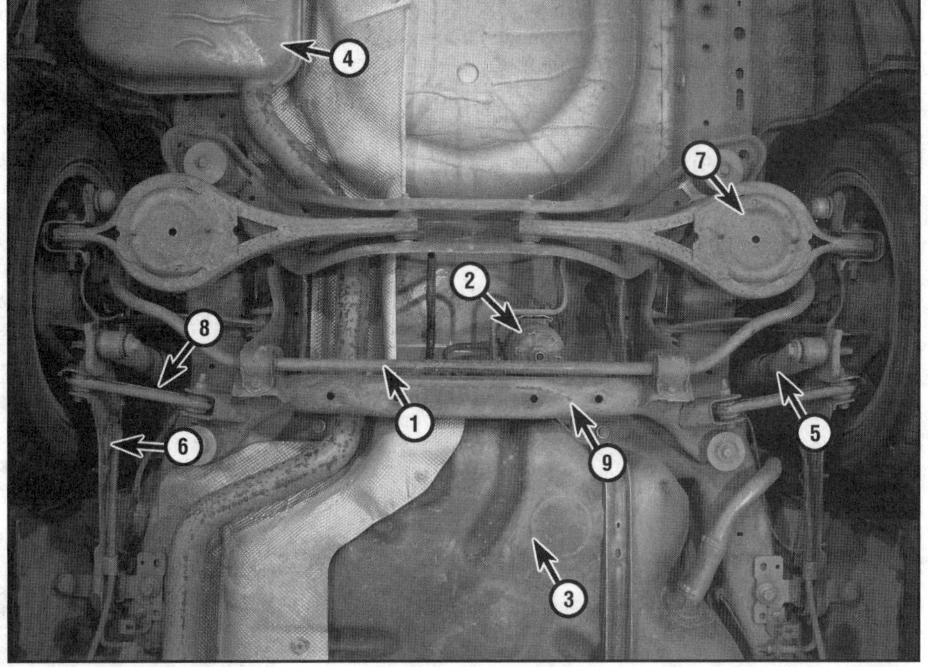

4 Allgemeine Informationen

1 Dieses Kapitel soll dem Hobbyschrauber helfen, sein Fahrzeug in einem sicheren und technisch guten Zustand zu halten, sodass es immer voll leistungsfähig ist und eine lange Lebensdauer erreicht.
2 Dieses Kapitel beinhaltet einen Master-Wartungsplan und Sektionen, die sich im Einzelnen mit jeder Aufgabe in diesem Plan beschäftigt; darin finden sich Sichtkontrollen, Einstellungen, der Austausch von Komponenten und andere hilfreiche Dinge. Das Auffinden der diversen Komponenten wird mithilfe der Motorraum- und Unterseitenbilder auf den vorherigen Seiten erleichtert.
3 Werden die Arbeiten am Fahrzeug entsprechend des Wartungsplans (s. o.) und der folgenden Sektionen durchgeführt, sollte dies zu einem lange und zuverlässig funktionierendem Fahrzeug führen. Es handelt sich um einen sehr umfangreichen Plan – und das regelmäßige Warten einiger Komponenten, aber die Vernachlässigung anderer Baugruppen bringt nicht die gleichen Ergebnisse.
4 Während der Wartungsarbeiten wird auffallen, dass viele Prozeduren gemeinsam erledigt werden können – entweder wegen der speziellen Prozeduren oder der unmittelbaren Nähe zweier ansonsten nicht zusammenhängender Komponenten. Wird das Fahrzeug beispielsweise aus einem bestimmten Grund angehoben, kann neben einer Kontrolle der Lenkung und Radaufhängungen auch gleich eine Inspektion des Auspuffs durchgeführt werden.
5 Der erste Schritt dieses Wartungsprogramms ist, sich selbst vor der eigentlichen Arbeit korrekt vorzubereiten. Alle relevanten Sektionen müssen sorgfältig durchgelesen werden. Dann wird eine Liste erstellt und alle erforderlichen Teile und Werkzeuge müssen beschafft werden. Falls ein Problem auftritt, muss Rat bei einem Ersatzteilhändler oder einer Fachwerkstatt gesucht werden.

Wartungsintervall-Anzeige

6 Bei dieser Anzeige handelt es sich um eine »Ölwechsel«-Warnleuchte oder einen »Service Oil«-Hinweis. Nach jedem Ölwechsel muss die Anzeige wie folgt zurückgesetzt werden:
a) Alle Türen müssen geschlossen sein.
b) Schalten Sie die Zündung ein und treten Sie für mindestens 15 Sekunden sowohl das Gaspedal als auch das Bremspedal fest herunter.
c) Drücken Sie bei betätigtem Gas- und Bremspedal den OK-Knopf am Lenkrad.
d) Lösen Sie die Pedale und schalten Sie die Zündung ab.

5 Große Inspektion

1 Wenn das Fahrzeug von Beginn an nach Wartungsplan inspiziert wurde und entsprechend der Hinweise in diesem Handbuch regelmäßig Flüssigkeitspegel und Verschleißteile überprüft worden sind, kann davon ausgegangen werden, dass sich der Motor in einem relativ guten Zustand befindet und kaum zusätzliche Arbeiten nötig sind.
2 Möglicherweise lief der Motor mangels regelmäßiger Wartung nicht korrekt. Dies kann bei Gebrauchtwagen, die nicht regelmäßig gewartet wurden, durchaus auftreten. In solchen Fällen können neben den üblichen Wartungsintervallen zusätzliche Arbeiten auftreten.
3 Bei Verdacht auf erhöhten Motorverschleiß kann ein Kompressionstest (siehe Kapitel 2B, Sektion 2) wertvolle Informationen über die Gesamtperformance wichtiger Motorinnereien liefern. Solch ein Test kann als Grundlage genutzt werden, um zu entscheiden, wie umfangreich die Arbeit ausfallen wird. Falls ein Kompressionstest beispielsweise auf einen hochgradigen Verschleiß von Motorkomponen-

ten hinweist, würde die in diesem Kapitel beschriebene konventionelle Wartung die Leistungsfähigkeit des Motors kaum verbessern und sich stattdessen als Zeit- und Geldverschwendung erweisen, solange nicht zuvor umfangreiche Überholungen (siehe Kapitel 2C) stattgefunden haben.

4 Die folgenden Arbeitsabläufe sind oft nötig, um die Leistungsfähigkeit eines generell schlecht laufenden Motors zu verbessern:

Primär-Tätigkeiten

a) Reinigung, Kontrolle und Testen der Batterie (siehe Wöchentliche Kontrollen)
b) Kontrolle aller für den Motor wichtigen Betriebsflüssigkeiten (siehe Wöchentliche Kontrollen)
c) Kontrolle aller Schläuche auf Undichtigkeit (Sektion 8)
d) Kontrolle des Zustands des Keilrippenriemens (Sektion 9)
e) Austausch des Kraftstofffilters (Sektion 20)
f) Kontrolle und ggf. Austausch des Luftfilterelements (Sektion 21).

5 Falls die oben beschriebenen Tätigkeiten nicht das gewünschte Ergebnis bringen, müssen zusätzlich die folgenden Arbeiten durchgeführt werden:

Sekundär-Tätigkeiten

g) Kontrolle des Batterieladesystems (siehe Kapitel 5A, Sektion 5)
h) Kontrolle der Glühkerzen (siehe Kapitel 5B, Sektion 11)
i) Kontrolle des Kraftstoffsystems (siehe Kapitel 4A, Sektion 3)

6 Motoröl und Ölfilter – Austausch

1 Ein regelmäßiger Öl- und Filterwechsel ist die wichtigste präventive Wartungsarbeit, die ein Hobbyschrauber zum Erhalt seines Fahrzeugs erledigen kann. Motoröl wird mit der Zeit schlecht und verunreinigt, sodass vorzeitiger Motorverschleiß einsetzt.

2 Bevor mit dieser Prozedur begonnen wird, müssen alle erforderlichen Werkzeuge beschafft sein. Um Spritzer aufzuwischen, werden Lappen oder Zeitungspapier benötigt. Motoröl sollte möglichst gewechselt werden, wenn der Motor nach einer Fahrt auf Betriebstemperatur ist; warmes Öl und Ölschlamm fließen so leichter ab. Bei Arbeiten unter dem Fahrzeug dürfen weder der Auspuff noch andere heiße Komponenten berührt werden. Um Verbrühungen vorzubeugen und sich selbst vor Hautreizungen und im Öl enthaltenen giftigen Stoffen zu schützen, sollten bei dieser Arbeit Handschuhe getragen werden.

6.3 Heben Sie die Motorabdeckung vorn und rechts hinten an, um sie nach vorn abzuziehen.

3 Entfernen Sie die obere Motorabdeckung – heben Sie dazu die rechte hintere Ecke und die vorderen Ecken an und ziehen Sie die Abdeckung nach vorn ab (siehe Abbildung).

4 Lösen Sie bei Euro-5-Motoren die Lasche des Öleinfüllrohrs und befreien Sie dies aus seiner Halterung (siehe Abbildung) – drücken Sie es beiseite, um Zugang zum Ölfilter zu erhalten.

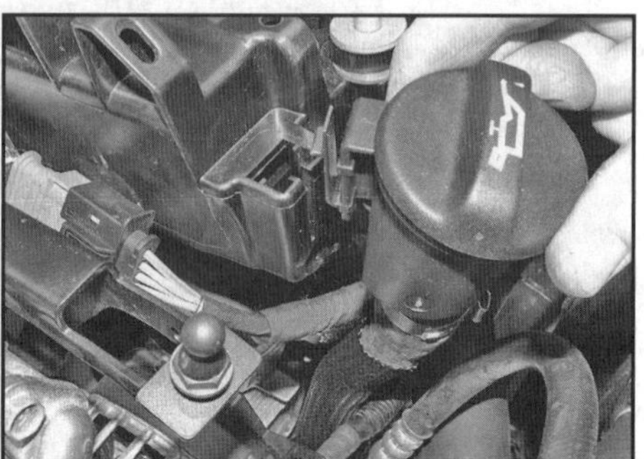

6.4 Lösen Sie die Lasche des Öleinfüllrohrs und befreien Sie dies aus seiner Halterung – Euro-5-Motor

6.5a Lösen Sie den Ölfilterdeckel ...

6.5b ... und entnehmen Sie ihn samt Filter.

6.5c Ziehen Sie das Filterelement aus dem Deckel ...

6.5d ... und entfernen sie den O-Ring.

5 Lösen Sie mithilfe eines 27er-Steckschlüssels samt Verlängerung den Ölfilterdeckel und heben Sie diesen samt Filterelement ab. Entnehmen Sie den Filter und auch den großen O-Ring des Deckels (siehe Abbildungen)
6 Reinigen Sie ggf. das Filtergehäuse und den Deckel und rüsten Sie diesen mit einem neuen O-Ring aus.
7 Stecken Sie das neue Filterelement in den Deckel und schrauben Sie diesen sorgfältig ins Gehäuse.
8 Sichern Sie bei Euro-5-Modellen das Öleinfüllrohr an seiner Halterung.
9 Der Zugang zur Unterseite des Autos wird deutlich besser, wenn es vorn angehoben, auf Rampen gefahren oder mit Böcken abgestützt wird (siehe Seite 390). Lösen Sie die Befestigungen der unter dem Motor angebrachten Kunststoffwanne und entfernen Sie diese.
10 Lockern Sie mit einem passenden Steckschlüssel die Ablassschraube und etwa eine halbe Umdrehung (siehe Abbildungen), stellen Sie einen geeigneten Sammelbehälter unter die Ablassschraube und drehen Sie diese vollständig heraus (siehe Praxis-Tipp).

6.10a Ölablassschraube der Euro-3- und 4-Motoren

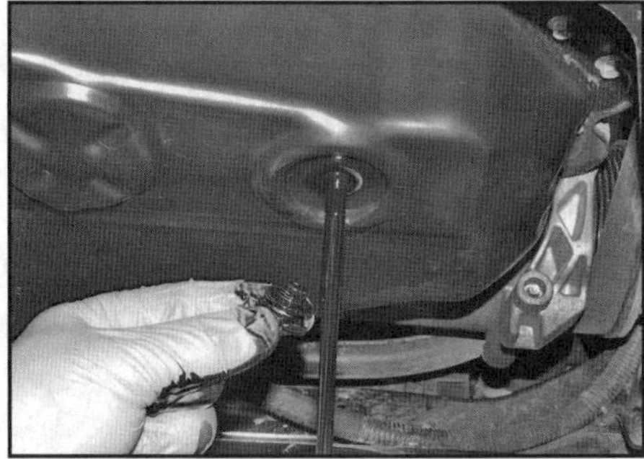

6.10b Lösen Sie die Ölablassschraube und lassen Sie das Motoröl vollständig ablaufen – hier gezeigt am Euro-5-Motor.

Praxis-Tipp

Drücken Sie die Ablassschraube während der letzten Umdrehungen von Hand gegen die Ölwanne und ziehen Sie sie dann rasch weg – so läuft das Öl nicht über die Hand und den Arm.

11 Geben Sie dem Öl genug Zeit zum Ablaufen – nötigenfalls muss der Behälter umgesetzt werden, wenn es nur noch tröpfelt.
12 Wischen Sie die Ablassschraube sauber, kontrollieren Sie die ggf. vorhandene Dichtscheibe (siehe Abbildung) und ersetzen Sie sie nötigenfalls – Ford empfiehlt einen generellen Austausch. Reinigen Sie den Bereich um die Ablaufbohrung, installieren Sie die mit der (ggf. neuen) Dichtscheibe ausgerüstete Ablassschraube und ziehen Sie sie mit 34 Nm an.

6.12 Dichtscheibe der Ölablassschraube

13 Entfernen Sie den mit Altöl gefüllten Sammelbehälter und sämtliches unter dem Fahrzeug liegendes Werkzeug und senken Sie den Wagen ab.
14 Füllen Sie etwa die Hälfte (ca. 2,8 Liter) des vorgeschriebenen Motoröls (siehe *Wöchentliche Kontrollen*) durch den Einfüllstutzen ein. Warten Sie ein paar Minuten, damit das Öl in die Ölwanne sickern kann. Füllen Sie dann Öl in kleinen Mengen nach, bis der Pegel an der unteren Markierung des Peilstabs erreicht ist. Bis zur oberen Markierung muss jetzt noch ein Liter nachgefüllt werden. Installieren Sie den Peilstab und den Einfülldeckel.
15 Starten Sie den Motor. Die Öldruck-Warnlampe wird noch einige Sekunden leuchten, bis der Ölfilter und alle Ölkanäle im Motor gefüllt sind. Die Drehzahl darf in diesem Zeitraum nicht erhöht werden. Lassen Sie den Motor einige Minuten laufen und kontrollieren Sie die Bereiche um den Ölfilter und die Ablassschraube auf Undichtigkeiten.
16 Schalten Sie den Motor ab und warten Sie einige Minuten, damit sich das Öl wieder in der Ölwanne gesammelt hat. Kontrollieren Sie erneut den Pegel und füllen Sie nötigenfalls etwas Öl nach.
17 Das alte Motoröl kann nicht mehr verwendet werden und muss in einen auslaufsicheren Behälter gefüllt werden. Jeder Händler, der technische Öle verkauft, ist auch dazu verpflichtet, entsprechende Mengen Altöl zurückzunehmen und zur fachgerechten Entsorgung oder zum Recycling zu bringen. Lassen Sie nie Altöl in die Kanalisation gelangen oder im Boden versickern!

7 Pollenfilter – Ersetzen

1 Befreien Sie im Beifahrerfußraum die Abdeckung unterhalb des Handschuhfachs (siehe Abbildungen).

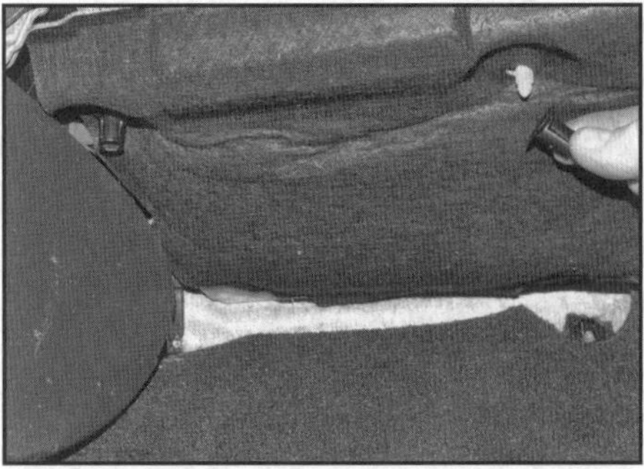

7.1a Schrauben Sie unterhalb des Handschuhfachs die zwei Halter ab …

7.1b … und entnehmen Sie die Abdeckung.

2 Drehen Sie die Verriegelung um 90°, senken Sie das Generische Elektronikmodul (GEM) ab und heben Sie es aus seinen beiden unteren Aufnahmen, um es beiseite zu legen (siehe Abbildungen).

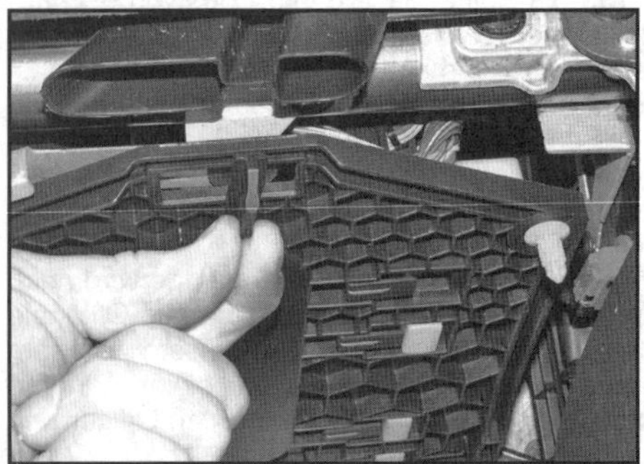

7.2a Drehen Sie die Verriegelung um 90°, senken Sie das GEM) ab …

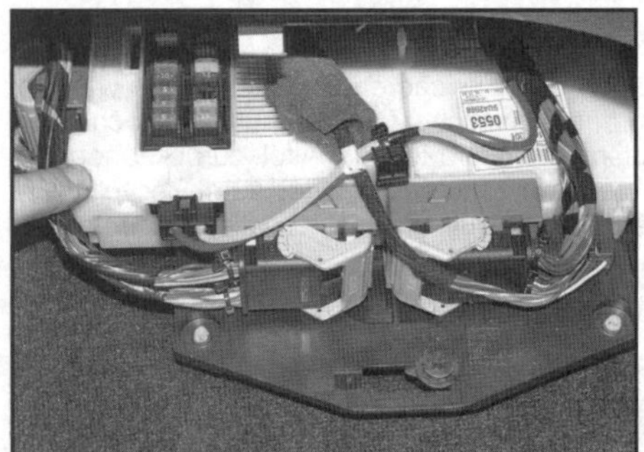

7.2b … und heben Sie es aus seinen beiden unteren Aufnahmen, um es beiseite zu legen.

3 Lösen Sie die drei Schrauben der Pollenfilter-Abdeckung und entfernen Sie diese (siehe Abbildungen). Der Zugang ist etwas begrenzt und kann durch die Demontage des Handschuhfachs (siehe Kapitel 11, Sektion 27) erleichtert werden.

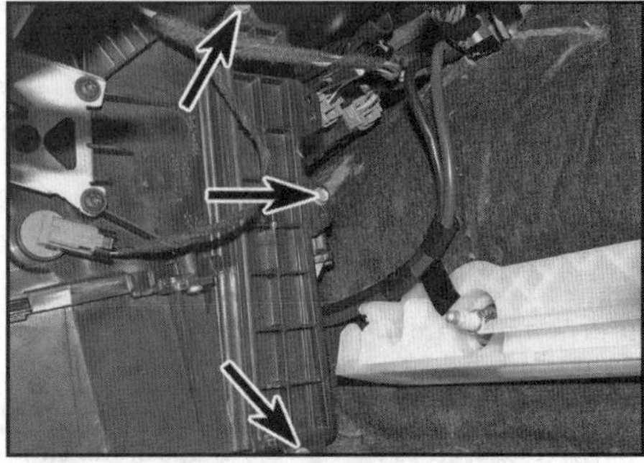

7.3a Lösen Sie die drei Schrauben …

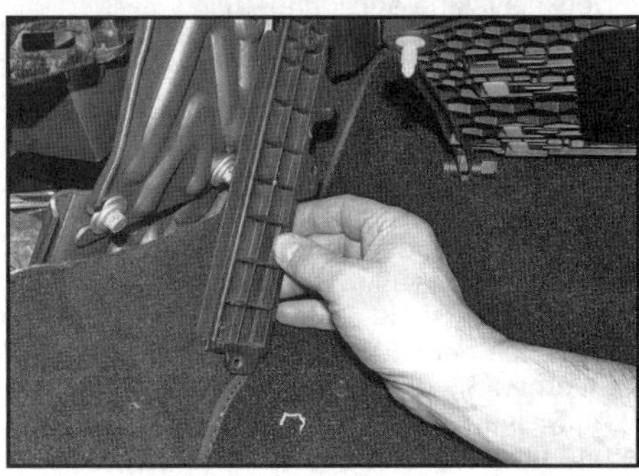

7.3b … und entfernen Sie die Pollenfilter-Abdeckung.

4 Ziehen Sie den Pollenfilter aus dem Gehäuse in den Fußraum und entfernen Sie ihn (siehe Abbildung).

7.4 Ziehen Sie den Pollenfilter aus dem Gehäuse.

5 Installieren Sie den neuen Filter in der umgekehrten Ausbaureihenfolge – achten Sie auf die korrekte Einbaurichtung (der Pfeil an der Oberseite muss ins Gehäuse zeigen).
6 Setzen Sie die Pollenfilter-Abdeckung und an und sichern Sie sie mit den drei Schrauben (Abb. 7.3b und a).
7 Montieren Sie ggf. das Handschuhfach (siehe Kapitel 11, Sektion 27).
8 Installieren Sie das GEM und die Abdeckung in der umgekehrten Ausbaureihenfolge.

8 Schläuche und Undichtigkeiten – Kontrolle

Anmerkung: *Beachten Sie auch die Hinweise in den Sektionen 12 und 24.*

Allgemein

1 Unterziehen Sie alle Motor-Dichtflächen, Dichtungen und Dichtringe auf Spuren ausgetretenen Öls oder Kühlmittels – beachten Sie dabei besonders die Bereiche um die Zylinderkopf-, die Ventildeckel-, die Ölfilter- und die Ölwannendichtung. Kontrollieren Sie ebenfalls das Getriebe und ggf. den Klimaanlagen-Kompressor auf Undichtigkeiten. Mit der Zeit können Dichtungen zu »schwitzen« beginnen, was aber normal ist; an »echten« Undichtigkeiten tropft Flüssigkeit ab. Werden solche Lecks entdeckt, muss die entsprechende Dichtung oder der Dichtring erneuert werden – beachten Sie das entsprechende Kapitel in diesem Handbuch.

2 Die hohen Temperaturen im Motorraum können Gummi- und Kunststoffschläuche am Motor, Nebenaggregaten und der Abgasregelung spröde und rissig werden lassen, sodass regelmäßige Kontrollen auf Alterung, lockere Schellen, Verhärtungen und Undichtigkeiten durchgeführt werden müssen.

3 Überprüfen Sie bei der Kontrolle der Schläuche auch deren Halterungen und Kabelbinder. Gerissene oder gebrochene Halterungen können dazu führen, dass Schläuche, Kabel oder Rohre scheuern – und rasch größere Schäden entstehen.

4 Überprüfen Sie sorgfältig alle Kühler- und Heizungsschläuche auf ihrer gesamten Länge; vergessen Sie nicht die zur Spritzwand führenden Heizungsschläuche und Rohre. Alle Schläuche, die Risse aufweisen, angeschwollen oder spröde sind, müssen ersetzt werden. Risse zeigen sich besser, wenn man den Schlauch von Hand an mehreren Stellen quetscht. Achten Sie besonders auf die Schellen, mit denen die Schläuche an den Kühlsystem-Komponenten gesichert sind. Eine zu fest angezogene Schlauchschelle kann einen Schlauch abklemmen oder durchstechen, sodass Kühlmittel austritt. Ersetzen Sie ggf. vorhandene Einweg-Schellen durch wiederverwendbare Schraubschellen.

5 Prüfen Sie die Festigkeit aller Schlauchverbindungen. Falls die größeren Schläuche des Ansaugtraktes locker sind, dringt Luft ein und das Standgas kann sich verschlechtern. Ersetzen Sie ggf. vorhandene Einweg-Schellen durch wiederverwendbare Schraubschellen.

6 Manche Schläuche sind mit Federklemmen auf ihren Stutzen gesichert. Falls diese Klemmen ermüdet sind, können Undichtigkeiten auftreten. Wo keine Klemmen zum Einsatz kommen, muss geprüft werden, ob die Schlauch-Enden nicht geweitet oder verhärtet sind, sodass sie undicht werden können.

7 Begutachten Sie alle Flüssigkeitsbehälter, Einfülldeckel, Ablassschrauben usw. auf Spuren ausgetretenen Öls, Kühlmittels oder Hydraulikflüssigkeit. Überprüfen Sie die Leitungen der Kupplungshydraulik zwischen dem Ausgleichsbehälter, dem Geberzylinder und dem Ausrückzylinder am Getriebe.

8 Falls das Fahrzeug stets an der gleichen Stelle geparkt wird, sollte der Untergrund regelmäßig auf ausgetretene Flüssigkeiten untersucht werden – Kondenswasserpfützen der Klimaanlage sind jedoch nach deren Betrieb normal. Legen Sie eine saubere Pappe unter den Motor, um mögliche Tropfen besser lokalisieren zu können – beachten Sie jedoch, dass der heiße Katalysator die Pappe nicht in Brand setzt.

9 Manche Undichtigkeiten entstehen nur bei laufendem Motor, bei großer Hitze oder bei kaltem Motor. Ziehen Sie die Handbremse, starten Sie den kalten Motor und begutachten Sie ihn von unten auf Undichtigkeiten.

10 Falls – besonders bei heißem Motor – ungewöhnliche Gerüche wahrgenommen werden, können dies Hinweise auf Undichtigkeiten sein.

11 Sobald ein Leck festgestellt wird, muss die Ursache gefunden und beseitigt werden. Wo längere Zeit Öl austrat, muss der angesammelte Schmutz wahrscheinlich mit einem Dampfstrahler oder Hochdruckreiniger entfernt werden, damit die Quelle besser lokalisiert werden kann.

Unterdruckschläuche

12 Vor allem die Unterdruckschläuche der Abgasregelung sind farbig markiert oder mit eingewebten Farbstreifen versehen. Verschiedene Systeme erfordern Schläuche mit unterschiedlich starker Wandstärke, Bruchfestigkeit und Temperaturbeständigkeit. Achten Sie beim Austausch von Schläuchen darauf, dass sie aus dem gleichen Material bestehen wie die ursprünglichen Schläuche.

13 Oft kann ein Schlauch nur kontrolliert werden, nachdem er vollständig ausgebaut ist. Falls mehr als ein Schlauch demontiert werden, müssen sie markiert werden, um wieder korrekt positioniert werden zu können.

14 Achten Sie bei der Kontrolle von Unterdruckschläuchen auf mögliche T-Stücke und kontrollieren Sie auch diese auf Schäden. Die Schläuche müssen sicher auf dem T-Stück sitzen.

15 Zur Lokalisierung von Unterdruck-Lecks kann ein Schlauch mit etwa 6 mm Innendurchmesser als Stethoskop verwendet werden, indem man ein Ende an sein Ohr und das andere Ende in die Nähe von Anschlüssen und anderen vermuteten Lecks hält – zischende Geräusche weisen auf Undichtigkeit hin.

Warnung: Achten Sie bei der Verwendung eines Schlauchs als Stethoskop darauf, dass dieser nicht in bewegliche Teile wie den Keilrippenriemen oder den Kühlerventilator gerät!

Kraftstoffschläuche

Warnung: Bei der Kontrolle und Arbeiten am Kraftstoffsystem sind bestimmte Vorsichtsmaßnahmen einzuhalten. Arbeiten Sie stets in gut belüfteter Umgebung und halten Sie offene Flammen vom Arbeitsbereich fern. Wischen Sie Benzinspritzer umgehend auf und lagern Sie entsprechende Lappen und Tücher abseits von Heizungen, offenen Flammen und Elektrogeräten.

16 Kontrollieren Sie alle Kraftstoffleitungen auf Alterungserscheinungen und Scheuerstellen. Kontrollieren Sie besonders die Bereiche an Biegungen und Anschlüssen.

17 Falls Kraftstoffschläuche ersetzt werden müssen, sollte auf hochwertigen Ersatz mit der Beschriftung »Fluorelastomer« zurückgegriffen werden. Keinesfalls dürfen unverstärkte Unterdruckschläuche, transparente Kunststoffschläuche oder Wasserschläuche verwendet werden, weil sie oft nicht (lange) kraftstofffest sind.

18 Kraftstoffschläuche sind oft mit Federklemmen gesichert, die jedoch nach längerer Zeit ihre Federkraft verlieren und beim Ausbau ermüden. Ersetzen Sie bei jedem Austausch von Schläuchen alle Federklemmen durch spezielle Kraftstoffleitungs-Schellen.

Metallrohre

19 Kraftstoffleitungen, Bremsleitungen und Klimaanlagen-Leitungen werden in vielen Bereichen als Rohre ausgeführt. Achten Sie darauf, dass Rohre nicht gequetscht oder geknickt sind und keine Ermüdungsrisse auftreten. Ein weiteres Problem bei Rohren ist Korrosion.

20 Falls ein Rohrsegment der Kraftstoffleitungen ausgewechselt werden muss, dürfen keine Rohre aus Kupfer oder Aluminium verwendet werden; nur nahtlos gezogene Stahlrohre bieten genügend Widerstand gegen normale Motorvibrationen.

21 Kontrollieren Sie Bremsleitungsrohre an den Anschlüssen zum Bremszylinder, zur ABS-Einheit und zu den Bremssätteln auf Risse und lockere Befestigungen. Jeder Hinweis auf ausgetretene Hydraulikflüssigkeit erfordert umgehende Kontrollen und Reparaturen.

Klimaanlagen-Kältemittel

Warnung: Beachten Sie zunächst die Sicherheitshinweise in Kapitel 3, Sektion 1!

22 Die Klimaanlage ist mit einem flüssigen Kältemittel befüllt, das unter beträchtlichem Druck steht. Falls das System ohne professionelle Hilfe geöffnet wird, tritt das Kältemittel umgehend aus und verdampft. Beim Kontakt mit Haut sorgt Kältemittel für starke Erfrierungen. Hinzu kommt, dass Kältemittel äußerst umweltschädlich ist. Lassen Sie das Ablassen und Arbeiten an Kältemittel-Leitungen daher stets von einem Fachbetrieb ausführen.
23 Jedes Leck im Klimaanlagen-System sollte unverzüglich bei einer Ford-Werkstatt oder einem Klimaanlagen-Fachbetrieb gemeldet werden. Lecks zeigen sich durch einen stetig abfallenden Kältemittel-Pegel.
24 Nachdem die Klimaanlage in Betrieb gewesen ist, ist es normal, dass aus dem Ablaufrohr des Verflüssigers Kondenswasser austritt.

9 Keilrippenriemen – Kontrolle

Allgemein

1 Der flache und mit mehreren Längsrippen versehene Riemen treibt rechts am Motor von der Kurbelwellen-Riemenscheibe aus die Lichtmaschine, die Wasserpumpe, die Servolenkungspumpe und ggf. den Klimaanlagenkompressor an.
2 Damit der Riemen korrekt arbeiten kann, muss er sich in einem guten Zustand befinden und korrekt gespannt sein. Aufgrund seiner Zusammensetzung verschleißt ein Keilrippenriemen mit der Zeit und kann reißen – eine regelmäßige Kontrolle ist daher unerlässlich.

Kontrolle

3 Schalten Sie die Zündung ab und öffnen Sie die Motorhaube. Um den Zugang zur rechten Motorseite zu verbessern, können die Radmuttern des rechten Vorderrads gelockert, der Wagen rechts vorn angehoben und das Rad demontiert werden (siehe Seite 390). Demontieren Sie dann die rechte Radlaufabdeckung.
4 Drehen Sie mithilfe eines Steckschlüssels samt Verlängerung die Kurbelwellen-Riemenscheibe im Uhrzeigersinn, um den/die Riemen über die gesamte Länge auf glänzende Scheuerstellen, Risse, ablösendes oder ausgefranstes Gewebe und andere Schäden inspizieren zu können – verwenden Sie dazu nötigenfalls eine Taschenlampe.
5 Verdrehen Sie den Riemen, um beide Seiten betrachten zu können; tasten Sie den Riemen nötigenfalls mit den Fingern ab, um unsichtbare Schäden zu entdecken. Ein schadhafter oder auch nur zweifelhafter Riemen muss ersetzt werden (siehe Sektion 23).

Riemenspannung

6 Der Keilrippenriemen wird automatisch gespannt, sodass regelmäßige Kontrollen nicht nötig sind. Eine Einstellung des Spanners ist nicht möglich.
7 Falls der Keilrippenriemen durchrutscht (durch Quietschen hörbar), muss der Riemenspanner ersetzt werden.

Austausch

8 Beachten Sie hierzu die Hinweise in Sektion 23.

10 Kraftstofffilter – Entwässern

Anmerkung: *Nach Beendigung dieser Prozedur muss das Kraftstoffsystem nötigenfalls entlüftet und vorgefüllt werden – hierzu werden Spezialwerkzeuge benötigt und die Arbeit kann kniffelig sein. Lesen Sie zunächst die gesamte Sektion 4 in Kapitel 4b durch.*
1 Der Kraftstofffilter befindet sich hinter dem Tank unter dem Fahrzeugboden – heben Sie das Fahrzeug entsprechend an, um Zugang zu erhalten (*siehe* Seite 390).
2 Positionieren Sie mehrere Lappen und einen Behälter unter dem Filter und stecken Sie einen transparenten Schlauch auf den Ablaufnippel (siehe Abbildung), halten Sie dessen anderes Ende in den Behälter.

10.2 Kraftstofffilter-Ablaufnippel

3 Lockern Sie den Ablaufnippel einige Umdrehungen und lassen Sie den Kraftstoff solange in den Behälter ablaufen, bis er keine Wassertropfen mehr enthält (siehe Abbildung). Ziehen Sie den Nippel wieder sorgfältig an.

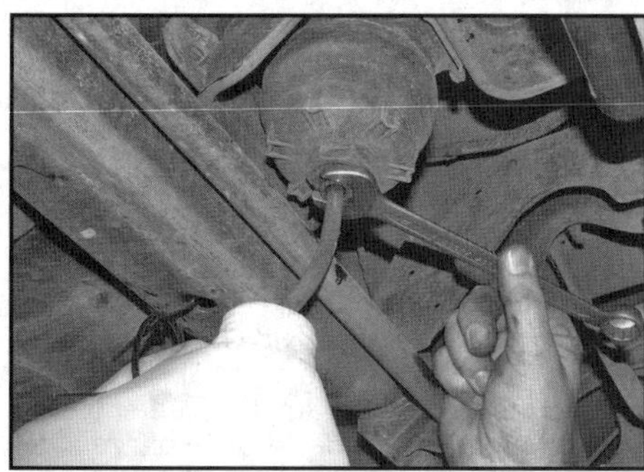

10.3 Lassen Sie solange Kraftstoff ablaufen, bis keine Wassertropfen mehr sichtbar sind.

11 Sicherheitsgurte – Kontrolle

1 Überprüfen Sie alle Gurte auf korrekte Funktion und guten Zustand. Ziehen Sie kräftig am Gurt, um zu kontrollieren, ob die Arretierung korrekt einrastet. Begutachten Sie das Gewebe auf Ausfransungen und Risse. Die Gurte müssen sich selbstständig wieder aufrollen.
2 Prüfen Sie die Festigkeit aller zugänglichen Gurt-, Umlenkungs- und Peitschen-Befestigungen.

12 Bremssystem – Kontrolle

Vorderradbremsen

1 Ziehen Sie die Handbremse fest an, heben Sie dann das Fahrzeug vorn an, und stützen Sie es sicher ab (siehe Seite 390). Demontieren Sie ggf. die Vorderräder, um einen besseren Zugang zu den Bremssätteln zu erhalten.
2 Die Belagstärke kann jetzt durch die Öffnung im Bremssattel kontrolliert werden (siehe Abbildung). Messen Sie mit einem Lineal nach – die Belagstärke darf nicht unter 2 mm liegen.

12.2 Nach der Demontage des Rades kann die Belagstärke durch die Öffnung des Bremssattels kontrolliert werden.

3 Für eine umfangreiche Kontrolle müssen die Bremsbeläge ausgebaut und gereinigt werden (siehe Kapitel 9, Sektion 4).
4 Kontrollieren Sie den Bremssattel der anderen Seite auf die gleiche Weise.
5 Falls das Belagmaterial auch nur eines Bremsbelages unter der Verschleißgrenze von 2 mm liegt, müssen alle vier Bremsbeläge beider Bremssättel als Set ausgetauscht werden (siehe Kapitel 9).
6 Kontrollieren Sie die vorderen Bremsscheiben (siehe Kapitel 9, Sektion 6).
7 Prüfen Sie vor der Montage der Räder alle Bremsleitungen und -Schläuche (siehe Kapitel 9, Sektion 3) – kontrollieren Sie besonders die Bremsschläuche an den Bremssätteln, da sie Lenkbewegungen ausgleichen müssen; drücken Sie die Schläuche mit den Fingern, um versteckte Risse, Brüche und andere Schäden zu entdecken (siehe Abbildung).

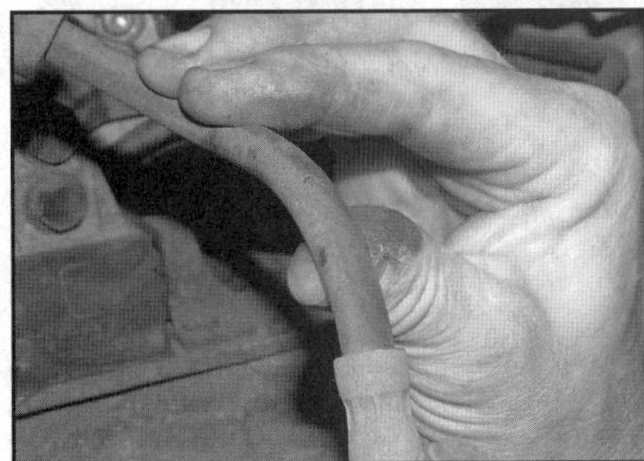

12.7 Drücken Sie die Bremsschläuche mit den Fingern, um versteckte Risse, Brüche und andere Schäden zu entdecken.

8 Montieren Sie die Vorderräder und senken Sie das Fahrzeug ab. Ziehen Sie die Radmuttern mit 140 Nm an.

Hinterradbremsen

9 Blockieren Sie die Vorderräder, heben Sie dann das Fahrzeug hinten an, und stützen Sie es sicher ab (siehe Seite 390). Demontieren Sie die Hinterräder.
10 Die Kontrolle der Hinterrad-Bremsbeläge ähnelt der an den Vorderradbremsen (siehe Schritte 2 bis 8) – die Belagstärke darf hier bis auf 1,5 mm absinken.

Handbremse

11 An leichtem Gefälle muss die fest angezogene Handbremse das Fahrzeug sicher halten. Lösen Sie die Bremse und prüfen Sie, ob das Fahrzeug ohne Schleifen der Bremsen ins Rollen kommt. Bei anderen Ergebnissen muss die Handbremse eingestellt werden (siehe Kapitel 9, Sektion 14).

13 Antriebswellen-Manschetten – Kontrolle

1 Das Fahrzeug muss vorn angehoben und sicher abgestützt sein (siehe Seite 390). Lenken Sie die Vorderräder bis zum Anschlag nach links oder rechts und drehen Sie dann langsam eines der Räder, um den Zustand der Manschette über dem äußeren Gleichlaufgelenk zu ermitteln – drücken Sie diese an verschiedenen Stellen von Hand, um die Bereiche in den Falten freizulegen (siehe Abbildung). Falls Risse oder andere Beschädigungen festgestellt werden, die Fett austreten lassen, kann hierdurch auch Wasser und Schmutz eindringen. Kontrollieren Sie ebenfalls die Schellen. Wiederholen Sie die Kontrolle an der inneren Manschette (siehe Abbildung) und am anderen Vorderrad. Falls irgendwelche Schäden oder Hinweise auf Alterung festgestellt werden, müssen die Manschetten ersetzt werden (siehe Kapitel 8).

13.1a Kontrollieren Sie die äußeren ...

13.1b ... und inneren Antriebswellen-Manschetten.

2 Kontrollieren Sie gleichzeitig den Zustand des Gleichlaufgelenks selbst, indem Sie die Antriebswelle festhalten und versuchen, das Rad zu drehen. Wiederholen Sie die Kontrolle, indem Sie den inneren Flansch halten und versuchen, die Antriebswelle zu drehen. Jedes fühlbare Spiel weist auf Verschleiß im Gelenk oder in den Mitnehmerverzahnungen hin – oder auf eine lockere Antriebswellenmutter.

14 Lenkung und Radaufhängungen – Kontrolle

Lenkung und Vorderradaufhängungen

1 Ziehen Sie die Handbremse an, heben Sie das Fahrzeug vorn an, und stützen Sie es sicher ab (siehe Seite 390).

2 Begutachten Sie die Staubkappen der Spurstangenköpfe und die Lenkstangen-Manschetten auf Risse, Scheuerstellen und Alterungserscheinungen (siehe Abbildung). Jeder Schaden an diesen Komponenten lässt Schmutz und Wasser eindringen und Schmiermittel austreten, sodass die Spurstangenköpfe und das Lenkgestänge rapide verschleißen.

14.2 Kontrollieren Sie die Lenkstangen-Manschetten auf Risse.

3 Greifen Sie das Rad in der 12-Uhr- und der 6-Uhr-Position und versuchen Sie, daran zu wackeln (siehe Abbildung). Sehr geringes Spiel ist normal, doch wenn deutliche Bewegung spürbar ist, müssen weitere Untersuchungen die Ursache ermitteln. Wackeln Sie weiter am Rad, während ein Assistent das Bremspedal betätigt. Wenn die Bewegung jetzt verschwunden oder deutlich verringert ist, werden wahrscheinlich die Radlager defekt sein oder ggf. Einstellungen benötigen. Ist das Spiel auch bei betätigter Bremse vorhanden, wird der Verschleiß an den Radaufhängungen oder Federsystemen zu suchen sein.

14.3 Wackeln Sie so am angehobenen Rad, um mögliches Spiel der Radlager zu ermitteln.

4 Greifen Sie jetzt das Rad jetzt in der 9-Uhr- und der 3-Uhr-Position und versuchen Sie erneut, daran zu wackeln. Jede jetzt fühlbare Bewegung kann wieder auf defekte Radlager zurückzuführen sein – oder auf Verschleiß in den Spurstangenköpfen. Falls das innere oder äußere Lenkgestänge-Kugelgelenk verschlissen ist, wird seine Bewegung deutlich zu beobachten sein. Spiel am inneren Gelenk kann ggf. erfühlt werden, wenn eine Hand über die Lenkstangen-Manschette gelegt und die Lenkstange gegriffen und mit der anderen Hand am Rad gewackelt wird.

5 Mithilfe eines zwischen die Federelemente und ihren Befestigungspunkten eingesetzten großen Schraubendrehers oder einer flachen Stange kann durch Hebeln Verschleiß in den Lagerbuchsen ermittelt werden. Da die Buchsen aus Gummi bestehen, ist etwas Bewegung normal, doch übermäßiger Verschleiß sollte deutlich fühlbar sein. Kontrollieren Sie auch den Zustand aller sichtbaren Gummibuchsen; achten Sie auf Risse und sprödes Gummi.

6 Während das Fahrzeug wieder auf seinen Rädern steht, dreht ein Assistent das Lenkrad etwa eine achtel Umdrehung hin und her – die Räder müssen sich ein kleines Stück bewegen. Ist dies nicht der Fall, müssen alle zuvor beschriebenen Gelenke und Halterungen genau untersucht werden, zusätzlich müssen auch die Kreuzgelenke und das Zahnstangengetriebe auf Verschleiß überprüft werden.

Hinterradaufhängungen

7 Blockieren Sie die Vorderräder, heben Sie dann das Fahrzeug hinten an, und stützen Sie es sicher ab (siehe Seite 390).

8 Kontrollieren Sie die Aufhängungen wie bei den Vorderrädern – überprüfen Sie hier die Radlager, die Lagerbuchsen und die Stoßdämpferaufnahmen auf Verschleiß.

Stoßdämpfer

9 Kontrollieren Sie das Stoßdämpfergehäuse sowie die Gummidichtung der Kolbenstange auf ausgetretenes Öl (siehe Abbildung) – in diesem Fall ist das Bauteil defekt und muss ersetzt werden.

Anmerkung: *Die Stoßdämpfer einer Achse müssen stets paarweise ersetzt werden.*

14.9 Kontrollieren Sie den Stoßdämpfer auf ausgetretenes Öl.

10 Die Funktion der Stoßdämpfer kann geprüft werden, indem das Fahrzeug an jeder vorderen Ecke heruntergedrückt wird. Die Karosserie sollte in ihre normale Position zurückkehren und dort verbleiben; falls sie sich über die ursprüngliche Lage hinaus anhebt und wieder einsackt, wird der Stoßdämpfer wahrscheinlich defekt sein. Kontrollieren Sie auch seine obere und untere Aufnahme auf Verschleiß.

15 Auspuffanlage – Kontrolle

1 Kontrollieren Sie die (mindestens drei Stunden lang) abgekühlte Auspuffanlage vom Krümmerflansch bis zum Endrohr am Heck. Dies sollte möglichst beim vorn und hinten angehobenen und sicher abgestützten Fahrzeug geschehen (siehe Seite 390).
2 Alle Halterungen und Gummis müssen in Ordnung und fest verbunden sein. Falls Haltegummis ersetzt werden müssen, ist auf den korrekten Typ zu achten – diejenigen in der Nähe des Katalysators müssen mehr Hitze abkönnen und sind darum anders eingefärbt (siehe Abbildung).

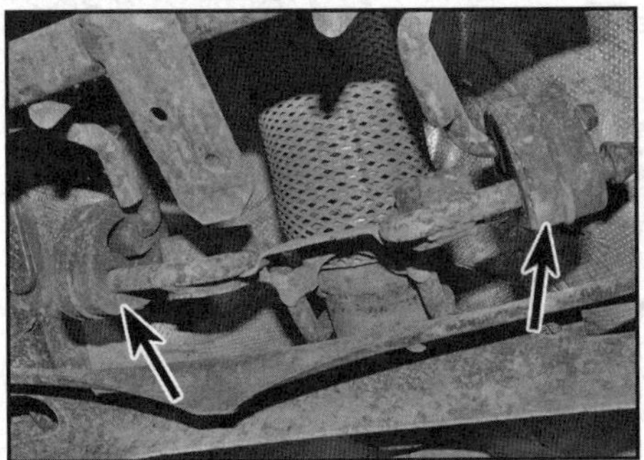

15.2 Kontrollieren Sie die Auspuffanlagen-Haltegummis.

3 Überprüfen Sie alle Rohre und Anschlüsse auf Undichtigkeit, starke Korrosion und Beschädigungen. Oft treten Rost und Undichtigkeiten an den Schweißnähten zwischen den Rohren und den Schalldämpfern auf. Rußablagerungen sind Hinweise auf Löcher. **Anmerkung**: *Auspuff-Dichtmasse darf niemals zwischen dem Motor und dem Katalysator eingesetzt werden – Reste davon können innen abbrechen und im Katalysator verklemmen und zu Überhitzung führen.*
4 Kontrollieren Sie gleichzeitig die Unterseite der Karosserie auf Löcher, Korrosion, offene Schweißnähte usw., durch die Abgase in den Innenraum gelangen können. Dichten Sie alle Karosserie-Öffnungen mit Silikon oder geeigneter Spachtelmasse ab.
5 Klappern und andere Geräusche weisen oft auf Defekte an der Auspuffanlage hin – meistens auf schadhafte Haltegummis. Versuchen Sie, an den Schalldämpfern und am Katalysator zu wackeln; falls dabei Auspuffteile gegen die Karosserie schlagen, müssen sie mit neuen Halterungen gesichert werden. Trennen Sie nötigenfalls – und falls möglich – die Auspuff-Komponenten und verdrehen Sie die Rohre, um den Abstand zur Karosserie zu vergrößern.
6 Die Ablagerungen im Endrohr können auf den Zustand des Motors hinweisen – falls sie nicht trocken und hellgrau bis dunkelgrau sind, sondern schmierig, schwarz oder weiß, sollten der Motor und seine Steuerung genauer überprüft werden.

16 Radmuttern – Festigkeitsprüfung

1 Entfernen Sie ggf. die Radkappen von den Felgen und lockern Sie die Radmuttern leicht.
2 Ziehen Sie die Radmuttern mithilfe eines Drehmomentschlüssels nacheinander mit 140 Nm an.
3 Stecken Sie ggf. zum Schluss die Radkappen wieder auf – sie müssen korrekt und sicher sitzen.

17 Scharniere und Schlösser – Schmieren

1 Schmieren Sie alle Tür-, Motorhauben- und Kofferraum- oder Heckklappen-Scharniere mit Mehrzweck- oder Maschinenöl.
2 Schmieren Sie ebenfalls die Motorhaubenverriegelung samt Bowdenzug und alle Schließmechanismen.
3 Kontrollieren Sie sorgfältig die Sicherheit und Funktion aller Scharniere, Verriegelungen und Schlösser, und stellen Sie sie nötigenfalls ein (siehe Kapitel 11). Prüfen Sie ggf. die Funktion der Zentralverriegelung.
4 Kontrollieren Sie die Gasfedern der Motorhaube und der Heckklappe – falls eine undicht ist oder sie die Haube bzw. Heckklappe nicht mehr sicher halten kann, muss sie ersetzt werden.

18 Elektrik – Kontrolle

1 Prüfen Sie die Funktion aller elektrischen Verbraucher: Beleuchtung, Blinkor, Hupe usw. Beachten Sie für entsprechende Details die entsprechende Sektion in Kapitel 12, falls ein Stromkreis ausgefallen ist.
2 Beachten Sie, dass der Bremslichtschalter in Kapitel 9, Sektion 17 behandelt wird.
3 Kontrollieren Sie alle zugänglichen Kabelstecker, Verkabelungen und Befestigungen auf lockere Verbindungen, Scheuerstellen und andere Schäden – beseitigen Sie diese.

19 Probefahrt

Instrumente und Elektrik

1 Kontrollieren Sie die Funktion aller Instrumente, aller Lampen und anderen elektrischen Bauteile.
2 Stellen Sie sicher, dass alle Instrumente korrekt anzeigen und sämtliche Schalter korrekt funktionieren.

Lenkung und Radaufhängungen

3 Vergewissern Sie sich, dass die Lenkung, die Federung, das Handling und die Straßenlage keine Auffälligkeiten aufweisen.
4 Kontrollieren Sie beim Fahren, ob keine ungewöhnlichen Vibrationen oder Geräusche auftreten.
5 Die Lenkung darf sich nicht schwammig oder rau anfühlen. Beim Durchfahren von Kurven oder auf schlechten Straßen dürfen die Federelemente keine Geräusche erzeugen.

Antrieb

6 Kontrollieren Sie die Leistungsfähigkeit des Motors, der Kupplung, des Getriebes und der Antriebswellen.

7 Aus dem Motor und dem Antrieb dürfen keine ungewöhnlichen Geräusche zu hören sein.
8 Der Motor muss sich warm und kalt problemlos starten lassen, im Standgas rund laufen und verzögerungsfrei beschleunigen.
9 Beim Schaltgetriebe muss die Kupplung sanft und progressiv die Kraft übertragen und darf weder schleifen noch rutschen. Der Pedalweg darf nicht zu lang sein. Bei gedrücktem Kupplungspedal dürfen keine Geräusche auftreten. Details finden sich in Kapitel 6.
10 Alle Gänge des manuellen Schaltgetriebes müssen sich sanft und geräuschfrei einlegen lassen. Im Schalthebel muss das Einrasten der Gänge deutlich fühlbar sein.
11 Beim Automatikgetriebe müssen die Gangwechsel sanft und ruckfrei sowie ohne ein Ansteigen der Motordrehzahl zwischen den Fahrstufen erfolgen. Mit dem Wahlhebel müssen sich bei stehendem Fahrzeug alle Fahrstufen auswählen lassen. Falls ein Problem auftritt, muss eine Fachwerkstatt zurate gezogen werden.
12 Bei langsamer Fahrt mit vollständig eingeschlagener Lenkung dürfen im Frontbereich keine klickenden Geräusche auftreten. Führen Sie diesen Test in beide Richtungen durch. Klicken würde auf einen Schmiermangel oder Verschleiß in den äußeren Gleichlaufgelenken der Antriebswellen hinweisen (siehe Kapitel 8)

Bremsanlage

13 Prüfen Sie, ob das Fahrzeug beim Bremsen nicht zu einer Seite zieht und die Räder bei Vollbremsungen nicht frühzeitig blockieren.
14 Beim Bremsen dürfen in der Lenkung keine Vibrationen auftreten.
Anmerkung: *Durch das ABS können beim heftigen Bremsen im Bremspedal Vibrationen spürbar sein – dies ist normal und beeinträchtigt nicht die Funktion der Bremse.*
15 Prüfen Sie, ob die Handbremse korrekt funktioniert – sie muss das Fahrzeug problemlos an einem Gefälle halten können.
16 Prüfen Sie die Funktion der Servobremse bei ausgeschaltetem Motor wie folgt: Treten Sie vier- bis fünfmal auf die Bremse, um den Unterdruck abzubauen. Starten Sie dann den Motor – das Bremspedal muss sich unverzüglich durch den aufgebauten Unterdruck weiter herunterdrücken lassen. Lassen Sie den Motor mindestens zwei Minuten laufen und schalten Sie ihn wieder ab. Wird die Bremse nun erneut gedrückt, sollte dabei ein Zischen aus der Servopumpe zu hören sein. Nach vier bis fünf Tritten auf die Bremse sollte kein Zischen mehr hörbar sein und der Pedaldruck deutlich härter werden.

20 Kraftstofffilter – Ersetzen

Anmerkung: *Nach Beendigung dieser Prozedur muss das Kraftstoffsystem nötigenfalls entlüftet und vorgefüllt werden – hierzu werden Spezialwerkzeuge benötigt und die Arbeit kann kniffelig sein. Lesen Sie zunächst die gesamte Sektion 4 in Kapitel 4b durch.*
1 Der Kraftstofffilter befindet sich hinter dem Tank unter dem Fahrzeugboden – heben Sie das Fahrzeug entsprechend an, um Zugang zu erhalten (siehe Seite 390).
2 Positionieren Sie mehrere Lappen und einen Behälter unter dem Filter und stecken Sie einen Schlauch auf den Ablaufnippel (siehe Abbildung), halten Sie dessen anderes Ende in den Behälter. Lockern Sie den Ablaufnippel einige Umdrehungen und lassen Sie den Kraftstoff in den Behälter ablaufen.

20.2 Lassen Sie den Kraftstoff aus dem Filter ablaufen.

3 Lockern Sie den Filterdeckel mit einem auf den großen Sechskant gesteckten Ringschlüssel und drehen Sie ihn vom Filtergehäuse (siehe Abbildungen).

20.3a Lockern Sie den Filterdeckel ...

20.3b ... und drehen Sie ihn vom Gehäuse.

4 Ziehen Sie das Filterelement aus dem Gehäuse (siehe Abbildung).

20.4 Ziehen Sie den Kraftstofffilter nach unten aus dem Gehäuse.

5 Entfernen Sie den O-Ring aus dem Filterdeckel.
6 Reinigen Sie sorgfältig den Filterdeckel und installieren Sie einen neuen O-Ring (siehe Abbildung).

20.6 Rüsten Sie den gereinigten Filterdeckel mit einem neuen O-Ring aus.

7 Schieben Sie das neue Filterelement ins Gehäuse, bis es einrastet.
8 Setzen Sie den Filterdeckel an und ziehen Sie ihn sorgfältig an. Ziehen Sie den Ablassnippel sorgfältig an.
9 Senken Sie das Fahrzeug ab. Entlüften Sie das Kraftstoffsystem und füllen Sie es vor (siehe Kapitel 4B, Sektion 4).

21 Luftfilterelement – Ersetzen

Achtung: Fahren Sie niemals ohne Luftfilterelement mit dem Fahrzeug – dies kann zu erhöhtem Motorverschleiß und Fehlzündungen führen, die einen Motorraumbrand auslösen können.
1 Das Luftfiltergehäuse sitzt links im Motorraum.
2 Lösen Sie die Schrauben des Luftfilterdeckels (siehe Abbildung).

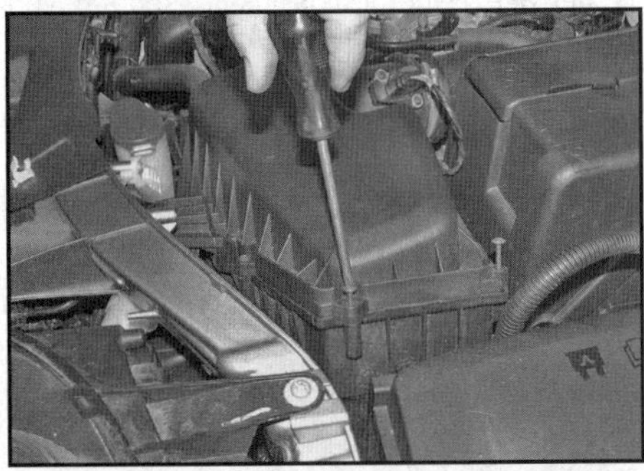

21.2 Lösen Sie die Schrauben des Luftfilterdeckels.

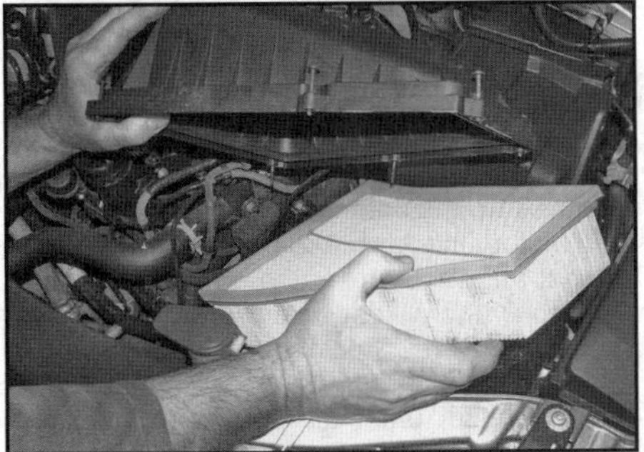

21.3 Heben Sie den Deckel an und entfernen Sie das Filterelement.

3 Heben Sie den Deckel links an und entfernen Sie das Filterelement (siehe Abbildung). Der Deckel kann nötigenfalls vollständig entfernt werden, um das Gehäuse zu reinigen:
4 Lockern Sie die Schellen des Ansaugschlauchs , um diese vom Luftfilterdeckel zu trennen.
5 Trennen Sie am Luftfilterdeckel den Stecker des Luftmassensensors.
6 Ziehen Sie den Deckel ab und entfernen Sie das Filterelement – merken Sie sich seine Einbaurichtung.
7 Das Filterelement muss nach 60.000 km ungeachtet seines Zustands ausgetauscht werden.
8 Falls das Filterelement aus anderen Gründen ausgebaut wurde, muss seine Unterseite auf Verschmutzung und Verölung kontrolliert werden. Wenn es nur leicht verschmutzt ist, kann es von oben mit Druckluft ausgeblasen werden. Weil der Filter aus Papier besteht, darf er nicht ausgewaschen oder eingeölt werden. Ein stark verschmutztes oder veröltes Element muss ersetzt werden.

Warnung: Tragen Sie beim Einsatz von Druckluft stets eine Schutzbrille!

9 Falls der Luftfilterdeckel entfernt wurde, sollte das Gehäuse innen mit einem feuchten Lappen ausgewischt werden. Im Einlassbereich oder dem Luftmassenmesser dürfen sich keine Fremdkörper befinden.
10 Der Einbau entspricht der umgekehrten Ausbaureihenfolge – beachten Sie dabei folgende Punkte:
a) Das Filterelement muss richtig herum installiert werden – beachten Sie vorhandene Richtungspfeile.
b) Das Filterelement und der Deckel müssen korrekt sitzen, sodass keine ungefilterte Luft in den Motor gelangen kann.
c) Sichern Sie den Deckel mit den Schrauben und ziehen Sie ggf. die Schellen des Ansaugschlauchs an.

22 Zahnriemen – Ersetzen

1 Beachten Sie hierzu die Hinweise in Kapitel 2B, Sektion 5.

23 Keilrippenriemen – Ersetzen

1 Schalten Sie die Zündung ab und öffnen Sie die Motorhaube. Um den Zugang zur rechten Motorseite zu verbessern, können die Radmuttern des rechten Vorderrads gelockert, der Wagen rechts vorn angehoben und das Rad demontiert werden (siehe Seite 390). Demontieren Sie dann die rechte Radlaufverkleidung.
2 Entfernen Sie die Kunststoffabdeckung vom Motor.
3 Setzen Sie am Bolzen der Spannrolle einen Schlüssel an und drehen Sie den Spanner im Uhrzeigersinn, um den Riemen zu entspannen; stecken Sie eine 4 mm dicke Stange oder einen Bohreinsatz in die zueinander ausgerichteten Löcher des Hebels und des Gehäuses, um den Spanner in dieser Position zu arretieren. Die Ausrichtung der Löcher lässt sich aufgrund des begrenzten Zugangs besser mithilfe eines kleinen Spiegels erkennen.
4 Falls der vorhandene Riemen wiederverwendet werden soll, muss seine Laufrichtung markiert werden, damit diese später sichergestellt werden kann.

5 Befreien Sie den Riemen von allen Riemenscheiben und Rollen – diese Arbeit kann von unten oder oben geschehen –, merken Sie sich seine Verlegung und entfernen Sie ihn
6 Kontrollieren Sie die Riemenscheiben – alle Nuten müssen sauber sein und nötigenfalls gereinigt und entfettet werden.
7 Falls der alte Riemen wiederverwendet werden soll, muss mithilfe der angebrachten Markierungen dafür gesorgt werden, dass er in der ursprünglichen Laufrichtung dreht.
8 Richten Sie die Keilrippen des Riemens so zu den Nuten der Riemenscheiben aus, dass der Riemen korrekt sitzt und nicht übersteht. Achten Sie auf die korrekte Verlegung (siehe Abbildung).

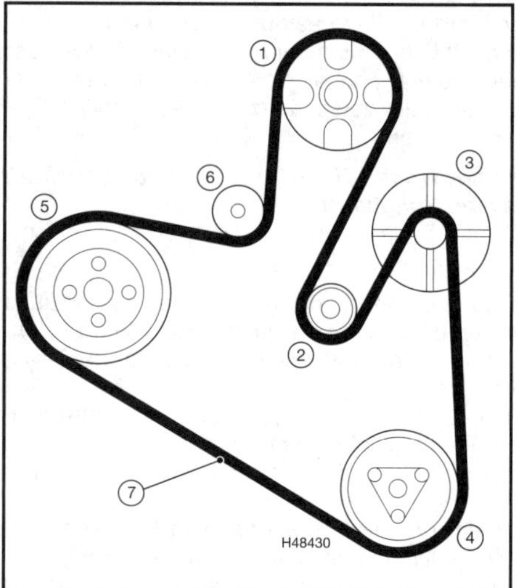

23.8 Verlegung des Keilrippenriemens am 2,0 l-Dieselmotor

1 Servolenkungspumpe
2 Umlenkrolle
3 Lichtmaschine
4 Klimaanlagen-Kompressor
5 Kurbelwelle
6 Riemenspanner
7 Keilrippenriemen

9 Halten Sie den Spannerhebel mit dem Steckschlüssel gegen die Federkraft, entfernen Sie die Arretierung und entlasten Sie den Spanner langsam gegen den Uhrzeigersinn, sodass er den Riemen spannt.
10 Drehen Sie den Riemen mit einem am Bolzen der Kurbelwellen-Riemenscheibe angesetzten Schlüssel mindestens zwei Umdrehungen im Uhrzeigersinn, damit sich der Riemen setzen kann, und prüfen Sie, ob er korrekt installiert ist.
11 Montieren Sie alle entfernten Komponenten in der umgekehrten Ausbaureihenfolge. Senken Sie das Fahrzeug ab und ziehen Sie die Radmuttern mit 140 Nm an.

24 Hydraulikflüssigkeit – Austausch

Warnung:
• Hydraulikflüssigkeit kann zu Augenverletzungen führen und Lackoberflächen angreifen, bewahren Sie deshalb beim Umgang hiermit größte Sorgfalt.

• Benutzen Sie NIEMALS Bremsflüssigkeit, die längere Zeit offen gestanden hat, da sie Feuchtigkeit aus der Luft absorbiert, was zu einem gefährlichen Verlust an Bremswirkung führen kann.

1 Die Prozedur ähnelt dem Entlüften der Hydraulik, wie in Kapitel 9, Sektion 2 (Bremse) oder Kapitel 6, Sektion 5 (Kupplung) beschrieben. Nur wird hier der Ausgleichsbehälter zunächst entleert – möglichst durch Abpumpen – und dann beim Herauspumpen beobachtet, wann frische Bremsflüssigkeit austritt.
2 Gehen Sie wie in Kapitel 9, Sektion 2 beschrieben vor, öffnen Sie das erste Entlüftungsventil, und pumpen Sie sanft mit dem Bremspedal, bis fast die gesamte Bremsflüssigkeit aus dem Ausgleichsbehälter abgepumpt ist.

Praxis-Tipp ***Alte Hydraulikflüssigkeit ist deutlich dunkler als frische. Pumpen Sie so lange Hydraulikflüssigkeit heraus, bis helle Flüssigkeit austritt.***

3 Füllen Sie bis zur MAX-Markierung frische Hydraulikflüssigkeit in den Ausgleichsbehälter und pumpen Sie sie so lange durch, bis sämtliche alte Flüssigkeit aus dem System gepumpt ist. Füllen Sie dabei regelmäßig frische Hydraulikflüssigkeit nach. Ziehen Sie die Entlüftungsschraube anschließend sorgfältig an und stecken Sie die Kappe auf.
4 Gehen Sie bei den anderen Entlüftungsschrauben genauso vor. Achten Sie darauf, dass der Pegel im Ausgleichsbehälter nicht unter die MIN-Markierung fällt – falls Luft ins Hydrauliksystem eindringt, muss es zeitaufwendig entlüftet werden.
5 Entlüften Sie die Kupplung wie in Kapitel 6, Sektion 5 beschrieben.
6 Prüfen Sie zum Schluss, ob alle Entlüftungsschrauben fest sitzen und mit den Gummikappen ausgerüstet sind. Waschen Sie Spritzer ab und kontrollieren Sie erneut den Pegel im Ausgleichsbehälter.
7 Prüfen Sie die Funktion der Bremse bzw. der Kupplung, bevor Sie das Fahrzeug im Straßenverkehr bewegen.
8 Entsorgen Sie die alte Hydraulikflüssigkeit (separat von Ölen!) im Fachhandel, wo sie auch verkauft wird – hier ist man verpflichtet, »handelsübliche« Mengen wieder zurückzunehmen.

25 Automatikgetriebe – Ölpegelkontrolle und Nachfüllen

Ölpegelkontrolle

1 Der Ölpegel muss bei betriebswarmem Getriebe kontrolliert werden – fahren Sie dazu 10 bis 15 km.
2 Stellen Sie das Fahrzeug nach der Rückkehr über eine Grube oder auf eine Rampe oder stützen Sie es anderweitig sicher ab (siehe Seite 390) – achten Sie darauf, dass es waagerecht steht. Demontieren Sie die unter dem Motor sitzende Kunststoffwanne. Halten Sie Tücher oder Lappen bereit, um abtropfendes Öl aufzunehmen.
3 Starten Sie den Motor und lassen Sie ihn mit Standgas laufen. Treten Sie fest auf die Bremse und bewegen Sie den Wahlhebel von P nach D und wieder zurück – verbleiben Sie in jeder Position für etwa zwei Sekunden; wiederholen Sie dies zweimal.
4 Stellen Sie einen Behälter unter die kombinierte Ablass- und Kontrollschraube unten am Getriebe – die kleinere Kontrollschraube sitzt in der größeren Ablassschraube (siehe Abbildung).

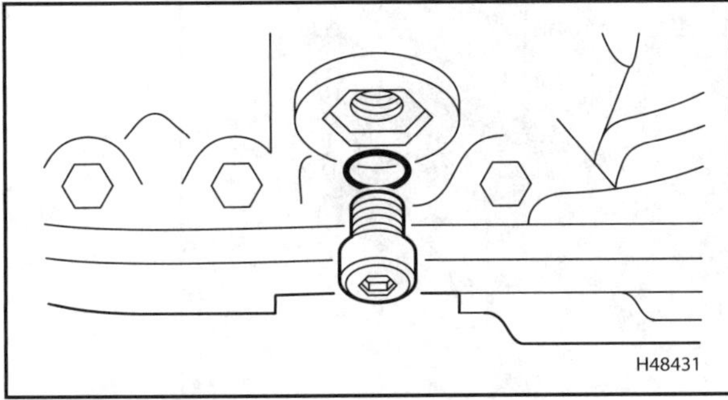

25.4 Automatiköl-Kontrollschraube

5 Lösen Sie bei laufendem Motor die Kontrollschraube. Lassen Sie überschüssiges Öl abtropfen. Installieren Sie die Kontrollschraube mit einem neuen O-Ring und ziehen Sie sie mit 8 Nm an.

Warnung: Das Getriebeöl ist heiß, sodass entsprechend aufgepasst werden muss!

6 Montieren Sie die Kunststoffwanne unter den Motor und senken Sie das Fahrzeug ab.

Nachfüllen

7 Falls bei der Kontrolle kein Öl aus der Kontrollbohrung heraustropfte, muss der Motor abgeschaltet und die Luftfilter-Baugruppe demontiert werden (siehe Kapitel 4B, Sektion 5).
8 Wischen Sie den Bereich um die oben am Getriebe neben dem Wahlhebel-Seilzug sitzende Einfüllschraube sauber (siehe Abbildung). Lockern Sie die Schraube und entfernen Sie sie samt Dichtscheibe.

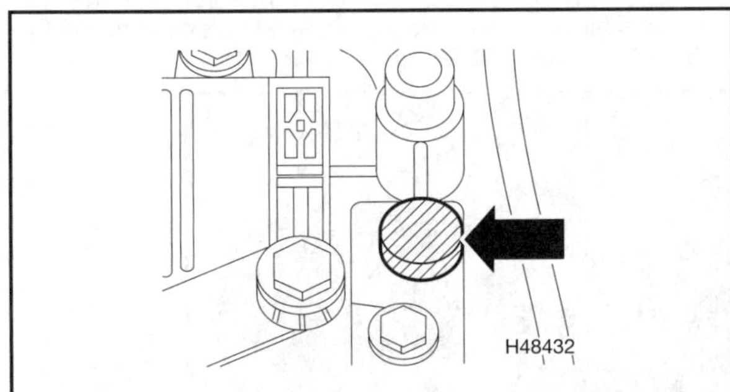

25.8 Automatiköl-Einfüllschraube

9 Füllen Sie solange langsam das vorgeschrieben Öl auf, bis es aus der Kontrollbohrung herauszutropfen beginnt. Verwenden Sie zum Auffüllen einen kleinen Trichter, um kein Öl zu verschütten.
10 Sobald der Ölpegel korrekt ist, werden die Einfüllschraube und die Kontrollschraube mit neuen Dichtscheiben installiert und mit 8 Nm (Kontrollschraube) bzw. 40 Nm (Einfüllschraube) angezogen.
11 Montieren Sie die Luftfilter-Baugruppe (siehe Kapitel 4B, Sektion 5).
12 Sobald das Getriebeöl auf unter 35 °C abgekühlt ist, muss der Ölpegel erneut kontrolliert werden.
13 Montieren Sie die Kunststoffwanne unter den Motor und senken Sie das Fahrzeug ab.

26 Schaltgetriebe – Ölpegelkontrolle

1 Das Schaltgetriebe ist nicht mit einem Peilstab ausgerüstet – stattdessen muss der Pegel über die Einfüllschraube kontrolliert werden. Heben Sie das Fahrzeug an und stützen Sie es sicher ab (siehe Seite 390) – achten Sie darauf, dass es waagerecht steht. Halten Sie Tücher oder Lappen bereit, um abtropfendes Öl aufzunehmen.
2 Die auch als Kontrollschraube dienende Einfüllschraube sitzt beim Fünfganggetriebe vorn am Getriebe und beim Sechsganggetriebe links am Differenzialgehäuse (siehe Abbildungen)

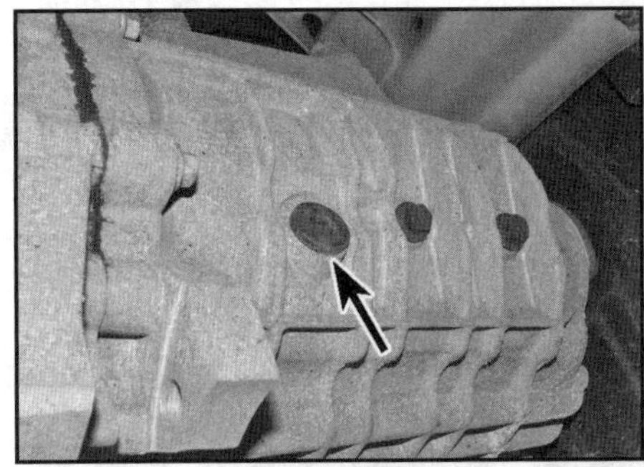

26.2a Einfüll-/Kontrollschraube am Fünfganggetriebe

26.2b Einfüll-/Kontrollschraube am Sechsganggetriebe

3 Lösen Sie die Schraube mit einem geeigneten Inbusschlüssel (sie kann sehr fest sitzen) und entnehmen Sie ggf. die Dichtscheibe.
4 Der Ölpegel muss am unteren Rand der Einfüllöffnung stehen.
5 Falls der Pegel weiter unterhalb steht, muss Getriebeöl nachgefüllt werden – erledigen Sie dies mit einer Spritze oder einer kleinen Flasche samt Schlauch.
6 Füllen Sie Öl auf, bis es herauszutropfen beginnt, und warten Sie, bis der Pegel korrekt ist.
7 Installieren Sie die Einfüll-/Kontrollschraube und ziehen Sie sie mit 35 Nm an. Senken Sie das Fahrzeug ab, ziehen Sie die Radmuttern mit 140 Nm an, führen Sie eine Probefahrt durch und kontrollieren Sie den Bereich um die Schraube auf Undichtigkeiten.
8 Falls regelmäßig Getriebeöl nachgefüllt werden muss, ist die Ursache hierfür unverzüglich zu beseitigen, da es bei Ölmangel rasch verschleißt.

27 Fernbedienung – Batteriewechsel

Anmerkung: *Alle Fernbedienungen sind mit 3-Volt-Knopfbatterien des Typs CR2032 ausgerüstet.*

1 Falls die Türverriegelung wiederholt nicht auf Drücken der im normalen Abstand gehaltenen Fernbedienung reagiert, sollte zunächst deren Batterie ausgetauscht werden, bevor anderen mögliche Ursachen nachgegangen wird. Obwohl nicht im Ford-Wartungsplan enthalten, sollte die Batterie unabhängig von der Laufleistung des Fahrzeugs alle zwei Jahre ersetzt werden.

Schlüssel mit klappbarem Blatt

2 Stecken Sie einen kleinen Schraubendreher seitlich in die Nut der Transmitter-Einheit und drücken Sie ihn zum Schlüsselblatt, um die beiden Gehäusehälften zu trennen (siehe Abbildungen).

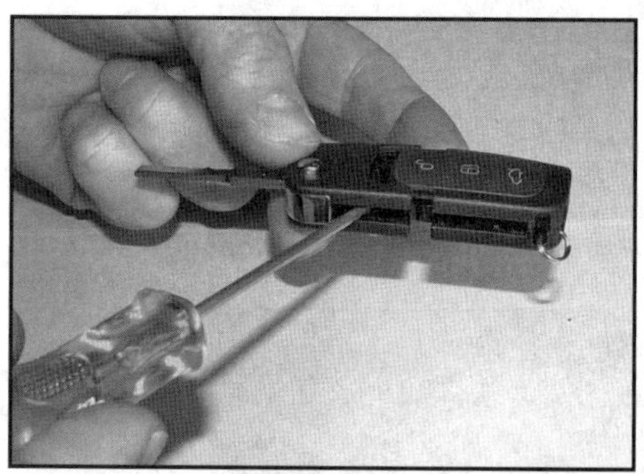

27.2a Stecken Sie einen kleinen Schraubendreher seitlich in die Nut der Transmitter-Einheit ...

27.2b ... und drücken Sie ihn zum Schlüsselblatt, um die beiden Gehäusehälften zu trennen.

3 Hebeln Sie die Transmitter-Einheit mit einem seitlich und vorn eingeschobenen Schraubendreher auseinander (siehe Abbildung).

4 Hebeln oder klopfen Sie die alte Batterie aus ihrem Sitz und installieren Sie die korrekt ausgerichtete neue Batterie (Plus nach unten) (siehe Abbildung) – vermeiden Sie es, die Batterie direkt mit den Fingern zu berühren.

5 Drücken Sie die Gehäusehälften der Transmitter-Einheit zusammen und schieben Sie das Schlüsselblatt-Teil auf.

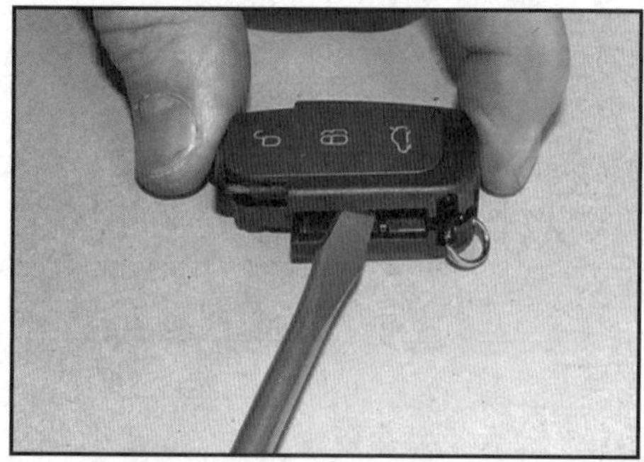

27.3 Hebeln Sie die Transmitter-Einheit seitlich und vorn auseinander.

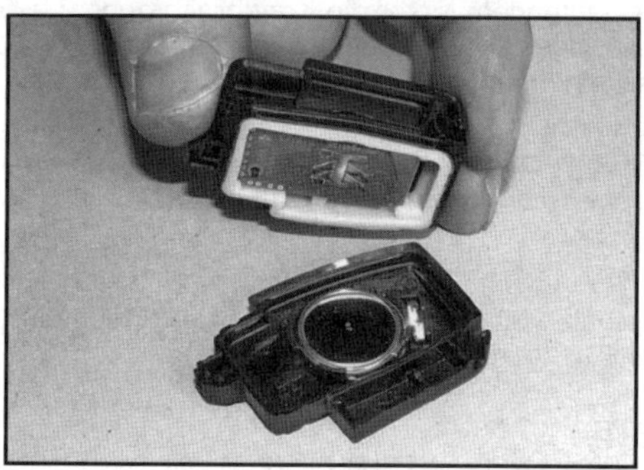

27.4 Beachten Sie die Einbaurichtung der Batterie, hebeln Sie sie heraus und installieren Sie eine neue.

Schlüssel ohne klappbare Blatt

Typ 1

6 Stecken Sie einen kleinen Schraubendreher in die Nut der Transmitter-Einheit und schieben Sie diese vom Schlüsselblatt-Teil (siehe Abbildung).

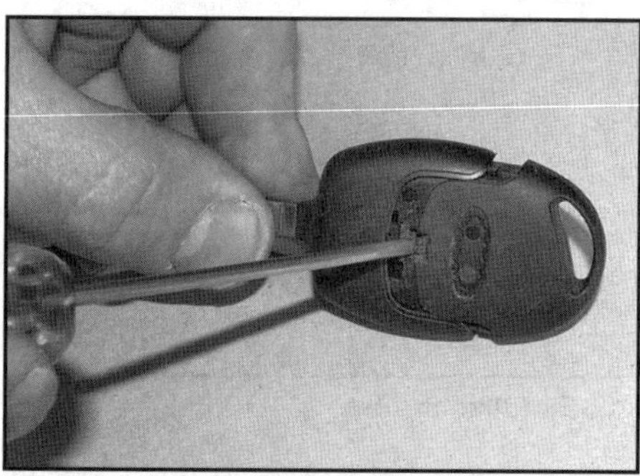

27.6 Drücken Sie mit einem Schraubendreher die Transmitter-Einheit vom Schlüsselblatt-Teil.

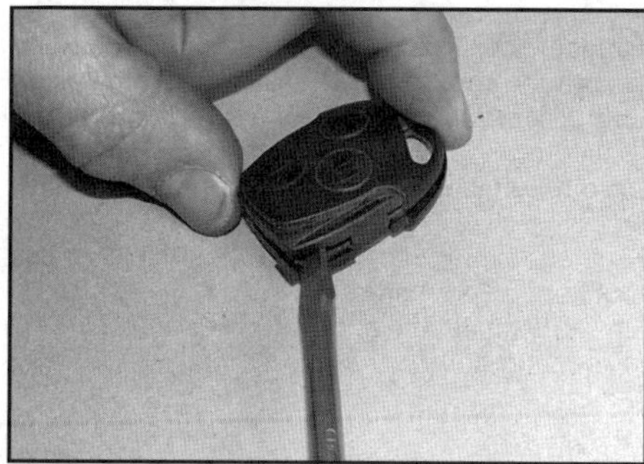

27.7 Drücken Sie an beiden Seiten die Lasche ein und öffnen Sie die Transmitter-Einheit.

7 Drücken Sie mit einem Schraubendreher an beiden Seiten die Lasche ein und öffnen Sie die Transmitter-Einheit (siehe Abbildung).
8 Hebeln oder klopfen Sie die alte Batterie aus ihrem Sitz und installieren Sie die korrekt ausgerichtete neue Batterie (Plus nach oben) (siehe Abbildung) – vermeiden Sie es, die Batterie direkt mit den Fingern zu berühren.

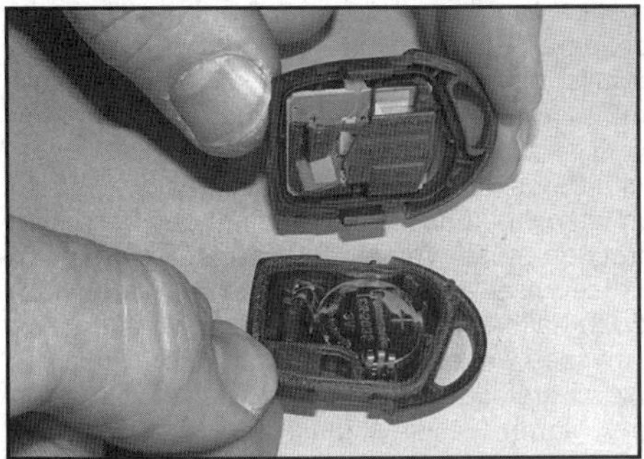

27.8 Beachten Sie die Einbaurichtung der Batterie, hebeln Sie sie heraus und installieren Sie eine neue.

9 Drücken Sie die Gehäusehälften der Transmitter-Einheit zusammen und schieben Sie das Schlüsselblatt-Teil auf.

Typ 2

10 Schieben Sie die Auslöser-Seite an der Oberseite zur Seite und entfernen Sie das Schlüsselblatt-Teil.
11 Stecken Sie einen kleinen Schraubendreher in die Nut oben in der Transmitter-Einheit und verdrehen Sie ihn, um die beiden Hälften zu trennen.
12 Hebeln oder klopfen Sie die alte Batterie aus ihrem Sitz und installieren Sie die korrekt ausgerichtete neue Batterie (Plus nach unten) – vermeiden Sie es, die Batterie direkt mit den Fingern zu berühren.
13 Drücken Sie die Gehäusehälften der Transmitter-Einheit zusammen und schieben Sie das Schlüsselblatt-Teil auf.

Typ 3

14 Drücken Sie die zwei Laschen an der Seite des Transmitters und heben Sie vorsichtig die Abdeckung ab (siehe Abbildung).

27.14 Drücken Sie die zwei Laschen an der Seite des Transmitters und heben Sie vorsichtig die Abdeckung ab.

15 Entfernen Sie das Schlüsselblatt aus der Transmitter-Einheit (siehe Abbildung).

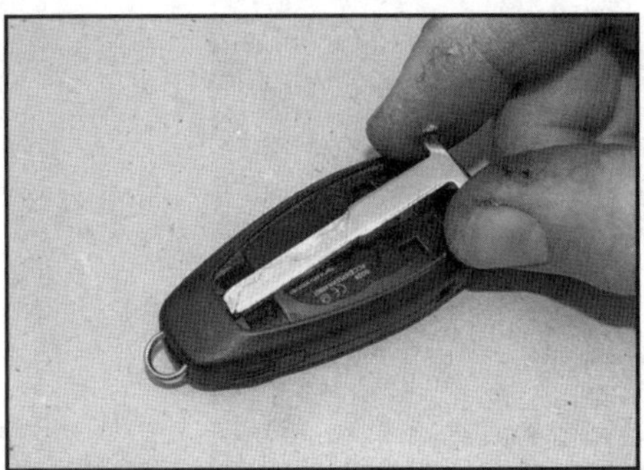

27.15 Befreien Sie das Schlüsselblatt aus der Transmitter-Einheit.

16 Stecken Sie einen kleinen Schraubendreher in die Nut oben in der Transmitter-Einheit und verdrehen Sie ihn, um die beiden Hälften zu trennen (siehe Abbildung).

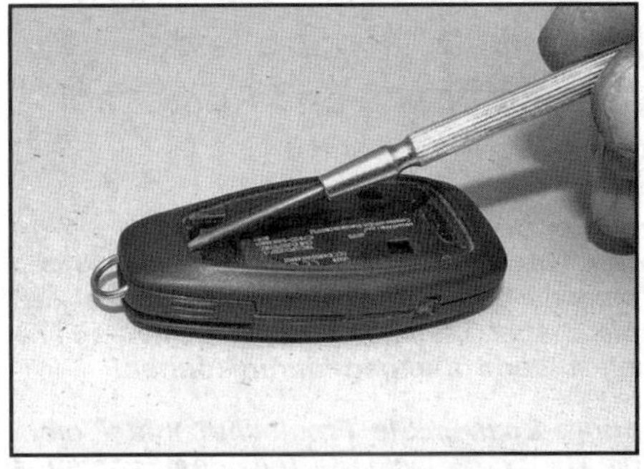

27.16 Stecken Sie einen kleinen Schraubendreher in die Nut oben in der Transmitter-Einheit und verdrehen Sie ihn, um die beiden Hälften zu trennen.

17 Stecken Sie den Schraubendreher seitlich in den Transmitter, um ihn zu öffnen (siehe Abbildung).

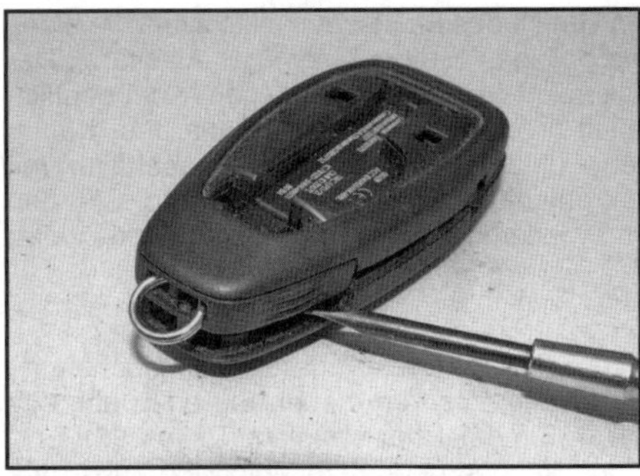

27.17 Hebeln Sie den Transmitter mit dem Schraubendreher auf.

18 Hebeln oder klopfen Sie die alte Batterie aus ihrem Sitz und installieren Sie die korrekt ausgerichtete neue Batterie (Plus nach unten) (siehe Abbildung) – vermeiden Sie es, die Batterie direkt mit den Fingern zu berühren.

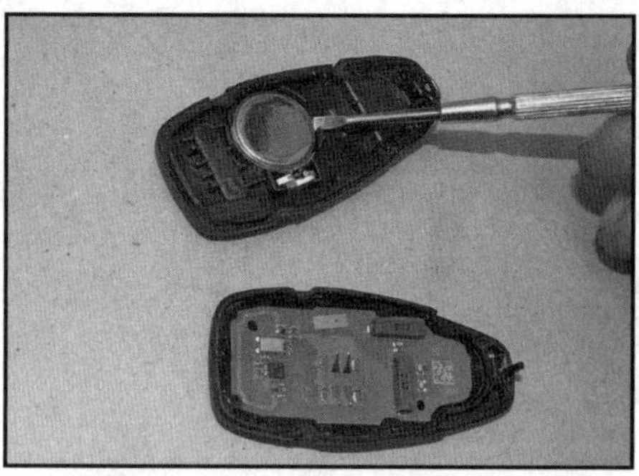

27.18 Beachten Sie die Einbaurichtung der Batterie, hebeln Sie sie heraus und installieren Sie eine neue.

19 Drücken Sie die Gehäusehälften der Transmitter-Einheit zusammen und installieren Sie die Abdeckung.

28 Kühlflüssigkeit – Kontrolle des Frostschutzgehalts und Austausch

Warnung: Diese Arbeit darf erst ausgeführt werden, wenn der Motor abgekühlt ist. Öffnen Sie niemals bei heißem Motor den Deckel des Ausgleichsbehälters, da Dampf und heiße Flüssigkeit zu Verbrühungen führen können!

Warnung: Lassen Sie Frostschutzmittel nicht auf die Haut oder lackierte Teile des Fahrzeugs gelangen. Spülen Sie Spritzer umgehend mit reichlich Wasser ab. Kühlmittel darf niemals in offenen Behältern gelagert werden – es ist giftig und kann durch seinen süßlichen Geruch Kindern und Tieren zum Verhängnis werden.

Kontrolle des Frostschutzgehalts

1 Prüfen Sie den Gehalt des Frostschutzmittels mithilfe eines Hydrometers und befolgen Sie die beigefügte Anleitung. Der Frostschutzgehalt sollte bei 50 Prozent liegen – bei deutlich niedrigerem Gehalt muss etwas Kühlmittel aus dem Kühler abgelassen (siehe unten) und der Ausgleichsbehälter mit Frostschutzmittel aufgefüllt werden. Kontrollieren Sie den Gehalt erneut und wiederholen Sie die Prozedur nötigenfalls.

Ablassen

2 Entfernen Sie zunächst den Deckel des Ausgleichsbehälters.
3 Ziehen Sie die Handbremse an, heben Sie das Fahrzeug vorn an und stützen Sie es sicher ab (siehe Seite 390). Entfernen Sie die Abdeckungen unter dem Motor und unter dem Kühler.
4 Stellen Sie einen ausreichend großen Behälter links unter den Kühler.
5 Öffnen Sie den Kühlmittel-Auslass und lassen Sie das Kühlmittel ablaufen. Verschließen Sie den Auslass wieder.
6 Falls das Kühlmittel aufgrund einer Reparatur am Motor oder Kühlsystem abgelassen wurde und noch nicht sehr alt sowie sauber ist, darf es später wiederverwendet werden.

Spülen

7 Falls der Wechsel des Kühlmittels vernachlässigt oder das Gemisch verdünnt wurde, verliert das Kühlsystem mit der Zeit seine Wirksamkeit, da sich die Kühlkanäle mit Rost, Ablagerungen und anderen Sedimenten zusetzen. Die Wirksamkeit kann durch das Spülen des Systems wiederhergestellt werden. Spülen Sie das Kühlsystem nach jedem Austausch von Komponenten oder vor dem Einfüllen frischer Kühlflüssigkeit.
8 Nachdem das Kühlmittel abgelassen ist, wird der Kühler-Ablass verschlossen und das System mit frischem Wasser aufgefüllt. Installieren Sie den Deckel des Ausgleichsbehälters. Starten Sie den Motor und bringen Sie ihn auf Betriebstemperatur. Schalten Sie ihn ab, lassen Sie ihn vollständig abkühlen und entleeren Sie das System erneut. Wiederholen Sie dies nötigenfalls, bis nur noch sauberes Wasser abläuft. Füllen Sie das Kühlsystem anschließend mit dem korrekten Kühlmittel auf.
9 Wenn stets sauberes und weiches Wasser sowie hochwertiges Frostschutzmittel (das nicht unbedingt den Vorgaben von Ford entsprechen muss) verwendet wird, sollte die oben beschriebene Prozedur ausreichen, um das Kühlsystem längere Zeit sauber zu halten. Wurde das Kühlsystem allerdings vernachlässigt, müssen weitere Schritte durchgeführt werden:
10 Entleeren Sie zuerst das Kühlsystem. Ziehen Sie dann den oberen und unteren Kühlerschlauch ab. Verbinden Sie einen Gartenschlauch mit dem oberen Kühlerstutzen und lassen Sie solange Wasser durch den Kühler strömen, bis dies unten sauber wieder austritt.
11 Zum Spülen des Motors muss der Gartenschlauch in den unteren Kühlerschlauch gesteckt und mit Lappen umwickelt werden, um ihn abzudichten. Lassen Sie solange Wasser durch den Motor strömen, bis dies oben sauber wieder austritt.
12 Versuchen Sie, den Motor in entgegengesetzte Richtung zu spülen – dies wird wahrscheinlich nicht funktionieren, da der Thermostat den Kühlkreislauf schließt.
13 Bei starker Verunreinigung muss der Kühler in entgegengesetzte Richtung gespült werden – stecken Sie dazu den Gartenschlauch in den unteren Stutzen und umwickeln Sie ihn mit Lappen, um ihn abzudichten. Spülen Sie so lange, bis oben sauberes Wasser austritt.
14 Wird vermutet, dass der Kühler stark verstopft ist, muss er ausgebaut (siehe Kapitel 3, Sektion 6), auf den Kopf gestellt und erneut in entgegengesetzte Richtung gespült werden (Schritt 13).
15 Die Verwendung chemischer Reinigungsmittel ist nicht empfehlenswert und gilt nur als letzte Rettung, da der Einsatz von Chemie zu anderen Problemen führen kann. Im Normalfall hilft der regelmäßige Wechsel des Kühlmittels gegen starke Ablagerungen im Kühler.

Frostschutzmittel und Gemisch

Achtung: Verwenden Sie kein Motor-Kühlmittel im Wischwasserbehälter, da es den Lack angreift; hierfür gibt es spezielle Frostschutzmittel.
16 Bei einer unbekannten Wartungs-Historie und somit Unwissen über die Qualität des Kühlmittels sollte das alte Kühlmittel abgelassen und das Kühlsystem sorgfältig entgegen der Strömungsrichtung gespült werden, bevor frisches Kühlmittel aufgeführt wird.
17 Soweit Frostschutzmittel nach Ford-Vorgaben verwendet wird, müssen die Mischungs-Hinweise auf der Verpackung beachtet werden.
18 Ford empfiehlt unter üblichen Witterungsbedingungen ein Gemisch aus gleichen Teilen Frostschutzmittel und weichem Wasser (nach Volumen) – achten Sie darauf, ob das gekaufte Frostschutzmittel bereits vorgemischt ist.
19 Weil nur selten das gesamte Kühlsystem entleert wird und die vorgegebene Menge von 6,2 Liter eher ein akademischer Wert ist, sollte davon ausgegangen werden, dass – außer nach einer Komplett-Entleerung des Motors – nur ca. 4 Liter erneuert werden können.
20 Weil das Kühlsystem nach dem Spülen teilweise mit klarem Wasser gefüllt ist, sollte die Hälfte des erforderlichen Frostschutzmittels in den Ausgleichsbehälter gefüllt und dann mit Wasser aufgefüllt werden. Erforderliche Ergänzungen

sollten jetzt mit frischem Wasser erfüllen – siehe *Wöchentliche Kontrollen*.

21 Kontrollieren Sie vor dem Auffüllen alle Schläuche auf einen guten Zustand und festen Sitz – frisches Frostschutzmittel findet rasch schwache Stellen im Kühlsystem.

22 Nach dem Auffüllen frischen Kühlmittels muss am Ausgleichsbehälter ein Hinweis angebracht werden, auf dem der Typ, die Konzentration, das Datum und die Laufleistung vermerkt ist. Zum Nachfüllen darf nur das gleiche Mittel verwendet werden.

Kühlsystem auffüllen

23 Bevor das Kühlsystem aufgefüllt wird, müssen alle Schläuche und Schellen auf einen guten Zustand und festen Sitz überprüft werden. Frostschutzmittel muss das ganze Jahr über verwendet werden, da es auch als Korrosionsschutz wirkt.

24 Weil das Kühlsystem nach dem Spülen teilweise mit klarem Wasser gefüllt ist, sollte zunächst die Hälfte des erforderlichen Frostschutzmittels aufgefüllt werden.

25 Füllen Sie das System langsam auf, bis der Pegel den Rand des Ausgleichsbehälters erreicht.

26 Setzen Sie den Ausgleichsbehälterdeckel auf, starten Sie den Motor und lassen Sie ihn 13 Minuten mit ca. 2000/min laufen.

27 Erhöhen Sie dann die Drehzahl für fünf Sekunden auf 3000/min und lassen Sie den Motor weitere 15 Minuten mit ca. 2000/min laufen und schalten Sie ihn ab.

28 Kontrollieren Sie das Kühlsystem auf Undichtigkeiten und lassen Sie den Motor mindestens eine halbe Stunde abkühlen.

29 Falls noch nicht geschehen, müssen die Abdeckungen unter den Kühler und den Motor montiert werden.

30 Entfernen Sie den Ausgleichsbehälterdeckel und füllen Sie Kühlmittel bis zur MAX-Markierung auf.

Allgemeine Kühlsystem-Kontrollen

31 Der Motor muss für die Kontrolle vollständig abgekühlt sein, lassen Sie ihm dafür mindestens drei Stunden stehen.

32 Entfernen Sie den Ausgleichsbehälterdeckel und reinigen Sie ihn innen mit einem sauberen Lappen. Säubern Sie ebenso den Einfüllstutzen des Behälters – Korrosionsreste weisen darauf hin, dass das Kühlmittel ausgetauscht werden sollte. Das Kühlmittel im Ausgleichsbehälter muss relativ sauber und durchsichtig sein – falls es rostfarben ist, muss es abgelassen und das Kühlsystem gespült werden.

33 Kontrollieren Sie sorgfältig alle Kühler- und Heizungsschläuche und ersetzen Sie alle rissigen, verformten oder verhärteten Schläuche.

34 Inspizieren Sie alle anderen Kühlsystem-Komponenten und ihre Verbindungen auf Undichtigkeiten. Ein Leck im Kühlsystem lässt sich normalerweise durch weiße Ablagerungen erkennen. Schadhafte Bauteile oder Dichtungen müssen ersetzt werden – beachten Sie dazu die Hinweise in Kapitel 3.

Luftblasen

35 Falls sich nach dem Entleeren und Auffüllen des Kühlsystems Symptome von Überhitzung zeigen, die zuvor nicht existierten, werden dafür wahrscheinlich Luftblasen verantwortlich sein, die den Kühlkreis behindern. Luftblasen entstehen oft, weil das System zu schnell aufgefüllt wurde.

36 Wird eine Luftblase vermutet, müssen alle zugänglichen Kühlerschläuche vorsichtig gedrückt werden – mit Luft gefüllte Schläuche fühlen sind anders an als wenn sie Kühlmittel enthalten. Nach dem Auffüllen des Kühlsystems steigen die meisten Luftblasen nach dem Abkühlen auf, sodass Kühlmittel nachgefüllt werden muss.

37 Sobald der Motor auf Betriebstemperatur ist, werden die Heizung und ihr Gebläse eingeschaltet, um ihre Funktion zu prüfen. Vorausgesetzt, das Kühlsystem ist korrekt befüllt, weist ein verzögertes Einsetzen der Heizung auf Luftblasen im System hin.

38 Luftblasen können aber nicht nur die Heizung ausfallen lassen, sondern den gesamten Kühlkreislauf unterbrechen. Prüfen Sie bei warmem Motor, ob der obere Kühlerschlauch warm ist – ein kalter Schlauch kann auf eine Luftblase oder einen nicht geöffneten Thermostaten hinweisen.

39 Falls das Problem weiter besteht, muss der Motor abgeschaltet werden und vollständig abkühlen. Öffnen Sie den Ausgleichsbehälterdeckel oder lockern Sie Kühlerschlauchschellen um Luft austreten zu lassen. Nötigenfalls muss das gesamte Kühlsystem entleert und gespült oder gereinigt werden. Lassen Sie das System nötigenfalls von einem Fachbetrieb absaugen und per Vakuum auffüllen.

Kontrolle des Ausgleichsbehälterdeckels

40 Der Motor muss für die Kontrolle vollständig abgekühlt sein.

41 Umwickeln Sie den Ausgleichsbehälterdeckel mit Lappen und drehen Sie ihn langsam ab.

42 Begutachten Sie die Gummidichtung im Deckel – falls sie verhärtet oder rissig ist, muss ein neuer Deckel beschafft werden.

43 Nach einigen Jahren oder einer hohen Laufleistung empfiehlt sich der generelle Austausch des Ausgleichsbehälterdeckels – er ist relativ preiswert. Falls das im Deckel integrierte Überdruckventil ausfällt, kann steigender Druck im Kühlsystem zu Schäden an Schläuchen und anderen Kühlsystem-Komponenten führen.

Kapitel 2, Teil A

Reparaturen am eingebauten 2,0 l-Benzinmotor

Inhalt — Sektion

Schwierigkeitsgrade

Leicht. Geeignet für Anfänger mit wenig Erfahrung.	**Relativ leicht.** Geeignet für Anfänger mit etwas Erfahrung. 	**Relativ schwierig.** Geeignet für geübte Selbstschrauber. 	**Schwer.** Geeignet für Selbstschrauber mit viel Erfahrung. 	**Sehr schwer.** Geeignet für Experten und Profis. 

Technische Daten

Motor

Motortyp	Wassergekühlter Vierzylinder-Reihenmotor, zwei kettengetriebene obenliegende Nockenwellen (DOHC), 4 Ventile je Brennraum
Motorserie	Duratec HE
Motorcode*	AOBA und AOBC
Hubraum	1999 cm³
Bohrung	87,5 mm
Hub	83,1 mm
Verdichtungsverhältnis	10,8 : 1
Leistung	107 kW (145 PS) bei 6000/min
Maximales Drehmoment	185 Nm bei 4500/min
Zündfolge	1-3-4-2
Position von Zylinder Nr. 1	rechts (an Steuerketten-Seite)
Kurbelwellen-Drehrichtung	vorwärts (von rechts betrachtet im Uhrzeigersinn)

**direkt oder auf einer Plakette eingeschlagen vor der Motornummer vorn am Motorblock*

Nockenwellen

Axialspiel (max.)	0,09 bis 0,24 mm
Lagerzapfen-Durchmesser	24,96 bis 24,98 mm

Ventilspiel (kalt)

Einlass	0,22 bis 0,28 mm
Auslass	0,27 bis 0,33 mm

Schmiersystem

Motoröl-Typ	SAE 5W/30-Mehrbereichsöl nach Ford-Spezifikation WSS-M2C913-C
Motoröl-Füllmenge (bei Filterwechsel)	4,3 Liter
Öldruck (bei Betriebstemperatur)	
bei 1500/min	1,3 bis 2,7 bar
bei 3000/min	2,3 bis 5,2 bar
Überdruckventil öffnet bei	5,0 bar

Anzugsdrehmomente	**Nm**
AGR-Ventil-Schrauben	25
Klimaanlagen-Kompressor	25
Keilrippenriemen-Umlenkrollenschraube	25
Kurbelwellendichtringträger-Schrauben	10
Kurbelwellen-Riemenscheibenschraube*	
Schritt 1	100
Schritt 2	um 90° weiter
Motorgehäuse-Verschlussstopfen (zur OT-Arretierung)	20
Motorhalterungen	
Hintere Halterung (Drehmomentstütze) – Schrauben	80
Linke Halterung (Getriebe) an Karosserie – Schrauben	25
Linke Halterung (Getriebe) an Karosserie – Muttern	80
Linke Halterung an Getriebeträger – zentraler Bolzen	133
Rechte Halterung an Karosserie – Schrauben	90
Rechte Halterung an Motor – Muttern	80
Motor / Getriebe – Verbindungsschrauben	48
Nockenwellen-Lagerdeckelschrauben	
Schritt 1	7
Schritt 2	16
Nockenwellenritzel-Schrauben	72
Nockenwellensensor	6
Ölablassschraube	25
Ölansaugrohr-Schrauben	10
Öldruckschalter	15
Ölpumpen-Befestigungsschrauben	
Schritt 1	10
Schritt 2	23
Ölpumpenketten-Führung	10
Ölpumpen-Kettenspanner	10
Ölpumpenritzel-Schraube	25
Ölwanne an Motorgehäuse	25
Ölwanne an Getriebe	48
Radmuttern	140
Servolenkungspumpen-Schrauben	25
Schwungscheiben-Schrauben*	
Schritt 1	50
Schritt 2	80
Schritt 3	112
Steuerkettendeckelschrauben	
M6-Schrauben	10
M8-Schrauben	48
Steuerkettendeckel – oberer Verschlussstopfen	10
Steuerkettendeckel – unterer Verschlussstopfen	12
Steuerkettenführung	10
Steuerkettenspanner	10
Ventildeckelschrauben	10
Wasserpumpenrad-Schrauben	20
Zylinderkopfschrauben*	
Schritt 1	5
Schritt 2	15
Schritt 3	45
Schritt 4	um 90° weiter
Schritt 5	um 90° weiter

** Stets durch Neuteile zu ersetzen*

1 Allgemeine Informationen

Der Zweck dieses Kapitels

1 Dieses Kapitel beinhaltet Reparaturen, die bei im Fahrzeug montiertem Benzinmotor (2,0 l Duratec HE) durchgeführt werden können. Falls der Motor ausgebaut und entsprechend freigelegt ist, können nicht zutreffende Schritte ignoriert werden. Kapitel 2c beinhaltet den Ausbau des Motors samt Getriebe aus dem Fahrzeug und die dann mögliche Komplettüberholung. **Anmerkung:** *Die Kurbelwelle, die Pleuel und die Kolben sind nicht als separate Ersatzteile gelistet, sondern nur samt Motorgehäuse als Austauschmotor erhältlich. Weitere Informationen sind beim Ford-Händler oder Motorenspezialisten erhältlich.*

2 Die meisten der in diesem Kapitel beschriebenen Arbeiten werden bei eingebautem Motor durchgeführt – falls der Motor ausgebaut ist, müssen nicht zutreffende Schritte ignoriert werden.

Motor – Beschreibung

3 Der Vierzylindermotor wird mit zwei obenliegenden Nockenwellen (DOHC) und vier Ventilen je Zylinder gesteuert. Der Motor ist quer eingebaut und das Getriebe ist links angeflanscht.

4 Das Motorgehäuse besteht aus Aluminium und die aus Gusseisen gefertigten Zylinderbuchsen sind darin eingesetzt.

5 Die geschmiedete Kurbelwelle des komplett gleitgelagerten Motors läuft in fünf Lagerschalen. Ihr Axialspiel wird durch Anlauf-Halbringe in der mittleren oberen Hauptlagerhälfte begrenzt.

6 Die Pleuel drehen sich mit horizontal gebrochenen Lagerschalen auf den Hubzapfen. Die aus einer Aluminiumlegierung bestehenden Kolben sind mit drei Kolbenringen (zwei Kompressionsringen und einem Ölabstreifring) ausgerüstet und mit Kolbenbolzen im oberen Pleuelauge gelagert.

7 Die zwei Ein- und Auslassventile jedes Zylinders sitzen in Führungen, die genauso wie die Ventilsitze in den Zylinderkopf eingepresst sind. Die Ventile werden von Tassenstößeln mit angepassten Stärken geöffnet, um das korrekte Ventilspiel sicherzustellen. Die in den Stößeln sitzenden Schraubenfedern schließen die Ventile wieder.

8 Die fünffach direkt im Zylinderkopf gelagerten Nockenwellen werden über eine gemeinsame Steuerkette von der Kurbelwelle angetrieben und drücken direkt auf die Tassenstößel. Die Lagerdeckel der Nockenwellen sind nicht separat erhältlich, da sie nur zusammen mit dem Zylinderkopf zu den Nockenwellen passen.

9 Die rechts an den Motorblock geschraubte Wasserpumpe wird vom Keilrippenriemen angetrieben.

Schmiersystem

10 Eine rechts am Motor sitzende Exzenterrotor-Ölpumpe wird per Kette direkt von der Kurbelwelle angetrieben. Sie saugt Öl aus dem Sumpf an und fördert es durch den außen am Motor sitzenden Ölfilter in den Haupt-Ölkanal des Motorgehäuses, von wo es zur Kurbelwelle, zu deren Hauptlagern sowie in den Zylinderkopf gelangt.

11 Die Pleuelfußlager werden durch Bohrungen in der Kurbelwelle mit Drucköl versorgt. Öldüsen kühlen die Unterseiten der Kolbenböden mit Sprühöl – federbelastete Ventile sorgen dafür, dass die Düsen nur öffnen, wenn der Öldruck für alle anderen Motorkomponenten ausreicht.

12 Der Zylinderkopf ist mit zwei Ölkanälen ausgerüstet (einen an der Einlassseite, einen an der Auslassseite), damit die Nockenwellenlager und Tassenstößel geschmiert werden. Ein (mittig an der Einlassseite sitzendes) Rückhalteventil sorgt dafür, dass die Ölkanäle nach dem Abschalten des Motors gefüllt bleiben. Das Ventil beinhaltet am oberen Ende eine Belüftungsbohrung, die beim Starten des Motors Luftblasen austreten lässt.

13 Die Nocken und ihre Gleitflächen auf den Tassenstößeln werden durch Spritzöl geschmiert.

Reparaturen, die bei eingebautem Motor möglich sind

14 Die folgenden Arbeiten können erledigt werden, ohne dass der Motor dafür aus dem Fahrzeug ausgebaut werden muss:

a) *Kompressionsprüfung*
b) *Ventildeckel – Ausbau und Einbau*
c) *Steuerkettendeckel – Ausbau und Einbau*
d) *Steuerkette – Austausch*
e) *Steuerkettenspanner und Ritzel – Ausbau und Einbau*
f) *Nockenwellen und Tassenstößel – Ausbau und Einbau*
g) *Zylinderkopf – Ausbau, Überholung und Einbau*
h) *Brennräume und Kolbenböden – Reinigung*
i) *Ölwanne – Ausbau und Einbau*
j) *Kurbelwellendichtringe – Ausbau und Einbau*
k) *Ölpumpe – Ausbau und Einbau*
l) *Schwungscheibe – Ausbau und Einbau*
m) *Motor- und Getriebehalterungen – Ausbau und Einbau*

2 Kompressionsprüfung – Beschreibung und Auswertung

1 Wenn die Motorleistung sinkt oder Fehlzündungen entstehen, die nicht auf das Zünd- oder Kraftstoffsystem zurückzuführen sind, kann eine Kompressionsprüfung Hinweise auf den Zustand des Motors liefern. Wenn dieser Test regelmäßig durchgeführt wird, kann er vor Problemen warnen, bevor andere Symptome offensichtlich werden.

2 Der Motor muss vollständig auf Betriebstemperatur gebracht werden, der Ölpegel muss stimmen und die Batterie muss komplett geladen sein. Für den Test wird ein Assistent benötigt.

3 Entfernen Sie die Sicherung des Benzinpumpenrelais – hierdurch wird ein im Steuergerät ein Fehler gespeichert, der nach Beendigung des Tests mithilfe eines geeigneten Diagnosegeräts gelöscht werden muss. Solange kein Zugang zu einer solchen Diagnoseeinrichtung besteht, empfiehlt es sich, den Test von einer Fachwerkstatt durchführen zu lassen. Die Prüfung wird wie folgt ausgeführt:

4 Die Sicherung des Benzinpumpenrelais befindet sich in der Sicherungsbox unter dem Handschuhfach (siehe Kapitel 12, Sektion 3). Starten Sie nach deren Ausbau den Motor und lassen Sie ihn laufen, bis er von selbst ausgeht.

5 Entfernen Sie alle Zündkerzen (siehe Kapitel 1A, Sektion 19).

6 Drehen Sie den passenden Adapter in das Zündkerzengewinde von Zylinder Nr. 1 und schließen Sie den Kompressionsprüfer an.

7 Lassen Sie den Assistenten auf dem Fahrersitz Platz nehmen und das Gaspedal durchdrücken. Gleichzeitig muss er den Motor mit dem Anlasser durchdrehen – nach ein bis zwei Umdrehungen sollte der Kompressionsdruck seinen maximalen Wert erreicht haben und sich dort stabilisieren. Notieren Sie den höchsten gemessenen Wert.

8 Wiederholen Sie den Test an den anderen Zylindern und notieren Sie alle Messwerte.

9 Alle Zylinder sollten ähnliche Kompressionswerte erreichen – Unterschiede von mehr als 2 bar weisen auf einen Defekt hin. Beachten Sie, dass sich die Kompression in einem gesunden Motor sehr schnell aufbaut; niedrige Kompression im ersten Kolbenhub gefolgt von schrittweisen Anstiegen in den folgenden Hüben weist auf verschlissene Kolbenringe hin. Niedrige Kompression im ersten Kolbenhub, der auch in den folgenden Hüben keine höheren Werte folgen, weist auf verschlissene Ventile oder eine durchgebrannte Zylinderkopfdichtung hin (ein Riss im Zylinderkopf kann auch möglich sein). Ablagerungen an den Ventilen können ebenfalls zu niedriger Kompression führen.

10 Weil die gemessenen Kompressionswerte von der Drehzahl des Anlassers und den Messgeräten abhängen, gibt Ford keine Werte als Vorgaben.

11 Falls der Druck in einem Zylinder deutlich unter denen der anderen liegt, muss der folgende Test durchgeführt werden, um den Grund herauszufinden: Füllen Sie einen Teelöffel Motoröl durch das Zündkerzenloch ein und wiederholen Sie den Test.

12 Wenn das zugegebene Öl den Kompressionsdruck zeitweise erhöht, werden der Kolben oder die Zylinderbohrung verschlissen sein. Keine Druckveränderung lässt auf undichte oder verbrannte Ventile oder auf eine schadhafte Zylinderkopfdichtung schließen.

13 Niedrige Drücke in zwei benachbarten Zylindern weisen fast immer darauf hin, dass die Kopfdichtung zwischen ihnen durchgebrannt ist – Kühlmittel im Motoröl bestätigt dies.

13 Wenn ein Zylinder um etwa 20 % unter den anderen liegt und der Motor im Standgas etwas unrund läuft, kann ein verschlissener Nocken die Ursache hierfür sein.

14 Falls die Kompression ungewöhnlich hoch ist, haben sich wahrscheinlich Kohleablagerungen in den Brennräumen gebildet. In diesem Fall muss der Zylinderkopf demontiert und samt Kolbenboden gereinigt werden.

15 Nach Beendigung des Tests werden die Zündkerzen und die Benzinpumpen-Sicherung installiert sowie der Fehler im Steuergerät gelöscht.

3 Oberer Totpunkt von Zylinder Nr. 1 – Positionierung

Anmerkung: *Für diese Einstellung darf die Kurbelwelle ausschließlich vorwärts (von rechts betrachtet: im Uhrzeigersinn) gedreht werden.*

Allgemeines

1 Der obere Totpunkt (OT) ist die höchste Position des oszillierenden Kolbens; er erreicht ihn in einem Arbeitstakt zweimal – im Gaswechsel-Takt und im Verdichtungstakt. Oft ist mit »OT« nur der Verdichtungs-OT gemeint. Im unteren Teil seines Arbeitstaktes steht der Kolben im UT.

2 Weil die Kolben aller vier Zylinder bei verschiedenen Kurbelwellenpositionen im Verdichtungs-OT stehen, bezieht sich die OT-Arretierung generell auf den Kolben in Zylinder Nr. 1 – rechts neben der Steuerkette.

3 Die Positionierung des Kolbens von Zylinder Nr. 1 (rechts) im OT ist ein entscheidender Teil beim Einstellen der Steuerzeiten und der Montage der Nockenwellen sowie der Steuerkette.

OT-Positionierung

4 Entfernen Sie alle Zündkerzen (siehe Kapitel 1A, Sektion 19) – hierdurch lässt sich die Kurbelwelle leichter drehen.

5 Trennen Sie den Haupt-Masseanschluss (–) der Batterie (siehe Kapitel 5A, Sektion 4).

6 Ziehen Sie die Handbremse an, heben Sie das Fahrzeug vorn an, und stützen Sie es sicher ab (siehe Seite 390). Demontieren Sie das rechte Vorderrad.

7 Lösen Sie die Befestigungen der rechten vorderen Radhausschale und entfernen Sie diese.

8 Hinten im Motorblock (links neben dem Kurbelwellensensor) ist eine Steuerzeiten-Bohrung mit einem Stopfen verschlossen. Drehen Sie die Kurbelwelle im Uhrzeigersinn, bis sie etwa 45° vor OT steht (siehe Abbildungen). Lösen Sie den Gehäusestopfen und installieren Sie einen Arretierstift (Ford bietet unter der Teilenummer 303-748 ein entsprechendes Teil an).

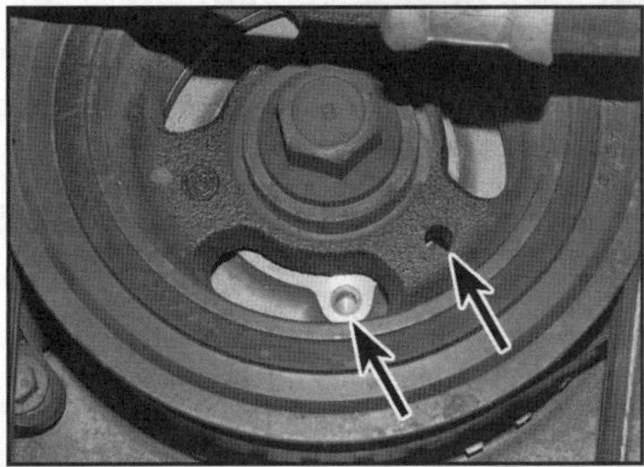

3.8a Diese zwei Bohrungen fluchten bei OT zueinander – also steht die Kurbelwelle jetzt etwa 45° vor OT.

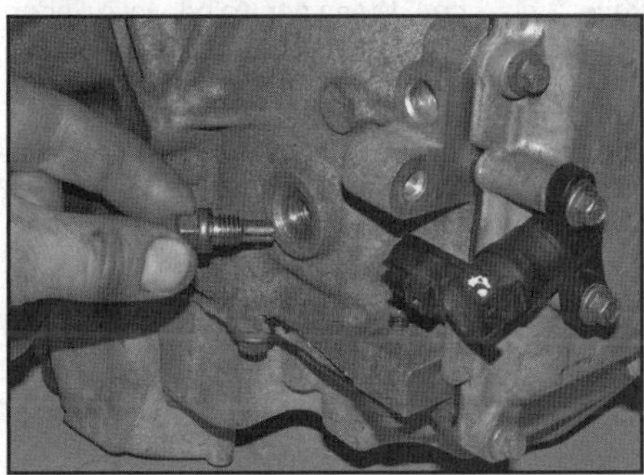

3.8b Entfernen Sie den Motorgehäuse-Stopfen …

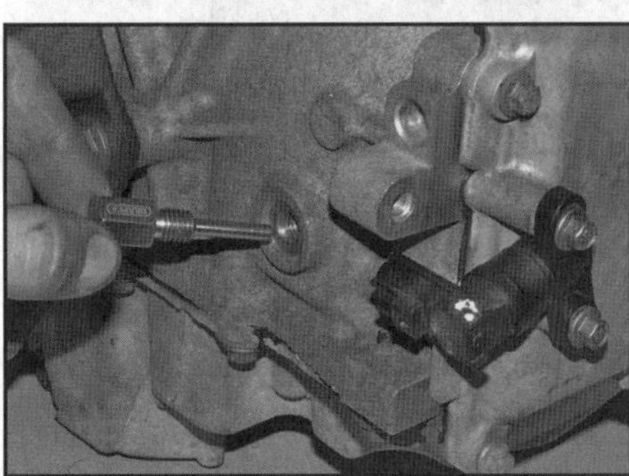

3.8c … und installieren Sie den Arretierstift.

9 Drehen Sie die Kurbelwelle im Uhrzeigersinn, bis sie am Arretierstift anschlägt.

10 Die Bohrung in der Kurbelwellen-Riemenscheibe muss mit der Gewindebohrung im Steuerkettendeckel fluchten, sodass eine M6 x 18-Schraube installiert werden kann, um die Riemenscheibe zu arretieren (siehe Abbildung).

3.10 Installieren Sie eine etwa 18 mm lange M6-Schraube durch die Bohrung der Riemenscheibe in den Steuerkettendeckel.

11 Die Kolben der Zylinder Nr. 1 und 4 stehen jetzt im oberen Totpunkt (OT) – einer von ihnen im OT des Verdichtungstaktes. Um herauszufinden, welcher Kolben im Verdichtungs-OT steht, muss der Ventildeckel entfernt werden (siehe Sektion 4).
12 Beschaffen Sie das Ford-Arretierblech (Teilenummer 303-376B) oder einen exakt 5 mm starken Metallstreifen (Länge: 18 bis 23 cm, Breite: 2 bis 3 cm). Wenn der Kolben in Zylinder Nr. 1 im Verdichtungs-OT steht, lässt sich der Streifen in die versetzt angeordneten Nuten an den linken Enden beider Nockenwellen einschieben und liegt auf der Dichtfläche des Zylinderkopfes auf (siehe Abbildung). Falls eine Nockenwelle etwas verdreht ist, kann sie mit einem am Sechskant angesetzten Maulschlüssel vorsichtig gedreht werden, bis das Werkzeug sitzt.

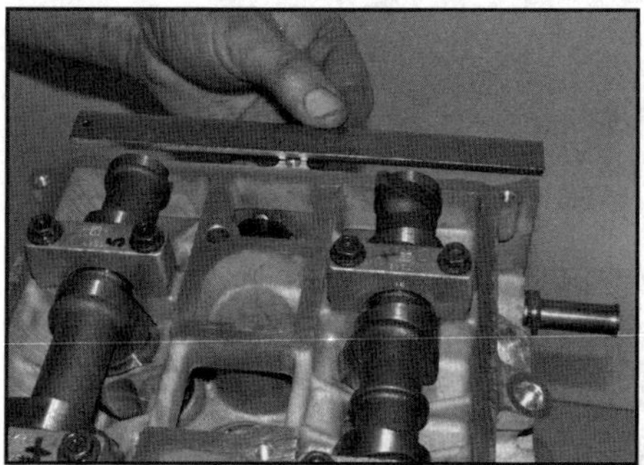

3.12 Schieben Sie das Arretierblech in die Nuten der Nockenwelle.

13 Falls die Nuten der Nockenwellen unter der Zylinderkopf-Dichtfläche liegen, müssen die Arretierungen der Kurbelwelle übergangsweise entfernt und diese eine volle Umdrehung weitergedreht werden, um den Streifen korrekt in die Nockenwellen-Nuten einsetzten zu können.
14 Das Nockenwellen-Arretierblech darf nicht zum Kontern der Kurbelwelle verwendet werden – arretieren Sie diese zur Demontage der Riemenscheibe ausschließlich mit der in Sektion 6 beschriebenen Methode.
15 Sobald der Kolben von Zylinder Nr. 1 im Verdichtungs-OT steht, können die Kolben der anderen Zylinder durch entsprechendes Drehen der Kurbelwelle um 180° entsprechend der Zündfolge (1-3-4-2) in den Verdichtungs-OT gebracht werden.
16 Bevor die Kurbelwelle erneut gedreht wird, müssen wieder der Arretierstift im Gehäuse und die Schraube der Riemenscheibe entfernt werden.

4 Ventildeckel – Ausbau und Einbau

Ausbau

1 Trennen Sie den Haupt-Masseanschluss (–) der Batterie (siehe Kapitel 5A, Sektion 4).
2 Ziehen Sie die Kunststoffabdeckung nach oben vom Motor ab (siehe Abbildung).

4.2 Ziehen Sie die Kunststoffabdeckung vom Motor ab.

3 Trennen Sie bei früheren Modellen den Stecker des Nockenwellensensors (siehe Abbildung).

4.3 Stecker des Nockenwellensensors

4 Befreien Sie den Kabelbaum vom Ventildeckel.
5 Trennen Sie hinten links am Ventildeckel den Schlauch der Motorentlüftung (siehe Abbildung).

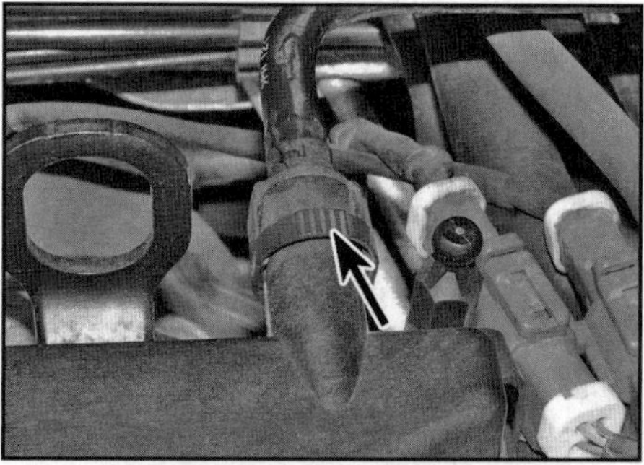

4.5 Drücken Sie die Hülse hier seitlich zusammen und ziehen Sie den Motorentlüftungsschlauch ab.

6 Drehen Sie die drei Zapfen für die Motorabdeckung aus den Ventildeckel-Stehbolzen – beachten Sie deren Positionen.
7 Lösen Sie die Schraube des Lambdasondenstecker-Halters (siehe Abbildung).

4.7 Schraube des Lambdasondenstecker-Halters

8 Lösen Sie vorsichtig die Schrauben der vier Zündspulen und ziehen Sie diese von den Zündkerzen (siehe Abbildung).

4.8 Lösen Sie die Schrauben der Zündspulen und ziehen Sie diese von den Zündkerzen.

9 Lockern Sie schrittweise die 14 Ventildeckelschrauben. Wenn alle locker sind, können sie vollständig gelöst werden – sie verbleiben im Ventildeckel, während dieser entnommen wird.
10 Kontrollieren Sie die Ventildeckeldichtung und ersetzen Sie sie nötigenfalls.

Einbau

11 Reinigen Sie sorgfältig die Dichtflächen des Ventildeckels und des Zylinderkopfs und installieren Sie nötigenfalls eine neue Dichtung korrekt in die Nut des Deckels.
12 Tragen Sie etwas Silikon-Dichtmasse (Ford Nr. WSE-M4G323-A4) dort auf, wo der Steuerkettendeckel am Zylinderkopf anliegt.
13 Setzen Sie den Ventildeckel auf und drehen Sie die Schrauben handfest an – die Dichtung muss in ihrer Nut verbleiben.
14 Ziehen Sie die Schrauben in der gezeigten Reihenfolge mit 10 Nm an (siehe Abbildung). Installieren Sie die drei Zapfen für die Motorabdeckung in die notierten Ventildeckel-Stehbolzen.

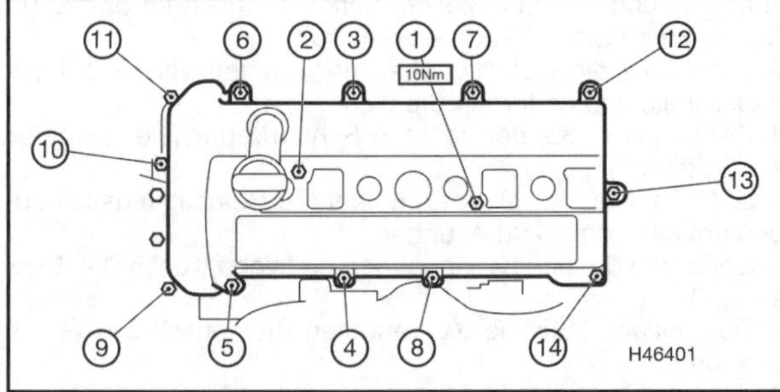

4.14 Anzugsreihenfolge der Ventildeckelschrauben

15 Der Rest des Einbaus entspricht der umgekehrten Ausbaureihenfolge.

5 Ventilspiel – Kontrolle und Einstellung

Kontrolle

Anmerkung: *Das Ventilspiel wird nicht im Zuge des Wartungsplans kontrolliert, sondern nur nach einer sehr hohen Laufleistung, einer Motorüberholung oder wenn Geräusche oder Leistungsmangel auf den Ventiltrieb zurückzuführen sind. Die Einstellung erfordert den Ausbau der jeweiligen Nockenwelle und den Austausch der entsprechenden Tassenstößel.*
1 Korrekt eingestellte Ventile beeinflussen direkt die Leistungsfähigkeit und Haltbarkeit des Motors. Zu viel Spiel erzeugt klappernde oder ratternde Geräusche, erhöht den Verschleiß und verringert die Motorleistung (Ventil öffnet zu spät und schließt zu früh). Zu geringes Ventilspiel kann dazu führen, dass das Ventil bei heißem Motor nicht richtig schließt, sodass es selbst (wegen mangelhafter Wärmeabfuhr) und sein Ventilsitz verbrennen kann; ein abreißendes Ventil kann den Kolben durchschlagen und ernsthafte Motorschäden verursachen. Das Ventilspiel wird wie folgt kontrolliert und eingestellt:
2 Entfernen Sie den Ventildeckel (siehe Sektion 4). Bringen Sie den Kolben von Zylinder Nr. 1 in den Verdichtungs-OT (siehe Sektion 3). Die Ein- und Auslass-Nocken über Zylinder Nr. 1 zeigen schräg nach oben und das Ventilspiel kann kontrolliert werden.
3 Messen Sie mit Fühlerlehrenblättern an jedem Ventil den Abstand zwischen dem Nocken-Grundkreis und dem Tassenstößel (siehe Abbildung). Notieren Sie zusammen mit dem entsprechenden Ventil die Stärke desjenigen Fühlerlehrenblatts, das sich sanft und mit leichtem Widerstand hindurchziehen lässt. Beachten Sie, dass die Einlassventile (vorn am Motor) und die Auslassventile (hinten) unterschiedliche Ventilspiel-Werte aufweisen (0,22 bis 0,27 mm bzw. 0,28 bis 0,33 mm).

5.3 Messen Sie mit Fühlerlehrenblättern den Abstand zwischen dem Nocken-Grundkreis und dem Tassenstößel.

4 Drehen Sie die Kurbelwelle um 180° im Uhrzeigersinn, sodass die Nocken über Zylinder Nr. 3 schräg nach oben stehen, und notieren Sie auch hier die ermittelten Werte. Wiederholen Sie die Prozedur über Zylinder Nr. 2 und 4, nachdem Sie die Kurbelwelle jeweils um 180° weitergedreht haben.

Einstellung

5 Falls irgendwo das gemessene Spiel nicht innerhalb der Vorgaben liegt, muss der entsprechende Tassenstößel ausgetauscht werden – dies erfordert den Ausbau der Nockenwelle (siehe Sektion 9).
6 Falls das gemessene Spiel zu gering war, muss ein dünnerer Tassenstößel beschafft werden, bei zu viel Spiel muss der neue Tassenstößel dickerer sein. Die Stärke jedes Tassenstößels ist innen mit einer eingravierten Nummer markiert (siehe Abbildung) – falls die Nummer fehlt oder schwer erkennbar ist, muss die Stärke mit geeigneten Messinstrumenten ermittelt werden.

5.6 Die eingravierte Nummer zeigt die Stärke des Tassenstößels an.

7 Soweit die Stärke des vorhandenen Tassenstößels und das tatsächliche Ventilspiel bekannt sind, kann die Stärke des benötigten Tassenstößels errechnet werden:
Stärke des benötigten Tassenstößels D
= Stärke des vorhandenen Tassenstößels C
+ Gemessenes Ventilspiel B
– Erforderliches Ventilspiel A

Ein Beispiel:
Erforderliches Ventilspiel A = 0,25 mm
Gemessenes Ventilspiel B = 0,20 mm
Vorhandener Tassenstößel C = 2,55 mm
Benötigter Tassenstößel D = C + B – A = 2,50 mm

8 Bearbeiten Sie die zu ersetzenden Stößel nacheinander. Ölen Sie den neuen Tassenstößel und installieren Sie ihn senkrecht in die Bohrung des Zylinderkopfes.
9 Nach dem Austausch aller erforderlichen Tassenstößel werden die Nockenwellen wieder in den Zylinderkopf installiert.
10 Drehen Sie die Kurbelwelle mindestens vier Umdrehungen, damit sich alles setzen kann. Kontrollieren Sie dann erneut das Ventilspiel (Schritte 2 bis 4) und wiederholen Sie die Einstellung nötigenfalls.
11 Für zukünftige Einstellungen kann es hilfreich sein, die Stärken aller 16 vorhandenen Tassenstößel zu notieren; so können eventuell erforderliche Tassenstößel bereits vor dem Ausbau beschafft werden.

6 Kurbelwellen-Riemenscheibe – Ausbau und Einbau

Anmerkung: *Beim Einbau wird ein neuer Riemenscheiben-Bolzen benötigt.*
Achtung: Die Riemenscheibe und das Steuerzeitenrad sind NICHT mit einem Keil oder ähnlichem auf der Kurbelwelle gesichert, sondern werden lediglich mit dem angezogenen Bolzen in Position gehalten. Achten Sie daher vor dem Lockern des Bolzens darauf, dass sich der Kolben von Zylinder Nr. 1 im Verdichtungs-OT befindet (siehe Sektion 3)!

Ausbau

1 Je nach auszuführender Arbeit muss der Keilrippenriemen entweder komplett entfernt oder nur vom Kurbelwellen-Riemenrad gehoben werden (siehe Kapitel 1A, Sektion 21).
2 Bringen Sie den Kolben von Zylinder Nr. 1 in den Verdichtungs-OT (siehe Sektion 3).
3 Zum Lockern des Riemenscheiben-Bolzens muss die Kurbelwelle gekontert werden – verwenden Sie entweder die Ford-Spezialwerkzeuge 205-072 und 205-072-02 oder fertigen Sie sich selbst ein geeignetes Werkzeug an (siehe Werkzeug-Tipp).

Praxis-Tipp

Aus zwei ca. 6 mm starken und ca. 30 mm breiten Blechstreifen ((ca. 60 und 20 cm lang) kann ein Riemenscheiben-Blockierwerkzeug angefertigt werden: Schrauben Sie die Streifen wie gezeigt zusammen, sodass sie sich noch bewegen lassen. Drehen Sie an den Enden der Streifen geeignete Schrauben ein und sichern Sie sie mit Muttern, damit sie in die Langlöcher der Riemenscheibe greifen können.

4 Blockieren Sie mit dem Werkzeug die Riemenscheibe und lockern Sie den zentralen Bolzen. Entfernen Sie das Werkzeug, drehen Sie den Bolzen heraus und entfernen Sie die Riemenscheibe – beim Einbau wird ein neuer Bolzen benötigt.

Einbau

5 Der Kolben von Zylinder Nr. 1 muss weiterhin im Verdichtungs-OT stehen.
6 Installieren Sie den neuen Riemenscheiben-Bolzen, blockieren Sie die Riemenscheibe mit dem Spezialwerkzeug und ziehen Sie den Bolzen zunächst mit 100 Nm an und dann (ggf. mithilfe einer Gradscheibe) um 90° weiter.
7 Installieren Sie den Keilrippenriemen oder legen Sie ihn über die Riemenscheibe (siehe Kapitel 1A, Sektion 21).
8 Der Rest des Einbaus entspricht der umgekehrten Ausbaureihenfolge.

7 Steuerkettendeckel – Ausbau und Einbau

Ausbau

1 Entfernen Sie den Ventildeckel (siehe Sektion 4).
2 Ziehen Sie die Handbremse an, heben Sie das Fahrzeug vorn an, und stützen Sie es sicher ab (siehe Seite 390). Demontieren Sie das rechte Vorderrad.
3 Lösen Sie die Befestigungen der rechten vorderen Radhausschale und entfernen Sie diese.
4 Demontieren Sie den rechten Scheinwerfer (siehe Kapitel 12, Sektion 7).
5 Lockern Sie die Wasserpumpenrad-Befestigungsschrauben um etwa drei Umdrehungen.
6 Entfernen Sie den Keilrippenriemen (siehe Kapitel 1A, Sektion 21).
7 Demontieren Sie die Kurbelwellen-Riemenscheibe (siehe Sektion 6).
8 Trennen Sie den Stecker des Kurbelwellensensors (siehe Abbildung).

7.8 Trennen Sie den Stecker des Kurbelwellensensors.

9 Lösen Sie die Schrauben der Servolenkungspumpe, um diese vom Steuerkettendeckel zu befreien.
10 Drehen Sie die Wasserpumpenrad-Schrauben heraus und entfernen Sie das Rad sowie die Keilrippenriemen-Umlenkrolle.
11 Befreien Sie den Kabelbaum von den Zapfen unten am Steuerkettendeckel.
12 Stützen Sie den Motor mithilfe eines mit Hölzern bestückten Rangierwagenhebers unterhalb der Ölwanne ab. Lösen Sie dann die Muttern und Schrauben der rechten Motorhalterung, um diese vom Motor zu befreien (siehe Abbildung).

7.12 Muttern und Schrauben der rechten Motorhalterung

13 Lösen Sie vorn am Steuerkettendeckel die Mutter der Kältemittelrohr-Halterung.
14 Lösen Sie alle Steuerkettendeckel-Schrauben – notieren Sie ihre Positionen – und ziehen Sie den Deckel vom Motor ab.

Einbau

15 Der Einbau entspricht der umgekehrten Ausbaureihenfolge – beachten Sie dabei folgende Punkte:

a) *Reinigen Sie die Dichtflächen des Steuerkettendeckels, des Motorgehäuses und des Zylinderkopfes; falls zum Entfernen von Dichtungsresten ein Schaber verwendet wird, darf damit nicht die Dichtfläche beschädigt werden. Verwenden Sie geeignetes Lösungsmittel. Falls an der Dichtfläche Öl austrat, sollte eine Fachwerkstatt alles auf Verzug untersuchen.*
b) *Ersetzen Sie den Kurbelwellen-Dichtring im Steuerkettendeckel (siehe Sektion 10).*
c) *Tragen Sie auf der sauberen und ölfreien Dichtfläche des Steuerkettendeckels und um die inneren Schraubenlöcher herum eine 3 mm starke Raupe aus Silikon-Dichtmasse auf (siehe Abbildung). Anmerkung: Der Deckel muss anschließend spätestens nach zehn Minuten montiert werden.*
d) *Ziehen Sie die Steuerkettendeckel-Schrauben in der gezeigten Anzugsreihenfolge mit 10 Nm (M6-Schrauben) bzw. mit 48 Nm (M8-Schrauben) an.*

7.15a Tragen Sie innerhalb der äußeren Schraubenlöcher und um die inneren Schraubenlöcher herum eine 3 mm starke Raupe aus Silikon-Dichtmasse auf.

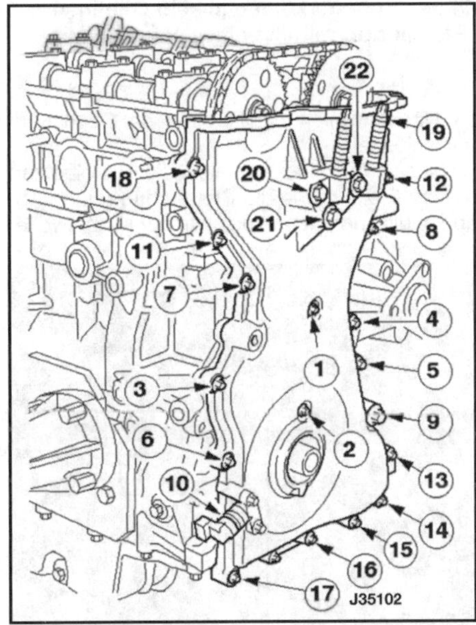

7.15b Anzugsreihenfolge der Steuerkettendeckel-Schrauben

8 Steuerkette, Spanner und Führungen – Ausbau, Kontrolle und Einbau

Ausbau

1 Entfernen Sie den Ventildeckel (siehe Sektion 4).
2 Bringen Sie den Kolben von Zylinder Nr. 1 in den Verdichtungs-OT und arretieren Sie die Kurbelwelle und die Nockenwellen (siehe Sektion 3).
3 Demontieren Sie den Steuerkettendeckel (siehe Sektion 7).
4 Stecken Sie einen kleinen Schraubendreher in die Bohrung des Steuerkettenspanners, um seine Klauen zu lösen, und drücken Sie gegen die Steuerkettenführung, um den Spannerkolben in sein Gehäuse zu schieben; sobald er vollständig eingeschoben ist, wird ein etwa 1,5 mm starker Arretierstift in die Bohrung gesteckt, um ihn in dieser Position zu sichern (siehe Abbildung).

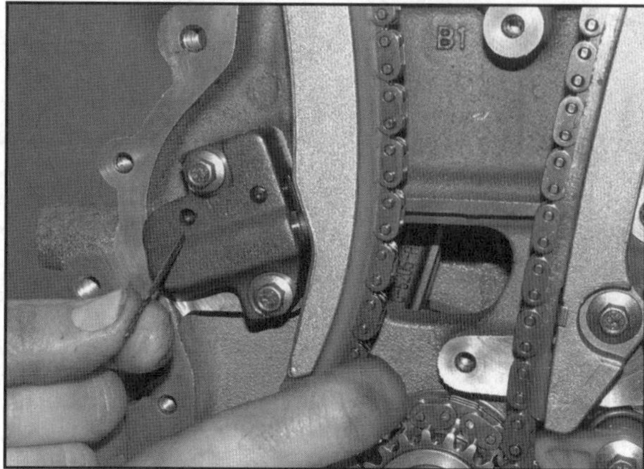

8.4 Drücken Sie den Spannerkolben in sein Gehäuse und arretieren Sie ihn dort mithilfe eines etwa 1,5 mm dicken Stifts.

5 Kontern Sie die Nockenwellen mithilfe eines am Sechskant angesetzten Maulschlüssels.
6 Lösen Sie bei blockierten Nockenwellen die Ritzelbolzen und entfernen Sie die Ritzel sowie die Steuerkette (siehe Abbildung) – drehen Sie bis zum Einbau nicht an der Kurbelwelle!

8.6 Kontern Sie die Nockenwellen beim Lösen der Ritzelmuttern mithilfe eines am Sechskant angesetzten Maulschlüssels.

7 Ziehen Sie nötigenfalls die Spannerschiene von ihrem Zapfen und lösen Sie die Schrauben der vorderen Führungsschiene (siehe Abbildungen).

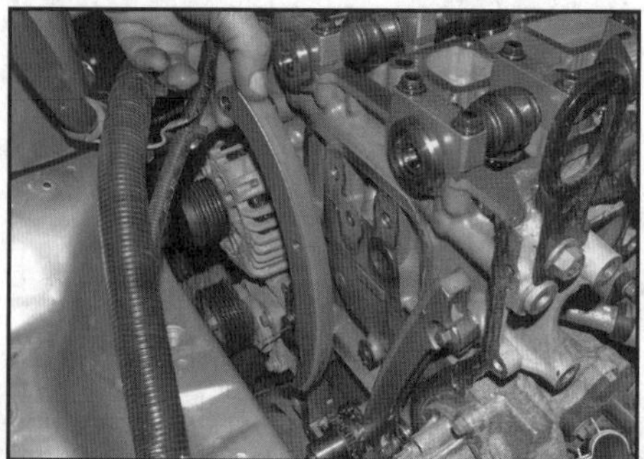

8.7a Ziehen Sie die Spannerschiene von ihrem Zapfen ...

8.7b ... und lösen Sie die Schrauben der vorderen Führungsschiene.

8 Falls der Steuerkettenspanner vom Motorgehäuse demontiert werden soll, müssen seine zwei Schrauben gelöst werden (siehe Abbildung) – belassen Sie den Arretierstift im Spanner!

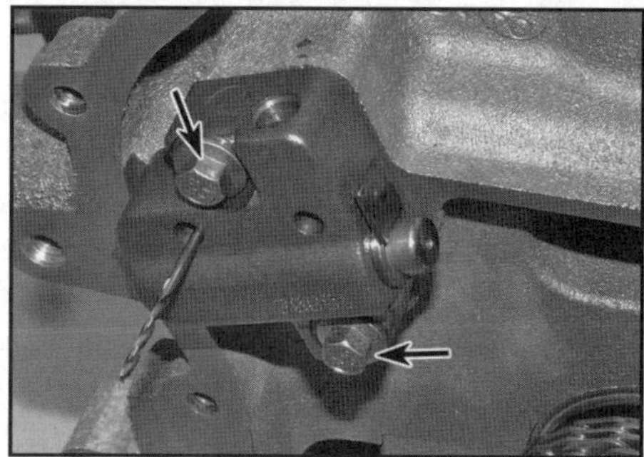

8.8 Schrauben des Steuerkettenspanners

9 Um das Steuerkettenritzel von der Kurbelwelle demontieren zu können, muss zunächst die Ölpumpenkette entfernt werden (siehe Sektion 13). Markieren Sie die Einbaurichtung aller Ketten und Ritzel, um sie später wieder in der ursprünglichen Laufrichtung montieren zu können.

Kontrolle

Anmerkung: *Achten Sie darauf, dass alle Komponenten wieder richtig herum an ihre ursprüngliche Positionen gelangen.*

10 Reinigen Sie alle Komponenten sorgfältig mit Lösungsmittel und wischen Sie sie trocken.
11 Begutachten Sie die Spanner- und Führungsschiene auf übermäßigen Verschleiß und andere Schäden – falls die Steuerkette tiefe Nuten erzeugt hat, müssen beide Schienen durch Neuteile ersetzt werden.
12 Kontrollieren Sie die Steuerkette auf übermäßigen Verschleiß, lockere Glieder und Verzug (erkennbar bei horizontal gehaltener Kette). Vergleichen Sie die Kette im Zweifel mit einem Neuteil und ersetzen Sie sie nötigenfalls.
13 Inspizieren Sie die Zähne aller Steuerkettenritzel auf übermäßigen Verschleiß und andere Schäden und ersetzen Sie sie nötigenfalls.
14 Bevor der Steuerkettenspanner montiert werden kann, muss – falls noch nicht geschehen – sein Kolben eingedrückt und arretiert werden. Stecken Sie hierzu einen kleinen Schraubendreher in die Bohrung des Steuerkettenspanners, um seine Klauen zu lösen. Klemmen Sie den Spanner jetzt sanft in einem Schraubstock ein und komprimieren Sie langsam den Kolben – üben Sie keinen übermäßigen Druck aus und achten Sie darauf, dass der Kolben senkrecht eingeschoben wird; sobald er vollständig eingeschoben ist, wird ein etwa 1,5 mm starker Arretierstift in die Bohrung gesteckt, um ihn in dieser Position zu sichern (Abb. 8.4).

Einbau

15 Falls noch nicht geschehen, wird das Kurbelwellenritzel (samt Antriebs-Plättchen) in der ursprünglichen Einbaurichtung auf den Kurbelwellenstumpf geschoben – beachten Sie zur Montage der Ölpumpenkette die Hinweise in Sektion 13.
16 Montieren Sie den Steuerkettenspanner und ziehen Sie seine Schrauben mit 10 Nm an – belassen Sie den Arretierstift weiterhin im Spanner (siehe Abbildung).

8.16 Montieren Sie den Steuerkettenspanner und ziehen Sie seine Schrauben mit 10 Nm an.

17 Montieren Sie ggf. die vordere Führungsschiene und ziehen Sie ihre Schrauben mit 10 Nm an. Schieben Sie die Spannerschiene auf den Zapfen am Zylinderkopf (siehe Abbildung).

8.17 Installieren Sie die Spanner- und Führungsschienen.

18 Setzen Sie das (vordere) Einlassnockenwellenritzel an der Welle an, aber ziehen Sie noch nicht ihre Schraube an.
19 Legen Sie die Steuerkette um das Ritzel der (hinteren) Auslassnockenwelle und montieren Sie dies, während Sie die Kette über das Einlass-Ritzel legen (siehe Abbildung).

8.19 Montieren Sie die Nockenwellenritzel mit aufgelegter Steuerkette.

20 Wenn die Steuerkette korrekt aufliegt, wird gegen die Spannerschiene gedrückt und der Arretierstift aus dem Spanner gezogen – der Spannerkolben drückt jetzt gegen die Spannerschiene (siehe Abbildung).

8.20 Drücken Sie gegen die Spannerschiene und ziehen Sie den Arretierstift heraus.

21 Prüfen Sie, ob der Kolben von Zylinder Nr. 1 in den Verdichtungs-OT steht und alles korrekt arretiert ist (siehe Sektion 3).
22 Kontern Sie die Nockenwellen mithilfe eines am Sechskant angesetzten Maulschlüssels und ziehen Sie die Ritzelbolzen mit 72 Nm an.
23 Montieren Sie den Steuerkettendeckel (siehe Sektion 7).
24 Entfernen Sie das Nockenwellen-Arretierblech sowie die Kurbelwellen-Arretierung und drehen Sie die Kurbelwelle zwei volle Umdrehungen durch. Sichern Sie die Nockenwellen und die Kurbelwelle anschließend wieder im Verdichtungs-OT von Zylinder Nr. 1 (siehe Sektion 3).
25 Montieren Sie den Ventildeckel (siehe Sektion 4).

9 Nockenwellen und Tassenstößel – Ausbau, Kontrolle und Einbau

Ausbau

1 Entfernen Sie den Ventildeckel (siehe Sektion 4).
2 Bringen Sie den Kolben von Zylinder Nr. 1 in den Verdichtungs-OT (siehe Sektion 3).
3 Entfernen Sie den unteren und oberen Verschlussstopfen aus dem Steuerkettendeckel, um Zugang zum Kettenspanner und zur Führung zu erhalten (siehe Abbildungen).

9.3a Entfernen Sie den unteren ...

9.3b ... und oberen Verschlussstopfen aus dem Steuerkettendeckel.

4 Lockern Sie den Steuerkettenspanner, indem Sie einen kleinen Schraubendreher durch die untere Bohrung in die Spanner-Bohrung stecken, um seine Klauen zu lösen (siehe Abbildung).

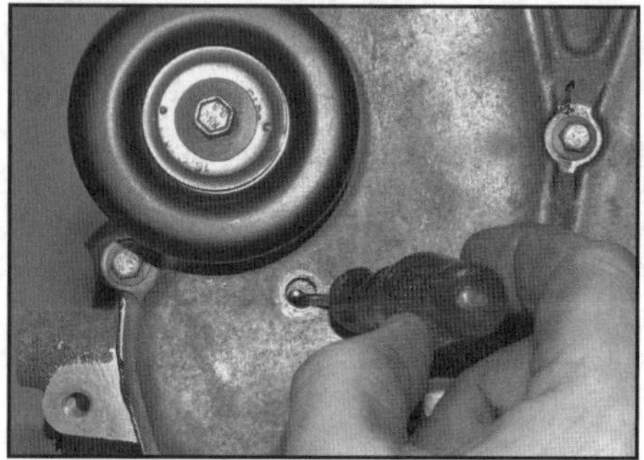

9.4 Lösen Sie mit einem kleinen Schraubendreher die Klauen des Steuerkettenspanners.

5 Drehen Sie die Auslassnockenwelle mit einem am Sechskant angesetzten Maulschlüssel vorsichtig im Uhrzeigersinn, um den Steuerkettenspanner zu komprimieren (siehe Abbildung).

9.5 Drehen Sie die Auslassnockenwelle mit einem am Sechskant angesetzten Maulschlüssel vorsichtig nach rechts.

6 Halten Sie die Auslassnockenwelle in dieser Position und drehen Sie eine 25 mm lange M6-Schraube in die obere Gewindebohrung des Steuerkettendeckels, um die Spannerschiene zu arretieren (siehe Abbildung).

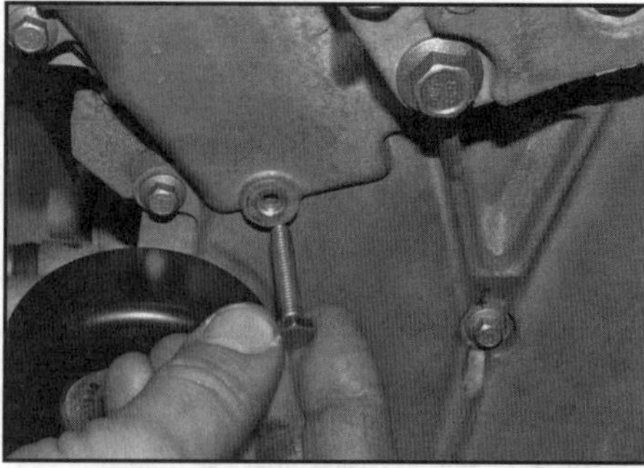

9.6 Arretieren Sie die Spannerschiene mit einer in die obere Bohrung eingedrehten M6x25-Schraube.

7 Kontern Sie die Nockenwelle weiterhin mit dem Maulschlüssel und lockern Sie die Ritzelschrauben (Abb. 8.6).
8 Sichern Sie die Steuerkette mit einem Kabelbinder o. ä. an den Nockenwellenritzeln.
9 Drehen Sie die Ritzelschrauben heraus und befreien die Ritzel samt Kette von den Nockenwellen; sichern Sie mit Draht vor dem Verschwinden im Steuerkettenschacht.
10 Lockern Sie die Schrauben der Nockenwellen-Lagerdeckel in der gezeigten Reihenfolge (siehe Abbildung) schrittweise um jeweils eine halbe Umdrehung – dies ist wichtig, um den Druck der Ventilfedern auf die Nockenwellen sicher abzubauen.

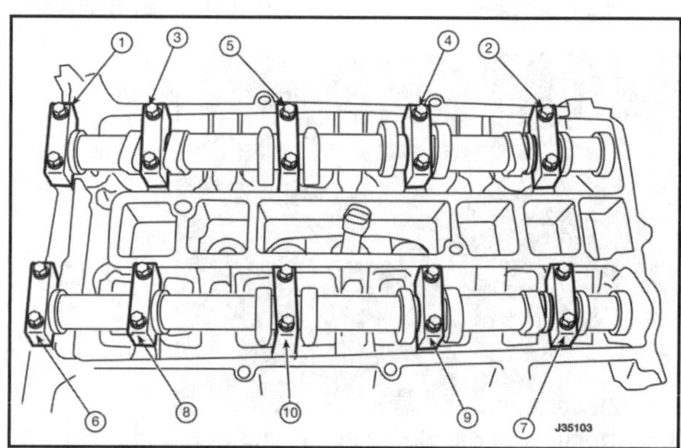

9.10 LOCKERUNGS-Reihenfolge der Nockenwellen-Lagerdeckelschrauben

11 Ziehen Sie die der Nockenwellen-Lagerdeckel unter Beachtung ihrer Markierungen ab und entnehmen Sie die Nockenwellen. Die Deckel der Einlassnockenwelle sind von rechts nach links mit »I1« bis »I5« markiert, während die Deckel der Auslassnockenwelle mit »E1« bis »E5« beschriftet sind. Die Einlassnockenwelle ist am Auslöse-Nocken für den Nockenwellensensor an ihrem linken Ende erkennbar (siehe Abbildungen).

9.11a Beachten Sie die Beschriftungen der Nockenwellen-Lagerdeckel ...

9.11b ... und den Nockenwellensensor-Auslösenocken am linken Ende der Einlassnockenwelle.

12 Beschaffen Sie 16 kleine, saubere Behälter und markieren Sie sie entsprechend der Ventil-Position (Einlass oder Auslass, Zylindernummer, links oder rechts); alternativ kann auch ein größerer Behälter in 16 Fächer unterteilt werden. Ziehen Sie mit einem kleinen Gummi-Saugnapf nach und nach die Tassenstößel aus ihren Sitzen und legen Sie sie in den entsprechenden Behälter (siehe Abbildung); sie weisen unterschiedliche Stärken auf, um das korrekte Ventilspiel sicherzustellen (Abb. 5.6) – durch Vertauschen würde dies nach dem Einbau nicht mehr stimmen.

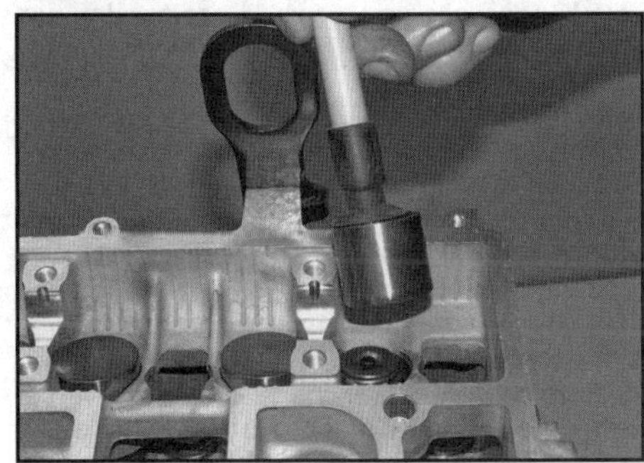

9.12 Ziehen Sie mit einem Gummi-Saugnapf die Tassenstößel heraus.

Kontrolle

13 Begutachten Sie die Nockenwellen und Tassenstößel auf Riefen und tiefe Kratzer. Schadhafte Teile müssen erneuert werden.

14 Messen Sie den Außendurchmesser jedes Tassenstößels – jeweils oben und unten und rechtwinklig davon (siehe Abbildung). Falls sich die Ergebnisse unterscheiden, ist der Stößel oval oder kegelförmig verschlissen und muss erneuert werden. Ermitteln Sie mit geeigneten Messgeräten auch den Verschleiß der Stößelbohrungen im Zylinderkopf oder/und holen Sie sich Rat in einer Fachwerkstatt.

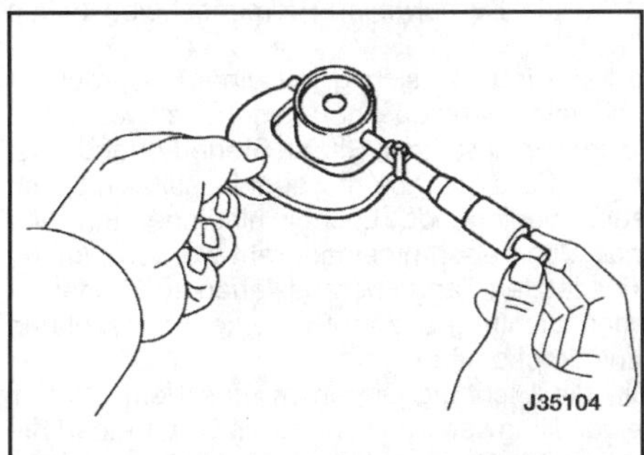

9.14 Messen Sie den Außendurchmesser jedes Tassenstößels an verschiedenen Stellen.

15 Inspizieren Sie die Nocken und die Lagerflächen der Nockenwellen auf Riefen und andere Verschleißmerkmale (blaue Verfärbung des Stahls weist auf Überhitzung hin) (siehe Abbildung). Sobald die gehärtete Oberfläche der Nocken angegriffen wurde, nimmt der Verschleiß massiv zu. Lassen Sie alle Teile nötigenfalls von einem Motorenfachbetrieb untersuchen.

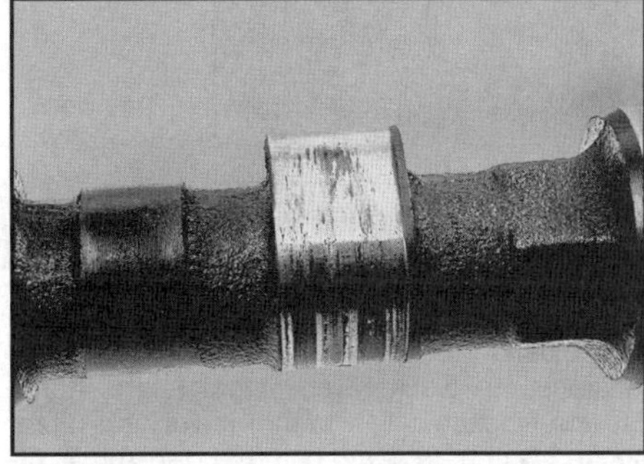

9.15 Eine dermaßen stark verschlissene Nockenwelle muss ersetzt werden.

16 Inspizieren Sie die Lagerflächen der Nockenwellen im Zylinderkopf und den Lagerdeckeln auf Riefen und tiefe Kratzer. Nötigenfalls muss der gesamte Zylinderkopf erneuert werden.

17 Messen Sie den Durchmesser der Nockenwellen-Lagerzapfen an mehreren Stellen (siehe Abbildung) – unterschiedliche Ergebnisse weisen auf Verschleiß hin, sodass die Welle und ggf. der Zylinderkopf ersetzt werden muss.

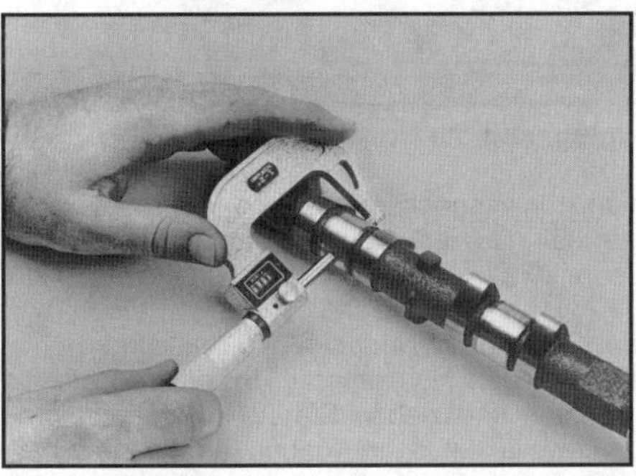

9.17 Messen Sie den Durchmesser der Nockenwellen-Lagerzapfen an mehreren Stellen.

18 Um das Axialspiel der Nockenwellen ermitteln zu können, müssen die Tassenstößel entfernt und alle Lagerflächen gereinigt werden. Legen Sie die Nockenwellen in den Zylinderkopf, installieren Sie ihre Deckel und ziehen Sie deren Schrauben im ersten Durchgang mit 7 Nm und im zweiten mit 16 Nm an. Verbinden Sie eine Messuhr so mit dem Zylinderkopf, dass der Taster am rechten Ende der Nockenwelle anliegt.

19 Drücken Sie die Nockenwelle vollständig gegen die Messuhr und nullen Sie sie. Drücken Sie sie nun von der Messuhr weg und notieren Sie den Messwert – falls er über 0,24 mm liegt, muss eine neue Nockenwelle installiert und die Prüfung wiederholt werden. Hat auch diese zu viel Axialspiel, ist ein neuer Zylinderkopf fällig.

Einbau

20 Reinigen Sie zunächst sorgfältig alle Bauteile sowie den Zylinderkopf und die Lagerdeckel. Ölen Sie ausgiebig die Tassenstößel und ihre Bohrungen im Zylinderkopf (siehe Abbildung). Installieren Sie vorsichtig die Stößel in ihre ursprünglichen Bohrungen – verkanten Sie sie dabei nicht.

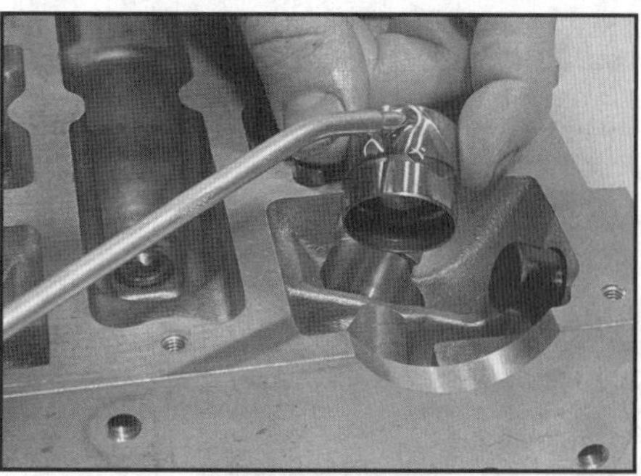

9.20 Ölen Sie ausgiebig die Tassenstößel und ihre Bohrungen im Zylinderkopf.

21 Drehen Sie die Kurbelwelle ca. 45° gegen den Uhrzeigersinn, sodass kein Kolben im OT steht.
22 Ölen Sie ausgiebig die Nockenwellenlager (siehe Abbildung). Legen Sie die Nockenwellen in ihre jeweiligen Sitze, sodass die versetzten Nuten an den rechten Enden zur Dichtfläche ausgerichtet sind.

9.22 Ölen Sie ausgiebig die Nockenwellenlager.

23 Die Deckel der Einlassnockenwelle sind von rechts nach links mit »I1« bis »I5« markiert, während die Deckel der Auslassnockenwelle mit »E1« bis »E5« beschriftet sind (Abb. 9.11a).
24 Positionieren Sie die Lagerdeckel korrekt und richtig herum über der jeweiligen Nockenwelle. Installieren Sie die Lagerdeckelschrauben und ziehen Sie sie in der gezeigten Reihenfolge um jeweils eine Umdrehung an (siehe Abbildung). Wiederholen Sie diese Durchgänge solange, bis alle Lagerdeckel auf dem Zylinderkopf aufliegen und die Schrauben leicht angezogen sind. Ziehen Sie die Schrauben erneut in der gezeigten Reihenfolge mit 7 Nm und in einer zweiten Runde mit 16 Nm an. All dies ist nötig, damit der Druck der Ventilfedern keine Schäden anrichten kann.

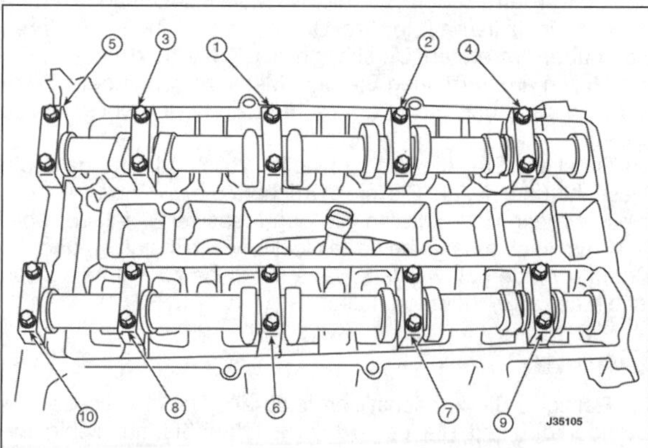

9.24 ANZUGS-Reihenfolge der Nockenwellen-Lagerdeckelschrauben

25 Installieren Sie das Nockenwellen-Arretierblech in die Nuten rechts in den Wellen (siehe Abbildung).

9.25 Arretieren Sie die Nockenwellen mit dem Blech im Verdichtungs-OT für Zylinder Nr. 1.

26 Montieren Sie die Nockenwellenritzel samt Steuerkette an die Nockenwellen, aber ziehen Sie ihre Schrauben noch nicht fest. Entfernen Sie die Kabelbinder o. ä., mit denen die Kette an den Ritzeln gesichert ist.
27 Entfernen Sie die Spannerschienen-Arretierschraube aus der oberen Bohrung des Steuerkettendeckels – hierfür muss ggf. etwas Druck auf die Schiene ausgeübt werden.
28 Drehen Sie die Kurbelwelle ca. 45° im Uhrzeigersinn, um den Kolben in Zylinder Nr. 1 wieder in den Verdichtungs-OT zu bringen (siehe Sektion 3).
29 Kontern Sie die Nockenwellen mithilfe eines am Sechskant angesetzten Maulschlüssels und ziehen Sie die Ritzelbolzen mit 72 Nm an.
30 Entfernen Sie das Nockenwellen-Arretierblech und die Kurbelwellen-Arretierung und drehen Sie die Kurbelwelle zwei volle Umdrehungen durch. Sichern Sie die Nockenwellen und die Kurbelwelle anschließend wieder im Verdichtungs-OT von Zylinder Nr. 1 (siehe Sektion 3).
31 Installieren Sie die beiden mit frischer Dichtmasse versehenen Verschlussstopfen in den Steuerkettendeckel und ziehen Sie den oberen mit 10 Nm sowie den unteren mit 12 Nm an.
32 Montieren Sie den Ventildeckel (siehe Sektion 4).

10 Kurbelwellen-Dichtringe – Ersetzen

Steuerkettendeckel-Dichtring (rechts)

1 Demontieren Sie die Kurbelwellen-Riemenscheibe (siehe Sektion 6).
2 Der Dichtring kann jetzt vorsichtig mit einem Schraubendreher oder ähnlichem Werkzeug herausgehebelt werden – beschädigen Sie dabei nicht seinen Sitz im Steuerkettendeckel oder die Kurbelwelle. Falls der Dichtring sehr fest sitzt, müssen zwei kleine gegenüberliegende Löcher hineingebohrt und selbstschneidende Schrauben hineingedreht werden, um ihn mit einer dort angesetzten Zange herausziehen zu können.
3 Wischen Sie den Dichtring-Sitz im Steuerkettendeckel und den Kurbelwellenstumpf sauber.
4 Schmieren Sie die Dichtring-Lippen mit frischem Motoröl und drücken Sie den Ring senkrecht in seinen Sitz; treiben Sie ihn mit einem geeigneten Steckschlüssel oder Rohr senkrecht ein, bis er bündig zum Außenrand des Deckels sitzt. (siehe Abbildungen). Wischen Sie überschüssiges Öl ab.

10.4a Setzen Sie den Dichtring an ...

10.4b ... und treiben Sie ihn senkrecht in seinen Sitz.

5 Montieren Sie die Kurbelwellen-Riemenscheibe (siehe Sektion 6).

Getriebeseiten-Dichtring (links)

Anmerkung: *Der Dichtring kann nur zusammen mit seinem Träger erneuert werden.*
6 Demontieren Sie das Getriebe (siehe Kapitel 7A, Sektion 7).
7 Demontieren Sie die Kupplung (siehe Kapitel 6, Sektion 6).
8 Entfernen Sie die Schwungscheibe (siehe Sektion 15).
9 Demontieren Sie die Ölwanne (siehe Sektion 12).
10 Lösen Sie die sechs Schrauben des Dichtring-Trägers und entnehmen Sie ihn vom Motorblock. Entfernen Sie ggf. die Dichtung.
11 Reinigen Sie den Sitz des Trägers und die Kurbelwelle. Polieren Sie Grate und scharfe Kanten von der Kurbelwelle, damit der neue Dichtring nicht beim Einbau beschädigt wird. Schaben Sie ggf. Dichtungsreste von den Dichtflächen des Motorgehäuses – beschädigen Sie dabei nicht das Gehäuse.
12 Installieren Sie den neuen Dichtring mithilfe der beigefügten Einbauhülse über die Kurbelwelle.
13 Schieben Sie den Dichtring-Träger in Position, ohne dabei die Dichtlippen zu beschädigen. Richten Sie die Führungsstifte aus und ziehen Sie die Schrauben in der gezeigten Reihenfolge schrittweise bis zum Drehmoment von 10 Nm an (siehe Abbildung). Entfernen Sie die Einbauhülse von der Kurbelwelle.

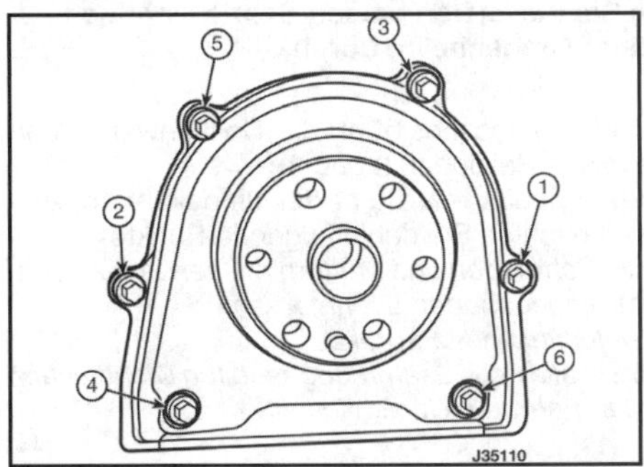

10.13 Anzugsreihenfolge der Dichtringträger-Schrauben

14 Wischen Sie überschüssiges Öl oder Fett ab. Der Rest des Einbaus entspricht der umgekehrten Ausbaureihenfolge.

11 Zylinderkopf – Ausbau und Einbau

Anmerkung 1: *Bevor irgendwelche Unterdruck-, Kraftstoff-, Kühlmittel- oder Abgasregelungs-Schläuche sowie Kabel aller Art abgezogen oder anderweitig getrennt werden, müssen sie markiert werden, um sie beim Einbau wieder korrekt zu verbinden.*
Anmerkung 2: *Beim Einbau werden neue Zylinderkopfschrauben benötigt.*

Ausbau

1 Trennen Sie den Haupt-Masseanschluss (–) der Batterie (siehe Kapitel 5A, Sektion 4).
2 Entleeren Sie das Kühlsystem (siehe Kapitel 1, Sektion 25).
3 Entfernen Sie die Luftfilter-Baugruppe (siehe Kapitel 4A, Sektion 5).
4 Demontieren Sie die Lichtmaschine (siehe Kapitel 5A, Sektion 6).
5 Demontieren Sie den Auspuffstutzen samt seiner Hitzeschilde (siehe Kapitel 4A, Sektion 11).
6 Legen Sie Lappen um den Kraftstoffrohr-Anschluss am Druckspeicher, drücken Sie die Arretierlasche und trennen Sie das Rohr.
7 Lösen Sie die zwei Schrauben des Druckspeichers und entnehmen Sie ihn – verstopfen Sie seine Öffnungen, um keinen Schmutz eindringen zu lassen. Weitere Informationen finden sich in Kapitel 4A, Sektion 10.
8 Demontieren Sie den Einlassstutzen (siehe Kapitel 4A, Sektion 11).
9 Notieren Sie die Positionen aller Kabelstecker und trennen Sie sie von den Zylinderkopf-Komponenten; befreien Sie die Kabel aus allen Befestigungen.
10 Lösen Sie links am Zylinderkopf die vier Schrauben des Kühlmittelgehäuses und befreien Sie dies (siehe Abbildung).

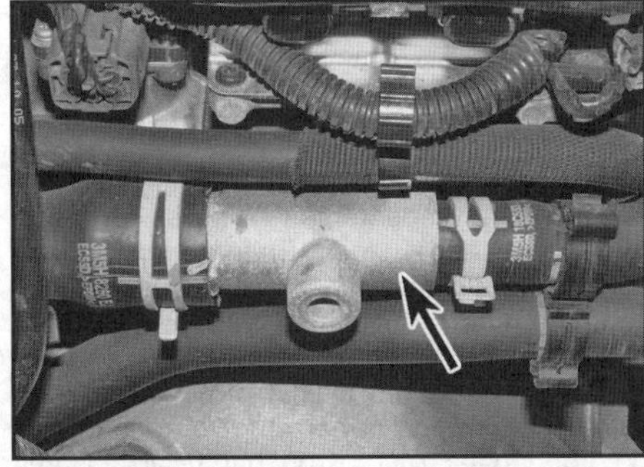

11.10 Entfernen Sie das Kühlmittelgehäuse links vom Zylinderkopf.

11 Lösen Sie die zwei Schrauben, die das AGR-Ventil am Zylinderkopf sichern (siehe Abbildung).

11.11 Entfernen Sie das AGR-Ventil links vom Zylinderkopf.

12 Demontieren Sie den Ventildeckel (siehe Sektion 4).
13 Entfernen Sie die Steuerkette (siehe Sektion 8).
14 Entfernen Sie die Nockenwellen und die Tassenstößel (siehe Sektion 9).
15 Prüfen Sie noch einmal, ob alle relevanten Schläuche und Kabelstecker getrennt sind.
16 Lockern Sie schrittweise (um jeweils eine Umdrehung) in der gezeigten Reihenfolge die zehn Zylinderkopfschrauben (siehe Abbildung). Die hochbelasteten Schrauben müssen ungeachtet ihres Zustands beim Einbau durch Neuteile ersetzt werden!

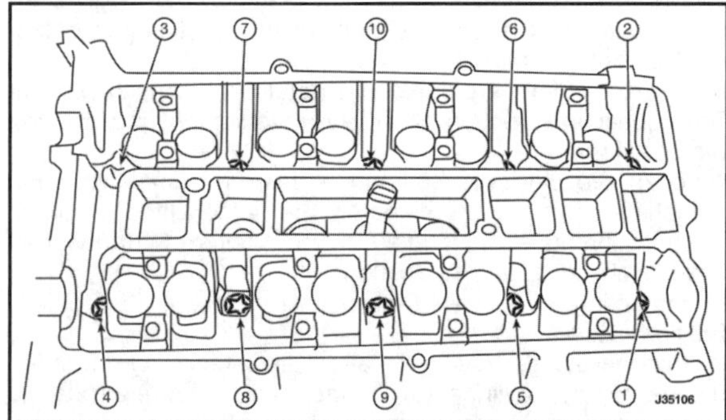

11.16 LOCKERUNGS-Reihenfolge der Zylinderkopfschrauben

17 Heben Sie den Zylinderkopf – möglichst mithilfe eines Assistenten – vom Motorblock. Entsorgen Sie die Zylinderkopfdichtung und stellen Sie ggf. die Passhülsen sicher.

Einbau

18 Die Dichtflächen des Zylinderkopfes und des Zylinderblocks müssen absolut sauber sein. Entfernen Sie dazu Dichtungsreste und Kohleablagerungen mithilfe eines Hartplastik- oder Holzschabers; reinigen Sie auch die Kolbenböden. Die Ablagerungen dürfen keinesfalls in Öl- oder Wasserkanäle gelangen – bereits kleinste Partikel können Öldüsen verstopfen! Kleben Sie daher alle Bohrungen des Zylinderkopfs/Motorgehäuses mit Kreppband ab. Damit keine Ablagerungen zwischen die Kolben und Zylinderwände gelangen, muss hier etwas Fett aufgetragen werden (anschließend kann es samt anhaftender Partikel mit einem sauberen Lappen abgewischt werden). Wischen Sie die Dichtflächen anschließend mit Verdünner oder Aceton ab.
Achtung: Achten Sie bei der Reinigung darauf, nicht das relativ weiche Aluminium abzutragen.
19 Kontrollieren Sie die Dichtflächen des Zylinderkopfes und des Zylinderblocks auf Riefen, tiefe Kratzer und andere Schäden. Kleine Unebenheiten können mit einer Feile geschlichtet werden; größere erfordern jedoch maschinelles Planen oder den Austausch.
20 Falls ein Verzug des Zylinderkopfes vermutet wird, muss dieser mit einem Richtwinkel geprüft werden (siehe Kapitel 2C, Sektion 8).
21 Reinigen Sie sorgfältig die Gewindebohrungen im Zylinderblock – die Schrauben müssen sich von Hand darin drehen lassen und es dürfen sich keine Öl- oder Wasserreste darin befinden. Alle Passhülsen müssen an ihrem Platz sitzen.
22 Legen Sie eine neue Zylinderkopfdichtung richtig herum über die Passhülsen.
23 Drehen Sie die Kurbelwelle ein kleines Stück gegen den Uhrzeigersinn, sodass der Kolben in Zylinder Nr. 1 etwa 2 cm vor OT steht – hierdurch werden beim Aufsetzen des Zylinderkopfs Schäden durch den Kontakt zwischen Kolben und Ventilen vermieden.
24 Setzen Sie den Zylinderkopf über den Passhülsen ab. Schmieren Sie die Gewinde der neuen Zylinderkopfschrauben, senken Sie sie vorsichtig in ihren Bohrungen ab und drehen Sie sie handfest ein.
25 Ziehen Sie die Zylinderkopfschrauben in fünf Schritten in der vorgegebenen Reihenfolge an (siehe Abbildung) – zunächst müssen sie in drei Durchgängen mit 5, 15 und 45 Nm angezogen werden, dann werden sie in zwei weiteren Durchgängen um jeweils eine Viertelumdrehung (90°) weitergedreht. **Anmerkung**: *Korrekt angezogene Zylinderkopfschrauben müssen weder nach einer gewissen Laufleistung kontrolliert noch nachgezogen werden.*

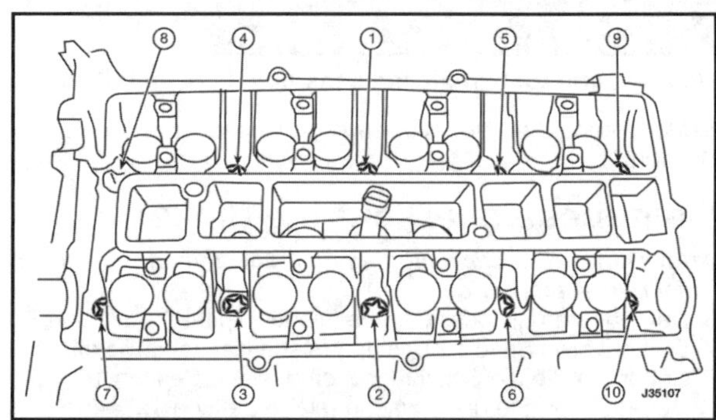

11.25a ANZUGS-Reihenfolge der Zylinderkopfschrauben

11.25b Führen Sie die letzten beiden Schritte nötigenfalls mithilfe einer Gradscheibe durch.

26 Installieren Sie die Tassenstößel, die Nockenwellen und die Steuerkette (siehe Sektionen 9 und 8).
27 Der Rest des Einbaus entspricht der umgekehrten Ausbaureihenfolge – beachten Sie dabei folgende Punkte:
a) Ziehen Sie alle Schrauben und Muttern mit den in den technischen Daten angegebenen Drehmomenten an.
b) Füllen Sie Kühlmittel und Motoröl auf.
c) Kontrollieren Sie alle neu zusammengesetzten Dichtflächen nach der ersten Fahrt auf Undichtigkeiten.

12 Ölwanne – Ausbau und Einbau

Anmerkung: *Um diese Arbeit bei eingebautem Motor ausführen zu können, wird mindestens ein Assistent benötigt. Außerdem sind Hebevorrichtung erforderlich, um den Motor samt Getriebe in Position zu halten und das Fahrzeug vorn soweit anzuheben, dass die Ölwanne entnommen werden kann. Im Folgenden wird eine typische Ausrüstung verwendet – je nach vorhandenen Werkzeugen kann die Prozedur leicht abweichen.*

Ausbau

1 Ziehen Sie die Handbremse, heben Sie das Fahrzeug vorn an und stützen Sie es sicher ab (siehe Seite 390).
2 Lassen Sie das Motoröl ab (siehe Kapitel 1A, Sektion 6), säubern Sie die Ablassschraube, installieren Sie sie und ziehen Sie sie mit 25 Nm an. Anmerkung: Falls die Dichtscheibe der Ablassschraube beschädigt ist, muss sie ersetzt werden. Obwohl nicht direkt zum Ausbauprozess gehörend, sollte auch der Ölfilter entfernt werden, um beim Auffüllen von frischem Öl auch einen neuen Filter installieren zu können.
3 Demontieren Sie die Kunststoffabdeckung oben vom Motor. Sichern Sie den Motor von oben mit einer geeigneten Strebe oder einem Werkstattkran.
4 Entfernen Sie den Steuerkettendeckel (siehe Sektion 7).
5 Lösen Sie die Schrauben des Peilstab-Führungsrohrs und ziehen Sie dies aus der Ölwanne – die Dichtung unten am Rohr muss nötigenfalls erneuert werden.
6 Lösen Sie die Schrauben, mit denen die Ölwanne am Getriebe gesichert ist (siehe Abbildung).

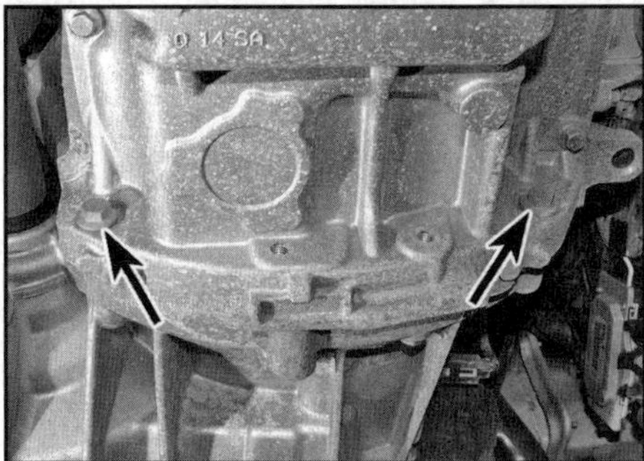

12.6 Diese beiden Schrauben sichern die Ölwanne am Getriebe.

7 Lösen Sie schrittweise die verbliebenen Ölwannenschrauben. Klopfen oder hebeln Sie die Ölwanne vorsichtig ab – beschädigen Sie dabei nicht die Dichtflächen. Senken Sie die Ölwanne ab und befreien Sie sie unter dem Motor heraus.

Einbau

8 Reinigen Sie die Ölwanne innen und außen. Befreien Sie die Dichtflächen des Motorgehäuses und der Ölwanne von alten Dichtungsresten*. Wischen Sie alles trocken.*
9 Tragen Sie am Innenrand des Ölwannenflanschs eine 3 mm starke Raupe aus Dichtmasse (Ford-Nr. WSE-M4G323-A4) auf (siehe Abbildung). **Anmerkung**: *Die Ölwanne muss danach innerhalb von zehn Minuten montiert werden.*

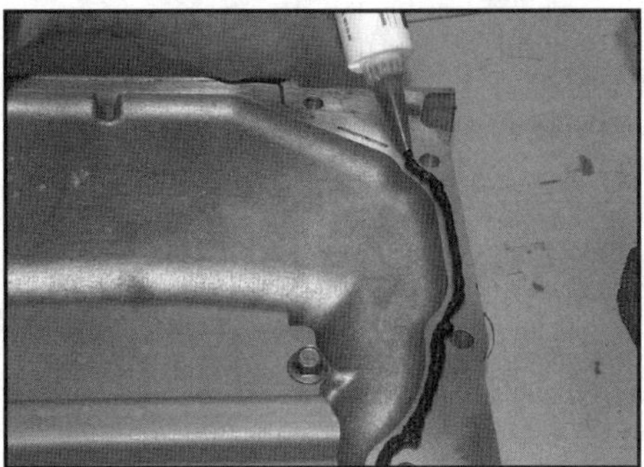

12.9 Tragen Sie die Dichtmasse innerhalb der Schraubenbohrungen auf.

10 Heben Sie die Ölwanne unter den Motor und installieren Sie die Schrauben zunächst handfest.
11 Richten Sie die Ölwanne an der Steuerkettenseite mithilfe eines Lineals bündig zum Motorgehäuse aus, halten Sie sie in Position und ziehen Sie die Schrauben in der gezeigten Reihenfolge schrittweise mit 25 Nm an (siehe Abbildungen).

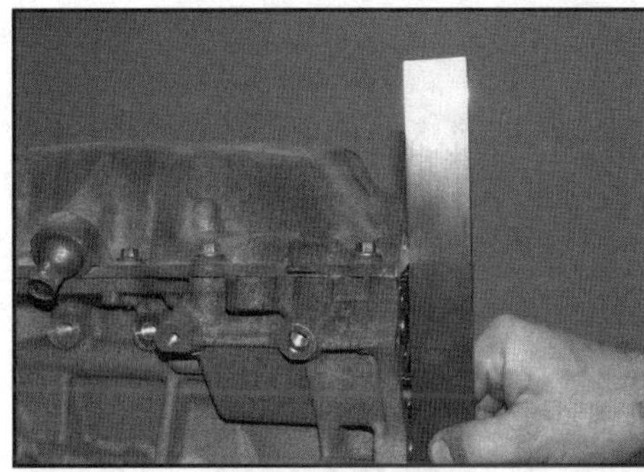

12.11a Richten Sie die Ölwanne an der Steuerkettenseite bündig zum Motorgehäuse aus.

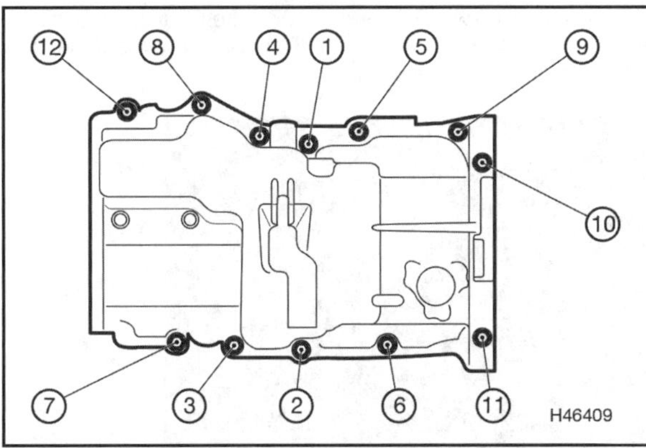

12.11b ANZUGS-Reihenfolge der Ölwannenschrauben

12 Installieren Sie die Ölwannen-Schrauben zum Getriebe und ziehen Sie sie mit 48 Nm an.
13 Montieren Sie den Steuerkettendeckel (siehe Sektion 7).
14 Senken Sie das Fahrzeug ab, installieren Sie ggf. einen neuen Ölfilter und füllen Sie Motoröl und Kühlmittel auf (siehe Kapitel 1A, Sektion 6).
15 Kontrollieren Sie alle neu zusammengesetzten Dichtungen nach einer ausgiebigen Probefahrt auf Undichtigkeiten.

13 Ölpumpe – Ausbau, Kontrolle und Einbau

Anmerkung: *Obwohl die Ölpumpe theoretisch bei eingebautem Motor demontiert werden kann, erfordert diese Arbeit so viel Vorarbeit und findet zudem in sehr beengtem Raum statt, dass es ratsam ist, den Motor zunächst auszubauen. Alle Abbildungen dieser Sektion sind bei ausgebautem und kopfüber auf der Werkbank stehendem Motor entstanden.*

Anmerkung: *Lesen Sie zunächst die gesamte Sektion durch und beschaffen Sie alle erforderlichen Neuteile und Werkzeuge.*

Ausbau

1 Entfernen Sie die Steuerkette (siehe Sektion 6).
2 Demontieren Sie die Ölwanne (siehe Sektion 12).
3 Lösen Sie die zwei Schrauben, die das Ansaugrohr an der Pumpe sichern, und entfernen Sie es (siehe Abbildung) – die Dichtung muss später erneuert werden.

13.3 Demontieren Sie das Ansaugrohr von der Ölpumpe.

4 Lösen Sie die zwei Schrauben der Ketten-Führungsschiene und die einzelne Schraube der Ketten-Spannerschiene und entfernen Sie beide Teile.

13.4 Schrauben der Führungsschiene und Schraube der Spannerschiebe

5 Kontern Sie das Ölpumpenritzel und lockern Sie seinen Bolzen (siehe Abbildung).

13.5 Kontern Sie das Ölpumpenritzel, um seinen Bolzen zu lockern.

6 Drehen Sie den Ritzelbolzen heraus und entfernen Sie das Ritzel samt Kette
7 Lösen Sie die vier Schrauben der Ölpumpe, um sie vom Motorblock zu befreien (siehe Abbildung) – die Dichtung muss später erneuert werden.

13.7 Lösen Sie die vier Schrauben und entfernen Sie die Ölpumpe.

Kontrolle

8 Als dieses Buch 2016 verfasst wurde, waren für die Ölpumpe keine Einzelteile erhältlich. Bei jedem Zweifel über den Zustand und die Funktion der Pumpe muss die gesamte Pumpenbaugruppe erneuert werden. Erkundigen Sie sich beim Ford-Händler nach der Verfügbarkeit von Teilen.

Einbau

9 Reinigen und entfetten Sie sorgfältig alle Bauteile – dies gilt besonders für die Dichtflächen der Pumpe, der Ölwanne und des Motorgehäuses. Achten Sie bei der Verwendung eines Schabers (zum Entfernen von Dichtungsresten) darauf, nicht die Dichtflächen zu beschädigen.
10 Die Ölpumpe muss beim Einbau mit Öl gefüllt und einige Umdrehungen gedreht werden, um möglichst wenig Luft darin zu belassen.
11 Rüsten Sie die Ölpumpe mit einer neuen Dichtung aus – halten Sie sie mit einer der Schrauben in Position – und setzen Sie sie an den Motor. Drehen Sie die Schrauben ein und ziehen Sie sie in zwei Durchgängen zunächst mit 10 und dann mit 23 Nm an (siehe Abbildung).

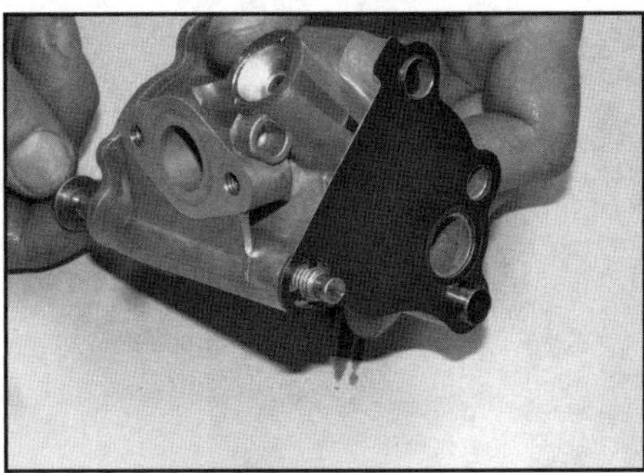

13.11 Halten Sie die neue Dichtung mit der Passhülse und einer Schraube in Position.

12 Rüsten Sie das Ansaugrohr mit einer neuen Dichtung aus und sichern Sie es mit den mit 10 Nm angezogenen Schrauben (siehe Abbildung).

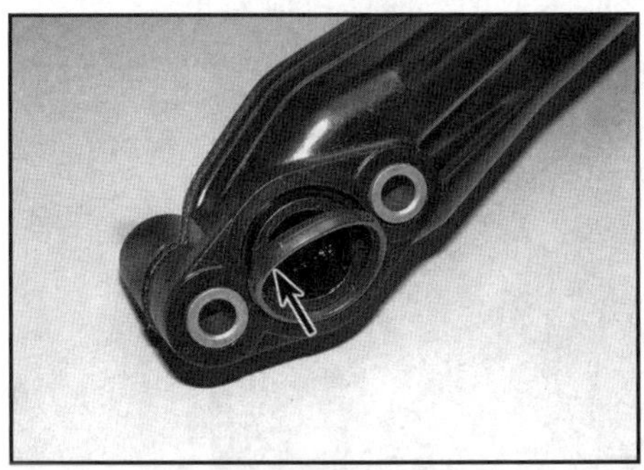

13.12 Rüsten Sie das Ansaugrohr mit einer neuen Dichtung aus.

13 Setzen Sie das korrekt ausgerichtete Ölpumpenritzel samt Kette an, kontern Sie es und ziehen Sie seine Schraube mit 25 Nm an (siehe Abbildung).

13.13 Richten Sie die Abflachung der Ölpumpenwelle zu derjenigen am Ritzel aus.

14 Montieren Sie den Kettenspanner an das Motorgehäuse – seine Feder muss korrekt positioniert sein (siehe Abbildung). Ziehen Sie die Schraube mit 10 Nm an.

13.14 Die Feder des Kettenspanners muss hinter der Schraube (Pfeil) eingehängt werden.

15 Montieren Sie die Führungsschiene ans Motorgehäuse und ziehen Sie die Schrauben mit 10 Nm an.
16 Montieren Sie die Steuerkette (siehe Sektion 8).
17 Montieren Sie die Ölwanne (siehe Sektion 12).

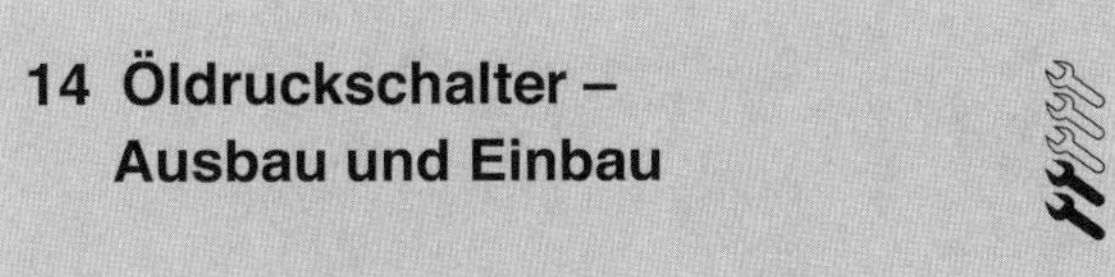

14 Öldruckschalter – Ausbau und Einbau

Ausbau

1 Der Schalter ist vorn am Motor in das Ölfiltergehäuse geschraubt (siehe Abbildung).

14.1 Öldruckschalter

2 Trennen Sie den Haupt-Masseanschluss (–) der Batterie (siehe Kapitel 5A, Sektion 4).
3 Heben Sie das Fahrzeug ggf. vorn an und stützen Sie es sicher ab (siehe Seite 390), um dem Zugang zum Öldruckschalter zu verbessern. Lösen Sie ggf. die Schrauben des Unterfahrschutzes, um diesen zu entfernen.
4 Trennen Sie den Stecker vom Schalter und schrauben Sie diesen heraus – seien Sie auf etwas austretendes Öl vorbereitet.

Einbau

5 Der Einbau entspricht der umgekehrten Ausbaureihenfolge – beachten Sie dabei die folgenden Punkte:

a) Versehen Sie das Gewinde des Schalters mit etwas Dichtmasse und ziehen Sie ihn mit 15 Nm an.
b) Kontrollieren Sie den Motorölpegel und füllen Sie ggf. Öl nach (siehe Wöchentliche Kontrollen).
c) Kontrollieren Sie nach einer Probefahrt den Bereich um dem Öldruckschalter auf Undichtigkeiten.

15 Schwungscheibe – Ausbau und Einbau

Ausbau

Anmerkung: *Beim Einbau werden neue Befestigungsschrauben für die Schwungscheibe benötigt.*

1 Demontieren Sie das Getriebe (siehe Kapitel 7A, Sektion 7).

2 Demontieren Sie die Kupplung (siehe Kapitel 6, Sektion 6).

3 Markieren Sie mit Farbe oder einer Reißnadel die Ausrichtung der Schwungscheibe zur Kurbelwelle, um sie später korrekt ausrichten zu können.

4 Hindern Sie die Schwungscheibe am Mitdrehen, indem Sie den Anlasserzahnkranz mit einem geeigneten Werkzeug blockieren (siehe Abbildung). Lockern Sie schrittweise die Schwungscheiben-Schrauben.

15.4 Blockieren Sie den Anlasserzahnkranz der Schwungscheibe mit einem geeigneten Werkzeug.

5 Lösen Sie die 6 Schwungscheibenschrauben – sie sind hoch belastet und müssen beim Einbau auf jeden Fall durch Neuteile ersetzt werden.

6 Heben Sie die Schwungscheibe von der Kurbelwelle ab. Achtung: Die Schwungscheibe ist sehr schwer!

Kontrolle

7 Reinigen Sie die Schwungscheibe und kontrollieren Sie sie auf Verfärbung durch Überhitzung, tiefe Riefen und Risse. Leichte Kratzer können mit Schleifpapier verschliffen werden. Inspizieren Sie den Anlasserzahnkranz auf ausgebrochene Zähne am. Legen Sie die Schwungscheibe auf eine ebene Fläche, um Verzug zu ermitteln. Bei irgendwelchen Schäden muss eine neue Schwungscheibe beschafft werden.

8 Reinigen und kontrollieren Sie die Verbindungsflächen der Schwungscheibe und der Kurbelwelle. Falls der linke Kurbelwellen-Dichtring leckt, muss er vor der Montage der Schwungscheibe erneuert werden (siehe Sektion 10).

9 Reinigen Sie sorgfältig die Gewindebohrungen in der Kurbelwelle – hier befindet sich alte Sicherungspaste, die dafür sorgen kann, dass die Schrauben nicht mit dem korrekten Drehmoment angezogen werden können.

Einbau

10 Setzen Sie die Schwungscheibe so an die Kurbelwelle, dass alle Schraubenbohrungen fluchten – dies ist nur in einer Position möglich (die zuvor markiert wurde). Falls die neuen Schrauben nicht bereits mit Sicherungsmasse bestrichen sind, muss welche aufgetragen werden (siehe Abbildung). Installieren Sie die Schrauben zunächst handfest.

15.10 Die NEUEN Schrauben müssen mit Sicherungspaste bestrichen sein.

11 Blockieren Sie die Schwungscheibe und ziehen Sie die Schrauben schrittweise und über Kreuz zunächst mit 50 Nm an. Ziehen Sie sie dann in zwei weiteren Durchgängen mit 80 und schließlich mit 112 Nm an (siehe Abbildung).

15.11 Kontern Sie die Schwungscheibe und ziehen Sie die Schrauben in drei Durchgängen über Kreuz an.

12 Der Rest des Einbaus entspricht der umgekehrten Ausbaureihenfolge.

16 Motorhalterungen – Kontrolle und Ersetzen

Allgemein

1 Motorhalterungen erfordern nur selten Aufmerksamkeit. Falls jedoch eine Halterung gebrochen oder anderweitig beschädigt ist, muss sie unverzüglich ersetzt werden, da die zusätzliche Belastung des Antriebsstrangs zu Schäden oder erhöhtem Verschleiß führen kann.

2 Manche Halterungen können einzeln entfernt und wieder montiert werden, doch wenn mehr als eine entfernt wird (z. B. beim Ausbau des Motors samt Getriebe), müssen ihre Positionen zueinander markiert werden, um wieder korrekt zusammengesetzt werden zu können.

3 Beim Zusammenbau darf nicht das gesamte Gewicht der Antriebseinheit von den Halterungen getragen werden, solange sie nicht korrekt ausgerichtet sind. Ziehen Sie alle Befestigungen mit den in den technischen Daten angegebenen Drehmomenten an.

Kontrolle

4 Für die Kontrolle muss der Motor samt Getriebe leicht angehoben werden, damit die Halterungen entlastet werden.

5 Ziehen Sie die Handbremse, heben Sie das Fahrzeug vorn an und stützen Sie es sicher ab (siehe Seite 390). Stützen Sie den Motor oder das Getriebe mit einem Rangierwagenheber samt großer Hölzer ab, um die Halterungen zu entlasten.
6 Inspizieren Sie die Gummiblöcke der Halterungen – wenn sie rissig, verhärtet oder irgendwo vom Metall getrennt sind, müssen die Halteblöcke ersetzt werden.
7 Kontrollieren Sie den Verschleiß der Halteblöcke, indem Sie mit einem großen Schraubendreher oder ähnlichem Werkzeug vorsichtig daran hebeln und mögliches Spiel ermitteln. Wo dies nicht möglich ist, sollte ein Assistent den Motorblock vor und zurück sowie zu beiden Seiten drücken, während die Halterungen beobachtet werden. Während geringes Spiel normal ist, dürfen keine übermäßigen Bewegungen festgestellt werden. Wenn die Befestigungen bei übermäßigem Spiel korrekt angezogen sind, müssen verschlissene Komponenten ausgetauscht werden (siehe unten).

Ersetzen

Anmerkung: *In den folgenden Schritten wird davon ausgegangen, dass der Motor und/oder das Getriebe wie oben beschrieben abgestützt ist.*

Rechte Motorhalterung

8 Entfernen Sie die obere Motorabdeckung.
9 Befreien Sie den oben über der Halterung verlaufende Verkabelung, um Zugang zur Mutter zu erhalten.
10 Markieren Sie die Position der Halterung zum rechten Innenkotflügel und zum Motorträger.
11 Soweit der Motor abgestützt ist, werden die zwei Muttern gelöst, die den Halter am Motor-Träger sichern. Lösen Sie dann die zwei Schrauben, mit der die Halterung am Innenkotflügel gesichert ist (siehe Abbildung) und befreien Sie die Halterung aus dem Motorraum.

16.11 Schrauben und Muttern der rechten Motorhalterung

12 Ziehen Sie beim Einbau zuerst die Muttern am Motorträger mit 80 Nm an. Entlasten Sie dann die Motorabstützung etwas, prüfen Sie, ob alle beim Ausbau angebrachten Markierungen fluchten, und ziehen Sie die Schrauben am Innenkotflügel mit 90 Nm an.

Linke Motorhalterung (Getriebe)

13 Entfernen Sie die Luftfilterbaugruppe (siehe Kapitel 4A, Sektion 5).
14 Entfernen Sie die Batterie samt Träger (siehe Kapitel 5A, Sektion 4).
15 Stützen Sie das Getriebe mit einem Rangierwagenheber samt Holzblock ab. Notieren Sie die Position der Halterung und lösen Sie die zentrale Mutter, um sie vom Getriebe zu befreien (siehe Abbildung).

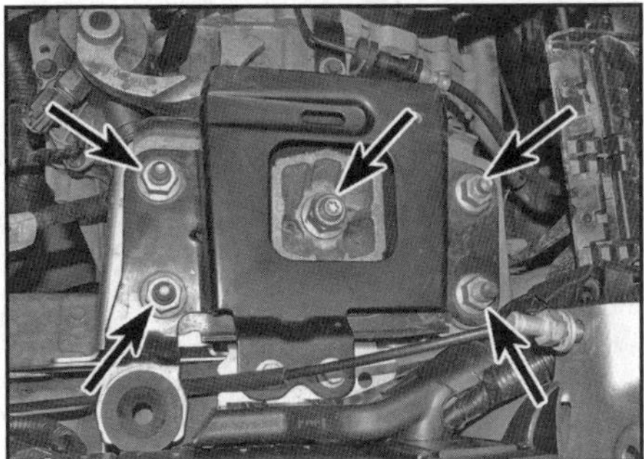

16.15 Schrauben und Muttern der linken Motorhalterung

16 Lösen Sie die vier äußeren Muttern und die zwei Schrauben, um die Halterung vom Stehbolzen des Getriebeträgers heben zu können.
17 Richten Sie beim Einbau die Halterung wie beim Ausbau notiert aus und ziehen Sie alle Befestigungen korrekt an (siehe technische Daten).
18 Montieren Sie die Batterie samt Träger (siehe Kapitel 5A, Sektion 4) sowie die Luftfilterbaugruppe (siehe Kapitel 4A, Sektion 5).

Hintere Halterung /Drehmomentstütze

19 Schrauben Sie die Halterung vom Hilfsrahmen und dem Getriebe ab (siehe Abbildung).

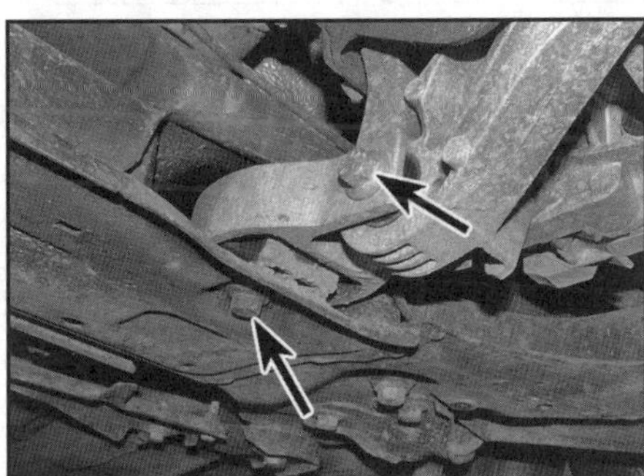

16.19 Schrauben der hinteren Halterung/Drehmomentstütze

20 Ziehen Sie beim Einbau die Schrauben mit 80 Nm an.

Kapitel 2, Teil B

Reparaturen am eingebauten 2,0 l-Dieselmotor

Inhalt — Sektion

Schwierigkeitsgrade

Leicht. Geeignet für Anfänger mit wenig Erfahrung.	**Relativ leicht.** Geeignet für Anfänger mit etwas Erfahrung.	**Relativ schwierig.** Geeignet für geübte Selbstschrauber.	**Schwer.** Geeignet für Selbstschrauber mit viel Erfahrung.	**Sehr schwer.** Geeignet für Experten und Profis.

Technische Daten

Motor

Motortyp	Wassergekühlter Vierzylinder-Reihenmotor, zwei obenliegende Nockenwellen (DOHC), Schlepphebeln und Hydrostößeln, 4 Ventile je Brennraum
Bezeichnung	Duratorq TDCi
Motorcode*	
Motoren mit Abgasnorm Euro 3 und 4	AZBA, QXBA und QXBB
Motoren mit Abgasnorm Euro 5	KLBA, LPBA, TXBA, TXBB, TYBA, UFBA, UFBB, UKBA und UKBB
Leistung	
Motorcode AZBA	96 kW (130 PS) bei 4000/min
Motorcode QXBA	103 kW (140 PS) bei 4000/min
Motorcode QXBB	102 kW (138 PS) bei 4000/min
Motorcode TXBA, TXBB	120 kW (163 PS) bei 4000/min
Motorcode KLBA, LPBA, TYBA	85 kW (115 PS) bei 4000/min
Motorcode UFBA, UFBB	103 kW (140 PS) bei 4000/min
Motorcode UKBA	100 kW (136 PS) bei 4000/min
Maximales Drehmoment	320 Nm bei 1750/min
Hubraum	1998 cm³
Bohrung	85,0 mm
Hub	88,0 mm
Verdichtungsverhältnis	18 : 1
Zündfolge	1-3-4-2
Position von Zylinder Nr. 1	links (an Getriebe-Seite)
Kurbelwellen-Drehrichtung	vorwärts (von rechts betrachtet im Uhrzeigersinn)

**direkt oder auf einer Plakette eingeschlagen vor der Motornummer vorn am Motorblock*

Nockenwellen

Lagerzapfen-Durchmesser	25,06 bis 25,08 mm
Axialspiel	0,07 bis 0,168 mm

Zylinderkopf

Kolben-Überstand	Stärke der Zylinderkopfdichtung
0,55 bis 0,60 mm	1,21 bis 1,29 mm (1 Loch)
0,61 bis 0,65 mm	1,26 bis 1,34 mm (2 Löcher)
0,66 bis 0,70 mm	1,31 bis 1,39 mm (3 Löcher)
0,71 bis 0,75 mm	1,36 bis 1,44 mm (4 Löcher)

Ventilspiel .... Automatisch per Hydrostößel

Schmiersystem

Motoröl-Typ .... SAE 5W/30-Mehrbereichsöl nach Ford-Spezifikation WSS-M2C913-C
Motoröl-Füllmenge (bei Filterwechsel) .... 5,6 Liter
Öldruck (bei Betriebstemperatur)
  bei 2000/min .... 2,0 bar
  bei 4000/min .... 4,0 bar

Anzugsdrehmomente	**Nm**
Motoren mit Abgasnorm 3 und 4	
Antriebsplatten-Schrauben*	
Schritt 1	20
Schritt 2	66
Druckspeicher-Befestigungsschrauben	22
Einspritzdüsen-Stehbolzen	10
Hauptlagerdeckel-Schrauben	
Schritt 1	30
Schritt 2	um 63° weiter
Hilfsrahmen-Befestigungsschrauben*	
Schritt 1	150
Schritt 2	um 90° weiter
Hilfsrahmenquerstreben-Schrauben	30
Hochdruckpumpen-Rohranschlüsse	30
Klimaanlagenkompressor-Schrauben	28
Kraftstoffpumpen-Befestigungsschrauben	20
Kurbelwellen-Dichtringträger	14
Kurbelwellen-Riemenradschraube*	
Schritt 1	70
Schritt 2	um 60° weiter
Motor / Getriebe – Verbindungsschrauben	48
Motorhalterungen	
Hintere Halterung / Drehmomentstütze	80
Linke Halterung (Getriebe)	
Halterung an Karosserie – Muttern	80
Halterung an Karosserie – Schrauben	25
Zentrale Schraube an Getriebeträger	133
Rechte Halterung	
Halterung an Motorträger – Muttern	80
Halterung an Karosserie – Schrauben	90
Motorträger-Schrauben	56
Motoröl-Ablassschraube	34
Nockenwellenritzel-Schraube	
Schritt 1	20
Schritt 2	um 60° weiter
Ölansaugrohr-Schrauben	12
Ölpumpen-Schrauben	16
Ölwanne an Motorgehäuse	16
Ölwanne an Getriebe	48
Pleuelfußmuttern*	
Schritt 1	20
Schritt 2	um 70° weiter
Radmuttern	140
Schwungscheiben-Schrauben*	
Schritt 1	20
Schritt 2	48
Steuerkettenspanner	6
Thermostatgehäuse an Zylinderkopf	10
Unterdruckpumpen-Befestigungsschrauben	10
Ventildeckel/Einlassstutzen	
Schritt 1	5
Schritt 2	10
Zahnriemenspanner	21
Zahnriemen-Umlenkrolle	56
Zylinderkopf – Schrauben der oberen Sektion an untere Sektion	
Schritt 1	5
Schritt 2	10
Zylinderkopf – Schrauben der unteren Sektion an Motorblock*	
Schritt 1	60
Schritt 2	um 220° weiter

** Stets durch Neuteile zu ersetzen*

Anzugsdrehmomente	Nm
Motoren mit Abgasnorm Euro 5	
Antriebsplatten-Schrauben*	
Schritt 1	20
Schritt 2	66
Druckspeicher-Befestigungsschrauben	22
Einlassstutzen – obere Sektion an untere Sektion (Schrauben)	8
Einlassstutzen – untere Sektion an Zylinderkopf (Muttern)	
Linke Mutter	8
Rechte Mutter	20
Hauptlagerdeckel-Schrauben	
Schritt 1	30
Schritt 2	30
Schritt 3	um 82° weiter
Hilfsrahmen-Befestigungsschrauben*	
Schritt 1	150
Schritt 2	um 90° weiter
Hilfsrahmenquerstreben-Schrauben	30
Hochdruckpumpen-Rohranschlüsse	30
Kraftstoffpumpen-Befestigungsschrauben	20
Kurbelwellen-Dichtringträger	14
Kurbelwellen-Riemenradschraube*	
Schritt 1	70
Schritt 2	um 60° weiter
Motor / Getriebe – Verbindungsschrauben	48
Motorgehäuse-Verbindungsschrauben	
Schritt 1	10
Schritt 2	16
Motorhalterungen	
Hintere Halterung / Drehmomentstütze	80
Linke Halterung (Getriebe)	
Halterung an Karosserie – Muttern	80
Halterung an Karosserie – Schrauben	25
Zentrale Schraube an Getriebeträger	133
Rechte Halterung	
Halterung an Motorträger – Muttern	133
Halterung an Karosserie – Schrauben	90
Motorträger-Schrauben	56
Motoröl-Ablassschraube	34
Nockenwellenritzel-Schraube	
Schritt 1	20
Schritt 2	um 60° weiter
Ölpumpen-Schrauben	16
Ölwannen-Schrauben	10
Pleuelfußmuttern*	
Schritt 1	20
Schritt 2	um 70° weiter
Radmuttern	140
Schwungscheiben-Schrauben*	
Schritt 1	20
Schritt 2	48
Steuerkettenspanner	6
Thermostatgehäuse an Zylinderkopf	10
Unterdruckpumpen-Befestigungsschrauben	10
Ventildeckel/Einlassstutzen	
Schritt 1	5
Schritt 2	10
Zahnriemenspanner	21
Zahnriemen-Umlenkrolle	56
Zylinderkopf – Schrauben der oberen Sektion an untere Sektion	
Schritt 1	5
Schritt 2	10
Zylinderkopf – Schrauben der unteren Sektion an Motorblock*	
Schritt 1	60
Schritt 2	um 220° weiter

** Stets durch Neuteile zu ersetzen*

1 Allgemeine Informationen

Der Zweck dieses Kapitels

1 Dieses Kapitel beinhaltet Reparaturen, die bei im Fahrzeug montiertem Dieselmotor (2,0 l Duratorq TDCi) durchgeführt werden können. Falls der Motor ausgebaut und entsprechend freigelegt ist, können nicht zutreffende Schritte ignoriert werden. Kapitel 2c beinhaltet den Ausbau des Motors samt Getriebe aus dem Fahrzeug und die dann mögliche Komplettüberholung.

2 Die meisten der in diesem Kapitel beschriebenen Arbeiten werden bei eingebautem Motor durchgeführt – falls der Motor ausgebaut ist, müssen nicht zutreffende Schritte ignoriert werden.

Motor – Beschreibung

3 Der in Zusammenarbeit mit dem französischen Hersteller PSA (Peugeot/Citroën) entstandene 2,0 l-Vierzylindermotor wird mit zwei obenliegenden Nockenwellen (DOHC) und vier Ventilen je Zylinder gesteuert. Er verfügt über eine Common-Rail-Direkteinspritzung und einen Turbolader mit variabler Turbinengeometrie (VNT). Der Motor ist quer eingebaut und das Getriebe ist links angeflanscht.

4 Das Haupt-Motorgehäuse besteht aus Gusseisen und die Zylinderbohrungen sind darin integriert. Stahlguss-Gehäuse bieten erhöhte Festigkeit und verringert Motor-Vibrationen. Alle anderen Motor-Komponenten bestehen aus Leichtmetall.

5 Die geschmiedete Kurbelwelle des komplett gleitgelagerten Motors läuft in fünf Lagerschalen. Ihr Axialspiel wird durch Anlauf-Halbringe an beiden Seiten von Hauptlager Nr. 2 begrenzt.

6 Die Pleuel drehen sich mit horizontal gebrochenen Lagerschalen auf den Hubzapfen. Die aus einer Aluminiumlegierung bestehenden Kolben sind mit drei Kolbenringen (zwei Kompressionsringen und einem Ölabstreifring) ausgerüstet und mit Kolbenbolzen im oberen Pleuelauge gelagert. Nach der Produktion werden die Zylinderbohrungen und Kolbenhemden exakt vermessen, um in vier unterschiedliche Klassen eingeteilt zu werden. Ein Aufbohren der Zylinder ist nicht möglich, sodass auch keine Übermaß-Kolben erhältlich sind.

7 Die zwei Ein- und Auslassventile jedes Zylinders sitzen in Führungen, die genauso wie die Ventilsitze in den Zylinderkopf eingepresst sind.

8 Ein von der Kurbelwelle angetriebener Zahnriemen treibt die Auslassnockenwelle (und die Wasserpumpe) an; die Einlassnockenwelle wird über eine kurze Steuerkette von der Auslassnockenwelle angetrieben.

9 Die direkt im Zylinderkopf fünffach gelagerten Nockenwellen öffnen über Schlepphebel und Hydrostößel die Ventile.

10 Die u. a. für den Bremskraftverstärker zuständige Unterdruckpumpe sitzt am Ende der Einlassnockenwelle, während die Hochdruckpumpe für die Einspritzanlage am Ende der Auslassnockenwelle sitzt.

Schmiersystem

11 Eine rechts am Motor sitzende Ölpumpe wird per Kette direkt von der Kurbelwelle angetrieben. Sie saugt Öl aus dem Sumpf an und fördert es durch den außen am Motor sitzenden Ölfilter in den Haupt-Ölkanal des Motorgehäuses, von wo es zur Kurbelwelle, zu deren Hauptlagern sowie in den Zylinderkopf gelangt. Neben dem Ölfilter sitzt ein von Kühlmittel durchspülter Ölkühler.

12 Die Pleuelfußlager werden durch Bohrungen in der Kurbelwelle mit Drucköl versorgt. Öldüsen kühlen die Unterseiten der Kolbenböden mit Sprühöl. Die Nockenwellen und der Ventiltrieb werden mit Sprühöl versorgt. Der Turbolader hat eine eigene Ölversorgung.

Reparaturen, die bei eingebautem Motor möglich sind

13 Die folgenden Arbeiten können erledigt werden, ohne dass der Motor dafür aus dem Fahrzeug ausgebaut werden muss. Besondere Aufmerksamkeit gilt bei Arbeiten, die den Ausbau der Ölwanne erfordern, da hier viel Erfahrung und spezielle Werkzeuge erforderlich sind; lesen Sie stets den gesamten Text durch, um sicherzugehen, dass Sie sich die Prozedur zutrauen.

a) Kompressionsprüfung
b) Ventildeckel – Ausbau und Einbau
c) Zahnriemen – Ausbau und Einbau
d) Zahnriemen/Steuerkette – Austausch
e) Zahnriemenspanner und Ritzel – Ausbau und Einbau
f) Nockenwellen-Dichtring – Austausch
g) Nockenwellen, Schlepphebel und Hydrostößel – Ausbau und Einbau
h) Zylinderkopf – Ausbau, Überholung und Einbau
i) Brennräume und Kolbenböden – Reinigung
j) Ölwanne – Ausbau und Einbau
k) Kurbelwellendichtringe – Ausbau und Einbau
l) Ölpumpe – Ausbau und Einbau
*m) Pleuelfußlager, Pleuel und Kolben – Ausbau und Einbau**
n) Schwungscheibe – Ausbau und Einbau
0) Motor- und Getriebehalterungen – Ausbau und Einbau

** Obwohl diese Komponenten theoretisch bei eingebautem Motor ausgebaut werden können, wird aus Gründen der besseren Zugänglichkeit und Sauberkeit empfohlen, den Motor dafür auszubauen – siehe Kapitel 2C, Sektion 6.*

2 Kompressionsprüfung – Beschreibung und Auswertung

Anmerkung: *Für diesen Test wird ein für Dieselmotoren geeigneter Kompressionsprüfer benötigt.*

1 Wenn die Motorleistung sinkt oder Fehlzündungen entstehen, die nicht auf das Kraftstoffsystem zurückzuführen sind, kann eine Kompressionsprüfung Hinweise auf den Zustand des Motors liefern. Wenn dieser Test regelmäßig durchgeführt wird, kann er vor Problemen warnen, bevor andere Symptome offensichtlich werden.

2 Der Motor muss vollständig auf Betriebstemperatur gebracht werden, der Ölpegel muss stimmen und die Batterie muss komplett geladen sein. Für den Test wird ein Assistent benötigt.

3 Für die Kompressionsprüfung muss das Glühkerzenrelais getrennt werden – hierdurch wird ein im Steuergerät ein Fehler gespeichert, der nach Beendigung des Tests mithilfe eines geeigneten Diagnosegeräts gelöscht werden muss. Solange kein Zugang zu einer solchen Diagnoseeinrichtung besteht, empfiehlt es sich, den Test von einer Fachwerkstatt durchführen zu lassen. Die Prüfung wird wie folgt ausgeführt:

2.4 Glühkerzenrelais (Pfeil)

4 Befreien Sie das Glühkerzenrelais aus der Motorraum-Sicherungs-/Relaisbox (siehe Abbildung).
5 Entfernen Sie die obere Motorabdeckung.
6 Trennen Sie die Einspritzdüsenstecker.
7 Demontieren Sie die Glühkerzen (siehe Kapitel 5A, Sektion 12).
8 Schrauben Sie den Kompressionsprüfer samt Adapter in den Einspritzdüsen-Sitz von Zylinder Nr. 1 (rechts am Getriebe).
9 Lassen Sie einen Assistenten den Motor mithilfe des Anlassers durchdrehen – nach einer bis zwei Umdrehungen sollte sich der maximale Kompressionsdruck aufgebaut und stabilisiert haben – notieren Sie das höchste Ergebnis.
10 Wiederholen Sie die Prüfung mit den anderen Zylindern und notieren Sie auch deren Werte.
11 Die Ursache für niedrige Kompression lässt sich bei Dieselmotoren nicht so leicht ermitteln wie bei Benzinmotoren. Die Wirkung von in den Brennraum gefülltem Öl ist nicht eindeutig, da das Risiko besteht, dass sich dies in der Wirbelkammer oder einer Vertiefung im Kolbenboden ansammelt, statt einen möglichen Spalt zwischen den Kolbenringen und der Zylinderwand zu verschließen. Als grobe Diagnosehinweise kann folgendes gelten:
12 Alle Zylinder müssen sehr ähnliche Drücke erzeugen – größere Unterschiede weisen auf einen Defekt hin. Beachten Sie, dass sich die Kompression in einem gesunden Motor sehr schnell aufbaut; niedrige Kompression im ersten Kolbenhub gefolgt von schrittweisen Anstiegen in den folgenden Hüben weist auf verschlissene Kolbenringe hin. Niedrige Kompression im ersten Kolbenhub, der auch in den folgenden Hüben keine höheren Werte folgen, weist auf verschlissene Ventile oder eine durchgebrannte Zylinderkopfdichtung hin (ein Riss im Zylinderkopf kann auch möglich sein). Ablagerungen an den Ventilen können ebenfalls zu niedriger Kompression führen.
13 Niedrige Drücke in zwei benachbarten Zylindern weist fast immer darauf hin, dass die Kopfdichtung zwischen ihnen durchgebrannt ist – Kühlmittel im Motoröl bestätigt dies.
14 Falls die Kompression ungewöhnlich hoch ist, haben sich wahrscheinlich Kohleablagerungen in den Brennräumen gebildet. In diesem Fall muss der Zylinderkopf demontiert und samt Kolbenboden gereinigt werden (siehe Kapitel 2C).
15 Entfernen Sie schließlich den Kompressionsprüfer und installieren Sie die Glühkerzen.
16 Verbinden Sie die Einspritzdüsenstecker und montieren Sie die Motorabdeckung.
17 Installieren Sie das Glühkerzenrelais und löschen Sie den Fehlercode aus dem Steuergerät.

Druckverlustprüfung

18 Bei einer Druckverlustprüfung wird ermittelt, wie viel komprimierte Luft verloren geht. Diese Alternative zur Kompressionsprüfung ist auf vielerlei Weise besser, da die entweichende Luft besser zeigt, wo der Druckverlust auftritt (Kolbenringe, Ventile, Zylinderkopfdichtung).
19 Die für eine Druckverlustprüfung erforderliche Ausrüstung ist umfangreich und teuer, sodass eine solche Prüfung von einer entsprechend ausgerüsteten Fachwerkstatt durchgeführt werden sollte.

3 Ventildeckel/Einlassstutzen – Ausbau und Einbau

Motoren mit Abgasnorm Euro 3 und 4

Ausbau

1 Der Ventildeckel und der Einlassstutzen bilden eine gemeinsame Baugruppe. Entfernen Sie zunächst die obere Motorabdeckung – heben Sie dazu die rechte hintere Ecke und die vorderen Ecken an und ziehen Sie die Abdeckung nach vorn ab.
2 Trennen Sie den Haupt-Masseanschluss (–) der Batterie (siehe Kapitel 5A, Sektion 4).
3 Trennen Sie die Motorentlüftungsschläuche und das AGR-Rohr vom Einlassstutzen (siehe Abbildungen).

3.3a Öffnen Sie die Schellen des Motorentlüftungsschlauchs ...

3.3b ... und des AGR-Rohrs, um beide vom Einlassstutzen zu trennen.

3.3c Drücken Sie dann den Clip und trennen Sie den Entlüftungsschlauch hinten vom Ventildeckel.

4 Lösen Sie die drei Schrauben des Luftklappengehäuses und entfernen Sie dies samt Halter (siehe Abbildung).
5 Lösen Sie die verbliebenen Schrauben des AGR-Rohrs und entfernen Sie dies.
6 Lösen Sie die Clips, um den Kabelbaum und die Kraftstoffleitungen vom oberen Zahnriemendeckel zu befreien.
7 Lösen Sie rechts hinten am Zylinderkopf die Schraube des Kabelhalters und befreien Sie diesen.
8 Lösen Sie die Schraube und lockern Sie die Mutter, um den oberen Zahnriemendeckel zu entfernen.

3.4 Schrauben des Luftklappengehäuses

9 Trennen Sie den Stecker des Nockenwellensensors, lösen Sie seine Schraube und entfernen Sie ihn (siehe Abbildung) – beim Einbau wird ein neuer Sensor benötigt.

3.9 Schraube des Nockenwellensensors

10 Trennen Sie die Stecker der Einspritzdüsen und befreien Sie die Kabelbaumführung vom Einlassstutzen, um sie beiseite zu positionieren (siehe Abbildung).

3.10 Lösen Sie die Clips und befreien Sie die Kabelbaumführung.

11 Befreien Sie den Glühkerzen-Kabelbaum aus den zwei Clips am Einlassstutzen.
12 Befreien Sie den unterhalb des Einlassstutzens sitzenden Kraftstoff-Temperatursensor.
13 Lösen Sie die Befestigungsschrauben der Ventildeckel/Einlassstutzen-Baugruppe in der umgekehrten Anzugsreihenfolge (Abb. 3.15) – alle Dichtungen müssen später durch Neuteile ersetzt werden.

Einbau

14 Reinigen Sie die Dichtflächen des Einlassstutzens und des Zylinderkopfes.
15 Rüsten Sie die Ventildeckel/Einlassstutzen-Baugruppe mit neuen Dichtungen aus und setzen Sie sie an den Zylinderkopf – »kleben« Sie die O-Ringe mit etwas Vaseline an. Ziehen Sie die Schrauben in der gezeigten Reihenfolge zunächst mit 5 Nm und in einem zweiten Durchgang mit 10 Nm an (siehe Abbildung).

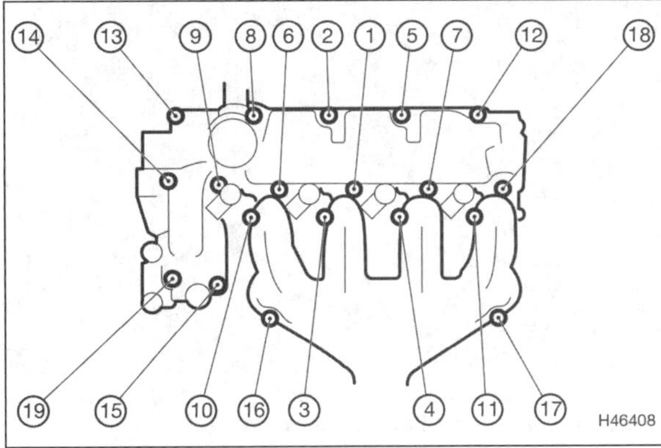

3.15 Anzugsreihenfolge der Ventildeckel/Einlassstutzen-Schrauben

Beachten Sie, dass die 55 mm lange Schraube in Position 14 sitzt und die 70 mm langen Schrauben in die Positionen 16 und 17 installiert werden müssen.

16 Der Rest des Einbaus entspricht der umgekehrten Ausbaureihenfolge – beachten Sie dabei folgende Punkte:
a) *Ziehen Sie alle Befestigungen ggf. mit den in den technischen Daten angegebenen Drehmomenten an.*
b) *Der neue Nockenwellensensor muss entsprechend der Vorgaben in Kapitel 4B, Sektion 12 montiert werden, andernfalls wird er nicht korrekt funktionieren.*

Motoren mit Abgasnorm Euro 5

Warnung: Beachten Sie vor Arbeitsbeginn die Warnhinweise in Kapitel 4B, Sektion 2!

Anmerkung 1: *Beim Zusammenbau müssen alle Hochdruckrohre durch Neuteile ersetzt werden.*
Anmerkung 2: *Nach Beendigung dieser Prozedur muss das Kraftstoffsystem entlüftet und vorgefüllt werden – dies erfordert eine spezielle Ausrüstung und kann manchmal schwierig werden. Lesen Sie zunächst alle entsprechenden Informationen in Kapitel 4B, Sektion 4 durch.*

Ausbau

17 Der Ventildeckel und der Einlassstutzen bilden eine gemeinsame Baugruppe. Entfernen Sie zunächst die obere Motorabdeckung – heben Sie dazu die rechte hintere Ecke und die vorderen Ecken an und ziehen Sie die Abdeckung nach vorn ab.
18 Trennen Sie den Haupt-Masseanschluss (–) der Batterie (siehe Kapitel 5A, Sektion 4).
19 Lösen Sie die Schraube, die das Motorentlüftungsrohr oben am Ventildeckel/Einlassstutzen sichert (siehe Abbildung).

3.19 Diese Schraube sichert das Motorentlüftungsrohr oben am Ventildeckel/Einlassstutzen.

20 Öffnen Sie die Schnellverschlüsse an beiden Enden des Rohrs und befreien Sie es vom Motor (siehe Abbildungen).

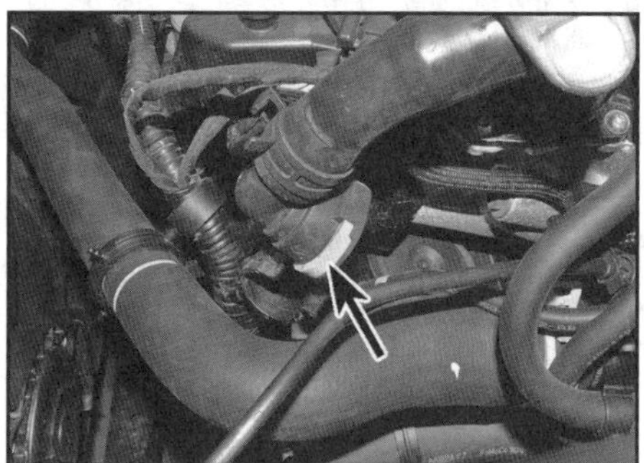

3.20a Öffnen Sie den unteren ...

3.20b ... und den oberen Schnellverschluss des Entlüftungsrohrs ...

3.20c ... und entnehmen Sie es.

21 Lösen Sie die zwei Schrauben der Kunststoffabdeckung oben am Einlassstutzen, heben Sie sie vorn an, befreien Sie ihre hinteren Laschen und entfernen Sie sie (siehe Abbildungen).

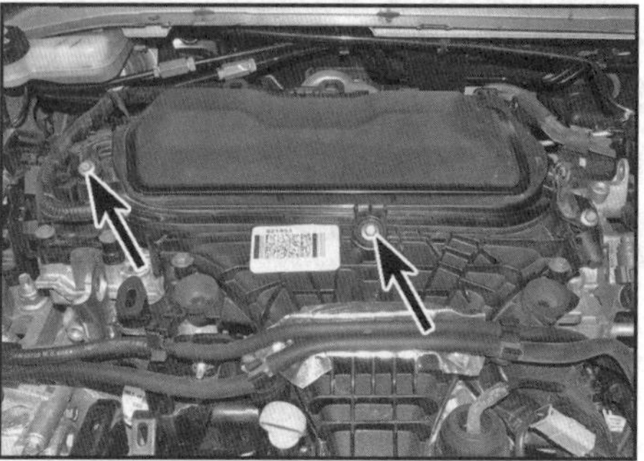

3.21a Lösen Sie die zwei Schrauben der Kunststoffabdeckung ...

3.21b heben Sie die Abdeckung vorn an, befreien Sie ihre hinteren Laschen und entfernen Sie sie.

22 Reinigen Sie den Bereich um die Hochdruckrohre am Druckspeicher, lösen Sie die Anschlüsse des von der Hochdruckpumpe kommenden Rohrs und entfernen Sie es (siehe Abbildungen).

3.22a Lösen Sie den Hochdruckrohr-Anschluss am Druckspeicher ...

3.22b … und an der Hochdruckpumpe.

23 Lösen Sie die Anschlüsse aller vom Druckspeicher zu den Einspritzdüsen führenden Rohre (siehe Abbildungen). Notieren Sie ihre Einbaupositionen und entnehmen Sie die Rohre.

3.23a Lösen Sie die Hochdruckrohr-Anschlüsse am Druckspeicher …

3.23b … und an den Einspritzdüsen.

24 Verstopfen Sie alle Öffnungen der Pumpe, des Druckspeichers und der Einspritzdüsen, um keinen Schmutz eindringen zu lassen – im Fachhandel sind entsprechende Stopfen erhältlich.

25 Trennen Sie am Druckspeicher den Stecker des Kraftstoffdrucksensors (siehe Abbildung).

3.25 Trennen Sie den Stecker des Kraftstoffdrucksensors.

26 Lösen Sie die drei Schrauben des Druckspeichers und heben Sie diesen vom Einlassstutzen (siehe Abbildung).

3.26 Befestigungsschrauben des Druckspeichers

27 Lösen Sie die drei Befestigungen des Einspritzdüsen-Kabelbaums von ihren Aufnahmen am Einlassstutzen (siehe Abbildung).

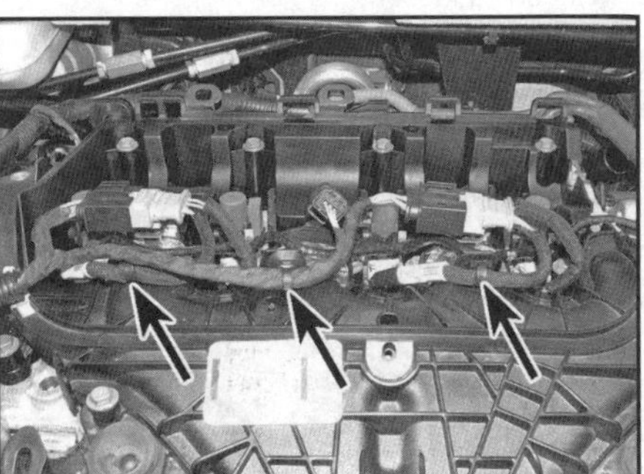

3.27 Befestigungen des Einspritzdüsen-Kabelbaums

28 Drücken Sie an der Unterseite der zwei Einspritzdüsen-Blockstecker die Laschen ein und ziehen Sie die Stecker aus den Aufnahmen am Einlassstutzen (siehe Abbildung).

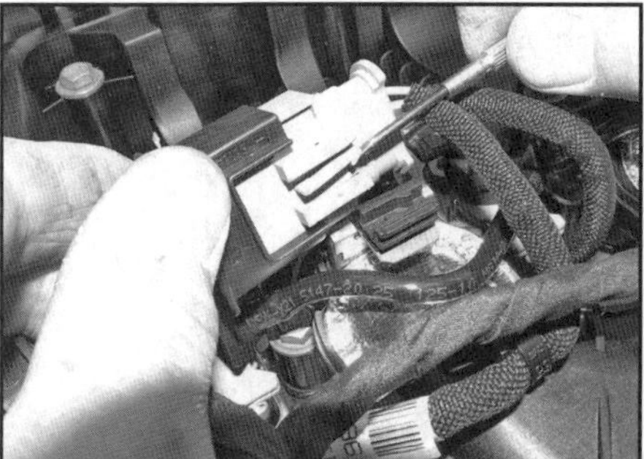

3.28 Drücken Sie die Laschen der Einspritzdüsen-Stecker ein und ziehen Sie diese aus den Aufnahmen.

29 Trennen Sie die Stecker der vier Einspritzdüsen und verlagern Sie den Kabelbaum beiseite.

3.29 Trennen Sie die vier Einspritzdüsenstecker.

30 Reinigen Sie sorgfältig die Rücklaufschlauch-Anschlüsse an den Einspritzdüsen und der Kraftstoffpumpe. Ziehen Sie an den Anschlüssen die Arretierlaschen heraus und trennen Sie diese von den Einspritzdüsen und der Kraftstoffpumpe (siehe Abbildungen). Verstopfen Sie alle Öffnungen, um keinen Schmutz eindringen zu lassen.

3.30a Ziehen Sie an den Anschlüssen die Arretierlaschen heraus ...

3.30b ... und trennen Sie diese von den Einspritzdüsen ...

3.30c ... und der Kraftstoffpumpe.

31 Heben Sie die Peilstabrohr-Halterung aus der Aufnahme am Einlassstutzen und verlagern Sie das Rohr beiseite (siehe Abbildung).

3.31 Heben Sie die Peilstabrohr-Halterung aus der Aufnahme am Einlassstutzen.

32 Trennen Sie die Stecker an den Sensoren und den Blocksteckern, um den Kabelbaum aus den Halterungen vorn am Einlassstutzen zu befreien und beiseite zu drücken (siehe Abbildung).

3.32 Trennen Sie entsprechende Stecker, um den Kabelbaum aus den Clips (Pfeile) zu befreien.

33 Lockern Sie unten am Einlassstutzen die Schelle des Ladeluftkühlerschlauchs, um diesen zu trennen (siehe Abbildung).

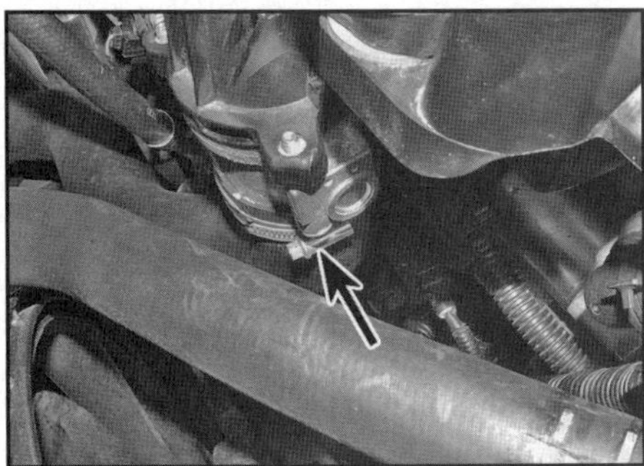

3.33 Schelle des Ladeluftkühlerschlauchs unten am Einlassstutzen

34 Lösen Sie die drei Schrauben, mit denen der obere Teil des Einlassstutzens am unteren gesichert ist (siehe Abbildung).

3.34 Drei Schrauben, mit denen der obere Teil des Einlassstutzens am unteren gesichert ist

35 Lösen Sie die drei Muttern, mit denen der untere Teil des Einlassstutzens am Zylinderkopf gesichert ist, und entfernen Sie ihn (siehe Abbildungen).

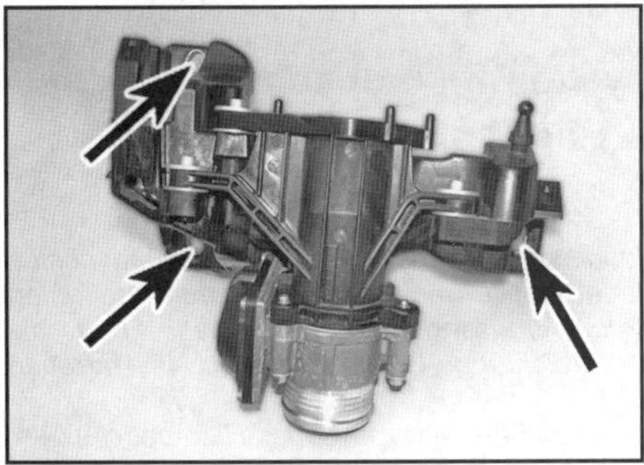

3.35a Lösen Sie die drei Muttern, mit denen der untere Teil des Einlassstutzens am Zylinderkopf gesichert ist (gezeigt beim ausgebauten Stutzen) ...

3.35b ... und entfernen Sie ihn aus dem Motorraum.

36 Lösen Sie die zwei Schrauben, die das AGR-Rohr am AGR-Ventil sichern. Trennen Sie die Verbindung und stellen Sie die Metalldichtung sicher (siehe Abbildung).

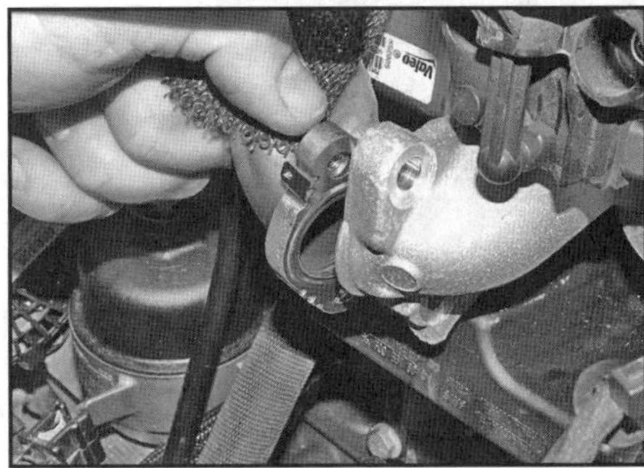

3.36 Trennen Sie das AGR-Rohr vom AGR-Ventil.

37 Trennen Sie am Nockenwellensensor den Stecker, lösen Sie die Schraube und entfernen Sie ihn (siehe Abbildung) – beim Einbau wird ein neuer Sensor benötigt.

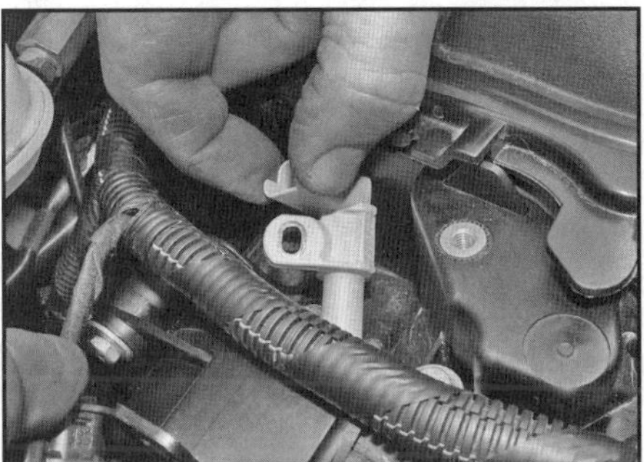

3.37 Lösen Sie die Schraube und entfernen Sie den Nockenwellensensor.

38 Lösen Sie hinten am Einlassstutzen die zwei Muttern des Luft-Ansaugstutzens und die Schraube, die das Rohr und den Schlauchhalter sichert. Ziehen Sie die Unterdruckschläuche vom Einlassstutzen und dem Unterdruckrohr.

39 Lösen Sie die zwei Schrauben, die den oberen Zahnriemendeckel am Einlassstutzen sichern (siehe Abbildung).

3.39 Schrauben, die den oberen Zahnriemendeckel am Einlassstutzen sichern

40 Lösen Sie die 22 Befestigungsschrauben der Ventildeckel/Einlassstutzen-Baugruppe in der umgekehrten Anzugsreihenfolge (Abb. 3.42) – beachten Sie die unterschiedlichen Längen. Heben Sie die Baugruppe vom Zylinderkopf (siehe Abbildung) – alle Dichtungen müssen später durch Neuteile ersetzt werden.

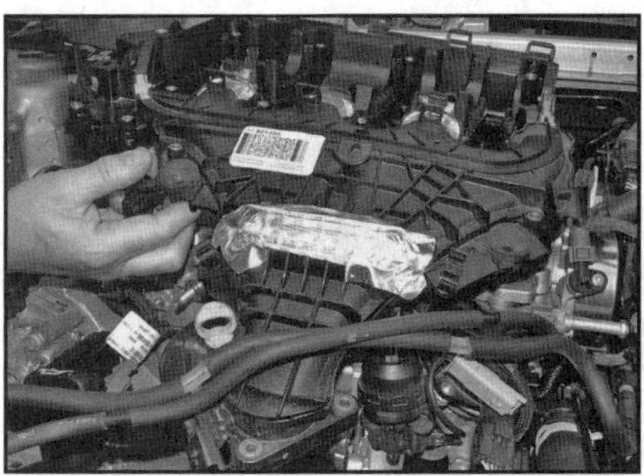
3.40 Lösen Sie die Schrauben der Ventildeckel/ Einlassstutzen-Baugruppe und heben Sie diese vom Zylinderkopf.

Einbau

41 Reinigen Sie die Dichtflächen des Einlassstutzens und des Zylinderkopfes. Installieren Sie die neue Gummidichtung und »kleben« Sie die Dichtringe mit etwas Vaseline an, damit sie nicht verrutschen (siehe Abbildungen).

3.41a Legen Sie die neue Gummidichtung ...

3.41b ... und die Dichtringe auf.

42 Setzen Sie die Ventildeckel/Einlassstutzen-Baugruppe an den Zylinderkopf – hierbei dürfen keine Dichtungen verrutschen. Ziehen Sie alle Schrauben und Muttern in der gezeigten Reihenfolge zunächst mit 5 Nm und in einem zweiten Durchgang mit 10 Nm an (siehe Abbildung).

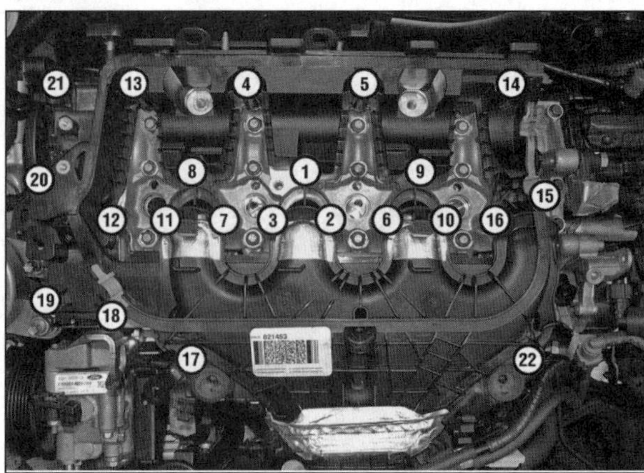

3.42 Anzugsreihenfolge der Ventildeckel/Einlassstutzen-Schrauben

43 Der Rest des Einbaus entspricht der umgekehrten Ausbaureihenfolge – beachten Sie dabei folgende Punkte:

a) *Ziehen Sie alle Befestigungen ggf. mit den in den technischen Daten angegebenen Drehmomenten an.*
b) *Der Einbau des Druckspeichers und seiner neuen Hochdruckleitungen ist in Kapitel 4B, Sektion 10 beschrieben.*
c) *Der neue Nockenwellensensor muss entsprechend der Vorgaben in Kapitel 4B, Sektion 12 montiert werden, andernfalls wird er nicht korrekt funktionieren.*
d) *Alle Stecker müssen sicher verbunden und der Kabelbaum korrekt verlegt und gesichert sein.*
e) *Entlüften Sie anschließend das Kraftstoffsystem und füllen Sie es vor (siehe Kapitel 4B, Sektion 4).*

4 Kurbelwellen-Riemenscheibe – Ausbau und Einbau

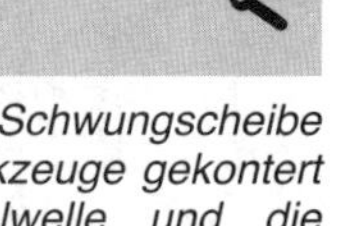

Anmerkung: *Bei dieser Prozedur muss die Schwungscheibe oder Antriebsplatte mithilfe geeigneter Werkzeuge gekontert werden, außerdem müssen die Kurbelwelle und die Nockenwelle im Verdichtungs-OT von Zylinder Nr. 1 arretiert werden.*

Anmerkung: *Beim Einbau wird ein neuer Riemenscheiben-Bolzen benötigt.*

Ausbau

1 Trennen Sie den Haupt-Masseanschluss (–) der Batterie (siehe Kapitel 5A, Sektion 4).

2 Entfernen Sie die obere Motorabdeckung – heben Sie dazu die rechte hintere Ecke und die vorderen Ecken an und ziehen Sie die Abdeckung nach vorn ab.

3 Entfernen Sie den Keilrippenriemen (siehe Kapitel 1B, Sektion 23).

4 Demontieren Sie den Anlasser (siehe Kapitel 5A, Sektion 8).

5 Befreien Sie den Kabelbaum vom oberen Zahnriemendeckel und trennen Sie die Kraftstoffleitungen.

6 Lösen Sie die Schraube, die den Klimaanlagen-Kälteschlauch an der Halterung vorn am oberen Zahnriemendeckel sichert. Lösen Sie die Mutter der Halterung und entfernen Sie diese (siehe Abbildungen).

4.6a Lösen Sie die Schraube, die den Klimaanlagen-Kälteschlauch an der Halterung vorn am oberen Zahnriemendeckel sichert.

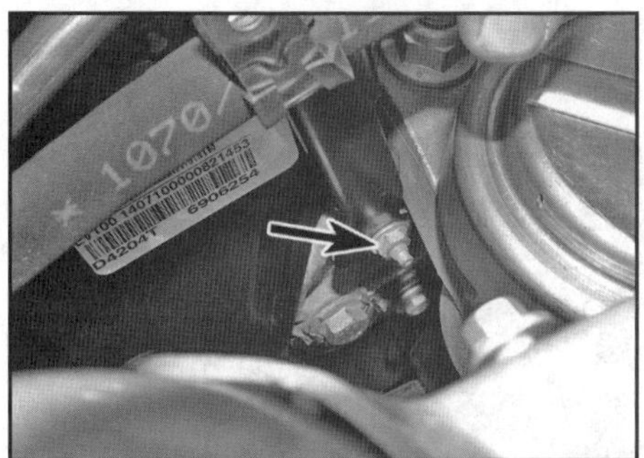

4.6b Lösen Sie die Mutter der Halterung ...

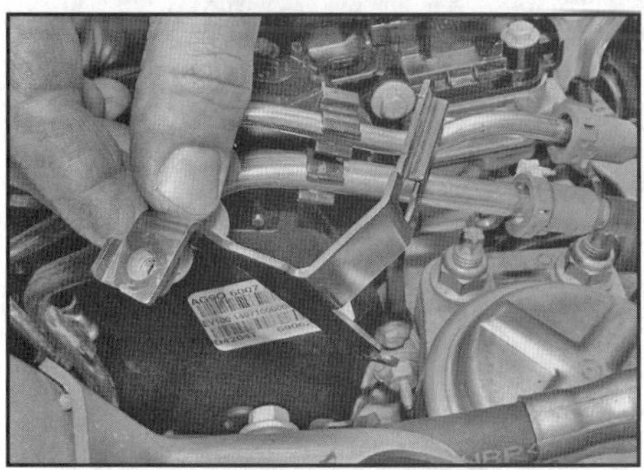

4.6c ... und entfernen Sie diese.

7 Lösen Sie die drei Schrauben und eine Mutter, um den oberen Zahnriemendeckel zu entfernen (siehe Abbildungen).

4.7a Lösen Sie oben die drei Schrauben ...

4.7b ... und unten die Mutter,...

4.7c ... um den oberen Zahnriemendeckel zu entfernen

8 Um den Motor mit dem Kolben von Zylinder Nr. 1 (links am Getriebe) im Verdichtungs-OT zu arretieren, werden zwei Spezialwerkzeuge benötigt: das Ford-Werkzeug mit der Nummer 303-1059 wird durch eine Bohrung im hinteren Flansch des Motorblocks in eine passende Bohrung hinten in der Schwungscheibe oder Antriebsplatte gesteckt, während das Werkzeug 303-735 durch eine Bohrung im Ritzel der Auslassnockenwelle in ein passendes Loch im Zylinderkopf positioniert wird. Falls diese Werkzeuge nicht zur Hand sind, können auch 8 mm starke Metallstangen (z. B. Bohrer) verwendet werden. **Anmerkung:** *Die Schwungscheiben- oder Antriebsplatten-Arretierung muss am Ende flach sein, um nicht herauszurutschen.*

9 Bei Motoren mit Abgasnorm Euro 5 muss die Gummikappe aus der Riemenscheibe entfernt werden (siehe Abbildung).

4.9 Entfernen Sie bei Motoren mit Abgasnorm Euro 5 muss die Gummikappe aus der Riemenscheibe.

10 Setzen Sie am Riemenscheiben-Bolzen einen Schlüssel an, um die Kurbelwelle vorwärts (von rechts betrachtet im Uhrzeigersinn) zu drehen, bis die Bohrung im Nockenwellen-Riemenrad zu derjenigen im Zylinderkopf fluchtet.

11 Installieren Sie das Kurbelwellen-Arretierwerkzeug durch die Bohrung des Motorgehäuse-Flanschs und drücken Sie es in die Schwungscheibe oder Antriebsplatte. Lassen Sie einen

Assistenten die Kurbelwelle äußerst langsam im Uhrzeigersinn drehen, damit die Werkzeuge in den Bohrungen einrasten (siehe Abbildungen).

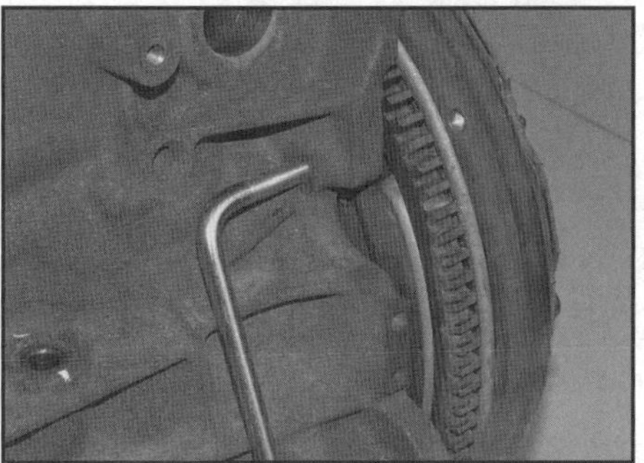

4.11a Das Kurbelwellen-Arretierwerkzeug wird durch die Bohrung im Motorgehäuseflansch ...

4.11b in die Bohrung der Schwungscheibe oder Antriebsplatte gesteckt.

12 Jetzt sollte sich auch die Nockenwellen-Arretierung (303-735) oder eine ähnliche Stange durch die Bohrung des Auslassnockenwellen-Riemenrades in die Bohrung des Zylinderkopfes stecken lassen (siehe Abbildung) – das Riemenrad muss hierzu eventuell etwas vor- und zurückgedreht werden.

4.12 Die Nockenwellen-Arretierung wird durch die Bohrung des Auslassnockenwellen-Riemenrades in die Bohrung des Zylinderkopfes gesteckt.

13 Jetzt muss der sehr fest sitzende zentrale Bolzen der Riemenscheibe gelockert werden – das Fahrzeug muss also sicher abgestützt sein, damit es beim kräftigen Lösen nicht abrutscht.

14 Zum Kontern empfiehlt sich das Haltewerkzeug (Teilenummern 303-393/303-393-01), das ins Getriebe gedreht wird und in den Anlasser-Zahnkranz greift (siehe Abbildung); die Kurbelwellen- und Nockenwellen-Arretierungen (Schritt 8) sind zum Blockieren ungeeignet!

4.14 Das Ford-Spezialwerkzeug blockiert den Anlasser-Zahnkranz.

15 Lösen Sie den Riemenscheiben-Bolzen und entfernen Sie die Riemenscheibe – der Bolzen muss später erneuert werden. Entfernen Sie ggf. vorsichtig den Kurbelwellen-Sensorring (siehe Abbildungen).

4.15a Lösen Sie den Riemenscheiben-Bolzen ...

4.15b ... und entfernen Sie die Riemenscheibe ...

4.15c ... sowie den Kurbelwellen-Sensorring.

Einbau

16 Schieben Sie den Sensorring und die Riemenscheibe korrekt ausgerichtet auf den Kurbelwellenstumpf, kontern Sie die

Kurbelwelle und installieren Sie den neuen Riemenscheiben-Bolzen; ziehen Sie ihn zunächst mit 70 Nm an.
17 Im zweiten Schritt wird der Bolzen um 60° weitergedreht – hierzu kann eine Gradscheibe verwendet werden; es können aber auch Markierungen angebracht werden, um den Bolzen um genau eine Seite seines Sechskants (=60°) weiterdrehen zu können.
18 Der Rest des Einbaus entspricht der umgekehrten Ausbaureihenfolge.

5 Zahnriemen und Spanner – Ausbau und Einbau

Ausbau

1 Demontieren Sie die Kurbelwellen-Riemenscheibe (siehe Sektion 4).
2 Trennen Sie den Stecker des Kurbelwellensensors und befreien Sie seine Verkabelung aus den Clips am unteren Zahnriemendeckel.
3 Lösen Sie die drei Schrauben des unteren Zahnriemendeckels und entfernen Sie diesen (siehe Abbildungen).

5.3a Lösen Sie die drei Schrauben ...

5.3b ... und entnehmen Sie den unteren Zahnriemendeckel.

4 Entspannen Sie den Zahnriemen, indem Sie die Schraube oder Mutter in der Mitte der Spannrolle lockern (siehe Abbildung).

5.4 Lockern Sie die Schraube in der Mitte der Spannrolle.

5 Heben Sie den Zahnriemen von allen Riemenrädern – er muss auf jeden Fall durch ein Neuteil ersetzt werden.
6 Lösen Sie die untere hintere Schraube des Motorträgers und ziehen Sie die Umlenkrolle samt ihrer Schraube durch die Nut im Träger nach unten heraus (siehe Abbildungen).

5.6a Lösen Sie die untere hintere Schraube des Motorträgers ...

5.6b ... und ziehen Sie die Umlenkrolle samt ihrer Schraube durch die Nut im Träger nach unten heraus.

7 Lösen Sie die Schraube oder Mutter in der Mitte der Spannrolle und entfernen Sie diese. Sowohl die Spannrolle als auch die Umlenkrolle müssen bei der Montage eines neuen Zahnriemens ebenfalls durch Neuteile ersetzt werden.

Einbau

8 Achten Sie darauf, dass die Kurbelwelle und die Nockenwellen so positioniert und arretiert sind, dass der Kolben in Zylinder Nr. 1 im Verdichtungs-OT steht (siehe Sektion 4).
9 Schieben Sie die mit der Schraube ausgerüstete neue Umlenkrolle in ihre Position im Motorträger. Ziehen Sie die Schraube mit 56 Nm an.
10 Positionieren Sie die neue Spannrolle so, dass die Nut in ihrer Grundplatte über der Passhülse des Motorblocks liegt (siehe Abbildung). Ziehen Sie die Schraube oder Mutter zunächst nur handfest an.

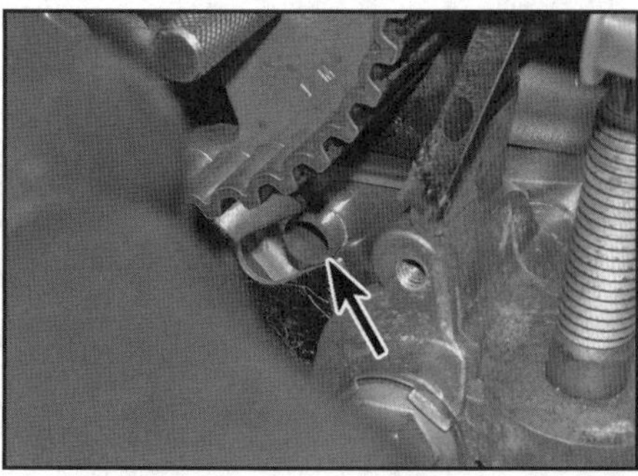

5.10 Die Nut in ihrer Grundplatte muss über dieser Passhülse liegen.

11 Legen Sie den neuen Zahnriemen wie folgt um die Riemenräder und Rollen: Kurbelwelle, Umlenkrolle, Nockenwelle, Spanner, Wasserpumpe (siehe Abbildung) – die darauf angebrachten Pfeile müssen in die normale Drehrichtung (im Uhrzeigersinn) zeigen.

5.11 Der korrekt verlegte Zahnriemen

12 Der neue Zahnriemenspanner sollte mit einem Arretierstift ausgerüstet sein, der ihn in der entspannten Position sichert. Ziehen Sie diesen Stift jetzt heraus, damit die Spannrolle gegen den Riemen drückt.
13 Drehen Sie den Spanner mithilfe eines in den Hebel gesteckten 6er-Inbusschlüssels gegen den Uhrzeigersinn, bis der Zeiger zwischen den Seiten des »Einstellfensters« steht (siehe Abbildungen). Ziehen Sie die Spanner-Schraube oder -Mutter mit 21 Nm an.

5.13a Drehen Sie den Spanner mithilfe eines hier eingesteckten 6er-Inbusschlüssels gegen den Uhrzeigersinn, …

5.13b … bis der Zeiger zwischen den Seiten des »Einstellfensters« steht.

14 Montieren Sie den unteren Zahnriemendeckel und ziehen Sie seine Schrauben sorgfältig an.
15 Setzen Sie den Sensorring und die Riemenscheibe an die Kurbelwelle, drehen Sie den alten Bolzen ein und ziehen Sie ihn mit 50 Nm an.
16 Entfernen Sie die Kurbelwellen- und Nockenwellen-Arretierungen und drehen Sie die Kurbelwelle vier volle Umdrehungen im Uhrzeigersinn, bis die Kurbelwellen-Arretierung wieder installiert werden kann. Prüfen Sie, ob auch die Nockenwellen-Arretierung wieder installiert werden kann.
17 Kontrollieren Sie die Position des Spanner-Zeigers – lockern Sie nötigenfalls die Schraube des Spanners und richten Sie den Zeiger korrekt aus (Abb. 5.13b); Ziehen Sie die Spanner-Schraube oder -Mutter wieder mit 21 Nm an.
18 Ersetzen Sie den alten Riemenscheiben-Bolzen durch den neuen und ziehen Sie ihn mit 70 Nm an. Im zweiten Schritt wird der Bolzen um 60° weitergedreht – hierzu kann eine Gradscheibe verwendet werden; es können aber auch Markierungen angebracht werden, um den Bolzen um genau eine Seite seines Sechskants (=60°) weiterdrehen zu können.
19 Entfernen Sie die Kurbelwellen- und Nockenwellen-Arretierungen
20 Der Rest des Einbaus entspricht der umgekehrten Ausbaureihenfolge – ziehen Sie alle Befestigungen ggf. mit den korrekten Anzugswerten an.

6 Steuerkette und Spanner – Ausbau und Einbau

Steuerkette

1 Die Steuerkette kann nur zusammen mit den Nockenwellen ausgebaut werden – beachten Sie die Hinweise in Sektion 7.

Spanner

2 Demontieren Sie die Ventildeckel/Einlassstutzen-Baugruppe (siehe Sektion 3).
3 Drücken Sie die obere Führungsschiene in das Gehäuse und sichern Sie sie dort mit einem ca. 2 mm messenden Stift oder Bohrer (siehe Abbildung).

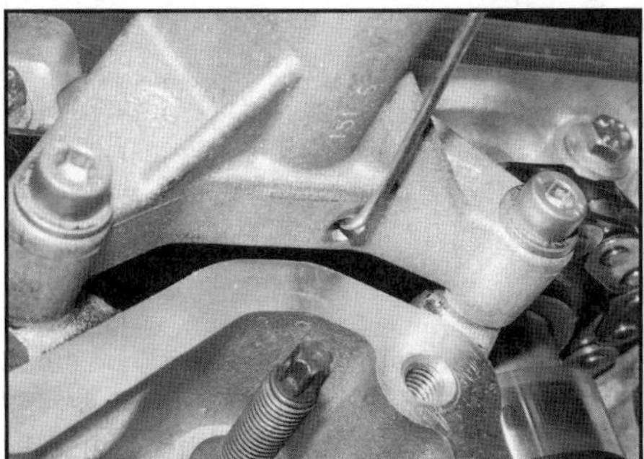

6.3 Sichern Sie die angehobene Führungsschiene mit einem ca. 2 mm starken Draht oder Bohrer im Spannergehäuse.

4 Lösen Sie die drei Schrauben des Kettenspanners und entfernen Sie diesen (siehe Abbildung).

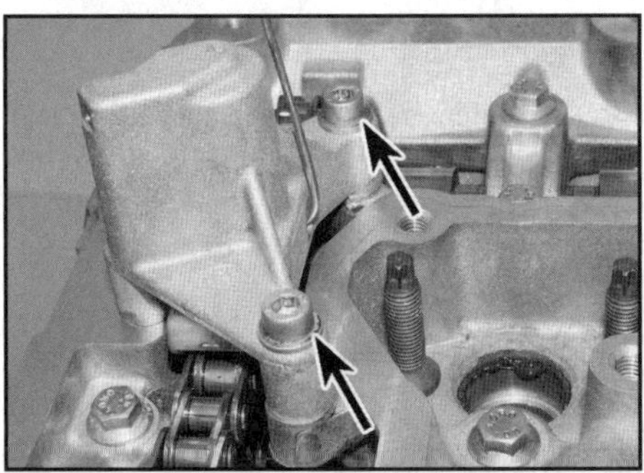

6.4 zwei von drei Kettenspanner-Schrauben

5 Sorgen Sie vor dem Einbau dafür, dass die Dichtflächen des Kettenspanners und des Motorgehäuses sauber sind.
6 Montieren Sie den Kettenspanner und ziehen Sie seine Schrauben mit 6 Nm an.
7 Drücken Sie die obere Führungsschiene in das Gehäuse, ziehen Sie die Arretierung heraus und entspannen Sie die Schiene wieder.
8 Montieren Sie die Ventildeckel/Einlassstutzen-Baugruppe (siehe Sektion 3).

7 Nockenwellen, Schlepphebel und Hydrostößel – Ausbau, Kontrolle und Einbau

Anmerkung: *Beim Einbau wird ein neuer Nockenwellen-Dichtring benötigt.*

Motoren mit Abgasnorm Euro 3 oder 4

Ausbau

1 Entfernen Sie den Zahnriemen (siehe Sektion 5).
2 Entfernen Sie den Steuerkettenspanner (siehe Sektion 6).
3 Demontieren Sie die folgenden Komponenten entsprechend der Hinweise in Kapitel 4B:
a) Luftfilter-Baugruppe
b) Einspritzdüsen
c) Hochdruckpumpe
4 Drücken Sie an der Unterdruckpumpe (links am Zylinderkopf) die Lasche des Schlauchanschlusses, um diesen zu trennen (siehe Abbildung). Lösen Sie die Mutter des AGR-Rohr- und Kraftstoffschlauch-Halters (siehe Abbildung). Lösen Sie dann die drei Schrauben der Unterdruckpumpe und entnehmen Sie sie (siehe Abbildung) – kontrollieren Sie ihre O-Ringe und ersetzen Sie diese nötigenfalls.

7.4a Lasche des Bremskraftverstärker-Schlauchs an der Unterdruckpumpe

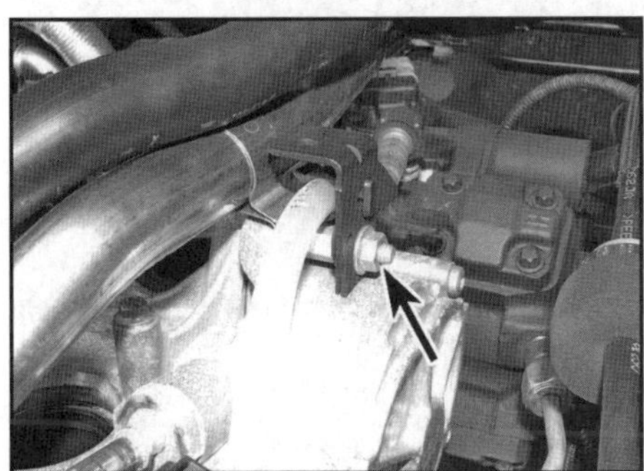

7.4b Mutter des AGR-Rohr- und Kraftstoffschlauch-Halters

7.4c Befestigungsschrauben der Unterdruckpumpe

5 Zum Lockern des Riemenscheiben-Bolzens (rechts an der Auslassnockenwelle) muss die Kurbelwelle gekontert werden – verwenden Sie entweder das Ford-Spezialwerkzeug 205-072 oder fertigen Sie sich selbst ein geeignetes Werkzeug an (siehe Werkzeug-Tipp). Blockieren Sie mit dem Werkzeug das Riemenrad und lockern Sie den zentralen Bolzen. Entfernen Sie das Werkzeug, drehen Sie den Bolzen heraus und entfernen Sie das Riemenrad – beim Einbau wird ein neuer Bolzen benötigt.

Praxis-Tipp

Aus zwei ca. 6 mm starken und ca. 30 mm breiten Blechstreifen (ca. 60 und 20 cm lang) kann ein Riemenrad-Blockierwerkzeug angefertigt werden: Schrauben Sie die Streifen wie gezeigt zusammen, sodass sie sich noch bewegen lassen. Drehen Sie an den Enden der Streifen geeignete Schrauben ein und sichern Sie sie mit Muttern, damit sie in die Löcher des Riemenrads greifen können.

6 Lösen Sie die Schrauben des inneren Zahnriemendeckels und befreien Sie diesen vom Zylinderkopf (siehe Abbildung).

7.6 Schrauben des inneren Zahnriemendeckels

7 Lösen Sie die zwei Schrauben des AGR-Rohrs und befreien Sie dies links vom Zylinderkopf.
8 Lösen Sie mit einem Torxschlüssel die Einspritzdüsen-Stehbolzen.
9 Lockern Sie schrittweise und gleichmäßig in entgegengesetzter Anzugsreihenfolge (Abb. 7.22) die Schrauben, mit denen der obere Teil des Zylinderkopfs am unteren gesichert ist.
10 Klopfen Sie vorsichtig den oberen Teil des Zylinderkopfs ab, um ihn vom unteren zu trennen – Dichtmasse und Korrosion an den zwei Passhülsen werden dies eventuell schwierig gestalten.
11 Heben Sie die Nockenwellen aus ihren Lagern, befreien Sie die Steuerkette von den Ritzeln und entfernen Sie den Dichtring der Auslassnockenwelle.
12 Halten Sie einen in 16 Fächer unterteilbaren Behälter bereit, der mit Motoröl gefüllt werden kann, um die Hydrostößel und Schlepphebel darin lagern zu können. In die Hydrostößel darf keine Luft eindringen und alle Teile müssen später unbedingt wieder an ihre ursprüngliche Positionen gelangen – markieren Sie die Fächer entsprechend des Zylinders, Ein- oder Auslass sowie links oder rechts.
13 Heben Sie die Schlepphebel und Hydrostößel heraus (siehe Abbildung) und legen Sie sie zusammen im entsprechend markierten Behälter ab.

7.13 Heben Sie die Schlepphebel und Hydrostößel aus dem Zylinderkopf.

Kontrolle

14 Begutachten Sie bei ausgebauten Nockenwellen deren Lager im oberen und unteren Zylinderkopf-Segment auf Verschleiß und Ausbrüche; falls Schäden festgestellt werden, muss der Zylinderkopf erneuert werden. Prüfen Sie auch, ob die Ölkanäle im Zylinderkopf frei sind.
15 Begutachten Sie die Nocken und Lagerzapfen der Nockenwelle auf Riefen und tiefe Kratzer. Sobald die gehärtete Oberfläche der Welle angegriffen ist (helle Schleifstellen), setzt sich der Verschleiß rasch fort. Ersetzen Sie schadhafte Wellen nötigenfalls. **Anmerkung:** *Falls an Nockenspitzen Verschleiß erkennbar ist, müssen auch die Schlepphebel penibel überprüft werden.*
16 Lassen Sie die Nockenwellen und den Zylinderkopf bei jedem Zweifel über ihren Zustand von einer Fachwerkstatt inspizieren.
17 Begutachten Sie die Schlepphebel und Hydrostößel auf Verschleiß oder Beschädigungen und ersetzen Sie sie nötigenfalls.

Einbau

18 Alle Dicht- und Lagerflächen müssen absolut sauber sein. Die untere Steuerkettenführung muss korrekt positioniert sein (siehe Abbildung).

7.18 Installieren Sie die untere Steuerkettenführung.

19 Schmieren Sie die Hydrostößel seitlich mit Motoröl und setzen Sie sie zusammen mit den Schlepphebeln in ihre ursprüngliche Bohrungen im Zylinderkopf (siehe Abbildungen).

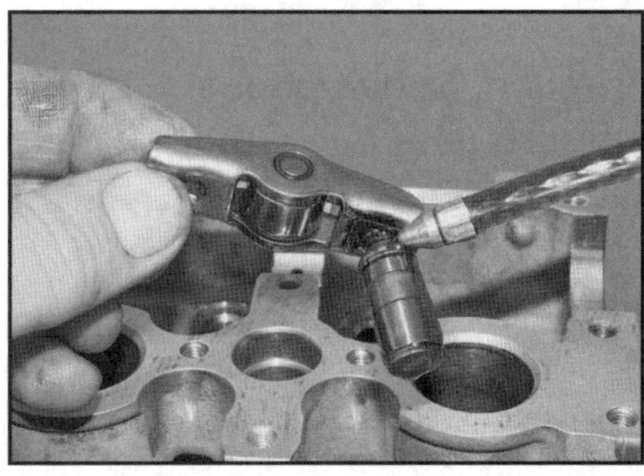

7.19a Schmieren Sie die Hydrostößel seitlich mit Motoröl ...

7.19b … und setzen Sie sie in ihre ursprüngliche Bohrungen im Zylinderkopf.

20 Legen Sie die Steuerkette so um die Nockenwellenritzel, dass die zwei eingefärbten Laschen zu den Markierungen an den Ritzeln fluchten. Schmieren Sie die Lagerzapfen der Wellen und die Lagerflächen im Zylinderkopf mit frischem Motoröl und legen Sie die Nockenwellen in ihre Lager (siehe Abbildungen). Drehen Sie die Nockenwellen so, dass die Markierung der Einlassnockenwelle gerade nach oben zeigt.

7.20a Richten Sie die farbigen Laschen der Steuerkette …

7.20b … zu den Markierungen der Nockenwellen aus …

7.20c … und legen Sie die Wellen so ein, dass die Markierung der Einlassnockenwelle gerade nach oben zeigt.

21 Versehen Sie die Dichtfläche des unteren Zylinderkopf-Segments in den gezeigten Bereichen dünn mit Silikon-Dichtmasse (Ford-Teilenummer WSE-M4G323-A4) – achten Sie darauf, dass nichts in die Ölbohrung des Kettenspanners gelangt (siehe Abbildungen).

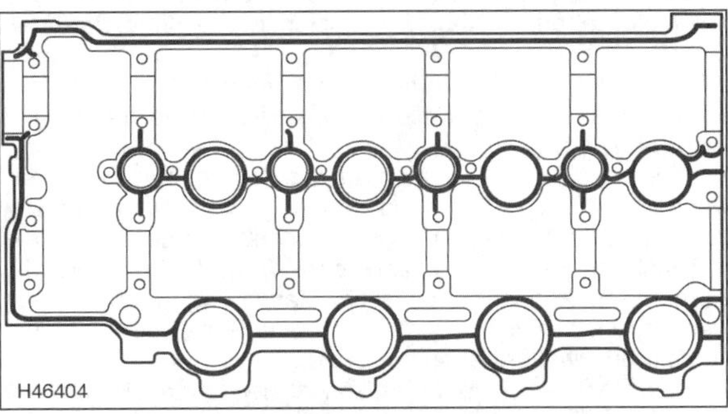

7.21a Tragen Sie Dichtmasse dünn an den schwarz markierten Bereichen des unteren Zylinderkopfs-Segments auf.

7.21b Schützen Sie die Ölbohrung z. B. mit einer spitz zulaufenden Stange vor eindringender Dichtmasse.

22 Senken Sie die obere Zylinderkopf-Sektion ab und ziehen Sie alle 26 Schrauben in der gezeigten Reihenfolge (siehe Abbildung) zunächst mit 5 Nm und dann in einem zweiten Durchgang mit 10 Nm an.

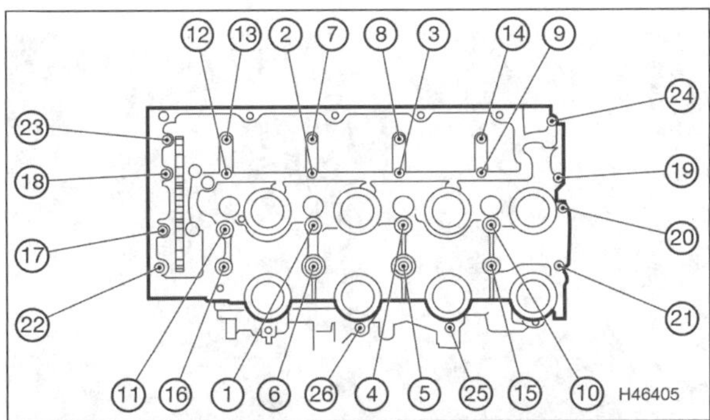

7.22 Anzugsreihenfolge der Zylinderkopfsegment-Verbindungsschrauben

23 Installieren Sie die Einspritzdüsen-Stehbolzen und ziehen Sie sie mit 10 Nm an.

24 Montieren Sie den Steuerkettenspanner und ziehen Sie seine Schrauben mit 6 Nm an. Drücken Sie die obere Füh-

rungsschiene in das Spannergehäuse, ziehen Sie die Arretierung heraus und entspannen Sie die Schiene wieder.
25 Montieren Sie den neuen Auslassnockenwellen-Dichtring (siehe Sektion 8).
26 Setzen Sie den inneren Zahnriemendeckel an den Motor und sichern Sie ihn mit den Schrauben am Zylinderkopf und am Motorgehäuse (Abb. 7.6) – ziehen Sie die Schrauben sorgfältig an.
27 Schieben Sie das korrekt ausgerichtete Zahnriemenrad auf die Auslassnockenwelle und installieren Sie die Arretierung (Abb. 4.12).
28 Kontern Sie das Riemenrad mit dem beim Lösen verwendeten Werkzeug und ziehen Sie den Riemenradbolzen zunächst mit 20 Nm an. Im zweiten Schritt wird der Bolzen um 60° weitergedreht – hierzu kann eine Gradscheibe verwendet werden; es können aber auch Markierungen angebracht werden, um den Bolzen um genau eine Seite seines Sechskants (=60°) weiterdrehen zu können.
29 Der Rest des Einbaus entspricht der umgekehrten Ausbaureihenfolge – beachten Sie dabei folgende Punkte:
a) Montieren Sie die Unterdruckpumpe mit einer neuen Dichtung und achten Sie darauf, dass ihre Mitnehmernut über die Lasche der Nockenwelle greift.
b) Der Einbau der Hochdruckpumpe, die Einspritzdüsen und der Luftfilter-Baugruppe ist in Kapitel 4b beschrieben.
c) Montieren Sie einen neuen Zahnriemen samt eines neuen Spanners samt Umlenkrolle (siehe Sektion 5).
d) Ziehen Sie alle Befestigungen ggf. mit den in den technischen Daten angegebenen Drehmomenten an.
e) Kontrollieren Sie schließlich die Pegel des Motoröls und des Kühlmittels – siehe Wöchentliche Kontrollen.

Motoren mit Abgasnorm Euro 5

Ausbau

30 Entfernen Sie den Zahnriemen (siehe Sektion 5).
31 Entfernen Sie den Steuerkettenspanner (siehe Sektion 6).
32 Demontieren Sie die folgenden Komponenten entsprechend der Hinweise in Kapitel 4B:
a) Luftfilter-Baugruppe
b) Einspritzdüsen
c) Hochdruckpumpe
33 Trennen Sie links am Zylinderkopf die Stecker der beiden Magnetventile sowie den Kabelbaumstecker oberhalb der Kraftstoffpumpe (siehe Abbildung). Lösen Sie die drei Schrauben der Magnetventilhalterung an der Unterdruckpumpe und verlagern Sie den Halter und die Ventile beiseite. Befreien Sie die Unterdruckschläuche und den Kabelbaum ggf. aus den Befestigungen.

7.33 Trennen Sie die Stecker der beiden Magnetventile sowie den Kabelbaumstecker oberhalb der Kraftstoffpumpe.

34 Drücken Sie an der Unterdruckpumpe die Laschen der Schlauchanschlüsse, um diesen zu trennen. Lösen Sie die drei Schrauben der Unterdruckpumpe und entnehmen Sie sie vom Zylinderkopf (siehe Abbildung) – kontrollieren Sie ihre O-Ringe und ersetzen Sie diese nötigenfalls.

7.34 Befestigungsschrauben der Unterdruckpumpe

35 Zum Lockern des Riemenscheiben-Bolzens (rechts an der Auslassnockenwelle) muss die Kurbelwelle gekontert werden – verwenden Sie entweder das Ford-Spezialwerkzeug 205-072 oder fertigen Sie sich selbst ein geeignetes Werkzeug an (siehe Praxis-Tipp bei Schritt 5). Blockieren Sie mit dem Werkzeug das Riemenrad und lockern Sie den zentralen Bolzen. Entfernen Sie das Werkzeug, drehen Sie den Bolzen heraus und entfernen Sie das Riemenrad – beim Einbau wird ein neuer Bolzen benötigt.
36 Lösen Sie die Schrauben des inneren Zahnriemendeckels und befreien Sie diesen vom Zylinderkopf (Abb. 7.6).
37 Lockern Sie schrittweise und gleichmäßig in entgegengesetzter Anzugsreihenfolge (Abb. 7.22) die Schrauben, mit denen der obere Teil des Zylinderkopfs am unteren gesichert ist.
38 Klopfen Sie vorsichtig den oberen Teil des Zylinderkopfs ab, um ihn vom unteren zu trennen – Dichtmasse und Korrosion an den zwei Passhülsen werden dies eventuell schwierig gestalten. Entfernen Sie die alte zwischen den Nockenwellen liegende Papierdichtung.
39 Heben Sie die Nockenwellen aus ihren Lagern, befreien Sie die Steuerkette von den Ritzeln und entfernen Sie den Dichtring der Auslassnockenwelle (siehe Abbildung).

7.39 Heben Sie die Nockenwellen aus ihren Lagern und befreien Sie die Steuerkette von den Ritzeln.

40 Halten Sie einen in 16 Fächer unterteilbaren Behälter bereit, der mit Motoröl gefüllt werden kann, um die Hydrostößel und Schlepphebel darin lagern zu können. In die Hydrostößel darf keine Luft eindringen und alle Teile müssen später unbedingt wieder an ihre ursprüngliche Positionen gelangen – markieren Sie die Fächer entsprechend des Zylinders, Ein- oder Auslass sowie links oder rechts.
41 Heben Sie die Schlepphebel und Hydrostößel heraus (Abb. 7.13) und legen Sie sie zusammen im entsprechend markierten Behälter ab.

Kontrolle

42 Beachten Sie hierzu die Hinweise in den Schritten 14 bis 17.

Einbau

43 Alle Dicht- und Lagerflächen müssen absolut sauber sein. Die untere Steuerkettenführung muss korrekt positioniert sein (Abb. 7.18).

44 Schmieren Sie die Hydrostößel seitlich mit Motoröl und setzen Sie sie zusammen mit den Schlepphebeln in ihre ursprüngliche Bohrungen im Zylinderkopf (Abb. 7.19a und b).

45 Legen Sie die Steuerkette so um die Nockenwellenritzel, dass die zwei eingefärbten Laschen zu den Markierungen an den Ritzeln fluchten. Schmieren Sie die Lagerzapfen der Wellen und die Lagerflächen im Zylinderkopf mit frischem Motoröl und legen Sie die Nockenwellen in ihre Lager (Abb. 7.20a bis c). Drehen Sie die Nockenwellen so, dass die Markierung der Einlassnockenwelle gerade nach oben zeigt.

46 Legen Sie eine neue Dichtung zwischen die Nockenwellen auf die untere Zylinderkopf-Sektion (siehe Abbildung).

7.46 Legen Sie eine neue Dichtung auf die untere Zylinderkopf-Sektion.

47 Versehen Sie die Dichtfläche des unteren Zylinderkopf-Segments in den gezeigten Bereichen dünn mit Silikon-Dichtmasse (Ford-Teilenummer WSE-M4G323-A4) – achten Sie darauf, dass nichts in die Ölbohrung des Kettenspanners gelangt (siehe Abbildung).

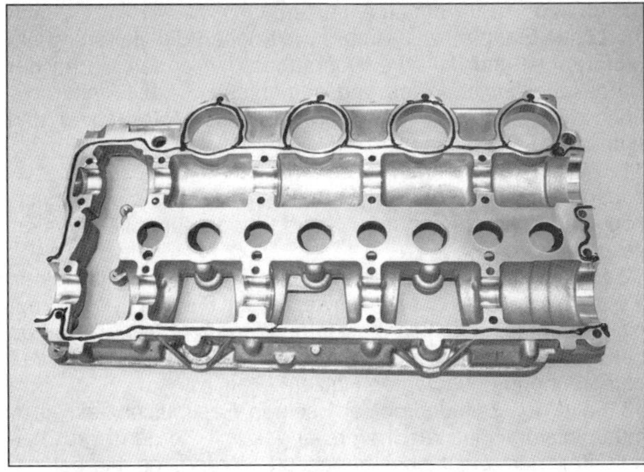

7.47 Tragen Sie dünne Dichtmasse-Raupen auf der Dichtfläche des unteren Zylinderkopfs-Segments auf.

48 Senken Sie die obere Zylinderkopf-Sektion ab; um die Papierdichtung in Position zu halten, können zwei der Einspritzdüsen-Klemmschrauben in ihre Positionen über den Zylindern 1 und 4 installiert werden (siehe Abbildungen).

7.48a Senken Sie d die obere Zylinderkopf-Sektion ab, ...

7.48b ... richten Sie dabei die Dichtung mit diesen zwei Einspritzdüsen-Klemmschrauben (Pfeile) aus.

49 Installieren Sie die 26 Zylinderkopf-Verbindungsschrauben und ziehen Sie sie in der gezeigten Reihenfolge (Abb. 7.22) zunächst mit 5 Nm und dann in einem zweiten Durchgang mit 10 Nm an.

50 Entfernen Sie die zwei zum Ausrichten der Dichtung eingesetzten Einspritzdüsen-Klemmschrauben.

51 Montieren Sie den Steuerkettenspanner und ziehen Sie seine Schrauben mit 6 Nm an. Drücken Sie die obere Führungsschiene in das Spannergehäuse, ziehen Sie die Arretierung heraus und entspannen Sie die Schiene wieder.

52 Montieren Sie den neuen Auslassnockenwellen-Dichtring (siehe Sektion 8).

53 Setzen Sie den inneren Zahnriemendeckel an den Motor und sichern Sie ihn mit den sorgfältig angezogenen Schrauben.

54 Schieben Sie das korrekt ausgerichtete Zahnriemenrad auf die Auslassnockenwelle und installieren Sie die Arretierung (Abb. 4.12).

55 Kontern Sie das Riemenrad mit dem beim Lösen verwendeten Werkzeug und ziehen Sie den Riemenradbolzen zunächst mit 20 Nm an. Im zweiten Schritt wird der Bolzen um 60° weitergedreht – hierzu kann eine Gradscheibe verwendet werden; es können aber auch Markierungen angebracht werden, um den Bolzen um genau eine Seite seines Sechskants (=60°) weiterdrehen zu können.

56 Der Rest des Einbaus entspricht der umgekehrten Ausbaureihenfolge – beachten Sie dabei folgende Punkte:

a) Montieren Sie die Unterdruckpumpe mit einer neuen Dichtung und achten Sie darauf, dass ihre Mitnehmernut über die Lasche der Nockenwelle greift.
b) Der Einbau der Hochdruckpumpe, die Einspritzdüsen und der Luftfilter-Baugruppe ist in Kapitel 4b beschrieben.
c) Montieren Sie einen neuen Zahnriemen samt eines neuen Spanners samt Umlenkrolle (siehe Sektion 5).
d) Ziehen Sie alle Befestigungen ggf. mit den in den technischen Daten angegebenen Drehmomenten an.
e) Kontrollieren Sie schließlich die Pegel des Motoröls und des Kühlmittels – siehe Wöchentliche Kontrollen.

8 Nockenwellen-Dichtring – Ersetzen

1 Entfernen Sie den Zahnriemen (siehe Sektion 5) und das Nockenwellen-Riemenrad (siehe Sektion 7, Schritt 5).
2 Hebeln oder ziehen Sie den alten Dichtring vorsichtig heraus (siehe Praxis-Tipp).

Praxis-Tipp

Dichtringe lassen sich gut mit zwei gegenüber hinein gedrehten selbstschneidenden Schrauben ausbauen (beschädigen Sie hierbei nicht die hinter dem Dichtring liegende Oberfläche). Setzen Sie an diesen Schrauben abwechselnd eine Zange an, um den Dichtring aus seinem Sitz zu ziehen.

3 Reinigen Sie den Dichtring-Sitz im Zylinderkopf und die Nockenwelle mit einem fusselfreien Lappen. Beseitigen Sie Späne und Grate, die den neuen Dichtring vorzeitig beschädigen könnten.
4 Schmieren Sie die Dichtlippe des neuen Dichtrings dünn mit Motoröl und schieben Sie ihn mit der Lippe voran über die Nockenwelle. Treiben Sie ihn mit einer geeigneten Nuss, die nur seinen Außenrand berührt, senkrecht in seinen Sitz, bis er bündig zum Gehäuse positioniert ist (siehe Abbildungen).

8.4a Schmieren Sie die Dichtlippe mit Öl ...

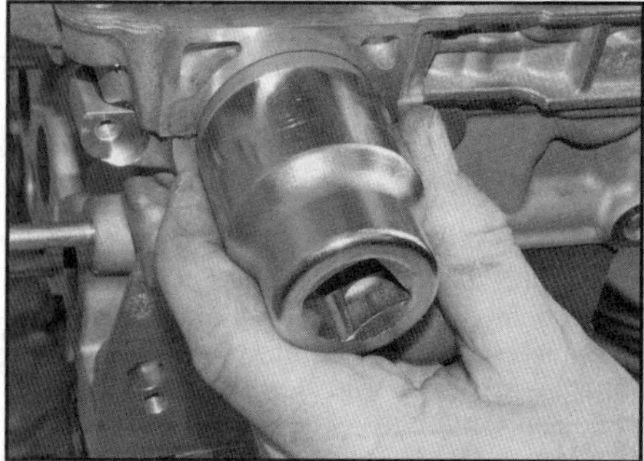

8.4b ... und treiben Sie den neuen Dichtring mit einer geeigneten Nuss in seinen Sitz, ...

8.4c ... bis er bündig zum Gehäuse liegt.

5 Montieren Sie das Zahnriemenrad (siehe Sektion 7) und den Zahnriemen (siehe Sektion 5).

9 Zylinderkopf – Ausbau, Kontrolle und Einbau

Ausbau

1 Trennen Sie den Haupt-Masseanschluss (–) der Batterie (siehe Kapitel 5A, Sektion 4).
2 Entleeren Sie das Kühlsystem (siehe Kapitel 1B, Sektion 28).
3 Demontieren Sie den Thermostaten (siehe Kapitel 3, Sektion 3).
4 Demontieren Sie die Nockenwellen, Schlepphebel und Hydrostößel (siehe Sektion 7).
5 Demontieren Sie die Turbolader/Auspuffstutzen-Baugruppe (siehe Kapitel 4B, Sektion 17).
6 Trennen Sie bei Motoren mit Abgasnorm Euro 3 und 4 unten am Druckspeicher (vorn am Zylinderkopf) den Stecker des Drucksensors.
7 Lösen Sie bei Motoren mit Abgasnorm Euro 3 und 4 die Schrauben des Öleinfüllstutzen-Halters und entfernen Sie diesen.
8 Entfernen Sie bei Motoren mit Abgasnorm Euro 3 und 4 den AGR-Ventil-Kühler (siehe Kapitel 4C, Sektion 3).
9 Stützen Sie den Motor mit einem unter der Ölwanne angesetzten Rangierwagenheber samt Holzblock ab, um die rechte Motorhalterung zu entlasten.
10 Lösen Sie die zwei Muttern, mit denen die Halterung am Motorträger und die zwei Schrauben, mit denen sie an der Karosserie gesichert ist, und entnehmen Sie die Halterung. Lösen Sie dann die drei Schrauben des Motorträgers und entnehmen Sie diesen.
11 Lockern Sie entgegen der in Abb. 9.35 gezeigten Anzugsreihenfolge schrittweise und gleichmäßig die Zylinderkopfschrauben – sie müssen beim Einbau durch Neuteile ersetzt werden.
12 Heben Sie den Zylinderkopf möglichst mithilfe eines Assistenten ab – er ist sehr schwer. Legen Sie den Zylinderkopf nicht auf seiner Dichtfläche ab, da hierdurch die Glühkerzen beschädigt werden; positionieren Sie ihn stattdessen auf entsprechend ausgelegten Hölzern.
13 Falls der Zylinderkopf auf seinen Passhülsen fest sitzt, muss er vorsichtig rundherum abgeklopft werden – auf keinen Fall darf ein Hebel angesetzt werden, da hierbei die Dichtfläche beschädigt wird.
14 Entfernen Sie die Zylinderkopfdichtung von den zwei Passhülsen und stellen Sie diese nötigenfalls sicher.
15 Die alte Zylinderkopfdichtung wird zur Identifizierung der neuen Dichtung benötigt.

Kontrolle

16 Die Zerlegung und Überholung des Zylinderkopfs ist in Kapitel 2c beschrieben.

Auswahl der Zylinderkopfdichtung

17 Kontrollieren Sie die alte Dichtung auf Identifikationsmarkierungen des Herstellers – dies sollten Löcher am vorderen Rand sein, die auf die Stärke der Dichtung hinweisen.
18 Solange keine neuen Motorkomponenten installiert wurden und der Zylinderkopf nicht geplant (gerichtet) wurde, muss die neue Zylinderkopfdichtung genauso dick sein wie die alte. Beschaffen Sie eine neue Dichtung mit der gleichen Anzahl an Löchern wie die alte und fahren Sie mit Schritt 25 fort.
19 Falls der Zylinderkopf geplant oder neue Kolben installiert wurden, muss die neue Zylinderkopfdichtung ggf. eine andere Stärke aufweisen als die alte.
20 Die Stärke der Zylinderkopfdichtung hängt vom Überstand der Kolben oberhalb der Dichtfläche ab.
21 Messen Sie den Kolben-Überstand, indem Sie eine Messuhr so an den Motor montieren, dass sich ihr Taster über die Dichtfläche und den ersten Kolben schwenken lässt. Nullen Sie sie über der Dichtfläche (siehe Abbildung).

9.21 Nullen Sie die Messuhr über der Motor-Dichtfläche.

22 Schwenken Sie die Messuhr über den Kolben und drehen Sie die Kurbelwelle langsam von Hand, bis der Kolben an seinem höchsten Punkt (OT) steht. Notieren Sie die von der Messuhr angezeigte Differenz.
23 Wiederholen Sie die Messung an den anderen Kolben und notieren Sie auch diese Werte.
24 Falls sich die Messungen unterscheiden, muss die höchste Differenz zur Bestimmung der neuen Zylinderkopfdichtung (siehe technische Daten herangezogen werden.

Vorbereitung für den Einbau

25 Die Dichtflächen des Zylinderkopfes und des Zylinderblocks müssen absolut sauber sein. Entfernen Sie dazu Dichtungsreste und Kohleablagerungen mithilfe eines Hartplastik- oder Holzschabers; reinigen Sie auch die Kolbenböden. **Anmerkung:** *Die neue Zylinderkopfdichtung ist mit Gummi beschichtet, das durch scharfe Kanten oder vom Schaber hinterlassene Späne beschädigt werden kann. Achten Sie besonders beim Reinigen der Kolben darauf, ihre Oberfläche nicht zu beschädigen.*
26 Die Ablagerungen dürfen keinesfalls in Öl- oder Wasserkanäle gelangen – bereits kleinste Partikel können Öldüsen verstopfen! Kleben Sie daher alle Bohrungen des Zylinderkopfs/Motorgehäuses mit Kreppband ab.
27 Damit keine Ablagerungen zwischen die Kolben und Zylinderwände gelangen, muss hier etwas Fett aufgetragen werden.
28 Wischen Sie nach dem Reinigen der Kolben Fett und Ablagerungen mit einem sauberen Lappen ab. Wischen Sie die Dichtflächen anschließend mit Verdünner oder Aceton ab.
29 Kontrollieren Sie die Dichtflächen des Zylinderkopfes und des Zylinderblocks auf Riefen, tiefe Kratzer und andere Schäden – beachten Sie die Anmerkung hinter Schritt 25. Kleine Unebenheiten können mit einer Feile geschlichtet werden; größere erfordern jedoch maschinelles Planen oder den Austausch.
30 Falls ein Verzug des Zylinderkopfes vermutet wird, muss dieser mit einem Richtwinkel geprüft werden (siehe Kapitel 2C, Sektion 13).
31 Reinigen Sie sorgfältig die Gewindebohrungen im Zylinderblock – die Schrauben müssen sich von Hand darin drehen lassen und es dürfen sich keine Öl- oder Wasserreste darin befinden (die beim Anziehen der Schrauben so hohen hydraulischen Druck ausüben können, dass das Gehäuse reißt).

Einbau

32 Legen Sie die neue Zylinderkopfdichtung über die zwei Passhülsen auf den Motorblock (siehe Abbildung) – die Identifizierungsbohrungen müssen vorn liegen. Beschädigen Sie nicht die Gummibeschichtung der Dichtung.

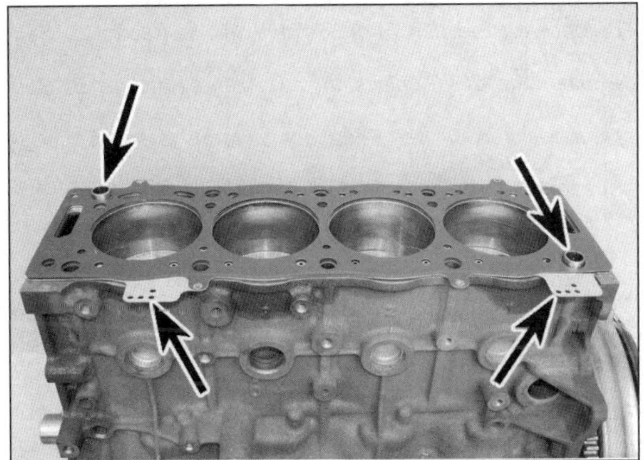

9.32 Legen Sie die neue Zylinderkopfdichtung über die zwei Passhülsen auf den Motorblock – die Identifizierungs-Bohrungen müssen vorn liegen.

33 Setzen Sie mithilfe eines Assistenten die Zylinderkopf-Baugruppe vorsichtig über die Passhülsen auf den Motorblock.
34 Installieren Sie die **neuen** Zylinderkopfschrauben und drehen Sie sie handfest ein.
35 Ziehen Sie die Zylinderkopfschrauben in der gezeigten Reihenfolge zunächst mit 60 Nm an (siehe Abbildung).

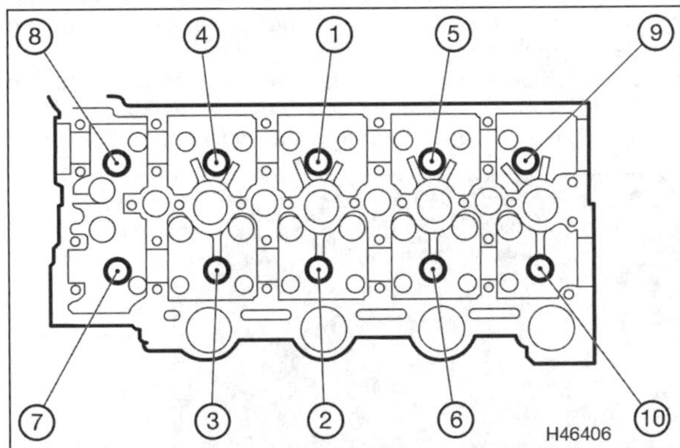

9.35 Anzugsreihenfolge der Zylinderkopfschrauben

36 Ziehen Sie die Zylinderkopfschrauben anschließend in der gleichen Reihenfolge mithilfe einer Gradscheibe in einem Zug um 220° weiter (siehe Abbildung).

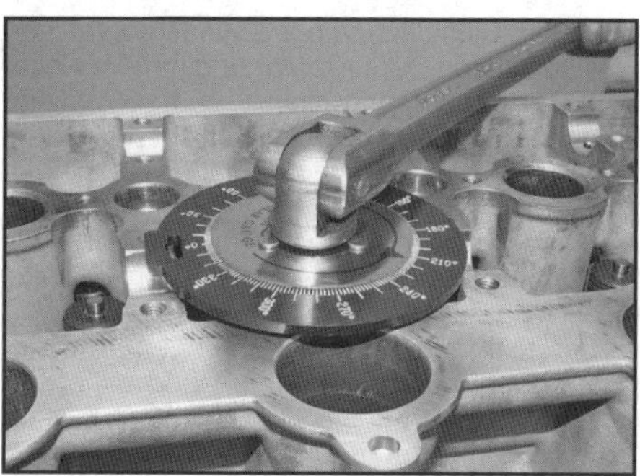

9.36 Ziehen Sie die Zylinderkopfschrauben mithilfe einer Gradscheibe in einem Zug um 220° weiter.

37 Der Rest des Einbaus entspricht der umgekehrten Ausbaureihenfolge – beachten Sie dabei folgende Punkte:

a) *Montieren Sie die Turbolader/Auspuffstutzen-Baugruppe (siehe Kapitel 4B, Sektion 17).*
b) *Montieren Sie die Nockenwellen, Schlepphebel und Hydrostößel (siehe Sektion 7).*
c) *Montieren Sie den Thermostaten (siehe Kapitel 3, Sektion 3).*
d) *Füllen Sie das Kühlsystem auf (siehe Kapitel 1B, Sektion 28).*
e) *Kontrollieren Sie den Pegel des Motoröls (siehe Wöchentliche Kontrollen).*
f) *Lesen Sie vor dem Starten des Motors die Hinweise in Kapitel 2C, Sektion 20 durch.*

10 Ölwanne – Ausbau und Einbau

Ausbau

1 Ziehen Sie die Handbremse, heben Sie das Fahrzeug vorn an und stützen Sie es sicher ab (siehe Seite 390). Lösen Sie die Befestigungen des Unterfahrschutzes und entfernen Sie ihn.
2 Entfernen Sie die obere Motorabdeckung – heben Sie dazu die rechte hintere Ecke und die vorderen Ecken an und ziehen Sie die Abdeckung nach vorn ab.
3 Lassen Sie das Motoröl ab (siehe Kapitel 1B, Sektion 6), säubern Sie die Ablassschraube, installieren Sie sie und ziehen Sie sie mit 34 Nm an. Wir empfehlen auch den Ölfilter zu entfernen, um später einen neuen zu installieren (siehe Kapitel 1B, Sektion 6).
4 Lockern Sie die Schellen des unter dem Motor verlegten Ladeluft-Rohrs, lösen Sie die Schrauben seiner Halterung an der Ölwanne und entnehmen Sie das Rohr (siehe Abbildung).

10.4 Befestigungsschraube des Ladeluft-Rohrs an der Ölwanne

5 Entfernen Sie bei Motoren mit Abgasnorm Euro 3 und 4 den Keilrippenriemen (siehe Kapitel 1B, Sektion 23), lösen Sie die Schrauben des Klimaanlagen-Kompressors, um diesen ohne Trennen der Kältemittelrohre beiseite zu schwenken und mit Draht oder Kabelbindern an der Kühler-Querstrebe zu sichern.
6 Lockern Sie schrittweise die Ölwannenschrauben und entfernen Sie sie – vergessen Sie bei Motoren mit Abgasnorm Euro 3 und 4 nicht die zwei Schrauben zum Getriebe und die vier links durch die Bohrungen in der Kupplungsglocke zugänglichen Schrauben (siehe Abbildungen).

10.6a Lösen Sie die zwei Schrauben, mit denen die Ölwanne waagerecht am Getriebe verschraubt ist, ...

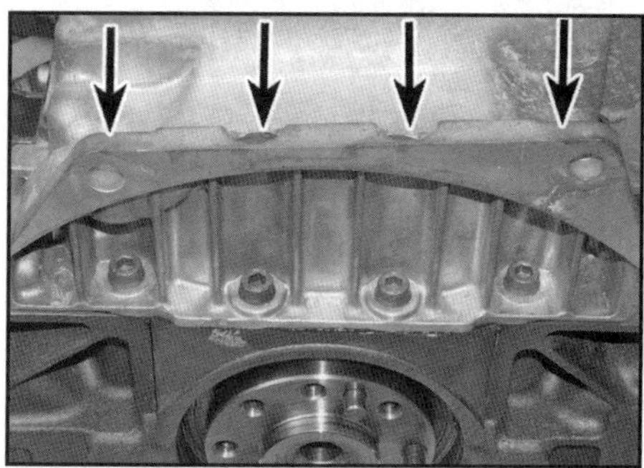

10.6b ... und die vier durch die Bohrungen in der Kupplungsglocke zugänglichen Ölwannen-Schrauben.

7 Klopfen Sie die Ölwanne vorsichtig ab oder führen Sie vorsichtig einen Spachtel zwischen der Ölwanne und dem Motorblock ein, um die Dichtung zu trennen – beschädigen Sie dabei nicht die Dichtflächen. Befreien Sie die Ölwanne unter dem Motor heraus.

Einbau

8 Reinigen Sie die Ölwanne innen und außen. Befreien Sie die Dichtflächen des Motorgehäuses und der Ölwanne von alten Dichtungsresten. *Wischen Sie alles trocken.*

10.9 Tragen Sie die Dichtmasse innerhalb der Schraubenbohrungen auf.

9 Tragen Sie am Innenrand des Ölwannenflanschs eine 3 mm starke Raupe aus Dichtmasse (Ford-Nr. WSE-M4G323-A4) auf (siehe Abbildung). **Anmerkung**: *Die Ölwanne muss danach innerhalb von zehn Minuten montiert werden.*
10 Heben Sie die Ölwanne unter den Motor und installieren Sie die Schrauben zunächst handfest.
11 Ziehen Sie bei Motoren mit Abgasnorm Euro 3 und 4 die zwei Schrauben zum Getriebe mit 48 Nm an.
12 Ziehen Sie die Schrauben zum Motorgehäuse schrittweise und über Kreuz mit 16 Nm an.
13 Montieren Sie bei Motoren mit Abgasnorm Euro 3 und 4 den Klimaanlagen-Kompressor und installieren Sie den Keilrippenriemen (siehe Sektion 23).
14 Montieren Sie den Unterfahrschutz und senken Sie das Fahrzeug ab. Lassen Sie der Dichtmasse mindestens eine Minute Zeit zum Aushärten (beachten Sie dazu auch die Hinweise des Herstellers), bevor Sie ggf. einen neuen Ölfilter installieren und Motoröl auffüllen (siehe Kapitel 1B, Sektion 6). Montieren Sie den oberen Motordeckel.
15 Kontrollieren Sie alle neu zusammengesetzten Dichtungen nach einer ausgiebigen Probefahrt auf Undichtigkeiten.

11 Ölpumpe – Ausbau, Kontrolle und Einbau

Motoren mit Abgasnorm Euro 3 und 4

Ausbau

1 Entfernen Sie den Zahnriemen (siehe Sektion 5) und ziehen Sie das Kurbelwellen-Riemenrad ab (siehe Abbildungen).

11.1a Ziehen Sie das Kurbelwellen-Riemenrad ab ...

11.1b ... und entfernen Sie den äußeren Keil aus der Kurbelwelle.

2 Demontieren Sie die Ölwanne (siehe Sektion 10).
3 Lösen Sie die Schrauben des Dichtring-Trägers – beachten Sie ihre unterschiedliche Längen.

4 Lösen Sie die Schraube, mit der das Ölpegel-Rohr am Ansaugsieb gesichert ist (siehe Abbildung).

11.4 Schraube des Ölpegel-Rohrs

5 Ziehen Sie den hinteren Keil aus der Kurbelwelle, lösen Sie die Ölpumpenschrauben und ziehen Sie die Pumpe samt Kette und Kurbelwellenritzel vom Motor ab – stellen Sie dabei den O-Ring zwischen dem Ritzel und der Kurbelwelle sicher (siehe Abbildungen).

11.5a Entfernen Sie den inneren Keil, ...

11.5b lösen Sie die drei Ölpumpenschrauben und ziehen Sie die Pumpe samt Kette und Kurbelwellenritzel ab.

11.5c Stellen Sie den O-Ring zwischen dem Ritzel und der Kurbelwelle sicher.

Kontrolle

6 Lösen Sie die Schrauben des Pumpendeckels und entfernen Sie ihn (siehe Abbildung). Beachten Sie Markierungen an den Pumpenrotoren, um sie später richtig herum einzubauen.

11.6 Der Ölpumpendeckel ist mit fünf Schrauben gesichert.

7 Lösen Sie den Stopfen aus der Ölpumpe (siehe Abbildung) und entfernen Sie das Überdruckventil samt Feder und Kolben; reinigen Sie alle Komponenten.

11.7 Ölpumpenstopfen

8 Für die Ölpumpen-Komponenten sind keine technischen Daten erhältlich, sodass alle Teile nur einer Sichtprüfung unterzogen werden können.
9 Kontrollieren Sie die Dichtflächen der Ölpumpe zum Motorblock – falls sie beschädigt ist, wird sie undicht, sodass der Öldruck bei laufendem Motor sinkt.
10 Inspizieren Sie die Rotoren auf sichtbaren Verschleiß und Beschädigungen. Als dieses Buch 2016 verfasst wurde, waren keine Ersatzteile für die Pumpe erhältlich, sodass sie ggf. als Baugruppe ersetzt werden muss – erkundigen Sie sich ggf. beim Ford-Händler nach der Verfügbarkeit von Einzelteilen. Schmieren Sie die Rotoren mit frischem Motoröl und installieren Sie sie korrekt ausgerichtet ins Pumpengehäuse. Setzen Sie den Deckel auf und ziehen Sie die Schrauben sorgfältig an.
11 Falls die Ölpumpe im Zuge einer umfangreichen Motorüberholung demontiert wurde, darf dem Motor eine hohe Laufleistung unterstellt wurde, sodass es empfehlenswert ist, die Pumpe generell durch ein Neuteil oder eine überholte Pumpe auszutauschen, damit der überholte Motor eine lange Lebensdauer haben wird.

Einbau

12 Sorgen Sie dafür, dass die Dichtflächen der Ölpumpe und des Motorgehäuses absolut sauber sind.
13 Schieben Sie den (ggf. neuen) O-Ring auf das Ende der Kurbelwelle (siehe Abbildung).

11.13 Schieben Sie den (ggf. neuen) O-Ring auf das Ende der Kurbelwelle.

14 Legen Sie die Kette um die Pumpen- und Kurbelwellenritzel und schieben Sie das Kurbelwellenritzel mit der Nut zu derjenigen der Kurbelwelle auf; sichern Sie es mit dem Keil (Abb. 11.5a). Positionieren Sie zeitgleich die Ölpumpe am Motorgehäuse.
15 Installieren Sie die Ölpumpen-Befestigungsschrauben – die linke vordere ist etwas länger als die anderen – und ziehen Sie sie schrittweise mit 16 Nm an.
16 Reinigen Sie sorgfältig den Dichtringträger und seine Dichtfläche am Motorgehäuse. Tragen Sie eine 3 mm breite Raupe aus Silikon-Dichtmasse (Ford Nr. WSE-M4G323-A4) am Flansch des Dichtringträgers auf, setzen Sie diesen an und ziehen Sie die Schrauben mit 14 Nm an – dies muss spätestens vier Minuten nach dem Auftragen der Dichtmasse geschehen.
18 Installieren Sie einen neuen Dichtring in den Dichtringträger (siehe Sektion 14).
19 Sichern Sie das Ölpegel-Rohr mit der Schraube am Ansaugsieb (Abb. 11.4).
20 Der Rest des Einbaus entspricht der umgekehrten Ausbaureihenfolge.

Motoren mit Abgasnorm Euro 5

Ausbau

21 Entfernen Sie den Zahnriemen (siehe Sektion 5) und ziehen Sie das Kurbelwellen-Riemenrad ab (Abb. 11.1a und b).
22 Demontieren Sie die Ölwanne (siehe Sektion 10).
23 Lösen Sie am Kurbelwellendichtring-Träger die Schraube des Kurbelwellensensors und verlagern Sie den Sensor beiseite.
24 Lockern Sie unten am Einlassstutzen die Schelle des Ladeluftkühlerschlauchs, um diesen zu trennen (Abb. 3.33).
25 Lösen Sie die drei Schrauben, mit denen der obere Teil des Einlassstutzens am unteren gesichert ist (Abb. 3.34).
26 Lösen Sie die drei Muttern, mit denen der untere Teil des Einlassstutzens am Zylinderkopf gesichert ist, und entfernen Sie ihn (Abb. 3.35a und b).
27 Lösen Sie die drei Schrauben des Peilstab-Rohrs und des Öleinfüllrohrs und entfernen Sie diese.
28 Lockern Sie schrittweise die 20 Schrauben, mit denen die untere Motorgehäusehälfte an der oberen gesichert ist. Führen Sie vorsichtig einen Spachtel an der Verbindung ein, um die Dichtung zu lösen, beschädigen Sie dabei nicht die Dichtflächen.
29 Lösen Sie die Schrauben des Dichtringträgers und entfernen Sie diesen – beachten Sie die Positionen der unterschiedlich langen Schrauben.
30 Entfernen Sie das Ölleitblech unten aus der oberen Gehäusehälfte.
31 Ziehen Sie den Keil aus dem Kurbelwellenritzel, lösen Sie die Ölpumpenschrauben und ziehen Sie die Pumpe samt Kette und Kurbelwellenritzel vom Motor ab – stellen Sie dabei den O-Ring zwischen dem Ritzel und der Kurbelwelle sicher.

Kontrolle

32 Beachten Sie hierzu die Hinweise in den Schritten 6 bis 11.

Einbau

33 Sorgen Sie dafür, dass die Dichtflächen der Ölpumpe und des Motorgehäuses absolut sauber sind.
34 Schieben Sie den (ggf. neuen) O-Ring auf das Ende der Kurbelwelle (Abb. 7.13).
35 Legen Sie die Kette um die Pumpen- und Kurbelwellenritzel und schieben Sie das Kurbelwellenritzel mit der Nut zu derjenigen der Kurbelwelle auf; sichern Sie es mit dem Keil (Abb. 11.5a). Positionieren Sie zeitgleich die Ölpumpe am Motorgehäuse.
36 Installieren Sie die Ölpumpen-Befestigungsschrauben – die linke vordere ist etwas länger als die anderen – und ziehen Sie sie schrittweise mit 16 Nm an.
37 Reinigen Sie sorgfältig den Dichtringträger und seine Dichtfläche am Motorgehäuse.
38 Tragen Sie eine 3 mm breite Raupe aus Silikon-Dichtmasse (Ford Nr. WSE-M4G323-A4) am Flansch des Dichtringträgers auf, setzen Sie diesen an und ziehen Sie die Schrauben mit 14 Nm an – dies muss spätestens vier Minuten nach dem Auftragen der Dichtmasse geschehen.
39 Installieren Sie einen neuen Dichtring in den Dichtringträger (siehe Sektion 14).
40 Installieren Sie das Ölleitblech in die obere Motorgehäusehälfte.
41 Reinigen Sie sorgfältig die Dichtflächen der beiden Motorgehäusehälften.
42 Tragen Sie eine 3 mm breite Raupe aus Silikon-Dichtmasse (Ford Nr. WSE-M4G323-A4) am Flansch der unteren Motorgehäusehälfte auf, setzen Sie diese an und ziehen Sie die Schrauben in zwei Durchgängen zunächst mit 10 und dann mit 16 Nm an – dies muss spätestens vier Minuten nach dem Auftragen der Dichtmasse geschehen.
43 Der Rest des Einbaus entspricht der umgekehrten Ausbaureihenfolge.

12 Öldruckschalter – Ausbau und Einbau

Ausbau

1 Der Schalter ist in das Ölfiltergehäuse (vorn am Motor) geschraubt (siehe Abbildung) – er ist von unten zugänglich.

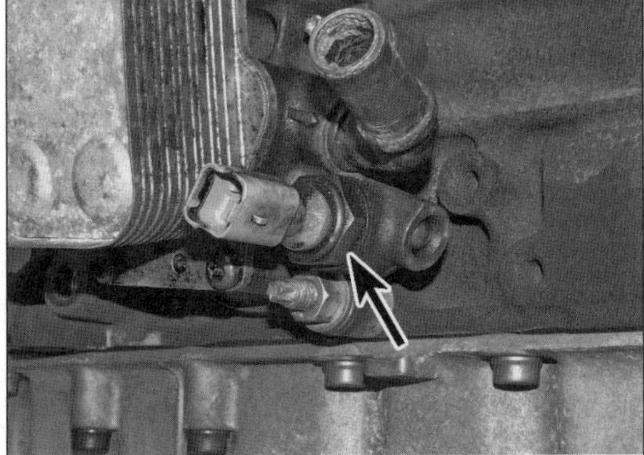

12.1 Öldruckschalter

2 Heben Sie das Fahrzeug ggf. vorn an und stützen Sie es sicher ab (siehe Seite 390), um dem Zugang zum Öldruckschalter zu verbessern. Lösen Sie ggf. die Schrauben des Unterfahrschutzes, um diesen zu entfernen.
3 Zur Verbesserung des Zugangs kann der Kielrippenriemen entfernt (siehe Kapitel 1B, Sektion 24) und der Klimaanlagen-Kompressor nach dem Lösen seiner Schrauben beiseite genommen werden – trennen Sie dabei nicht seine Kältemittelrohre.
4 Trennen Sie den Stecker vom Öldruckschalter.
5 Schrauben Sie den Öldruckschalter heraus – seien Sie auf etwas austretendes Öl vorbereitet.

Einbau

6 Der Einbau entspricht der umgekehrten Ausbaureihenfolge – rüsten Sie den Schalter mit einer neuen Dichtscheibe aus und ziehen Sie ihn sorgfältig an.
7 Verbinden Sie den Kabelstecker mit dem Schalter.
8 Montieren Sie alle entfernten Komponenten.
9 Kontrollieren Sie den Motorölpegel und füllen Sie ggf. Öl nach (siehe Wöchentliche Kontrollen).
10 Kontrollieren Sie nach einer Probefahrt den Bereich um dem Öldruckschalter auf Undichtigkeiten.

13 Ölkühler – Ausbau und Einbau

Anmerkung: *Beim Einbau müssen neue Dichtringe verwendet werden – erkundigen Sie sich beim Ford-Händler nach deren Verfügbarkeit.*

Ausbau

1 Der Ölkühler sitzt am Ölfiltergehäuse vorn am Motor (siehe Abbildung) – er ist von unten zugänglich.
2 Heben Sie das Fahrzeug ggf. vorn an und stützen Sie es sicher ab (siehe Seite 390), um dem Zugang zum Ölkühler zu verbessern. Lösen Sie ggf. die Schrauben des Unterfahrschutzes, um diesen zu entfernen.
3 Zur Verbesserung des Zugangs kann der Kielrippenriemen entfernt (siehe Kapitel 1B, Sektion 24) und der Klimaanlagen-Kompressor nach dem Lösen seiner Schrauben beiseite genommen werden – trennen Sie dabei nicht seine Kältemittelrohre.
4 Lösen Sie die vier Befestigungsschrauben und befreien Sie den Ölkühler vom Ölfiltergehäuse (siehe Abbildung) – seien Sie auf austretendes Öl und Kühlmittel vorbereitet. Die Dichtringe müssen beim Einbau durch Neuteile ersetzt werden.

13.4 Ölkühler-Befestigungsschrauben

Einbau

5 Der Einbau entspricht der umgekehrten Ausbaureihenfolge – beachten Sie dabei folgende Punkte:

a) Verwenden Sie neue Dichtringe.
b) Ziehen Sie die Befestigungsschrauben sorgfältig an.
c) Montieren Sie alle für den Zugang entfernten Baugruppen.
d) Füllen Sie ggf. Motoröl und Kühlmittel nach.
e) Starten Sie den Motor und kontrollieren Sie den Bereich um den Ölkühler auf Undichtigkeiten.

14 Kurbelwellen-Dichtringe – Ersetzen

Zahnriemen-Dichtring (rechts)

1 Entfernen Sie den Zahnriemen (siehe Sektion 5).
2 Ziehen Sie das Kurbelwellen-Riemenrad ab und entfernen Sie den Keil aus der Kurbelwelle (Abb. 11.1a und b).
3 Messen Sie, wie tief der Dichtring im Träger sitzt und notieren Sie diesen Wert.
4 Der Dichtring kann jetzt vorsichtig mit einem Schraubendreher oder ähnlichem Werkzeug herausgehebelt werden – beschädigen Sie dabei nicht seinen Sitz im Steuerkettendeckel oder die Kurbelwelle. Falls der Dichtring sehr fest sitzt, muss ein Loch hineingebohrt und eine selbstschneidende Schrauben hineingedreht werden, um ihn mit einer dort angesetzten Zange herausziehen zu können (siehe Abbildungen).

14.4a Bohren Sie ein kleines Loch in den Dichtring, ...

14.4b ... drehen Sie eine selbstschneidende Schraube hinein und ziehen Sie ihn mit einer Zange heraus.

5 Wischen Sie den Dichtring-Sitz und den Kurbelwellenstumpf sauber. Entfernen Sie Grate und scharfe Kanten, die den neuen Dichtring beschädigen könnten.
6 Der aus PTFE bestehende Dichtring darf nicht geschmiert werden. Verwenden Sie zum Eintreiben das Ford-Werkzeug mit den Teilenummern 303-255/303-395 oder einen passenden Rohr oder Steckschlüssel, das/der nur seinen Außenrand berührt. Der neue Dichtring wird mit einer Führungshülse ausgeliefert, die über die Kurbelwelle geschoben werden muss.
7 Setzen Sie den mit der Hülse ausgerüsteten Dichtring über der Kurbelwelle an und treiben Sie ihn mit dem Werkzeug senkrecht in seinen Sitz, bis er in der notierten Einbautiefe sitzt (siehe Abbildungen). Entfernen Sie die Führung vom Kurbelwellenstumpf.

14.7a Schieben Sie den mit der Hülse ausgerüsteten Dichtring auf die Kurbelwelle ...

14.7b ... und treiben Sie ihn bis zur notierten Einbautiefe senkrecht ein.

8 Der Rest des Einbaus entspricht der umgekehrten Ausbaureihenfolge. Kontrollieren Sie den Motor nach dem Start auf Undichtigkeiten.

Getriebeseiten-Dichtring (links)

9 Demontieren Sie die Schwungscheibe oder Antriebsplatte (siehe Sektion 15).
10 Der Dichtring kann jetzt vorsichtig mit einem Schraubendreher oder ähnlichem Werkzeug herausgehebelt werden – beschädigen Sie dabei nicht seinen Sitz im Steuerkettendeckel oder die Kurbelwelle. Falls der Dichtring sehr fest sitzt, muss ein Loch hineingebohrt und eine selbstschneidende Schrauben hineingedreht werden, um ihn mit einer dort angesetzten Zange herausziehen zu können (siehe Abbildungen).

14.10a Bohren Sie ein kleines Loch in den Dichtring, ...

14.10b ... drehen Sie eine selbstschneidende Schraube hinein und ziehen Sie ihn mit einer Zange heraus.

11 Wischen Sie den Dichtring-Sitz und den Kurbelwellenstumpf sauber. Entfernen Sie Grate und scharfe Kanten, die den neuen Dichtring beschädigen könnten. Reinigen Sie auch die Dichtfläche des Motorblocks und entfetten Sie sie nötigenfalls.
12 Der neue Dichtring wird mit einer Führungshülse ausgeliefert, die über die Kurbelwelle geschoben werden muss. Der aus PTFE bestehende Dichtring darf nicht geschmiert werden.
13 Setzen Sie den neuen Dichtring mit der Hülse über der Kurbelwelle an (siehe Abbildungen).

14.13 Setzen Sie den neuen Dichtring samt Hülse über der Kurbelwelle an.

14 Verwenden Sie zum Eintreiben das Ford-Werkzeug mit der Teilenummer 303-205 oder einen passenden Rohr oder Steckschlüssel, das/der nur seinen Außenrand berührt (siehe Abbildung).

14.14 Pressen Sie den Dichtring ein, bis er bündig zum Gehäuse sitzt.

15 Ziehen Sie die Hülse von der Kurbelwelle
16 Der Rest des Einbaus entspricht der umgekehrten Ausbaureihenfolge. Kontrollieren Sie den Motor nach dem Start auf Undichtigkeiten.

15 Schwungscheibe/Antriebsplatte – Ausbau, Kontrolle und Einbau

Anmerkung: *Beim Einbau werden neue Befestigungsschrauben für die Schwungscheibe oder Antriebsplatte benötigt.*

Ausbau

Schaltgetriebe

1 Demontieren Sie das Getriebe (siehe Kapitel 7A, Sektion 7). Demontieren Sie die Kupplung (siehe Kapitel 6, Sektion 6).
2 Hindern Sie die Schwungscheibe am Mitdrehen, indem Sie den Anlasserzahnkranz mit einem geeigneten Werkzeug blockieren (siehe Abbildung). Markieren Sie mit Farbe die Ausrichtung der Schwungscheibe zur Kurbelwelle

15.2 Blockieren Sie den Anlasserzahnkranz der Schwungscheibe mit einem geeigneten Werkzeug.

3 Lösen Sie die 8 Schwungscheibenschrauben und heben Sie die Schwungscheibe ab (siehe Abbildung).
Achtung: Die Schwungscheibe ist sehr schwer!

15.3 Schwungscheiben-Schrauben.

Automatikgetriebe

4 Demontieren Sie das Getriebe (siehe Kapitel 7B, Sektion 12). Der Ausbau der Antriebsplatte ist dort in den Schritten 2 und 3 beschrieben.

Kontrolle

5 Inspizieren Sie beim Modell mit Schaltgetriebe die Schwungscheibe auf Riefen auf der Kupplungs-Reibfläche sowie Verschleiß oder ausgebrochene Zähne am Anlasserzahnkranz. Die Schwungscheibe kann nötigenfalls geplant werden, es empfiehlt sich jedoch der Austausch gegen ein Neuteil

6 Begutachten Sie beim Modell mit Automatikgetriebe die Antriebsplatte und den Anlasserzahnkranz auf Verschleiß und Beschädigungen. Kontrollieren Sie die Antriebsplatte auf Risse.
7 Bei jedem Zweifel über die Schwungscheibe oder Antriebsplatte muss Rat bei einer Fachwerkstatt gesucht werden, ob sie überarbeitet werden kann oder ausgetauscht werden muss.

Einbau

Schaltgetriebe

8 Reinigen Sie die Kontaktfläche der Schwungscheibe und der Kurbelwelle.
9 Falls die neuen Schwungscheibenschrauben nicht bereits mit Sicherungspaste versehen sind, müssen sie mit solcher bestrichen werden. Setzen Sie die Schwungscheibe entsprechend der zuvor angebrachten Markierungen an und installieren Sie die Schrauben.
10 Blockieren Sie die Schwungscheibe (siehe Schritt 2) und ziehen Sie die Schrauben schrittweise und über Kreuz zunächst mit 20 Nm an. Ziehen Sie sie dann in einem zweiten Durchgang mit 48 Nm an.
11 Montieren Sie die Kupplung (siehe Kapitel 6, Sektion 6), entfernen Sie das Arretierwerkzeug und montieren Sie das Getriebe (siehe Kapitel 7A, Sektion 7).

Automatikgetriebe

12 Reinigen Sie die Kontaktfläche der Antriebsplatte und der Kurbelwelle.
13 Falls die neuen Antriebsplattenschrauben nicht bereits mit Sicherungspaste versehen sind, müssen sie mit solcher bestrichen werden. Setzen Sie die Antriebsplatte entsprechend der zuvor angebrachten Markierungen an und installieren Sie die Schrauben.
14 Blockieren Sie die Antriebsplatte (siehe Schritt 2) und ziehen Sie die Schrauben schrittweise und über Kreuz zunächst mit 20 Nm an. Ziehen Sie sie dann in einem zweiten Durchgang mit 66 Nm an.
15 Entfernen Sie das Arretierwerkzeug und montieren Sie das Getriebe (siehe Kapitel 7B, Sektion 12).

16 Motorhalterungen – Kontrolle und Ersetzen

1 Beachten Sie hierzu die Hinweise in Kapitel 2A, Sektion 16. Achten Sie auch auf die abweichenden Drehmomentangaben (siehe technische Daten).

Kapitel 2, Teil C

Motoren – Ausbau und Überholarbeiten

Inhalt — Sektion

Schwierigkeitsgrade

Leicht. Geeignet für Anfänger mit wenig Erfahrung.	**Relativ leicht.** Geeignet für Anfänger mit etwas Erfahrung.	**Relativ schwierig.** Geeignet für geübte Selbstschrauber.	**Schwer.** Geeignet für Selbstschrauber mit viel Erfahrung.	**Sehr schwer.** Geeignet für Experten und Profis.

Technische Daten

Motor-Typen

2,0 l-Benzinmotor . . . . . AOBA und AOBC
2,0 l-Dieselmotor
Motoren mit Abgasnorm Euro 3 und 4 . . . . . AZBA, QXBA und QXBB
Motoren mit Abgasnorm Euro 5 . . . . . KLBA, LPBA, TXBA, TXBB, TYBA, UFBA, UFBB, UKBA und UKBB

Benzinmotoren

Zylinderkopf

Dichtflächen-Verzug (max.) . . . . . 0,10 mm

Ventile

Ventilschaft-Durchmesser (Standard)
Einlassventile . . . . . 5,470 bis 5,485 mm
Auslassventile . . . . . 5,465 bis 5,480 mm

Dieselmotoren

Zylinderkopf

Dichtflächen-Verzug (max.) . . . . . 0,03 mm

Ventile

Ventilschaft-Durchmesser (Standard)
Einlassventile . . . . . 5,978 ± 0,009 mm
Auslassventile . . . . . 5,968 ± 0,009 mm

Zylinderblock

Zylinderbohrung – Durchmesser (nominell) . . . . . 85,0 mm

Kolbenringe

Anzahl der Ringe . . . . . 2 Kompressionsringe, 1 Ölabstreifring
Stoßspiel (eingebaut)
Oberer Kompressionsring . . . . . 0,20 bis 0,35 mm
Zweiter Kompressionsring . . . . . 0,80 bis 1,0 mm
Ölabstreifringe . . . . . 0,25 bis 0,50 mm

Kurbelwelle

Kurbelwellen-Axialspiel . . . . . 0,07 bis 0,32 mm
Lagerzapfen-Unrundlauf (max.) . . . . . 0,007 mm

Anzugsdrehmomente

Benzinmotoren . . . . . siehe technische Daten in Kapitel 2A
Dieselmotoren . . . . . siehe technische Daten in Kapitel 2B

1 Allgemeine Informationen

1 In diesem Teil von Kapitel 2 werden der Ausbau des Motors samt Getriebe sowie dessen allgemeine Überholung (Zylinderkopf, Zylinder, Kurbelwelle und alle anderen beteiligten Komponenten) detailliert beschrieben. **Anmerkung:** *Bei Benzinmotoren sind die Kurbelwelle, die Pleuel und die Kolben nicht als separate Ersatzteile gelistet, sondern nur samt Motorgehäuse als Austauschmotor erhältlich. Weitere Informationen sind beim Ford-Händler oder Motorenspezialisten erhältlich.*
2 Die Informationen reichen von Hinweisen bezüglich der Vorbereitung einer Überholung über die Beschaffung von Ersatzteilen bis hin zu detaillierten Schritt-für-Schritt-Anleitungen zum Ausbau, Kontrollieren, Erneuern und Einbau interner Motorkomponenten.
3 Ab Sektion 6 basieren alle Anleitungen auf der Annahme, dass der Motor aus dem Fahrzeug ausgebaut ist. Informationen zu Reparaturen bei eingebautem Motor sowie den Aus- und Einbau externer Komponenten, die zu einer Komplettüberholung gehören, finden sich in Kapitel 2a oder B sowie in Sektion 6 dieses Kapitels. Wenn der Motor bereits ausgebaut ist, müssen alle nicht zutreffenden Zerlegungsanweisungen in Kapitel 2a oder B ignoriert werden.
4 Abgesehen von den in den technischen Daten der Kapitel 2a oder B zu findenden Anzugsdrehmomenten finden sich alle zum Überholen benötigten Daten am Anfang dieses Kapitels.

2 Motorüberholung – Allgemeine Informationen

1 Es ist nicht immer einfach festzustellen, wann oder ob ein Motor vollständig überholt werden muss. Eine Vielzahl an Faktoren muss hierbei berücksichtigt werden.
2 Eine hohe Laufleistung ist nicht zwingend ein Hinweis auf eine erforderliche Überholung – genauso wie eine geringe Laufleistung eine Motorüberholung nicht ausschließt. Eine regelmäßige Wartung ist hierbei der wichtigste Punkt. Ein Motor, bei dem regelmäßig das Motoröl und der Filter gewechselt und auch andere Wartungspunkte durchgeführt wurden, wird wahrscheinlich mehrere hunderttausend Kilometer problemlos durchhalten. Umgekehrt wird ein vernachlässigter Motor wesentlich früher eine Überholung benötigen.
3 Übermäßiger Ölverbrauch weist darauf hin, dass Kolbenringe, Ventilschaftdichtungen und/oder Ventilführungen nach Aufmerksamkeit verlangen. Mithilfe eines in Kapitel 2a oder B, Sektion 2 durchgeführten Kompressionstests kann herausgefunden werden, welche Gründe für den Ölverlust verantwortlich sind.
4 Ermitteln Sie den Öldruck mithilfe eines statt des Öldruckschalters in den Ölkanal geschraubten Messgeräts und vergleichen Sie das Ergebnis mit den technischen Daten von Kapitel 2a oder B. Falls extrem geringer Druck festgestellt wird, werden die Haupt- und Pleuelfußlager und/oder die Ölpumpe verschlissen sein.
5 Leistungsmangel, rauer Motorlauf, klopfende oder metallisch klingende Motorgeräusche, ein klappernder Ventiltrieb und hoher Benzinverbrauch können ebenfalls auf eine Überholung hinweisen – besonders, wenn alles gleichzeitig auftritt. Falls eine große Inspektion die Probleme nicht behebt, können nur größere Überholmaßnahmen die Lösung sein.
6 Eine Motorüberholung beinhaltet die Wiederherstellung aller internen Motorkomponenten auf die Vorgaben für einen neuen Motor. Während einer Überholung werden Kolben und deren Ringe erneuert und die Zylinderbohrungen überholt. Neue Haupt- und Pleuellagerschalen werden generell eingebaut und die Kurbelwelle wird nötigenfalls geschliffen (oder ausgetauscht), um die Lagerzapfen zu restaurieren. Die Ventile werden ebenfalls behandelt, da sie zu diesem Zeitpunkt üblicherweise ebenfalls nicht mehr perfekt sind. Kontrollieren Sie unbedingt den Zustand der Ölpumpe und ersetzen Sie sie nötigenfalls. Das Endergebnis soll ein absolut neuwertiger Motor sein, der viele pannenfreie Kilometer garantiert. **Anmerkung**: *Wichtige Komponenten des Kühlsystems (Schläuche, Antriebsriemen, Thermostat, Wasserpumpe) sollten bei einer Motorüberholung ebenfalls erneuert werden. Der Kühler selbst muss sorgfältig überprüft werden, um sicherstellen zu können, dass er weder blockiert noch undicht ist. Generell empfiehlt es sich zudem, bei einer Motorüberholung die Ölpumpe auszutauschen.*
7 Vor einer Motorüberholung muss die gesamte Prozedur durchgelesen werden, um sich mit dem Umfang und den Anforderungen vertraut zu machen. Das Überholen eines Motors ist nicht schwierig, wenn man sorgfältig den Anweisungen folgt, die benötigten Werkzeuge und Ausrüstungsgegenstände zur Hand hat und sich genau an alle Vorgaben hält. Sie kann jedoch zeitaufwendig sein. Prüfen Sie die Verfügbarkeit von Teilen und beschaffen Sie sämtliche Spezialwerkzeuge und andere Hilfsmittel im Voraus. Die meisten Arbeiten können mit typischen Hand-Werkzeugen verrichtet werden, doch viele Teile müssen präzise vermessen werden, um ihre Wiederverwendbarkeit bestimmen zu können. Ein Großteil der Arbeit besteht in der Kontrolle von Teilen und der Entscheidung, ob Teile aufgearbeitet oder ersetzt werden müssen.
8 Warten Sie stets, bis der Motor komplett zerlegt und alle Komponenten (besonders Zylinderblock/Motorgehäuse und Kurbelwelle) begutachtet wurden, bevor entschieden wird, welche Wartungs- und Reparaturarbeiten durchgeführt werden müssen. Der Zustand dieser Baugruppen ist der wesentliche Faktor, wenn es darum geht, ob der ursprüngliche Motor überholt oder ein aufgearbeitetes Triebwerk gekauft werden soll. Kaufen Sie daher noch keine Einzelteile und lassen sie noch nichts überholen, solange nicht alles sorgfältig inspiziert wurde. Generell bildet Zeit die größten Kosten einer Überholung, sodass es sich nicht lohnt, verschlissene oder grenzwertige Teile einzubauen.
9 Schließlich muss für ein möglichst langes Leben eines aufgearbeiteten Motors sichergestellt sein, dass alles mit größter Sorgfalt in einer lupenreinen Umgebung wieder zusammengebaut wird.
10 Während der Motor überholt wird, können auch andere Bauteile wie das Zündsystem (Benzinmotoren), die Einspritzanlage, der Anlasser oder die Lichtmaschine kontrolliert und überarbeitet werden.

3 Motor/Getriebe – Ausbaumethoden und Vorsichtsmaßnahmen

Warnung: Beim Aus- und Einbau eines Motors muss äußerst sorgfältig vorgegangen werden. Fahrlässiges Handeln kann zu schweren Verletzungen führen. Planen Sie gut voraus und nehmen Sie sich Zeit, dann werden Sie feststellen, dass auch eine solch umfangreiche Prozedur erfolgreich durchgeführt werden kann.

1 Wenn entschieden wurde, dass ein Motor für eine Überholung oder größere Reparatur ausgebaut werden soll, müssen einige einleitende Schritte durchgeführt werden:

2 Ein geeigneter Arbeitsplatz ist extrem wichtig. Es wird ausreichend Platz für Arbeiten und das Fahrzeug selbst benötigt. Falls keine Werkstatt oder ausreichend große Halle zur Verfügung steht, wird mindestens eine ebene und saubere Arbeitsfläche gebraucht.
3 Reinigen Sie vor Arbeitsbeginn den Motorraum und die Antriebseinheit, um Werkzeug sauber und gut organisiert zu halten.
4 Der Motor wird samt Getriebe nach unten abgesenkt; dazu muss das Fahrzeug ausreichend hoch angehoben und sicher abgestützt werden, um die Antriebseinheit nach unten befreien zu können. Ein Werkstattkran oder eine andere Vorrichtung zum Absenken des Motors ist zwingend notwendig. Die Ausrüstung muss dafür ausgelegt sein, den Motor samt Getriebe heben und tragen zu können. Angesichts der Gefahren beim Herausheben des Motors aus dem Fahrzeug ist Sicherheit der wichtigste Punkt.
5 Die Unterstützung eines Assistenten ist – besonders für Neulinge – unerlässlich. Abgesehen von Sicherheitsaspekten gibt es immer wieder Situationen, in denen eine Person nicht gleichzeitig alle erforderlichen Operationen durchführen kann.
6 Planen Sie alle Arbeiten weit voraus. Sorgen Sie vor Arbeitsbeginn dafür, dass alle erforderlichen Werkzeuge und Teile gekauft oder gemietet sind. Zu den Ausrüstungsgegenständen, die für einen sicheren und unkomplizierten Aus- und Einbau benötigt werden, gehören (neben einem Werkstattkran) ein ausreichend dimensionierter Rangierwagenheber, ein komplettes Set an Schraubenschlüsseln, ein Knarrenkasten, Holzblöcke, eine ausreichende Menge an Lappen und Lösungsmittel zum Aufwischen von Ölspritzern, Kühlmittel und Lösungsmittel. Falls der Kran gemietet wird, sollten alle Arbeiten, die ohne ihn möglich sind, bereits erledigt sein – das spart Zeit und Geld.
7 Planen Sie ein, dass das Auto längere Zeit nicht benutzt werden kann. Viele Arbeiten kann der Hobbyschrauber ohne Spezialausrüstungen nicht erledigen, sodass sie Fachwerkstätten überlassen werden müssen. Hier herrscht oft rege Betriebsamkeit, sodass es hilfreich sein kann, sie vor dem Ausbau des Motors zu konsultieren, damit Arbeiten in den Terminplan aufgenommen werden können und ein entsprechender Zeitrahmen aufgestellt werden kann.
8 Während des Ausbaus ist es ratsam, die Positionen aller Halterungen, Kabelbinder, Massepunkte usw. zu notieren; zudem sollten die Anschlüsse und Verlegungen aller Kabelbäume und anderen Leitungen am und um den Motor herum festgehalten werden. Ein effektiver Weg hierzu liegt im Anfertigen von zahlreichen Fotos von den verschiedenen Komponenten, bevor sie getrennt und/oder demontiert werden – moderne Digitaltechnik ersetzt oder ergänzt beim Einbau das fotografische Gedächtnis.
Anmerkung: *Aufgrund der vielfältigen Ausstattungsvarianten und Extras können die in den Sektionen 4 und 5 beschriebenen Prozeduren nur als Hinweise betrachtet werden – aber nicht als exakte Anleitung. Wo Unterschiede auftreten oder andere Komponenten getrennt oder demontiert werden müssen, sind hierzu Notizen anzufertigen, die beim Einbau hilfreich sein können.*

4 Benzinmotor – Ausbau, Trennen und Einbau

Anmerkung: *Der Motor kann nur zusammen mit dem Getriebe ausgebaut werden, um dann davon getrennt zu werden. Die Motor/Getriebe-Einheit wird nach unten abgesenkt und unter dem Fahrzeug herausgezogen – hierfür muss das Fahrzeug ausreichend (mindestens 70 cm) angehoben werden.*

Ausbau

1 Entfernen Sie die obere Motorabdeckung.
2 Machen Sie das Kraftstoffsystem drucklos (siehe Kapitel 4A, Sektion 2).
3 Demontieren Sie die Luftfilter-Baugruppe (siehe Kapitel 4A, Sektion 5).
4 Entfernen Sie die Batterie samt Träger (siehe Kapitel 5A, Sektion 4).
5 Demontieren Sie den rechten Scheinwerfer (siehe Kapitel 12, Sektion 7).
6 Ziehen Sie die Handbremse, heben Sie das Fahrzeug vorn an und stützen Sie es sicher ab (siehe Seite 390). Beachten Sie, dass das unter dem Fahrzeug mindestens 70 cm Platz bestehen muss, um die Motor/Getriebe-Einheit darunter herausziehen zu können.
7 Entfernen Sie den Keilrippenriemen (siehe Kapitel 1A, Sektion 21).
8 Entleeren Sie das Kühlsystem (siehe Kapitel 1A, Sektion 25).
9 Falls der Motor zerlegt werden soll, empfiehlt es sich jetzt, das Motoröl abzulassen (siehe Kapitel 1A, Sektion 6).
10 Lösen Sie am Plus-Anschluss die Mutter und trennen Sie das Batteriekabel.
11 Trennen Sie den Stecker des Rückfahrlicht-Schalters und die Massekabel an der linken Motor/Getriebe-Halterung sowie links am linken Fahrwerk. Befreien Sie die Kabel aus allen Befestigungen.
12 Halten Sie Lappen bereit und trennen Sie oben am Getriebe den Hydraulikschlauch der Kupplung, indem Sie den Bügel herausziehen (siehe Abbildung). Sichern Sie den Schlauch oben an der Spritzwand, um Flüssigkeitsverluste zu minimieren.

4.12 Hebeln Sie den Bügel heraus und trennen Sie den Kupplungsschlauch.

13 Trennen Sie den Motor-Kabelbaum von der Motorraum-Sicherungs-/Relaisbox (siehe Abbildung). Befreien Sie mit einem kleinen Schraubendreher die zwei Laschen und heben Sie die Box vorn an, trennen Sie die Kabelbaumstecker und entnehmen Sie die Box aus dem Motorraum.

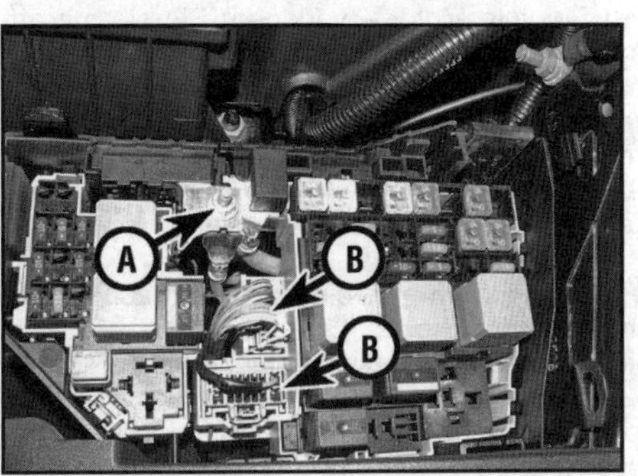

4.13 Lösen Sie die Mutter (A) und trennen Sie die Pluskabel, trennen Sie dann die zwei Kabelstecker (B).

14 Trennen Sie die Schalthebel-Seilzüge vom Getriebe (siehe Kapitel 7A, Sektion 3).
15 Hebeln Sie an den Heizungsschlauch-Schnellverschlüssen die Federclips hoch, um diese zu trennen (siehe Abbildung).

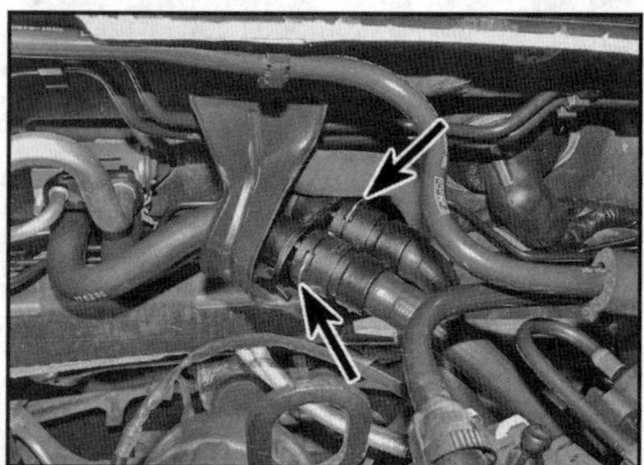

4.15 Hebeln Sie die Clips hoch und trennen Sie die Heizungsschlauch-Schnellverschlüsse.

16 Ziehen Sie den unteren Kühlerschlauch sowie den Ausgleichsbehälter-Schlauch links vom Zylinderkopf ab.
17 Trennen Sie links am Motor den Stecker und den Schlauch vom Aktivkohlebehälter-Absaugventil.
18 Trennen Sie vorn am Motor den Schnellverschluss des Kraftstoff-Zulaufschlauchs.
19 Befreien Sie den Aktivkohlebehälter-Schlauch und den Kraftstoff-Zulaufschlauch aus den Befestigungen vorn und seitlich am Zylinderkopf und verlagern Sie sie beiseite.
20 Trennen Sie die zwei Lambdasondenstecker (siehe Abbildung).

4.20 Lambdasondenstecker

21 Trennen Sie den Stecker des Kühlerventilators.
22 Befreien Sie den Kühlerschlauch vom Ausgleichsbehälter und den oberen Schlauch vom Kühler.
23 Trennen Sie den Bremskraftverstärker-Unterdruckschlauch vom Einlassstutzen.
24 Trennen Sie an der Servolenkungspumpe den Stecker des Druckschalters, lösen Sie die drei Schrauben der Pumpe und befreien Sie vom Motor – verlagern Sie sie mit angeschlossenem Schlauch abseits des Motors und sichern Sie sie dort mit Kabelbindern oder ähnlichem.
25 Demontieren Sie beide Antriebswellen (siehe Kapitel 8).
26 Demontieren Sie den vorderen Hilfsrahmen (siehe Kapitel 10, Sektion 7).
27 Demontieren Sie den Auspuffstutzen (siehe Kapitel 4A, Sektion 11).
28 Lösen Sie hinten am Kühler die zwei Schrauben des Hitzeschilds und entfernen Sie es.
29 Trennen Sie den Stecker des Klimaanlagen-Kompressors. Lösen Sie die drei Schrauben, die den Kompressor am Motor sichern, und sichern Sie ihn mit angeschlossenen Kältemittelschläuchen beiseite.
30 Trennen Sie die drei Stecker des Motorsteuergeräts (PCM) – siehe Kapitel 4A, Sektion 10.
31 Lösen Sie am Stehbolzen unter der rechten Motorhalterung die Mutter der Klimaanlagen-Kälterohrhalterung.
32 Prüfen Sie noch einmal, ob alle Rohre, Schläuche, Kabel usw. getrennt sind und abseits des Arbeitsbereichs verlagert wurden. Die Antriebseinheit darf nur noch an der rechten und linken Halterung hängen.
33 Befestigen Sie die Motor/Getriebe-Einheit an einer geeigneten Hebevorrichtung (Werkstattkran) und heben Sie sie soweit an, dass die beiden Motorhalterungen entlastet sind. Hierbei ist ein Assistent hilfreich, der den Kran bedient oder den Motor führen kann.
34 Lösen Sie beim sicher entlasteten Motor oben am Getriebe die zentrale Schraube aus der linken Motorhalterung.
35 Lösen Sie dann die zwei Muttern und zwei Schrauben der rechten Motorhalterung.
36 Senken Sie mithilfe eines Assistenten die Motor/Getriebe-Einheit vorsichtig auf den Boden ab – beschädigen Sie dabei nicht die umliegenden Komponenten im Motorraum. Wenn die Möglichkeit besteht, die Antriebseinheit auf einem Rangierwagenheber oder einem Rollbrett abzusetzen, kann sie damit unter dem Fahrzeug herausgezogen werden.

Trennen

37 Um das Getriebe vom Motorblock trennen zu können, muss zunächst der Anlasser demontiert werden (siehe Kapitel 5A, Sektion 8).
38 Lösen Sie die Schrauben, die das Getriebe mit dem Motor verbinden – beachten Sie dabei alle ebenfalls mit ihnen gesicherten Halterungen.
39 Ziehen Sie das Getriebe mithilfe des Assistenten vom Motor ab – belasten Sie dabei nicht die Eingangswelle.

Einbau

40 Stellen Sie sicher, dass die Kupplung korrekt zentriert ist und die Ausrück-Komponenten in der Kupplungsglocke sitzen. Die Getriebeeingangswelle, die Führungshülse oder das Ausrücklager dürfen keinesfalls mit Fett geschmiert werden – sie sind mit einer reibungsmindernden Beschichtung versehen.
41 Manövrieren Sie das Getriebe mit der Eingangswelle senkrecht in die Kupplung und drücken Sie sein Gehäuse über die Passhülsen des Motorgehäuses. Installieren Sie die Verbindungsschrauben und ziehen Sie sie mit 48 Nm an. Montieren Sie den Anlasser.
42 Der Rest des Einbaus entspricht der umgekehrten Ausbaureihenfolge – beachten Sie dabei folgende Punkte:
a) Alle Dichtflächen müssen sauber und ggf. mit neuen Dichtungen ausgerüstet sein.
b) Ziehen Sie alle Befestigungen ggf. mit den in den technischen Daten angegebenen Drehmomenten an.
c) Kontrollieren und justieren Sie die Schalthebel-Seilzüge (siehe Kapitel 7A, Sektion 3).
d) Füllen Sie ggf. das Getriebe mit Öl auf (siehe Kapitel 1A, Sektion 23).
e) Füllen Sie die Kupplungshydraulik auf und entlüften Sie sie (siehe Kapitel 6, Sektion 5).
f) Füllen Sie Kühlmittel und Motoröl auf (siehe Kapitel 1A).

5 Dieselmotor – Ausbau, Trennen und Einbau

Warnung: Die Einspritzanlage arbeitet mit extrem hohen Drücken. Warten Sie nach dem Abschalten des Motors mindestens eine Minute, bevor mit der Arbeit an Einspritzanlagen-Komponenten begonnen wird.

Anmerkung: *Der Motor kann nur zusammen mit dem Getriebe ausgebaut werden, um dann davon getrennt zu werden. Die Motor/Getriebe-Einheit wird nach unten abgesenkt und unter dem Fahrzeug herausgezogen – hierfür muss das Fahrzeug ausreichend (mindestens 70 cm) angehoben werden.*

Ausbau

1 Entfernen Sie die obere Motorabdeckung.
2 Demontieren Sie die Luftfilter-Baugruppe (siehe Kapitel 4A, Sektion 5).
3 Entfernen Sie die Batterie samt Träger (siehe Kapitel 5A, Sektion 4).
4 Demontieren Sie den rechten Scheinwerfer (siehe Kapitel 12, Sektion 7).
5 Ziehen Sie die Handbremse, heben Sie das Fahrzeug vorn an und stützen Sie es sicher ab (siehe Seite 390). Beachten Sie, dass das unter dem Fahrzeug mindestens 70 cm Platz bestehen muss, um die Motor/Getriebe-Einheit darunter herausziehen zu können.
6 Lösen Sie die Befestigungen des Unterfahrschutzes und entfernen Sie diesen.
7 Entfernen Sie den Keilrippenriemen (siehe Kapitel 1B, Sektion 23).
8 Entleeren Sie das Kühlsystem (siehe Kapitel 1B, Sektion 28).
9 Falls der Motor zerlegt werden soll, empfiehlt es sich jetzt, das Motoröl abzulassen (siehe Kapitel 1B, Sektion 6).
10 Lockern Sie die Schellen des unter dem Motor verlegten Ladeluftrohrs, entfernen Sie seine Schraube aus der Ölwanne (siehe Abbildung) und entnehmen Sie das Rohr.

5.10 Ladeluftrohr-Befestigungsschraube

11 Lösen Sie am Plus-Anschluss die Mutter und trennen Sie das Batteriekabel.
12 Trennen Sie den Stecker des Rückfahrlicht-Schalters und die Massekabel an der linken Motor/Getriebe-Halterung sowie links am linken Fahrwerk. Befreien Sie die Kabel aus allen Befestigungen.
13 Trennen Sie beim Automatikgetriebe den Stecker vom Steuergerät und befreien Sie die Verkabelung aus allen Befestigungen.
14 Halten Sie beim Schaltgetriebe Lappen bereit und trennen Sie oben am Getriebe den Hydraulikschlauch der Kupplung, indem Sie den Bügel herausziehen (Abb. 4.12). Sichern Sie den Schlauch oben an der Spritzwand, um Flüssigkeitsverluste zu minimieren.
15 Trennen Sie den Motor-Kabelbaum von der Motorraum-Sicherungs-/Relaisbox (Abb. 4.13). Befreien Sie mit einem kleinen Schraubendreher die zwei Laschen und heben Sie die Box vorn an, trennen Sie die Kabelbaumstecker und entnehmen Sie die Box aus dem Motorraum.
16 Trennen Sie alle Schalthebel-Seilzüge vom Getriebe (siehe Kapitel 7A, Sektion 3 oder Kapitel 7B, Sektion 4).
17 Trennen Sie beide Kühlerschläuche, den Ausgleichsbehälterschlauch, die Heizungsschläuche und den AGR-Kühlerschlauch.
18 Drücken Sie beim Automatikgetriebe die Laschen der Kühlerrohr-Schnellverschlüsse ein und ziehen Sie diese von den Ölkühlerstutzen – seien Sie auf etwas austretendes Öl vorbereitet.
19 Trennen Sie die Schnellverschlüsse der Kraftstoffzulauf- und -Rücklaufleitung rechts am Motor. Bedecken oder verstopfen Sie getrennte Anschlüsse und befreien Sie die Leitungen aus allen Befestigungen.
20 Trennen Sie den Stecker des Kühlerventilators.
21 Trennen Sie den Bremskraftverstärker-Unterdruckschlauch von der Unterdruckpumpe.
22 Lösen Sie die Schrauben der Servolenkungspumpe und befreien Sie vom Motor – verlagern Sie sie mit angeschlossenem Schlauch abseits des Motors und sichern Sie sie dort mit Kabelbindern oder ähnlichem.
23 Demontieren Sie beide Antriebswellen (siehe Kapitel 8).
24 Demontieren Sie den vorderen Hilfsrahmen (siehe Kapitel 10, Sektion 7).
25 Demontieren Sie den Katalysator (siehe Kapitel 4B, Sektion 18).
26 Trennen Sie den Stecker des Klimaanlagen-Kompressors. Lösen Sie die drei Schrauben, die den Kompressor am Motor sichern, und sichern Sie ihn mit angeschlossenen Kältemittelschläuchen beiseite.
27 Trennen Sie die drei Stecker des Motorsteuergeräts (PCM) – siehe Kapitel 4B, Sektion 12.
28 Prüfen Sie noch einmal, ob alle Rohre, Schläuche, Kabel usw. getrennt sind und abseits des Arbeitsbereichs verlagert wurden. Die Antriebseinheit darf nur noch an der rechten und linken Halterung hängen.
29 Befestigen Sie die Motor/Getriebe-Einheit an einer geeigneten Hebevorrichtung (Werkstattkran) und heben Sie sie soweit an, dass die beiden Motorhalterungen entlastet sind. Hierbei ist ein Assistent hilfreich, der den Kran bedient oder den Motor führen kann.
30 Lösen Sie beim sicher entlasteten Motor die Muttern und Schrauben der linken Motorhalterung und entfernen Sie diese.
31 Lösen Sie dann die zwei Muttern und zwei Schrauben der rechten Motorhalterung.
32 Senken Sie mithilfe eines Assistenten die Motor/Getriebe-Einheit vorsichtig auf den Boden ab – beschädigen Sie dabei nicht die umliegenden Komponenten im Motorraum. Wenn die Möglichkeit besteht, die Antriebseinheit auf einem Rangierwagenheber oder einem Rollbrett abzusetzen, kann sie damit unter dem Fahrzeug herausgezogen werden.

Trennen

33 Um das Getriebe vom Motorblock trennen zu können, muss zunächst der Anlasser demontiert werden (siehe Kapitel 5A, Sektion 8).

Schaltgetriebe

34 Lösen Sie die Schrauben, die das Getriebe mit dem Motor verbinden – beachten Sie dabei alle ebenfalls mit ihnen gesicherten Halterungen.
35 Ziehen Sie das Getriebe mithilfe des Assistenten vom Motor ab – belasten Sie dabei nicht die Eingangswelle.

Automatikgetriebe

36 Entfernen Sie den Inspektionsdeckel oberhalb der Anlasser-Öffnung.
37 Drehen Sie die Kurbelwelle mithilfe eines am Riemenscheibenbolzen angesetzten Schlüssels, bis in der Öffnung hinten am Motor eine der Befestigungen des Drehmomentwandlers zur Antriebsplatte zugänglich ist. Lösen Sie diese Schraube. Drehen Sie die Kurbelwelle weiter, bis die fünf anderen Schrauben auf die gleiche Weise entfernt werden können – alle Schrauben müssen später durch Neuteile ersetzt werden.

38 Lösen Sie die Schrauben, die das Getriebe mit dem Motor verbinden.
39 Ziehen Sie das Getriebe mithilfe des Assistenten vom Motor ab – der Drehmomentwandler muss dabei am Getriebe verbleiben – halten Sie ihn durch die Inspektionsöffnung im Getriebegehäuse in Position.

Einbau

Schaltgetriebe

40 Stellen Sie sicher, dass die Kupplung korrekt zentriert ist und die Ausrück-Komponenten in der Kupplungsglocke sitzen. Die Getriebeeingangswelle, die Führungshülse oder das Ausrücklager dürfen keinesfalls mit Fett geschmiert werden – sie sind mit einer reibungsmindernden Beschichtung versehen.
41 Manövrieren Sie das Getriebe mit der Eingangswelle senkrecht in die Kupplung und drücken Sie sein Gehäuse über die Passhülsen des Motorgehäuses. Installieren Sie die Verbindungsschrauben und ziehen Sie sie über Kreuz mit 48 Nm an. Montieren Sie den Anlasser.

Automatikgetriebe

42 Reinigen Sie die Kontaktflächen des Drehmomentwandlers und der Antriebsplatte sowie die Dichtflächen des Getriebes und des Motorgehäuses. Schmieren Sie den Führungszapfen des Drehmomentwandlers und die Passhülsen des Motorgehäuses dünn mit Fett ein.
43 Manövrieren Sie das Getriebe senkrecht über die Passhülsen des Motorgehäuses. Installieren Sie die Verbindungsschrauben und ziehen sie über Kreuz mit 48 Nm an.
44 Verbinden Sie den Drehmomentwandler mithilfe neuer Schrauben mit der Antriebsplatte. Drehen Sie dazu die Kurbelwelle wie beim Ausbau und drehen Sie den Wandler durch die Inspektionsöffnung. Installieren Sie alle Schrauben zunächst handfest und ziehen Sie dann in zwei weiteren Durchgängen zunächst mit 20 und dann mit 66 Nm an. Montieren Sie den Anlasser.

Alle Getriebe

45 Der Rest des Einbaus entspricht der umgekehrten Ausbaureihenfolge – beachten Sie dabei folgende Punkte:
a) Alle Dichtflächen müssen sauber und ggf. mit neuen Dichtungen ausgerüstet sein.
b) Ziehen Sie alle Befestigungen ggf. mit den in den technischen Daten angegebenen Drehmomenten an.
c) Kontrollieren und justieren Sie beim Schaltgetriebe die Schalthebel-Seilzüge (siehe Kapitel 7A, Sektion 3).
d) Kontrollieren und justieren Sie beim Automatikgetriebe den Wahlhebel-Seilzug (siehe Kapitel 7B, Sektion 4).
e) Füllen Sie ggf. das Getriebe mit Öl auf (siehe Kapitel 1B, Sektion 26 bzw. Kapitel 7B, Sektion 2).
f) Füllen Sie ggf. die Kupplungshydraulik auf und entlüften Sie sie (siehe Kapitel 6, Sektion 5).
g) Füllen Sie Kühlmittel und Motoröl auf (siehe Kapitel 1B).

6 Motorüberholung – Zerlegungsreihenfolge

Anmerkung: *Bei Benzinmotoren sind die Kurbelwelle, die Pleuel und die Kolben nicht als separate Ersatzteile gelistet, sondern nur samt Motorgehäuse als Austauschmotor erhältlich. Weitere Informationen sind beim Ford-Händler oder Motorenspezialisten erhältlich.*
1 Das Zerlegen und die Arbeit am Motor wird deutlich einfacher, wenn dieser an einem transportablen Motorständer befestigt ist. Damit er daran befestigt werden kann, muss die Schwungscheibe oder ggf. die Antriebsplatte entfernt werden (siehe Kapitel 2a oder B, Sektion 15).
2 Falls kein Motorständer zur Hand ist, kann der Motor auf einer ausreichend stabilen Werkbank oder dem Boden zerlegt werden – lassen Sie ihn dabei nicht umkippen oder gar herunterfallen.
3 Falls ein Austauschmotor beschafft werden soll, müssen zunächst – wie bei einer selbst durchgeführten Überholung – sämtliche externen Komponenten vom vorhandenen Motor demontiert werden, um sie mit dem »neuen« Triebwerk zu verbinden. **Anmerkung:** *Bei der Demontage der externen Komponenten vom Motor müssen alle Details genau beachtet werden, die für den Einbau hilfreich und wichtig sein können. Achten Sie auf die Einbaupositionen von Dichtungen, Dichtringen, Scheiben, Schrauben und anderer Kleinteile.*
Je nach Motortyp gehören hierzu:
Benzinmotoren
a) Zündsystem-Komponenten inkl. Zündspulen, Zündkerzen und Verkabelung
b) Alle elektrischen Schalter und Sensoren
c) Thermostatgehäuse
d) Kraftstoffsystem-Komponenten
e) Einlass- und Auspuffstutzen
f) Ölfilter
g) Motorhalterungen und Hebeösen
h) Nebenaggregat-Halterungen
i) Öleinfüll- und Peilstab-Rohre
j) Kühlerrohre und -Schläuche
k) Schwungscheibe
Dieselmotoren
a) Alle elektrischen Schalter und Sensoren
b) Kraftstoffsystem-Komponenten und Glühkerzen
c) Thermostatgehäuse
d) Einlass- und Auspuffstutzen
e) Ölfilter
f) Motorhalterungen und Hebeösen, Schlauch- und Kabel-Halterungen
g) Nebenaggregat-Halterungen
h) Kabelbaum samt Halterungen
i) Kühlerrohre und -Schläuche
j) Öleinfüll- und Peilstab-Rohre
k) Schwungscheibe/Antriebsplatte
4 Falls Sie als Ersatz einen Rumpfmotor (Motorgehäuse mit Zylindern, Kolben, Pleuel und Kurbelwelle) beschafft haben, müssen auch die Ölwanne, die Ölpumpe, der Zylinderkopf und der Nockenwellenantrieb umgebaut werden.
5 Falls eine Komplettüberholung geplant ist – nur bei Dieselmotoren möglich –, kann der Motor zerlegt werden; dabei sind die noch vorhandenen Komponenten in der folgenden Reihenfolge auszubauen – beachten Sie ggf. die Hinweise in Kapitel 2B:
a) Externe Motor-Komponenten (einschließlich Einlass- und Auspuffstutzen)
b) Zahnriemen und Riemenräder
c) Zylinderkopf
d) Schwungscheibe/Antriebsplatte
e) Ölwanne
f) Ölpumpe
g) Kolben samt Pleuelstangen
h) Kurbelwelle und Hauptlager
6 Bevor mit dem Zerlegen und Überholen begonnen wird, muss dafür gesorgt werden, dass alle erforderlichen Werkzeuge vorhanden sind – beachten Sie hierzu die Hinweise auf den Seiten 390 ff.

7 Zylinderkopf – Zerlegen

Anmerkung: *Beim Ford-Händler oder Fachbetrieben und -Händlern sind neue oder überholte Zylinderköpfe zu be-*

kommen. Zum Zerlegen und Begutachten des vorhandenen Zylinderkopfes werden Spezialwerkzeuge und präzise Messinstrumente benötigt, zudem müssen diverse Einzelteile beschafft werden. Es kann daher für den Hobbymechaniker praktischer und wirtschaftlicher sein, einen überholten Zylinderkopf zu kaufen, als das Originalteil zu zerlegen, zu kontrollieren und zu vermessen und mit neuen Ersatzteilen auszurüsten. Zum Zerlegen des Zylinderkopfes wird eine Ventilfederpresse benötigt.

1 Demontieren Sie den Zylinderkopf (siehe Kapitel 2a oder B) und reinigen Sie ihn äußerlich.

2 Falls noch nicht geschehen, müssen die Einlass- und Auspuffstutzen demontiert werden (siehe Kapitel 4A, Sektion 11 oder Kapitel 4B, Sektion 17). Demontieren Sie auch alle externen Halterungen, Anschlüsse, Stutzen Rohre, Sensoren und Aufnahmen.

3 Fahren Sie je nach Motortyp wie folgt fort:

Benzinmotoren

4 Klopfen Sie leicht mit einem Hammer und einem Treibdorn auf die Ventilschäfte, um ihre Federn und anderen Teile zu lockern.

5 Um ein Ventil ausbauen zu können, muss eine Ventilfederpresse senkrecht zwischen Federteller und Ventilteller angesetzt werden (siehe Abbildung). Komprimieren Sie die Feder, bis der Druck des Federtellers auf die Keile nachlässt. Befreien Sie die Keile aus den Nuten des Ventilschafts – hierzu kann ein kleiner Schraubendreher, ein Magnet oder eine Spitzzange benutzt werden. Entspannen Sie die Ventilfeder langsam wieder und entfernen Sie die Ventilfederpresse.

7.5 Die Ventilfederpresse muss senkrecht zum Ventil positioniert werden.

6 Entnehmen Sie den Federteller und die Feder (siehe Abbildung). Ziehen Sie das Ventil durch den Brennraum heraus.

7.6 Entnehmen Sie den Federteller und die Feder.

7 Ziehen Sie anschließend mit einer Zange vorsichtig die Ventilschaftdichtung von der Ventilführung und entfernen Sie den Federsitz. (siehe Abbildung).

7.7 Befreien Sie die Ventilschaftdichtung – ggf. mit einem solchen Spezialwerkzeug – von der Ventilführung.

8 Solange die Bauteile nicht allzu sehr verschlissen sind, sodass sie nicht wiederverwendet werden können, muss jedes Ventil zusammen mit seinem Federteller, seinen Keilen, der Feder und deren Sitz so abgelegt werden, dass später alles wieder an seinen ursprünglichen Platz gelangt. Packen Sie die Teile dazu in markierte Tüten (siehe Abbildung) oder z. B. einen Eierkarton. **Anmerkung**: *Wie bei der Zylindernummerierung sind die Ventile des Benzinmotors von der Steuerkettenseite aus (rechts) nummeriert. Markieren Sie die Ventile entsprechend ihrer Positionen im Einlass- oder Auslassbereich.*

7.8 Packen Sie jedes Ventil zusammen mit seinem Federteller, seinen Keilen, der Feder und deren Sitz in einen markierten Beutel oder Behälter.

9 Wiederholen Sie die Prozedur mit den anderen Ventilen und achten Sie darauf, dass nichts durcheinander gerät.

Dieselmotoren

10 Entfernen Sie die Steuerkettenführung aus dem Zylinderkopf (siehe Abbildung).

7.10 Entnehmen Sie die Steuerkettenführung.

11 Klopfen Sie leicht mit einem Hammer und einem Treibdorn auf die Ventilschäfte, um ihre Federn und anderen Teile zu lockern.

12 Um ein Ventil ausbauen zu können, muss eine Ventilfederpresse senkrecht zwischen Federteller und Ventilteller angesetzt werden. Komprimieren Sie die Feder, bis der Druck des Federtellers auf die Keile nachlässt. Befreien Sie die Keile aus den Nuten des Ventilschafts – hierzu kann ein kleiner Schraubendreher, ein Magnet oder eine Spitzzange benutzt werden. Entspannen Sie die Ventilfeder langsam wieder und entfernen Sie die Ventilfederpresse. Heben Sie den Federteller und die Feder heraus (siehe Abbildungen). Ziehen Sie das Ventil durch den Brennraum heraus.

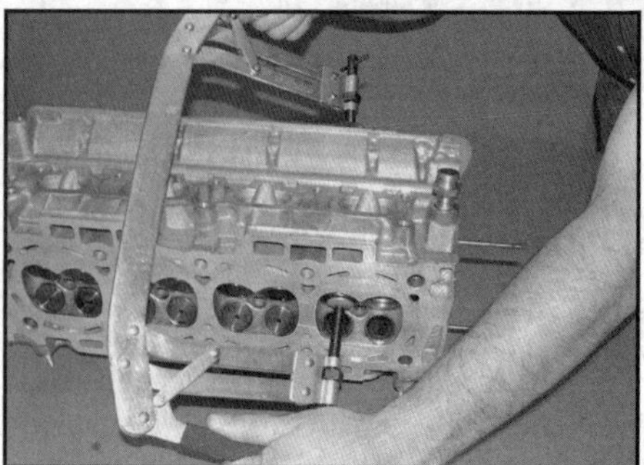

7.12a Komprimieren Sie die Ventilfeder mit der Presse ...

7.12b ... und befreien Sie die Keile. Entspannen Sie die Presse wieder.

7.12c Entfernen Sie den Federteller ...

7.12d ... und die Feder.

13 Befreien Sie anschließend die Ventilschaftdichtung von der Ventilführung; diese bildet auch den Federsitz und sitzt tief im Zylinderkopf. Weil sie fest auf der Führung sitzt, lässt sie sich mit einer Zange oder einem konventionellen Ventilschaftdichtungs-Ausbauwerkzeug nur schwierig entfernen. Stattdessen können eine normale und eine selbstsichernde Mutter auf eine Schraube gedreht und so gegeneinander verkontert werden, dass die selbstsichernde Mutter möglichst weit übersteht. Drücken Sie die Mutter über die Schaftdichtung, sodass sie mit dem Nylon-Einsatz gegriffen wird und herausgezogen werden kann (siehe Abbildung).

7.13 Befreien Sie die Ventilschaftdichtung mit dem beschriebenen selbstgebauten Werkzeug.

14 Solange die Bauteile nicht allzu sehr verschlissen sind, sodass sie nicht wiederverwendet werden können, muss jedes Ventil zusammen mit seinem Federteller, seinen Keilen, der Feder und deren Sitz so abgelegt werden, dass später alles wieder an seinen ursprünglichen Platz gelangt. Packen Sie die Teile dazu in markierte Tüten (Abb. 7.8) oder z. B. einen Eierkarton. **Anmerkung**: *Wie bei der Zylindernummerierung sind die Ventile des Dieselmotors von der Getriebeseite aus (links) nummeriert. Markieren Sie die Ventile entsprechend ihrer Positionen im Einlass- oder Auslassbereich.*
15 Wiederholen Sie die Prozedur mit den anderen Ventilen und achten Sie darauf, dass nichts durcheinander gerät.

8 Zylinderkopf und Ventile – Reinigung, Kontrolle und Überholung

1 Reinigen Sie den Zylinderkopf und die Ventil-Komponenten sorgfältig, um anschließend eine detaillierte Inspektion durchzuführen. So können Entscheidungen getroffen werden, ob vor dem Zusammenbau der Komponenten weitere Arbeiten notwendig sind.

Reinigung

2 Schaben Sie altes Dichtungsmaterial vom Zylinderkopf – achten Sie darauf, nicht die relativ weiche Dichtfläche zu beschädigen
3 Schaben Sie Kohleablagerungen aus den Brennräumen und Kanälen, waschen Sie den Zylinderkopf dann mit Petroleum oder geeignetem Lösungsmittel.
4 Kratzen Sie alle Kohleablagerungen von den Ventilen. Reinigen Sie Ventilteller und Schaft anschließend mit einem Drahtbürstenaufsatz für die Bohrmaschine.
5 Falls der Zylinderkopf sehr stark verschmutzt ist, sollte er mit einem Dampfstrahler gereinigt werden. Achten Sie darauf, dass alle Ölbohrungen sauber und frei sind. Blasen Sie alles mit Druckluft trocken. **Achtung:** *Tragen Sie beim Einsatz von Druckluft eine Schutzbrille!*

Kontrolle und Überholung

Anmerkung: *Führen Sie die folgenden Kontrollen durch, bevor der Zylinderkopf zum Überholen an eine Fachwerkstatt weitergereicht wird. Erstellen Sie eine Liste mit allen Punkten, die Aufmerksamkeit erfordern.*

Zylinderkopf

6 Inspizieren Sie den Zylinderkopf sorgfältig auf Risse (ausgetretenes Kühlmittel) und andere Beschädigungen. Wenn Risse festgestellt werden, muss der Zylinderkopf ausgetauscht werden.
7 Mithilfe eines Präzisions-Richtwinkels und einer Fühlerlehre wird geprüft, ob die Dichtfläche des Zylinderkopfs verzogen ist (siehe Abbildung); anhand der Angaben in den technischen Daten kann ermittelt werden, ob der Zylinderkopf erneuert werden muss oder die Dichtfläche eventuell geplant werden kann.

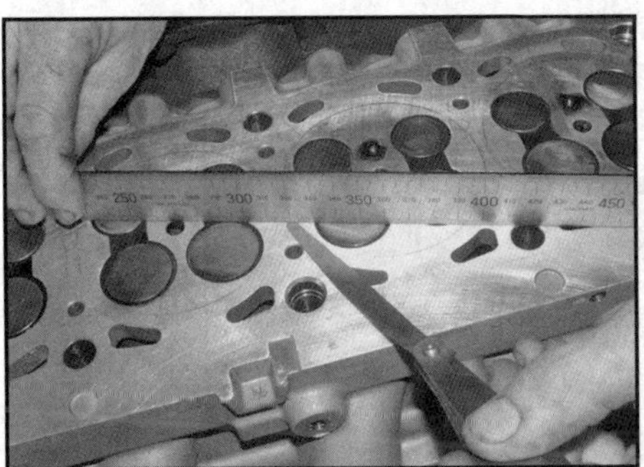

8.7 Kontrollieren Sie den Verzug des Zylinderkopfs.

8 Begutachten Sie die Ventilsitze im Brennraum. Falls sie Ausbrüche, Risse oder Verbrennungen zeigen, müssen sie nachgeschnitten oder ausgetauscht werden – diese notwendige Arbeit übersteigt die Möglichkeiten eines Hobbyschraubers. Wenn sie nur leicht erodiert sind, kann dies durch Einschleifen beseitigt werden (siehe unten). Falls die Ventilsitze nachgeschnitten werden müssen, darf dies erst **nach** dem Austausch der Ventilführungen geschehen.
9 Wenn die Ventilführungen verschlissen sind, lässt sich das Ventil seitlich darin bewegen und es müssen Übermaß-Ventilführungen beschafft werden, zudem sind Ventile mit Übermaß-Ventilschäften erhältlich. Der Austausch der Führungen sollte einer Fachwerkstatt überlassen werden.
10 Inspizieren Sie die Stößelbohrungen im Zylinderkopf auf Verschleiß – falls welcher festgestellt wird, muss der Zylinderkopf erneuert werden.
11 Kontrollieren Sie die Nockenwellen-Lagerflächen im Zylinderkopf (siehe Kapitel 2A, Sektion 9 oder Kapitel 2B, Sektion 7).

Ventile

12 Inspizieren Sie sorgfältig den Ventilteller auf Risse, Löcher sowie verbrannte Stellen. Drehen Sie das Ventil und prüfen Sie dabei, ob es verzogen sein könnte. Kontrollieren Sie das Ende des Ventilschafts und die Keilnuten auf Ausbrüche und übermäßigen Verschleiß. Schadhafte Ventile müssen ersetzt werden.
13 Wenn die Ventile bis hierher gut aussehen, wird der Schaftdurchmesser an mehreren Stellen mit einer Mikrometerschraube ermittelt (siehe Abbildung). Jede Differenz zwischen den Messungen weist auf Verschleiß am Schaft hin, sodass das Ventil ersetzt werden muss.

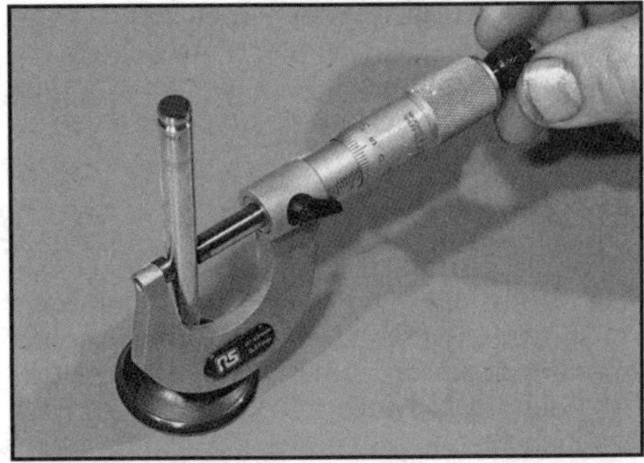

8.13 Ermitteln des Ventilschaft-Durchmessers mithilfe einer Mikrometerschraube an mehreren Stellen.

14 Sind die Ventile in einem zufriedenstellenden Zustand oder sollen neue Ventile installiert werden, müssen sie in ihren jeweiligen Sitzen geschliffen (»geläppt«) werden, um Dichtigkeit zu garantieren.
15 Das Läppen der Ventile wird wie folgt ausgeführt: Legen Sie den Zylinderkopf verkehrt herum auf die Werkbank – unterlegen Sie ihn mit Hölzern, um Platz für die Ventilschäfte zu erhalten. Schützen Sie ggf. die Nockenwellen-Lagerflächen.
16 Geben Sie etwas von der groben Schleifpaste auf die Ventildichtfläche sowie etwas von einem Gemisch aus Molybdänfett und Motoröl an den Ventilschaft und stecken Sie das Ventil in die Führung. Befestigen Sie einen Ventildreher am Ventil und drehen sie ihn zwischen den Handflächen. Hin- und herdrehen ist dem Drehen in eine Richtung vorzuziehen. Heben Sie das Ventil gelegentlich an, um die Schleifpaste neu zu verteilen (siehe Abbildung).

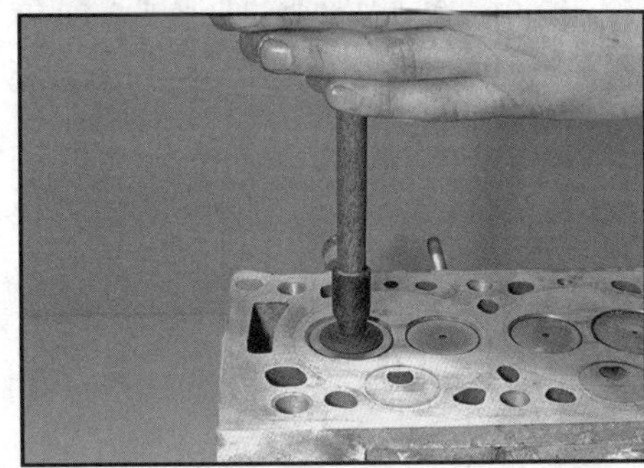

8.16 »Läppen« eines Ventils

17 Wenn am Ventilsitz und am Ventilteller eine trübe, matte und gleichmäßige Oberfläche entstanden ist, wird die Schleifpaste abgewischt und der Prozess mit der Feinschleifpaste wiederholt.
18 Sobald ein gleichmäßiger und ununterbrochener matt hellgrauer Ring am Ventilsitz und am Ventil entstanden ist, wird das Läppen beendet – schleifen Sie die Ventile nicht weiter als nötig ein, da sonst der Sitz vorzeitig in den Zylinderkopf gedrückt werden kann. Reinigen Sie anschließend das Ventil und seine Führung sorgfältig mit Lösungsmittel. Blasen Sie alle Kanäle mit Druckluft aus – vor der Montage müssen alle Schleifmittelreste entfernt sein.

Ventil-Komponenten

19 Begutachten Sie die Ventilfedern auf Beschädigungen und Verfärbung – ersetzen Sie sie bei jedem Zweifel.
20 Vergleichen Sie möglichst die freie Länge der vorhandenen Federn mit Neuteilen. Stellen Sie die Federn auf eine ebene Fläche und prüfen Sie sie auf Verzug. Falls eine Feder deutlich kürzer ist oder schräg steht, müssen alle Federn als Set ausgetauscht werden. Federn ermüden mit der Zeit und

es kann nicht schaden, sie nach einer hohen Laufleistung generell auszutauschen.

21 Die Ventilschaftdichtungen müssen ungeachtet ihres Zustands nach jedem Ausbau durch Neuteile ersetzt werden.

Schlepphebel-Komponenten

22 Überprüfen Sie die Kontaktflächen der Schlepphebel (mit denen sie die Hydrostößel und Ventilschäfte berühren) auf Verschleiß, Ausbrüche, Riefen oder andere Hinweise auf Verschleiß an den Härteschichten. Kontrollieren Sie ebenfalls die Rollen, auf die die Nockenwellen wirken. Ersetzen Sie schadhafte Schlepphebel.

Hydrostößel

23 Kontrollieren Sie die Stößel auf sichtbaren Verschleiß an den Gleitflächen. Begutachten Sie die Ölbohrungen auf Verstopfungen und Ablagerungen. Falls übermäßiger Verschleiß festgestellt wird oder ein Stößel bei laufendem Motor Geräusche verursacht hat, sollten alle Stößel als Set ausgetauscht werden.

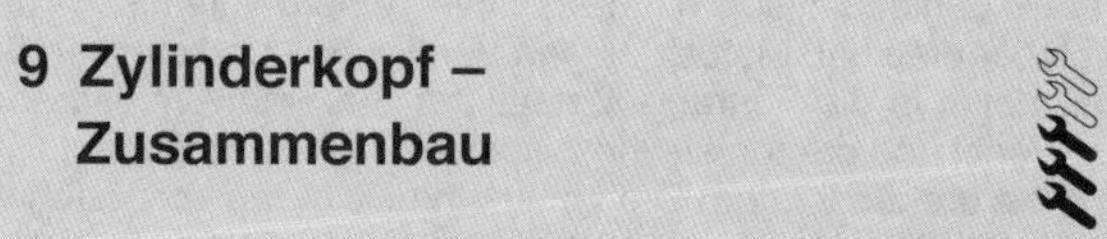

9 Zylinderkopf – Zusammenbau

1 Installieren Sie beim Benzinmotor den Federsitz. Tauchen Sie bei allen Motoren die neuen Ventilschaftdichtungen in Motoröl, setzen Sie sie über die Ventilführung und drücken Sie sie mit einem geeigneten Steckschlüssel fest auf, bis sie einrastet (siehe Abbildungen).

9.1a Legen Sie beim Benzinmotor den Federsitz über die Ventilführung.

9.1b Setzen Sie die Ventilschaftdichtung auf die Führung – gezeigt am Dieselmotor mit integriertem Federsitz.

9.1c Pressen Sie die Ventilschaftdichtung fest auf die Führung.

2 Ölen Sie den Schaft des ersten Ventils und schieben Sie es in seine Führung (siehe Abbildung). Falls neue Ventile installiert werden, müssen sie dort installiert werden, wo sie eingeschliffen wurden.

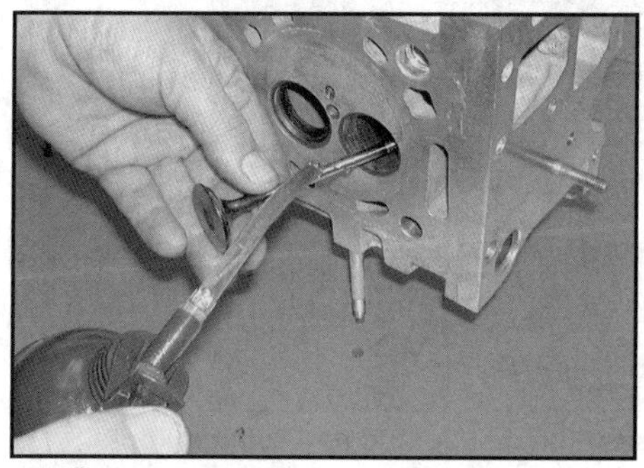

9.2 Ölen Sie den Ventilschaft und schieben Sie das Ventil ein.

3 Installieren Sie die Ventilfeder über das Ventil und legen Sie den Federteller auf.

4 Komprimieren Sie die Feder mit der Ventilfederpresse, bis der Federteller unter der Keilnut liegt. Installieren Sie die Keile mit der schmalen Seite nach unten in ihre Nut im Ventilschaft und »kleben« Sie sie dort mit etwas Fett an (siehe Praxis-Tipp).

Versehen Sie die Keile mit etwas Fett, um sie in die Nut des Ventilschafts »kleben« zu können.

5 Entlasten Sie die Presse vorsichtig und prüfen Sie, ob die Keile in der Nut verbleiben. Sobald die Ventilfederpresse vollständig gelöst ist, sollte der Ventilschaft einen sanften Schlag mit einem weichen Hammer erhalten, damit sich die Komponenten setzen.

6 Wiederholen Sie die Prozedur mit den anderen Ventilen – achten Sie auf ihre originalen Positionen.

7 Montieren Sie alle in Sektion 7 entfernten Komponenten.

10 Kolben und Pleuel (Dieselmotor) – Ausbau

Anmerkung: *Die Pleuelfüße wurden aus einem Stück gefertigt und dann an vorgegebenen Stellen gebrochen, sodass sie perfekt rund sind. Die gebrochenen Kontaktflächen sind rau und empfindlich und dürfen nicht beschädigt werden –*

z. B. durch Ablegen auf einer harten Oberfläche. Nur die gebrochenen Pleuelfußhälften passen korrekt zusammen, sodass dafür gesorgt werden muss, dass nichts durcheinander gerät.
Anmerkung: *Beim Zusammenbau werden neue Pleuelfußmuttern und -Schrauben benötigt.*

1 Demontieren Sie den Zylinderkopf, die Ölwanne, das Ölansaugrohr, die Ölpumpe und das Ölleitblech (siehe Kapitel 2B).
2 Drehen Sie die Kurbelwelle so, dass das Pleuel von Zylinder Nr. 1 am tiefsten Punkt steht. Falls die Pleuelfußdeckel nicht bereits nummeriert sind, müssen mit einem Filzstift Markierungen angebracht werden, sodass die Pleuelstange und der Fuß korrekt ausgerichtet dem ursprünglichen Zylinder zugeordnet werden können.
3 Lösen Sie die Pleuelfußmuttern, ziehen Sie den Pleuelfußdeckel ab und entfernen Sie auch die Schrauben (siehe Abbildung) – achten Sie darauf, dass die Pleuelfuß-Lagerschale im Pleuelfußdeckel verbleibt.

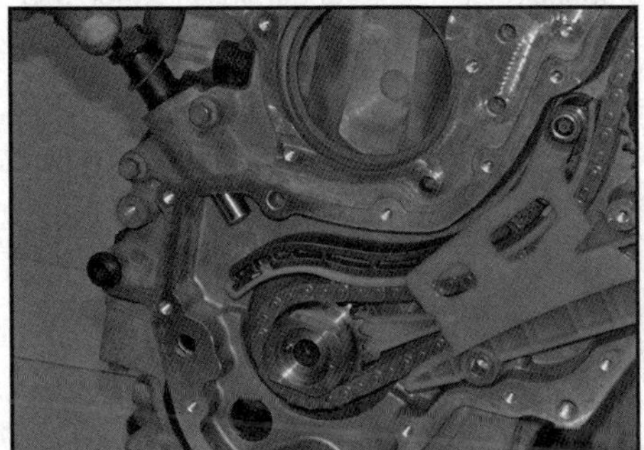

10.3 Entfernen Sie den Pleuelfußdeckel samt Lagerschale.

4 Falls nur die Lagerschalen kontrolliert und ggf. ersetzt werden sollen, muss die Pleuelstange vom Hubzapfen weg gedrückt und die obere Lagerschale entfernt werden. Halten Sie die Lagerschalen und den Pleuelfußdeckel beisammen, damit sie ggf. wieder an ihre ursprüngliche Positionen gelangen können.
5 Wenn der Kolben ausgebaut werden soll, muss die Pleuelstange vollständig in den Zylinder geschoben werden, sodass der Kolben nach oben aus dem Motorgehäuse befreit werden kann – falls im oberen Bereich des Zylinders eine deutliche Verschleißkante fühlbar ist, kann der Kolben hierdurch beschädigt werden; allerdings muss der Motor in diesem Fall sowieso (falls möglich) aufgebohrt und mit neuen Kolben bestückt werden.
6 Wiederholen Sie die Prozedur an den anderen Kolben/Pleuel-Baugruppen – alle Teile müssen entsprechend markiert werden, um wieder korrekt eingebaut werden zu können.

11 Kurbelwelle (Dieselmotor) – Ausbau

1 Demontieren Sie die Schwungscheibe oder Antriebsplatte (siehe Kapitel 2B). Trennen Sie die Kolben/Pleuel-Baugruppen von der Kurbelwelle (siehe Sektion 10). Falls an den Kolben oder Pleuelstangen nicht gearbeitet werden muss, kann der Zylinderkopf montiert bleiben. Schieben Sie die Kolben heraus oder oben in den Zylinder, sodass die Pleuelstangen von der Kurbelwelle befreit sind.
2 Kontrollieren Sie das Axialspiel der Kurbelwelle (siehe Sektion 14).
3 Die Hauptlagerdeckel sollten vom Getriebe aus von 1 bis 5 nummeriert sein (siehe Abbildung) – bringen Sie andernfalls Markierungen an. Achten Sie auch auf die korrekte Einbautiefe des Kurbelwellen-Dichtrings im Lagerdeckel Nr. 5.

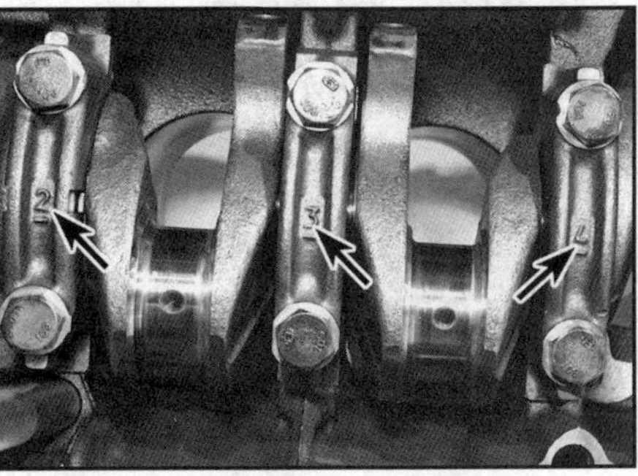

11.3 Hauptlagerdeckel-Nummerierung

4 Lockern und entfernen Sie die Hauptlagerdeckel-Schrauben und heben Sie die Deckel ab. Stellen Sie die unteren Lagerschalen ggf. sicher. Stellen Sie an Hauptlager Nr. 2 auch die Anlauf-Halbringe sicher (siehe Abbildung). Entfernen Sie die seitlich in Hauptlager Nr. 1 sitzenden Gummidichtstreifen.

11.4 Beachten Sie die Anlauf-Halbringe an Hauptlager Nr. 2.

5 Heben Sie die Kurbelwelle heraus (siehe Abbildung) und entfernen Sie den Dichtring.

11.5 Heben Sie die Kurbelwelle heraus.

6 Befreien Sie die oberen Lagerschalen aus ihren Sitzen im Motorgehäuse (siehe Abbildung). und sichern Sie sie zusammen mit den unteren Lagerschalen mithilfe von Klebeband an den entsprechenden Hauptlagerdeckeln. Entfernen Sie die oberen Anlauf-Halbringe und sichern Sie sie zusammen mit den unteren Halbringen.

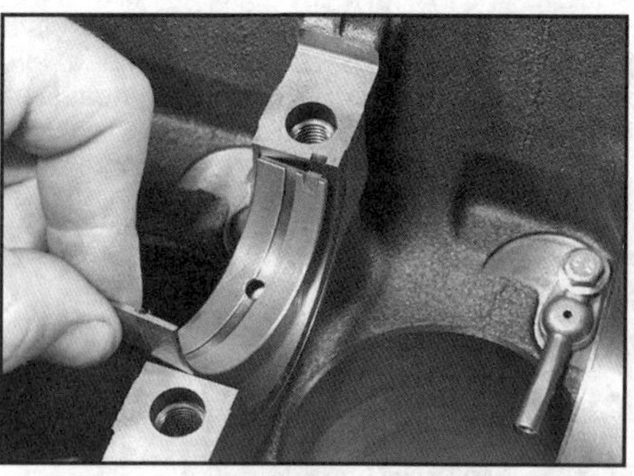

11.6 Befreien Sie die oberen Lagerschalen aus ihren Sitzen im Motorgehäuse.

12 Zylinderblock/Motorgehäuse (Dieselmotor) – Reinigung und Kontrolle

Reinigung

1 Für eine komplette Reinigung müssen die Froststopfen entfernt werden (siehe Abbildung) – bohren Sie kleine Löcher hinein, installieren Sie eine selbstschneidende Schraube und ziehen Sie die Stopfen mithilfe einer Zange oder eines Zughammers heraus. Demontieren Sie alle externen Komponenten und elektrische Schalter und Sensoren vom Motorblock.

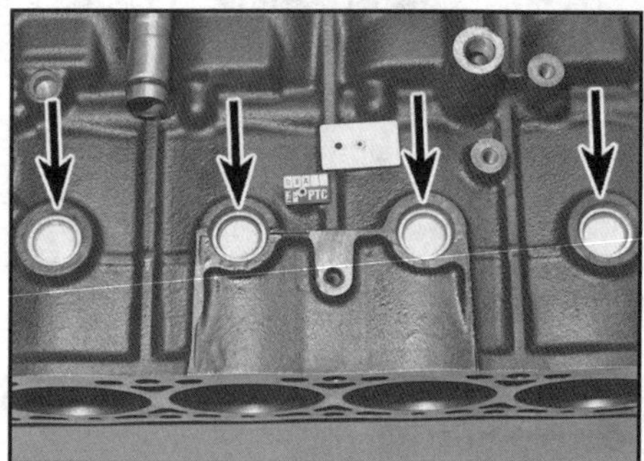

12.1 Froststopfen im Zylinderblock

2 Schaben Sie Dichtungsreste vom Motorgehäuse und den Hauptlagerdeckeln – beschädigen Sie dabei nicht die Dichtflächen.

3 Falls Teile des Motorgehäuses extrem verschmutzt sind, sollte zunächst alles mit einem Dampfstrahler gesäubert werden.

4 Nachdem das Motorgehäuse vom Dampfstrahlen zurückgekehrt ist, müssen alle Ölbohrungen und -kanäle gereinigt werden. Spülen Sie alle Kanäle mit warmen Wasser durch, bis es klar wieder austritt. Trocknen Sie anschließend alles sorgfältig und ölen Sie alle bearbeiteten Flächen – vor allem die Zylinderbohrungen – dünn ein, um sie vor Rost zu schützen. Falls Zugang zu Druckluft besteht, kann damit der Trocknungsprozess beschleunigt werden; außerdem sollten damit alle Ölbohrungen und -kanäle ausgeblasen werden.

Warnung: Tragen Sie beim Einsatz von Druckluft stets eine Schutzbrille!

5 Falls das Motorgehäuse nicht allzu stark verschmutzt ist, kann es mit warmen Seifenwasser und einer harten Bürste gereinigt werden – nehmen Sie sich Zeit und arbeiten Sie sorgfältig. Unabhängig von der Reinigungsmethode müssen besonders Bohrungen und Kanäle äußerst penibel gesäubert und alle Komponenten gut getrocknet werden. Ölen Sie die Zylinderbohrungen in Gusseisen-Gehäusen sofort nach der Reinigung ein, um sie vor Korrosion zu schützen.

6 Um beim Zusammenbau korrekte Anzugswerte sicherstellen zu können, müssen die Gewindebohrungen gereinigt werden: drehen Sie dazu einen passenden Gewindebohrer hinein und entfernen Sie damit Korrosion, Kleberreste und Schmutz; gleichzeitig werden dadurch Schäden am Gewinde beseitigt. Reinigen Sie anschließend die Bohrungen möglichst mit Druckluft. Vergessen Sie nicht, auch die Gewinde der Schrauben und Muttern zu reinigen, falls sie wiederverwendet werden sollen.

7 Nachdem die Kontaktflächen der neuen Froststopfen mit geeigneter Dichtmasse bestrichen wurden, werden sie senkrecht in den Motorblock getrieben – andernfalls können später Undichtigkeiten auftreten. Für den Einbau sind bei Ford Spezialwerkzeuge erhältlich, doch ein Steckschlüssel, dessen Außendurchmesser gerade in den Stopfen passt, funktioniert genauso gut (siehe Abbildung).

12.7 Treiben Sie die neuen Froststopfen mit einem passenden Steckschlüssel ein.

8 Entfernen Sie ggf. die Öldüsen aus ihren Positionen im Motorgehäuse und reinigen Sie sie (siehe Abbildung). Montieren Sie sie anschließend wieder und ziehen Sie ihre Schrauben sorgfältig an.

12.8 Entfernen Sie die ggf. vorhandene Öldüsen aus dem Motorgehäuse.

9 Falls der Motor nicht gleich wieder zusammengebaut werden soll, muss er mit einer Abdeckplane vor Staub und Schmutz geschützt werden. Schützen Sie bearbeiteten Flächen mit Öl vor Korrosion.

Kontrolle

10 Inspizieren Sie das Gehäuse auf Risse und Korrosion. Achten Sie auf ausgerissene Gewindebohrungen. Falls irgendwann Wasser in den Motor eingedrungen war, sollte das Gehäuse von einem Spezialbetrieb auf Haarrisse untersucht werden. Falls Schäden gefunden werden, können diese eventuell repariert werden, ansonsten muss ein Austauschmotor beschafft werden.

11 Kontrollieren Sie jede Zylinderbohrung auf Scheuerstellen und Riefen. Falls die Kolbenringe im oberen Totpunkt bereits eine Kante erzeugt haben, ist dies ein Hinweis auf eine verschlissene Bohrung.

12 Zum korrekten Vermessen der Zylinderbohrungen werden Spezialinstrumente benötigt. Wir empfehlen, den Motorblock von einer Fachwerkstatt vermessen und kontrollieren zu lassen; hier können auch Ratschläge zu möglicherweise benötigten neuen Kolben gegeben werden, falls die Zylinder auf Übermaß aufgebohrt werden müssen.

13 Wenn die Zylinderbohrungen und Kolben nicht übermäßig verschlissen sind, sich in einem brauchbaren Zustand befinden und das Kolbenspiel eingehalten wird, brauchen nur die Kolbenringe erneuert zu werden. Dies erfordert das Honen der Bohrungen – und kann von einem Fachbetrieb zu moderaten Kosten durchgeführt werden.

14 Montieren Sie alle externen Komponenten und Sensoren wie beim Ausbau notiert.

13 Kolben und Pleuel (Dieselmotor) Kontrolle und Einbau

Kontrolle

1 Zunächst müssen die aus dem Kolben und dem Pleuel bestehenden Baugruppen gereinigt werden, dann werden die alten Kolbenringe entfernt. **Anmerkung**: *Installieren Sie bei jedem Zusammenbau des Motors neue Kolbenringe.*

2 Spannen Sie die alten Ringe vorsichtig auseinander, um sie aus ihren Nuten zu befreien und nach oben zu entfernen; mithilfe zwei oder drei alter Fühlerlehrenblätter können die Ringe daran gehindert werden, in leeren Nuten einzurasten (siehe Abbildung). Der Kolben darf nicht mit den Ring-Enden zerkratzt werden. Kolbenringe sind gehärtet und können leicht brechen, wenn sie zu sehr gespannt werden. Sie sind außerdem sehr scharfkantig, sodass Schutzhandschuhe getragen werden sollten.

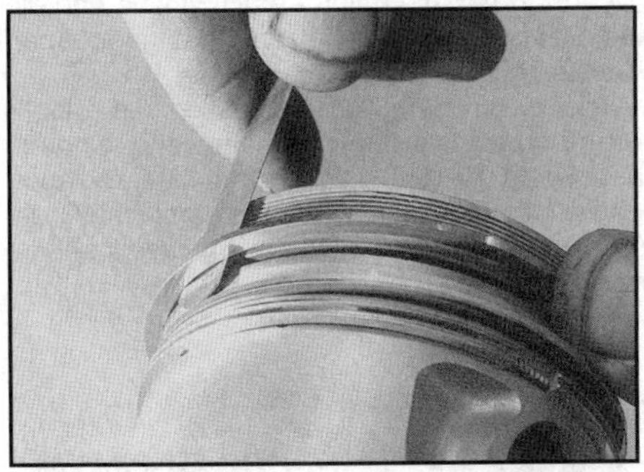

13.2 Ausbau der Kolbenringe mithilfe alter Fühlerlehrenblätter

3 Schaben Sie die Ölkohle vom Kolbenboden. Eine weiche Drahtbürste oder feines Schmirgelleinen kann zur Nacharbeit verwendet werden. Benutzen Sie keinesfalls einen Drahtbürstenaufsatz auf einer Bohrmaschine, das Kolbenmaterial ist sehr weich und würde abgetragen werden.

4 Die Kolbenring-Nuten können mit einem Spezialwerkzeug, aber auch mit einem abgebrochenen Stück eines alten Kolbenringes von Kohleresten befreit werden. Seien Sie vorsichtig, dass kein Kolben-Metall entfernt wird oder die Seiten der Nut gequetscht oder eingekerbt werden.

5 Wenn die Kohleablagerungen entfernt sind, wird der Kolben mit Lösungsmittel gereinigt und anschließend getrocknet. Gehen Sie sicher, dass die Ölrücklaufbohrungen in der Nut des Ölabstreifrings sauber sind.

6 Wenn die Kolben und Zylinder weder beschädigt noch übermäßig verschlissen sind, können die alten Kolben wiederverwendet werden. Normaler Kolbenverschleiß sind leichte Laufspuren an den Kolbenhemden und ein mit leichtem Spiel in seiner Nut sitzender oberer Kolbenring. Nach jedem Zerlegen des Motors sollten ungeachtet ihres Zustands neue Kolbenringe installiert werden.

7 Begutachten Sie jeden Kolben sorgfältig auf Brüche am Hemd, an den Bolzenaugen und zwischen den Kolbenringnuten.

8 Achten Sie auf Riefen und Schleifspuren am Hemd, Löcher im Kolbenboden sowie Verbrennungen an dessen Rand. Wenn das Hemd Riefen oder Klemmspuren zeigt, kann der Motor an Überhitzung gelitten haben und/oder eine abnormale Verbrennung sorgte für extrem hohe Arbeitstemperatur. Kontrollieren Sie sorgfältig das Kühl- und das Schmiersystem.

9 Brandflecken an den Seiten der Kolben weisen darauf hin, dass Leckgase an den nicht korrekt abdichtenden Kolbenringen vorbeiströmen können. Ein Loch im Kolbenboden oder verbrannte Stellen am Rand des Bodens weisen auf Klingeln oder Klopfen hin. Wenn eines dieser Probleme existiert, müssen die Gründe beseitigt werden, damit die Schäden sich nicht fortsetzen. Ursachen können Nebenluft, eine defekte Einspritzdüse oder ein Fehler in der Motorsteuerung sein.

10 Korrosion (in Form von Lochfraß) am Kolben weist darauf hin, dass Kühlmittel in den Brennraum und/oder das Kurbelgehäuse gelangt. Wieder muss das Problem beseitigt werden, bevor der Motor zusammengebaut wird.

11 Bei jedem Zweifel über den Zustand der Kolben und Pleuel sollten die Bauteile von einer Fachwerkstatt inspiziert und vermessen werden. Falls neue Teile benötigt werden, ist man hier auch in der Lage, die passenden Kolben und Ringe zu beschaffen und die Zylinderbohrungen entsprechend zu honen oder ggf. aufzubohren.

Zusammenbau

12 Es ist ratsam, die Kolbenringe bei jeder Motorüberholung zu erneuern. Vor der Montage neuer Ringe an die Kolben muss ihr Stoßspiel in den Zylinderbohrungen ermittelt werden: Sortieren Sie zum Messen den Kolben samt Ringen dem korrekten Zylinder zu, sodass die Ringe mit dem korrekten Kolben und Zylinder gemessen und später auch hier installiert werden.

13 Installieren Sie den oberen Ring in die erste Bohrung und drücken Sie ihn mit der Oberseite des Kolbens herunter, damit er senkrecht im Zylinder sitzt. Positionieren Sie den Ring knapp über dem unteren Totpunkt der Kolbenringe und ziehen Sie den Kolben wieder heraus. Messen Sie das Stoßspiel mit einer Fühlerlehre und vergleichen Sie die Ergebnisse mit den Angaben in den technischen Daten. Originale Kolbenringe von Ford sollten korrekte Abstände aufweisen

14 Sobald die Ringe und Spaltmaße kontrolliert und ggf. korrigiert wurden, können die Ringe an die Kolben montiert werden.

15 Der (untere) Ölabstreifring besteht aus drei Teilen und wird als Erster installiert: zuerst der untere Stahlring, dann der Expander und schließlich der obere Stahlring.

16 Installieren Sie den zweiten Kompressionsring in die mittlere Kolbennut. **Anmerkung**: *Folgen Sie stets den mit den Kolbenring-Sets gelieferten Hinweisen – verschiedene Hersteller können unterschiedliche Prozeduren vorschreiben. Vertauschen Sie nicht die beiden oberen Kolbenringe – sie haben unterschiedliche Querschnitte.* Auf der Oberseite sollte er markiert sein (siehe Abbildung). Spannen Sie Kolbenringe nicht zu weit auseinander, da sie leicht brechen, und verwenden Sie für die Montage die Fühlerlehrenblätter vom Ausbau.

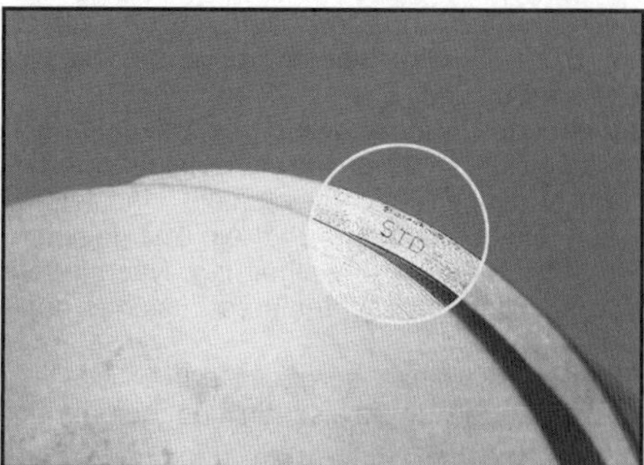

13.16 Achten Sie auf eingeätzte Markierungen auf den Oberseiten der Kolbenringe.

17 Installieren Sie den oberen Kompressionsring auf die gleiche Weise in die obere Nut – auch er sollte auf der Oberseite markiert sein.
18 Verdrehen Sie alle Ringöffnungen um 120° zueinander.

14 Kurbelwelle (Dieselmotor) – Kontrolle

Axialspiel-Prüfung

1 Das Axialspiel muss bei eingebauter Kurbelwelle kontrolliert werden – sie muss sich hierfür frei drehen lassen.
2 Verbinden Sie eine Messuhr so mit dem Motorblock, dass der Taster am Ende der Kurbelwelle anliegt. Drücken Sie die Kurbelwelle vollständig gegen die Messuhr und nullen Sie sie. Drücken Sie sie nun von der Messuhr weg und notieren Sie den Messwert – falls er über 0,32 mm liegt, sind die Anlauf-Halbringe verschlissen und müssen durch Neuteile ersetzt werden (siehe Abbildung).

14.2 Axialspiel-Prüfung mithilfe einer Messuhr ...

3 Falls keine Messuhr vorhanden ist, kann auch eine Fühlerlehre verwendet werden. Drücken Sie die Kurbelwelle zunächst in Richtung Schwungscheibe. Messen Sie dann mit Fühlerlehrenblättern den Spalt zwischen der Kurbelwange und den Anlauf-Halbringen an Hauptlager Nr. 2 – falls mehr als 0,32 mm ermittelt werden, sind die Anlauf-Halbringe verschlissen und müssen durch Neuteile ersetzt werden (siehe Abbildung).

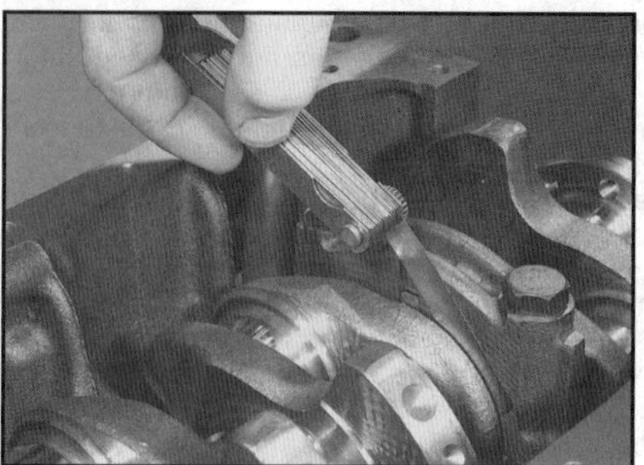

14.3 ... oder mit einer Fühlerlehre.

Kontrolle

4 Reinigen Sie die Kurbelwelle mit Petroleum oder Lösungsmittel und trocknen Sie sie möglichst mit Druckluft. Reinigen Sie alle Ölbohrungen mit einem Pfeifenreiniger oder Ähnlichem, um sicherzugehen, dass sie nicht verstopft sind.

Warnung: Tragen Sie beim Einsatz von Druckluft stets eine Schutzbrille!

5 Kontrollieren Sie die Gleitlagerflächen der Haupt- und Pleuellager auf ungleichmäßigen Verschleiß, Riefen, Lochfraß und Risse.
6 Verschlissene Pleuelfußlager machen sich durch metallisches Klopfen bemerkbar – besonders wenn der Motor bei geringen Drehzahlen unter Last gesetzt wird; zudem sinkt der Öldruck.
7 Verschlissene Hauptlager machen sich durch starke Motorvibrationen und rumpelnde Geräusche bemerkbar – je höher die Drehzahl, desto stärker; zudem sinkt auch hier der Öldruck.
8 Kontrollieren Sie die Lagerzapfen auf raue Oberflächen, indem Sie sanft mit einem Finger darüberstreichen. Raue Stellen weisen auf Lagerverschleiß hin, sodass die Kurbelwelle eventuell auf ein Untermaß geschliffen oder ersetzt werden muss.
9 Lassen Sie eine Fachwerkstatt den Durchmesser der Hauptlager- und Hubzapfen ermitteln und entscheiden, ob die Welle geschliffen werden kann und entsprechende Übermaß-Lagerschalen eingesetzt werden können – falls beim Ford-Händler keine Übermaß-Lagerschalen erhältlich sind und die Kurbelwelle unter die in den technischen Daten angegebenen Maße verschlissen ist, hilft nur ein Austausch der Welle.
10 Wenn die Welle geschliffen wurde, müssen die Ölbohrungen auf Grate überprüft werden (normalerweise sind sie angefast, sodass Grate kein Problem darstellen, solange nicht sorglos gearbeitet wurde. Entfernen Sie sämtliche Grate mit einer feinen Feile oder einem Schaber und reinigen Sie die Ölbohrungen wie oben beschrieben.

15 Hauptlager und Pleuelfußlager (Dieselmotor) – Kontrolle

1 Auch wenn die Haupt- und Pleuelfuß-Lagerschalen bei einer Motorüberholung generell ausgetauscht werden, sollten die alten Bauteile für eine genaue Begutachtung aufbewahrt werden, um aus Ihnen wertvolle Informationen über den Zustand des Motors zu ziehen. Die auf der Rückseite der Lagerschalen angegebene Größe hilft bei der Beschaffung von Neuteilen.

2 Lagerschäden beruhen zumeist auf Ölmangel, Schmutz oder Fremdkörpern im Motor, Motorüberlastung und/oder Korrosion (siehe Abbildung). Ungeachtet des Grundes für die Lagerschäden muss dieser vor der Motormontage korrigiert werden, um eine Wiederholung auszuschließen.

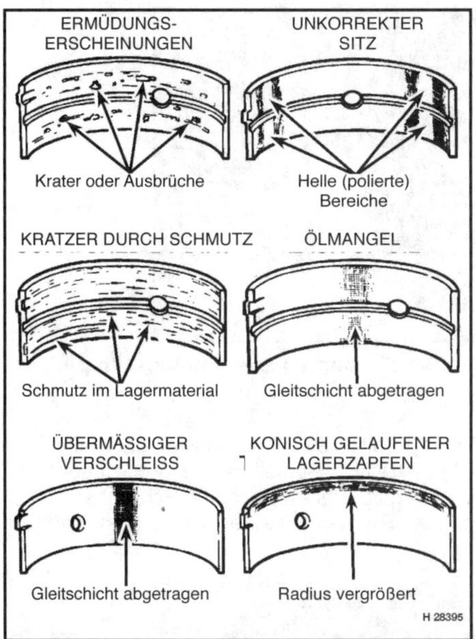

15.2 Typische Verschleißerscheinungen an Lagerschalen

3 Zu einer Begutachtung der Lager werden alle Lagerschalen aus dem Motorblock, den Pleuel und allen Lagerdeckeln ausgebaut und entsprechend ihrer Positionen an der Kurbelwelle auf eine saubere Oberfläche gelegt. Dieses erlaubt Ihnen, ein erkanntes Lagerproblem dem entsprechenden Kurbelzapfen zuzuordnen. Die Lagerflächen der Gleitschalen dürfen nicht mit den Fingern berührt werden!
4 Schmutz und andere Fremdkörper können auf unterschiedliche Weise in den Motor gelangen. Sie können beim Zusammenbau zurückgelassen werden oder durch den Filter bzw. die Motorentlüftung eindringen. Die Partikel gelangen mit dem Öl in die Lager. Oftmals finden sich Metallsplitter als Bearbeitungsrückstände oder Verschleißspuren. Ablagerungen verbleiben auch nach Überholungen in Motorkomponenten, besonders wenn die Teile nicht sorgfältig gereinigt wurden.
5 Fremdkörper arbeiten sich auf jeden Fall in das weiche Lagermaterial ein und können leicht erkannt werden. Große Partikel werden jedoch nicht in das Lager eingebettet, sondern kerben und zerkratzen die Lager und Zapfen. Der beste Schutz gegen diese Lager-Ausfälle ist sorgfältiges Reinigen und absolute Sauberkeit bei der Motormontage. Ebenso müssen natürlich regelmäßig das Öl und der Ölfilter gewechselt werden.
6 Ölmangel und eine Unterbrechung der Schmierung haben eine Reihe von zusammenhängenden Gründen: Extreme Hitze verdünnt das Öl, Überlastung drückt das Öl aus den Lagern und überhöhtes Lagerspiel oder eine verschlissene Ölpumpe lässt den nötigen Druck des Schmiersystems zusammenbrechen. Blockierte Ölleitungen lassen ein Lager trocken laufen und zerstören es schnell. Lagerschalen besitzen zwar sogenannte »Notlaufeigenschaften«, aber nur für die jeweils ersten Sekunden nach dem Anlassen – wird jedoch bei hohen Drehzahlen einmal die Schmierung für Zehntelsekunden unterbrochen, können Schalen und Zapfen bereits schrottreif sein. Das Lagermaterial wird abgetragen und die durch die Reibung entstehende starke Hitze zerstört den Wellenzapfen.
7 Auch die Fahrweise hat einen direkten Einfluss auf die Laufzeiten von Lagern. Vollgas bei niedrigen Drehzahlen und hohe Belastung beanspruchen die Lager stark, da diese dazu neigen, den Ölfilm abzuquetschen. Diese Zustände belasten die Lager stark und erzeugen feine Ermüdungsbrüche in der Oberfläche. Eventuell kann das Lagermaterial ausbrechen und selbst weitere Schäden erzeugen. Kurzstreckenbetrieb führt zu Korrosion der Lager, da der Motor keine ausreichende Betriebstemperatur erreicht, um Kondenswasser und aggressive Gase zu vertreiben. Diese Produkte sammeln sich im Motoröl und bilden Säure und Schlamm. Wenn dieses Öl in die Lager gelangt, greift die Säure die Lager an und lässt das Material korrodieren.
8 Eine nachlässige Lagermontage während des Motorzusammenbaus kann ebenso zu Problemen führen. Festsitzende Lager führen zu geringem Lagerspiel und einem unzureichenden Schmierfilm. Hinter einer Lagerschale verbleibender Schmutz oder Fremdteile verbiegen die Schale und sorgen für punktuellen Verschleiß.
9 Die Gleitflächen der Lagerschalen dürfen unter keinen Umständen mit den Fingern berührt werden, da die empfindliche Oberfläche beschädigt werden kann oder kleinste Schmutzpartikel daran haften bleiben.
10 Wie bereits erwähnt, ist es sehr empfehlenswert, die Lagerschalen bei jeder Motorüberholung durch Neuteile zu ersetzen; alles andere wäre falsche Sparsamkeit.

16 Motorüberholung – Zusammenbaureihenfolge

1 Bevor der Zusammenbau beginnt, muss sichergestellt sein, dass alle neuen Teile und notwendigen Werkzeuge beschafft sind. Lesen Sie die gesamte Arbeitsprozedur durch, um sich mit der anstehenden Arbeit vertraut zu machen und sicher zu sein, dass alle für den Zusammenbau benötigten Dinge – einschließlich aller Dichtungen – vorhanden sind. Neben allen normalen Werkzeugen und Materialien werden in manchen Fällen Schrauben-Sicherungspaste (»Loctite«) und Dichtmasse benötigt. Generell müssen Dichtflächen absolut sauber und fettfrei sein, bevor Dichtungen aufgelegt werden dürfen.
2 Zu diesem Zeitpunkt müssen alle Motorkomponenten absolut sauber und trocken und alle Schäden repariert sein. Alle Bauteile müssen auf einer absolut sauberen Arbeitsfläche ausgelegt oder in Behältern bereitgehalten werden.
3 Um Zeit zu sparen und Probleme zu vermeiden, sollte der Zusammenbau in der folgenden Reihenfolge durchgeführt werden:
a) Kurbelwelle und Hauptlager (Dieselmotoren)
b) Kolben/Pleuel (Dieselmotoren)
c) Ölpumpe
d) Ölwanne
e) Schwungscheibe/Antriebsplatte
f) Zylinderkopf
g) Nockenwellenantrieb
h) Einlass- und Auspuffstutzen

17 Kurbelwelle (Dieselmotor) – Einbau

Auswahl der Lagerschalen
1 Lassen Sie die Kurbelwelle und das Motorgehäuse von einer Ford-Werkstatt oder einem Motoren-Fachbetrieb kontrollieren

und vermessen. Hier können ggf. Lager nachgeschliffen und die benötigten Lagerschalen beschafft werden.

Einbau

2 Schmieren Sie die oberen Anlauf-Halbringe mit etwas Fett, um sie an beiden Seiten von Hauptlagersitz Nr. 2 »ankleben« zu können – ihre Ölnuten müssen nach außen zeigen (siehe Abbildung).

17.2 Die Ölnuten der Anlauf-Halbringe müssen beim »Ankleben« an Hauptlager Nr. 2 nach außen zeigen.

3 Reinigen Sie die Rückseiten der Lagerschalen sowie deren Sitze im Motorblock und den Lagerschalen. Falls neue Lagerschalen verwendet werden, müssen sämtliche Schutzfett-Reste mit Petroleum entfernt werden. Trocknen Sie alle Lagerschalen mit einem fusselfreien Lappen. Installieren Sie die Lagerschalen in ihre Sitze und schmieren Sie sie ausgiebig mit frischem Motoröl.

4 Legen Sie die Kurbelwelle so ins Motorgehäuse, dass die Hubzapfen der mittleren Zylinder unten (im OT) und diejenigen der äußeren Zylinder oben (im UT) liegen, sodass das Pleuel von Kolben Nr. 1 (Getriebe-Seite) montiert werden kann. Kontrollieren Sie ggf. das Axialspiel der Kurbelwelle (siehe Sektion 14).

5 Schmieren Sie die unteren Lagerschalen der Hauptlagerdeckel ausgiebig mit Motoröl – sie müssen mit ihren Laschen korrekt in den Sitzen der Deckel liegen.

6 Setzen Sie die Hauptlagerdeckel der Lager Nr. 2 bis 5 korrekt auf (die Vertiefungen für die Lagerschalen-Laschen müssen am Motorgehäuse und am Deckel an der gleichen Seite liegen). Drehen Sie die Hauptlager-Schrauben zunächst nur handfest ein.

7 Tragen Sie am Sitz von Hauptlagerdeckel Nr. 1 um die Dichtstreifen-Bohrungen herum etwas Dichtmasse auf (siehe Abbildung).

17.7 Tragen Sie am Sitz von Hauptlagerdeckel Nr. 1 um die Dichtstreifen-Bohrungen herum etwas Dichtmasse auf.

8 Richten Sie die Laschen jedes Dichtstreifens über den Stiften unten am Hauptlagerdeckel Nr. 1 aus und drücken Sie die Streifen in die Nuten (siehe Abbildung). Beschaffen Sie zwei dünne Metallstreifen (nicht dicker als 0,25 mm), um die Dichtstreifen beim Einsetzen des Deckels zu schützen. Ford-Werkstätten verwenden die gezeigten Werkzeuge als Klemme, es können aber auch alte Fühlerlehrenblätter verwendet werden, solange mögliche Grate beseitigt sind.

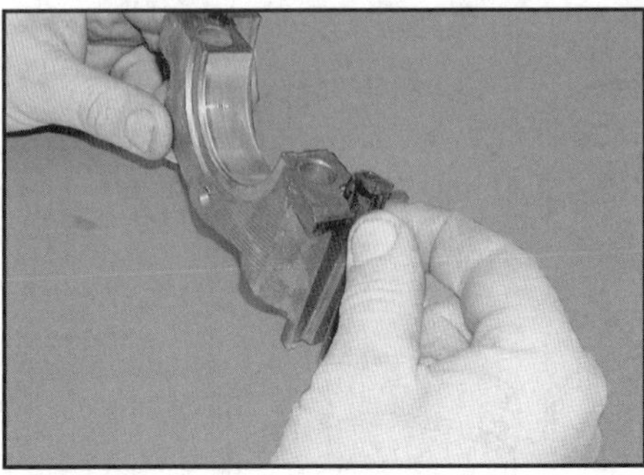

17.8 Installieren Sie die Dichtstreifen an den Hauptlagerdeckel Nr. 1.

9 Ölen Sie ggf. beide Seiten der Metallstreifen und halten Sie sie gegen die Dichtstreifen. Schieben Sie den Hauptlagerdeckel Nr. 1 in seinen Sitz, drehen Sie seine Schrauben locker ein und ziehen Sie die Streifen mit einer Zange wieder heraus (siehe Abbildung).

17.9 Schützen Sie die Dichtstreifen beim Einbau von Hauptlagerdeckel Nr. 1 mit den Metallbändern.

10 Ziehen Sie die Hauptlagerdeckel-Schrauben zunächst schrittweise mit 10 Nm und dann in einem zweiten Durchgang mit 30 Nm an. Setzen Sie eine Gradscheibe an und ziehen Sie die Schrauben anschließend um 82° weiter. Schneiden Sie mit einem scharfen Messer die Dichtstreifen von Hauptlagerdeckel Nr. 1 etwa einen Millimeter oberhalb der Dichtfläche ab (siehe Abbildung).

17.10 Schneiden Sie die Dichtstreifen von Hauptlagerdeckel Nr. 1 etwa einen Millimeter oberhalb der Dichtfläche ab.

11 Montieren Sie den linken Kurbelwellen-Dichtring (siehe Kapitel 2B).

12 Verbinden Sie die Pleuelstangen mit der Kurbelwelle (siehe Sektion 18).

18 Kolben und Pleuel (Dieselmotor) – Einbau

Anmerkung: *Bei der Montage der Pleuelfußdeckel müssen neue Schrauben und Muttern verwendet werden.*

1 Bei der folgenden Prozedur wird davon ausgegangen, dass die Kurbelwelle mit den Hauptlagerdeckeln gesichert ist.

2 Reinigen Sie die Rückseiten der Lagerschalen und die Lagersitze in der Pleuelstange und im Pleuelfußdeckel. Falls neue Lagerschalen verwendet werden, müssen sämtliche Schutzfett-Reste mit Petroleum entfernt werden. Trocknen Sie alle Lagerschalen mit einem fusselfreien Lappen.

3 Drücken Sie die Lagerschalen in ihre Sitze in der Pleuelstange und im Pleuelfußdeckel – Die Lasche muss in die Nut des Pleuels oder des Deckels greifen (siehe Abbildung). Berühren Sie die Gleitflächen der Lagerschalen nicht mit den Fingern.

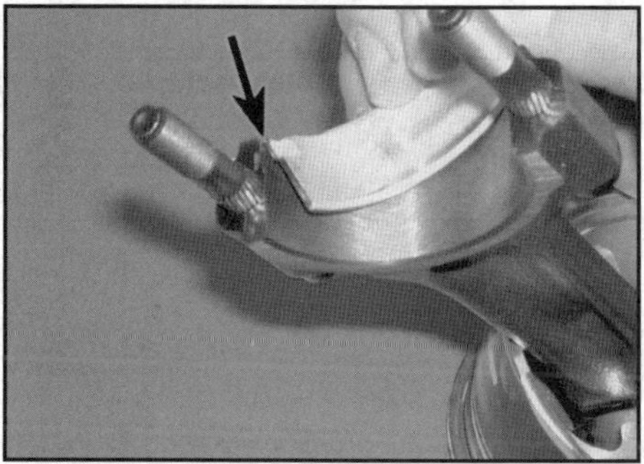

18.3 Die Laschen der Lagerschalen müssen in den Nuten ihrer Sitze liegen.

4 Schmieren Sie die Zylinder, Kolben und Kolbenringe mit Motoröl und legen Sie die Kolben/Pleuel-Baugruppen entsprechend ihrer Zylinder korrekt positioniert aus.

5 Beginnen Sie mit Kolben Nr. 1 (Getriebe-Seite) und prüfen Sie die Ausrichtung der Ringstöße: Die Öffnungen der beiden Ölabstreifring-Stahlringe müssen ca. 30° zu beiden Seiten versetzt zur Öffnung des Expanders liegen; die Öffnungen der beiden Kompressionsringe müssen ca. 60° zueinander versetzt verdreht sein. Klemmen Sie die Kolbenringe mit dem Einbauwerkzeug ein.

6 Führen Sie den Kolben Nr. 1 korrekt positioniert ein – die Ventiltaschen müssen zur Rückseite des Motorblocks zeigen.

7 Sobald der Kolben korrekt positioniert ist, wird er mit einem Hammergriff vorsichtig in den Zylinder geklopft, bis der Kolbenboden bündig zur Zylinder-Oberseite steht (siehe Abbildung).

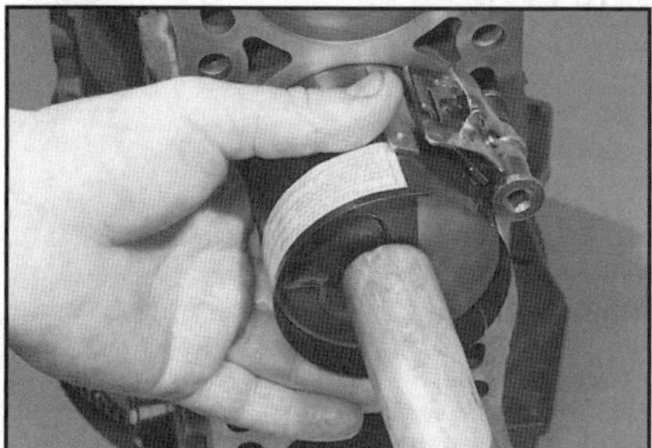

18.7 Klopfen Sie den Kolben mit einem Hammergriff vorsichtig in den Zylinder

8 Stellen Sie sicher, dass alle Lagerschalen korrekt installiert sind. Schmieren Sie sie und die Hubzapfen ausgiebig mit Motoröl. Ziehen Sie das Pleuel gegen den Hubzapfen. Installieren Sie die neuen Pleuelfußschrauben, setzen Sie den Deckel (samt Lagerschale) auf – die Markierungen müssen zueinander passen und die Nuten der Lagerschalen übereinander liegen. Drehen Sie die neuen Muttern zunächst handfest auf (siehe Abbildung).

18.8 Setzen Sie den Pleuelfußdeckel korrekt auf und sichern Sie ihn mit den neuen Muttern.

9 Ziehen Sie die Pleuelfußmuttern zunächst mit 20 Nm an und dann mithilfe einer Gradscheibe um 70° weiter.

10 Sobald die Pleuelfußmuttern korrekt angezogen sind, muss geprüft werden, ob die Kurbelwelle frei drehbar ist; bei Neuteilen darf eine gewisse Steifigkeit erwartet werden, klemmen darf sie jedoch nicht.

11 Verbinden Sie die drei verbliebenen Pleuel auf die gleiche Weise mit der Kurbelwelle.

12 Montieren Sie alle anderen in Sektion 10, Schritt 1 entfernten Komponenten.

19 Motor – Erstinbetriebnahme nach Überholen

1 Wenn der Motor ins Fahrzeug eingebaut ist, werden der Motoröl- und der Kühlmittelpegel kontrolliert. Überprüfen Sie erneut, ob alles angeschlossen ist und keine Werkzeuge oder Lappen im Motorraum zurückgelassen wurden.

2 Füllen Sie beim Dieselmotor das Kraftstoffsystem vor und entlüften Sie es (siehe Kapitel 4B, Sektion 4).

3 Starten Sie den Motor – aufgrund der entleerten Kraftstoff-Komponenten kann es länger dauern, bis er anspringt. Die Öldruck-Kontrollleuchte muss kurz danach erlöschen.

4 Lassen Sie den Motor im Standgas laufen und kontrollieren Sie alles auf austretenden Kraftstoff, Motoröl oder Kühlmittel. Falls bei der Montage Öl oder Fett auf jetzt heiß werdende Teile gelangt sind, werden diese verdampfen, sodass eine gewisse Rauchentwicklung normal ist.

5 Lassen Sie den Motor im Standgas laufen, bis im oberen Kühlerschlauch heißes Kühlwasser erfühlt werden kann. Schalten Sie den Motor anschließend ab.

6 Kontrollieren Sie nach einigen Minuten erneut den Motoröl- und der Kühlmittelpegel und füllen Sie ggf. Flüssigkeiten nach (siehe *Wöchentliche Kontrollen*).

7 Soweit die Zylinderkopfschrauben während der Montage korrekt angezogen wurden, ist es bei diesen Motoren nicht erforderlich, sie noch einmal nachzuziehen.

8 Falls Neuteile wie Kolben, Kolbenringe und Lagerschalen installiert wurden, muss der Motor auf den ersten 1000 km eingefahren werden, als wäre er neu. Fahren Sie den Wagen nicht mit Vollgas und setzen Sie ihn bei niedrigen Drehzahlen unter große Last. Es ist ratsam, nach diesen 1000 km das Motoröl samt Filter zu wechseln (siehe Kapitel 1a oder B).

Kapitel 3

Kühlsystem, Heizung und Klimaanlage

Inhalt — Sektion

Schwierigkeitsgrade

Leicht. Geeignet für Anfänger mit wenig Erfahrung. 	**Relativ leicht.** Geeignet für Anfänger mit etwas Erfahrung. 	**Relativ schwierig.** Geeignet für geübte Selbstschrauber. 	**Schwer.** Geeignet für Selbstschrauber mit viel Erfahrung. 	**Sehr schwer.** Geeignet für Experten und Profis. 

Technische Daten

Kühlmittel	
Typ	Motorcraft SuperPlus nach Ford-Spezifikation WSS-M97B44-D
Füllmenge	
Benzinmotoren	6,2 Liter
Dieselmotoren	8,1 Liter
Ausgleichsbehälter-Deckel	
Max. Überdruck	ca. 1,3 bis 1,5 bar – der tatsächliche Wert steht auf dem Deckel
Thermostat	
Öffnung beginnt bei	92 °C
Vollständig geöffnet	99 °C
Klimaanlage	
Kältemittel-Typ	R134a
Kältemittel-Füllmenge	
Modelle mit Schaltgetriebe	510 bis 530 g
Modelle mit Automatikgetriebe	580 bis 600 g
Kompressor-Öl	
Typ	Ford WSH-M1C231-B
Füllmenge	200 ml
Anzugsdrehmomente	**Nm**
Kältemittel-Leitungen	
an Ausdehnungsventil	8
an Kompressor	24
an Verflüssiger	24
Klimaanlagenkompressor-Schrauben	24
Kühler-Querstreben-Schrauben	25
Kühltemperatursensor	12
Thermostatdeckel/Gehäuse-Schrauben und Muttern	10
Wasserpumpen-Befestigungsschrauben	
Benzinmotoren	10
Dieselmotoren	16
Wasserpumpenriemenscheiben-Schrauben (Benzinmotoren)	20

1 Allgemeine Informationen und Warnhinweise

Allgemeine Informationen

1 Das unter Druck stehende Kühlsystem besteht aus der vom Keilrippenriemen (Benzinmotor) oder Zahnriemen (Dieselmotor) angetriebenen Wasserpumpe, einem aus Leichtmetall bestehenden Wasserkühler, einem Ausgleichsbehälter, einem elektrisch betriebenen Kühlventilator, einem Thermostat, einem Heizungs-Wärmetauscher sowie diversen Schläuchen und Schaltern.

2 Das Kühlsystem funktioniert folgendermaßen: Kaltes Kühlmittel aus dem Kühler gelangt durch den unteren Kühlerschlauch zur Wasserpumpe, die es durch die Kühlkanäle des Motorblocks und des Zylinderkopfes fördert. Nachdem es die Zylinder, die Brennräume und die Ventilsitze abgekühlt hat, gelangt das Kühlmittel an die Unterseite des Thermostaten, der anfangs geschlossen ist und das Kühlmittel durch den Wärmetauscher der Heizung zur Wasserpumpe zurückleitet. Sobald das Kühlmittel eine bestimmte Temperatur erreicht hat, öffnet der Thermostat, und das Kühlmittel fließt durch den oberen Schlauch in den Wasserkühler, wo es vom hindurchströmenden Fahrtwind abgekühlt wird – oder mithilfe des am Kühler sitzenden Ventilators. Hier beginnt der »große« Kühlkreis wieder von vorn.

3 Hinter dem Kühler sitzt ein elektrisch betriebener Ventilator, die von einem Thermoschalter, bzw. einem Sensor gesteuert wird und sich bei einer vorgegebenen Temperatur einschaltet, um die Kühlwirkung zu verbessern.

4 Die Kühltemperaturanzeige und der Ventilator werden mithilfe des Kühltemperatursensors vom Motorsteuergerät überwacht.

5 Das Kühlmittel dehnt sich mit zunehmender Temperatur aus, sodass es über einen dünnen Schlauch oben vom Kühler in einen Ausgleichsbehälter geleitet wird, wo der Pegel ansteigt; bei abkühlendem Kühlmittel sinkt er wieder ab.

6 Beachten Sie für Informationen zum Heizungs- und Belüftungssystem die Hinweise in Sektion 8, die Klimaanlage ist in Sektion 11 beschrieben.

Warnhinweise

Warnung: Solange der Motor heiß ist, darf weder der Ausgleichsbehälterdeckel noch irgendein anderes Teil des Kühlsystems entfernt oder getrennt werden – das unter Druck stehende Kühlmittel kann bei Druckverlust plötzlich aufkochen, sodass heißer Dampf austritt und ernsthafte Verbrennungen verursacht. Falls der Ausgleichsbehälterdeckel im Notfall vor dem Abkühlen des Motors und des Kühlers entfernt werden soll, muss zunächst vorsichtig der Druck abgelassen werden. Legen Sie dazu einen dicken Lappen oder ein Handtuch um den Deckel und entfernen Sie diesen durch vorsichtiges Drehen nach links bis zum Anschlag. Wenn ein zischendes Geräusch hörbar wird, muss gewartet werden, bis es aufhört. Jetzt wird der Deckel heruntergedrückt und weiter nach links gedreht, bis er abgenommen werden kann. Achtung: Siedendes Wasser kann auch mit etwas Verzögerung herausspritzen!

• Frostschutzmittel darf nicht mit der Haut oder Lackoberflächen in Berührung kommen. Wischen Sie Spritzer unverzüglich mit reichlich Wasser ab. Frostschutz kann giftige und explosive Gase produzieren, wenn er in offenen Behältern gelagert oder auf den Boden verschüttet wird. Kinder und Tiere können durch den süßen Geschmack irritiert werden und das Mittel trinken. Fragen Sie Ihren Fachhändler, wo Sie altes Frostschutzmittel entsorgen können.

• Bei heißem Motor kann ein elektrischer Ventilator auch nach dem Abschalten des Motors (und auch der Zündung) einschalten. Halten Sie bei Arbeiten im Motorraum stets Hände, Haare und Kleidung weit genug vom Ventilator weg.

• Beachten Sie vor der Arbeit an Klimaanlagen-Komponenten die Warnhinweise in Sektion 11.

2 Kühlsystem-Schläuche – Trennen und Verbinden

Anmerkung: *Beachten Sie vor Arbeitsbeginn die Warnhinweise in Sektion 1. Schläuche dürfen erst abgezogen werden, wenn der Motor ausreichend abgekühlt ist.*

1 Falls bei den Kontrollen in Kapitel 1a oder B, Sektion 8 ein defekter Schlauch entdeckt wurde, muss er wie folgt ersetzt werden:

2 Entleeren Sie zuerst das Kühlsystem (siehe Kapitel 1A, Sektion 25 oder Kapitel 1B, Sektion 28) – falls das Frostschutzmittel nicht erneuert werden muss, kann es später wiederverwendet werden, wenn es in einem sauberen Behälter gelagert wird.

3 Merken Sie sich vor dem Trennen eines Schlauchs seine Verlegung im Motorraum und mögliche zusätzliche Befestigungen mit Clips oder Kabelbindern. Lösen Sie Schellen des entsprechenden Schlauchs – es können zwei Schellentypen zum Einsatz kommen: Schraubschellen und Federschellen – für Schraubschellen wird ein passender Schraubendreher benötigt, für Federschellen eine geeignete Zange. Lockern Sie die Schelle und ziehen Sie sie ein Stück weit zurück, sodass der Schlauch vom Stutzen befreit werden kann.

4 Je nach Motor können auch Schläuche mit Schnellverschlüssen gesichert sein. Heben Sie bei diesen Modellen die Enden der Drahtbügel mit einem Schraubendreher an, um den Clip zu spreizen, und ziehen Sie den Schlauch vom Stutzen (siehe Abbildung).

2.4 Drahtbügel eines Kühlerschlauch-Schnellverschlusses

5 Beachten Sie, dass die beiden Haupt-Stutzen des Kühlers relativ empfindlich sind, sodass beim Abziehen der Schläuche keine übermäßige Kraft angewendet werden darf; falls ein

Schlauch sich nicht lösen lässt, muss versucht werden, ihn drehend abzuziehen.

Praxis-Tipp

Wenn sich ein Schlauch nicht abziehen lässt, muss mit einem scharfen Messer ein Längsschnitt über dem Flansch gezogen werden, sodass der Schlauch abgeschält werden kann. Es ist immer besser, nur einen neuen Schlauch zu beschaffen, als den ganzen Kühler zu ersetzen.

6 Vor der Montage empfiehlt es sich, den Stutzen mit etwas Spülmittel oder speziellem Gummi-Schmiermittel zu versehen, um den Schlauch leichter aufschieben zu können. Verwenden Sie auf keinen Fall Fett oder Motoröl, da dies den Schlauch angreifen kann.
7 Vor der Montage eines Schlauchs müssen die Schellen aufgeschoben sein. Prüfen Sie vor dem Verbinden des Schlauchs, ob er korrekt verlegt ist. Stecken Sie den Schlauch auf seinen Stutzen – richten Sie ihn dabei korrekt aus. Schieben Sie die Schelle über den Stutzen und ziehen Sie sie ggf. an.
8 Füllen Sie das Kühlsystem auf (siehe Kapitel 1A, Sektion 25 oder Kapitel 1B, Sektion 28) und kontrollieren Sie das Kühlsystem auf Undichtigkeiten.
9 Prüfen Sie nach einigen Kilometern das Kühlsystem auf Undichtigkeiten und die Festigkeit aller auf neuen Schläuchen sitzenden Schellen.

3 Thermostat – Ausbau, Test und Einbau

Ausbau

1 Trennen Sie das Massekabel (–) der Batterie (siehe Kapitel 5A, Sektion 4).
2 Entleeren Sie das Kühlsystem (siehe Kapitel 1A, Sektion 25 oder Kapitel 1B, Sektion 28)

Benzinmotoren

3 Entfernen Sie die obere Motorabdeckung.
4 Demontieren Sie den rechten Scheinwerfer (siehe Kapitel 12, Sektion 7).
5 Lösen Sie am Thermostatdeckel die Schelle der Kühlerschläuche und ziehen Sie sie ab (siehe Abbildung).

3.5 Schlauchanschluss am Thermostatdeckel

6 Lösen Sie die drei Schrauben des Thermostatdeckels und ziehen Sie diesen aus dem Gehäuse. Verdrehen Sie den Thermostat, um ihn aus den Aufnahmen im Deckel zu befreien, und entnehmen Sie ihn.
7 Kontrollieren Sie die Gummidichtung des Deckels und ersetzen Sie sie nötigenfalls.
8 Entfernen Sie die obere Motorabdeckung. Das Thermostatgehäuse sitzt links am Zylinderkopf.
9 Demontieren Sie die Luftfilter-Baugruppe (siehe Kapitel 4B, Sektion 5).
10 Lösen Sie die Muttern der Halterung links am Thermostatgehäuse und schwenken Sie sie beiseite (siehe Abbildung).

3.10 Muttern der Thermostatgehäuse-Halterung

11 Lockern Sie die Schellen der am Thermostatgehäuse sitzenden Schläuche und ziehen Sie sie ab.
12 Trennen Sie den/die Kabelstecker vom Thermostatgehäuse.
13 Lösen Sie die vier Muttern und Schrauben, um das Gehäuse zu entfernen – die Gummidichtung muss ggf. erneuert werden (siehe Abbildungen). Der Thermostat ist ins Gehäuse integriert, sodass die bei einem Defekt komplett ersetzt werden muss.

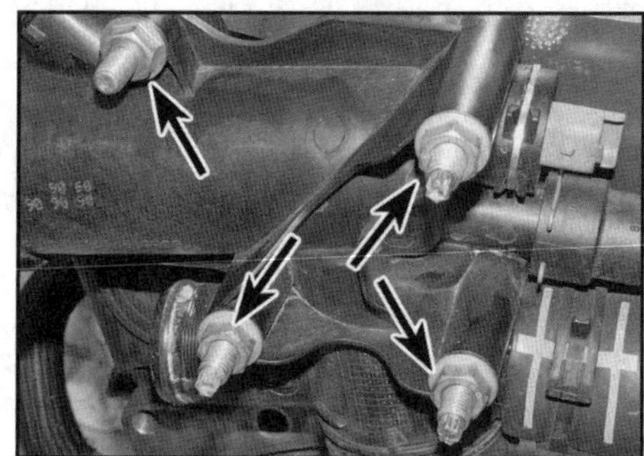

3.13a Thermostatgehäuse-Befestigungsmuttern

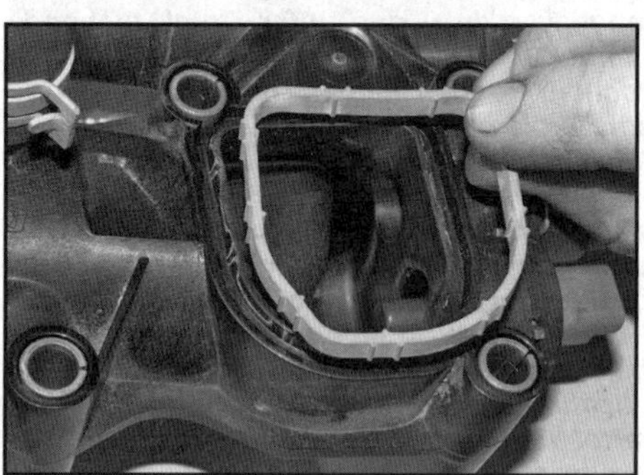

3.13b Thermostatgehäuse-Dichtung

Test

Allgemein

14 Bevor der Thermostat für Probleme im Kühlsystem verantwortlich gemacht wird, sollten immer der Kühlmittel-Pegel (siehe Wöchentliche Kontrollen), die korrekte Spannung des für den Antrieb der Wasserpumpe zuständigen Keilrippen- oder Zahnriemens (siehe Kapitel 1a oder 1B, Sektion 9) und die Funktion der Temperaturanzeige kontrolliert werden.

15 Falls sich der Motor nur sehr langsam erwärmt (erkennbar an einer spät einsetzenden Heizung und der Temperaturanzeige), wird der Thermostat im geöffneten Zustand klemmen – ersetzen Sie einen klemmenden Thermostaten.

16 Eine lange Aufwärmzeit kann auch bedeuten, dass der Thermostat fehlt, weil er vom Vorbesitzer oder Mechaniker ausgebaut oder versehentlich vergessen wurde. Dieser Zustand hat zu Folge, dass der Motor nach jedem Kaltstart lange im Aufwärm-Modus läuft und dabei mehr Kraftstoff verbraucht und entsprechend mehr Abgase erzeugt.

17 Falls der Motor heiß wird, muss von Hand die Temperatur am oberen Kühlerschlauch ermittelt werden – falls der Schlauch bei heißem Motor kalt bleibt, wird der Thermostat im geschlossenen Zustand klemmen, sodass das Kühlmittel nicht in den »großen Kühlkreis« – und damit durch den Kühler – gelangt. Ersetzen Sie einen klemmenden Thermostaten.

18 Wenn bei der Kontrolle festgestellt wird, dass der oberen Kühlerschlauch heiß wird, beweist dies, dass der Thermostat offen ist und das Kühlmittel durch den Kühler strömt. Beachten Sie die Hinweise in der Fehlersuche im Anhang, um mögliche Ursachen für den überhitzten Motor zu finden.

Thermostat-Test

19 Falls der Thermostat bei Raumtemperatur offen bleibt, ist er defekt und muss ausgetauscht werden.

20 Um die Funktion eines bei Raumtemperatur geschlossenen Thermostaten zu testen, wird er in einen mit kaltem Wasser gefüllten Topf gehängt – sichern Sie ihn mit Draht oder Fäden so, dass er nicht den Boden berührt.

21 Erhitzen Sie den Topf und halten Sie ein Thermometer (bis 100 °C) hinein. Kontrollieren Sie, ob der Thermostat bei 92 °C zu öffnen beginnt und bei kochendem Wasser vollständig geöffnet ist. Entnehmen Sie den Thermostaten aus dem Topf und kontrollieren Sie, ob er beim Abkühlen wieder vollständig verschließt.

22 Falls der Thermostat nicht wie beschrieben öffnet und schließt, muss er ersetzt werden.

Einbau

23 Der Einbau entspricht der umgekehrten Ausbaureihenfolge – beachten Sie dabei folgende Punkte:

a) *Reinigen Sie sorgfältig alle Dichtflächen und ersetzen Sie ggf. den Dichtring des Thermostaten.*
b) *Installieren Sie den Thermostaten in der beim Ausbau notierten Position.*
c) *Ziehen Sie die Schrauben des Thermostatdeckels und Gehäuses mit 10 Nm an.*
d) *Verbinden Sie alle Kühlerschläuche und füllen Sie das Kühlsystem auf (siehe Kapitel 1A, Sektion 25 oder Kapitel 1B, Sektion 28).*
e) *Starten Sie den Motor und bringen Sie ihn auf Betriebstemperatur. Kontrollieren Sie alles auf Undichtigkeiten und korrekt Funktion des Thermostaten.*

4 Kühlerventilator – Test, Ausbau und Einbau

Warnung: Der Ventilator kann bei heißem Motor jederzeit anspringen – passen Sie bei Arbeiten in der Nähe des Ventilators entsprechend auf.

Test

1 Der Ventilator wird vom Motorsteuergerät mithilfe der Informationen vom Kühltemperatursensor aktiviert.

2 Falls der Ventilator bei sehr heißem Motor nicht anläuft, müssen zunächst alle relevanten Sicherungen und Relais kontrolliert werden (siehe Kapitel 12, Sektion 3).

3 Um den Ventilator direkt zu testen, wird sein Stecker getrennt und mithilfe von abgesicherten Überbrückungskabeln und der geladenen Fahrzeugbatterie ein Stromkreis hergestellt – läuft er auch jetzt nicht, muss er ersetzt werden.

4 Wenn der überbrückte Ventilator arbeitet, kann der Fehler im Kühltemperatursensor (siehe Sektion 5), der Verkabelung (siehe Sektion 12, Sektion 2) oder dem Steuergerät (siehe Kapitel 4A, Sektion 9 oder Kapitel 4B, Sektion 12) liegen.

Ausbau

5 Trennen Sie den Haupt-Masseanschluss (–) der Batterie (siehe Kapitel 5A, Sektion 4).

6 Ziehen Sie die Handbremse fest an, heben Sie dann das Fahrzeug vorn an, und stützen Sie es sicher ab (siehe Seite 390).

7 Demontieren Sie ggf. den Unterfahrschutz des Motors und des Kühlers.

8 Entleeren Sie das Kühlsystem (siehe Kapitel 1A, Sektion 25 oder Kapitel 1B, Sektion 28).

9 Hebeln Sie an beiden Seiten der Kühlerabdeckung die Stifte der Kunststoffzapfen heraus und ziehen Sie diese heraus (siehe Abbildung).

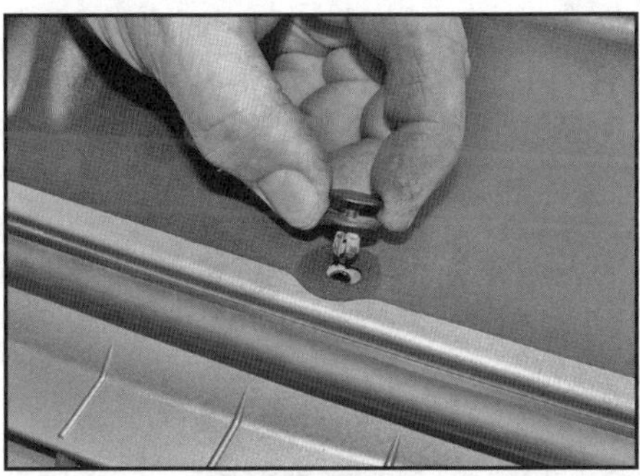

4.9 Hebeln Sie den Stift des Kunststoffzapfens heraus und ziehen Sie diesen heraus.

10 Ziehen Sie die Kühlerabdeckung an den hinteren Laschen hoch, um ihre Clips zu befreien; heben Sie die Abdeckung dann ab (siehe Abbildungen).

4.10a Ziehen Sie die Kühlerabdeckung an den hinteren Laschen hoch, ...

4.10b ... um ihre Clips zu befreien.

4.10c Heben Sie die Abdeckung vom Kühler ab.

11 Drehen Sie die zwei oberen Kühler-Führungszapfen eine Viertelumdrehung gegen den Uhrzeigersinn und entfernen Sie sie aus der Halterung (siehe Abbildungen).

4.11a Drehen Sie die zwei oberen Kühler-Führungszapfen eine Viertelumdrehung gegen den Uhrzeigersinn ...

4.11b ... und entfernen Sie sie aus der Halterung.

12 Sichern Sie den lockeren Kühler so mit Kabelbindern an der oberen Aufnahme, dass er etwa 7 cm abgesenkt werden kann (siehe Abbildung).

4.12 Sichern Sie den Kühler so an der Halterung, dass er etwa 7 cm abgesenkt werden kann.

13 Trennen Sie am Kühler die Schnellverschlüsse der beiden Kühlerschläuche und ziehen Sie sie ab (siehe Abbildungen).

4.13a Trennen Sie am Kühler die Schnellverschlüsse und ziehen Sie den oberen ...

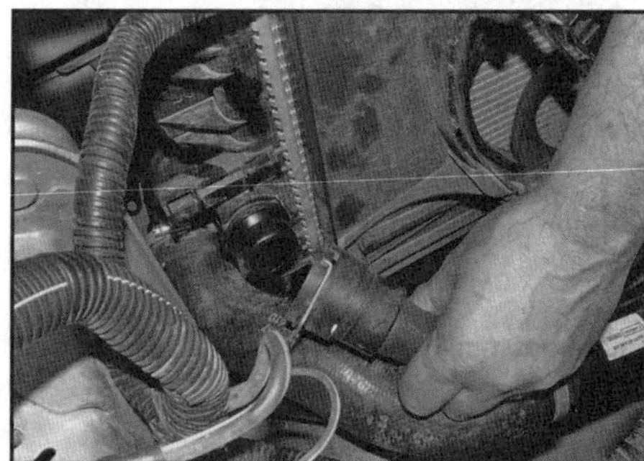

4.13b ... und unteren Kühlerschlauch ab.

14 Befreien Sie den Kühlerschlauch aus der Klemme an der Lüfterhaube (siehe Abbildung).

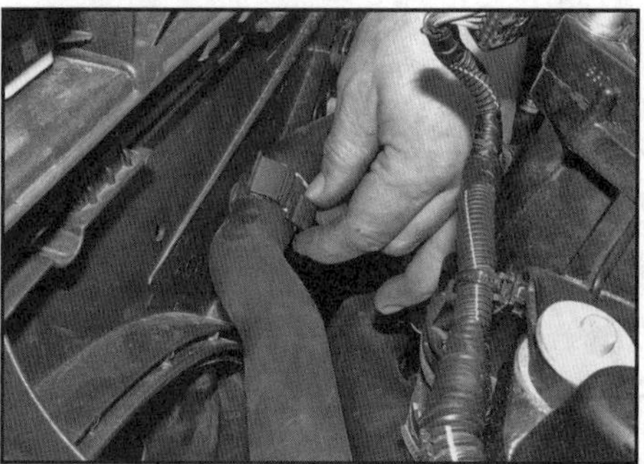

4.14 Befreien Sie den Kühlerschlauch von der Lüfterhaube.

15 Befreien Sie den dünneren Ausgleichsbehälterschlauch aus der Klemme an der Lüfterhaube (siehe Abbildung).

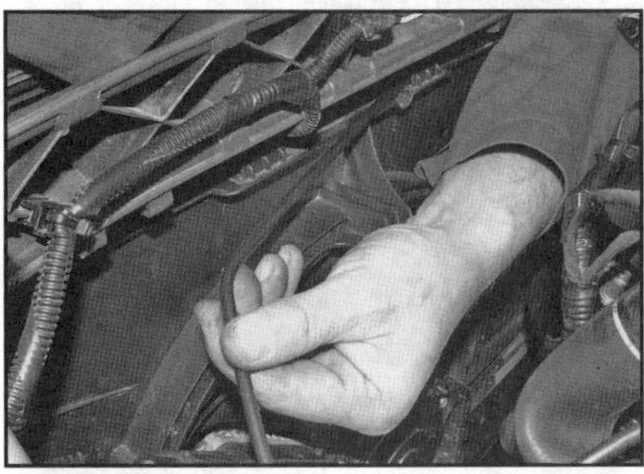

4.15 Befreien Sie den Ausgleichsbehälterschlauch von der Lüfterhaube.

16 Trennen Sie den Ventilatorstecker und befreien Sie seine Verkabelung von der Lüfterhaube (siehe Abbildungen).

4.16a Trennen Sie den Ventilatorstecker ...

4.16b ... und befreien Sie seine Verkabelung von der Lüfterhaube.

17 Lösen Sie von unten an beiden Seiten die zwei Schrauben, mit denen die Kühler-Querstrebe am Unterboden gesichert ist (siehe Abbildung). Senken Sie die aus dem Kühler, dem Verflüssiger und dem Ventilator bestehende Baugruppe um etwa 7 cm ab und sichern Sie sie mit den entsprechend angezogenen Kabelbindern in dieser Position.

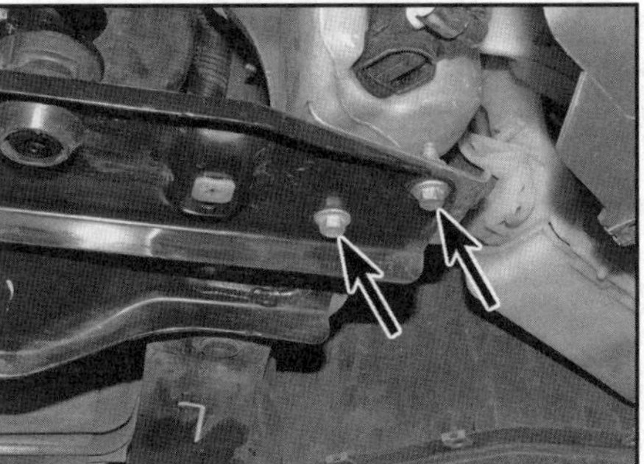

4.17 Schrauben der Kühler-Querstrebe im Unterboden

18 Drücken Sie mit einem Schraubendreher die Laschen an beiden Seiten der oberen Lüfterhauben-Halterung zurück und heben Sie gleichzeitig die Haube an (siehe Abbildung).

4.18 Lasche der oberen Lüfterhauben-Halterung

19 Sobald die Lüfterhauben-Halterungen vom Kühler befreit sind, kann die Haube samt Ventilator nach oben aus dem Motorraum befreit werden (siehe Abbildung).

4.19 Heben Sie die Lüfterhaube samt Ventilator nach oben aus dem Motorraum.

20 Um den Ventilator von der Haube zu trennen, muss zunächst die zentrale Mutter des Lüfterrads gelöst und dies entfernt werden. Lösen Sie dann die drei Schrauben des Ventilatormotors und heben Sie diesen von der Haube – trennen Sie dabei seinen Stecker (siehe Abbildungen).

4.20a Mutter des Lüfterrads

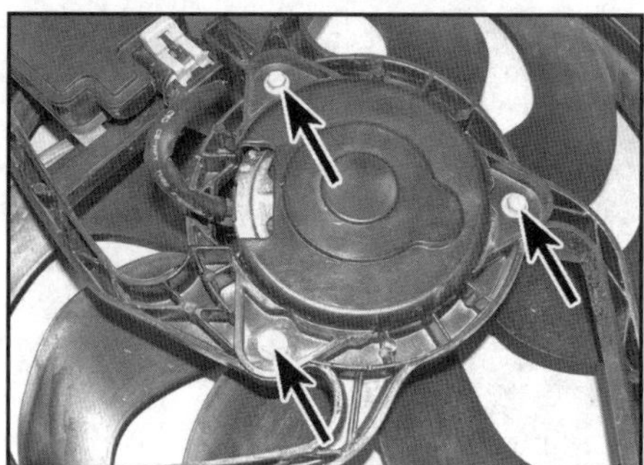

4.20b Schrauben des Ventilatormotors

Einbau

21 Der Einbau entspricht der umgekehrten Ausbaureihenfolge – füllen Sie zum Schluss das Kühlsystem auf (siehe Kapitel 1A, Sektion 25 oder Kapitel 1B, Sektion 28).

5 Kühltemperatursensor – Ausbau und Einbau

Anmerkung: *Beachten Sie zunächst die Warnhinweise in Sektion 1.*

Warnung: Lassen Sie das Kühlmittel vor Arbeitsbeginn vollständig abkühlen!

Benzinmotoren

1 Der Kühltemperatursensor sitzt am Kühlmittel-Auslassgehäuse links am Zylinderkopf.
2 Entfernen Sie die obere Motorabdeckung.
3 Trennen Sie den Sensorstecker.
4 Ford hat zwei verschiedene Sensoren verwendet: einer ist ins Kühlmittel-Auslassgehäuse geschraubt, der andere ist mit einem Drahtbügel darin gesichert (siehe Abbildungen). Halten Sie Lappen bereit, um austretendes Kühlmittel aufzunehmen, und verstopfen Sie die Öffnung nach dem Ausbau, um den Verlust gering zu halten.

5.4a Schrauben Sie den Kühltemperatursensor heraus ...

5.4b ... oder ziehen Sie den Drahtbügel heraus, um ihn zu befreien.

5 Der Einbau entspricht der umgekehrten Ausbaureihenfolge – beachten Sie dabei folgende Punkte:
a) Erneuern Sie ggf. die Sensor-Dichtung.
b) Ziehen Sie den Sensor mit 12 Nm an oder sichern Sie ihn mit dem Drahtbügel.
c) Füllen Sie das Kühlsystem ggf. auf (siehe Kapitel 1A, Sektion 25).

Dieselmotoren

6 Der Kühltemperatursensor sitzt am Kühlmittel-Auslassgehäuse links am Zylinderkopf.
7 Entfernen Sie die obere Motorabdeckung.
8 Demontieren Sie die Luftfilter-Baugruppe und den Ansaugstutzen (siehe Kapitel 4B, Sektion 5).
9 Trennen Sie den Heizungsschlauch vom Thermostatgehäuse, indem Sie seinen Clip heraushebeln.
10 Trennen Sie den Sensorstecker, ziehen Sie den Drahtbügel heraus und befreien Sie den Sensor (Abb. 5.4b) – halten Sie Lappen bereit, um austretendes Kühlmittel aufzunehmen, und verstopfen Sie die Öffnung nach dem Ausbau, um den Verlust gering zu halten.
11 Der Einbau entspricht der umgekehrten Ausbaureihenfolge – beachten Sie dabei folgende Punkte:
a) Erneuern Sie ggf. die Sensor-Dichtung.
b) Füllen Sie das Kühlsystem ggf. auf (siehe Kapitel 1B, Sektion 28).

6 Wasserkühler – Ausbau, Kontrolle und Einbau

Anmerkung: *Beachten Sie zunächst die Warnhinweise in Sektion 1.*
Anmerkung: *Beachten Sie, dass kleine Undichtigkeiten am*

Kühler auch im eingebauten Zustand durch das Einfüllen von speziellem Kühler-Dichtmittel beseitigt werden können.

Ausbau

1 Demontieren Sie den Ventilator samt Lüfterhaube (siehe Sektion 4).
2 Demontieren Sie bei Dieselmotoren den Ladeluftkühler (siehe Kapitel 4B, Sektion 16).
3 Demontieren Sie den rechten Scheinwerfer (siehe Kapitel 12, Sektion 7).
4 Lösen Sie rechts am Kühler die Schraube des Klimaanlagen-Verflüssigers, um ihn zu befreien (siehe Abbildung).

6.4 Schraube des Klimaanlagen-Verflüssigers rechts am Kühler

5 Trennen Sie alle oben am Kühler angeschlossenen Ausgleichsbehälterschläuche, indem Sie ihre Laschen eindrücken (siehe Abbildung).

6.5 Drücken Sie die Laschen ein und trennen Sie den Ausgleichsbehälterschlauch oben vom Kühler.

6 Lassen Sie den Kühler beim Ausbau von einem Assistenten halten.
7 Heben Sie den Verflüssiger leicht an und befreien Sie seine zwei Laschen aus den Führungen am Kühler (siehe Abbildung). Sichern Sie den Verflüssiger mit Kabelbindern an der Karosserie.

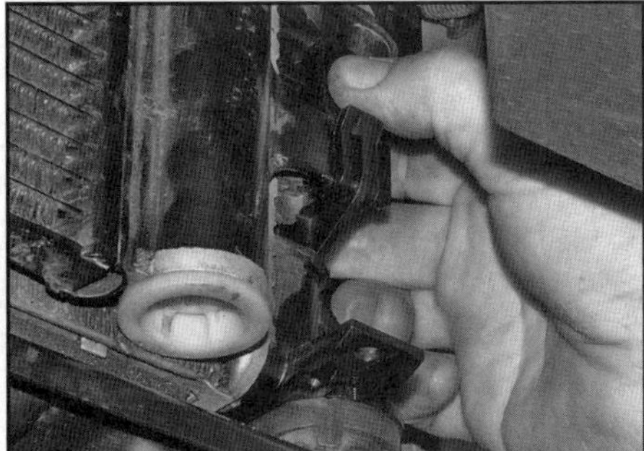

6.7 Befreien Sie die zwei Laschen des Klimaanlagen-Verflüssigers aus den Führungen am Kühler.

8 Öffnen Sie die Kabelbinder, mit denen der Kühler beim Ausbau des Ventilators gesichert wurde. Senken Sie den Kühler samt Querstrebe nach unten ab, um ihn zu entfernen.
9 Um die Querstrebe vom Kühler befreien zu können, müssen dessen untere Gummibuchsen mit etwas Kriechöl eingesprüht und die Strebe vorsichtig abgehebelt werden. Hebeln Sie die Buchsen mit einem Maulschlüssel von den Kühler-Zapfen (siehe Abbildung).

6.9 Hebeln Sie die Buchsen mit einem Maulschlüssel von den Kühler-Zapfen.

Kontrolle

10 Der ausgebaute Kühler kann auf Lecks und Schäden untersucht werden. Ein leckender Kühler muss von einem Fachbetrieb repariert werden. Versuchen Sie nicht, einen Kühler zu schweißen oder zu löten, da hierbei spezielle Techniken erforderlich sind.
11 Befreien Sie mit Druckluft und einer weichen Bürste Schmutz und Insekten aus den Kühlerlamellen.
Achtung: *Tragen Sie beim Einsatz von Druckluft stets eine Schutzbrille!*
Achtung: *Die Lamellen sind scharfkantig und sehr empfindlich!*
12 Kontrollieren Sie alle Haltegummis auf Alterungserscheinungen und ersetzen Sie sie nötigenfalls.

Einbau

13 Der Einbau entspricht der umgekehrten Ausbaureihenfolge – beachten Sie dabei folgende Punkte:
a) Alle Gummibuchsen müssen korrekt auf den unteren Zapfen stecken.
b) Alle Schläuche müssen korrekt verbunden und mit ihren Schellen gesichert sein.
c) Füllen Sie zum Schluss das Kühlsystem auf (siehe Kapitel 1A, Sektion 25 oder Kapitel 1B, Sektion 28).
d) Starten Sie den Motor und kontrollieren Sie alles auf Undichtigkeiten. Bringen Sie den Motor auf Betriebstemperatur und prüfen Sie, ob der obere Kühlerschlauch warm wird. Lassen Sie den Motor – am besten über Nacht – wieder abkühlen und kontrollieren Sie erneut den Kühlmittelpegel.

7 Wasserpumpe – Kontrolle, Ausbau und Einbau

Anmerkung: *Beachten Sie zunächst die Warnhinweise in Sektion 1.*

Kontrolle

1 Ein Defekt an der Wasserpumpe kann zu schweren Motorschäden durch Überhitzung führen.

2 Die Funktion der eingebauten Pumpe kann auf drei Arten kontrolliert werden. Eine defekte Pumpe muss durch ein Neuteil oder eine überholte Pumpe ersetzt werden.
3 Bringen Sie den Motor auf Betriebstemperatur und drücken Sie den oberen Kühlerschlauch – wenn die Pumpe korrekt arbeitet, muss beim Lösen ein Druckstoß spürbar sein.
4 Wasserpumpen sind mit Ablauf- oder Belüftungsbohrungen ausgerüstet. Beim Defekt einer Pumpendichtung tritt hier Kühlmittel aus – in den meisten Fällen wird zum Auffinden eines Lecks eine Taschenlampe benötigt. Beim Dieselmotor muss zunächst die obere Zahnriemenabdeckung entfernt werden (siehe Kapitel 2B, Sektion 5).
5 Beim Ausfall des Pumpenwellenlagers kann bei laufendem Motor rechts ein Heulen hörbar sein. Verschleiß kann durch Wackeln am Pumpenrad ermittelt werden.
6 Verwechseln Sie das Heulen eines defekten Pumpenwellenlagers nicht mit dem Quietschen eines rutschenden Keilrippenriemens.

Ausbau

7 Entleeren Sie das Kühlsystem (siehe Kapitel 1A, Sektion 25 oder Kapitel 1B, Sektion 28).

Benzinmotor

8 Entfernen Sie die obere Motorabdeckung.
9 Lockern Sie die Schrauben der Wasserpumpen-Riemenscheibe und entfernen Sie den Keilrippenriemen (siehe Kapitel 1, Sektion 21).
10 Lösen Sie die Schrauben der Wasserpumpen-Riemenscheibe und entfernen Sie diese.
11 Lösen Sie die drei Befestigungsschrauben der Wasserpumpe und ziehen Sie diese ab – der O-Ring muss später erneuert werden (siehe Abbildungen).

7.11a Lösen Sie die drei Befestigungsschrauben ...

7.11b ... und ziehen Sie die Wasserpumpe ab, ...

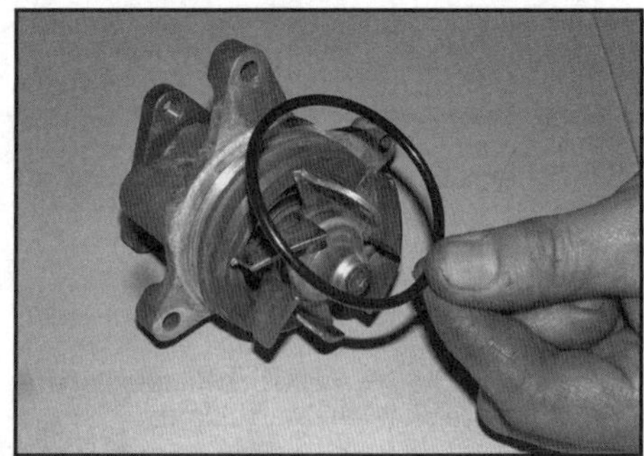

7.11c ... der O-Ring muss später erneuert werden.

Dieselmotor

12 Demontieren Sie den Zahnriemen (siehe Kapitel 2B, Sektion 5).
13 Lösen Sie die fünf Befestigungsschrauben der Wasserpumpe und ziehen Sie diese ab – die Dichtung muss später erneuert werden (siehe Abbildungen).

7.13a Wasserpumpen-Befestigungsschrauben

7.13b Erneuern Sie die Wasserpumpendichtung.

Einbau

14 Die Dichtflächen der Pumpe müssen absolut sauber. Einmal entfernte Dichtungen müssen durch Neuteile ersetzt werden. Montieren Sie die Pumpe und ziehen Sie ihre Schrauben sorgfältig, bzw. beim Benzinmotor mit 20 Nm an.
15 Der Rest des Einbaus entspricht der umgekehrten Ausbaureihenfolge – beachten Sie dabei folgende Punkte:

a) Ziehen Sie alle Befestigungen mit den ggf. vorhandenen Drehmomenten an.
b) Kontrollieren Sie beim Dieselmotor den Zahnriemen auf Schäden und Verölung und ersetzen Sie ihn ebenfalls (siehe Kapitel 2B, Sektion 5).
c) Füllen Sie das Kühlsystem auf (siehe Kapitel 1A, Sektion 25 oder Kapitel 2B, Sektion 28).

8 Heizung und Lüftung – Allgemeine Informationen

1 Das Heizungs- und Belüftungssystem besteht aus dem Gebläse, dem hinter dem Armaturenbrett sitzenden Wärmetauscher, seitlichen und zentralen Lüftungsklappen im Armaturenbrett und Lüftungstrakten zur Windschutzscheibe und den Fußräumen.
2 Mithilfe der im Armaturenbrett sitzenden Heizungsregler werden Klappen betätigt, um die durch die verschiedenen Teile des Heizungs- und Belüftungssystems strömende Luft abzulenken und zu mischen. Die Luftklappen sitzen im zentralen Luftverteilergehäuse, das die Luft zu den verschiedenen Öffnungen verteilt.
3 Die zum Heizen verwendete Luft wird durch den Grill vor der Windschutzscheibe angesaugt. Im Lüftungs-Einlass befindet sich ein Pollenfilter, um Staub und andere Partikel aus der ins Fahrzeug strömenden Luft herauszufiltern. Der Filter muss regelmäßig ausgetauscht werden (siehe Kapitel 1a oder 1B, Sektion 7), um den Luftstrom und das Trocknen des Innenraums nicht zu behindern.
4 Die nötigenfalls per Gebläse beschleunigte Luft wird von der Regelung zu den verschiedenen Lüftungsdüsen geleitet. Abluft gelangt im Heck wieder ins Freie. Falls Warmluft verlangt wird, leiten entsprechende Klappen die Frischluft durch einen vom Kühlmittel des Motors beheizten Wärmetauscher.
5 Ein Umlufthebel ermöglicht den Ausschluss der Außenluft, während im Fahrzeug die Luft zirkuliert. Diese Funktion kann kurzzeitig genutzt werden, um Gerüche nicht ins Fahrzeug dringen zu lassen, sollte aber nicht lange verwendet werden, da die Luft rasch verbraucht sein wird.

9 Heizungs- und Lüftungs-Komponenten – Ausbau und Einbau

Gebläsemotor

Anmerkung: *Das Lösen der Gebläsemotor-Arretierlasche erfordert Geduld und Geschick; nach dem Ausbau des Armaturenbretts (siehe Kapitel 11, Sektion 29) wird die Arbeit deutlich einfacher.*
1 Trennen Sie den Haupt-Masseanschluss (–) der Batterie (siehe Kapitel 5A, Sektion 4).
2 Entfernen Sie das Handschuhfach (siehe Kapitel 11, Sektion 27).
3 Trennen Sie durch die Handschuhfach-Öffnung hindurch den Kabelstecker und lösen Sie die drei Schrauben, um das Luftklappengehäuse zu entfernen (siehe Abbildungen).

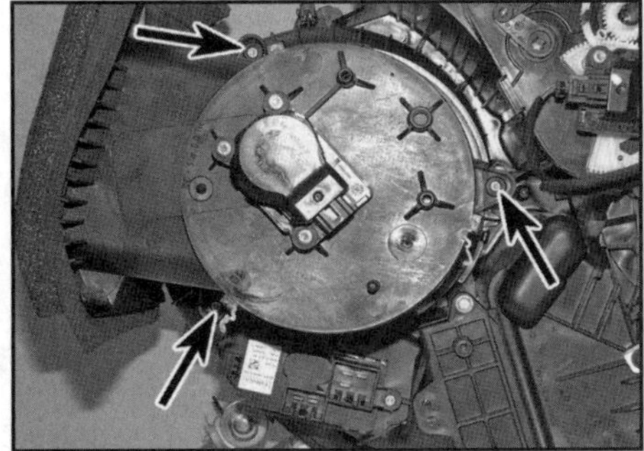

9.3a Lösen Sie die drei Schrauben …

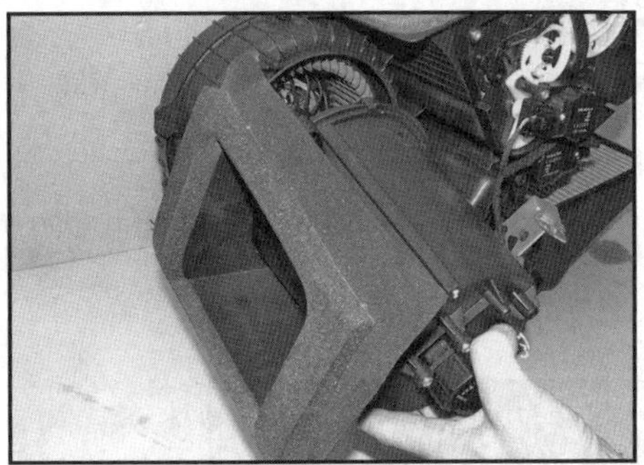

9.3b und entfernen Sie das Luftklappengehäuse.

4 Der Gebläsemotor ist eine extrem empfindliche Komponente, die beim Ausbau leicht beschädigt werden kann. Bei Ford ist das Spezialwerkzeug 412-131 erhältlich, das über die Motorwelle geschoben werden kann, um diesen ohne Schäden am Lüfterrad zu riskieren, auszubauen; alternativ kann ein E22-Torx-Steckschlüssel samt Verlängerung über die Welle geschoben werden.
5 Schieben Sie das Spezialwerkzeug oder den Torx-Steckschlüssel auf die Motorwelle.
6 Trennen Sie den Gebläsemotor-Stecker und befreien Sie die Verkabelung aus dem Clip am Gehäuse.
7 Drücken Sie die Arretierlasche und drehen Sie den Gebläsemotor im Uhrzeigersinn, um ihn mithilfe der Motorwellen-Halterung an der Fahrerseite aus dem Gehäuse zu befreien. Ziehen Sie den Motor (siehe Abbildungen) – beschädigen Sie dabei nicht das Lüfterrad, indem Sie darauf drücken oder den Motor darauf lagern.

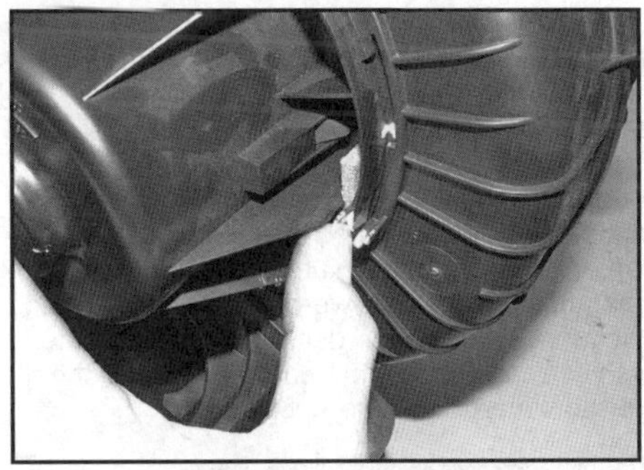

9.7a Drücken Sie die Arretierlasche und drehen Sie den Gebläsemotor im Uhrzeigersinn, …

9.7b … um ihn mithilfe der Motorwellen-Halterung an der Fahrerseite aus dem Gehäuse zu befreien.

8 Der Einbau entspricht der umgekehrten Ausbaureihenfolge.

Gebläsemotor-Widerstand

9 Trennen Sie den Haupt-Masseanschluss (–) der Batterie (siehe Kapitel 5A, Sektion 4).

10 Entfernen Sie das Handschuhfach (siehe Kapitel 11, Sektion 27).

11 Trennen Sie durch die Handschuhfach-Öffnung hindurch den/die Kabelstecker und lösen Sie die Schraube (zwei Schrauben bei frühen Modellen), um den Widerstand vom Lüftungs-Verteilergehäuse zu entfernen (siehe Abbildung).

9.11 Befreien Sie den Gebläsemotor-Widerstand vom Lüftungs-Verteilergehäuse.

12 Der Einbau entspricht der umgekehrten Ausbaureihenfolge.

Lüftungs-Verteilergehäuse

Anmerkung: *Diese Arbeit ist äußerst kompliziert und umfangreich. Lesen Sie sich zuvor alle entsprechenden Sektionen in Kapitel 11 durch, um einen Überblick zu erhalten.*

13 Lassen Sie die Klimaanlage von einem Fachbetrieb entleeren.

14 Lassen Sie das Kühlmittel ab (siehe Kapitel 1A, Sektion 25 oder Kapitel 1B, Sektion 28).

15 Jetzt müssen im Motorraum die Kühlmittelschläuche vom Heizungs-Wärmetauscher getrennt werden; weil der Zugang zu den Schlauchanschlüssen an der Spritzwand nahezu unmöglich ist, sollten ihre anderen Enden an den Schnellverschlüssen getrennt werden (siehe Abbildung).

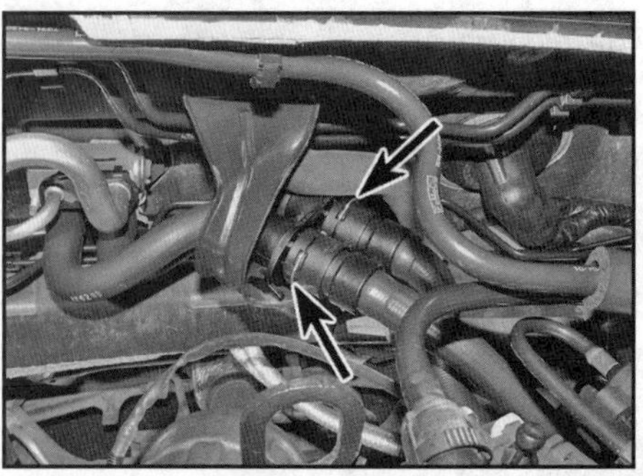

9.15 Trennen Sie die Heizungsschläuche an den Schnellverschlüssen – gezeigt am Modell mit Benzinmotor.

16 Lösen Sie bei frühen Modellen die zwei Muttern der Kältemittelrohre am an der Spritzwand sitzenden Ausdehnungsventil. Lösen Sie bei späteren Modellen die einzelne Mutter und entfernen Sie den Kunststoffrahmen (siehe Abbildung). Trennen Sie bei allen Modellen den Anschluss und entfernen Sie die Dichtringe – diese müssen später erneuert werden. Verstopfen Sie alle offenen Anschlüsse umgehend, damit keine Feuchtigkeit oder Schmutz eindringen können.

9.16 Diese Mutter sichert bei späteren Modellen die Kältemittelrohre am an der Spritzwand sitzenden Ausdehnungsventil.

17 Demontieren Sie das Armaturenbrett samt Querträger (siehe Kapitel 11, Sektionen 29 und 30).

18 Befreien Sie rechts am Verteilergehäuse das Verdampfer-Ablaufrohr aus dem Stutzen am Boden (siehe Abbildung).

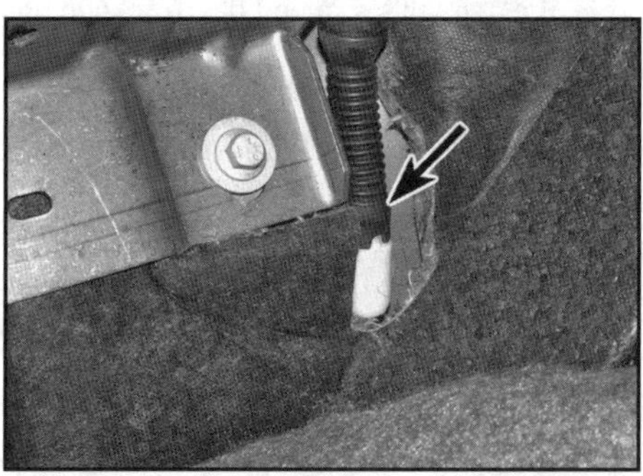

9.18 Befreien Sie das Verdampfer-Ablaufrohr aus dem Stutzen am Boden.

19 Heben Sie das Lüftungs-Verteilergehäuse mithilfe eines Assistenten aus dem Fahrzeug (siehe Abbildung) – führen Sie dabei die Wärmetauscher-Schläuche durch die Spritzwand und seien Sie auf etwas austretendes Kühlmittel vorbereitet.

9.19 Heben Sie das Lüftungs-Verteilergehäuse aus dem Fahrzeug.

20 Der Einbau entspricht der umgekehrten Ausbaureihenfolge – beachten Sie dabei folgende Punkte:

a) Der Einbau des Armaturenbretts samt Querträger ist in 11, Sektionen 29 und 30 beschrieben.

b) Ersetzen Sie alle Kältemittelrohr-Dichtungen.

c) Füllen Sie zum Schluss das Kühlsystem auf (siehe Kapitel 1A, Sektion 25 oder Kapitel 2B, Sektion 28).

d) Lassen Sie das Kältemittel vom Spezialbetrieb wieder auffüllen und die Klimaanlage auf Dichtigkeit prüfen.

Heizungs-Wärmetauscher

21 Demontieren Sie das Lüftungs-Verteilergehäuse aus dem Fahrzeug (siehe oben).
22 Lösen Sie die Laschen der Heizungsschläuche und trennen Sie diese vom Wärmetauscher.
23 Lösen Sie die zwei Schrauben des Ausdehnungsventils und entfernen Sie es von den Kältemittelrohr-Stutzen (siehe Abbildungen) – beim Einbau müssen neue Dichtringe verwendet werden. Verstopfen oder bedecken Sie alle Öffnungen.

9.23a Lösen Sie die zwei Schrauben ...

9.23b ... und entfernen Sie das Ausdehnungsventil von den Kältemittelrohr-Stutzen.

24 Entfernen Sie die Ausdehnungsventil-Halteplatte und das Schaumstoffsegment (siehe Abbildungen).

9.24a Entfernen Sie die Ausdehnungsventil-Halteplatte ...

9.24b ... und das Schaumstoffsegment.

25 Lösen Sie die zwei Schrauben, mit denen die zwei Hälften der Spritzwand-Verschlussplatte zusammengehalten werden, trennen Sie die Platte und entnehmen Sie den Rohr-Abstandshalter (siehe Abbildungen).

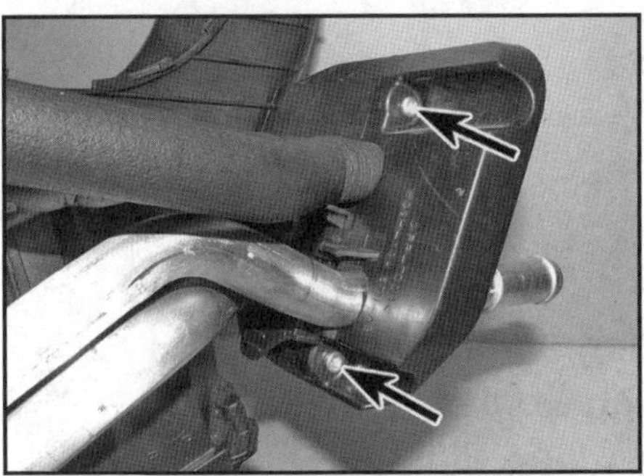

9.25a Lösen Sie die zwei Schrauben, ...

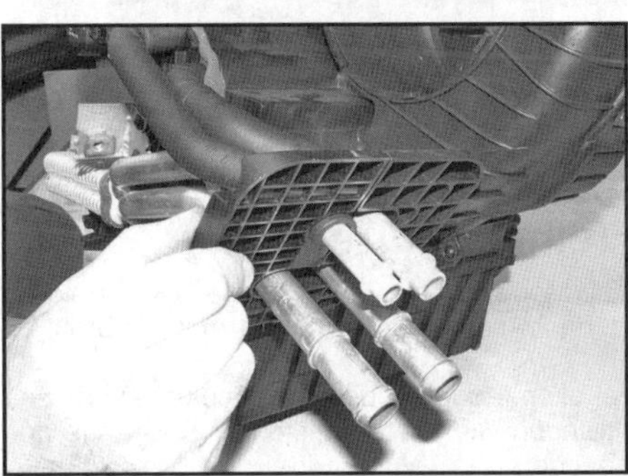

9.25b ... trennen Sie die zwei Hälften der Spritzwand-Verschlussplatte, ...

9.25c ... und entnehmen Sie den Rohr-Abstandshalter.

26 Ziehen Sie vorsichtig den Wärmetauscher und die Heizungsrohr-Baugruppe aus dem Lüftungs-Verteilergehäuse (siehe Abbildung).

9.26 Ziehen Sie den Heizungs-Wärmetauscher und die Heizungsrohr-Baugruppe aus dem Lüftungs-Verteilergehäuse.

27 Der Einbau entspricht der umgekehrten Ausbaureihenfolge.

Pollenfilter

28 Beachten Sie hierzu die Hinweise in Kapitel 1a oder 1B, Sektion 7.

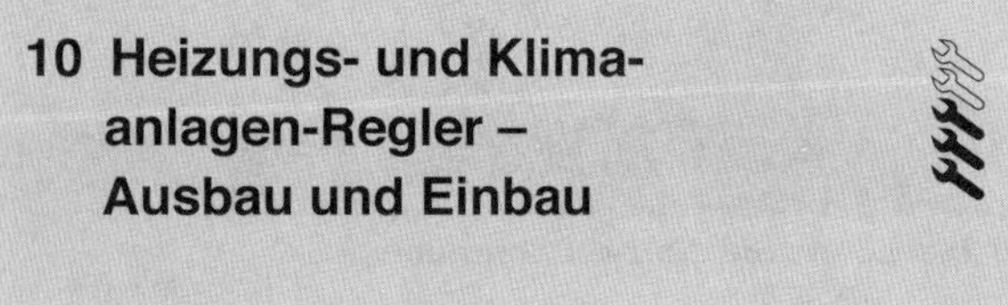

10 Heizungs- und Klimaanlagen-Regler – Ausbau und Einbau

1 Trennen Sie den Haupt-Masseanschluss (–) der Batterie (siehe Kapitel 5A, Sektion 4).
2 Demontieren Sie das Audiosystem (siehe Kapitel 12, Sektion 17).

Manuelle Temperaturregelung

3 Lösen Sie bei Modellen bis 04/2010 die zwei unteren Schrauben, die den Aschenbecher am Armaturenbrett sichern.
4 Ziehen Sie bei allen Modellen den Aschenbecher aus seiner Halterung, trennen Sie die Kabelstecker und entfernen Sie den Aschenbecher.
5 Lösen Sie die zehn Schrauben des Audiosystem-Rahmens und befreien Sie diesen aus dem Armaturenbrett.
6 Ziehen Sie die Heizungs- und Klimaanlagen-Reglerblende aus ihrem Sitz.
7 Notieren Sie die exakten Positionen aller Kabelstecker hinten an der Blende und befreien Sie die Heizungsregler-Züge vom Temperatur- und Lüftungsregler. Entfernen Sie die Reglerblende.
8 Der Einbau entspricht der umgekehrten Ausbaureihenfolge.

Automatische Temperaturregelung

9 Heben Sie die Mittelkonsolen-Abdeckung unter dem Aschenbecher heraus (siehe Abbildung).

10.9 Heben Sie die Mittelkonsolen-Abdeckung unter dem Aschenbecher heraus.

10 Schrauben Sie bei Modellen mit Schaltgetriebe den Schalthebelknauf ab und befreien Sie die Schalthebelmanschette, um sie zusammen mit der Rückwärtsgangsperre vom Hebel zu ziehen (siehe Abbildungen).

10.10a Schrauben Sie den Schaltknauf ab ...

10.10b ... und befreien Sie die Schalthebelmanschette, ...

10.10c ... um sie zusammen mit der Rückwärtsgangsperre vom Hebel zu ziehen.

11 Befreien Sie bei Modellen mit Automatikgetriebe die Wahlhebel-Kulisse aus der Mittelkonsole.

12 Ziehen Sie die obere Mittelkonsolen-Abdeckung hinten beginnend hoch, um ihre Clips zu lösen, befreien Sie ihre vorderen Laschen und entfernen Sie sie (siehe Abbildung) – trennen Sie alle vorhandenen Kabelstecker. Führen Sie bei Modellen mit Automatikgetriebe die Wahlhebel-Kulisse durch die Abdeckung, während diese entnommen wird.

10.12 Befreien Sie die obere Mittelkonsolen-Abdeckung.

13 Hebeln Sie bei Modellen bis 04/2010 vorsichtig die zwei dreieckigen Blenden aus der mittleren Instrumentenblende. Trennen Sie ggf. den Stecker des Startknopfes (siehe Abbildung). Befreien Sie bei Modellen ab 04/2010 vorsichtig die um und unter der mittleren Instrumentenblende sitzende seitliche Verkleidung. Trennen Sie ggf. den Stecker des Startknopfes.

10.13 Hebeln Sie bei Modellen bis 04/2010 die dreieckigen Blenden aus der mittleren Instrumentenblende – gezeigt an einem Modell mit Rechtslenkung.

14 Lösen Sie die sechs Schrauben der mittleren Instrumentenblende, um sie aus dem Armaturenbrett zu befreien. Trennen Sie alle Kabelstecker und entfernen Sie die Blende (siehe Abbildungen).

10.14a Lösen Sie die sechs Schrauben, ...

10.14b ... ziehen Sie die mittlere Instrumentenblende aus dem Armaturenbrett ...

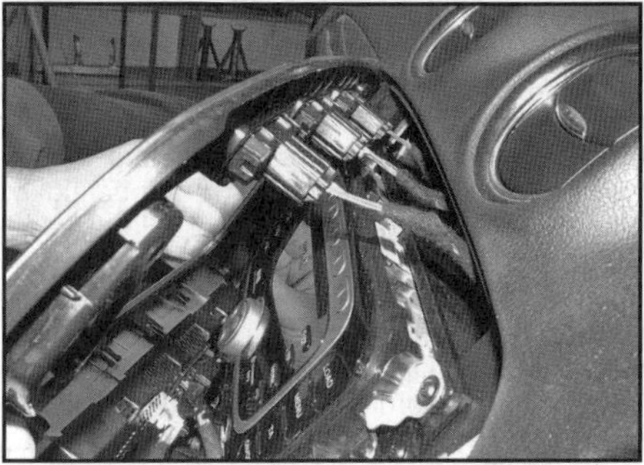

10.14c ... und trennen Sie alle Kabelstecker.

15 Lösen Sie innen an der mittleren Instrumentenblende die vier Schrauben der Heizungs- und Klimaanlagen-Regelung, um diese zu befreien (siehe Abbildungen).

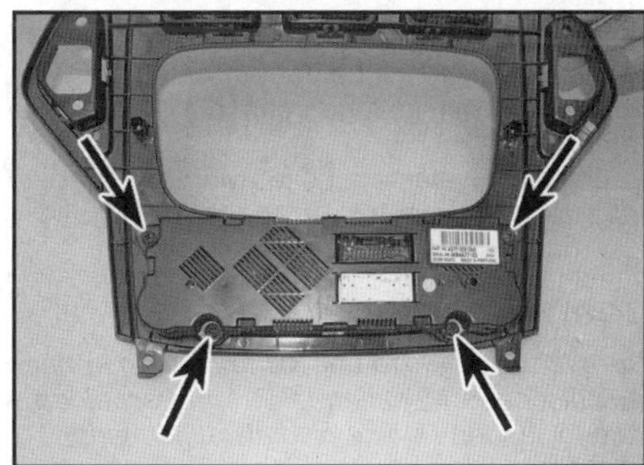

10.15a Lösen Sie innen an der mittleren Instrumentenblende die vier Schrauben ...

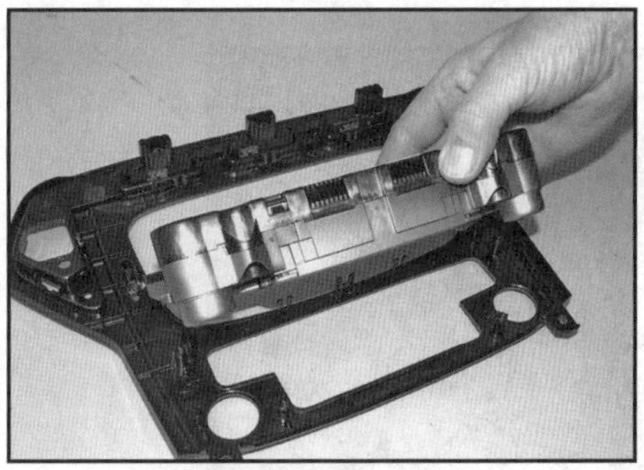

10.15b und befreien Sie die Heizungs- und Klimaanlagen-Regelung.

16 Der Einbau entspricht der umgekehrten Ausbaureihenfolge.

Klimaanlagen-Regelung

17 Die Regelung der Klimaanlage ist in den zentralen Touchscreen integriert, dessen Aus- und Einbau in Kapitel 12, Sektion 17 beschrieben ist.

11 Klimaanlage – Allgemeine Informationen und Warnhinweise

Allgemeine Informationen

1 Die Klimaanlage besteht aus einem vorn am Kühler sitzenden Verflüssiger, einem neben dem Heizungs-Wärmetauscher sitzenden Verdampfer, einem vom Keilrippenriemen angetriebenen Kompressor, einem Kältemittelsammler/Trockner und entsprechenden Verbindungsrohren. Zusammen mit der Heizung ermöglicht die Klimaanlage die Anpassung der Innenraumtemperatur. Sie reduziert auch die Luftfeuchtigkeit der einströmenden Frischluft und hindert so die Fenster am Beschlagen.

2 Die Kühlfunktion der Klimaanlage arbeitet ähnlich wie ein gewöhnlicher Kühlschrank. Der von der Kurbelwelle über den Keilrippenriemen angetriebene Kompressor presst gasförmiges Kühlmittel in den vorn am Wasserkühler sitzenden Verflüssiger, wo es Wärme abgibt und flüssig wird. Es durchströmt ein Expansionsventil und gelangt in den Verdampfer, wo es sich von unter hohem Druck stehender Flüssigkeit in Gas umwandelt, das unter niedrigem Druck steht. Diese Umwandlung wird von einer Temperaturabsenkung begleitet, sodass der Verdampfer abkühlt. Das Kühlmittel kehrt zum Kompressor zurück und der Kreislauf beginnt von vorn.

3 Durch den Verdampfer geblasene Luft passiert das Lüftungs-Verteilergehäuse, wo sie mit heißer Luft aus dem Wärmetauscher gemischt wird, um im Innenraum die gewünschte Temperatur zu erreichen.

4 Die Heizungsseite des Systems arbeitet wie eine normale Fahrzeugheizung (siehe Sektion 8).

Klimaanlagen-Wartungspunkte

Anmerkung: *Die Wartungspunkte der Klimaanlagen können sich bei den verschiedenen Modellen leicht unterscheiden – betrachten Sie die folgenden Punkte also als allgemeine Hinweise.*

5 Der Wartungspunkt für den Hochdruckbereich ist der größere der beiden Anschlüsse rechts hinten am Kühler (siehe Abbildung).

11.5 Hochdruck-Wartungspunkt

6 Der Wartungspunkt für den Niederdruckbereich befinden sich rechts hinten im Motorraum (siehe Abbildung).

11.6 Niederdruck-Wartungspunkt

Warnhinweise

Warnung: Die Klimaanlage steht unter beträchtlichem Druck. Lockern Sie niemals irgendwelche Anschlüsse, solange nicht das System zuvor von einem Klimaanlagen-Spezialisten entleert wurde. Verstopfen Sie umgehend alle Öffnungen, um keine Luftfeuchtigkeit oder Schmutz eindringen zu lassen. Tragen Sie beim Trennen von Klimaanlagen-Anschlüssen stets eine Schutzbrille.

7 Bei der Arbeit an der Klimaanlage oder damit verbundenen Komponenten müssen besondere Warnhinweise beachtet werden. Das Kältemittel ist potenziell gefährlich, sodass nur qualifizierte Personen damit hantieren dürfen. Eine unkontrollierte Entleerung des Systems birgt Gefahren und ist aus den folgenden Gründen äußerst umweltschädlich:

a) Falls es auf die Haut gerät, kann es Erfrierungen verursachen.

b) Kältemittel ist schwerer als Luft und kann Sauerstoff verdrängen. In einem geschlossenen Raum, der nicht ausreichend belüftet wird, besteht daher Erstickungsgefahr. Das Gas ist farb- und geruchslos, sodass es unbemerkt austreten kann.

c) Das Kältemittel ist selbst nicht giftig, doch in Anwesenheit einer offenen Flamme (auch einer Zigarette) bildet es giftige Gase, die u. a. zu Kopfschmerzen und Übelkeit führen können.

Warnung: Versuchen Sie niemals, irgendeinen Schlauch- oder Rohranschluss der Klimaanlage zu öffnen, ohne dass das System zuvor von einem Klimaanlagen-Spezialisten entleert wurde. Nach Beendigung der Arbeit muss das System ebenfalls von einem Fachbetrieb wieder mit dem korrekten Kältemittel aufgefüllt werden.

Warnung: Getrennte Rohr- und Schlauchanschlüsse müssen direkt nach dem Trennen abgedichtet werden. Falls Luft eindringen kann, wird der Trockner-Behälter mit Feuchtigkeit zugesetzt, sodass er ausgetauscht werden muss. Ersetzen Sie alle Anschluss-Dichtringe.

Achtung: Aktivieren Sie nicht die Klimaanlage, wenn bekannt ist, dass Kältemittel fehlt – hierdurch kann der Kompressor beschädigt werden!

12 Klimaanlagen-Komponenten – Ausbau und Einbau

Warnung: Die Klimaanlage steht unter beträchtlichem Druck. Lockern Sie niemals irgendwelche Anschlüsse, solange nicht das System zuvor von einem Klimaanlagen-Spezialisten entleert wurde. Verstopfen Sie umgehend alle Öffnungen, um keine Luftfeuchtigkeit oder Schmutz eindringen zu lassen. Tragen Sie beim Trennen von Klimaanlagen-Anschlüssen stets eine Schutzbrille. Beachten Sie die Warnhinweise in Sektion 10.

Anmerkung: *Diese Sektion beschäftigt sich ausschließlich mit Klimaanlagen-Komponenten – beachten Sie für Komponenten der Heizung und der Lüftung die Hinweise in den Sektionen 9 und 10.*

Verflüssiger

1 Lassen Sie die Klimaanlage von einem Spezialbetrieb vollständig entleeren.
2 Trennen Sie den Haupt-Masseanschluss (–) der Batterie (siehe Kapitel 5A, Sektion 4).
3 Demontieren Sie den rechten Scheinwerfer (siehe Kapitel 12, Sektion 7).
4 Lösen Sie die Schraube, die den Verflüssiger rechts am Kühler sichert (Abb. 6.4).
5 Lösen Sie die zwei Schrauben, mit denen die Kältemittelrohre rechts am Verflüssiger gesichert sind – die Dichtringe müssen später erneuert werden. Verstopfen Sie umgehend die Öffnungen, um keine Luftfeuchtigkeit oder Schmutz eindringen zu lassen.
6 Hebeln Sie an beiden Seiten der Kühlerabdeckung die Stifte der Kunststoffzapfen heraus und ziehen Sie diese heraus (Abb. 4.9).
7 Ziehen Sie die Kühlerabdeckung an den hinteren Laschen hoch, um ihre Clips zu befreien; heben Sie die Abdeckung dann ab (Abb. 4.10a, b und c).
8 Ziehen Sie die Handbremse fest an, heben Sie dann das Fahrzeug vorn an, und stützen Sie es sicher ab (siehe Seite 390).
9 Demontieren Sie ggf. den Unterfahrschutz des Motors und des Kühlers.
10 Demontieren Sie bei Dieselmotoren den Ladeluftkühler (siehe Kapitel 4B, Sektion 16).
11 Heben Sie den Verflüssiger leicht an und befreien Sie seine zwei Laschen aus den Führungen am Kühler (siehe Abbildung). Senken Sie den Verflüssiger nach unten ab und entfernen Sie ihn unter dem Fahrzeug.
12 Der Einbau entspricht der umgekehrten Ausbaureihenfolge. Erneuern Sie die O-Ringe und schmieren Sie sie mit Kältemittel.
13 Lassen Sie das Kältemittel vom Spezialbetrieb wieder auffüllen und die Anlage auf Dichtigkeit prüfen.

Verdampfer

14 Lassen Sie die Klimaanlage von einem Spezialbetrieb vollständig entleeren.
15 Lösen Sie seitlich am Lüftungs-Verteilergehäuse die drei Schrauben und entfernen Sie die Verdampfer-Abdeckung (siehe Abbildungen).

12.15a Lösen Sie die drei Schrauben ...

12.15b ... und entfernen Sie die Verdampfer-Abdeckung.

16 Ziehen Sie den Verdampfer aus dem Lüftungs-Verteilergehäuse (siehe Abbildung).

12.16 Ziehen Sie den Verdampfer aus dem Lüftungs-Verteilergehäuse.

17 Der Einbau entspricht der umgekehrten Ausbaureihenfolge.

Kompressor

18 Lassen Sie die Klimaanlage von einem Spezialbetrieb vollständig entleeren.
19 Trennen Sie den Haupt-Masseanschluss (–) der Batterie (siehe Kapitel 5A, Sektion 4).
20 Ziehen Sie die Handbremse fest an, heben Sie dann das Fahrzeug vorn an, und stützen Sie es sicher ab (siehe Seite 390).
21 Demontieren Sie ggf. den Unterfahrschutz des Motors.
22 Befreien Sie den Keilrippenriemen von der Kompressor-Riemenscheibe (siehe Kapitel 1A, Sektion 21 oder Kapitel 1B, Sektion 23).
23 Lösen Sie die Klemmschrauben der Kältemittelrohre und trennen Sie diese vom Kompressor (siehe Abbildung) – die O-Ringe müssen später erneuert werden. Verstopfen Sie umgehend die Öffnungen, um keine Luftfeuchtigkeit oder Schmutz eindringen zu lassen.

12.23 Klemmschrauben der Kältemittelrohre am Kompressor

24 Lösen Sie die Befestigungsschrauben des Kompressors, befreien Sie ihn vom Motorblock, trennen Sie den Kabelstecker und befreien Sie den Kompressor aus dem Motorraum. **Anmerkung:** *Halten und lagern Sie den Kompressor stets aufrecht. Falls der Kompressor festgegangen ist oder Metallspäne in den Kältemittelleitungen gefunden wurden, muss das System von einem Fachbetrieb gespült und neben einem neuen Kompressor auch ein neuer Sammler/Trockner beschafft werden.*
25 Montieren Sie den Kompressor in der umgekehrten Ausbaureihenfolge – ersetzen Sie dabei alle freigelegten Dichtungen und schmieren Sie sie mit Kältemittel.
26 Lassen Sie das Kältemittel vom Spezialbetrieb wieder auffüllen und die Anlage auf Dichtigkeit prüfen.

Sammler/Trockner

27 Lassen Sie die Klimaanlage von einem Spezialbetrieb vollständig entleeren.
28 Trennen Sie den Haupt-Masseanschluss (–) der Batterie (siehe Kapitel 5A, Sektion 4).
29 Demontieren Sie den rechten Scheinwerfer (siehe Kapitel 12, Sektion 7).
30 Lösen Sie die Schraube, die den Verflüssiger rechts am Kühler sichert (Abb. 6.4).
31 Hebeln Sie an beiden Seiten der Kühlerabdeckung die Stifte der Kunststoffzapfen heraus und ziehen Sie diese heraus (Abb. 4.9).
32 Ziehen Sie die Kühlerabdeckung an den hinteren Laschen hoch, um ihre Clips zu befreien; heben Sie die Abdeckung dann ab (Abb. 4.10a, b und c).
33 Ziehen Sie die Handbremse fest an, heben Sie dann das Fahrzeug vorn an, und stützen Sie es sicher ab (siehe Seite 390).
34 Demontieren Sie ggf. den Unterfahrschutz des Motors und des Kühlers.
35 Demontieren Sie bei Dieselmotoren den Ladeluftkühler (siehe Kapitel 4B, Sektion 16).
36 Heben Sie den Verflüssiger leicht an und befreien Sie seine zwei Laschen aus den Führungen am Kühler (Abb. 6.7).

12.37 Lösen Sie die Kappe links unten am Verdampfer und ziehen Sie den Sammler/Trockner heraus.

37 Lösen Sie die Kappe links unten am Verdampfer und ziehen Sie den Sammler/Trockner heraus (siehe Abbildung).
38 Der Einbau entspricht der umgekehrten Ausbaureihenfolge. Lassen Sie das Kältemittel vom Spezialbetrieb wieder auffüllen und die Anlage auf Dichtigkeit prüfen.

13 Elektrische Zusatzheizung – Allgemeine Informationen, Ausbau und Einbau

Allgemeine Informationen

1 Weil Dieselmotoren relativ wenig Abwärme erzeugen, sitzt oberhalb des Wärmetauschers eine elektrische Zusatzheizung im Lüftungs-Verteilergehäuse. Bei einer Kühlmitteltemperatur von unter 60 °C und einer Umgebungstemperatur von unter 10 °C wird bei auf höchste Stufe gestellter Heizung die elektrische Zusatzheizung aktiviert. Sobald die Kühlmitteltemperatur 70 °C übersteigt oder sich die Umgebung auf über 20 °C erwärmt, schaltet die Zusatzheizung wieder ab.

Ausbau

2 Demontieren Sie das Armaturenbrett (siehe Kapitel 11, Sektion 29).
3 Ziehen auf der Fahrerseite den Lampenhalter der Fußraumbeleuchtung heraus und entfernen Sie den Luftkanal (siehe Abbildungen).

13.3a Ziehen auf der Fahrerseite den Lampenhalter der Fußraumbeleuchtung heraus ...

13.3b ... und entfernen Sie den Luftkanal.

4 Lösen Sie rechts am Lüftungs-Verteilergehäuse die Mutter und die fünf Schrauben der Halterung für den Armaturenbrett-Querträger und entfernen Sie diese (siehe Abbildung) – beachten Sie den Masseanschluss an der mittleren oberen Schraube.

13.4 Mutter und fünf Schrauben der Halterung für den Armaturenbrett-Querträger

5 Trennen Sie die Zusatzheizungs-Stecker und befreien Sie die Steckerblöcke von der Bodenhalterung (siehe Abbildungen).

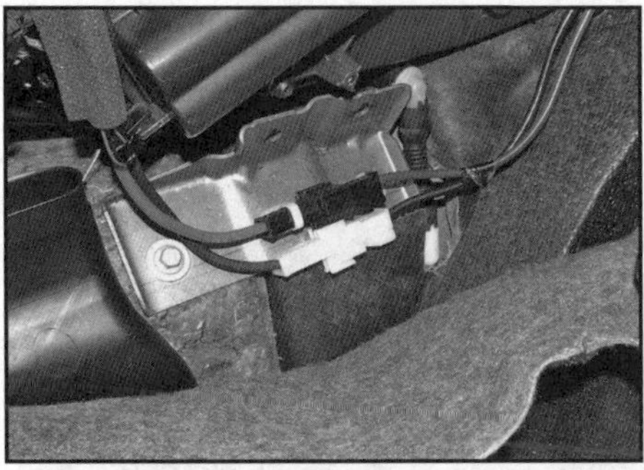

13.5a Trennen Sie die Zusatzheizungs-Stecker ...

13.5b ... und befreien Sie die Steckerblöcke von der Bodenhalterung.

6 Befreien Sie die Zusatzheizung-Verkabelung vom Clip am Lüftergehäuse, lösen Sie die zwei Schrauben und ziehen Sie die Heizung aus dem Gehäuse (siehe Abbildungen).

13.6a Befreien Sie die Zusatzheizung-Verkabelung vom Clip am Lüftergehäuse, ...

13.6b ... lösen Sie die zwei Schrauben ...

13.6c ... und ziehen Sie die Heizung aus dem Gehäuse.

Einbau

7 Der Einbau entspricht der umgekehrten Ausbaureihenfolge.

Kapitel 4A

Kraftstoffsystem und Auspuffanlage – Benzinmotoren

Inhalt — Sektion

Schwierigkeitsgrade

Leicht. Geeignet für Anfänger mit wenig Erfahrung.	**Relativ leicht.** Geeignet für Anfänger mit etwas Erfahrung.	**Relativ schwierig.** Geeignet für geübte Selbstschrauber. 	**Schwer.** Geeignet für Selbstschrauber mit viel Erfahrung. 	**Sehr schwer.** Geeignet für Experten und Profis. 

Technische Daten

Allgemein	
System-Typ.	Sequentielle Mehrpunkteinspritzung GMPT-E83
Kraftstoff-Anforderungen	Super Bleifrei, mindestens 95 Oktan
Geregelter Kraftstoffdruck (nominell)	3,6 bis 4,0 bar

Anzugsdrehmomente	**Nm**
Auspuffstutzen an Auspuffrohr	48
Auspuffstutzen-Muttern an Zylinderkopf.	55
Auspuffstutzenhitzeschild-Schrauben	10
Drosselklappengehäuse-Befestigungsschrauben	10
Druckspeicher-Befestigungsmuttern	25
Einlassstutzen an Zylinderkopf.	18
Gaspedalträger-Muttern	8
Hilfsrahmen-Querstreben-Schrauben.	60
Katalysatorhalterungs-Schrauben	25
Kurbelwellensensor	8
Lambdasonde.	48
Lichtmaschinenhitzeschild-Muttern	20
Motorhalterung hinten (Drehmomentstütze)	
Muttern	48
Schrauben	80
Motorhalterung rechts	
Muttern an Motor*.	80
Schrauben an Karosserie.	90
Nockenwellensensor	8
Tankhalteband-Schrauben	25

**Stets durch Neuteile zu ersetzen*

1 Allgemeine Informationen und Warnhinweise

1 Das Kraftstoffsystem besteht aus einem unter den Rücksitzen angebrachten Tank, einer darin sitzenden elektrischen Benzinpumpe, Kraftstoffleitungen und einer sequentiellen Einspritzanlage, die vom Motorsteuergerät überwacht wird.
2 Die Kraftstoffpumpe fördert Benzin zum Druckspeicher, der als Reservoir für die vier im direkt vor den Einlassventilen im Einlassstutzen sitzenden Einspritzdüsen dient. In die Pumpe ist ein Druckregler integriert. Der Druckspeicher sitzt oberhalb des aus Kunststoff bestehenden Einlassstutzen oben am Zylinderkopf.
3 Die von den Einspritzdüsen abgegebene Kraftstoffmenge wird vom Powertrain Control Modul (PCM) genannten Steuergerät präzise berechnet. Dazu nutzt es die Signale des Nockenwellen- und Kurbelwellensensors, um die Düsen entsprechend der Zündfolge zu aktivieren (»sequentielle Einspritzung«) – dies sorgt für geringen Verbrauch und gute Abgaswerte.
4 Das als Herz des Motormanagements geltende Steuergerät (PCM) überwacht sowohl die Einspritzanlage als auch das Zündsystem und die Abgasregelung. Es erhält Informationen verschiedener Sensoren und errechnet mithilfe gespeicherter Werte die erforderliche Einspritzdauer.
5 Der Kurbelwellensensor liefert Informationen über die Positionen der Kolben und die Motordrehzahl. Der induktive Kopf des Sensors sitzt neben der Keilrippenriemenscheibe und scannt daran sitzende Vorsprünge ab. Bei sich drehender Kurbelwelle sendet der Sensor bei jedem vorbeikommenden Vorsprung einen Impuls an das Zündmodul. An einer Stelle der Riemenscheibe (90° vor dem Verdichtungs-OT von Zylinder Nr. 1) fehlt ein Vorsprung und das Zündmodul setzt anhand des fehlenden Impulses eine Referenzmarke für die Kurbelwellenstellung. Der zeitliche Abstand zwischen diesen fehlenden Impulsen wird zur Errechnung der Motordrehzahl genutzt und als Information an das PCM weitergeleitet.
6 Bei früheren Modellen sitzt ein Nockenwellensensor im Zylinderkopf, wo er den Vorsprung an einer der Nockenwellen scannt und genau wie der Kurbelwellensensor eine Serie von Impulsen an das Steuergerät sendet, sodass dies die Zündfolge und den Beginn der Einspritzung errechnet. Spätere Modelle haben keinen Nockenwellensensor – hier wird die Zündfolge anhand der von den Zündungen in den Zylindern 1 und 3 abgerufenen Ströme festgelegt.
7 Die Informationen zur Motortemperatur werden vom Kühltemperatursensor bereitgestellt. Hierbei handelt es sich um einen Heißleiter, dessen elektrischer Widerstand mit zunehmender Temperatur sinkt. Der Sensor versorgt das PCM mit einem variablen (analogen) Spannungssignal, das die Temperatur des Kühlmittels wiedergibt. Das Steuergerät nutzt diesen Wert zur Berechnung der korrekten Einspritzdauer beim Kaltstart, in der Warmlaufphase und bei heißem Motor.
8 Der am Drosselklappengehäuse sitzende Temperatur- und Einlassluftdruck-Sensor (TMAP-Sensor) liefert Informationen über die Temperatur und den Druck – und damit über die Dichte der angesaugten Luft, sodass das korrekte Kraftstoff/Luft-Gemisch erzeugt werden kann. Die Informationen des TMAP-Sensors heben die Daten des Luftmassensensors und des Einlasstemperatursensors auf. Beim Einschalten der Zündung ermittelt der Sensor bis zum Starten des Motors den Umgebungsluftdruck, bei laufendem Motor den Unterdruck im Einlassstutzen.
9 Die Position der Drosselklappe wird anhand der Position des Gaspedals errechnet. Sobald sich die Drosselklappe öffnet, kann der Motor mehr Luft ansaugen und der TMAP-Sensor ermittelt einen anderen Unterdruck; das Steuergerät verlängert die Einspritzdauer, um die Kraftstoffmenge der Luftmenge anzupassen.
10 Die Position des Gaspedals wird durch einen Sensor (Potentiometer) an das Steuergerät übertragen – einen Gaszug gibt es nicht. Mithilfe der Informationen anderer Sensoren errechnet das PCM, wie schnell und wie weit die Drosselklappe geöffnet wird.
11 Die tatsächliche gefahrene Geschwindigkeit wird von den ABS-Radsensoren an allen Rädern überwacht.
12 Der Kupplungspedalsensor überwacht die Position des Pedals und sendet entsprechende Signale an das PCM.
13 In das Hochdruckrohr der Servolenkung ist ein Druckschalter geschraubt, der ein Signal an das Steuergerät sendet, sodass die Motordrehzahl bei unter Last arbeitender Pumpe (üblicherweise bei stark eingeschlagener Lenkung) angepasst wird.
14 Im Auspuffsystem sitzende Lambdasonden versorgen das Steuergerät ständig mit Informationen über den Sauerstoffgehalt der Abgase, sodass das Gemisch für optimale Abgaswerte angepasst werden kann. Eine hinter dem Katalysator sitzende weitere Sonde überwacht dessen Funktion und gibt entsprechende Signale an das Steuergerät weiter, das die Einspritzung feinjustieren kann.
15 Die Einlassseite des Systems besteht aus dem Luftfiltergehäuse, den Einlasstrakten und dem Drosselklappengehäuse.
16 Die Standgasdrehzahl und das Kraftstoffgemisch werden vom Motorsteuergerät festgelegt – beide Werte können nicht manuell eingestellt werden.

Warnhinweise

Anmerkung: *Beachten Sie die Hinweise in Kapitel 4C, Sektion 4, um Inforationen und Warnhinweise zum Katalysator zu erhalten.*
17 Vor dem Trennen irgendwelcher Einspritzanlagen-Sensoren muss zumindest die Zündung abgeschaltet werden – besser noch wird die Batterie getrennt (siehe Kapitel 5A, Sektion 4). Andernfalls wird mindestens ein Fehler gespeichert oder an den entsprechenden Komponenten können Schäden auftreten.
18 Noch lange nach dem Abschalten des Motors verbleibt im Kraftstoffsystem ein Restdruck, der vor dem Trennen irgendwelcher Leitungen abgelassen werden muss (siehe Sektion 2).

Warnung: Beim Trennen von Kraftstoffleitungen ist Vorsicht geboten: Lockern Sie die Anschlüsse oder Klemmschrauben stets langsam, damit kein Kraftstoff herausspritzt. Treffen Sie Vorsichtsmaßnahmen gegen Brände.

Warnung: Bei Arbeiten am Kraftstoffsystem ist absolute Sauberkeit unerlässlich, damit keine Fremdkörper ins System eindringen.

Warnung: Nachdem alle Arbeiten am Kraftstoffsystem erledigt sind, muss es auf Undichtigkeiten kontrolliert werden – schalten Sie dazu mehrmals die Zündung ein und aus, um es unter Druck zu setzen.

2 Kraftstoffsystem – Druckabsenkung

Warnung: Das Kraftstoffsystem steht nach dem Einschalten der Zündung ständig unter Druck; dieser bleibt auch nach dem Abschalten bestehen. Daher ist es wichtig, das System vor dem Trennen von Kraftstoffleitungen oder anderen Arbeiten am System drucklos zu machen. Wird dies unterlassen, kann bei einem plötzlichen Druckabfall Benzinnebel austreten, der sowohl ein Gesundheits- als auch ein Brandrisiko darstellt. Beachten Sie, dass auch bei einem drucklos gemachten System in einzelnen Leitungen und Komponenten ein gewisser Druck bestehen kann, sodass stets entsprechende Vorsichtsmaßnahmen eingeleitet werden müssen. Bedenken Sie schließlich auch, dass weiterhin Kraftstoff in den Leitungen steht, und treffen Sie entsprechende Vorsichtsmaßnahmen.

1 Beim in diesem Kapitel behandeltem Kraftstoffsystem handelt es sich um die im Tank sitzende Benzinpumpe samt Tankuhr-Geber, den Druckspeicher, die Einspritzdüsen und die Kraftstoffleitungen (Rohre oder Schläuche) zwischen diesen Komponenten. Alle diese Dinge enthalten Kraftstoff, der bei laufendem Motor oder bereits bei eingeschalteter Zündung unter Druck steht.
2 Entfernen Sie die Kraftstoffpumpen-Sicherung (beachten Sie dazu die Schaltpläne am Ende von Kapitel 12 und die Hinweise auf dem Deckel der Sicherungsbox).
3 Starten Sie den Motor und lassen Sie ihn laufen, bis er von allein ausgeht.
4 Versuchen Sie noch mindestens zweimal, den Motor zu starten, damit sämtlicher Restdruck abgebaut wird.
5 Aus Sicherheitsgründen darf die Kraftstoffpumpen-Sicherung erst wieder installiert werden, wenn alle Arbeiten am Kraftstoffsystem beendet sind. Falls die Sicherung früher installiert wird, darf auf keinen Fall die Zündung eingeschaltet werden, bevor alle Arbeiten am Kraftstoffsystem beendet sind. Bedenken Sie, dass beim nächsten Motorstart der Anlasser einige Sekunden drehen muss, bis das System wieder unter Druck steht und der Motor anspringt.

3 Bleifreier Kraftstoff – Allgemeine Informationen und Hinweise

Anmerkung: *Die hier wiedergegebene Information stammt aus dem Jahr 2016. Falls aktuelle Informationen benötigt werden, muss bei einem Ford-Händler nachgefragt werden. Erkundigen Sie sich vor Auslandsreisen bei Automobilclubs o. Ä. nach Hinweisen über dort erhältliche Kraftstoffe.*
1 Alle in diesem Buch behandelten Benzinmotoren sind für den Betrieb mit bleifreiem Benzin mit mindestens 95 Oktan ausgelegt. Da alle Modelle mit Katalysatoren ausgerüstet sind, würden diese von verbleitem Kraftstoff oder sogenannten Blei-Additiven zerstört.
2 Hinsichtlich der Verwendung von E10-Treibstoff gibt Ford diesen generell bei allen ab dem Jahr 2007 gebauten Mondeo-Modellen frei.
3 Alle Motoren dürfen auch mit hochoktanigen Kraftstoffen (z. B. Super 98) betrieben werden, doch bringt dies keinerlei Vorteile.

4 Kraftstoffleitungen und Anschlüsse – Allgemeine Informationen

Anmerkung: *Beachten Sie vor Arbeitsbeginn die Warnhinweise in Sektion 1.*

Schnellverschlüsse

1 Viele Anschlüsse der Kraftstoff-Zulauf- und -Rücklaufleitungen sind mit Schnellverschlüssen ausgerüstet.
2 Bevor Kraftstoffleitungs-Anschlüsse getrennt werden, muss der im System verbliebene Druck abgelassen werden (siehe Sektion 2). Gleichen Sie den Druck im Tank an, indem Sie den Tankdeckel öffnen.

Warnung: Das Kraftstoffsystem wird in Sektion 2 nur drucklos gemacht – der Kraftstoff verbleibt jedoch in den Leitungen, sodass stets entsprechende Vorsichtsmaßnahmen eingeleitet werden müssen.

3 Drücken Sie die an den Anschlüssen herausstehenden Laschen zusammen und ziehen Sie den Verschluss vorsichtig ab. Bei manchen Schnellverschlüssen muss mit einem kleinen Schraubendreher ein Sicherungsbund gelöst werden, um sie zu trennen. Nehmen Sie mit Lappen alle austretenden Kraftstoffreste auf. Soweit die Anschlüsse mit Farbmarkierungen versehen sind, können sie nicht verwechselt werden – andernfalls müssen entsprechende Markierungen angebracht werden.
4 Verbinden Sie Schnellverschlüsse, indem Sie sie fest zusammendrücken. Schalten Sie vor dem Starten des Motors die Zündung mehrmals ein und aus, um alles auf Undichtigkeit zu überprüfen.

Kraftstoffleitungen

5 Beachten Sie für die Kontrolle der Leitungen die Hinweise in Kapitel 1A, Sektion 8.

Austausch von Komponenten

6 Allee Kraftstoffleitungen müssen unbedingt durch Rohre und Schläuche des gleichen Typs ersetzt werden, damit sie den beträchtlichen Drücken standhalten.
7 Notieren Sie vor dem Trennen und der Demontage von Leitungen deren Verlegung und die Ausrichtung aller Schellen und Clips, damit die Neuteile exakt positioniert werden können.
8 Bevor Kraftstoffleitungs-Anschlüsse getrennt werden, muss der im System verbliebene Druck abgelassen werden (siehe Sektion 2). Gleichen Sie den Druck im Tank an, indem Sie den Tankdeckel öffnen. Trennen Sie auch den Masseanschluss (–) der Batterie (siehe Kapitel 5A, Sektion 4). Umwickeln Sie alle getrennten Leitungen mit Lappen, die austretende Kraftstoffreste aufsaugen können.

5 Luftfilter-Baugruppe – Ausbau und Einbau

Ausbau

1 Entfernen Sie die obere Motorabdeckung.
2 Demontieren Sie den linken Scheinwerfer (siehe Kapitel 12, Sektion 7).

3 Lockern Sie die Schellen des als Faltenbalg ausgeführten Luftschlauchs zwischen dem Luftfilterdeckel und dem Drosselklappengehäuse und entfernen Sie ihn. Befreien Sie genauso den Schlauch zwischen dem Luftfilterdeckel und dem Resonator (siehe Abbildungen).

5.3a Schellen des Schlauchs zwischen Luftfilterdeckel und Drosselklappengehäuse

5.3b Schellen des Schlauchs zwischen Luftfilterdeckel und Resonator

4 Greifen Sie nach unten und befreien Sie den Ansaugstutzen vorn am Luftfiltergehäuse.
5 Ziehen Sie das Luftfiltergehäuse nach oben aus seinen Haltegummis – drücken Sie dabei die Laschen des Motorentlüftungsschlauchs zusammen, um diesen vom Gehäuse abzuziehen.

Einbau

6 Richten Sie die Stifte unten am Luftfiltergehäuse zu den Ösen aus und drücken Sie das Gehäuse fest herunter. Der Rest des Einbaus entspricht der umgekehrten Ausbaureihenfolge.

6 Gaspedal – Ausbau und Einbau

1 Trennen Sie den Stecker des Gaspedalsensors, lösen Sie die drei Muttern der Gaspedalhalterung und befreien Sie sie von den Stehbolzen der Spritzwand. Der Sensor ist nicht als separates Ersatzteil erhältlich.
2 Der Einbau entspricht der umgekehrten Ausbaureihenfolge.

7 Kraftstofftank – Ausbau, Kontrolle und Einbau

Warnung: Beachten Sie zunächst die Warnhinweise in Sektion 1.

Ausbau

1 Da der Tank nicht mit einer Ablassschraube ausgerüstet ist, sollte er möglichst erst ausgebaut werden, nachdem er fast leer gefahren wurde. Teilweise kann der Tank entleert werden.
2 Machen Sie das Kraftstoffsystem drucklos (siehe Sektion 2). Gleichen Sie den Druck im Tank an, indem Sie den Tankdeckel öffnen.
3 Trennen Sie den Haupt-Masseanschluss (–) der Batterie (siehe Kapitel 5A, Sektion 4).
4 Blockieren Sie die Vorderräder, heben Sie das Fahrzeug hinten an und stützen Sie es sicher ab (siehe Seite 390). Demontieren Sie die Hinterräder.
5 Hängen Sie die Auspuffanlage in der Mitte und hinten aus und legen Sie sie auf der Hinterradaufhängung ab.
6 Lösen Sie die Muttern und Schrauben, die den Hitzeschild unter dem Tank sichern, und befreien Sie ihn (siehe Abbildung).

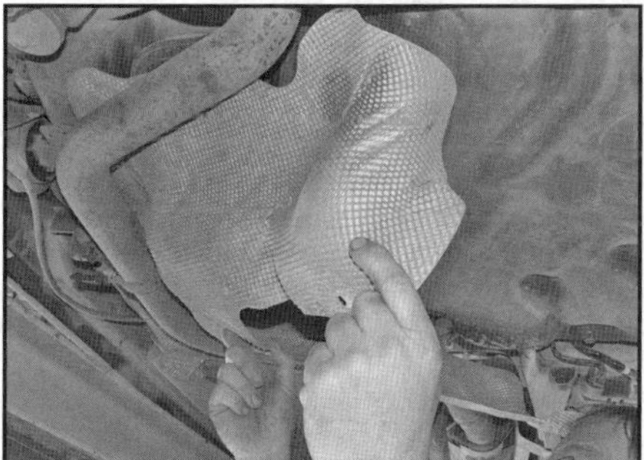

7.6 Demontieren Sie den Auspuff-Hitzeschild vom Tank.

7 Lockern Sie die Schelle, die das Einfüllrohr am Tank sichert (siehe Abbildung) – seien Sie ggf. auf austretenden Treibstoff vorbereitet. Ersetzen Sie die Schelle beim Einbau durch eine Schraubschelle.

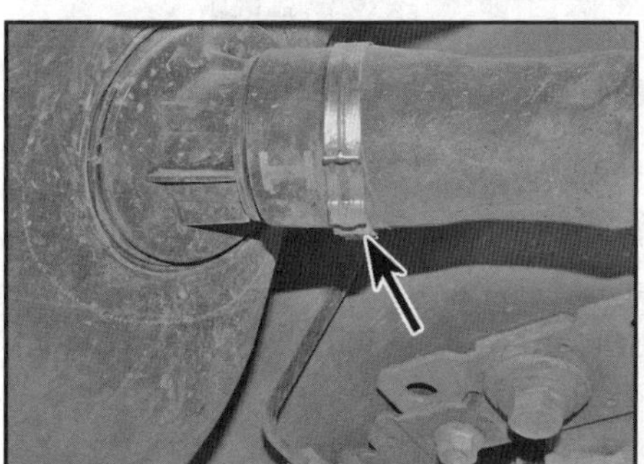

7.7 Lockern Sie die Schelle, die das Einfüllrohr am Tank sichert.

8 Trennen Sie vorn am Tank die Schnellverschlüsse der Zulaufleitung und des Benzindampf-Absaugventils (siehe Abbildung).

7.8 Schnellverschlüsse der Zulaufleitung und des Benzindampf-Absaugventils vorn am Tank

9 Trennen Sie am Aktivkohlebehälter die Schnellverschlüsse der Zufuhr- und Rücklaufleitungen (siehe Abbildung).

7.9 Schnellverschlüsse der Zufuhr- und Rücklaufleitungen am Aktivkohlebehälter

10 Trennen Sie vorn am Aktivkohlebehälter den Stecker der Kraftstoffpumpen/Tankuhrgeber-Baugruppe.
11 Stützen Sie den Tank mithilfe eines Rangierwagenhebers und eines großen Bretts ab, um die Last gut zu verteilen.
12 Lösen Sie die vorderen und hinteren Schrauben der Tank-Haltebänder aus dem Unterboden (siehe Abbildungen).

7.12a Vordere Tankhalteband-Schraube

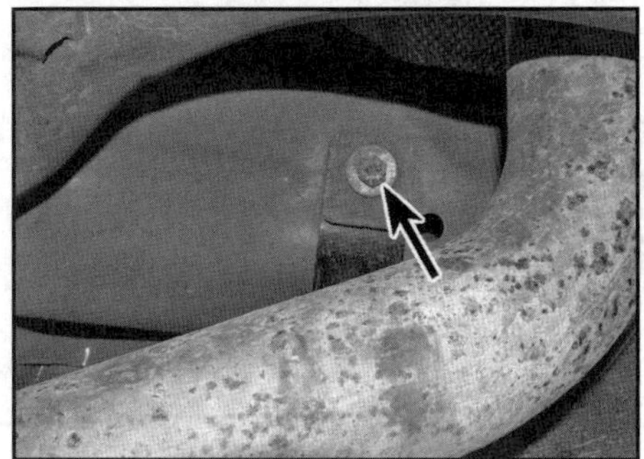

7.12b Hintere Tankhalteband-Schraube

13 Senken Sie den Tank vorsichtig langsam ab, prüfen Sie dabei, ob keine Rohre oder Kabel unter Last gesetzt werden. Befreien Sie den Tank unter dem Fahrzeug heraus.

Kontrolle

14 Der ausgebaute Tank kann auf mögliche Schäden untersucht werden. Nach dem Ausbau der Kraftstoffpumpen/Tankuhrgeber-Baugruppe kann der Tank von innen begutachtet und auf eingedrungene Ablagerungen oder Wasser kontrolliert werden; schwenken Sie den Tank nötigenfalls mit sauberem Kraftstoff aus. Ein leckender oder anderweitig beschädigter Tank darf ausschließlich von einer Fachwerkstatt repariert werden.
15 Der ausgebaute Tank darf nur an einem sicheren Ort gelagert werden, wo austretende Gase nicht durch Flammen oder Funken in Brand gesetzt werden können.

Einbau

16 Der Einbau entspricht der umgekehrten Ausbaureihenfolge – beachten Sie dabei folgende Punkte:
a) Alle Schläuche, Leitungen und Kabelstecker müssen korrekt und sicher angeschlossen werden.
b) Drücken Sie Schnellverschlüsse so weit zusammen, bis ihre Arretierungen einrasten.
c) Füllen Sie zum Schluss den Tank auf und kontrollieren Sie alles auf Undichtigkeiten. Falls ein Leck auftritt, muss der Motor unverzüglich abgeschaltet und das Problem behoben werden.

8 Kraftstoffpumpe/Tankuhr-Geber – Ausbau und Einbau

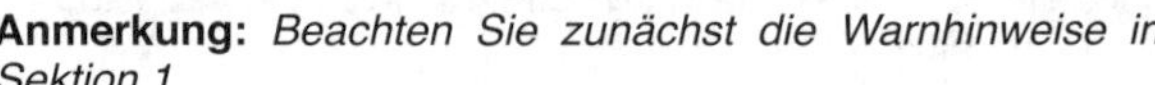

Anmerkung: *Beachten Sie zunächst die Warnhinweise in Sektion 1.*
Anmerkung: *Ford empfiehlt zum Lösen und Anziehen des Sicherungsrings das Spezialwerkzeug 310-069 – ein großer Zapfenschlüssel; im Fachhandel sind geeignete Alternativen erhältlich.*

Ausbau

1 Die Kraftstoffpumpen/Tankuhrgeber-Baugruppe ist von oben in den Tank montiert und kann nur befreit werden, wenn der Tank ausgebaut wurde (siehe Sektion 7).
2 Trennen Sie beim ausgebauten Tank den Schnellverschluss der Zulaufleitung vom Stutzen, indem Sie seine Laschen eindrücken.
3 Lösen Sie den Sicherungsring der Kraftstoffpumpen/Tankuhrgeber-Baugruppe mit dem Ford-Werkzeug oder einer geeigneten Alternative.
4 Prüfen Sie, ob der Pfeil am Boden der Kraftstoffpumpen/Tankuhrgeber-Baugruppe zur erhabenen Markierung am Tank fluchtet (siehe Abbildung) – falls keine Markierungen sichtbar sind, müssen mit Farbe welche angebracht werden.

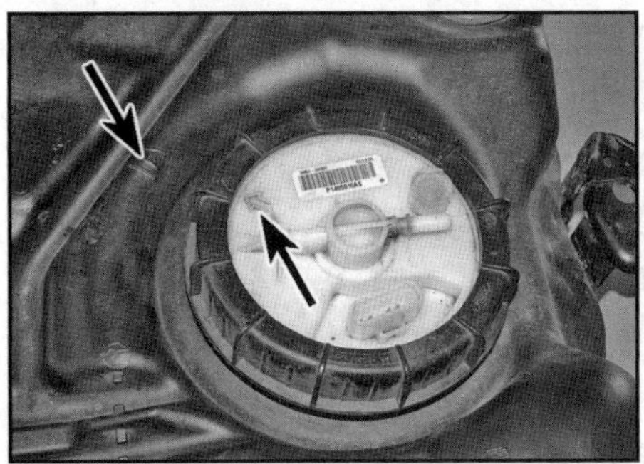

8.4 Der Pfeil am Boden der Kraftstoffpumpen/Tankuhrgeber-Baugruppe muss zur erhabenen Markierung am Tank fluchten.

5 Heben Sie die Kraftstoffpumpen/Tankuhrgeber-Baugruppe vorsichtig aus dem Tank – beschädigen Sie dabei nicht den Schwimmer.
6 Entnehmen Sie den Gummi-Dichtring (siehe Abbildung) – beim Einbau wird ein Neuteil benötigt.

8.6 Entnehmen Sie den Gummi-Dichtring.

7 Als dieses Buch 2016 verfasst wurde, war nicht klar, ob die Kraftstoffpumpen oder der Tankuhrgeber als separate Ersatzteile erhältlich sind. Der Geber kann ggf. nach dem Trennen des Steckers und dem Befreien der Lasche seitlich von der Pumpe getrennt werden.

Einbau

8 Der Einbau entspricht der umgekehrten Ausbaureihenfolge – beachten Sie dabei folgende Punkte:
a) Verwenden Sie einen neuen Gummi-Dichtring.
b) Richten Sie die Markierungen der Baugruppe zum Tank aus und ziehen Sie den Sicherungsring sorgfältig an.
c) Montieren Sie den Tank wie in Sektion 7 beschrieben.

9 Einspritzanlage – Kontrolle

Anmerkung: *Beachten Sie zunächst die Warnhinweise in Sektion 1.*

1 Falls in der Motorsteuerung ein Fehler auftritt, muss zuerst sichergestellt werden, dass alle Kabelstecker des Systems fest verbunden und frei von Korrosion sind – beachten Sie hierzu auch die Schritte 5 bis 8. Der Fehler darf nicht aufgrund mangelnde Wartung zurückzuführen sein: Der Luftfilter muss also sauber und die Zündkerzen in Ordnung sein, die Motor-Kompression muss innerhalb der Vorgaben liegen und die Schläuche der Motorentlüftung frei und unbeschädigt sein – beachten Sie für weitere Informationen die Hinweise in den Kapiteln 1A, 2a und 5B.
2 Falls diese Kontrollen nicht die Ursachen der Probleme beheben, muss das Fahrzeug in eine Ford-Werkstatt oder zu einem Motordiagnose-Spezialisten gebracht werden. Hier wird ein Diagnosegerät oder ein Auslesegerät mit dem passenden Stecker unter dem Armaturenbrett im Fahrer-Fußraum verbunden (siehe Abbildung). Mithilfe des Auslesegeräts oder eines anderen Prüfgeräts können alle im Motorsteuergerät (PCM) und verschiedenen andere Steuergeräten gespeicherte Fehler ausgelesen werden. Die Anschaffung eines eigenen Auslesegeräts lohnt sich für die meisten Fahrzeugbesitzer nicht.

9.2 Diagnosestecker unter dem Armaturenbrett

3 Mit dem Auslesegerät können Fehler schnell und einfach lokalisiert werden – selbst wenn sie nur gelegentlich (Wackelkontakt) auftreten. Zudem müssen nicht alle Systemkomponenten einzeln und zeitaufwändig getestet werden, wobei außerdem das Risiko besteht, das Steuergerät zu beschädigen.

Notprogramm

5 Bei bestimmten Fehlern, wie dem Ausfall einer der Sensoren kann das Steuergerät auf ein Notprogramm – von Ford als »Limited Operation Strategie« (LOS) bezeichnet – zurückgreifen, um das Fahrzeug nach Hause oder in eine Werkstatt fahren zu können. Sobald dieses Programm läuft, leuchtet die Motormanagement-Warnleuchte im Cockpit auf.
6 Im Notprogramm wird das Signal des defekten Sensors durch einen festen Wert ersetzt, der zu verringerter Motorleistung, schlechtem Standgas und unrundem Motorlauf (besonders bei kaltem Motor) führen kann.
7 Der Motor kann im Notprogramm aber auch normal laufen und der einzige Hinweis ist – neben der Warnleuchte – ein erhöhter CO-Gehalt im Abgas.
8 Selbst wenn ein defekter Sensor identifiziert und erneuert wurde, kann es sein, dass der Motor erst wieder normal läuft, nachdem der Fehlercode gelöscht und das Notprogramm abgeschaltet ist; dies kann sogar der Fall sein, wenn sich nur ein Stecker gelöst hatte.

10 Einspritzanlagen-Komponenten – Ausbau und Einbau

Anmerkung: *Beachten Sie zunächst die Warnhinweise in Sektion 1.*

Drosselklappengehäuse

1 Entfernen Sie die obere Motorabdeckung.

2 Lockern Sie die Schellen des als Faltenbalg ausgeführten Luftschlauchs zwischen dem Luftfilterdeckel und dem Drosselklappengehäuse und entfernen Sie ihn (Abb. 5.3a).
3 Trennen Sie am Drosselklappengehäuse den Kabelstecker, lösen Sie die vier Schrauben und entfernen Sie es (siehe Abbildungen).

10.3a Kabelstecker ...

10.3b ... und Schrauben des Drosselklappengehäuses

4 Der Einbau entspricht der umgekehrten Ausbaureihenfolge – verwenden Sie nötigenfalls eine neue Dichtung und ziehen Sie die Gehäuseschrauben mit 10 Nm an.
5 Drehen Sie nach der Montage des Drosselklappengehäuses den Zündschlüssel in Position II (oder drücken Sie den POWER-Knopf) und warten Sie eine Minute, damit sich das Drosselklappengehäuse initialisieren kann. Schalten Sie die Zündung dann wieder aus. Betätigen Sie bei dieser Tätigkeit nicht das Gaspedal!

Druckspeicher und Einspritzdüsen

6 Machen Sie das Kraftstoffsystem drucklos (siehe Sektion 2). Gleichen Sie den Druck im Tank an, indem Sie den Tankdeckel öffnen.

Warnung: Das Kraftstoffsystem wird in Sektion 2 nur drucklos gemacht – der Kraftstoff verbleibt jedoch in den Leitungen, sodass stets entsprechende Vorsichtsmaßnahmen eingeleitet werden müssen.

7 Trennen Sie den Haupt-Masseanschluss (–) der Batterie (siehe Kapitel 5A, Sektion 4).
8 Entfernen Sie die obere Motorabdeckung.
9 Drücken Sie an den Einspritzdüsen die Clips der Kabelstecker, trennen Sie diese und befreien Sie ihre Verkabelung.
10 Schieben Sie am Kraftstoffrohr-Anschluss des Druckspeichers den Bund in den Schnellverschluss, um das Rohr zu trennen (siehe Abbildung).

10.10 Drücken Sie den Bund in den Anschluss des Kraftstoffrohrs, um es vom Druckspeicher zu trennen.

11 Befreien Sie die Kraftstoffrohre aus den Halterungen des Druckspeichers und benachbarter Komponenten.
12 Lösen Sie die Befestigungsmuttern des Druckspeichers (siehe Abbildung) und befreien Sie ihn vom Zylinderkopf – die Dichtringe der Einspritzdüsen werden dabei etwas Widerstand leisten.

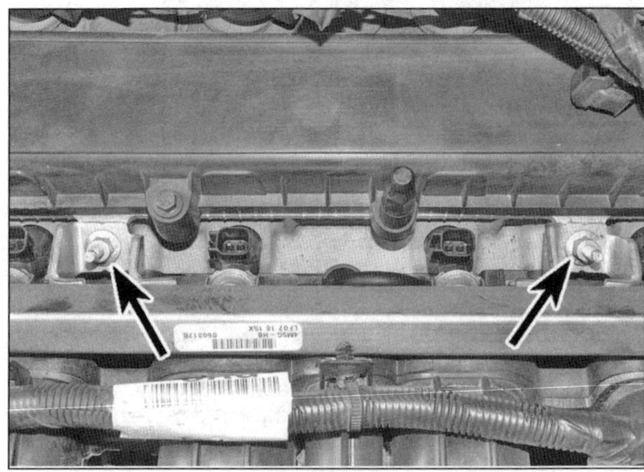

10.12 Befestigungsmuttern des Druckspeichers

13 Um die Einspritzdüsen ausbauen zu können, müssen zuerst ihre oberen angehoben und seitlich verschoben werden, dann können sie aus dem Druckspeicher gezogen werden.
14 Der Einbau entspricht der umgekehrten Ausbaureihenfolge – beachten Sie dabei folgende Punkte:

a) Rüsten Sie die Einspritzdüsen mit neuen O-Ringen aus und schmieren Sie diese mit etwas Motoröl.
b) Ziehen Sie die Befestigungsmuttern des Druckspeichers mit 25 Nm an.
c) Alle Schläuche und Kabel müssen korrekt verlegt und gesichert sein.
d) Schalten Sie zum Schluss die Zündung ein, um die Kraftstoffpumpe zu aktivieren und das System unter Druck zu setzen. Kontrollieren Sie alle Anschlüsse auf Undichtigkeiten, bevor Sie den Motor starten.

Temperatur- und Einlassluftdruck-Sensor (TMAP-Sensor)

15 Der Sensor sitzt unterhalb des Drosselklappengehäuses. Entfernen Sie für den Zugang die obere Motorabdeckung.
16 Trennen Sie bei abgeschalteter Zündung den Sensorstecker, lösen Sie die Schraube und ziehen Sie den Sensor

aus dem Einlassstutzen (siehe Abbildung) – der O-Ring muss nötigenfalls erneuert werden.

10.16 Der TMAP-Sensor sitzt links unten am Einlassstutzen.

17 Der Einbau entspricht der umgekehrten Ausbaureihenfolge – verwenden Sie nötigenfalls einen neuen O-Ring und ziehen Sie die Schraube sorgfältig an, um keine Nebenluft ansaugen zu lassen.

Motorsteuergerät (PCM)

Anmerkung: *Das Steuergerät ist empfindlich – setzen Sie es weder Schlägen, extremen Temperaturen noch Nässe aus.*

Anmerkung: *Falls ein neues Motorsteuergerät installiert werden muss, sollte diese Arbeit einer Ford-Werkstatt überlassen werden, da sie über die erforderliche Ausrüstung verfügt, die zum Programmieren und Anpassen erforderlich ist.*

18 Trennen Sie den Haupt-Masseanschluss (–) der Batterie (siehe Kapitel 5A, Sektion 4).

19 Ziehen Sie die Handbremse fest an, heben Sie dann das Fahrzeug vorn an, und stützen Sie es sicher ab (siehe Seite 390). Demontieren Sie das linke Vorderrad.

20 Lösen Sie die Befestigungen der linken vorderen Radhausschale und demontieren Sie diese (siehe Abbildung).

10.20 Demontieren Sie die linke vordere Radhausschale.

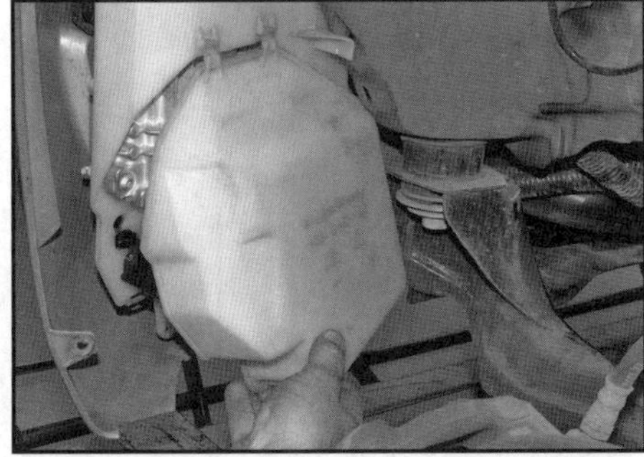

10.21a Lösen Sie die Schrauben der Abdeckung und entfernen Sie diese, ...

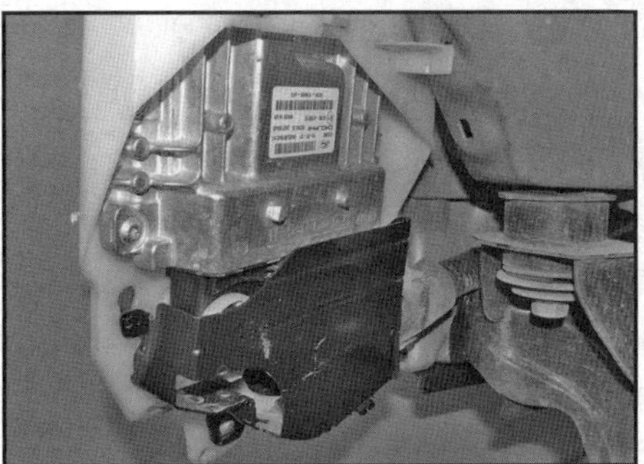

10.21b ... um Zugang zum Motorsteuergerät (PCM) zu erhalten.

21 Das Steuergerät sitzt unter der vorderen Stoßstange. Lösen Sie die Schrauben der Abdeckung und entfernen Sie diese (siehe Abbildungen).

22 Lösen Sie die drei Befestigungsschrauben des Steuergeräts und ziehen Sie dies aus seiner Halterung.

23 Stützen Sie das Steuergerät ab und körnen Sie die Abscherschraube der Sicherheitsblende mittig an.

24 Bohren Sie ein 3,5 mm großes Loch in den Schraubenkopf und klopfen Sie einen T20-Torxbit hinein (siehe Abbildungen) – hiermit sollte sich die Schraube herausdrehen lassen. Beim Einbau wird eine neue Schraube benötigt.

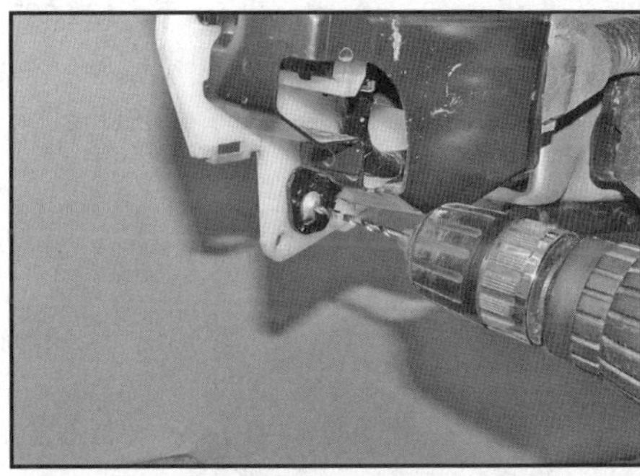

10.24a Bohren Sie ein 3,5 mm großes Loch in die Abscherschraube ...

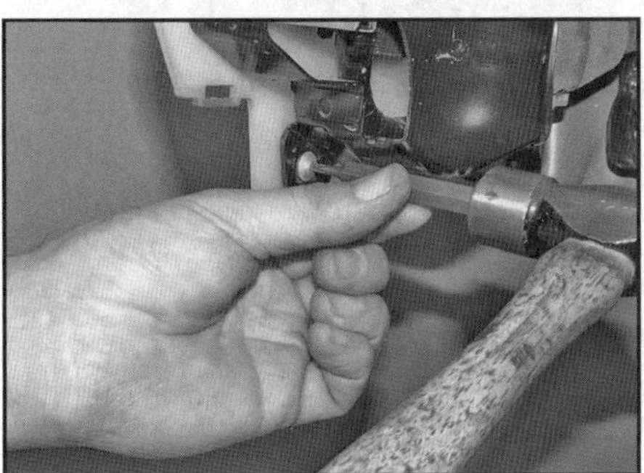

10.24b ... und klopfen Sie einen T20-Torxbit hinein, um sie zu lösen.

25 Entfernen Sie die Sicherheitsblende, hebeln Sie die Laschen der Steuergerät-Stecker um und trennen Sie diese.

26 Der Einbau entspricht der umgekehrten Ausbaureihenfolge – ziehen Sie die neue Abscherschraube an, bis der Kopf abreißt.

Kurbelwellensensor

27 Der Sensor sitzt neben der Kurbelwellen-Riemenscheibe. Ziehen Sie die Handbremse fest an, heben Sie dann das

Fahrzeug vorn an, und stützen Sie es sicher ab (siehe Seite 390).
28 Trennen Sie den Sensorstecker (siehe Abbildung).

10.28 Trennen Sie den Stecker des Kurbelwellensensors.

29 Lösen Sie die zwei Schrauben des Sensors und entfernen Sie ihn.
30 Der Einbau entspricht der umgekehrten Ausbaureihenfolge – ziehen Sie die Sensorschrauben mit 8 Nm an.

Nockenwellensensor

Anmerkung: *Dieser Sensor findet sich nur bei bis 12/2007 gebauten Motoren.*
31 Entfernen Sie die obere Motorabdeckung.
32 Trennen Sie den Sensorstecker, lösen Sie die Schraube und entfernen Sie den Sensor (siehe Abbildung).

10.32 Nockenwellensensor

33 Der Einbau entspricht der umgekehrten Ausbaureihenfolge – ziehen Sie die Sensorschraube mit 8 Nm an.

Kühltemperatursensor

34 Beachten Sie die Hinweise in Kapitel 3, Sektion 5.

Klopfsensor

35 Beachten Sie die Hinweise in Kapitel eB, Sektion 5.

Kupplungspedalsensor

36 Beachten Sie die Hinweise in Kapitel 6, Sektion 7.

Lambdasonden

37 Beachten Sie die Hinweise in Kapitel 4C.

11 Einlass- und Auspuffstutzen – Ausbau und Einbau

Anmerkung: *Beachten Sie zunächst die Warnhinweise in Sektion 1.*

Einlassstutzen

1 Machen Sie das Kraftstoffsystem drucklos (siehe Sektion 2).
2 Trennen Sie anschließend den Masseanschluss (–) der Batterie (siehe Kapitel 5A, Sektion 4).
3 Entfernen Sie die obere Motorabdeckung.
4 Entfernen Sie die Luftfilter-Baugruppe (siehe Sektion 5).
5 Demontieren Sie den rechten Scheinwerfer (siehe Kapitel 12, Sektion 7).
6 Demontieren Sie das Drosselklappengehäuse (siehe Sektion 10).
7 Lösen Sie die obere und untere Schraube des Ölpeilstab-Führungsrohrs (siehe Abbildungen).

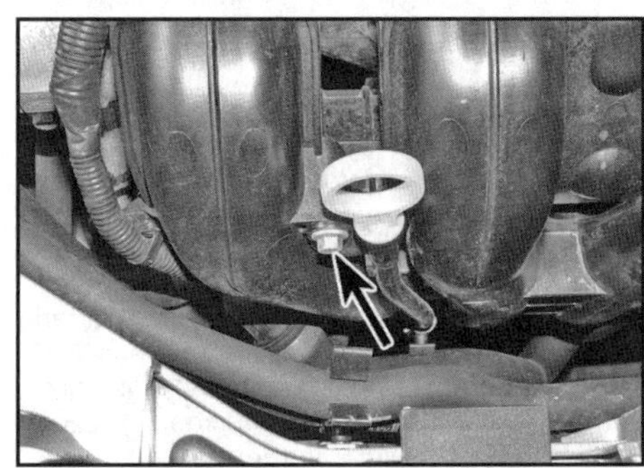

11.7a Obere ...

11.7b ... und untere Schraube des Ölpeilstab-Führungsrohrs

11.8 Untere Einlassstutzen-Befestigungsschraube

8 Entfernen Sie die untere Befestigungsschraube des Einlassstutzens (siehe Abbildung).
9 Trennen Sie den Stecker des TMAP-Sensors (Abb. 10.16) und befreien Sie alle Kabel und Unterdruckschläuche vom Einlassstutzen.
10 Trennen Sie den Motorentlüftungsschlauch unten am Einlassstutzen. Trennen Sie das Bremskraftverstärker-Unterdruckrohr.
11 Ziehen Sie die Handbremse fest an, heben Sie dann das Fahrzeug vorn an, und stützen Sie es sicher ab (siehe Seite 390).
12 Lösen Sie an der hinteren Motorhalterung/Drehmomentstütze alle Muttern und Schrauben, um sie vom Hilfsrahmen und der Motoraufnahme zu befreien.
13 Stützen Sie den Motor mit einem Rangierwagenheber und einem Stück Holz unter der Ölwanne ab und lösen Sie alle Befestigungen, mit denen die rechte Motorhalterung am Motor gesichert ist (siehe Abbildung) – die Muttern müssen beim Einbau durch Neuteile ersetzt werden.

11.13 Muttern und Schrauben der rechten Motorhalterung

14 Kontrollieren Sie den Einlassstutzen sorgfältig auf noch angeschlossene Kabel oder Schläuche und trennen Sie diese ggf.
15 Lösen Sie die Schrauben, die den Einlassstutzen am Zylinderkopf sichern. Drücken Sie den Motor rechts vorsichtig nach hinten und heben Sie ihn ggf. an oder senken Sie ihn ab, um den Einlassstutzen entfernen zu können. Entnehmen Sie die Dichtungen (siehe Abbildung).

11.15 Entfernen Sie die Einlassstutzen-Dichtungen

16 Der Einbau entspricht der umgekehrten Ausbaureihenfolge – beachten Sie dabei folgende Punkte:

a) *Die Dichtflächen des Einlassstutzens und des Zylinderkopfs müssen absolut sauber und trocken sein. Verwenden Sie ggf. neue Dichtungen.*
b) *Ziehen Sie die Schrauben, die den Einlassstutzen am Zylinderkopf sichern, mit 18 Nm an.*
c) *Alle Schläuche und Kabelstecker müssen korrekt verbunden und gesichert werden.*
d) *Schalten Sie zum Schluss die Zündung ein, um die Kraftstoffpumpe zu aktivieren und das System unter Druck zu setzen. Kontrollieren Sie alle Anschlüsse auf Undichtigkeiten, bevor Sie den Motor starten.*

Auspuffstutzen

Warnung: Lassen Sie den Motor vor Arbeitsbeginn ausreichend abkühlen! Der Katalysator wird im Betrieb sehr heiß und muss entsprechend lange abkühlen.

17 Der Auspuffstutzen und der Katalysator bilden eine gemeinsame Baugruppe.
18 Trennen Sie den Haupt-Masseanschluss (–) der Batterie (siehe Kapitel 5A, Sektion 4).
19 Entfernen Sie die obere Motorabdeckung.
20 Trennen Sie links hinter dem Motor die Lambdasondenstecker (siehe Abbildung). Befreien Sie die Verkabelung aus allen Befestigungen, sodass sie mit dem Auspuffstutzen entnommen werden können.

11.20 Lambdasondenstecker

21 Lösen Sie die vier Schrauben des Hitzeschilds, um es vom Auspuffstutzen zu befreien (siehe Abbildung).

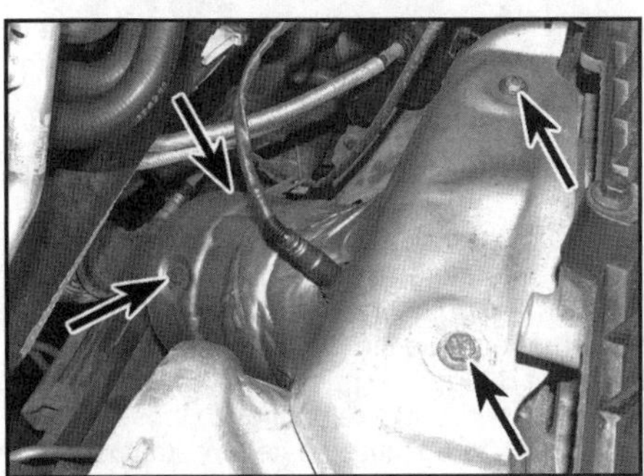

11.21 Hitzeschild-Schrauben

22 Lockern Sie schrittweise und über Kreuz die sieben Muttern, die den Auspuffstutzen am Zylinderkopf sichern; wenn sie entfernt sind, muss der Stutzen zunächst auf den Zylinderkopf-Stehbolzen verbleiben. **Anmerkung:** *Falls alle Stehbolzen zusammen mit den Muttern herausgedreht werden, müssen zwei von ihnen im Zylinderkopf verbleiben, um den Auspuffstutzen zu halten.*
23 Ziehen Sie die Handbremse fest an, heben Sie dann das Fahrzeug vorn an, und stützen Sie es sicher ab (siehe Seite 390).
24 Lösen Sie an beiden Seiten der Hilfsrahmen-Querstrebe die zwei Schrauben und entnehmen Sie diese (siehe Abbildung).

11.24 Lösen Sie die vier Schrauben der Hilfsrahmen-Querstrebe, um sie zu entnehmen.

25 Lösen Sie die zwei Muttern des Lichtmaschinen-Hitzeschildes und entnehmen Sie dies.
26 Um die flexible Sektion des Auspuffs nicht zu beschädigen, sollte sie mithilfe von geeigneten Hölzern und Kabelbindern »geschient« werden (siehe Abbildung).

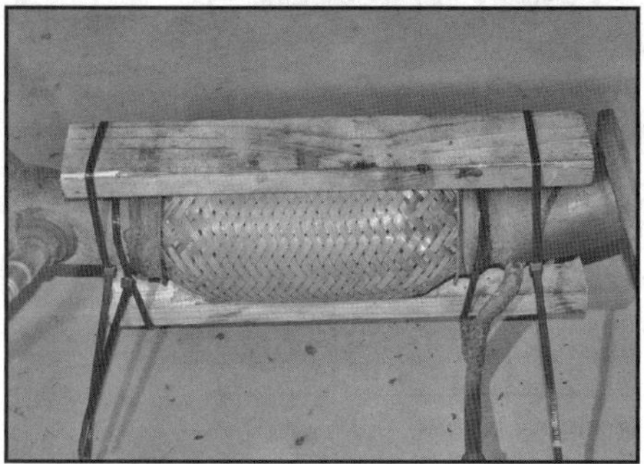

11.26 »Schienen« Sie die flexible Sektion des Auspuffs, um sie zu schützen.

27 Lösen Sie die zwei Muttern, die das mittlere Auspuffsegment mit dem Flansch der flexiblen Sektion verbinden, und trennen Sie beide Teile. Die Dichtung muss später erneuert werden.
28 Hängen Sie die zwei Gummihalterungen unterhalb der flexiblen Sektion aus.
29 Lösen Sie die zwei Schrauben, die den Katalysator an der Halterung an seiner Unterseite sichern. Ziehen Sie mithilfe eines Assistenten den Auspuffstutzen von den Zylinderkopf-Stehbolzen (oder schrauben Sie die verbliebenen Stehbolzen heraus). Senken Sie die Baugruppe nach unten ab, ohne dabei die Lambdasonden oder ihre Verkabelung zu beschädigen (siehe Abbildung). Die Dichtung muss später erneuert werden.

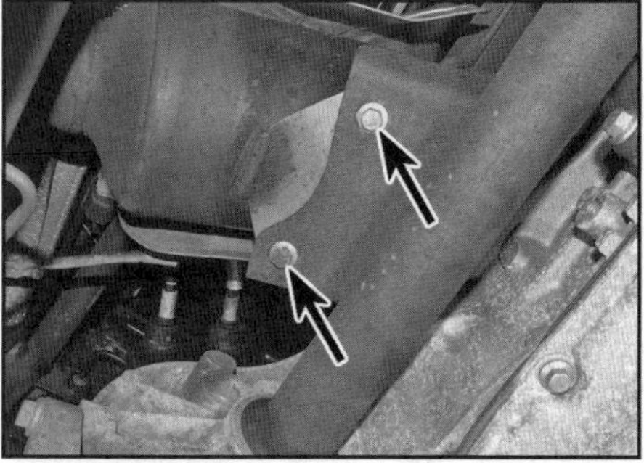

11.29 Schrauben, die den Katalysator an der Halterung sichern

30 Schrauben Sie die Lambdasonden aus dem Auspuffstutzen und dem Katalysator.

31 Der Einbau entspricht der umgekehrten Ausbaureihenfolge – beachten Sie dabei folgende Punkte:
a) Die Dichtflächen des Auslassstutzens und des Zylinderkopfs müssen absolut sauber und trocken sein. Verwenden Sie neue Dichtungen.
b) Verwenden Sie zur Befestigung des Auslassstutzens und des Katalysators neue Schrauben und Muttern.
c) Ziehen Sie die Schrauben und Muttern zur Befestigung des Auslassstutzens und des Katalysators zunächst handfest an, bis der Flansch des mittleren Auspuff-Segments verbunden und die Haltegummis eingehängt sind.
d) Ziehen Sie die Auslassstutzen-Muttern schrittweise und über Kreuz mit 55 Nm an.
e) Ziehen Sie alle anderen Verbindungen mit den in den technischen Daten angegebenen Drehmomenten an.

12 Auspuffanlage – Allgemeine Informationen, Ausbau und Einbau

Warnung: Lassen Sie den Motor vor Arbeitsbeginn ausreichend abkühlen! Der Katalysator wird im Betrieb sehr heiß und muss entsprechend lange abkühlen.

Allgemeine Informationen

1 Die Auspuffanlage besteht aus zwei Sektionen: die vordere beinhaltet den Auspuffstutzen samt Katalysator, die hintere besteht aus dem Endrohr und den zwei Schalldämpfern. Damit die Bewegungen des Motors ausgeglichen werden können, sitzt zwischen den Sektionen ein flexibles Segment aus Drahtgeflecht.
2 Das hintere Auspuffsegment besteht serienmäßig aus einem Teil; falls nur der Endschalldämpfer erneuert werden muss, kann der Auspuff getrennt und ein neuer Schalldämpfer mit einer Schelle verbunden werden – erkundigen Sie sich beim Händler nach entsprechenden Einzelteilen.
3 Die Auspuffanlage wird über ihre gesamte Länge von Haltegummis am Unterboden gesichert.

Ausbau

4 Um Teile des Auspuffs entfernen zu können, muss das Fahrzeug vorn oder hinten angehoben und sicher abgestützt werden (siehe Seite 390). Alternativ kann das Fahrzeug über eine Grube gefahren oder mit einer Hebebühne angehoben werden.

Auspuffstutzen und Katalysator

5 Beachten Sie die Hinweise in Sektion 11.

Hintere Sektion

6 Entfernen Sie den Endschalldämpfer (siehe unten).
7 Lösen Sie die Muttern, die den Flansch am Katalysator sichern, und trennen Sie die Verbindung – die Dichtung muss erneuert werden.
8 Hängen Sie die Haltegummis der hinteren Sektion aus und entnehmen Sie diese unter dem Fahrzeug heraus.

Endschalldämpfer

9 Falls noch die originale einteilige hintere Auspuffsektion montiert ist, muss der alte Endschalldämpfer abgesägt werden, damit ein neuer montiert werden kann. Verwenden Sie den neuen Schalldämpfer als Muster und markieren Sie die Sägestelle – diese muss so ausgewählt werden, dass ein Stück des Rohrs in den neuen Schalldämpfer geschoben werden kann.

10 Verwenden Sie eine geeignete Eisensäge, um das mittlere Rohr an der markierten Stelle zu trennen. Hängen Sie die Schalldämpfer-Haltegummis aus und entnehmen Sie den Endschalldämpfer.

11 Falls bereits ein Ersatz-Endschalldämpfer montiert wurde, muss die Schelle gelöst werden, die den Schalldämpfer am mittleren Rohr sichern, und beide Teile getrennt werden. Normalerweise sitzt der Schalldämpfer sehr fest, sodass er seitlich hin und her geschwenkt werden muss, um getrennt werden zu können. Falls das Rohr bereits stark korrodiert ist, muss doch die gesamte hintere Sektion erneuert werden. Eine andere Methode ist das Erwärmen der beiden Rohre (in der Hoffnung, dass sie sich hierdurch leichter trennen), doch hierbei besteht großes Risiko, Komponenten unten am Fahrzeug zu beschädigen oder gar den Tank in Brand zu stecken.

12 Hängen Sie die Schalldämpfer-Haltegummis aus und entnehmen Sie den Endschalldämpfer.

Hitzeschilde

13 Die Hitzeschilde sind mit Spezialmuttern am Unterboden gesichert. Jeder Hitzeschild kann separat entfernt werden, doch weil sie überlappen können, müssen ggf. die Befestigungen der anderen Schilde gelöst werden. Falls ein Hitzeschild für den Zugang zu dahinterliegenden Komponenten demontiert werden muss, kann es manchmal reichen, die Befestigungen zu lösen und den Schild auf dem (montierten) Auspuff abzulegen; ansonsten muss die Auspuffanlage demontiert werden (siehe oben).

Einbau

14 Der Einbau entspricht in allen Fällen der umgekehrten Ausbaureihenfolge – beachten Sie dabei folgende Punkte:

a) *Verwenden Sie stets neue Dichtungen, Muttern und ggf. Schellen. Schmieren Sie alle Gewinde mit Kupferpaste. Die Schellen müssen genauso groß sein wie die alten – eine überdrehte zu große Schelle wird die Verbindung nicht korrekt abdichten.*

b) *Wo Segmente zusammengeschoben werden müssen, sollte etwas Auspuffpaste aufgetragen werden, um die Verbindung abzudichten.*

c) *Rissige oder verhärtete Auspuffgummis müssen durch Neuteile ersetzt werden.*

d) *Der Auspuff muss korrekt aufgehängt sein und darf nicht mit der Karosserie oder Fahrwerks-Segmenten in Kontakt kommen. Bevor die Schelle des Endschalldämpfers angezogen wird, muss dieser korrekt ausgerichtet werden.*

e) *Ziehen Sie alle Verbindungen mit den in den technischen Daten angegebenen Drehmomenten an.*

Kapitel 4B

Kraftstoffsystem und Auspuffanlage – Dieselmotoren

Inhalt — Sektion

Schwierigkeitsgrade

Leicht. Geeignet für Anfänger mit wenig Erfahrung.	**Relativ leicht.** Geeignet für Anfänger mit etwas Erfahrung.	**Relativ schwierig.** Geeignet für geübte Selbstschrauber.	**Schwer.** Geeignet für Selbstschrauber mit viel Erfahrung.	**Sehr schwer.** Geeignet für Experten und Profis.

Technische Daten

Allgemein

System-Typ	Elektronisch gesteuerte »Common-Rail« Hochdruck-Direkteinspritzung von Siemens (Abgasnorm Euro 3 und 4) oder Delphi (Euro 5), Turbolader mit variabler Geometrie und Ladeluftkühler
Zündfolge	1-3-4-2 (Nr. 1 links an Getriebe)
Systemdruck	200 bis 1350 bar (drehzahlabhängig)

Anzugsdrehmomente	**Nm**
Motoren mit Abgasnorm Euro 3 und 4	
Auspuffflansch-Muttern	48
Auspuffstutzen-Muttern	30
Druckspeicher-Befestigungsmuttern	22
Einspritzdüsenhalter-Muttern	
Schritt 1	5
Schritt 2	um 45° weiter
Hilfsrahmen (vorn) – Querstreben-Schrauben	60
Hochdruckleitungs-Anschlussmuttern*†	
Schritt 1	19
Schritt 2	30
Hochdruckpumpen-Befestigungsschrauben	20
Katalysator-Befestigungen	25
Partikelfilter-Temperatursensor	30
Turbolader an Auspuffstutzen	25
Turboladerhalterungs-Schrauben	15
Turboladeröl-Rücklaufrohr-Schrauben	10
Turboladeröl-Zulaufrohr-Anschlussschrauben	
an Motorblock	40
an Turbolader	28

Motoren mit Abgasnorm Euro 5	**Nm**
Auspuffflansch-Muttern	48

Auspuffstutzen-Hitzeschildschrauben	10
Auspuffstutzen-Muttern	
Schritt 1	10
Schritt 2	20
Druckspeicher-Befestigungsmuttern	22
Einlassstutzen – Muttern der untere Sektion an Zylinderkopf	
Linke Mutter	8
Rechte Mutter/Schraube	20
Einlassstutzen – Obere Sektion an untere Sektion	8
Einspritzdüsenhalter-Muttern†	
Schritt 1	7
Schritt 2	um 55° weiter
Hilfsrahmen (vorn) – Querstreben-Schrauben	60
Hochdruckleitungs-Anschlussmuttern*†	
Schritt 1	18
Schritt 2	27
Hochdruckpumpen-Befestigungsschrauben	20
Katalysator-Befestigungen	25
Partikelfilter-Temperatursensor	30
Turbolader an Auspuffstutzen	25
Turboladerhalterungs-Schrauben	25
Turboladeröl-Rücklaufrohr an Motorblock	38
Turboladeröl-Zulaufrohr-Anschlussschrauben	
an Motorblock	40
an Turbolader	38

* *Zum korrekten Anziehen werden spezielle Krähenfuß-Adapter benötigt – siehe Sektion 2*
† *Stets durch Neuteile zu ersetzen*

1 Allgemeine Informationen

1 Das Kraftstoffsystem besteht aus einem im Heck untergebrachten Tank, einem Kraftstofffilter mit integriertem Wasserabscheider und Vorwärmer (zur Verhinderung von Flockenbildung bei niedrigen Temperaturen), der Hochdruck-Einspritzpumpe mit integrierter Förderpumpe, den Einspritzdüsen und einem Turbolader samt Ladeluftkühler.
2 Um die Abgasnorm einzuhalten, ist die Auspuffanlage mit einem Katalysator, einer Abgasrückführung und einem Partikelfilter ausgerüstet.
3 Bei der als »Common Rail« bekannten Hochdruck-Diesel-Einspritzung dient ein gemeinsamer Druckspeicher dazu, alle Einspritzdüsen mit Kraftstoff zu versorgen, der mithilfe einer Hochdruckpumpe auf bis zu 1350 bar komprimiert wurde. Das Motorsteuergerät (PCM) bestimmt den Öffnungszeitpunkt und die Öffnungsdauer der elektromagnetisch aktivierten Einspritzdüse. Der Druck im Speicher wird vom einem Sensor überwacht und von einem Regelventil kontrolliert.

Funktion des Kraftstoffsystems

4 Zur Beschreibung einer »Common Rail«-Dieseleinspritzung wird das System zunächst in drei Segmente unterteilt: den Niederdruck-Bereich, den Hochdruck-Bereich und den elektronisch gesteuerten Bereich.

Niederdruck-Kraftstoffsystem

5 Das Niederdrucksystem besteht aus den folgenden Komponenten:
a) Kraftstofftank
b) Kraftstoff-Förderpumpe
c) Kraftstofffilter/Wasserabscheider/Vorwärmung
d) Niederdruck-Kraftstoffleitungen
6 Das Niederdrucksystem (Kraftstoffzufuhr) ist für die Versorgung des Hochdruckbereichs mit sauberem Kraftstoff verantwortlich.

Hochdruck-Kraftstoffsystem

7 Das Hochdrucksystem besteht aus den folgenden Komponenten:
a) Hochdruckpumpe mit Druckregelventil
b) Druckspeicher
c) Einspritzdüsen
d) Hochdruck-Kraftstoffleitungen
8 Der Kraftstoff wird aus dem Tank durch die in der Hochdruckpumpe sitzende Förderpumpe durch den Filter angesaugt. Nachdem er die Förderpumpe passiert hat, gelangt der Kraftstoff durch interne Kanäle in die Hochdruckpumpe, die ihn in den Druckspeicher presst. Weil Diesel eine gewisse Elastizität aufweist, bleibt der Druck im Speicher auch bei einer Abnahme durch die Einspritzdüsen relativ konstant. Zusätzlich sorgt ein an der Hochdruckpumpe sitzendes Druck-Regelventil dafür, dass der Kraftstoffdruck innerhalb der Vorgaben liegt.
9 Das Kraftstoffdruck-Regelventil wird vom Steuergerät aktiviert. Wenn das Ventil öffnet, fördert die Hochdruckpumpe überschüssigen Kraftstoff durch die Rücklaufleitung in den Tank zurück, sodass der Druck im Speicher sinkt. Damit das Regelventil vom Steuergerät korrekt ausgelöst wird, misst ein Drucksensor den Druck im Speicher.
10 Die elektromagnetisch gesteuerten Einspritzdüsen werden einzeln vom Steuergerät aktiviert. Die Düsen sprühen den Kraftstoff direkt in den Brennraum; weil stets hoher Kraftstoffdruck anliegt, kann die Einspritzung sehr präzise und hochflexibel erfolgen – so kann die Verbrennung beträchtlich verbessert werden, wenn vor dem eigentlichen Haupt-Einspritzprozess schon eine kleine Menge Kraftstoff eingespritzt wird.

Elektronischer Bereich

11 Der elektronische Bereich des Kraftstoffsystems besteht aus den folgenden Komponenten:
a) Motorsteuergerät (PCM)
b) Kurbelwellensensor
c) Nockenwellensensor
d) Gaspedalsensor
e) Kühltemperatursensor

f) Ansauglufttemperatursensor
g) Luftmassenmesser
h) Einlassstutzendrucksensor
i) Einlassstutzen-Luftklappe
j) Kraftstoffdrucksensor
k) ABS-Radsensoren
l) Brems- und Kupplungspedal-Schalter

12 Die Signale der oben angegebenen Sensoren werden (zusammen mit Signalen anderer Sensoren) vom Steuergerät analysiert, um mithilfe eingespeicherter Kennfelder an den Einspritzdüsen die Einspritzdauer festzulegen und so ein fettes oder mageres Gemisch zu erzeugen. Dieses Gemisch wird ständig vom Steuergerät angepasst, um die besten Ergebnisse zum Starten (bei kaltem oder heißen Motor), in der Warmlaufphase, im Standgas, bei Teillast oder beim Beschleunigen zu erzielen.

13 Das Steuergerät führt auch Selbstdiagnosefunktionen durch. Jeder im System auftretende Fehler wird gespeichert, damit diese mithilfe geeigneter Diagnosegeräte rasch ausgelesen werden können.

Kraftstoffsystem-Komponenten

Hochdruckpumpe

14 Die von einer der Nockenwellen angetriebene Hochdruckpumpe arbeitet mit halber Motordrehzahl. Ihre Schmierung wird vom Dieselöl übernommen.

15 Die in die Hochdruckpumpe integrierte Förderpumpe versorgt den Hochdruckbereich über ein Sicherheitsventil.

16 Die Hochdruckpumpe besteht aus drei radial montierten Kolben und Zylindern. Die Kolben werden von einem an der Antriebsspindel sitzenden Exzenter betätigt. Während sich ein Kolben nach unten bewegt, gelangt durch ein Einlassventil Kraftstoff in den Zylinder. Sobald der Kolben den unteren Totpunkt (UT) erreicht, schließt das Ventil und der Kolben bewegt sich wieder nach oben, um den Kraftstoff zu komprimieren. Sobald der Druck im Zylinder denjenigen im Druckspeicher erreicht, öffnet ein Auslassventil und gibt den Weg in den Speicher frei. Wenn der Kolben den oberen Totpunkt (OT) erreicht, schließt das Auslassventil durch den fallenden Druck und der Kreislauf beginnt von vorn. Durch die Verwendung mehrerer Zylinder wird ein stetiger Kraftstoffstrom und damit gleichbleibender Druck sichergestellt.

17 Da die Pumpe in der Lage sein muss, bei Volllast genügend Kraftstoff zu liefern, wird bei Standgas und Teillast überschüssiger Kraftstoff durch das Druckregelventil in den Niederdruckbereich geleitet, von wo er durch die Rücklaufleitung wieder in den Tank gelangt.

18 Die Pumpe ist mit einer Vorrichtung ausgestattet, die einen der Zylinder abschaltet, sodass sie mit verminderter Kraft betrieben werden kann, was die Wirksamkeit des Motors verbessert. Beim Aktivieren dieser Vorrichtung hält eine per Magnetschalter gesteuerte Nadel das Einlassventil des Zylinders im Pumpt-Takt offen, sodass der Kraftstoff nicht komprimiert wird.

Druckspeicher

19 Wie der Name bereits andeutet, speichert dieses direkt über den Einspritzdüsen sitzende Rohr den unter beständigem Druck stehenden Kraftstoff, der von der Hochdruckpumpe geliefert wurde. Im Druckspeicher sitzen der Kraftstoff-Drucksensor und ein Anschluss zum Kraftstoffdruck-Regelventil an der Pumpe.

Kraftstoffdruck-Regelventil

20 Das vom Motorsteuergerät aktivierte Kraftstoffdruck-Regelventil regelt den Systemdruck. Das Regelventil ist in die Hochdruckpumpe integriert und nicht separat erhältlich.

21 Das Ventil öffnet bei zu hohem Druck, sodass Kraftstoff zurück in den Tank fließen kann. Bei zu niedrigem Druck schließt das Ventil, damit die Hochdruckpumpe den Druck erhöhen kann.

22 Innerhalb des Ventils sitzt eine federbelastete Kugel, die von einer Feder und der Kraft eines Elektromagneten gegen den Kraftstoffdruck in ihren Sitz gedrückt wird. Die Wirksamkeit des Elektromagneten hängt direkt von der vom Steuergerät angelegten Stromstärke ab. Der gewünschte Druck kann daher durch den auf den Elektromagneten wirkenden Strom eingestellt werden, während Druckschwankungen von der Feder kompensiert werden.

Kraftstoff-Bemessungsventil

23 Um die Wirksamkeit des Motors zu verbessern, stellt das Kraftstoff-Bemessungsventil je nach Betriebszustand des Motors die Menge des zu den Hochdruckpumpen-Elementen geförderten Kraftstoffs ein.

24 Das Kraftstoff-Bemessungsventil wird vom Motorsteuergerät per Pulsweitenmodulation gesteuert; sobald es keine Energie mehr erhält, schließt es.

Kraftstoffdrucksensor

25 Der Kraftstoffdrucksensor sitzt im Druckspeicher und liefert äußerst präzise Informationen über den dort herrschenden Druck an das Motorsteuergerät.

Einspritzdüsen

26 Die im Zylinderkopf sitzenden Einspritzdüsen werden elektromagnetisch über Signale vom Steuergerät aktiviert, um den Kraftstoff aus dem Druckspeicher in die Brennräume zu sprühen. Einspritzdüsen sind mit sehr geringen Toleranzen gefertigte hochpräzise Instrumente.

27 Der Kraftstoff strömt aus dem Druckspeicher durch ein Einlassventil und eine Einlassdrossel in die Einspritzdüse, ein Elektromagnet aktiviert die Einlassdüse, sodass sie sich aus ihrem Sitz hebt und die Einspritzung einleitet. Überschüssiger Kraftstoff gelangt aus den Einspritzdüsen zurück in den Tank. Die Einspritzdüse arbeitet mit dem hydraulischen Servo-Prinzip: Der innerhalb der Düse wirkende Kraftstoffdruck verstärkt wirksam die Wirkung des Elektromagneten, der somit nicht viel Kraft benötigt, um die Einspritzung direkt einzuleiten. Die Einspritzdüse funktioniert mit den fünf folgenden Kräften:

a) Eine Düsen-Feder drückt die Düsennadel gegen ihren Sitz unten in der Einspritzdüse, sodass kein Kraftstoff in den Brennraum gelangt.
b) Im Ventil oben in der Einspritzdüse drückt eine Ventilfeder ein Kugelventil gegen die Öffnung der Ventilsteuerkammer. Der Kraftstoff in dieser Kammer kann nicht durch die Rücklaufleitung abfließen.
c) Der aktivierte Elektromagnet übt eine Kraft aus, die stärker ist als die Ventilfeder, um die Ventilkugel aus ihrem Sitz herauszubewegen. Dies ist die Auslösekraft zum Einleiten der Einspritzung. Sobald sich die Ventilkugel aus ihrem Sitz heraus bewegt, tritt Kraftstoff in die Ventilsteuerkammer ein.
d) Der Kraftstoffdruck in der Ventilsteuerkammer übt eine Kraft auf den Ventilsteuerkolben aus, die der Kraft auf die Düsenfeder hinzugefügt wird.
e) Eine kleine Fase am unteren Ende der Düsennadel sorgt dafür, dass der Kraftstoff in der Steuerkammer eine Kraft auf die Düsennadel ausübt.

28 Wenn diese Kräfte im Gleichgewicht sind, ist die Einspritzdüse geschlossen; sobald der Elektromagnet unter Strom gesetzt wird, heben die Kräfte die Einspritzdüse an, sodass Kraftstoff in den Brennraum gesprüht wird. Es gibt vier Einspritz-Phasen:

a) Ruhezustand – alle Kräfte sind im Gleichgewicht. Die Düsennadel verschließt die Düsenöffnung und die Ventilfeder drückt die Ventilkugel in ihren Sitz.
b) Öffnen – der Elektromagnet wird ausgelöst und öffnet die Düse, sodass die Einspritzung beginnt. Die Kraft des

Elektromagneten lässt die Ventilkugel ihren Sitz verlassen. Der Kraftstoff aus der Ventilsteuerkammer fließt durch die Rücklaufleitung zum Tank zurück. Sobald das Ventil öffnet, fällt der Druck in der Ventilsteuerkammer ab und die Kraft auf den Ventilkolben wird verringert; aufgrund der Wirkung auf die Einlassdrossel ändert sich jedoch der Druck auf die Düsennadel nicht. Die verbleibende Kraft in der Ventilsteuerkammer reicht aus, die Düse aus ihrem Sitz zu heben und den Einspritzungsprozess einzuleiten.

c) Einspritzung – innerhalb weniger Millisekunden wird der Auslösestrom auf den Elektromagneten auf einen geringeren Haltestrom reduziert. Die Düse ist jetzt vollständig geöffnet und der Kraftstoff wird mit dem Druck aus dem Druckspeicher in den Brennraum gepresst.

d) Schließen – der Elektromagnet wird abgeschaltet, sodass die Ventilfeder die Ventilkugel fest in ihren Sitz drückt und der Druck in der Ventilsteuerkammer dem an der Düsennadel entspricht. Die Kraft auf den Ventilkolben steigt und die Düsennadel schließt die Düsenöffnung. Die Kräfte sind wieder im Gleichgewicht und die Einspritzdüse befindet sich bis zur nächsten Einspritzphase wieder im Ruhezustand.

Motorsteuergerät (PCM) und Sensoren

29 Das Motorsteuergerät (PCM) und die Sensoren sind bereits in Schritt 12 beschrieben.

Einlassstutzen-Luftklappengehäuse

30 Das vom Motorsteuergerät geregelte Luftklappengehäuse regelt je nach Betriebszustand des Motors die Menge der in die Brennräume gelangenden Luft, um die Zusammensetzung der zurückgeführten Abgase zu beeinflussen. Außerdem schließt die Klappe nach dem Abschalten der Zündung, damit der Motor nicht nachläuft.

2 Hochdruck-Einspritzsystem – Spezielle Informationen

Warnungen und Vorsichtsmaßnahmen

1 Bevor Arbeiten am Kraftstoffsystem – vor allem an dessen Hochdruck-Seite – erledigt werden, müssen die folgenden Vorsichtsmaßnahmen penibel durchgelesen werden. Zudem müssen die Hinweise in der Sektion »Sicherheit geht vor!« auf Seite 8 durchgelesen werden – ihnen ist unbedingt zu folgen! Beachten Sie die folgenden Informationen:

- *Führen Sie Arbeiten am Hochdruck-Kraftstoffsystem nur aus, wenn Sie über die erforderlichen Kenntnisse verfügen, die erforderlichen Werkzeuge besitzen und sich über die damit verbundenen Sicherheitsaspekte im Klaren sind.*
- *Bevor Arbeiten am Kraftstoffsystem ausgeführt werden, muss nach dem Abschalten des Motors mindestens eine halbe Minute gewartet werden, damit der Druck im System abgebaut wird.*
- *Arbeiten Sie niemals bei laufendem Motor am Hochdruck-Kraftstoffsystem!*
- *Halten Sie sich von möglichen Undichtigkeiten fern – dies gilt besonders beim Starten des Motors nach durchgeführten Reparaturen. Aus einem Leck im System kann ein lebensgefährlicher Hochdruck-Strahl entweichen.*
- *Halten Sie niemals ihre Hände oder andere Körperteile in die Nähe von Lecks im Hochdruck-Kraftstoffsystem!*
- *Reinigen Sie niemals den Motor oder Teile des Kraftstoffsystems mit einem Dampfstrahler.*

Reparatur-Prozeduren und allgemeine Informationen

2 Bei allen Arbeiten am Kraftstoffsystem muss absolute Sauberkeit herrschen. Dies gilt für den Arbeitsplatz im Allgemeinen, die ausführende Person und das zu bearbeitende Bauteil.

3 Bevor an Kraftstoffsystem-Komponenten gearbeitet wird, müssen sie sorgfältig mit einem geeigneten Entfettungsmittel gereinigt werden. Sauberkeit ist besonders wichtig bei der Arbeit an folgenden Kraftstoffsystem-Komponenten:

a) Kraftstofffilter
b) Hochdruckpumpe
c) Druckspeicher
d) Einspritzdüsen
e) Hochdruck-Kraftstoffrohre

4 Nachdem alle Leitungen oder Komponenten getrennt wurden, müssen alle Öffnungen unverzüglich abgedichtet werden, damit kein Schmutz oder andere Fremdkörper eindringen können. Im Auto-Zubehörhandel sind hierfür Stopfen und Kappen unterschiedlicher Größen erhältlich (siehe Abbildung). Abgeschnittene Finger von neuen Gummihandschuhen können zum Schutz von Bauteilen wie Kraftstoffrohren, Einspritzdüsen und elektrischen Anschlüssen verwendet und mit Gummibändern gesichert werden; Einweg-Handschuhe sind im Drogeriemarkt erhältlich.

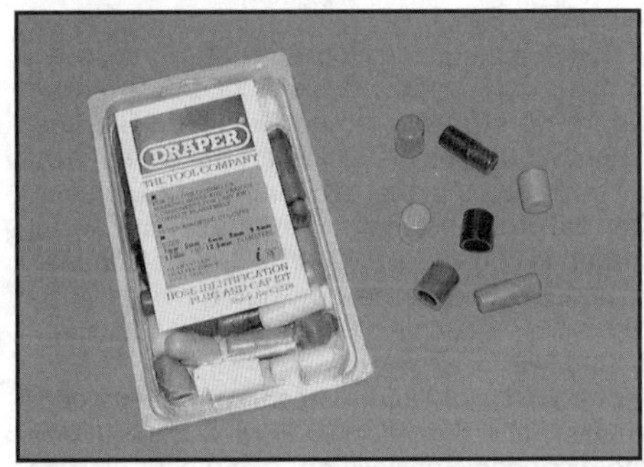

2.4 Ein typisches Set aus Stopfen und Kappen zum Abdichten getrennter Kraftstoffsystem-Komponenten

5 Nachdem Hochdruck-Kraftstoffrohre getrennt oder demontiert wurden, müssen sie durch Neuteile ersetzt werden.

6 Nach jeder Reparatur am Hochdruck-Kraftstoffsystem wird der Einsatz von speziellem Pulver empfohlen, das auf den Anschlüssen verteilt wird, um Undichtigkeiten zu ermitteln. Trocken ist das Pulver weiß; sobald es feucht wird, zeigen dunkle Stellen das Leck an.

7 Die in den technischen Daten angegebenen Anzugsdrehmomente müssen beim Anziehen von Befestigungen und Anschlüssen strikt eingehalten werden – dies gilt besonders für die Anschlüsse der Hochdruck-Leitungen. Um einen Drehmomentschlüssel an den Anschlussmuttern ansetzen zu können, werden zwei sog. Krähenfuß-Adapter benötigt, die im gut sortierten Werkzeughandel erhältlich sind (siehe Abbildung).

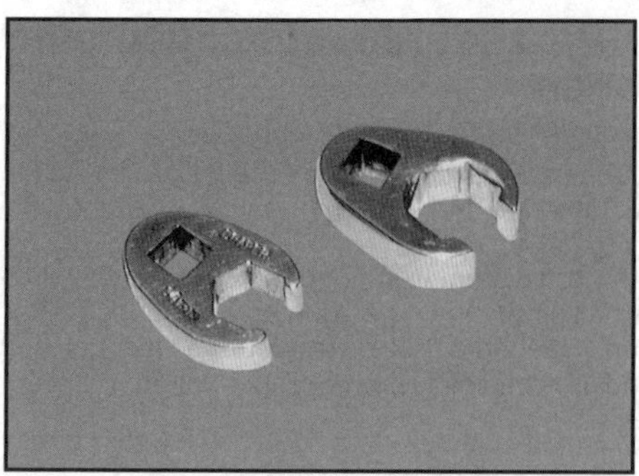

2.7 Krähenfuß-Adapter zum Anziehen von Anschlussmuttern per Drehmomentschlüssel

3 Einspritzanlage – Kontrolle

Anmerkung: *Beachten Sie zunächst die Warnhinweise und Vorsichtsmaßnahmen in Sektion 2.*

1 Falls an der Einspritzung ein Fehler auftritt, muss zunächst kontrolliert werden, ob alle Kabelstecker korrekt angeschlossen und frei von Korrosion sind; beachten Sie auch die Hinweise in den Schritten 5 bis 8. Stellen Sie sicher, dass der Fehler nicht auf mangelhafte Wartung zurückzuführen ist – der Luftfilter muss sauber sein, die Motorkompression innerhalb der Vorgaben liegen, alle Kabel in Ordnung und fest verbunden sind und die Schläuche der Motorentlüftung frei und unbeschädigt sind – beachten Sie dazu die Hinweise in den Kapiteln 1b und 2B.

2 Falls diese Kontrollen nicht die Ursachen der Probleme beheben, muss das Fahrzeug in eine Ford-Werkstatt oder zu einem Motordiagnose-Spezialisten gebracht werden. Hier wird ein Diagnosegerät oder ein Auslesegerät mit dem passenden Stecker unter dem Armaturenbrett im Fahrer-Fußraum verbunden (siehe Abbildung). Mithilfe des Auslesegeräts oder eines anderen Prüfgeräts können alle im Motorsteuergerät (PCM) und verschiedenen andere Steuergeräten gespeicherte Fehler ausgelesen werden. Die Anschaffung eines eigenen Auslesegeräts lohnt sich für die meisten Fahrzeugbesitzer nicht.

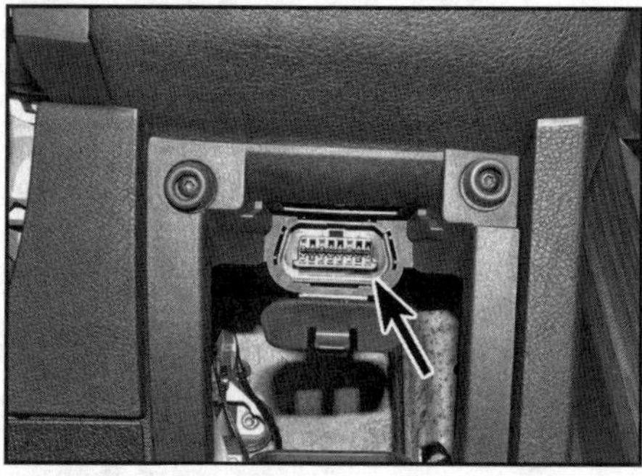

3.2 Diagnosestecker

3 Mit dem Auslesegerät können Fehler schnell und einfach lokalisiert werden – selbst wenn sie nur gelegentlich (Wackelkontakt) auftreten. Zudem müssen nicht alle Systemkomponenten einzeln und zeitaufwändig getestet werden, wobei außerdem das Risiko besteht, das Steuergerät zu beschädigen.

Notprogramm

5 Bei bestimmten Fehlern, wie dem Ausfall einer der Sensoren kann das Steuergerät auf ein Notprogramm – von Ford als »Limited Operation Strategie« (LOS) bezeichnet – zurückgreifen, um das Fahrzeug nach Hause oder in eine Werkstatt fahren zu können. Sobald dieses Programm läuft, leuchtet die Motormanagement-Warnleuchte im Cockpit auf.

6 Im Notprogramm wird das Signal des defekten Sensors durch einen festen Wert ersetzt, der zu verringerter Motorleistung, schlechtem Standgas und unrundem Motorlauf (besonders bei kaltem Motor) führen kann.

7 Der Motor kann im Notprogramm aber auch normal laufen und der einzige Hinweis ist – neben der Warnleuchte – ein erhöhter CO-Gehalt im Abgas.

8 Selbst wenn ein defekter Sensor identifiziert und erneuert wurde, kann es sein, dass der Motor erst wieder normal läuft, nachdem der Fehlercode gelöscht und das Notprogramm abgeschaltet ist; dies kann sogar der Fall sein, wenn sich nur ein Stecker gelöst hatte.

4 Kraftstoffsystem – Vorfüllen und Entlüften

Anmerkung: *Beachten Sie zunächst die Warnhinweise und Vorsichtsmaßnahmen in Sektion 2.*

1 Nachdem Teile des Kraftstoffsystems demontiert oder entleert worden sind, muss es vorgefüllt und von sämtlicher Luft befreit werden, die eingedrungen ist.

2 Manchmal kann das System entlüftet werden, indem man den Anlasser für maximal 10 Sekunden aktiviert. Springt der Motor hierbei nicht an, muss 30 Sekunden gewartet werden, bevor der nächste Versuch gestartet wird. Springt der Motor auch beim dritten Startversuch nicht an, muss das System wie folgt entlüftet werden:

3 Beschaffen Sie den speziellen Ford-Vorfüllschlauch (Set-Nr. 310-110A) oder eine vergleichbare Hand-Vorfüllpumpe samt verschiedener Adapter (siehe Abbildung), um sie mit den Kraftstoffleitungen zu verbinden.

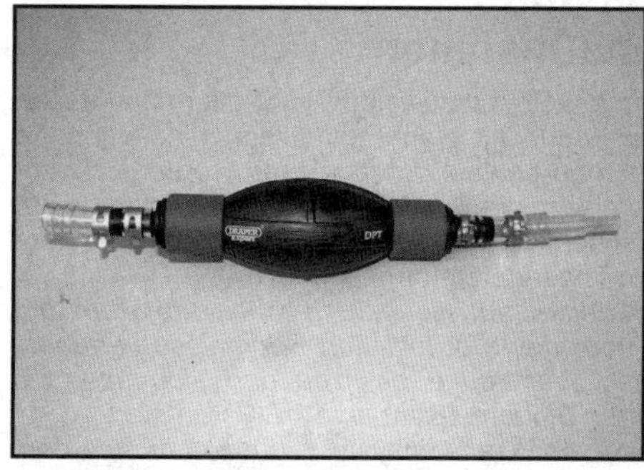

4.3 Eine Hand-Vorfüllpumpe samt verschiedener Adapter aus dem Auto-Fachhandel

4 Entfernen Sie die obere Motorabdeckung.

5 Trennen Sie rechts am Motor den Schnellverschluss der Rücklaufleitung (siehe Abbildungen) – dies ist die dünnere der beiden Leitungen.

4.5a Schnellverschluss der Rücklaufleitung beim Motor mit Abgasnorm Euro 3 und 4 …

4.5b … und beim Motor mit Abgasnorm Euro 5.

6 Verbinden Sie die Pumpe mithilfe der passenden Adapter so zwischen die Rücklaufleitung und den Filter, dass der darauf angebrachte Pfeil zum Tank zeigt (siehe Abbildung).

4.6 Verbinden Sie die Pumpe mithilfe der passenden Adapter zwischen die Rücklaufleitung und den Filter.

7 Drücken Sie mehrmals den Pumpbalg, um Kraftstoff aus dem Tank durch den Filter in die Kraftstoffpumpe und zurück zum Tank zu fördern; pumpen Sie so lange, bis am transparenten Adapter der Pumpe keine Luftblasen mehr zu sehen sind – dies kann etwas Zeit in Anspruch nehmen.
8 Sobald keine Luftblasen mehr zu sehen sind, wird versucht, den Motor zu starten – lassen Sie den Anlasser wieder nur maximal 10 Sekunden laufen und warten Sie vor dem nächsten Versuch 30 Sekunden. Falls sich der Motor mit zwei Versuchen nicht starten lässt, muss das System weiter mit der Handpumpe entlüftet werden.
9 Sobald der Motor anspringt und zufriedenstellend läuft, muss er abgeschaltet werden, um die Vorfüllpumpe zu entfernen und die Rücklaufleitung wieder anzuschließen.
10 Montieren Sie die Motorabdeckung.

5 Luftfilter-Baugruppe – Ausbau und Einbau

Ausbau

1 Entfernen Sie die obere Motorabdeckung.
2 Ziehen Sie am Stecker des Luftmassensensors die Lasche hoch und trennen Sie ihn (siehe Abbildungen).

5.2a Ziehen Sie die Lasche heraus …

5.2b … und trennen Sie den Stecker des Luftmassensensors.

3 Lockern Sie die Schelle des Luftfilter-Auslassschlauchs und trennen Sie ihn vom Luftfilterdeckel (siehe Abbildung).

5.3 Lockern Sie am Luftfilterdeckel die Schelle des Luftfilter-Auslassschlauchs.

4 Greifen Sie nach unten und befreien Sie den Ansaugstutzen vorn vom Luftfiltergehäuse.
5 Ziehen Sie das Luftfiltergehäuse nach oben aus seinen Haltegummis (siehe Abbildung).

5.5 Ziehen Sie das Luftfiltergehäuse nach oben aus seinen Haltegummis.

Einbau

6 Richten Sie die Stifte unten am Luftfiltergehäuse zu den Ösen aus und drücken Sie das Gehäuse fest herunter. Der Rest des Einbaus entspricht der umgekehrten Ausbaureihenfolge.

6 Gaspedal – Ausbau und Einbau

Beachten Sie hierzu die Hinweise in Kapitel 4A, Sektion 6.

7 Kraftstofftank – Ausbau, Kontrolle und Einbau

Anmerkung: *Beachten Sie zunächst die Warnhinweise in Sektion 2.*

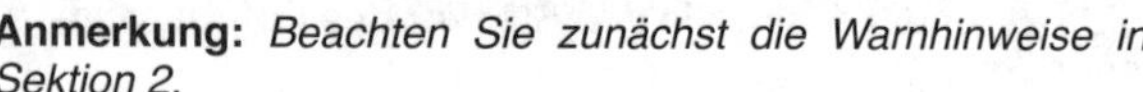

Anmerkung: *Der Tank sollte für diese Arbeit möglichst leer sein.*

1 Beachten Sie hierzu die Hinweise in Kapitel 4A, Sektion 7 – der Tank entspricht weitgehend demjenigen bei Modellen mit Benzinmotor, lediglich die Verdunstungsregelung samt Aktivkohlebehälter gibt es bei Dieselmotoren nicht. Außerdem müssen die zwei Schnellverschlüsse am Kraftstofffilter getrennt werden.

8 Tankuhr-Geber – Ausbau und Einbau

Anmerkung: *Beachten Sie zunächst die Warnhinweise in Sektion 2.*

1 Der Tankuhr-Geber wird genauso aus- und eingebaut wie bei Benzin-Modellen – beachten Sie die Hinweise in Kapitel 4A, Sektion 8. Im Tank von Diesel-Modellen sitzt lediglich der Geber – ohne Pumpe; hier sind zwei Kraftstoffleitungen (Zulauf und Rücklauf) mit Schnellverschlüssen gesichert.

2 Nach Beendigung der Arbeit muss das Kraftstoffsystem vorgefüllt und entlüftet werden (siehe Sektion 4).

9 Hochdruck-Kraftstoffpumpe – Ausbau und Einbau

Warnung: ***Beachten Sie zunächst die Informationen in Sektion 2.***

Anmerkung: *Beim Einbau wird eine neue Kraftstoffleitung zwischen der Pumpe und dem Druckspeicher benötigt.*

Modelle mit Abgasnorm Euro 3 und 4

Ausbau

1 Trennen Sie den Haupt-Masseanschluss (–) der Batterie (siehe Kapitel 5A, Sektion 4).

2 Entfernen Sie die obere Motorabdeckung.

3 Demontieren Sie die Luftfilter-Baugruppe (siehe Sektion 5).

4 Lockern Sie am Einlassstutzen die Schelle des AGR-Rohrs, um dies zu trennen. Lösen Sie an der Unterdruckpumpe die Schraube der AGR-Rohr-Halterung (siehe Abbildungen), lösen Sie dann die Schrauben, um das andere Ende des Rohrs vom AGR-Kühler zu trennen, und entnehmen Sie es.

9.4a Lockern Sie am Einlassstutzen die Schelle des AGR-Rohrs, um dies zu trennen.

9.4b Lösen Sie an der Unterdruckpumpe die Schraube der AGR-Rohr-Halterung.

5 Lösen Sie hinten am Motor die Schraube, die den Luft-Auslassstutzen an der Halterung sichern, und die zwei Schrauben, die den Stutzen und den Resonator am Turbolader sichern. Befreien Sie den Unterdruckschlauch aus den Clips am Stutzen und entnehmen Sie den Stutzen und den Resonator vom Motor.

6 Die Bereiche um die Kraftstoffrohr-Anschlüsse an der Pumpe und am Druckspeicher müssen absolut sauber sein. Lösen Sie die Anschlüsse und entfernen Sie das Hochdruckrohr (siehe Abbildung) – beim Einbau muss es durch ein Neuteil ersetzt werden.

9.6 Lösen Sie die Anschlüsse und entfernen Sie das zwischen der Pumpe und dem Druckspeicher sitzende Hochdruckrohr.

7 Beachten Sie die Positionen der Zulauf- und Rücklaufleitungen an der Pumpe, drücken Sie die Laschen der Schnellverschlüsse und trennen Sie diese (siehe Abbildungen) – seien Sie auf austretenden Kraftstoff vorbereitet. Verstopfen Sie alle Öffnungen, um keinen Schmutz eindringen zu lassen.

9.7a Trennen Sie die Kraftstoff-Zulaufleitung ...

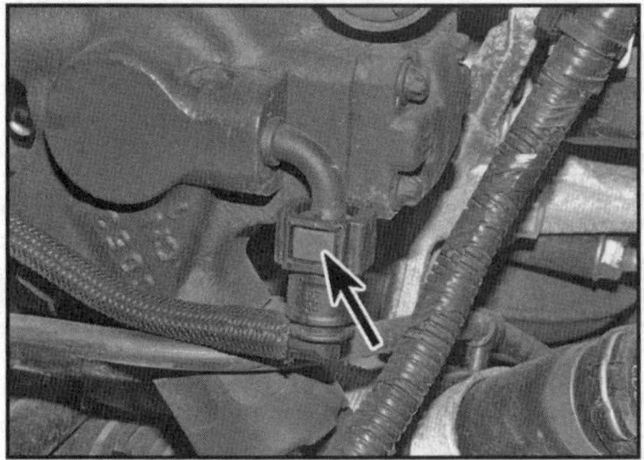

9.7b ... und die Rücklaufleitung von der Pumpe.

8 Trennen Sie die Kabelstecker von der Pumpe – merken Sie sich ihre Positionen.
9 Lösen Sie die drei Schrauben und ziehen Sie die Pumpe vom Zylinderkopf ab (siehe Abbildung) – die Dichtung muss später erneuert werden.

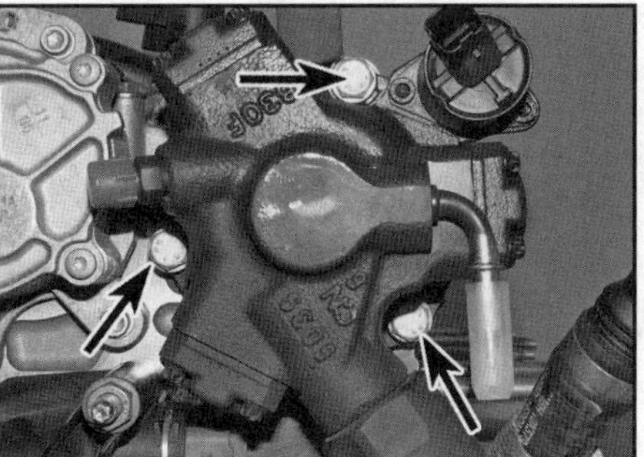

9.9 Hochdruckpumpen-Befestigungsschrauben

Einbau

10 Die Dichtflächen der Pumpe und des Zylinderkopfes müssen sauber und trocken sein. Legen Sie eine neue Dichtung auf.
11 Richten Sie Lasche der Pumpenwelle zur Nut in der Nockenwelle aus, installieren Sie die Schrauben und ziehen Sie sie mit 20 Nm an (siehe Abbildung).

9.11 Die Antriebslasche der Pumpe (Pfeil) muss in die Nut der Nockenwelle greifen.

12 Verbinden Sie die Zulauf- und Rücklaufleitungen mit der Pumpe und schließen Sie die Kabelstecker an.
13 Installieren Sie ein neues Hochdruckrohr zwischen die Pumpe und den Druckspeicher und ziehen Sie die Anschlussmuttern mithilfe eines Krähenfuß-Adapters zunächst mit 19 und dann mit 30 Nm an.
14 Der Rest des Einbaus entspricht der umgekehrten Ausbaureihenfolge.
15 Nachdem alles zusammengebaut und angeschlossen ist, wird das Kraftstoffsystem vorgefüllt und entlüftet (siehe Sektion 4). Beachten Sie die Warnhinweise in Sektion 2, starten Sie den Motor und lassen Sie ihn im Standgas laufen, um dabei die Anschlüsse der Hochdruckleitung auf Undichtigkeiten zu überprüfen. Erhöhen Sie dann die Motordrehzahl auf 4000/min und kontrollieren Sie erneut.
16 Unternehmen Sie eine kurze Probefahrt und kontrollieren Sie anschließend erneut alles auf Undichtigkeit. Falls irgendwo ein Leck auftritt, muss ein neues Hochdruckrohr beschafft und installiert werden – versuchen Sie niemals, einen undichten Anschluss durch weiteres Anziehen der Anschlussmutter zu reparieren!

Modelle mit Abgasnorm Euro 5

Ausbau

17 Trennen Sie den Haupt-Masseanschluss (–) der Batterie (siehe Kapitel 5A, Sektion 4).
18 Entfernen Sie die obere Motorabdeckung.
19 Lösen Sie oben an der Einlassstutzen/Ventildeckel-Baugruppe die Schraube des Motorentlüftungsrohrs (siehe Abbildung).

9.19 Diese Schraube sichert das Motorentlüftungsrohr oben am Ventildeckel/Einlassstutzen.

20 Öffnen Sie die Schnellverschlüsse an beiden Enden des Rohrs und befreien Sie es vom Motor (siehe Abbildungen).

9.20a Öffnen Sie den unteren …

9.20b … und den oberen Schnellverschluss des Entlüftungsrohrs …

9.20c … und entnehmen Sie es.

21 Lösen Sie die zwei Schrauben der Kunststoffabdeckung oben am Einlassstutzen, heben Sie sie vorn an, befreien Sie ihre hinteren Laschen und entfernen Sie sie (siehe Abbildungen).

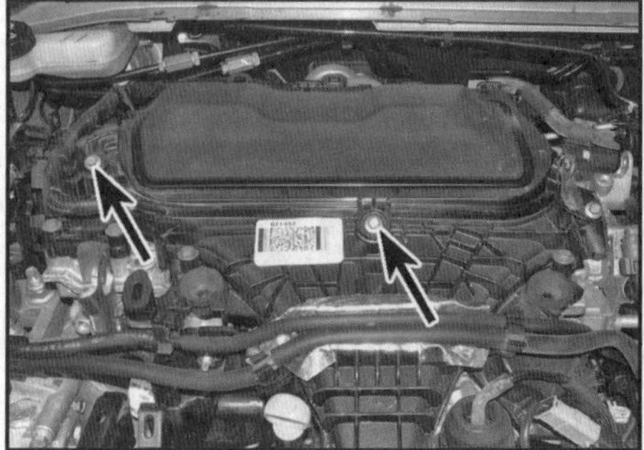

9.21a Lösen Sie die zwei Schrauben der Kunststoffabdeckung …

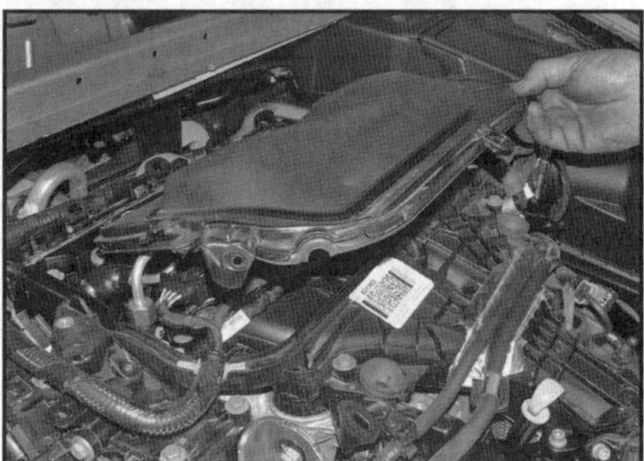

9.21b heben Sie die Abdeckung vorn an, befreien Sie ihre hinteren Laschen und entfernen Sie sie.

22 Reinigen Sie den Bereich um die Hochdruckrohre am Druckspeicher, lösen Sie die Anschlüsse des von der Hochdruckpumpe kommenden Rohrs und entfernen Sie es (siehe Abbildungen) – beim Einbau muss ein neues Rohr verwendet werden.

9.22a Lösen Sie den Hochdruckrohr-Anschluss am Druckspeicher …

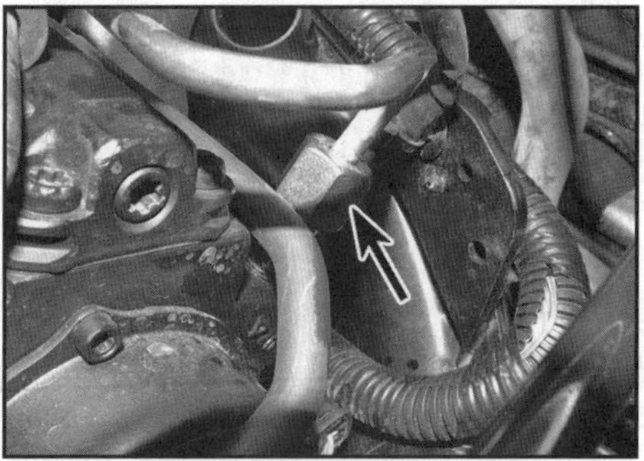

9.22b … und an der Hochdruckpumpe.

23 Verstopfen Sie alle Öffnungen der Pumpe, des Druckspeichers und der Einspritzdüsen, um keinen Schmutz eindringen zu lassen – im Fachhandel sind entsprechende Stopfen erhältlich.
24 Lockern Sie am Verbindungsschlauch zwischen dem Luftfilterdeckel und dem festen Stutzen hinten am Motor die Schellen, um den Schlauch zu befreien.
25 Beachten Sie die Positionen der Zulauf- und Rücklaufleitungen an der Pumpe, drücken Sie die Laschen der Schnellverschlüsse und trennen Sie diese (siehe Abbildung) – seien Sie auf austretenden Kraftstoff vorbereitet. Verstopfen Sie alle Öffnungen, um keinen Schmutz eindringen zu lassen.

9.25 Trennen Sie die Kraftstoff-Zulaufleitung und die Rücklaufleitung von der Pumpe.

26 Reinigen Sie hinten an der Pumpe sorgfältig den Anschluss der Einspritzdüsen-Rücklaufleitung. Ziehen Sie die Arretierlasche heraus und trennen Sie den Rücklaufschlauch-Stecker von der Pumpe (siehe Abbildung).

9.26 Ziehen Sie die Arretierlasche heraus und trennen Sie den Rücklaufschlauch-Stecker von der Pumpe.

27 Trennen Sie die zwei Kabelstecker von der Pumpe – merken Sie sich ihre Positionen (siehe Abbildung).

9.27 Trennen Sie die zwei Pumpenstecker.

28 Lösen Sie die drei Schrauben und ziehen Sie die Pumpe vom Zylinderkopf ab (siehe Abbildung) – die Dichtung muss später erneuert werden.

9.28 Lösen Sie die drei Schrauben und ziehen Sie die Hochdruckpumpe vom Zylinderkopf ab.

Einbau

29 Die Dichtflächen der Pumpe und des Zylinderkopfes müssen sauber und trocken sein. Legen Sie eine neue Dichtung auf.
30 Richten Sie Lasche der Pumpenwelle zur Nut in der Nockenwelle aus, installieren Sie die Schrauben und ziehen Sie sie mit 20 Nm an.
31 Verbinden Sie die Zulauf- und Rücklaufleitungen mit der Pumpe und schließen Sie die Kabelstecker an.
32 Installieren Sie ein neues Hochdruckrohr zwischen die Pumpe und den Druckspeicher und ziehen Sie die Anschlussmuttern mithilfe eines Krähenfuß-Adapters zunächst mit 18 und dann mit 27 Nm an.
33 Der Rest des Einbaus entspricht der umgekehrten Ausbaureihenfolge.
34 Nachdem alles zusammengebaut und angeschlossen ist, wird das Kraftstoffsystem vorgefüllt und entlüftet (siehe Sektion 4). Beachten Sie die Warnhinweise in Sektion 2, starten Sie den Motor und lassen Sie ihn im Standgas laufen, um dabei die Anschlüsse der Hochdruckleitung auf Undichtigkeiten zu überprüfen. Erhöhen Sie dann die Motordrehzahl auf 4000/min und kontrollieren Sie erneut.
35 Unternehmen Sie eine kurze Probefahrt und kontrollieren Sie anschließend erneut alles auf Undichtigkeit. Falls irgendwo ein Leck auftritt, muss ein neues Hochdruckrohr beschafft und installiert werden – versuchen Sie niemals, einen undichten Anschluss durch weiteres Anziehen der Anschlussmutter zu reparieren!

10 Druckspeicher – Ausbau und Einbau

Warnung: Beachten Sie die in Sektion 2 aufgelisteten Vorsichtsmaßnahmen!

Anmerkung: *Beim Einbau wird ein komplettes Set neuer Hochdruckrohre (zwischen Pumpe und Druckspeicher sowie zwischen Druckspeicher und Einspritzdüsen) benötigt.*

Modelle mit Abgasnorm Euro 3 und 4

Ausbau

1 Demontieren Sie den Ventildeckel (siehe Kapitel 2B, Sektion 3).
2 Entfernen Sie die Gummikappen von den Hochdruckrohr-Anschlüssen der Einspritzdüsen.

3 Reinigen Sie die Bereiche um die Hochdruckrohre vom und zum Druckspeicher, lösen Sie dann die Anschlüsse des von der Pumpe zum Druckspeicher führenden Rohrs. Lösen Sie die Schraube, die das Rohr an der Halterung sichert, und entfernen Sie es (Abb. 9.6).

4 Lösen Sie auf die gleiche Weise die Anschlüsse zwischen dem Druckspeicher und den Einspritzdüsen – kontern Sie mit einem zweiten Maulschlüssel die in die Einspritzdüsen geschraubten Einsätze, sodass diese sich nicht bewegen (siehe Abbildung). Merken Sie sich die Einbaupositionen der Rohre und entnehmen Sie sie.

10.4 Kontern Sie beim Lockern des Hochdruckrohr-Anschlusses den Einsatz in der Einspritzdüse

5 Bedecken oder verstopfen Sie alle Öffnungen der Pumpe, um keinen Schmutz eindringen zu lassen.

6 Trennen Sie den Stecker des unten am Druckspeicher sitzenden Kraftstoffdrucksensors (siehe Abbildung).

10.6 Der Kraftstoffdrucksensor sitzt unten am Druckspeicher.

7 Lösen Sie die zwei Druckspeicher-Befestigungsmuttern und befreien Sie den Druckspeicher vom Motor. **Anmerkung:** *Der unten am Druckspeicher sitzende Kraftstoffdrucksensor muss nicht entfernt werden.*

Einbau

8 Positionieren Sie den Druckspeicher über den Einspritzdüsen und drehen Sie die Muttern handfest auf.

9 Verbinden Sie den Stecker des Kraftstoffdrucksensors.

10 Installieren Sie ein neues von der Pumpe zum Druckspeicher führendes Rohr und drehen Sie die Anschlussmuttern zunächst handfest auf.

11 Installieren Sie ein neues Set vom Druckspeicher zu den Einspritzdüsen führender Rohre und drehen Sie die Anschlussmuttern zunächst handfest auf.

12 Ziehen Sie die Druckspeicher-Befestigungsmuttern mit 22 Nm an.

13 Ziehen Sie alle Hochdruckrohr-Anschlussmuttern mithilfe eines Krähenfuß-Adapters zunächst mit 19 und dann mit 30 Nm an – kontern Sie die Einsätze der Einspritzdüsen dabei mit einem Maulschlüssel.

14 Sichern Sie das von der Pumpe zum Druckspeicher führende Rohr mit der Schraube an der Halterung.

15 Stecken Sie an den Einspritzdüsen die Gummikappen auf die Rohranschlüsse.

16 Montieren Sie den Ventildeckel (siehe Kapitel 2B, Sektion 3).

17 Nachdem alles zusammengebaut und angeschlossen ist, wird das Kraftstoffsystem vorgefüllt und entlüftet (siehe Sektion 4). Beachten Sie die Warnhinweise in Sektion 2, starten Sie den Motor und lassen Sie ihn im Standgas laufen, um dabei die Anschlüsse der Hochdruckleitung auf Undichtigkeiten zu überprüfen. Erhöhen Sie dann die Motordrehzahl auf 4000/min und kontrollieren Sie erneut.

18 Unternehmen Sie eine kurze Probefahrt und kontrollieren Sie anschließend erneut alles auf Undichtigkeit. Falls irgendwo ein Leck auftritt, muss ein neues Hochdruckrohr beschafft und installiert werden – versuchen Sie niemals, einen undichten Anschluss durch weiteres Anziehen der Anschlussmutter zu reparieren!

Modelle mit Abgasnorm Euro 5

Ausbau

19 Trennen Sie den Haupt-Masseanschluss (–) der Batterie (siehe Kapitel 5A, Sektion 4).

20 Heben Sie die obere Motorabdeckung ab.

21 Lösen Sie oben an der Einlassstutzen/Ventildeckel-Baugruppe die Schraube des Motorentlüftungsrohrs (Abb. 9.19).

22 Öffnen Sie die Schnellverschlüsse an beiden Enden des Rohrs und befreien Sie es vom Motor (Abb. 9.20a bis c).

23 Lösen Sie die zwei Schrauben der Kunststoffabdeckung oben am Einlassstutzen, heben Sie sie vorn an, befreien Sie ihre hinteren Laschen und entfernen Sie sie (Abb. 9.21a und b).

24 Reinigen Sie den Bereich um die Hochdruckrohre am Druckspeicher, lösen Sie die Anschlüsse des von der Hochdruckpumpe kommenden Rohrs und entfernen Sie es (Abb. 9.22a und b) – beim Einbau muss ein neues Rohr verwendet werden.

25 Lösen Sie auf die gleiche Weise die Anschlüsse zwischen dem Druckspeicher und den Einspritzdüsen (siehe Abbildung). Merken Sie sich die Einbaupositionen der Rohre und entnehmen Sie sie.

10.25 Lösen Sie die Anschlüsse zwischen dem Druckspeicher und den Einspritzdüsen.

26 Verstopfen Sie alle Öffnungen der Pumpe, des Druckspeichers und der Einspritzdüsen, um keinen Schmutz eindringen zu lassen – im Fachhandel sind entsprechende Stopfen erhältlich.

27 Trennen Sie den Stecker des unten am Druckspeicher sitzenden Kraftstoffdrucksensors (siehe Abbildung).

10.27 Trennen Sie den Stecker des unten am Druckspeicher sitzenden Kraftstoffdrucksensors.

28 Lösen Sie die drei Druckspeicher-Befestigungsschrauben und befreien Sie den Druckspeicher vom Motor (siehe Abbildung). **Anmerkung:** *Der unten am Druckspeicher sitzende Kraftstoffdrucksensor muss nicht entfernt werden.*

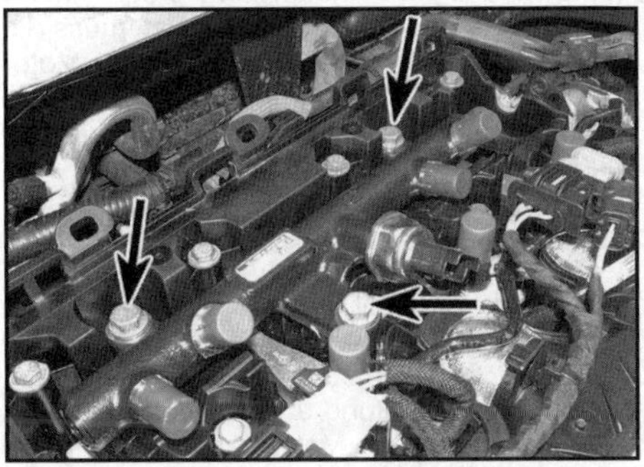

10.28 Druckspeicher-Befestigungsschrauben

Einbau

29 Positionieren Sie den Druckspeicher über den Einspritzdüsen und drehen Sie die Schrauben handfest ein.
30 Verbinden Sie den Stecker des Kraftstoffdrucksensors.
31 Installieren Sie ein neues von der Pumpe zum Druckspeicher führendes Rohr und drehen Sie die Anschlussmuttern zunächst handfest auf.
32 Installieren Sie ein neues Set vom Druckspeicher zu den Einspritzdüsen führender Rohre und drehen Sie die Anschlussmuttern zunächst handfest auf.
33 Ziehen Sie die Druckspeicher-Befestigungsschrauben mit 22 Nm an.
34 Ziehen Sie alle Hochdruckrohr-Anschlussmuttern mithilfe eines Krähenfuß-Adapters zunächst mit 18 und dann mit 27 Nm an.
35 Der Rest des Einbaus entspricht der umgekehrten Ausbaureihenfolge.
36 Nachdem alles zusammengebaut und angeschlossen ist, wird das Kraftstoffsystem vorgefüllt und entlüftet (siehe Sektion 4). Beachten Sie die Warnhinweise in Sektion 2, starten Sie den Motor und lassen Sie ihn im Standgas laufen, um dabei die Anschlüsse der Hochdruckleitung auf Undichtigkeiten zu überprüfen. Erhöhen Sie dann die Motordrehzahl auf 4000/min und kontrollieren Sie erneut.
37 Unternehmen Sie eine kurze Probefahrt und kontrollieren Sie anschließend erneut alles auf Undichtigkeit. Falls irgendwo ein Leck auftritt, muss ein neues Hochdruckrohr beschafft und installiert werden – versuchen Sie niemals, einen undichten Anschluss durch weiteres Anziehen der Anschlussmutter zu reparieren!

11 Einspritzdüsen – Ausbau und Einbau

Warnung: Beachten Sie die in Sektion 2 aufgelisteten Vorsichtsmaßnahmen!

Anmerkung: *Im Folgenden wird der Aus- und Einbau der Einspritzdüsen als komplettes Set beschrieben, sie können nötigenfalls aber auch paarweise demontiert werden. Beim Einbau werden neue Kupfer-Dichtscheiben und neue Hochdruckrohre benötigt.*

Modelle mit Abgasnorm Euro 3 und 4

Ausbau

1 Demontieren Sie den Ventildeckel (siehe Kapitel 2B, Sektion 3).
2 Entfernen Sie die Gummikappen von den Hochdruckrohr-Anschlüssen der Einspritzdüsen.
3 Reinigen Sie die Bereiche um die Hochdruckrohre vom und zum Druckspeicher – verwenden Sie hierfür möglichst ein Absauggerät und Entfetter.
4 Hebeln Sie an den Rücklauf-Anschlüssen der Einspritzdüse vorsichtig die Drahtbügel herunter und trennen Sie die Schläuche (siehe Abbildungen) – verlieren Sie die Drahtbügel nicht und erneuern Sie ggf. die O-Ringe der Schlauchstutzen.

11.4a Hebeln Sie das untere Ende des Drahtbügel herunter (gezeigt bei bereits entferntem Schlauchstutzen) ...

11.4b ... und ziehen Sie die Rücklaufschläuche ab.

5 Lösen Sie die Anschlüsse der vom Druckspeicher zu den Einspritzdüsen verlaufenden Hochdruckleitungen – kontern Sie mit einem zweiten Maulschlüssel die in die Einspritzdüsen geschraubten Einsätze, sodass diese sich nicht bewegen (Abb. 10.4). Merken Sie sich die Einbaupositionen der Rohre

und entnehmen Sie sie; sie müssen beim Einbau durch Neuteile ersetzt werden.
6 Verstopfen Sie die Öffnungen des Druckspeichers und der Einspritzdüsen, um keinen Schmutz eindringen zu lassen.
7 Lösen Sie die zwei Muttern jeder Einspritzdüsen-Klemme und entfernen Sie vorsichtig die Düsen. Falls die alten Einspritzdüsen wiederverwendet werden sollen, müssen sie unbedingt an ihre ursprüngliche Positionen gelangen. Ziehen Sie die Kupferscheibe und die obere Dichtung von der Einspritzdüse – später werden Neuteile benötigt (siehe Abbildungen).

11.7a Muttern der Einspritzdüsen-Klemme

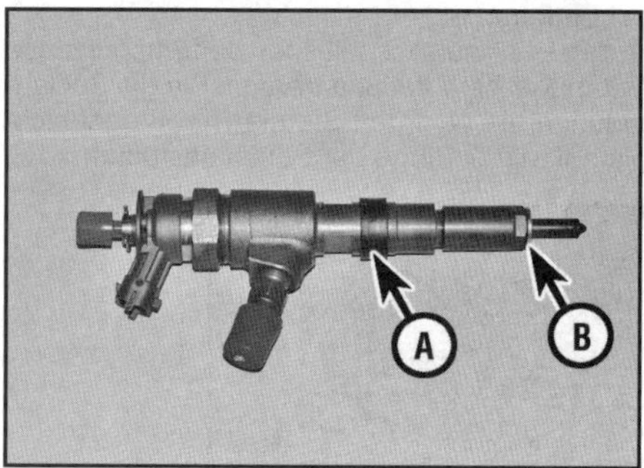

11.7b Obere Dichtung (A) und Kupferscheibe der Einspritzdüse

Einbau

8 Falls neue Einspritzdüsen installiert werden, müssen ihre Identifizierungsnummern notiert werden – sie müssen später in das Steuergerät programmiert werden.
9 Rüsten Sie jede Einspritzdüse mit einer neuen oberen Dichtung und einer neuen Kupferscheibe aus (Abb. 11.7b).
10 Schieben Sie die Klemme über die Nut der Einspritzdüse und stecken Sie diese in den Zylinderkopf. Führen Sie die Klemme über den Haltestutzen und die Passhülse. Achten Sie darauf, dass die obere Dichtung korrekt im Zylinderkopf sitzt.
11 Installieren Sie neue Scheiben und Muttern zunächst nur handfest auf die Stehbolzen.
12 Arbeiten Sie zurzeit nur an einer Einspritzdüse und entfernen Sie die Stopfen von den Anschlüssen des Druckspeichers und der Einspritzdüse. Setzen Sie ein neues Hochdruckrohr an und drehen Sie die Anschlussmuttern zunächst handfest auf – verkanten Sie sie nicht und verbiegen Sie nicht das Rohr.
13 Sobald alle neuen Rohre auf diese Weise positioniert sind, werden die Einspritzdüsen-Klemmmuttern zunächst mit 5 Nm angezogen und dann mithilfe einer Gradscheibe um 45° weitergedreht.
14 Ziehen Sie alle Hochdruckrohr-Anschlussmuttern mithilfe eines Krähenfuß-Adapters zunächst mit 19 und dann mit 30 Nm an – kontern Sie die Einsätze der Einspritzdüsen dabei mit einem Maulschlüssel (siehe Abbildung).

11.14 Anziehen einer Hochdruckrohr-Anschlussmutter mithilfe eines Krähenfuß-Adapters – der Sechskant der Einspritzdüse wird dabei mit einem Maulschlüssel gekontert.

15 Falls neue Einspritzdüsen installiert wurden, müssen deren Identifizierungsnummern mithilfe einer geeigneten Diagnoseausrüstung in das Motorsteuergerät programmiert werden. Falls diese Ausrüstung nicht vorhanden ist, muss die Arbeit von einer Fachwerkstatt erledigt werden – der Motor lässt sich nach dem Einbau im Notprogramm starten, sodass das Fahrzeug mit verminderter Leistung gefahren werden kann.
16 Der Rest des Einbaus entspricht der umgekehrten Ausbaureihenfolge.
17 Nachdem alles zusammengebaut und angeschlossen ist, wird das Kraftstoffsystem vorgefüllt und entlüftet (siehe Sektion 4). Beachten Sie die Warnhinweise in Sektion 2, starten Sie den Motor und lassen Sie ihn im Standgas laufen, um dabei die Anschlüsse der Hochdruckleitung auf Undichtigkeiten zu überprüfen. Erhöhen Sie dann die Motordrehzahl auf 4000/min und kontrollieren Sie erneut.
18 Unternehmen Sie eine kurze Probefahrt und kontrollieren Sie anschließend erneut alles auf Undichtigkeit. Falls irgendwo ein Leck auftritt, muss ein neues Hochdruckrohr beschafft und installiert werden – versuchen Sie niemals, einen undichten Anschluss durch weiteres Anziehen der Anschlussmutter zu reparieren!

Modelle mit Abgasnorm Euro 5

Ausbau

19 Demontieren Sie den Druckspeicher (siehe Sektion 10).
20 Befreien Sie die drei Kabelbaum-Clips aus den Halterungen des Einlassstutzens (siehe Abbildung).

11.20 Kabelbaum-Clips an Einlassstutzen-Halterungen

21 Drücken Sie die Laschen an den Unterseiten der zwei Einspritzdüsenkabel-Blockstecker und ziehen Sie diese aus ihren Halterungen am Einlassstutzen (siehe Abbildung).

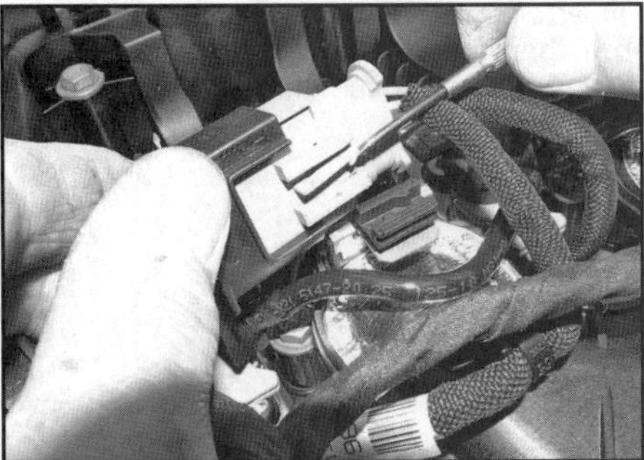

11.21 Drücken Sie die Laschen an den Unterseiten der zwei Einspritzdüsenkabel-Blockstecker und ziehen Sie diese heraus.

22 Trennen Sie die Kabelstecker der vier Einspritzdüsen und verlagern Sie die Verkabelung beiseite (siehe Abbildung).

11.22 Ziehen Sie an den Einspritzdüsen die Stecker ab.

23 Reinigen Sie sorgfältig die Rücklaufschlauch-Anschlüsse der Einspritzdüsen und der Hochdruckpumpe. Ziehen Sie die Arretierlaschen heraus und trennen Sie die Schlauchanschlüsse von den Einspritzdüsen und der Hochdruckpumpe (siehe Abbildungen). Verstopfen Sie alle Anschlüsse, damit kein Schmutz eindringt, und entfernen Sie die Rücklaufschläuche.

11.23a Ziehen Sie die Arretierlaschen heraus ...

11.23b ... und trennen Sie die Schlauchanschlüsse von den Einspritzdüsen ...

11.23c ... und der Hochdruckpumpe.

24 Lösen Sie die jeweilige Schraube der Einspritzdüsen-Klemme, ziehen Sie diese von der Einspritzdüse ab und befreien Sie diese aus dem Zylinderkopf (siehe Abbildungen). Falls die alten Einspritzdüsen wiederverwendet werden sollen, müssen sie unbedingt an ihre ursprüngliche Positionen gelangen. Ziehen Sie die Kupferscheibe von der Einspritzdüse und befreien Sie die obere Dichtung aus dem Sitz im Zylinderkopf – später werden Neuteile benötigt.

11.24a Lösen Sie die Schraube der Einspritzdüsen-Klemme, ...

11.24b ... ziehen Sie diese von der Einspritzdüse ab ...

11.24c ... und befreien Sie diese aus dem Zylinderkopf.

Einbau

25 Falls neue Einspritzdüsen installiert werden, müssen ihre Identifizierungsnummern notiert werden – sie müssen später in das Steuergerät programmiert werden.

26 Installieren Sie neue Dichtungen in die Einspritzdüsensitze im Zylinderkopf und rüsten Sie jede Einspritzdüse mit einer neuen Kupferscheibe aus (siehe Abbildungen).

11.26a Installieren Sie eine neue Dichtung in den Einspritzdüsensitz im Zylinderkopf ...

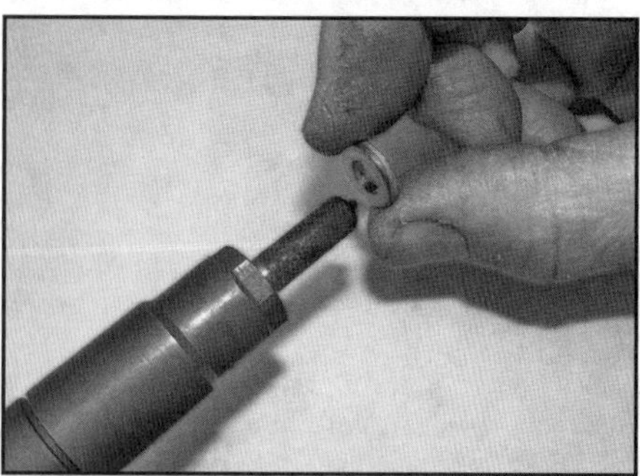

11.26b ... und rüsten Sie die Einspritzdüse mit einer neuen Kupferscheibe aus.

27 Installieren Sie die Einspritzdüsen in den Zylinderkopf, positionieren Sie die Klemmen und sichern Sie sie mit den zunächst mit 7 Nm angezogenen und dann mithilfe einer Gradscheibe um 55° weitergedrehten Schrauben.

28 Verbinden Sie die Rücklaufschläuche mit den Einspritzdüsen und dem Druckspeicher und sichern Sie die Anschlüsse mit den eingeschobenen Arretierlaschen.

29 Verbinden Sie die Einspritzdüsenstecker und sichern Sie die Blockstecker in ihren Aufnahmen sowie die Verkabelung in den Clips am Einlassstutzen.

30 Montieren Sie den Druckspeicher (siehe Sektion 10).

31 Falls neue Einspritzdüsen installiert wurden, müssen deren Identifizierungsnummern mithilfe einer geeigneten Diagnoseausrüstung in das Motorsteuergerät programmiert werden. Falls diese Ausrüstung nicht vorhanden ist, muss die Arbeit von einer Fachwerkstatt erledigt werden – der Motor lässt sich nach dem Einbau im Notprogramm starten, sodass das Fahrzeug mit verminderter Leistung gefahren werden kann.

32 Der Rest des Einbaus entspricht der umgekehrten Ausbaureihenfolge.

33 Nachdem alles zusammengebaut und angeschlossen ist, wird das Kraftstoffsystem vorgefüllt und entlüftet (siehe Sektion 4). Beachten Sie die Warnhinweise in Sektion 2, starten Sie den Motor und lassen Sie ihn im Standgas laufen, um dabei die Anschlüsse der Hochdruckleitung auf Undichtigkeiten zu überprüfen. Erhöhen Sie dann die Motordrehzahl auf 4000/min und kontrollieren Sie erneut.

34 Unternehmen Sie eine kurze Probefahrt und kontrollieren Sie anschließend erneut alles auf Undichtigkeit. Falls irgendwo ein Leck auftritt, muss ein neues Hochdruckrohr beschafft und installiert werden – versuchen Sie niemals, einen undichten Anschluss durch weiteres Anziehen der Anschlussmutter zu reparieren!

12 Steuersystem-Komponenten – Ausbau und Einbau

Kurbelwellensensor

1 Der Sensor sitzt neben der Kurbelwellen-Riemenscheibe vorn am Motor. Zur Verbesserung des Zustands kann das Fahrzeug vorn angehoben und sicher abgestützt werden (siehe Seite 390).

2 Demontieren Sie den Unterfahrschutz.

3 Lösen Sie die Schraube des Sensors, trennen Sie den Stecker und demontieren Sie den Sensor (siehe Abbildung).

12.3 Schraube des Kurbelwellensensors

4 Der Einbau entspricht der umgekehrten Ausbaureihenfolge – ziehen Sie die Sensorschraube sorgfältig an.

Luftmassensensor

5 Der Luftmassensensor sitzt am Auslass des Luftfilterdeckels.

6 Heben Sie mit einem kleinen Schraubendreher die Arretierlasche des Sensorsteckers an und trennen Sie diesen (siehe Abbildungen).

12.6a Heben Sie die Arretierlasche an ...

12.6b ... und trennen Sie den Stecker des Luftmassensensors.

7 Lösen Sie die zwei Schrauben des Sensors und befreien Sie diesen samt Dichtring aus dem Luftfilterdeckel.
8 Der Einbau entspricht der umgekehrten Ausbaureihenfolge – schmieren Sie den Dichtring vor dem Einbau mit etwas Motoröl.

Kühltemperatursensor

9 Beachten Sie hierzu die Hinweise in Kapitel 3, Sektion 5.

Gaspedalsensor

10 Der Sensor ist in das Gaspedal integriert – dessen Aus- und Einbau ist in Kapitel 4a beschrieben.

Einlassluftdruck-Sensor (MAP-Sensor)

11 Der Sensor sitzt bei Motoren mit Abgasnorm Euro 3 und 4 am Luftklappengehäuse und bei Euro 5-Motoren an der oberen Einlassstutzen-Sektion. Demontieren Sie die obere Motorabdeckung und trennen Sie den Sensorstecker (siehe Abbildungen).

12.11a MAP-Sensor am Motor mit Abgasnorm Euro 3 und 4

12.11b Trennen Sie den Sensorstecker – gezeigt am Motor mit Abgasnorm Euro 5.

12 Lösen Sie die Sensorschraube und befreien Sie den Sensor.
13 Der Einbau entspricht der umgekehrten Ausbaureihenfolge – ziehen Sie die Sensorschraube sorgfältig an.

Brems- und Kupplungspedal-Schalter

14 Das Motorsteuergerät empfängt von diesen Schaltern Signale, um beim Bremsen und Auskuppeln die Einspritzung entsprechend anzupassen. Der Aus- und Einbau der Schalter ist in Kapitel 9, Sektion 7 (Bremse) bzw. Kapitel 6, Sektion 7 (Kupplung) beschrieben.

ABS-Radsensoren

15 Beachten Sie hierzu die Hinweise in Kapitel 9, Sektion 20.

Motorsteuergerät (PCM)

Anmerkung: *Das Steuergerät ist empfindlich – setzen Sie es weder Schlägen, extremen Temperaturen noch Nässe aus.*
Anmerkung: *Falls ein neues Motorsteuergerät installiert werden muss, sollte diese Arbeit einer Ford-Werkstatt überlassen werden, da sie über die erforderliche Ausrüstung verfügt, die zum Programmieren und Anpassen erforderlich ist.*
16 Trennen Sie den Haupt-Masseanschluss (–) der Batterie (siehe Kapitel 5A, Sektion 4).
17 Ziehen Sie die Handbremse fest an, heben Sie dann das Fahrzeug vorn an, und stützen Sie es sicher ab (siehe Seite 390). Demontieren Sie das linke Vorderrad.
18 Lösen Sie die Befestigungen der linken vorderen Radhausschale und demontieren Sie diese (siehe Abbildung).

12.18 Demontieren Sie die linke vordere Radhausschale.

19 Das Steuergerät sitzt unter der vorderen Stoßstange. Lösen Sie die Schrauben der Abdeckung und entfernen Sie diese (siehe Abbildungen).

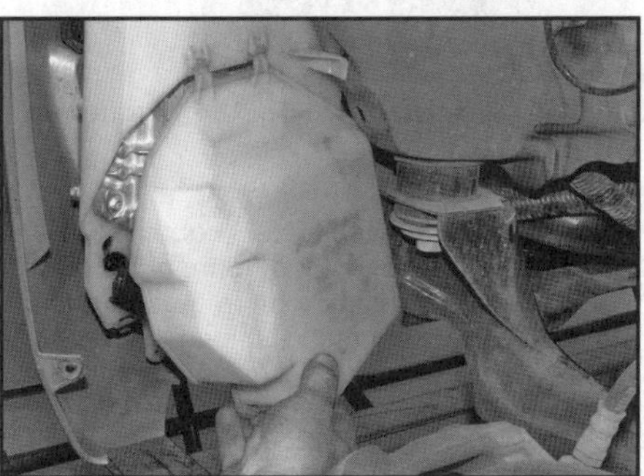

12.19a Lösen Sie die Schrauben der Abdeckung und entfernen Sie diese, ...

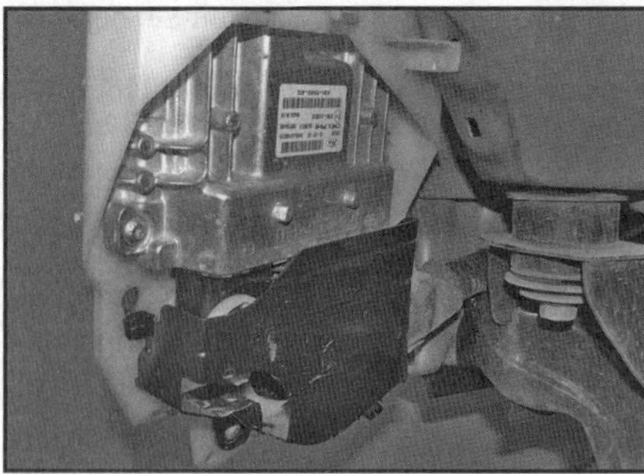

12.19b … um Zugang zum Motorsteuergerät (PCM) zu erhalten.

20 Lösen Sie die drei Befestigungsschrauben des Steuergeräts und ziehen Sie dies aus seiner Halterung.
21 Stützen Sie das Steuergerät ab und körnen Sie die Abscherschraube der Sicherheitsblende mittig an.
22 Bohren Sie ein 3,5 mm großes Loch in den Schraubenkopf und klopfen Sie einen T20-Torxbit hinein (siehe Abbildungen) – hiermit sollte sich die Schraube herausdrehen lassen. Beim Einbau wird eine neue Schraube benötigt.

12.24a Bohren Sie ein 3,5 mm großes Loch in die Abscherschraube …

12.24b … und klopfen Sie einen T20-Torxbit hinein, um sie zu lösen.

23 Entfernen Sie die Sicherheitsblende, hebeln Sie die Laschen der Steuergerät-Stecker um und trennen Sie diese.
24 Der Einbau entspricht der umgekehrten Ausbaureihenfolge – ziehen Sie die neue Abscherschraube an, bis der Kopf abreißt.

Einlasslufttemperatursensor

Anmerkung: *Dieser Sensor findet sich nur bei Motoren mit Abgasnorm Euro 3 und 4.*
25 Der Sensor sitzt am Luftklappengehäuse (siehe Abbildung).

12.25 Position des Einlasslufttemperatursensors am Luftklappengehäuse – nur Motoren mit Euro 3 und 4

26 Demontieren Sie die obere Motorabdeckung und trennen Sie den Sensorstecker.
27 Lösen Sie die Schraube und befreien Sie den Sensor aus dem Luftklappengehäuse.
28 Der Einbau entspricht der umgekehrten Ausbaureihenfolge – ziehen Sie die Sensorschraube sorgfältig an.

Kraftstoffdrucksensor

29 Der Sensor darf nicht vom Druckspeicher getrennt werden – bei einem Defekt muss der gesamte Druckspeicher ersetzt werden (siehe Sektion 10).

Nockenwellensensor

Anmerkung: *Ford schreibt vor, den Sensor nach jeder Demontage durch ein Neuteil zu ersetzen.*
30 Der Sensor sitzt direkt hinter dem Zahnriemenrad rechts am Zylinderkopf.
31 Demontieren Sie die obere Zahnriemenabdeckung (siehe Kapitel 2B, Sektion 5).
32 Trennen Sie den Sensorstecker, lösen Sie die Schraube und ziehen Sie den Sensor heraus (siehe Abbildung).

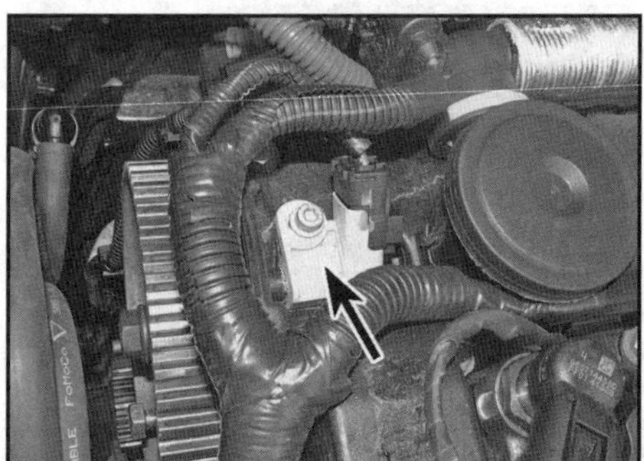

12.32 Position des Nockenwellensensors

33 Drehen Sie den Motor mit einem an der Kurbelwelle angesetzten Schlüssel im Uhrzeigersinn, bis die Rückseite einer der Zahnriemenrad-Stege zur Sensor-Bohrung im inneren Zahnriemenabdeckung ausgerichtet ist.
34 Positionieren Sie den neuen Sensor und drücken Sie ihn ein, sodass der erhabene Bereich seiner Spitze das Zahnriemenrad berührt. Installieren Sie die Sensorschraube und ziehen Sie sie sorgfältig an.
35 Verbinden Sie den Sensorstecker und montieren Sie die obere Zahnriemenabdeckung (siehe Kapitel 2B, Sektion 5).

Ladedruck-Regelventil

36 Demontieren Sie die obere Motorabdeckung.
37 Trennen Sie den Kabelstecker und lösen Sie die zwei Muttern des Regelventils (siehe Abbildung).

12.37 Position des Ladedruck-Regelventils

38 Merken Sie sich am demontierten Regelventil die Positionen der Unterdruckschläuche und ziehen Sie sie ab.
39 Der Einbau entspricht der umgekehrten Ausbaureihenfolge – ziehen Sie die Muttern sorgfältig an.

Kraftstoffdruck-Regelventil und Kraftstoff-Bemessungsventil

40 Diese Ventile sind in die Hochdruckpumpe integriert und nicht separat erhältlich – lassen Sie sich bei Schäden von einer Fachwerkstatt beraten.

Einlass-Luftklappe

Motoren mit Abgasnorm Euro 3 und 4

41 Demontieren Sie die obere Motorabdeckung.
42 Bevor das Luftklappengehäuse demontiert wird, müssen die Positionen aller damit verbundenen Kabel und Schläuche notiert und diese getrennt werden.
43 Lockern Sie die Schelle und trennen Sie den vom Ladeluftkühler kommenden Luftschlauch vom Luftklappengehäuse.
44 Lösen Sie die drei Schrauben des Luftklappengehäuses und entfernen Sie es (siehe Abbildung).

12.44 Schrauben des Luftklappengehäuses – Motoren mit Euro 3 und 4

45 Der Einbau entspricht der umgekehrten Ausbaureihenfolge – ziehen Sie die Schrauben sorgfältig an.

Motoren mit Abgasnorm Euro 5

46 Demontieren Sie die obere Motorabdeckung.
47 Heben Sie die Halterung des Peilstab-Führungsrohrs aus der Aufnahme am Einlassstutzen und verlagern Sie das Rohr beiseite (siehe Abbildung).

12.47 Heben Sie die Halterung des Peilstab-Führungsrohrs heraus – Motoren mit Euro 5

48 Trennen Sie die Stecker am Sensor und am Blockstecker, befreien Sie den Kabelbaum aus allen Befestigungen vorn am Einlassstutzen siehe Abbildung) und verlagern Sie ihn beiseite.

12.48 Trennen Sie die Stecker am Einlassstutzen

49 Lockern Sie die Schelle und trennen Sie den vom Ladeluftkühler kommenden Luftschlauch vom Luftklappengehäuse (siehe Abbildung).

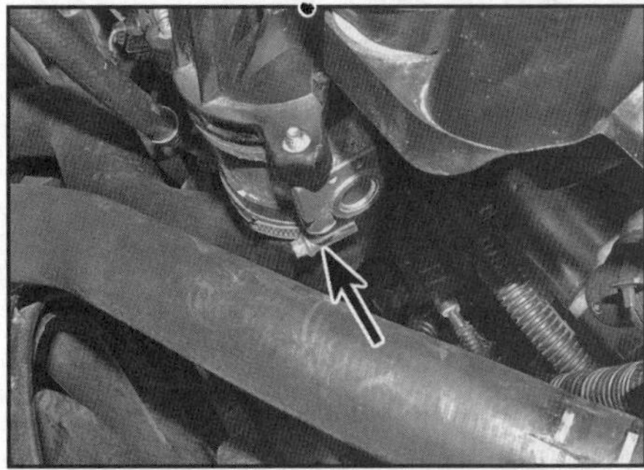

12.49 Schelle des vom Ladeluftkühler kommenden Luftschlauchs am Luftklappengehäuse

50 Lösen Sie die drei Schrauben, mit denen die obere Einlassstutzen-Sektion an der unteren gesichert ist (siehe Abbildung).

12.50 Schrauben, mit denen die obere Einlassstutzen-Sektion an der unteren gesichert ist.

51 Lösen Sie die drei Muttern und Schrauben, mit denen die untere Einlassstutzen-Sektion am Zylinderkopf gesichert ist, und befreien Sie sie aus dem Motorraum (siehe Abbildungen).

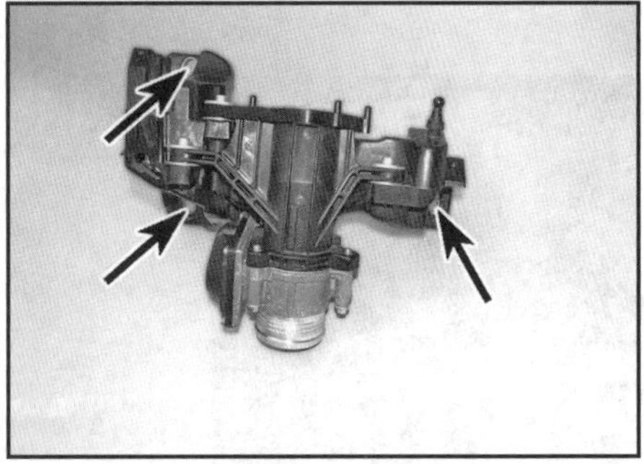

12.51a Diese drei Muttern sichern die untere Einlass-stutzen-Sektion am Zylinderkopf – gezeigt im ausgebauten Zustand.

12.51b Befreien Sie die untere Einlassstutzen-Sektion aus dem Motorraum.

52 Lösen Sie die drei Schrauben des Luftklappengehäuses und entfernen Sie es von der untere Einlassstutzen-Sektion (siehe Abbildung).

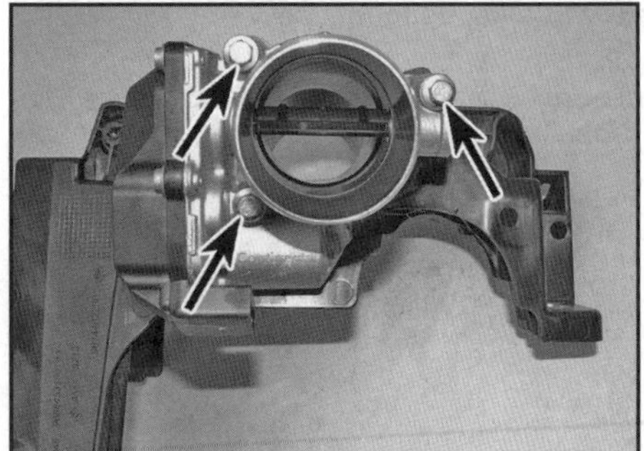

12.52 Schrauben des Luftklappengehäuses – Motoren mit Euro 5

53 Der Einbau entspricht der umgekehrten Ausbaureihenfolge – ziehen Sie alle Muttern und Schrauben ggf. mit den in den technischen Daten angegebenen Drehmomenten an.

13 Turbolader – Beschreibung und Vorsichtsmaßnahmen

Beschreibung

1 Um die Leistung der Motoren zu erhöhen, sind die Dieselmotoren mit Turboladern ausgerüstet, die den Luftdruck im Einlassstutzen über den atmosphärischen Druck anheben. Der Motor muss die Luft also nicht ansaugen, sondern wird »druckbeatmet«. Das Motorsteuergerät passt die eingespritzte Kraftstoffmenge an die jeweilige Luftmenge an.

2 Die Energie zum Betreiben des Turboladers liefern die Abgase. Diese strömen durch ein speziell geformtes Gehäuse (das Turbinengehäuse) und versetzen dabei das Turbinenrad in Drehung. Dieses Rad sitzt auf einer Welle, an dessen anderem Ende ein weiteres Flügelrad sitzt – das Verdichterrad. Das Verdichterrad dreht sich in einem eigenen Gehäuse und drückt Frischluft in den Einlassstutzen.

3 Die komprimierte Luft wird durch den vorn im Motorraum sitzenden und vom Fahrtwind durchströmten Ladeluftkühler (»Intercooler«) geleitet. Durch die Abkühlung wird die Luft dichter und steigert die Leistungsfähigkeit des Motors weiter.

4 Der Turbolader ist mit verstellbaren Leitschaufeln ausgerüstet, die bei niedriger Motordrehzahl schließen, um den Einlass-Querschnitt zu verringern und die Wirksamkeit des Turboladers zu verbessern. Die Verstellung der Schaufeln erfolgt durch eine Unterdruck-Einheit am Turbolader, die vom Ladedruck-Regelventil gesteuert wird, das wiederum vom Motorsteuergerät überwacht wird.

5 Der im Einlassstutzen vorhandene »Ladedruck« wird durch ein Regelventil (»Wastegate«) begrenzt, indem es mithilfe einer druckempfindlichen Betätigung die Abgase vom Turbinenrad ablenkt.

6 Die im Lagergehäuse drehende Welle wird durch ein an den Haupt-Ölkanal angeschlossenes Ölrohr mit Drucköl versorgt und geschmiert; durch ein Rücklaufrohr gelangt das Öl zurück in die Ölwanne.

Vorsichtsmaßnahmen

7 Der Turbolader arbeitet mit extrem hohen Drehzahlen und Temperaturen. Um Verletzungen und einen vorzeitigen Ausfall des Turboladers zu verhindern, müssen einige Vorkehrungen getroffen werden:

- Der Turbolader darf niemals mit freiliegenden Bauteilen oder entfernten Schläuchen oder Leitungen betrieben werden. Falls auch nur kleine Fremdkörper in die rotierenden Flügelräder fallen, können große Schäden entstehen und herausgeschleuderte Teile schwere Verletzungen hervorrufen.
- Der Motor darf – vor allem im kalten Zustand – niemals direkt nach dem Start hochgedreht werden. Lassen Sie dem Öl einige Sekunden Zeit, im Lager der Turbolader-Welle Druck aufzubauen.
- Lassen Sie den Motor vor dem Abschalten einige Sekunden im Standgas laufen – durch Abschalten direkt nach höheren Drehzahlen würde die Turboladerwelle ohne Öldruck weiterdrehen, sodass ihr Lager beschädigt werden kann.
- Lassen Sie den Motor nach längeren Hochgeschwindigkeitsfahrten einige Minuten im Standgas laufen, damit der Turbolader die darin entwickelte Hitze abgeben kann.
- Beachten Sie die empfohlenen Öl- und Filterwechsel-Intervalle und verwenden Sie das vom Hersteller empfohlene Öl. Vernachlässigte Wechselintervalle oder minderwertige Öle

können an der Turboladerwelle Kohleablagerungen hinterlassen, die zu vorzeitigen Schäden führen können.

14 Turbolader – Ausbau und Einbau

Anmerkung: Der Turbolader darf nur bei vollständig abgekühltem Motor demontiert werden.

Ausbau

Motoren mit Abgasnorm Euro 3 und 4

1 Trennen Sie den Haupt-Masseanschluss (–) der Batterie (siehe Kapitel 5A, Sektion 4).
2 Heben Sie die obere Motorabdeckung ab.0
3 Entleeren Sie das Kühlsystem (siehe Kapitel 1B, Sektion 30).
4 Drücken Sie die Lasche des Motorentlüftungsschlauchs am Einlassstutzen, um diesen zu trennen.
5 Lösen Sie die Schraube der Einlassschlauch-Halterung für den Turbolader (siehe Abbildung).

14.5 Schraube der Turbolader-Einlassschlauch-Halterung

6 Lockern Sie am Turbolader die Schelle des Auslassrohrs und trennen Sie dies.
7 Demontieren Sie den Katalysator (siehe Sektion 18).
8 Entfernen Sie die Katalysator-Halterung.
9 Lösen Sie die Muttern und Schrauben der unter dem Turbolader sitzenden Halterung und entfernen Sie diese (siehe Abbildung).

14.9 Untere Turbolader-Halterung

10 Trennen Sie den Unterdruckschlauch und des Stecker des Flügelradsensors/Aktuators (siehe Abbildung).

14.10 Unterdruckschlauch und des Stecker des Flügelradsensors/Aktuators

11 Lösen Sie die Schrauben, die den Einlassschlauch am Turbolader sichern, und trennen Sie diesen (siehe Abbildung). Drücken Sie den Clip und trennen Sie das Rohr vom Ventildeckel.

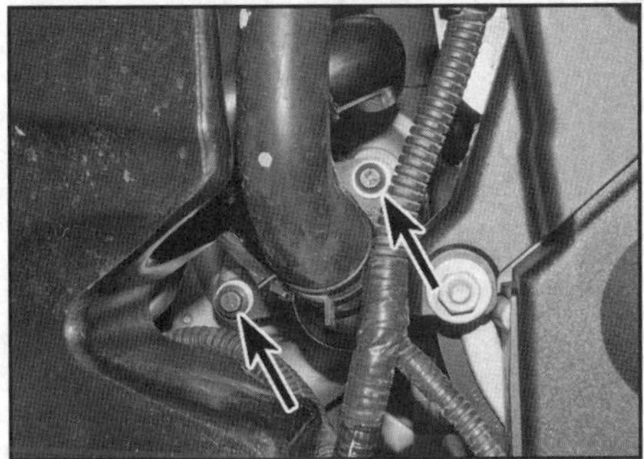

14.11 Schrauben, die den Einlassschlauch am Turbolader sichern

12 Lösen Sie die Klemme, um den vom Heizungs-Wärmetauscher zum Kühlmittel-Bypass führenden Schlauch zu trennen.
13 Lockern Sie am Bypass-Schlauch die Schelle, lösen Sie die Halter-Schraube und die Anschlussschrauben, um diesen zu entfernen (siehe Abbildung) – der O-Ring muss später durch ein Neuteil ersetzt werden.

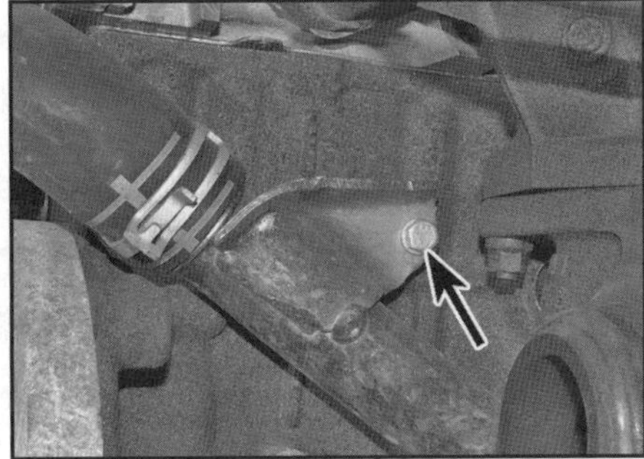

14.13 Halter-Schraube des Bypass-Schlauchs

14 Lösen Sie die Anschlussschraube, die das Ölzulaufrohr am Motorblock sichert; die Dichtscheiben müssen erneuert werden. Innerhalb der Anschlussschraube sitzt ein kleiner Filter, der ebenfalls ersetzt werden muss (siehe Abbildung).

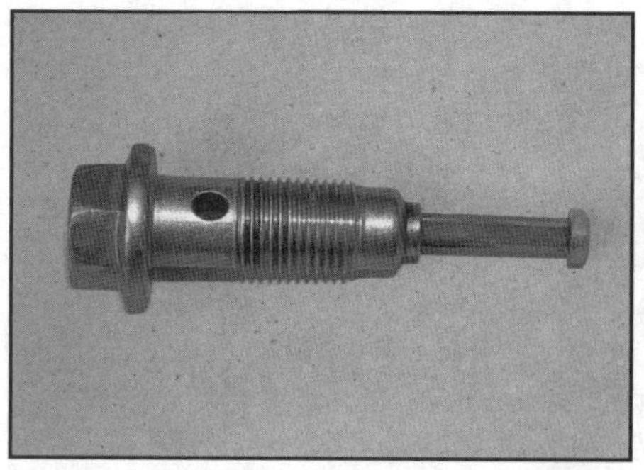

14.14 Innerhalb der Anschlussschraube sitzt ein kleiner Filter.

15 Lösen Sie die zwei Schrauben, die den Ölrücklaufschlauch unten am Turbolader sichern (siehe Abbildung) – die Dichtung muss später erneuert werden.

14.15 Schrauben, die den Ölrücklaufschlauch unten am Turbolader sichern

16 Lösen Sie die Muttern, die den Turbolader am Auspuffstutzen sichern, und trennen Sie ihn (siehe Abbildung).

14.16 Der Turbolader ist mit drei Muttern am Auspuffstutzen gesichert.

17 Lösen Sie ggf. die Anschlussschraube, die das Ölzulaufrohr am Turbolader sichert; die Dichtscheiben müssen erneuert werden.

Motoren mit Abgasnorm Euro 5

18 Trennen Sie den Haupt-Masseanschluss (–) der Batterie (siehe Kapitel 5A, Sektion 4).
19 Heben Sie die obere Motorabdeckung ab.0
20 Entleeren Sie das Kühlsystem (siehe Kapitel 1B, Sektion 30).
21 Entfernen Sie den Katalysator (siehe Sektion 18).
22 Lösen Sie am Turbolader-Kühlmittelrohr die Schelle des Kühlmittel-Zufuhrschlauchs, um diesen zu trennen.
23 Lösen Sie die Schraube, die das Kühlmittel-Auslassrohr am Motorblock sichert, und trennen Sie es.
24 Lösen Sie die Anschlussschraube, die das Ölzulaufrohr am Motorblock sichert; die Dichtscheiben müssen erneuert werden. Innerhalb der Anschlussschraube sitzt ein kleiner Filter, der ebenfalls ersetzt werden muss (Abb. 14.14).
25 Lösen Sie die zwei Schrauben, die den Ölrücklaufschlauch unten am Turbolader sichern (siehe Abbildung) – die Dichtung muss später erneuert werden.
26 Lösen Sie die zehn Muttern, die den Auspuffstutzen am Zylinderkopf sichern.
27 Lösen Sie die Schraube, die den Turbolader an der Halterung sichert. Befreien Sie den Auspuffstutzen von den Zylinderkopf-Stehbolzen und manövrieren Sie ihn samt Turbolader nach unten aus dem Motorraum heraus. Die Auspuffstutzen-Dichtung muss später erneuert werden.
28 Lösen Sie die am Auspuffstutzen die Kühlmittelrohr-Schraube und die vier Turbolader-Muttern. Trennen Sie den Turbolader vom Auspuffstutzen – die Dichtung muss später erneuert werden.

Einbau

29 Der Einbau entspricht der umgekehrten Ausbaureihenfolge – beachten Sie dabei folgende Punkte:
a) *Reinigen Sie bei Motoren mit Euro 5 die Dichtflächen des Auspuffstutzens und des Zylinderkopfs.*
b) *Erneuern Sie alle O-Ringe, Dichtungen und Dichtscheiben.*
c) *Ziehen Sie alle Muttern und Schrauben mit den in den technischen Daten angegebenen Drehmomenten an.*
d) *Füllen Sie das Kühlsystem auf (siehe Kapitel 1B, Sektion 30)*
e) *Falls ein neuer Turbolader installiert wird, sollten das Motoröl und der Ölfilter ausgetauscht werden.*

15 Turbolader – Prüfung und Überholung

1 Begutachten Sie beim ausgebauten Turbolader das Gehäuse auf Risse und andere Schäden.
2 Drehen Sie an der Turbine oder dem Verdichterrad, um zu prüfen, ob die Welle intakt ist und kein übermäßiges Spiel aufweist oder rau läuft. Etwas Spiel ist normal, da die Welle im Betrieb durch den Öldruck »schwimmend« gelagert ist. Prüfen Sie, ob die Turbinenblätter unbeschädigt sind.
3 Das Überdruckventil (»Wastegate«) und der Aktuator sind in den Turbolader integriert und können weder kontrolliert noch separat erneuert werden. Lassen Sie den Turbolader bei Zweifeln am Zustand der Bauteile von einer Fachwerkstatt überprüfen.
4 Falls das Auspuffrohr oder der Lufteinlass verölt ist, werden wahrscheinlich die Dichtringe der Turbolader-Welle defekt sein. (Auf der Einlass-Seite wird hierdurch eventuelle auch der Ladeluftkühler verölt sein, sodass dieser mit geeignetem Lösungsmittel ausgespült werden muss.)
5 Der Hobbyschrauber kann am Turbolader keinerlei Reparaturen durchführen, zudem sind weder interne noch externe Teile einzeln erhältlich. Falls am Turbolader ein Schaden aufgetreten ist, muss er durch ein Neuteil ersetzt werden.

16 Ladeluftkühler – Ausbau und Einbau

Ausbau

1 Ziehen Sie die Handbremse fest an, heben Sie dann das Fahrzeug vorn an, und stützen Sie es sicher ab (siehe Seite 390).

2 Demontieren Sie den Unterfahrschutz und den Spritzschutz unter dem Kühler.
3 Lockern Sie am Ladeluftkühler die Schellen der Einlass- und Auslass-Schläuche und ziehen Sie diese ab.
4 Lösen Sie an beiden Seiten des Ladeluftkühlers die Schraube, die ihn unten am Kühler sichert, und manövrieren Sie ihn nach unten aus dem Fahrzeug heraus (siehe Abbildung).

16.4 Linke Ladeluftkühler-Befestigungsschraube.

Einbau

5 Der Einbau entspricht der umgekehrten Ausbaureihenfolge. Achten Sie vor dem Verbinden der Einlass- und Auslass-Schläuche darauf, dass sich darin keine Fremdkörper befinden.

17 Einlass- und Auspuffstutzen – Ausbau und Einbau

Einlassstutzen

1 Der Einlassstutzen und der Ventildeckel bilden eine gemeinsame Baugruppe – beachten Sie die Hinweise in Kapitel 2B, Sektion 3.

Auspuffstutzen

Ausbau

Motoren mit Abgasnorm Euro 3 und 4

2 Demontieren Sie den Turbolader (siehe Sektion 14).
3 Demontieren Sie den AGR-Kühler (siehe Kapitel 4C, Sektion 3).
4 Ziehen Sie den Auspuffstutzen-Hitzeschild hoch, um die zwei Halteclips zu befreien.
5 Lösen Sie die Muttern, die den Auspuffstutzen am Zylinderkopf sichern, und entfernen Sie die Distanzhülsen (siehe Abbildung). Ziehen Sie den Stutzen von den Stehbolzen ab. Falls nur die Dichtung erneuert werden soll, sind keine weiteren Zerlegungen nötig. Entnehmen Sie die Dichtung.

17.5 Lösen Sie die Auspuffstutzen-Muttern und entfernen Sie die Distanzhülsen – Motoren mit Euro 3 und 4.

Motoren mit Abgasnorm Euro 5

6 Der Auspuffstutzen wird zusammen mit dem Turbolader demontiert und die zwei Komponenten können auf der Werkbank getrennt werden – beachten Sie die Hinweise in Sektion 14.

Einbau

7 Kontrollieren Sie alle Stehbolzen am Zylinderkopf auf Schäden und Korrosion. Entfernen Sie Rost und ersetzen Sie schadhafte Stehbolzen.
8 Schaben Sie altes Dichtmaterial oder Kohleablagerungen von den Dichtflächen des Auspuffstutzens und des Zylinderkopfes und legen Sie die neue innere Dichtung auf.
Achtung: Beschädigen Sie dabei nicht die aus relativ weichem Aluminium bestehende Dichtfläche des Zylinderkopfes!
9 Der Rest des Einbaus entspricht der umgekehrten Ausbaureihenfolge – beachten Sie dabei folgende Punkte:
a) Legen Sie eine neue Dichtung auf und schmieren Sie die Stehbolzen dünn mit Kupferpaste ein.
b) Ziehen Sie alle Befestigungen mit den in den technischen Daten angegebenen Anzugsdrehmomenten an.
c) Füllen Sie das Kühlsystem auf (siehe Wöchentliche Kontrollen).
d) Kontrollieren Sie den Ölpegel und füllen Sie ggf. Öl nach (siehe Kapitel 2B, Sektion 6).

18 Auspuffanlage – Allgemeine Informationen, Ausbau und Einbau

Warnung: Lassen Sie den Motor vor Arbeitsbeginn ausreichend abkühlen! Vor allem der Katalysator wird im Betrieb sehr heiß und muss entsprechend lange abkühlen.

Allgemeine Informationen

1 Die Auspuffanlage besteht aus dem Katalysator, dem Partikelfilter und dem Endrohr samt Schalldämpfern.
2 Damit die Bewegungen des Motors ausgeglichen werden können, sitzt hinter dem Katalysator ein flexibles Segment aus Drahtgeflecht.
3 Das hintere Auspuffsegment besteht serienmäßig aus einem Teil; falls nur der Endschalldämpfer erneuert werden muss, kann der Auspuff getrennt und ein neuer Schalldämpfer mit einer Schelle verbunden werden – erkundigen Sie sich beim Händler nach entsprechenden Einzelteilen.
4 Die Auspuffanlage wird über ihre gesamte Länge von Haltegummis am Unterboden gesichert.

Ausbau

5 Um Teile des Auspuffs entfernen zu können, muss das Fahrzeug vorn oder hinten angehoben und sicher abgestützt werden (siehe Seite 390). Alternativ kann das Fahrzeug über eine Grube gefahren oder mit einer Hebebühne angehoben werden.
6 Demontieren Sie den Unterfahrschutz.

Katalysator – Motoren mit Abgasnorm Euro 3 und 4

7 Lösen Sie an beiden Seiten der Hilfsrahmen-Querstrebe die zwei Schrauben und entnehmen Sie diese (siehe Abbildung).

18.7 Lösen Sie die vier Schrauben der Hilfsrahmen-Querstrebe, um sie zu entnehmen.

8 Um die flexible Sektion des Auspuffs nicht zu beschädigen, sollte sie mithilfe von geeigneten Hölzern und Kabelbindern »geschient« werden (Abb. 11.26 ind Kapitel 4A).
9 Trennen Sie vorn am Katalysator den Stecker des Temperatursensors und schrauben Sie diesen heraus.
10 Lockern Sie die Schelle, die den Katalysator am Turbolader sichert (siehe Abbildung).

18.10 Katalysator-Schelle am Turbolader – Motoren mit Euro 3 und 4

11 Lösen Sie die Muttern, die den flexiblen Teil am Partikelfilter sichern, ziehen Sie den Filter nach hinten und lassen Sie den Auspuff herunterhängen.
12 Befreien Sie die Haltegummis, lösen Sie die zwei Schrauben des Haltegummihalters und befreien Sie ihn vom Hilfsrahmen (siehe Abbildung).

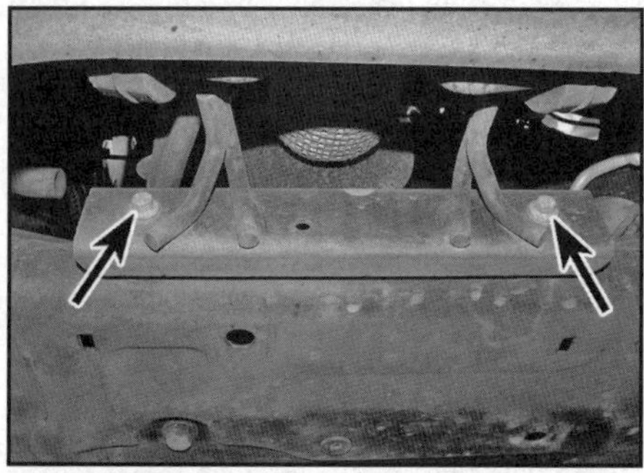

18.12 Schrauben des Haltegummihalters – Motoren mit Euro 3 und 4

13 Lösen Sie die Muttern des Katalysator-Halters und entfernen Sie diesen.
14 Manövrieren Sie den Katalysator nach unten aus dem Motorraum heraus.

Katalysator – Motoren mit Abgasnorm Euro 3 und 4

15 Lösen Sie oben an der Einlassstutzen/Ventildeckel-Baugruppe die Schraube des Motorentlüftungsrohrs (Abb. 9.19).
16 Öffnen Sie die Schnellverschlüsse an beiden Enden des Rohrs und befreien Sie es vom Motor (Abb. 9.20a bis c).
17 Lockern Sie am Verbindungsschlauch zwischen dem Luftfilterdeckel und dem festen Stutzen hinten am Motor die Schellen, um den Schlauch zu befreien.
18 Lockern Sie am anderen Ende des Stutzens die Schelle, um ihn vom Turbolader zu befreien. Befreien Sie die Kabel und Schläuche aus allen Befestigungen, lösen Sie die zwei Muttern und befreien Sie den Stutzen vom Motor.
19 Trennen Sie links am Motor den Blockstecker des Partikelfilter-Temperatursensors (siehe Abbildung).

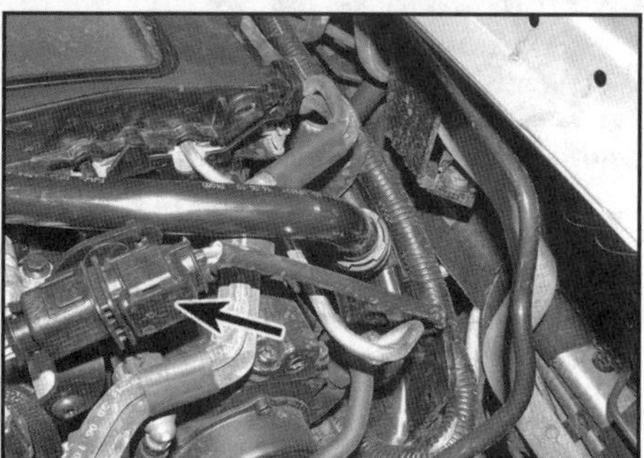

18.19 Blockstecker des Partikelfilter-Temperatursensors – Euro 5-Motor

20 Lockern Sie die zwei Schellen des Turbolader-Auslassstutzens, lösen Sie unter dem Motor dessen Schraube und befreien Sie den Stutzen.
21 Lösen Sie an beiden Seiten der Hilfsrahmen-Querstrebe die zwei Schrauben und entnehmen Sie diese (Abb. 18.7).
22 Um die flexible Sektion des Auspuffs nicht zu beschädigen, sollte sie mithilfe von geeigneten Hölzern und Kabelbindern »geschient« werden (Abb. 11.26 in Kapitel 4A).
23 Trennen Sie den Unterdruckschlauch und den Kabelstecker vom Turbolader-Überdruckventil.
24 Lösen Sie die vier Schrauben des Hitzeschilds, um es vom Auspuffstutzen zu befreien.
25 Lösen Sie die Muttern des Katalysator-Halters und entfernen Sie diesen.
26 Lösen Sie die Muttern, die den flexiblen Teil am Partikelfilter sichern, ziehen Sie den Filter nach hinten und lassen Sie den Auspuff herunterhängen.
27 Lockern Sie die Schelle, die den Katalysator am Turbolader sichert, und manövrieren Sie den Katalysator nach unten aus dem Motorraum heraus.

Hintere Sektion

28 Entfernen Sie den Endschalldämpfer (siehe unten).
29 Lösen Sie die Muttern, die den Flansch am Partikelfilter sichern, und trennen Sie die Verbindung – die Dichtung muss erneuert werden.
30 Hängen Sie die Haltegummis der hinteren Sektion aus und entnehmen Sie diese unter dem Fahrzeug heraus.

Partikelfilter

31 Um die flexible Sektion des Auspuffs nicht zu beschädigen, sollte sie mithilfe von geeigneten Hölzern und Kabelbindern »geschient« werden (Abb. 11.26 ind Kapitel 4A). Lösen Sie die Muttern, mit denen der flexible Teil mit dem Partikelfilter verbunden ist.

32 Merken Sie sich die Positionen der Druckrohre vorn am Partikelfilter und trennen Sie sie (siehe Abbildung).

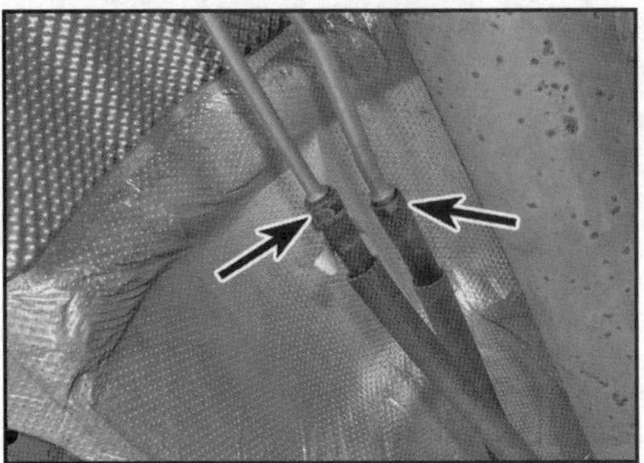

18.32 Druckrohr-Anschlüsse am Partikelfilter

33 Trennen Sie den/die Stecker des Temperatursensors
34 Lösen Sie die Muttern, mit denen die hintere Auspuffsektion am Partikelfilter gesichert ist, hängen Sie das Haltegummi aus und befreien Sie den Filter.

Endschalldämpfer

35 Falls noch die originale einteilige hintere Auspuffsektion montiert ist, muss der alte Endschalldämpfer abgesägt werden, damit ein neuer montiert werden kann. Verwenden Sie den neuen Schalldämpfer als Muster und markieren Sie die Sägestelle – diese muss so ausgewählt werden, dass ein Stück des Rohrs in den neuen Schalldämpfer geschoben werden kann.
36 Verwenden Sie eine geeignete Eisensäge, um das mittlere Rohr an der markierten Stelle zu trennen. Hängen Sie die Schalldämpfer-Haltegummis aus und entnehmen Sie den Endschalldämpfer.
37 Falls bereits ein Ersatz-Endschalldämpfer montiert wurde, muss die Schelle gelöst werden, die den Schalldämpfer am mittleren Rohr sichern, und beide Teile getrennt werden. Normalerweise sitzt der Schalldämpfer sehr fest, sodass er seitlich hin und her geschwenkt werden muss, um getrennt werden zu können. Falls das Rohr bereits stark korrodiert ist, muss doch die gesamte hintere Sektion erneuert werden. Eine andere Methode ist das Erwärmen der beiden Rohre (in der Hoffnung, dass sie sich hierdurch leichter trennen), doch hierbei besteht großes Risiko, Komponenten unten am Fahrzeug zu beschädigen oder gar den Tank in Brand zu stecken.
38 Hängen Sie die Schalldämpfer-Haltegummis aus und entnehmen Sie den Endschalldämpfer.

Hitzeschilde

39 Die Hitzeschilde sind mit Spezialmuttern am Unterboden gesichert. Jeder Hitzeschild kann separat entfernt werden, doch weil sie überlappen können, müssen ggf. die Befestigungen der anderen Schilde gelöst werden. Falls ein Hitzeschild für den Zugang zu dahinterliegenden Komponenten demontiert werden muss, kann es manchmal reichen, die Befestigungen zu lösen und den Schild auf dem (montierten) Auspuff abzulegen; ansonsten muss die Auspuffanlage demontiert werden (siehe oben).

Einbau

40 Der Einbau entspricht in allen Fällen der umgekehrten Ausbaureihenfolge – beachten Sie dabei folgende Punkte:
a) Verwenden Sie stets neue Dichtungen, Muttern und ggf. Schellen. Schmieren Sie alle Gewinde mit Kupferpaste. Die Schellen müssen genauso groß sein wie die alten – eine überdrehte zu große Schelle wird die Verbindung nicht korrekt abdichten.
b) Wo Segmente zusammengeschoben werden müssen, sollte etwas Auspuffpaste aufgetragen werden, um die Verbindung abzudichten.
c) Rissige oder verhärtete Auspuffgummis müssen durch Neuteile ersetzt werden.
d) Der Auspuff muss korrekt aufgehängt sein und darf nicht mit der Karosserie oder Fahrwerks-Segmenten in Kontakt kommen. Bevor die Schelle des Endschalldämpfers angezogen wird, muss dieser korrekt ausgerichtet werden.
e) Ziehen Sie alle Verbindungen mit den in den technischen Daten angegebenen Drehmomenten an.

Kapitel 4C

Schadstoff-Begrenzungssysteme

Inhalt **Sektion**

Schwierigkeitsgrade

Leicht. Geeignet für Anfänger mit wenig Erfahrung. 	**Relativ leicht.** Geeignet für Anfänger mit etwas Erfahrung. 	**Relativ schwierig.** Geeignet für geübte Selbstschrauber. 	**Schwer.** Geeignet für Selbstschrauber mit viel Erfahrung. 	**Sehr schwer.** Geeignet für Experten und Profis. 

Technische Daten

Anzugsdrehmomente	**Nm**
AGR-Rohr/Magnetventil-Schrauben (Benzinmotor)	25
Lambdasonde (Benzinmotor)	48

1 Allgemeine Informationen

Benzinmotoren

Kurbelgehäuse-Entlüftungsregelung

1 Um die Emission unverbrannter Kohlenwasserstoffe aus dem Kurbelgehäuse in die Umgebung zu reduzieren, kommt eine Kurbelgehäuse-Entlüftungsregelung zum Einsatz, bei der das Motorgehäuse abgedichtet ist und Leckgase sowie Ölnebel aus dem Ventildeckel in den Einlasstrakt geleitet werden, um vom Motor im normalen Betrieb mitverbrannt zu werden.

2 Die Gase werden durch den relativ höheren Druck im Motorgehäuse herausgedrückt. Bei einem verschlissenen Motor können Verbrennungsgase sowohl zwischen den Kolben und Zylindern in den Motor drücken oder durch undichte Ventile in den Einlass- oder Auspuffstutzen entweichen, sodass die Regelung nicht korrekt funktioniert.

Verdunstungs-Rückhaltesystem

3 Um möglichst wenig unverbrannte Kohlenwasserstoffe in die Atmosphäre gelangen zu lassen, sorgt dieses System dafür, dass Benzindämpfe nicht aus dem Tank in die Atmosphäre gelangen. Der Tankdeckel ist abgedichtet und hinter dem Kraftstofftank sitzt ein mit Aktivkohle gefüllter Behälter, der die bei abgeschaltetem Motor entstehenden Benzindämpfe aufnimmt. Bei laufendem Motor öffnet ein vom Motorsteuergerät überwachtes Ventil und die Dämpfe werden in den Einlassstutzen entlassen.

4 Damit der Motor beim Kaltstart oder im Standgas korrekt läuft und der Katalysator vor einem durch die Benzindämpfe angereicherten Gemisch geschützt wird, öffnet das Ventil erst, wenn der Motor auf Betriebstemperatur ist und unter Last läuft, sodass die gesammelten Dämpfe vom Motor angesaugt werden.

Abgasreinigung

5 Zur Minimierung der in die Umgebung geleiteten Schadstoffe sind alle Modelle mit einem geregelten Katalysator im Auspuff ausgerüstet. Lambdasonden im Auspuffstutzen versorgen das Motorsteuergerät (PCM) stets mit Informationen über den Sauerstoffgehalt im Abgas, damit das korrekte Luft-Benzin-Gemisch für eine optimale Verbrennung erzeugt werden kann.

6 Eine Lambdasonde sitzt vor dem Katalysator im Auspuffstutzen, mithilfe eines vom PCM gesteuerten Heizelements wird sie rasch auf Betriebstemperatur gebracht. Die Spitze der Lambdasonde reagiert auf Sauerstoff und sendet je nach Sauerstoffgehalt im Abgas unterschiedliche Spannungswerte an das Steuergerät. Falls das Luft-Kraftstoff-Gemisch zu »fett« ist, enthalten die Abgase wenig bis gar keinen Sauerstoff, sodass die Sonde ein geringes Spannungssignal ans Steuergerät sendet. Die Spannung steigt bei magerer werdendem Gemisch (weil im Abgas mehr unverbrannter Sauerstoff enthalten ist).

7 Die besten Abgaswerte entstehen bei einem im korrekten Mischungsverhältnis aus 14,7 Teilen Luft und einem Teil Kraftstoff (nach Gewicht) – stöchiometrisches Kraftstoffver-

hältnis genannt. Die Sensorspannung ändert sich an diesem Punkt in einem großen Schritt, sodass das Steuergerät diese Signaländerung als Referenzpunkt nutzt, und mit einer entsprechend langen Einspritzdauer das Gemisch anpasst.
8 Hinter dem Katalysator sitzt eine zweite Lambdasonde, die dessen Funktion überwacht und dem PCM diese Informationen sendet, damit diese Feinabstimmungen vornehmen und dadurch die Abgaswerte weiter verbessern kann.

Abgasrückführungssystem (AGR)

9 Das System sorgt dafür, dass kleine Abgasmengen wieder in den Einlasstrakt geleitet werden, um erneut verbrannt zu werden. Der Prozess reduziert die Menge der in die Atmosphäre freigesetzten Stickoxide.
10 Die zirkulierende Abgasmenge wird durch ein Signal vom Motorsteuergerät an das links am Zylinderkopf sitzende elektronisch gesteuerte AGR-Magnetventil geregelt. Das Motorsteuergerät empfängt dazu Signale verschiedener Sensoren.

Dieselmotoren

Kurbelgehäuse-Entlüftungsregelung

11 Beachten Sie die Hinweise in den Schritten 1 und 2.

Abgasreinigung

12 Zur Minimierung der in die Umgebung geleiteten Schadstoffe sind alle Modelle mit einem geregelten Katalysator im Auspuff ausgerüstet.
13 Der Katalysator beinhaltet ein feinmaschiges Gewebe, das mit einem katalytischen Material beschichtet ist, welches in den passierenden heißen Abgasen die Oxidation schädlicher Kohlenmonoxide, unverbrannter Kohlenwasserstoffe und Rußpartikel beschleunigt und so wirkungsvoll die Menge der in die Atmosphäre entweichenden Schadstoffe reduziert.
14 Ein hinter dem Katalysator sitzender Partikelfilter enthält eine Wabenstruktur aus Siliciumcarbid, durch deren mikroskopisch kleine Kanäle die Abgase strömen und dabei die Rußpartikel ablagern. Damit der Ruß den Filter nicht verstopft, muss dieser regelmäßig ausgebrannt werden. Hierzu ändert das Steuergerät die Einspritz-Charakteristik, wobei die Abgastemperatur auf ca. 600 °C ansteigt, damit die Ablagerungen verbrennen. Ein Differentialdrucksensor und ein Temperatursensor informieren das Steuergerät über den Zustand des Partikelfilters sowie die Temperatur der Abgase während dieser »Regenerationsphase«. Die Häufigkeit des Freibrennens hängt von den Betriebszuständen des Motors ab, die Reinigung selbst ist während der Fahrt nicht spürbar.

Abgasrückführungssystem (AGR)

15 Das System sorgt dafür, dass kleine Abgasmengen wieder in den Einlasstrakt geleitet werden, um erneut verbrannt zu werden. Der Prozess reduziert die Menge der in die Atmosphäre freigesetzten Stickoxide. Die zirkulierende Abgasmenge wird durch ein Signal vom Motorsteuergerät an das am Einlassstutzen sitzende elektronisch gesteuerte AGR-Magnetventil geregelt. Das Motorsteuergerät empfängt dazu Signale verschiedener Sensoren. Die Abgase werden durch einen vom Kühlmittel umspülten AGR-Kühler geführt, da sich hierbei die Bildung von Stickoxiden verringert.

2 Schadstoffregelung (Benzinmotoren) – Tests und Austausch von Komponenten

Kurbelgehäuse-Entlüftungsregelung

Kontrolle

1 Die Komponenten dieses Systems erfordern außer einer regelmäßigen Überprüfung der Schläuche keinerlei Aufmerksamkeit. **Anmerkung:** *Falls Schläuche zur Kontrolle ihres Zustands oder einer Verstopfung abgezogen werden sollen, empfiehlt es sich, zuvor ihre Einbauposition zu notieren oder zu fotografieren.*

Ölabscheider – Ersetzen

2 Demontieren Sie den Einlassstutzen (siehe Kapitel 4A, Sektion 11).
3 Der Ölabscheider sitzt unter dem Einlassstutzen-Flansch vorn am Motor. Ziehen Sie oben am Abscheider den Motorentlüftungsschlauch ab.
4 Drücken Sie an beiden Seiten des Ventils die Laschen ein und ziehen Sie es oben vom Ölabscheider ab.
5 Lösen Sie die Befestigungsschrauben des Ölabscheiders und entnehmen Sie ihn (siehe Abbildung) – die Dichtung muss beim Einbau erneuert werden.

2.5 Bauteile und Befestigungen des Ölabscheiders

6 Setzen Sie den (neuen) Ölabscheider mit einer neuen Dichtung an und ziehen Sie seine Schrauben sorgfältig an.

Verdunstungs-Rückhaltesystem

Kontrolle

7 Schlechter Leerlauf, Absterben und schlechtes Fahrverhalten können auf ein nicht funktionsfähiges Unterdruckventil am Aktivkohlebehälter, einen schadhaften Behälter, beschädigte oder falsch angeschlossene Schläuche zurückzuführen sein. Zunächst muss der Tankdeckel auf eine beschädigte oder verformte Dichtung überprüft werden.
8 Austretendes oder verdunstendes Benzin können defekte Kraftstoffleitungen, einen beschädigten Behälter, ein schadhaftes Unterdruckventil oder getrennte, falsch angeschlossene, geknickte oder beschädigte Schläuche als Ursache haben.
9 Kontrollieren Sie alle an den Aktivkohlebehälter angeschlossenen Schläuche über die gesamte Länge auf Knicke, Risse oder andere Schäden und reparieren oder ersetzen Sie sie nötigenfalls.
10 Kontrollieren Sie den Behälter – falls er undicht oder anderweitig beschädigt ist, muss er wie folgt ersetzt werden:

Aktivkohlebehälter – Ersetzen

11 Blockieren Sie die Vorderräder, heben Sie das Fahrzeug hinten an und stützen Sie es sicher ab (siehe Seite 390). Der Aktivkohlebehälter sitzt hinter dem Kraftstofftank am Hilfsrahmen.

12 Drücken Sie die Laschen der Schnellverschlüsse, um die Schläuche vom Behälter zu trennen (siehe Abbildung).

2.12 Trennen Sie die Schläuche vom Aktivkohlebehälter.

13 Lösen Sie die zwei Befestigungsschrauben und senken Sie den Behälter nach unten ab (siehe Abbildung).

2.13 Befestigungsschrauben des Aktivkohlebehälters

14 Der Einbau entspricht der umgekehrten Ausbaureihenfolge – alle Schläuche müssen korrekt verbunden und gesichert sein.

Absaugventil – Ersetzen

15 Das Ventil sitzt links am Zylinderkopf (siehe Abbildung).

2.15 Benzindampf-Absaugventil (Pfeil)

16 Merken Sie sich ihre Positionen und trennen Sie die Unterdruckschläuche und den Stecker vom Ventil.

17 Befreien Sie das Ventil aus seiner Halterung.

18 Der Einbau entspricht der umgekehrten Ausbaureihenfolge – die Schläuche und der Stecker müssen korrekt angeschlossen sein.

Abgasreinigung

Kontrolle

19 Inspizieren Sie zunächst die gesamte Auspuffanlage auf beschädigte oder getrennte Schläuche, Rohre und Anschlüsse. Weitere Prüfungen sollten von einer Fachwerkstatt durchgeführt werden, da hierfür ein Abgas-Analysegerät und eine Diagnoseausrüstung nötigt sind.

Katalysator – Ersetzen

20 Der Katalysator ist in den Auspuffstutzen integriert – beachten Sie dazu die Hinweise in Kapitel 4A, Sektion 11.

Lambdasonden – Ersetzen

Achtung: Die Lambdasonde wird im Betrieb sehr heiß, sodass ihr genug Zeit zum Abkühlen gegeben werden muss!

Anmerkung: *Die Sensorspitze ist sehr empfindlich und verträgt weder Stöße noch eine plötzlich unterbrochene Stromversorgung oder den Einsatz von Reinigungsmitteln.*

21 Trennen Sie alle Lambdasondenstecker hinten am Motor (siehe Abbildung).

2.21 Positionen der Lambdasondenstecker hinten am Motor

22 Schrauben Sie die Lambdasonde aus dem Auspuffstutzen bzw. dem Auspuffrohr (siehe Abbildungen) – hierfür wird ein Ring- oder Steckschlüssel mit einer Durchführung für das Kabel benötigt.

2.22a Eine Lambdasonde sitzt im Auspuffstutzen, ...

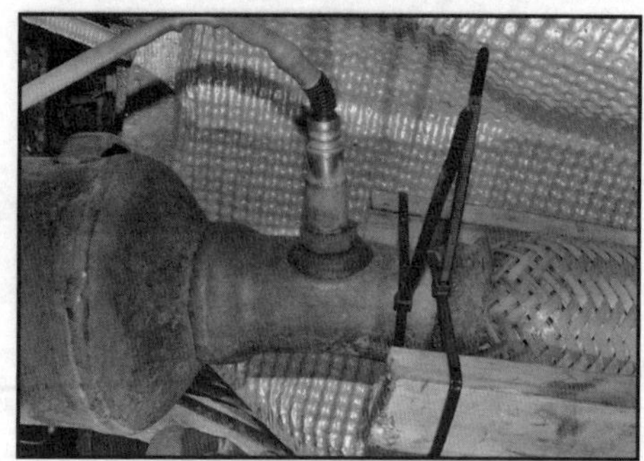

2.22b ... die andere unter dem Fahrzeug im Auspuffrohr.

23 Reinigen oder ersetzen Sie die Dichtscheibe. Reinigen Sie das Gewinde der Lambdasonde und versehen Sie es mit etwas Kupferpaste zum Schutz vor Kontaktkorrosion; eine neue Lambdasonde sollte bereits damit bestrichen sein. Drehen Sie die Sonde in den Auspuffstutzen und ziehen Sie sie mit 48 Nm an. Verbinden Sie den Lambdasondenstecker und sichern Sie sein Kabel in allen Halterungen.

AGR-Magnetschalter/Ventil – Ersetzen

24 Entfernen Sie die obere Motorabdeckung.
25 Demontieren Sie die Luftfilter-Baugruppe (siehe Kapitel 4A, Sektion 5).
26 Entleeren Sie das Kühlsystem (siehe Kapitel 1A, Sektion 25) oder klemmen Sie die Kühlerschläuche vor dem AGR-Ventil sorgfältig ab.
27 Trennen Sie den AGR-Magnetschalter/Ventil-Stecker (siehe Abbildung).

2.27 Das AGR-Magnetschalter/Ventil sitzt links am Zylinderkopf.

28 Lösen Sie die Schellen der am AGR-Ventil angeschlossenen Kühlerschläuche und ziehen Sie diese ab.
29 Lösen Sie die zwei Schrauben des AGR-Magnetschalter/Ventils und entfernen Sie es. Kontrollieren Sie die Dichtung.
30 Der Einbau entspricht der umgekehrten Ausbaureihenfolge – erneuern Sie nötigenfalls die Dichtung.

3 Schadstoffregelung (Dieselmotoren) – Tests und Austausch von Komponenten

Kurbelgehäuse-Entlüftungsregelung

Kontrolle

1 Die Komponenten dieses Systems erfordern außer einer regelmäßigen Überprüfung der Schläuche keinerlei Aufmerksamkeit. Anmerkung: Falls Schläuche zur Kontrolle ihres Zustands oder einer Verstopfung abgezogen werden sollen, empfiehlt es sich, zuvor ihre Einbauposition zu notieren oder zu fotografieren.

Ölabscheider – Ersetzen

2 Der Ölabscheider ist in die Ventildeckel/Einlassstutzen-Baugruppe integriert, dessen Aus- und Einbau in Kapitel 2B, Sektion 3 beschrieben ist.

Abgasreinigung

Kontrolle

3 Inspizieren Sie zunächst die gesamte Auspuffanlage auf beschädigte oder getrennte Schläuche, Rohre und Anschlüsse. Weitere Prüfungen sollten von einer Fachwerkstatt durchgeführt werden, da hierfür ein Abgas-Analysegerät und eine Diagnoseausrüstung nötigt sind.

Katalysator – Ersetzen

4 Der Katalysator ist in den Auspuffstutzen integriert – beachten Sie dazu die Hinweise in Kapitel 4B, Sektion 11.

Katalysator/Partikelfilter – Ersetzen

5 Beachten Sie die Hinweise in Kapitel 4B, Sektion 18.

AGR-Magnetschalter/Ventil – Motoren mit Abgasnorm Euro 3 und 4

6 Trennen Sie den Haupt-Masseanschluss (–) der Batterie (siehe Kapitel 5A, Sektion 4).
7 Entfernen Sie die obere Motorabdeckung.
8 Demontieren Sie die Luftfilter-Baugruppe (siehe Kapitel 4B, Sektion 5).
9 Lösen Sie die Mutter der AGR-Rohr-Halterung (siehe Abbildung).

3.9 Mutter der AGR-Rohr-Halterung – Motoren mit Euro 3 und 4

10 Lösen Sie die Schelle, die das AGR-Rohr am Einlassstutzen sichert; lösen Sie die zwei Schrauben, die es am AGR-Ventil sichern (siehe Abbildungen).

3.10a Lösen Sie die AGR-Rohr-Schelle am Einlassstutzen ...

3.10b ... und die Schrauben des AGR-Rohrs am Ventil – Motoren mit Euro 3 und 4

11 Trennen Sie den Stecker vom AGR-Ventil.
12 Lösen Sie die Schrauben, die den AGR-Kühler am Ventil sichern (siehe Abbildung).

3.12 Schrauben, die den AGR-Kühler am Ventil sichern – Motoren mit Euro 3 und 4

13 Lockern Sie die untere Schraube am AGR-Ventil.
14 Lösen Sie die zwei anderen Schrauben und entnehmen Sie das Ventil. Falls ein neues Ventil montiert werden soll, müssen die Grundeinstellungen mit einem geeigneten Diagnosegerät in das Steuergerät programmiert werden.
15 Der Einbau entspricht der umgekehrten Ausbaureihenfolge.

AGR-Magnetschalter/Ventil – Motoren mit Abgasnorm Euro 5

16 Der AGR-Magnetschalter und das Ventil sind in den AGR-Kühler integriert und können nicht separat ersetzt werden. Beachten Sie für den Austausch des AGR-Kühlers die Hinweise unten.

AGR-Kühler – Ersetzen

Motoren mit Abgasnorm Euro 3 und 4

17 Trennen Sie den Haupt-Masseanschluss (–) der Batterie (siehe Kapitel 5A, Sektion 4).
18 Entfernen Sie die obere Motorabdeckung.
19 Entleeren Sie das Kühlsystem (siehe Kapitel 1B, Sektion 30).
20 Lösen Sie die Schelle des Turboladereinlass-Belüftungsschlauchs und ziehen Sie diesen ab.
21 Lockern Sie die Schellen der vom Heizungs-Wärmetauscher und vom Bypass zum AGR-Kühler führenden Schläuche und trennen Sie diese (siehe Abbildung).

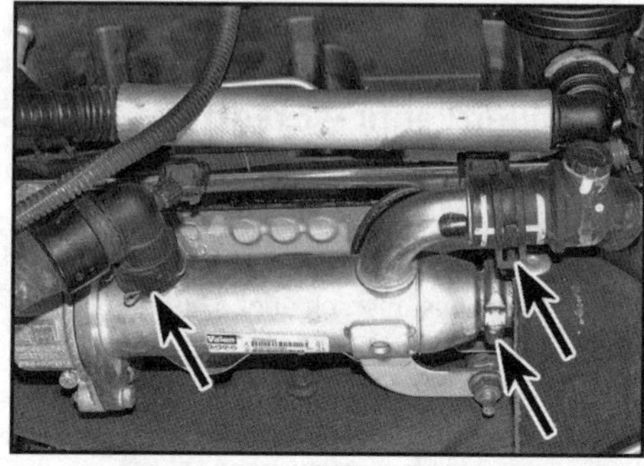

3.21 Wärmetauscher- und Bypass-Schlauchanschlüsse am AGR-Kühler – Motoren mit Euro 3 und 4

22 Lösen Sie die Muttern, um den Hitzeschild vom AGR-Rohr zu entfernen.
23 Lockern Sie am Rohrwinkel des AGR-Kühlers die Schelle, lösen Sie die Muttern und entnehmen Sie das Rohr (siehe Abbildung) – die Dichtung muss später erneuert werden.

3.23 Rohrwinkel-Muttern – Motoren mit Euro 3 und 4

24 Lösen Sie die Mutter und die zwei Schrauben des AGR-Kühlers, um ihn zu befreien.
25 Der Einbau entspricht der umgekehrten Ausbaureihenfolge – vergessen Sie nicht, das Kühlsystem aufzufüllen (siehe Kapitel 1B, Sektion 30).

Motoren mit Abgasnorm Euro 5

26 Trennen Sie den Haupt-Masseanschluss (–) der Batterie (siehe Kapitel 5A, Sektion 4).
27 Entfernen Sie die obere Motorabdeckung.
28 Heben Sie die Halterung des Peilstab-Führungsrohrs aus der Aufnahme am Einlassstutzen und verlagern Sie das Rohr beiseite (siehe Abbildung).

3.28 Heben Sie die Halterung des Peilstab-Führungsrohrs heraus – Motoren mit Euro 5

29 Trennen Sie die Kabelbaum-Stecker an den Sensoren und Blocksteckern, befreien Sie den Kabelbaum aus allen Befestigungen vorn am Einlassstutzen und verlagern Sie ihn beiseite (siehe Abbildung).

3.29 Trennen Sie die Stecker und befreien Sie den Kabelbaum aus allen Befestigungen – Motoren mit Euro 5

30 Lockern Sie an der unteren Sektion des Einlassstutzens die Schelle des Ladeluftkühlerschlauchs und ziehen Sie diesen ab (siehe Abbildung).

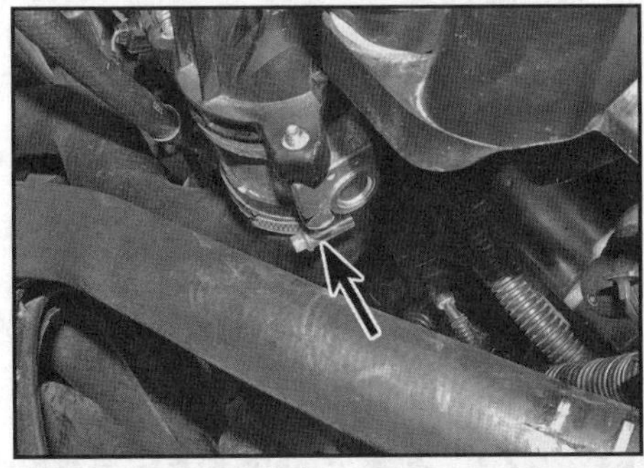

3.30 Schelle des Ladeluftkühlerschlauchs an der unteren Sektion des Einlassstutzens – Motoren mit Euro 5

31 Lösen Sie die drei Schrauben, mit denen die obere Einlassstutzen-Sektion an der unteren gesichert ist (siehe Abbildung).

3.31 Schrauben, mit denen die obere Einlassstutzen-Sektion an der unteren gesichert ist – Motoren mit Euro 5.

32 Lösen Sie die drei Muttern und Schrauben, mit denen die untere Einlassstutzen-Sektion am Zylinderkopf gesichert ist, und befreien Sie sie aus dem Motorraum (siehe Abbildungen).

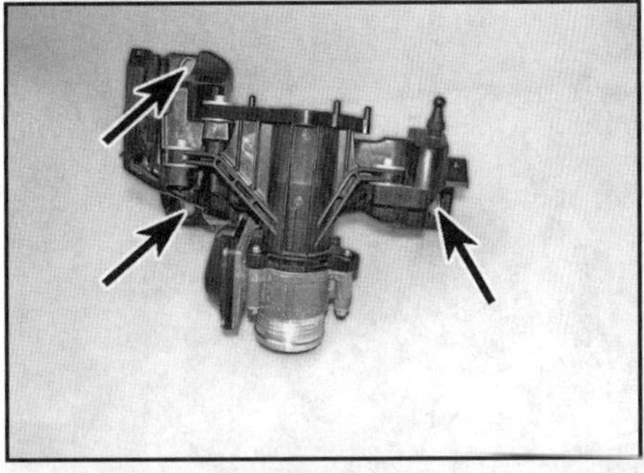

3.32a Diese drei Muttern sichern die untere Einlassstutzen-Sektion am Zylinderkopf – gezeigt im ausgebauten Zustand.

3.32b Befreien Sie die untere Einlassstutzen-Sektion aus dem Motorraum – Motoren mit Euro 5.

33 Lösen Sie die drei Schrauben, die das vom Einlassstutzen kommende Rohr am AGR-Ventil sichern. Ziehen Sie das Rohr ab und stellen Sie die Metalldichtung sicher (siehe Abbildung).

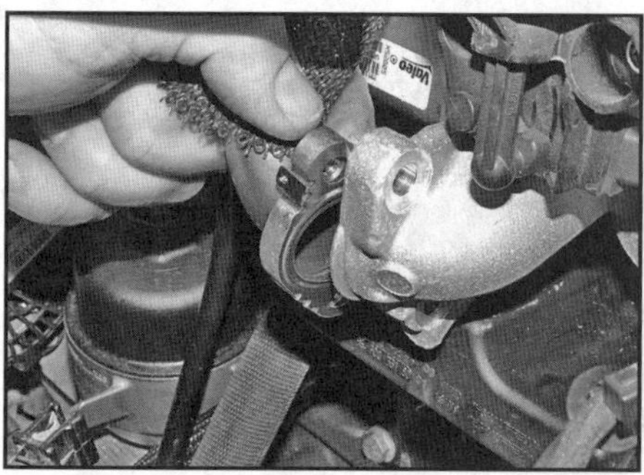

3.33 Trennen Sie das vom Einlassstutzen kommende Rohr vom AGR-Ventil und stellen Sie die Metalldichtung sicher – Motoren mit Euro 5.

34 Trennen Sie unten am AGR-Kühler den Kühlmittelschlauch (siehe Abbildung).

3.34 Lockern Sie die Schelle und ziehen Sie unten am AGR-Kühler den Kühlmittelschlauch ab – Motoren mit Euro 5.

35 Trennen Sie die Kabelstecker und den Unterdruckschlauch vom AGR-Ventil.

36 Lösen Sie am AGR-Kühler die Mutter des Peilstabrohrs (siehe Abbildung).

3.36 Mutter des Peilstabrohrs am AGR-Kühler – Motoren mit Euro 5

37 Lösen Sie am AGR-Kühler oben rechts die Schraube sowie links die Mutter und die zwei Schrauben, die ihn am Zylinderkopf sichern (siehe Abbildungen). Lösen Sie den Stehbolzen der oberen linken Halterung.

3.37a Lösen Sie am AGR-Kühler oben rechts die Schraube ...

3.37b ... und links die Mutter und die zwei Schrauben, die ihn am Zylinderkopf sichern.

38 Ziehen Sie den AGR-Kühler und das Ventil vom Zylinderkopf ab und entnehme Sie die Dichtung (siehe Abbildungen). Weitere Zerlegungen sind nicht möglich.

3.38a Ziehen Sie den AGR-Kühler und das Ventil vom Zylinderkopf ab ...

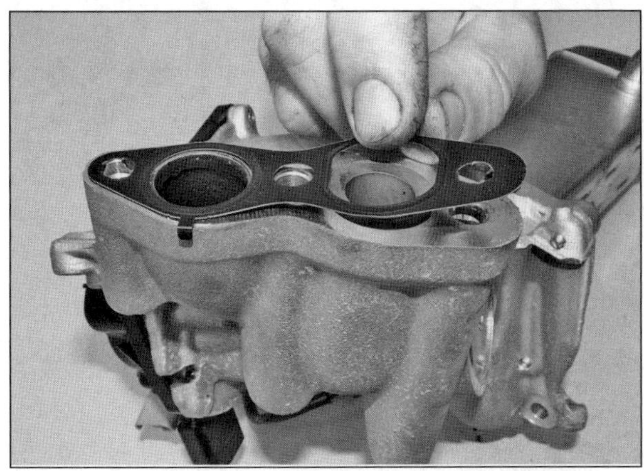

3.38b ... und entnehme Sie die Dichtung – Motoren mit Euro 5

39 Der Einbau entspricht der umgekehrten Ausbaureihenfolge – verwenden Sie eine neue Dichtung und vergessen Sie nicht, das Kühlsystem aufzufüllen (siehe Kapitel 1B, Sektion 30).

4 Katalysator – Allgemeine Informationen und Warnhinweise

Allgemeine Informationen

1 Der Katalysator wandelt gesundheitsschädliche Abgase in relativ harmlosere Gase um. Bei der dazu erforderlichen chemische Reaktion wird Sauerstoff zugesetzt, um eine Oxidation zu erzeugen.
2 Innerhalb des Katalysators befindet sich eine keramische Wabenstruktur, die mit den Edelmetallen Palladium, Platin und Rhodium beschichtet ist, die die chemische Reaktion fördern. Diese Reaktion erzeugt Hitze, die ebenfalls die Reaktion unterstützt. Aus diesem Grund wird der Katalysator während der Fahrt sehr heiß.
3 Die keramische Struktur ist äußerst empfindlich und verträgt keine grobe Behandlung. So sollte vermieden werden, mit dem heißen Katalysator durch tiefes Wasser zu fahren, da die plötzliche Abkühlung zu Rissen und Brüchen in der Keramik führen kann, was zur »Verstopfung« des Katalysators führen kann. Ein auf diese Weise beschädigter Katalysator kann nach dessen Ausbau durch Schütteln kontrolliert werden: Falls rasselnde Geräusche festgestellt werden, ist der Katalysator defekt und muss ersetzt werden.

Warnhinweise

4 Ersetzen Sie nach jeder Demontage die Dichtungen zwischen dem Motor und dem Katalysator.

Benzinmotoren

5 Der Katalysator arbeitet automatisch und erfordert praktisch keine Wartung. Trotzdem sollten folgende Hinweise beachtet werden, um ihn lange Zeit funktionsfähig zu halten:

a) *Tanken Sie IMMER bleifreien Kraftstoff und verwenden Sie keine entsprechenden Zusätze – bereits kleine Mengen verbleiten Benzins zerstören den Katalysator.*
b) *Halten Sie das Kraftstoff- und Zündsystem entsprechend des Wartungsplans in Kapitel 1 STETS in einem guten Zustand (siehe Kapitel 1A, Sektion 2).*
c) *Wenn der Motor Fehlzündungen produziert, MUSS dies unverzüglich behoben werden, da der Katalysator dadurch zerstört wird.*
d) *Versuchen Sie NICHT, ein schlecht anspringendes Fahrzeug durch Anschieben oder Anschleppen zu starten – der Katalysator saugt sich mit unverbranntem Kraftstoff voll und überhitzt, sobald der Motor anspringt.*
e) *Schalten Sie NICHT bei hohen Drehzahlen die Zündung aus. Geben Sie keinen kurzen Gasstoß, bevor Sie die Zündung abschalten.*
f) *Benutzen Sie KEINE Kraftstoff- oder Öl-Zusätze (Additive) – diese können Substanzen enthalten, die den Katalysator beschädigen.*
g) *Wenn der Motor Öl verbrennt und blaue Abgaswolken produziert, MUSS er unverzüglich repariert werden, da der Katalysator dadurch zerstört wird.*
h) *Der Katalysator arbeitet mit sehr hohen Temperaturen. Parken Sie daher nach einer längeren Fahrt NICHT über trockenem Gras oder Laub.*
i) *Vermeiden Sie tiefe Wasser-Durchfahrten – plötzliches Abkühlen kann den Katalysator beschädigen und vorzeitig ausfallen lassen.*
j) *Behandeln Sie die ausgebaute Auspuffanlage VORSICHTIG – der Katalysator und die Lambdasonde vertragen keine Schläge oder Stürze.*
k) *Ein deutlicher Verlust an Motorleistung kann auf einen blockierten Katalysator durch hohe Laufleistung oder eine beschädigte Wabenstruktur zurückzuführen sein. Die einzige Abhilfe ist der Austausch gegen ein Neuteil*
l) *Der Katalysator eines gut gewarteten und sorgsam gefahrenen Autos sollte mindestens 160.000 km halten – ein nicht mehr wirksamer Katalysator muss ersetzt werden.*
m) *Manchmal riechen die Abgase nach Schwefel (verrottete Eier). Nach einigen Tausend Kilometern mit einem neuen Katalysator sollte dies verschwunden sein.*

Dieselmotoren

6 Katalysatoren von Dieselmotoren sind einfacher aufgebaut, ähneln aber denen von Benzinmotoren – hier müssen die in Schritt 5 aufgeführten Punkte f bis l beachtet werden.

Kapitel 5A

Anlasser- und Ladesysteme

Inhalt Sektion

Schwierigkeitsgrade

Leicht. Geeignet für Anfänger mit wenig Erfahrung. 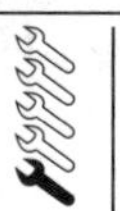	**Relativ leicht.** Geeignet für Anfänger mit etwas Erfahrung. 	**Relativ schwierig.** Geeignet für geübte Selbstschrauber. 	**Schwer.** Geeignet für Selbstschrauber mit viel Erfahrung. 	**Sehr schwer.** Geeignet für Experten und Profis. 

Technische Daten

System	12 Volt, Minus an Masse
Batterie	
Typ	Abgedichtete »wartungsfreie« (MF-) oder wartungsarme Batterie
Ladezustand	
schwach	unter 12,5 V
normal	12,6 V
gut	12,7 V
Anzugsdrehmomente	**Nm**
Anlasser-Befestigungsschrauben	40
Glühkerzen	10
Lichtmaschine	47
Masseanschluss an Karosserie	25

1 Allgemeine Informationen und Vorsichtsmaßnahmen

1 Die Motor-Elektrik besteht vor allem aus dem Ladesystem und dem Anlassersystem. Aufgrund ihrer motorbezogenen Funktionen werden diese Komponenten separat von der in Kapitel 12 zu findenden Karosserie-Elektrik (Beleuchtung, Instrumente usw.) behandelt. Informationen zur Zündanlage von Benzinmotoren werden in Kapitel 5b gegeben.
2 Die Fahrzeugelektrik arbeitet mit 12 Volt Spannung und Minus ist Masse.
3 Die Batterie wird von der Lichtmaschine geladen, die vom der Kurbelwelle mithilfe des Keilrippenriemens angetrieben wird.
4 Der als Schubtriebstarter ausgebildete Anlasser ist mit einem integrierten Magnetschalter ausgerüstet, der beim Starten das Antriebsrad zunächst in den Zahnkranz der Schwungscheibe bzw. des Antriebsflanschs (zwischen Motor und Getriebe) schiebt, bevor der Anlassermotor aktiviert wird. Sobald der Motor läuft, sorgt eine Freilaufkupplung dafür, dass bis zum Ausrücken des Antriebsrades nicht der Motor den Anlasser dreht.
5 Weitere Details zu den verschiedenen Systemen finden sich in den entsprechenden Sektionen dieses Kapitels – manchmal werden Reparaturhinweise gegeben, doch oft hilft nur der Austausch der Komponente.

Vorsichtsmaßnahmen

Warnung: ***Bei der Arbeit an elektrischen Systemen ist besondere Vorsicht geboten, um keine Halbleiter (Dioden und Transistoren) zu beschädigen und sich nicht selbst zu verletzen. Neben den Hinweisen in der Sektion »Sicherheit geht vor!« am Anfang dieses Handbuchs müssen die folgenden Vorsichtsmaßnahmen beachtet werden:***

- ***Legen Sie stets Schmuck, Armbanduhren usw. ab, bevor Sie an Elektrik-Systemen arbeiten. Auch bei abgeklemmter Batterie kann eine kapazitive Entladung entstehen, sobald der Anschluss einer Komponente durch ein Metallteil mit Masse verbunden wird, und einen Schock oder eine Verbrennung auslösen.***
- ***Vertauschen Sie nicht die Batteriepole. Bauteile wie die Lichtmaschine enthalten Halbleiter-Stromkreise, die irreparabel beschädigt werden können.***
- ***Falls der Motor mit einer Fremdbatterie gestartet werden soll, müssen stets Plus an Plus und Minus an Minus geklemmt werden (siehe Seite 11); dies trifft auch beim Anschließen eines Batterie-Ladegeräts zu.***
- ***Bei laufendem Motor dürfen niemals die Batterie, die Lichtmaschine oder andere elektrische Verbindungen getrennt werden – das gilt auch für Prüfinstrumente.***
- ***Lassen Sie niemals den Motor die Lichtmaschine drehen, wenn diese nicht angeschlossen ist.***
- ***Die Lichtmaschinen-Leistung darf niemals »getestet« werden, indem das Ausgangskabel gegen Masse gehalten wird, um Funken zu erzeugen.***
- ***Verwenden Sie für Stromkreis- oder Durchgangsprüfungen niemals ein Ohmmeter mit einem Handkurbel-Generator.***
- ***Der Masseanschluss (–) der Batterie muss stets getrennt sein, bevor an elektrischen Komponenten gearbeitet wird.***
- ***Bevor am Fahrzeug Schweißarbeiten durchgeführt werden, müssen die Batterie und die Lichtmaschine abgeklemmt werden, um Schäden daran zu vermeiden.***

2 Elektrik–Fehlersuche – Allgemeine Informationen

Beachten Sie die Hinweise in Kapitel 12, Sektion 2.

3 Batterie – Testen und Laden

Testen

Standard- und wartungsarme Batterien

1 Falls das Fahrzeug nur eine geringe jährliche Fahrleistung erreicht, sollte die Dichte der Säure etwa alle drei Monate getestet werden, um den Ladezustand der Batterie zu ermitteln. Führen Sie die Kontrolle mit einem Hydrometer durch und vergleichen Sie das Ergebnis mit der folgenden Tabelle. Beachten Sie, dass bei den Messergebnissen von einer Temperatur von 15 °C ausgegangen wird. Bei niedrigerer Temperatur muss für jeweils 10 °C 0,007 subtrahiert werden; bei höheren Temperaturen sind für jeweils 10 °C 0,007 zu addieren.

	Über 25 °C	**Unter 25 °C**
Vollständig geladen	1,21 bis 1,23	1,27 bis 1,29
70% geladen	1,17 bis 1,19	1,23 bis 1,25
Entladen	1,05 bis 1,07	1,11 bis 1,13

2 Falls der Zustand der Batterie unklar ist, muss zuerst die Säure-Dichte in jeder Zelle geprüft werden – Unterschiede von 0,04 oder mehr zwischen den Zellen weisen auf einen Säureverlust oder Schäden an den Bleiplatten hin und die Batterie muss ersetzt werden.

3 Falls der Unterschied der Säure-Dichte zwischen den Zellen unter 0,04 liegt, die Batterie aber entladen ist, muss sie aufgeladen werden (siehe unten).

Wartungsfreie Batterien

4 Bei sogenannten »Wartungsfreien« oder MF-Batterien ist ein Auffüllen der Zellen und ein Ermitteln der Dichte nicht möglich. Der Zustand der Batterie kann daher nur mit einem Batterieprüfer oder einem Voltmeter getestet werden.

5 Manche Modelle sind mit einer wartungsfreien ‚Delco'-Batterie ausgerüstet, die über eine eingebaute Ladestand-Anzeige verfügt. Die Anzeige oben im Batteriegehäuse zeigt mit verschiedenen Farben den Zustand der Batterie an. Bei grün ist die Batterieladung in Ordnung, bei schwarz muss sie geladen werden. Bei einer blauen Anzeige ist der Säurepegel zu niedrig und die Batterie muss erneuert werden. Versuchen Sie niemals die Batterie zu laden oder zu überbrücken, wenn die Anzeige transparent oder gelb ist.

Alle Batterie-Typen

6 Beim Test mit einem Voltmeter muss dieses Gerät mit den Batteriepolen verbunden werden. Vergleichen Sie die gemessene Spannung mit den Angaben für den Ladezustand in den technischen Daten. Dieser Test ist nur exakt, wenn die Batterie nicht in den letzten sechs Stunden in irgendeiner Weise geladen wurde. Ist dies nicht der Fall, müssen die Scheinwerfer für 30 Sekunden eingeschaltet werden, dann wird nach etwa fünf Minuten Wartezeit die Spannung gemessen. Alle anderen Verbraucher müssen abgeschaltet sein.

7 Falls die Spannung unter 12,2 Volt liegt, ist die Batterie entladen. 12,2 bis 12,4 Volt weisen darauf hin, dass die Batterie teilweise entladen ist.

8 Falls die Batterie geladen werden muss, sollte sie zunächst aus dem Fahrzeug gebaut werden.

Laden

Anmerkung: *Die folgenden Hinweise sind nur grobe Richtlinien. Beachten Sie stets die Hinweise des Herstellers (oft auf Aufklebern an der Batterie zu erkennen), bevor Sie die Batterie laden.*

Standard- und wartungsarme Batterien

9 Laden Sie die Batterie mit einer Stromstärke, die einem Zehntel der Batterie-Kapazität entspricht (z. B.: 4,5 Ampere bei einer Batterie mit 45 Amperestunden). Laden Sie solange, bis nach jeweils vierstündigen Perioden keine höhere Dichte mehr messbar ist.

10 Alternativ kann ein Erhaltungsladegerät über Nacht angeschlossen werden, um die Batterie sicher mit 1,5 Ampere zu laden.

11 Sogenannte »Schnellladungen«, bei denen die Batterie innerhalb ein bis zwei Stunden vollständig geladen sein soll, werden nicht empfohlen, da sie die Bleiplatten überhitzen und so dauerhaft schädigen können.

12 Prüfen Sie beim Laden der Batterie die Temperatur – ihr Gehäuse darf niemals wärmer als 38 °C (etwas mehr als handwarm) werden.

Wartungsfreie Batterien

13 Dieser Batterietyp benötigt zum kompletten Aufladen deutlich mehr Zeit als eine Standardbatterie; die Zeit hängt von der Entladungsrate ab und kann bis zu drei Tage betragen.
14 Ein Konstantspannungs-Ladegerät muss bei 13,9 bis 14,9 Volt unter 25 Ampere Ladestrom liefern. Bei dieser Methode sollte eine teilweise entladene Batterie nach drei Stunden 12,5 Volt aufweisen und wieder einsetzbar sein; bei komplett entladenen Batterien kann dies deutlich länger dauern.
15 Falls die Batterie vollständig entladen ist (unter 12,2 V), sollte sie mit einem Spezial-Ladegerät verbunden werden, wie es beim Ford-Händler oder einer Fachwerkstatt vorrätig sein sollte; die Laderate ist deutlich höher, und das Laden muss stets überwacht werden.

4 Batterie – Trennen und Verbinden, Ausbau und Einbau

Trennen

Achtung: Warten Sie nach dem Abschalten der Zündung mindestens fünf Minuten, bevor die Batterie getrennt wird. So bleibt den verschiedenen Steuergeräten genügend Zeit, Informationen zu speichern.
Anmerkung: *Falls das Fahrzeug mit einem per Code geschützten Radio ausgerüstet ist, muss vor dem Trennen der Batterie das dazugehörige Handbuch beachtet werden.*
1 Die Batterie befindet sich links im Motorraum und ist teilweise von der Windschutzscheiben-Verkleidung verdeckt.
2 Bei eingebauter Batterie ist der Zugang zu ihrem Minuspol nicht möglich, daher muss der Haupt-Masseanschluss (–) der Karosserie wie folgt gelöst werden (siehe Abbildung):

4.2 Haupt-Masseanschluss an der Karosserie

3 Lösen Sie die Masseanschluss-Schraube und ziehen Sie gleichzeitig das Massekabel hoch, um es in Kontakt zur Karosserie zu halten (an der Unterseite des Anschlussrings befindet sich eine kleine Lasche, die beim Lösen der Schraube Kontakt halten soll). Nachdem die Schraube gelöst ist, muss der Anschluss abrupt abgezogen werden (siehe Abbildung).
4 Um weiteren Massekontakt zu vermeiden, muss möglichst ein Stück Schlauch auf den Anschlussring gesteckt (siehe Abbildung) oder dieser mit Isolierband umwickelt werden.

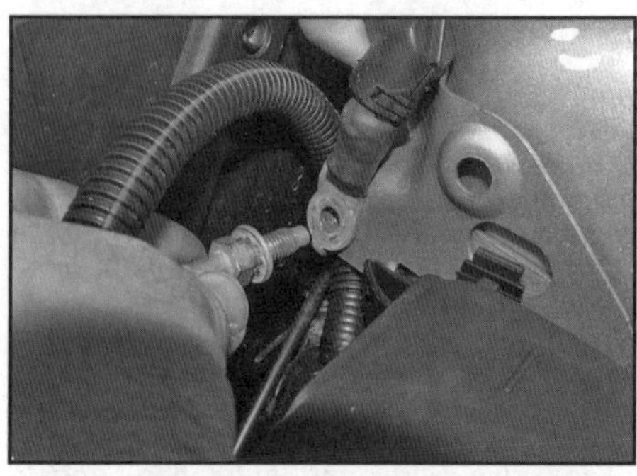

4.3 Lösen Sie die Anschlussschraube und ziehen Sie den Ring abrupt von der Karosserie weg.

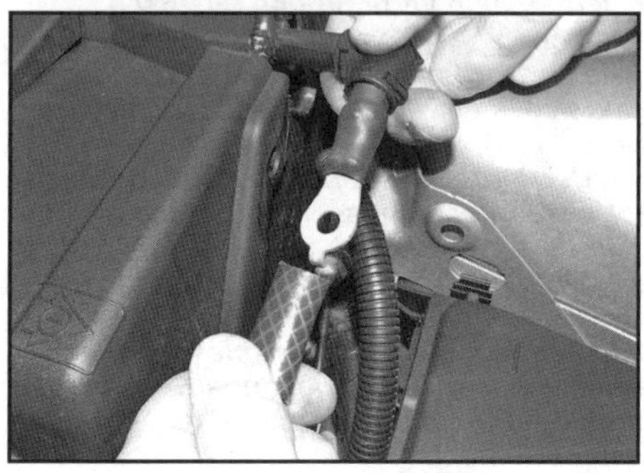

4.4 Isolieren Sie den Anschlussring mit einem aufgeschobenen Schlauch.

Ausbau

5 Trennen Sie den Haupt-Masseanschluss (–) der Batterie (siehe oben).
6 Demontieren Sie die Luftfilter-Baugruppe (siehe Kapitel 4a oder 4B, Sektion 5).
7 Lösen Sie die zwei Laschen und entnehmen Sie die Batterieabdeckung (siehe Abbildungen).

4.7a Lösen Sie die zwei Laschen ...

4.7b ... und entnehmen Sie die Batterieabdeckung.

8 Lockern Sie am Pluspol der Batterie die Klemm-Mutter und ziehen Sie die Klemme ab (siehe Abbildung).

4.8 Lockern Sie die Mutter und ziehen Sie die Plus-Klemme ab.

9 Lösen Sie die Schraube der Batterie-Klemmplatte und entnehmen Sie diese (siehe Abbildung).

4.9 Lösen Sie die Schraube der Batterie-Klemmplatte und entnehmen Sie diese.

4.10a Öffnen Sie den Kabelbinder des einen Pluskabels ...

4.10b ... und heben Sie das andere Pluskabel aus der Führung.

10 Öffnen Sie den Kabelbinder, der eines der Pluskabel unten am Batterieträger sichert, und heben Sie das andere Pluskabel aus der Führung am Batterieträger (siehe Abbildung).

11 Verlagern Sie die Pluskabel beiseite und ziehen Sie die Batterie nach vorn, um Zugang zu ihrem Minuspol zu erhalten. Lockern Sie hier die Klemm-Mutter und ziehen Sie die Klemme ab (siehe Abbildung).

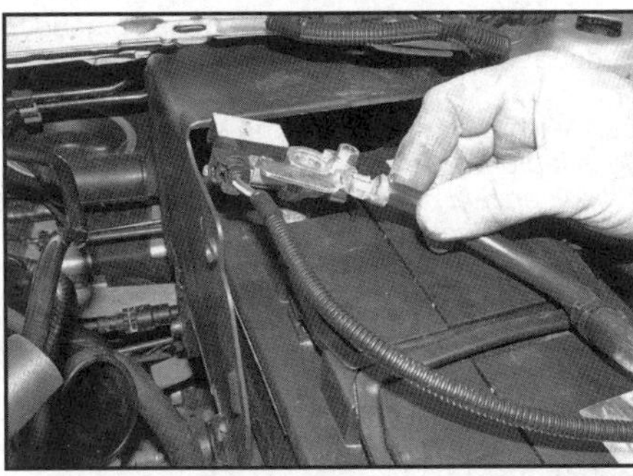

4.11 Ziehen Sie die Batterie heraus, lockern Sie die Mutter und ziehen Sie die Minus-Klemme ab.

12 Heben Sie die Batterie aus ihrem Träger.

13 Zum Entfernen des Batterieträgers müssen die drei Schrauben gelöst werden, die ihn an der Halteplatte sichern (siehe Abbildung).

4.13 Batterieträgerschrauben

Einbau

14 Installieren Sie ggf. den Batterieträger und ziehen Sie seine drei Schrauben sorgfältig an.

15 Stellen Sie die Batterie richtig herum im Batterieträger ab – der Pluspol kommt nach vorn.

16 Verbinden Sie die Minus-Klemme mit dem Minuspol der Batterie und ziehen Sie die Mutter sorgfältig an. Schmieren Sie den Anschluss mit etwas Polfett oder Vaseline ein.

17 Schieben Sie die Batterie nach hinten in ihren Sitz, setzen Sie die Klemmplatte an und sichern Sie diese mit der Schraube.

18 Verbinden Sie die Plus-Klemme mit dem Minuspol der Batterie und ziehen Sie die Mutter sorgfältig an. Schmieren Sie den Anschluss mit etwas Polfett oder Vaseline ein.

19 Sichern Sie das eine Pluskabel mit einem neuen Kabelbinder am Batterieträger und positionieren Sie das andere in der Führung.

20 Montieren Sie die Batterieabdeckung.

21 Montieren Sie die Luftfilter-Baugruppe (siehe Kapitel 4a oder 4B, Sektion 5).

22 Verbinden Sie den Haupt-Masseanschluss (–) der Batterie (siehe oben).

Verbinden

23 Beim Anschließen der Batterie darf niemand im Fahrzeug sitzen. Entfernen Sie das Isolierband oder den Schlauch vom Anschlussring des Haupt-Massekabels. Halten Sie den Ring an den Anschluss der Karosserie, installieren Sie die Schraube und ziehen Sie sie mit 25 Nm an.

24 Geben Sie den Sicherheitscode des Audiosystems ein.

25 Stellen Sie die korrekte Uhrzeit ein.

Initialisierung des Motorsteuergeräts

26 Das Motorsteuergerät (PCM) muss durch die folgenden Schritte verschiedene Motorfunktions-Parameter neu erlernen:

a) *Starten Sie den Motor und lassen Sie ihn etwas drei Minuten im Standgas laufen.*

b) *Erhöhen Sie die Drehzahl auf ca. 1200/min und lassen Sie den Motor etwa zwei Minuten damit laufen.*

c) *Führen Sie über acht bis zehn Kilometer eine Probefahrt durch – der Motor kann dabei unregelmäßig laufen, weil das Steuergerät seine Parameter erlernt.*

Initialisierung der elektrischen Fensterheber

27 Die Fensterheber müssen wie folgt neu initialisiert werden:

a) *Starten Sie den Motor. Drücken und halten Sie den ersten Fensterschließknopf, bis das Fenster geschlossen ist.*

b) *Lassen Sie den Knopf los und drücken Sie ihn anschließend dreimal für jeweils eine Sekunde.*

c) *Drücken Sie den Öffnerknopf kurz bis zur zweiten Rastung und lösen Sie ihn – das Fenster muss sich automatisch vollständig öffnen.*

d) *Drücken Sie den Schließerknopf kurz bis zur zweiten Rastung und lösen Sie ihn – falls sich das Fenster nicht automatisch schließt, muss die gesamte Prozedur wiederholt werden.*

e) *Wiederholen Sie die Initialisierung mit den anderen Fensterhebern.*

Initialisierung des elektrischen Schiebedachs

28 Das elektrische Schiebedach (falls vorhanden) muss wie folgt neu initialisiert werden:

a) *Schalten Sie die Zündung ein und drücken Sie den Schiebedachknopf in die Position UP/CLOSE, um das Schiebedach komplett nach hinten zu neigen, und lösen Sie den Knopf wieder.*

b) *Drücken und halten Sie den Knopf erneut für 30 Sekunden, bis sich das Schiebedach erkennbar bewegt.*

c) *Lösen Sie den Knopf kurzzeitig und drücken und halten Sie ihn umgehend wieder – das Schiebedach muss sich vollständig schließen, öffnen und wieder schließen. Lassen Sie den Knopf erst wieder los, nachdem sich das Schiebedach das zweite Mal vollständig verschlossen hat.*

5 Ladesystem – Testen

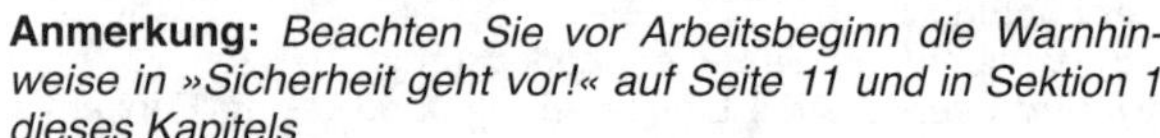

Anmerkung: *Beachten Sie vor Arbeitsbeginn die Warnhinweise in »Sicherheit geht vor!« auf Seite 11 und in Sektion 1 dieses Kapitels*

1 Falls die Ladekontrollleuchte beim Einschalten der Zündung nicht aufleuchtet, müssen zuerst die Lichtmaschinenkabel auf guten Kontakt überprüft werden. Wenn hier alles in Ordnung ist, kann die Lichtmaschine defekt sein und sollte von einer Fachwerkstatt getestet und ggf. repariert werden.

2 Falls die Ladekontrollleuchte bei laufendem Motor aufleuchtet, muss dieser abgeschaltet und geprüft werden, ob der Keilrippenriemen korrekt gespannt und nicht mit Öl kontaminiert ist (siehe Kapitel 1a oder 1B, Sektion 9) und die Lichtmaschinenkabel sicher verbunden sind. Ist hier alles in Ordnung, kann die Lichtmaschine defekt sein und sollte von einer Fachwerkstatt getestet und ggf. repariert werden.

3 Wird trotz funktionierender Warnleuchte vermutet, dass die Lichtmaschinenleistung nicht korrekt ist, muss die geregelte Spannung wie folgt überprüft werden:

4 Verbinden Sie ein Voltmeter mit den Batteriepolen und starten Sie den Motor.

5 Erhöhen Sie die Motordrehzahl, bis eine konstante Spannung erreicht wird – es müssen zwischen 13,5 und 14,8 Volt abgelesen werden.

6 Schalten Sie möglichst viele Verbraucher (Scheinwerfer, Heckscheibenheizung, Heizgebläse) ein und kontrollieren Sie, ob die geregelte Spannung zwischen 13,5 und 14,8 Volt liegt.

7 Falls die geregelte Spannung nicht wie beschrieben ist, können verschlissene Kohlebürsten, ermüdete Bürstenfedern, ein defekter Spannungsregler, eine schadhafte Diode, eine durchtrennte Phasenwicklung oder verschlissene bzw. beschädigte Schleifringe die Ursache sein. Die Lichtmaschine muss ggf. erneuert oder von einer Fachwerkstatt getestet und ggf. repariert werden.

6 Lichtmaschine – Ausbau und Einbau

Ausbau

1 Trennen Sie den Haupt-Masseanschluss (–) der Batterie (siehe Sektion 4).

2 Entfernen Sie den Keilrippenriemen (siehe Kapitel 1A, Sektion 21 oder Kapitel 1B, Sektion 23).

3 Demontieren Sie die obere Motorabdeckung.

4 Heben Sie das Fahrzeug vorn an und stützen Sie es sicher ab (siehe Seite 390). Demontieren Sie ggf. den Unterfahrschutz.

Benzinmotoren

5 Trennen Sie hinten an der Lichtmaschine den Kabelstecker, hebeln Sie die Gummikappe ab und befreien Sie das Stromkabel. Befreien Sie die Lichtmaschinenkabel aus allen Befestigungen und verlagern Sie sie beiseite.

6 Lösen Sie die zwei Muttern des Auspuffstutzen-Hitzeschilds und entfernen Sie es.

7 Lösen Sie oben an der Lichtmaschine die Mutter und unten die Schraube und die Mutter, um die Lichtmaschine nach unten aus dem Fahrzeug zu befreien.

Dieselmotoren

8 Lösen Sie die drei Schrauben der Servolenkungspumpe, um diese zur Seite zu schwenken.

9 Trennen Sie hinten an der Lichtmaschine den Kabelstecker, hebeln Sie die Gummikappe ab und befreien Sie das Stromkabel.

10 Lockern Sie die untere Lichtmaschinenschraube, lösen Sie die oberen Schrauben, ziehen Sie die Lichtmaschine nach rechts und befreien Sie sie (siehe Abbildung).

6.10 Lockern Sie unten die Inbusschraube und lösen Sie die beiden oberen Schrauben.

Einbau

11 Der Einbau entspricht der umgekehrten Ausbaureihenfolge. Ziehen Sie alle Lichtmaschinen-Befestigungen mit 47 Nm an.

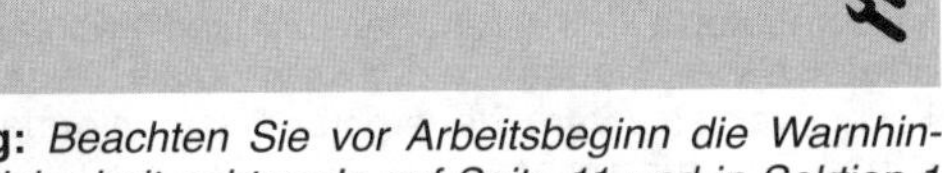

7 Anlassersystem – Testen

Anmerkung: *Beachten Sie vor Arbeitsbeginn die Warnhinweise in »Sicherheit geht vor!« auf Seite 11 und in Sektion 1 dieses Kapitels.*

1 Falls der Anlasser beim Drehen des Zündschlüssels in die entsprechende Position nicht arbeitet, kann dies folgende Ursachen haben:

a) Die Wegfahrsperre ist defekt.
b) Die Kupplung wurde nicht durchgetreten (Modelle mit Schaltgetriebe)
c) Der Wahlhebel steht nicht auf P oder N und die Bremse wurde nicht getreten (Modelle mit Automatikgetriebe)
d) Die Batterie ist defekt oder entladen.
e) Die elektrischen Verbindungen zwischen dem Zündschloss, dem Magnetschalter, der Batterie und dem Anlasser sind irgendwo unterbrochen oder beschädigt, sodass der nötige Strom nicht von der Batterie zum Anlasser und über Masse wieder zurückfließen kann.
f) Der Magnetschalter ist defekt.
g) Der Anlasser selbst hat einen mechanischen oder elektrischen Defekt.

2 Zur Kontrolle der Batterie werden die Scheinwerfer eingeschaltet. Wenn sie nach wenigen Sekunden dunkler werden, weist dies auf eine entladene Batterie hin, sodass sie geladen (siehe Sektion 3) oder ersetzt werden muss. Wenn die Scheinwerfer hell leuchten, wird wieder versucht, den Motor zu starten – werden sie hierbei dunkel, weist dies darauf hin, dass der Strom den Anlasser erreicht, sodass der Defekt hier liegen muss. Leuchten die Scheinwerfer weiter (und aus dem Magnetschalter des Anlassers ist kein Klicken zu hören), weist dies darauf hin, dass der Fehler in der Verkabelung oder dem Magnetschalter liegt (siehe folgende Schritte). Falls der Anlasser beim Starten nur langsam dreht, obwohl die Batterie geladen ist, ist entweder der Anlasser selbst defekt oder im Stromkreis ist ein beträchtlicher Widerstand vorhanden.

3 Falls im Stromkreis ein Defekt vermutet wird, müssen die Batteriekabel (siehe Sektion 4), das Anlasser-/Magnetschalter-Kabel und das Masseband der Motor-Getriebe-Einheit getrennt werden. Reinigen Sie alle Kontakte sorgfältig und verbinden Sie alle Anschlüsse wieder. Prüfen Sie mit einem Voltmeter, ob am Plus-Anschluss des Magnetschalters Batteriespannung anliegt und Masse gut verbunden ist. Versehen Sie die Batteriepole mit Polfett oder Vaseline, um sie vor Korrosion zu schützen – korrodierte Anschlüsse sind die häufigsten Gründe für Elektrikfehler.

4 Wenn die Batterie und alle Anschlüsse in Ordnung sind, muss der Stromkreis durch Trennen des Magnetschalter-Anschlusses kontrolliert werden. Verbinden Sie ein Voltmeter oder eine Prüflampe zwischen das Pluskabel und Masse (z. B. dem Minuspol der Batterie) und prüfen Sie, ob beim Drehen des Zündschlüssels in die Startposition Spannung anliegt – ist dies nicht der Fall, müssen die Stromkreiskabel wie in Kapitel 12, Sektion 2 beschrieben kontrolliert werden.

5 Die Magnetschalter-Kontakte können getestet werden, indem ein Voltmeter oder eine Prüflampe zwischen den Plus-Anschluss an der Anlasserseite des Magnetschalters und Masse geklemmt wird. Beim Drehen des Zündschlüssels in die Startposition muss Spannung festgestellt werden – andernfalls ist der Magnetschalter defekt und muss ersetzt werden.

6 Wenn sich sowohl der Magnetschalter als auch der Stromkreis als funktionsfähig erwiesen haben, muss der Defekt im Anlasser liegen. Dieser kann von einem Spezialisten überholt werden. Kohlebürsten können oft relativ günstig ausgetauscht werden. Holen Sie auf jeden Fall einen Kostenvoranschlag ein und erkundigen Sie sich, was ein Neuteil oder ein Austausch-Anlasser kostet.

8 Anlasser – Ausbau und Einbau

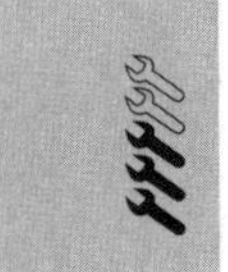

Ausbau

1 Trennen Sie zunächst das Haupt-Massekabel (–) der Batterie (siehe Sektion 4).

Benzinmotoren

2 Ziehen Sie die Handbremse, heben Sie das Fahrzeug vorn an und stützen Sie es sicher ab (siehe Seite 390).

3 Lösen Sie am Magnetschalter die Muttern des Batteriekabels und trennen Sie dies (siehe Abbildung).

8.3 Anschlussmutter des Batteriekabels am Anlasser-Magnetschalter

4 Lösen Sie die Muttern der Kabel-Halterung und verlagern Sie diese beiseite (siehe Abbildung).

8.4 Befreien Sie die Kabelbaum-Halterung vom Stehbolzen des Anlassers.

5 Lösen Sie die Anlasser-Befestigungsschrauben und befreien Sie den Anlasser – die Dichtung muss beim Einbau durch ein Neuteil ersetzt werden.

Dieselmotoren

6 Entfernen Sie die obere Motorabdeckung.
7 Lösen Sie die Muttern und befreien Sie die Kabel vom Magnetschalter (siehe Abbildung).

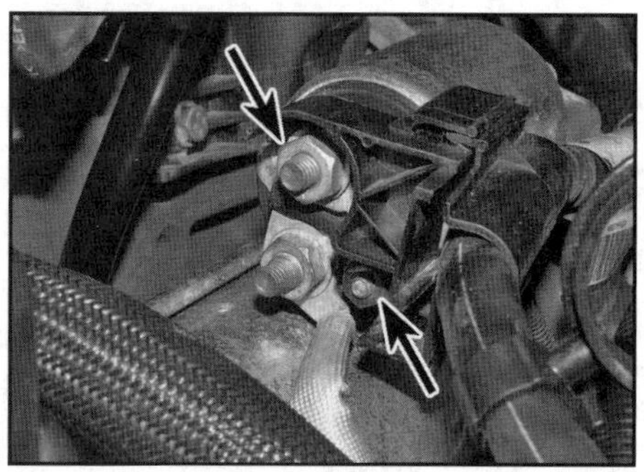

8.7 Muttern der Kabel am Magnetschalter – Benzinmotor

8 Lösen Sie die drei Befestigungsschrauben des Anlassers (siehe Abbildung) und befreien Sie diesen aus dem Motorraum. Prüfen Sie, ob die Passhülse am Anlassersitz verbleibt.

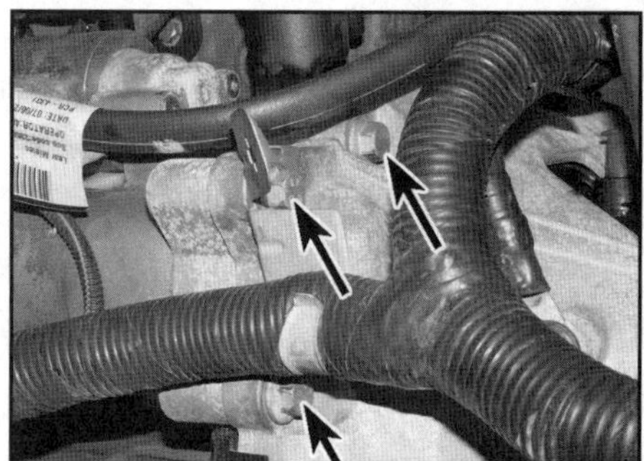

8.8 Befestigungsschrauben des Anlassers – Dieselmotor

Einbau

9 Der Einbau entspricht der umgekehrten Ausbaureihenfolge. Ziehen Sie die Anlasser-Schrauben mit 40 Nm an.

9 Anlasser – Testen und Überholen

Falls am Anlasser ein Defekt vermutet wird, sollte er ausgebaut und zu einer Fachwerkstatt gebracht werden, um dort getestet und ggf. repariert zu werden. Kohlebürsten können oft relativ günstig ausgetauscht werden. Holen Sie auf jeden Fall einen Kostenvoranschlag ein und erkundigen Sie sich, was ein Neuteil oder ein Austausch-Anlasser kostet.

10 Vorwärmsystem (Dieselmotoren) – Allgemeine Informationen und Test

Allgemeine Informationen

1 Das Vorwärmsystem besteht aus den in die Brennräume geschraubten Glühkerzen, dem vor und während des Startvorgangs vom Steuergerät über ein Relais elektronisch überwacht werden. Das Steuergerät dazu Informationen vom Kühltemperatursensor.
2 Die aktivierten Glühkerzen erwärmen sowohl die Luft als auch den eingespritzten Kraftstoff, um bei kaltem Motor die Selbstentzündung zu erleichtern.
3 Eine Kontrollleuchte im Cockpit weist den Fahrer auf aktive Glühkerzen hin – sobald diese erlischt, ist der Motor startbereit. Die Glühkerzen werden auch einige Sekunden nach dem Erlöschen noch mit Strom versorgt. Falls der Motor nach dem Vorglühen nicht gestartet wird, schaltet ein Timer die Stromversorgung aus, um die Glühkerzen nicht überhitzen zu lassen und die Batterie nicht zu überlasten.

Test

4 Eine umfangreiche Untersuchung des Vorwärmsystems kann nur mithilfe einer speziellen Diagnoseausrüstung durchgeführt werden (siehe Kapitel 4B, Sektion 12). Die Funktionsfähigkeit der Glühkerzen kann zunächst wie folgt getestet werden:
5 Klemmen Sie ein Voltmeter oder eine 12-Volt-Prüflampe zwischen das Glühkerzen-Versorgungskabel und Masse am Motor.
Achtung: Achten Sie darauf, dass das Stromkabel nicht direkt mit Masse in Berührung kommt!
6 Lassen Sie einen Assistenten die Zündung auf Position II stellen oder den Startknopf drücken. Prüfen Sie, ob Spannung angezeigt wird. **Anmerkung**: *Die Spannung wird anfangs unter der Batteriespannung liegen, dann ansteigen und schließlich auf Null zurückfallen, sobald die Vorglüh-Zeit beendet ist und die Sicherheitsabschaltung aktiviert wird.*
7 Falls keine Spannung ermittelt wird, können das Relais oder die Stromversorgung defekt sein.
8 Um eine defekte Glühkerze zu lokalisieren, muss der elektrische Widerstand zwischen dem Steckerkontakt und Masse ermittelt und mit den Ergebnissen der anderen Glühkerzen verglichen werden – weicht ein Wert stark von den anderen ab, wird die Glühkerze defekt sein.
9 Falls hierbei keine Probleme entdeckt werden, muss das Fahrzeug zu einer mit entsprechenden Diagnosegeräten ausgerüsteten Fachwerkstatt gebracht werden.

11 Glühkerzen – Ausbau, Kontrolle und Einbau

Achtung: Falls das Vorwärmsystem gerade aktiv war oder der Motor bis vor Kurzem lief, sind die Glühkerzen sehr heiß!

Ausbau

1 Trennen Sie zunächst das Haupt-Massekabel (–) der Batterie (siehe Sektion 4).
2 Demontieren Sie den AGR-Ventil-Kühler (siehe Kapitel 4B, Sektion 18).
3 Lösen Sie ggf. die Muttern, um die Kabel von den Glühkerzen zu trennen (siehe Abbildung).

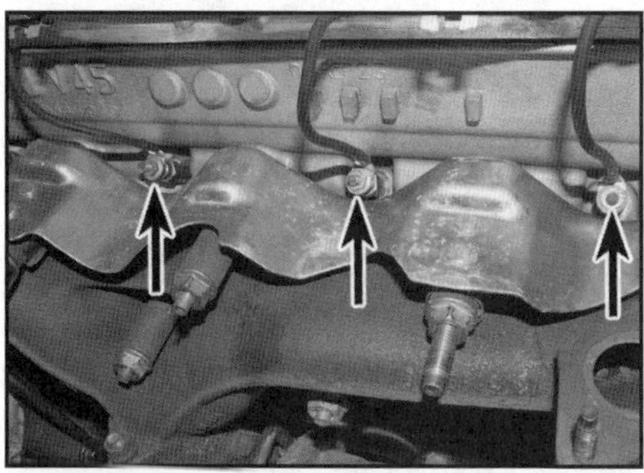

11.3 Muttern der Glühkerzen-Anschlüsse

4 Drehen Sie mit einem langen Steckschlüssel die Glühkerze aus dem Zylinderkopf (siehe Abbildung).

11.4 Schrauben Sie die Glühkerze aus dem Zylinderkopf.

Kontrolle

5 Inspizieren Sie jede Glühkerze auf sichtbare Beschädigungen. Verbrannte oder erodierte Glühkerzenspitzen können auf ein schlechtes Einspritzdüsen-Sprühbild hinweisen. Lassen Sie die Glühkerze in einem solchen Fall von einer Fachwerkstatt überprüfen.
6 Wenn die Glühkerze gut aussieht, sollte sie wie in Sektion 11 beschrieben auf Durchgang getestet werden.
7 Mithilfe einer 12-Volt-Stromversorgung kann getestet werden, ob sich die Glühkerze gleichmäßig und in der vorgegebenen Zeit erwärmt – beachten Sie dabei die folgenden Vorsichtsmaßnahmen:

a) *Die Glühkerze wird sehr heiß! Klemmen Sie sie deswegen vorsichtig in einen Schraubstock oder andere geeignete Vorrichtung.*
b) *Die Stromversorgung muss mit einer Sicherung ausgerüstet sein, um bei einem möglichen Kurzschluss nicht beschädigt zu werden.*
c) *Lassen Sie die Glühkerze nach dem Test einige Minuten abkühlen, bevor Sie sie anfassen.*

8 Etwa 5 Sekunden nach den Verbinden oder Einschalten der Stromversorgung beginnt eine funktionsfähige Glühkerze an der Spitze rot zu glühen. Jede Glühkerze, die dafür deutlich länger benötigt oder die in der Mitte statt an der Spitze zu glühen beginnt, ist defekt.

Einbau

9 Reinigen Sie sorgfältig die Glühkerzen und ihre Sitze im Zylinderkopf.
10 Versehen Sie das Glühkerzen-Gewinde mit etwas Kupferpaste, schrauben Sie sie in den Zylinderkopf und ziehen Sie sie mit 10 Nm an.
11 Verbinden Sie die Stromkabel und ziehen Sie ihre Muttern sorgfältig an.
12 Der Rest des Einbaus entspricht der umgekehrten Ausbaureihenfolge.

Kapitel 5B

Zündsystem – Benzinmotoren

Inhalt — Sektion

Schwierigkeitsgrade

Leicht. Geeignet für Anfänger mit wenig Erfahrung. 	**Relativ leicht.** Geeignet für Anfänger mit etwas Erfahrung. 	**Relativ schwierig.** Geeignet für geübte Selbstschrauber. 	**Schwer.** Geeignet für Selbstschrauber mit viel Erfahrung. 	**Sehr schwer.** Geeignet für Experten und Profis. 

Technische Daten

Allgemein	
System-Typ	Verteilerlose Elektronikzündung, überwacht vom Motorsteuergerät (PCM)
Zündspulen-Widerstand	keine Angaben
Anzugsdrehmomente	**Nm**
Klopfsensor	20
Zündspule	8

1 Allgemeine Informationen und Warnhinweise

1 Das Zündsystem wird wie die Einspritzanlage vom Motorsteuergerät (PCM) überwacht – weitere Informationen dazu finden sich in Kapitel 4A, Sektion 10. Das Zündsystem besteht aus dem Zündschloss, der Batterie, dem Kurbelwellensensor, den Zündspulen, dem Nockenwellensensor, dem Klopfsensor und den Zündkerzen.

2 Die Hauptfunktionen der verteilerlosen Zündung werden vom Computer im Motorsteuergerät (PCM) übernommen. Auf jedem Zündkerzenstecker sitzt eine Zündspule.

3 Der Kurbelwellensensor informiert das Steuergerät mit Basisinformationen; mithilfe von Kennfeldern und Informationen anderer Sensoren wird der korrekte Zündzeitpunkt berechnet und zum richtigen Zeitpunkt die Stromversorgung zur Primär-Zündspule unterbrochen, sodass hierdurch an der Zündkerze ein Zündfunke entsteht.

4 Die Zündspulen werden paarweise aktiviert (Zylinder 1 und 4 sowie Nr. 2 und 3), sodass sowohl im Verdichtungstakt als auch im Ausstoßtakt zwischen der Mittelelektrode und der Masseelektrode der Zündkerze ein Funke überspringt. Im Verdichtungstakt wird ein stärkerer »Primär-Zündfunken« erzeugt, während der »Sekundär-Zündfunke« im Ausstoßtakt schwächer ist – dies geschieht automatisch aufgrund des im verdichteten Gemisch höheren Widerstands zwischen den Zündkerzen-Elektroden. Bei einer Zündkerze springt der Funkt von der Mittelelektrode zur Masseelektrode, während der bei der anderen von der Masseelektrode zur Mittelelektrode überspringt.

5 Der Klopfsensor registriert, wenn im Motor unter Last unkontrollierte Selbstentzündungen entstehen – er »klingelt« oder »klopft«. Er sendet dann ein Signal an das Steuergerät, das den Zündzeitpunkt dann soweit zurücknimmt, bis die Zündung wieder kontrolliert abläuft.

Warnhinweise

6 Die folgenden Warnhinweise müssen beachtet werden, um Schäden am Zündsystem zu vermeiden und Gesundheitsrisiken zu minimieren.

a) Falls der Motor nicht startet, darf die Zündung nicht länger als zehn Sekunden eingeschaltet bleiben.
b) Bevor irgendwelche Kabel getrennt werden, muss die Zündung abgeschaltet werden.
c) Vor dem Anschließen und Trennen von Messgeräten muss die Zündung abgeschaltet werden.
d) Die Primär- und Sekundär-Zündspulen dürfen nicht an Masse kurzgeschlossen werden.

Warnung: Aufgrund der hohen vom Zündsystem produzierten Spannung ist bei der Arbeit daran größte Sorgfalt geboten. Personen mit Herzschrittmachern sollten sich auf jeden Fall vom Zündstromkreis, Komponenten und Prüfgeräten fernhalten.

2 Zündsystem – Test

Allgemein

1 Die Komponenten des Zündsystems sind normalerweise sehr zuverlässig. Die meisten Ausfälle sind eher auf lockere oder verschmutzte Anschlüsse, die Ableitung der Hochspannung durch Schmutz und feuchte oder beschädigte Isolierungen als auf den tatsächlichen Ausfall von Bauteilen zurückzuführen. Kontrollieren Sie immer alle Kabel äußerst sorgfältig, bevor Elektrik-Komponenten als defekt verurteilt werden. Arbeiten Sie sich methodisch vor, um alle anderen Möglichkeiten auszuschließen, bevor ein Bauteil ausgetauscht wird.
2 Die traditionelle Funkenstrecken-Prüfung, bei der ermittelt wird, wie weit ein Zündfunke zwischen der ausgebauten Zündkerze und Masse überspringt, ist hier **nicht empfehlenswert**; es besteht nicht nur ein hohes Stromschlag-Risiko, sondern es können auch Schäden am Motorsteuergerät oder den Zündspulen entstehen. Versuchen Sie außerdem niemals, eine Fehlzündung durch Abziehen der Zündspulen zu lokalisieren.
3 Falls der Motor nicht anspringt oder deutlich erkennbare Fehlzündungen entstehen, müssen die unten aufgeführten Tests durchgeführt werden. Es gibt allerdings verborgene Fehler, die vom Notprogramm des Steuergeräts verdeckt werden, das versucht, den Motor möglichst sanft laufen zu lassen. Fehler dieser Art machen sich durch erhöhten Verbrauch, ungleichmäßiges Standgas, Leistungsmangel, klopfende oder klingelnde Geräusche aus dem Motor und eine Kombination hieraus bemerkbar. Falls solche Probleme auftreten, sollte die Zündung unbedingt mithilfe eines geeigneten Diagnosegeräts überprüft werden.

Startprobleme

Anmerkung: *Auch Fehler an der Alarmanlage oder der Wegfahrsperre können zu Startproblemen führen. Sorgen Sie dafür, dass die Alarmanlage oder die Wegfahrsperre deaktiviert ist – beachten Sie dazu die Hinweise im Handbuch.*
4 Falls der Motor per Anlasser gar nicht oder nur sehr langsam gedreht werden kann, müssen die Batterie und der Anlasser überprüft werden. Verbinden Sie ein Voltmeter mit der Batterie – Plus an Plus, Minus an Minus – und ermitteln Sie die Spannung, während ein Assistent den Anlasser aktiviert (nicht länger als 10 Sekunden). Fällt die Spannung dabei auf unter 9,5 Volt ab, müssen die Batterie, das Ladesystem und der Anlasser überprüft werden (siehe Kapitel 5A).

Fehlzündungen

5 Unregelmäßige Fehlzündungen sind zumeist auf lockere Kabelkontakte an den Zündspulen oder den Sensoren zurückzuführen.
6 Überprüfen Sie bei abgeschalteter Zündung sorgfältig das gesamte Zündsystem auf lockere, verschmutzte oder korrodierte Anschlüsse.
7 Falls diese Kontrollen nicht die Ursachen der Probleme beheben, muss das Fahrzeug in eine Ford-Werkstatt oder zu einem Motordiagnose-Spezialisten gebracht werden. Hier wird ein Diagnosegerät oder ein Auslesegerät mit dem passenden Stecker unter dem Armaturenbrett im Fahrer-Fußraum verbunden. Mithilfe des Auslesegeräts oder eines anderen Prüfgeräts können alle im Motorsteuergerät (PCM) und verschiedenen andere Steuergeräten gespeicherte Fehler ausgelesen werden. Die Anschaffung eines eigenen Auslesegeräts lohnt sich für die meisten Fahrzeugbesitzer nicht.
8 Mit dem Auslesegerät können Fehler schnell und einfach lokalisiert werden – selbst wenn sie nur gelegentlich (Wackelkontakt) auftreten. Zudem müssen nicht alle Systemkomponenten einzeln und zeitaufwändig getestet werden, wobei außerdem das Risiko besteht, das Steuergerät zu beschädigen.

3 Zündspule(n) – Ausbau und Einbau

1 Entfernen Sie die obere Motorabdeckung.
2 Die Zündspulen sitzen direkt über den Zündkerzen oben an den Kerzensteckern; trennen Sie zunächst ihre Kabelstecker (siehe Abbildung). Um die Zündspulen nicht zu vertauschen, sollte immer nur an einer Spule zurzeit gearbeitet werden; andernfalls müssen sie entsprechend markiert werden.

3.2 Drücken Sie die Lache herunter und trennen Sie den Zündmodulstecker.

3 Jede Zündspule ist mit einer Schraube am Ventildeckel gesichert – lösen Sie diese und ziehen Sie die Spule samt Kerzenstecker aus dem Zylinderkopf (siehe Abbildung).

3.3 Lösen Sie die Schraube und ziehen Sie die Zündspule samt Kerzenstecker aus dem Zylinderkopf.

4 Der Einbau entspricht der umgekehrten Ausbaureihenfolge. Stecken Sie den Kerzenstecker fest auf die Zündkerzen und ziehen Sie die Befestigungsschraube der Spule mit 10 Nm an.

4 Zündzeitpunkt – Kontrolle und Einstellung

1 Der Zündzeitpunkt wird ständig vom Motorsteuergerät an die Last- und Betriebszustände angepasst und ändert sich bei laufendem Motor ständig.

2 Der Zündzeitpunkt lässt sich nur mit einer speziellen Diagnoseausrüstung kontrollieren (siehe Kapitel 4A, Sektion 10. Eine Einstellung ist nicht möglich, sodass bei einem offensichtlich falschen Zündzeitpunkt im Steuergerät ein Defekt vorliegen wird.

5 Klopfsensor – Ausbau und Einbau

1 Der Klopfsensor sitzt vorn unter dem Einlassstutzen am Motorblock.
2 Demontieren Sie den Einlassstutzen (siehe Kapitel 4A, Sektion 11).
3 Trennen Sie den Stecker vom Klopfsensor.
4 Die Einbauposition des Sensors ist entscheidend für seine Funktion. Lösen Sie die Schraube und entfernen Sie den Sensor (siehe Abbildung).

5.4 Position des Klopfsensors

5 Der Einbau entspricht der umgekehrten Ausbaureihenfolge – beachten Sie dabei folgende Punkte:
a) Der Sensor muss exakt wie beim Ausbau notiert ausgerichtet werden.
b) Ziehen Sie die Sensorschraube exakt mit 20 Nm an – andere Werte können seine Funktion beeinträchtigen und somit Motorschäden hervorrufen.

Kapitel 6

Kupplung

Inhalt — Sektion

Schwierigkeitsgrade

Leicht. Geeignet für Anfänger mit wenig Erfahrung. 	**Relativ leicht.** Geeignet für Anfänger mit etwas Erfahrung. 	**Relativ schwierig.** Geeignet für geübte Selbstschrauber. 	**Schwer.** Geeignet für Selbstschrauber mit viel Erfahrung. 	**Sehr schwer.** Geeignet für Experten und Profis. 

Technische Daten

Allgemein	
Kupplungstyp	Einscheiben-Trockenkupplung mit Tellerfeder
Betätigung	hydraulisch mit Geber- und Ausrückzylinder
Kupplungsscheibe	
Reibmaterial-Stärke (min.)	5,7 mm
Anzugsdrehmomente	**Nm**
Ausrückzylinder-Befestigungsschrauben*	10
Druckplatten-Schrauben an Schwungscheibe*	29
Pedalhalter-Muttern	28

* *Stets durch Neuteile zu ersetzen*

1 Allgemeine Informationen

1 Modellen mit Schaltgetriebe verfügen über eine Einscheiben-Trockenkupplung mit Tellerfeder. Die Druckplatten-Baugruppe besteht aus einem an der Schwungscheibe verschraubten Stahldeckel, der Druckplatte und einer Tellerfeder.

2 Die auf der Verzahnung der Getriebeeingangswelle verschiebbare Reibscheibe sitzt zwischen der Schwungscheibe und der Druckplatte, sie wird von der Tellerfeder in Position gehalten. Das Reibmaterial ist mit Nieten auf der Reibscheibe befestigt, bei manchen Modelle sind Federn in die Reibscheibennabe integriert, die harte Stöße aus dem Antrieb absorbieren; andere Modelle sind mit einer Zweimassen-Schwungscheibe ausgerüstet, bei denen die Schwungscheibe in zwei Teile getrennt ist – eine Primärmasse ist (samt Anlasser-Zahnkranz) an der Kurbelwelle befestigt, während die Sekundärmasse aus der mit der Reibscheibe verbundenen Antriebsfläche besteht. Zwischen diesen zwei Massen befinden sich aus Gummis und Federn bestehende Elemente, die harte Schläge aus dem Antrieb absorbieren.

3 Das Kupplungs-Ausrücklager sitzt an den »Fingern« der Tellerfeder. Beim Betätigen der Kupplung drückt das Ausrücklager gegen diese Finger, sodass sich die Nabe der Tellerfeder nach innen bewegt und ihr Außenrand nach außen schwenkt, sodass die Druckplatte nach hinten verschoben wird und keinen Druck mehr auf die Reibscheibe ausübt.

4 Beim Lösen der Kupplung drückt die Tellerfeder die Druckplatte wieder gegen die Reibscheibe, sodass diese fest zwischen der Druckplatte und der Schwungscheibe sitzt und die Motorkraft auf das Getriebe überträgt. Manche Modelle sind mit einer selbsteinstellenden Kupplung (SAC) ausgerüstet, bei der ein sich in der Druckplatten-Baugruppe rotierender Einstellring die Umschwenkpunkte der Tellerfeder-Finger an den Verschleiß des Belagmaterials anpasst und dadurch den Druckpunkt der Kupplung konstant hält.

5 Die Kupplung wird hydraulisch betätigt. Der unter dem Kupplungspedal sitzende Geberzylinder wird mit Hydraulikflüssigkeit aus einer separaten Kammer im Bremsflüssigkeitsbehälter versorgt. Beim Treten der Kupplung presst der Kolben im Geberzylinder die Hydraulikflüssigkeit durch den Kupplungsschlauch in den innerhalb der Kupplungsglocke im Ausrücklager sitzenden Ausrückzylinder, der das Lager gegen die Tellerfeder drückt, um den Kraftschluss zu trennen.

6 Eine hydraulisch betätigte Kupplung hat gegenüber einer Seilzug-Kupplung mehrere Vorteile: sie stellt sich vollständig selbst ein, erfordert geringeren Pedaldruck und verschleißt weniger.
Achtung: Beachten Sie zum Thema Hydraulikflüssigkeit die Warnhinweise in der folgenden Sektion!

2 Kupplungspedal – Ausbau und Einbau

Warnung: Hydraulikflüssigkeit ist giftig! Waschen Sie Spritzer bei Hautkontakt unverzüglich ab und suchen Sie medizinischen Rat, falls etwas in die Augen gelangt. Hydraulikflüssigkeit kann brennbar sein und sich beim Kontakt mit heißen Bauteilen entzünden. Bei der Arbeit an der Kupplungshydraulik muss daher genauso vorgegangen werden wie beim Kraftstoffsystem. Hydraulikflüssigkeit ist ein wirksamer Lackentferner und greift Kunststoff an; Spritzer müssen unverzüglich mit reichlich klarem Wasser abgewaschen werden. Hydraulikflüssigkeit ist zudem hygroskopisch, absorbiert also Wasser aus der Luft, sodass Korrosion gefördert wird. Daher darf nur frische Bremsflüssigkeit des vorgeschriebenen Typs verwendet werden.

Anmerkung: Falls der Geberzylinder vom Pedalhalter getrennt werden muss, wird beim Einbau ein neuer Druckstangen-Sicherungsring benötigt.

Ausbau

1 Demontieren Sie die Lenksäule (siehe Kapitel 10, Sektion 16).
2 Drehen Sie den Einfülldeckel des Bremszylinder-Ausgleichsbehälters ab und saugen Sie Hydraulikflüssigkeit bis zur MIN-Markierung (unterhalb des Kupplungszylinder-Auslassstutzens) ab. Alternativ wird die Entlüftungsschraube am Ausrückzylinder geöffnet und ein Schlauch auf das Ventil gesteckt, sodass die Flüssigkeit mit dem Pedal herausgedrückt werden kann; ziehen Sie die Schraube anschließend wieder an.

Warnung: Hydraulikflüssigkeit ist extrem giftig, sodass sie nicht mit dem Mund angesaugt werden darf; verwenden Sie stattdessen beispielsweise eine Einwegspritze.

3 Verfolgen Sie den Ausgleichsbehälterschlauch zum Geberzylinder-Anschluss an der Spritzwand. Drücken Sie den Arretierknopf, ziehen Sie die Hülse zurück und trennen Sie den Schlauch vom Geberzylinder (siehe Abbildung) – hierbei wird etwas Bremsflüssigkeit austreten, die umgehend von lackierten Flächen abgewaschen werden muss (lassen Sie kein Wasser in den Geberzylinder-Anschluss gelangen).

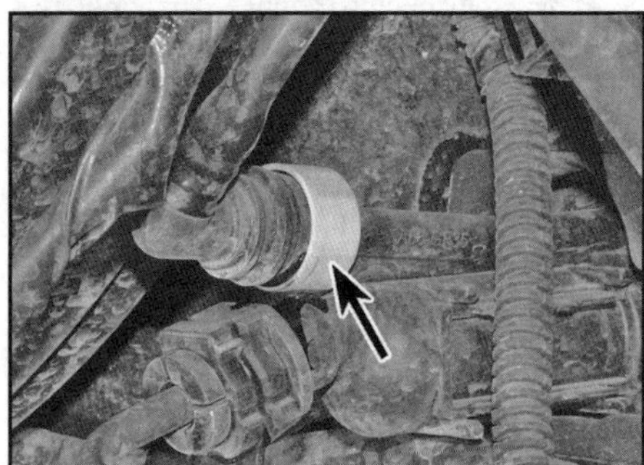

2.3 Ziehen Sie die Hülse zurück und trennen Sie den Ausgleichsbehälterschlauch.

4 Trennen Sie genauso den darunter liegenden Anschluss der zum Ausrückzylinder führenden Leitung vom Geberzylinder-Anschluss an der Spritzwand (siehe Abbildung).

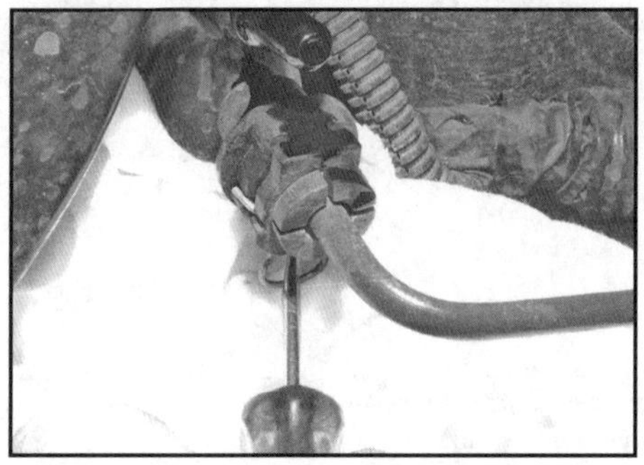

2.4 Hebeln Sie den Clip herunter und ziehen Sie das Rohr aus dem Geberzylinder.

5 Trennen Sie im Fußraum die Stecker der am Pedalhalter sitzenden Kupplungsschalter (siehe Abbildungen) – befreien Sie die Kabel aus allen Befestigungen am Halter.

2.5a Trennen Sie die Stecker des Kupplungs-Betätigungsschalters ...

2.5b ... und des Kupplungs-Positionsschalters.

6 Lösen Sie die drei Muttern und befreien Sie das Kupplungspedal samt Halter und Geberzylinder unter dem Armaturenbrett heraus (siehe Abbildungen).

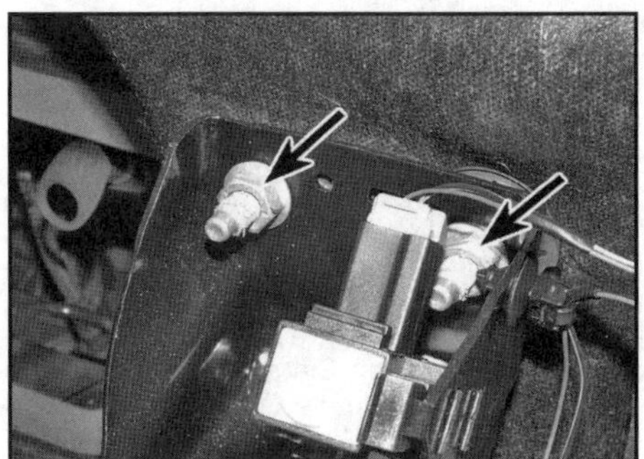

2.6a Der Kupplungspedalhalter ist oben mit zwei Muttern ...

2.6b ... und unten mit einer Mutter gesichert.

7 Um den Geberzylinder vom Kupplungspedalhalter zu trennen, muss der Sicherungsring abgehebelt und die Druckstange aus dem Pedal gezogen werden (siehe Abbildung) – der Ring muss beim Einbau erneuert werden.

2.7 Kupplungsdruckstangen-Sicherungsring

8 Drehen Sie den Geberzylinder (von der Druckstange aus betrachtet) um 60° gegen den Uhrzeigersinn und ziehen Sie ihn aus dem Halter (siehe Abbildung).

2.8 Verdrehen Sie den Geberzylinder um 60° nach links und ziehen Sie ihn aus dem Halter.

Einbau

9 Der Einbau entspricht der umgekehrten Ausbaureihenfolge – beachten Sie dabei folgende Punkte:
a) *Ziehen Sie die Pedalhalter-Muttern mit 29 Nm an.*
b) *Erneuern Sie ggf. die Dichtung zwischen dem Geberzylinder und der Spritzwand.*
c) *Entlüften Sie die Kupplungshydraulik (siehe Sektion 5).*
d) *Montieren Sie die Lenksäule (siehe Kapitel 10, Sektion 16).*

3 Geberzylinder – Ausbau und Einbau

Anmerkung: *Beim Verfassen dieses Buchs (2016) waren keine Ersatzteile für den Geberzylinder erhältlich und somit auch keine Reparatur möglich, sodass der Geberzylinder bei Undichtigkeiten komplett erneuert werden muss; erkundigen Sie sich beim Ford-Händler nach der Verfügbarkeit von Reparatursets.*
1 Der Geberzylinder wird zusammen mit dem Kupplungspedalhalter aus- und eingebaut (siehe Sektion 2).

4 Ausrückzylinder – Ausbau, Überholen und Einbau

Anmerkung: *Beim Verfassen dieses Buchs (2016) waren keine Ersatzteile für den Ausrückzylinder erhältlich und somit auch keine Reparatur möglich, sodass der Zylinder bei Undichtigkeiten komplett erneuert werden muss; erkundigen Sie sich beim Ford-Händler nach der Verfügbarkeit von Reparatursets.*
Anmerkung: *Beachten Sie zum Thema Kupplungsbelag-Staub die Warnhinweise am Anfang von Sektion 2.*

Ausbau

1 Demontieren Sie das Getriebe (siehe Kapitel 7A, Sektion 7).
2 Umwickeln Sie die Verzahnung der Getriebeeingangswelle mit Klebeband, um die Dichtlippe des Ausrückzylinders nicht zu beschädigen.
3 Befreien Sie die Gummidichtung aus dem Getriebe.
4 Lösen Sie die Schrauben, die den Ausrückzylinder und das Ausrücklager am Getriebe sichern, und entfernen Sie die Baugruppe (siehe Abbildung) – führen Sie dabei das Hydraulikrohr durch die Öffnung. Die Schrauben müssen später durch Neuteile ersetzt werden.

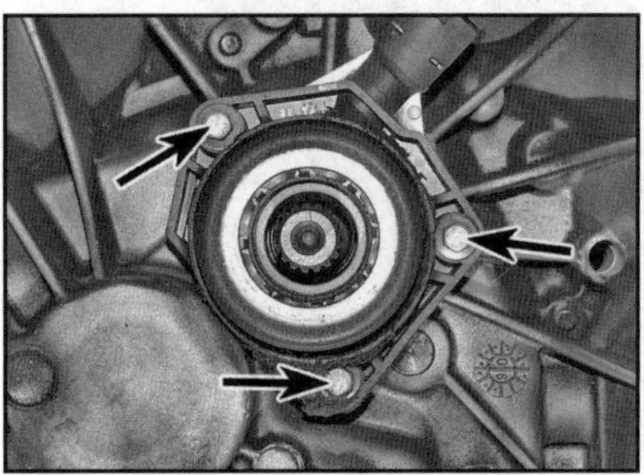

4.4 Ausrückzylinder-Befestigungsschrauben

Einbau

5 Die Dichtflächen des Ausrückzylinders und des Ausrücklagers sowie des Getriebes müssen sauber sein. Tragen Sie

an gezeigten Bereich die von Ford vorgeschriebene Dichtmasse (WSK-M2G348-A5) auf (siehe Abbildung).

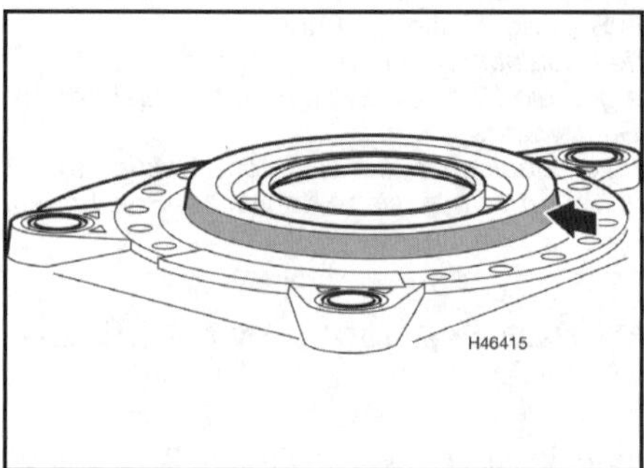

4.5 Tragen Sie am Bund des Lagersitzes (Pfeil) Dichtmasse auf.

6 Schmieren Sie die innere Dichtlippe des Dichtrings mit etwas Fett, positionieren Sie die aus dem Ausrücklager und dem Ausrückzylinder bestehende Baugruppe vorsichtig über die Getriebewelle ans Gehäuse und ziehen Sie die neuen Schrauben mit 10 Nm an.
7 Installieren Sie die Gummidichtung korrekt um die Rohre.
8 Der Rest des Einbaus entspricht der umgekehrten Ausbaureihenfolge – beachten Sie dabei folgende Punkte:
a) Entfernen Sie das Klebeband von der Getriebeeingangswelle.
b) Montieren Sie das Getriebe (siehe Kapitel 7A, Sektion 7).
c) Entlüften Sie die Kupplungshydraulik (siehe Sektion 5).

5 Kupplungshydraulik – Entlüften

Anmerkung: *Beachten Sie vor Arbeitsbeginn die Warnhinweise am Anfang von Sektion 2.*
1 Die Kupplungshydraulik muss entlüftet werden, wenn das System für Reparaturarbeiten geöffnet wurde. Falls sich das Kupplungspedal schwammig anfühlt oder die Kupplung auch bei durchgetretenem Pedal nicht korrekt trennt, kann Entlüften helfen.
2 Die Entlüftungsschraube sitzt oben an der Getriebeglocke (siehe Abbildung).

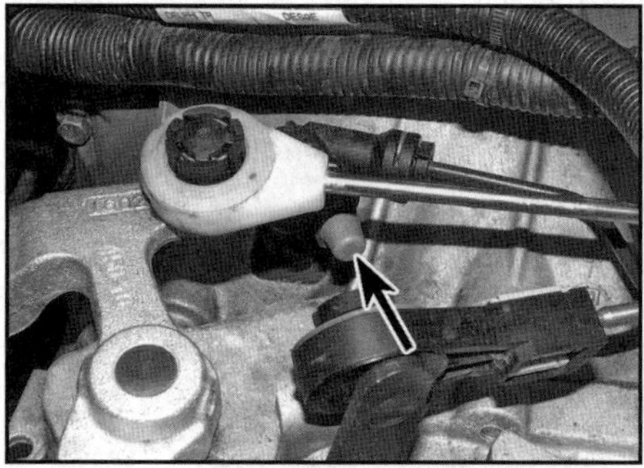

5.2 Die Entlüftungsschraube der Kupplungshydraulik sitzt oben an der Getriebeglocke.

3 Um Zugang zur Entlüftungsschraube zu erhalten, muss die Luftfilter-Baugruppe demontiert werden (siehe Kapitel 4a oder 4B, Sektion 5). Verlagern Sie ggf. vorhandene Rohre oder Kabel beiseite.
4 Ziehen Sie die Staubkappe von der Entlüftungsschraube ab.
5 Das Entlüften der Kupplungshydraulik entspricht der Arbeit an der Bremse – beachten Sie hierzu die Hinweise in Kapitel 9, Sektion 2. Achten Sie darauf, dass der Pegel im Ausgleichsbehälter stets über der MIN-Markierung liegt, andernfalls müssen die Bremse und die Kupplung erneut entlüftet werden.
6 Falls konventionelles Entlüften nicht weiterhilft, muss eine manuelle Pumpe zum Einsatz kommen. Saugen Sie den Ausgleichsbehälter bis knapp über die MIN-Markierung ab, ziehen Sie die Kappe von der Entlüftungsschraube und stecken Sie den Pumpenschlauch auf. Befüllen Sie die Handpumpe mit frischer Bremsflüssigkeit, öffnen Sie die Entlüftungsschraube und pumpen Sie die frische Flüssigkeit von unten durch das System, bis der Pegel im Ausgleichsbehälter bei der MAX-Markierung steht.
7 Ziehen Sie zum Schluss die Entlüftungsschraube sorgfältig an und stecken Sie die Kappe auf. Prüfen Sie möglichst die Funktion der Kupplung, bevor alle für den Zugang entfernten Komponenten wieder montiert werden.
8 Falls kein korrektes Entlüften möglich ist, kann ein Leck im System oder ein beschädigter Geber- oder Ausrückzylinder die Ursache hierfür sein.

6 Kupplung – Ausbau, Kontrolle und Einbau

Warnung: Der durch den Abrieb in der Kupplung entstehende Staub kann hochgradig gesundheitsschädlich sein. Blasen Sie die Kupplung KEINESFALLS mit Druckluft aus und inhalieren Sie diesen Staub nicht. Entfernen Sie den Staub KEINESFALLS mit Benzin oder Lösungsmittel auf Petroleumbasis. Verwenden Sie Bremsenreiniger oder Spiritus, um den Staub in einen geeigneten Behälter zu spülen. Nachdem alle Kupplungs-Komponenten mit Lappen sauber gewischt sind, müssen diese sowie der Behälter mit dem ausgewaschenen Staub bei einer Sondermüll-Annahmestelle entsorgt werden.

Ausbau

1 Der Zugang zur Kupplung ist nach der Demontage des Getriebes möglich – dies kann vom eingebauten Motor oder nach dem Ausbau der gesamten Antriebseinheit (siehe Kapitel 2C, Sektion 4 oder 5) getrennt werden (siehe Kapitel 7A, Sektion 7).
2 Prüfen Sie nach dem Trennen des Getriebes, ob irgendwelche Markierungen zum Ausrichten der Druckplatte zur Schwungscheibe vorhanden sind – bringen Sie ggf. selbst welche mit Farbe an. Diese Markierungen sind nötig, dass die Kupplung beim Einbau der originale Druckplatte korrekt ausgewuchtet ist. Eine neue Druckplatte darf in allen von den Passhülsen vorgegebenen Positionen montiert werden.
3 Lockern Sie die Druckplatten-Schrauben schrittweise und über Kreuz um jeweils eine Umdrehung, bis der Federdruck gelöst ist und die Schrauben von Hand herausgedreht werden können (siehe Abbildung). Nötigenfalls muss die Schwungscheibe dazu gekontert werden, indem die Klinge eines ausreichend groß dimensionierten Schraubendrehers zwischen dem Anlasser-Zahnkranz und dem Motorgehäuse verklemmt wird. Ford schreibt vor, die Druckplatten-Schrauben nach jeder Demontage durch Neuteile zu ersetzen.

6.3 Lösen Sie die Druckplattenschrauben schrittweise und über Kreuz.

4 Befreien Sie die Druckplatte von den Passhülsen; seien Sie dabei auf die herausfallende Kupplungsscheibe vorbereitet und merken Sie sich deren Einbaurichtung.

Kontrolle

Anmerkung: *Falls bei einer selbsteinstellenden Kupplung eine neue Kupplungsscheibe installiert werden soll, schreibt Ford auch den Austausch der Druckplatte vor.*

5 Das häufigste Problem bei Kupplungen ist der Verschleiß der Kupplungsscheibe (Reibscheibe). Allerdings sollten auch alle anderen Kupplungs-Komponenten kontrolliert werden – vor allem, wenn bereits eine beträchtliche Laufleistung vorliegt. Solange die Bauteile der Kupplung nicht absolut neuwertig sind, sollten die Kupplungsscheibe, die Druckplatte und das Ausrücklager generell als Set ausgetauscht werden. Das alleinige Ersetzen der Kupplungsscheibe ist nicht immer zufriedenstellend, weil bei ihrem Durchrutschen die Druckplatte an Überhitzung gelitten haben wird.

6 Begutachten Sie die Beläge der Reibscheibe auf Verschleiß und lockere Niete. Kontrollieren Sie die Druckplatte auf Schäden an der Nabe und am Außenrand, Risse, gebrochene Torsionsfedern und verschlissene Mitnehmernuten (falls vorhanden). Die Oberfläche des Reibmaterials kann stark verglast sein, doch solange das eingearbeitete Muster klar erkennbar ist und die Nietköpfe mindestens 1 mm tiefer liegen, kann die Scheibe wiederverwendet werden.

7 Falls die Reibscheibe mit Öl oder Fett kontaminiert ist (erkennbar an schwarz glänzenden Flecken), muss sie ersetzt und die Ursache der Verölung gefunden werden; dies kann an einem defekten Kurbelwellen-Dichtring oder Getriebewellen-Dichtring liegen (Getriebeöl hat einen speziellen säuerlichen Geruch), deren Austausch in Kapitel 2A, Sektion 10 oder Kapitel 2B, Sektion 14 bzw. Kapitel 7A, Sektion 4 beschrieben ist.

8 Begutachten Sie die geschliffenen Reibflächen der Druckplatte und der Schwungscheibe – sie müssen sauber, absolut eben und frei von Riefen oder Kerben sein. Falls eine von ihnen durch übermäßige Hitze verfärbt ist oder Rissbildung zeigt, muss sie ersetzt werden (kleinere Fehler können allerdings auch mit Schmirgelpapier beseitigt werden. Die Druckplatte muss auch ersetzt werden, falls die Tellerfeder beschädigt oder ermüdet ist – kontrollieren Sie diese besonders auf die Spitzen der Federlaschen am Ausrücklager.

9 Bei ausgebautem Getriebe muss auch das Ausrücklager kontrolliert werden – generell empfiehlt sich allerdings sein Austausch. Da das Ausrücklager in den Ausrückzylinder integriert ist, muss zwar auch dieser erneuert werden, doch angesichts des Arbeitsaufwands für den Zugang sollte hier nicht am falschen Ende gespart werden.

Einbau

10 Die Reibflächen der Schwungscheibe, der Reibscheibe und der Druckplatte müssen absolut sauber, glatt und fettfrei sein. Neuteile müssen mit nicht nachfettendem Lösungsmittel von Schutzfetten befreit werden. Bauen Sie die Kupplung daher mit sauberen Händen zusammen und wischen Sie alle Kontaktflächen mit sauberen Lappen ab.

11 Zum Zentrieren der Kupplungsscheibe in der Tellerfeder wird entweder ein Ford-Spezialwerkzeug benötigt oder die Scheibe muss ohne dies – wie unten beschrieben – nach dem lockeren Ansetzen der Druckplatte zentriert werden.

12 Setzen Sie die Kupplungsscheibe so an der Schwungscheibe, dass FLYWHEEL SIDE zur Schwungscheibe (und TRANSMISSION SIDE zum Getriebe) zeigt (siehe Abbildung), die erhabene Seite mit den Dämpferfedern muss auf jeden Fall zum Getriebe zeigen.

6.12 Die Einbaurichtung der Kupplungsscheibe sollte deutlich markiert sein.

13 Stecken Sie die Druckplatte über die Passhülsen, installieren Sie neue Schrauben und ziehen Sie sie zunächst handfest an, sodass die Kupplungsscheibe leicht eingeklemmt ist, aber noch verschoben werden kann.

14 Die Kupplungsscheibe muss jetzt so zentriert werden, dass beim Verbinden des Getriebes mit dem Motor die Getriebeeingangswelle durch ihre Nabe geführt werden kann.

15 Das Zentrieren kann mithilfe einer runden Stange erfolgen, deren Ende in die Bohrung der Kurbelwelle eingeführt wird, um die Kupplungsscheibe verschieben und ausrichten zu können. Nachdem die Stange herausgezogen ist, kann die Zentrierung mit dem Blick durch die Nabe oder durch die seitliche Öffnung der Druckplatte auf überprüft werden.

16 Eine alternative und genauere Ausrichtung der Kupplungsscheibe erfolgt mithilfe eines im Fachhandel erhältlichen Kupplungs-Zentrierwerkzeugs (siehe Abbildung).

6.16 Zentrieren der Kupplungsscheibe an der Schwungscheibe mithilfe eines Spezialwerzeugs.

17 Sobald die Kupplung zentriert ist, werden die neuen Druckplatten-Schrauben schrittweise und über Kreuz bis zum Drehmoment von 29 Nm angezogen. **Anmerkung:** *Achten Sie bei einer selbsteinstellenden Kupplung darauf, dass der »Stopp-Stift« beim Anziehen der Schrauben beweglich bleibt (siehe Abbildung).*

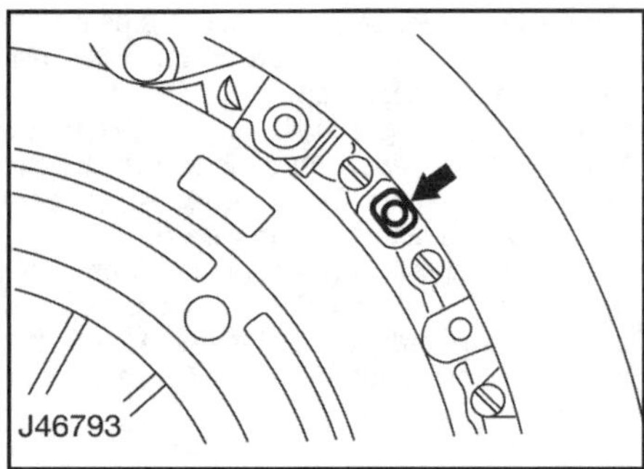

6.17 Der »Stopp-Stift« muss beim Anziehen der Schrauben beweglich bleiben.

18 Sorgen Sie dafür, dass die Verzahnungen der Eingangswelle und der Kupplungsscheibe sauber sind, und tragen Sie sparsam Heißlagerfett auf die Verzahnung der Welle auf – zu viel würde auf das Belagmaterial schleudern und zum Durchrutschen der Kupplung führen.
19 Montieren Sie das Getriebe an den Motor (siehe Kapitel 7A, Sektion 7).

7 Kupplungsschalter – Ausbau, Einbau und Einstellung

Ausbau

Kupplungs-Betätigungsschalter

1 Der Betätigungsschalter sitzt oben am Kupplungspedalhalter.
2 Trennen Sie den Stecker des Schalters (siehe Abbildung).

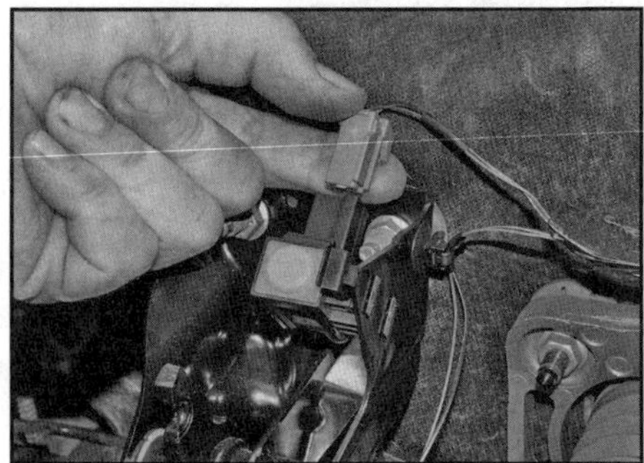

7.2 Trennen Sie den Stecker des Kupplungs-Betätigungsschalters.

3 Schieben Sie die Lasche oben am Schalter nach links und drücken Sie den Schalter herunter, um die zwei Laschen aus den Nuten des Halters zu befreien (siehe Abbildung). Heben Sie dann den Schalter heraus.

7.3 Drücken Sie die Lasche nach links und den Schalter herunter, um die zwei Laschen zu befreien.

Kupplungspedal-Positionsschalter

4 Der Positionsschalter sitzt rechts unten am Pedalhalter (siehe Abbildung).

7.4 Position des Kupplungspedal-Positionsschalters

5 Trennen Sie den Stecker des Schalters.
6 Drehen Sie den Schalter eine Viertelumdrehung gegen den Uhrzeigersinn und ziehen Sie ihn aus dem Pedalhalter; Betätigen Sie beim Aus- und Einbau des Schalters nicht das Kupplungspedal.

Einbau und Einstellung

7 Der Einbau entspricht der umgekehrten Ausbaureihenfolge. Beide Schalter werden vom Steuergerät automatisch eingestellt/kalibriert.

Kapitel 7A

Schaltgetriebe

Inhalt Sektion

Schwierigkeitsgrade

Leicht. Geeignet für Anfänger mit wenig Erfahrung.		**Relativ leicht.** Geeignet für Anfänger mit etwas Erfahrung.		**Relativ schwierig.** Geeignet für geübte Selbstschrauber.		**Schwer.** Geeignet für Selbstschrauber mit viel Erfahrung.		**Sehr schwer.** Geeignet für Experten und Profis.	

Technische Daten

Allgemein

Typ	Fünf- oder Sechsganggetriebe mit Rückwärtsgang, alle Gänge synchronisiert, integriertes Differenzial
Typenbezeichnung	
Fünfganggetriebe	MTX 75
Sechsganggetriebe	MMT 6
Schmiersystem	
Getriebeöl-Typ	Getriebeöl nach Ford-Vorgabe WSS-M2C200-D2
Getriebeöl-Füllmenge	
Fünfganggetriebe	1,9 Liter
Sechsganggetriebe	1,75 Liter
Anzugsdrehmomente	**Nm**
Getriebe/Motor-Verbindungsschrauben	48
Motor/Getriebehalterungen	siehe Kapitel 2a oder 2B
Öleinfüll- und Ablassschraube	35
Rückfahrlicht-Schalter	25
Radmuttern	140

1 Allgemeine Informationen

1 Benzinmotoren sind mit einem Fünfganggetriebe ausgerüstet, Dieselmotoren mit einem Sechsganggetriebe (oder einem Automatikgetriebe – siehe Kapitel 7B. Das Getriebe befindet sich in einem links an den Motor geschraubten Aluminiumgehäuse. Das Differenzial für den Antrieb der Vorderräder ist in das Gehäuse integriert.

2 Die Gänge werden über einen am Karosserieboden gelagerten Schalthebel ausgewählt, dessen Bewegungen über Bowdenzüge an die entsprechenden Schaltgabeln weitergeleitet werden, um die mit Synchronringen ausgerüsteten Schaltmuffen auf den Wellen zu verschieben, sodass das entsprechende Zahnrad arretiert wird und die Kraft übertragen kann. Damit die Gänge schnell und geräuschlos gewechselt werden können, sorgen die Synchronringe und federbelastete Laschen dafür, dass die Zahnräder bereits vor dem Arretieren auf die korrekte Drehzahl gebracht werden.

3 Die Ford-Bezeichnung für das Fünfganggetriebe lautet MTX 75 – MT steht für Manual Transmission (Manuelles Schaltgetriebe), X für Transaxle (Frontantrieb) und 75 für den Abstand zwischen der Eingangs- und Ausgangswelle in Millimetern. Das Sechsganggetriebe hat die Bezeichnung MMT 6.

4 Aufgrund der Komplexität und diverser erforderlicher Spezialwerkzeug ist eine Reparatur der internen Bauteile eines Getriebes für den Hobbyschrauber nicht empfehlenswert. Falls im Getriebe Probleme auftreten, sollte eine Fachwerkstatt konsultiert und ggf. ein Austauschgetriebe beschafft werden.

2 Schalthebelgehäuse – Ausbau und Einbau

1 Demontieren Sie die Mittelkonsole (siehe Kapitel 11, Sektion 28).
2 Drücken Sie die Knöpfe in der Mitte der Schaltseilzug-Anschlüsse und befreien Sie die Züge von den Kugelköpfen der Hebel (siehe Abbildungen).

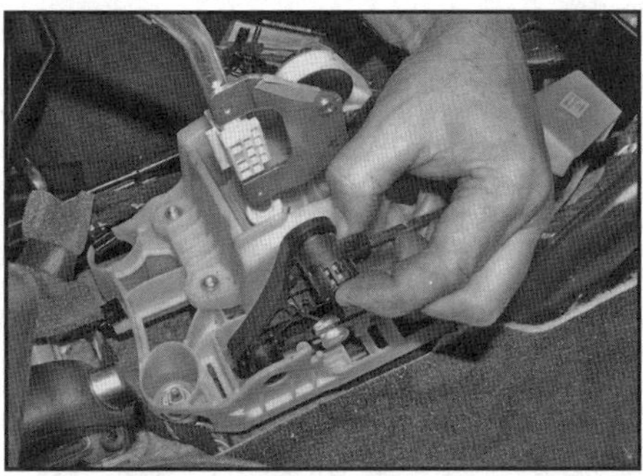

2.2a Drücken Sie die Knöpfe in der Mitte der Schaltseilzug-Anschlüsse ...

2.2b ... und befreien Sie die Züge von den Kugelköpfen der Hebel.

3 Ziehen Sie die Hülse der Seilzughülle zurück und befreien Sie diese aus den Widerlagern am Schalthebelgehäuse (siehe Abbildung).

2.3 Ziehen Sie die Hülse (Pfeil) zurück und befreien Sie die Seilzughülse aus dem Widerlager am Schalthebelgehäuse.

4 Lösen Sie die vier Muttern, um das Schalthebelgehäuse zu entfernen (siehe Abbildung).

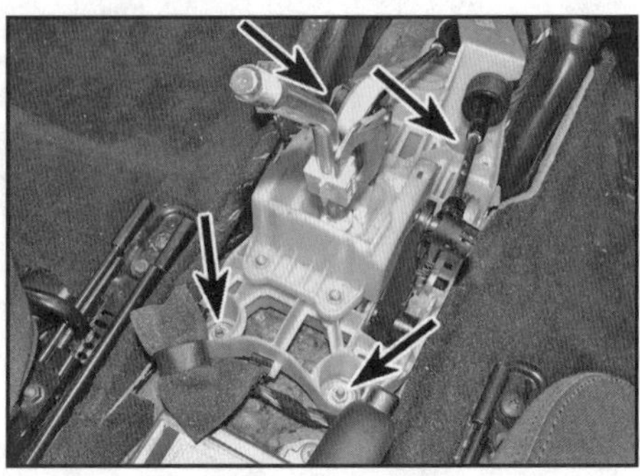

2.4 Schalthebelgehäuse-Muttern (Pfeile)

5 Der Einbau entspricht der umgekehrten Ausbaureihenfolge – stellen Sie die Seilzüge wie in Sektion 3 beschrieben ein.

3 Schaltzüge – Ausbau, Einbau und Einstellung

Ausbau

1 Demontieren Sie die Luftfilter-Baugruppe (siehe Kapitel 4a oder 4B, Sektion 5).
2 Demontieren Sie die Mittelkonsole (siehe Kapitel 11, Sektion 28).
3 Drücken Sie am Getriebe den Knopf in der Mitte des Schaltzug-Anschlusses und befreien Sie diesen vom Kugelkopf des Getriebehebels (siehe Abbildung). Wiederholen Sie dies mit dem anderen Schaltzug.

3.3 Drücken Sie den Knopf in der Mitte des Schaltzug-Anschlusses und ziehen Sie diesen vom Getriebehebel-Kugelkopf.

4 Ziehen Sie die Hülse der Seilzughülle zurück und befreien Sie diese aus dem Widerlager am Getriebe (siehe Abbildung).

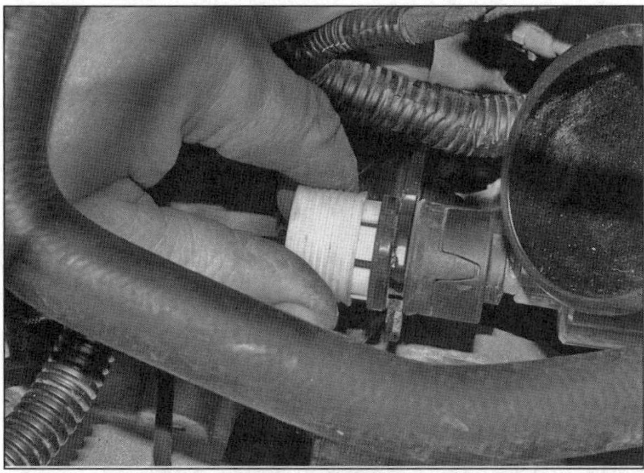

3.4 Ziehen Sie die Hülse (Pfeil) zurück und befreien Sie die Seilzughülse aus dem Widerlager am Getriebe.

5 Ziehen Sie die Handbremse fest an, heben Sie dann das Fahrzeug vorn an, und stützen Sie es sicher ab (siehe Seite 390).
6 Lösen Sie die Befestigungen des über der mittleren Auspuff-Sektion angebrachten Hitzeschilds und ziehen Sie dies nach hinten; bei späteren Modellen müssen dazu die Verkabelung und ihre Halterung seitlich am Hitzeschild befreit werden.
7 Befreien Sie die Schaltzüge aus den Halterungen am Unterboden.
8 Befreien Sie die Schaltzüge vom Schalthebel und seinem Gehäuse (siehe Sektion 2).
9 Trennen Sie an beiden unteren Armaturenbretthalterungen ggf. vorhandene Stecker, lösen Sie die Schrauben und entfernen Sie die Halterungen (siehe Abbildung).

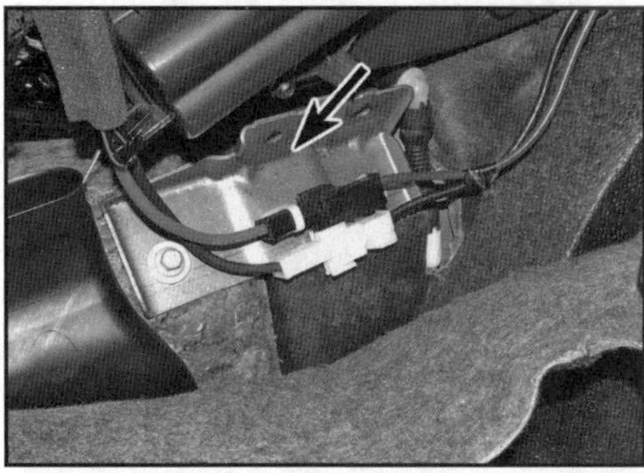

3.9 Unteren Armaturenbretthalterung

10 Klappen Sie an beiden Seiten im Bereich der Mittelkonsole den Teppich zurück und schneiden Sie vor dem Heizungsgehäuse vorsichtig die Geräuschdämmung an den Seilzug-Stopfen ab, um die Dämmung zu entfernen.
11 Lösen Sie die zwei Muttern, mit denen die Seilzugstopfen am Boden gesichert sind, und heben Sie die Stopfen von den Stehbolzen.
12 Manövrieren Sie die Schaltzug-Baugruppe in die Fahrgastzelle und entfernen Sie sie.

Einbau

13 Bringen Sie die Schaltzug-Baugruppe durch die Bohrung im Boden und über dem Getriebe in Position, setzen Sie den Stopfen auf den Stehbolzen und sichern Sie ihn mit der Mutter.
14 Positionieren Sie die Geräuschdämmung um den Stopfen und sichern Sie sie mit Klebeband über den Schnitten.
15 Verbinden Sie die Schaltzüge mit dem Schalthebel und dem Getriebe.
16 Sichern Sie die Züge am Unterboden.
17 Montieren Sie den Hitzeschild über dem Auspuffsystem.
18 Stellen Sie die Schaltzüge wie folgt ein:

Einstellung

19 Falls noch nicht erledigt, müssen die Luftfilter-Baugruppe (siehe Kapitel 4a oder 4B, Sektion 5) und die Mittelkonsole (siehe Kapitel 11, Sektion 28) demontiert werden.

Fünfganggetriebe

Anmerkung: *Für die Einstellung wird ein 4-mm-Bohrer benötigt.*
20 Arbeiten Sie am Getriebe-Ende des Schaltzugs. Entsichern Sie den Schaltzug, indem Sie den gelben Einsatz nach oben hebeln und den Getriebehebel (nicht den Schalthebel zwischen den Sitzen!) in den 4. Gang bewegen – drücken Sie ihn dazu nötigenfalls vor und zurück (siehe Abbildung).

3.20 Entsichern Sie den Schaltzug, indem Sie den gelben Einsatz nach oben hebeln.

21 Bewegen Sie den Schalthebel (im Fahrgastraum) in den 4. Gang und schieben Sie einen 4-mm-Bohrer durch die Öse seitlich am Hebel-Mechanismus in das Loch unten im Schalthebel-Sockel (siehe Abbildung).

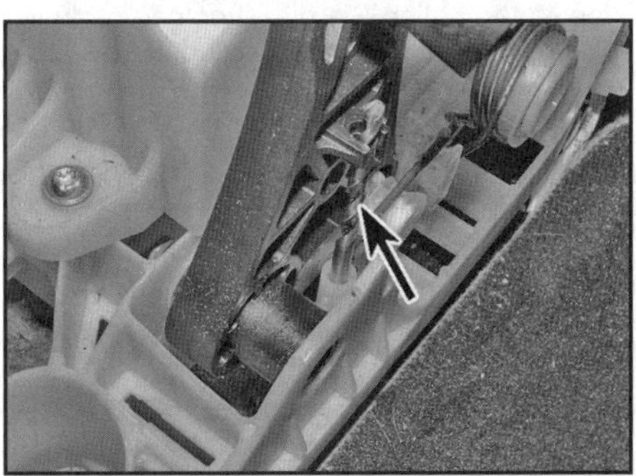

3.21 Schieben Sie bei eingelegtem 4. Gang einen 4-mm-Bohrer durch die Öse in das Loch unten im Sockel.

22 Prüfen Sie, ob der Hebel am Getriebe weiterhin in der Position für den 4. Gang steht, und arretieren Sie den Schaltzug, indem Sie den gelben Einsatz hineindrücken.
23 Entfernen Sie den Bohrer und montieren Sie die Mittelkonsole sowie die Luftfilterbaugruppe.
24 Starten Sie den Motor, halten Sie die Kupplung gedrückt und prüfen Sie, ob sich die Gänge korrekt einlegen lassen.

Sechsganggetriebe bis 10/2007

Anmerkung: *Für die Einstellung werden ein 2,5-mm- und ein 4-mm-Bohrer benötigt.*
25 Arbeiten Sie am Getriebe-Ende der Schaltzüge. Drücken Sie am Getriebe den Knopf in der Mitte des Schaltzug-An-

schlusses und befreien Sie diesen vom Kugelkopf des Getriebehebels (Abb. 3.3). Wiederholen Sie dies mit dem anderen Schaltzug. Entriegeln Sie den Schaltzug, indem Sie den farbigen Einsatz im Anschluss nach oben hebeln.
26 Bewegen Sie den Schalthebel (im Fahrgastraum) in den 4. Gang und schieben Sie einen 4-mm-Bohrer durch die Öse seitlich am Hebel-Mechanismus in das Loch unten im Schalthebel-Sockel (Abb. 3.21).
27 Stecken Sie einen 2,5-mm-Bohrer in die Spannhülse, mit der die Schaltmechanismus-Vorspannhülse gesichert ist, stellen Sie den Höhenabstand auf 44 mm ein und drehen Sie den Schaltarm, bis der 4. Gang eingelegt ist.
28 Verbinden Sie die Schaltzüge wieder mit den Kugelköpfen am Getriebehebel und arretieren Sie den Schaltzug, indem Sie den farbigen Einsatz hineindrücken.
29 Entfernen Sie die zwei Bohrer und montieren Sie die Mittelkonsole sowie die Luftfilterbaugruppe.
30 Starten Sie den Motor, halten Sie die Kupplung gedrückt und prüfen Sie, ob sich die Gänge korrekt einlegen lassen.

Sechsganggetriebe ab 10/2007

Anmerkung: *Für die Einstellung wird ein 4-mm-Bohrer benötigt.*
31 Arbeiten Sie am Getriebe-Ende des Schaltzugs. Drücken Sie am Getriebe den Knopf in der Mitte des Schaltzug-Anschlusses und befreien Sie diesen vom Kugelkopf des Getriebehebels (Abb. 3.3). Entriegeln Sie den Schaltzug, indem Sie den farbigen Einsatz im Anschluss nach oben hebeln.
32 Bewegen Sie den Schalthebel (im Fahrgastraum) in den 4. Gang und schieben Sie einen 4-mm-Bohrer durch die Öse seitlich am Hebel-Mechanismus in das Loch unten im Schalthebel-Sockel (Abb. 3.21).
33 Bewegen Sie den Hebel am Getriebe in die Position für den 4. Gang, indem Sie ihn vor oder zurück verschieben.
34 Verbinden Sie den Schaltzug wieder mit dem Kugelkopf am Getriebehebel und arretieren Sie den Schaltzug, indem Sie den farbigen Einsatz hineindrücken.
35 Entfernen Sie den Bohrer und montieren Sie die Mittelkonsole sowie die Luftfilterbaugruppe.
36 Starten Sie den Motor, halten Sie die Kupplung gedrückt und prüfen Sie, ob sich die Gänge korrekt einlegen lassen.

4 Dichtringe – Ersetzen

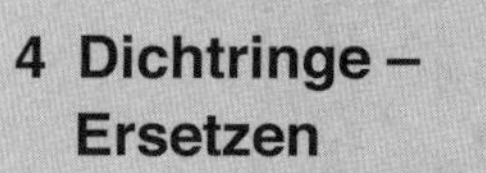

Antriebswellen-Dichtringe

1 Demontieren Sie die entsprechende Antriebswelle (siehe Kapitel 8, Sektion 2).
2 Lassen Sie das Getriebeöl ab (siehe Sektion 6).

4.3 Hebeln Sie den alten Dichtring vorsichtig heraus.

3 Hebeln Sie den alten Dichtring mit einem Reifenmontiereisen, einem großen Schraubendreher oder anderem Werkzeug aus seinem Sitz im Getriebe – beschädigen Sie diesen dabei nicht (siehe Abbildung).
4 Reinigen Sie den Bereich um den Dichtring-Sitz.
5 Schmieren Sie die äußere Dichtlippe des neuen Dichtrings mit Fett ein und positionieren Sie diesen mit der Dichtlippe nach innen zeigend an seinem Sitz.
6 Treiben Sie den Dichtring senkrecht ein – nutzen Sie dazu z. B. einen Steckschlüssel, der nur den harten Außenbereich berührt (siehe Abbildung) – er muss bündig zum Gehäuse sitzen.

4.6 Treiben Sie den neuen Dichtring mithilfe eines passenden Steckschlüssels ein.

7 Montieren Sie die Antriebswelle ans Getriebe (siehe Kapitel 8, Sektion 2).
8 Füllen Sie das Getriebe mit dem vorgegebenen Getriebeöl auf (siehe Sektion 6).

Eingangswellen-Dichtring

Fünfganggetriebe

9 Der Eingangswellen-Dichtring ist in den Kupplungs-Ausrückzylinder integriert – falls er undicht ist, muss der gesamte Ausrückzylinder ersetzt werden (siehe Kapitel 6, Sektion 4).

Sechsganggetriebe

10 Demontieren Sie die aus dem Ausrücklager und dem Ausrückzylinder bestehende Baugruppe (siehe Kapitel 6, Sektion 4).
11 Notieren Sie die Einbautiefe des Dichtrings, bohren Sie ein kleines Loch hinein und drehen Sie eine selbstschneidende Schraube in das Loch, um den Dichtring so mit einer hier angesetzten Zange befreien zu können (siehe Abbildung).

4.11 Ziehen Sie den Dichtring mithilfe der eingedrehten Schraube heraus.

12 Schmieren Sie die äußere Dichtlippe des neuen Dichtrings mit Fett ein und positionieren Sie diesen mit der Dichtlippe nach innen zeigend an seinem Sitz. Treiben Sie den Dichtring senkrecht bis zur notierten Einbautiefe ein – nutzen Sie dazu

z. B. einen Steckschlüssel, der nur den harten Außenbereich berührt (siehe Abbildung).

4.12 Der Dichtring muss in der beim Ausbau notierten Tiefe sitzen.

13 Montieren Sie die aus dem Ausrücklager und dem Ausrückzylinder bestehende Baugruppe (siehe Kapitel 6, Sektion 4).

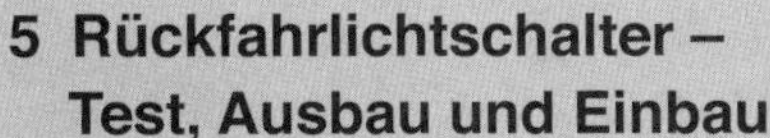

5 Rückfahrlichtschalter – Test, Ausbau und Einbau

Test

1 Der Stromkreis des Rückfahrlichts wird von einem vorn oben ins Getriebe geschraubten Schalter gesteuert. Prüfen Sie bei einem Problem zuerst, ob nicht die Sicherung des Stromkreises durchgebrannt ist (siehe Kapitel 12).

2 Zum Testen des Schalters muss sein Kabelstecker abgezogen und durch ein auf den Ohm-Bereich geschaltetes Messgerät oder eine Prüflampe samt Stromversorgung der Durchgang an den Schalterkontakten geprüft werden – dieser darf nur bei eingelegtem Rückwärtsgang bestehen; bei anderen Ergebnissen (und keinen offensichtlichen Unterbrechungen der Verkabelung) ist der Schalter defekt und muss ersetzt werden.

Ausbau

3 Der Schalter ist von oben zugänglich – entfernen Sie für den Zugang die Luftfilter-Baugruppe (siehe Kapitel 4a oder 4B, Sektion 5).

4 Trennen Sie den Kabelstecker, reinigen Sie den Bereich um den Schalter und schrauben Sie ihn aus dem Getriebe (siehe Abbildungen).

5.4a Rückfahrlichtschalter am Fünfganggetriebe

5.4b Rückfahrlichtschalter am Sechsganggetriebe

Einbau

5 Der Einbau entspricht der umgekehrten Ausbaureihenfolge. Rüsten Sie den Schalter ggf. mit einer neuen Dichtung aus und ziehen Sie ihn mit 25 Nm an.

6 Getriebeöl – Ablassen und Auffüllen

Anmerkung: *Ford schreibt für das Getriebeöl keine Wechselintervalle vor. Falls das Fahrzeug jedoch eine sehr hohe Laufleistung erreicht hat oder unter erschwerten Bedingungen lief (z B. oft als Zugfahrzeug oder als Taxi), sollte das Getriebeöl vorsorglich gewechselt werden; das gilt auch, wenn die Schaltvorgänge schwieriger werden.*

Ablassen

1 Lockern Sie die Radmuttern des linken Vorderrades, heben Sie das Fahrzeug an und stützen Sie es sicher ab (siehe Seite 390). Demontieren Sie das linke Vorderrad.

2 Demontieren Sie ggf. den Unterfahrschutz und stellen Sie einen Ölauffangbehälter unter das Getriebe.

3 Lösen Sie die beim Fünfganggetriebe rechts unten und beim Sechsganggetriebe links unten am Getriebe sitzende Ablassschraube und lassen Sie das Öl in den Behälter ablaufen (siehe Abbildungen). Kontrollieren Sie die ggf. vorhandene Dichtscheibe der Schraube und erneuern Sie sie nötigenfalls.

6.3a Getriebeöl-Ablassschraube – Fünfganggetriebe

6.3b Getriebeöl-Ablassschraube (A) und Einfüllschraube – Sechsganggetriebe

4 Nachdem das Öl vollständig abgetropft ist, wird die Ablassschraube ggf. samt (neuer) Dichtscheibe installiert und mit 35 Nm angezogen.

Auffüllen

Anmerkung: *Beachten Sie, dass das Fahrzeug zur Sicherstellung des korrekten Ölpegels absolut waagerecht stehen muss. Falls es vorn angehoben ist, muss es auch hinten entsprechend angehoben werden.*

Fünfganggetriebe

5 Lösen Sie die kombinierte Einfüll- und Kontrollschraube (siehe Abbildung) – die Dichtung muss später durch ein Neuteil ersetzt werden.

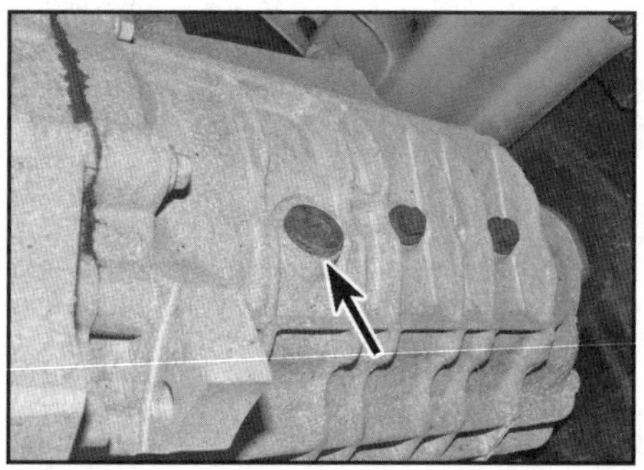

6.5 Getriebeöl-Einfüll- und Kontrollschraube – Fünfganggetriebe

6 Füllen Sie ca. 1,9 Liter frisches Getriebeöl auf, bis der Rand der Einfüllöffnung erreicht ist. Lassen Sie überschüssiges Öl abtropfen.
7 Rüsten Sie die Einfüll-/Kontrollschraube mit einer neuen Dichtscheibe aus und ziehen Sie sie mit 35 Nm an.

Sechsganggetriebe

8 Wischen Sie den Bereich um die kombinierte Einfüll- und Kontrollschraube sauber und schrauben Sie sie heraus (Abb. 6.3b).
9 Füllen Sie ca. 1,75 Liter frisches Getriebeöl auf, bis der Rand der Einfüllöffnung erreicht ist. Lassen Sie überschüssiges Öl abtropfen.
10 Rüsten Sie die Einfüll-/Kontrollschraube ggf. mit einer neuen Dichtscheibe aus und ziehen Sie sie mit 35 Nm an.

Alle Modelle

11 Montieren Sie ggf. den Unterfahrschutz. Montieren Sie das linke Vorderrad, senken Sie das Fahrzeug ab und ziehen Sie die Radmuttern mit 140 Nm an.
12 Entsorgen Sie das Altöl im Fachhandel, wo es gekauft wurde.

7 Getriebe – Ausbau und Einbau

Warnung: Hydraulikflüssigkeit ist giftig! Waschen Sie Spritzer bei Hautkontakt unverzüglich ab und suchen Sie medizinischen Rat, falls etwas in die Augen gelangt. Hydraulikflüssigkeit kann brennbar sein und sich beim Kontakt mit heißen Bauteilen entzünden. Bei der Arbeit an der Kupplungshydraulik muss daher genauso vorgegangen werden wie beim Kraftstoffsystem. Hydraulikflüssigkeit ist ein wirksamer Lackentferner und greift Kunststoff an; Spritzer müssen unverzüglich mit reichlich klarem Wasser abgewaschen werden.

Anmerkung: *Der Motor muss von oben abgestützt werden – entweder mit einem Werkstattkran oder mit einer entsprechend gelagerten Stange samt einstellbarer Haken. Ein Rangierwagenheber und die Hilfe eines Assistenten wird ebenfalls benötigt.*

Ausbau

1 Entfernen Sie die obere Motorabdeckung.
2 Demontieren Sie die Luftfilter-Baugruppe (siehe Kapitel 4a oder 4B, Sektion 5) und alle relevanten Luftkanäle links am Motor.
3 Demontieren Sie die Batterie samt Träger (siehe Kapitel 5A, Sektion 4).
4 Trennen Sie die Schaltzüge vom Getriebe (siehe Sektion 3).
5 Lösen Sie ggf. die oben oder vorn am Getriebe angeschlossenen Massekabel sowie den Stecker des Rückfahrlichtschalters (siehe Abbildung sowie Abb. 5.4a oder b).

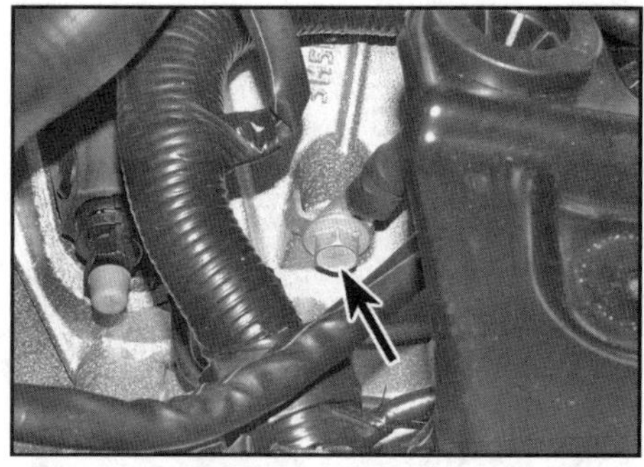

7.5 Massekabel-Anschluss oben am Getriebe

6 Befreien Sie alle oben und vorn am Getriebe befestigten Kabel, Schläuche und Rohre.
7 Lösen Sie die von oben zugänglichen Verbindungsschrauben zwischen Getriebe und Motor.
8 Entfernen Sie den vorderen Hilfsrahmen (siehe Kapitel 10, Sektion 7).
9 Demontieren Sie beide Antriebswellen (siehe Kapitel 8, Sektion 2).
10 Demontieren Sie bei Dieselmotoren den Katalysator (siehe Kapitel 4B, Sektion 18).
11 Lösen Sie bei Benzinmotoren die Muttern des mittleren Auspuff-Flanschs und trennen Sie diesen – die Dichtung muss später erneuert werden.

12 Entfernen Sie den Anlasser (siehe Kapitel 5A, Sektion 8).
13 Trennen Sie den Kupplungsschlauch vom Anschluss an der Kupplungsglocke, nachdem Sie die Sicherungslasche herausgehebelt haben – halten Sie Lappen und Wasser zur Beseitigung von ausgetretener Hydraulikflüssigkeit bereit und beachten Sie die Warnhinweise am Anfang dieser Sektion. Ziehen Sie dann die Gummibuchse des Rohrs aus dem Halter am Getriebe nach oben. Verstopfen Sie alle Öffnungen, um keinen Schmutz eindringen zu lassen.
14 Stützen Sie den Motor von oben ab (siehe Anmerkung am Anfang dieser Sektion) und lösen Sie die Befestigungen der linken Motor- und Getriebehalterung (siehe Abbildung).

7.14 Schrauben und Muttern der linken Motor- und Getriebehalterung

15 Prüfen Sie noch einmal, ob alle Stecker und Schläuche vom Getriebe getrennt und so positioniert sind, dass sie den Ausbau des Getriebes nicht behindern.
16 Entfernen Sie die von unten zugänglichen Verbindungsschrauben zwischen Getriebe und Motor – sie sind unterschiedlich lang, sodass ihre Einbaupositionen notiert werden müssen.
17 Stützen Sie das Getriebe von unten mit einem Rangierwagenheber ab.
18 Lösen Sie die restlichen Schrauben zwischen Getriebe und Motor und ziehen Sie das Getriebe mithilfe eines Assistenten senkrecht vom Motor ab – belasten Sie dabei nicht seine Eingangswelle, da andernfalls die Reibscheibe der Kupplung beschädigt werden kann. Sobald das Getriebe frei ist, kann der Heber abgesenkt und das Getriebe unter dem Fahrzeug heraus manövriert werden.

Einbau

19 Befreien Sie die Getriebeeingangswelle nötigenfalls von Ablagerungen, Fett und Rost und tragen Sie etwas Fett (Ford empfiehlt ESD-M1C220-A) auf die Wellenverzahnung auf – wischen Sie überschüssiges Fett ab. Prüfen Sie, ob alle Passhülsen in Ordnung sind und korrekt sitzen.
20 Positionieren Sie das Getriebe unter dem Motorraum auf dem Rangierwagenheber, heben Sie es mithilfe eines Assistenten an und führen Sie es an den Motor heran – die Eingangswelle muss in die Verzahnung der Kupplungs-Reibscheibe greifen. Sobald das Getriebe über den Passhülsen am Motor sitzt, werden die unteren Schrauben installiert und mit 48 Nm angezogen.
21 Heben Sie den Motor in seine ungefähre Einbauposition, montieren Sie die linke Motorhalterung und ziehen Sie die Schrauben und Muttern zur Karosserie mit 25 bzw. 80 Nm und den zentralen Bolzen am Getriebeträger mit 133 Nm an.
22 Der Rest des Einbaus entspricht der umgekehrten Ausbaureihenfolge – beachten Sie dabei folgende Punkte:

a) Ziehen Sie alle Befestigungen ggf. mit den in den technischen Daten angegebenen Drehmomenten an.
b) Verbinden Sie den Kupplungsschlauch mit dem Anschluss an der Kupplungsglocke.
c) Montieren Sie den Anlasser (siehe Kapitel 5A, Sektion 8).
d) Verbinden Sie getrennte Auspuff-Komponenten (siehe Kapitel 4A, Sektion 12 oder Kapitel 4B, Sektion 18).
e) Montieren Sie die Antriebswellen (siehe Kapitel 8, Sektion 2).
f) Montieren Sie den vorderen Hilfsrahmen entsprechend der Vorgaben in Kapitel 10, Sektion 7.
g) Verbinden Sie die Schaltzüge und stellen Sie sie ein (siehe Sektion 3).
h) Montieren Sie den Batterieträger und die Batterie (siehe Kapitel 5A, Sektion 4).
i) Montieren Sie die Luftfilter-Baugruppe samt aller entfernter Luftkanäle (siehe Kapitel 4a oder 4B, Sektion 5).
j) Füllen Sie das vorgeschriebene Getriebeöl auf (siehe Sektion 6).
k) Entlüften Sie die Kupplungshydraulik (siehe Kapitel 6, Sektion 5).

8 Getriebeüberholung – Allgemeine Informationen

1 Das Überholen eines Schaltgetriebes ist für den Hobbyschrauber eine sehr schwierige Arbeit. Es beinhaltet das Zerlegen und Zusammenbauen vieler Einzelteile. Es müssen zahlreiche Maße ermittelt und Spiel nötigenfalls mit ausgewählten Distanzscheiben und Sicherungsringen ausgeglichen werden. Daher kann ein kompetenter Fahrzeugbesitzer zwar das Getriebe aus- und einbauen, doch sollte er das Überholen einer Fachwerkstatt überlassen. Es sind auch fertig überholte Austauschgetriebe erhältlich – fragen Sie beim Ford-Händler oder einem Getriebespezialisten nach. Der in die Überholung des eigenen Getriebes gesteckte Zeitaufwand und das Geld für Ersatzteile übersteigen fast immer die Kosten für ein Austauschgetriebe.
2 Dennoch ist es auch für einen wenig erfahrenen Schrauber nicht unmöglich, ein Getriebe zu reparieren – vorausgesetzt, alle Spezialwerkzeuge sind vorhanden und die Arbeit wird wohlüberlegt Schritt für Schritt durchgeführt, damit nichts übersehen wird.
3 Zu den für eine Überholung benötigten Werkzeugen gehören: Innen- und Außen-Seegerringzangen, ein Lagerabzieher, ein Zughammer, ein Set Treibdorne, eine Messuhr mit Halterungen und möglichst eine Hydraulikpresse. Zusätzlich werden eine große und solide Werkbank mit einem Schraubstock und ein Getriebeständer benötigt.
4 Beim Zerlegen des Getriebes muss sorgfältig notiert werden, wie und wo alles montiert ist und wie alle Teile in Position gehalten werden.
5 Bevor das Getriebe zum Reparieren zerlegt wird, sollte man wissen, wo die Fehlfunktion auftritt. Manche Probleme können eng mit bestimmten Bereichen im Getriebe in Verbindung gesetzt werden, sodass die Begutachtung und Reparatur einfacher wird. Beachten Sie die »Fehlersuche«-Sektion hinten in diesem Buch, um Informationen über mögliche Fehlerursachen zu erhalten.

Kapitel 7B

Automatikgetriebe

Inhalt — Sektion

Schwierigkeitsgrade

Leicht. Geeignet für Anfänger mit wenig Erfahrung. 	**Relativ leicht.** Geeignet für Anfänger mit etwas Erfahrung. 	**Relativ schwierig.** Geeignet für geübte Selbstschrauber. 	**Schwer.** Geeignet für Selbstschrauber mit viel Erfahrung. 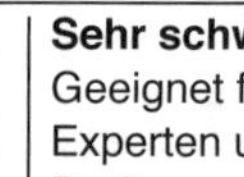	**Sehr schwer.** Geeignet für Experten und Profis. 

Technische Daten

Allgemein

Getriebetyp	Elektronisch gesteuerte adaptive Sechsstufen-Automatik mit Rückwärtsgang, sequentielle manuelle Gangwahl möglich
Bezeichnung	AWF 21

Getriebeöl

Typ	Automatikgetriebeöl nach Ford-Spezifikation WSS-M2C924-A
Füllmenge	7,0 Liter

Anzugsdrehmomente	**Nm**
Drehmomentwandler an Antriebsplatte (Schrauben)*	36
Getriebe/Motor-Verbindungsschrauben	48
Motor/Getriebehalterungen	siehe Kapitel 2B
Ölablassschraube	47
Öleinfüllschraube	40
Ölpegel-Kontrollschraube	8
Ölkühler-Rohre	14
Ölwannenschrauben	25
Radmuttern	140
Schaltwellenhebel an Schaltwelle	16
Steuergerät-Befestigungsschrauben	25

* *Stets durch Neuteile zu ersetzen*

1 Allgemeine Informationen

1 Das Sechsstufen-Automatikgetriebe ist als Option für 2,0 l-Dieselmodelle erhältlich. Das Getriebe beinhaltet einen Drehmomentwandler, ein Planetengetriebe sowie hydraulisch betätigte Kupplungen und Bremsen. Das Getriebe wird von einem eigenen Steuergerät (Transmission Control Modul = TCM) und dem Motorsteuergerät (PCM) über elektronisch gesteuerte Magnetventile überwacht. Neben der vollautomatischen Funktion kann das Getriebe auch manuell per Schaltwippe gesteuert werden.
2 Der Drehmomentwandler wirkt als automatische Flüssigkupplung zwischen dem Motor und dem Getriebe und bietet zudem beim Beschleunigen eine Drehmoment-multiplizierende Wirkung. Der Drehmomentwandler beinhaltet eine vom Steuergerät aktivierte Blockierfunktion, die den Motor mittels eine Kupplung direkt mit dem Getriebe verbindet.
3 Das Planetengetriebe bietet sechs Vorwärtsgänge und einen Rückwärtsgang. Die Auswahl hängt davon ab, welche seiner Komponenten gerade von hydraulisch betätigten Bremsen und Kupplungen gehalten oder gelöst sind. Diese Hydraulik wird von einem Steuergerät aktiviert. Eine innerhalb des Getriebes sitzende Hydraulikpumpe sorgt für den erforderlichen Betriebsdruck.
4 Im Automatik-Modus ist das Getriebe vollständig adaptiv, dabei hängen die Gangwechsel von der Position des Gaspedals, der Geschwindigkeit, der Motordrehzahl und dem Betriebszustand des Motors ab. Das Steuergerät empfängt Signale verschiedener Sensoren am Motor und Antriebsstrang und bestimmt daraus die erforderliche Gangstufe. Wenn der Wahlhebel auf die Position S gestellt wird, schaltet das Getriebe in den »Sport«-Modus und wechselt die Gänge bei höheren Drehzahlen, um die Beschleunigung zu verbessern.
5 Der Fahrer kann das Getriebe über einen Wahlhebel mit fünf Positionen kontrollieren: P (Parken), R (Rückwärts), N (Leerlauf), D (Fahren) und S (Sport). Fahrstufe D ermöglicht den automatischen Wechsel aller Vorwärtsgänge. Eine »Kickdown«-Funktion lässt das Getriebe einen Gang herunterschalten, sobald das Gaspedal vollständig durchgetreten wird. Nachdem der Wahlhebel in Position S gedrückt wurde, können die Gänge auch im manuellen Modus sequentiell herauf oder heruntergeschaltet werden.
6 Das Automatikgetriebe benötigt nur sehr wenig Wartung (alle zwei Jahre muss der Ölpegel überprüft werden), der Austausch des Getriebeöls ist im Wartungsplan gar nicht vorgesehen. Ein separater Ölkühler sorgt dafür, dass die Öltemperatur nicht zu hoch ansteigt.
7 Aufgrund der Komplexität des Automatikgetriebes sollten einige Reparaturen oder Überholarbeiten einer Ford-Werkstatt mit der entsprechenden Spezialausrüstung zur Fehlerdiagnose und Reparatur überlassen werden. Die folgenden Sektionen beinhalten daher vorwiegend allgemeine Informationen sowie Wartungshinweise und Anleitungen, die vom Hobbyschrauber erledigt werden können.

2 Getriebeöl – Ablassen und Auffüllen

Ablassen

1 Stellen Sie das Fahrzeug über eine Grube, auf Rampen oder stützen Sie es sicher ab (siehe Seite 390) – wichtig ist dabei, dass es waagerecht steht. Demontieren Sie den Unterfahrschutz.
2 Stellen Sie einen geeigneten Behälter, der mindestens 8 Liter aufnimmt, unter die unten am Getriebe sitzende Ablassschraube – die Ölpegel-Kontrollschraube sitzt in der Ablassschraube (siehe Abbildung).

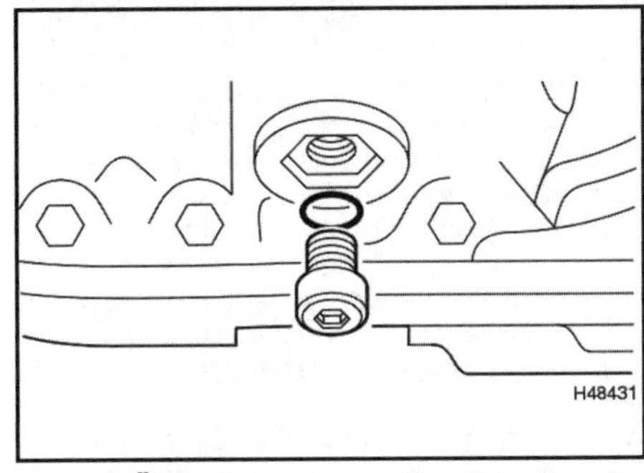

2.2 Die Ölpegel-Kontrollschraube ist in die Ablassschraube geschraubt.

3 Schrauben Sie die Ölpegel-Kontrollschraube aus der Ablassschraube – beachten Sie die Dichtscheibe. Drehen Sie jetzt die Ablassschraube aus dem Getriebe – beachten Sie auch ihre Dichtscheibe – und lassen Sie das Getriebeöl vollständig in den Behälter ablaufen.
Achtung: Falls das Getriebeöl heiß ist, muss aufgepasst werden, sich nicht damit zu verbrühen.
4 Sobald das Öl vollständig abgetropft ist, werden die Gewinde im Getriebe und an der Ablass- sowie der Kontrollschraube gereinigt. Rüsten Sie die Ablassschraube mit einer neuen Dichtscheibe aus und ziehen Sie sie mit 47 Nm an. Installieren Sie dann die Kontrollschraube mit einer neuen Dichtscheibe und ziehen Sie sie mit 8 Nm an.

Auffüllen

5 Demontieren Sie das Luftfiltergehäuse (siehe Kapitel 4B, Sektion 5).
6 Wischen Sie den Bereich um den oben im Getriebe neben dem Wahlhebel-Seilzug sitzenden Einfüllstopfen sauber (siehe Abbildung), schrauben Sie diesen heraus und entfernen Sie ihn samt der Dichtscheibe.

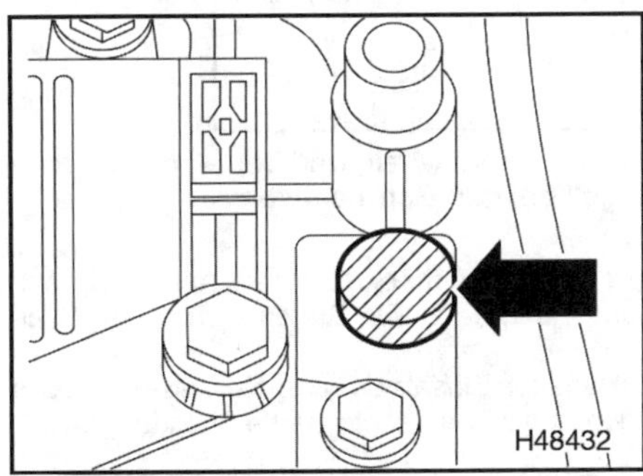

2.6 Getriebeöl-Einfüllschraube

7 Füllen Sie das Getriebe mit sieben Liter Automatikgetriebeöl nach Ford-Spezifikation WSS-M2C924-A auf – verwenden Sie dazu einen geeigneten Trichter.
8 Installieren Sie den Einfüllstopfen mit einer neuen Dichtung und ziehen Sie ihn mit 40 Nm an.
9 Montieren Sie den Unterfahrschutz und senken Sie ggf. das Fahrzeug ab.
10 Montieren Sie das Luftfiltergehäuse (siehe Kapitel 4B, Sektion 5).
11 Fahren Sie 15 bis 20 km, um das Getriebe auf Betriebstemperatur zu bringen.
12 Kontrollieren Sie nach der Rückkehr den Getriebeölpegel (siehe Kapitel 1B, Sektion 25).

3 Wahlhebel-Seilzug – Einstellung

Anmerkung: *Falls die Batterie entladen ist oder bei auf P stehendem Wahlhebel getrennt wird, arretiert der Hebel in dieser Position. Um den Hebel manuell zu entsperren, muss auf der Fahrerseite die zentrale Abdeckung unter dem Armaturenbrett und der Mittelkonsole entfernt werden – ziehen Sie dazu den Kunststoffzapfen heraus und befreien Sie die Sicherungsclips. Stecken Sie einen Schlitzschraubendreher in die Nut des gelben Notfall-Entsperrhebels und drehen Sie ihn eine Vierteldrehung nach rechts – der Wahlhebel kann jetzt in Position N bewegt werden.*

1 Bewegen Sie den Wahlhebel durch den gesamten Auswahlbereich und kontrollieren Sie, ob das Getriebe den richtigen Gang einlegt. Falls eine Einstellung nötig ist, muss der Seilzug wie folgt eingestellt werden:

2 Positionieren Sie den Wahlhebel in Position D (Drive).

3 Demontieren Sie das Luftfiltergehäuse (siehe Kapitel 4B, Sektion 5), um Zugang zum Getriebe-Ende des Seilzugs zu erhalten.

4 Drücken Sie den Knopf in der Mitte des Getriebe-Anschlusses und befreien Sie den Seilzug vom Kugelkopf des Getriebehebels (siehe Abbildung).

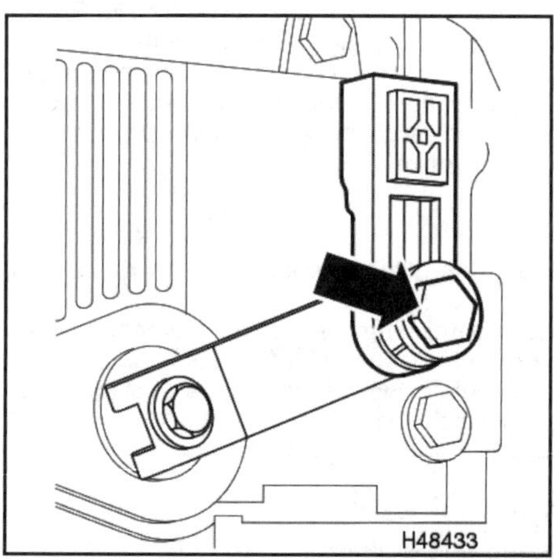

3.4 Drücken Sie den Knopf (Pfeil) und befreien Sie den Seilzug vom Kugelkopf des Getriebehebels.

5 Bewegen Sie den Getriebehebel bis zum Anschlag nach vorn (auf Position P) und dann drei Stufen zurück (auf Position D).

6 Hebeln Sie den farbigen Einsatz aus dem Seilzug-Anschluss nach oben, um den Zug zu entriegeln (siehe Abbildung).

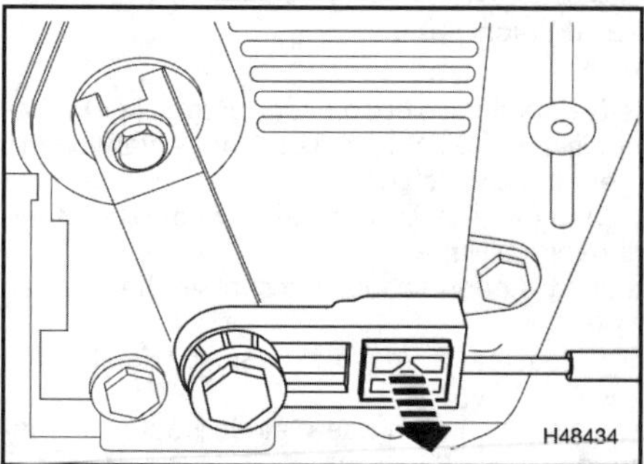

3.6 Entriegeln Sie den Seilzug, indem Sie den farbigen Einsatz aus dem Seilzug-Anschluss nach oben hebeln.

7 Verbinden Sie den Seilzug-Anschluss mit dem Kugelkopf des Getriebehebels und drücken Sie den farbigen Einsatz zurück, um den Zug zu arretieren.

8 Montieren Sie das Luftfiltergehäuse (siehe Kapitel 4B, Sektion 5). Prüfen Sie die Funktion des Wahlhebels und wiederholen Sie die Einstellung nötigenfalls.

4 Wahlhebel-Seilzug – Ausbau und Einbau

Ausbau

1 Demontieren Sie die Luftfilter-Baugruppe (siehe Kapitel 4B, Sektion 5).

2 Demontieren Sie die Mittelkonsole (siehe Kapitel 11, Sektion 28).

3 Drücken Sie am Getriebe den Knopf in der Mitte des Seilzug-Anschlusses und befreien Sie diesen vom Kugelkopf des Getriebehebels (Abb. 3.4).

4 Ziehen Sie die Hülse der Seilzughülle zurück und befreien Sie diese aus dem Widerlager am Getriebe.

5 Ziehen Sie die Handbremse fest an, heben Sie dann das Fahrzeug vorn an, und stützen Sie es sicher ab (siehe Seite 390). Demontieren Sie den Unterfahrschutz.

6 Lösen Sie die Befestigungen des über der mittleren Auspuff-Sektion angebrachten Hitzeschilds und ziehen Sie dies etwa einen halben Meter nach hinten.

7 Befreien Sie den Seilzug aus den Halterungen am Unterboden.

8 Befreien Sie den Seilzug vom Kugelkopf des Wahlhebels, indem Sie den Knopf in der Mitte drücken und den Anschluss abziehen.

9 Ziehen Sie am Widerlager des Seilzugs am Wahlhebel-Gehäuse die Hülse zurück, um die Seilzughülle zu befreien.

10 Trennen Sie an beiden unteren Armaturenbretthalterungen ggf. vorhandene Stecker, lösen Sie die Schrauben und entfernen Sie die Halterungen (siehe Abbildung).

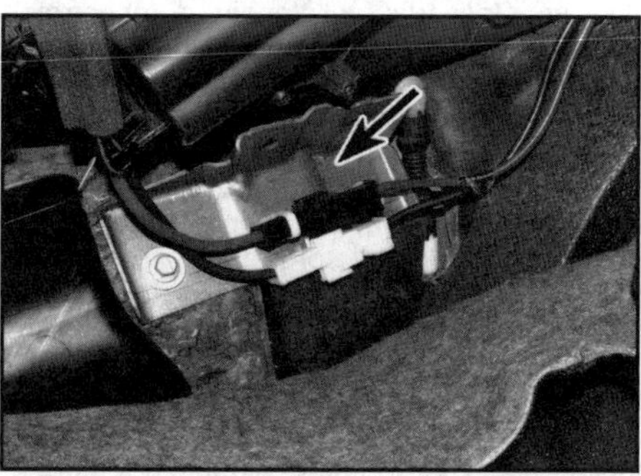

4.10 Unteren Armaturenbretthalterung

11 Klappen Sie an beiden Seiten im Bereich der Mittelkonsole den Teppich zurück und schneiden Sie vor dem Heizungsgehäuse vorsichtig die Geräuschdämmung an den Seilzug-Stopfen ab, um die Dämmung zu entfernen.

12 Lösen Sie die zwei Muttern, mit denen die Seilzugstopfen am Boden gesichert sind, und heben Sie die Stopfen von den Stehbolzen.

13 Manövrieren Sie die Schaltzug-Baugruppe in die Fahrgastzelle und entfernen Sie sie.

Einbau

14 Bringen Sie die Seilzug-Baugruppe durch die Bohrung im Boden und über dem Getriebe in Position, setzen Sie den Stopfen auf den Stehbolzen und sichern Sie ihn mit der Mutter.

15 Positionieren Sie die Geräuschdämmung um den Stopfen und sichern Sie sie mit Klebeband über den Schnitten.
16 Verbinden Sie den Seilzug mit dem Schalthebel und dem Getriebe.
17 Sichern Sie den Seilzug am Unterboden.
18 Montieren Sie den Hitzeschild über dem Auspuffsystem.
19 Montieren Sie den Unterfahrschutz.
20 Montieren Sie die Mittelkonsole (siehe Kapitel 11, Sektion 28).
21 Stellen Sie die Schaltzüge wie in Sektion 3 beschrieben ein.

5 Wahlhebel-Baugruppe – Ausbau und Einbau

Ausbau

1 Demontieren Sie die Mittelkonsole (siehe Kapitel 11, Sektion 28).
2 Befreien Sie den Seilzug vom Kugelkopf des Wahlhebels, indem Sie den Knopf in der Mitte drücken und den Anschluss abziehen.
3 Ziehen Sie am Widerlager des Seilzugs am Wahlhebel-Gehäuse die Hülse zurück, um die Seilzughülle zu befreien.
4 Trennen Sie den Kabelstecker, lösen Sie die vier Muttern und heben Sie die Wahlhebel-Baugruppe heraus.

Einbau

5 Der Einbau entspricht der umgekehrten Ausbaureihenfolge. Stellen Sie den Wahlhebel-Seilzug wie in Sektion 3 beschrieben ein.

6 Dichtringe – Ersetzen

Antriebswellen-Dichtringe

1 Lassen Sie das Getriebeöl ab (siehe Sektion 2).
2 Demontieren Sie die entsprechende Antriebswelle (siehe Kapitel 8, Sektion 2).
3 Notieren Sie die Einbautiefe des Dichtrings in seinem Sitz und hebeln Sie ihn vorsichtig mithilfe eines großen Schraubendrehers heraus (siehe Abbildung).

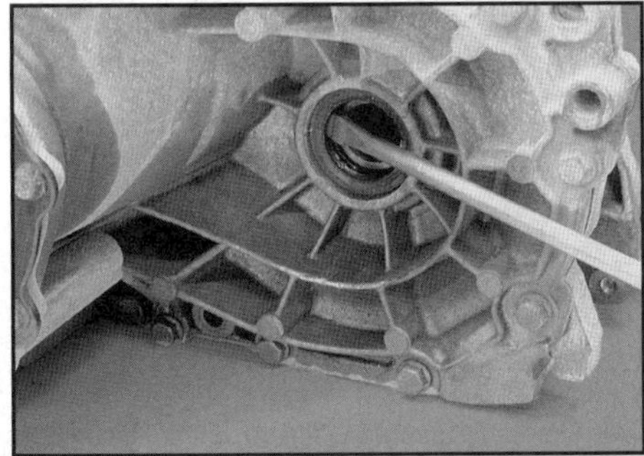

6.3 Hebeln Sie vorsichtig den alten Dichtring heraus.

4 Reinigen Sie den Bereich um den Dichtring-Sitz. Schmieren Sie die äußere Dichtlippe des neuen Dichtrings mit Getriebeöl ein und positionieren Sie diesen mit der Dichtlippe nach innen zeigend an seinem Sitz. Treiben Sie den Dichtring senkrecht ein – nutzen Sie dazu z. B. einen Steckschlüssel, der nur den harten Außenbereich berührt (siehe Abbildung) – beachten Sie die gemessene Einbautiefe.

6.4 Treiben Sie den neuen Dichtring mit einem Steckschlüssel ein, der nur seinen Außenrand berührt.

5 Montieren Sie die Antriebswelle ans Getriebe (siehe Kapitel 8, Sektion 2).
6 Füllen Sie das Getriebe mit dem vorgegebenen Getriebeöl auf (siehe Sektion 2).

Drehmomentwandler-Dichtring

7 Demontieren Sie das Getriebe (siehe Sektion 12).
8 Ziehen Sie vorsichtig den Drehmomentwandler von der Getriebewelle – seien Sie auf austretendes Öl vorbereitet.
9 Notieren Sie die Einbauposition des Dichtrings im Ölpumpengehäuse und hebeln Sie ihn vorsichtig heraus, ohne seinen Sitz zu beschädigen.
10 Entfernen Sie im Bereich des Dichtring-Sitzes sämtlichen Schmutz. Schmieren Sie den neuen Dichtring mit etwas Getriebeöl und installieren Sie ihn mit der Dichtlippe nach innen in die notierte Einbautiefe.
11 Schmieren Sie den Dichtring mit frischem Getriebeöl und schieben Sie den Drehmomentwandler drehend auf die Getriebewelle, bis er an der Ölpumpe anliegt.
12 Prüfen Sie, ob der Drehmomentwandler vollständig in der Getriebeglocke sitzt, indem Sie den Abstand zwischen dem Flansch und den Schraubenbohrungen im Wandler messen – verwenden Sie dazu einen Messschieber und ein Richtlineal; es müssen mehr als 34,5 mm ermittelt werden.
13 Montieren Sie das Getriebe an den Motor (siehe Sektion 8).

7 Ölkühler – Ausbau und Einbau

1 Der Ölkühler sitzt links hinter dem (Wasser-) Kühler.
2 Entleeren Sie das Kühlsystem (siehe Kapitel 1B, Sektion 28).
3 Demontieren Sie die Luftfilter-Baugruppe (siehe Kapitel 4B, Sektion 5).
4 Trennen Sie die zweiÖlleitungen vom Ölkühler, indem Sie die zwei Laschen der Schnellverschlüsse eindrücken und diese von den Stutzen ziehen (siehe Abbildung) – seien Sie auf etwas austretendes Öl vorbereitet.

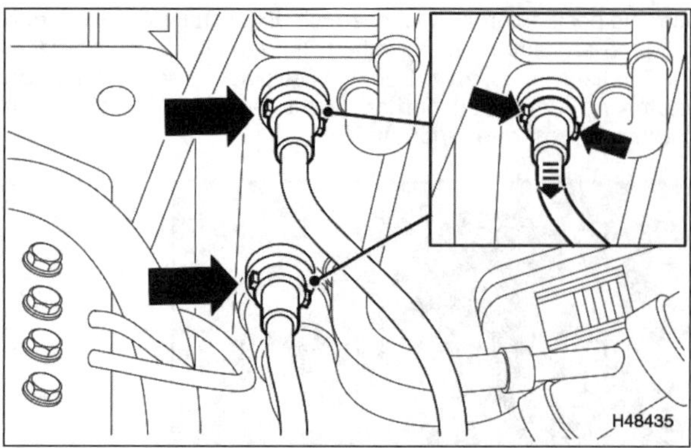

7.4 Drücken Sie an den Schnellverschlüssen der Ölkühlerleitungen die Laschen ein, um sie zu trennen.

5 Lösen Sie die Schellen der zwei Kühlerschläuche und trennen Sie auch diese vom Ölkühler.
6 Lösen Sie die Schraube, die den Ölkühler oben am Wasserkühler sichert. Schwenken Sie die Oberseite des Ölkühlers Richtung Motor, heben Sie ihn an und befreien Sie ihn aus der unteren Öse.
7 Der Einbau entspricht der umgekehrten Ausbaureihenfolge – füllen Sie das Kühlsystem auf (siehe Kapitel 1B, Sektion 28) und Getriebeöl nach (siehe Sektion 2).

8 Wahlhebel-Positionsschalter – Ausbau und Einbau

Der Wahlhebel-Positionsschalter ist in das Getriebe-Steuergerät integriert und kann nicht separat ersetzt werden. Beachten Sie für das Steuergerät die Hinweise in Sektion 10.

9 Eingangs- und Ausgangswellen-Sensoren – Ausbau und Einbau

Die beiden Sensoren sitzen innerhalb des Getriebes und können nur von einem Fachbetrieb, der sich auf Automatikgetriebe spezialisiert hat, demontiert werden. Falls das Steuergerät an einem der Sensoren einen Defekt festgestellt hat, muss für den Zugang das Getriebe ausgebaut werden (siehe Sektion 12).

10 Getriebe-Steuergerät (TCM) – Ausbau und Einbau

Anmerkung: *Falls ein neues Automatikgetriebe-Steuergerät eingebaut werden soll, muss diese Arbeit einer Ford-Werkstatt oder einem Spezialbetrieb überlassen werden. Das Steuergerät muss vor dem Ausbau zurückgesetzt und das neue Steuergerät nach dem Einbau programmiert werden – hierzu ist eine spezielle Diagnoseausrüstung nötig.*

Ausbau

1 Das Getriebe-Steuergerät sitzt samt Wahlhebel-Positionsschalter oben am Getriebegehäuse.
2 Ziehen Sie die Handbremse und stellen Sie den Wahlhebel auf N.
3 Demontieren Sie die Luftfilter-Baugruppe (siehe Kapitel 4B, Sektion 5).
4 Drücken Sie am Getriebe den Knopf in der Mitte des Seilzug-Anschlusses und befreien Sie diesen vom Kugelkopf des Getriebehebels (Abb. 3.4).
5 Trennen Sie den Kabelstecker vom Steuergerät.
6 Lösen Sie an der Getriebe-Schaltwelle die Mutter und entfernen Sie den Hebel.
7 Lösen Sie die drei Befestigungsschrauben des Steuergeräts (siehe Abbildung) und heben Sie es vorsichtig vom Getriebe ab – beschädigen Sie dabei nicht die Kontaktstifte an seiner Unterseite.

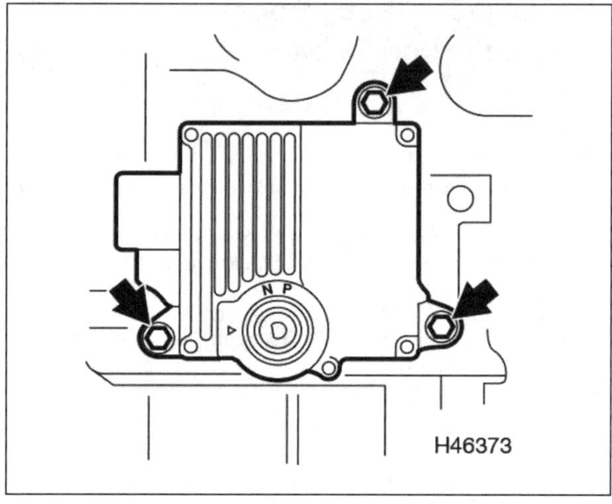

10.7 Befestigungsschrauben des Steuergeräts

Einbau

8 Stellen Sie zunächst sicher, dass die Schaltwelle in Position N steht; setzen Sie im Zweifelsfall den Hebel auf und bewegen Sie ihn zunächst bis zum Anschlag nach vorn (auf Position P) und dann zwei Stufen zurück (auf Position N).
9 Stellen Sie den Wahlhebel-Positionsschalter auf Position N, sodass die beiden Pfeile zueinander ausgerichtet sind.
10 Prüfen Sie, ob der Getriebe-Kabelbaum korrekt ausgerichtet ist, und setzen Sie das Steuergerät auf – beschädigen Sie dabei nicht die Kontaktstifte an seiner Unterseite.
11 Installieren Sie die drei Befestigungsschrauben des Steuergeräts und ziehen Sie sie mit 25 Nm an.
12 Setzen Sie den Hebel auf die Schaltwelle und sichern Sie ihn mit der mit 16 Nm angezogenen Mutter.
13 Verbinden Sie den Wahlhebel-Seilzug mit dem Kugelkopf des Schalthebels.
14 Schließen Sie den Steuergerät-Stecker an.
15 Stellen Sie den Wahlhebel-Seilzug ein (siehe Sektion 3).

11 Ölwanne – Ausbau und Einbau

Anmerkung: *Die Ölwanne sollte lediglich zum Abdichten von Lecks an der Verbindung zum Getriebegehäuse demontiert werden. Alle anderen Arbeiten an den dadurch zugänglichen internen Getriebe-Komponenten sollten einer Fachwerkstatt überlassen werden, da sie die Fähigkeiten eines Hobbyschraubers überschreiten.*

Ausbau

1 Ziehen Sie die Handbremse, heben Sie das Fahrzeug vorn an, und stützen Sie es sicher ab (siehe Seite 390). Sorgen Sie für genügend Platz, um das Getriebe nach unten aus dem Motorraum zu befreien. Demontieren Sie den Unterfahrschutz.
2 Lassen Sie das Getriebeöl ab (siehe Sektion 2).
3 Lösen Sie vorn am Getriebe die Schrauben der zwei Schrauben der zum Ölkühler führenden Leitungen.
4 Stellen Sie einen geeigneten Behälter unter die Ölwanne und lösen Sie schrittweise und über Kreuz deren zwölf Befestigungsschrauben.
5 Die Ölwanne wird sehr wahrscheinlich durch die Dichtmasse am Getriebe »kleben«. Schneiden Sie mit einer scharfen Klinge die Verbindung rundherum auf, um sie ohne großen Kraftaufwand zu befreien. **Keinesfalls darf versucht werden, die Ölwanne vom Getriebe abzuhebeln!**

Einbau

6 Befreien Sie die Ölwanne und die Dichtfläche am Getriebe vom alter Dichtmasse – beschädigen Sie dabei keine Oberflächen. Befreien Sie die Gewinde der Ölwannenschrauben von Resten alter Sicherungspaste.
7 Tragen Sie eine 2mm breite Raupe aus Silikon-Dichtmasse (z. B. Ford WSS-M4G320-A3) auf die Dichtfläche der Ölwanne (innerhalb der Schraubenbohrungen) auf. Achtung: Zu viel Dichtmasse kann sich bei der Montage nach innen drücken und die Funktion des Getriebes beeinträchtigen!
8 Versehen Sie die Gewinde der Ölwannenschrauben mit frischer Sicherungspaste (z. B. Ford WSS-M2G349-A7).
9 Setzen Sie die Ölwanne ans Getriebe und sichern Sie es dort mit einigen der Schrauben. Installieren Sie dann die restlichen Schrauben und ziehen Sie sie schrittweise und über Kreuz bis zum Drehmoment von 25 Nm an. Lassen Sie die Dichtmasse aushärten und schneiden Sie nach außen herausgedrückte Reste mit einem Messer ab.
10 Verbinden Sie die Ölkühler-Leitungen vorn mit dem Getriebe und ziehen Sie ihre Schrauben mit 14 Nm an.
11 Montieren Sie den Unterfahrschutz und senken Sie das Fahrzeug ab.
12 Füllen Sie Getriebeöl auf (siehe Sektion 2).

12 Getriebe – Ausbau und Einbau

Anmerkung: *Für die Montage des Drehmomentwandlers an die Antriebsplatte werden neue Schrauben benötigt.*

Ausbau

1 Ziehen Sie die Handbremse, heben Sie das Fahrzeug vorn an, und stützen Sie es sicher ab (siehe Seite 390). Sorgen Sie für genügend Platz, um links das Getriebe nach unten aus dem Motorraum zu befreien. Demontieren Sie beide Vorderräder. Demontieren Sie den Unterfahrschutz und die obere Motorabdeckung.
2 Lassen Sie das Getriebeöl ab (siehe Sektion 2). Installieren Sie die Ablassschraube und ziehen Sie sie mit 47 Nm an.
3 Entfernen Sie die Batterie samt Träger (siehe Kapitel 5A, Sektion 4).
4 Trennen Sie den Stecker des Getriebe-Steuergeräts und befreien Sie den Kabelbaum aus allen Befestigungen oben am Getriebe.
5 Drücken Sie am Getriebe den Knopf in der Mitte des Seilzug-Anschlusses und befreien Sie diesen vom Kugelkopf des Getriebehebels (Abb. 3.4).
6 Ziehen Sie die Hülse der Seilzughülle zurück und befreien Sie diese aus dem Widerlager am Getriebe.
7 Demontieren Sie den Anlasser (siehe Kapitel 5A, Sektion 8).
8 Lösen Sie die von oben zugänglichen Verbindungsschrauben zwischen Getriebe und Motor.
9 Demontieren Sie beide Antriebswellen (siehe Kapitel 8, Sektion 2).
10 Stützen Sie den Motor von oben ab – entweder mit einem Werkstattkran oder mit einer entsprechend gelagerten Stange samt einstellbarer Haken. Demontieren Sie den vorderen Hilfsrahmen (siehe Kapitel 10, Sektion 7).
11 Lockern Sie die Schellen des unter dem Motor verlaufenden Ladeluft-Rohrs, lösen Sie seine zwei Schrauben und entfernen Sie es.
12 Lockern Sie vorn am Motor die Schelle des Ladeluftkühler-Luftrohrs, um es vom Beruhigungs-Steuerventil zu trennen.
13 Trennen Sie die zwei Ölleitungen vom Ölkühler, indem Sie die zwei Laschen der Schnellverschlüsse eindrücken und diese von den Stutzen ziehen (Abb. 7.4) – seien Sie auf etwas austretendes Öl vorbereitet.
14 Lösen Sie unterhalb der Anlasser-Öffnung die zwei Schrauben der Abdeckplatte und entfernen Sie diese.
15 Drehen Sie die Kurbelwellen-Riemenscheibe mithilfe eines geeigneten Steckschlüssels samt Verlängerung, bis eine der Schrauben, die den Drehmomentwandler an der Antriebsplatte sichern, durch die Öffnung direkt über dem Sitz des Anlassers zugänglich wird. Lösen und entfernen Sie die Schraube, drehen Sie die Kurbelwelle weiter und entfernen Sie die anderen fünf Schrauben auf die gleiche Weise – alle Schrauben müssen später erneuert werden.
16 Positionieren Sie einen Rangierwagenheber samt Holz unter dem Getriebe und stützen Sie es damit ab.
17 Markieren Sie an der linken Motor/Getriebe-Halterung die Positionen der vier Muttern und zwei Schrauben zur Karosserie und lösen Sie sie. Lösen Sie die zentrale Schraube, die den Halter an der Getriebe-Aufnahme sichert, und entfernen Sie den Halter (siehe Abbildung).

12.17 Schrauben und Muttern der linken Motor- und Getriebehalterung

18 Lösen Sie die vier Schrauben, um die Aufnahme der linken Motorhalterung vom Getriebe zu befreien.
19 Senken Sie den Motor samt Getriebe um etwa 5 cm ab – belasten Sie dabei keine Kühlerschläuche oder Kabel.
20 Lösen Sie die verbliebenen Schrauben, die das Getriebe am Motor und am Ölwannenflansch sichern – beachten Sie deren Einbaupositionen. Prüfen Sie noch einmal, ob alle Stecker und Schläuche vom Getriebe getrennt und so positioniert sind, dass sie den Ausbau des Getriebes nicht behindern.
21 Ziehen Sie mithilfe eines Assistenten das Getriebe von den Passhülsen des Motors ab – achten Sie darauf, dass der Drehmomentwandler nicht herunterfällt. Sobald es frei ist, kann der Heber abgesenkt und das Getriebe unter dem Fahrzeug heraus manövriert werden. Stellen Sie ggf. die Passhülsen aus dem Motor oder dem Getriebe sicher. Schrauben Sie ggf.

einen Metallstreifen über die Getriebeglocke, um den Drehmomentwandler darin zu sichern.

Einbau

22 Der Einbau entspricht der umgekehrten Ausbaureihenfolge – beachten Sie dabei folgende Punkte:

a) *Entfernen Sie mit einem Gewindebohrer sämtliche Sicherungspasten-Reste aus den Bohrungen des Drehmomentwandlers; nötigenfalls kann eine der alten Schrauben mit einem Schlitz versehen werden, um diese Aufgabe damit zu erledigen.*

b) *Die Passhülsen müssen im Getriebe oder Motorgehäuse stecken.*

c) *Schmieren Sie den Fixierdorn des Drehmomentwandlers und seine Zentrierbuchse am Ende der Kurbelwelle mit etwas Molybdänfett.*

d) *Prüfen Sie, ob der Drehmomentwandler vollständig in der Getriebeglocke sitzt, indem Sie den Abstand zwischen dem Flansch und den Schraubenbohrungen im Wandler messen – verwenden Sie dazu einen Messschieber und ein Richtlineal; es müssen mehr als 34,5 mm ermittelt werden.*

e) *Sichern Sie den Drehmomentwandler zunächst mit handfest eingedrehten neuen Schrauben an der Antriebsplatte und ziehen Sie diese nach und nach bis zum Drehmoment von 36 Nm an*

f) *Installieren Sie die Verbindungsschrauben zum Motor in ihre ursprüngliche Bohrungen. Ziehen Sie alle Schrauben schrittweise und über Kreuz mit 48 Nm an.*

g) *Erneuern Sie ggf. die Antriebswellen-Dichtringe (siehe Sektion 6) und montieren Sie die Antriebswellen (siehe Kapitel 8, Sektion 2).*

h) *Heben Sie den Motor in seine ungefähre Einbauposition, montieren Sie die linke Motorhalterung und ziehen Sie die Schrauben und Muttern zur Karosserie mit 25 bzw. 80 Nm und den zentralen Bolzen am Getriebeträger mit 133 Nm an.*

i) *Montieren Sie den vorderen Hilfsrahmen, beachten Sie dabei die Hinweise in Kapitel 10, Sektion 7.*

j) *Füllen Sie das Getriebe mit Getriebeöl auf (siehe Sektion 2).*

k) *Stellen Sie den Wahlhebel-Seilzug wie in Sektion 3 beschrieben ein.*

13 Getriebeüberholung – Allgemeine Informationen

1 Bei einem Defekt am Automatikgetriebe muss zunächst bestimmt werden, ob dieser elektrischer, mechanischer oder hydraulischer Natur ist – und hierfür ist eine spezielle Prüfausrüstung nötig, wie sie nur eine Fachwerkstatt vorhält.

2 Das Getriebe darf nicht ausgebaut werden, bevor eine professionelle Fehlerdiagnose durchgeführt wurde – die meisten Tests können nur bei eingebautem Getriebe durchgeführt werden.

3 Beachten Sie die »Fehlersuche«-Sektion hinten in diesem Buch, um Informationen über mögliche Fehlerursachen zu erhalten.

Kapitel 8

Antriebswellen

Inhalt Sektion

Schwierigkeitsgrade

Leicht. Geeignet für Anfänger mit wenig Erfahrung. 	**Relativ leicht.** Geeignet für Anfänger mit etwas Erfahrung. 	**Relativ schwierig.** Geeignet für geübte Selbstschrauber. 	**Schwer.** Geeignet für Selbstschrauber mit viel Erfahrung. 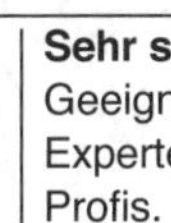	**Sehr schwer.** Geeignet für Experten und Profis.

Technische Daten

Typ . . . . unterschiedlich lange Stahl-Wellen, außen mit Kugel-Gleichlaufgelenken, innen mit Tripodegelenken

Schmiermittel
Typ . . . . Spezialfett (Ford empfiehlt siehe Sektion-M1C259-A1) – sollte in neue Manschetten vorgefüllt oder beigefügten sein

Fettfüllung je Gelenk (ca.)
äußeres Gelenk . . . . 150 g
Inneres Gelenk . . . . 180 g

Anzugsdrehmomente	**Nm**
Antriebswellenschraube*	
Schritt 1	45
Schritt 2	um 80° weiter
Bremssattelträger an Achsgelenk	200
Lagerdeckelmuttern des rechten Stützlagers*	25
Leuchtweitensensor-Halter an Querträger	8
Muttern des Querlenker-Kugelgelenks	100
Radmuttern	140

* *Stets durch Neuteile zu ersetzen*

1 Allgemeine Informationen

1 Der Antrieb vom Differenzial auf die Vorderräder erfolgt über zwei gleich lange Antriebswellen, die innen mit Tripodegelenken und außen mit Kugel-Gleichlaufgelenken ausgerüstet sind. Weil das Getriebe links am Motor sitzt, ist die rechte Welle mit einer Zwischenwelle und einem Stützlager ausgerüstet.

2 Die Außen-Segmente beider Antriebswellen sind außen mit Kerbverzahnungen und einem Gewinde versehen, um die Radnaben aufzunehmen, die mit großen Schrauben befestigt werden. Die Segmente enthalten sechs in einem Käfig geführte Kugeln, die in das innere Segment greifen. Das gesamte Gelenk ist mit einer Gummimanschette vor Witterungseinflüssen und dem Verlust der Fettfüllung geschützt.

3 Innen stecken die Wellen in mit Nadellagern ausgerüsteten Tripoden, er linke steckt direkt in den Differenzial-Sonnenrädern. Rechts sitzt das innere Gelenk auf einer Zwischenwelle, deren inneres Ende im Differenzial steckt. Auch hier schützen Gummimanschetten die Gelenke und die Fettfüllung.

2 Antriebswellen – Ausbau und Einbau

Anmerkung: *Zum Trennen des Querträger-Kugelgelenks vom Achsträger wird das Ford-Spezialwerkzeug 204-607 oder eine geeignete Alternative benötigt.*

Erforderliche Neuteile: *Beim Einbau werden neue Antriebswellenschrauben und Sprengringe für die innere Wellenverzahnung benötigt. Für das Stützlager der rechten Antriebswelle werden neue Lagerdeckel und Muttern benötigt. Zum Auffüllen des Getriebes wird entsprechendes Getriebeöl benötigt.*

Ausbau

1 Ziehen Sie die Handbremse, heben Sie das Fahrzeug vorn an, und stützen Sie es sicher ab (siehe Seite 390). Demontieren Sie ggf. den Unterfahrschutz und das entsprechende Vorderrad.

2 Drehen Sie mindestens zwei Radmuttern wieder auf die Radnabe und lassen Sie einen Assistenten fest die Bremse treten, um die Radnabe zu blockieren. Lockern Sie jetzt mithilfe einer Steckschlüssel-Verlängerung die – sehr fest sitzende – Antriebswellenschraube. Alternativ kann eine aus zwei ausreichend dimensionierten und miteinander verbundenen Stahlbändern angefertigtes Werkzeug an der Radnabe befestigt werden (siehe Abbildung).

2.2 Selbstgebautes Werkzeug zum Kontern der Radnabe

3 Drehen Sie die Antriebswellenschraube heraus – bei der Montage wird eine neue benötigt.

4 Treiben Sie die Antriebswelle mithilfe eines Hammers und eines Treibdorns etwa 15 bis 20 mm in den Radnabenflansch.

5 Lösen Sie am Querlenker ggf. die Schraube und die Mutter des Leuchtweitensensor-Halters und befreien Sie diesen.

6 Beim Trennen des Querlenker-Kugelkopfs vom Achsgelenk mit einem konventionellen Kugelkopf-Abzieher wird wahrscheinlich deren Gummimanschette beschädigt. Verwenden Sie daher das Ford-Spezialwerkzeug 204-607 (oder eine geeignete Alternative), um den Kugelkopf-Zapfen wie folgt aus der Nabe zu trennen (siehe Abbildung):

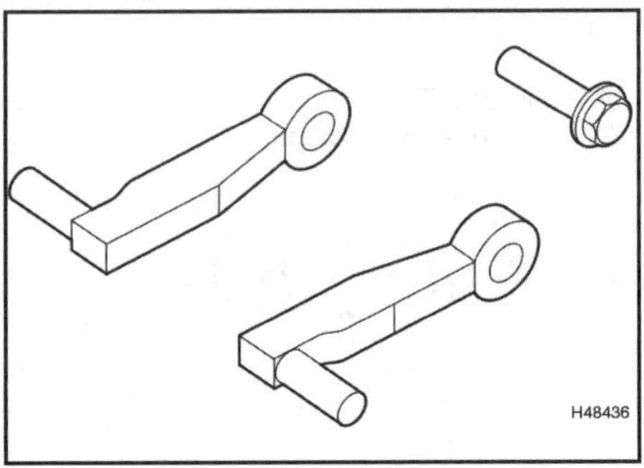

2.6 Das Ford-Spezialwerkzeug 204-607 zum Trennen des Kugelkopfs aus dem Achsgelenk

7 Lockern Sie die Kugelkopf-Sicherungsmutter um zwei Umdrehungen und lösen Sie dann die untere Schraube des Bremssattelhalters aus dem Achsgelenk (siehe Abbildung). Verbinden Sie das Spezialwerkzeug mit dem Bremssattelhalter und positionieren Sie sein anderes Ende unterhalb des Lenkhebels am Achsgelenk. Lösen Sie die Kugelkopf-Sicherungsmutter, bis sie das Spezialwerkzeug berührt, und drehen Sie sie dann weiter, um den Zapfen aus dem Achsgelenk zu ziehen.

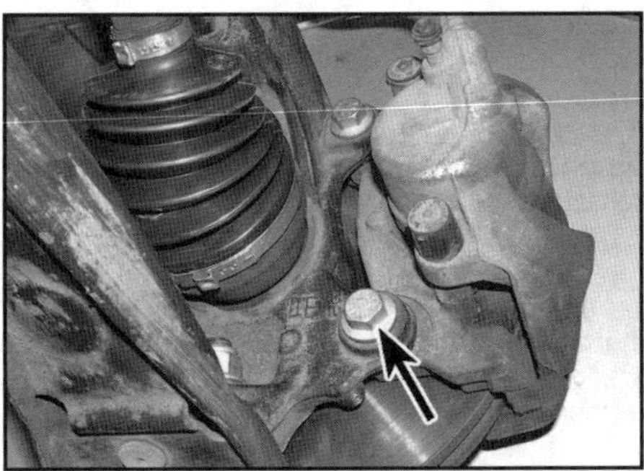

2.7 Untere Schraube des Bremssattelhalters im Achsgelenk

8 Sobald sich der Kugelkopf-Zapfen löst, wird die Mutter abgedreht und das Spezialwerkzeug entfernt. Installieren Sie die untere Bremssattelhalterschraube wieder in das Achsgelenk und ziehen Sie sie mit 200 Nm an.

9 Hebeln Sie den Querlenker herunter, um den Kugelkopf vom Achsgelenk zu befreien (siehe Abbildung), schwenken Sie dann das Achsgelenk beiseite, ohne dabei die Gummimanschette des Kugelkopfs zu beschädigen.

2.9 Mit einem gebohrten Holzblock, einer langen Brechstange und einer Kette lässt sich der Querlenker herunterhebeln.

10 Die Antriebswelle kann aus der Nabe befreit werden, indem ein Assistent das Achsgelenk samt Federbein nach außen zieht und dabei ihre Wellenverzahnung aus der Radnabe befreit wird (siehe Abbildung) – knicken Sie die Antriebswellengelenke dabei nicht mehr als 18° (innen) bzw. 45° (außen) ab, da sie hierdurch beschädigt werden können; aus diesem Grund dürfen die Wellen auch nicht herunterhängen, sondern müssen entsprechend abgestützt werden.

2.10 Ziehen Sie das Achsgelenk samt Federbein nach außen, um die Antriebswelle zu befreien.

11 Fahren Sie nun mit der entsprechenden Antriebswelle fort:

Linke Antriebswelle

12 Setzen Sie zwischen dem inneren Antriebswellen-Gelenk und dem Getriebe einen Hebel an – schützen Sie das Gehäuse dabei mit einem Holz. Stellen Sie zudem einen Auffangbehälter darunter, um austretendes Getriebeöl aufzunehmen. Hebeln Sie jetzt vorsichtig das Gelenk aus dem Differenzial – beschädigen Sie dabei weder das Gehäuse noch den Dichtring (siehe Abbildung).

2.12 Hebeln Sie das Gelenk vorsichtig aus dem Differenzial.

13 Manövrieren Sie die Antriebswelle nach unten aus dem Fahrzeug heraus – belasten Sie dabei nicht die Gelenke (siehe Schritt 10). Verstopfen Sie die Öffnung im Differenzial, um keinen Schmutz eindringen zu lassen.
14 Entfernen Sie den Sprengring aus der Nut der inneren Wellenverzahnung – beim Einbau wird ein Neuteil benötigt.

Rechte Antriebswelle

15 Lösen Sie die Muttern, die den Deckel des Stützlagers hinten am Motorblock sichern, und ziehen Sie ihm von den Stehbolzen (siehe Abbildung) – der Deckel und die Muttern müssen beim Einbau durch Neuteile ersetzt werden.

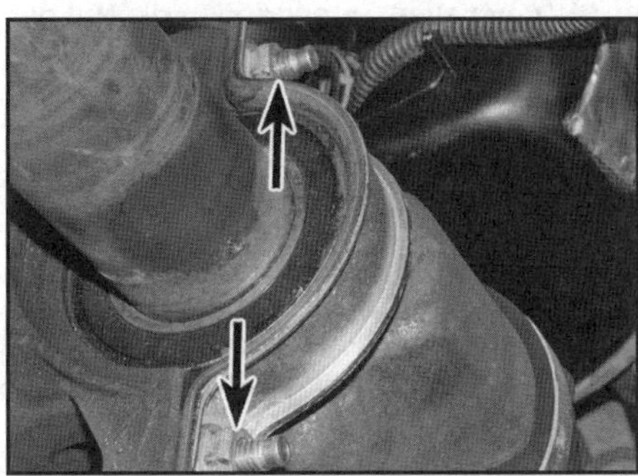

2.15 Muttern des Stützlagerdeckels

16 Stellen Sie einen Auffangbehälter unter das Getriebe, um austretendes Getriebeöl aufzunehmen. Ziehen Sie die Zwischenwelle aus dem Getriebe, belasten Sie dabei nicht die Gelenke (siehe Schritt 10). Manövrieren Sie die Antriebswelle nach unten aus dem Fahrzeug heraus. Verstopfen Sie die Öffnung im Differenzial, um keinen Schmutz eindringen zu lassen. **Anmerkung:** *Ziehen Sie nicht die äußere Welle aus der Zwischenwelle, da hierbei der Mitnehmer getrennt wird.*

Beide Antriebswellen

17 Begutachten Sie vor dem Einbau die Dichtringe im Getriebe auf Schäden und Alterungserscheinungen und ersetzen Sie sie nötigenfalls (siehe Kapitel 7A, Sektion 4 oder Kapitel 7B, Sektion 6).

Einbau

Rechte Antriebswelle

18 Schützen Sie entweder mit der (einem neuen Dichtring beigefügten) Spezialhülse den Dichtring im Differenzial oder passen Sie gut auf, den Dichtring nicht mit der Welle zu beschädigen.
19 Installieren Sie vorsichtig die Zwischenwelle in das Stützlager und das Getriebe – drehen Sie sie dabei, sodass die Wellenverzahnung in die Differenzialräder greift.
20 Setzen Sie den neuen Stützlagerdeckel auf und sichern Sie ihn mit neuen Muttern – ziehen Sie diese mit 25 Nm an. Fahren Sie mit Schritt 24 fort.

Linke Antriebswelle

21 Installieren Sie den neuen Sprengring in die Nut der inneren Wellenverzahnung (siehe Abbildung).

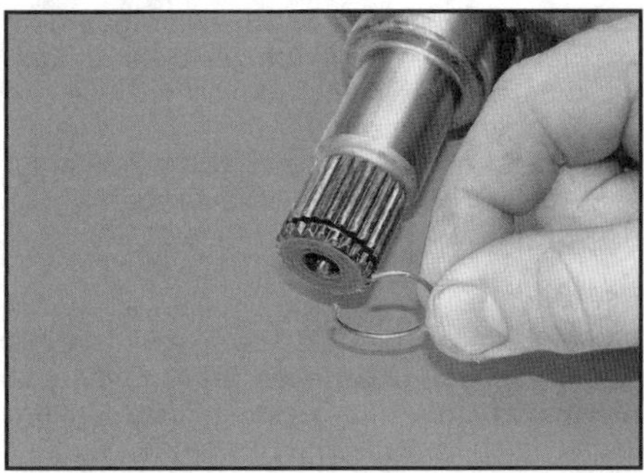

2.21 Installieren Sie den neuen Sprengring in die Nut der inneren Wellenverzahnung.

22 Schützen Sie entweder mit der (einem neuen Dichtring beigefügten) Spezialhülse den Dichtring im Differenzial oder passen Sie gut auf, den Dichtring nicht mit der Welle zu beschädigen.
23 Setzen Sie das innere Antriebswellengelenk am Getriebe an und drücken Sie es fest hinein. Sobald der Sprengring eingerastet ist, darf es sich nicht wieder herausziehen lassen.

Beide Antriebswellen

24 Ziehen Sie das Federbein nach außen und führen Sie das äußere Ende der Antriebswelle ins Achsgelenk ein – drehen sie die Welle nötigenfalls, um die Verzahnung auszurichten. Drücken Sie das Achsgelenk auf die Welle.
25 Drehen Sie die neue Antriebswellenschraube ein und ziehen Sie damit die Antriebswelle vollständig ins Achsgelenk.
26 Richten Sie den Kugelkopf-Zapfen des Querlenkers unten am Achsgelenk aus. Drehen Sie die Sicherungsmutter auf und ziehen Sie sie mit 100 Nm an – kontern Sie den Zapfen dabei mit einem Inbusschlüssel.
27 Kontern Sie das Achsgelenk mit der beim Ausbau verwendeten Methode und ziehen Sie die Antriebswellenschraube zunächst mit 45 Nm an und dann mithilfe einer Gradscheibe um 80° weiter.
28 Montieren Sie ggf. den Halter des Leuchtweiten-Sensors an den Querlenker.
29 Kontrollieren Sie den Getriebeöl-Pegel und füllen Sie nötigenfalls Öl nach (siehe Kapitel 1A, Sektion 23 oder Kapitel 1B, Sektion 26).
30 Montieren Sie ggf. den Unterfahrschutz und das entsprechende Vorderrad. Senken Sie das Fahrzeug ab und ziehen Sie die Radmuttern mit 140 Nm an.

3 Antriebswellenmanschette außen – Ersetzen

1 Zerlegen Sie das innere Antriebswellengelenk (siehe Sektion 4).
2 Lösen Sie mit einem Schraubendreher die innere und äußere Schelle, um die Manschette auf der Welle herunterzuziehen und das äußere Gleichlaufgelenk freizulegen (siehe Abbildungen).
Achtung: Die äußeren Gleichlaufgelenke dürfen nicht zerlegt werden!

3.2a Lösen Sie die innere ...

3.2b ... und die äußere Schelle, ...

3.2c ... um die Manschette vom Gelenk zu ziehen.

3 Wischen Sie möglichst viel Fett aus dem Gelenk.
4 Kontrollieren Sie die inneren und äußeren Kugelbahnen; falls sie geweitet sind, sitzen die Kugeln nicht spielfrei darin. Kontrollieren Sie ebenso die Kugellagerkäfige auf Verschleiß und Risse zwischen den Öffnungen. Falls das Gelenk verschlissen erscheint, muss die gesamte Antriebswelle erneuert werden – holen Sie sich zunächst Rat in einer Fachwerkstatt.
5 Soweit das Gleichlaufgelenk in Ordnung ist, muss ein Reparaturset beschafft werden, das neben neuen Manschetten auch neue Schellen, eine Antriebswellenschraube, Sprengringe und Lagerfett enthält.

3.6 Schieben Sie die mit neuen Schellen ausgerüstete Manschette auf die Welle.

6 Positionieren Sie die neuen Schellen an der neuen Manschette und schieben Sie sie auf die Antriebswelle (siehe Abbildung).
7 Füllen Sie das Gelenk mit der Hälfte des Fetts und arbeiten Sie es gut in die Kugelbahnen ein (siehe Abbildungen).

3.7a Füllen Sie das Gelenk mit der Hälfte des Fetts ...

3.7b ... und arbeiten Sie es gut in die Kugelbahnen ein.

8 Schmieren Sie mit dem Rest des Fetts das Gelenk und die Innenseite der Manschette.
9 Positionieren Sie die äußere Dichtlippe der Manschette in der Nut des äußeren Gelenksegments. Komprimieren Sie die Enden der korrekt positionierten Schelle mit einer Spezialzange, um die Manschette zu sichern (siehe Abbildungen). **Anmerkung**: *Zwischen der Manschette und dem Gelenksegment darf sich kein Fett befinden.*

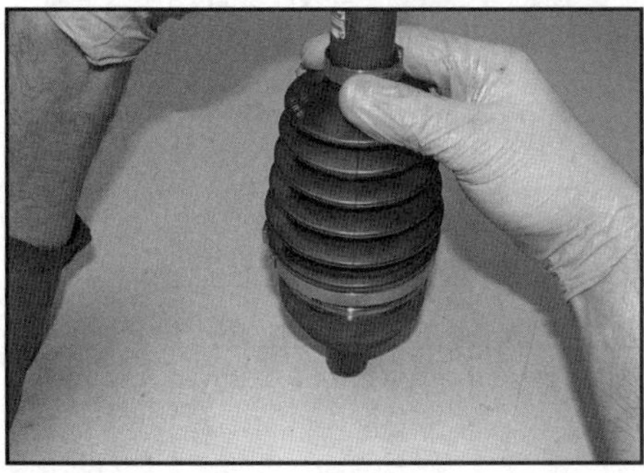

3.9a Positionieren Sie die äußere Dichtlippe der Manschette in der Nut des äußeren Gelenksegments.

3.9b Komprimieren Sie die Enden der korrekt positionierten Schelle, um die Manschette zu sichern.

10 Heben Sie die innere Manschetten-Dichtlippe mit einem kleinen Schraubendreher an, um überschüssige Luft entweichen zu lassen. Sichern Sie die innere Schelle mit der Spezialzange stramm über der Manschette (siehe Abbildungen).

3.10a Lassen Sie die Luft aus der Manschette entweichen ...

3.10b ... und sichern sie die korrekt über der Manschette ausgerichtete innere Schelle.

11 Montieren Sie das innere Antriebswellengelenk (siehe Sektion 4).

4 Antriebswellenmanschette innen – Ersetzen

1 Entfernen Sie die Antriebswelle (siehe Sektion 2).
2 Markieren Sie mit schnell trocknender Farbe die Ausrichtung der Antriebswelle zum Gelenk-Gehäuse (siehe Abbildung).
3 Lösen Sie mit einem Schraubendreher die innere und äußere Schelle, um die Manschette auf der Welle herunterzuziehen und das innere Tripodegelenk freizulegen (siehe Abbildungen).

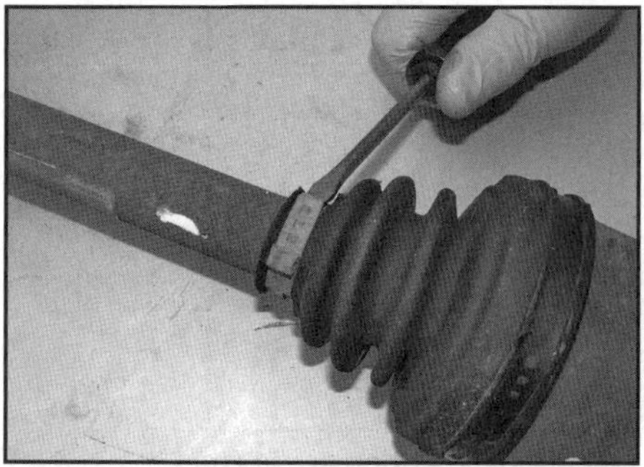

4.3a Lösen Sie die innere ...

4.3b ... und die äußere Schelle, ...

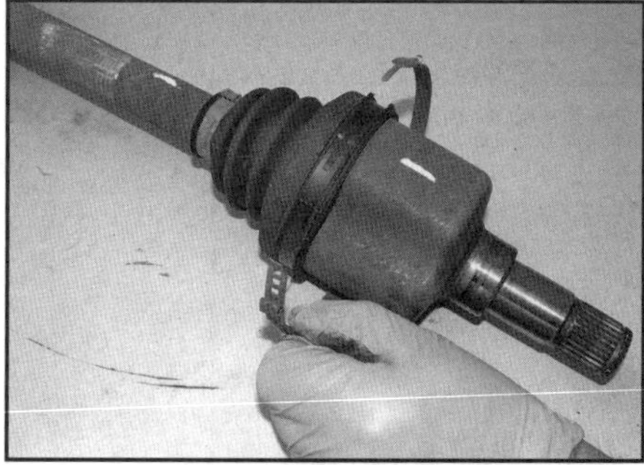

4.3c ... um diese zu befreien.

4 Ziehen Sie das innere Gelenkgehäuse vom Tripod (siehe Abbildung).

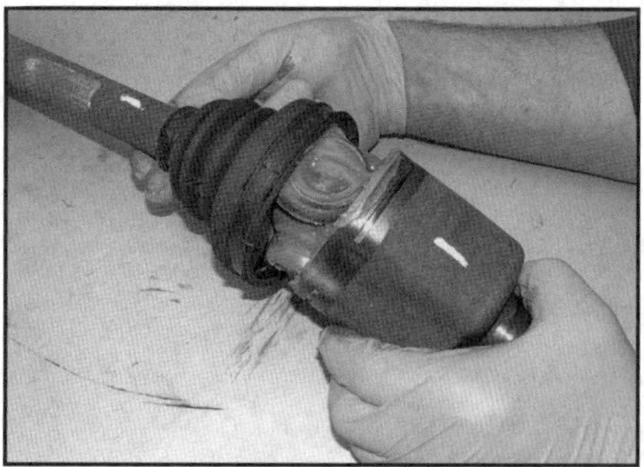

4.4 Ziehen Sie das innere Gelenkgehäuse vom Tripod.

5 Kippen Sie die Lagerrollen zur Seite und entfernen Sie sie vom Tripod (siehe Abbildung) – behandeln Sie die Rollen äußerst sorgsam; die innere Lagerschale kann samt der Lagerrollen leicht herausfallen.

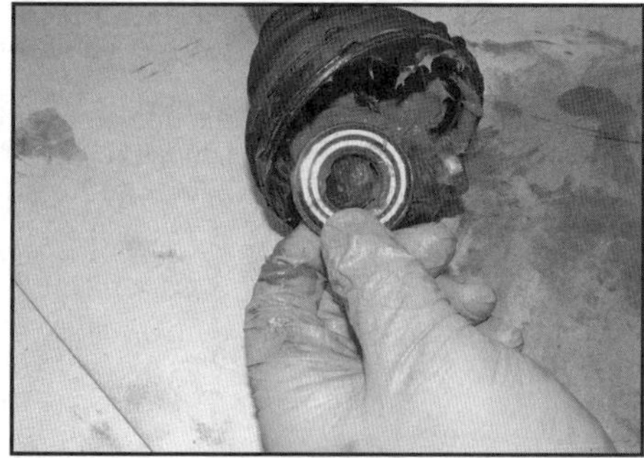

4.5 Kippen Sie die Lagerrollen zur Seite und entfernen Sie sie vorsichtig vom Tripod.

6 Wischen Sie möglichst viel Fett aus dem Gelenk und der Manschette. Befreien Sie dann den Seegerring, der den Tripod auf der Antriebswelle sichert (siehe Abbildung).

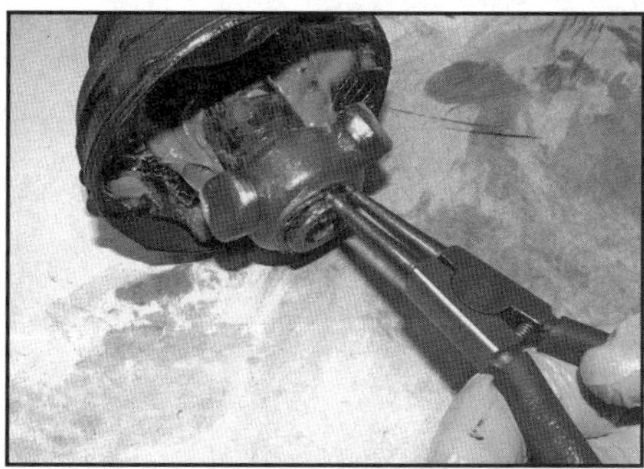

4.6 Befreien Sie dann den Seegerring, um den Tripod von der Antriebswelle ziehen zu können.

7 Bringen Sie an der Antriebswelle und am Rand des Tripods Ausrichtmarkierungen an.
8 Ziehen Sie den Tripod mit einem geeigneten Abzieher von der Antriebswelle (siehe Abbildung).

4.8 Ziehen Sie den Tripod mit einem Abzieher von der Antriebswelle.

9 Entfernen Sie die Verstärkungsplatte aus der Manschette und ziehen Sie diese von der Antriebswelle (siehe Abbildungen).

4.9a Entfernen Sie die Verstärkungsplatte aus der Manschette ...

4.9b ... und ziehen Sie diese von der Antriebswelle.

10 Falls auch die äußere Antriebswellenmanschette erneuert werden soll, muss dies jetzt geschehen (siehe Sektion 3).
11 Entfernen Sie das alte Fett von der Antriebswelle, dem Tripod, den Lagerrollen und aus dem Gehäuse. Beschaffen Sie ein aus der Manschette samt Schellen, dem Seegerring, der Antriebswellenschraube, Sprengringen und Lagerfett bestehendes Reparaturset.
12 Positionieren Sie die neuen Schellen an der neuen Manschette und schieben Sie sie so auf die Antriebswelle, dass ihr inneres Ende in der Vertiefung der Welle liegt (siehe Abbildung).

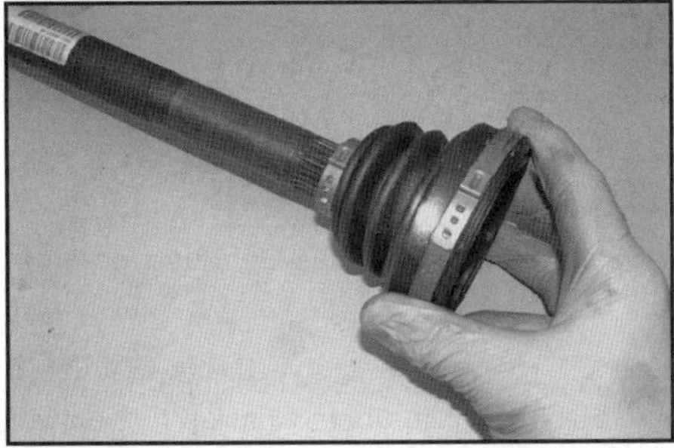

4.12 Schieben Sie die mit neuen Schellen ausgerüstete Manschette auf die Welle, sodass das innere Ende in der Nut der Welle liegt.

13 Sichern Sie die Manschette mit der korrekt ausgerichteten inneren Schelle und komprimieren Sie diese mit einer Spezialzange (siehe Abbildung).

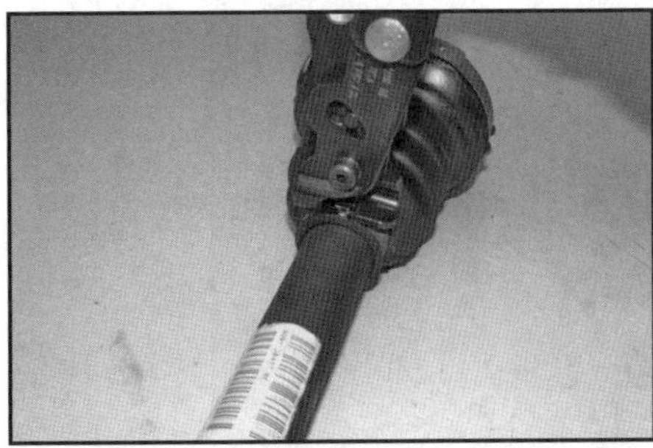

4.13 Pressen Sie die korrekt ausgerichtete Schelle über der Manschette zusammen.

14 Positionieren Sie die Verstärkungsplatte in der Manschette und setzen Sie den anhand der angebrachten Markierungen ausgerichteten Tripod an der Verzahnung an (siehe Abbildungen).

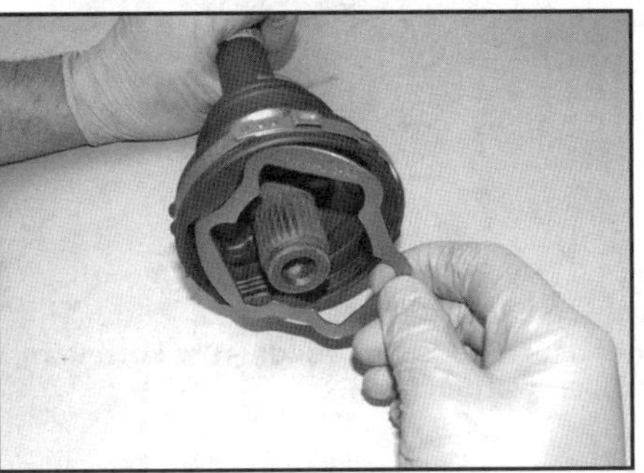

4.14a Positionieren Sie die Verstärkungsplatte in der Manschette ...

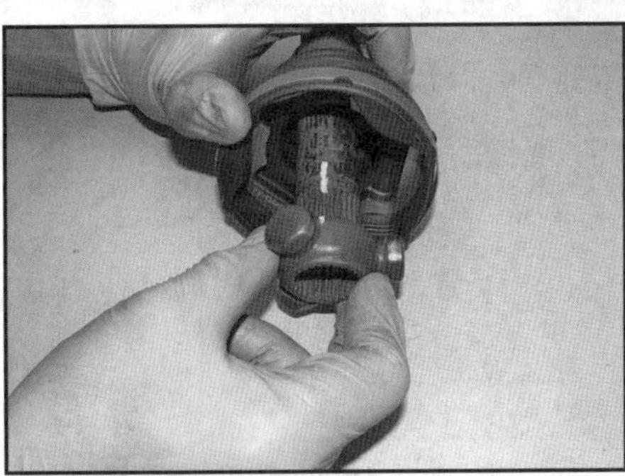

4.14b ... und setzen Sie den anhand der angebrachten Markierungen ausgerichteten Tripod an.

15 Klopfen Sie den Tripod mithilfe eines weichen Hammers und eines Dorns so weit auf die Welle, bis der neue Seegerring rundherum korrekt in seine Nut installiert werden kann (siehe Abbildungen).

4.15a Klopfen Sie den Tripod mithilfe eines weichen Hammers ...

4.15b ... und eines Dorns so weit auf die Welle, ...

4.15c ... bis der neue Seegerring rundherum korrekt in seine Nut installiert werden kann.

16 Installieren Sie die seitlich gekippten Lagerrollen auf die Tripoden (siehe Abbildung).

4.16 Installieren Sie die seitlich gekippten Lagerrollen auf die Tripoden.

17 Füllen Sie die Hälfte des beigefügten Fetts in das Gelenkgehäuse und führen Sie die Tripoden samt Antriebswelle ein (siehe Abbildungen) – achten Sie auf die beim Ausbau angebrachten Markierungen.

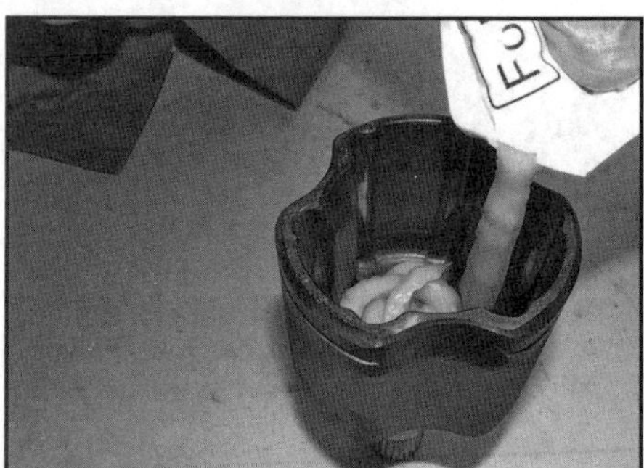

4.17a Füllen Sie die Hälfte des beigefügten Fetts in das Gelenkgehäuse ...

4.17b ... und führen Sie die Tripoden samt Antriebswelle ein.

18 Füllen Sie die Manschette mit dem restlichen Fett und schieben diese über das Gehäuse, sodass die Dichtlippe in der Nut liegt (siehe Abbildungen).

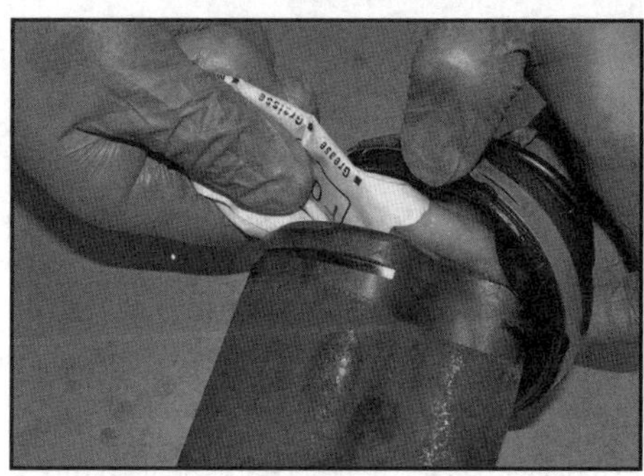

4.18a Füllen Sie die Manschette mit dem restlichen Fett ...

4.18b ... und schieben diese über das Gehäuse, sodass die Dichtlippe in der Nut liegt.

19 Heben Sie die innere Manschetten-Dichtlippe mit einem kleinen Schraubendreher an, um überschüssige Luft entweichen zu lassen. Schieben Sie die Tripoden bis zum Anschlag in das Gehäuse und ziehen Sie sie etwa 2 cm wieder heraus, um sie in die normale Arbeitsposition zu bringen. Prüfen Sie mit einem Lineal, ob der Abstand zwischen den beiden Enden der Manschette 95 mm beträgt. Ziehen Sie dann den Schraubendreher heraus (siehe Abbildungen).

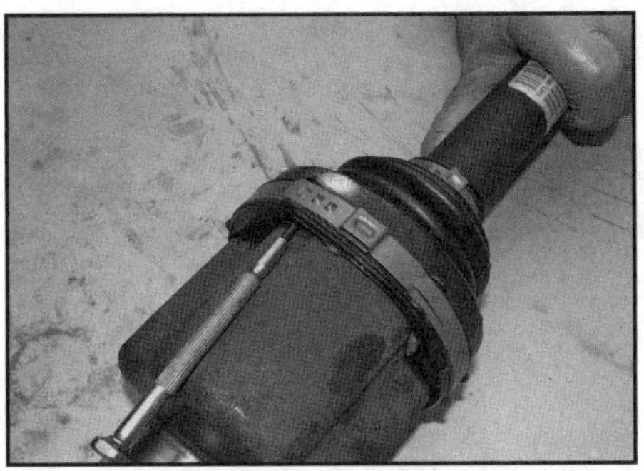
4.19a Lassen Sie überschüssige Luft entweichen und schieben Sie die Tripoden bis zum Anschlag in das Gehäuse.

4.19b Ziehen Sie das Gehäuse zurück, bis die Manschette 95 mm lang ist.

20 Prüfen Sie, ob die äußere Schelle korrekt über der Manschette sitzt, und pressen Sie sie mit der Spezialzange zusammen (siehe Abbildung).

4.20 Sichern Sie die korrekt positionierte äußere Schelle über dem Tripodengehäuse.

21 Montieren Sie die Antriebswelle (siehe Sektion 2).

5 Antriebswellen-Stützlager (rechts) – Ersetzen

Spezialwerkzeug: *Für diese Arbeit wird eine hydraulische Presse samt geeigneter Dorne benötigt.*
Erforderliche Teile: *Innere Gelenkwellenmanschette samt Reparaturset*
1 Zerlegen Sie das innere Gleichlaufgelenk (siehe Sektion 4).
2 Stützen Sie das Lager in der Presse ab und drücken Sie die Zwischenwelle nach außen aus dem Lager heraus.
3 Stützen Sie das neue Lager mit dem Innenring ab und pressen Sie die Zwischenwelle vollständig ins Lager.
4 Montieren Sie das innere Gleichlaufgelenk (siehe Sektion 4).

6 Antriebswellen-Überholung – Allgemeine Informationen

1 Führen Sie eine Probefahrt durch, um bei langsamen Kurvenfahrten mit eingeschlagener Lenkung (links und rechts herum) auf metallisch klickende Geräusche zu achten. Diese Geräusche können auch beim Losfahren mit eingeschlagener Lenkung auftreten. Geräusche dieser Art weisen auf verschlissene äußere Gleichlaufgelenke hin.
2 Falls beim Beschleunigen Vibrationen auftreten, die mit der gefahrenen Geschwindigkeit hochfrequenter werden, weist dies auf Verschleiß an den inneren Gleichlaufgelenken hin.
3 Dauerhafte und mit zunehmender Geschwindigkeit lauter werdende Geräusche von rechts weisen auf ein verschlissenes Stützlager hin – dessen Austausch ist in Sektion 5 beschrieben.
4 Für die Gleichlaufgelenke waren zum Zeitpunkt des Verfassens dieses Buchs (2016) außer den Manschetten-Reparatursets und dem rechten Stützlager keine Ersatzteile erhältlich, sodass die gesamte Antriebswelle ersetzt werden muss – erkundigen Sie sich beim Ford-Händler nach Austausch-Antriebswellen.

Kapitel 9

Bremsanlage

Inhalt — Sektion

Schwierigkeitsgrade

Leicht. Geeignet für Anfänger mit wenig Erfahrung. 	**Relativ leicht.** Geeignet für Anfänger mit etwas Erfahrung. 	**Relativ schwierig.** Geeignet für geübte Selbstschrauber. 	**Schwer.** Geeignet für Selbstschrauber mit viel Erfahrung. 	**Sehr schwer.** Geeignet für Experten und Profis. 

Technische Daten

Vorderradbremsen

Typ	Innenbelüftete Scheibenbremse mit Einkolben-Schwimmsattel
Bremsscheiben-Durchmesser	300 mm
Bremsscheiben-Stärke (min.)	26,0 mm
Bremsscheibenstärken-Variation (max.)	0,008 mm
Bremsscheiben-Verzug (max.)	0,1 mm
Bremsbelag-Verschleißgrenze (nur Belagmaterial)	2,0 mm

Hinterradbremsen

Typ	Standard-Scheibenbremse mit Einkolben-Schwimmsattel
Bremsscheiben-Durchmesser	302 mm
Bremsscheiben-Stärke (min.)	9,0 mm
Bremsscheibenstärken-Variation (max.)	0,025 mm
Bremsscheiben-Verzug (max.)	0,1 mm
Bremsbelag-Verschleißgrenze (nur Belagmaterial)	1,5 mm

Anzugsdrehmomente	**Nm**
ABS-Hydraulikmodulator / Halterung	10
Auspuff – Flanschmuttern der flexiblen Sektion	48
Bremskraftverstärker an Pedalhalter	25
Bremsleitungs-Anschlüsse	18
Bremspedalträger-Muttern	25
Handbremshebelhalter-Muttern	25
Hauptbremszylinder-Befestigungsmuttern	25
Hinterradbremssattel-Führungszapfen	35
Hinterradbremssattelhalter-Schrauben	110
Lenksäulenkreuzgelenk-Klemmschraube*	34
Radmuttern	140
Unterdruckpumpen-Schrauben	
Dieselmotoren mit Euro 3 und 4	22
Dieselmotoren mit Euro 5	10
Vorderradbremssattelhalter an Achsgelenk	200
Vorderradbremssattel-Führungsschrauben	28

* *Stets durch Neuteile zu ersetzen*

1 Allgemeine Informationen

1 Das von einem Bremskraftverstärker (»Servobremse«) unterstützte Bremssystem arbeitet mit einem Zweikreissystem, bei dem jeder Bremskreis auf ein Vorderrad und ein Hinterrad wirkt. Unter normalen Umständen arbeiten beide Bremskreise gemeinsam. Falls jedoch ein Bremskreis ausfällt, kann immer noch bei zwei Rädern die volle Bremskraft angewendet werden.

2 Alle Räder werden mit Scheibenbremsen verzögert; die vorderen Bremsscheiben sind innenbelüftet. Auf alle Bremsscheiben wirken Einkolben-Schwimmsättel, die dafür sorgen, dass auf beide Bremsbeläge gleicher Druck ausgeübt wird.

3 Der per Seilzug betriebene Handbremsmechanismus wirkt unabhängig von der Hydraulik auf die Hinterradbremse.

4 Der Bremskraftverstärker arbeitet bei Benzinmotoren mit dem Unterdruck im Einlassstutzen, beim Dieselmotor wird der erforderliche Unterdruck von einer über die Nockenwelle angetriebenen Pumpe aufgebaut.

5 Alle Modelle sind mit einem Antiblockiersystem (ABS), einem elektronisches Stabilisierungsprogramm (ESP) und einer Traktionskontrolle ausgerüstet; das System kann weitere Funktionen wie ein Notbremssystem und eine Berganfahrhilfe beinhalten – beachten Sie für weitere Informationen die Hinweise in Sektion 19.

***Warnung:** Arbeiten an der Bremsanlage müssen sorgfältig und methodisch ausgeführt werden, beim Überholen von Hydraulik-Bauteilen muss auf absolute Sauberkeit geachtet werden. Ersetzen Sie Bauteile bei jedem Zweifel über ihren Zustand (ggf. an beiden Seiten der Achse) und benutzen Sie ausschließlich originale Ford-Ersatzteile oder hochwertige Markenprodukte. Beachten Sie bezüglich der Gefahren durch Bremsstaub und Hydraulikflüssigkeit die Warnhinweise in der Sektion »Sicherheit geht vor!« am Anfang dieses Buchs und in den entsprechenden Sektionen dieses Kapitels.*

2 Hydrauliksystem – Entlüften

***Warnung:** Hydraulikflüssigkeit ist giftig! Waschen Sie Spritzer bei Hautkontakt unverzüglich ab und suchen Sie medizinischen Rat, falls etwas in die Augen gelangt. Hydraulikflüssigkeit kann brennbar sein und sich beim Kontakt mit heißen Bauteilen entzünden. Bei der Arbeit an der Bremshydraulik muss daher genauso vorgegangen werden wie beim Kraftstoffsystem. Hydraulikflüssigkeit ist ein wirksamer Lackentferner und greift Kunststoff an; Spritzer müssen unverzüglich mit reichlich klarem Wasser abgewaschen werden. Hydraulikflüssigkeit ist zudem hygroskopisch, absorbiert also Wasser aus der Luft. Je mehr Luftfeuchtigkeit aufgenommen wird, desto niedriger sinkt der Siedepunkt, sodass in einer heiß werdenden Bremse rasch Dampfblasen entstehen können und kein Bremsdruck mehr aufgebaut werden kann. Daher darf nur frische Bremsflüssigkeit des vorgeschriebenen Typs verwendet werden.*

Allgemeines

1 Die korrekte Funktion der Bremshydraulik ist nur möglich, wenn sämtliche Luft aus dem System entfernt ist; dies wird durch Entlüften gewährleistet.

2 Während des Entlüftens darf nur frische Bremsflüssigkeit des vorgeschriebenen Typs (DOT 4) verwendet werden – niemals bereits durch das System gespülte Flüssigkeit. Vor Arbeitsbeginn muss sichergestellt sein, dass genügend Bremsflüssigkeit vorhanden ist.

3 Falls im Bremssystem nicht dafür vorgesehene Flüssigkeit vorhanden ist, muss diese vollständig mit frischer Bremsflüssigkeit herausgespült werden, zudem sind neue Dichtungen zu verwenden.

4 Falls durch ein Leck im Bremssystem der Pegel im Ausgleichsbehälter stetig absinkt, muss zunächst dieses Problem behoben werden.

5 Stellen Sie das Fahrzeug auf eine ebene Fläche, schalten Sie die Zündung aus, und legen Sie den ersten Gang oder den Rückwärtsgang ein. Blockieren Sie die Räder und lösen Sie die Handbremse.

6 Prüfen Sie, ob alle Schläuche und Rohre in Ordnung, alle Anschlüsse verbunden und alle Entlüftungsschrauben verschlossen sind. Entfernen Sie die Staubkappen und reinigen Sie die Bereiche um die Entlüftungsschrauben.

7 Öffnen Sie den Deckel des Ausgleichsbehälters und füllen Sie ihn bis zur MAX-Markierung auf. Legen Sie den Deckel locker auf und achten Sie darauf, dass der Pegel während der gesamten Prozedur immer über der MIN-Markierung steht – andernfalls kann Luft ins System eindringen und die Prozedur muss wiederholt werden.

8 Auf dem Markt sind zahlreiche Entlüftungs-Hilfsmittel erhältlich, von denen möglichst eines beschafft werden sollte, da der Entlüftungsprozess deutlich vereinfacht werden kann und das Risiko, bereits ausgetretene Luft wieder anzusaugen, minimiert wird. Falls ein solches Kit nicht erhältlich ist, muss mithilfe eines Assistenten die unten beschriebene Methode durchgeführt werden.

9 Falls ein Entlüftungs-Kit verwendet wird, muss das Fahrzeug wie oben beschrieben vorbereitet und dann den beigefügten Hinweisen gefolgt werden – die Prozeduren können sich je nach Vorrichtung leicht voneinander unterscheiden, doch die allgemeinen Schritte sind unter den entsprechenden Überschriften beschrieben (siehe unten).

10 Ungeachtet der angewendeten Methode muss die korrekte Reihenfolge (Schritte 11 und 12) eingehalten werden, um sämtliche Luft aus dem System zu entfernen.

Entlüftungs-Reihenfolge

11 Falls die Bremshydraulik nur teilweise getrennt und die Hinweise zur Minimierung von Flüssigkeitsverlusten beachtet wurden, reicht es, diesen Teil zu entlüften (d. h. den Primär- oder den Sekundär-Bremskreis).

12 Falls die gesamte Bremshydraulik entlüftet werden muss, wird an dem Bremssattel begonnen, der am weitesten vom Hauptbremszylinder entfernt liegt (hinten rechts), es folgen der linke hintere Sattel und dann der rechte und linke Vorderrad-Bremssattel.

Entlüften

Grundmethode (Zwei-Personen-Methode)

13 Beschaffen Sie ein sauberes Glasgefäß und einen ausreichend langen transparenten Schlauch, der fest über den Nippel der Entlüftungsschraube geschoben werden kann. Die Schraube selbst sollte mit einem passenden Ringschlüssel betätigt werden. Für die Arbeit wird ein Assistent benötigt.

14 Falls noch nicht geschehen, werden an der entlüftenden Bremse alle Entlüftungsschrauben-Kappen abgezogen (siehe Abbildung) und der Schlauch auf die erste Schraube gesteckt. Halten Sie das andere Schlauch-Ende in den mit

etwas Bremsflüssigkeit gefüllten Behälter, sodass keine Luft angesaugt werden kann.

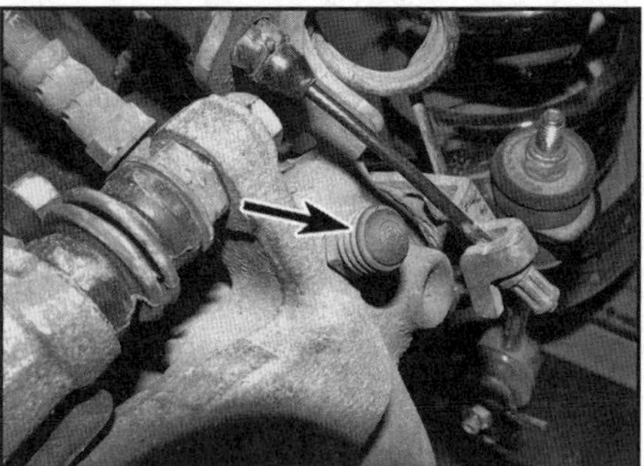

2.14 Ziehen Sie die Kappe vom Entlüftungsventil.

15 Achten Sie stets darauf, dass der Ausgleichsbehälter mindestens bis zur MIN-Markierung mit Bremsflüssigkeit gefüllt ist.
16 Lassen Sie den Assistenten durch mehrfaches kräftiges Betätigen der Bremse Druck aufbauen und das Pedal gedrückt halten.
17 Lockern Sie bei gedrücktem Pedal die erste Entlüftungsschraube um etwa eine Umdrehung und lassen Sie die Flüssigkeit durch den Schlauch strömen. Der Assistent tritt hierbei das Pedal bis zum Boden durch und lässt es erst auf Anweisung wieder los. Wenn keine Flüssigkeit mehr austritt, wird die Entlüftungsschraube wieder angezogen, und der Assistent löst langsam das Bremspedal. Kontrollieren Sie den Pegel im Ausgleichsbehälter.
18 Wiederholen Sie die Schritte 16 und 17 so lange, bis frische Hydraulikflüssigkeit blasenfrei aus der Schraube austritt. Falls der Hauptbremszylinder entleert und wieder aufgefüllt wurde und die erste Bremse der Reihenfolge entlüftet wird, müssen zwischen den Entlüftungsschritten etwa 5 Sekunden Pause eingehalten werden, damit sich die Bremszylinder-Passage wieder füllen kann.
19 Sobald keine Luftblasen mehr austreten, wird die Entlüftungsschraube sorgfältig angezogen, der Schlauch abgezogen und die Staubkappe aufgesteckt. Ziehen Sie die Entlüftungsschraube nicht zu fest!
20 Wiederholen Sie die Prozedur an den anderen Bremsen in der in Schritt 12 aufgeführten Reihenfolge, bis sämtliche Luft aus dem Hydrauliksystem entfernt ist. Zum Schluss muss die Bremse einen festen Druckpunkt haben.

Praxis-Tipp

Alte Bremsflüssigkeit ist deutlich dunkler als frische. Pumpen Sie so lange Bremsflüssigkeit heraus, bis helle Flüssigkeit austritt.

Mit Rückschlagventil-Kit

21 Wie der Name bereits andeutet, bestehen diese Kits im Wesentlichen aus einem Schlauch mit integriertem Rückschlagventil, um einmal herausgedrückte Luft und Bremsflüssigkeit nicht wieder ins Bremssystem zu saugen. Manche Kits beinhalten einen transparenten Behälter, der so positioniert werden kann, dass die austretenden Luftblasen besser beobachtet werden können.
22 Verbinden Sie das Kit wird mit der Entlüftungsschraube und öffnen Sie diese dann. Setzen Sie sich ins Auto und drücken Sie mit sanftem Druck die Bremse vollständig durch, um sie dann langsam wieder zu lösen. Wiederholen Sie dies, bis frische Hydraulikflüssigkeit blasenfrei aus der Schraube austritt.
23 Diese Kits funktionieren so gut, dass man leicht den Pegel im Ausgleichsbehälter vergessen kann – achten Sie also stets darauf, dass sich in ihm stets genug Flüssigkeit befindet.

Mit Druckentlüftungs-Kit

24 Diese Geräte arbeiten oft mit dem im Reserverad gespeicherten Luftdruck; oft muss dieser jedoch zuvor auf einen niedrigeren Wert als üblich abgesenkt werden – beachten Sie die beigefügte Anleitung.
25 Indem ein unter Druck stehender und mit Bremsflüssigkeit gefüllter Behälter an den Ausgleichsbehälter angeschlossen wird, kann das Entlüften einfach durch das Öffnen der Entlüftungsschrauben (in der oben angegebenen Reihenfolge) erledigt werden – lassen Sie die Flüssigkeit austreten, bis keine Blasen mehr enthalten sind.
26 Diese Methode hat den Vorteil, dass der große Flüssigkeitsbehälter zusätzliche Sicherheit vor in das System gesaugte Luft bietet.
27 Druckentlüften ist besonders bei »schwierigen« Systemen zu empfehlen oder wenn das gesamte System bei einem Austausch der Bremsflüssigkeit gespült werden soll (siehe Praxis-Tipp oben).

Alle Methoden

28 Wenn das Entlüften beendet ist und wieder ein fester Pedaldruck besteht, werden alle Bremsflüssigkeits-Spritzer abgewaschen, die Entlüftungsschrauben sorgfältig angezogen und die Staubkappen aufgesteckt.
29 Prüfen Sie nach dem Entlüften den Pegel im Ausgleichsbehälter und füllen Sie ihn ggf. auf.
30 Betätigen Sie bei laufendem Motor die Bremse – falls das Pedal ein schwammiges Gefühl vermittelt oder sogar »gepumpt« werden muss, bis ein Druckpunkt entsteht, befindet sich noch Luft im Bremssystem, und es muss erneut entlüftet werden. Bringt auch eine Wiederholung keine zufriedenstellenden Ergebnisse, können defekte Dichtungen im Hauptbremszylinder die Ursache sein.
31 Die aus dem Bremssystem gespülte Bremsflüssigkeit muss fachgerecht entsorgt werden – keinesfalls darf sie wiederverwendet werden.

3 Bremsleitungen und Schläuche – Ersetzen

Anmerkung: *Beachten Sie vor Arbeitsbeginn die Warnhinweise in Sektion 2.*
1 Der Verlust an Bremsflüssigkeit kann minimiert werden, indem der Deckel des Ausgleichsbehälters geöffnet, ein Stück Plastikfolie über die Öffnung gelegt und der Deckel wieder aufgeschraubt wird – so ist der Behälter nicht belüftet, und bei einer getrennten Leitung läuft keine Flüssigkeit nach. Alternativ können Schläuche mit einer speziellen Bremsschlauchklemme abgedichtet werden. Anschlüsse von Metallrohren können direkt nach dem Trennen mit Kappen versehen werden – allerdings darf dabei kein Schmutz ins Bremssystem gelangen. Legen Sie reichlich Lappen unter zu trennende Leitungen, um austretende Bremsflüssigkeit aufzunehmen.
2 Wenn ein Bremsschlauch getrennt werden soll, muss zuerst die Anschlussmutter des Rohrs gelöst werden, bevor der Federclip entfernt wird, der den Schlauch an seiner Halterung sichert. Befreien Sie den Schlauch ggf. von der Fahrwerks-Komponente und schrauben Sie dann seinen Anschluss aus dem Bremssattel.
3 Zum Lösen von Anschlussmuttern sollten spezielle Ringschlüssel mit Öffnung verwendet werden, die im gut sortierten Werkzeughandel erhältlich sind. Auch ein gut sitzender Maulschlüssel sollte nur im Notfall benutzt werden, da die nicht besonders harten Muttern oft korrodiert sind und durch den abrutschenden Schlüssel abgerundet werden. In solchen Fällen hilft oft nur eine Gripzange oder ein selbstsichernder

Schlüssel und das Rohr muss samt Mutter ersetzt werden. Reinigen Sie einen Anschluss und seine Umgebung, bevor er getrennt wird. Falls eine Komponente mit mehr als einem Anschluss getrennt werden muss, sollten die Positionen der Anschlüsse vorher notiert werden.

4 Wenn ein Hydraulikrohr ersetzt werden muss, kann es in der richtigen Länge und mit allen Anschlüssen beim Ford-Händler erworben werden; es muss dann nur noch entsprechend der Vorgaben durch das Originalteil gebogen und am Fahrzeug montiert werden. Alternativ kann man sich Bremsleitungen anfertigen lassen; dies erfordert jedoch eine exakte Vermessung der Originalleitung – bringen Sie diese möglichst mit zur ausführenden Werkstatt.

5 Die Anschlussmuttern dürfen beim Verbinden nicht überdreht werden – für eine korrekte Abdichtung müssen sie nicht brutal angezogen werden.

6 Verbinden Sie die Schläuche so mit den Bremssätteln, dass sie weder die Karosserie noch die Räder berühren.

7 Alle Rohre und Schläuche müssen korrekt verlegt sein. Sie dürfen nicht geknickt werden und müssen mit allen vorhandenen Halterungen und Clips gesichert werden.

8 Entfernen Sie nach dem Einbau die Folie vom Hauptbremszylinder und entlüften Sie das Bremssystem (siehe Sektion 2). Waschen Sie alle Bremsflüssigkeits-Spritzer ab und kontrollieren Sie alles genau auf Undichtigkeit.

4 Vorderrad-Bremsbeläge – Ersetzen

Warnung: Ersetzen Sie immer alle Bremsbeläge beider Vorderradbremsen; der Austausch der Beläge nur an einer Seite würde zu einer ungleichmäßigen Bremswirkung führen.

Warnung: Der beim Verschleiß der Bremsbeläge entstehende Staub kann krebserregende Fasern enthalten und darf daher nicht mit Druckluft ausgeblasen und eingeatmet werden. Entfernen Sie den Staub KEINESFALLS mit Benzin oder Lösungsmittel auf Petroleumbasis. Verwenden Sie Bremsenreiniger oder Spiritus, um Bremsenteile zu reinigen. Lassen Sie weder Bremsflüssigkeit noch Öle oder Fette mit den Bremsbelägen oder der Bremsscheibe in Kontakt kommen. Beachten Sie die Warnhinweise in Sektion 2, um weitere Informationen zu Bremsflüssigkeit zu erhalten.

Anmerkung: *Beim Einbau wird ein neuer unterer Bremssattel-Führungszapfen benötigt.*

1 Betätigen Sie die Handbremse, heben Sie das Fahrzeug vorn an, und stützen Sie es sicher ab (siehe Seite 390). Demontieren Sie die Vorderräder.

2 Folgen Sie beim Wechsel der Beläge den Abbildungen 4.2a bis 4.2s. Halten Sie die richtige Reihenfolge ein und lesen Sie die Bildunterschriften deutlich durch. Beachten Sie die folgenden Schritte. Beachten Sie bei der Montage alter Beläge, dass sie wieder an ihre ursprüngliche Positionen gelangen.

4.2a Hebeln Sie mit einem Schraubendreher und einer Zange vorsichtig die Bremssattelfeder-Platte ab.

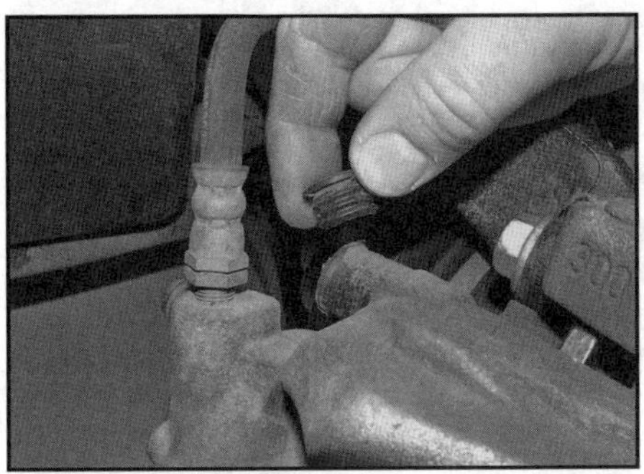

4.2b Hebeln Sie die obere ...

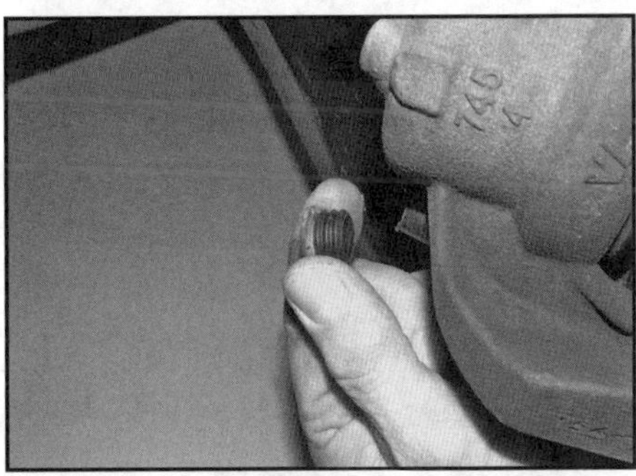

4.2c ... und untere Gummikappe heraus.

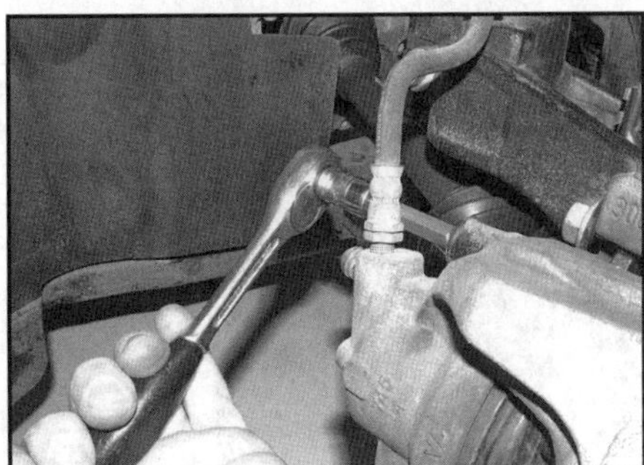

4.2d Lösen Sie dann die obere und untere Führungsschraube.

4.2e Befreien Sie die Bremsleitung aus der Führung am Federbein.

4.2f Ziehen Sie den Bremssattel samt innerem Bremsbelag von der Bremsscheibe.

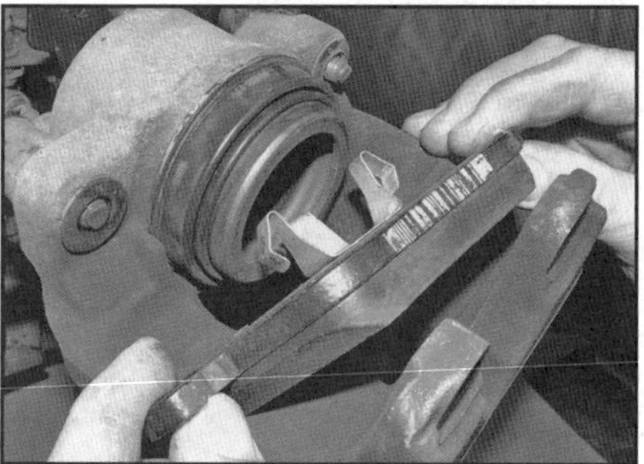

4.2g Befreien Sie den inneren Bremsbelag vom Bremssattel-Kolben ...

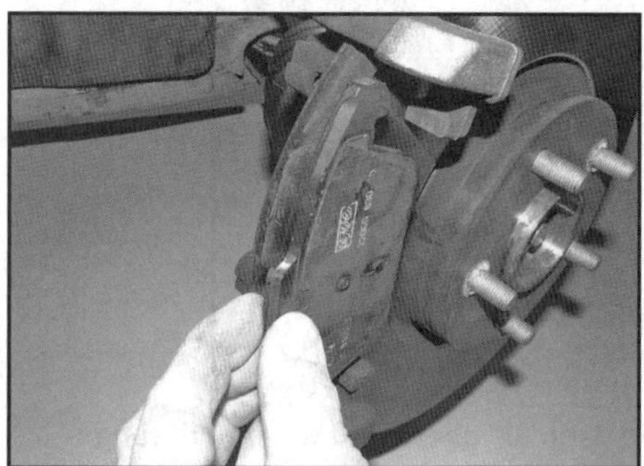

4.2h ... und heben Sie den äußeren Bremsbelag aus dem Bremssattelträger.

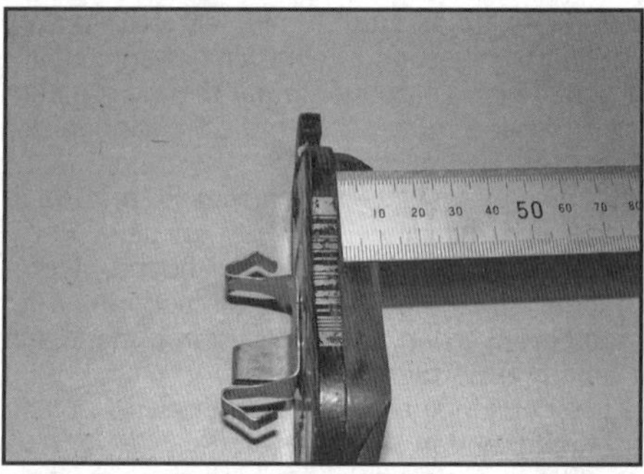

4.2i Messen Sie die Belagstärke – bei weniger als 2,0 mm müssen alle Vorderrad-Bremsbeläge erneuert werden.

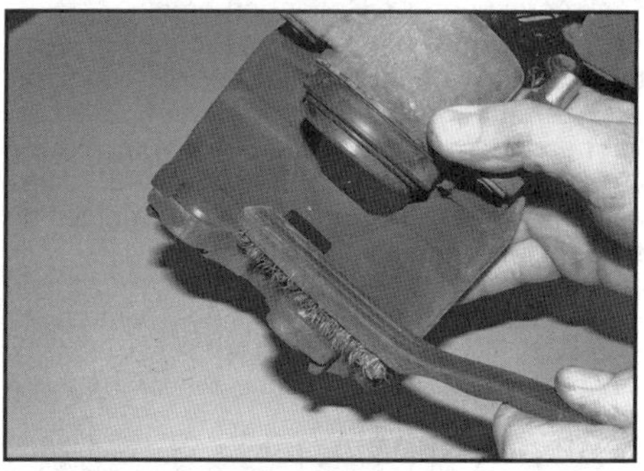

4.2j Reinigen Sie die Innenseite des Bremssattels mit einer Drahtbürste.

4.2k Falls neue Beläge installiert werden sollen, muss der Kolben in den Sattel gedrückt werden – nötigenfalls mithilfe eines speziellen Bremskolben-Eindrückwerkzeugs.

4.2l Setzen Sie den äußeren Belag in den Bremssattelträger ...

4.2m … und den inneren Belag am Bremskolben an.

4.2n Schieben Sie den Bremssattel mit dem inneren Belag über den äußeren Belag und die Bremsscheibe.

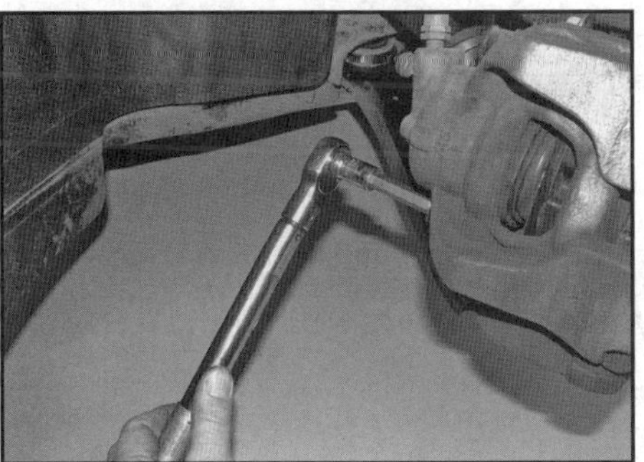

4.2o Installieren Sie die Führungsschrauben und ziehen Sie sie mit 28 Nm an.

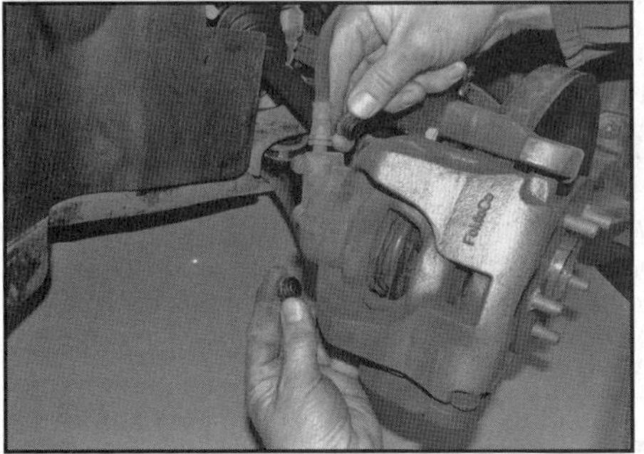

4.2p Drücken Sie die Gummikappen über den Schrauben in die Sitze.

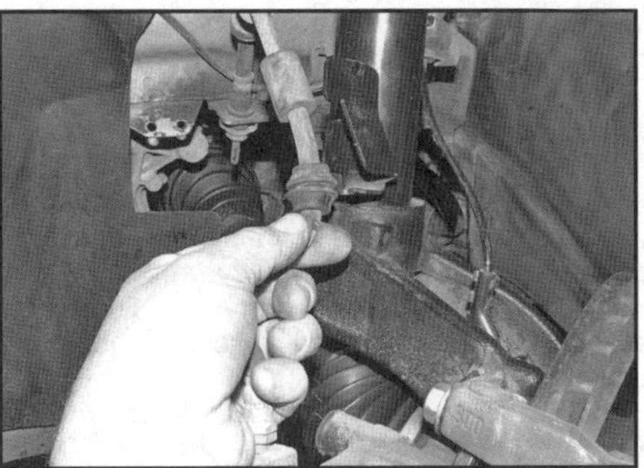

4.2q Sichern Sie die Bremsleitung an der Führung am Federbein.

4.2r Komprimieren Sie mit einer Zange die Bremssattelfeder-Platte …

4.2s … und drücken Sie deren Laschen in die Bohrungen des Bremssattels.

3 Falls die alten Beläge wiederverwendet werden können, müssen sie sorgfältig mit einer sauberen feinen Drahtbürste gereinigt werden – beachten sie besonders die Seiten und Rückseiten Bereiche der Belagplatte. Reinigen Sie die Nuten im Belagmaterial und entfernen Sie größere Fremdkörper. Reinigen Sie sorgfältig die Sitze der Beläge im Bremssattel und dessen Halter.

4 Kontrollieren Sie die Staubdichtung am Kolben und den Kolben selbst auf Undichtigkeiten, Korrosion oder Beschädigungen. Beachten Sie für den Austausch dieser Teile die Hinweise in Sektion 5.

5 Falls neue Bremsbeläge installiert werden sollen, muss der Bremssattelkolben vollständig in seine Bohrung gedrückt werden, um Platz dafür zu schaffen – verwenden Sie dazu eine Schraubzwinge, ein passendes Stück Holz als Hebel oder ein spezielles Bremskolben-Werkzeug (Abb. 4.2k). Klemmen Sie die zum Hauptbremszylinder führende Bremsleitung ab und verbinden Sie ein Entlüftungs-Kit mit der Entlüftungsschraube des Bremssattels. Öffnen Sie die Schraube beim Zurückdrücken des Kolbens, sodass überschüssige Bremsflüssigkeit in den Sammelbehälter gedrückt wird – hierdurch kann keine Luft ins System eindringen.

Anmerkung: *Die in der ABS-Einheit enthaltenen hydraulischen Komponenten reagieren sehr empfindlich auf kleinste Fremdkörper in der Bremsflüssigkeit, da sie sehr feine Kanäle und Ventile blockieren können. Die hier beschriebene Methode zum Zurückdrücken des Kolbens sorgt dafür, dass Ablagerungen im Bremssattel zurück in die ABS-Einheit gedrückt werden; zudem können auf diese Weise nicht die Dichtungen im Hauptbremszylinder beschädigt werden.*

6 Treten Sie mehrmals das Bremspedal durch, um die Beläge an die Bremsscheiben zu drücken und anschließend einen normalen Druckpunkt herzustellen.

7 Wiederholen Sie die Prozedur mit dem anderen Vorderradbremssattel.

8 Montieren Sie die Räder, senken Sie das Fahrzeug ab, und ziehen Sie die Radmuttern mit 140 Nm an.

9 Prüfen Sie den Bremsflüssigkeitspegel und füllen Sie ggf. nach – siehe *Wöchentliche Kontrollen.*

Achtung: Wenn neue Bremsbeläge installiert wurden, sollten diese zunächst möglichst ohne Vollbremsungen »eingebremst« werden, damit sie sich den Bremsscheiben anpassen können.

5 Vorderrad-Bremssattel – Ausbau, Überholung und Einbau

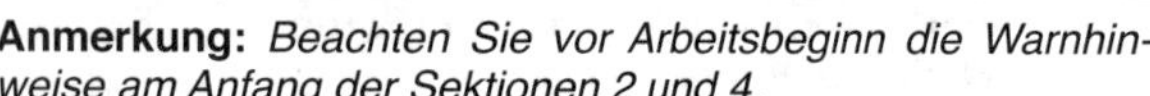

Anmerkung: *Beachten Sie vor Arbeitsbeginn die Warnhinweise am Anfang der Sektionen 2 und 4.*

Ausbau

1 Betätigen Sie die Handbremse, heben Sie das Fahrzeug vorn an, und stützen Sie es sicher ab (siehe Seite 390). Demontieren Sie das entsprechende Vorderrad.

2 Der Verlust an Bremsflüssigkeit kann minimiert werden, indem der Deckel des Ausgleichsbehälters geöffnet, ein Stück Plastikfolie über die Öffnung gelegt und der Deckel wieder aufgeschraubt wird – so ist der Behälter nicht belüftet, und bei einer getrennten Leitung läuft keine Flüssigkeit nach. Alternativ können Schläuche mit einer speziellen Bremsschlauchklemme abgedichtet werden.

3 Lockern Sie zunächst den Bremsleitungs-Anschluss am Bremssattel, aber schrauben Sie die Leitung jetzt noch nicht ab.

4 Entfernen Sie die Bremsbeläge (siehe Sektion 4).

5 Halten Sie den Bremssattel mit einer Hand und hindern Sie den Hydraulikschlauch mit der anderen Hand am Mitdrehen. Drehen Sie den Sattel von der Bremsleitung, ohne dass diese dabei verdreht oder anderweitig belastet wird. Bedecken oder verstopfen Sie anschließend alle offenen Anschlüsse, um den Austritt von Bremsflüssigkeit zu minimieren und das Eindringen von Schmutz zu verhindern.

6 Nötigenfalls kann der Bremssattelträger vom Achsgelenk geschraubt werden.

Überholen

Anmerkung: *Erkundigen Sie sich vor Arbeitsbeginn nach der Verfügbarkeit von Ersatzteilen zum Überholen des Bremssattels.*

7 Reinigen Sie den auf der Werkbank liegenden Bremssattel – achten Sie darauf, keinen Staub einzuatmen.

8 Ziehen Sie die Staubdichtung vom Ende des Kolbens.

9 *Drücken Sie den Kolben vorsichtig mit am Bremsleitungsanschluss angesetzter Druckluft heraus – verwenden Sie dabei nur geringen Luftdruck, schützen Sie den Kolben mit einem Stück Holz und passen Sie auf, sich nicht die Finger einzuklemmen.*

10 Befreien Sie mithilfe eines kleinen stumpfen Werkzeugs den Kolben-Dichtring aus der Nut der Bremssattelbohrung – beschädigen Sie diese dabei nicht.

11 Reinigen Sie sorgfältig alle Komponenten mit Spiritus oder sauberer Bremsflüssigkeit – verwenden Sie **niemals** Lösungsmittel auf Mineralölbasis (Benzin oder Petroleum), da diese die Gummiteile der Hydraulik angreifen! Trocknen Sie die Teile unverzüglich mit einem sauberen und fusselfreien Lappen und blasen Sie alle Kanäle möglichst mit Druckluft aus.

Achtung: Tragen Sie bei der Arbeit mit Druckluft stets eine Schutzbrille!

12 Kontrollieren Sie alle Bauteile. Falls der Kolben und/oder seine Bohrung verschlissen, beschädigt oder stark korrodiert ist, muss der gesamte Bremssattel erneuert werden. Die Dichtungen müssen auf jeden Fall durch Neuteile ersetzt werden.

13 Benetzen Sie den Kolben, seine Bohrung und den neuen Dichtring mit frischer Bremsflüssigkeit.

14 Installieren Sie den neuen Kolben-Dichtring von Hand in die Nut der Bohrung – verwenden Sie hierfür keine Werkzeuge.

15 Installieren Sie den Kolben senkrecht in den Bremssattel – er darf dabei nicht verkanten.

16 Rüsten Sie den Kolben mit der neuen Staubdichtung aus und drücken Sie ihn vollständig in den Sattel.

Einbau

17 Montieren Sie den Bremssattel in der umgekehrten Ausbaureihenfolge – die Bremsschläuche dürfen nicht verdreht werden. Ziehen Sie alle Befestigungen mit den in den technischen Daten angegebenen Drehmomenten an.

18 Entlüften Sie die Bremse (siehe Sektion 2) – vorausgesetzt, der Flüssigkeitsverlust wurde minimiert, müssen nur die Vorderradbremsen entlüftet werden.

19 Betätigen Sie mehrmals das Bremspedal, um die Beläge an die Bremsscheibe anzulegen und einen normalen Druckpunkt zu erzeugen.

20 Kontrollieren Sie den Pegel im Hauptbremszylinder und füllen Sie nötigenfalls frische Bremsflüssigkeit nach (siehe *Wöchentliche Kontrollen*). Testen Sie die Bremse vor der ersten Fahrt sorgfältig.

6 Vorderrad-Bremsscheibe – Kontrolle, Ausbau und Einbau

Anmerkung: Beachten Sie vor Arbeitsbeginn die den Bremsenstaub betreffenden Warnhinweise am Anfang von Sektion 4.

Anmerkung: *Falls eine Bremsscheibe ersetzt werden muss, sind immer beide Vorderrad-Bremsscheiben auszutauschen, um eine gleichmäßige Bremswirkung sicherzustellen. Beim Austausch von Bremsscheiben müssen auch die Bremsbeläge erneuert werden.*

Kontrolle

1 Betätigen Sie die Handbremse, heben Sie das Fahrzeug vorn an, und stützen Sie es sicher ab (siehe Seite 390). Demontieren Sie das entsprechende Vorderrad.

2 Befreien Sie den Bremsschlauch aus der Halterung am Federbein (Abb. 4.2e).

3 Lösen Sie die Schrauben, die den Bremssattelträger am Achsgelenk sichern, und ziehen Sie ihn samt Bremssattel vom Achsgelenk und der Bremsscheibe ab – die Bremsbeläge müssen dafür nicht entfernt werden (siehe Abbildung). Sichern

Sie die Baugruppe z. B. mit einem Kabelbinder oder Draht am Federbein. Achtung: Lassen Sie den Bremssattel und seinen Träger nicht an der Bremsleitung hängen!

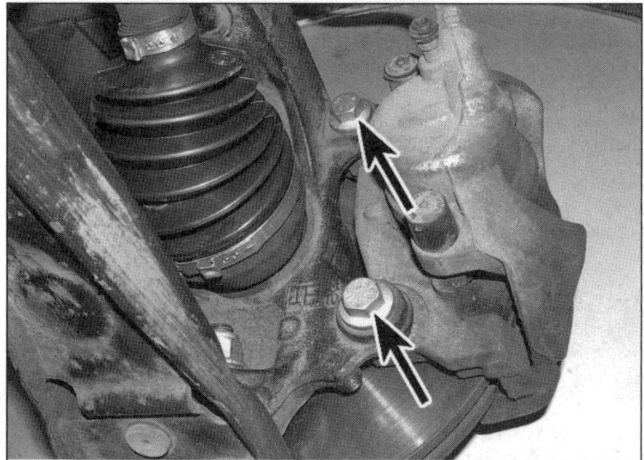

6.3 Schrauben, die den Bremssattelträger am Achsgelenk sichern

4 Drehen Sie zwei der Radmuttern gegenüber und mit der flachen Seite zur Bremsscheibe auf ihre Stehbolzen und ziehen Sie sie schrittweise an, um die Bremsscheibe gut zu sichern.

5 Entfernen Sie sämtliche Korrosion von der Bremsscheibe; drehen Sie sie und begutachten Sie auf beiden Seiten den Zustand der Oberfläche auf Kerben und andere Beschädigungen. Messen Sie an mehreren Stellen (im Bereich der Bremsbelag-Kontaktflächen) mit einer Bügelmessschraube die Bremsscheiben-Stärke (siehe Abbildung) – es dürfen nicht weniger als 26 mm festgestellt werden. Leichte Kratzer sind nach Gebrauch normal und behindern nicht die Funktion der Bremse, tiefe Kerben und starker Abrieb reduzieren jedoch die Bremswirkung und erhöhen den Belagverschleiß. Eine Bremsscheibe kann nötigenfalls geschliffen werden, doch muss auf die Minimalstärke geachtet werden. Eine irgendwo gerissene Bremsscheibe muss natürlich erneuert werden.

6.5 Ermitteln Sie die Bremsscheibe-Stärke mit einer Bügelmessschraube.

6 Ermitteln Sie 10 mm vom Außenrand der Bremsscheibe entfernt mithilfe einer Messuhr, ob die Scheibe verzogen ist; drehen Sie die Bremsscheibe und prüfen Sie, ob die Nadel um mehr als 0,1 ausschlägt (siehe Abbildung).

6.6 Ermittlung des Bremsscheiben-Verzugs mithilfe einer Messuhr

7 Falls der Verzug über 0,1 mm liegt, muss die Bremsscheibe wie folgt auf eine unterschiedliche Stärke kontrolliert werden: Markieren Sie die Bremsscheibe an acht um 45° voneinander entfernt liegenden Positionen und ermitteln Sie hier 15 mm vor dem Außenrand mit einer Messuhr die Stärke – falls die Differenz 0,008 mm übersteigt, muss die Bremsscheibe erneuert werden.

8 Der Verzug der Radnaben-Kontaktfläche kann auf ähnliche Weise kontrolliert werden. Demontieren Sie zunächst die Bremsscheibe (siehe unten), befestigen Sie die Messuhr und drehen Sie die Radnabe – falls hier mehr als 0,1 mm Verzug ermittelt werden, müssen die Radlager erneuert werden (siehe Kapitel 10, Sektion 2), bevor erneut der Bremsscheiben-Verzug kontrolliert wird.

Ausbau

9 Entfernen Sie ggf. die für die Kontrolle des Verzugs installierten Radmuttern.

10 Drehen Sie die speziellen Haltemuttern von den Radbolzen (siehe Abbildung).

6.10 Drehen Sie die speziellen Haltemuttern von den Radbolzen ...

11 Falls die Bremsscheibe wiederverwendet werden soll, muss ihre Ausrichtung zum Achsgelenk markiert werden. Ziehen Sie die Bremsscheibe von den Radbolzen (siehe Abbildung).

6.11 … und ziehen Sie die Bremsscheibe ab.

Einbau

12 Die Kontaktflächen der Bremsscheibe und der Radnabe müssen absolut sauber und frei von Korrosion sein. Richten Sie ggf. bei der alten Bremsscheibe die Markierung aus und schieben Sie die Scheibe über die Stehbolzen auf die Radnabe.
13 Drehen Sie die speziellen Haltemuttern auf die Radbolzen.
14 Montieren Sie den Bremssattelträger samt Sattel und Bremsbelägen und ziehen Sie seine Schrauben mit 200 Nm an.
15 Sichern Sie die Bremsleitung an der Führung am Federbein.
16 Montieren Sie das Rad, senken Sie das Fahrzeug ab, und ziehen Sie die Radmuttern mit 140 Nm an.
17 Betätigen Sie vor der ersten Fahrt mehrmals die Bremse, um die Beläge an der Bremsscheibe anliegen zu lassen.
18 Falls eine neue Bremsscheibe montiert wurde, muss die Prozedur am anderen Vorderrad wiederholt werden.

7 Hinterrad-Bremsbeläge – Ersetzen

Warnung: Ersetzen Sie immer alle Bremsbeläge beider Hinterradbremsen; der Austausch der Beläge nur an einer Seite würde zu einer ungleichmäßigen Bremswirkung führen.

Warnung: Der beim Verschleiß der Bremsbeläge entstehende Staub kann krebserregendes Asbest enthalten und darf daher nicht mit Druckluft ausgeblasen und eingeatmet werden. Entfernen Sie den Staub KEINESFALLS mit Benzin oder Lösungsmittel auf Petroleumbasis. Verwenden Sie Bremsenreiniger oder Spiritus, um Bremsenteile zu reinigen. Lassen Sie weder Bremsflüssigkeit noch Öle oder Fette mit den Bremsbelägen oder der Bremsscheibe in Kontakt kommen. Beachten Sie die Warnhinweise in Sektion 2, um weitere Informationen zu Bremsflüssigkeit zu erhalten.

Ausbau

1 Lockern Sie hinten die Radbolzen. Blockieren Sie die Vorderräder, heben Sie das Fahrzeug hinten an und stützen Sie es sicher ab (siehe Seite 390). Demontieren Sie die Hinterräder.

2 Folgen Sie beim Wechsel der Beläge den Abbildungen 7.2a bis 7.2t. Halten Sie die richtige Reihenfolge ein und lesen Sie die Bildunterschriften deutlich durch. Beachten Sie auch die folgenden Schritte. Beachten Sie bei der Montage alter Beläge, dass sie wieder an ihre ursprüngliche Positionen gelangen.

7.2a Lockern Sie die untere Führungszapfen-Schraube, während der Zapfen mit einem zweiten Schlüssel gekontert wird, …

7.2b … und drehen Sie die Schraube aus dem Bremssattel.

7.2c Lösen Sie die obere Führungszapfen-Schraube auf die gleiche Weise, sodass der Sattel von seinem Träger befreit ist, …

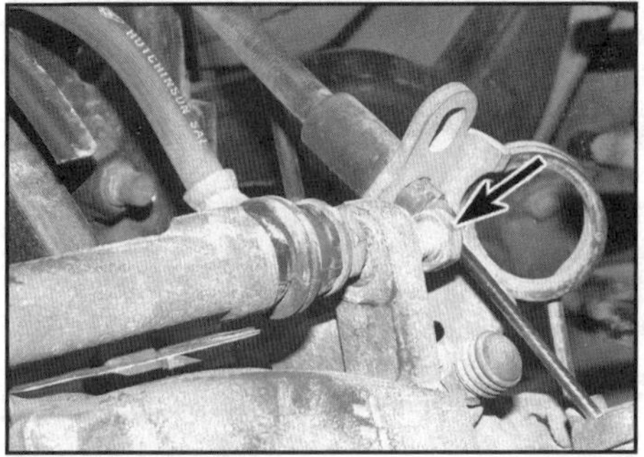

7.2d … allerdings kann die Schraube nicht vollständig entfernt werden.

7.2e Heben Sie den Bremssattel vom Träger und sichern Sie ihn mit Draht o. ä. an den Radaufhängungen, um die Bremsleitung nicht unter Last zu setzen.

7.2f Entfernen Sie den äußeren ...

7.2g ... und den inneren Bremsbelag aus dem Bremssattelträger.

7.2h Entfernen Sie die untere ...

7.2i ... und die obere Führungsplatte aus dem Bremssattelträger.

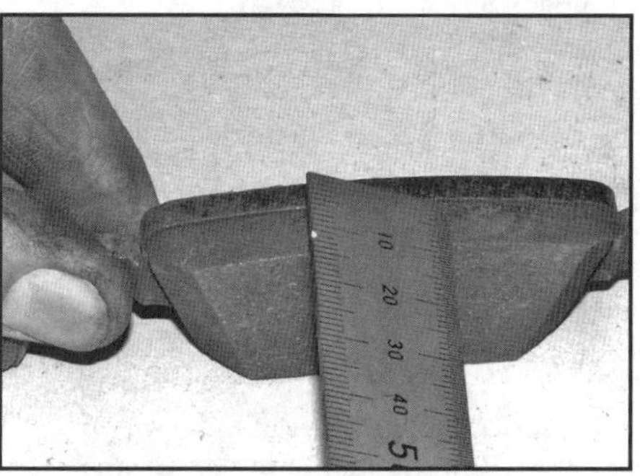

7.2j Messen Sie die Belagstärke – bei weniger als 1,5 mm müssen alle Hinterrad-Bremsbeläge erneuert werden.

7.2k Falls neue Beläge installiert werden sollen, muss der Kolben in den Sattel gedrückt werden – nötigenfalls mithilfe eines speziellen Bremskolben-Eindrückwerkzeugs.

7.2l Befreien Sie den Bremssattel samt Kolben und Träger mit einer Drahtbürste von Staub und Schmutz.

7.2m Installieren Sie die untere ...

7.2n ... und die obere Führungsplatte in den Bremssattelträger.

7.2o Installieren Sie den inneren ...

7.2p ... und den äußeren Bremsbelag in den Träger – entfernen Sie zuvor ggf. vorhandene Klebefolie.

7.2q Positionieren Sie den Bremssattel im Halter.

7.2r Installieren Sie die obere ...

7.2s ... und die untere Führungszapfen-Schraube ...

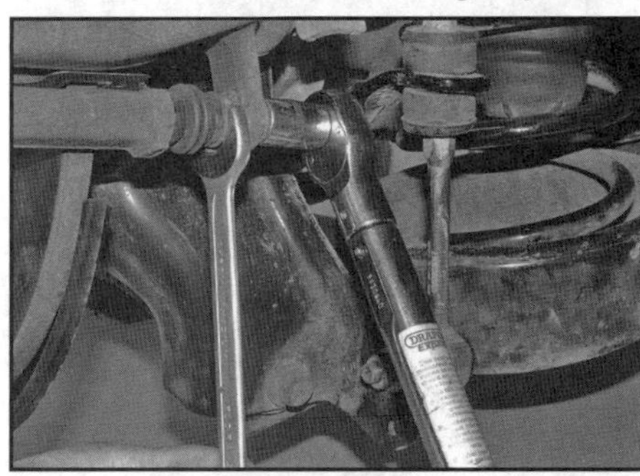

7.2t ... und ziehen Sie beide mit 35 Nm an.

3 Falls die alten Beläge wiederverwendet werden können, müssen sie sorgfältig mit einer sauberen feinen Drahtbürste gereinigt werden – beachten sie besonders die Seiten und Rückseiten Bereiche der Belagplatte. Reinigen Sie die Nuten im Belagmaterial und entfernen Sie größere Fremdkörper. Reinigen Sie sorgfältig die Sitze der Beläge im Bremssattel und dessen Halter.

4 Prüfen Sie vor dem Einbau, ob die Führungszapfen spielfrei im Bremssattelträger sitzen. Entfernen Sie Staub und Schmutz aus dem Bremssattel und vom Kolben – atmen Sie den Staub nicht ein! Kontrollieren Sie die Staubdichtung am Kolben und den Kolben selbst auf Undichtigkeiten, Korrosion oder Beschädigungen. Beachten Sie für den Austausch dieser Teile die Hinweise in Sektion 8.

5 Falls neue Bremsbeläge installiert werden sollen, muss der Bremssattelkolben vollständig in seine Bohrung gedrückt werden, um Platz dafür zu schaffen – verwenden Sie dazu eine Schraubzwinge, ein passendes Stück Holz als Hebel oder ein spezielles Bremskolben-Werkzeug (Abb. 4.2k). Klemmen Sie die zum Hauptbremszylinder führende Bremsleitung ab und verbinden Sie ein Entlüftungs-Kit mit der Entlüftungsschraube des Bremssattels. Öffnen Sie die Schraube beim Zurückdrücken des Kolbens, sodass überschüssige Bremsflüssigkeit in den Sammelbehälter gedrückt wird – hierdurch kann keine Luft ins System eindringen. **Anmerkung:** *Die in der ABS-Einheit enthaltenen hydraulischen Komponenten reagieren sehr empfindlich auf kleinste Fremdkörper in der Bremsflüssigkeit, da sie sehr feine Kanäle und Ventile blockieren können. Die hier beschriebene Methode zum Zurückdrücken des Kolbens sorgt dafür, dass Ablagerungen im Bremssattel zurück in die ABS-Einheit gedrückt werden; zudem können auf diese Weise nicht die Dichtungen im Hauptbremszylinder beschädigt werden.*

6 Treten Sie mehrmals das Bremspedal durch, um die Beläge an die Bremsscheiben zu drücken und anschließend einen normalen Druckpunkt herzustellen.

7 Wiederholen Sie die Prozedur mit dem anderen Hinterradbremssattel.

8 Montieren Sie die Räder, senken Sie das Fahrzeug ab, und ziehen Sie die Radmuttern mit 140 Nm an.

9 Prüfen Sie den Bremsflüssigkeitspegel und füllen Sie ggf. nach – siehe *Wöchentliche Kontrollen*.

Achtung: Wenn neue Bremsbeläge installiert wurden, sollten diese zunächst möglichst ohne Vollbremsungen »eingebremst« werden, damit sie sich den Bremsscheiben anpassen können.

8 Hinterrad-Bremssattel – Ausbau, Überholung und Einbau

Anmerkung: *Beachten Sie vor Arbeitsbeginn die Warnhinweise am Anfang der Sektionen 2 und 7.*

Ausbau

1 Blockieren Sie die Vorderräder, heben Sie das Fahrzeug hinten an, und stützen Sie es sicher ab (siehe Seite 390). Demontieren Sie das entsprechende Hinterrad.

2 Schwenken Sie am Bremssattel den Handbremsenhebel nach oben, um den Bremsseil-Nippel zu befreien (siehe Abbildung).

8.2 Schwenken Sie den Handbremsenhebel hoch und befreien Sie den Bremsseil-Nippel.

3 Drücken Sie mit einer Spitzzange am Wiederlager der Bremsseil-Hülle die Laschen zusammen und ziehen Sie den gesamten Bowdenzug aus dem Halter (siehe Abbildungen).

8.3a Drücken Sie am Wiederlager der Bremsseil-Hülle die Laschen zusammen ...

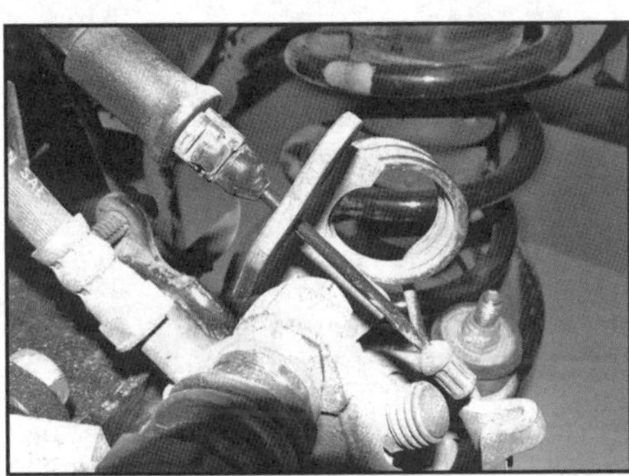

8.3b ... und ziehen Sie den gesamten Bowdenzug aus dem Halter.

4 Der Verlust an Bremsflüssigkeit kann minimiert werden, indem der Deckel des Ausgleichsbehälters geöffnet, ein Stück Plastikfolie über die Öffnung gelegt und der Deckel wieder aufgeschraubt wird – so ist der Behälter nicht belüftet, und bei einer getrennten Leitung läuft keine Flüssigkeit nach. Alternativ können Schläuche mit einer speziellen Bremsschlauchklemme abgedichtet werden.

5 Reinigen Sie den Bremssattel im Bereich des Bremsleitungs-Anschlusses und lockern Sie diesen – entfernen Sie ihn aber noch nicht.

6 Halten Sie den Bremssattel mit einer Hand und hindern Sie den Hydraulikschlauch mit der anderen Hand am Mitdrehen. Drehen Sie den Sattel von der Bremsleitung, ohne dass diese dabei verdreht oder anderweitig belastet wird.

7 Bedecken oder verstopfen Sie anschließend alle offenen Anschlüsse, um den Austritt von Bremsflüssigkeit zu minimieren und das Eindringen von Schmutz zu verhindern.

8 Nötigenfalls kann der Bremssattelträger vom Achsgelenk geschraubt werden (siehe Abbildung).

8.8 Schrauben des Hinterrad-Bremssattelträgers

Überholen

9 Für Hinterrad-Bremssättel waren zum Zeitpunkt des Verfassens dieses Buchs (2016) keine Ersatzteile erhältlich, sodass der gesamte Sattel ersetzt werden muss – erkundigen Sie sich beim Ford-Händler nach Reparatursets. Versuchen Sie nicht, den Handbremsmechanismus im Bremssattel zu zerlegen – bei einem Defekt muss der gesamte Bremssattel erneuert werden.

Einbau

10 Montieren Sie den Bremssattel in der umgekehrten Ausbaureihenfolge – die Bremsschläuche dürfen nicht verdreht werden. Ziehen Sie alle Befestigungen mit den in den technischen Daten angegebenen Drehmomenten an.

11 Entlüften Sie die Bremse (siehe Sektion 2) – vorausgesetzt, der Flüssigkeitsverlust wurde minimiert, müssen nur die Vorderradbremsen entlüftet werden.

12 Betätigen Sie mehrmals das Bremspedal, um die Beläge an die Bremsscheibe anzulegen und einen normalen Druckpunkt zu erzeugen.

13 Kontrollieren Sie den Pegel im Hauptbremszylinder und füllen Sie nötigenfalls frische Bremsflüssigkeit nach (siehe *Wöchentliche Kontrollen*). Testen Sie die Bremse vor der ersten Fahrt sorgfältig.

9 Hinterrad-Bremsscheibe – Kontrolle, Ausbau und Einbau

Anmerkung: *Beachten Sie vor Arbeitsbeginn die den Bremsenstaub betreffenden Warnhinweise am Anfang von Sektion 4.*

Anmerkung: *Falls eine Bremsscheibe ersetzt werden muss, sind immer beide Hinterrad-Bremsscheiben auszutauschen, um eine gleichmäßige Bremswirkung sicherzustellen. Beim Austausch von Bremsscheiben müssen auch die Bremsbeläge erneuert werden.*

Kontrolle

1 Entfernen Sie die Hinterradbremsbeläge (siehe Sektion 7).

2 Drehen Sie zwei der Radmuttern gegenüber und mit der flachen Seite zur Bremsscheibe auf ihre Stehbolzen und ziehen Sie sie schrittweise an, um die Bremsscheibe gut zu sichern.

3 Entfernen Sie sämtliche Korrosion von der Bremsscheibe; drehen Sie sie und begutachten Sie auf beiden Seiten den Zustand der Oberfläche auf Kerben und andere Beschädigungen. Messen Sie an mehreren Stellen (im Bereich der Bremsbelag-Kontaktflächen) mit einer Bügelmessschraube die Bremsscheiben-Stärke – es dürfen nicht weniger als 9,0 mm festgestellt werden. Leichte Kratzer sind nach Gebrauch normal und behindern nicht die Funktion der Bremse, tiefe Kerben und starker Abrieb reduzieren jedoch die Bremswirkung und erhöhen den Belagverschleiß. Eine Bremsscheibe kann nötigenfalls geschliffen werden, doch muss auf die Minimalstärke geachtet werden. Eine irgendwo gerissene Bremsscheibe muss natürlich erneuert werden.

4 Ermitteln Sie 10 mm vom Außenrand der Bremsscheibe entfernt mithilfe einer Messuhr, ob die Scheibe verzogen ist; drehen Sie die Bremsscheibe und prüfen Sie, ob die Nadel um mehr als 0,1 ausschlägt.

5 Falls der Verzug über 0,1 mm liegt, muss die Bremsscheibe wie folgt auf eine unterschiedliche Stärke kontrolliert werden: Markieren Sie die Bremsscheibe an acht um 45° voneinander entfernt liegenden Positionen und ermitteln Sie hier 15 mm vor dem Außenrand mit einer Messuhr die Stärke – falls die Differenz 0,025 mm übersteigt, muss die Bremsscheibe erneuert werden.

6 Der Verzug der Radnaben-Kontaktfläche kann auf ähnliche Weise kontrolliert werden. Demontieren Sie zunächst die Bremsscheibe (siehe unten), befestigen Sie die Messuhr und drehen Sie die Radnabe – falls hier mehr als 0,1 mm Verzug ermittelt werden, müssen die Radlager erneuert werden (siehe Kapitel 10, Sektion 8), bevor erneut der Bremsscheiben-Verzug kontrolliert wird.

Ausbau

7 Entfernen Sie ggf. die Hinterradbremsbeläge (siehe Sektion 7).

8 Entfernen Sie ggf. die übergangsweise installierten Radmuttern (siehe Schritt 2).

9 Lösen Sie die zwei Schrauben, die den Bremssattelträger am Achsträger sichern, und entnehmen Sie ihn (Abb. 8.8).

10 Lösen Sie die Sicherungsschraube und ziehen Sie die Bremsscheibe von den Radbolzen (siehe Abbildungen).

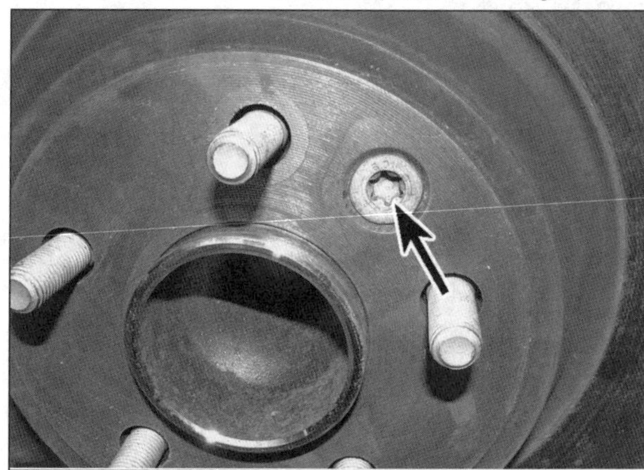

9.10a Lösen Sie die Sicherungsschraube ...

9.10b ... und ziehen Sie die Bremsscheibe ab.

Einbau

11 Die Kontaktflächen der Bremsscheibe und der Radnabe müssen absolut sauber und frei von Korrosion sein.
12 Setzen Sie die Bremsscheibe so an der Radnabe an, dass die Sicherungsschraube installiert und sorgfältig angezogen werden kann.
13 Neue Bremsscheiben müssen mit nicht nachfettendem Lösungsmittel von sämtlichen Schutzbeschichtungen befreit werden.
14 Montieren Sie den Bremssattelträger und ziehen Sie seine Schrauben mit 110 Nm an.
15 Montieren Sie die Bremsbeläge und den Bremssattel (siehe Sektion 7).
16 Montieren Sie das Rad, senken Sie das Fahrzeug ab, und ziehen Sie die Radmuttern mit 140 Nm an.
17 Betätigen Sie vor der ersten Fahrt mehrmals die Bremse, um die Beläge an der Bremsscheibe anliegen zu lassen.
18 Falls eine neue Bremsscheibe montiert wurde, muss die Prozedur am anderen Hinterrad wiederholt werden.

10 Hauptbremszylinder – Ausbau und Einbau

Anmerkung: *Beachten Sie vor Arbeitsbeginn die Warnhinweise am Anfang von Sektion 2.*

Ausbau

1 Schrauben Sie den Deckel des Ausgleichsbehälters ab und saugen Sie mit einer Spritze oder Pipette möglichst viel Bremsflüssigkeit ab. **Warnung: Saugen Sie Bremsflüssigkeit nicht mit dem Mund an – sie ist giftig!**
Anmerkung: *Alternativ kann eine gut zugängliche Entlüftungsschraube des Bremssystems geöffnet und mit Schläuchen versehen werden, um die Bremsflüssigkeit bei sanfter Betätigung der Bremse herauszudrücken (siehe Sektion 2).*
2 Drücken Sie am Schnellverschluss des Kupplungsschlauchs unten am Ausgleichsbehälter die Laschen zusammen und trennen Sie den Anschluss (siehe Abbildung).

10.2 Schnellverschluss des Kupplungsschlauchs unten am Ausgleichsbehälter

3 Trennen Sie unten am Ausgleichsbehälter den Stecker des Bremsflüssigkeits-Pegelsensors.
4 Unterlegen Sie den Ausgleichsbehälter mit Lappen, um austretende Bremsflüssigkeit aufzunehmen. Beachten Sie die Positionen der Bremsleitungen, lösen Sie die Anschlussmuttern und verlagern Sie die Leitungen beiseite. Verstopfen Sie die Öffnungen, damit kein Schmutz eindringt.
5 Lösen Sie die zwei Muttern, die den Hauptbremszylinder am Bremskraftverstärker sichern, und heben Sie die Baugruppe aus dem Motorraum (siehe Abbildung) – waschen Sie Bremsflüssigkeitsspritzer unverzüglich von Lackoberflächen ab.

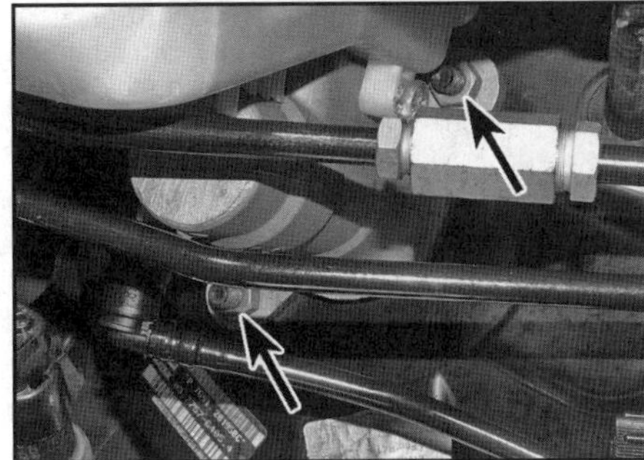

10.5 Muttern, die den Hauptbremszylinder am Bremskraftverstärker sichern.

6 Entfernen Sie die zwischen dem Hauptbremszylinder und dem Bremskraftverstärker sitzende Dichtung.
7 Weiteres Zerlegen des Hauptbremszylinder sollte unterbleiben, da keine Einzelteile erhältlich sind.

Einbau

8 Entfernen Sie sämtlichen Schmutz von den Kontaktflächen des Hauptbremszylinders und des Bremskraftverstärkers. Legen Sie eine neue Dichtung über die Stehbolzen des Bremskraftverstärkers.
9 Setzen Sie den Hauptbremszylinder an den Bremskraftverstärker, sodass dessen Druckstange mittig in seinen Kolben greift. Installieren Sie die Muttern und ziehen Sie sie mit 25 Nm an.
10 Wischen Sie die Bremsleitungsanschlüsse sauber, setzen Sie sie an und ziehen Sie die Anschlussmuttern mit 18 Nm an.
11 Verbinden Sie den Stecker des Bremsflüssigkeits-Pegelsensors und den Kupplungsschlauch mit dem Ausgleichsbehälter.
12 Füllen Sie den Ausgleichsbehälter mit frischer Bremsflüssigkeit auf und entlüften Sie anschließend die komplette Brems- und Kupplungshydraulik (siehe Sektion 2 und Kapitel 6, Sektion 5).
13 Prüfen Sie vor der ersten Fahrt sorgfältig die Funktion der Bremsen und der Kupplung.

11 Bremspedal – Ausbau und Einbau

Anmerkung: *Das Bremspedal ist in die Pedal-Aufnahme integriert und kann nicht separat demontiert werden. Falls ein Pedal aufgrund verschlissener Lagerbuchsen ersetzt werden muss, bleibt nur der Austausch der gesamten Aufnahme.*
Erforderliche Neuteile: *Kunststoff-Gelenkstift, der das Bremspedal an der Druckstange des Bremskraftverstärkers sichert; Kreuzgelenk-Klemmschraube für das Lenksälen-Kreuzgelenk*

Ausbau

1 Trennen Sie das Haupt-Massekabel (–) der Batterie (siehe Kapitel 5A, Sektion 4).
2 Demontieren Sie die Lenksäule (siehe Kapitel 10, Sektion 16).
3 Entfernen Sie das Gaspedal (siehe Kapitel 4A, Sektion 6).
4 Entfernen Sie den Bremspedal-Positionssensor und den Bremslichtschalter (siehe Sektion 17).
5 Befreien Sie die Verkabelung aus allen Befestigungen an der Bremspedal-Aufnahme.

6 Hebeln Sie mit einem Schraubendreher den Kunststoff-Gelenkstift heraus, der das Bremspedal an der Druckstange des Bremskraftverstärkers sichert (siehe Abbildung) – der Gelenkstift wird dabei beschädigt, sodass beim Einbau ein Neuteil benötigt wird.

11.6 Hebeln Sie den Kunststoff-Gelenkstift heraus, der das Bremspedal an der Druckstange des Bremskraftverstärkers sichert.

7 Lösen Sie die vier Muttern, die den Bremskraftverstärker an der Pedalaufnahme sichern; lösen Sie die zwei Muttern, mit denen die Pedalaufnahme an der Spritzwand gesichert ist (siehe Abbildung).

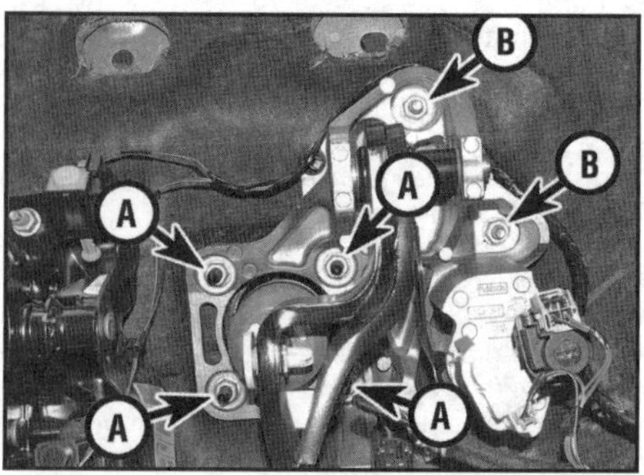

11.7 Bremskraftverstärker-Muttern (A), Pedalaufnahme-Muttern (B)

8 Ziehen Sie die Pedalaufnahme von den Stehbolzen und befreien Sie sie aus dem Fußraum.

Einbau

9 Der Einbau entspricht der umgekehrten Ausbaureihenfolge – beachten Sie dabei folgende Punkte:

a) *Ziehen Sie die Muttern des Bremskraftverstärkers und der Pedalaufnahme mit 25 Nm an.*

b) *Verbinden Sie das Bremspedal mithilfe eines neuen Gelenkstifts mit der Bremskraftverstärker-Druckstange.*

c) *Installieren Sie den Bremspedal-Positionssensor und den Bremslichtschalter (siehe Sektion 17).*

d) *Montieren Sie das Gaspedal (siehe Kapitel 4A, Sektion 6).*

e) *Montieren Sie die Lenksäule (siehe Kapitel 10, Sektion 16).*

f) *Verbinden Sie das Haupt-Massekabel (–) der Batterie (siehe Kapitel 5A, Sektion 4).*

12 Bremskraftverstärker – Test, Ausbau und Einbau

Test

1 Betätigen Sie bei abgeschaltetem Motor mehrmals die Bremse, bis der Unterdruck im Bremskraftverstärker abgebaut ist. Halten Sie das Pedal gedrückt und starten Sie den Motor – sobald er läuft, muss sich das Pedal durch den aufbauenden Unterdruck merklich weiter eindrücken lassen. Lassen Sie den Motor mindestens zwei Minuten laufen und schalten Sie ihn wieder ab. Beim erneuten Betätigen der Bremse muss sie sich normal anfühlen, nach einigen Aktivierungen muss sie sich deutlich fester anfühlen und weniger weit eindrücken lassen.

2 Falls sich die Bremse nicht wie beschrieben verhält, muss zunächst das Bremskraftverstärker-Regelventil überprüft werden (siehe Sektion 13).

3 Wenn sich das Regelventil als funktionsfähig erwiesen hat, wird der Defekt im Bremskraftverstärker selbst liegen – da Reparaturen nicht möglich sind, muss er ausgetauscht werden.

Ausbau

Benzin-Modelle

4 Lassen Sie einen Fachbetrieb das Kältemittel aus der Klimaanlage abpumpen.

5 Trennen Sie das Haupt-Massekabel (–) der Batterie (siehe Kapitel 5A, Sektion 4).

6 Demontieren Sie den Hauptbremszylinder (siehe Sektion 10).

7 Hebeln Sie mit einem Schraubendreher den Kunststoff-Gelenkstift heraus, der das Bremspedal an der Druckstange des Bremskraftverstärkers sichert (Abb. 11.6) – der Gelenkstift wird dabei beschädigt, sodass beim Einbau ein Neuteil benötigt wird.

8 Lösen Sie die vier Muttern, die den Bremskraftverstärker an der Pedalaufnahme sichern (Abb. 11.7).

9 Ziehen Sie die Handbremse, heben Sie das Fahrzeug vorn an, und stützen Sie es sicher ab (siehe Seite 390). Demontieren Sie ggf. den Unterfahrschutz.

10 Um die flexible Sektion des Auspuffs nicht zu beschädigen, sollte sie mithilfe von geeigneten Hölzern und Kabelbindern »geschient« werden. Lösen Sie die zwei Muttern, die das mittlere Auspuffsegment mit dem Flansch der flexiblen Sektion verbinden, und trennen Sie beide Teile. Die Dichtung muss später erneuert werden.

11 Lösen Sie die zwei Schrauben, mit denen die Aufhängung der flexiblen Auspuffsektion am vorderen Hilfsrahmen gesichert ist.

12 Lösen Sie den durchgehenden Bolzen der unteren Motorhalterungs-Anlenkung (siehe Abbildung).

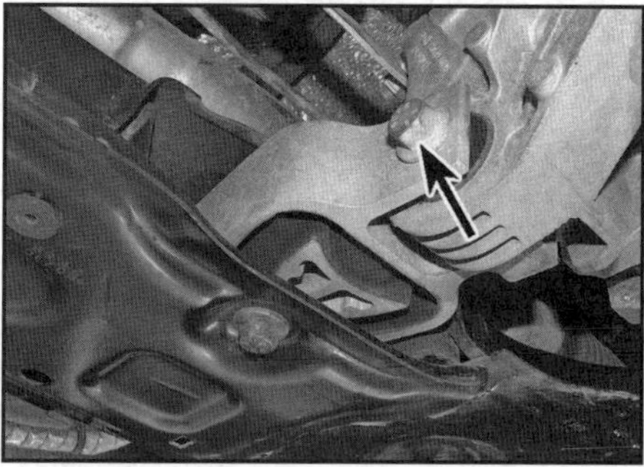

12.12 Durchgangsbolzen der unteren Motorhalterungs-Anlenkung

13 Lösen Sie die Mutter, mit denen die Kältemittelrohre am an der Spritzwand sitzenden Expansionsventil gesichert sind und ziehen Sie die Rohre aus dem Ventil – die O-Ringe müssen später erneuert werden. Verstopfen Sie die offenen Anschlüsse umgehend, um keine Luftfeuchtigkeit oder Schmutz eindringen zu lassen.

14 Lösen Sie an den Verbindungen neben dem Bremskraftverstärker die Anschlussmuttern der Bremsleitungen und trennen Sie diese.

15 Weil die rechte Motorhalterung von der Karosserie gelöst werden muss, wird jetzt ein Werkstattkran oder eine ähnliche Hebevorrichtung benötigt, um den Motor von oben abstützen zu können. Fehlen solche Vorrichtungen, kann der Motor nötigenfalls auch mithilfe eines Rangierwagenhebers und eines Holzes unter der Ölwanne abgestützt werden.
16 Sobald der Motor sicher abgestützt ist, werden die zwei Schrauben gelöst, mit denen die rechte Motorhalterung an der Karosserie gesichert ist.
17 Befreien Sie vorsichtig den Schlauch aus dem Bremskraftverstärker – verlieren Sie dabei nicht den Dichtstopfen (siehe Abbildung).

12.17 Anschluss des Unterdruckschlauchs am Bremskraftverstärker

18 Ziehen Sie den Bremskraftverstärker so weit wie möglich aus der Spritzwand. Ziehen Sie den sicher abgestützten Motor nach rechts vorn, bis genügend Platz für den Ausbau des Bremskraftverstärkers besteht, und entfernen Sie ihn.

Diesel-Modelle

Anmerkung: Der Motor muss von oben mit einem Werkstattkran so abgestützt werden, dass er um etwa 20 cm abgesenkt werden kann. Während der Arbeit werden zudem ein Assistent und ein Rangierwagenheber benötigt.
19 Lassen Sie einen Fachbetrieb das Kältemittel aus der Klimaanlage abpumpen.
20 Demontieren Sie die Batterie samt Träger (siehe Kapitel 5A, Sektion 4).
21 Demontieren Sie den Hauptbremszylinder (siehe Sektion 10).
22 Hebeln Sie mit einem Schraubendreher den Kunststoff-Gelenkstift heraus, der das Bremspedal an der Druckstange des Bremskraftverstärkers sichert (Abb. 11.6) – der Gelenkstift wird dabei beschädigt, sodass beim Einbau ein Neuteil benötigt wird.
23 Lösen Sie die vier Muttern, die den Bremskraftverstärker an der Pedalaufnahme sichern (Abb. 11.7).
24 Ziehen Sie die Handbremse, heben Sie das Fahrzeug vorn an, und stützen Sie es sicher ab (siehe Seite 390). Das Fahrzeug muss soweit angehoben sein, dass der Motor samt Getriebe um etwa 20 cm abgesenkt werden kann.
25 Demontieren Sie den Unterfahrschutz.
26 Demontieren Sie den vorderen Hilfsrahmen (siehe Kapitel 10, Sektion 7).
27 Lösen Sie die zwei Muttern, die das flexible Auspuffsegment mit dem Partikelfilter verbinden, und trennen Sie beide Teile. Die Dichtung muss später erneuert werden.
28 Lösen Sie die Mutter, mit denen die Kältemittelrohre am an der Spritzwand sitzenden Expansionsventil gesichert sind und ziehen Sie die Rohre aus dem Ventil – die O-Ringe müssen später erneuert werden. Verstopfen Sie die offenen Anschlüsse umgehend, um keine Luftfeuchtigkeit oder Schmutz eindringen zu lassen.
29 Lösen Sie an den Verbindungen neben dem Bremskraftverstärker die Anschlussmuttern der Bremsleitungen und trennen Sie diese.
30 Befreien Sie vorsichtig den Schlauch aus dem Bremskraftverstärker – verlieren Sie dabei nicht den Dichtstopfen (Abb. 12.17).
31 Stützen Sie den Motor von oben sicher ab. Lösen Sie die Befestigungen der linken Motor/Getriebe-Halterung und entfernen Sie diese (siehe Abbildung).

12.31 Muttern und Schrauben der linken Motor/Getriebe-Halterung

32 Lösen Sie die zwei Schrauben und zwei Muttern der rechten Motorhalterung und entfernen Sie diese (siehe Abbildung).

12.32 Zwei Schrauben und zwei Muttern der rechten Motorhalterung

33 Sichergehend, dass keine Anbauteile des Motors unter Last gesetzt werden, wird die Antriebseinheit nun um ca. 20 cm abgesenkt.
34 Der Bremskraftverstärker kann jetzt aus der Spritzwand gezogen und entnommen werden.

Einbau

Benzin-Modelle

35 Positionieren Sie den Bremskraftverstärker so an der Spritzwand, dass sein Druckstangengelenk korrekt um das Bremspedal greift.
36 Verbinden Sie den Unterdruckschlauch mit dem Gummistopfen, sodass er korrekt sitzt.
37 Positionieren Sie den Motor wieder in seiner Einbauposition, installieren Sie die Schrauben der rechten Motorhalterung und ziehen Sie sie mit 90 Nm an. Entfernen Sie den Werkstattkran oder Rangierwagenheber.

38 Verbinden Sie die zwei Bremsleitungen mit dem Anschluss am Bremskraftverstärker und ziehen Sie die Muttern mit 18 Nm an.
39 Verbinden Sie die mit neuen O-Ringen ausgerüsteten Klimaanlagen-Kälterohre mit dem Expansionsventil und ziehen Sie die Mutter sorgfältig an.
40 Installieren Sie die durchgehende Schraube der unteren Motorhalterung und ziehen Sie sie mit 80 Nm an.
41 Installieren Sie die zwei Schrauben, mit denen die Aufhängung der flexiblen Auspuffsektion am vorderen Hilfsrahmen gesichert ist.
42 Verbinden Sie die flexible Auspuffsektion mithilfe einer neuen Dichtung mit dem Zwischenrohr und ziehen Sie die Muttern mit 48 Nm an. Entfernen Sie die »Schiene«.
43 Montieren Sie ggf. den Unterfahrschutz und senken Sie das Fahrzeug ab.
44 Installieren Sie die vier Muttern, die den Bremskraftverstärker an der Pedalaufnahme sichern, und ziehen Sie sie mit 25 Nm an.
45 Sichern Sie das Bremspedal mithilfe eines neuen Gelenkstifts an der Bremskraftverstärker-Druckstange.
46 Montieren Sie den Hauptbremszylinder (siehe Sektion 10). Verbinden Sie das Haupt-Massekabel (–) der Batterie (siehe Kapitel 5A, Sektion 4).
47 Lassen Sie die Klimaanlage von einem Fachbetrieb befüllen und testen.

Diesel-Modelle

48 Positionieren Sie den Bremskraftverstärker so an der Spritzwand, dass sein Druckstangengelenk korrekt um das Bremspedal greift.
49 Verbinden Sie den Unterdruckschlauch mit dem Gummistopfen, sodass er korrekt sitzt.
50 Positionieren Sie den Motor wieder in seiner Einbauposition, installieren Sie die Schrauben der linken und rechten Motorhalterungen und ziehen Sie sie mit den in Kapitel 2B, Sektion 16 angegebenen Drehmomenten an. Entfernen Sie den Werkstattkran oder Rangierwagenheber.
51 Verbinden Sie die zwei Bremsleitungen mit dem Anschluss am Bremskraftverstärker und ziehen Sie die Muttern mit 18 Nm an.
52 Verbinden Sie die mit neuen O-Ringen ausgerüsteten Klimaanlagen-Kälterohre mit dem Expansionsventil und ziehen Sie die Mutter sorgfältig an.
53 Verbinden Sie die flexible Auspuffsektion mithilfe einer neuen Dichtung mit dem Partikelfilter und ziehen Sie die Muttern mit 48 Nm an.
54 Montieren Sie den vorderen Hilfsrahmen (siehe Kapitel 10, Sektion 7).
55 Montieren Sie den Unterfahrschutz und senken Sie das Fahrzeug ab.
56 Installieren Sie die vier Muttern, die den Bremskraftverstärker an der Pedalaufnahme sichern, und ziehen Sie sie mit 25 Nm an.
57 Sichern Sie das Bremspedal mithilfe eines neuen Gelenkstifts an der Bremskraftverstärker-Druckstange.
58 Montieren Sie den Hauptbremszylinder (siehe Sektion 10).
59 Installieren Sie den Batterieträger und bauen Sie die Batterie ein. Verbinden Sie das Haupt-Massekabel (–) der Batterie (siehe Kapitel 5A, Sektion 4).
60 Lassen Sie die Klimaanlage von einem Fachbetrieb befüllen und testen.

13 Bremskraftverstärker-Regelventil – Ausbau, Test und Einbau

Ausbau

1 Befreien Sie den Unterdruckschlauch vorsichtig aus dem Bremskraftverstärker – verschieben Sie dabei nicht den Gummistopfen (Abb. 12.17).
2 Trennen Sie den Schnellverschluss des Schlauchs vom Einlassstutzen (Benzinmotor) oder der Unterdruckpumpe (Dieselmotor)
3 Merken Sie sich die Verlegung des Schlauchs und befreien Sie ihn aus allen Befestigungen im Motorraum – das Regelventil ist in den Schlauch integriert.

Test

4 Begutachten Sie das Regelventil und den Schlauch auf Beschädigungen und ersetzen Sie die Baugruppe nötigenfalls. Für eine Kontrolle wird von beiden Seiten ins Ventil geblasen – Luft darf aber nur vom Bremskraftverstärker aus hindurchgelangen. Bei anderen Ergebnissen muss das Ventil ersetzt werden.
5 Kontrollieren Sie den Gummistopfen im Bremskraftverstärker auf Schäden und Alterungserscheinungen und ersetzen Sie ihn nötigenfalls.

Einbau

6 Der Einbau entspricht der umgekehrten Ausbaureihenfolge – der Schnellverschluss muss hörbar einrasten und der Schlauch fest im Stopfen des Bremskraftverstärkers sitzen.
7 Starten Sie anschließend den Motor und prüfen Sie die Verbindung des Ventils zum Bremskraftverstärker auf Undichtigkeiten.

14 Handbremse – Einstellung

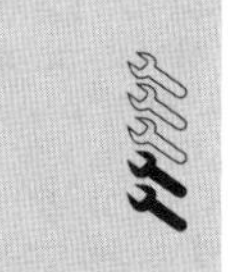

1 Blockieren Sie die Vorderräder, heben Sie das Fahrzeug hinten an und stützen Sie es sicher ab (siehe Seite 390).
2 Hängen Sie die drei Gummis der hinteren Auspuffsektion aus und legen Sie sie auf dem hinteren Hilfsrahmen ab.
3 Lösen Sie die sechs Schrauben und Muttern des mittleren Auspuff-Hitzeschilds und entfernen Sie dies (siehe Abbildung).

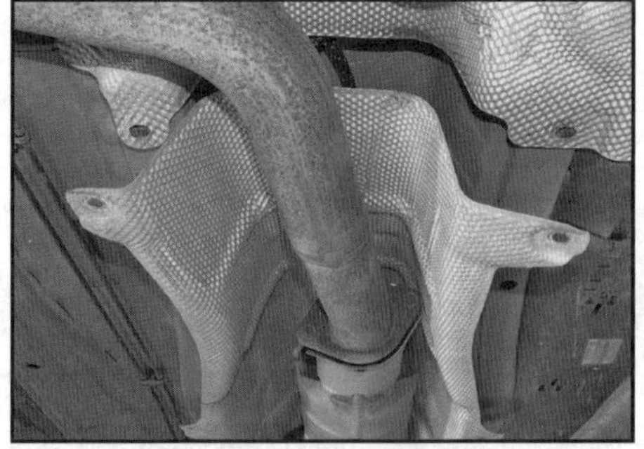

14.3 Entfernen Sie das mittlere Auspuff-Hitzeschild.

4 Ziehen Sie die Handbremse an und lösen Sie wieder vollständig.
5 Lockern Sie unter dem Fahrzeug die Handbremsseil-Einstellmutter bis zum Ende des Gewindes (siehe Abbildung).

14.5 Handbremsseil-Einstellmutter

6 Führen Sie an beiden Bremssätteln zwischen dem Handbremsenhebel und dem Widerlager-Anschlag eine 1,2-mm-Fühlerlehre ein (siehe Abbildung).

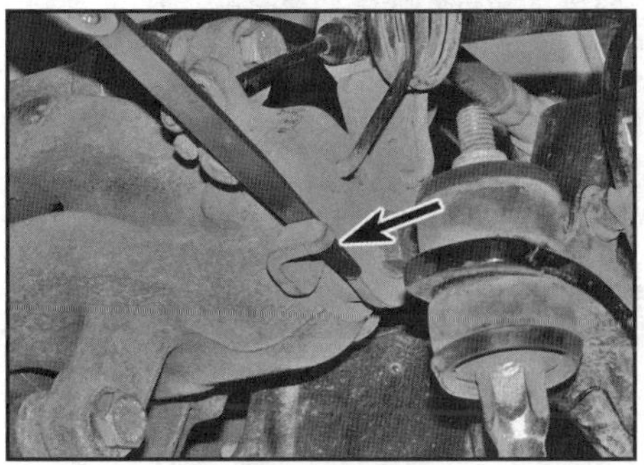

14.6 Die zwischen dem Handbremsenhebel und dem Widerlager-Anschlag eingeführte 1,2-mm-Fühlerlehre

7 Ziehen Sie die Handbremsseil-Einstellmutter an, bis an einem der Handbremsenhebel Bewegung festgestellt wird (weil z. B. die Fühlerlehre herausfällt).
8 Entfernen Sie alle Fühlerlehren und prüfen Sie, ob sich beide Räder ohne schleifende Bremsen drehen lassen.
9 Falls eine Bremse schleift, muss die Handbremsseil-Einstellmutter wieder gelockert und die Einstellung mit einer 1,0-mm-Fühlerlehre wiederholt werden.
10 Wird danach immer noch Bremsenschleifen festgestellt, muss die Einstellung mit jeweils um 0,2 mm abnehmenden Fühlerlehrenblättern wiederholt werden, bis beide Räder frei drehen.
11 Montieren Sie anschließend den Hitzeschild, hängen Sie den Auspuff auf und senken Sie das Fahrzeug ab.

15 Handbremshebel – Ausbau und Einbau

1 Demontieren Sie die Mittelkonsole (siehe Kapitel 11, Sektion 28).
2 Blockieren Sie die Vorderräder, heben Sie das Fahrzeug hinten an und stützen Sie es sicher ab (siehe Seite 390).
3 Hängen Sie die drei Gummis der hinteren Auspuffsektion aus und legen Sie sie auf dem hinteren Hilfsrahmen ab.
4 Lösen Sie die sechs Schrauben und Muttern des mittleren Auspuff-Hitzeschilds und entfernen Sie dies (Abb. 14.3).
5 Drehen Sie unter dem Fahrzeug die Handbremsseil-Einstellmutter vollständig vom Gewinde des vorderen Handbremsseils (Abb. 14.5).
6 Befreien Sie die hinteren Handbremsseile aus der Wippe, indem Sie die Nippel nach unten aus den Bohrungen ziehen. Entfernen Sie die Wippe vom vorderen Seilzug.
7 Trennen Sie den Stecker des Handbremsen-Warnlicht-Schalters und befreien Sie das Kabel aus der Befestigung am Hebel-Sockel.
8 Lösen Sie die drei Schrauben der Handbremshebel-Baugruppe aus dem Bodenblech und befreien Sie diese aus dem Innenraum (siehe Abbildung).

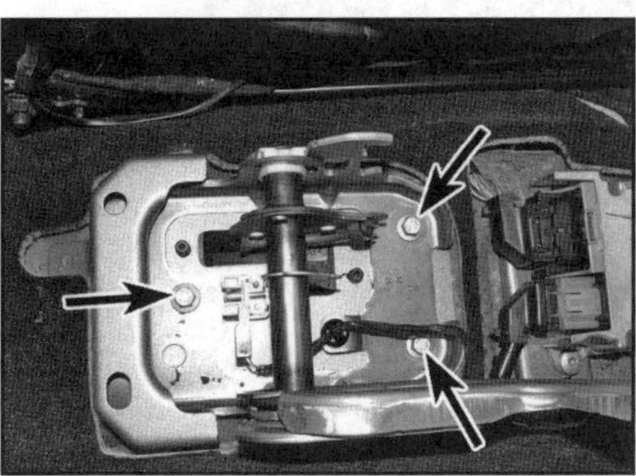

15.8 Schrauben der Handbremshebel-Baugruppe

9 Der Einbau entspricht der umgekehrten Ausbaureihenfolge – stellen Sie die Handbremse wie in Sektion 14 beschrieben ein.

16 Handbremsen-Seilzüge – Ausbau und Einbau

Ausbau

1 Blockieren Sie die Vorderräder, heben Sie das Fahrzeug hinten an und stützen Sie es sicher ab (siehe Seite 390).
2 Hängen Sie die drei Gummis der hinteren Auspuffsektion aus und legen Sie sie auf dem hinteren Hilfsrahmen ab.
3 Lösen Sie die sechs Schrauben und Muttern des mittleren Auspuff-Hitzeschilds und entfernen Sie dies (Abb. 14.3).
4 Lösen Sie die Schrauben und Muttern des hinteren Auspuff-Hitzeschilds und entfernen Sie auch dies (siehe Abbildung).

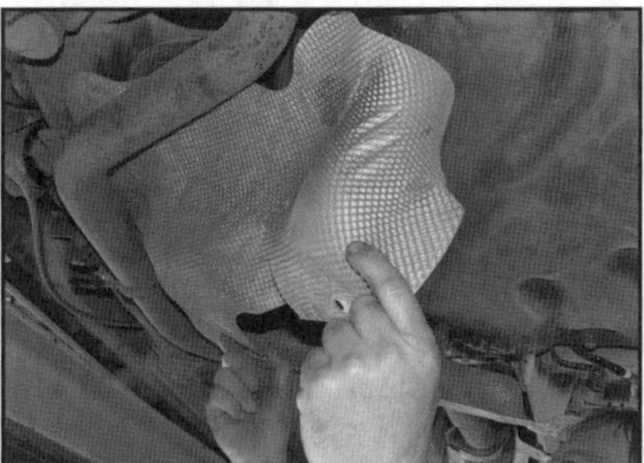

16.4 Lösen Sie die Schrauben und Muttern des hinteren Auspuff-Hitzeschilds und befreien Sie dies.

5 Drehen Sie unter dem Fahrzeug die Handbremsseil-Einstellmutter vollständig vom Gewinde des vorderen Handbremsseils (Abb. 14.5).

6 Befreien Sie die hinteren Handbremsseile aus der Wippe, indem Sie die Nippel nach unten aus den Bohrungen ziehen. Entfernen Sie die Wippe vom vorderen Seilzug.
7 Drücken Sie am Widerlager der Karosserie die Laschen der Seilzughüllen zusammen und ziehen Sie die Hüllen nach hinten heraus (siehe Abbildung).

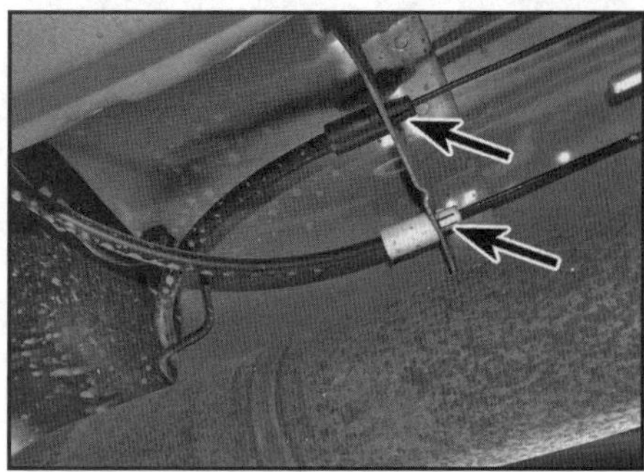

16.7 Laschen der Seilzughüllen am Widerlager der Karosserie

8 Schwenken Sie am Bremssattel den Handbremsenhebel nach oben, um den Bremsseil-Nippel zu befreien (Abb. 8.2).
9 Drücken Sie mit einer Spitzzange am Wiederlager der Bremsseil-Hülle die Laschen zusammen und ziehen Sie den gesamten Bowdenzug aus dem Halter (Abb. 8.3a und b).
10 Ziehen Sie den Gummistopfen aus dem Halter des Achsträgers (siehe Abbildung).

16.10 Handbremsseil-Gummistopfen im Halter des Achsträgers

11 Lösen Sie die Schrauben, mit denen die zwei Handbremsseil-Führungen am Schräglenker gesichert sind, und befreien Sie diese (siehe Abbildungen).

16.11a Lösen Sie an jedem Schräglenker die hintere ...

16.11b ... und die vordere Schraube der Bremsseilführungen.

12 Befreien Sie vor dem Tank die Handbremsseile aus den vier Befestigungen am Unterboden und entnehmen Sie sie (siehe Abbildung).

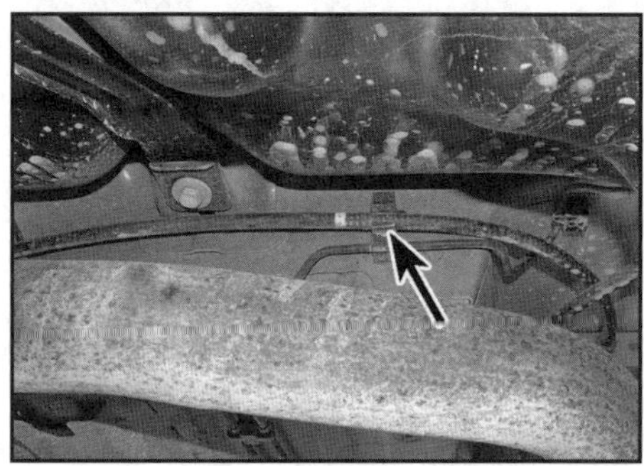

16.12 Handbremsseil-Clips am Unterboden

Einbau

13 Der Einbau entspricht der umgekehrten Ausbaureihenfolge – beachten Sie dabei folgende Punkte:

a) Die Bremsseile überkreuzen sich am Widerlager der Karosserie (Abb. 16.7) – das linke Bremsseil hat eine schwarze Hülse, das rechte eine weiße.

b) Stellen Sie die Handbremse wie in Sektion 14 beschrieben ein.

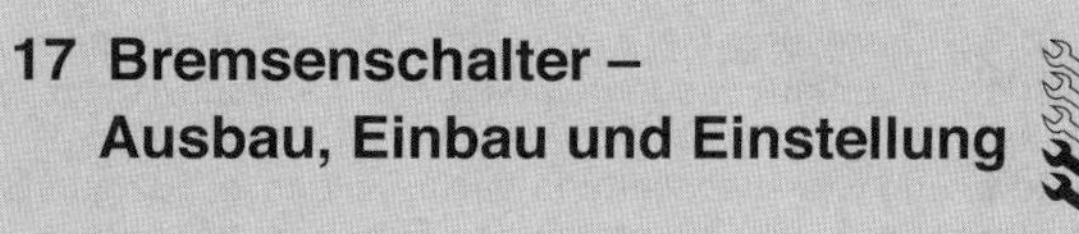

17 Bremsenschalter – Ausbau, Einbau und Einstellung

Ausbau

Bremslichtschalter

1 Öffnen Sie das Staufach links im Armaturenbrett, um Zugang zur Bremspedalaufnahme zu erhalten.
2 Greifen Sie durch die Staufach-Öffnung und trennen Sie den Stecker des schwarzen rechts an der Bremspedalaufnahme sitzenden Bremslichtschalters (siehe Abbildung).

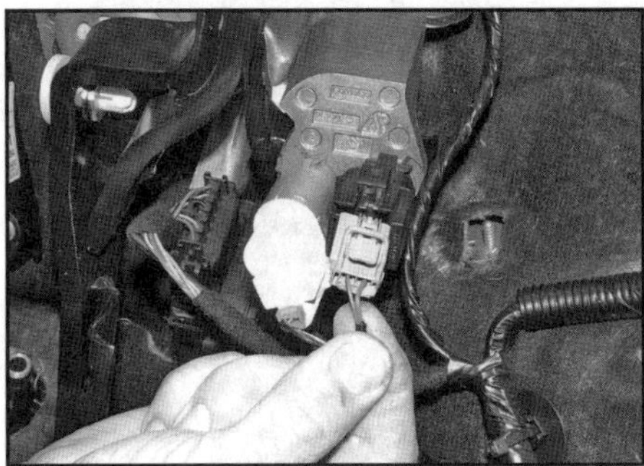

17.2 Trennen Sie den Stecker des schwarzen rechts an der Bremspedalaufnahme sitzenden Bremslichtschalters.

3 Drehen Sie den Schalter eine Viertelumdrehung im Uhrzeigersinn und ziehen Sie ihn aus der Pedalaufnahme (siehe Abbildung) – betätigen Sie beim Aus- und Einbau nicht die Bremse.

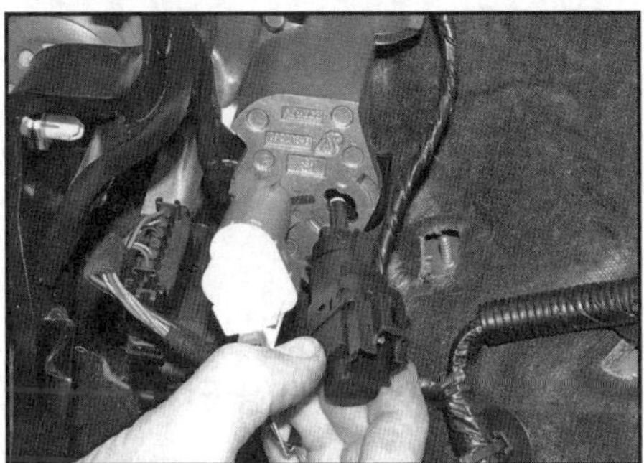

17.3 Drehen Sie den Schalter eine Viertelumdrehung nach rechts und ziehen Sie ihn heraus.

Bremspedal-Positionsschalter

4 Entfernen Sie den Bremslichtschalter (siehe oben) – der Stecker kann angeschlossen bleiben.
5 Trennen Sie den Stecker des blau/weißen links an der Bremspedalaufnahme sitzenden Positionsschalters (siehe Abbildung).

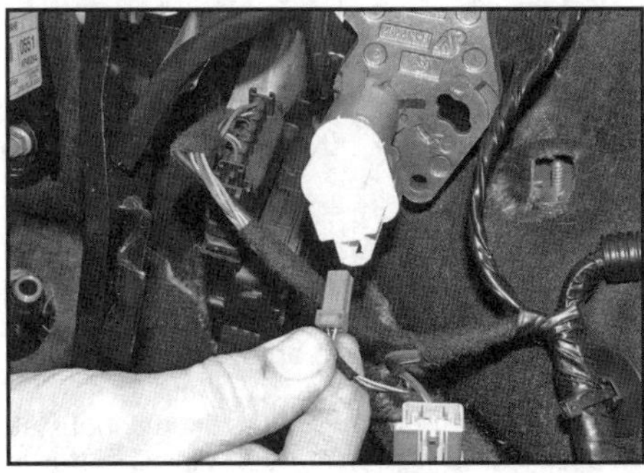

17.5 Trennen Sie den Stecker des Bremspedal-Positionsschalters.

6 Drehen Sie den Schalter eine Viertelumdrehung im Uhrzeigersinn und ziehen Sie ihn aus der Pedalaufnahme (siehe Abbildung) – betätigen Sie beim Aus- und Einbau nicht die Bremse.

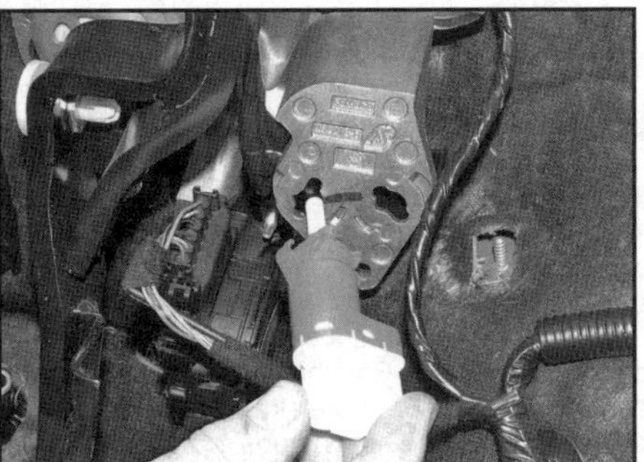

17.6 Drehen Sie den Schalter eine Viertelumdrehung nach rechts und ziehen Sie ihn heraus.

Einbau und Einstellung

7 Der Einbau entspricht der umgekehrten Ausbaureihenfolge. Beide Schalter werden vom Steuergerät automatisch eingestellt/kalibriert.

18 Handbremsen-Warnleuchtenschalter – Ausbau und Einbau

1 Demontieren Sie den Handbremshebel (siehe Sektion 15).
2 Lösen Sie unten am Handbremshebel-Sockel die Schraube und entfernen Sie den Schalter.
3 Der Einbau entspricht der umgekehrten Ausbaureihenfolge.

19 Antiblockiersystem (ABS) – Allgemeine Informationen

1 Das serienmäßig vorhandene Antiblockiersystem überwacht beim Bremsen die Drehzahl aller Räder. Das System beinhaltet einen Hydraulik-Modulator und an jedem Rad einen Drehzahlsensor. Im Modulator befinden sich das Steuergerät, die Hydraulik-Magnetventile (ein Set für jede Bremse) und die elektrisch angetriebene Rücklaufpumpe. Wenn ein Rad plötzlich deutlich langsamer wird (und damit zu blockieren droht), wird an dieser Bremse der Hydraulikdruck reduziert oder kurzzeitig unterbrochen. Die Überwachung und das Regulieren findet mehrmals pro Sekunde statt und erzeugt im Bremspedal eine »pulsierende« Wirkung, wenn der Druck geändert wird.
2 Die Magnetventile werden vom Steuergerät überwacht, das wiederum Informationen von den Sensoren an den Rädern über deren Drehzahl erhält. Indem es diese Signale vergleicht, kann das Steuergerät die derzeit gefahrene Geschwindigkeit berechnen und so erkennen, wenn ein Rad deutlich langsamer als die anderen wird und zum Blockieren neigt. Im normalen Fahrbetrieb funktioniert die Bremse genauso wie ein System ohne ABS.
3 Sobald das Steuergerät erkennt, dass ein oder mehrere Räder zum Blockieren neigen, werden die entsprechenden Auslass-Magnetventile geschlossen, um den Druck in den Bremsen zu verringern.
4 Wenn die Drehzahl des Rades weiterhin zu niedrig ist, öffnet es die Einlass-Magnetventile und aktiviert die elektrisch betriebene Rücklaufpumpe, um die Bremsflüssigkeit wieder in den Hauptbremszylinder zu fördern und so die Bremse zu

lösen. Sobald die Drehzahl des Rades wieder einen normalen Wert erreicht, stoppt die Pumpe und das Auslass-Magnetventil öffnet wieder, um den Druck aus dem Hauptbremszylinder wieder an die Bremse weiterzuleiten und diese zu aktivieren.

5 Die Überwachung und das Regulieren findet mehrmals pro Sekunde statt und erzeugt im Bremspedal eine »pulsierende« Wirkung, wenn der Druck geändert wird.

6 Eine weitere Funktion des ABS ist das »Elektronische Stabilitäts-Programm« (ESP). Hierbei beobachten zusätzliche Sensoren die Lenkradposition, die Gierrate des Fahrzeugs sowie die positive und negative Beschleunigung. Zusammen mit den Informationen der ABS-Sensoren kann das Steuergerät einer möglichen Instabilität des Fahrzeugs entgegenwirken, indem es erkennt, ob das Fahrzeug auf Lenkbewegungen des Fahrers adäquat reagieren kann oder instabil werden kann. Sobald Instabilität festgestellt wird, greift das Steuergerät mit der Aktivierung oder dem Lösen der entsprechenden Bremse sowie einer Reduzierung der Motorleistung ein, bis das Fahrverhalten wieder stabil ist.

7 Die Funktion des ABS und des ESP hängt vollkommen von elektrischen Signalen ab. Und damit es nicht auf falsche Signale reagiert, überwacht eine integrierte Sicherheitsschaltung alle ins Steuergerät eingehenden Signale. Falls solche auftreten oder geringe Batteriespannung festgestellt wird, wird das ABS automatisch abgeschaltet und im Cockpit leuchtet eine entsprechende Warnlampe auf. Jetzt kann immer noch normal gebremst werden.

8 Falls in irgendeinem dieser Systeme ein Defekt festgestellt wird, leuchtet im Cockpit eine entsprechende Warnleuchte auf. Manche Fehler können vom bordeigenen Diagnosesystem behoben werden; halten Sie an, schalten Sie den Motor und die Zündung ab. Falls nach die Warnleuchte nach erneutem Fahrtantritt weiter leuchtet, muss das Fahrzeug zu einer entsprechend ausgerüsteten Fachwerkstatt gebracht werden, wo der Fehler mithilfe eines Diagnosegeräts ausgelesen und repariert werden kann.

20 Antiblockiersystem (ABS) – Austausch der Komponenten

Anmerkung: *Im ABS-Steuergerät gespeicherte Fehler können nur mit einem Ford-Diagnosegerät oder entsprechenden Alternativen ausgelesen werden.*

Anmerkung: *Beachten Sie zunächst die Hinweise zu Gefahren mit Bremsflüssigkeit in Sektion 2.*

Hydraulik-Modulator

Ausbau

1 Der Modulator und das ABS-Steuergerät sitzen links hinten im Motorraum. Bauen Sie für den Zugang die Batterie samt Träger aus (siehe Kapitel 5A, Sektion 4).

2 Lösen Sie die Schraube der Batterieträger-Halterung und entfernen Sie diese.

3 Schrauben Sie den Deckel des Ausgleichsbehälters ab und saugen Sie mit einer Spritze oder Pipette möglichst viel Bremsflüssigkeit ab. **Warnung: Saugen Sie Bremsflüssigkeit nicht mit dem Mund an – sie ist giftig!**

Anmerkung: *Alternativ kann eine gut zugängliche Entlüftungsschraube des Bremssystems geöffnet und mit Schläuchen versehen werden, um die Bremsflüssigkeit bei sanfter Betätigung der Bremse herauszudrücken (siehe Sektion 2).*

4 Ziehen Sie am Hydraulikmodulator die Arretierung des Mehrfachsteckers heraus und trennen Sie diesen (siehe Abbildung). Befreien Sie die Verkabelung aus dem Kabelbinder am Modulatorträger.

20.4 Trennen Sie am Modulator den Stecker des ABS-Steuergeräts.

5 Notieren Sie die Positionen der einzelnen Bremsleitungen am Modulator, lösen Sie die Anschlussmuttern und ziehen Sie die Rohre vorsichtig heraus – unterlegen Sie die Anschlüsse mit Lappen, um austretende Bremsflüssigkeit aufzunehmen. Verstopfen Sie die Öffnungen der Anschlüsse und des Modulators, damit kein Schmutz eindringen kann. Waschen Sie sämtliche Bremsflüssigkeitsspritzer unverzüglich mit kaltem Wasser auf.

6 Lösen Sie die drei Muttern und entfernen Sie den Modulator samt Halterung aus dem Motorraum.

7 Lösen Sie nötigenfalls die drei Schrauben, um den Modulator von der Halterung zu trennen.

Einbau

8 Der Einbau entspricht der umgekehrten Ausbaureihenfolge – beachten Sie dabei folgende Punkte:

a) *Ziehen Sie alle Modulator-Schrauben und -Muttern mit 10 Nm an.*
b) *Verbinden Sie die Bremsleitungen mit ihren Anschlüssen und ziehen Sie die Anschlussmuttern mit 18 Nm an.*
c) *Die Verkabelung muss korrekt verlegt und der Stecker fest aufgedrückt und mit der Arretierung gesichert werden.*
d) *Entlüften Sie die komplette Bremshydraulik in der richtigen Reihenfolge, um keine Luft in die Rücklaufpumpe eindringen zu lassen (siehe Sektion 2).*
e) *Montieren Sie den Batterieträger und die Batterie (siehe Kapitel 5A, Sektion 4).*

Steuergerät (ABS-ECU)

Anmerkung: *Falls ein neues Steuergerät installiert werden muss, sollte diese Arbeit einer mit entsprechenden Diagnosegeräten ausgerüsteten Fachwerkstatt überlassen werden, die das Steuergerät nach dem Einbau programmieren kann.*

Ausbau

9 Demontieren Sie den Hydraulik-Modulator (siehe oben).

10 Lösen Sie die vier Befestigungsschrauben und ziehen Sie das Steuergerät vorsichtig nach oben vom Hydraulikmodulator ab – kontrollieren Sie die Dichtung und erneuern Sie sie nötigenfalls.

11 Reinigen und inspizieren Sie sorgfältig die Dichtflächen des Steuergeräts und des Hydraulikmodulators – falls sie verformt oder beschädigt sind, sodass die neue Dichtung ihre Aufgabe nicht erfüllen kann, müssen sowohl der Hydraulikmodulator als auch das ABS-Steuergerät durch Neuteile ersetzt werden.

Einbau

12 Legen Sie die Dichtung auf, halten Sie das Steuergerät nur an den äußeren Rändern und senken Sie es vorsichtig senkrecht über den Magnetventilen des Modulators ab.

13 Installieren Sie die Befestigungsschrauben und ziehen Sie sie schrittweise und über Kreuz zunächst soweit an, bis sie Kontakt zum Steuergerät-Gehäuse haben; ziehen Sie sie dann auf gleiche Weise weiter, bis das Steuergerät-Gehäuse Kontakt zum Hydraulikmodulator hat.

14 Montieren Sie zum Schluss den Hydraulikmodulator (siehe oben).

Vorderradsensoren

Anmerkung: *Die Vorderradsensoren versorgen verschiedene Systeme mit Informationen über die Drehzahl der Räder und die gefahrene Geschwindigkeit.*

15 Ziehen Sie die Handbremse, heben Sie das Fahrzeug vorn an, und stützen Sie es sicher ab (siehe Seite 390). Demontieren Sie das entsprechende Vorderrad.

16 Trennen Sie den Stecker des oben am Achsgelenk sitzenden Sensors (siehe Abbildung).

20.16 Trennen Sie den Stecker des oben am Achsgelenk sitzenden Vorderrad-Sensors.

17 Lösen Sie die Schraube, die den Sensor am Achsgelenk sichert, und entfernen Sie ihn (siehe Abbildung). **Anmerkung:** *Der Sensor kann aufgrund von Korrosion schwer zu entfernen sein – sprühen Sie ihn nötigenfalls mit Kriechöl (z. B. WD40) ein und lassen Sie dies eine Zeit lang einwirken. Der Sensor ist empfindlich und kann durch brutale Ausbauversuche leicht beschädigt werden.*

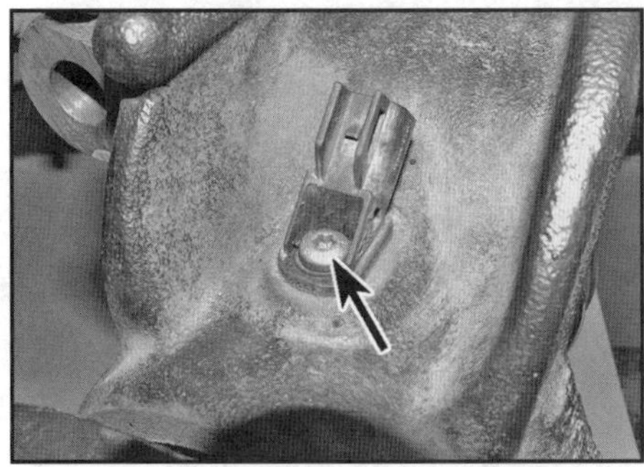

22.17 Schraube des Vorderradsensors

18 Der Einbau entspricht der umgekehrten Ausbaureihenfolge – die Dichtflächen des Sensors und des Achsgelenks müssen sauber sein. Installieren Sie den Sensor und ziehen Sie seine Schraube sorgfältig an.

Hinterradsensor

19 Blockieren Sie die Vorderräder, heben Sie das Fahrzeug hinten an, und stützen Sie es sicher ab (siehe Seite 390). Demontieren Sie das entsprechende Hinterrad.

20 Trennen Sie den Sensorstecker.

21 Lösen Sie hinten am Achsträger die Sensor-Schraube und ziehen Sie den Sensor heraus (siehe Abbildung) – der O-Ring muss beim Einbau erneuert werden.

22 Der Einbau entspricht der umgekehrten Ausbaureihenfolge – die Dichtflächen des Sensors und des Achsträgers müssen sauber sein. Installieren Sie den O-Ring in den Achsträger – nicht an den Sensor.

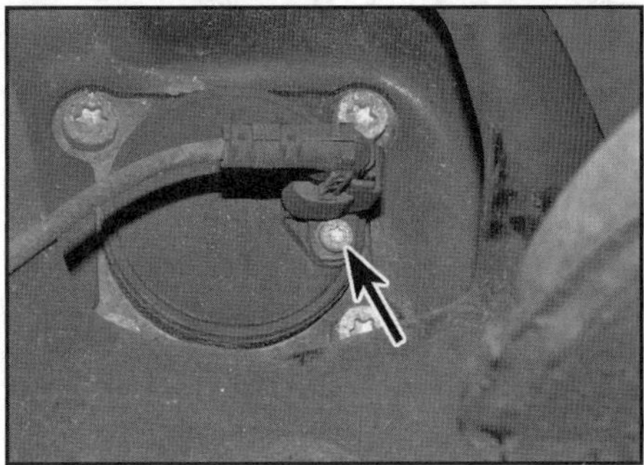

20.21 Schraube des Hinterradsensors

müssen sauber sein. Installieren Sie den O-Ring in den Achsträger – nicht an den Sensor.

Gierratensensor/Beschleunigungsmesser

Anmerkung: *Dieses Bauteil findet sich nur an bis Mitte September 2010 gebauten Fahrzeugen; bei späteren Modellen ist es in das Sicherheitssystem-Steuergerät integriert.*

23 Der Sensor sitzt unter dem Fahrersitz.

24 Demontieren Sie den Fahrersitz und die linke B-Säulen-Verkleidung (siehe Kapitel 11, Sektion 25 und 27).

25 Klappen Sie den Teppich um, um Zugang zum Sensor zu erhalten.

26 Trennen Sie den Sensorstecker, lösen Sie die zwei Schrauben und befreien Sie den Sensor.

27 Der Einbau entspricht der umgekehrten Ausbaureihenfolge

Lenkwinkelsensor

28 Der Lenkwinkelsensor ist in das Lenksäulen-Steuermodul integriert und kann nicht demontiert werden. Der Aus- und Einbau der Lenksäule ist in Kapitel 10, Sektion 16 beschrieben.

21 Unterdruckpumpe (Diesel-Modelle) – Ausbau und Einbau

Ausbau – Motoren mit Abgasnorm Euro 3 und 4

1 Entfernen Sie die obere Motorabdeckung.

2 Lösen Sie links am Zylinderkopf den Schnellverschluss des Unterdruckschlauchs und trennen Sie diesen von der Pumpe (siehe Abbildung).

21.2 **Unterdruckschlauch-Schnellverschluss an der Unterdruckpumpe – Euro 3 und 4**

3 Lösen Sie die Schraube der Kraftstoffschlauch/AGR-Rohr-Halterung und befreien Sie diese von der Pumpe.
4 Lösen Sie die drei Schrauben der Unterdruckpumpe und entfernen Sie diese vom Zylinderkopf – beim Einbau werden neue O-Ringe benötigt (siehe Abbildungen).

21.4a Schrauben der Unterdruckpumpe – Euro 3 und 4

21.4b O-Ringe der Unterdruckpumpe – Euro 3 und 4

Ausbau – Motoren mit Abgasnorm Euro 5

5 Entfernen Sie die obere Motorabdeckung.
6 Demontieren Sie die Luftfilter-Baugruppe samt Ansaugstutzen (siehe Kapitel 4B, Sektion 5).
7 Lösen Sie links am Zylinderkopf die Schnellverschlüsse der Unterdruckschläuche und trennen Sie diese von der Pumpe (siehe Abbildung).

21.7 Unterdruckschlauch-Schnellverschlüsse (Pfeile) an der Unterdruckpumpe – Euro 5

8 Lösen Sie die drei Schrauben des Unterdruckmagnetschalter-Halters und schwenken Sie diesen beiseite (siehe Abbildung).

21.8 Halter des Unterdruckmagnetschalters

9 Lösen Sie die drei Schrauben der Unterdruckpumpe und entfernen Sie diese vom Zylinderkopf – beim Einbau wird eine neue Dichtung benötigt (siehe Abbildungen).

21.9a Schrauben der Unterdruckpumpe – Euro 5

21.9b Dichtung der Unterdruckpumpe – Euro 5

Einbau

10 Der Einbau entspricht der umgekehrten Ausbaureihenfolge – beachten Sie dabei folgende Punkte:

a) Die Dichtflächen der Pumpe und des Zylinderkopfs müssen sauber und trocken sein.

b) Rüsten Sie die Pumpe mit neuen O-Ringen (Modelle mit Euro 3 und 4) bzw. einer neuen Dichtung (Euro 5) aus.

c) Die Mitnehmer der Pumpe müssen in die Nut der Nockenwelle greifen (siehe Abbildung).

d) Starten Sie den Motor und prüfen Sie die Funktion des Bremskraftverstärkers (siehe Sektion 12).

e) Prüfen Sie ggf., ob alle Schläuche sicher angeschlossen sind und keine Lecks vorhanden sind.

21.10 Die Mitnehmer der Pumpe müssen in die Nut der Nockenwelle greifen

Kapitel 10

Radaufhängung und Lenkung

Inhalt — Sektion

Schwierigkeitsgrade

Leicht. Geeignet für Anfänger mit wenig Erfahrung. 	**Relativ leicht.** Geeignet für Anfänger mit etwas Erfahrung. 	**Relativ schwierig.** Geeignet für geübte Selbstschrauber. 	**Schwer.** Geeignet für Selbstschrauber mit viel Erfahrung. 	**Sehr schwer.** Geeignet für Experten und Profis. 

Technische Daten

Allgemeines

Vorderradaufhängung . . . . Einzelradaufhängung, MacPherson-Federbeine mit Schraubenfedern und integriertem Stoßdämpfer, Stabilisator

Hinterradaufhängung. . . . . Mehrlenker-Einzelradaufhängung, Schraubenfedern und Stoßdämpfer, Stabilisator

Lenkung. . . . . Zahnstangenlenkung, hydraulische Servo-Unterstützung

Ausrichtung der Räder und Lenkwinkel

Vorderräder
- Sturzwinkel
  - Toleranzbereich . . . . 0° 27‘ bis -1° 59‘
  - Nominell . . . . -0° 43‘
  - Maximale seitliche Variation . . . . 1° 15‘
- Nachlaufwinkel
  - Toleranzbereich . . . . 4° 10‘ bis 2° 06‘
  - Nominell . . . . 3° 08‘
  - Maximale seitliche Variation . . . . 1°
- Spur-Einstellung
  - Toleranzbereich . . . . 0° 12‘ ± 0° 21' Vorspur (1,4 ± 2,5 mm Vorspur)
  - Nominell . . . . 0° 12‘ ± 0° 08' Vorspur (1,4 ± 1,0 mm Vorspur)

Hinterräder
- Sturzwinkel
  - Toleranzbereich . . . . -2° 43‘ bis -0° 11‘
  - Nominell . . . . -1° 27‘
  - Maximale seitliche Variation . . . . 1° 15‘
- Spur-Einstellung
  - Toleranzbereich . . . . 0° 24‘ ± 0° 21' Vorspur (2,8 ± 2,5 mm Vorspur)
  - Nominell . . . . 0° 24‘ ± 0° 08' Vorspur (2,8 ± 1,0 mm Vorspur)

Reifen

Luftdruck. . . . . siehe Aufkleber an A-Säule

Anzugsdrehmomente

Vorderradaufhängung	**Nm**
Antriebswellenschraube*	
Schritt 1	45
Schritt 2	um 80° weiter
Bremssattelträger an Achsgelenk	200
Federbein an Achsgelenk	110
Federbein an Karosserie	35
Federbein-Kolbenstangenmutter	58
Hilfsrahmen-Querstreben-Befestigungsschrauben	30
Hilfsrahmen-Befestigungsschrauben*	
Schritt 1	150
Schritt 2	um 90° weiter
Hitzeschild-Schrauben	10
Motorhalterung – durchgehende untere Schraube	80
Querlenker-Kugelkopf – Befestigungsmutter	100
Querlenker-Gelenkbolzen – hintere Aufnahme*	
Schritt 1	140
Schritt 2	um 45° weiter
Querlenker-Gelenkbolzen – vordere Aufnahme*	
Schritt 1	80
Schritt 2	um 120° weiter
Stabilisatoranlenkungs-Mutter oben*	60
Stabilisatoranlenkungs-Mutter unten*	70
Stabilisator-Klemmschrauben-Muttern*	
Schritt 1	140
Schritt 2	um 45° weiter
Hinterradaufhängung	
Hilfsrahmen-Schrauben	110
Schräglenker/Radträger an Karosserie	180
Oberer Querlenker an Radträger/Schräglenker und Hilfsrahmen	130
Radlager-Baugruppe	110
Stabilisator an Hilfsrahmen	48
Stabilisator-Anlenkung an Radträger	60
Stabilisator-Anlenkung an Stabilisator	15
Stoßdämpfer – obere Schrauben	30
Stoßdämpfer – untere Schraube	
mit Standardfederung	175
mit Selbstnivellierung	280
Unterer Querlenker an Hilfsrahmen	130
Unterer Querlenker an Radträger	120
Spurstange an Radträger/Schräglenker und Hilfsrahmen	130
Lenkung	
Lenkgetriebe-Befestigungsschraube	120
Lenkgetriebe – Hydraulikrohr-Klemmschraube	18
Lenkrad-Schraube	48
Lenksäulen-Befestigungsschrauben*	24
Kreuzgelenk-Klemmschraube an Lenkwelle*	32
Servolenkungspumpen-Befestigungsschrauben	24
Servolenkungspumpe – Hochdruckrohr-Anschlussschraube	24
Spurstangenkopf-Muttern*	80
Spurstangenkopf-Kontermutter	90
Räder	
Radmuttern	140

* *Stets durch Neuteile zu ersetzen*

1 Allgemeine Informationen

1 Die einzeln aufgehängten Vorderräder werden mit Mac Pherson-Federbeinen geführt, die aus einer Schraubenfeder mit integriertem Stoßdämpfer bestehen. Unten sind in Gummibuchsen gelagerte und außen mit Kugelköpfen versehene Querlenker an die Federbeine angeschlossen. Die Vorderrad-Achsgelenke nehmen die Radlager, die Bremssättel und die Radnaben/Bremsscheiben-Baugruppen auf und sind an den Federbeinen verschraubt sowie über die Kugelköpfe mit den Querlenkern verbunden. Beide Federbeine sind über Kugelköpfe und Anlenkungen mit einem am vorderen Hilfsrahmen verschraubten Stabilisator verbunden.
2 Die einzeln aufgehängten Hinterräder sind in zwei Querlenkern geführt, die in Gummibuchsen am Schräglenker/Radträger und am hinteren Hilfsrahmen befestigt sind. Der Schräglenker ist vorn an der Karosserie gelagert und trägt hinten den Radträger. Die Baugruppe ist an beiden Seiten in Spurstangen geführt. Zwischen dem unteren Querlenker und der Karosserie sitzen Schraubenfedern, hydraulische Stoßdämpfer sitzen zwischen dem Radträger und der Karosserie.
3 Alle Modelle sind mit einer hydraulischen Servolenkung ausgerüstet, die abhängig von der gefahrenen Geschwindigkeit die ins Lenkrad eingeleitete Bewegung unterstützt. Das System wird von einem vom Keilrippenriemen angetriebenen Pumpe mit Druck versorgt.

2 Vorderrad-Achsgelenk und Radlager – Ausbau und Einbau

Anmerkung: Die als doppelreihige Kugellager ausgeführten Vorderradlager sind als abgedichtete, voreingestellte und dauerhaft geschmierte Komponente ausgeführt, die ohne jede Wartung die Lebensdauer des Fahrzeugs überstehen sollen. Der Nabenflansch und die Lager bilden eine Baugruppe, die nicht zerlegt werden kann.
Anmerkung: *Für diese Arbeit werden Ford-Spezialwerkzeuge oder geeignete Alternativen benötigt.*

Ausbau

1 Ziehen Sie die Handbremse, heben Sie das Fahrzeug vorn an, und stützen Sie es sicher ab (siehe Seite 390). Demontieren Sie ggf. den Unterfahrschutz und das entsprechende Vorderrad.
2 Drehen Sie mindestens zwei Radmuttern wieder auf die Radnabe und lassen Sie einen Assistenten fest die Bremse treten, um die Radnabe zu blockieren. Lockern Sie jetzt mithilfe einer Steckschlüssel-Verlängerung die – sehr fest sitzende – Antriebswellenschraube. Alternativ kann eine aus zwei ausreichend dimensionierten und miteinander verbundenen Stahlbändern angefertigtes Werkzeug an der Radnabe befestigt werden (siehe Abbildung).

2.2 Selbstgebautes Werkzeug zum Kontern der Radnabe

3 Drehen Sie die zuvor gelockerte Antriebswellenschraube heraus – bei der Montage wird eine neue benötigt.
4 Treiben Sie die Antriebswelle mithilfe eines Hammers und eines Treibdorns etwa 15 bis 20 mm in den Radnabenflansch.
5 Lösen Sie am Querlenker ggf. die Schraube und die Mutter des Leuchtweitensensor-Halters und befreien Sie diesen.
6 Trennen Sie bei Modellen mit dynamischem Fahrwerk den Stecker vom Federbein und befreien Sie seine Kabelstopfen aus dem Federbein und den Halterungen am Unterboden.
7 Trennen Sie am Achsgelenk den Stecker des ABS-Radsensors, lösen Sie dessen Schraube und entfernen Sie ihn (siehe Kapitel 9, Sektion 20).
8 Lösen Sie die Mutter des Kugelkopfs am Spurstangenkopf und trennen Sie diesen vom Achsgelenk – nötigenfalls mithilfe eines Kugelkopfabziehers (Abb. 21.3a und b).
9 Beim Trennen des Querlenker-Kugelkopfs vom Achsgelenk mit einem konventionellen Kugelkopf-Abzieher wird wahrscheinlich deren Gummimanschette beschädigt. Verwenden Sie daher das Ford-Spezialwerkzeug 204-607 (oder eine geeignete Alternative), um den Kugelkopf-Zapfen wie folgt aus der Nabe zu trennen (siehe Abbildung).

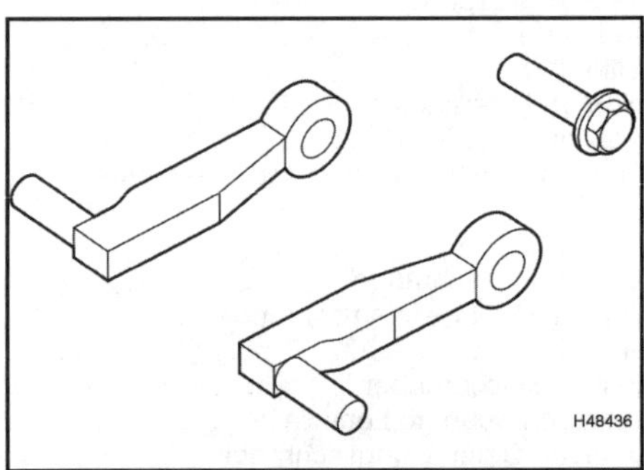

2.9 Das Ford-Spezialwerkzeug 204-607 zum Trennen des Kugelkopfs aus dem Achsgelenk

10 Lockern Sie die Kugelkopf-Sicherungsmutter um zwei Umdrehungen und lösen Sie dann die untere Schraube des Bremssattelhalters aus dem Achsgelenk (siehe Abbildung). Verbinden Sie das Spezialwerkzeug mit dem Bremssattelhalter und positionieren Sie sein anderes Ende unterhalb des Lenkhebels am Achsgelenk. Lösen Sie die Kugelkopf-Sicherungsmutter, bis sie das Spezialwerkzeug berührt, und drehen Sie sie dann weiter, um den Zapfen aus dem Achsgelenk zu ziehen.

2.10 Untere Schraube des Bremssattelhalters im Achsgelenk

11 Sobald sich der Kugelkopf-Zapfen löst, wird die Mutter abgedreht und das Spezialwerkzeug entfernt.
12 Demontieren Sie die Bremsscheibe (siehe Kapitel 9, Sektion 6).
13 Lösen Sie am Querlenker-Kugelkopf die Schraube des Hitzeschilds und entfernen Sie dies.
14 Hebeln Sie den Querlenker herunter, um den Kugelkopf vom Achsgelenk zu befreien (siehe Abbildung), schwenken Sie dann das Achsgelenk beiseite, ohne dabei die Gummimanschette des Kugelkopfs zu beschädigen.

2.14 Mit einem gebohrten Holzblock, einer langen Brechstange und einer Kette lässt sich der Querlenker herunterhebeln.

15 Ziehen Sie das Achsgelenk nach außen und befreien Sie die Antriebswelle aus den Nabenflansch (siehe Abbildung).

2.15 Ziehen Sie das Achsgelenk nach außen und befreien Sie die Antriebswelle aus den Nabenflansch.

16 Lösen Sie die Schraube, die das Achsgelenk am Federbein sichert (siehe Abbildung).

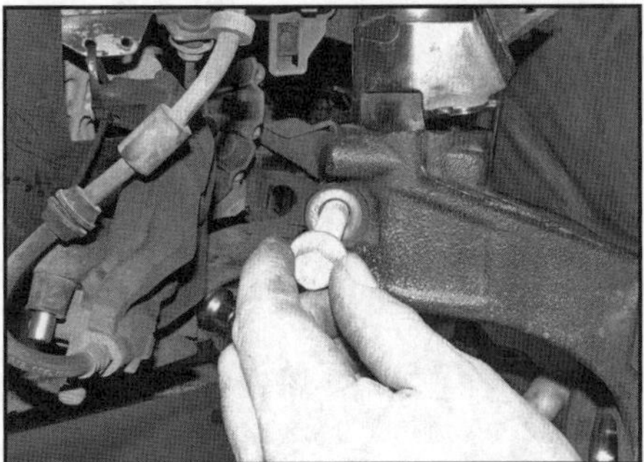

2.16 Lösen Sie die Schraube, die das Achsgelenk am Federbein sichert.

17 Stecken Sie einen passenden Inbusschlüssel in den Spalt des Achsgelenks und drehen Sie ihn etwas, um die Klemmung zu spreizen (siehe Abbildung) – alternativ kann auch ein geeigneter Meißel eingeklopft werden.

2.17 Spreizen Sie die Klemmung des Achsgelenks über dem Federbein.

18 Klopfen Sie das Achsgelenk mit einem weichen Hammer vom Federbein herunter (siehe Abbildung).

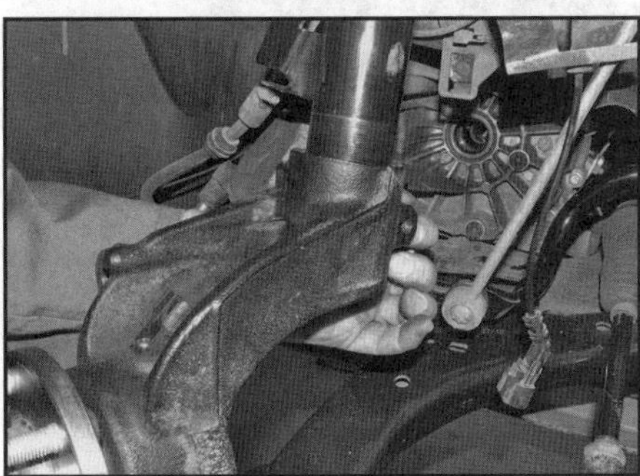

2.18 Klopfen Sie das Achsgelenk mit einem weichen Hammer vom Federbein ab.

19 Die Nabe muss nun zusammen mit dem Radlager vom Achsgelenk getrennt werden – hierzu ist das Ford-Spezialwerkzeug 205-348 unerlässlich (siehe Abbildungen) – das Lager darf nach dem Ausbau nicht wiederverwendet werden, sodass ein Neuteil beschafft werden muss.

2.19a Stützen Sie das Achsgelenk mit dem Ford-Spezialwerkzeug, pressen Sie den Nabenflansch samt Radlager heraus ...

2.19b ... und setzen Sie das Werkzeug an der neuen Radlager/Nabenflansch-Baugruppe an.

2.19c Positionieren Sie das Achsgelenk über dem neuen Lager und legen Sie den Adapter auf.

2.19d Pressen Sie das Achsgelenk ...

2.19e ... vollständig auf das Lager.

Einbau

20 Der Einbau entspricht der umgekehrten Ausbaureihenfolge – beachten Sie dabei folgende Punkte:

a) Das Achsgelenk muss vollständig auf das Federbein aufgeschoben werden – dessen Anguss muss im Klemmspalt liegen (siehe Abbildung).

b) Die Antriebswellenschraube und die Spurstangenkopf-Mutter müssen durch Neuteile ersetzt werden.

c) Die Bremsscheibe und ihr Sitz an der Radnabe müssen absolut sauber sein. Installieren Sie die Bremsscheibe mithilfe der angebrachten Markierung.

d) Bevor der ABS-Radsensor im Achsgelenk gesichert wird, muss er sorgfältig gereinigt werden.

e) Ziehen Sie alle Muttern und Schrauben mit den in den technischen Daten angegebenen Drehmomenten an.

f) Kontern Sie beim Anziehen der Antriebswellen die Radnabe mit der beim Ausbau verwendeten Methode.

2.20 Der Anguss am Federbein muss im Klemmspalt des Achsgelenks liegen.

3 Federbein vorn – Ausbau und Einbau

Anmerkung: *Zum Trennen des Querträger-Kugelgelenks vom Achsträger wird das Ford-Spezialwerkzeug 204-607 oder eine geeignete Alternative benötigt.*

Anmerkung: *Falls ein Federbein defekt ist, müssen unbedingt beide Federbeine der Vorderachse ersetzt werden – andernfalls kann ein gefährliches Fahrverhalten das Unfallrisiko steigern!*

Ausbau

1 Entfernen Sie das vor der Windschutzscheibe sitzende Lüftungsgitter (siehe Kapitel 11, Sektion 23).

2 Ziehen Sie an der Abdeckung über der oberen Federbeinaufnahme den Kunststoffzapfen heraus und befreien Sie die Abdeckung (siehe Abbildung).

3.2 Ziehen Sie den Kunststoffzapfen heraus und befreien Sie die Abdeckung über der Federbeinaufnahme.

3 Ziehen Sie die Handbremse fest an, heben Sie das Fahrzeug vorn an, und stützen Sie es sicher ab (siehe Seite 390). Demontieren Sie das entsprechende Vorderrad.
4 Trennen Sie bei Modellen mit dynamischem Fahrwerk den Stecker vom Federbein und befreien Sie seine Kabelstopfen aus dem Federbein und den Halterungen am Unterboden.
5 Befreien Sie den Bremsleitungsstopfen aus der Halterung am Federbein (siehe Abbildung).

3.5 Befreien Sie den Bremsleitungsstopfen aus der Halterung am Federbein.

6 Lösen Sie am Federbein die Mutter der Stabilisator-Anlenkung, kontern Sie diese dabei mit einem Inbusschlüssel. Heben Sie den Halter des ABS-Sensorkabels ab, trennen Sie die Anlenkung vom Federbein und verlagern Sie sie beiseite (siehe Abbildungen).

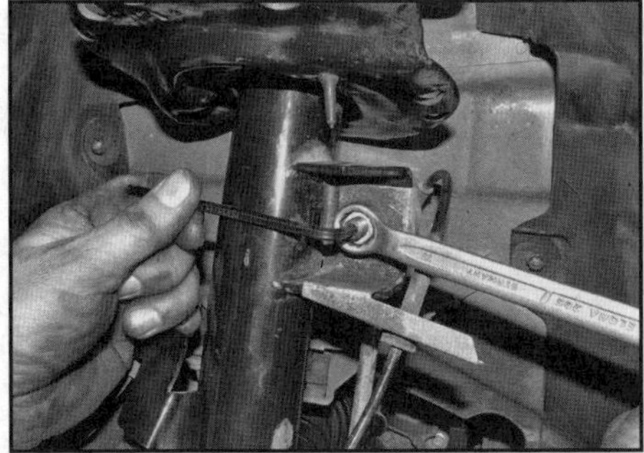

3.6a Kontern Sie die Stabilisatoranlenkung mit einem Inbusschlüssel und lösen Sie deren Mutter am Federbein.

3.6b Heben Sie den Halter des ABS-Sensorkabels ab und trennen Sie die Anlenkung vom Federbein.

7 Beim Trennen des Querlenker-Kugelkopfs vom Achsgelenk mit einem konventionellen Kugelkopf-Abzieher wird wahrscheinlich deren Gummimanschette beschädigt. Verwenden Sie daher das Ford-Spezialwerkzeug 204-607 (oder eine geeignete Alternative), um den Kugelkopf-Zapfen wie folgt aus der Nabe zu trennen (Abb. 2.9):
8 Lockern Sie die Kugelkopf-Sicherungsmutter um zwei Umdrehungen und lösen Sie dann die untere Schraube des Bremssattelhalters aus dem Achsgelenk (Abb. 2.10). Verbinden Sie das Spezialwerkzeug mit dem Bremssattelhalter und positionieren Sie sein anderes Ende unterhalb des Lenkhebels am Achsgelenk. Lösen Sie die Kugelkopf-Sicherungsmutter, bis sie das Spezialwerkzeug berührt, und drehen Sie sie dann weiter, um den Zapfen aus dem Achsgelenk zu ziehen.
9 Sobald sich der Kugelkopf-Zapfen löst, wird die Mutter abgedreht und das Spezialwerkzeug entfernt. Installieren Sie die untere Schraube des Bremssattelhalters und ziehen Sie mit 200 Nm an.
10 Hebeln Sie den Querlenker herunter, um den Kugelkopf vom Achsgelenk zu befreien (Abb. 2.14), schwenken Sie dann das Achsgelenk beiseite, ohne dabei die Gummimanschette des Kugelkopfs zu beschädigen.
11 Lösen Sie die Schraube, die das Achsgelenk am Federbein sichert (Abb. 2.16).
12 Stecken Sie einen passenden Inbusschlüssel in den Spalt des Achsgelenks und drehen Sie ihn etwas, um die Klemmung zu spreizen (Abb. 2.17) – alternativ kann auch ein geeigneter Meißel eingeklopft werden.
13 Klopfen Sie das Achsgelenk mit einem weichen Hammer vom Federbein herunter (Abb. 2.18).
14 Lassen Sie einen Assistenten das Federbein von unten halten und lösen Sie im Motorraum die drei oberen Befestigungsschrauben – lassen Sie das Federbein dann nach unten herausheben (siehe Abbildungen).

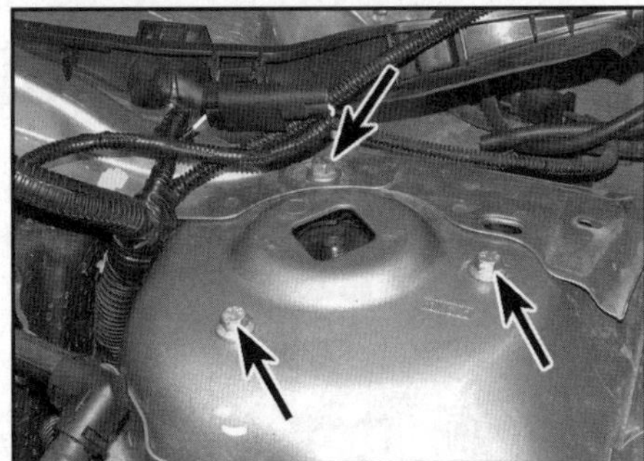

3.14a Lösen Sie die drei oberen Befestigungsschrauben ...

3.14b … und heben Sie das Federbein nach unten heraus.

Einbau

15 Der Einbau entspricht der umgekehrten Ausbaureihenfolge – beachten Sie dabei folgende Punkte:

a) *Das Achsgelenk muss vollständig auf das Federbein aufgeschoben werden – dessen Anguss muss im Klemmspalt liegen (Abb. 2.20).*

b) *Ziehen Sie alle Muttern und Schrauben mit den in den technischen Daten angegebenen Drehmomenten an.*

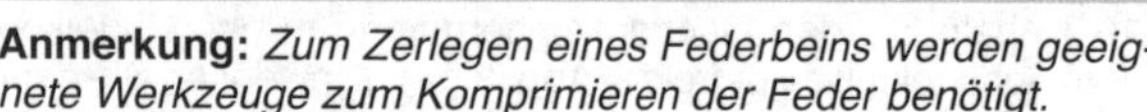

4 Federbein vorn – Zerlegung, Kontrolle und Zusammenbau

Anmerkung: *Zum Zerlegen eines Federbeins werden geeignete Werkzeuge zum Komprimieren der Feder benötigt.*

Warnung: Versuche, ein Federbein ohne einen Schraubenfeder-Spanner zu zerlegen, stellen ein großes Gesundheitsrisiko dar!

Zerlegung

1 Bauen Sie das Federbein aus (siehe Sektion 3).

2 Verbinden Sie die Schraubenfeder-Spanner mit der Feder des auf der Werkbank liegenden oder in einen Schraubstock geklemmten Federbeins und ziehen Sie diese so weit zusammen, bis sie keinen Druck mehr auf die Federsitze ausübt (siehe Abbildung).

4.2 Komprimieren Sie die Feder mit einem geeigneten Spannwerkzeug, bis die Federsitze entlastet sind.

3 Kontern Sie die Federbein-Dämpferstange mit einem Inbusschlüssel und drehen Sie die Mutter ab (siehe Abbildung).

4.3 Kontern Sie die Kolbenstange und lösen Sie die Mutter.

4 Ziehen das Domlager, den oberen Federsitz samt Manschette und das Anschlaggummi von der Dämpferstange (siehe Abbildung).

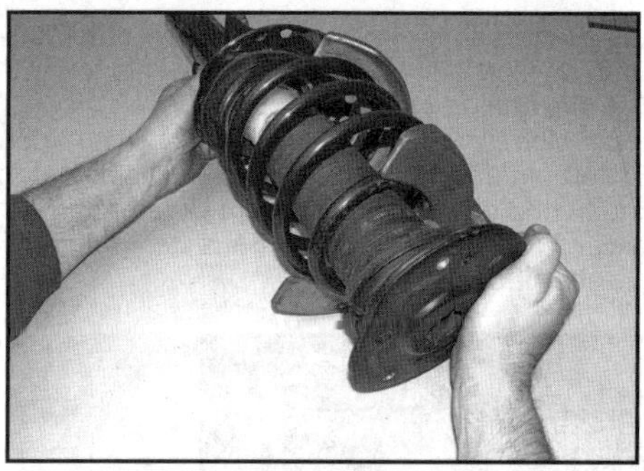

4.4 Ziehen das Domlager, den oberen Federsitz samt Manschette und das Anschlaggummi als Baugruppe ab.

5 Heben Sie die Manschette, das Anschlaggummi und den oberen Federsitz vom Domlager (siehe Abbildungen).

4.5a Entfernen Sie die Manschette, …

4.5b … das Anschlaggummi …

4.5c … und den oberen Federsitz vom Domlager.

6 Entfernen Sie die Feder (samt Spannwerkzeug) und den unteren Federsitz vom Federbein (siehe Abbildungen).

4.6a Entfernen Sie die komprimierte Feder …

4.6b … und den unteren Federsitz vom Federbein.

Kontrolle

7 Sobald das Federbein so weit zerlegt ist, werden alle Komponenten auf Verschleiß, Beschädigungen und Verformung überprüft. Kontrollieren Sie das obere Domlager auf sanfte Funktion – ersetzen Sie alle schadhaften Teile.

8 Begutachten Sie den Dämpfer auf Undichtigkeiten. Kontrollieren Sie die Dämpferstange auf der gesamten Länge auf Ausbrüche. Überprüfen Sie das Dämpfergehäuse auf Beschädigungen. Halten Sie es aufrecht und prüfen Sie seine Funktion, indem Sie die Dämpferstange zunächst vollständig hineinschieben und wieder herausziehen. Bewegen Sie sie dann in kürzeren Hüben von 5 bis 10 cm hin und her. In beiden Fällen muss ein gleichmäßiger Widerstand fühlbar sein. Falls sich die Stange ruckartig oder ungleichmäßig bewegt oder sichtbare Schäden oder Verschleißspuren festgestellt werden oder Öl austritt, muss der Stoßdämpfer ausgetauscht werden – die Feder und anderen Bauteile müssen dann auf das Neuteil übernommen werden.

9 Falls Zweifel über den Zustand der Feder bestehen, muss das Spannwerkzeug vorsichtig gelockert und entfernt werden. Kontrollieren Sie die Feder auf Risse, Ausbrüche und starke Korrosion und ersetzen Sie sie nötigenfalls.

10 Inspizieren Sie alle anderen Komponenten auf Schäden und Verschleiß und ersetzen Sie sie nötigenfalls.

11 Falls ein neuer Stoßdämpfer montiert werden soll, muss die Dämpferstange zunächst bei senkrecht stehendem Gehäuse einige Male hineingeschoben werden, um Gasblasen nach oben entweichen zu lassen.

Zusammenbau

12 Schieben Sie den unteren Federsitz korrekt positioniert auf das Federbein.

13 Falls die Federpresse von der Feder getrennt wurde, muss sie wieder angesetzt und komprimiert werden, damit das Federbein korrekt zusammengesetzt werden kann.

14 Schieben Sie die komprimierte Feder auf das Federbein und positionieren Sie ihr Ende gegen den Anschlag im unteren Federsitz (siehe Abbildung).

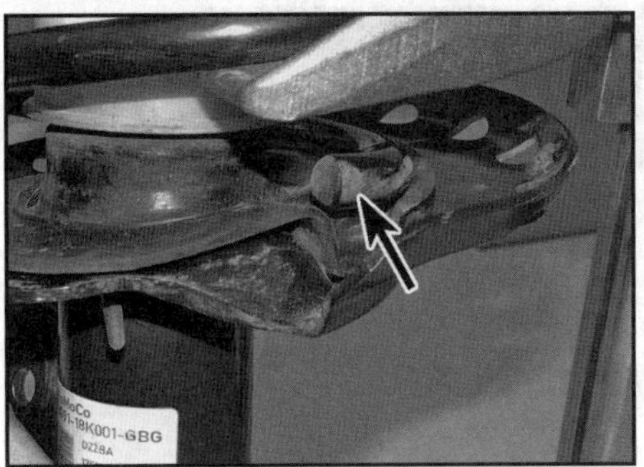

4.14 Positionieren Sie das untere Ende der Feder gegen den Anschlag im unteren Federsitz.

15 Setzen Sie den oberen Federsitz, das Anschlaggummi und die Manschette an das Domlager.

16 Schieben Sie die Domlager-Bautruppe über die Dämpferstange und gegen die Feder.

17 Installieren Sie die Dämpferstangenmutter und ziehen Sie sie mit 58 Nm an – kontern Sie die Stange dabei wie beim Ausbau.

18 Positionieren Sie den oberen Federsitz so, dass sein Anguss seitlich neben dem Vorsprung des Domlagers liegt (siehe Abbildung).

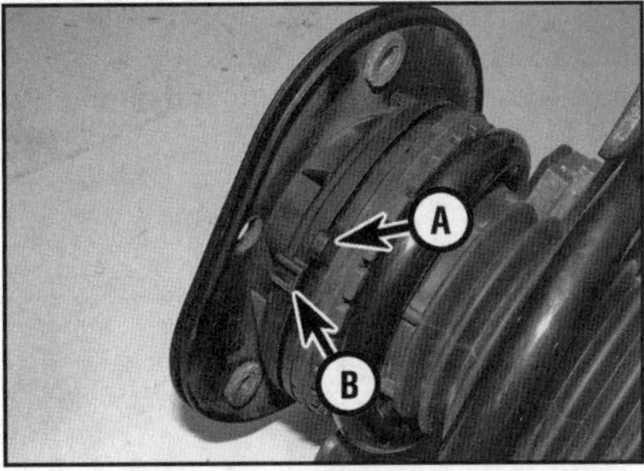

4.18 Der Vorsprung des Federsitzes (A) muss neben demjenigen des Domlagers (B) liegen.

19 Achten Sie darauf, dass der obere Federsitz korrekt zum Domlager ausgerichtet bleibt, und positionieren Sie dieses so, dass ihr Anguss in einer Linie zu demjenigen unten am Dämpfergehäuse liegt (siehe Abbildungen). Lockern Sie langsam die Federpresse, um die Feder zu entspannen – ihr unteres Ende muss weiterhin korrekt im unteren Sitz liegen (Abb. 4.14) und die Angüsse des Domlagers und des Dämpfergehäuses müssen zueinander ausgerichtet sein; drehen Sie die Feder

und den oberen Sitz nötigenfalls, bevor die Federpresse entfernt wird.

4.19a Positionieren Sie das Domlager so, dass sein Vorsprung (A) ...

4.19b ... in einer Linie mit dem Vorsprung des Dämpfergehäuses liegt.

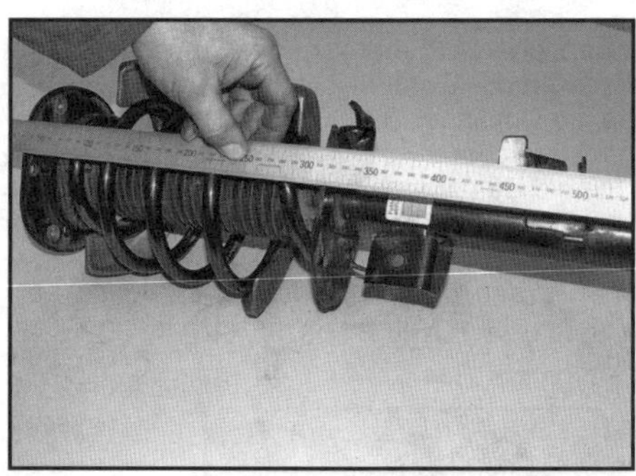

4.19c Prüfen Sie die korrekte Ausrichtung mit einem Lineal.

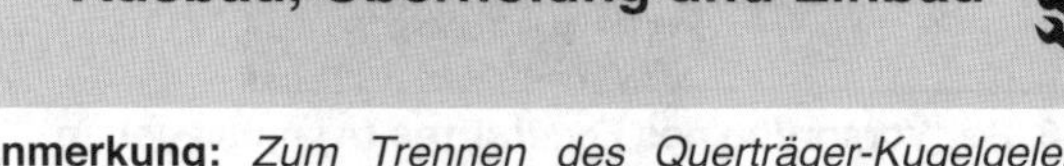

5 Querlenker vorn – Ausbau, Überholung und Einbau

Anmerkung: *Zum Trennen des Querträger-Kugelgelenks vom Achsträger wird das Ford-Spezialwerkzeug 204-607 oder eine geeignete Alternative benötigt.*

Ausbau

1 Ziehen Sie die Handbremse, heben Sie die Fahrzeug-Front an und stützen Sie sie sicher ab (siehe Seite 390). Demontieren Sie das entsprechende Vorderrad.

2 Lösen Sie am Querlenker ggf. die Schraube und die Mutter des Leuchtweitensensor-Halters und befreien Sie diesen.

3 Lösen Sie die Mutter, mit der die Stabilisator-Anlenkung am Stabilisator gesichert ist – kontern Sie dabei den Zapfen mit einem Inbusschlüssel (siehe Abbildung). Befreien Sie die Anlenkung vom Stabilisator und schwenken Sie sie beiseite.

5.3 Lösen Sie die Mutter, die die Stabilisator-Anlenkung am Stabilisator sichert.

4 Beim Trennen des Querlenker-Kugelkopfs vom Achsgelenk mit einem konventionellen Kugelkopf-Abzieher wird wahrscheinlich deren Gummimanschette beschädigt. Verwenden Sie daher das Ford-Spezialwerkzeug 204-607 (oder eine geeignete Alternative), um den Kugelkopf-Zapfen wie folgt aus der Nabe zu trennen (Abb. 2.9):

5 Lockern Sie die Kugelkopf-Sicherungsmutter um zwei Umdrehungen und lösen Sie dann die untere Schraube des Bremssattelhalters aus dem Achsgelenk (Abb. 2.10). Verbinden Sie das Spezialwerkzeug mit dem Bremssattelhalter und positionieren Sie sein anderes Ende unterhalb des Lenkhebels am Achsgelenk. Lösen Sie die Kugelkopf-Sicherungsmutter, bis sie das Spezialwerkzeug berührt, und drehen Sie sie dann weiter, um den Zapfen aus dem Achsgelenk zu ziehen.

6 Sobald sich der Kugelkopf-Zapfen löst, wird die Mutter abgedreht und das Spezialwerkzeug entfernt. Installieren Sie die untere Schraube des Bremssattelhalters und ziehen Sie mit 200 Nm an.

7 Hebeln Sie den Querlenker herunter, um den Kugelkopf vom Achsgelenk zu befreien (Abb. 2.14), schwenken Sie dann das Achsgelenk beiseite, ohne dabei die Gummimanschette des Kugelkopfs zu beschädigen.

8 Lösen Sie einzelne vordere und die zwei hinteren Befestigungsschrauben des Querlenkers und entfernen Sie diesen vom Hilfsrahmen (siehe Abbildungen) – alle Schrauben müssen beim Einbau durch Neuteile ersetzt werden.

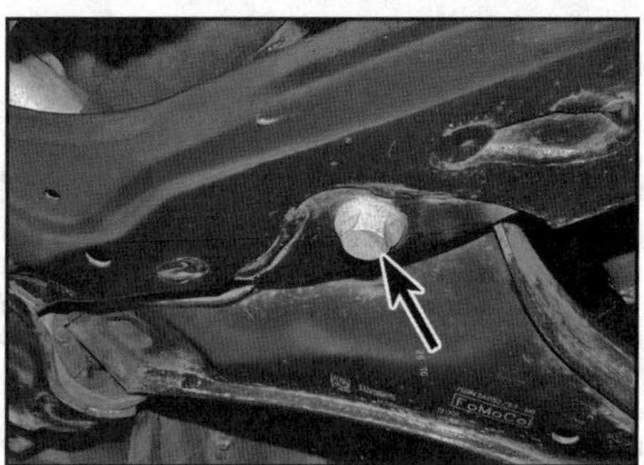

5.8a Vordere Querlenkerschraube

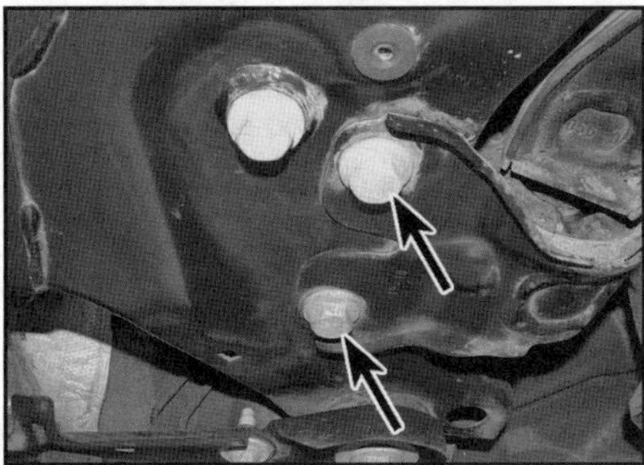

5.8b Hintere Querlenkerschrauben

Überholung

9 Reinigen Sie den Querlenker und seine Aufnahmen. Kontrollieren Sie alles sorgfältig auf Risse, Verformung, Verschleiß oder andere Schäden, achten Sie dabei besonders auf die Gummis der Lagerbuchsen.
10 Falls eine Gummibuchse ersetzt werden muss, sollte diese Arbeit einer Fachwerkstatt überlassen werden, die mit einer hydraulischen Presse und passenden Distanzhülsen die Buchsen austauschen und die Neuteile exakt positionieren können.
11 Falls der Kugelkopf des Querlenkers verschlissen oder seine Manschette beschädigt ist, muss dieser vom Querlenker befreit werden – er ist angenietet und die Nietköpfe müssen aufgebohrt werden. Bei Ford oder im Fachhandel sind Kugelköpfe erhältlich, die an den Nietbohrungen verschraubt werden.

Einbau

Einbau

12 Der Einbau entspricht der umgekehrten Ausbaureihenfolge – beachten Sie dabei folgende Punkte:
a) *Verwenden Sie neue Querlenker-Befestigungsschrauben.*
b) *Ziehen Sie alle Muttern und Schrauben mit den in den technischen Daten angegebenen Drehmomenten und ggf. Anzugswinkeln an.*
c) *Lassen Sie bei nächster Gelegenheit die Ausrichtung der Vorderräder überprüfen und nötigenfalls justieren (siehe Sektion 22).*

6 Stabilisator vorn – Ausbau und Einbau

Anmerkung: *Zur Ausrichtung des Hilfsrahmens zur Karosserie wird das Ford-Spezialwerkzeug 205-316a benötigt (siehe Schritt 26)*

Ausbau

1 Lenken Sie die Vorderräder geradeaus und lassen Sie das Lenkradschloss einrasten.
2 Lösen Sie im Fußraum die Klemmschraube, die das Lenkwellen-Kreuzgelenk mit der Lenkgetriebe-Welle verbindet (siehe Abbildung) – die Schraube muss beim Einbau durch ein Neuteil ersetzt werden. Ziehen Sie die Welle nach oben ab und positionieren Sie sie beiseite.

6.2 Kreuzgelenk-Klemmschraube an der Lenkgetriebewelle

3 Ziehen Sie die Handbremse fest an, heben Sie das Fahrzeug vorn an, und stützen Sie es sicher ab (siehe Seite 390). Demontieren Sie beide Vorderräder.
4 Demontieren Sie ggf. den Unterfahrschutz und den Spritzschutz unter dem Kühler.
5 Lösen Sie am Querlenker ggf. die Schraube und die Mutter des Leuchtweitensensor-Halters und befreien Sie diesen.
6 Trennen Sie die zwei Servolenkungs-Hydraulikschläuche von den Anschlüssen oberhalb des Lenkgetriebes – seien Sie auf etwas austretendes Hydrauliköl vorbereitet. Verstopfen Sie alle geöffneten Anschlüsse.
7 Lösen Sie an beiden Seiten die Muttern, mit denen die Stabilisator-Anlenkungen am Stabilisator gesichert sind, kontern Sie dabei die Strebe mit einem Inbusschlüssel (Abb. 5.3).
8 Um die flexible Sektion des Auspuffs nicht zu beschädigen, sollte sie mithilfe von geeigneten Hölzern und Kabelbindern »geschient« werden. Hängen Sie dann bei allen Modellen außer Diesel-Modellen mit Abgasnorm Euro 5 die vorderen Auspuff-Haltegummis aus (siehe Abbildung).

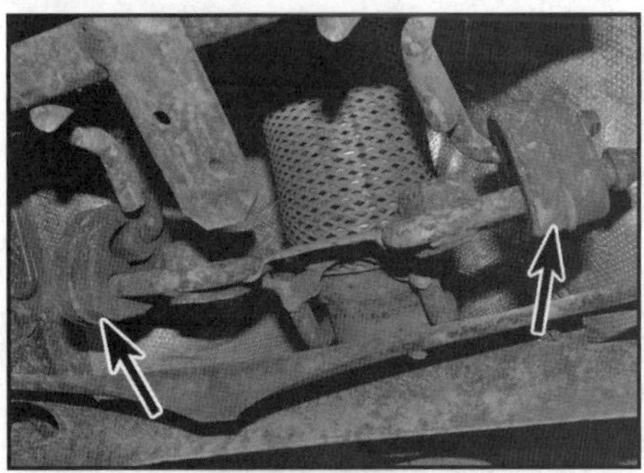

6.8 Vorderen Auspuff-Haltegummis

9 Lösen Sie bei Diesel-Modellen mit Abgasnorm Euro 5 die zwei Schrauben, mit denen die vordere Auspuffhalterung hinten am Hilfsrahmen gesichert ist (siehe Abbildung).

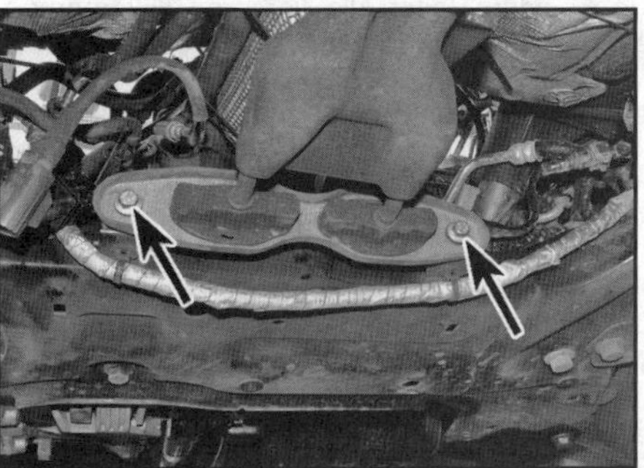

6.9 Schrauben der vorderen Auspuffhalterung – Diesel-Modellen mit Abgasnorm Euro 5

10 Befreien Sie bei Diesel-Modellen die Befestigungen der Kabel und Schläuche des Partikelfilters aus dem Hilfsrahmen. Je nach Ausstattung müssen weitere Kabel-Clips oder Halterungen entfernt werden, um beim Absenken des Hilfsrahmens keine Kabel oder Leitungen unter Last zu setzen.
11 Lösen Sie den durchgehenden Bolzen der unteren Motorhalterung und ziehen Sie ihn heraus (siehe Abbildung).

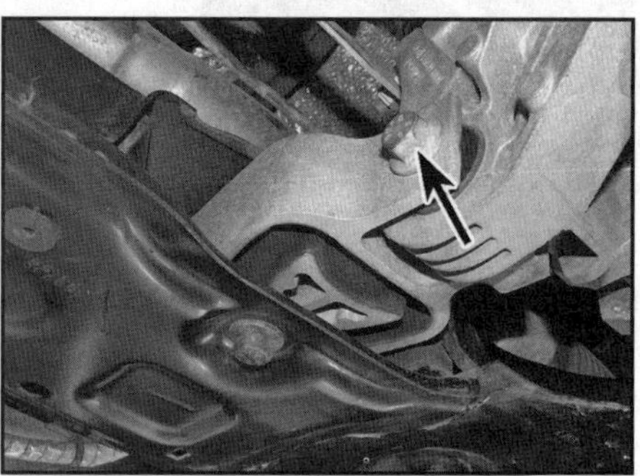

6.11 Durchgangsbolzen der unteren Motorhalterung

12 Stützen Sie den hinteren Bereich des vorderen Hilfsrahmens mit einem ausreichend dimensionierten Rangierwagenheber ab.
13 Lösen Sie an beiden Seiten die zwei hinteren Schrauben, mit denen die Hilfsrahmen-Querstrebe an der Karosserie gesichert ist. Lösen Sie dann bei gut abgestütztem Hilfsrahmen an beiden Seiten die Schraube, die den hinteren Bereich des Hilfsrahmens und die Hilfsrahmen-Querstrebe an der Karosserie sichern (siehe Abbildung) – die Hilfsrahmen-Schrauben müssen beim Einbau erneuert werden.

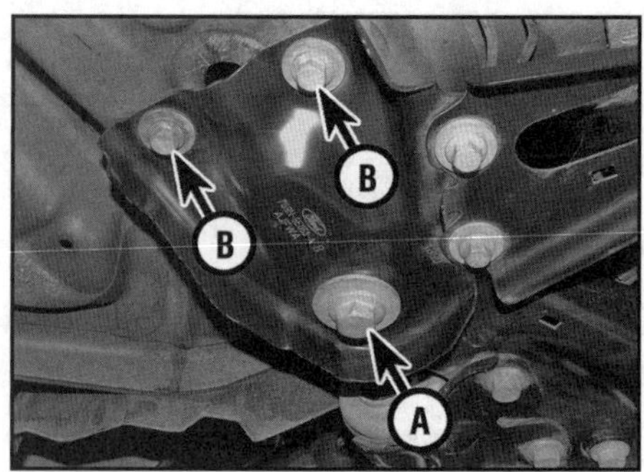

6.13 Hintere Hilfsrahmenschraube (A), Hilfsrahmen-Querstreben-Schrauben (B)

14 Positionieren Sie einen zweiten Rangierwagenheber vorn unter dem Hilfsrahmen.
15 Lösen Sie an beiden Seiten die vorderen Hilfsrahmen-Schrauben – sie müssen beim Einbau durch Neuteile ersetzt werden.
16 Lassen Sie einen Assistenten vorsichtig den Hilfsrahmen hinten absenken, bis die Muttern der Stabilisator-Klemmschrauben zugänglich sind. Achten Sie darauf, nicht die Servolenkungs-Hydraulikschläuche zu beschädigen.
17 Halten Sie an beiden Seiten des Hilfsrahmens von unten die Schrauben der Stabilisatorklemmen und lösen Sie die Muttern (Abb. 5.8b) – die Schrauben und Muttern müssen beim Einbau durch Neuteile ersetzt werden.
18 Manövrieren Sie den Stabilisator vorsichtig unter dem Fahrzeug heraus.
19 Beachten Sie die Positionen und Ausrichtungen aller Klemmen und heben Sie sie von den Haltebuchsen; beachten Sie ebenso die Positionen und Ausrichtungen der Haltebuchsen und entfernen Sie sie vom Stabilisator – sie sind längs aufgeschnitten, um ausgetauscht werden zu können.
20 Inspizieren Sie den Stabilisator auf Schäden, Korrosion und Risse. Kontrollieren Sie die Anlenkungen und Haltebuchsen auf gealterte Gummis. Ersetzen Sie alle Stabilisator- und Hilfsrahmen-Befestigungen.

Einbau

21 Positionieren Sie die Buchsen am Stabilisator und richten Sie sie wie beim Ausbau notiert aus – verwenden Sie bei der Montage keine Schmiermittel!
22 Benetzen Sie die Stabilisator-Klemmen mit etwas Seifenwasser und drücken Sie sie über den Buchsen in Position – die abgerundete Seite der Klemmplatte (neben den Befestigungsschrauben-Bohrungen) muss zur Fahrzeugmitte zeigen.
23 Positionieren Sie den Stabilisator am Hilfsrahmen. Installieren Sie neue Klemmschrauben samt Muttern und ziehen Sie zunächst mit 140 Nm an und dann um 45° weiter.
24 Heben Sie den Hilfsrahmen unter die Karosserie und installieren Sie die neuen vordere Schrauben zunächst nur handfest.
25 Positionieren Sie die Hilfsrahmen-Querstrebe und installieren Sie zwei neue Hilfsrahmen-Schrauben und die vier Querstreben-Schrauben zunächst handfest.
26 Die Ausrichtung des Hilfsrahmens muss jetzt mithilfe des Ford-Spezialwerkzeugs 205-316a oder einer geeigneten Alternative durch die Bohrungen der Seitenteile sichergestellt werden (siehe Abbildung).

6.26 Ausrichtwerkzeug zur korrekten Positionierung des Hilfsrahmens

27 Sobald der Hilfsrahmen korrekt ausgerichtet ist, werden seine vier Schrauben zunächst mit 150 Nm angezogen und dann um 45° weitergedreht. Ziehen Sie dann die Querstreben-Schrauben mit 30 Nm an.
28 Der Rest des Einbaus entspricht der umgekehrten Ausbaureihenfolge – beachten Sie dabei folgende Punkte:

a) *Ziehen Sie alle Muttern und Schrauben mit den in den technischen Daten angegebenen Drehmomenten und ggf. Anzugswinkeln an.*
b) *Füllen Sie die Servolenkungs-Hydraulik auf (siehe Sektion 19).*
c) *Lassen Sie bei nächster Gelegenheit die Ausrichtung der Vorderräder überprüfen und nötigenfalls justieren (siehe Sektion 22).*

7 Hilfsrahmen vorn – Ausbau und Einbau

Anmerkung: *Zur Ausrichtung des Hilfsrahmens zur Karosserie wird das Ford-Spezialwerkzeug 205-316a oder eine geeignete Alternative benötigt (siehe Schritt 26)*

Ausbau

1 Ziehen Sie die Handbremse fest an, heben Sie das Fahrzeug vorn an, und stützen Sie es sicher ab (siehe Seite 390). Demontieren Sie beide Vorderräder.
2 Demontieren Sie ggf. den Unterfahrschutz und den Spritzschutz unter dem Kühler.
3 Lösen Sie am Querlenker ggf. die Schraube und die Mutter des Leuchtweitensensor-Halters und befreien Sie diesen.
4 Um die flexible Sektion des Auspuffs nicht zu beschädigen, sollte sie mithilfe von geeigneten Hölzern und Kabelbindern »geschient« werden. Hängen Sie dann bei allen Modellen außer Diesel-Modellen mit Abgasnorm Euro 5 die vorderen Auspuff-Haltegummis aus (Abb. 6.8).
5 Lösen Sie bei Diesel-Modellen mit Abgasnorm Euro 5 die zwei Schrauben, mit denen die vordere Auspuffhalterung hinten am Hilfsrahmen gesichert ist (Abb. 6.9).
6 Befreien Sie bei Diesel-Modellen die Befestigungen der Kabel und Schläuche des Partikelfilters aus dem Hilfsrahmen. Je nach Ausstattung müssen weitere Kabel-Clips oder Halterungen entfernt werden, um beim Absenken des Hilfsrahmens keine Kabel oder Leitungen unter Last zu setzen.
7 Lösen Sie die zwei Schrauben, die das Lenkgetriebe am Hilfsrahmen sichern (siehe Abbildung) – sichern Sie es mit Kabelbindern an einer geeigneten Position hinten am Motor.

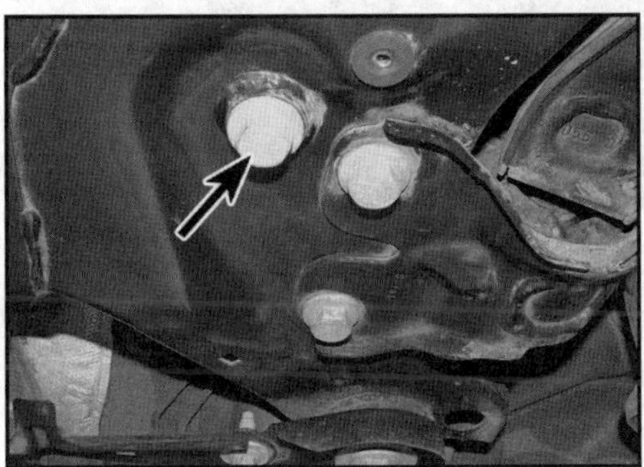

7.7 Die linke Lenkgetriebe-Befestigungsschraube

8 Lösen Sie an beiden Seiten des Hilfsrahmens die zwei Muttern der Stabilisator-Klemmen und der hinteren Querlenker-Aufnahme – kontern Sie dabei die Schrauben von unten. Alle Schrauben und Muttern müssen beim Einbau durch Neuteile ersetzt werden.
9 Lösen Sie die vorderen Querlenker-Befestigungsschrauben und ziehen Sie die Querlenker aus dem Hilfsrahmen – stützen Sie sie mit Böcken ab, um die Kugelköpfe nicht zu belasten.
10 Lösen Sie den durchgehenden Bolzen der unteren Motorhalterung und ziehen Sie ihn heraus (Abb. 6.11).
11 Stützen Sie den hinteren Bereich des vorderen Hilfsrahmens mit einem ausreichend dimensionierten Rangierwagenheber ab.
12 Lösen Sie an beiden Seiten die zwei hinteren Schrauben, mit denen die Hilfsrahmen-Querstrebe an der Karosserie gesichert ist. Lösen Sie dann bei gut abgestütztem Hilfsrahmen an beiden Seiten die Schraube, die den hinteren Bereich des Hilfsrahmens und die Hilfsrahmen-Querstrebe an der Karosserie sichern (Abb. 6.13) – die Hilfsrahmen-Schrauben müssen beim Einbau erneuert werden.
13 Positionieren Sie einen zweiten Rangierwagenheber vorn unter dem Hilfsrahmen.
14 Lösen Sie an beiden Seiten die vorderen Hilfsrahmen-Schrauben – sie müssen beim Einbau durch Neuteile ersetzt werden.
15 Lassen Sie einen Assistenten vorsichtig den Hilfsrahmen absenken und manövrieren Sie ihn unter dem Fahrzeug heraus.
16 Der Ausbau der Hilfsrahmen-Haltebuchsen erfordert Spezialwerkzeuge und eine hydraulische Presse, sodass diese Arbeit besser einer entsprechend ausgerüsteten Fachwerkstatt überlassen werden sollte.

Einbau

17 Heben Sie den Hilfsrahmen unter die Karosserie und installieren Sie die neuen vordere Schrauben zunächst nur handfest.
18 Positionieren Sie die Hilfsrahmen-Querstrebe und installieren Sie zwei neue Hilfsrahmen-Schrauben und die vier Querstreben-Schrauben zunächst handfest.
19 Die Ausrichtung des Hilfsrahmens muss jetzt mithilfe des Ford-Spezialwerkzeugs 205-316a oder einer geeigneten Alternative durch die Bohrungen der Seitenteile sichergestellt werden (Abb. 6.26).
20 Sobald der Hilfsrahmen korrekt ausgerichtet ist, werden seine vier Schrauben zunächst mit 150 Nm angezogen und dann um 45° weitergedreht. Ziehen Sie dann die Querstreben-Schrauben mit 30 Nm an.
21 Der Rest des Einbaus entspricht der umgekehrten Ausbaureihenfolge – beachten Sie dabei folgende Punkte:
a) Ziehen Sie alle Muttern und Schrauben mit den in den technischen Daten angegebenen Drehmomenten und ggf. Anzugswinkeln an.
b) Lassen Sie bei nächster Gelegenheit die Ausrichtung der Vorderräder überprüfen und nötigenfalls justieren (siehe Sektion 22).

8 Hinterradlager – Ersetzen

1 Die Hinterradlager sind in die Radnaben integriert und können nicht separat ersetzt werden, sodass die komplette Naben-Baugruppe ausgetauscht werden muss.
2 Demontieren Sie die Bremsscheibe (siehe Kapitel 9, Sektion 9).
3 Trennen Sie den Stecker des ABS-Radsensors.
4 Um Zugang zu den Radnaben-Befestigungsschrauben zu erhalten, müssen an beiden Seiten des Radträgers die Muttern der Stabilisator-Anlenkungen gelöst werden, kontern Sie die Streben dabei mit einem Inbusschlüssel (siehe Abbildung). Schwenken Sie die Anlenkungen dann nötigenfalls hoch.

8.4 Mutter der Stabilisator-Anlenkung

5 Lösen Sie die vier Schrauben und entfernen Sie die Naben-Baugruppe samt Bremsscheiben-Spritzschutz vom Radträger (siehe Abbildungen).

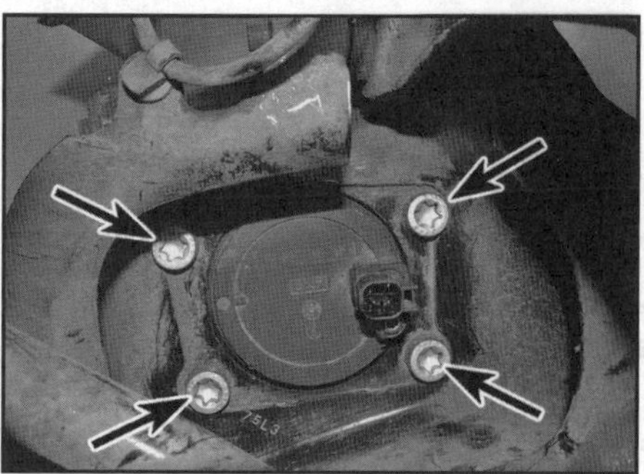

8.5a Lösen Sie die vier Schrauben ...

8.5b ... und entfernen Sie die Naben-Baugruppe samt Bremsscheiben-Spritzschutz vom Radträger.

6 Setzen Sie den Bremsscheiben-Spritzschutz und die (neue) die Naben-Baugruppe an den Radträger, installieren Sie die Schrauben und ziehen Sie sie über Kreuz mit 110 Nm an.
7 Verbinden Sie die Stabilisator-Anlenkungen und ziehen Sie ihre Muttern mit 60 Nm an.
8 Verbinden Sie den Stecker des ABS-Radsensors.
9 Montieren Sie die Bremsscheibe (siehe Kapitel 9, Sektion 9).

9 Hinterradträger/Schräglenker – Ausbau und Einbau

Ausbau

1 Demontieren Sie die Hinterradnabe (siehe Sektion 8).
2 Befreien Sie das Radsensor-Kabel aus dem Clips am Schräglenker.
3 Lösen Sie an der vorderen Schräglenker-Befestigung die Mutter des Bremsleitungshalters und befreien Sie diesen (siehe Abbildung).

9.3 Mutter des Bremsleitungshalters an der vorderen Schräglenker-Befestigung

4 Lösen Sie am Schräglenker die zwei Schrauben der Handbremsseil-Führungen und befreien Sie diese (siehe Abbildungen).

9.4a Lösen Sie an jedem Schräglenker die hintere ...

9.4b ... und die vordere Schraube der Bremsseilführungen.

5 Befreien Sie die Bremsleitung, den Schlauch und die Kabel aus den verbliebenen Clips am Schräglenker.
6 Demontieren Sie die entsprechende Hinterradfeder (siehe Sektion 11).
7 Fertigen Sie ein 226 mm langes Distanzrohr mit 40 mm Durchmesser an. Schrauben Sie den Federungs-Anschlag ab, führen Sie das Distanzrohr zwischen dem unteren Querlenker und dem oberen Federsitz ein und heben Sie den Querlenker mit einem Rangierwagenheber an, bis das Distanzrohr leicht eingeklemmt ist (siehe Abbildung) – es muss dabei senkrecht stehen.

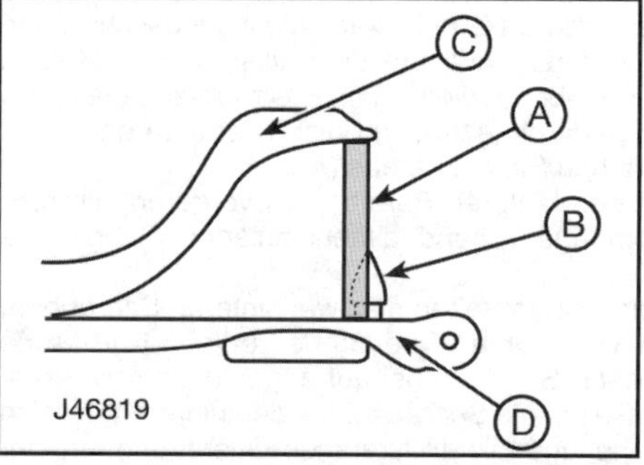

9.7 Entfernen Sie den Federungs-Anschlag (B) und führen Sie das Distanzrohr (A) zwischen dem unteren Querlenker (D) und dem oberen Federsitz (C) ein.

8 Lösen Sie die Schrauben, die den oberen Querlenkers und die Spurstange am Schräglenker sichern (Abb. 12.4a).
9 Lösen Sie die Schraube, die den unteren Querlenkers am Schräglenker sichert (Abb. 12.9b).
10 Lösen Sie die zwei Schrauben, mit denen die vordere Aufnahme des Schräglenkers an der Karosserie gesichert ist, und befreien Sie die Schräglenker/Radträger-Baugruppe nach unten aus dem Fahrzeug heraus (siehe Abbildung).

9.10 Schrauben der vorderen Schräglenker-Aufnahme

11 Der Ausbau der Buchsen vorn am Schräglenker erfordert Spezialwerkzeuge und eine hydraulische Presse, sodass diese Arbeit besser einer entsprechend ausgerüsteten Fachwerkstatt überlassen werden sollte.

Einbau

12 Heben Sie den Längsträger in Position, installieren Sie die zwei Schrauben der vorderen Aufnahme und ziehen Sie sie mit 180 Nm an.
13 Montieren Sie den oberen und unteren Querlenker sowie die Spurstange, aber drehen Sie alle Schrauben nur handfest ein.
14 Prüfen Sie, ob das selbst angefertigte Distanzrohr (siehe Schritt 7) weiterhin zwischen dem unteren Querlenker und dem oberen Federsitz positioniert ist.
15 Ziehen Sie die Schrauben des unteren Querlenkers am Hilfsrahmen mit 103 Nm und am Längsträger mit 120 Nm an. Ziehen Sie die Schrauben des oberen Querlenkers und der Spurstange mit 130 Nm an.
16 Der Rest des Einbaus entspricht der umgekehrten Ausbaureihenfolge – lassen Sie bei nächster Gelegenheit die Ausrichtung der Hinterräder überprüfen und nötigenfalls justieren (siehe Sektion 22).

10 Hinterradstoßdämpfer – Ausbau und Einbau

Anmerkung: *Stoßdämpfer sollten nötigenfalls immer paarweise ausgetauscht werden.*

Ausbau

1 Blockieren Sie die Vorderräder, heben Sie das Fahrzeug hinten an, und stützen Sie es sicher ab (siehe Seite 390). Demontieren Sie das entsprechende Hinterrad.
2 Positionieren Sie einen Rangierwagenheber unter dem entsprechenden Radträger und stützen Sie ihn so ab, dass der Stoßdämpfer nicht mehr unter Last steht.
3 Trennen Sie bei Modellen mit dynamischem Fahrwerk den Stecker vom Stoßdämpfer und befreien Sie seine Verkabelung aus allen Befestigungen.
4 Lösen Sie die zwei Schrauben, die den Stoßdämpfer oben an der Karosserie sichern (siehe Abbildung).

10.4 Obere Stoßdämpfer-Befestigungsschrauben

5 Lösen Sie den unteren Stoßdämpferbolzen und befreien Sie den Dämpfer vom Radträger (siehe Abbildung).

10.5 Unterer Stoßdämpferbolzens

6 Inspizieren Sie den Stoßdämpfer auf Undichtigkeiten und Beschädigungen. Testen Sie den Stoßdämpfer, indem Sie ihn aufrecht halten und die Kolbenstange zunächst bis zum Anschlag herausziehen und hineinschieben und dann mehrmals um 5 bis 10 cm auf- und abbewegen – in allen Fällen muss sie sich sanft bewegen lassen und ein gleichmäßiger Widerstand fühlbar sein. Falls sich die Stange nur ruckartig oder ungleichmäßig bewegen lässt oder sichtbare Hinweise auf Verschleiß oder Beschädigungen erkennbar sind, muss der Stoßdämpfer ersetzt werden. Kontrollieren Sie die Gummibuchsen in den Stoßdämpferaugen auf Schäden und Alterungserscheinungen. Da die Buchsen nicht separat erhältlich sind, muss nötigenfalls der gesamte Stoßdämpfer ersetzt werden. Inspizieren Sie den Schaft des Stoßdämpferbolzens auf Verschleiß und Beschädigungen und ersetzen Sie ihn nötigenfalls.

Einbau

7 Der Einbau entspricht der umgekehrten Ausbaureihenfolge – ziehen Sie alle Muttern und Schrauben mit den in den technischen Daten angegebenen Drehmomenten an.

11 Hinterachs-Feder – Ausbau und Einbau

Anmerkung: *Stoßdämpferfedern sollten nötigenfalls immer paarweise ausgetauscht werden.*

Ausbau

1 Blockieren Sie die Vorderräder, heben Sie das Fahrzeug hinten an, und stützen Sie es sicher ab (siehe Seite 390). Demontieren Sie das entsprechende Hinterrad.

2 Lösen Sie die Mutter, mit der die Stabilisator-Anlenkung am Radträger befestigt ist – kontern Sie diese mit einem Inbusschlüssel. Lösen Sie jetzt die Mutter, die das obere Ende der Anlenkung am Stabilisator sichert (siehe Abbildungen). Heben Sie die obere Anlenkungs-Haltebuchse ab und entfernen Sie die Anlenkung.

11.2a Lösen Sie die Mutter, mit der die Stabilisator-Anlenkung am Radträger befestigt ist.

11.2b Lösen Sie die Mutter, die das obere Ende der Anlenkung am Stabilisator sichert.

3 Positionieren Sie einen Rangierwagenheber unter dem entsprechenden Radträger und stützen Sie ihn so ab, dass der Stoßdämpfer nicht mehr unter Last steht.
4 Lösen Sie den unteren Stoßdämpferbolzen (Abb. 10.5).
5 Komprimieren Sie die Feder mit einem geeigneten Federvorspanner – Ford hält hierfür die Spezialwerkzeuge 204-167 und 204-167-01 bereit (siehe Abbildung).

11.5 Komprimieren Sie die Feder mit einem geeigneten Federvorspanner.

6 Senken Sie den Rangierwagenheber langsam ab und entfernen Sie die Feder.
Anmerkung: *Lassen Sie die Hinterachse nicht ohne Abstützung herunterhängen.*
7 Kontrollieren Sie die Feder auf Risse und andere Schäden. Inspizieren Sie auch den Dämpferring und den Federsitz auf Verschleiß oder Schäden. Ersetzen Sie alle schadhaften Komponenten.

Einbau

8 Rüsten Sie den Querlenker und die Feder mit den Gummisitzen aus – die Enden der Feder müssen korrekt positioniert sein.
9 Setzen Sie die komprimierte Feder in den Sitz im unteren Querlenker und drehen Sie sie, bis sie korrekt in dessen Nuten sitzt.
10 Heben Sie den Radträger an und führen Sie dabei die Feder in ihren Sitz in der Karosserie ein.
11 Montieren Sie den unteren Stoßdämpferbolzen und ziehen Sie alle Muttern und Schrauben mit den in den technischen Daten angegebenen Drehmomenten an.
12 Entspannen Sie die Feder und entfernen Sie den Federspanner.
13 Montieren Sie die Stabilisatoranlenkung und ziehen Sie ihre Muttern mit den in den technischen Daten angegebenen Drehmomenten an.
14 Montieren Sie das Hinterrad, senken Sie das Fahrzeug ab und ziehen Sie die Radmuttern mit 140 Nm an.

12 Hinterachs-Lenker – Ausbau und Einbau

Ausbau

1 Blockieren Sie die Vorderräder, heben Sie das Fahrzeug hinten an, und stützen Sie es sicher ab (siehe Seite 390). Demontieren Sie das entsprechende Hinterrad.

Spurstange

2 Entfernen Sie die Hinterachsfeder (siehe Sektion 11).
3 Fertigen Sie ein 226 mm langes Distanzrohr mit 40 mm Durchmesser an. Schrauben Sie den Federungs-Anschlag ab, führen Sie das Distanzrohr zwischen dem unteren Querlenker und dem oberen Federsitz ein und heben Sie den Querlenker mit einem Rangierwagenheber an, bis das Distanzrohr leicht eingeklemmt ist (Abb. 9.7) – es muss dabei senkrecht stehen.
4 Lösen Sie die äußere und innere Schraube und entfernen Sie die Spurstange (siehe Abbildungen).

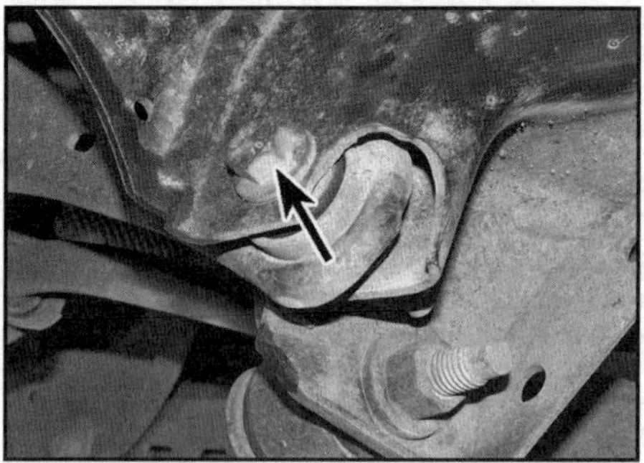

12.4a Äußere ...

12.4b … und innere Spurstangen-Schraube

Oberer Querlenker

5 Entfernen Sie die Hinterachsfeder (siehe Sektion 11).
6 Fertigen Sie ein 226 mm langes Distanzrohr mit 40 mm Durchmesser an. Schrauben Sie den Federungs-Anschlag ab, führen Sie das Distanzrohr zwischen dem unteren Querlenker und dem oberen Federsitz ein und heben Sie den Querlenker mit einem Rangierwagenheber an, bis das Distanzrohr leicht eingeklemmt ist (Abb. 9.7) – es muss dabei senkrecht stehen.
7 Lösen Sie die äußere und innere Schraube und entfernen Sie den Querlenker.

Unterer Querlenker

8 Entfernen Sie die Hinterachsfeder (siehe Sektion 11).
9 Markieren Sie an der inneren Schrauben die Position der Exzenterscheibe zum Querlenker, lösen Sie innen und außen die Muttern und Schrauben und entfernen Sie den Querlenker (siehe Abbildungen).

12.9a Markieren Sie an der inneren Schrauben die Position der Exzenterscheibe und lösen Sie die innere …

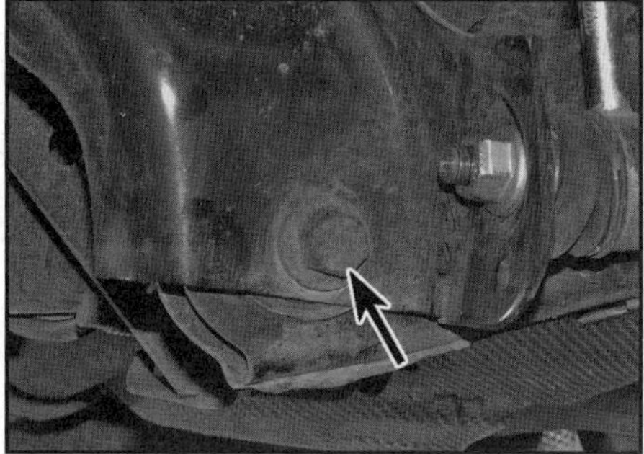
12.9b … und äußere Schraube.

10 Kontrollieren Sie die Silentbuchsen im Querlenker. Falls sie verschlissen oder beschädigt sind, müssen sie mithilfe einer hydraulischen Presse ausgetauscht werden – überlassen Sie diese Arbeit nötigenfalls einer Fachwerkstatt.

Einbau

11 Der Einbau entspricht der umgekehrten Ausbaureihenfolge – beachten Sie dabei folgende Punkte:
a) Ziehen Sie alle Befestigungen mit den in den technischen Daten angegebenen Drehmomenten an.
b) Vor dem Anziehen der Querlenker- und Spurstangen-Befestigungen muss das Fahrwerk mithilfe des beim Ausbau verwendeten Distanzrohrs in die »Normalposition« gebracht werden.
c) Positionieren Sie bei der Montage des unteren Querlenkers die Exzenterscheibe in der beim Ausbau markierten Position.
d) Lassen Sie bei nächster Gelegenheit die Ausrichtung der Hinterräder überprüfen und nötigenfalls justieren (siehe Sektion 22).

13 Stabilisator hinten – Ausbau und Einbau

Ausbau

1 Blockieren Sie die Vorderräder, heben Sie das Fahrzeug hinten an, und stützen Sie es sicher ab (siehe Seite 390). Demontieren Sie beide Hinterräder.
2 Lösen Sie an beiden Radträgern die Muttern der Stabilisatorstreben – kontern Sie dabei die Streben mit einem Inbusschlüssel (Abb. 11.2a).
3 Lösen Sie die Mutter, die das obere Ende der Strebe am Stabilisator sichert (Abb. 11.2b). Heben Sie die obere Stabilisatorstreben-Buchse ab und entfernen Sie die Strebe.
4 Lösen Sie an beiden Seiten des Hilfsrahmens die zwei Schrauben der Stabilisatorklemme (siehe Abbildung)

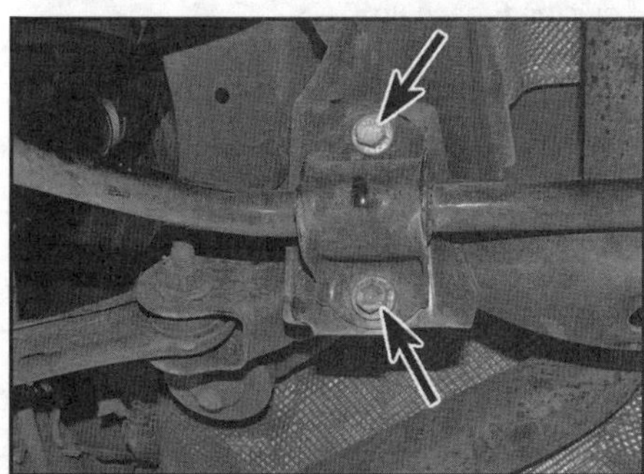
13.4 Schrauben der Stabilisatorklemme

5 Manövrieren Sie den Stabilisator vorsichtig unter dem Fahrzeug heraus.
6 Beachten Sie die Positionen und Ausrichtungen aller Klemmen und heben Sie sie von den Haltebuchsen; beachten Sie ebenso die Positionen und Ausrichtungen der Haltebuchsen und entfernen Sie sie vom Stabilisator – sie sind längs aufgeschnitten, um ausgetauscht werden zu können.
7 Inspizieren Sie den Stabilisator auf Schäden, Korrosion und Risse. Kontrollieren Sie die Anlenkungen und Haltebuchsen auf gealterte Gummis. Ersetzen Sie alle Stabilisator- und Hilfsrahmen-Befestigungen.

Einbau

8 Positionieren Sie die Buchsen am Stabilisator und richten Sie sie wie beim Ausbau notiert aus – verwenden Sie bei der Montage keine Schmiermittel!

9 Benetzen Sie die Stabilisator-Klemmen mit etwas Seifenwasser und drücken Sie sie über den Buchsen in Position.
10 Positionieren Sie den Stabilisator am Hilfsrahmen. Installieren Sie neue Klemmschrauben samt Muttern und ziehen Sie mit 48 Nm an.
11 Montieren Sie die Stabilisatoranlenkungen und ziehen Sie ihre Muttern mit am Stabilisator mit 15 Nm und am Radträger mit 60 Nm an.
12 Montieren Sie die Hinterräder, senken Sie das Fahrzeug ab und ziehen Sie die Radmuttern mit 140 Nm an.

14 Hilfsrahmen hinten – Ausbau und Einbau

Anmerkung: *Zur Ausrichtung des Hilfsrahmens zur Karosserie wird das Ford-Spezialwerkzeug 205-316a oder eine geeignete Alternative benötigt (siehe Schritt 12)*

Ausbau

1 Entfernen Sie beide Hinterachsfedern (siehe Sektion 11).
2 Demontieren Sie den hinteren Stabilisator (siehe Sektion 13).
3 Markieren Sie an der inneren Schrauben die Position der Exzenterscheibe zum Querlenker, lösen Sie innen die Mutter und Schraube (Abb. 12.9a). Befreien Sie die Querlenker aus ihren Positionen am Hilfsrahmen.
4 Lösen Sie an beiden Seiten die inneren Querlenker-Schrauben und ziehen Sie die Querlenker aus dem Hilfsrahmen.
5 Lösen Sie genauso an beiden Seiten die inneren Spurstangen-Schrauben und ziehen Sie die Spurstangen aus dem Hilfsrahmen (Abb. 12.4b).
6 Hängen Sie das Auspuffgummi an der Aufnahme des Hilfsrahmens aus.
7 Positionieren Sie einen Rangierwagenheber unter dem Hilfsrahmen und stützen Sie ihn ab.
8 Lösen Sie nun die zwei vorderen und zwei hinteren Hilfsrahmen-Schrauben (siehe Abbildungen).

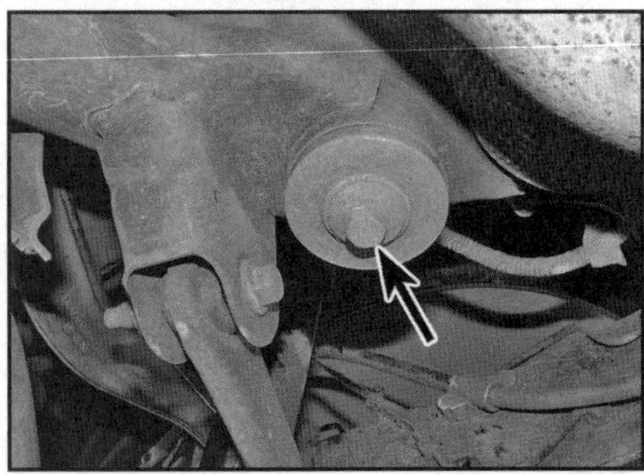

14.8 Linke vordere ...

14.8b ... und linke hintere Hilfsrahmen-Schraube

9 Senken Sie den Hilfsrahmen langsam mit dem Rangierwagenheber ab und manövrieren Sie ihn unter dem Fahrzeug heraus.
10 Der Austausch der Hilfsrahmen-Haltebuchsen erfordert Ford-Spezialwerkzeuge und eine hydraulische Presse, sodass diese Arbeit besser einer Fachwerkstatt überlassen werden sollte.

Einbau

11 Heben Sie den Hilfsrahmen unter die Karosserie und installieren Sie die Befestigungsschrauben zunächst nur handfest.
12 Die Ausrichtung des Hilfsrahmens muss jetzt mithilfe des Ford-Spezialwerkzeugs 205-316a oder einer geeigneten Alternative durch die Bohrungen neben den hinteren Aufnahmen sichergestellt werden (siehe Abbildung).

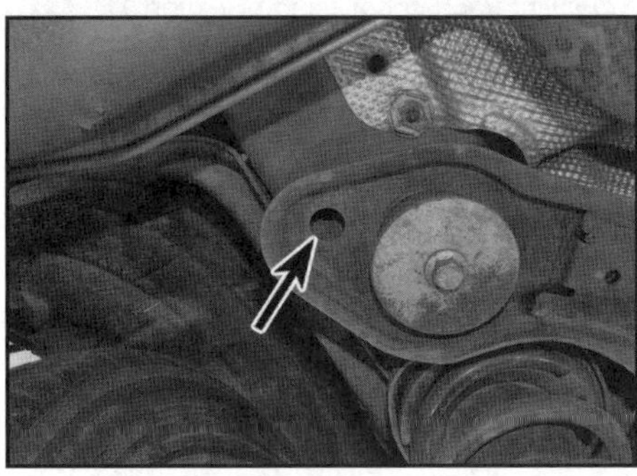

14.12 Ausrichtbohrung zur korrekten Positionierung des Hilfsrahmens

13 Sobald der Hilfsrahmen korrekt ausgerichtet ist, werden seine vier Schrauben mit 110 Nm angezogen.
14 Hängen Sie das Auspuffgummi an der Aufnahme des Hilfsrahmens ein.
15 Fertigen Sie ein 226 mm langes Distanzrohr mit 40 mm Durchmesser an. Schrauben Sie den Federungs-Anschlag ab, führen Sie das Distanzrohr zwischen dem unteren Querlenker und dem oberen Federsitz ein und heben Sie den Querlenker mit einem Rangierwagenheber an, bis das Distanzrohr leicht eingeklemmt ist (Abb. 9.7) – es muss dabei senkrecht stehen.
16 Arbeiten Sie zurzeit an einer Seite des Fahrzeugs. Verbinden Sie die Spurstange mit dem Hilfsrahmen und ziehen Sie die innere Schraube mit 130 Nm an. Verbinden Sie genauso den oberen Querlenker mit dem Hilfsrahmen und ziehen Sie die innere Schraube mit 130 Nm an.
17 Verbinden Sie den unteren Querlenker unter Verwendung der korrekt positionierten Exzenterscheibe (Abb. 12.9a) mit dem Hilfsrahmen und ziehen Sie die Mutter mit 130 Nm an.
18 Senken Sie den Rangierwagenheber ab, entfernen Sie das Distanzrohr und installieren Sie den Stoßdämpfer-Anschlag.
19 Installieren Sie das Distanzrohr zwischen den unteren Querlenker und dem oberen Federsitz der anderen Seite und wiederholen Sie hier die Schritte 16 bis 18.
20 Montieren Sie den hinteren Stabilisator (siehe Sektion 13).
21 Installieren Sie beide Hinterachsfedern (siehe Sektion 11).
22 Lassen Sie bei nächster Gelegenheit die Ausrichtung der Hinterräder überprüfen und nötigenfalls justieren (siehe Sektion 22).

15 Lenkrad – Ausbau und Einbau

Warnung: Beachten Sie die Sicherheitshinweise in Kapitel 12, Sektion 23, um keine Verletzungen durch den auslösenden Airbag davonzutragen.

Ausbau

1 Demontieren Sie die Airbag-Einheit aus dem Lenkrad (siehe Kapitel 12, Sektion 24).
2 Entriegeln Sie mit dem Zündschlüssel das Lenkschloss, stellen Sie die Vorderräder geradeaus und lassen Sie das Lenkschloss wieder einrasten, indem Sie den Zündschlüssel abziehen.
3 Trennen Sie an der Lenkradnabe den Stecker der Lenkradschalter (siehe Abbildung).

15.3 Trennen Sie den Stecker der Lenkradschalter.

4 Lösen Sie im Lenkrad die zentrale Schraube – halten Sie das Lenkrad zum Kontern dabei gut fest (siehe Abbildung).
Anmerkung: *Verlassen Sie sich beim Kontern des Lenkrads nicht auf das Lenkradschloss, da dies dabei beschädigt werden kann.*

15.4 Lösen Sie die Lenkrad-Schraube.

5 Greifen Sie das Lenkrad mit beiden Händen und wackeln Sie es vorsichtig von der Verzahnung der Lenkwelle. Sobald das Lenkrad befreit ist, müssen die Airbag-Kabel durch die Lenkrad-Öffnung geführt werden – beschädigen Sie dabei nicht ihre Stecker (siehe Abbildung).

15.5 Entfernen Sie das Lenkrad und führen Sie die Kabel durch die Öffnung.

6 Hindern Sie den Drehstecker an der Ober- und Vorderseite mit Klebeband am Drehen. Um Zugang zum Drehstecker zu erhalten, müssen an beiden Seiten der Lenksäulenverkleidung mit einem kleinen Schraubendreher die Laschen eingedrückt werden, um das obere Verkleidungssegment vom unteren zu trennen (siehe Abbildung).

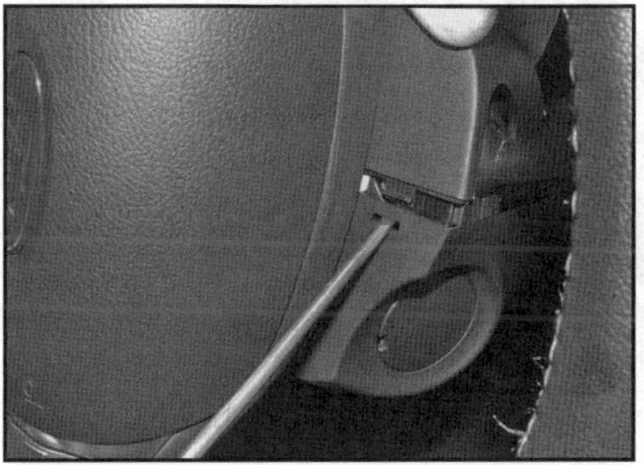

15.6 Drücken Sie an beiden Seiten die Laschen der Lenksäulenverkleidung, um das obere vom unteren Segment zu trennen.

Einbau

7 Stellen Sie sicher, dass die Vorderräder geradeaus gelenkt sind. Entfernen Sie das Klebeband vom Airbag-Drehstecker. Verbinden Sie das obere Lenksäulen-Verkleidungssegment mit dem unteren.
8 Positionieren Sie das Lenkrad – führen Sie dabei die Airbag-Stecker durch die Öffnung.
9 Installieren Sie die Lenkradschraube, halten Sie das Lenkrad gut fest und ziehen Sie die Schraube mit 48 Nm an – kontern Sie das Lenkrad nicht mit dem Lenkschloss!
10 Verbinden Sie den Stecker der Lenkradschalter.
11 Entriegeln Sie das Lenkradschloss und montieren Sie den Airbag (siehe Kapitel 12, Sektion 24).

16 Lenksäule – Ausbau und Einbau

Ausbau

1 Entfernen Sie die Lenksäulenverkleidungen (siehe Kapitel 11, Sektion 27).

2 Stellen Sie die Vorderräder geradeaus und lassen Sie das Lenkschloss einrasten, indem Sie den Zündschlüssel abziehen und leicht am Lenkrad drehen.

3 Trennen Sie den Haupt-Masseanschluss (–) der Batterie (siehe Kapitel 5A, Sektion 4).

4 Trennen Sie die Stecker der Lenksäulenschalter, des Zündschlosses und des Airbag-Drehschalters, ziehen Sie dann den Kabelbaum-Halteclip aus seiner Aufnahme (siehe Abbildungen).

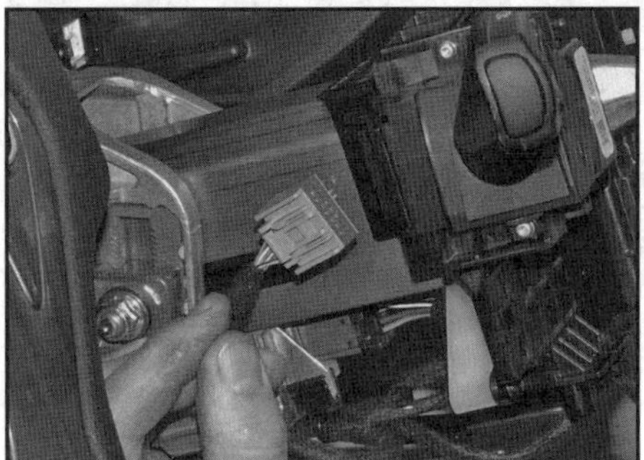

16.4a Trennen Sie die Stecker der Lenksäulenschalter, ...

16.4b ... des Zündschlosses ...

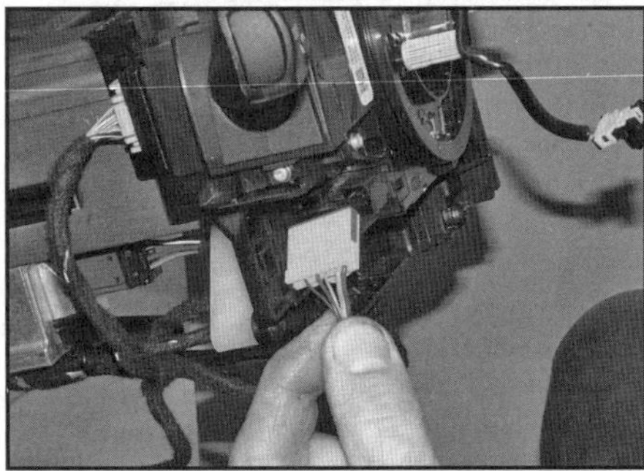

16.4c ... und des Airbag-Drehschalters.

16.4d Ziehen Sie dann den Kabelbaum-Halteclip aus seiner Aufnahme.

5 Lösen Sie im Fußraum die Klemmschraube, die das Lenkwellen-Kreuzgelenk mit der Lenkgetriebe-Welle verbindet (Abb. 6.2) – die Schraube muss beim Einbau durch ein Neuteil ersetzt werden. Ziehen Sie die Welle nach oben ab und positionieren Sie sie beiseite.

6 Lösen Sie die vier Befestigungsschrauben und manövrieren Sie die Lenksäule aus dem Fahrzeug heraus (siehe Abbildungen).

16.6a Lösen Sie die vier Befestigungsschrauben ...

16.6b ...und manövrieren Sie die Lenksäule aus dem Fahrzeug heraus.

7 Um die Lenkwelle am Drehen in der Aufnahme zu hindern, sollte das Lenkrad mithilfe von Klebeband an der Lenksäule gesichert werden.

Einbau

8 Der Einbau entspricht der umgekehrten Ausbaureihenfolge – beachten Sie dabei die folgenden Punkte:

a) *Ziehen Sie alle Muttern und Schrauben mit den in den technischen Daten angegebenen Drehmomenten an – die untere Kreuzgelenk-Klemmschraube muss durch ein Neuteil ersetzt werden.*

b) *Prüfen Sie vor der ersten Fahrt die Funktion aller Schalter. Die ABS-Warnleuchte im Cockpit muss nach wenigen Metern Fahrt erlöschen.*

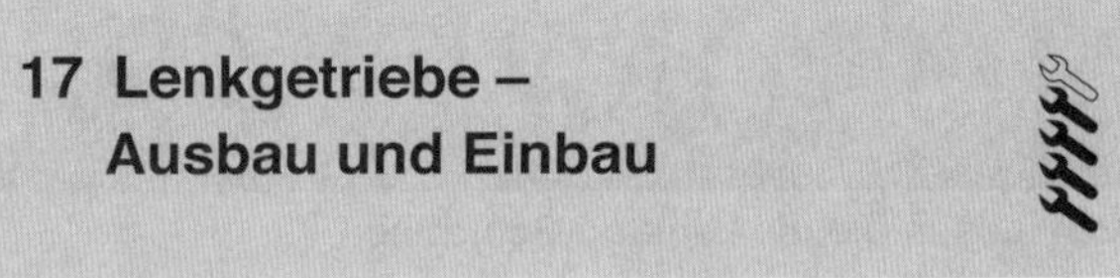

17 Lenkgetriebe – Ausbau und Einbau

Ausbau

1 Stellen Sie die Vorderräder geradeaus und lassen Sie das Lenkschloss einrasten, indem Sie den Zündschlüssel abziehen und leicht am Lenkrad drehen.

2 Lösen Sie im Fußraum die Klemmschraube, die das Lenkwellen-Kreuzgelenk mit der Lenkgetriebe-Welle verbindet

(Abb. 6.2) – die Schraube muss beim Einbau durch ein Neuteil ersetzt werden. Ziehen Sie die Welle nach oben ab und positionieren Sie sie beiseite.

3 Ziehen Sie die Handbremse, heben Sie das Fahrzeug vorn an, und stützen Sie es sicher ab (siehe Seite 390). Demontieren Sie beide Vorderräder.

4 Demontieren Sie ggf. den Unterfahrschutz und den Spritzschutz unter dem Kühler.

5 Lösen Sie am Querlenker ggf. die Schraube und die Mutter des Leuchtweitensensor-Halters und befreien Sie diesen.

6 Trennen Sie die zwei Servolenkungs-Hydraulikschläuche von den Anschlüssen oberhalb des Lenkgetriebes – seien Sie auf etwas austretendes Hydrauliköl vorbereitet. Verstopfen Sie alle geöffneten Anschlüsse.

7 Lösen Sie an beiden Seiten die Mutter der Spurstangenköpfe, um diese mithilfe eines Kugelkopf-Abziehers vom Achsgelenk zu trennen (siehe Sektion 21).

8 Lösen Sie an beiden Seiten die Muttern, mit denen die Stabilisator-Anlenkungen am Stabilisator gesichert sind, kontern Sie dabei die Strebe mit einem Inbusschlüssel (Abb. 5.3).

9 Um die flexible Sektion des Auspuffs nicht zu beschädigen, sollte sie mithilfe von geeigneten Hölzern und Kabelbindern »geschient« werden. Hängen Sie dann bei allen Modellen außer Diesel-Modellen mit Abgasnorm Euro 5 die vorderen Auspuff-Haltegummis aus (Abb. 6.8).

10 Lösen Sie bei Diesel-Modellen mit Abgasnorm Euro 5 die zwei Schrauben, mit denen die vordere Auspuffhalterung hinten am Hilfsrahmen gesichert ist (Abb. 6.9).

11 Befreien Sie bei Diesel-Modellen die Befestigungen der Kabel und Schläuche des Partikelfilters aus dem Hilfsrahmen. Je nach Ausstattung müssen weitere Kabel-Clips oder Halterungen entfernt werden, um beim Absenken des Hilfsrahmens keine Kabel oder Leitungen unter Last zu setzen.

12 Lösen Sie den durchgehenden Bolzen der unteren Motorhalterung und ziehen Sie ihn heraus (Abb. 6.11).

13 Lösen Sie die Schraube, mit der die Hydraulikrohr-Klemme am Lenkgetriebe gesichert ist.

14 Lösen Sie die Schraube der Klemmplatte, drehen Sie diese und trennen Sie die Hydraulikrohre vom Lenkgetriebe-Gehäuse – seien Sie auf etwas austretendes Hydrauliköl vorbereitet. Verstopfen Sie alle geöffneten Anschlüsse.

15 Lösen Sie die zwei Schrauben, die das Lenkgetriebe am Hilfsrahmen sichern (siehe Abbildung).

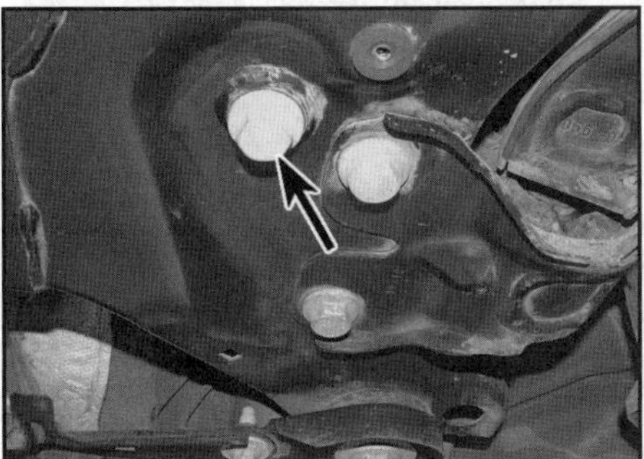

17.15 Linke Schraube, die das Lenkgetriebe am Hilfsrahmen sichert

16 Stützen Sie den hinteren Bereich des vorderen Hilfsrahmens mit einem ausreichend dimensionierten Rangierwagenheber ab.

17 Lösen Sie an beiden Seiten die zwei hinteren Schrauben, mit denen die Hilfsrahmen-Querstrebe an der Karosserie gesichert ist. Lösen Sie dann bei gut abgestütztem Hilfsrahmen an beiden Seiten die Schraube, die den hinteren Bereich des Hilfsrahmens und die Hilfsrahmen-Querstrebe an der Karosserie sichern (Abb. 6.13) – die Hilfsrahmen-Schrauben müssen beim Einbau erneuert werden.

18 Positionieren Sie einen zweiten Rangierwagenheber vorn unter dem Hilfsrahmen.

19 Lösen Sie an beiden Seiten die vorderen Hilfsrahmen-Schrauben – sie müssen beim Einbau durch Neuteile ersetzt werden.

20 Lassen Sie einen Assistenten den Hilfsrahmen in Position halten und senken Sie ihn vorsichtig hinten ab.

21 Sobald genug Platz besteht, kann das Lenkgetriebe zwischen Hilfsrahmen und Karosserie herausbefreit werden.

Einbau

22 Positionieren Sie das Lenkgetriebe am Hilfsrahmen. Installieren Sie die Schrauben und ziehen Sie sie mit 120 Nm an.

23 Heben Sie den Hilfsrahmen unter die Karosserie und installieren Sie die neuen vordere Schrauben zunächst nur handfest.

24 Positionieren Sie die Hilfsrahmen-Querstrebe und installieren Sie zwei neue Hilfsrahmen-Schrauben und die vier Querstreben-Schrauben zunächst handfest.

25 Die Ausrichtung des Hilfsrahmens muss jetzt mithilfe des Ford-Spezialwerkzeugs 205-316a oder einer geeigneten Alternative durch die Bohrungen der Seitenteile sichergestellt werden (Abb. 6.26).

26 Sobald der Hilfsrahmen korrekt ausgerichtet ist, werden seine vier Schrauben zunächst mit 150 Nm angezogen und dann um 45° weitergedreht. Ziehen Sie dann die Querstreben-Schrauben mit 30 Nm an.

27 Richten Sie das Lenkwellen-Kreuzgelenk zum Lenkgetriebe aus und schieben Sie es vollständig auf.

28 Installieren Sie eine neue Kreuzgelenk-Klemmschraube und ziehen Sie sie mit 32 Nm an.

29 Verbinden Sie die mit neuen O-Ringen ausgerichteten Hydraulikrohre mit dem Lenkgetriebe und ziehen Sie die Schraube mit 18 Nm an.

30 Der Rest des Einbaus entspricht der umgekehrten Ausbaureihenfolge – beachten Sie dabei folgende Punkte:

a) Ziehen Sie alle Muttern und Schrauben mit den in den technischen Daten angegebenen Drehmomenten und ggf. Anzugswinkeln an.

b) Befüllen und entlüften Sie das Servolenkungs-Hydrauliksystem (siehe Sektion 19).

c) Lassen Sie bei nächster Gelegenheit die Ausrichtung der Vorderräder überprüfen und nötigenfalls justieren (siehe Sektion 22).

18 Spurstangenmanschetten – Ersetzen

1 Demontieren Sie den Spurstangenkopf (siehe Sektion 21).

2 Zählen Sie die sichtbaren Gewindegänge vor der Spurstangen-Kontermutter, notieren Sie die Zahl und lösen Sie die Kontermutter.

3 Lösen Sie beide Schellen der Manschette und ziehen Sie sie von der Spurstange.

4 Reinigen Sie sorgfältig die Spurstange und schieben Sie die neue Manschette auf.

5 Installieren Sie die (ggf. neuen) Schellen, sorgen Sie dafür, dass die Manschette nicht verdreht ist und sichern Sie sie.

6 Drehen Sie die Kontermutter wieder auf die Spurstange und positionieren Sie sie wie beim Lösen notiert.

7 Montieren Sie den Spurstangenkopf (siehe Sektion 21).

19 Servolenkung – Entlüften

1 Wischen Sie den Bereich um den Einfüllstutzen des Behälters sauber und drehen Sie den Deckel ab.
2 Falls Flüssigkeit nachgefüllt werden muss, ist Hydrauliköl nach Ford-Vorgaben WSS-M2C204-A2 zu verwenden. Falls der Pegel stetig sinkt, muss das System auf Undichtigkeiten untersucht werden. Starten Sie den Motor nur, wenn sich Öl in der Servolenkungs-Hydraulik befindet.
3 Das System muss entlüftet werden, wenn irgendein Teil des Hydrauliksystems getrennt wurde oder der Pegel so weit sank, dass Luft ein gedrungen ist.
4 Füllen Sie den Behälter bis zur MAX-Markierung auf (siehe Wöchentliche Kontrollen). Servolenkungs-Öl muss kalt sein und darf nur langsam aufgefüllt werden, um Blasenbildung zu minimieren.
5 Heben Sie das Fahrzeug vorn an, bis die Räder gerade frei vom Boden sind, und stützen Sie es sicher ab (siehe Seite 390).
6 Lenken Sie die Räder langsam von Anschlag zu Anschlag und füllen Sie Hydrauliköl nach, bis der Pegel nicht mehr absinkt.
7 Starten Sie den Motor und lenken Sie die Räder langsam von Anschlag zu Anschlag und füllen Sie Hydrauliköl nach, bis der Pegel nicht mehr absinkt.
8 Schalten Sie den Motor ab und kontrollieren Sie erneut den Pegel – füllen Sie nötigenfalls Hydrauliköl nach.
9 Starten Sie den Motor erneut und lenken Sie die Räder langsam von Anschlag zu Anschlag – falls weiterhin übermäßige Geräusche auftreten, befindet sich noch Luft im System. Lassen Sie das Fahrzeug möglichst über Nacht stehen und wiederholen Sie den Test.
10 Treten auch nach langer Pause Geräusche auf, kann die Pumpe defekt sein. Lassen Sie die Servolenkung von einer Fachwerkstatt überprüfen.
11 Senken Sie das Fahrzeug ab und kontrollieren Sie erneut den Pegel.

20 Servolenkungspumpe – Ausbau und Einbau

Ausbau

Benzinmotoren

1 Entfernen Sie die obere Motorabdeckung.
2 Demontieren Sie den Keilrippenriemen (siehe Kapitel 1, Sektion 21).
3 Lösen Sie unterhalb der rechten Motorhalterung die Mutter des Hydraulikrohr-Halters und befreien Sie diesen vom Stehbolzen.
4 Trennen Sie den Stecker des am Zufuhr-Hydraulikrohr sitzenden Druckschalters.
5 Stellen Sie einen Auffangbehälter unter die Pumpe, um die beim Lösen des Zufuhrschlauchs vom Pumpenstutzen austretende Flüssigkeit aufzunehmen. Verstopfen Sie die Schläuche anschließend, um keinen Schmutz eindringen zu lassen.
6 Lösen Sie an der Seite der Pumpe die Hochdruckrohr-Befestigungsschraube und befreien Sie das Rohr.
7 Lösen Sie die drei Befestigungsschrauben der Pumpe und befreien Sie diese vom Motor.

Dieselmotoren

8 Entfernen Sie die obere Motorabdeckung.
9 Demontieren Sie den Keilrippenriemen (siehe Kapitel 1, Sektion 23).
10 Stellen Sie einen Auffangbehälter unter die Pumpe, um die beim Lösen des Zufuhrschlauchs vom Pumpenstutzen austretende Flüssigkeit aufzunehmen (siehe Abbildung). Verstopfen Sie die Schläuche anschließend, um keinen Schmutz eindringen zu lassen.

20.10 Zulaufschlauch-Schelle (A) und Hochdruckrohr-Befestigungsmutter – Dieselmotor

11 Lösen Sie die Hochdruckrohr-Befestigungsmutter oder -Schraube und ziehen Sie das Rohr von der Pumpe ab.
12 Lösen Sie die drei Befestigungsschrauben der Pumpe und befreien Sie diese vom Motor.

Einbau

13 Der Einbau entspricht der umgekehrten Ausbaureihenfolge – beachten Sie dabei folgende Punkte:

a) *Rüsten Sie den Hochdruckrohr-Anschluss mit einem neuen O-Ring aus.*
b) *Ziehen Sie die Befestigungsschrauben der Pumpe und die Anschlussschraube der Druckleitung mit 24 Nm an.*
c) *Füllen Sie den Servopumpen-Ausgleichsbehälter mit Hydrauliköl auf und entlüften Sie die Servolenkung (siehe Sektion 19).*

21 Spurstangenkopf – Ausbau und Einbau

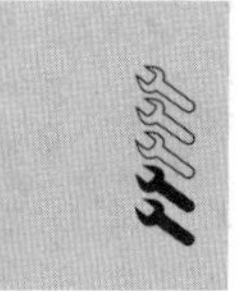

Ausbau

1 Ziehen Sie die Handbremse an, heben Sie das Fahrzeug vorn an, und stützen Sie es sicher ab (siehe Seite 390). Demontieren Sie das entsprechende Vorderrad.
2 Kontern Sie die Spurstange und lockern Sie die Kontermutter des Kugelkopfs um eine halbe Umdrehung (siehe Abbildung) – soweit die Mutter in dieser Position verbleibt, kann ihre Position als Einbauhilfe genutzt werden.

21.2 Lockern Sie die Kontermutter des Kugelkopfs um eine halbe Umdrehung.

3 Lösen Sie die Spurstangenkopf-Mutter, kontern Sie dabei den Kugelkopf-Zapfen mit einem Inbusschlüssel. Trennen Sie den Kugelkopf mithilfe eines entsprechenden Abziehers vom Hebel des Achsgelenks (siehe Abbildungen).

21.3a Lösen Sie die Spurstangenkopf-Mutter ...

21.3b ... und trennen Sie den Kugelkopf mithilfe eines entsprechenden Abziehers vom Achsgelenk.

4 Drehen Sie den Spurstangenkopf von der Stange – zählen Sie dabei genau die Umdrehungen mit, um ihn später wieder korrekt positionieren zu können.

Einbau

5 Drehen Sie den Spurstangenkopf mit der Anzahl der beim Ausbau notierten Umdrehungen auf die Spurstange – hierbei sollte die Kontermutter etwa eine halbe Umdrehung entfernt sitzen.
6 Verbinden Sie das Kugelgelenk mit dem Achsgelenk-Hebel, installieren Sie eine neue Mutter und ziehen Sie sie mit 80 Nm an.
7 Kontern Sie die Spurstange und ziehen Sie die Kontermutter mit 90 Nm an.
8 Montieren Sie das Vorderrad, senken Sie das Fahrzeug ab und ziehen Sie die Radmuttern mit 140 Nm an.
9 Lassen Sie bei nächster Gelegenheit die Ausrichtung der Vorderräder überprüfen und nötigenfalls justieren (siehe Sektion 22).

22 Ausrichtung der Räder und Lenkwinkel – Allgemeine Informationen

Definitionen

1 Die Lenk- und Fahrwerksgeometrie eines Automobils wird durch vier Grundeinstellungen definiert (siehe Abbildung). Alle Winkel werden in Grad ausgedrückt, nur die Spur-Einstellungen werden auch als Längenmaß angegeben. Die Lenkachse ist definiert als imaginäre Linie, die durch die Achse des Federbeins gezogen ist und an einem vorgegebenen Punkt den Boden berührt. Bei den hier behandelten Mondeo-Modellen lässt sich nur die Spur der Vorder- und Hinterräder einstellen, alle anderen Werte sind bei der Herstellung vorgegeben und nicht einstellbar, können aber vermessen werden, um nach einem Unfall festzustellen, ob das Fahrwerk noch korrekt ausgerichtet ist.

2 Sturz bezeichnet den von vorn oder hinten betrachteten Winkel zwischen dem Rad und einer senkrechten Linie, die durch seine Mitte und der Reifenaufstandsfläche gezogen wird. Bei positivem Sturz sind die Räder oben nach außen gekippt; bei negativem Sturz sind sie nach innen gekippt.

3 Nachlauf beschreibt den von der Seite betrachteten Winkel zwischen der Lenkachse und einer senkrechten Linie, die durch seine Mitte und der Reifenaufstandsfläche gezogen wird. Üblicherweise trifft eine Linie durch die Lenkachse vor der senkrechten Linie auf den Untergrund, sodass ein positiver Nachlaufwinkel entsteht.

4 Lenkachsen-Neigung beschreibt den von vorn betrachteten Winkel zwischen der Senkrechten und einer imaginären Linie durch die obere Federbein-Aufnahme und das Kugelgelenk des Querlenkers.

5 Spur bezeichnet den Verlauf der von oben betrachteten imaginären Linien durch die Räder im Verhältnis zur Mittellinie des Fahrzeugs. Bei Vorspur laufen die Räder nach innen, bei Nachspur laufen sie nach außen.
6 Die Spur der Vorderräder ist einstellbar, indem die Spurstangen aus ihren Köpfen heraus- oder hineingedreht werden, um ihre effektive Länge zu verändern.
7 An den Hinterrädern kann die Spur durch Drehen der inneren Schraube des unteren Querlenkers im Hilfsrahmen verstellt werden; die Schraube beinhaltet eine Exzenterscheibe und der Drehpunkt des Querlenkers variiert mit deren Position.
8 Aufgrund spezieller Messausrüstungen und Erfahrung, die für eine akkurate Kontrolle der Rad-Einstellung benötigt wird, sollte die Kontrolle und Einstellung besser einer Fachwerkstatt überlassen werden. Heute bieten auch viele Reifenhändler einen solchen Service an.

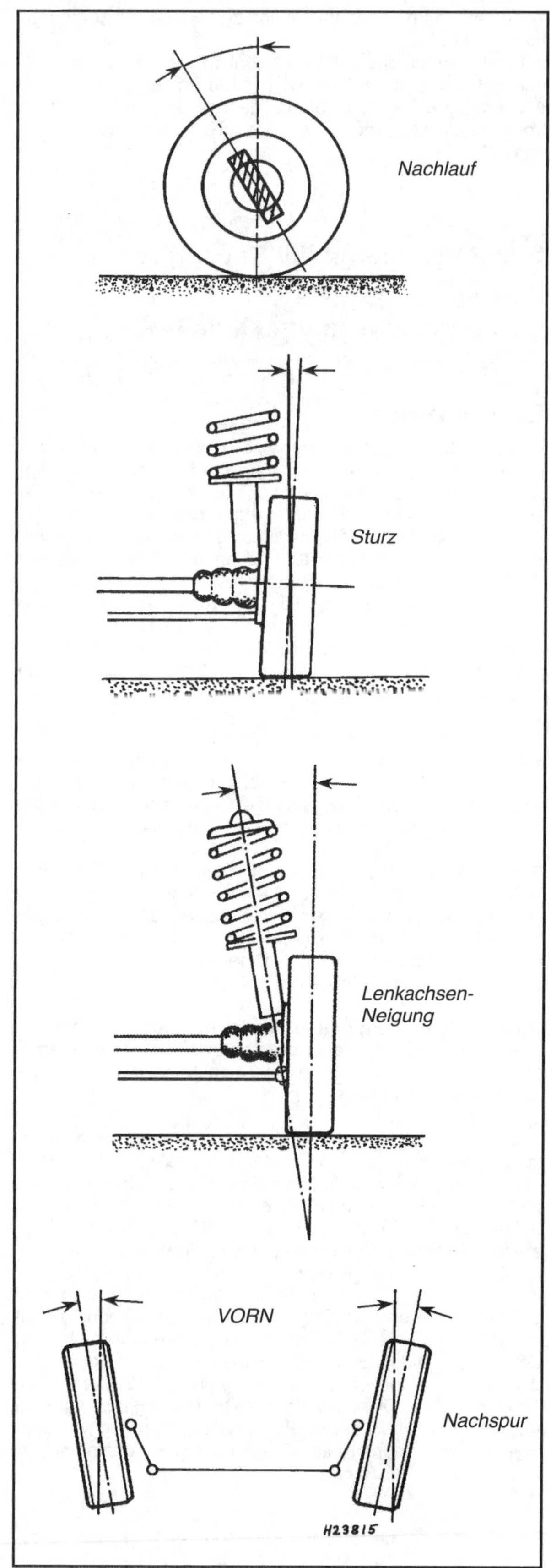

22.1 Details zur Lenk- und Fahrwerksgeometrie

Kapitel 11

Karosserie und Innenausstattung

Inhalt — Sektion

Schwierigkeitsgrade

Leicht. Geeignet für Anfänger mit wenig Erfahrung. 	**Relativ leicht.** Geeignet für Anfänger mit etwas Erfahrung. 	**Relativ schwierig.** Geeignet für geübte Selbstschrauber. 	**Schwer.** Geeignet für Selbstschrauber mit viel Erfahrung. 	**Sehr schwer.** Geeignet für Experten und Profis.

Technische Daten

Anzugsdrehmomente	**Nm**
Armaturenbrett-Querstrebe	
Mittelträger-Schrauben	25
Mittelträger-Muttern	10
Seitliche Schrauben	80
Vordere und mittlere Befestigungsschrauben	25
Gurtverankerungs- und Befestigungsschrauben	35
Heckklappe an Scharnier	22
Kofferraumhaube an Scharnier	23
Tür an Scharnier	
Obere Schrauben	35
Untere Schrauben	47
Vordersitz-Befestigungsschrauben	40

1 Allgemeine Informationen

1 Die Karosserie, die Türen und die Kofferraumhaube bzw. Heckklappe bestehen aus gepressten Stahlblechsektionen unterschiedlicher Stärken, die per Laser miteinander verschweißt sind. So entsteht eine steifere Struktur mit stabilen Aufnahmepunkten.
2 Zwischen den A-Säulen sitzt im oberen Bereich der Spritzwand eine Sicherheits-Querstrebe, an der das Armaturenbrett und die Lenksäule verschraubt sind. Die Bereiche der unteren Spritzwand sind mit Segmenten verstärkt, die mit der Fahrzeugfront verbunden sind. Auch die Schweller sind mit Verstärkungen versehen, um einen seitlichen Aufprall besser abwehren zu können, das gleiche gilt für die Türen. Hinter den vorderen und hinteren Stoßstangen befinden sich zusätzliche Aufprall-Dämpfer.
3 Alle gefährdeten Blechteile sind verzinkt und vor dem Lackieren mit Steinschlagschutz behandelt worden. Die vorderen Kotflügel sind verschraubt, um bei Blechschäden leicht ausgetauscht werden zu können.
4 Viele Kunststoff-Komponenten finden sich im Innenraum, aber auch außen an der Karosserie. Die Stoßstangen bestehen aus einem sehr stabilen, aber dennoch leichten synthetischen Spritzgussmaterial. Plastik-Komponenten wie die Innenkotflügel sind an der Unterseite des Fahrzeugs angebracht, um den Korrosionsschutz zu verbessern.

2 Karosserie und Fahrgestell – Wartung und Pflege

1 Der Allgemeinzustand der Karosserie eines Fahrzeugs ist der entscheidende Punkt bei der Bestimmung seines Werts. Wartung ist einfach, muss aber regelmäßig durchgeführt werden. Vernachlässigungen können besonders nach kleinen Beschädigungen rasch zu weiterem Verfall und entsprechend hohen Reparaturkosten führen. Wichtig ist, auch auf Fahrzeugteile zu achten, die nicht auf den ersten Blick erkennbar sind – also die Unterseite, die Radkästen und den unteren Bereich des Motorraums.
2 Die grundlegende Wartungstätigkeit im Bereich der Karosserie ist eine perfekte Wäsche mit reichlich Wasser aus dem Schlauch. Hierdurch werden alle lockeren Festkörper entfernt, die am Fahrzeug haften geblieben sind; durch Abwaschen besteht wenig Risiko, dass dabei der Lack zerkratzt wird. Die Radkästen und der Unterboden müssen auf die gleiche Weise gewaschen werden, damit Schlamm und Dreck entfernt werden, die sonst Feuchtigkeit speichern und so die Rostbildung beschleunigen. Paradoxerweise ist schlechtes Wetter die beste Zeit zum Reinigen des Unterbodens und der Radkästen, da der Matsch und Schlamm gut durchfeuchtet und weich sind. Bei Regenfahrten reinigt sich der Unterboden üblicherweise automatisch, sodass anschließend ein guter Zeitpunkt für eine Inspektion ist.
3 Außer bei mit Unterbodenschutz auf Wachsbasis behandelten Modellen ist es eine gute Idee, regelmäßig das gesamte Fahrgestell und den Motorraum mit einem Dampfstrahler zu reinigen, damit bei einer Inspektion auch kleine Schäden entdeckt werden, die repariert oder restauriert werden müssen. Viele Tankstellen halten Dampf- oder Hochdruckreiniger bereit, um damit auch verölte Ablagerungen entfernen zu können, die in manchen Bereichen sehr dick werden können. Falls kein Dampfreiniger zur Hand ist, können hervorragende Lösungsmittel und Entfetter mit Bürsten und Pinseln eingesetzt werden; anschließend kann der Schmutz mit dem Wasserschlauch beseitigt werden. Falls der Unterboden mit Wachs geschützt ist, darf diese Methode nicht angewendet werden, da die Schutzschicht dabei ebenfalls entfernt wird; solche Fahrzeuge sollten einmal jährlich – möglichst vor dem Winter – genau überprüft werden. Dabei wird der Unterboden gewaschen und beschädigter oder fehlender Unterbodenschutz ausgebessert. Im Idealfall wird eine komplette neue Wachsschicht aufgetragen. Auch Hohlraumversiegelungen für Türen, Schweller, Kastenprofile und andere Bereiche sind sehr empfehlenswert, da der Hersteller hier keine zusätzlichen Schutzmaßnahmen gegen Rostschäden eingeleitet hat.
4 Nachdem Lackflächen gewaschen sind, werden sie mit einem Fensterleder abgerieben, um fleckenfreien Glanz zu erzeugen. Eine Schicht Schutzwachspolitur schützt den Lack zusätzlich vor Umweltbelastungen. Falls die Lackschicht stumpf und oxidiert ist, kann eine Kombination aus Reiniger und Politur den alten Glanz wieder herstellen. Diese Arbeit ist zwar mühsam, doch der trübe Lack hat sich nur gebildet, weil das Fahrzeug nicht regelmäßig gewaschen wurde. Vorsicht ist bei Metallic-Lackierungen geboten: Spezielle Reinigungs- und Poliermittel greifen nicht den oberen Klarlack an. Kontrollieren Sie stets, ob die Ablaufbohrungen der Türen und der Belüftungsöffnungen frei sind, damit Wasser abtropfen kann. Verzierungen müssen genauso behandelt werden wie lackierte Flächen. Windschutzscheiben und Fenster müssen von Schmierfilmen freigehalten werden, wie sie oft durch normalen Fensterreiniger hervorgerufen werden. Verwenden Sie auf Glas niemals Wachs, Lack- oder Chrompolitur.

3 Polster und Teppiche – Wartung und Pflege

1 Matten und Teppiche sollten regelmäßig abgebürstet oder gesaugt werden, damit sich kein Sand und Dreck darin ansammeln. Wenn sie stark verschmutzt sind, müssen sie ausgebaut und ausgeklopft oder abgewaschen werden; vor dem Einbau müssen sie unbedingt trocken sein. Sitze und Verkleidungen können durch Abwischen mit einem feuchten Tuch sauber gehalten werden. Falls sie stärker verschmutzt sind (bei hellen Oberflächen besser sichtbar), müssen etwas Flüssigreinigungsmittel und eine weiche Nagelbürste eingesetzt werden, um den Dreck aus dem Gewebe zu bekommen. Bei der Verwendung von Flüssigreinigern im Innenraum dürfen die behandelten Flächen nicht zu nass werden. Feuchtigkeit zieht durch Nähte ein und kann Flecken, starke Gerüche und sogar Fäulnis verursachen. Falls der Innenraum des Fahrzeugs versehentlich nass wird, sollte er gut getrocknet werden – besonders wenn Teppiche betroffen sind. Belassen Sie hierfür jedoch keine mit Strom oder gar Kraftstoff betriebenen Heizgeräte im Fahrzeug.

4 Karosserie – Kleinere Reparaturen

Kratzer

1 Wenn der Kratzer nur oberflächlich ist und nicht bis zum Blech reicht, ist die Reparatur sehr einfach: Reiben Sie den Bereich um den Kratzer mit Lackreiniger oder sehr feiner Schneidpaste ab, um lockere Lackpartikel aus dem Kratzer zu entfernen und die Umgebung von Wachspolitur zu befreien. Spülen Sie alles mit klarem Wasser ab.

2 Bei Metallic-Lackierungen beschädigen die meisten Kratzer nur die obere Klarlack-Schicht – erkennbar an der weißen Erscheinung. Mit etwas Sorgfalt können diese mit Ausbesserungs-Klarlack beseitigt werden, ansonsten muss neuer Klarlack mit einem feinen Pinsel aufgetragen werden.
3 Tragen Sie mithilfe eines feinen Pinsels Tupflack auf dem Kratzer auf – dies muss so lange in dünnen Schichten geschehen, bis die Höhe des umgebenden Lacks erreicht ist. Lassen Sie der neuen Farbe mindestens zwei Wochen Zeit zum Aushärten, dann wird sie mit Lackreiniger oder sehr feiner Schneidpaste in die umgebende Lackschicht eingearbeitet. Tragen Sie zum Schluss Wachspolitur auf.
4 Wo ein Kratzer bis aufs Karosserieblech geht und das Blech zu rosten beginnt, muss eine andere Reparaturmethode angewendet werden. Entfernen Sie mit einer spitzen Klinge sämtlichen Rost aus dem Kratzer und tragen Sie Rostschutzfarbe auf. Füllen Sie anschließend den Kratzer mithilfe eines Gummi- oder Kunststoffspachtels mit Glasfaser-Spachtelmasse. Diese Paste kann nötigenfalls mit Nitroverdünner gemischt werden, um auch in kleine Kratzer einzudringen. Bevor die Spachtelmasse aushärtet, wird ein weiches Baumwolltuch um eine Fingerspitze gewickelt, in den Verdünner getunkt und dann rasch über die Spachtelmasse im Kratzer gewischt, um die Oberfläche leicht auszuhöhlen. Jetzt kann der Kratzer wie oben beschrieben mit Lack betupft werden.

Beulen

5 Beulen im Blech müssen zunächst so weit herausgezogen werden, bis die ursprüngliche Form möglichst wieder erreicht ist. Versuche, die Originalform komplett zu restaurieren, bringen nicht viel, da das Metall im beschädigten Bereich gestreckt oder gestaucht ist und nicht mehr in seine ursprüngliche Kontur zurückgeführt werden kann. Es ist besser, die Oberfläche der Beule bis ca. 3 mm unterhalb der umliegenden Fläche herauszuziehen. Sehr flache Beulen sollten möglichst von der Rückseite (soweit zugänglich) mit einem weichen Hammer herausgeklopft werden; halten Sie dabei von außen ein Stück Holz davor, um die Schläge aufzufangen und Ausbeulungen zu verhindern. (Ein nicht unerheblicher Faktor hierbei ist die Zeit: direkt nach dem Einbeulen lässt sich Stahlblech oft deutlich besser wieder in seine ursprüngliche Form bringen als nach einigen Tagen.)
6 Falls die Beule in einem Karosseriebereich sitzt, wo Doppelbleche vorhanden sind oder andere Gründe vorliegen, warum sie nicht von hinten zugänglich ist, muss eine andere Technik eingesetzt werden: Bohren Sie einige kleine Löcher in die Beulen – möglichst in den tiefsten Stellen. Drehen Sie dann lange selbstschneidende Schrauben so weit ein, dass sie gerade fest genug sitzen. Jetzt wird der Schraubenkopf mit einer Zange gegriffen und die Beule herausgezogen.
7 Als Nächstes wird im beschädigten Bereich und einem Umkreis von 2 bis 3 cm der Lack entfernt – entweder mit einer Drahtbürste oder Schleifpapier, gern mit einer entsprechend ausgerüsteten Maschine. Zur Vollendung der Vorbereitung werden mit einer Feile oder anderen Werkzeugen Riefen ins Blech gekratzt oder kleine Löcher gebohrt, damit die Spachtelmasse wirklich guten Halt bekommt.
8 Weiter geht es mit der Sektion »Füllen und Lackieren«.

Rostlöcher

9 Entfernen Sie mit einer Drahtbürste oder Schleifpapier (oder einer entsprechend ausgerüsteten Maschine) den Lack im beschädigten Bereich und einem Umkreis von 2 bis 3 cm. Jetzt lässt sich auch der Umfang der Korrosion besser erkennen – und entscheiden, ob das gesamte Blech ersetzt (falls möglich) oder der schadhafte Bereich repariert wird. Reparaturbleche sind nicht sehr teuer und ihre Montage ist oft schneller und zufriedenstellender als das Reparieren größerer korrodierter Flächen.
10 Entfernen Sie sämtliche Befestigungen vom betroffenen Bereich (außer solchen, die als Hinweis auf die Originalform gelten (z. B. Scheinwerfergehäuse). Entfernen Sie dann mit einer kleinen Blechschere oder einem Sägeblatt sämtliches lockeres sowie stark korrodiertes Metall. Klopfen Sie mit einem Hammer die Räder der Löcher nach innen, um eine leichte Vertiefung für die Spachtelmasse zu erhalten.
11 Reinigen Sie den betroffenen Bereich mit einer Drahtbürste, um vom verbliebenen Metall sämtlichen Flugrost zu entfernen, und tragen Sie Rostumwandler auf – falls die Rückseite des verrosteten Bereichs zugänglich ist, sollte dies auch hier geschehen.
12 Bevor Spachtelmasse aufgetragen wird, muss das Loch irgendwie verstopft werden – beispielsweise mit einem Aluminium- oder Kunststoffgitter oder Aluminiumband.
13 Alu- oder Plastikgitter oder Glasfasermatten sind wahrscheinlich das beste Material für größere Löcher. Schneiden Sie ein entsprechendes Teil zurecht und positionieren Sie es so im Loch, dass seine Ränder unterhalb der umgebenden Karosserie liegen. Mit einigen Klecksen Spachtelmasse kann es rundherum in Position gehalten werden.
14 Aluminiumband kann bei kleineren oder sehr schmalen Löchern verwendet werden. Ziehen Sie ein Stück von der Rolle, bringen Sie es auf die gewünschte Größe und in Form, ziehen Sie dann ggf. die Schutzfolie ab, und kleben Sie das Band über das Loch – es darf überlappen, falls eine Lage nicht ausreicht. Drücken Sie die Ränder des Bands z. B. mit einem Schraubendrehergriff herunter, um sicherzugehen, dass es fest auf dem Untergrund klebt.

Füllen und Lackieren

15 Sie sind mit den Reparaturen aus den vorherigen Sektionen so weit fertig? Dann geht es hier weiter.
16 Auf dem Markt sind zahlreiche Spachtelmassen erhältlich, doch generell eignen sich für solche Reparaturen noch immer Zweikomponenten-Kits mit Füllspachtel und einer Tube Härter am besten. Um eine glatte und korrekt geformte Oberfläche zu erzeugen, wird ein breiter Spachtel aus Plastik oder Nylon benötigt.
17 Mischen Sie eine kleine Menge Spachtelmasse auf einem sauberen Stück Pappe oder einem Brett an – beachten Sie genau das vorgeschriebene Mischungsverhältnis, damit die Masse nicht zu schnell oder zu langsam aushärtet. Tragen Sie die Masse mit dem Spachtel auf der vorbereiteten Fläche auf; ziehen Sie den Spachtel über die Masse, um die korrekte Kontur und Höhe zu erreichen. Sobald die Form in etwa dem Original entspricht, wird aufgehört, da die Masse bei zu langer Arbeit klebrig wird und am Spachtel haften bleibt. Tragen Sie in zwanzigminütigen Intervallen weitere dünne Schichten Spachtelmasse auf, bis die Höhe knapp über der umgebenden Karosserie liegt.
18 Sobald die Spachtelmasse ausgehärtet ist, kann überschüssiges Material mit einem Metallhobel oder einer Feile entfernt werden. Von da an wird immer feineres Sandpapier verwendet – beginnend mit 40er-Körnung und endend mit 400er-Nassschleifpapier. Legen Sie das Schleifpapier stets um einen Gummi-, Kork- oder Holzblock, da ansonsten die Oberfläche der Spachtelmasse nicht komplett eben wird. Während des Glättens der Oberfläche mit dem Nass-Schleifpapier sollte der Bereich regelmäßig mit Wasser abgespült werden, um sicherzugehen, dass die Fläche ein besonders glattes Finish erhält.
19 Eine Beule sollte jetzt von einem Ring aus blankem Metall umgeben sein, der wiederum von einem feinen »gefiederten« Rand aus gutem Lack umrandet ist. Spülen Sie den Bereich mit klarem Wasser ab, bis sämtlicher Schleifstaub verschwunden ist.
20 Sprühen Sie den gesamten Bereich dünn mit Grundierung ein – dies zeigt alle Mängel in der Oberfläche der Spachtelmasse. Reparieren Sie diese Fehler mit frischer Spachtelmasse und glätten Sie die Oberfläche erneut mit

Schleifpapier. Falls Glasfaser-Spachtelmasse verwendet wird, kann diese nötigenfalls mit Nitroverdünner gemischt werden, um auch in kleine Löcher einzudringen. Wiederholen Sie den Grundierungsauftrag und die Reparatur, bis eine perfekte Oberfläche entstanden ist und auch der »gefiederte« Rand gut aussieht. Waschen Sie erneut alles mit klarem Wasser ab und lassen Sie es komplett abtrocknen.

21 Der reparierte Bereich ist jetzt bereit für die Endlackierung. Sprühlacke müssen in einer warmen, trockenen, staubfreien und windsicheren Umgebung aufgetragen werden. Dieser Zustand kann künstlich erzeugt werden, wenn Zugang zu einer ausreichend dimensionierten Halle besteht; »Outdoor«-Lackierungen müssen dagegen sorgfältig mit dem Wetterbericht abgestimmt werden. In einer Halle hilft das Befeuchten des Bodens gegen aufgewirbelten Staub. Falls sich die Reparatur auf ein Karosserieteil beschränkt, müssen die umliegenden Bereiche abgeklebt werden; dies hilft bei der Minimierung der Wirkung einer leichten Farbdiskrepanz. Auch Anbauteile wie Zierleisten, Türgriffe usw. müssen abgedeckt werden; verwenden Sie hierzu Kreppband und mehrere Schichten Zeitungspapier.

22 Vor dem Lackieren muss die Sprühdose gut geschüttelt werden, dann werden Probestücke – z. B. alte Bleche – besprüht, bis die Technik beherrscht wird. Sprühen Sie den zu reparierenden Bereich zunächst dick mit Grundierung ein; die Stärke der Grundierung muss sich dabei aus mehreren dünnen Schichten zusammensetzen. Glätten Sie die Oberfläche mit 400er-Nassschleifpapier und spülen Sie dabei immer wieder die Fläche mit klarem Wasser ab. Lassen Sie alles trocknen, bevor weitere Farbschichten aufgetragen werden.

23 Sprühen Sie den eigentlichen Lack ebenfalls in dünnen Schichten auf; beginnen Sie dabei stets in der Mitte und schwenken Sie die Sprühdose im konstanten Abstand etwa 5 cm über den Originallack hinaus. Entfernen Sie die Abdeckungen 10 bis 15 Minuten nach dem Auftragen der letzten Farbschicht.

24 Lassen Sie den neuen Lack mindestens zwei Wochen aushärten, dann wird mit Lackreiniger oder sehr feiner Schneidpaste ein weicher Übergang in die umgebende Lackschicht hergestellt. Tragen Sie schließlich Wachspolitur auf.

Kunststoff-Komponenten

25 Mit der Verwendung von immer mehr Karosserieteilen aus Plastik durch die Hersteller (Stoßstangen, Spoiler und manchmal sogar größere Karosserieteile) muss die Reparatur ernsthafter Schäden an solchen Dingen entweder einer Fachwerkstatt überlassen werden oder die Teile werden einfach ausgetauscht. Angesichts der Kosten für die Ausrüstung und erforderliche Materialien sind solche Reparaturen für den Hobbyschrauber nicht wirklich praktikabel. Die Grundtechnik besteht bei Thermoplasten darin, mit einer entsprechenden Maschine entlang des Risses im Kunststoff eine Kerbe herzustellen, um dann mithilfe eines Heißluftgebläses und einer Kunststoffstange die beiden Hälften zu »verschweißen«. Überschüssiges Plastik wird dann abgeschliffen, bis eine glatte Oberfläche entsteht. Wichtig ist dabei, dass die »Schweißstange« aus exakt dem gleichen Kunststoff besteht wie das zu reparierende Teil (dies kann aus Polycarbonat, ABS oder Polypropylen bestehen).

26 Kleinere Schäden (Scheuerstellen, kleine Risse usw.) können relativ leicht mit Zweikomponenten-Epoxidspachtelmasse repariert werden. Wenn diese Masse aus zwei gleichen Teilen vermischt ist, kann sie genauso verwendet werden wie Glasfaser-Spachtelmasse auf Blechen. Der Füllspachtel härtet normalerweise in 20 bis 30 Minuten aus, um dann geschliffen und lackiert werden zu können.

27 Wer eine komplette Komponente selbst ersetzen will oder eine Reparatur mit Epoxid-Spachtel durchgeführt hat, hat das Problem, einen geeigneten Lack zu finden, der auf diesem Kunststoff hält. Irgendwann war die Verwendung normaler Lacke dank der verschiedenen Kunststoffe bei Karosserie-Komponenten nicht mehr möglich, da Standardlacke nicht gut darauf halten. Heute gibt es jedoch Kunststoff-Präpariersets, die aus einer Vorgrundierung, einer Grundierung und einer Farb-Endschicht bestehen. Die Vorgrundierung wird zuerst aufgetragen und darf etwa eine halbe Stunde trocknen, dann kommt die Grundierung, der etwa eine Stunde Zeit gegeben wird, bevor schließlich die eigentliche Lackschicht aufgebracht wird. Das Resultat ist eine korrekt lackierte Komponente, bei der die Farbschicht elastisch genug ist, um nicht bald wieder abzublättern – eine Eigenschaft, die normaler Lack nicht aufweist.

5 Karosserie – Größere Reparaturen

Falls größere Schäden aufgetreten sind oder größere Bereiche aufgrund Vernachlässigung ersetzt werden müssen, müssen komplett neue Sektionen oder Reparaturbleche eingeschweißt werden – was besser einer Fachwerkstatt überlassen werden sollte. Falls die Schäden durch einen Unfall entstanden sind, muss die Ausrichtung der gesamten Karosseriestruktur überprüft werden. Bei selbsttragenden Karosserien kann die Stabilität und Form der gesamten Konstruktion durch einen Schaden in einem bestimmten Bereich beeinträchtigt werden. In solchen Fällen ist der Besuch einer mit speziellen Prüfgeräten ausgerüsteten Fachwerkstatt unerlässlich. Falls mit einer verzogenen Karosserie weitergefahren wird, besteht die größte Gefahr darin, dass sich das Fahrverhalten ändert. Aber auch die höhere Belastung der Lenkung, des Motors und des Antriebs sorgen für erhöhten Verschleiß oder den kompletten Ausfall einzelner Komponenten. Der Reifenverschleiß wird deutlich ansteigen.

6 Stoßstangen – Ausbau und Einbau

Vordere Stoßstange

1 Demontieren Sie die Scheinwerfer (siehe Kapitel 12, Sektion 7).

2 Ziehen Sie die Handbremse an, heben Sie das Fahrzeug vorn an, und stützen Sie es sicher ab (siehe Seite 390).

3 Lösen Sie ggf. die sieben Schrauben des Unterfahrschutzes und entfernen Sie ihn.

4 Lösen Sie die 13 Schrauben und sechs Kunststoffzapfen des unter dem Kühler sitzenden Spritzschutzes und entnehmen Sie diesen (siehe Abbildung).

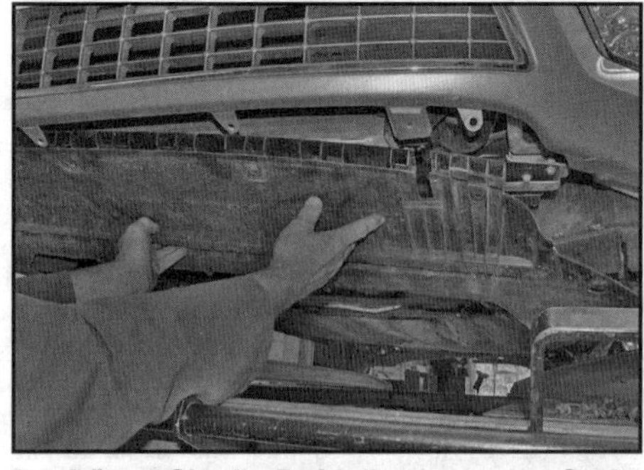

6.4 Lösen Sie die Befestigungen des Spritzschutzes und entfernen Sie diesen.

5 Lösen Sie die Befestigungen der Radhausschalen und entfernen Sie diese (siehe Abbildung).

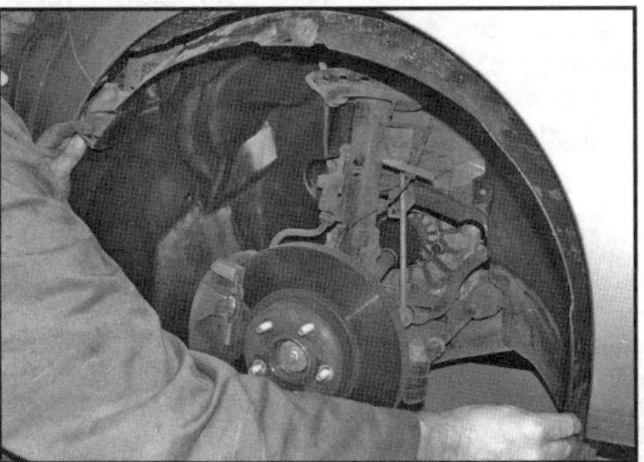

6.5 Entfernen Sie an beiden Seiten die vorderen Radhausschalen.

6 Hebeln Sie oben an der Stoßstange die Kunststoffzapfen der Kühlerabdeckung (siehe Abbildung).

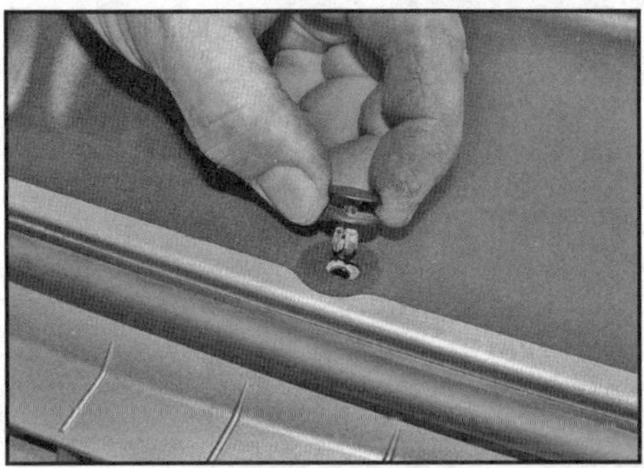

6.6 Die Kühlerabdeckung ist mit Kunststoffzapfen an der Stoßstange gesichert.

7 Ziehen Sie hinten an der Kühlerabdeckung an beiden Seiten die Laschen hoch, um die Halteclips zu lösen und die Abdeckung entnehmen zu können (siehe Abbildungen).

6.7a Ziehen Sie hinten an der Kühlerabdeckung an beiden Seiten die Laschen hoch, ...

6.7b ... um die Halteclips zu lösen ...

6.7c ... und die Abdeckung zu entnehmen

8 Schrauben Sie die mittlere Sektion ab und entfernen Sie die zwei Kunststoffzapfen der Kühlergrill-Verlängerung zum vorderen Karosserieblech.
9 Trennen Sie ggf. den Stecker der Abstandssensoren und der Nebelscheinwerfer (siehe Abbildungen).

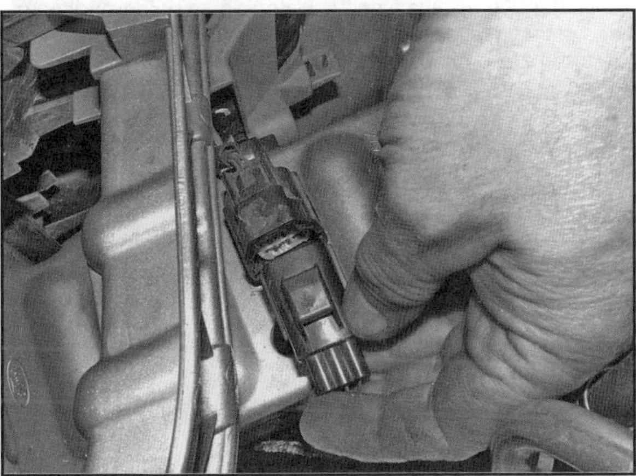

6.9a Trennen Sie ggf. den Stecker der Abstandssensoren ...

6.9b ... und der Nebelscheinwerfer.

10 Trennen Sie bei Modellen mit Scheinwerfer-Waschsystem den dazugehörigen Schlauch.
11 Lösen Sie an beiden Seiten die Schrauben, mit denen die Stoßstange an den Kotflügeln gesichert ist (siehe Abbildung).

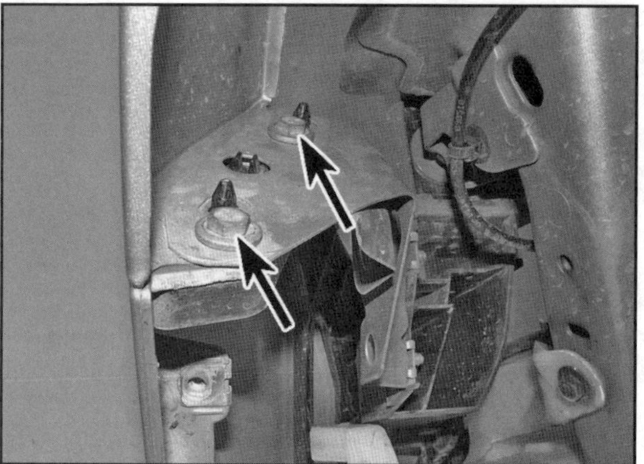

6.11 Diese Schrauben sichern eine Seite der Stoßstange am Kotflügel.

12 Heben Sie mithilfe eines Assistenten an beiden Seiten die Laschen der Haltezapfen an, um diese zu trennen, und ziehen Sie gleichzeitig die Stoßstange nach vorn (siehe Abbildung).

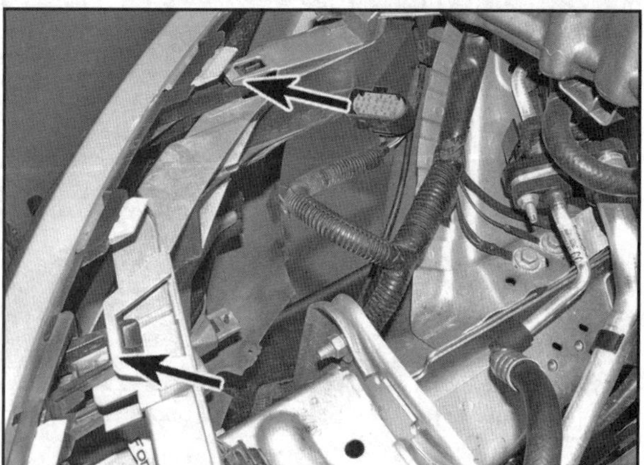

6.12 Heben Sie an beiden Seiten die zwei Laschen der Haltezapfen an, um diese zu trennen.

13 Befreien Sie die drei mittigen oberen Arretierzapfen und befreien Sie die Stoßstange vom Fahrzeug (siehe Abbildung).

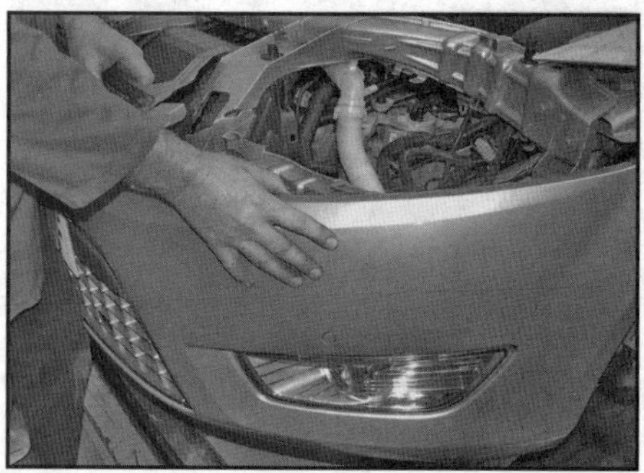

6.13 Befreien Sie die drei mittigen oberen Arretierzapfen und befreien Sie die Stoßstange vom Fahrzeug.

14 Der Einbau entspricht der umgekehrten Ausbaureihenfolge – richten Sie die Stoßstange mithilfe eines Assistenten zu den Arretierzapfen aus und ziehen Sie alle Schrauben sorgfältig an.

Hintere Stoßstange

15 Blockieren Sie die Vorderräder, heben Sie das Fahrzeug hinten an, und stützen Sie es sicher ab (siehe Seite 390). Demontieren Sie beide Hinterräder.

16 Lösen Sie an beiden Seiten die drei Schrauben, mit denen die Stoßstange an der Radhausschale gesichert ist (siehe Abbildung).

6.16 Verbindungsschrauben der hinteren Stoßstange zur Radhausschale

17 Öffnen Sie die Heckklappe oder Kofferraumhaube und lösen Sie an beiden Seiten der Öffnung die Schraube(n) – eine beim Stufen- und Fließheck-Modell, zwei beim Kombi (siehe Abbildung).

6.17 Schraube in der Kofferraumhauben-Öffnung

18 Entfernen Sie beim Stufen- und Fließheck-Modell an beiden Seiten den Kunststoffzapfen, der die Stoßstange an der Karosserie sichert – schrauben Sie dazu den Mittelstift heraus und ziehen Sie das Zapfengehäuse heraus (siehe Abbildungen).

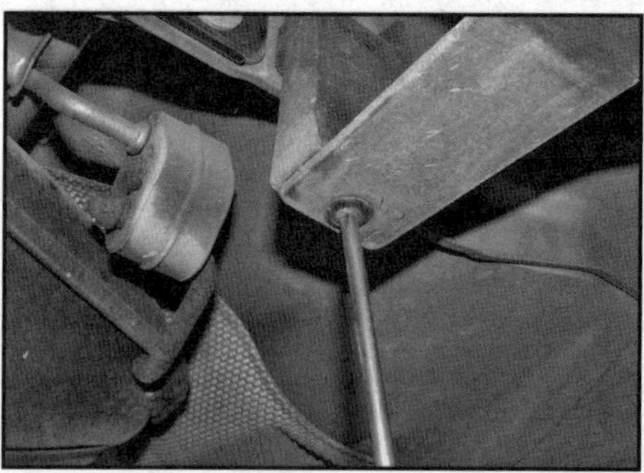

6.18a Schrauben Sie beim Stufen- und Fließheck-Modell den Mittelstift heraus ...

6.18b ... und ziehen Sie das Zapfengehäuse heraus.

19 Lösen Sie beim Kombi die zwei unteren Befestigungsmuttern (siehe Abbildung)

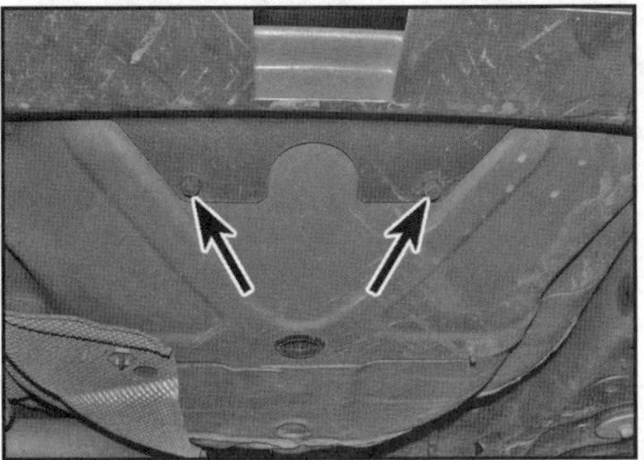

6.19 Stoßstangen-Befestigungsmuttern beim Kombi

20 Trennen Sie ggf. den Stecker der Abstandssensoren rechts unter der Stoßstange (siehe Abbildung).

6.20 Stecker der Abstandssensoren.

21 Ziehen Sie mithilfe eines Assistenten den unteren Teil der Stoßstange an beiden Seiten von der Karosserie ab, um die seitlichen Laschen zu befreien (siehe Abbildung).

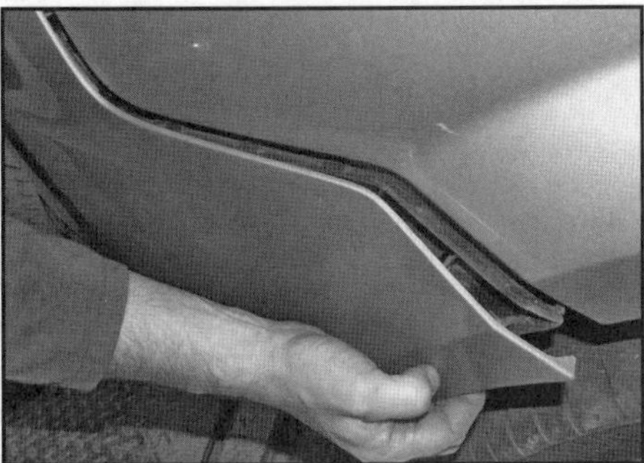

6.21 Ziehen Sie an beiden Seiten den unteren Teil der Stoßstange von der Karosserie ab, um die seitlichen Laschen zu befreien.

22 Ziehen Sie die Stoßstange nach hinten, um an beiden Seiten die drei Laschen unter der Rückleuchte und die obere Befestigungszunge zu befreien, und entnehmen Sie sie vom Fahrzeug (siehe Abbildungen).

6.22a Ziehen Sie die Stoßstange nach hinten, um an beiden Seiten die drei Laschen unter der Rückleuchte ...

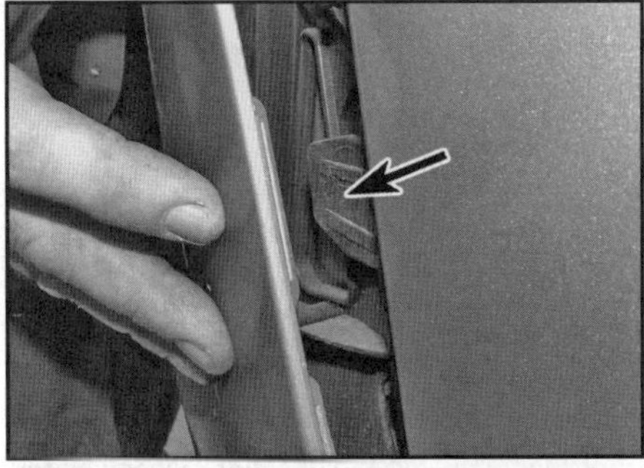

6.22b ... und die obere Befestigungszunge zu befreien.

23 Der Einbau entspricht der umgekehrten Ausbaureihenfolge – richten Sie die Stoßstange mithilfe eines Assistenten zu den Laschen aus und ziehen Sie alle Befestigungen sorgfältig an.

7 Motorhaube – Ausbau, Einbau und Einstellung

Ausbau

1 Öffnen Sie die Motorhaube und stützen Sie sie mit der Haltestrebe ab.

2 Hebeln Sie in der Motorhaube die Halterungen der Dämmung heraus und entfernen Sie diese (siehe Abbildung).

7.2 Hebeln Sie die Halterungen der Dämmung heraus und entfernen Sie diese aus der Motorhaube

3 Trennen Sie den Wischwasser-Schlauch am T-Stück und befreien Sie ihn aus den Clips der Motorhaube (siehe Abbildungen).

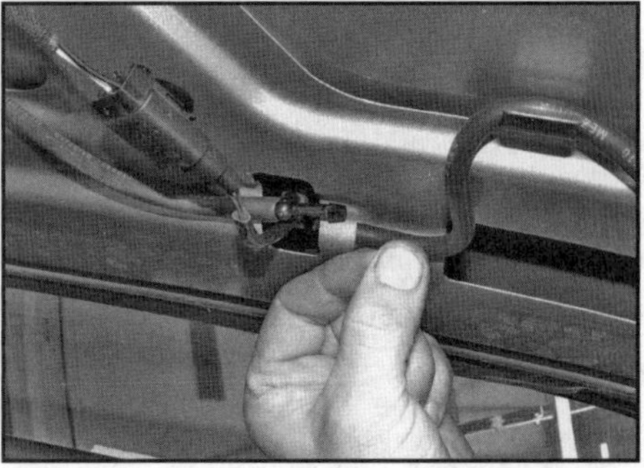

7.3a Trennen Sie den Wischwasch-Schlauch am T-Stück ...

7.3b ... und befreien Sie ihn aus den Clips der Motorhaube.

4 Befreien Sie bei Modellen mit elektrischer Wischwasserdüsen-Heizung die drei Befestigungen der Kunststoffabdeckung über dem rechten Federbein. Trennen Sie den unter der Abdeckung sitzenden Heizungsstecker und befreien Sie sein Kabel aus dem Clip am Motorhaubenscharnier (siehe Abbildungen).

7.4a Befreien Sie bei Modellen mit elektrischer Wischwasserdüsen-Heizung die drei Befestigungen ...

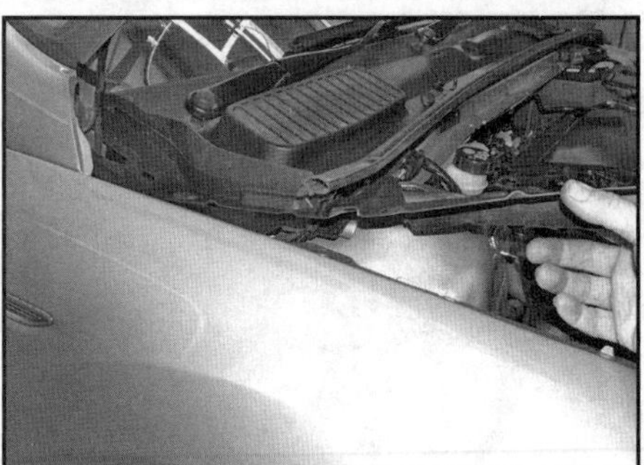

7.4b ... und entfernen Sie die Kunststoffabdeckung über dem rechten Federbein.

7.4c Trennen Sie den über dem Federbein-Dom sitzenden Heizungsstecker ...

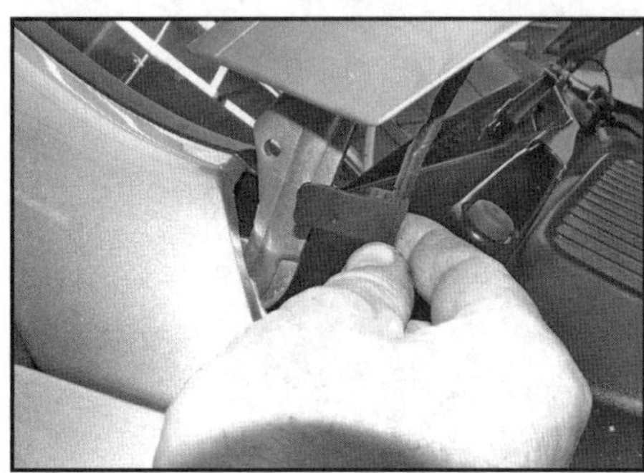

7.4d ... und befreien Sie sein Kabel aus dem Clip am Motorhaubenscharnier.

5 Markieren Sie mit Farbe oder einem geeigneten Stift die Umrandung der Scharnierbleche an der Haube, um den Einbau zu erleichtern.
6 Lösen Sie an beiden Seiten die zwei Motorhauben-Befestigungsmuttern (siehe Abbildung) und heben Sie die Haube mithilfe des Assistenten vorsichtig ab, um sie an einem sicheren Ort abzustellen.

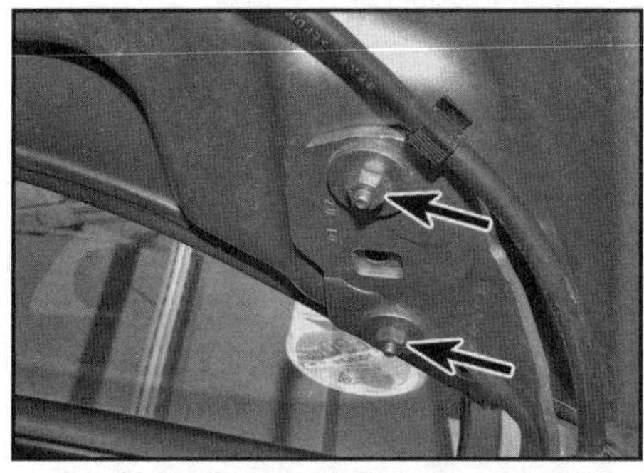

7.6 Motorhauben-Befestigungsmuttern

Einbau

7 Positionieren Sie die Motorhaube mithilfe eines Assistenten an den Scharnieren und drehen Sie die Muttern zunächst locker auf. Richten Sie die Haube wie beim Ausbau notiert aus und ziehen Sie die Muttern sorgfältig an.
8 Verbinden Sie ggf. den Stecker der Wischwasserdüsen-Heizung, sichern Sie sein Kabel am Clip des Motorhauben-Scharniers und installieren Sie die Kunststoffabdeckung.
9 Sichern Sie den Wischwasserschlauch mit den Clips an der Motorhaube und stecken Sie ihn auf das T-Stück. Montieren Sie das Dämmmaterial.
10 Prüfen Sie die korrekte Einstellung der Motorhaube:

Einstellung

11 Schließen Sie die Motorhaube und prüfen Sie, ob an beiden Seiten ein gleich breiter und gleichmäßiger Spalt zu den Kotflügeln besteht. Die Motorhaube muss außerdem bündig zu den Kotflügeln und zur Stoßstange stehen.
12 Die Motorhaube muss sich sanft und ohne übermäßigen Druck schließen lassen. Ist all dies nicht der Fall, muss die Haube wie folgt eingestellt werden:
13 Zur Einstellung der Ausrichtung müssen die Motorhauben-Befestigungsmuttern (Abb. 7.6) gelockert werden, um die Haube am Scharnier zu verschieben. Zur Einstellung der Höhe und der korrekten Funktion des Schließmechanismus sitzen am vorderen Karosserieblech einstellbare Anschläge, die nötigenfalls entsprechend heraus oder hineingedreht werden müssen.

8 Motorhauben-Öffnerzug – Ausbau und Einbau

1 Der Motorhauben-Öffnerhebel sitzt links unter dem Armaturenbrett.
2 Entfernen Sie die Batterie samt Träger (siehe Kapitel 5A, Sektion 4).
3 Demontieren Sie den linken Scheinwerfer (siehe Kapitel 12, Sektion 7).
4 Demontieren Sie die Motorhauben-Verriegelung (siehe Sektion 9).
5 Ziehen Sie am Stecker ABS-Modulator die Arretierung heraus und trennen Sie den Stecker.
6 Befreien Sie den Öffnerzug aus allen Clips und Halterungen bis zum Gummistopfen unter dem ABS-Modulator im Motorraum.
7 Entfernen Sie in der Fahrgastzelle die untere A-Säulenverkleidung (siehe Sektion 27).
8 Befreien Sie die Kappe aus dem Motorhauben-Öffnerhebel, drücken Sie die zwei Laschen und ziehen Sie den Griff vom Hebelgelenk.
9 Lösen Sie die zwei Schrauben der Öffnerhebel-Baugruppe und befreien Sie diese von der A-Säule (siehe Abbildung).

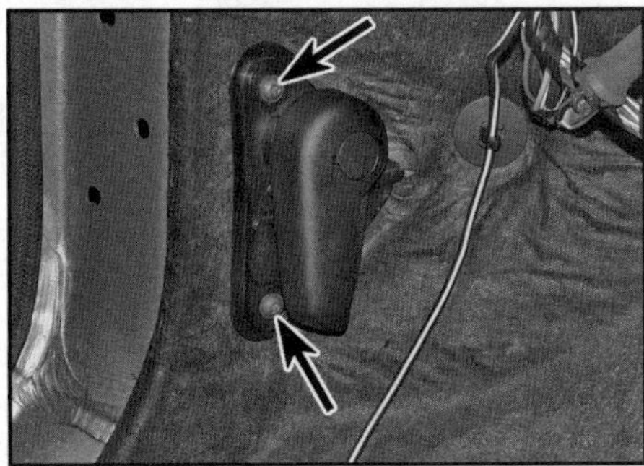

8.9 Schrauben der Öffnerhebel-Baugruppe

10 Befreien Sie die Öffnerzug-Hülle aus der Öffnerhebel-Baugruppe und ziehen Sie den Seilzugnippel aus dem Hebel.
11 Klappen Sie den Teppich um und verfolgen Sie den unter der Dämmung verlaufenden Öffnerzug bis zum Gummistopfen in der Spritzwand. Schneiden Sie mit einem scharfen Messer vorsichtig einen Schlitz in die Dämmung, um den Zug zu befreien.
12 Binden Sie im Fußraum ein mindestens 2 m langes Seil an das Ende des Öffnerzugs und ziehen Sie ihn vorsichtig durch den Stopfen in der Spritzwand in den Motorraum.
13 Lösen Sie das Band vom Öffnerzug, aber belassen Sie es in seiner Position, um den neuen Öffnerzug einziehen zu können.
14 Binden Sie das Seil an den neuen Öffnerzug und ziehen Sie ihn damit bis zum Hebel im Fußraum. Der Öffnerzug muss korrekt verlegt sein und der Stopfen in der Spritzwand stecken. Kleben Sie den Schlitz in der Dämmung ab und klappen Sie den Teppich darüber.
15 Der Rest des Einbaus entspricht der umgekehrten Ausbaureihenfolge. Verbinden Sie den Zug korrekt mit dem Hebel und der Motorhauben-Verriegelung und prüfen Sie seine Funktion, bevor Sie die Haube schließen.

9 Motorhaubenverriegelung – Ausbau und Einbau

1 Öffnen Sie die Motorhaube und stützen Sie sie mit der Haltestrebe ab.
2 Hebeln Sie oben an der Stoßstange die Kunststoffzapfen der Kühlerabdeckung (Abb. 6.6).
3 Ziehen Sie hinten an der Kühlerabdeckung an beiden Seiten die Laschen hoch, um die Halteclips zu lösen und die Abdeckung entnehmen zu können (Abb. 6.7a bis c).
4 Lösen Sie die zwei Schrauben, mit denen die Verriegelung am Karosserieblech gesichert ist, und heben Sie das Sicherheitsblech ab (siehe Abbildungen).

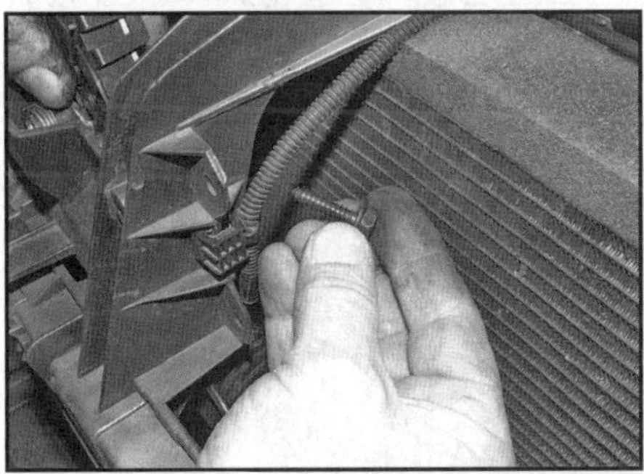

9.4a Lösen Sie die zwei Schrauben, mit denen die Verriegelung am Karosserieblech gesichert ist, …

9.4b … und heben Sie das Sicherheitsblech ab.

5 Trennen Sie den Kabelstecker und befreien Sie die Verriegelung (siehe Abbildungen).

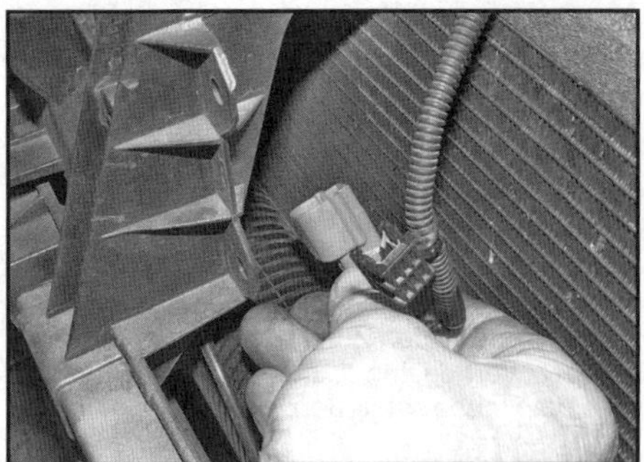
9.5a Trennen Sie den Kabelstecker ...

9.5b ... und befreien Sie die Verriegelung.

6 Hebeln Sie die Hülle des Öffnerzugs aus ihrem Schlitz in der Verriegelung und hängen Sie den Seilzugnippel aus der Betätigung aus (siehe Abbildungen). Entfernen Sie die Verriegelung.

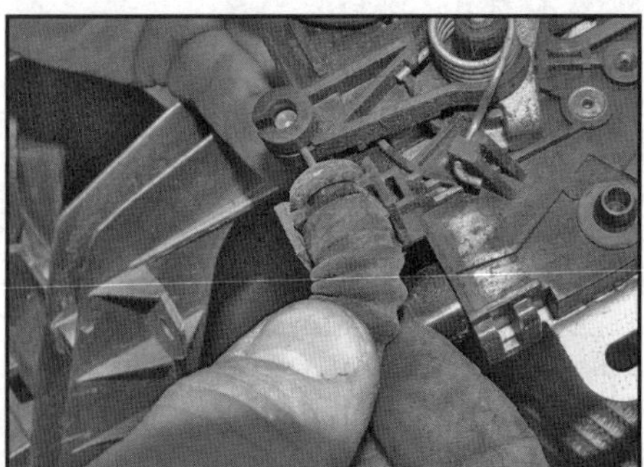
9.6a Hebeln Sie die Hülle des Öffnerzugs aus ihrem Schlitz in der Verriegelung ...

9.6b ... und hängen Sie den Seilzugnippel aus der Betätigung aus.

7 Der Einbau entspricht der umgekehrten Ausbaureihenfolge. Prüfen Sie die Funktion der Verriegelung, bevor Sie die Haube schließen.

10 Kofferraumhaube – Ausbau, Einbau und Einstellung

Ausbau

1 Entfernen Sie die Innenverkleidung aus der Kofferraumhaube (siehe Sektion 27).
2 Merken Sie sich die Positionen der verschiedenen Kabelstecker innerhalb der Haube und trennen Sie sie.
3 Hebeln Sie links in der Ecke den Gummistopfen heraus und ziehen Sie den Kabelbaum hindurch.
4 Markieren Sie mit einem Bleistift die Positionen der Scharnierbleche. Legen Sie an beiden Ecken Lappen unter die Haube, um den Lack zu schützen.
5 Lassen Sie einen Assistenten die Haube abstützen und hebeln Sie an beiden Seiten den Federclip von den Stützen, um deren Buchsen von den Kugelköpfen der Haube zu befreien.
6 Lösen Sie an den Scharnieren die Schrauben und heben Sie die Kofferraumhaube vom Fahrzeug ab.

Einbau und Einstellung

7 Der Einbau entspricht der umgekehrten Ausbaureihenfolge – beachten Sie dabei folgende Punkte:
a) Prüfen Sie, ob die Haube korrekt sitzt und die Abstände zur Karosserie rundherum gleich ist.
b) Lockern Sie für eine Einstellung nötigenfalls die Scharnierschrauben und verschieben Sie die Haube entsprechend.
c) Prüfen Sie, ob die Verriegelung beim Schließen der Haube mittig auf den Zapfen trifft.

11 Kofferraumhauben-Verriegelung – Ausbau und Einbau

Kofferraumschloss

1 Entfernen Sie die Innenverkleidung aus der Kofferraumhaube (siehe Sektion 27).
2 Trennen Sie den Kabelstecker des Kofferraumschlosses.
3 Lösen Sie die Torxschrauben des Kofferraumschlosses und ziehen Sie es heraus.
4 Der Einbau entspricht der umgekehrten Ausbaureihenfolge.

Auslöser und Kofferraumschloss-Schalter

5 Entfernen Sie die Innenverkleidung aus der Kofferraumhaube (siehe Sektion 27).
6 Hebeln Sie mithilfe eines Kunststoffspachtels vorsichtig die über dem Kennzeichen sitzende äußere Leiste von der Kofferraumhaube – beginnen Sie oben rechts und arbeiten Sie sich am oberen Rand voran, bis alle Clips befreit sind, heben Sie die Leiste dann ab (Abb. 17.3a bis c).
7 Lösen Sie die drei Schrauben der Kennzeichenbeleuchtungs-Einheit und befreien Sie sie von der Kofferraumhaube.
8 Trennen Sie die Stecker der Kennzeichenbeleuchtung sowie der Auslöse- und Schloss-Schalter. Befreien Sie die Kabel aus allen Kabelbindern und Clips und entfernen Sie die Kennzeichenbeleuchtungs-Einheit.

9 Drücken Sie die Lasche an der Seite des entsprechenden Schalters und befreien Sie ihn aus der Kennzeichenbeleuchtungs-Einheit.
10 Der Einbau entspricht der umgekehrten Ausbaureihenfolge.

12 Türen – Ausbau, Einbau und Einstellung

1 Befreien Sie den Gummistopfen der Kabelführung aus der entsprechenden Türsäule, indem Sie ihn herunterdrücken und herumschwenken, trennen Sie dann die Kabelstecker (siehe Abbildungen).

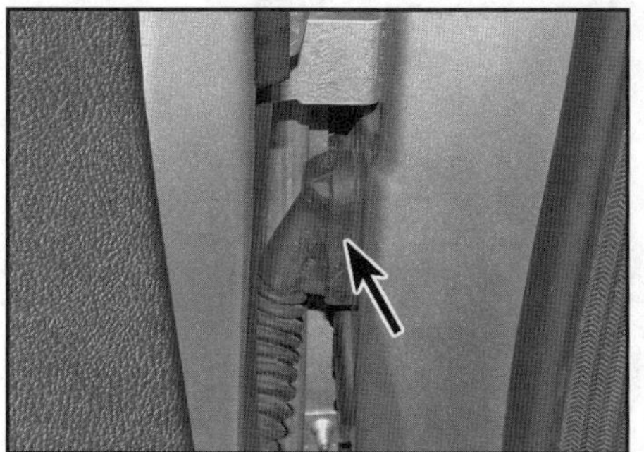

12.1a Befreien Sie den Gummistopfen der Kabelführung aus der entsprechenden Türsäule, ...

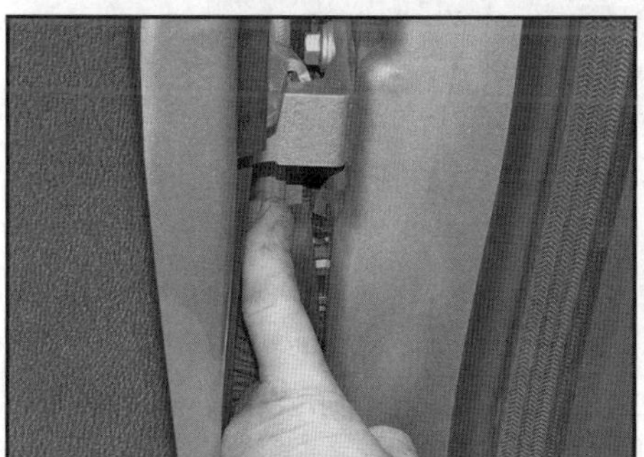

12.1b ... indem Sie ihn herunterdrücken und herumschwenken, ...

12.1c ... trennen Sie dann die Kabelstecker.

2 Stützen Sie die Tür mit einem mit Lappen bedeckten Rangierwagenheber ab und lassen Sie sie von einem Assistenten halten.
3 Markieren Sie die Positionen der Scharniere an der Tür, lösen Sie die zwei oberen und die einzelne untere Schraube und entnehmen Sie die Tür (siehe Abbildungen).

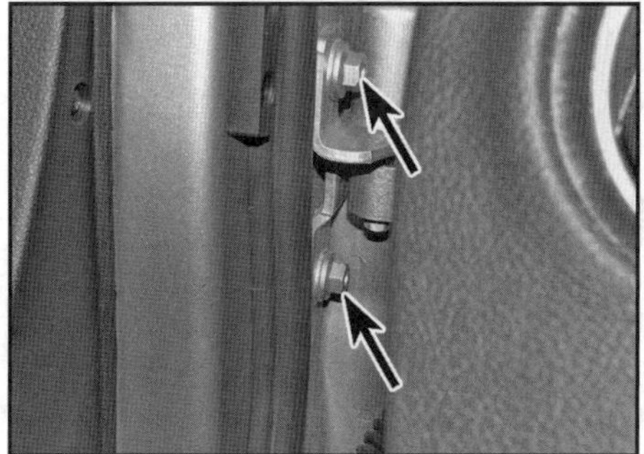

12.3a Obere Türscharnierschrauben

12.3b Untere Türscharnierschraube

4 Der Einbau entspricht der umgekehrten Ausbaureihenfolge – beachten Sie dabei folgende Punkte:
a) Prüfen Sie, ob die Tür korrekt sitzt und die Abstände zur Karosserie rundherum gleich ist.
b) Lockern Sie für eine Einstellung nötigenfalls die Scharnierschrauben und verschieben Sie die Tür entsprechend.
c) Prüfen Sie, ob die Verriegelung beim Schließen der Tür mittig auf den Zapfen trifft. Der Zapfen kann nötigenfalls gelöst und ausgerichtet werden.

13 Türverkleidungen – Ausbau und Einbau

Vordere Tür

1 Hebeln Sie bei der Fahrertür vorsichtig den oberen Rand der Fenster/Außenspiegel-Schalterkonsole an, ziehen Sie die Konsole heraus und trennen Sie den Kabelstecker (siehe Abbildungen).

13.1a Hebeln Sie den oberen Rand der Fenster/ Außenspiegel-Schalterkonsole an, ...

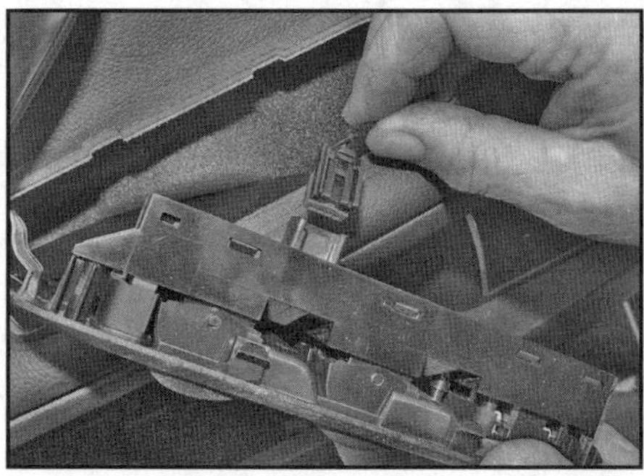

13.1b ... ziehen Sie die Konsole heraus und trennen Sie den Kabelstecker.

2 Hebeln Sie vorn an der Tür vorsichtig die Lautsprecherverkleidung ab, trennen Sie den Stecker des Lautsprechers und entfernen Sie die Verkleidung (siehe Abbildungen).

13.2a Hebeln Sie vorn an der Tür vorsichtig die Lautsprecherverkleidung ab, ...

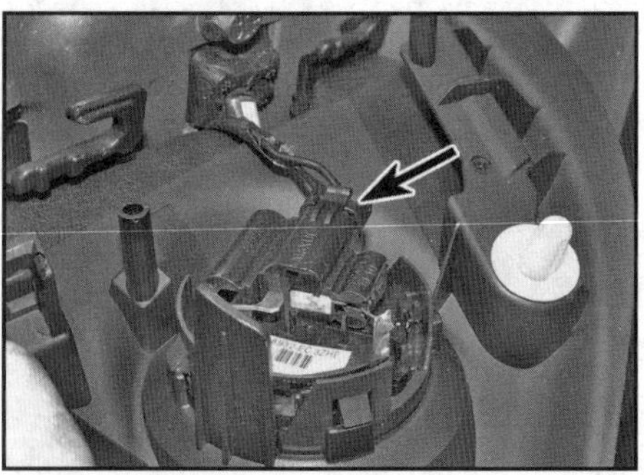

13.2b ... trennen Sie den Stecker und entfernen Sie die Verkleidung.

3 Befreien Sie mit einem kleinen Schraubendreher die Kappe aus der Türöffner-Mulde und lösen Sie die dahinter sitzende Schraube. Betätigen Sie den Türöffner und entfernen Sie die Mulde aus der Tür – trennen Sie dabei den Stecker, sobald der zugänglich wird (siehe Abbildungen).

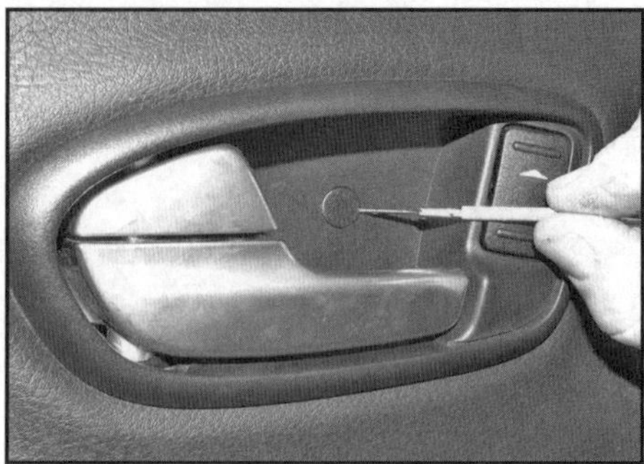

13.3a Befreien Sie die Kappe aus der Türöffner-Mulde ...

13.3b ... und lösen Sie die dahinter sitzende Schraube.

13.3c Betätigen Sie den Türöffner und entfernen Sie die Mulde aus der Tür ...

13.3d ... – trennen Sie dabei den Stecker, sobald der zugänglich wird.

4 Hebeln Sie mit einem geeigneten Werkzeug vorsichtig die Türgriff-Abdeckung ab (siehe Abbildung).

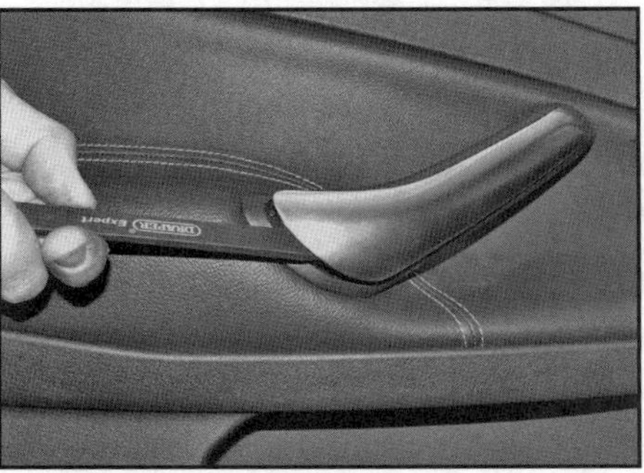

13.4 Hebeln Sie vorsichtig die Türgriff-Abdeckung ab.

5 Lösen Sie die zwei dahinter liegenden Schrauben, die den Griff an der Tür sichern (siehe Abbildung).

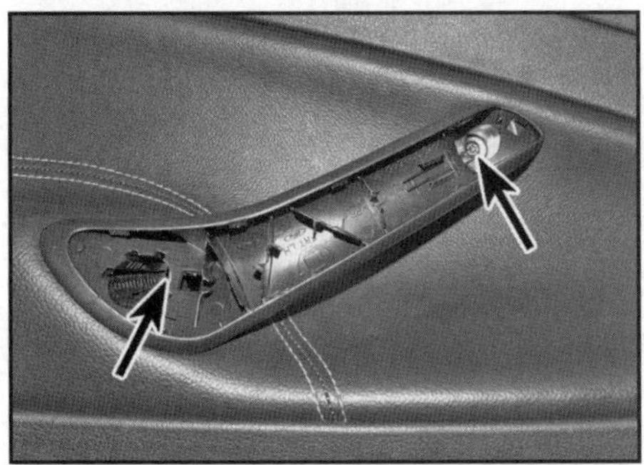

13.5 Lösen Sie die zwei Schrauben, die den Griff an der Tür sichern.

6 Lösen Sie die sechs Schrauben, mit denen die Türverkleidung rundherum an der Tür gesichert ist – jeweils zwei Schrauben befinden sich hinten, unten und vorn (siehe Abbildung).

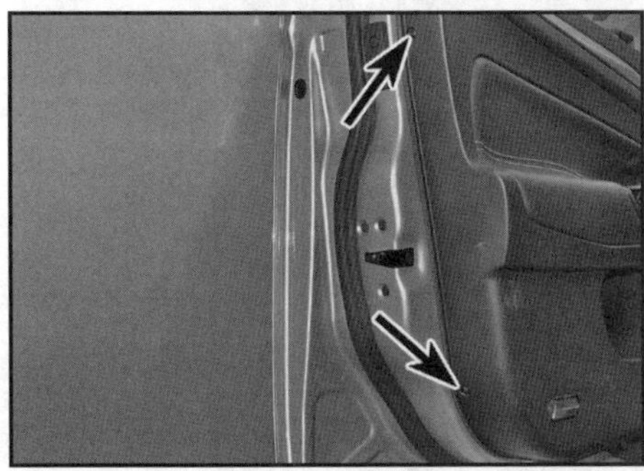

13.6 Hintere Türverkleidungs-Schrauben

7 Ziehen Sie die Türverkleidung von der Tür und heben Sie sie an, um sie aus der Fenster-Öffnung zu befreien (siehe Abbildung).

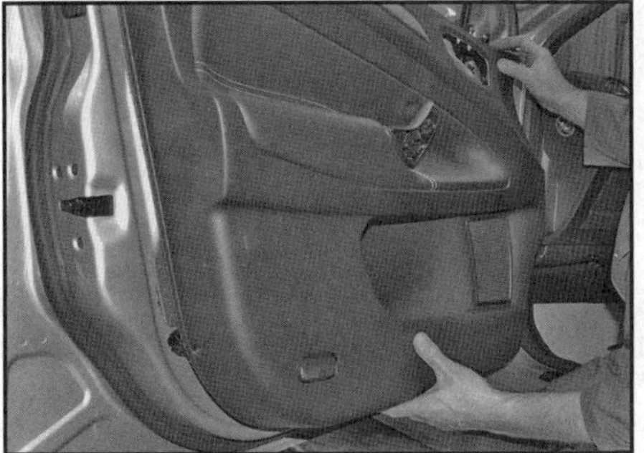

13.7 Ziehen Sie die Türverkleidung von der Tür und heben Sie sie an, um sie aus der Fenster-Öffnung zu befreien.

8 Der Einbau entspricht der umgekehrten Ausbaureihenfolge.

Hintere Tür

9 Entfernen Sie ggf. die Fensterkurbel, indem Sie ein Tuch dahinter klemmen und hin und her bewegen – so löst sich der Sicherungsdraht, und die Kurbel kann samt Bundscheibe abgezogen werden (siehe Abbildungen).

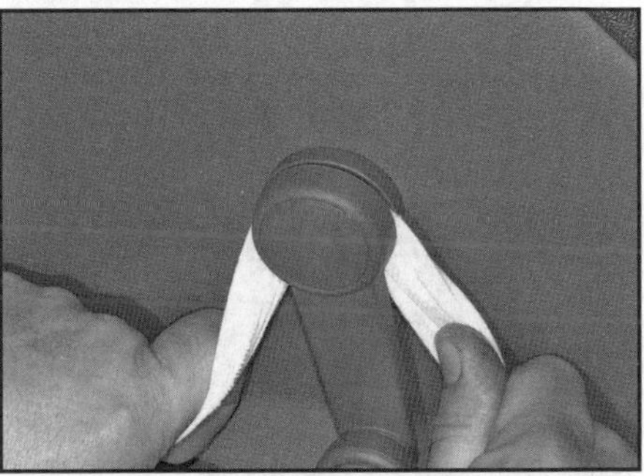

13.9a Lösen Sie mithilfe eines Tuchs den Drahtbügel, ...

13.9b ... dessen Enden sich zum Drehgriff der Kurbel drücken müssen.

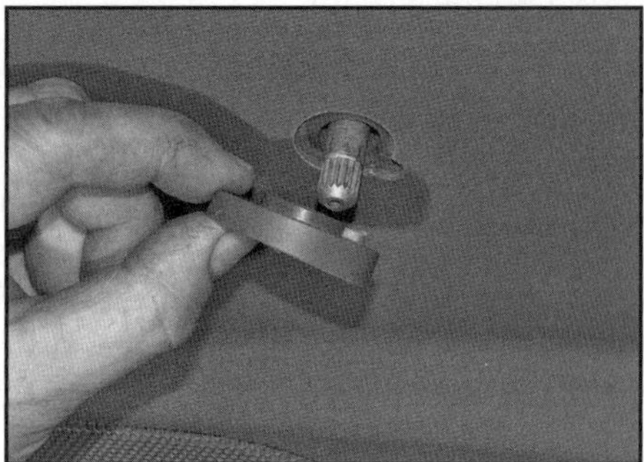

13.9c Entfernen Sie die Bundscheibe.

10 Befreien Sie mit einem kleinen Schraubendreher die Kappe aus der Türöffner-Mulde und lösen Sie die dahinter sitzende Schraube. Betätigen Sie den Türöffner und entfernen Sie die Mulde aus der Tür – trennen Sie dabei den Stecker, sobald der zugänglich wird (Abb. 13.3a bis d).
11 Hebeln Sie mit einem geeigneten Werkzeug vorsichtig die Türgriff-Abdeckung ab (Abb. 13.4).
12 Lösen Sie die zwei dahinter liegenden Schrauben, die den Griff an der Tür sichern (Abb. 13.5).
13 Lösen Sie die sechs Schrauben, mit denen die Türverkleidung rundherum an der Tür gesichert ist – jeweils zwei Schrauben befinden sich hinten, unten und vorn (siehe Abbildung).

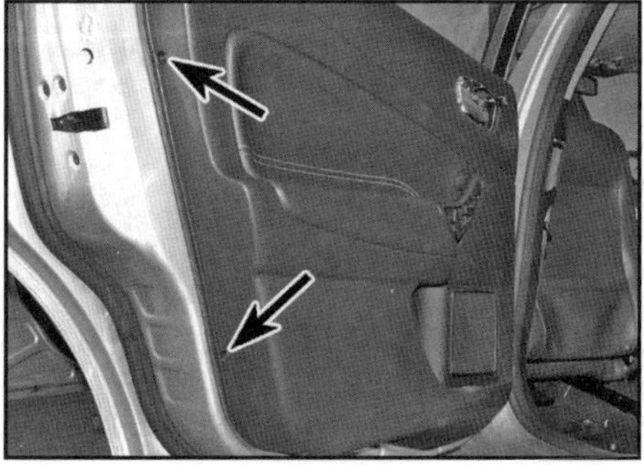

13.13 Hintere Türverkleidungs-Schrauben

14 Ziehen Sie die Türverkleidung von der Tür und heben Sie sie an, um sie aus der Fenster-Öffnung zu befreien. Sobald die Verkleidung befreit ist, muss der Stecker des Lautsprechers getrennt werden (siehe Abbildungen).

13.14a Ziehen Sie die Türverkleidung von der Tür und heben Sie sie an, um sie aus der Fenster-Öffnung zu befreien.

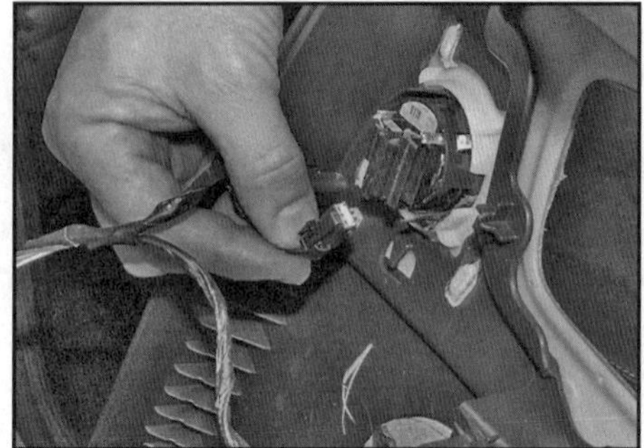

13.14b Sobald die Verkleidung befreit ist, muss der Stecker des Lautsprechers getrennt werden

15 Der Einbau entspricht der umgekehrten Ausbaureihenfolge.

14 Türfenster – Ausbau und Einbau

Vordere Türen

1 Entfernen Sie die Türverkleidung (siehe Sektion 13).
2 Ziehen Sie vorsichtig die Dichtleiste aus der Fensteröffnung – beginnen Sie hinten und arbeiten Sie sich nach vorn vor. Befreien Sie die Leiste vorn aus dem Rückspiegelgehäuse (siehe Abbildungen).

14.2a Ziehen Sie vorsichtig die Dichtleiste aus der Fensteröffnung – beginnen Sie hinten.

14.2b Befreien Sie die Leiste vorn aus dem Rückspiegelgehäuse.

3 Trennen Sie den Lautsprecher-Stecker, lösen Sie die drei Schrauben des Lautsprechers und befreien Sie diesen aus der Tür.

4 Lösen Sie die Schrauben des Tür-Steuermoduls und befreien Sie dies aus der Tür (siehe Abbildung).

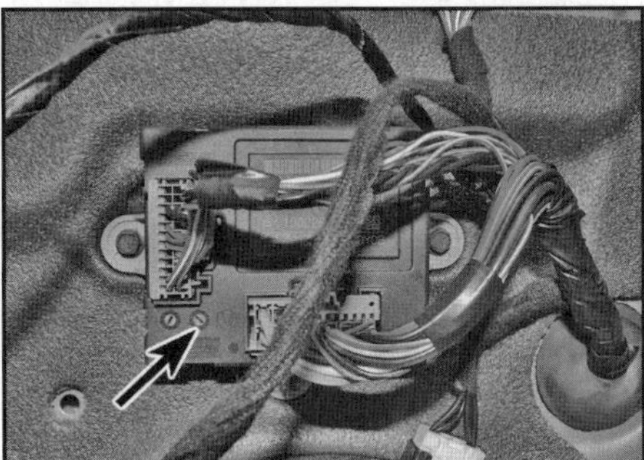

14.4 Tür-Steuermodul der vorderen Tür

5 Um Zugang zu den in der Tür sitzenden Komponenten zu erhalten, muss die mit dauerelastischem Klebstoff befestigte Dichtfolie entfernt werden – schneiden Sie dazu mit einer sehr scharfen Klinge an der Klebmasse entlang und ziehen Sie sie ab (siehe Abbildung). Legen Sie die Dichtfolie sicher ab und schützen Sie die Klebmasse vor Staub und Schmutz, um sie wiederverwenden zu können.

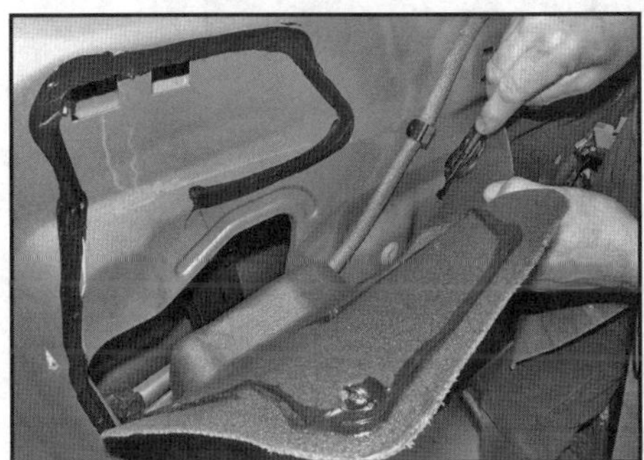

14.5 Ziehen Sie die Dichtfolie ab und schneiden Sie dabei die Klebmasse auf.

6 Verbinden Sie den Stecker der Fenster/Außenspiegel-Schalterkonsole und senken Sie das Fenster um ca. 20 cm ab, sodass die Befestigungspunkte des Hebemechanismus durch die Türöffnungen zugänglich sind.
7 Das Fenster ist an zwei Stellen mit runden Kunststoff-Aufnahmen am Hebemechanismus gesichert. Greifen Sie mit einem Kunststoffspachtel hinter das Glas und spreizen Sie die Aufnahmen, während Sie gleichzeitig das Fenster anheben (siehe Abbildung). Befreien Sie die andere Befestigung auf die gleiche Weise.

14.7 Spreizen Sie die Fenster-Aufnahme, um das Fenster zu befreien.

8 Sobald das Fenster aus dem Hebemechanismus befreit ist, wird es hinten angehoben und nach außen aus dem Rahmen gezogen (siehe Abbildung).

14.8 Heben Sie das Fenster hinten an und befreien Sie es nach außen aus dem Rahmen.

9 Der Einbau entspricht der umgekehrten Ausbaureihenfolge – das Fenster muss korrekt in seinen Aufnahmen einrasten.

Hintere Türen

10 Senken Sie das Fenster vollständig ab.
11 Entfernen Sie die Türverkleidung (siehe Sektion 13).
12 Trennen Sie den Lautsprecher-Stecker, lösen Sie die drei Schrauben des Lautsprechers und befreien Sie diesen aus der Tür.
13 Lösen Sie die Schrauben des Tür-Steuermoduls und befreien Sie dies aus der Tür (siehe Abbildung).

14.13 Tür-Steuermodul der hinteren Tür

14 Um Zugang zu den in der Tür sitzenden Komponenten zu erhalten, muss die mit dauerelastischem Klebstoff befestigte Dichtfolie entfernt werden – schneiden Sie dazu mit einer sehr scharfen Klinge an der Klebmasse entlang und ziehen Sie sie ab (siehe Abbildung). Legen Sie die Dichtfolie sicher ab und schützen Sie die Klebmasse vor Staub und Schmutz, um sie wiederverwenden zu können.

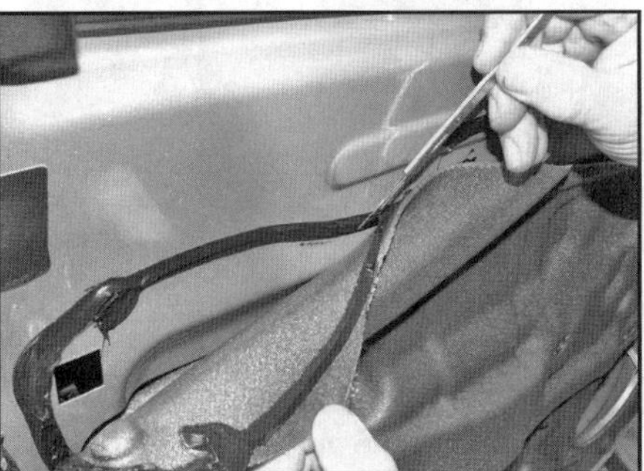

14.14 Ziehen Sie die Dichtfolie ab und schneiden Sie dabei die Klebmasse auf.

15 Ziehen Sie die unteren Enden der oberen Türrahmen-Verkleidungen vorn und hinten vom Rahmen ab, um die Halteclips zu befreien (siehe Abbildungen).

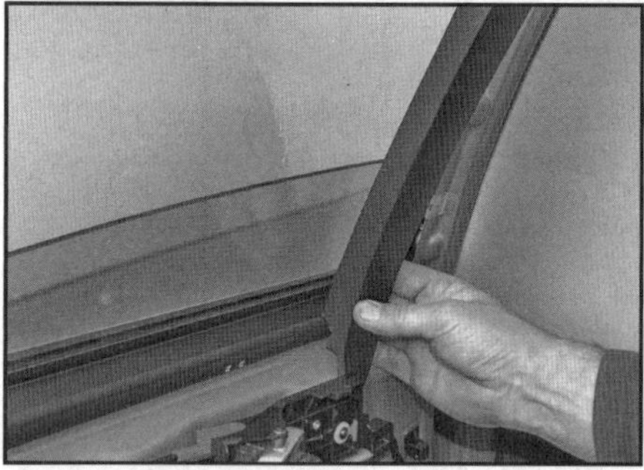

14.15a Ziehen Sie die unteren Enden der oberen Türrahmen-Verkleidungen vorn ...

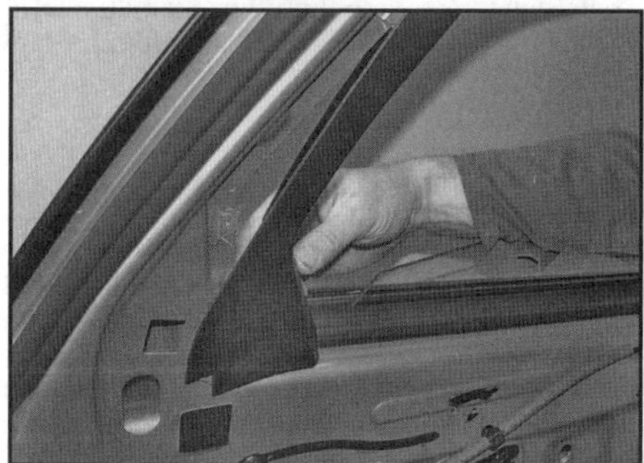

14.15b ... und hinten vom Rahmen ab.

16 Hebeln Sie vorsichtig die innere und äußere Dichtleiste aus der Fensteröffnung (siehe Abbildungen).

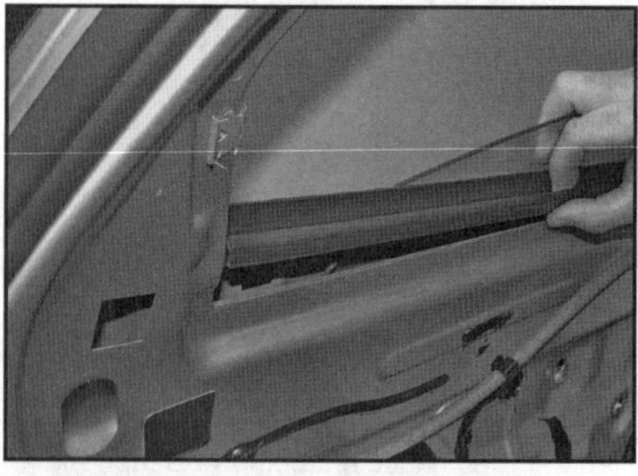

14.16 Hebeln Sie vorsichtig die innere ...

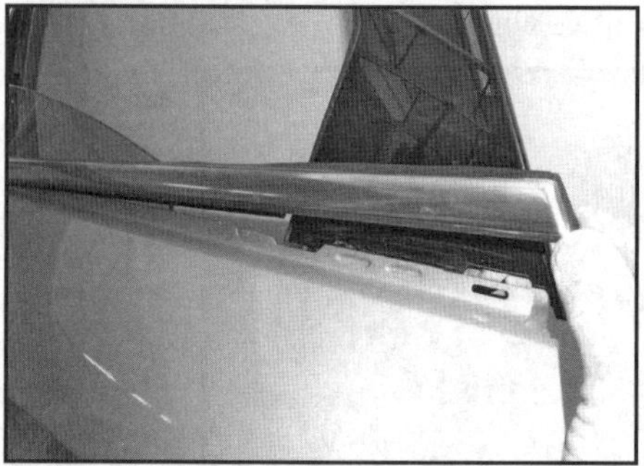

14.16b ... und äußere Dichtleiste aus der Fensteröffnung.

17 Befreien Sie das Fenster-Führungsgummi hinten aus dem Türrahmen, um Zugang zu den äußeren Türleisten zu erhalten (siehe Abbildung).

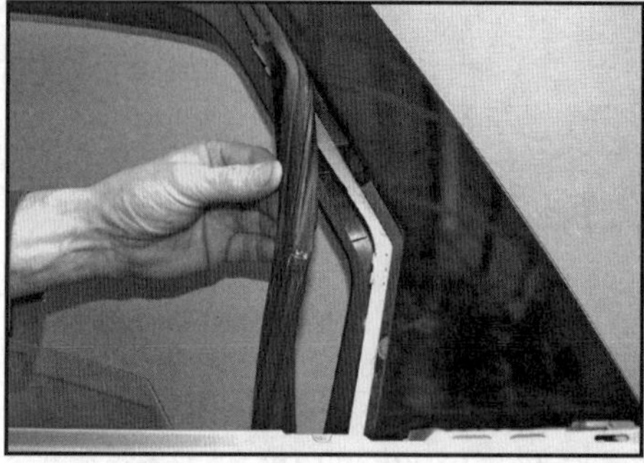

14.17 Befreien Sie das Fenster-Führungsgummi hinten aus dem Türrahmen.

18 Lösen Sie die zwei Schrauben, mit denen die äußere Türverkleidung am Türrahmen gesichert ist (siehe Abbildung).

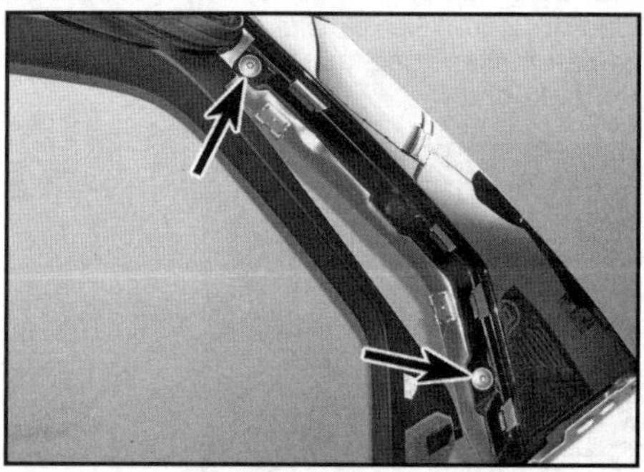

14.18 Schrauben der äußeren Türverkleidung

19 Befreien Sie die Kunststoffstifte und entfernen Sie die äußere Türverkleidung von der Tür (siehe Abbildungen).

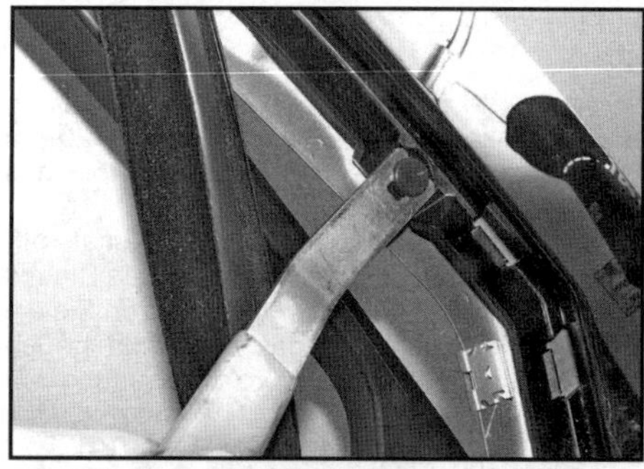

14.19a Befreien Sie die Kunststoffstifte ...

14.19b und entfernen Sie die äußere Türverkleidung von der Tür.

20 Lösen Sie die Schraube aus der Fensterheber-Führung (siehe Abbildung).

14.20 Schraube der Fensterheber-Führung

21 Das Fenster ist mit einer runden Kunststoff-Aufnahmen am Hebemechanismus gesichert. Greifen Sie mit einem Kunststoffspachtel hinter das Glas und spreizen Sie die Aufnahme, während Sie gleichzeitig das Fenster anheben (siehe Abbildung).

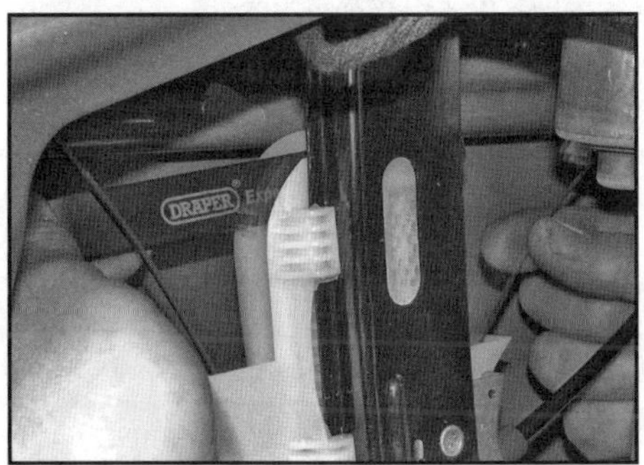

14.21 Spreizen Sie die Fenster-Aufnahme, um das Fenster zu befreien.

22 Sobald das Fenster aus dem Hebemechanismus befreit ist, wird es angehoben und nach außen aus dem Rahmen gezogen (siehe Abbildung).

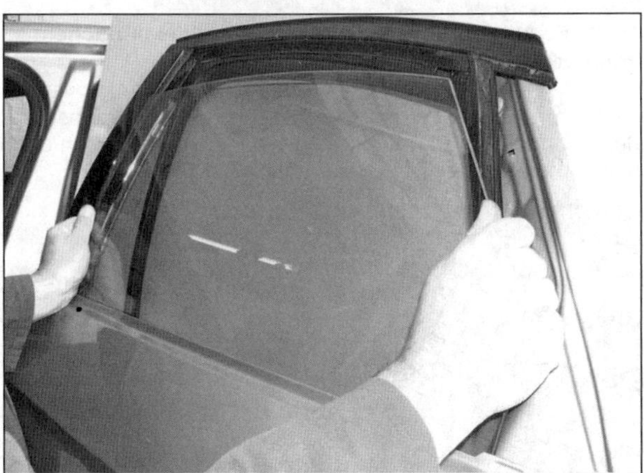

14.22 Heben Sie das Fenster an und befreien Sie es nach außen aus dem Rahmen.

23 Der Einbau entspricht der umgekehrten Ausbaureihenfolge – das Fenster muss korrekt in seiner Aufnahme einrasten.

15 Türfenster-Mechanismus – Ausbau und Einbau

Vordere Türen

1 Entfernen Sie die Türverkleidung (siehe Sektion 13).
2 Befreien Sie das Fenster aus dem Hebemechanismus (siehe Sektion 14) – es kann mit Klebeband im Fensterrahmen gesichert werden, wenn es nicht vollständig entfernt werden soll.
3 Trennen Sie den Fensterheber-Stecker (siehe Abbildung).

15.3 Trennen Sie den Fensterheber-Stecker.

4 Lockern Sie die fünf Schrauben, die den Fensterheber an der Tür sichern, um etwa zwei Umdrehungen (siehe Abbildungen).

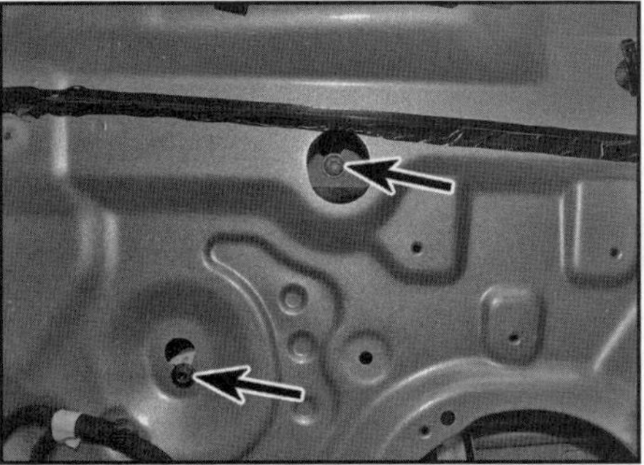

15.4a Lockern Sie oben die zwei oberen, …

15.4b … die untere hintere, …

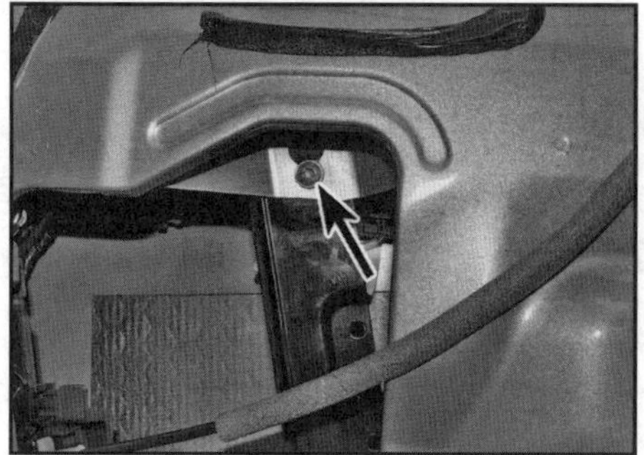

15.4c ... die obere vordere ...

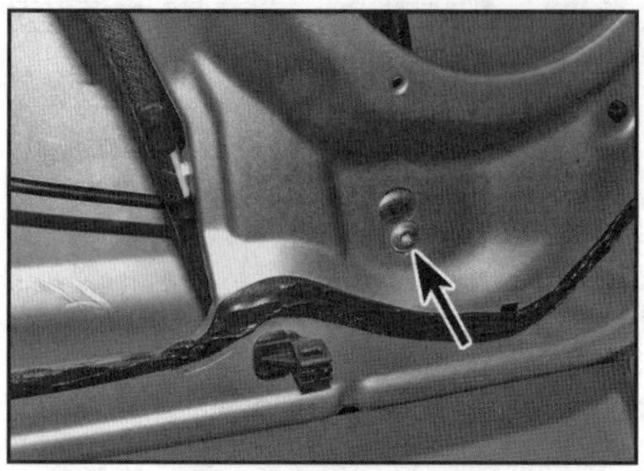

15.4d ... und untere vordere Fensterheber-Schraube.

5 Heben Sie den Fensterheber an, um seine Schrauben aus den Langlöchern zu befreien, und manövrieren Sie ihn dann nach unten aus der Tür heraus (siehe Abbildung).

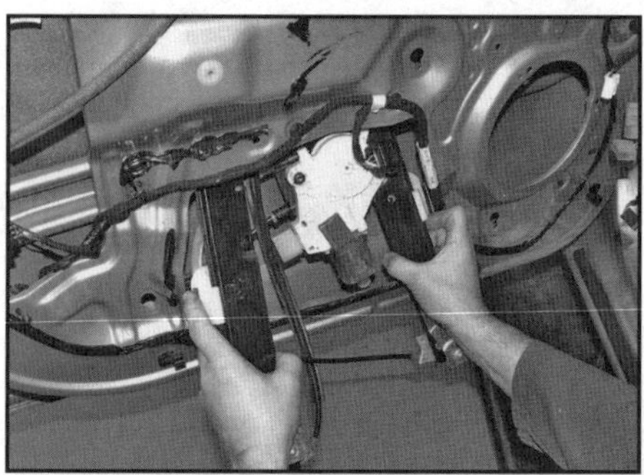

15.5 Manövrieren Sie den Fensterheber nach unten aus der Tür heraus.

6 Nötigenfalls kann der Motor nach dem Lösen der drei Schrauben vom Hebemechanismus befreit werden (siehe Abbildung).

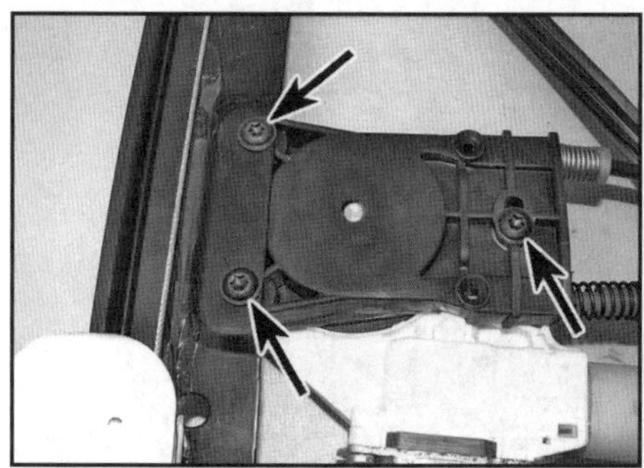

15.6 Schrauben des Fensterheber-Motors

7 Der Einbau entspricht der umgekehrten Ausbaureihenfolge.

Hintere Türen

8 Entfernen Sie die Türverkleidung (siehe Sektion 13).
9 Befreien Sie das Fenster aus dem Hebemechanismus (siehe Sektion 14) – es kann mit Klebeband im Fensterrahmen gesichert werden, wenn es nicht vollständig entfernt werden soll.
10 Greifen Sie bei Modellen mit elektrischem Fensterheber durch die Lautsprecher-Öffnung und trennen Sie den Fensterheber-Stecker (siehe Abbildung).

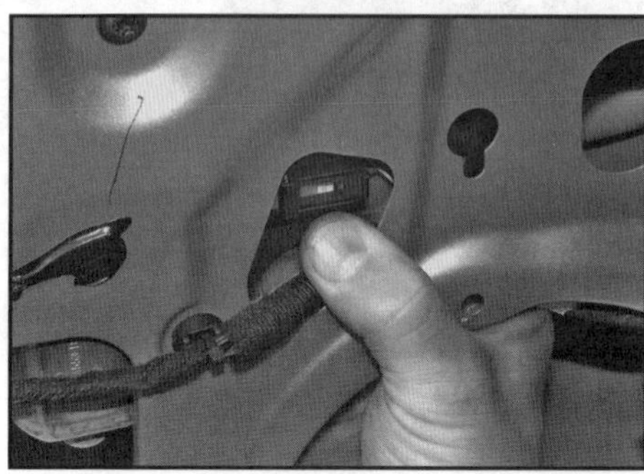

15.10 Trennen Sie den Fensterheber-Stecker der hinteren Tür.

11 Lockern Sie die fünf Schrauben (Kurbelfensterheber) oder drei Schrauben (elektrischer Fensterheber), die den Fensterheber an der Tür sichern, um etwa zwei Umdrehungen (siehe Abbildung).

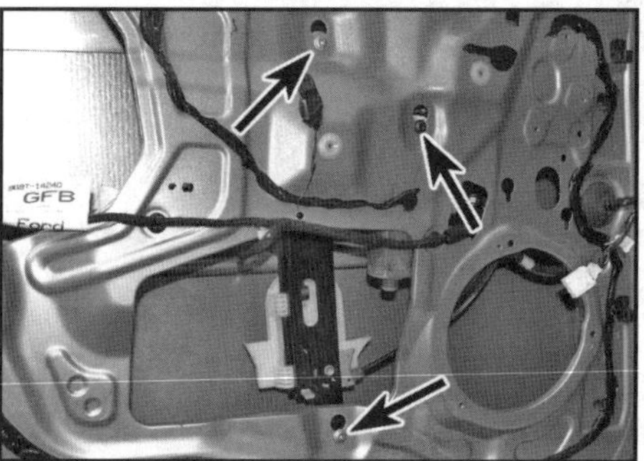

15.11 Fensterheber-Schrauben – Tür mit elektrischem Fensterheber

12 Heben Sie den Fensterheber an, um seine Schrauben aus den Langlöchern zu befreien, und manövrieren Sie ihn dann nach unten aus der Tür heraus (siehe Abbildung).

15.12 Manövrieren Sie den Fensterheber nach unten aus der Tür heraus.

13 Nötigenfalls kann der elektrische Fensterheber-Motor nach dem Lösen der drei Schrauben vom Hebemechanismus befreit werden (siehe Abbildung).

15.13 Schrauben des Fensterheber-Motors

14 Der Einbau entspricht der umgekehrten Ausbaureihenfolge.

16 Türöffner und Schließmechanismus – Ausbau und Einbau

Vorderer Türöffner außen

1 Öffnen Sie die Tür und hebeln Sie hinten vorsichtig die Kappe heraus, um Zugang zur Schließzylinder-Schraube zu erhalten (siehe Abbildung).

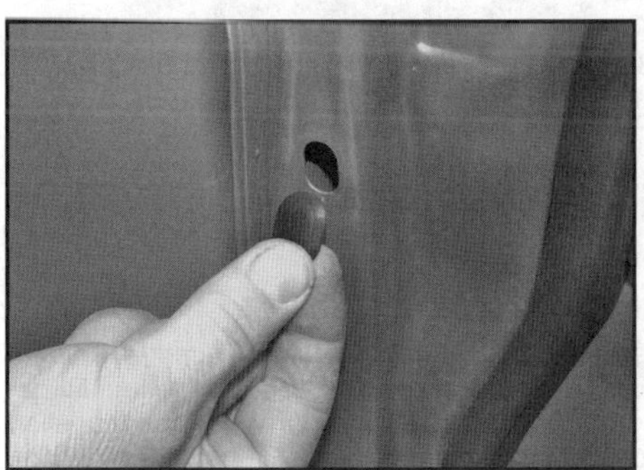

16.1 Hebeln Sie vorsichtig die Kappe hinten aus der Tür, um Zugang zur Türgriff-Arretierschraube zu erhalten.

2 Lockern Sie durch die Öffnung die Türöffner-Schraube, bis der Schließzylinder herausgezogen werden kann (siehe Abbildungen).

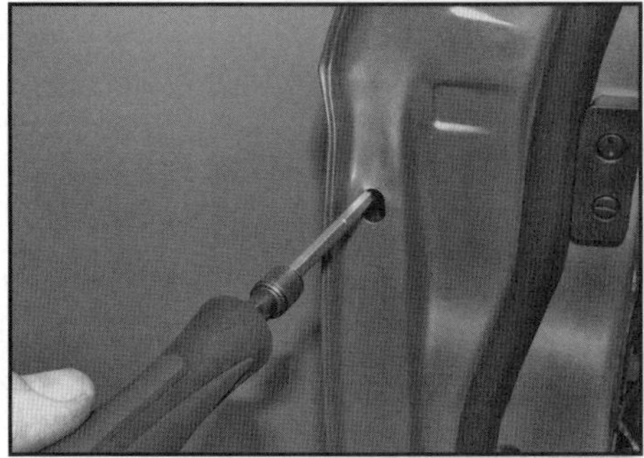

16.2a Lockern Sie die Türöffner-Schraube, …

16.2b … bis der Schließzylinder herausgezogen werden kann.

3 Ziehen Sie den Türgriff nach hinten und befreien Sie ihn aus der Tür. Stellen Sie die zwei Dichtungen sicher (siehe Abbildungen).

16.3a Ziehen Sie den Türgriff nach hinten und befreien Sie ihn aus der Tür.

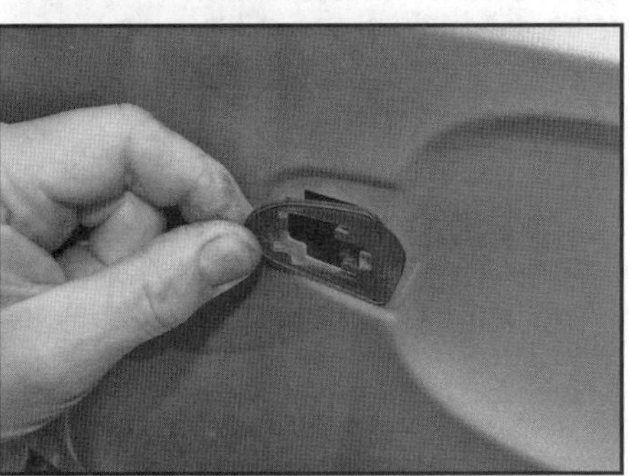

16.3b Stellen Sie die vordere …

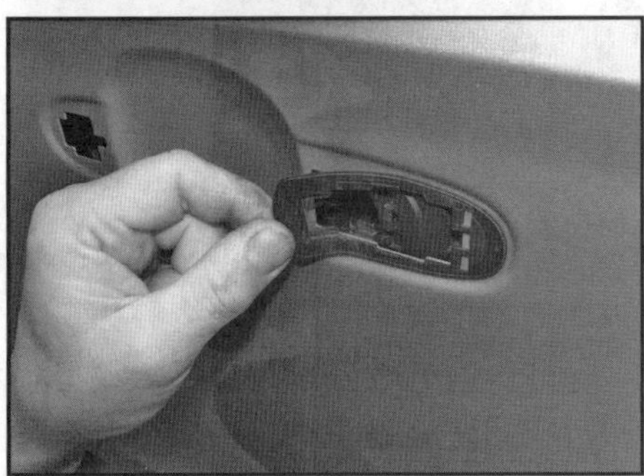

16.3c … und die hintere Dichtung sicher.

4 Ziehen Sie bei Modellen mit schlüssellosem (»Keyless«-) Türschließsystem vorsichtig die Kabel heraus, bis der Stecker mit einem Klick in der horizontalen Position einrastet. Trennen Sie den Stecker (siehe Abbildung).

16.4 Trennen Sie den Stecker des Keyless-Türschließsystems.

5 Der Einbau entspricht der umgekehrten Ausbaureihenfolge. Verbinden Sie beim Keyless-Türschließsystem den Stecker, heben Sie diesen mit einem kleinen Schraubendreher an und drücken Sie ihn in die Tür zurück (siehe Abbildung).

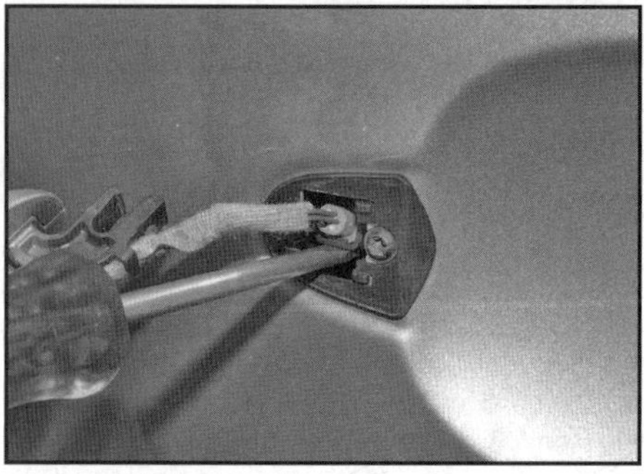

16.5 Heben Sie den verbundenen Stecker des Keyless-Türschließsystems an und drücken Sie ihn in die Tür.

Hinterer Türöffner außen

6 Öffnen Sie die Tür und hebeln Sie hinten vorsichtig die Kappe heraus, um Zugang zur Schließzylinder-Schraube zu erhalten (Abb. 16.1).
7 Lockern Sie durch die Öffnung die Türöffner-Schraube, bis der hintere Teil des Türgriffs herausgezogen werden kann (siehe Abbildungen).

16.7a Lockern Sie die Türöffner-Schraube, ...

16.7b ... bis der hintere Teil des Türgriffs herausgezogen werden kann.

8 Ziehen Sie den Türgriff nach hinten und befreien Sie ihn aus der Tür. Stellen Sie die zwei Dichtungen sicher (siehe Abbildung).

16.8 Ziehen Sie den Türgriff nach hinten und befreien Sie ihn aus der Tür.

9 Der Einbau entspricht der umgekehrten Ausbaureihenfolge.

Türschloss vorn

10 Demontieren Sie den äußeren Türöffner (Schritte 1 bis 4).
11 Trennen Sie den Stecker des Zentralverriegelungs-Motors aus dem Zündschloss. Befreien Sie bei Modellen mit schlüssellosem (»Keyless«-) Türschließsystem dessen Stecker aus dem Clip der Türverkleidung und trennen Sie ihn (siehe Abbildungen).

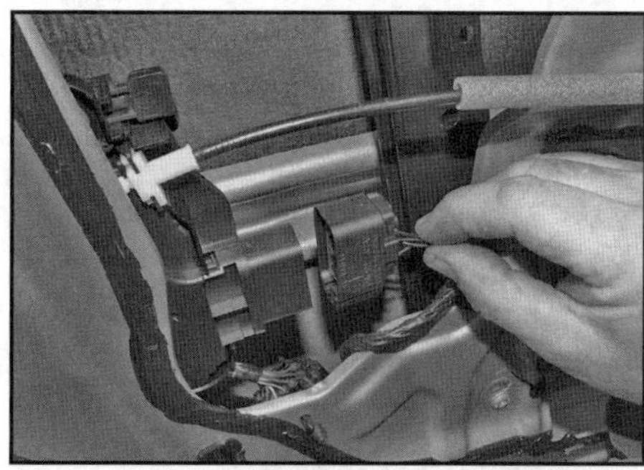

16.11a Trennen Sie den Stecker des Zentralverriegelungs-Motors ...

16.11b … und ggf. den Stecker des Keyless-Türschließ-systems.

12 Lösen Sie die Schraube, die den inneren Türöffner an der Tür sichert, schieben Sie den Türöffner nach vorn, um ihn aus dem hinteren Zapfen zu befreien. Befreien Sie dann den Türöffnerzug aus dem Clip (siehe Abbildungen).

16.12a Lösen Sie die Schraube des inneren Tür-öffners …

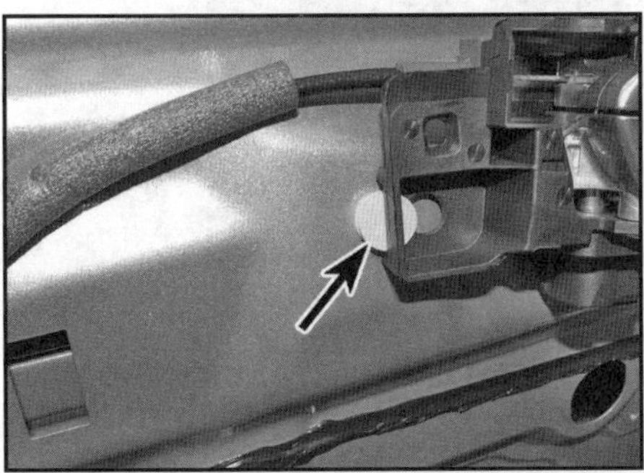

16.12b … und schieben Sie ihn nach vorn, um ihn aus dem hinteren Zapfen zu befreien.

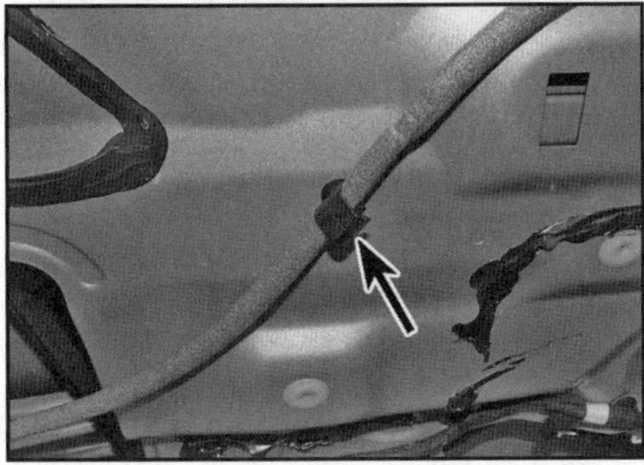

16.12c Befreien Sie den Türöffnerzug aus dem Clip.

13 Lösen Sie hinten an der Tür die drei Türschloss-Schrauben sowie die einzelne Schraube an der Türöffner-Aufnahme (siehe Abbildungen).

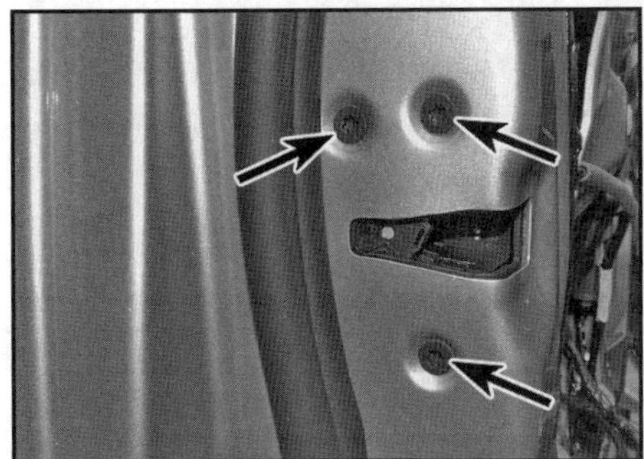

16.13a Lösen Sie die drei Türschloss-Schrauben …

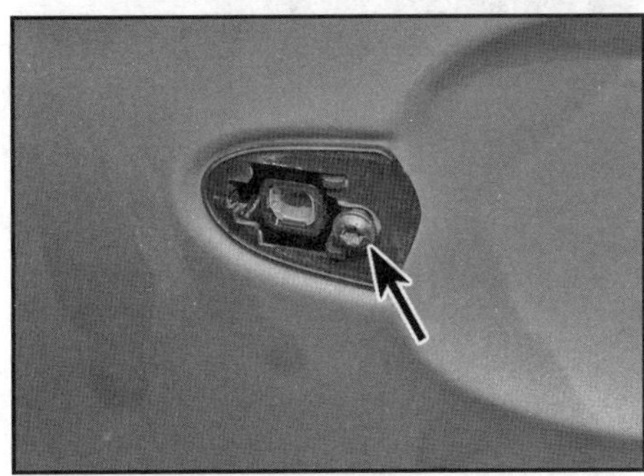

16.13b … und die Schraube an der Türöffner-Aufnahme.

14 Befreien Sie das Türschloss samt inneren Türöffner durch die Türöffnung (siehe Abbildung).

16.14 Befreien Sie das Türschloss samt inneren Tür-öffner durch die Türöffnung.

15 Befreien Sie ggf. die Bowdenzug-Hüllen mit einem kleinen Schraubendreher aus den Widerlagern und hängen Sie die Seilzugnippel aus den Hebeln aus (siehe Abbildungen).

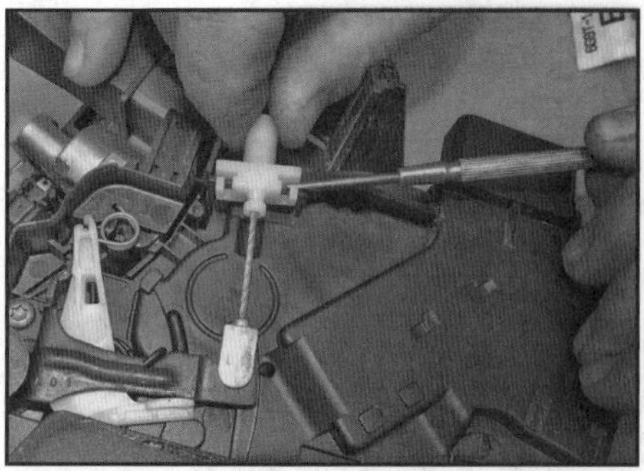

16.15a Befreien Sie die Bowdenzug-Hülle mit einem kleinen Schraubendreher aus dem Widerlager ...

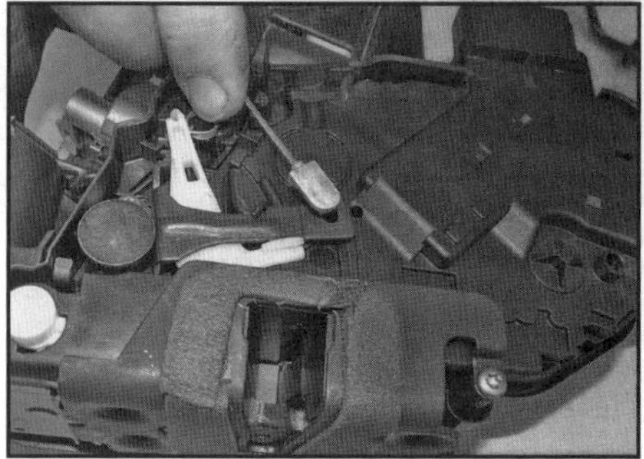

16.15b ... und hängen Sie den Seilzugnippel aus dem Hebel aus.

16 Der Einbau entspricht der umgekehrten Ausbaureihenfolge.

Türschloss hinten

17 Demontieren Sie den äußeren Türöffner (Schritte 6 bis 8).
18 Trennen Sie den Stecker des Zentralverriegelungs-Motors aus dem Zündschloss. Befreien Sie bei Modellen mit schlüssellosem (»Keyless«-) Türschließsystem dessen Stecker aus dem Clip der Türverkleidung und trennen Sie ihn (siehe Abbildungen).

16.18a Trennen Sie den Stecker des Zentralverriegelungs-Motors.

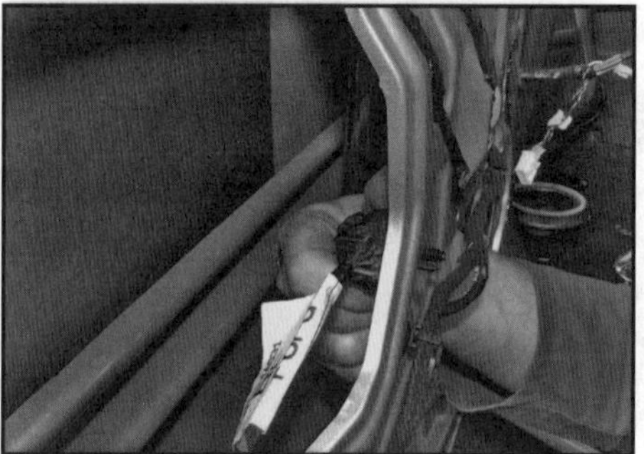

16.18b Befreien Sie ggf. den Stecker des Keyless-Türschließsystems ...

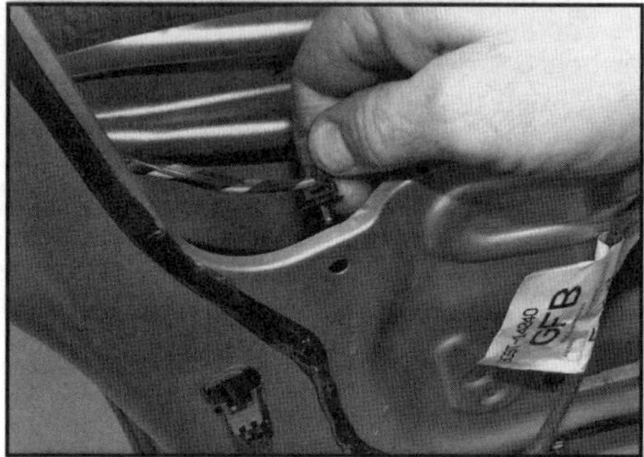

16.18c ... und den Clip der Verkabelung aus der Tür ...

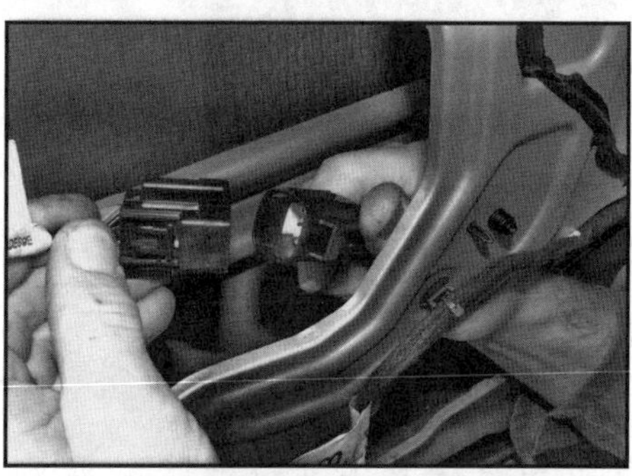

16.18d ... und trennen Sie den Stecker.

19 Lösen Sie die Schraube, die den inneren Türöffner an der Tür sichert, schieben Sie den Türöffner nach vorn, um ihn aus dem hinteren Zapfen zu befreien. Befreien Sie dann den Türöffnerzug aus dem Clip (siehe Abbildungen).

16.19a Lösen Sie die Schraube des inneren Türöffners ...

16.19b ... und schieben Sie ihn nach vorn, um ihn aus dem hinteren Zapfen zu befreien.

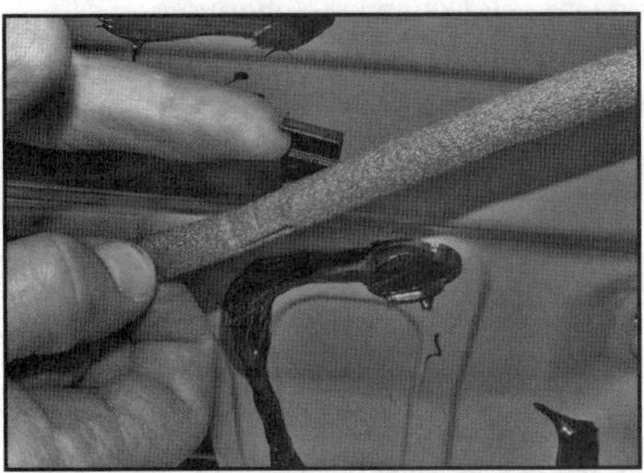

16.19c Befreien Sie den Türöffnerzug aus dem Clip.

20 Lösen Sie hinten an der Tür die drei Türschloss-Schrauben sowie die einzelnen Schrauben innen an der Tür und an der Türöffner-Aufnahme (siehe Abbildungen).

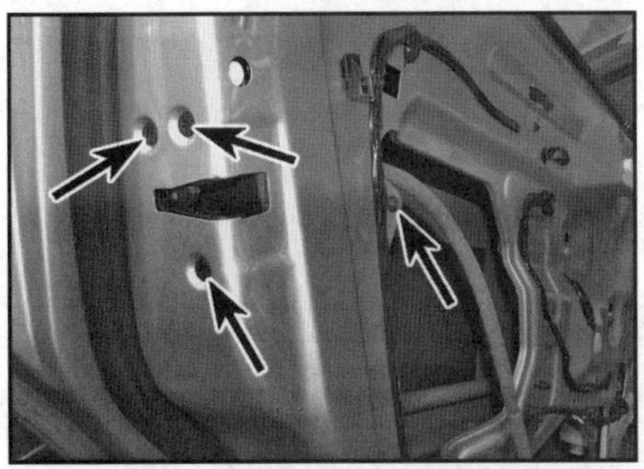

16.20a Lösen Sie die drei Türschloss-Schrauben, die Schraube in der Tür ...

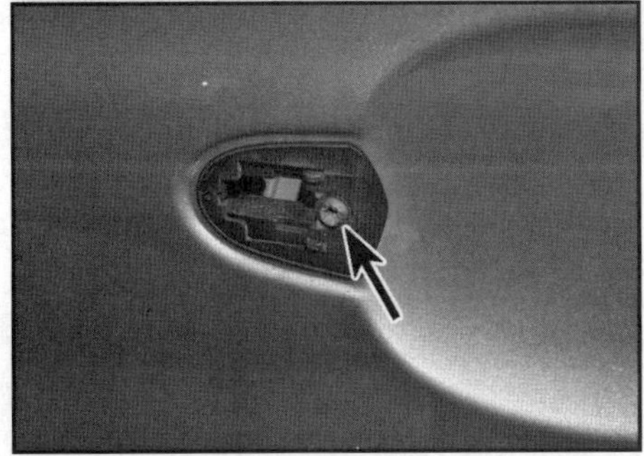

16.20b ... und die Schraube an der Türöffner-Aufnahme.

21 Befreien Sie das Türschloss samt inneren Türöffner durch die Türöffnung (siehe Abbildung).

16.21 Befreien Sie das Türschloss samt inneren Türöffner durch die Türöffnung.

22 Befreien Sie ggf. die Bowdenzug-Hüllen mit einem kleinen Schraubendreher aus den Widerlagern und hängen Sie die Seilzugnippel aus den Hebeln aus (Abb. 16.15a und b).
23 Der Einbau entspricht der umgekehrten Ausbaureihenfolge.

Schließzylinder vorn

24 Öffnen Sie die Tür und hebeln Sie hinten vorsichtig die Kappe heraus, um Zugang zur Schließzylinder-Schraube zu erhalten (Abb. 16.1).
25 Lockern Sie durch die Öffnung die Türöffner-Schraube, bis der Schließzylinder herausgezogen werden kann (Abb. 16.2a und b). Befreien Sie nötigenfalls mit einem kleinen Schraubendreher an beiden Seiten den Clip, um den Zylinder aus dem hinteren Türgriff-Segment zu befreien.
26 Der Einbau entspricht der umgekehrten Ausbaureihenfolge.

17 Heckklappe und Gasfedern – Ausbau, Einbau und Einstellung

Heckklappe – Fließheck-Modelle

Ausbau

1 Entfernen Sie die Heckklappen-Innenverkleidung (siehe Sektion 27).
2 Demontieren Sie die Zusatzbremsleuchte (siehe Kapitel 12, Sektion 7).
3 Hebeln Sie mithilfe eines Kunststoffspachtels vorsichtig die über dem Kennzeichen sitzende äußere Leiste von der Kofferraumhaube – beginnen Sie oben rechts und arbeiten Sie sich am oberen Rand voran, bis alle Clips befreit sind, heben Sie die Leiste dann ab (siehe Abbildungen).

17.3a Hebeln Sie vorsichtig die über dem Kennzeichen sitzende äußere Leiste ab ...

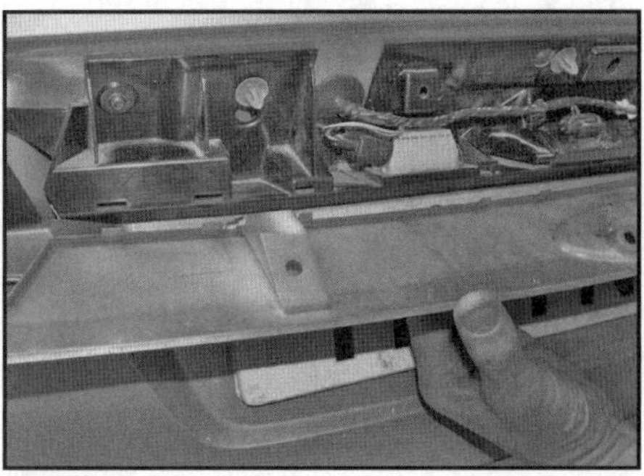

17.3b … und befreien Sie sie von der Heckklappe.

4 Trennen Sie die Stecker der Kennzeichenbeleuchtungen und des Heckklappenschloss-Schalters und befreien Sie die Kabel aus allen Befestigungen (siehe Abbildung). Befreien Sie den Gummistopfen der Verkabelung und ziehen Sie sie nach innen durch.

17.4 Stecker der Kennzeichenbeleuchtung

5 Trennen Sie die Stecker aller Heckklappen-Komponenten und ziehen Sie oben den Wischwasser-Schlauch vom Stutzen.
6 Falls die Heckklappe wiederverwendet werden soll, sollte ein Band mit der Verkabelung und dem Schlauch verbunden werden; es kann wieder gelöst werden, nachdem es oben aus der Heckklappe herausgezogen wurde, und dort verbleiben, um die Verkabelung und den Schlauch später wieder zurückzuziehen. Hebeln Sie den Gummistopfen der Kabel- und Schlauch-Manschette oben aus der Heckklappe und beginnen Sie, die Verkabelung und den Schlauch herauszuziehen (siehe Abbildung).

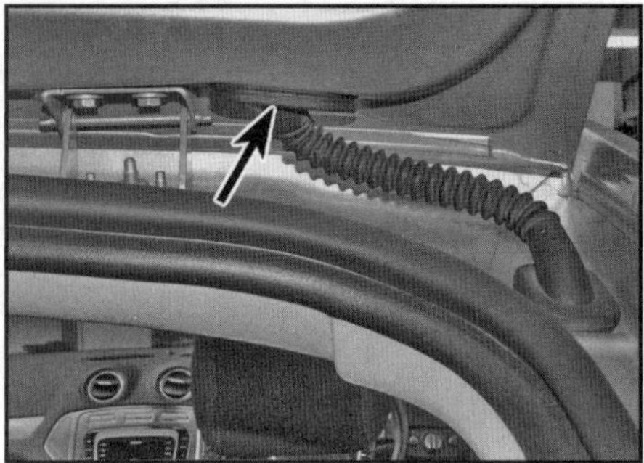

17.6 Gummistopfen der Kabel- und Schlauch-Manschette

7 Markieren Sie mit einem Bleistift die Ausrichtung der Scharniere zur Heckklappe, um sie beim Einbau korrekt auszurichten.
8 Lassen Sie einen Assistenten die Heckklappe abstützen und trennen Sie die Gasfedern (Schritte 22 und 23).

9 Lösen Sie die zwei Schrauben jedes Scharniers und heben Sie die Heckklappe ab (siehe Abbildung).

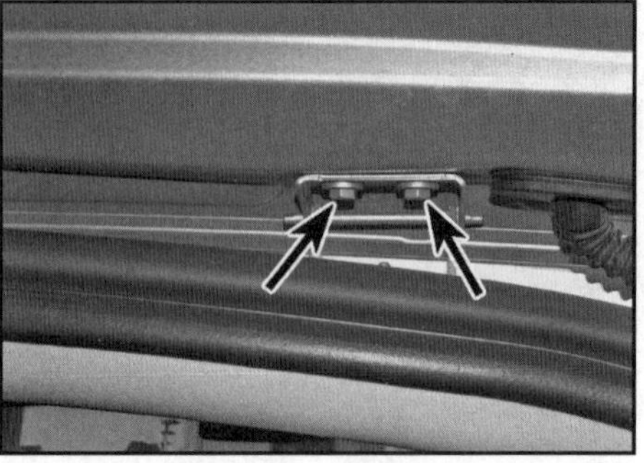

17.9 Schrauben eines Heckklappen-Scharniers

Einbau und Einstellung

10 Der Einbau entspricht der umgekehrten Ausbaureihenfolge – beachten Sie dabei folgende Punkte:
a) Prüfen Sie, ob die Heckklappe korrekt sitzt und die Abstände zur Karosserie rundherum gleich ist.
b) Ziehen Sie die Verkabelung und den Schlauch ggf. mit dem Seil durch die Heckklappe in Position.
c) Lockern Sie für eine Einstellung nötigenfalls die Scharnierschrauben und verschieben Sie die Heckklappe entsprechend.
d) Prüfen Sie, ob die Verriegelung beim Schließen der Heckklappe mittig auf den Zapfen triff – dieser ist nötigenfalls einstellbar

Heckklappe – Kombi-Modelle

Ausbau

11 Entfernen Sie die Heckklappen-Innenverkleidung (siehe Sektion 27).
12 Demontieren Sie die Zusatzbremsleuchte (siehe Kapitel 12, Sektion 7).
13 Lösen Sie von innen die zwei Muttern, mit denen die Kennzeichenbeleuchtungs-Einheit an der Heckklappe gesichert ist (siehe Abbildung).

17.13 Eine Mutter der Kennzeichenbeleuchtungs-Einheit

14 Lösen Sie die zwei äußeren Schrauben und befreien Sie die Kennzeichenbeleuchtungs-Einheit von der Heckklappe (siehe Abbildungen).

17.14a Lösen Sie die zwei äußeren Schrauben ...

17.14b ... und befreien Sie die Kennzeichen-beleuchtungs-Einheit von der Heckklappe.

15 Trennen Sie die Stecker der Kennzeichenbeleuchtungen und des Heckklappenschloss Schalters und befreien Sie die Kabel aus allen Befestigungen (siehe Abbildung). Befreien Sie den Gummistopfen der Verkabelung und ziehen Sie sie nach innen durch.

17.15 Trennen Sie die Stecker der Kennzeichen-beleuchtung und des Heckklappenschloss-Schalters

16 Trennen Sie die Stecker aller Heckklappen-Komponenten und ziehen Sie oben den Wischwasser-Schlauch vom Stutzen.

17 Falls die Heckklappe wiederverwendet werden soll, sollte ein Band mit der Verkabelung und dem Schlauch verbunden werden; es kann wieder gelöst werden, nachdem es oben aus der Heckklappe herausgezogen wurde, und dort verbleiben, um die Verkabelung und den Schlauch später wieder zurückzuziehen. Hebeln Sie den Gummistopfen der Kabel- und Schlauch-Manschette oben aus der Heckklappe und beginnen Sie, die Verkabelung und den Schlauch herauszuziehen (Abb. 17.6).

18 Markieren Sie mit einem Bleistift die Ausrichtung der Scharniere zur Heckklappe, um sie beim Einbau korrekt auszurichten.

19 Lassen Sie einen Assistenten die Heckklappe abstützen und trennen Sie die Gasfedern (Schritte 22 und 23).

20 Lösen Sie die zwei Schrauben jedes Scharniers und heben Sie die Heckklappe ab (Abb. 17.9).

Einbau und Einstellung

21 Der Einbau entspricht der umgekehrten Ausbaureihenfolge – beachten Sie dabei folgende Punkte:

a) Prüfen Sie, ob die Heckklappe korrekt sitzt und die Abstände zur Karosserie rundherum gleich ist.

b) Ziehen Sie die Verkabelung und den Schlauch ggf. mit dem Seil durch die Heckklappe in Position.

c) Lockern Sie für eine Einstellung nötigenfalls die Scharnierschrauben und verschieben Sie die Heckklappe entsprechend.

d) Prüfen Sie, ob die Verriegelung beim Schließen der Heckklappe mittig auf den Zapfen triff – dieser ist nötigenfalls einstellbar

Gasfedern

22 Öffnen Sie die Heckklappe und notieren Sie die Einbaurichtung der Gasfedern. Lassen Sie möglichst einen Assistenten die geöffnete Heckklappe halten oder stützen Sie sie sicher mit einer Holzlatte ab

23 Hebeln Sie mit einem kleinen Schraubendreher den Federclips an den oberen Gasfederaufnahme heraus und trennen Sie diese von der Kugel an der Heckklappe (siehe Abbildung).

17.23 Hebeln Sie die Feder ab und trennen Sie die Gasfeder von der Kugel der Heckklappe.

24 Hebeln Sie genauso den Federclips an den unteren Gasfederaufnahmen heraus und trennen Sie diese von der Kugel an der Karosserie. Entnehmen Sie die Gasfeder.

25 Der Einbau entspricht der umgekehrten Ausbaureihenfolge.

18 Heckklappen-Schließmechanismus – Ausbau und Einbau

Schloss-Baugruppe

1 Entfernen Sie die Heckklappen-Innenverkleidung (siehe Sektion 27).

2 Trennen Sie den Kabelstecker vom Schloss, lösen Sie die drei Schrauben und entfernen Sie das Schloss (siehe Abbildungen).

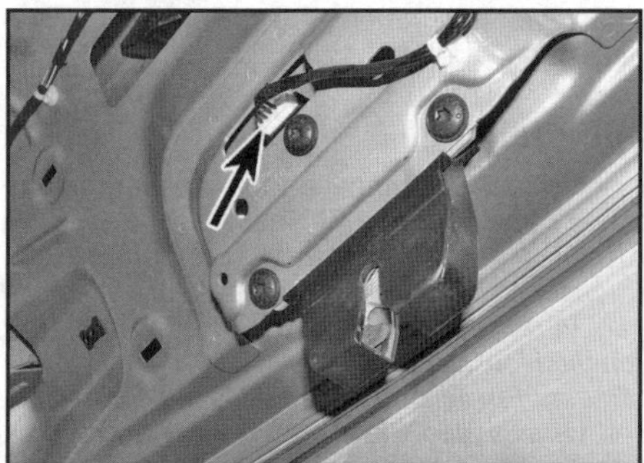

18.2a Trennen Sie den Kabelstecker vom Schloss, ...

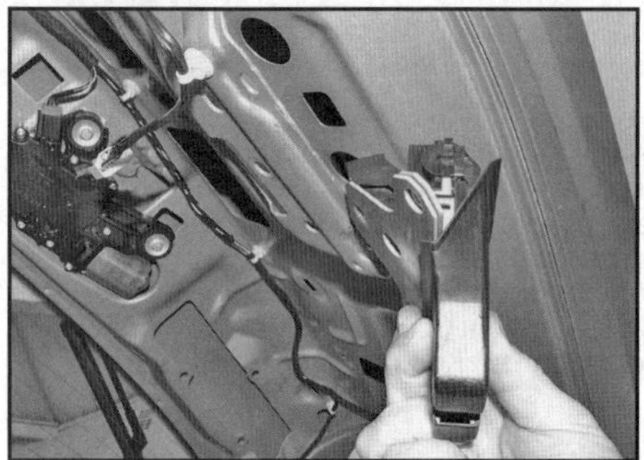

18.2b ... lösen Sie die drei Schrauben und entfernen Sie das Schloss.

3 Der Einbau entspricht der umgekehrten Ausbaureihenfolge – prüfen Sie vor dem Einbau der Innenverkleidung die Funktion des Schließmechanismus.

Auslöser und Schloss-Schalter

Fließheck-Modelle

4 Entfernen Sie die Heckklappen-Innenverkleidung (siehe Sektion 27).

5 Hebeln Sie mithilfe eines Kunststoffspachtels vorsichtig die über dem Kennzeichen sitzende äußere Leiste von der Kofferraumhaube – beginnen Sie oben rechts und arbeiten Sie sich am oberen Rand voran, bis alle Clips befreit sind, heben Sie die Leiste dann ab (Abb. 17.3a und b).

6 Lösen Sie die vier Schrauben, mit denen die Kennzeichenbeleuchtungs-Einheit an der Heckklappe gesichert ist, und ziehen Sie sie ab (siehe Abbildungen).

18.6a Die zwei linken ...

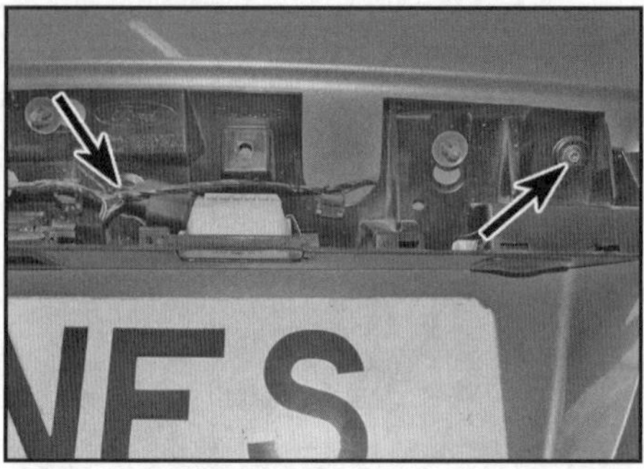

18.6b ... und zwei rechten Schrauben der Kennzeichenbeleuchtungs-Einheit

7 Trennen Sie die Stecker der Kennzeichenbeleuchtungen und des Auslöse- sowie des Schloss-Schalters (siehe Abbildung). Befreien Sie die Kabel aus allen Befestigungen und entfernen Sie die Kennzeichenbeleuchtungs-Einheit.

18.7 Trennen Sie die Stecker der Kennzeichenbeleuchtungen und des Auslöse- sowie des Schloss-Schalters.

8 Drücken Sie die Lasche an der Seite des entsprechenden Schalters ein und befreien Sie diesen aus der Kennzeichenbeleuchtungs-Einheit (siehe Abbildungen).

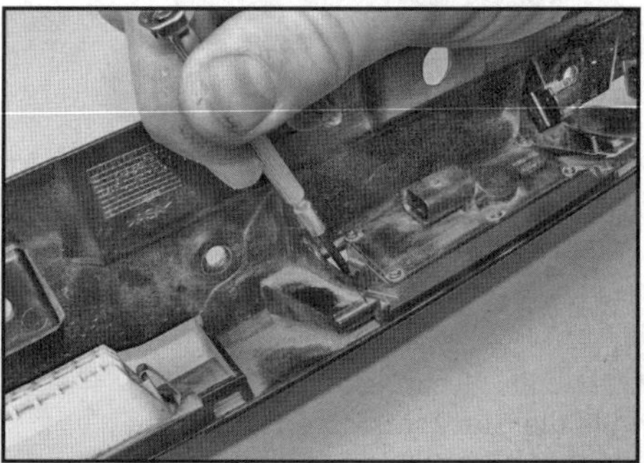

18.8a Drücken Sie die Lasche an der Seite des entsprechenden Schalters ein ...

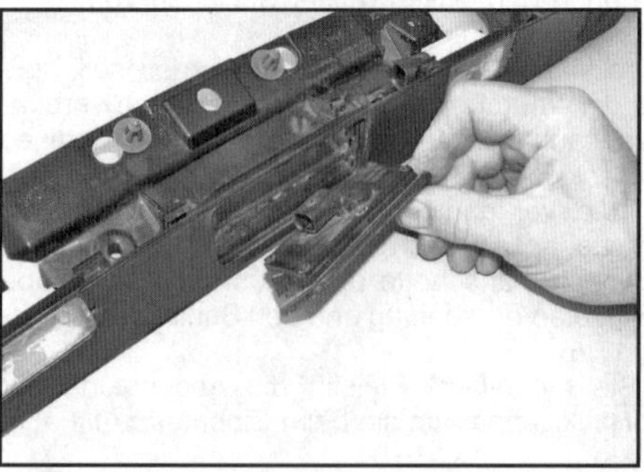

18.8b ... und befreien Sie diesen aus der Kennzeichenbeleuchtungs-Einheit – Fließheck-Modelle

9 Der Einbau entspricht der umgekehrten Ausbaureihenfolge – prüfen Sie vor dem Einbau der Innenverkleidung die Funktion des Schließmechanismus.

Kombi-Modelle

10 Entfernen Sie die Heckklappen-Innenverkleidung (siehe Sektion 27).
11 Lösen Sie von innen die zwei Muttern, mit denen die Kennzeichenbeleuchtungs-Einheit an der Heckklappe gesichert ist (Abb. 17.13).
12 Lösen Sie die zwei äußeren Schrauben und befreien Sie die Kennzeichenbeleuchtungs-Einheit von der Heckklappe (Abb. 17.14a und b).
13 Trennen Sie die Stecker der Kennzeichenbeleuchtungen und des Heckklappenschloss-Schalters und befreien Sie die Kabel aus allen Befestigungen (Abb. 17.15). Befreien Sie den Gummistopfen der Verkabelung und ziehen Sie sie nach innen durch.
14 Drücken Sie die Lasche an der Seite des entsprechenden Schalters ein und befreien Sie diesen aus der Kennzeichenbeleuchtungs-Einheit (siehe Abbildung).

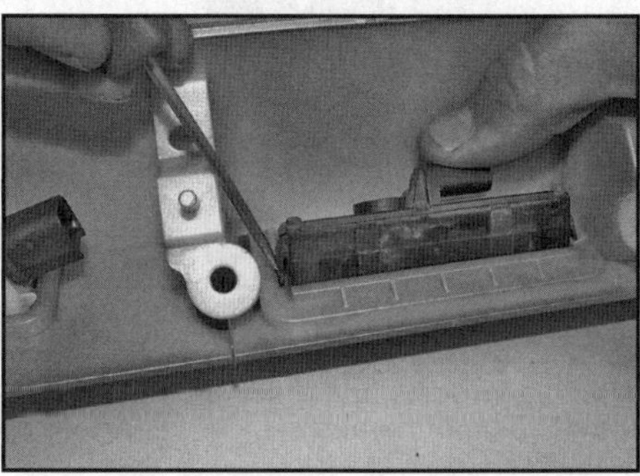

18.14 Drücken Sie die Lasche an der Seite des Schalters ein und befreien Sie diesen aus der Kennzeichenbeleuchtungs-Einheit – Kombi-Modelle

15 Der Einbau entspricht der umgekehrten Ausbaureihenfolge – prüfen Sie vor dem Einbau der Innenverkleidung die Funktion des Schließmechanismus.

19 Zentralverriegelung – Testen, Umprogrammieren, Ausbau und Einbau

Testen/Umprogrammieren

1 Die Zentralverriegelung und die Alarmanlage können nur mithilfe einer Ford-Diagnoseausrüstung getestet werden.
2 Vor dem Umprogrammieren eines Fernbedienungs-Senders muss sichergestellt sein, dass die Bord-Batterie vollständig geladen ist und die Alarmanlage weder aktiviert ist noch auslöst. Schließen Sie alle Türen, damit beim Programmieren keine Warntöne erzeugt werden.
3 Drehen Sie das Zündschloss innerhalb von sechs Sekunden viermal von Position 0 auf II und dann zurück auf Position I.
4 Ein Ton weist jetzt darauf hin, dass der »Lernmodus« begonnen hat.
5 Drücken Sie jetzt innerhalb von zehn Sekunden irgendeinen Knopf an der Fernbedienung und halten Sie ihn – ein weiterer Ton zeigt an, dass der Prozess erfolgreich abgeschlossen wurde.
6 Das System kehrt nun für weitere zehn Sekunden in den »Lernmodus« zurück, in dem weitere (bis zu 8) Fernbedienungen programmiert werden können (siehe Schritt 5). Wenn keine weiteren Fernbedienungen programmiert werden, kehrt das System nach den zehn Sekunden in den normalen Modus zurück.

Ausbau

Türschloss-Motoren

7 Die Türschloss-Motoren sind in die Türschlösser integriert – beachten Sie für deren Ausbau die Hinweise in Sektion 16.

Kofferraumhauben/Heckklappen-Motoren

8 Die Motoren der sind in das Kofferraumhauben- oder Heckklappen-Schloss integriert – beachten Sie für deren Ausbau die Hinweise in Sektion 11 oder 18.

Generisches Elektronikmodul (GEM)

Anmerkung: *Falls das Elektronikmodul ausgetauscht werden soll, müssen vor dem Ausbau seine Einstellungen gesichert und mithilfe einer Ford-Diagnoseausrüstung initialisiert werden.*
9 Der Aus- und Einbau des GEM ist in Kapitel 12, Sektion 22 beschrieben.

Keyless-Zugangs-Modul

Anmerkung: *Falls das Keyless-Modul ausgetauscht werden soll, müssen vor dem Ausbau seine Einstellungen gesichert und mithilfe einer Ford-Diagnoseausrüstung initialisiert werden.*
10 Entfernen Sie die rechte Kofferraum-Verkleidung (siehe Sektion 27).
11 Lösen Sie die zwei Schrauben des Moduls und entfernen Sie es (siehe Abbildung) – trennen Sie dabei die Kabelstecker.

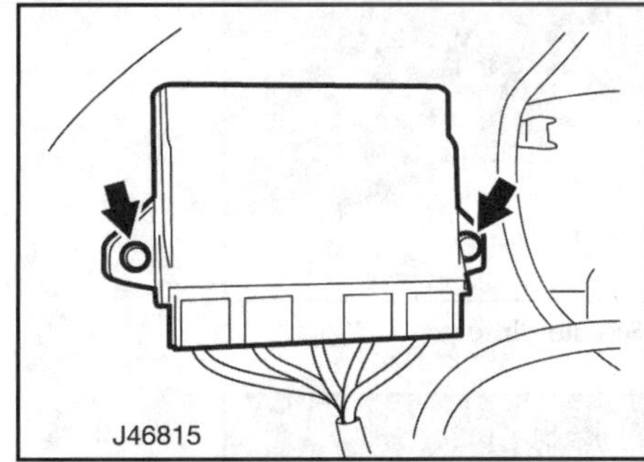

19.11 Schrauben des Keyless-Moduls

Vordere Keyless-Türschließsystem-Antenne

12 Demontieren Sie die Mittelkonsole (siehe Sektion 28).
13 Trennen Sie den Stecker der unter dem Aschenbecher sitzenden Antenne (siehe Abbildung).

19.13 Vordere Keyless-Türschließsystem-Antenne

14 Lösen Sie die zwei Schrauben und entfernen Sie die Antenne.

Mittlere Keyless-Türschließsystem-Antenne

15 Demontieren Sie die Mittelkonsole (siehe Sektion 28).
16 Die Antenne sitzt hinten unter der Mittelkonsole – lösen Sie ihre zwei Schrauben und entfernen Sie sie.

Hintere Keyless-Türschließsystem-Antenne

17 Demontieren Sie die hintere Stoßstange (siehe Sektion 6).
18 Trennen Sie den Stecker der in der Mitte der Stoßstangen-Strebe sitzenden Antenne.
19 Lösen Sie die zwei Schrauben der Antenne und entfernen Sie sie.

Keyless-Türschließsystem-Antenne im Kofferraum

20 Entfernen Sie die Bodenabdeckung aus dem Kofferraum
21 Trennen Sie den Stecker der mittig im Kofferraumboden hinter der Rücksitzlehne sitzenden Antenne.
22 Lösen Sie die zwei Schrauben der Antenne und entfernen Sie sie.

Keyless-Türschließsystem-Türantenne

23 Demontieren Sie den äußeren Türöffner (siehe Sektion 26).
24 Lösen Sie an beiden Seiten des Türöffners die Schrauben und trennen Sie die Griffhälften (siehe Abbildungen).

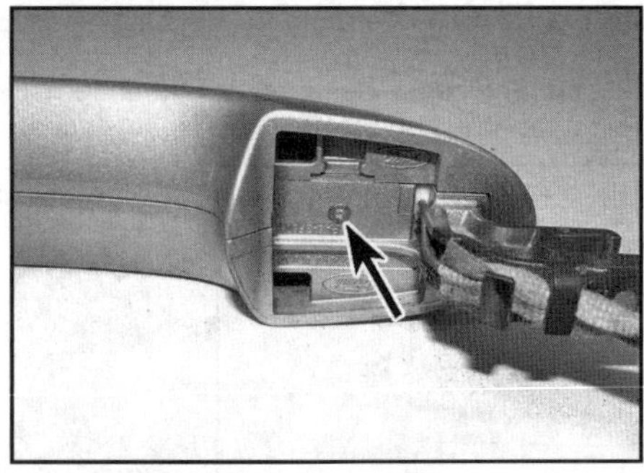

19.24a Lösen Sie die hintere ...

19.24b ... und die vordere Schraube, ...

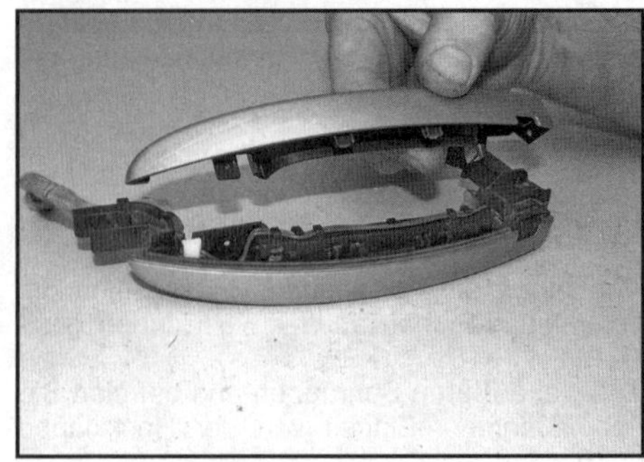

19.24c ... um die Griffhälften zu trennen.

25 Befreien Sie die Verkabelung aus dem Griffscharnier und heben Sie die Antenne samt Auslöseknopf heraus (siehe Abbildung).

19.25 Befreien Sie die Verkabelung und heben Sie die Antenne samt Auslöseknopf heraus.

Einbau

15 Der Einbau entspricht in allen Fällen der umgekehrten Ausbaureihenfolge.

20 Außenspiegel – Ausbau und Einbau

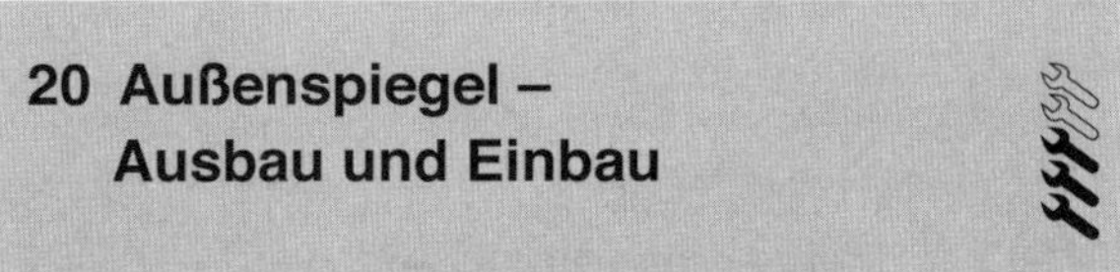

Außenspiegel-Baugruppe

1 Entfernen Sie die entsprechende vordere Türverkleidung (siehe Sektion 13).
2 Trennen Sie innerhalb der Tür den Außenspiegel-Stecker (siehe Abbildung).

20.2 Trennen Sie innerhalb der Tür den Außenspiegel-Stecker.

3 Halten Sie den Außenspiegel und lösen Sie innen die Befestigungsschraube (siehe Abbildung).

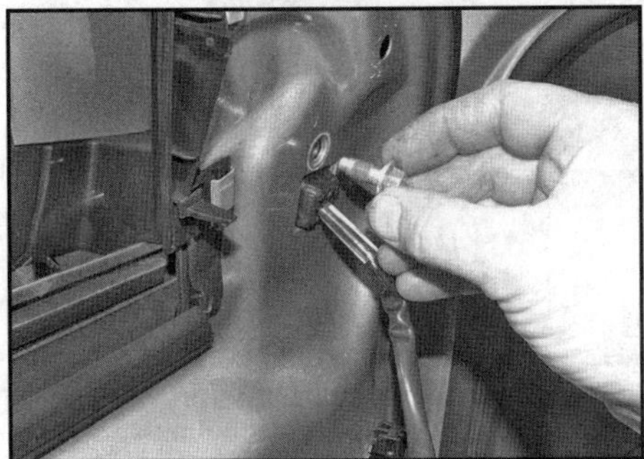

20.3 Lösen Sie innen die Außenspiegel-Befestigungsschraube.

4 Ziehen Sie den Spiegel samt Verkabelung nach außen aus der Tür (siehe Abbildung).

20.4 Ziehen Sie den Spiegel samt Verkabelung nach außen aus der Tür.

5 Der Einbau entspricht der umgekehrten Ausbaureihenfolge.

Spiegel-Stellmotor

6 Der Motor ist in den Außenspiegel integriert und kann nicht separat ausgetauscht werden – bei einem Defekt muss eine neue Außenspiegel-Baugruppe beschafft werden.

Außenspiegel-Schalter

7 Hebeln Sie vorsichtig den oberen Rand der Fenster/Außenspiegel-Schalterkonsole an, ziehen Sie die Konsole aus der Türverkleidung und trennen Sie den Kabelstecker (Abb. 13.1a und b).
8 Der Einbau entspricht der umgekehrten Ausbaureihenfolge.

Spiegelglas

Warnung: Falls das Glas gebrochen ist, müssen Schutzhandschuhe getragen werden!

9 Ziehen Sie den Außenrand des Glases nach hinten, führen Sie einen Kunststoffspachtel oder ähnliches Werkzeug ein und hebeln Sie es vorsichtig heraus (siehe Abbildung).

20.9 Hebeln Sie das Spiegelglas vorsichtig ab.

10 Ziehen Sie das Spiegelglas ab und trennen Sie ggf. den Stecker des Heizelements (siehe Abbildung).

20.10 Ziehen Sie das Spiegelglas ab und trennen Sie ggf. den Stecker des Heizelements.

11 Der Einbau entspricht der umgekehrten Ausbaureihenfolge.

Spiegel-Abdeckung

12 Entfernen Sie das Spiegelglas (siehe oben).
13 Lösen Sie mit einem Kunststoffspachtel oder ähnlichem Werkzeug die internen Clips und ziehen Sie die Abdeckung vom Spiegel-Gehäuse (siehe Abbildungen).

20.13a Lösen Sie die internen Clips ...

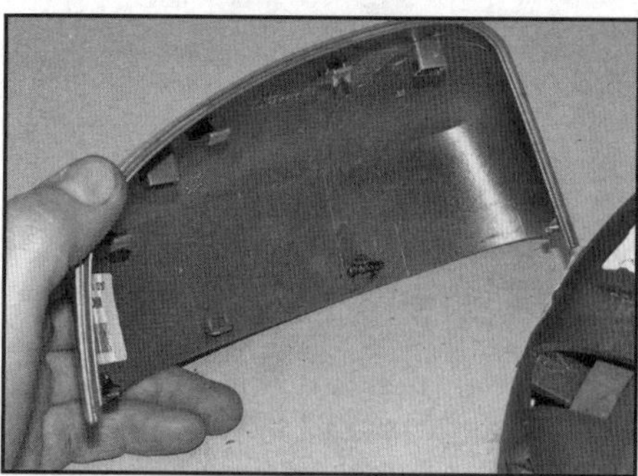

20.13b ... und ziehen Sie die Abdeckung vom Spiegel-Gehäuse.

14 Der Einbau entspricht der umgekehrten Ausbaureihenfolge.

Positionsleuchte

15 Beachten Sie die Hinweise in Kapitel 12, Sektion 7.

21 Innenspiegel – Ausbau und Einbau

Standard-Spiegel

1 Drücken Sie den Halteclip von der Windschutzscheibe weg und schieben Sie den Spiegel nach oben ab.
2 Der Einbau entspricht der umgekehrten Ausbaureihenfolge.

Spiegel mit automatischer Abblendfunktion

3 Drücken Sie die obere Abdeckung seitlich zusammen und ziehen Sie sie nach oben ab (siehe Abbildung).

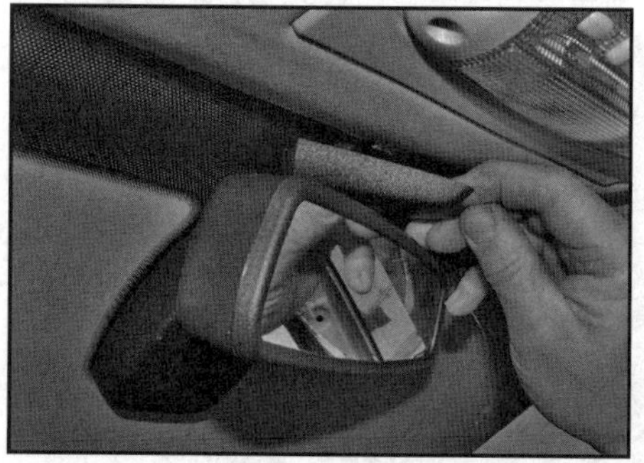

21.3 Drücken Sie die obere Abdeckung seitlich zusammen und ziehen Sie sie nach oben ab.

4 Ziehen Sie die oberen Ecken der unteren Abdeckung auseinander und schieben Sie diese nach unten ab (siehe Abbildung).

21.4 Ziehen Sie die oberen Ecken der unteren Abdeckung auseinander und schieben Sie diese nach unten ab.

5 Trennen Sie ggf. den Kabelstecker des Rückspiegels (siehe Abbildung).

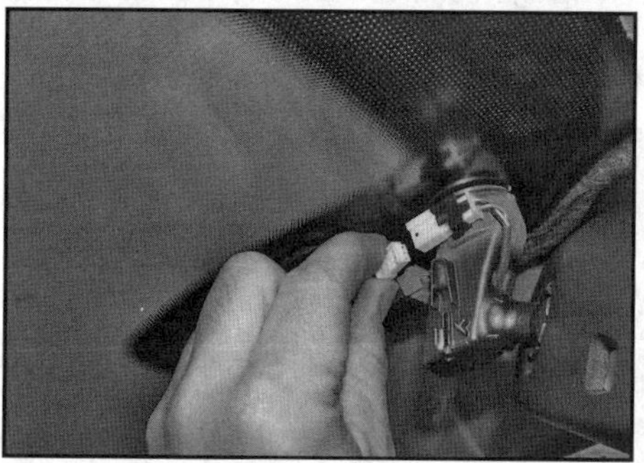

21.5 Trennen Sie ggf. den Kabelstecker des Rückspiegels.

6 Drehen Sie die Spiegel-Grundplatte um 60° gegen den Uhrzeigersinn und befreien Sie sie aus der Halterung (siehe Abbildung).

21.6 Drehen Sie die Spiegel-Grundplatte um 60° nach links und befreien Sie sie aus der Halterung.

7 Der Einbau entspricht der umgekehrten Ausbaureihenfolge.

22 Windschutzscheibe, Heckscheibe und andere feste Fenster – Allgemeine Informationen

1 Diese Glasflächen sind mit Spezialklebstoff gesichert und mit einer stabilen Dichtung abgedichtet. Der Austausch des

Fensters ist eine schwierige, schmutzige und zeitaufwendige Aufgabe, die die Fähigkeiten der meisten Hobbyschrauber übersteigt. Beim Einkleben eine perfekte Abdichtung zu erreichen, ist nur mit reichlich Praxis möglich. Zudem besteht besonders bei der Verbundglas-Windschutzscheibe eine große Bruchgefahr. Aus all diesen Gründen wird sehr empfohlen, Arbeiten an allen fest montierten Fenstern einer Fachwerkstatt oder einem Autoglaser zu überlassen.

23 Karosserie-Außenteile – Ausbau und Einbau

Kühlergrill

1 Entfernen Sie die vordere Stoßstange (siehe Sektion 6).
2 Der Kühlergrill und die anderen demontierbaren Verkleidungsteile können nach dem Lösen der diversen gut erkennbaren Befestigungen entfernt werden.
3 Trennen Sie alle Verkleidungsstifte mit einem kleinen Schraubendreher und ziehen Sie gleichzeitig die Verkleidung ab.
4 Drücken Sie die Verkleidungsteile beim Einbau sorgfältig in ihre Positionen und sichern Sie sie mit den Verkleidungsstiften.

Stoßstangen

5 Beachten Sie die Hinweise in Sektion 6.

Lüftungsgitter und Abdeckungen vor der Windschutzscheibe

6 Entfernen Sie die Scheibenwischerarme (siehe Kapitel 12, Sektion 13).
7 Befreien Sie an beiden Seiten die jeweils drei Befestigungen der Abdeckungen über den Kotflügeln (siehe Abbildungen).

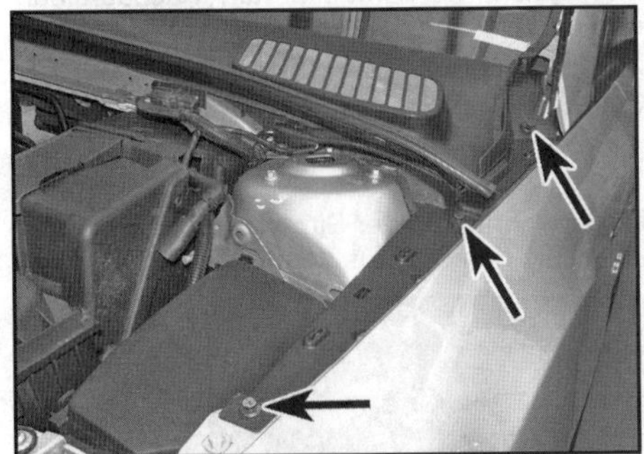

23.7a Befreien Sie an beiden Seiten die jeweils drei Befestigungen ...

23.7b ... und heben Sie die Abdeckungen von den Kotflügeln.

8 Lösen Sie die Lüftungsgitter-Befestigungsschrauben, heben Sie die das Gitter oben von der Windschutzscheibe und entfernen Sie es (siehe Abbildungen).

23.8a Lösen Sie die Lüftungsgitter-Befestigungsschrauben, ...

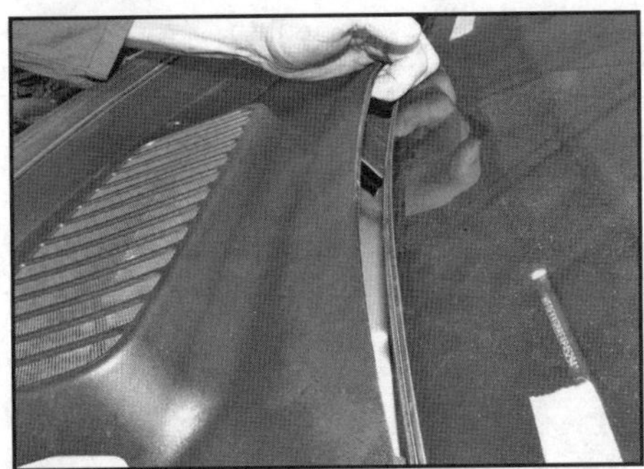

23.8b ... heben Sie die das Gitter oben von der Windschutzscheibe ...

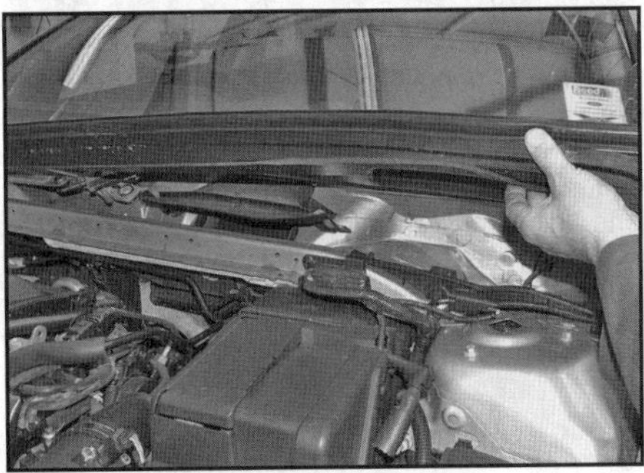

23.8c ... und entfernen Sie es.

9 Der Einbau entspricht der umgekehrten Ausbaureihenfolge.

Radkastenverkleidungen

10 Die verschiedenen Kunststoffteile sind mit Schrauben, Muttern und Verkleidungsstiften gesichert, deren Ausbau nach einer Sichtkontrolle offensichtlich sein sollte.
11 Arbeiten Sie sich rundherum methodisch vor, lösen Sie die Schrauben und Stifte, bis die Verkleidung entnommen werden kann. Die meisten bei diesen Fahrzeugen verwendeten Clips können einfach herausgehebelt werden; bei einigen muss zunächst der Mittelstift herausgezogen werden, um den Spreizniet entfernen zu können.
12 Nachdem die Metallstern-Clips von ihren Stehbolzen gedreht wurden, müssen ihre Laschen mit einem kleinen Schraubendreher hoch gehebelt werden, um sie zu lösen.
13 Nachdem alle Befestigungen gelöst sind, wird die Verkleidung nach unten aus dem Radkasten entnommen (siehe Abbildung).

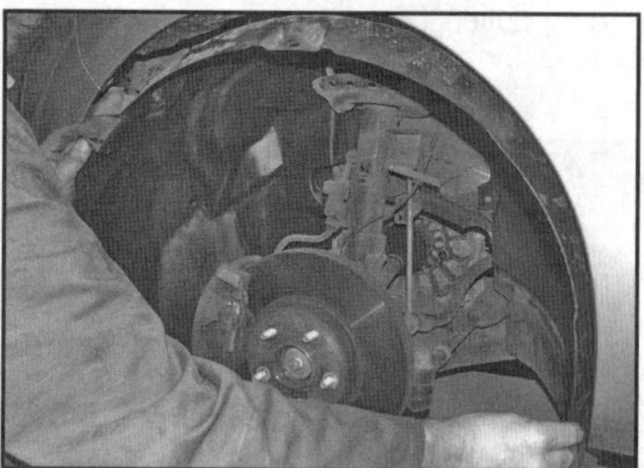

23.13 Ziehen Sie die Radkastenverkleidung nach unten ab.

14 Der Einbau entspricht der umgekehrten Ausbaureihenfolge.

Schutzleisten und Plaketten

15 Die verschiedenen Leisten und Plaketten sind mit Spezialkleber befestigt, der für den Ausbau erwärmt werden muss, um weich zu werden und abgeschnitten werden zu können. Aufgrund des hohen Risikos, den Lack der Karosserie zu beschädigen, sollte diese Arbeit einer Fachwerkstatt überlassen werden.

24 Schiebedach – Allgemeine Informationen

1 Je nach Modell und Ausstattung kann ein elektrisch betriebenes Schiebedach optional installiert sein.
2 Das Schiebedach ist im Prinzip wartungsfrei und alle Einstellungsarbeiten oder der Austausch sollten von einer Fachwerkstatt erledigt werden, da die Baugruppe sehr komplex ist und für den Zugang viele Teile der Innenausstattung und des Dachhimmels demontiert werden müssen (siehe Sektion 27). Gerade Arbeiten am Dachhimmel erfordern großes Fachwissen und Sorgfalt, um keine Schäden anzurichten.

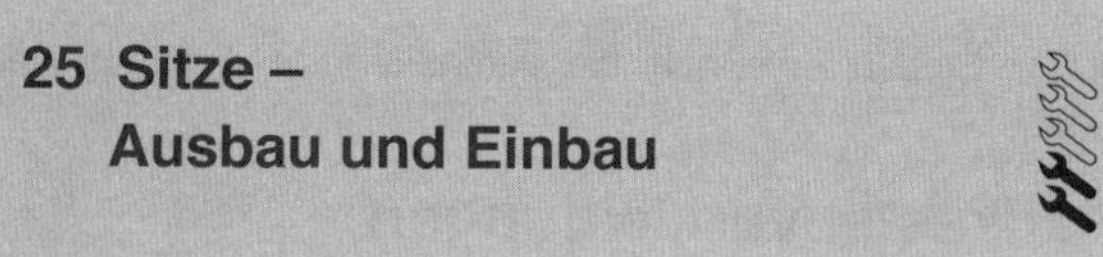

25 Sitze – Ausbau und Einbau

Vordersitze

Warnung: Die Vordersitze sind mit Seiten-Airbags ausgerüstet, die versehentlich ausgelöst schwere Verletzungen hervorrufen können. Beachten Siedie Warnhinweise in Kapitel 12, Sektion 23.

1 Trennen Sie den Haupt-Masseanschluss (–) der Batterie (siehe Kapitel 5A, Sektion 4). Warten Sie mindestens drei Minuten, damit sich Restspannungen entladen können.
2 Lösen Sie vorn unter dem Sitz die Schraube der Kabelstecker-Sicherung und trennen Sie den Stecker (siehe Abbildungen).

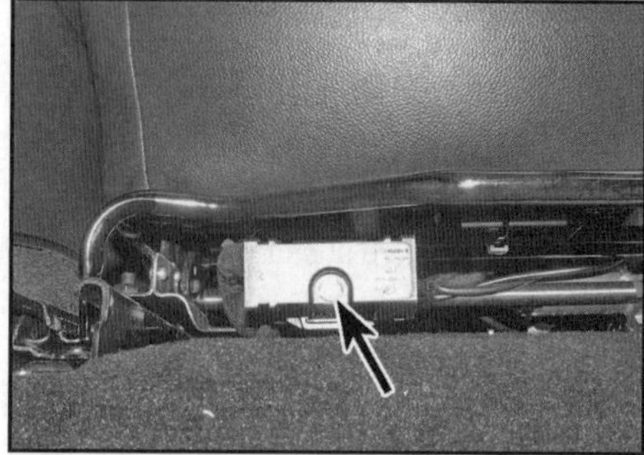

25.2a Lösen Sie vorn unter dem Sitz die Schraube der Kabelstecker-Sicherung ...

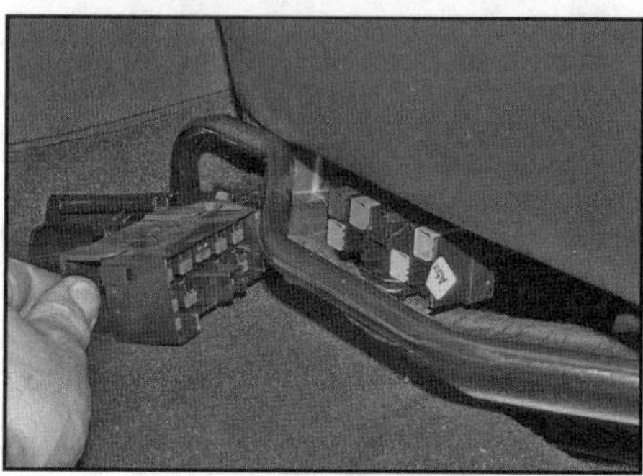

25.2b ... und trennen Sie den Stecker.

3 Schieben Sie den Sitz bis zum Anschlag nach hinten und lösen Sie die vorderen Torxschrauben, mit denen die Sitzschienen am Boden befestigt sind.
4 Schieben Sie den Sitz ganz nach vorn und lösen Sie die hinteren Sitzschienen-Schrauben.
5 Heben Sie den Sitz samt seiner Sitzschienen aus dem Fahrzeug.
6 Der Einbau entspricht der umgekehrten Ausbaureihenfolge – ziehen Sie die Sitzschienen-Schrauben mit 40 Nm an.

Rücksitze

7 Lösen Sie vorn am Sitz die Kunststoffabdeckungen von den Scharnieren.
8 Lösen Sie die Torxschrauben der Sitzscharniere (siehe Abbildung) und heben Sie den Sitz aus dem Fahrzeug.

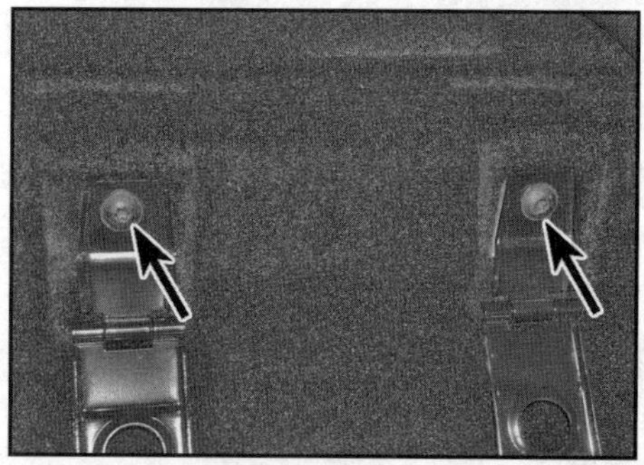

25.8 Lösen Sie die Torxschrauben der Rücksitzscharniere.

9 Der Einbau entspricht der umgekehrten Ausbaureihenfolge – ziehen Sie die Scharnierschrauben sorgfältig an.

Rücksitzlehne

10 Falls noch nicht ausgebaut, müssen die Rücksitze nach vorn geklappt werden. Klappen Sie die Lehne nach vorn.

11 Drücken Sie mit einem Schraubendreher die Sicherungslasche nach hinten und heben Sie das äußere Ende der Lehne aus dem Scharnier (siehe Abbildung).

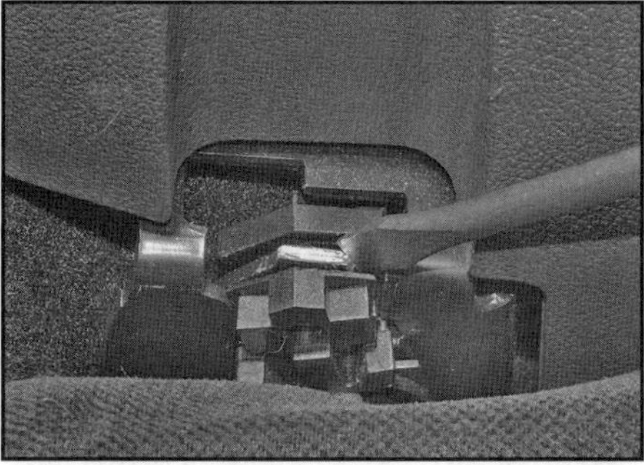

25.11 Drücken Sie die Sicherungslasche nach hinten und heben Sie das äußere Ende der Lehne aus dem Scharnier.

12 Ziehen Sie die Lehne aus dem mittleren Scharnier, um den Lagerzapfen zu befreien (siehe Abbildung). Lösen Sie nötigenfalls die Schraube der Gurtpeitsche und heben Sie die Lehne aus dem Fahrzeug.

25.12 Ziehen Sie die Lehne aus dem mittleren Scharnier, um den Lagerzapfen zu befreien.

13 Der Einbau entspricht der umgekehrten Ausbaureihenfolge.

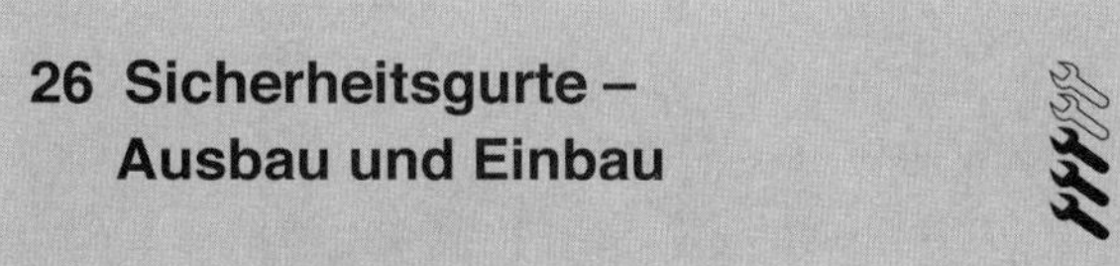

26 Sicherheitsgurte – Ausbau und Einbau

Vordersitz-Gurt

1 Trennen Sie den Haupt-Masseanschluss (–) der Batterie (siehe Kapitel 5A, Sektion 4).

Warnung: Warten Sie mindestens drei Minuten, damit sich Restspannungen der in die Gurtrollen integrierten Gurtstraffer entladen können.

Warnung: Die Gurtstraffer können versehentlich ausgelöst schwere Verletzungen hervorrufen, sodass sie sehr vorsichtig behandelt werden müssen. Ausgebaute Gurtrollen dürfen weder mit Chemikalien behandelt noch größerer Hitze ausgesetzt werden, da die Gurtstraffer hierdurch auslösen können.

2 Lösen Sie die Schraube der unteren Gurtverankerung (siehe Abbildung) – die Distanzhülse und die Scheibe sind in die Schraube integriert.

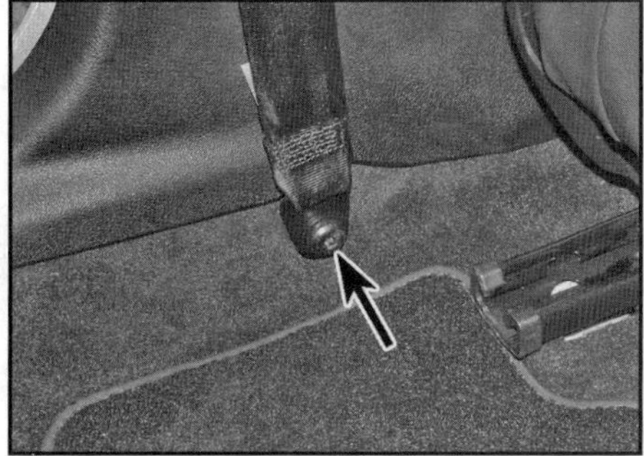

26.2 Schraube der unteren Gurtverankerung

3 Entfernen Sie die B-Säulenverkleidung (siehe Sektion 27).
4 Lösen Sie die Schraube der oberen Gurtverankerung aus der Höhenverstellung (siehe Abbildung).

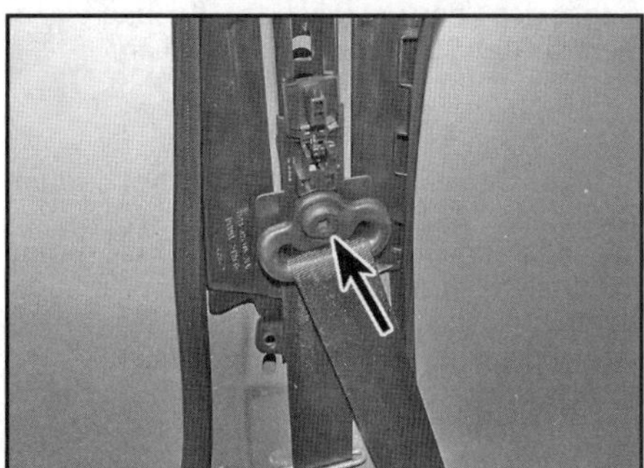

26.4 Schraube der oberen Gurtverankerung

5 Drehen Sie die Gurtführungsöse gegen den Uhrzeigersinn und entfernen Sie sie von der B-Säule.
6 Trennen Sie an der Gurtrolle den Kabelstecker und lösen Sie die Schraube, um sie zu befreien (siehe Abbildung).

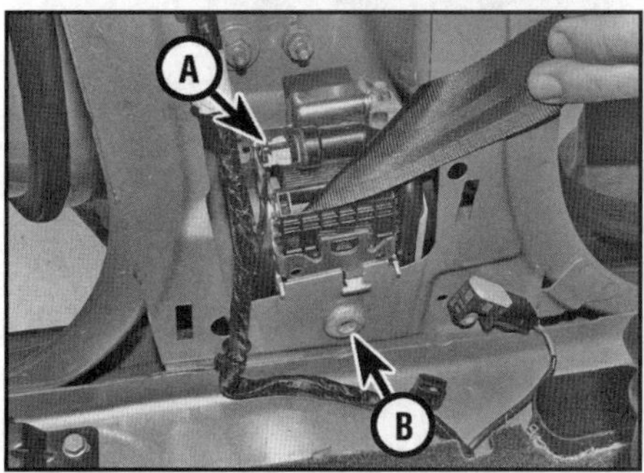

26.6 Stecker (A) und Schraube (B) der Gurtrolle

7 Der Einbau entspricht der umgekehrten Ausbaureihenfolge – ziehen Sie alle Gurt-Schrauben mit 35 Nm an.

Seitliche Rücksitzgurte

Stufenheck- und Fließheck-Modelle

8 Entfernen Sie bei dem Stufenheck-Modell die entsprechende seitliche Kofferraum-Verkleidung (siehe Sektion 27).
9 Entfernen Sie beim Fließheck-Modell die Hutablagen-Halterung (siehe Sektion 27).
10 Lösen Sie die Schraube der unteren Gurtverankerung – die Distanzhülse und die Scheibe sind in die Schraube integriert.

11 Lösen Sie die Schraube der hinteren Gurtrolle und befreien Sie diese samt Gurt aus dem Fahrzeug (siehe Abbildung).

26.11 Schraube der hinteren Gurtrolle – Stufenheck und Fließheck-Modelle

12 Der Einbau entspricht der umgekehrten Ausbaureihenfolge – ziehen Sie alle Gurt-Schrauben mit 35 Nm an.

Kombi

13 Entfernen Sie die entsprechende seitliche Kofferraum-Verkleidung (siehe Sektion 27).
14 Lösen Sie die Schraube der unteren Gurtverankerung (Abb. 26.10) – die Distanzhülse und die Scheibe sind in die Schraube integriert.
15 Heben Sie die Abdeckung der oberen Gurtverankerung und lösen Sie die Schraube – die Distanzhülse und die Scheibe sind in die Schraube integriert.
16 Lösen Sie die drei Muttern der Gurtrollen-Abdeckplatte und entfernen Sie diese (siehe Abbildungen).

26.16a Lösen Sie die drei Muttern …

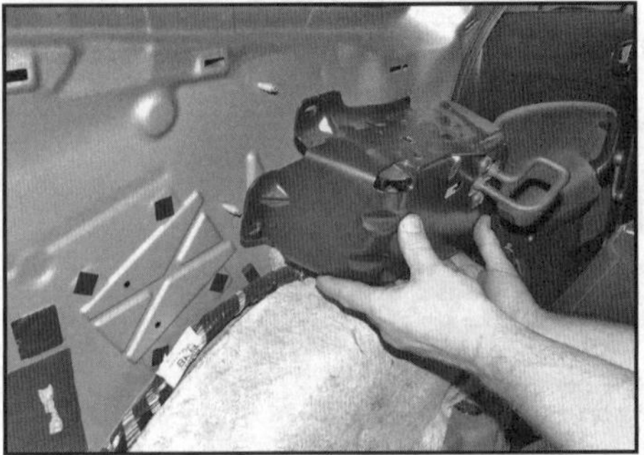

26.16b … und entnehmen Sie die Gurtrollen-Abdeckplatte – Kombi-Modelle

17 Lösen Sie die Schraube der hinteren Gurtrolle und befreien Sie diese samt Gurt aus dem Fahrzeug (siehe Abbildung).

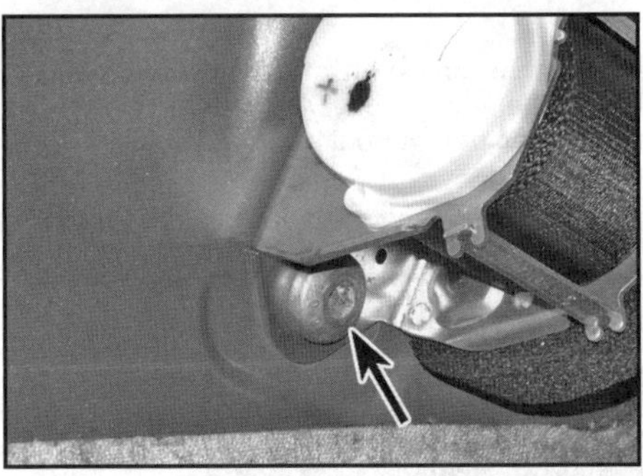

26.17 Schraube der hinteren Gurtrolle – Kombi-Modelle

18 Der Einbau entspricht der umgekehrten Ausbaureihenfolge – ziehen Sie alle Gurt-Schrauben mit 35 Nm an.

Mittlerer Rücksitzgurt

19 Die mittlere Gurtrolle ist an der Rücksitzlehne befestigt – demontieren Sie diese (siehe Sektion 25).
20 Hebeln Sie mit einem Schraubendreher die Umrandung des Rücklehnen-Entriegelungsknopfs ab (siehe Abbildung).

26.20 Hebeln Sie die Umrandung des Rücklehnen-Entriegelungsknopfs ab.

21 Drücken Sie das Polster der Rücksitzlehne herunter und drücken Sie mit einem Schraubendreher die seitlichen Clips der Kopfstützenführungen ein und ziehen Sie diese heraus (siehe Abbildungen).

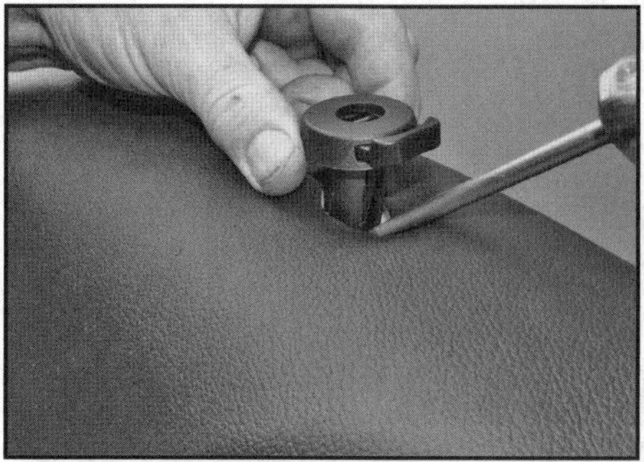

26.21a Drücken Sie das Polster der Rücksitzlehne herunter und drücken Sie mit einem Schraubendreher ...

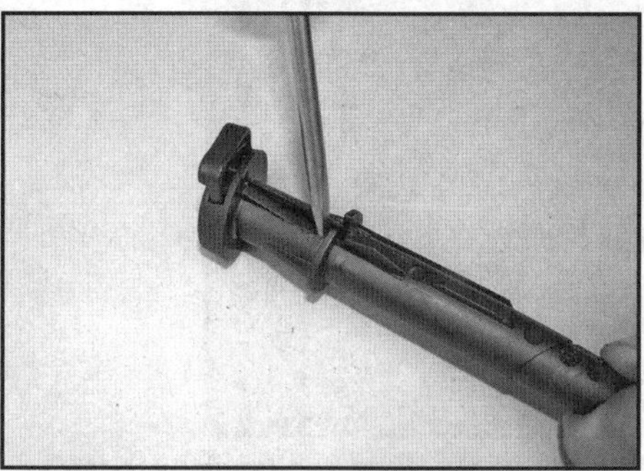

26.21b ... die seitlichen Clips der Kopfstützenführungen ein, um diese herauszuziehen.

22 Hebeln Sie oben in der Rücklehne die Gurtführung vorn heraus und befreien Sie ihre hinteren Laschen. Führen Sie den Gurt durch den Schlitz heraus (siehe Abbildungen).

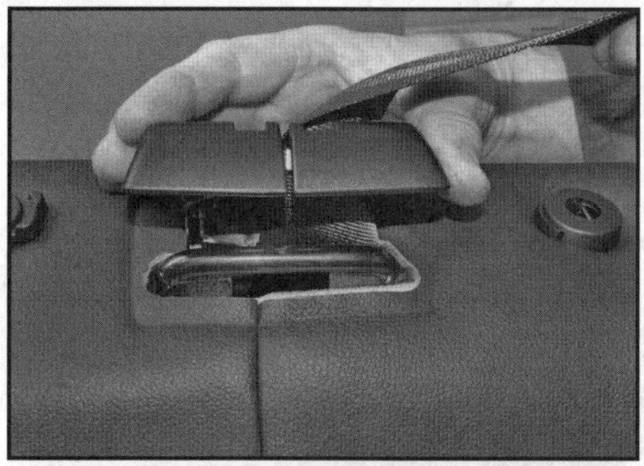

26.22a Hebeln Sie die Gurtführung vorn heraus ...

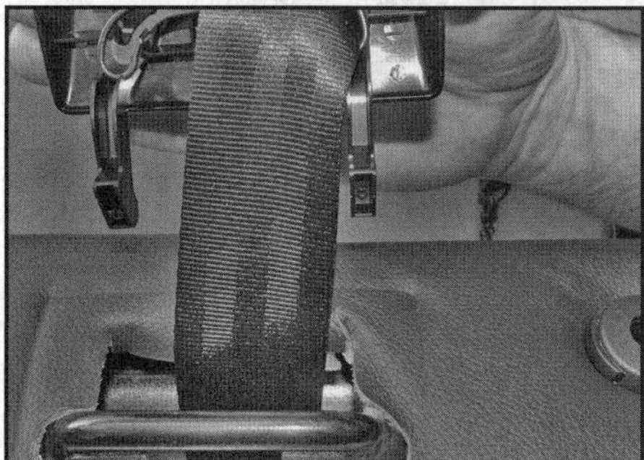

26.22b ... und befreien Sie ihre hinteren Laschen.

26.22c Führen Sie den Gurt durch den Schlitz heraus.

23 Hebeln Sie vorsichtig die Wulst des oberen Sitzlehnenbezugs heraus und ziehen Sie den Bezug ab, um Zugang zur Gurtrollenschraube zu erhalten (siehe Abbildungen).

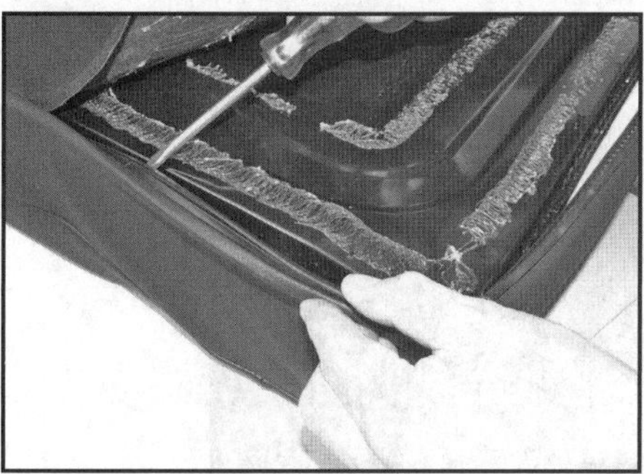

26.23a Hebeln Sie vorsichtig die Wulst des oberen Sitzlehnenbezugs heraus ...

26.23b ... und ziehen Sie den Bezug ab.

24 Lösen Sie die Schraube, mit der die mittlere Gurtrolle an der Rücksitzlehne gesichert ist (siehe Abbildung).

26.24 Lösen Sie die mittlere Gurtrollenschraube aus der Rücksitzlehne.

25 Ziehen Sie vorsichtig das Polster oben von der Rücksitzlehne und manövrieren Sie die Gurtrolle aus der Lehne heraus, führen Sie dabei den Gurt durch den Rücksitzlehnen-Halter.
26 Der Einbau entspricht der umgekehrten Ausbaureihenfolge – ziehen Sie alle Gurt-Schrauben mit 35 Nm an.

Vordersitz-Gurtpeitsche

27 Die Gurtpeitsche ist an den Sitzrahmen geschraubt und kann nach dessen Ausbau (siehe Sektion 25) demontiert werden.
28 Der Einbau entspricht der umgekehrten Ausbaureihenfolge – ziehen Sie die Gurtpeitschen-Schraube mit 35 Nm an.

Rücksitz-Gurtpeitsche

29 Demontieren Sie die Rücksitzbank (siehe Sektion 25).
30 Lösen Sie die Schraube der Peitsche(n) und entfernen Sie diese (siehe Abbildung).

26.30 Gurtpeitschen-Schraube unter der Rücksitzbank

31 Der Einbau entspricht der umgekehrten Ausbaureihenfolge – ziehen Sie die Gurtpeitschen-Schraube mit 35 Nm an.

27 Innenverkleidung – Ausbau und Einbau

1 Die Innenverkleidungen können mit verschiedenen Clips oder Schrauben befestigt sein, die beim Ausbau leicht zerbrechen; der Aus- und Einbau ist üblicherweise selbsterklärend, doch müssen oft umliegende Komponenten gelockert oder demontiert werden, um Befestigungen lösen zu können. In den folgenden Schritten wird der Aus- und Einbau der wichtigsten Verkleidungsteile detailliert erklärt.

Türverkleidungen

2 Beachten Sie hierzu die Hinweise in Sektion 13.

Lenksäulenverkleidungen

Obere Verkleidung

3 Um die obere Lenksäulenverkleidung vom Unterteil zu befreien, wird das Lenkrad um 90° in eine Richtung gedreht und ein Schraubendreher in den Schlitz des Unterteils gesteckt, um die Lasche des Oberteils zu lösen. Wiederholen Sie dies bei in die andere Richtung gedrehten Lenkrad. Heben Sie das Oberteil an und befreien Sie es aus dem Instrumententräger (siehe Abbildungen).

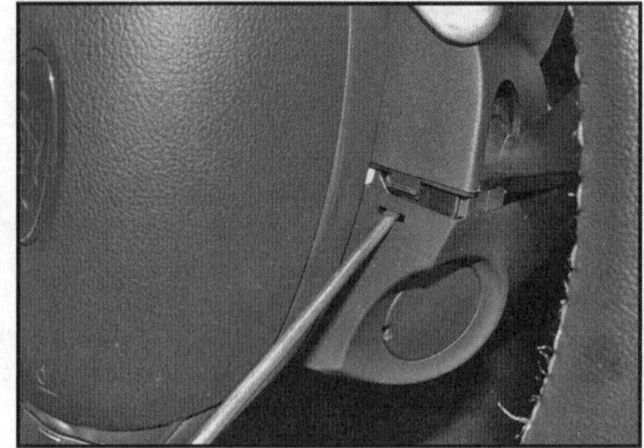

27.3a Lösen Sie die Laschen …

27.3b … und heben Sie die obere Lenksäulenverkleidung ab, befreien Sie sie dabei aus den Instrumenten.

4 Der Einbau entspricht der umgekehrten Ausbaureihenfolge.

Untere Verkleidung

5 Entfernen Sie die obere Lenksäulenverkleidung (siehe oben).
6 Lösen Sie von unten die zwei Schrauben, senken Sie den Lenkrad-Höhenversteller ab und ziehen Sie das untere Verkleidungsteil ab – trennen Sie dabei ggf. den Kabelstecker (siehe Abbildungen).
7 Der Einbau entspricht der umgekehrten Ausbaureihenfolge.

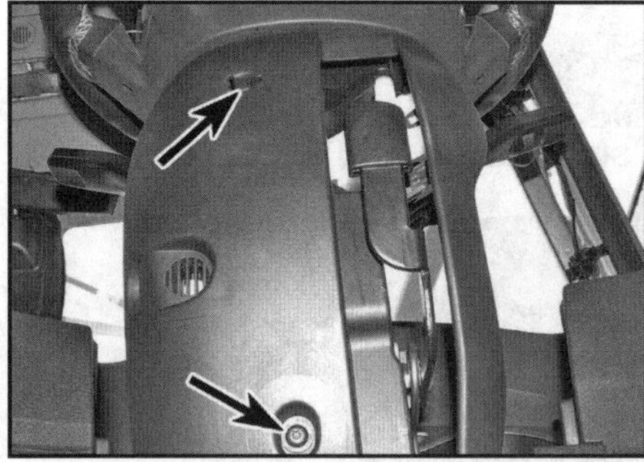

27.6a Lösen Sie von unten die zwei Schrauben …

27.6b ... und ziehen Sie das untere Verkleidungsteil ab – trennen Sie dabei ggf. den Kabelstecker

Untere Armaturenbrettverkleidung

Fahrerseite

Warnung: *In die untere Armaturenbrettverkleidung ist ein Knie-Airbag integriert – beachten Sie hierzu die Warnhinweise in Kapitel 12, Sektion 23.*

8 Trennen Sie den Haupt-Masseanschluss (–) der Batterie (siehe Kapitel 5A, Sektion 4). Warten Sie mindestens drei Minuten, damit sich Restspannungen entladen können.

9 Greifen Sie unter das Armaturenbrett und Lösen Sie die zwei Muttern, die den Airbag am Armaturenbrett-Rahmen sichern (siehe Abbildung).

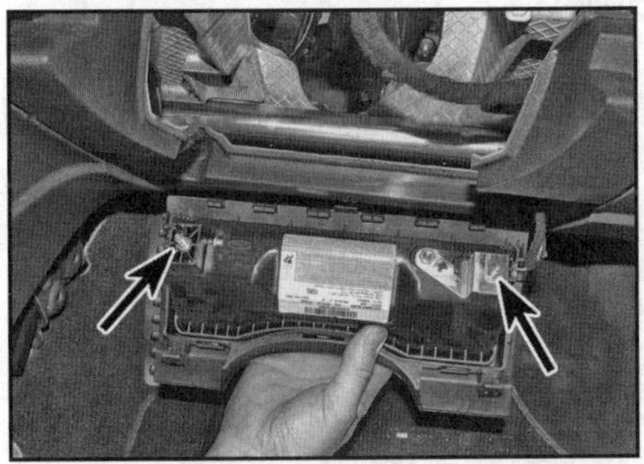

27.9 Lösen Sie die Muttern von den Stehbolzen, die den Knie-Airbag am Armaturenbrett-Rahmen sichern – gezeigt bei entfernter Verkleidung.

10 Ziehen Sie die Verkleidung unten vom Armaturenbrett ab, um hier die sechs Clips zu befreien (siehe Abbildung).

27.10 Ziehen Sie die Verkleidung unten ab, um die sechs unteren Clips zu befreien – gezeigt beim Rechtslenker-Modell.

11 Ziehen Sie die Verkleidung ab und befreien Sie die oberen Laschen, trennen Sie dann den Stecker und entnehmen Sie die Verkleidung (siehe Abbildung).

27.11 Ziehen Sie die Verkleidung ab und trennen Sie den Stecker.

12 Der Einbau entspricht der umgekehrten Ausbaureihenfolge.

Beifahrerseite

13 Lösen Sie im Beifahrerfußraum die Befestigung, die die äußere Ecke des Verkleidungsteils unten am Armaturenbrett sichert (siehe Abbildung).

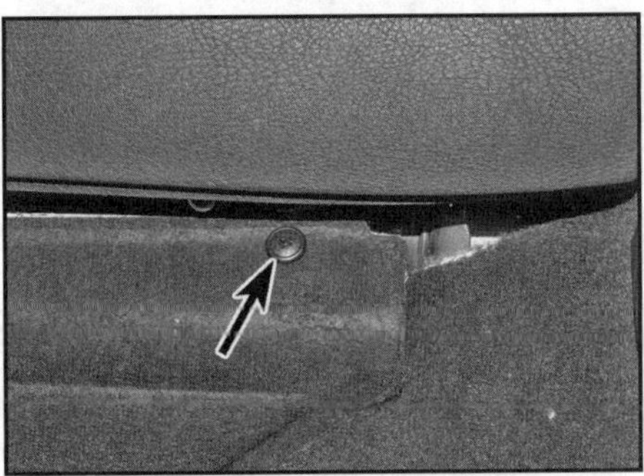

27.13 Befestigung in der äußeren Ecke des Verkleidungsteils unten am Armaturenbrett

14 Lösen Sie die zwei Kunststoffmuttern, die das Verkleidungsteil mittig am Armaturenbrett sichern, und entnehmen Sie es (siehe Abbildungen).

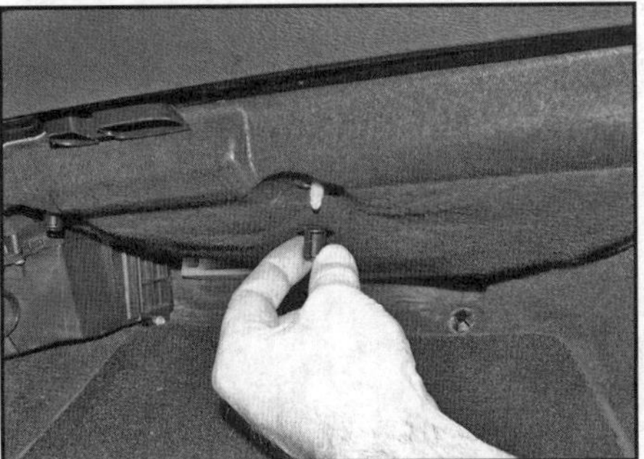

27.14a Lösen Sie die zwei Kunststoffmuttern ...

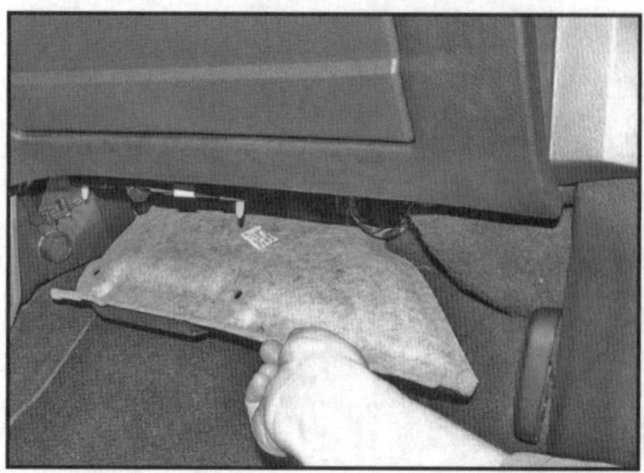

27.14b ... und entfernen Sie das Verkleidungsteil vom Armaturenbrett.

Schwellerverkleidung

Vordere Türen

15 Ziehen Sie die Türdichtungsgummis im Bereich der zu entfernenden Schwellerverkleidung ab.
16 Ziehen Sie die Verkleidung hoch, um die drei Clips zu befreien, und entfernen Sie sie (siehe Abbildung).

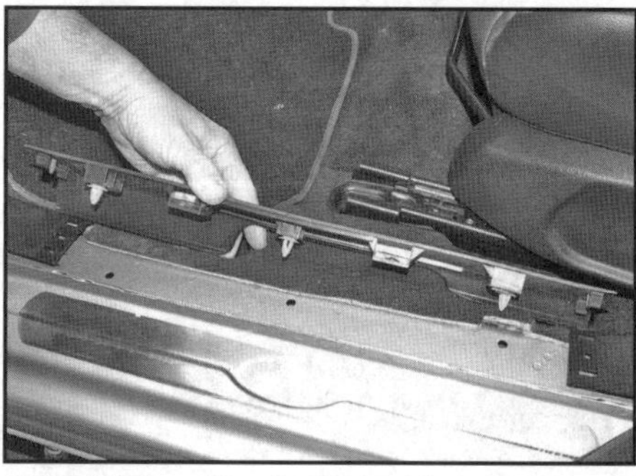

27.16 Ziehen Sie die Verkleidung hoch, um die drei Clips zu befreien.

17 Der Einbau entspricht der umgekehrten Ausbaureihenfolge.

Hintere Türen

18 Entfernen Sie die Türrahmen-Verkleidung (Schritte 39 bis 41).
19 Ziehen Sie die Türdichtungsgummis im Bereich der zu entfernenden Schwellerverkleidung ab.
20 Befreien Sie den Clip, der die hintere Ecke der Verkleidung an der Karosserie sichert (siehe Abbildung).

27.20 Clip, der die hintere Ecke der Verkleidung an der Karosserie sichert.

21 Heben Sie die Verkleidung an, um die Clips zu befreien, und entnehmen Sie sie (siehe Abbildung).

27.21 Ziehen Sie die Verkleidung hoch, um die drei Clips zu befreien.

22 Der Einbau entspricht der umgekehrten Ausbaureihenfolge.

A-Säulen-Verkleidung

Obere Verkleidung

23 Öffnen Sie die Tür und hebeln Sie am Rand der Türöffnung vorsichtig das Türdichtungsgummi ab.
24 Ziehen Sie die Verkleidung oben beginnend von der A-Säule ab und befreien Sie dabei nach unten hin die oberen Clips (siehe Abbildung).

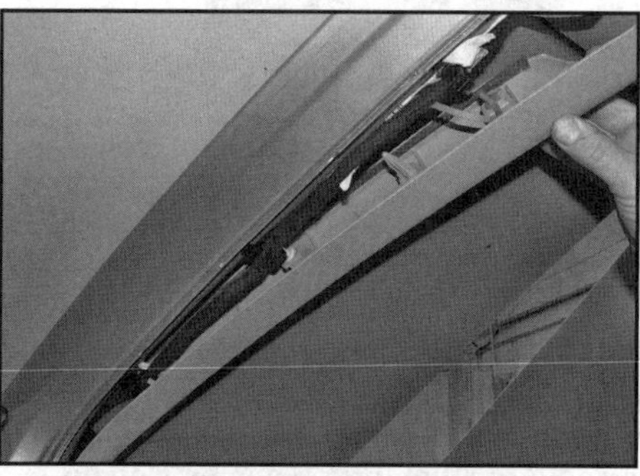

27.24 Ziehen Sie die obere A-Säulenverkleidung oben ab und befreien Sie dabei die Clips.

25 Sobald die Verkleidung frei ist, wird das obere Kunststoffband von ihr befreit und die Verkleidung angehoben, um die zwei unteren Laschen zu befreien (siehe Abbildungen). Entnehmen Sie die Verkleidung.

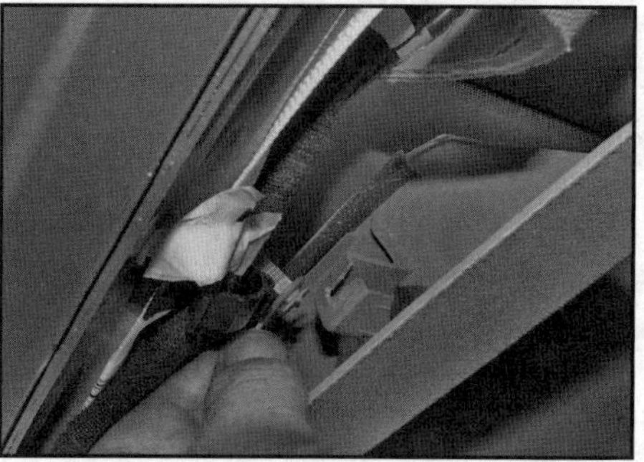

27.25a Hängen Sie das Kunststoffband aus ...

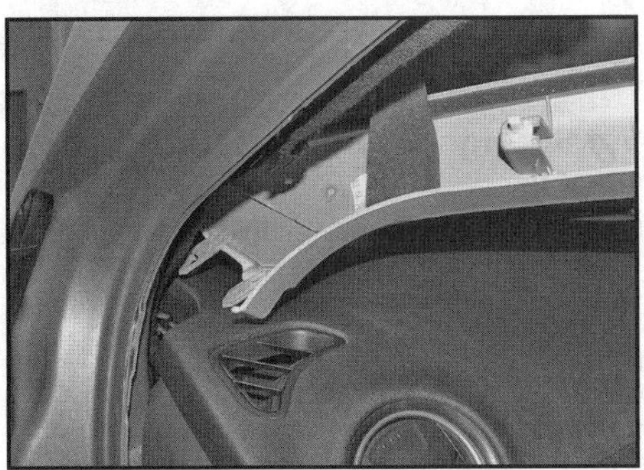

27.25b ... und heben Sie die Verkleidung an, um die unteren Laschen zu befreien.

26 Der Einbau entspricht der umgekehrten Ausbaureihenfolge.

Untere Verkleidung

27 Entfernen Sie die benachbarte Schwellerverkleidung (Schritte 15 und 16).
28 Ziehen Sie die Verkleidung zum Lösen der Clips von der A-Säule ab und entfernen Sie sie (siehe Abbildung).

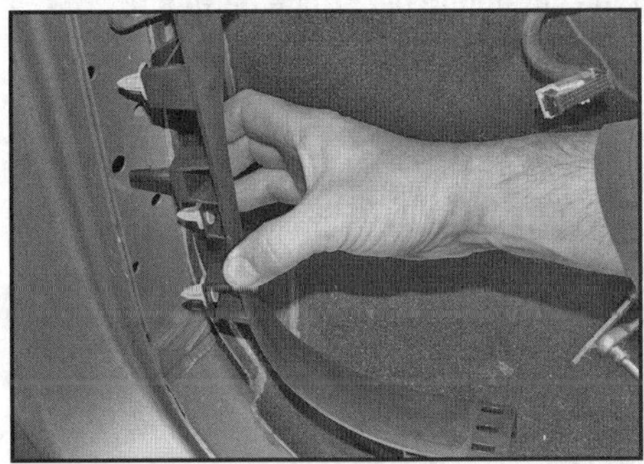

27.28 Ziehen Sie die untere Verkleidung zum Lösen der Clips von der A-Säule ab und entfernen Sie sie.

29 Der Einbau entspricht der umgekehrten Ausbaureihenfolge.

B-Säulen-Verkleidung

Obere Verkleidung

30 Befreien Sie die Dichtleiste soweit von der B-Säule, bis die Ränder der Verkleidung zugänglich sind.
31 Lösen Sie die Schraube der unteren Gurtverankerung (Abb. 26.2) – die Distanzhülse und die Scheibe sind in die Schraube integriert.
32 Hebeln Sie vorsichtig die Kappe oben aus der Verkleidung und lösen Sie die dadurch zugängliche Schraube (siehe Abbildungen).

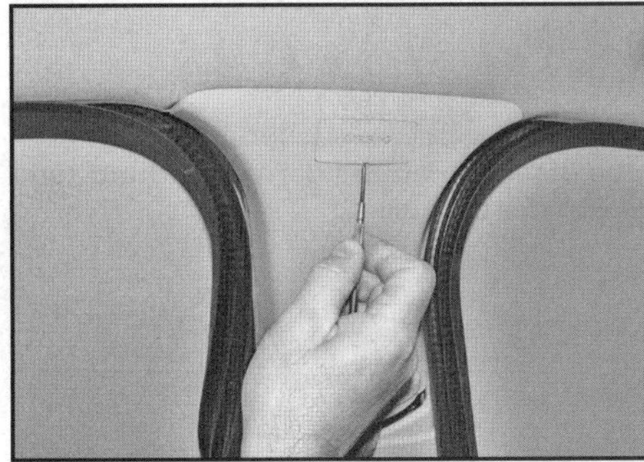

27.32a Hebeln Sie vorsichtig die Kappe heraus ...

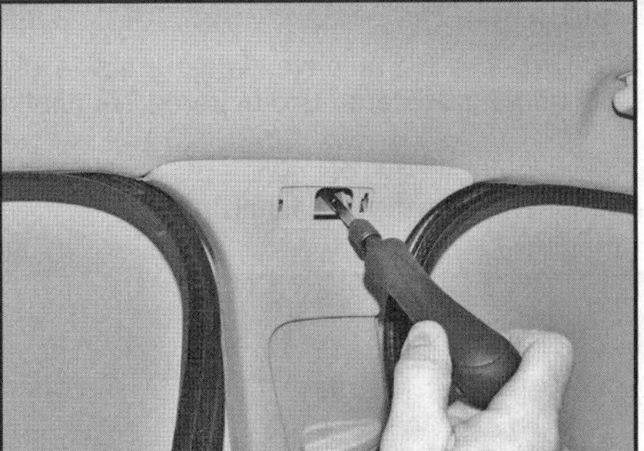

27.32b ... und lösen Sie die dadurch zugängliche Schraube.

33 Ziehen Sie die Verkleidung oben von der B-Säule, um die Clips zu befreien; heben Sie sie dann vom Unterteil ab, führen Sie den Gurt hindurch und entnehmen Sie sie (siehe Abbildungen).

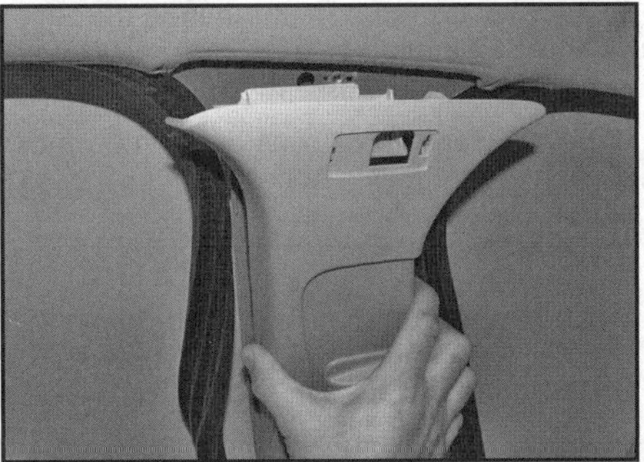

27.33a Ziehen Sie die Verkleidung oben von der B-Säule, ...

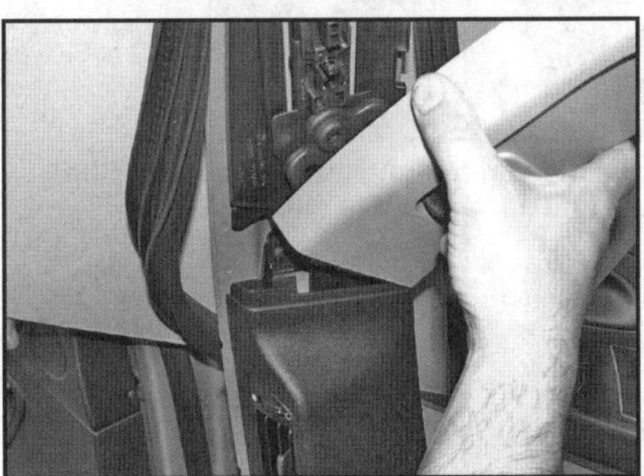

27.33b ... heben Sie sie dann vom Unterteil ab ...

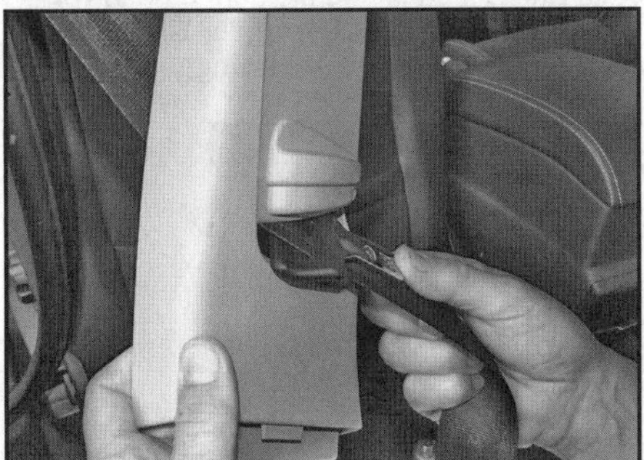

27.33c ... und führen Sie den Gurt hindurch.

34 Der Einbau entspricht der umgekehrten Ausbaureihenfolge – ziehen Sie die Schraube der Gurtverankerung mit 35 Nm an.

Untere Verkleidung

35 Entfernen Sie die obere B-Säulenverkleidung sowie die Schwellerverkleidungen der vorderen und hinteren Tür (siehe oben).
36 Lösen Sie die zwei Schrauben, mit denen die Verkleidung an der B-Säule gesichert ist (siehe Abbildung).

27.36 Lösen Sie die zwei Schrauben, mit denen die Verkleidung an der B-Säule gesichert ist.

37 Ziehen Sie die Verkleidung zum Lösen der Clips von der B-Säule und entfernen Sie sie (siehe Abbildung).

27.37 Ziehen Sie die Verkleidung zum Lösen der Clips von der B-Säule und entfernen Sie sie.

38 Der Einbau entspricht der umgekehrten Ausbaureihenfolge.

Hintere Türöffnungs-Verkleidung

39 Befreien Sie die Dichtleiste soweit von der C-Säule, bis die Ränder der Verkleidung zugänglich sind.
40 Klappen Sie die Rücksitzbank und die Lehne nach vorn.
41 Ziehen Sie die Verkleidung zum Lösen der Clips von der C-Säule und entfernen Sie sie (siehe Abbildung).

27.41 Ziehen Sie die Verkleidung zum Lösen der Clips von der C-Säule und entfernen Sie sie.

42 Der Einbau entspricht der umgekehrten Ausbaureihenfolge.

C-Säulenverkleidung – Stufenheck- und Fließheck-Modelle

43 Entfernen Sie die D-Säulenverkleidung (Schritte 52 bis 54).
44 Hebeln Sie vorsichtig die Kappe oben aus der Verkleidung und lösen Sie die dadurch zugängliche Schraube (siehe Abbildungen).

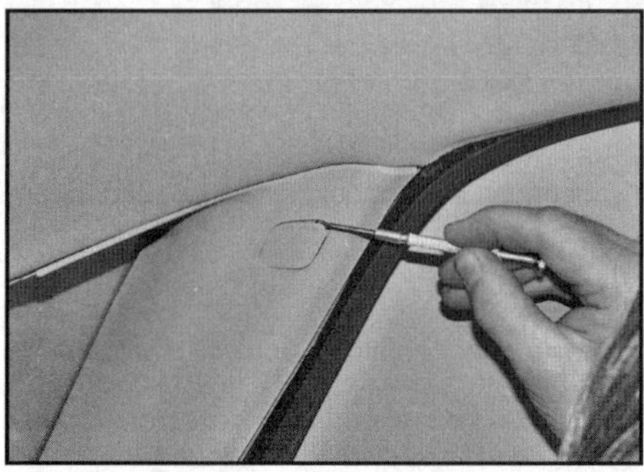

27.44a Hebeln Sie vorsichtig die Kappe heraus ...

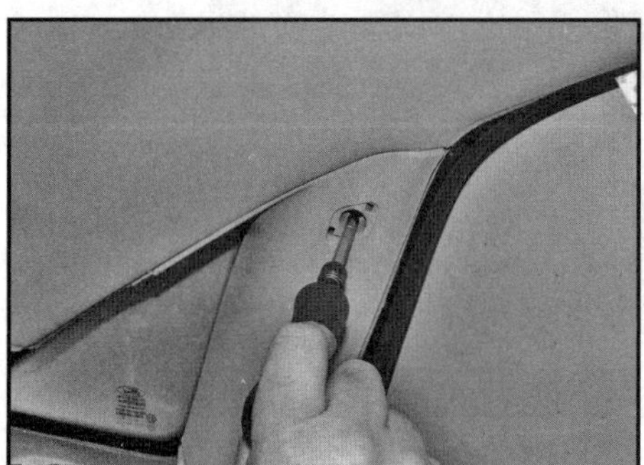

27.44b ... und lösen Sie die dadurch zugängliche Schraube.

45 Ziehen Sie den hinteren Teil der Verkleidung zum Lösen der Clips von der C-Säule ab und entfernen Sie den vorderen Teil genauso (siehe Abbildungen).

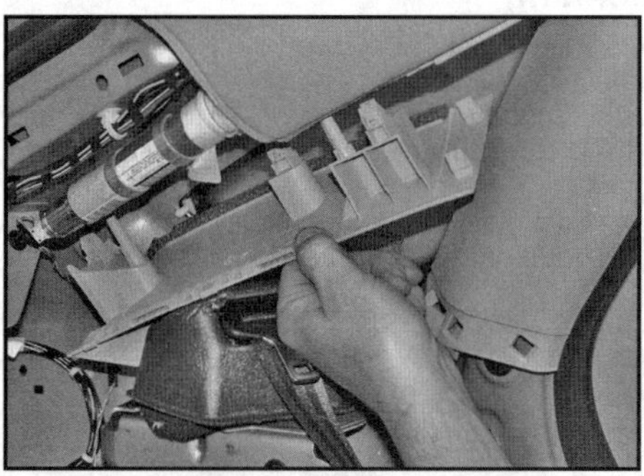

27.45a Ziehen Sie den hinteren Teil der Verkleidung zum Lösen der Clips von der C-Säule ab ...

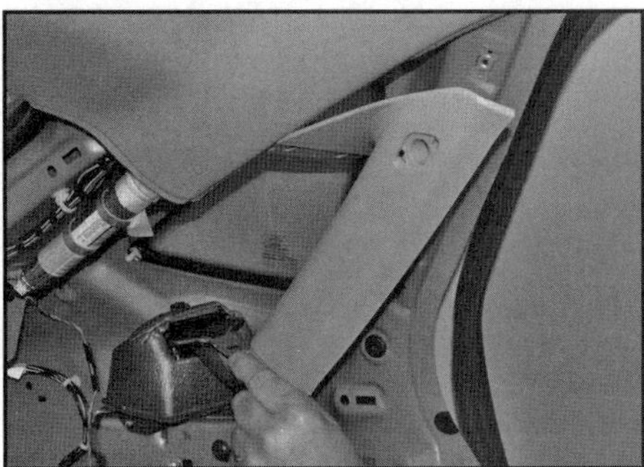

27.45b ... und entfernen Sie den vorderen Teil genauso – Stufenheck und Fließheck.

46 Der Einbau entspricht der umgekehrten Ausbaureihenfolge.

C-Säulenverkleidung – Kombi-Modelle

47 Entfernen Sie die Hutablagen-Halterung (Schritte 62 bis 65).
48 Heben Sie die Abdeckung der oberen Gurtverankerung an und lösen Sie die Schraube (siehe Abbildung) – die Distanzhülse und die Scheibe sind in die Schraube integriert.

27.48 Heben Sie die Abdeckung der oberen Gurtverankerung und lösen Sie die Schraube – Kombi-Modelle

49 Hebeln Sie vorsichtig die Kappe oben aus der Verkleidung und lösen Sie die dadurch zugängliche Schraube (siehe Abbildungen).

27.49a Hebeln Sie vorsichtig die Kappe heraus ...

27.49b ... und lösen Sie die dadurch zugängliche Schraube.

50 Ziehen Sie die Verkleidung zum Lösen der Clips von der C-Säule und entfernen Sie sie (siehe Abbildung).

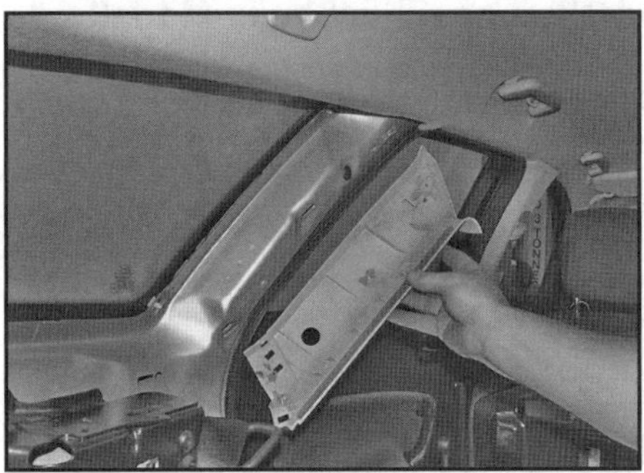

27.50 Ziehen Sie die Verkleidung zum Lösen der Clips von der C-Säule und entfernen Sie sie – Kombi-Modelle.

51 Der Einbau entspricht der umgekehrten Ausbaureihenfolge – ziehen Sie die Schraube der Gurtverankerung mit 35 Nm an.

D-Säulenverkleidung

52 Entfernen Sie die hintere Türöffnungs-Verkleidung (Schritte 39 bis 41).
53 Entfernen Sie bei Fließheck- und Kombi-Modellen die Hutablagen-Halterung (siehe unten).
54 Ziehen Sie die Verkleidung zum Lösen der Clips von der D-Säule und entfernen Sie sie (siehe Abbildungen).

27.54a Ausbau der D-Säulenverkleidung beim Stufenheck- und dem Fließheck-Modell

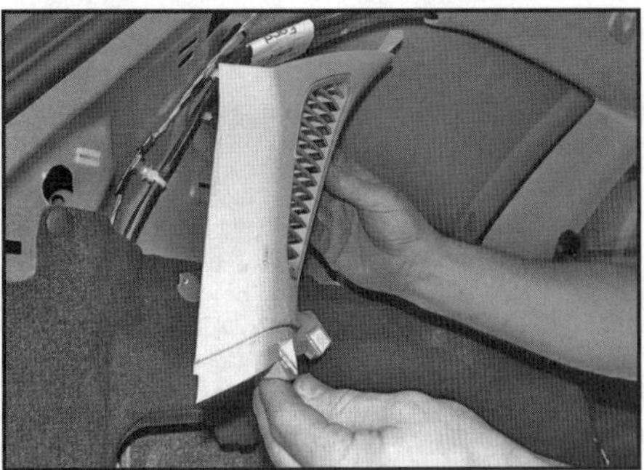

27.54b Ausbau der D-Säulenverkleidung beim Kombi

55 Der Einbau entspricht der umgekehrten Ausbaureihenfolge.

Hutablagen-Halterung – Fließheck-Modell

56 Entnehmen Sie die Hutablage aus dem Fahrzeug.
57 Entfernen Sie die hintere Türöffnungs-Verkleidung (Schritte 39 bis 41).
58 Lösen Sie die Schraube der unteren Rücksitzgurt-Verankerung – die Distanzhülse und die Scheibe sind in die Schraube integriert.
59 Lösen Sie die zwei Schrauben, mit denen die Hutablagerung-Halterung an der Karosserie gesichert ist (siehe Abbildungen).

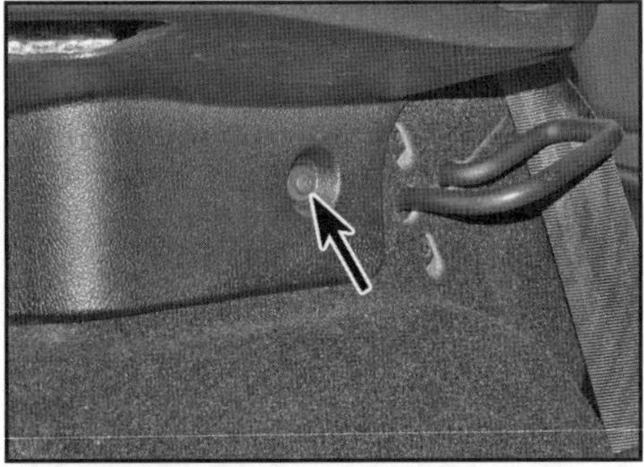

27.59a Vordere ...

27.59b ... und hintere Schraube der Hutablagerung-Halterung – Fließheck-Modell

60 Ziehen Sie die Halterung zum Befreien der Clips ab, führen Sie dabei den Gurt hindurch und entfernen Sie sie (siehe Abbildung).

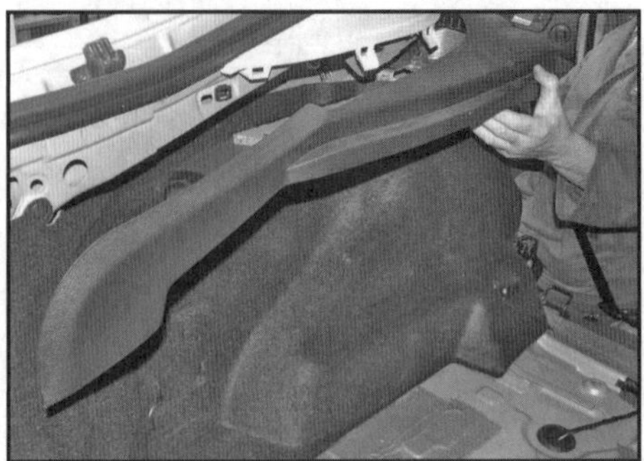

27.60 Ziehen Sie die Halterung zum Befreien der Clips ab – Fließheck-Modell

61 Der Einbau entspricht der umgekehrten Ausbaureihenfolge – ziehen Sie die Schraube der Gurtverankerung mit 35 Nm an.

Hutablagen-Halterung – Kombi-Modell

62 Entnehmen Sie die Hutablage aus dem Fahrzeug.
63 Entfernen Sie die hintere Türöffnungs-Verkleidung (Schritte 39 bis 41).
64 Lösen Sie die drei Schrauben, mit denen die Hutablagerung-Halterung an der Karosserie gesichert ist (siehe Abbildungen).

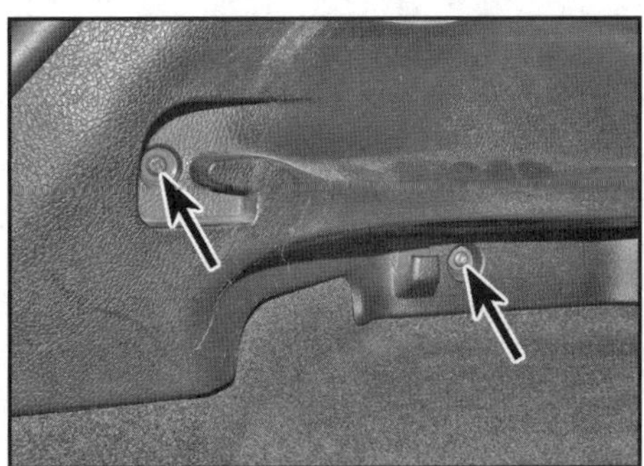

27.64a Hintere und mittlere ...

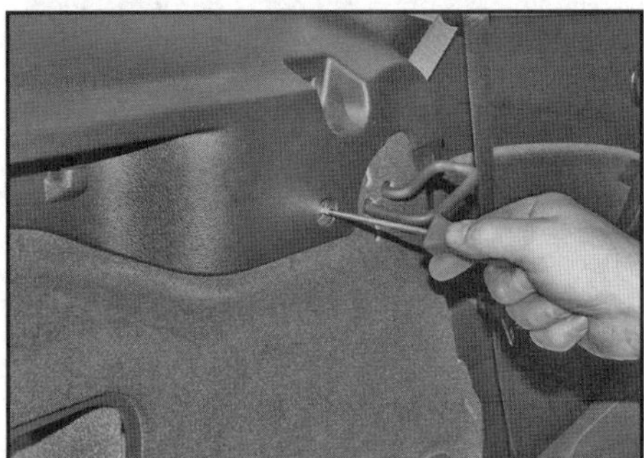

27.64b ... sowie vordere Schraube der Hutablagerung-Halterung – Kombi-Modell

65 Ziehen Sie die Halterung zum Befreien der Clips ab, führen Sie dabei den Gurt hindurch und entfernen Sie sie (siehe Abbildungen).

27.65a Ziehen Sie die Halterung zum Befreien der Clips ab ...

27.65b ... und führen Sie den Gurt hindurch – Kombi-Modell

66 Der Einbau entspricht der umgekehrten Ausbaureihenfolge.

Untere Heckklappen/Kofferraumhauben-Öffnungsverkleidung

67 Ziehen Sie die Gummidichtung im Bereich der unteren Verkleidung heraus.
68 Hebeln Sie an der Innenseite der Verkleidung die Stifte heraus – beim Stufenheck-Modell und dem Kombi gibt es vier, beim Fließheck-Modell zwei Stifte (siehe Abbildung).

27.68 Hebeln Sie an der Innenseite der Verkleidung die Stifte heraus.

69 Ziehen Sie die Oberseite der Verkleidung zum Lösen der inneren Clips hoch und entfernen Sie sie aus dem Kofferraum (siehe Abbildungen).

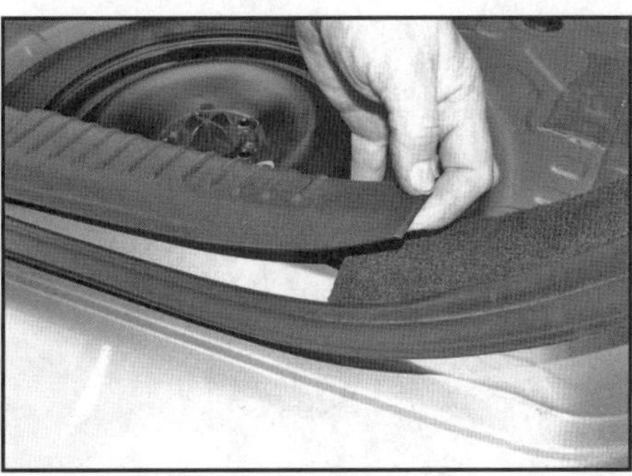

27.69a Ziehen Sie die Oberseite der Verkleidung zum Lösen der inneren Clips hoch ...

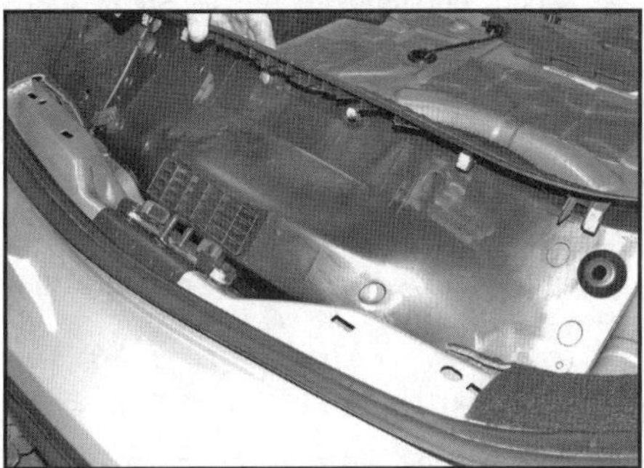

27.69b ... und entfernen Sie sie aus dem Kofferraum.

70 Der Einbau entspricht der umgekehrten Ausbaureihenfolge.

Seitliche Kofferraumverkleidung

71 Entfernen Sie bei Fließheck- und Kombi-Modellen die Hutablagen-Halterung und die Heckklappen-Öffnungsverkleidung (siehe oben).
72 Entfernen Sie beim Stufenheck-Modell die untere Kofferraumhauben-Öffnungsverkleidung (siehe oben).
73 Hebeln Sie die Stifte heraus, die das Verkleidungsteil an der Karosserie sichert, und entfernen Sie es (siehe Abbildungen).

27.73a Hebeln Sie die Stifte heraus, die das Verkleidungsteil an der Karosserie sichert, ...

27.73b ... und entfernen Sie es aus dem Kofferraum.

74 Der Einbau entspricht der umgekehrten Ausbaureihenfolge.

Kofferraumhauben-Verkleidung

75 Lösen Sie die Verkleidungsschrauben in der Türgriffmulde.
76 Ziehen Sie die Verkleidung zum Lösen der internen Clips von der Kofferraumklappe ab und entfernen Sie sie.
77 Der Einbau entspricht der umgekehrten Ausbaureihenfolge.

Heckklappen-Verkleidung

78 Ziehen Sie die obere Verkleidung zum Lösen der inneren Clips von der Heckklappe ab und entfernen Sie sie (siehe Abbildung).

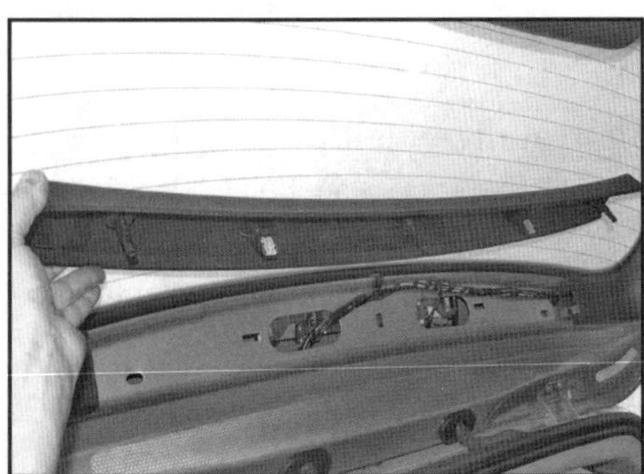

27.78 Ziehen Sie die obere Verkleidung zum Lösen der inneren Clips von der Heckklappe ab.

79 Entfernen Sie die Seitenteile auf die gleiche Weise (siehe Abbildung).

27.79 Ziehen Sie die seitlichen Verkleidungen zum Lösen der inneren Clips von der Heckklappe ab.

80 Lösen Sie bei Fließheck-Modellen die Schrauben in den Griffmulden (siehe Abbildung).

27.80 Schraube in der Griffmulde beim Fließheck-Modell

81 Hebeln Sie beim Kombi die Kunststoffstifte in den Griffmulden heraus und entfernen Sie diese aus der Heckklappe (siehe Abbildungen).

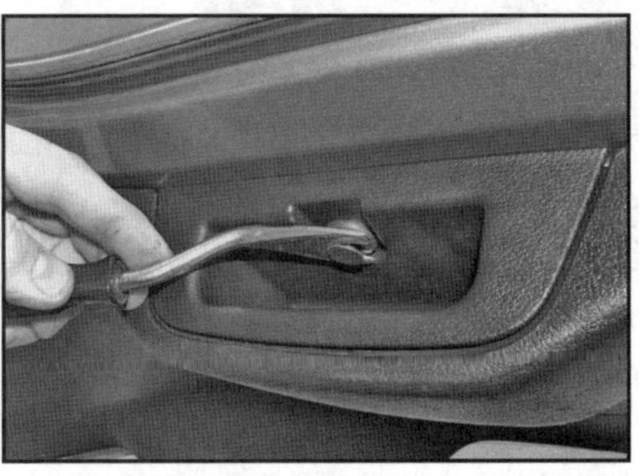

27.81a Hebeln Sie beim Kombi die Kunststoffstifte in den Griffmulden heraus ...

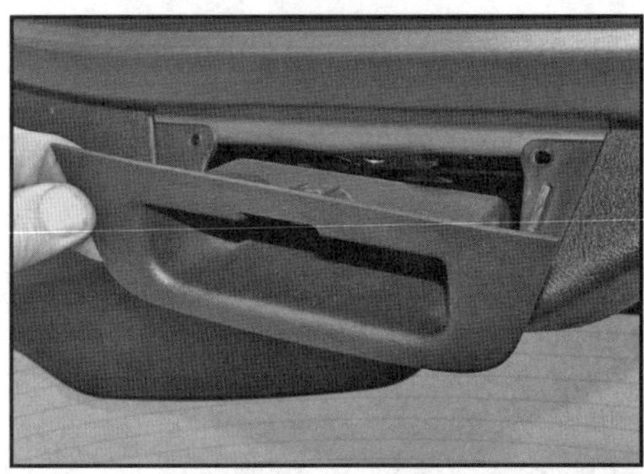

27.81b ... und entfernen Sie diese aus der Heckklappe.

82 Ziehen Sie das Haupt-Verkleidungsteil zum Lösen der inneren Clips von der Heckklappe ab und entfernen Sie es (siehe Abbildung).

27.82 Ziehen Sie das Haupt-Verkleidungsteil zum Lösen der inneren Clips von der Heckklappe ab.

83 Der Einbau entspricht der umgekehrten Ausbaureihenfolge.

Teppiche

84 Der aus mehreren Teilen bestehende Teppich im Fußraum ist an den Rädern mit verschiedenen Clips befestigt.
85 Der Aus- und Einbau des Teppichs ist zwar relativ simpel aber zeitaufwändig, da alle benachbarten Verkleidungsteile befreit und die Sitze sowie die Mittelkonsole demontiert werden müssen.

Himmel

86 Der Himmel ist am Dach befestigt und kann erst nach der Demontage der Haltegriffe, Sonnenblenden, der A-, B-, C- und D-Säulenverkleidungen sowie anderer Komponenten und den Dichtstreifen an den Tür- und Heckklappen-Öffnungen entfernt werden.
87 Der Aus- und Einbau des Himmels erfordert reichlich Erfahrung, wenn er keine Schäden davontragen soll – überlassen Sie die Arbeit daher besser einem Fachbetrieb.

Handschuhfach

88 Öffnen Sie den Handschuhfachdeckel und lösen Sie die zwei unteren Schrauben, die das Fach am Armaturenbrett sichern (siehe Abbildung).

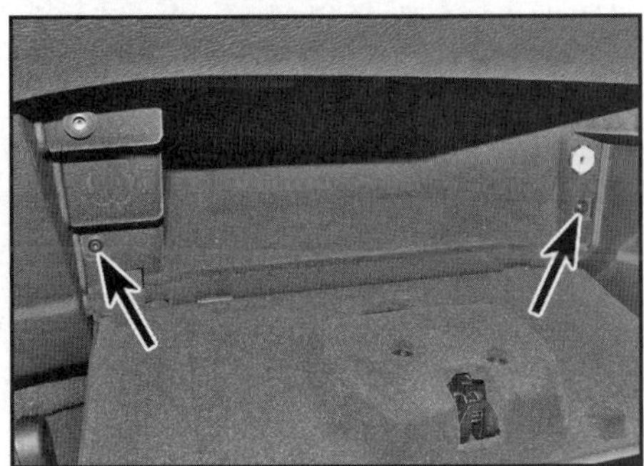

27.88 Untere Handschuhfach-Befestigungsschrauben

89 Lösen Sie die zwei mittigen und die zwei oberen Schrauben und ziehen Sie das Handschuhfach aus dem Armaturenbrett (siehe Abbildungen).

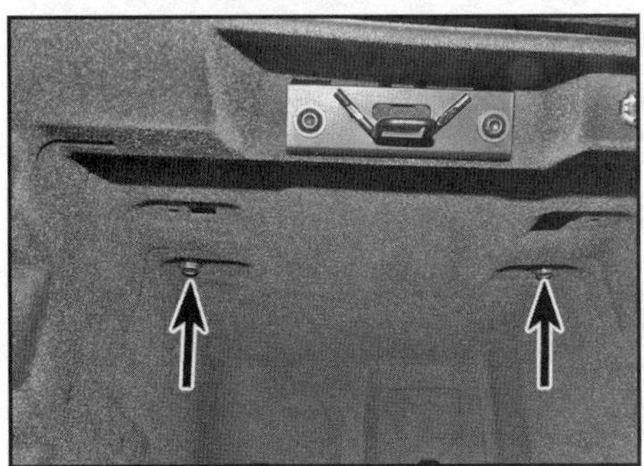

27.89a Lösen Sie die zwei mittigen ...

27.89b ... und die zwei oberen Schrauben ...

27.89c ... und ziehen Sie das Handschuhfach aus dem Armaturenbrett.

90 Trennen Sie die Kabelstecker des Handschuhfachs und befreien Sie es aus dem Fahrzeug (siehe Abbildung).

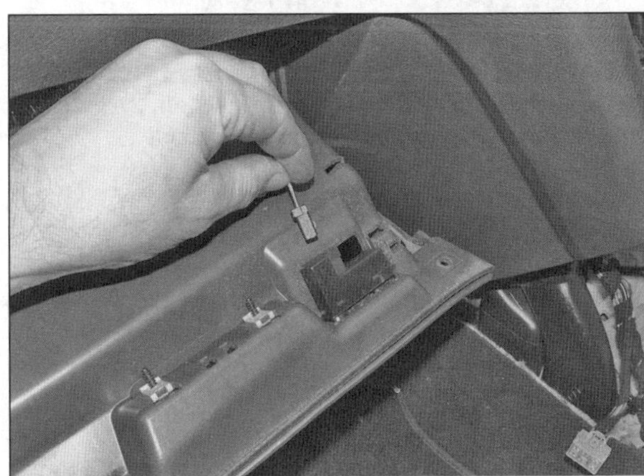

27.90 Trennen Sie die Kabelstecker und entfernen Sie das Handschuhfach.

91 Der Einbau entspricht der umgekehrten Ausbaureihenfolge.

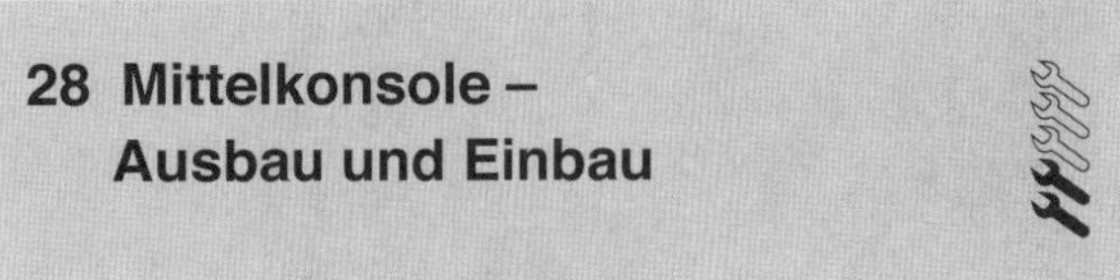

28 Mittelkonsole – Ausbau und Einbau

1 Heben Sie die Mittelkonsolen-Abdeckung unter dem Aschenbecher heraus (siehe Abbildung).

28.1 Heben Sie die Mittelkonsolen-Abdeckung unter dem Aschenbecher heraus.

2 Drehen Sie bei Modellen mit Schaltgetriebe den Schalthebel-Knauf ab und befreien Sie dann den Rahmen der Schalthebel-Manschette. Heben Sie die Manschette und den Rückwärtsgang-Sperrmechanismus über den Schalthebelschaft ab (siehe Abbildungen).

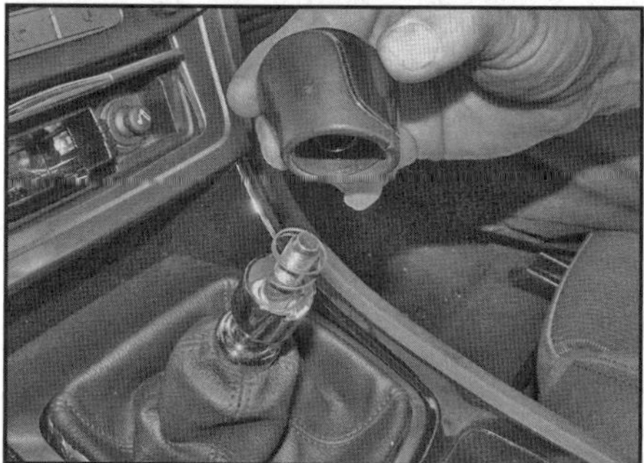

28.2a Drehen Sie den Schalthebel-Knauf ab, ...

28.2b .... befreien Sie den Rahmen der Schalthebel-Manschette ...

28.2c ... und heben Sie sie samt Rückwärtsgang-Sperrmechanismus über den Schalthebelschaft ab.

3 Befreien Sie bei Modellen mit Automatikgetriebe die Wahlhebel-Blende aus der Mittelkonsole.

4 Ziehen Sie die Mittelkonsole hinten beginnend zum Lösen der Clips vorsichtig hoch und befreien Sie ihre vorderen Laschen (siehe Abbildung). Trennen Sie alle vorhandenen Kabelstecker. Führen Sie bei Modellen mit Automatikgetriebe die Wahlhebel-Blende durch das obere Teil der Mittelkonsole.

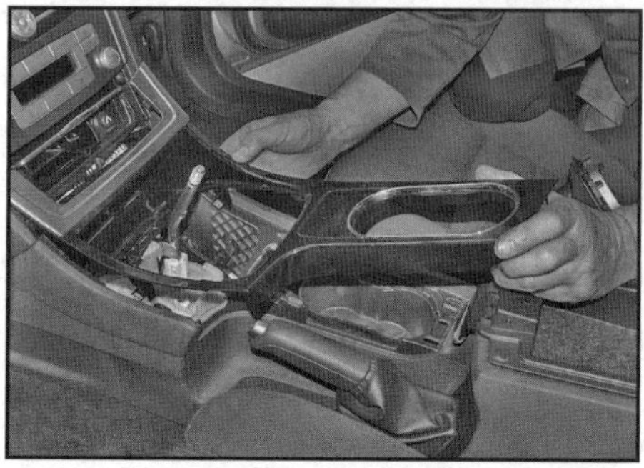

28.4 Ziehen Sie die Mittelkonsole vorsichtig hoch, um die Clips zu befreien.

5 Lösen Sie bei Modellen ab 04/2010 vorsichtig die unter dem Armaturenbrett-Mittelteil sitzenden seitlichen Verkleidungen. Trennen Sie ggf. den Stecker des POWER-Knopfs.

6 Befreien Sie den oberen Rand der Handbremsen-Manschette aus der Mittelkonsole, lösen Sie ihre vordere Lasche und stülpen Sie die Manschette um, um sie vom Handbremshebel ziehen zu können (siehe Abbildungen).

28.6a Befreien Sie den oberen Rand der Handbremsen-Manschette aus der Mittelkonsole, ...

28.6b ... lösen Sie ihre vordere Lasche ...

28.6c ... und ziehen Sie die umgestülpte Manschette vom Handbremshebel.

7 Entfernen Sie an beiden Seiten die unteren Seitenteile unter dem Armaturenbrett, indem Sie die Stifte der Kunststoffzapfen herausziehen und diese befreien. Ziehen Sie die Seitenteile vorn ab und befreien Sie ihre hinteren Laschen (siehe Abbildungen).

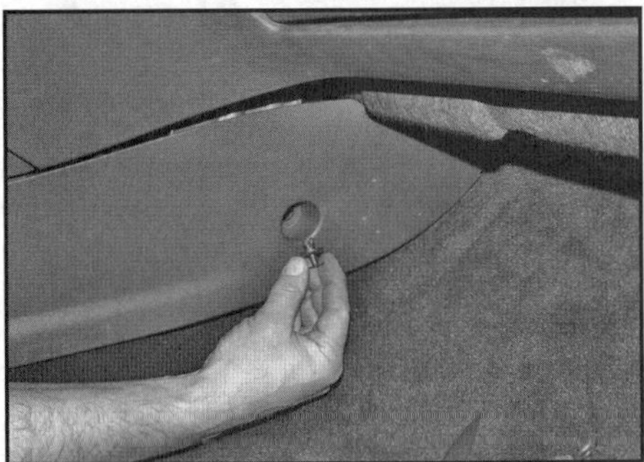

28.7a Befreien Sie die Kunststoffzapfen, ...

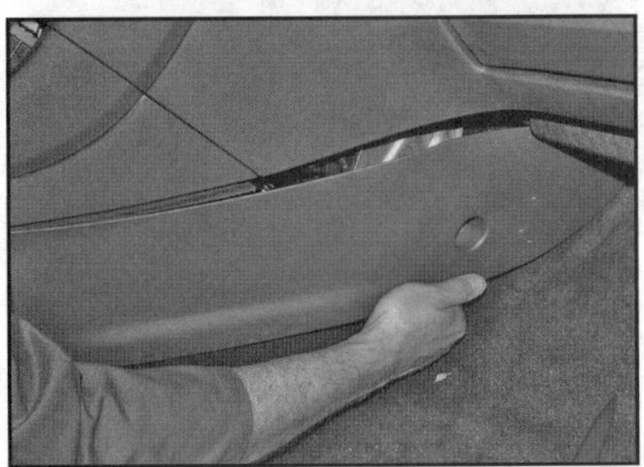

28.7b ... ziehen Sie das Seitenteil vorn ab ...

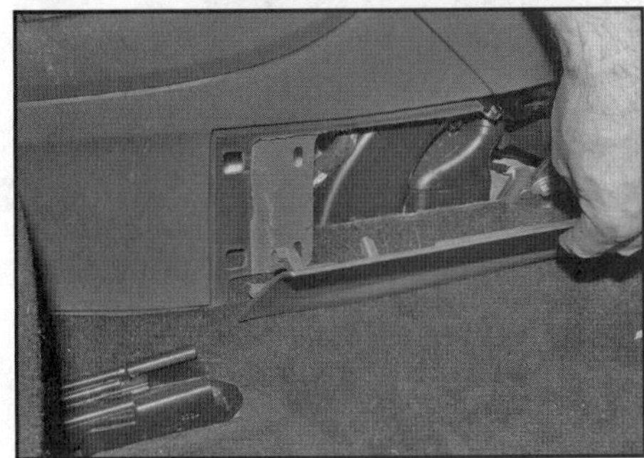

28.7c ... und befreien Sie seine hinteren Laschen.

8 Lösen Sie an beiden Seiten in der unteren vorderen Ecke der Mittelkonsole die Schraube, mit der sie unten am Armaturenbrett gesichert ist (siehe Abbildung).

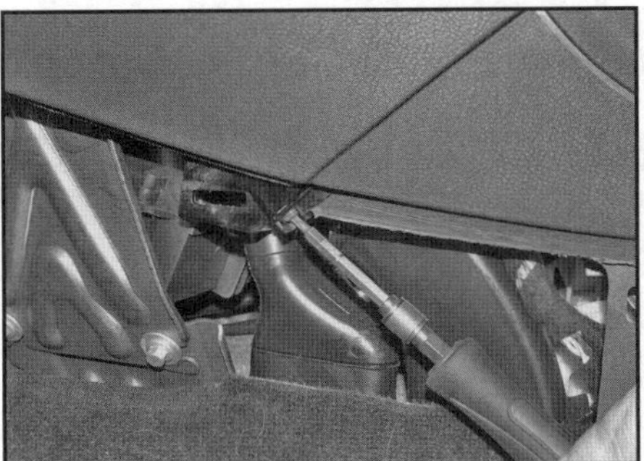

28.8 Lösen Sie die untere vordere Schraube zum Armaturenbrett.

9 Lösen Sie links und rechts unter dem Aschenbecher die zwei Schrauben, mit denen der vordere Rand der Mittelkonsole am Armaturenbrett gesichert ist (siehe Abbildung).

28.9 Mittelkonsolen-Schrauben unterhalb des Aschenbechers

10 Lösen Sie an beiden Seiten die hinteren Schrauben, mit denen die Mittelkonsole am Unterboden-Halter befestigt ist (siehe Abbildung).

28.10 Hintere Mittelkonsolenschraube

11 Trennen Sie die Stecker neben dem Schalt-/Wahlhebel-Gehäuse und befreien Sie sie aus der Mittelkonsole (siehe Abbildung).

28.11 Trennen Sie die Stecker neben dem Schalt-/ Wahlhebel-Gehäuse.

12 Ziehen Sie die Mittelkonsole zum Befreien der vorderen Laschen nach hinten und befreien Sie sie über den Handbremshebel hinweg aus dem Fahrzeug (siehe Abbildung).

28.12 Ziehen Sie die Mittelkonsole nach hinten und heben Sie sie über den Handbremshebel ab.

13 Der Einbau entspricht der umgekehrten Ausbaureihenfolge.

29 Armaturenbrett-Baugruppe – Ausbau und Einbau

Anmerkung: *Diese Operation ist umfangreich und erfordert den Ausbau zahlreicher Komponenten und das Trennen vieler Kabelstecker. Notieren Sie sich die Positionen aller getrennter Stecker oder bringen Sie dort Etiketten an, um alles wieder richtig verbinden zu können. Sehr hilfreich sind beim Ausbau angefertigte Fotos.*

1 Trennen Sie den Haupt-Masseanschluss (–) der Batterie (siehe Kapitel 5A, Sektion 4).
2 Demontieren Sie das Handschuhfach, beide oberen und unteren A-Säulenverkleidungen und die unteren Armaturenbrett-Verkleidungen (siehe Sektion 27).
3 Demontieren Sie die Mittelkonsole (siehe Sektion 28).
4 Demontieren Sie die Lenksäule (siehe Kapitel 10, Sektion 16).
5 Entfernen Sie die Instrumente, den Lichtschalter und das Audiosystem (siehe Kapitel 12).
6 Entfernen Sie die Heizungs-/Klimaanlagen-Regler (siehe Kapitel 3, Sektion 10).
7 Falls noch nicht geschehen, müssen die sechs Schrauben des Audiosystem-Rahmens gelöst und dieser entfernt werden (siehe Abbildungen).

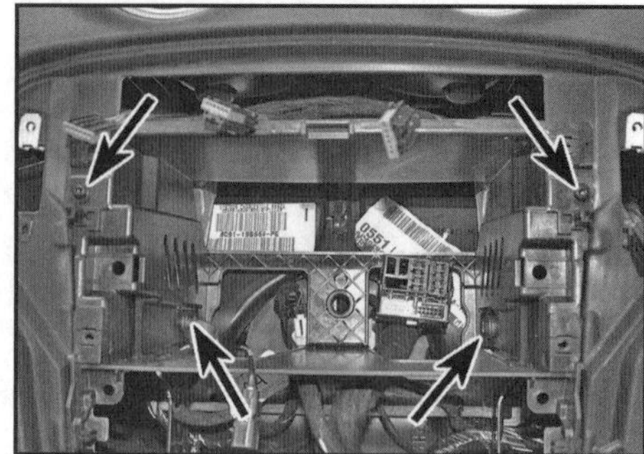

29.7a Lösen Sie die vier oberen ...

29.7b ... und die zwei unteren Schrauben ...

29.7c ... und befreien Sie den Audiosystem-Rahmen aus dem Armaturenbrett.

8 Hebeln Sie oben in der Mitte vorsichtig das Lüftungsgitter heraus. Trennen Sie den Stecker des Sonnenlicht-Sensors und entfernen Sie das Gitter (siehe Abbildungen).

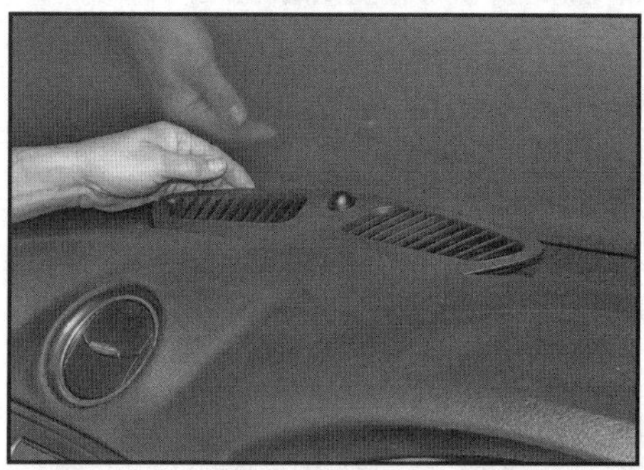

29.8a Hebeln Sie oben das mittige Lüftungsgitter heraus, ...

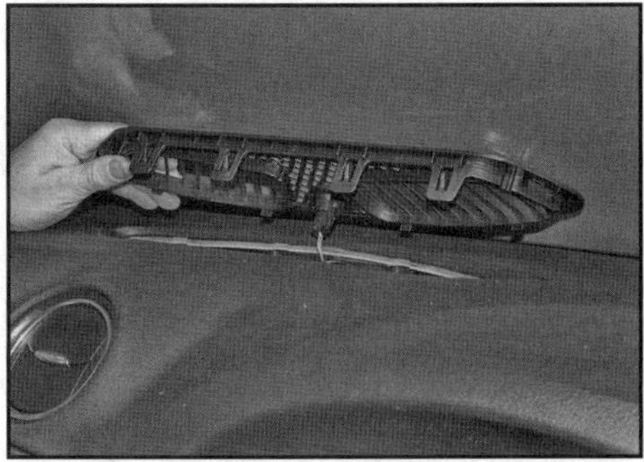

29.8b ... und trennen Sie dabei den Stecker des Sonnenlicht-Sensors.

9 Verdrehen Sie die Arretierlasche der GEM-Halterung um 90° und befreien Sie sie aus ihrer Halterung (siehe Abbildungen). Heben Sie das Steuermodul aus den zwei Scharnieren und platzieren Sie es beiseite.

29.9a Verdrehen Sie die Arretierlasche der GEM-Halterung um 90° ...

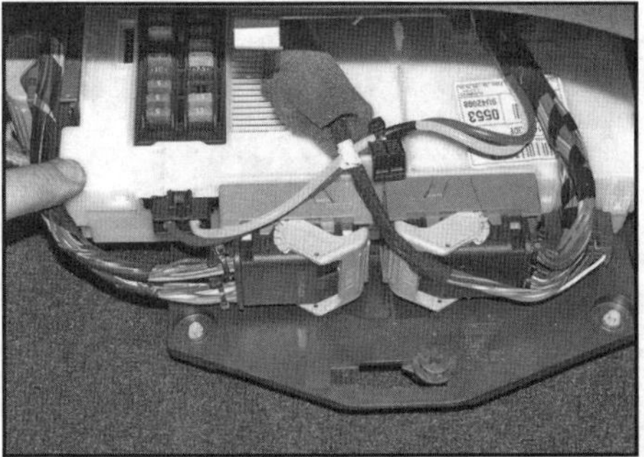

29.9b ... und befreien Sie sie aus ihrer Halterung.

10 Lösen Sie die ggf. noch vorhandenen Schrauben des Aschenbechers, befreien Sie diesen und trennen Sie die Kabelstecker.
11 Trennen Sie die Stecker des Beifahrer-Airbags sowie des Servomotors und des Temperatursensors am Heizungs-/Klimaanlagen-Gehäuse. Befreien Sie die Verkabelung aus allen Befestigungen am Armaturenbrett.
12 Lösen Sie die zwei Schrauben, die den Beifahrerairbag-Halter an der Armaturenbrett-Querstrebe sichern (siehe Abbildung).

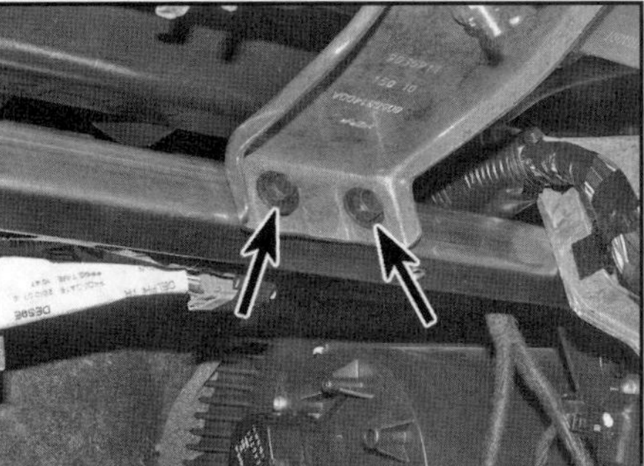

29.12 Schrauben, die den Beifahrerairbag-Halter an der Armaturenbrett-Querstrebe sichern

13 Je nach Ausstattung müssen weitere Stecker der im Armaturenbrett sitzenden Komponenten getrennt und ihre Kabel vom Armaturenbrett befreit werden.
14 Hebeln Sie an beiden Seiten des Armaturenbretts vorsichtig die seitlichen Abdeckungen ab (siehe Abbildung).

29.14 Hebeln Sie die seitlichen Armaturenbrett-Abdeckungen ab.

15 Lösen Sie die folgenden Armaturenbrett-Schrauben (siehe Abbildungen):
a) zwei Schrauben an jeder A-Säule
b) zwei Schrauben unten an der Handschuhfach-Öffnung
c) zwei Schrauben unten im Audiorahmen
d) zwei Schrauben unterhalb der Lenksäulen-Aufnahme
e) zwei Schrauben in der Instrumententräger-Öffnung

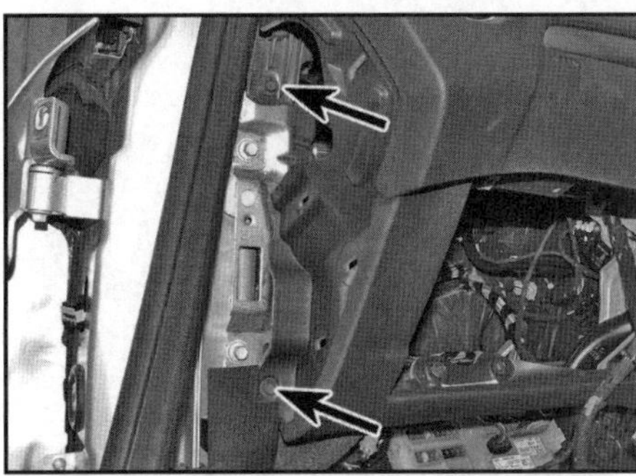

29.15a Lösen Sie die zwei Schrauben an jeder A-Säule, ...

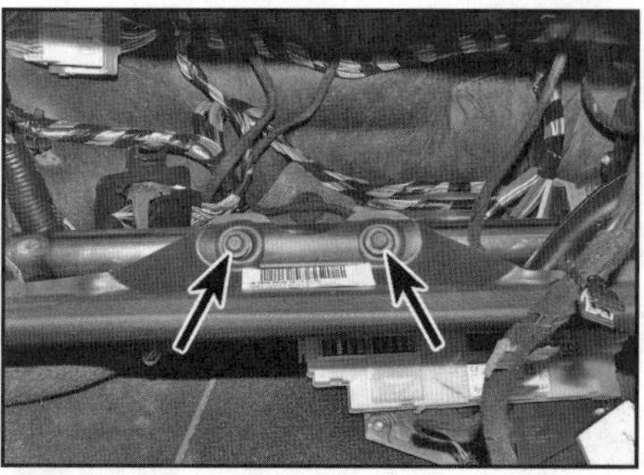

29.15b ... die zwei Schrauben unten an der Handschuhfach-Öffnung, ...

29.15c ... die zwei Schrauben unten im Audiorahmen, ...

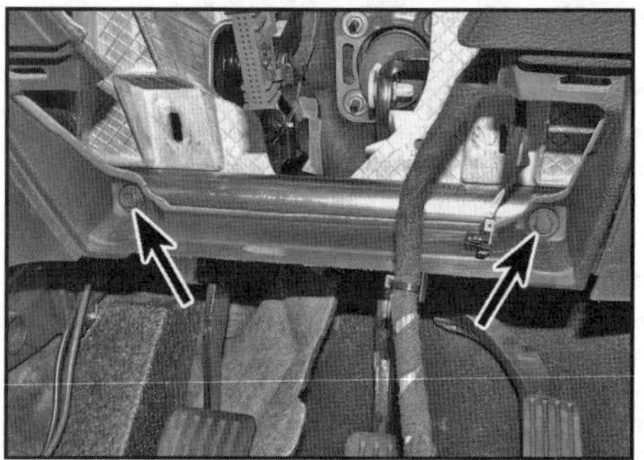

29.15d ... die zwei Schrauben unterhalb der Lenksäulen-Aufnahme ...

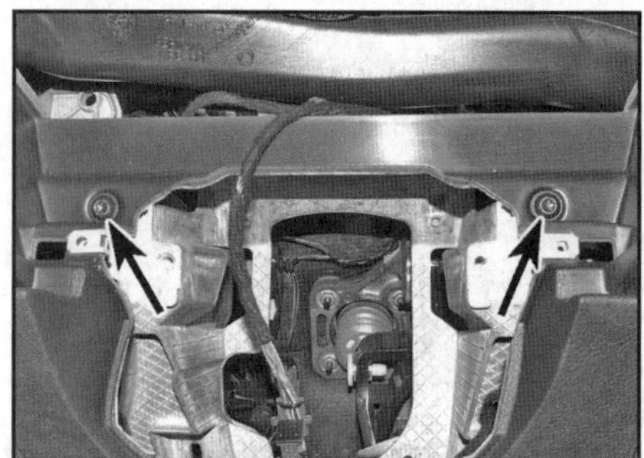

29.15e ... und die zwei Schrauben in der Instrumententräger-Öffnung.

16 Heben Sie das Armaturenbrett vorsichtig mithilfe eines Assistenten aus seiner Position – prüfen Sie dabei, ob alle Stecker getrennt und alle Kabel befreit sind. Heben Sie das Armaturenbrett dann auf der Fahrerseite aus dem Fahrzeug.
17 Der Einbau entspricht der umgekehrten Ausbaureihenfolge.

30 Armaturenbrett-Querträger – Ausbau und Einbau

Anmerkung: *Diese Operation ist umfangreich und erfordert den Ausbau zahlreicher Komponenten und das Trennen vieler Kabelstecker. Notieren Sie sich die Positionen aller getrennter Stecker oder bringen Sie dort Etiketten an, um alles wieder richtig verbinden zu können. Sehr hilfreich sind beim Ausbau angefertigte Fotos.*

1 Demontieren Sie die Armaturenbrett-Baugruppe (siehe Sektion 29).
2 Demontieren Sie beide vordere Türen (siehe Sektion 12).
3 Trennen Sie die Stecker des Steuermoduls (GEM) (siehe Abbildung).

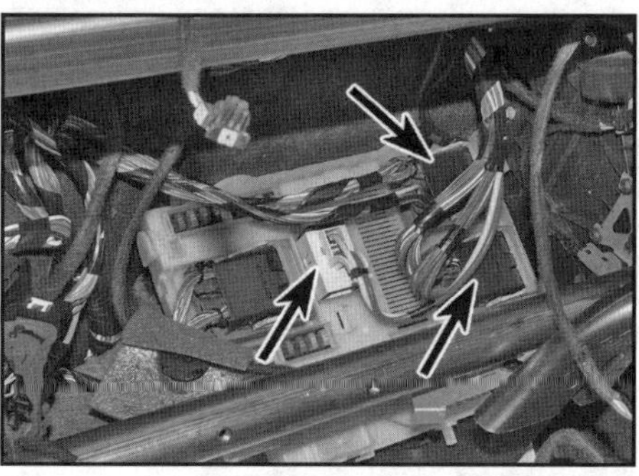

30.3 Stecker des Generischen Elektronik-Moduls

4 Lösen Sie an beiden Seiten die zwei Schrauben, die den Mittelträger am Querträger sichern. Befreien Sie sämtliche Kabel vom Mittelträger und entfernen Sie diesen aus dem Fahrzeug (siehe Abbildungen).

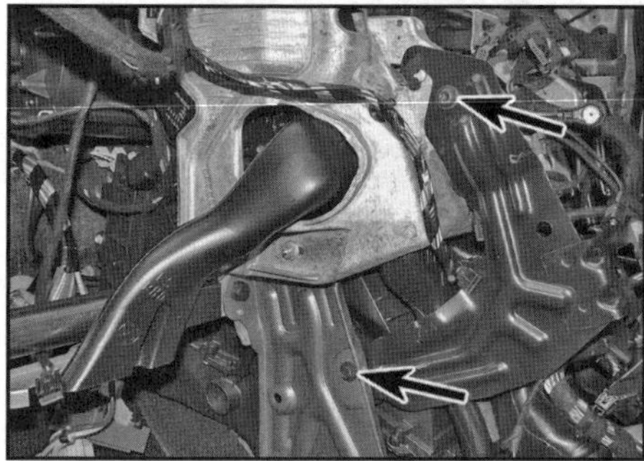

30.4a Lösen Sie an beiden Seiten die zwei Schrauben, die den Mittelträger am Querträger sichern.

30.4b Befreien Sie sämtliche Kabel vom Mittelträger und entfernen Sie diesen aus dem Fahrzeug.

5 Drehen Sie den am Luftkanal sitzenden Lampenhalter der Fahrerfußraumbeleuchtung gegen den Uhrzeigersinn und befreien Sie die Lampe (siehe Abbildung).

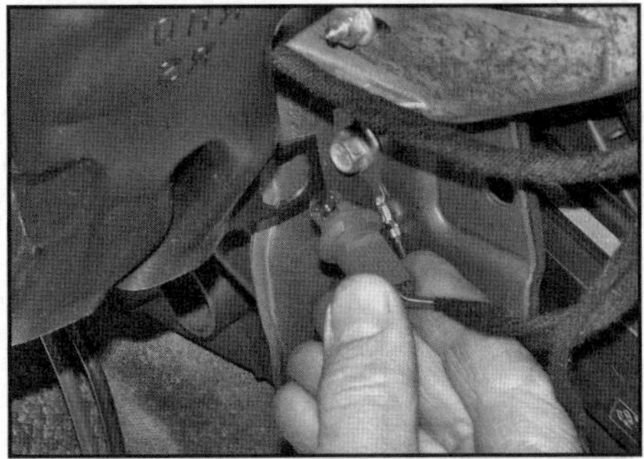

30.5 Befreien Sie den Lampenhalter der Fahrerfußraumbeleuchtung.

6 Befreien Sie an beiden Seiten des Lüftungsgehäuses die Fußraum-Lüftungskanäle (siehe Abbildung).

30.6 Befreien Sie an beiden Seiten des Lüftungsgehäuses die Fußraum-Lüftungskanäle.

7 Lösen Sie an der Beifahrerseite die Mutter und drei Schrauben der Querstreben-Fußraumverankerung und entfernen Sie diese (siehe Abbildung).

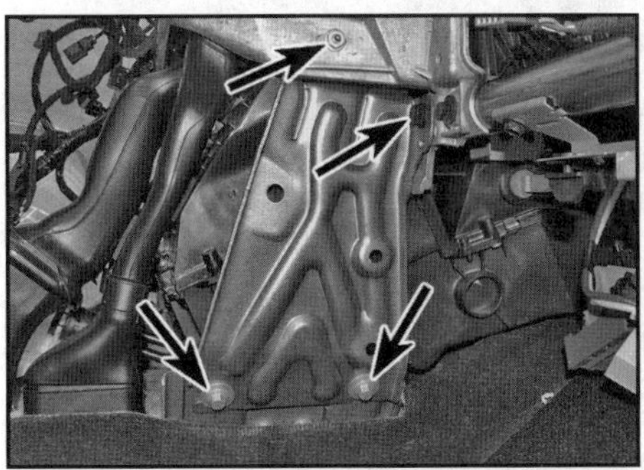

30.7a Lösen Sie die Mutter und die drei Schrauben ...

30.7b ... und entfernen Sie die rechte Querstreben-Fußraumverankerung.

8 Trennen Sie an der Fahrerseite den Stecker an der Querstreben-Fußraumverankerung (siehe Abbildung) und befreien Sie ihn.

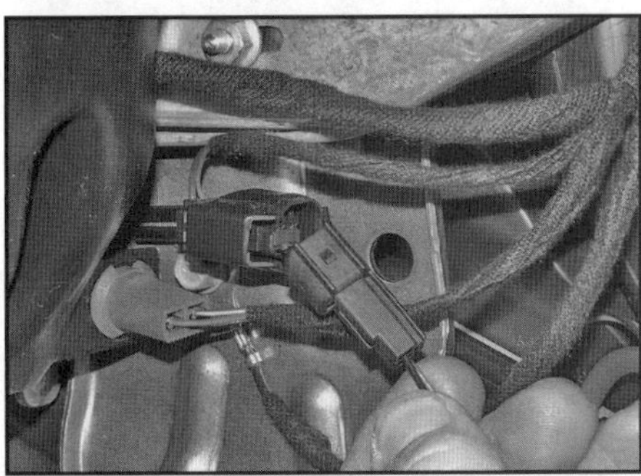

30.8 Trennen Sie links den Stecker an der Querstreben-Fußraumverankerung.

9 Lösen Sie die Mutter und fünf Schrauben der linken Querstreben-Fußraumverankerung und entfernen Sie diese (siehe Abbildungen) – beachten Sie den Masseanschluss an der mittleren oberen Schraube.

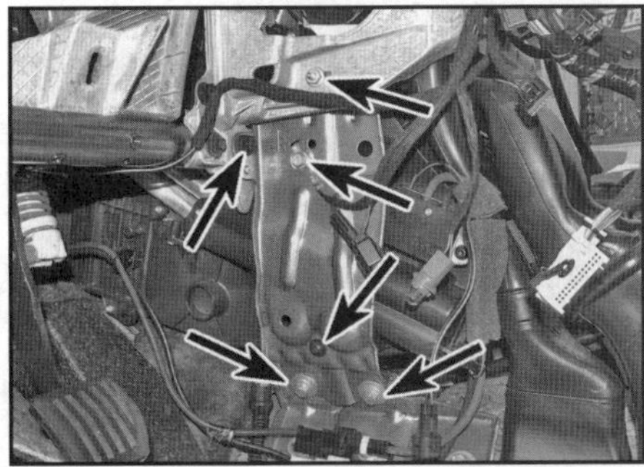

30.9a Lösen Sie die Mutter und fünf Schrauben ...

30.9b ... und entfernen Sie die linke Querstreben-Fußraumverankerung.

10 Entfernen Sie die vorderen und hinteren Lüftungskanäle sowie ihre Winkelstücke vom Lüftungsgehäuse und dem Anschluss im Unterboden (siehe Abbildungen).

30.10a Entfernen Sie die vorderen ...

30.10b ... und hinteren Lüftungskanäle ...

30.10c ... sowie ihre Winkelstücke.

11 Trennen Sie alle Stecker von den unter der Mittelkonsole sitzenden Komponenten. Befreien Sie die Kabel von allen Befestigungen am Querträger (siehe Abbildung).

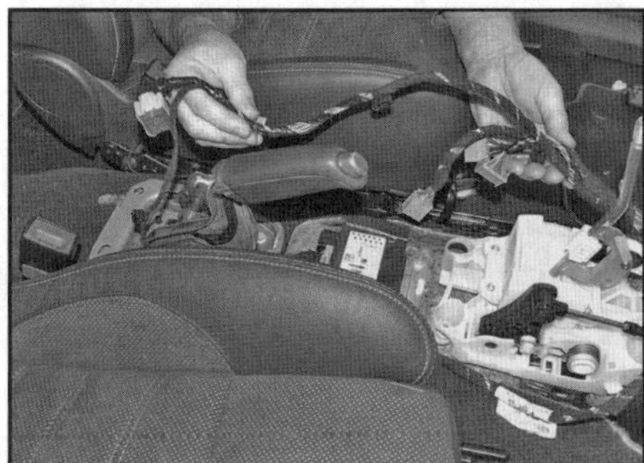

30.11 Trennen Sie alle Mittelkonsolen-Stecker und befreien Sie ihre Kabel.

12 Lösen Sie innen am linken vorderen Schweller die Masseanschluss-Schraube. Verfolgen Sie das Massekabel zurück zu Clip im Fußraum und trennen Sie diesen (siehe Abbildungen). Trennen Sie den Masseanschluss am rechten Schweller auf die gleiche Weise.

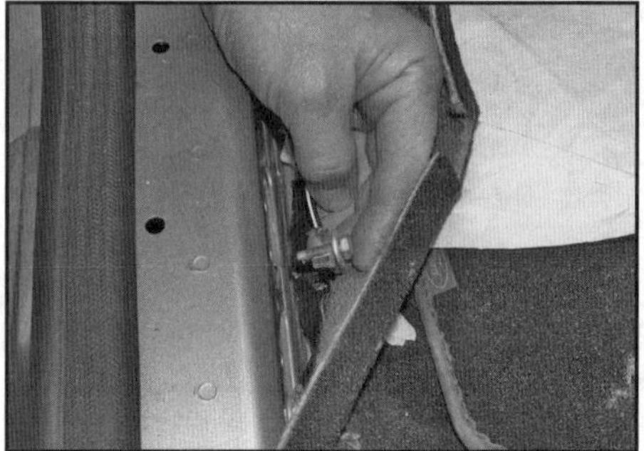

30.12a Lösen Sie die innen im linken vorderen Schweller sitzende Masseanschluss-Schraube ...

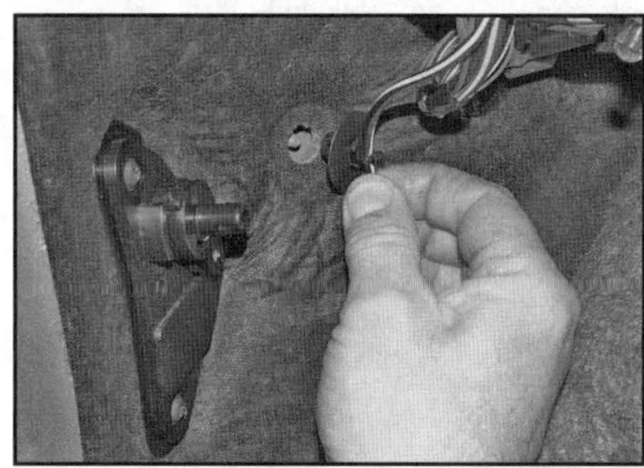

30.12b ... und befreien Sie da Massekabel aus dem Clip im Fußraum.

13 Trennen Sie die zwei Hauptkabelbaum-Stecker im Beifahrerfußraum (siehe Abbildungen).

30.13a Trennen Sie im Beifahrerfußraum den oberen ...

30.13b ... und den unteren Hauptkabelbaum-Stecker.

14 Trennen Sie am Lüftungsgehäuse die Stecker des Gebläsemotors, des Gebläsemotor-Widerstands, des Luftklappen-Stellmotors und des Temperatursensors. Befreien Sie die Verkabelung aus allen Befestigungen am Lüftungsgehäuse und am Armaturenbrett-Querträger.
15 Lösen Sie die zwei oberen Schrauben, die das Lüftungsgehäuse am Armaturenbrett-Querträger sichern (siehe Abbildung).

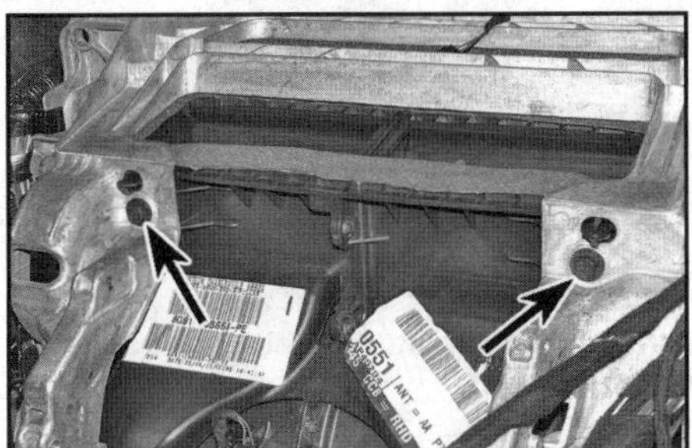

30.15 Obere Schrauben, die das Lüftungsgehäuse am Armaturenbrett-Querträger sichern.

16 Trennen Sie das Antennenkabel am Stecker und befreien Sie diesen aus der A-Säule (siehe Abbildungen).

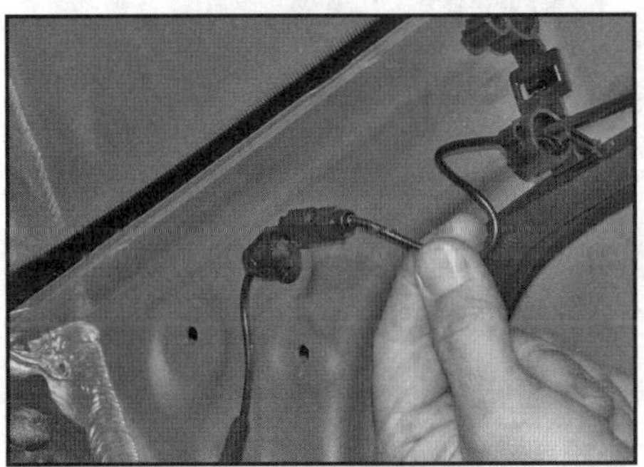

30.16a Trennen Sie das Antennenkabel am Stecker der A-Säule ...

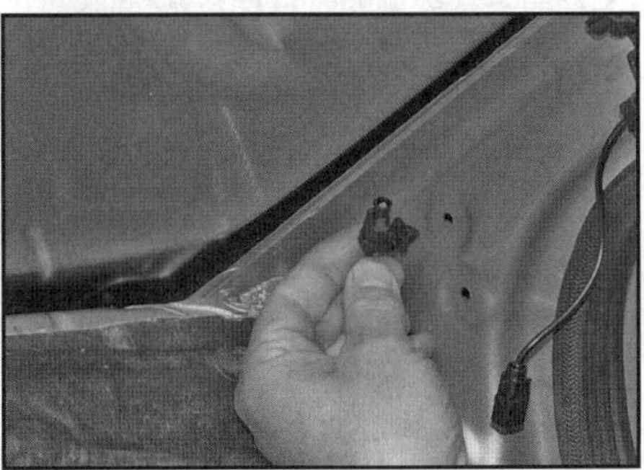

30.16b ... und befreien Sie diesen.

17 Demontieren Sie ggf. die elektrische Zusatzheizung (siehe Kapitel 3, Sektion 3).
18 Lösen Sie an beiden Seiten der oberen Lüftergehäuse-Abdeckung die drei Schrauben und heben Sie diese ab (siehe Abbildungen).

30.18a Lösen Sie an beiden Seiten der oberen Lüftergehäuse-Abdeckung die obere ...

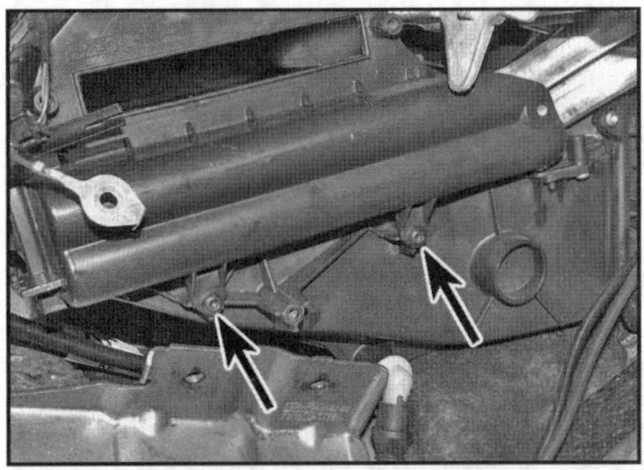

30.18b ... und die zwei seitlichen Schrauben ...

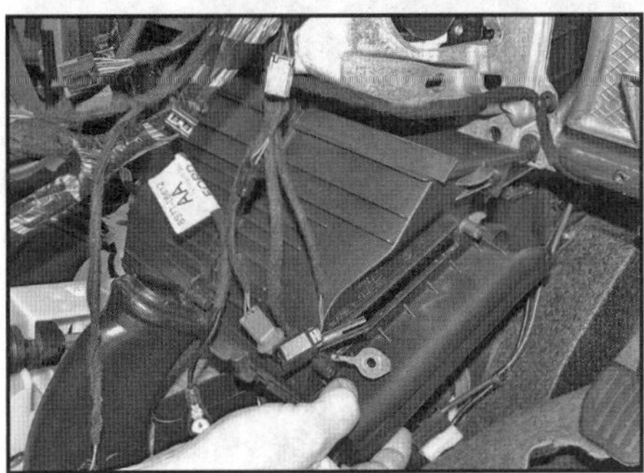

30.18c ... und heben Sie die Abdeckung ab.

19 Demontieren Sie den Scheibenwischermotor samt Gestänge (siehe Kapitel 12, Sektion 14).
20 Lösen Sie im Sitz des Scheibenwischermotors die zwei Schrauben, die den Querträger an der Spritzwand sichern (siehe Abbildung).

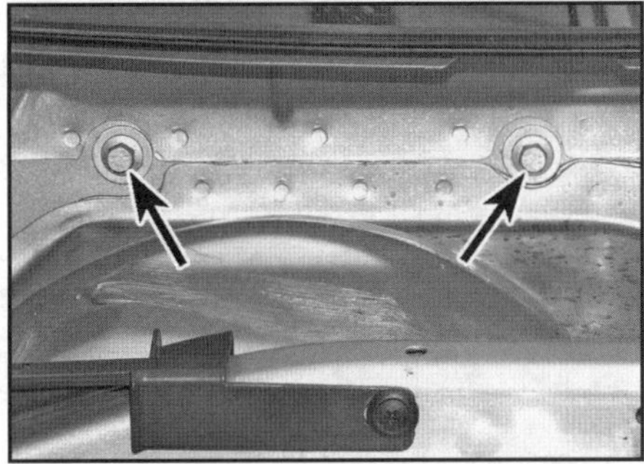

30.20 Schrauben, die im Sitz des Scheibenwischermotors den Querträger an der Spritzwand sichern

21 Markieren Sie an beiden Seiten des Armaturenbrett-Querträgers dessen Ausrichtung zur A-Säule (siehe Abbildung).

30.21 Markieren Sie die Ausrichtung des Armaturenbrett-Querträgers zur A-Säule.

22 Befreien Sie an beiden A-Säulen die Gummistopfen und lösen Sie die dahinter sitzenden seitlichen Querträger-Schrauben (siehe Abbildungen).

30.22a Befreien Sie an beiden A-Säulen die Gummistopfen ...

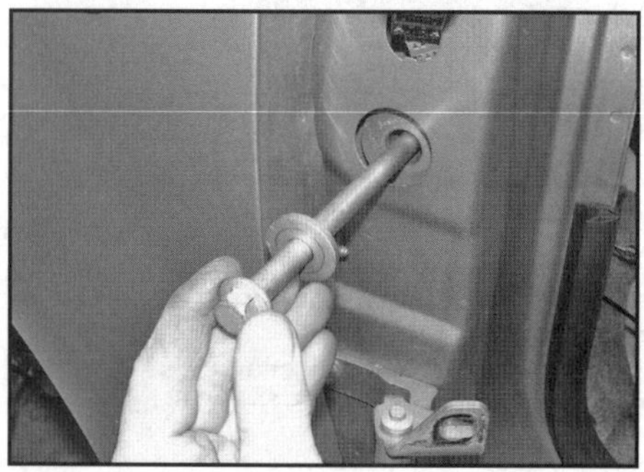

30.22b ... und lösen Sie die dahinter sitzenden seitlichen Querträger-Schrauben.

23 Lösen Sie an beiden Seiten die zwei Schrauben, die den Armaturenbrett-Querträgers an der A-Säule sichern (siehe Abbildung).

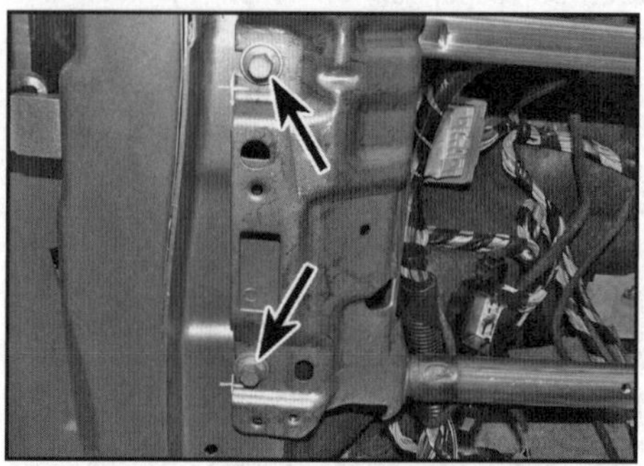

30.23 Schrauben, die den Armaturenbrett-Querträgers an der A-Säule sichern.

24 Heben Sie den Armaturenbrett-Querträger vorsichtig mithilfe eines Assistenten aus seiner Position – prüfen Sie dabei, ob alle Stecker getrennt und alle Kabel befreit sind. Heben Sie den Querträger dann auf der Fahrerseite aus dem Fahrzeug (siehe Abbildung).

30.24 Heben Sie den Armaturenbrett-Querträger vorsichtig aus dem Fahrzeug.

25 Der Einbau entspricht der umgekehrten Ausbaureihenfolge – ziehen Sie die Querträger-Befestigungen mit den in den technischen Daten angegebenen Anzugsdrehmomenten an.

Kapitel 12

Fahrzeug-Elektrik

Inhalt — Sektion

Schwierigkeitsgrade

Leicht. Geeignet für Anfänger mit wenig Erfahrung. 	**Relativ leicht.** Geeignet für Anfänger mit etwas Erfahrung. 	**Relativ schwierig.** Geeignet für geübte Selbstschrauber. 	**Schwer.** Geeignet für Selbstschrauber mit viel Erfahrung. 	**Sehr schwer.** Geeignet für Experten und Profis. 

Technische Daten

System-Typ	12 Volt, Minus an Masse
Sicherungen	beachten Sie die Hinweise auf den Sicherungsdeckeln und in den Schaltplänen am Ende dieses Kapitels

Lampen	*Typ*	*Leistung (Watt)*
Außenspiegel-Positionsleuchten	W5	5
Blinker	PY21W	21
Blinker-Seitenleuchte	W5W	5
Brems-/Rücklicht	P21/5	21/5
Handschuhfachbeleuchtung	W5W	5
Innenbeleuchtung	Soffitte	10
Kartenleselampe	BA9S	5
Kennzeichenbeleuchtung	W5W	5
Kofferraumbeleuchtung	W5W	5
Nebelscheinwerfer*	H8 oder H11	35 oder 55
Nebelschlusslicht	P21/5	21/5
Rückfahrleuchte	P21W	21
Rücklicht	P21/4W	4
Scheinwerfer		
Abblendlicht	H7	55
Fernlicht	H1	55
Kurvenlicht	H1	55
Standlicht	W5W	5
Zusatzbremsleuchte	W5W	5

* *Lampen müssen durch solche mit gleicher Leistung ersetzt werden – diese ist an ihrem Sockel angegeben.*

1 Allgemeine Informationen und Warnhinweise

Warnung: Bevor an der Elektrik gearbeitet wird, müssen die Hinweise in der Sektion »Sicherheit geht vor!« am Anfang dieses Handbuchs sowie am Anfang von Kapitel 5A, Sektion 1 durchgelesen werden.

1 Die Fahrzeug-Elektrik wird mit 12 Volt Spannung versorgt, Minus geht an Masse. Die Stromversorgung übernimmt ein Silber-Kalzium-Akkumulator, der von der Lichtmaschine geladen wird.
2 Dieses Kapitel beinhaltet Reparaturen und Wartungsarbeiten an den verschiedenen elektrischen Systemen, die nicht mit dem Ladesystem und der Motorsteuerung zu tun haben – diese finden sich in den Kapitel 5A).

Warnhinweise

Warnung: Bevor an der Elektrik gearbeitet wird, muss das Haupt-Massekabel (–) der Batterie getrennt werden, um Kurzschlüsse und dadurch entstehende Brände zu verhindern – beachten Sie dazu die Hinweise in Kapitel 5A, Sektion 4.

Warnung: Alle Modelle sind mit Airbags und Gurtstraffern ausgerüstet – beachten Sie daher bei Arbeiten an der Elektrik die Warnhinweise in Sektion 23, um die Systeme nicht auszulösen und kein Verletzungsrisiko einzugehen.

2 Elektrik-Fehlersuche – Allgemeine Informationen

Anmerkung: *Beachten Sie vor Arbeitsbeginn die Warnhinweise in Sektion 1. Die folgenden Tests beziehen sich auf Kontrollen der Hauptstromkreise und dürfen nicht bei empfindlichen Elektronik-Bauteilen wie dem ABS- oder anderen Steuergeräten durchgeführt werden.*

Allgemeines

1 Ein typischer Stromkreis besteht aus einem Verbraucher, entsprechenden Schaltern, Relais und Motoren sowie Kabeln und Steckern, die das Bauteil mit der Batterie und der Karosserie (Masse) verbinden. Zur Lokalisierung eines Problems und als Hilfe bei den Kabelfarben können die Schaltpläne am Ende des Kapitels beachtet werden.
2 Bevor Sie einen defekten Stromkreis untersuchen, müssen Sie den Schaltplan studieren, um ein vollständiges Bild über die Bestandteile des Stromkreises zu erhalten. Probleme können beispielsweise dadurch eingekreist werden, indem man andere zum Stromkreis gehörende Komponenten auf ihre Funktion überprüft. Wenn mehrere Komponenten eines Stromkreises gleichzeitig ausfallen, ist es sehr wahrscheinlich, dass der Fehler in der Sicherung oder einem defekten Haupt-Masseanschluss liegt, da mehrere Stromkreise oftmals an derselben Sicherung oder Masse angeschlossen sind.
3 Elektrikprobleme sind oftmals auf Kleinigkeiten wie lockere oder korrodierte Stecker, eine durchgebrannte Sicherung oder ein defektes Relais zurückzuführen. Bevor Komponenten getestet werden, sollten stets die Sicherungen, Kabel und Stecker des betroffenen Stromkreises einer Sichtkontrolle unterzogen worden sein. Damit das Problem lokalisiert werden kann, müssen mithilfe der Schaltpläne die richtigen Anschlüsse überprüft werden.
4 Für Kontrollen am elektrischen System empfiehlt sich ein Multimeter – ein Mehrfachmessgerät, mit dem sich Spannungs-, Stromstärken- und Widerstandsmessungen durchführen lassen. Leicht ablesbare digitale Ausführungen sind nicht teuer. Für einfache Prüfungen reicht auch ein Durchgangstester oder eine Prüflampe, doch können hiermit keine Messungen vorgenommen werden. Für manche Messungen werden zudem Überbrückungskabel benötigt, mit denen Verbraucher direkt an die Batterie geklemmt werden können. Bevor versucht wird, ein Problem mit Prüfgeräten zu lokalisieren, muss mithilfe der Schaltpläne herausgefunden werden, wo diese angeschlossen werden müssen.
5 Um die Ursache einer unterbrochenen Leitung zu entdecken (üblicherweise eine korrodierte oder verschmutzte Steckverbindung oder eine beschädigte Kabelisolierung), kann ein »Wackeltest« hilfreich sein; hierbei wird von Hand an Kabeln gewackelt, um festzustellen, ob dabei der Fehler auftritt oder kurzzeitig behoben wird. Hierbei sollte es möglich sein, die Fehlerquelle auf eine begrenzte Sektion des Kabels einzugrenzen. Diese Prüfmethode kann zusammen mit den in den folgenden Untersektionen beschriebenen Tests verwendet werden.
6 Abgesehen von Problemen aufgrund schlechter Verbindungen können in einem elektrischen Stromkreis zwei grundlegende Fehlertypen auftreten: eine Stromkreisunterbrechung und ein Kurzschluss.
7 Stromkreisunterbrechungen können durch Kabelbrüche, abgerissene oder abgezogene Stecker irgendwo im Stromkreis hervorgerufen werden, sodass der Strom nicht mehr fließt. Eine Stromkreisunterbrechung hindert eine Komponente an der Funktion, sorgt aber nicht dafür, dass eine Sicherung durchbrennt.
8 Bei Kurzschlüssen findet der Strom eine Abkürzung, um nicht durch die elektrische Komponente, sondern direkt zu Masse zu fließen. Kurzschluss-Fehler entstehen üblicherweise durch eine defekte Kabelisolierung, sodass ein Stromkabel direkt mit einer mit Masse verbundenen Komponente oder der Karosserie in Kontakt kommt. Ein Kurzschluss-Fehler sorgt normalerweise dafür, dass die entsprechende Stromkreis-Sicherung durchbrennt.

Durchgangsprüfungen

9 Bei diesem Test wird ermittelt, ob der Strom durch einen Stromkreis fließen kann. Zum Testen eignen sich ein Durchgangsprüfer (der bei geschlossenem Stromkreis piept) oder das auf den Ohm-Messbereich geschaltete Multimeter. Beide Geräte arbeiten mit einer eigenen Stromversorgung, sodass die Zündung abgeschaltet sein muss. Zur Sicherheit sollte auch der Haupt-Masseanschluss (–) der Batterie getrennt werden – ganz besonders, wenn das Zündsystem überprüft wird.
10 Schalten Sie das Multimeter auf die Durchgangsfunktion (falls vorhanden) oder den Ohm-Messbereich. Halten Sie die beiden Spitzen der Prüfkabel zusammen – das Gerät sollte jetzt durch Piepen oder eine angezeigte Null Durchgang erkennen lassen. Schalten Sie nach dem Prüfen das Gerät aus, damit sich die Batterie nicht entlädt.
11 Ein Durchgangsprüfer kann auf die gleiche Weise benutzt werden – entweder piept er oder eine Lampe leuchtet auf, wenn Durchgang besteht.
12 Bei normalen Durchgangsprüfungen ist die Polarität des Messgerätes egal, allerdings muss beim Prüfen von Dioden oder Magnetschaltern darauf geachtet werden, den genauen Hinweisen über das Verbinden des Plus- und des Minus-Kabels zu folgen.

Durchgangsprüfung am Schalter

13 Scheint ein Schalter defekt zu sein, müssen seine Kabel bis zum Stecker verfolgt werden. Trennen Sie den Stecker und überprüfen Sie, ob seine Kontakte in Ordnung sind. Verschmutzte oder korrodierte Kontakte können Gründe für das Problem sein – reinigen Sie sie und versehen Sie sie mit etwas wasserverdrängendem Lösungsmittel wie WD40 oder Kontaktreiniger und geeignetem Schutzspray.

14 Wird ein Multimeter verwendet, muss es entweder auf die Durchgangsfunktion (falls vorhanden) oder den Ohm-Messbereich geschaltet werden, dann werden die Prüfkabel-Spitzen mit den Steckerkontakten verbunden. Einfache An/Aus-Schalter wie Bremslichtschalter haben nur zwei Kontakte, während kombinierte Schalter wie diejenigen am Armaturenbrett oft über mehrere Kabelkontakte verfügen. Studieren Sie den entsprechenden Schaltplan (am Ende dieses Kapitels), um sicherzustellen, dass an den korrekten Kabelkontakten geprüft wird. Bei eingeschaltetem Schalter muss Durchgang bestehen, bei ausgeschaltetem Schalter darf kein Durchgang bestehen.

Durchgangsprüfung bei Kabeln

15 Viele elektrische Probleme sind auf beschädigte Kabel zurückzuführen, was oft an einer falschen Verlegung, Quetschung bei falscher Montage von Teilen sowie lockeren oder korrodierten Steckern liegt.

16 Eine Durchgangsprüfung kann an einem einzelnen Kabel durchgeführt werden, nachdem man es an beiden Enden getrennt und hier die Prüfklemmen angeschlossen hat. Ist ein Kabel in Ordnung, wird Durchgang angezeigt – besteht dieser nicht, wird das Kabel irgendwo gebrochen sein.

17 Um den Durchgang eines Massekabels zu Masse zu prüfen, wird eine Prüfklemme an den Massekontakt des Steckers und die andere an die Karosserie, den Motor oder (bei angeschlossenem Massekabel) an den Minuspol der Batterie gehalten. Sind das Kabel und sein Massekontakt in Ordnung, wird Durchgang angezeigt. Wird kein Durchgang festgestellt, wird ein Kabel gebrochen sein oder einen schlechten Massekontakt haben (siehe unten).

Spannungsprüfungen

18 Eine Spannungsprüfung kann belegen, ob der Strom einen Verbraucher erreicht. Schalten Sie das Multimeter auf den Volt-Messbereich für Gleichstrom (DC), um die Spannung des Gleichrichters oder hinter der Batterie zu prüfen, schalten sie es auf AC (Wechselstrom), um die Spannung der Lichtmaschine zu messen. Für den Gleichstrombereich kann auch eine einfache Prüflampe verwendet werden, doch das Messgerät hat den Vorteil, den Wert der Spannung anzuzeigen.

19 Verbinden Sie die Prüfklemmen parallel zur vorhandenen Verkabelung.

20 Identifizieren Sie zuerst den entsprechenden Stromkreis mithilfe des Schaltplans am Ende dieses Kapitels.

21 Wird ein Messgerät eingesetzt, muss zunächst sichergestellt sein, dass die Prüfklemmen korrekt daran angeschlossen sind – rot an Plus (+), schwarz an Minus (–). Schalten Sie das Messgerät auf den gewünschten Bereich (z. B. 0 bis 20 Volt DC). Verbinden Sie die rote Plusklemme mit dem stromführenden Kabel und die schwarze Minusklemme mit Masse am Motor oder der Karosserie oder dem Minuspol der Batterie. Bei eingeschalteten Schaltern muss beispielsweise Batteriespannung oder ein anderer in den technischen Daten angegebener Wert angezeigt werden.

22 Wird eine Prüflampe eingesetzt, muss die Plusklemme mit dem stromführenden Kabel und die Minusklemme mit Masse an Motor oder Karosserie oder dem Minuspol der Batterie verbunden werden – bei eingeschaltetem Stromkreis muss die Lampe leuchten.

23 Liegt keine Spannung an, muss man sich zur Stromquelle (z. B. der Batterie) vorarbeiten, um herauszufinden, wo das Problem liegt.

Masseprüfung

24 Masseverbindungen gibt es entweder direkt zur Befestigung an der Karosserie oder dem Motor (wie z. B. den Anlasser oder Zündspulen, die nur einen Steckerkontakt für Plus haben) oder über Kabel zum Massekabel an der Batterie. Auch kann ein kurzes Kabel vom Verbraucher direkt zur Karosserie verlegt sein. Das Bauteil und/oder die Karosserie ist also Teil des Stromkreises, sodass lockere oder korrodierte Verbindungen auch für elektrische Defekte – vom Totalausfall eines Stromkreises bis zu einem kniffligen Teilausfall – verantwortlich sind. Lampen können schwächer leuchten (vor allem, wenn andere Verbraucher in Betrieb sind, die den gleichen Massepunkt nutzen), Motoren (Scheibenwischer, Kühlventilator) langsamer laufen und der Betrieb eines Stromkreises kann eine scheinbar unzusammenhängende Wirkung auf einen anderen haben. Isolierte Komponenten wie die elastisch aufgehängte Motor/Getriebe-Einheit werden mithilfe von Massebändern mit der Karosserie verbunden.

25 Korrosion ist genauso ein verbreiteter Grund für eine schlechte Masseverbindung, wie es lockere Anschlüsse sind.

26 Fallen alle oder mehrere Verbraucher gleichzeitig aus, muss die Festigkeit des Haupt-Massekabels (–) an der Batterie überprüft werden, außerdem sind das an den Motor geschraubte Massekabel sowie die Massepunkte an der Karosserie zu kontrollieren. Bei Korrosion muss der Anschluss freigelegt und gereinigt werden, bis wieder blankes Metall zum Vorschein kommt. Verbinden Sie den Anschluss und tragen Sie etwas Polfett auf, um weiterem Rost vorzubeugen.

27 Um einen Verbraucher auf guten Masseschluss zu prüfen, muss sein Massekontakt oder sein Gehäuse übergangsweise mithilfe eines Überbrückungskabels mit der Karosserie verbunden werden – arbeitet der Verbraucher jetzt, ist sein Masseschluss defekt.

28 Prüfen Sie bei einem Massekabel zunächst seine Anschlüsse auf Korrosion und lockere Kontakte, kontrollieren Sie dann das Kabel auf Durchgang (siehe Schritt 13).

Praxis-Tipp

Bedenken Sie immer: Ein elektrischer Stromkreis soll Strom von der Quelle (der Batterie) durch Kabel, Schalter, Relais usw. zum Verbraucher (Lampe, Anlasser etc.) leiten, von dort aus geht es über die Masseverbindung zurück zur Batterie. Elektrische Probleme sind im wesentlichen Unterbrechungen dieses Stromflusses.

3 Sicherungen und Relais – Allgemeine Informationen

Sicherungen

1 Falls in einem Stromkreis eine zu hohe Stromstärke (z. B. aufgrund eines Kurzschlusses) fließt, die Verbraucher beschädigen kann, wird dieser durch die Sicherung unterbrochen.

2 Alle Mondeo-Modelle sind mit drei separaten Sicherungs-/Relais-Boxen ausgerüstet – eine links im Motorraum, eine weitere unter dem Handschuhfach (Generisches Elektronikmodul genannt) und eine dritte links im Kofferraum (siehe Abbildungen). Informationen zu den Positionen der jeweiligen Sicherungen und Relais und den Zuordnungen zu ihren jeweiligen Stromkreisen finden sich auf den Abdeckungen der Boxen sowie in den Schaltplänen am Ende dieses Kapitels.

3.2a Entfernen Sie die Abdeckung der Motorraum-Sicherungsbox.

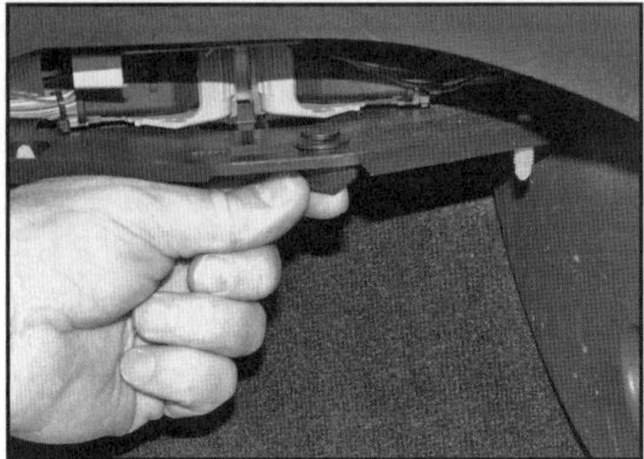

3.2b Drehen Sie unter dem Handschuhfach die Entriegelung um 90° ...

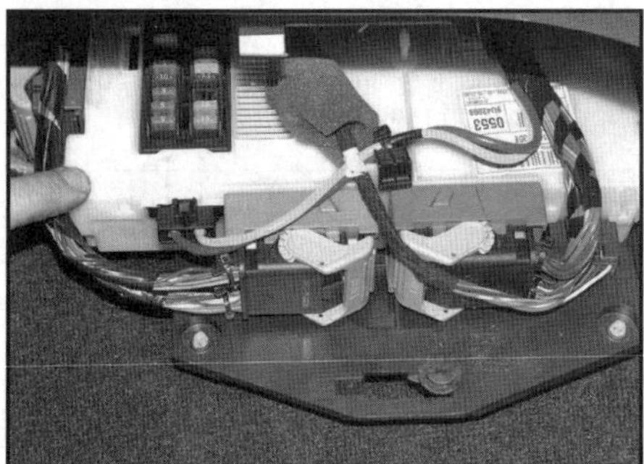

3.2c ... und senken Sie das Generische Elektronikmodul (GEM) ab.

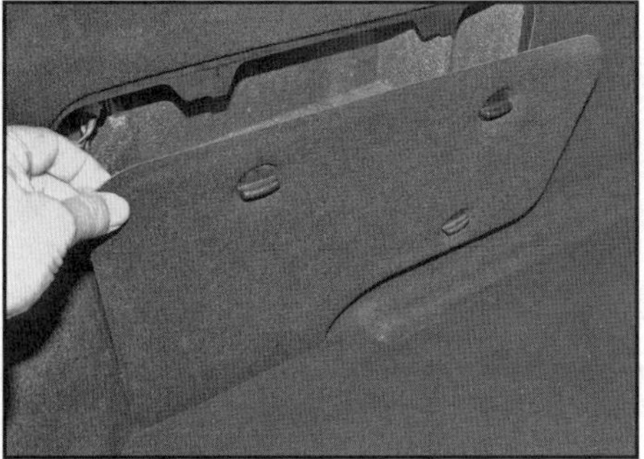

3.2d Drehen Sie die Verschlüsse der linken seitlichen Kofferraumverkleidung, um diese zu entfernen ...

3.2e ... und Zugang zur dritten Sicherungsbox zu erhalten.

3 Eine durchgebrannte Sicherung kann an der geschmolzenen Verbindung zwischen den beiden Steckkontakten erkannt werden (siehe Abbildung).

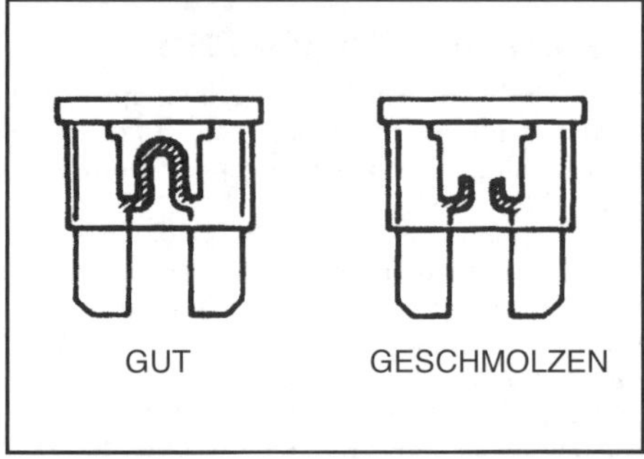

3.3 Die Sicherungen können mit einer Sichtkontrolle überprüft werden

4 Vor dem Ausbau einer Sicherung muss dafür gesorgt werden, dass der entsprechende Stromkreis abgeschaltet ist – sicherheitshalber sollte der Haupt-Masseanschluss (–) der Batterie getrennt werden (siehe Kapitel 5A, Sektion 4). Falls der Grund für den Ausfall der Sicherung bereits gefunden werden kann, sollte er beseitigt werden.
5 Ziehen Sie die Sicherung mit dem beigefügten Werkzeug oder einer Spitzzange heraus (siehe Abbildung).

3.5 Ziehen Sie die Sicherung mit dem beigefügten Werkzeug oder einer Spitzzange heraus

6 Verwenden Sie nur Ersatzsicherungen der gleichen Absicherungsrate. Auch eine kurzzeitig eingesetzte »stärkere« Sicherung oder Notreparaturen mit einem Stück Draht können größere Schäden bis hin zum Brand nach sich ziehen. Sicherungen sind mit unterschiedlichen Farben durchgefärbt, die auf die Absicherungsrate hinweisen.
7 Falls eine neue Sicherung sofort wieder durchbrennt, muss vor einem erneuten Austausch die Ursache dafür gefunden werden. Übermäßig viel Strom fließt normalerweise aufgrund

einer defekten Komponente oder eines Kurzschlusses (siehe Sektion 2). Führen Sie stets Ersatzsicherungen der entsprechenden Absicherungsraten mit – je eine von jeder Rate muss in der Sicherungsbox sitzen.

Relais

8 Die Haupt-Relais befinden sich in den Sicherungs- und Relaisboxen im Motorraum, unter dem Handschuhfach und im Kofferraum (siehe Schritt 2).
9 Falls ein von einem Relais kontrollierter Stromkreis einen Fehler aufweist, der dem Relais zugeschrieben werden kann, muss er eingeschaltet werden – bei einem funktionsfähigen Relais sollte ein Klicken zu hören sein, sodass der Fehler in den Bauteilen oder der Verkabelung zu suchen ist. Falls das Relais nicht klickt, ist es entweder von der Stromversorgung getrennt oder weist einen internen Defekt auf. Ein Test erfolgt durch den Austausch gegen ein erwiesenermaßen funktionsfähiges Relais gleicher Bauart – andere Relais können genauso aussehen, aber unterschiedliche Kontaktbelegungen aufweisen.
10 Um ein Relais zu ersetzen, muss zunächst sichergestellt sein, dass die Zündung abgeschaltet ist. Ziehen Sie dann das Relais aus seinem Sockel und drücken Sie das neue Relais sorgfältig hinein.

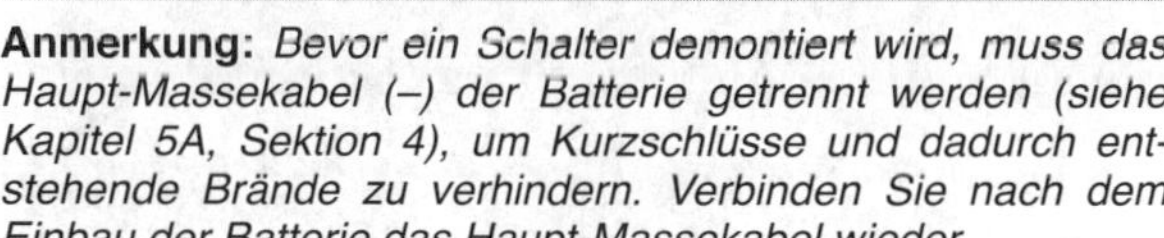

4 Schalter – Ausbau und Einbau

Anmerkung: *Bevor ein Schalter demontiert wird, muss das Haupt-Massekabel (–) der Batterie getrennt werden (siehe Kapitel 5A, Sektion 4), um Kurzschlüsse und dadurch entstehende Brände zu verhindern. Verbinden Sie nach dem Einbau der Batterie das Haupt-Massekabel wieder.*

Zündschloss/Lenkschloss

Lenkschlosszylinder

1 Entfernen Sie die obere und untere Lenksäulenabdeckung (siehe Kapitel 11, Sektion 27).
2 Trennen Sie den Stecker des Wegfahrsperren-Empfängers und befreien Sie ihn von der Zündschloss-Baugruppe (siehe Abbildung).

4.2 Trennen Sie den Stecker des Wegfahrsperren-Empfängers und befreien Sie ihn vom Zündschloss.

3 Stecken Sie den Zündschlüssel ein und drehen Sie ihn auf die Position I.
4 Drücken Sie mit einem kleinen Schraubendreher den Arretierstift vorn am Zündschlossgehäuse ein und ziehen Sie den Schlosszylinder mit dem Zündschlüssel heraus (siehe Abbildung).

4.4 Drücken Sie den Arretierstift vorn am Zündschlossgehäuse ein und ziehen Sie den Schlosszylinder mit dem Zündschlüssel heraus.

5 Drücken Sie den Schlosszylinder beim Einbau mit dem in Position I stehenden Zündschlüssel in das Gehäuse, bis der Arretierstift einrastet, drehen Sie den Zündschlüssel auf Position 0 und ziehen Sie ihn ab.

Zündschalter

Achtung: Demontieren Sie den Zündschalter nicht bei entferntem Lenkschloss!
6 Entfernen Sie die obere und untere Lenksäulenabdeckung (siehe Kapitel 11, Sektion 27).
7 Heben Sie hinten am Zündschalter mit einem kleinen Schraubendreher die Sicherungslasche des Steckers an und ziehen Sie diesen ab.
8 Lösen Sie mit dem Schraubendreher jetzt die Arretierlaschen des Schalters oben und unten an der Lenksäule und entfernen Sie ihn (siehe Abbildung).

4.8 Befreien Sie die Zündschalter-Laschen und trennen Sie ihn von der Lenksäule.

9 Der Einbau entspricht der umgekehrten Ausbaureihenfolge – der Schalter muss korrekt einrasten.

Lenksäulenschalter

10 Entfernen Sie die obere und untere Lenksäulenabdeckung (siehe Kapitel 11, Sektion 27).
11 Lösen Sie die zwei Schrauben, die den jeweiligen Schalter am Schaltergehäuse sichern (siehe Abbildung).

4.11 Befestigungsschrauben eines Schalters am Schaltergehäuse

12 Heben Sie mit einem kleinen Schraubendreher die Kunststofflasche oben am Schalter an und ziehen Sie ihn aus dem Gehäuse (siehe Abbildungen).

4.12a Heben Sie die Kunststofflasche oben am Schalter an ...

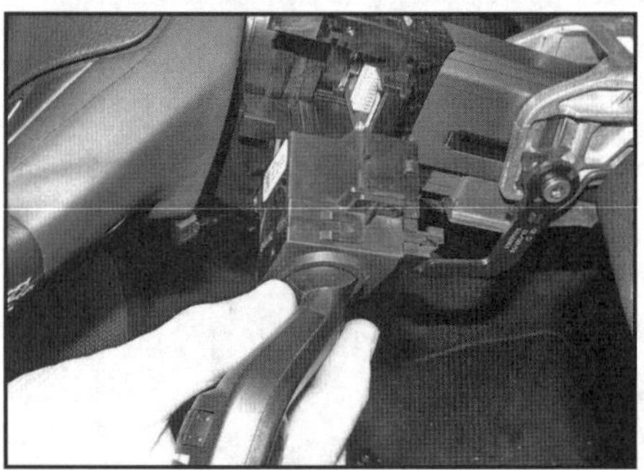

4.12b ... und ziehen Sie ihn aus dem Gehäuse.

13 Der Einbau entspricht der umgekehrten Ausbaureihenfolge.

Außen-Lichtschalter

14 Hebeln Sie an der Fahrerseite mit einem geeigneten Werkzeug vorsichtig die seitliche Armaturenbrett-Verkleidung ab (siehe Abbildung).

4.14 Hebeln Sie an der Fahrerseite vorsichtig die seitliche Armaturenbrett-Verkleidung ab.

15 Greifen Sie durch die Öffnung ins Armaturenbrett und drücken Sie die obere und untere Lasche der Lichtschalter-Baugruppe zusammen (siehe Abbildungen).

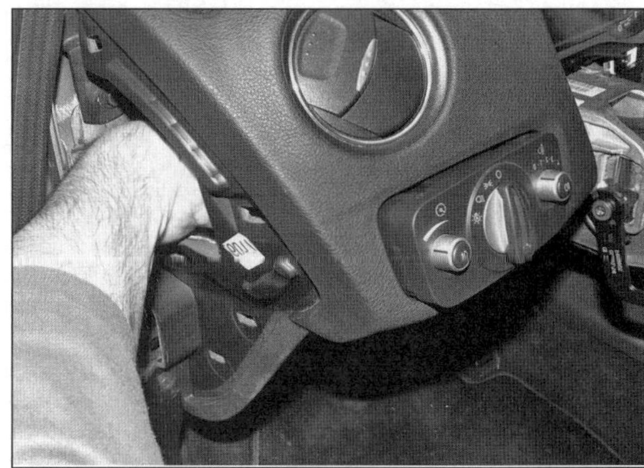

4.15a Greifen Sie durch die Öffnung ins Armaturenbrett ...

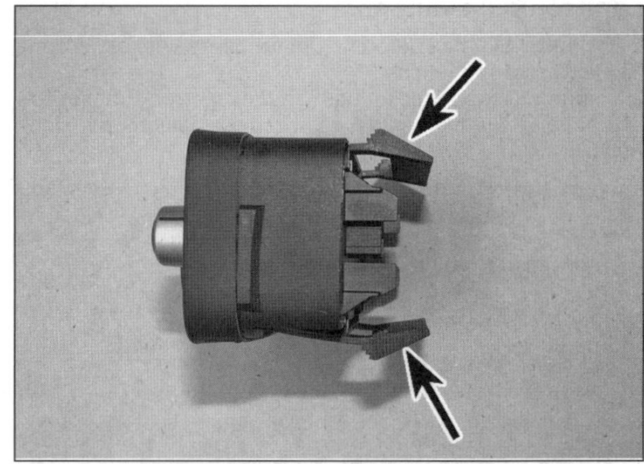

4.15b ... und drücken Sie die obere und untere Lasche der Lichtschalter-Baugruppe zusammen

16 Ziehen Sie die Schalter-Baugruppe aus dem Armaturenbrett, trennen Sie den Stecker und entnehmen Sie den Schalter (siehe Abbildung).

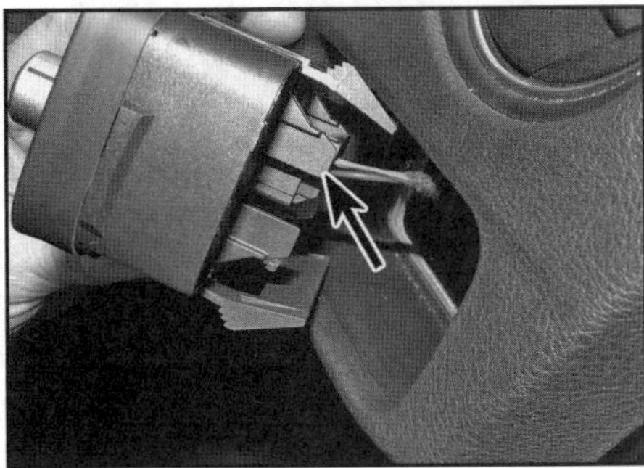

4.16 Ziehen Sie die Schalter-Baugruppe aus dem Armaturenbrett und trennen Sie den Stecker.

17 Der Einbau entspricht der umgekehrten Ausbaureihenfolge.

Mittlere Armaturenbrett-Schalter

Anmerkung: Bei Modellen mit integriertem Navigationsgerät muss zunächst das Audiosystem ausgebaut werden (siehe Sektion 17).

18 Heben Sie die Mittelkonsolen-Abdeckung unter dem Aschenbecher heraus (siehe Abbildung).

4.18 Heben Sie die Mittelkonsolen-Abdeckung unter dem Aschenbecher heraus.

19 Drehen Sie bei Modellen mit Schaltgetriebe den Schalthebel-Knauf ab und befreien Sie dann den Rahmen der Schalthebel-Manschette. Heben Sie die Manschette und den Rückwärtsgang-Sperrmechanismus über den Schalthebelschaft ab (siehe Abbildungen).

4.19a Drehen Sie den Schalthebel-Knauf ab, ...

4.19b .... befreien Sie den Rahmen der Schalthebel-Manschette ...

4.19c ... und heben Sie sie samt Rückwärtsgang-Sperrmechanismus über den Schalthebelschaft ab.

20 Befreien Sie bei Modellen mit Automatikgetriebe die Wahlhebel-Blende aus der Mittelkonsole.

21 Ziehen Sie die Mittelkonsole hinten beginnend zum Lösen der Clips vorsichtig hoch und befreien Sie ihre vorderen Laschen (siehe Abbildung). Trennen Sie alle vorhandenen Kabelstecker. Führen Sie bei Modellen mit Automatikgetriebe die Wahlhebel-Blende durch das obere Teil der Mittelkonsole.

4.21 Ziehen Sie die Mittelkonsole vorsichtig hoch, um die Clips zu befreien.

22 Hebeln Sie bei Modellen bis 04/2010 vorsichtig die zwei seitlichen Dreieck-Segmente aus der mittleren Schalterkonsole. Trennen Sie ggf. den Stecker des POWER-Knopfs (siehe Abbildung). Lösen Sie bei Modellen ab 04/2010 vorsichtig die unter dem Armaturenbrett-Mittelteil sitzenden seitlichen Verkleidungen. Trennen Sie ggf. den Stecker des POWER-Knopfs.

4.22 Hebeln Sie beide Dreieck-Segmente aus der mittleren Schalterkonsole und trennen Sie ggf. den Stecker des POWER-Knopfs – gezeigt an einem Rechtslenker-Modell

23 Lösen Sie die sechs Schrauben der mittleren Schalterkonsole und befreien Sie es aus dem Armaturenbrett; trennen Sie alle Kabelstecker und entnehmen Sie die Konsole (siehe Abbildungen).

4.23a Lösen Sie die sechs Schrauben, ...

4.23b ... befreien Sie die mittlere Schalterkonsole ...

4.23c ... und trennen Sie alle Kabelstecker.

24 Drücken Sie die Laschen an der Rückseite des jeweiligen Schalters zusammen und befreien Sie ihn aus der Konsole (siehe Abbildungen).

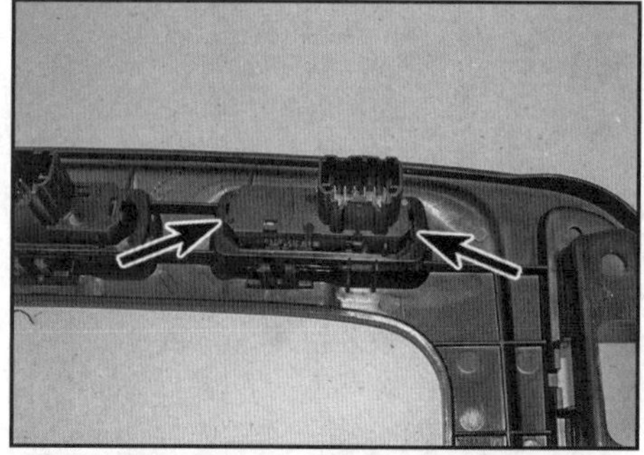

4.24a Drücken Sie die Laschen zusammen ...

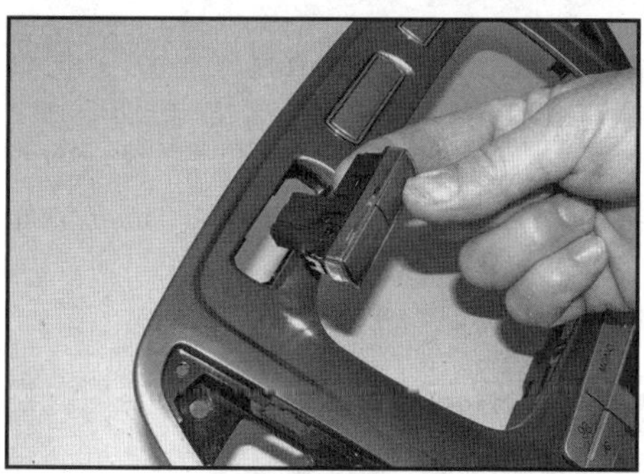

4.24b ... und befreien Sie den Schalter aus der Konsole.

25 Der Einbau entspricht der umgekehrten Ausbaureihenfolge.

Mittelkonsolen-Schalter

26 Befreien Sie das Mittelkonsolen-Oberteil (Schritte 18 bis 21).

27 Drücken Sie die Laschen an der Rückseite der Schalter-Baugruppe zusammen und befreien Sie sie aus der Konsole (siehe Abbildung).

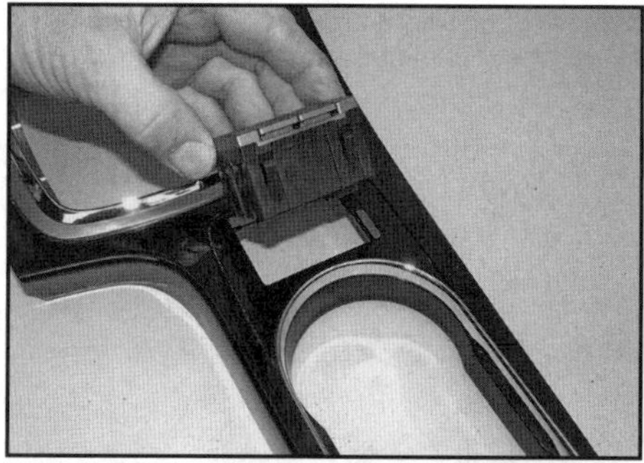

4.27 Drücken Sie die Laschen zusammen und befreien Sie die Schalter-Baugruppe aus der Konsole.

28 Der Einbau entspricht der umgekehrten Ausbaureihenfolge.

Klimaanlagen- und Lüftungsschalter

29 Diese Schalter sind Bestandteile der Heizungsregler-Konsole, deren Aus- und Einbau in Kapitel 3, Sektion 10 beschrieben ist.

Elektrische Fensterheber

Fahrerseite

30 Hebeln Sie bei der Fahrertür vorsichtig den oberen Rand der Fenster/Außenspiegel-Schalterkonsole an, ziehen Sie die Konsole heraus und trennen Sie den Kabelstecker (siehe Abbildungen).

4.30a Hebeln Sie den oberen Rand der Fenster/Außenspiegel-Schalterkonsole an, ...

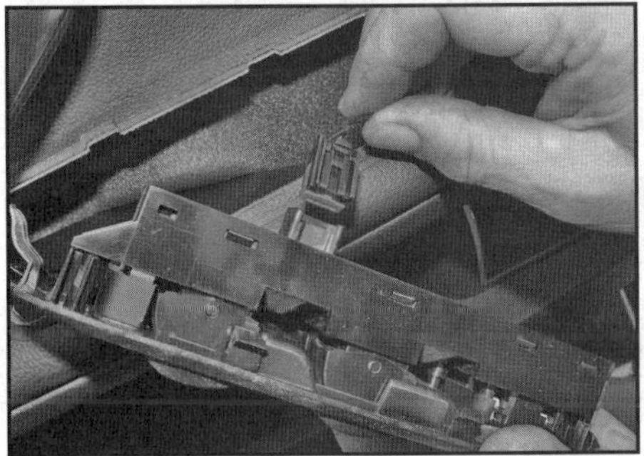

4.30b ... ziehen Sie die Konsole heraus und trennen Sie den Kabelstecker.

31 Der Einbau entspricht der umgekehrten Ausbaureihenfolge.

Beifahrerseite

32 Befreien Sie mit einem kleinen Schraubendreher die Kappe aus der Türöffner-Mulde und lösen Sie die dahinter sitzende Schraube. Betätigen Sie den Türöffner und entfernen Sie die Mulde aus der Tür – trennen Sie dabei den Stecker, sobald der zugänglich wird (siehe Abbildungen).

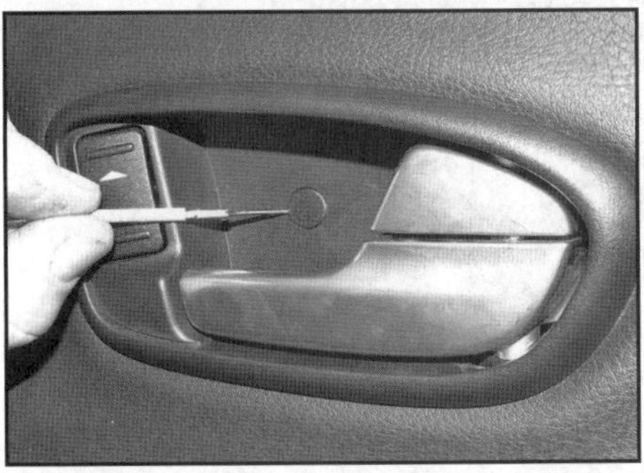

4.32a Befreien Sie die Kappe aus der Türöffner-Mulde ...

4.32b ... und lösen Sie die dahinter sitzende Schraube.

4.32c Betätigen Sie den Türöffner und entfernen Sie die Mulde aus der Tür ...

4.32d ... – trennen Sie dabei den Stecker, sobald der zugänglich wird.

33 Drücken Sie die Laschen an der Rückseite des Schalters und ziehen Sie diesen aus der Türmulde (siehe Abbildungen).

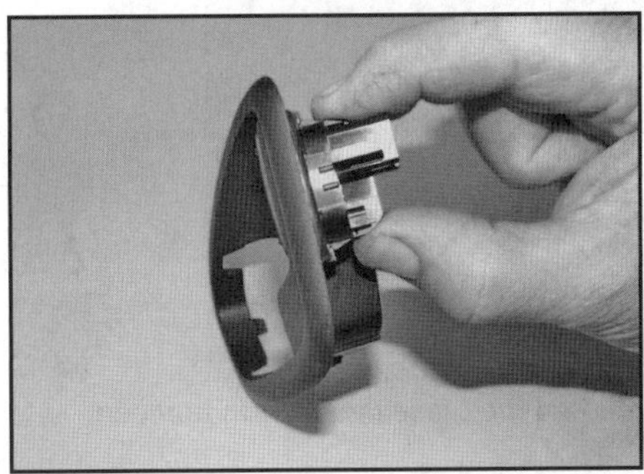

4.33a Drücken Sie die Laschen an der Rückseite des Schalters ...

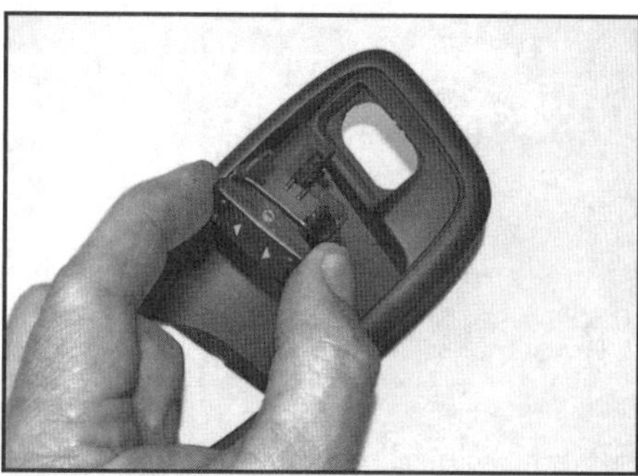

4.33b ... und ziehen Sie diesen aus der Türmulde.

34 Der Einbau entspricht der umgekehrten Ausbaureihenfolge.

Außenspiegel-Schalter

35 Der Außenspiegel-Schalter ist in die Fenster/Außenspiegel-Schalterkonsole integriert, deren Aus- und Einbau in den Schritten 30 und 31 beschrieben ist.

POWER-Knopf

Modelle bis 04/2010

36 Hebeln Sie vorsichtig die zwei seitlichen Dreieck-Segmente aus der mittleren Schalterkonsole und trennen Sie den Stecker des POWER-Knopfs (Abb. 4.22).

37 Drücken Sie die Laschen an der Rückseite des Schalters zusammen und ziehen Sie diesen nach vorn aus dem Verkleidungsteil (siehe Abbildungen).

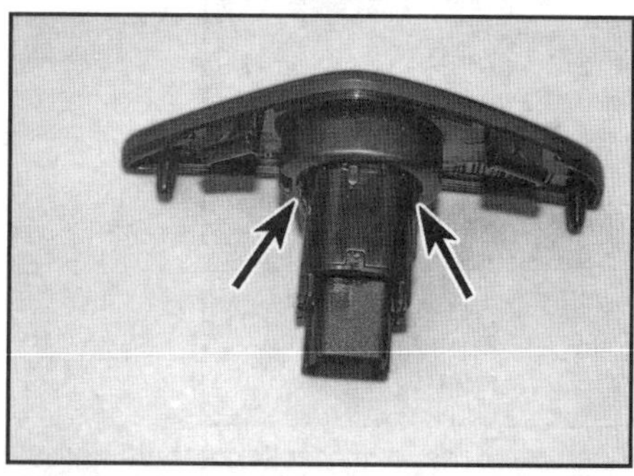

4.37a Drücken Sie die Laschen an der Rückseite des POWER-Schalters zusammen ...

4.37b .... und ziehen Sie diesen nach vorn aus dem Verkleidungsteil.

38 Der Einbau entspricht der umgekehrten Ausbaureihenfolge.

Modelle ab 04/2010

39 Befreien Sie die mittlere Schalterkonsole (Schritte 18 bis 21).

40 Lösen Sie vorsichtig die Seitenblende um und unter der Mittelkonsole. Trennen Sie den Stecker des POWER-Knopfs.

41 Drücken Sie die Laschen an der Rückseite des Schalters zusammen und ziehen Sie diesen nach vorn aus dem Verkleidungsteil (Abb. 4.37a und b)

42 Der Einbau entspricht der umgekehrten Ausbaureihenfolge.

Lenkradschalter

43 Entfernen Sie den Fahrer-Airbag (siehe Sektion 24).

44 Lösen Sie die vordere und die hinteren Schrauben des jeweiligen Schaltersegments (siehe Abbildungen).

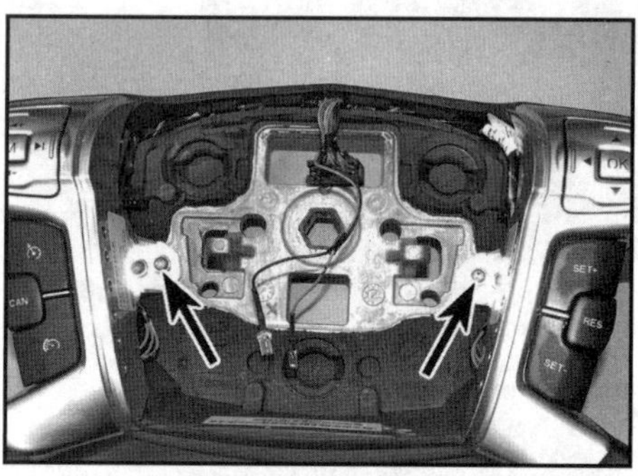

4.44a Vordere Lenkradschalter-Schraube ...

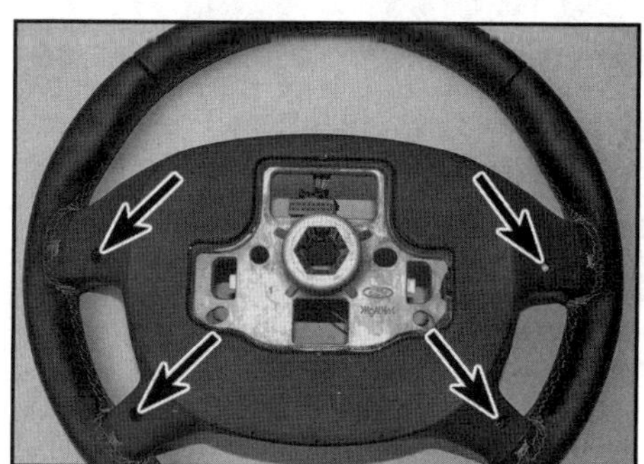

4.44b ... und hintere Schrauben

45 Ziehen Sie die entsprechende Schalterb-Baugruppe aus dem Lenkrad und trennen Sie die Kabelstecker (siehe Abbildungen).

4.45a Ziehen Sie die entsprechende Schalterb-Baugruppe aus dem Lenkrad ...

4.45b ... und trennen Sie die Kabelstecker.

46 Der Einbau entspricht der umgekehrten Ausbaureihenfolge.

Handbremsen-Warnschalter
47 Beachten Sie hierzu die Hinweise in Kapitel 9, Sektion 18.

Bremslichtschalter
48 Beachten Sie hierzu die Hinweise in Kapitel 9, Sektion 17.

Bremspedal-Positionsschalter
49 Beachten Sie hierzu die Hinweise in Kapitel 9, Sektion 17.

Kupplungspedal-Positionsschalter
50 Beachten Sie hierzu die Hinweise in Kapitel 6, Sektion 7.

Kupplungspedal-Aktivierungsschalter
51 Beachten Sie hierzu die Hinweise in Kapitel 6, Sektion 7.

5 Lampen (außen) – Ersetzen

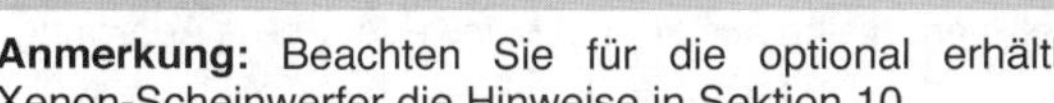

Anmerkung: Beachten Sie für die optional erhältlichen Xenon-Scheinwerfer die Hinweise in Sektion 10.

1 Beachten Sie beim Austauschen von Lampen die folgenden Punkte:

a) *Bedenken Sie, dass Lampen im Betrieb sehr heiß werden und etwas Zeit zum Abkühlen brauchen.*
b) *Kontrollieren Sie stets die Kontakte der Lampe und des Sockels. Entfernen Sie Korrosion und Schmutz, damit guter Kontakt sichergestellt werden kann.*
c) *Achten Sie bei Lampen mit Bajonettverriegelung darauf, dass die Kontaktplatte im Sockel mit Federkraft gegen die Lampe drücken kann.*
d) *Achten Sie auf die korrekte Watt-Stärke der neuen Lampe – dies gilt vor allem für die Nebelscheinwerfer.*
e) *Fassen Sie das Glas nicht direkt mit den Fingern an bzw. reinigen Sie das Glas nach dem Einbau.*

Konventionelle Lampen im Scheinwerfergehäuse

2 Demontieren Sie das entsprechende Scheinwerfergehäuse (siehe Sektion 7).

Halogen-Abblendlampen

3 Drücken Sie hinten am Scheinwerfer die zwei Laschen der Abdeckung herunter und entfernen Sie diese (siehe Abbildung).

5.3 Drücken Sie die zwei Laschen der Abdeckung herunter und entfernen Sie diese.

4 Drücken Sie die Lasche unten am Stecker, um diesen von der Lampe zu ziehen (siehe Abbildungen).

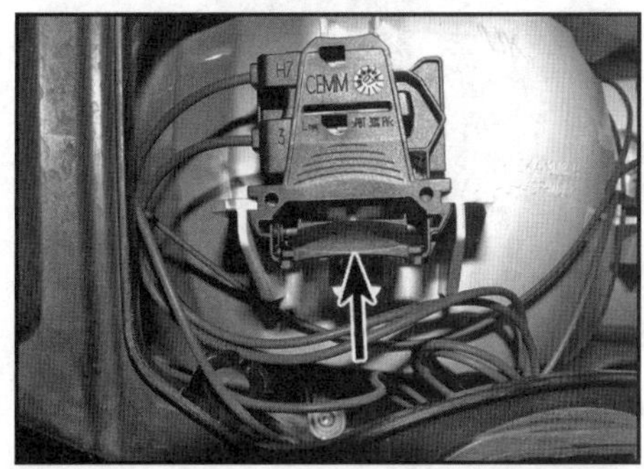

5.4a Drücken Sie die Lasche unten am Stecker ...

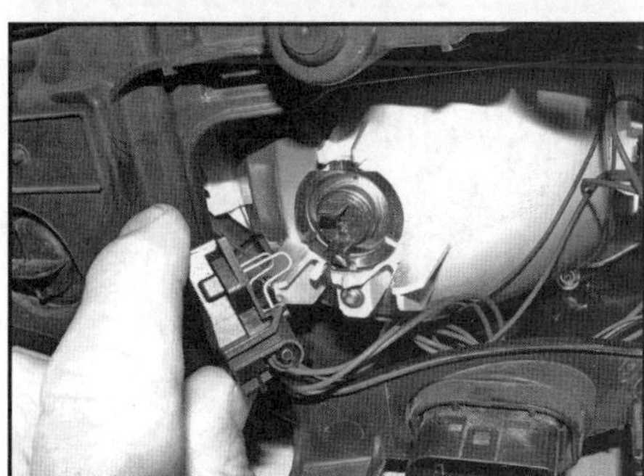

5.4b ... und ziehen Sie diesen von der Abblendlampe.

5 Befreien Sie die Lampe aus dem Scheinwerfer (siehe Abbildung).

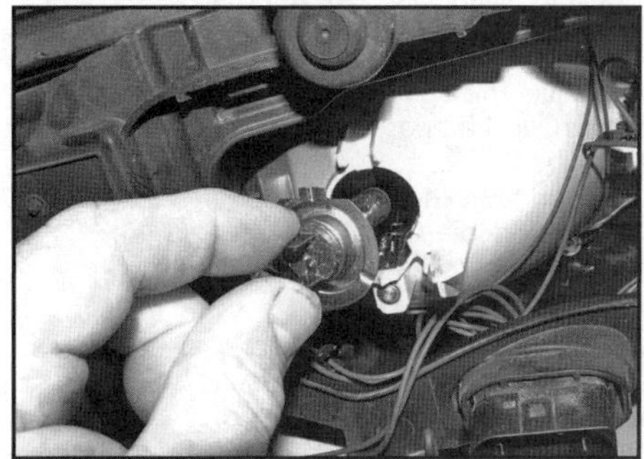

5.5 Befreien Sie die Lampe aus dem Scheinwerfer.

6 Berühren Sie das Glas der neuen Lampe nicht mit den Fingern, sondern halten Sie sie mit einem sauberen Tuch (Fett und

Schmutz wird Brandflecken hinterlassen und den Verschleiß der Lampe beschleunigen) – wischen Sie Fingerabdrücke ggf. mit einem mit Spiritus getränktem Tuch ab.
7 Führen Sie die neue Lampe korrekt ausgerichtet in den Scheinwerfer ein.
8 Schließen Sie den Stecker an und sichern Sie ihn am Scheinwerfer. Stecken Sie die Abdeckung auf.
9 Montieren Sie den Scheinwerfer (siehe Sektion 7).

Halogen-Fernlichtlampe

10 Drücken Sie hinten am Scheinwerfer die zwei Laschen der Abdeckung herunter und entfernen Sie diese (Abb. 5.3).
11 Drücken Sie die Lasche unten am Stecker, um diesen von der Lampe zu ziehen (siehe Abbildung).

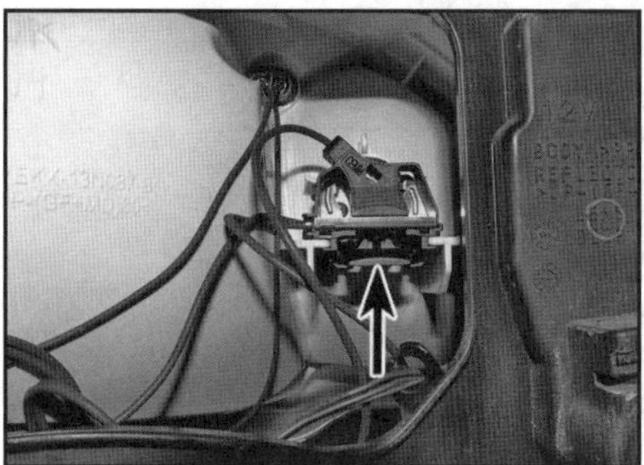

5.11 Drücken Sie die Lasche und ziehen Sie den Stecker von der Fernlichtlampe.

12 Befreien Sie die Lampe aus dem Scheinwerfer (siehe Abbildung).

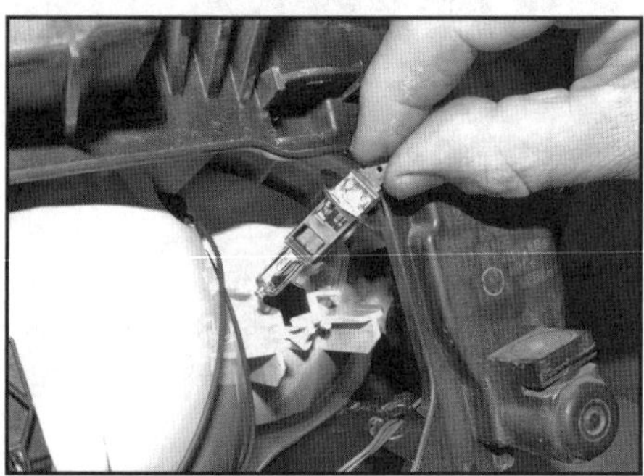

5.12 Befreien Sie die Lampe aus dem Scheinwerfer.

13 Berühren Sie das Glas der neuen Lampe nicht mit den Fingern, sondern halten Sie sie mit einem sauberen Tuch (Fett und Schmutz wird Brandflecken hinterlassen und den Verschleiß der Lampe beschleunigen) – wischen Sie Fingerabdrücke ggf. mit einem mit Spiritus getränktem Tuch ab.
14 Führen Sie die neue Lampe korrekt ausgerichtet in den Scheinwerfer ein.
15 Schließen Sie den Stecker an und sichern Sie ihn am Scheinwerfer. Stecken Sie die Abdeckung auf.
16 Montieren Sie den Scheinwerfer (siehe Sektion 7).

Standlichtlampe

17 Drücken Sie hinten am Scheinwerfer die zwei Laschen der Abdeckung herunter und entfernen Sie diese (Abb. 5.3).
18 Hebeln Sie mit einem kleinen Schraubendreher den Standlicht-Lampenhalter aus dem Scheinwerfer (siehe Abbildung).

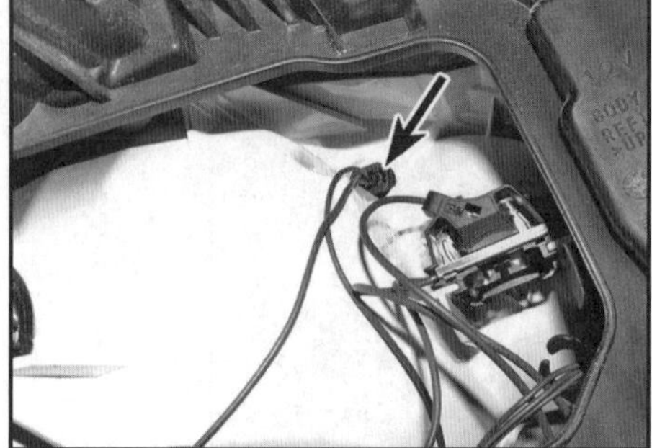

5.18 Hebeln Sie den Standlicht-Lampenhalter aus dem Scheinwerfer.

19 Ziehen Sie die sockellose Lampe aus dem Halter und ersetzen Sie sie durch ein Neuteil (siehe Abbildung).

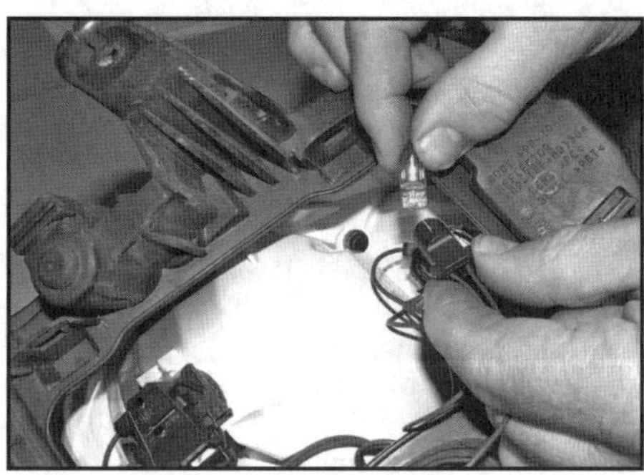

5.19 Ziehen Sie die sockellose Lampe aus dem Halter.

20 Drücken Sie den Lampenhalter in den Scheinwerfer und stecken Sie die Abdeckung auf. Montieren Sie den Scheinwerfer (siehe Sektion 7).

Blinkerlampe

21 Drehen Sie den Lampenhalter gegen den Uhrzeigersinn und befreien Sie ihn aus dem Scheinwerfer (siehe Abbildung).

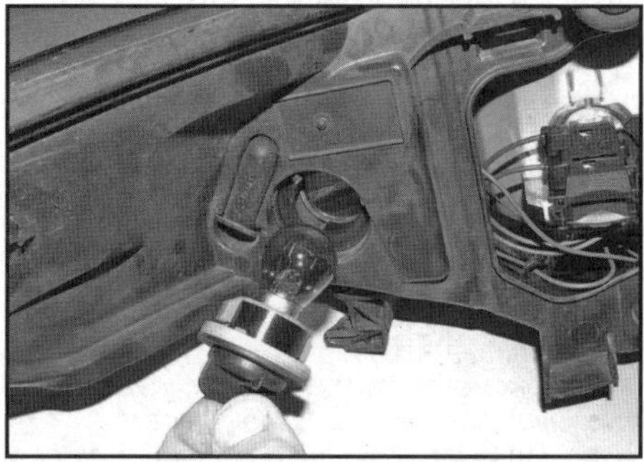

5.21 Drehen Sie den Blinkerlampenhalter gegen den Uhrzeigersinn, um ihn zu befreien.

22 Drücken Sie die Lampe in den Halter, drehen Sie sie gegen den Uhrzeigersinn und befreien Sie sie (siehe Abbildung).

5.22 Drücken Sie die Lampe herunter, drehen Sie sie gegen den Uhrzeigersinn und befreien Sie sie.

23 Installieren Sie die neue Lampe und verdrehen Sie sie nach rechts, um sie zu sichern. Installieren Sie den Lampenhalter in den Scheinwerfer und verdrehen Sie auch ihn nach rechts, um ihn zu sichern.
24 Montieren Sie den Scheinwerfer (siehe Sektion 7).

Projektionsscheinwerfer

25 Demontieren Sie das entsprechende Scheinwerfergehäuse (siehe Sektion 7).

Halogen-Abblendlampen

26 Drücken Sie hinten am Scheinwerfer die zwei Laschen der Abdeckung herunter und entfernen Sie diese (siehe Abbildung).

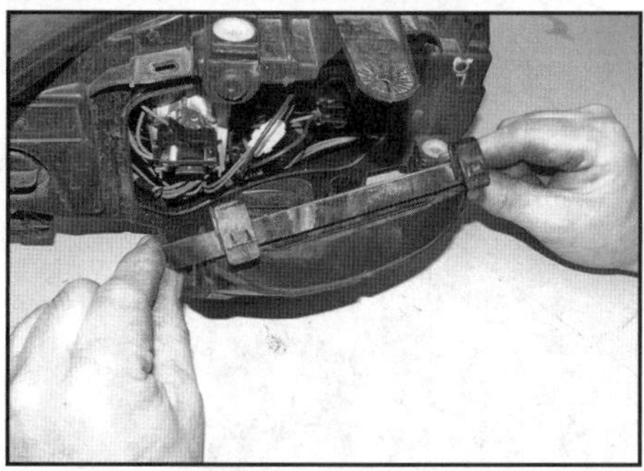

5.26 Drücken Sie die zwei Laschen der Abdeckung herunter und entfernen Sie diese.

27 Ziehen Sie den Stecker von der Lampe (siehe Abbildung).

5.27 Ziehen Sie den Stecker von der Lampe.

28 Lösen Sie den Drahtbügel und befreien Sie die Lampe aus dem Scheinwerfer (siehe Abbildungen).

5.28a Lösen Sie den Drahtbügel ...

5.28b ... und befreien Sie die Lampe aus dem Scheinwerfer.

29 Berühren Sie das Glas der neuen Lampe nicht mit den Fingern, sondern halten Sie sie mit einem sauberen Tuch (Fett und Schmutz wird Brandflecken hinterlassen und den Verschleiß der Lampe beschleunigen) – wischen Sie Fingerabdrücke ggf. mit einem mit Spiritus getränktem Tuch ab.
30 Führen Sie die neue Lampe korrekt ausgerichtet in den Scheinwerfer ein.
31 Sichern Sie die Lampe mit dem Drahtbügel und schließen Sie den Stecker an.
32 Stecken Sie die Abdeckung auf. Montieren Sie den Scheinwerfer (siehe Sektion 7).

Halogen-Fernlichtlampe

33 Drücken Sie hinten am Scheinwerfer die zwei Laschen der Abdeckung herunter und entfernen Sie diese (Abb. 5.26).
34 Drücken Sie die Lasche unten am Stecker, um diesen samt Lampe aus dem Scheinwerfer zu ziehen (siehe Abbildungen).

5.34a Drücken Sie die Lasche unten am Stecker ...

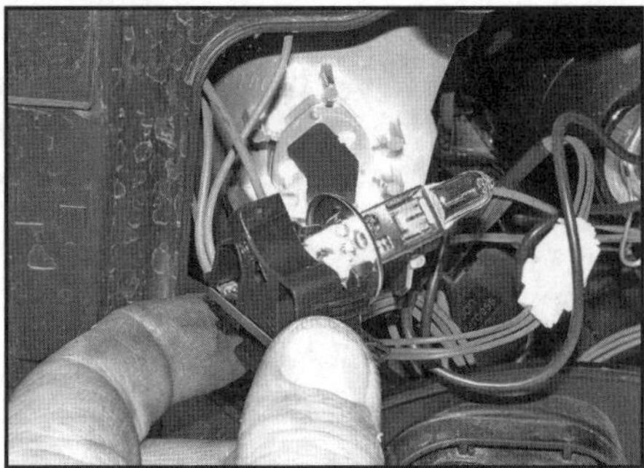

5.34b ... und ziehen Sie diesen samt Fernlichtlampe aus dem Scheinwerfer.

35 Halten Sie den Stecker und ziehen Sie die Lampe heraus (siehe Abbildung).

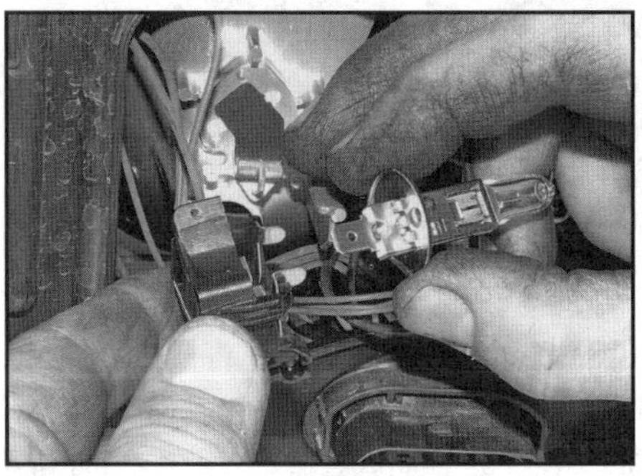

5.35 Halten Sie den Stecker und ziehen Sie die Lampe heraus.

36 Berühren Sie das Glas der neuen Lampe nicht mit den Fingern, sondern halten Sie sie mit einem sauberen Tuch (Fett und Schmutz wird Brandflecken hinterlassen und den Verschleiß der Lampe beschleunigen) – wischen Sie Fingerabdrücke ggf. mit einem mit Spiritus getränktem Tuch ab.
37 Stecken Sie die neue Lampe in den Stecker und führen Sie diesen korrekt ausgerichtet in den Scheinwerfer ein.
38 Stecken Sie die Abdeckung auf. Montieren Sie den Scheinwerfer (siehe Sektion 7).

Kurvenlicht

39 Entfernen Sie die runde Abdeckung an der Seite des Scheinwerfers (siehe Abbildung).

5.39 Entfernen Sie die runde Abdeckung an der Seite des Scheinwerfers

40 Drücken Sie die Lasche unten am Stecker, um diesen von der Lampe zu ziehen (siehe Abbildungen).

5.40a Drücken Sie die Lasche unten am Stecker ...

5.40b ... und ziehen Sie diesen von der Kurvenlichtlampe.

41 Befreien Sie die Lampe aus dem Scheinwerfer (siehe Abbildung).

5.41 Befreien Sie die Lampe aus dem Scheinwerfer.

42 Berühren Sie das Glas der neuen Lampe nicht mit den Fingern, sondern halten Sie sie mit einem sauberen Tuch (Fett und Schmutz wird Brandflecken hinterlassen und den Verschleiß der Lampe beschleunigen) – wischen Sie Fingerabdrücke ggf. mit einem mit Spiritus getränktem Tuch ab.
43 Führen Sie die neue Lampe korrekt ausgerichtet in den Scheinwerfer ein.
44 Schließen Sie den Stecker an und sichern Sie ihn am Scheinwerfer. Stecken Sie die Abdeckung auf.
45 Montieren Sie den Scheinwerfer (siehe Sektion 7).

Standlichtlampe

46 Drücken Sie hinten am Scheinwerfer die zwei Laschen der Abdeckung herunter und entfernen Sie diese (Abb. 5.26).
47 Hebeln Sie den Standlicht-Lampenhalter aus dem Scheinwerfer (siehe Abbildung).

5.47 Hebeln Sie den Standlicht-Lampenhalter aus dem Scheinwerfer.

48 Ziehen Sie die sockellose Lampe aus dem Halter und ersetzen Sie sie durch ein Neuteil (siehe Abbildung).

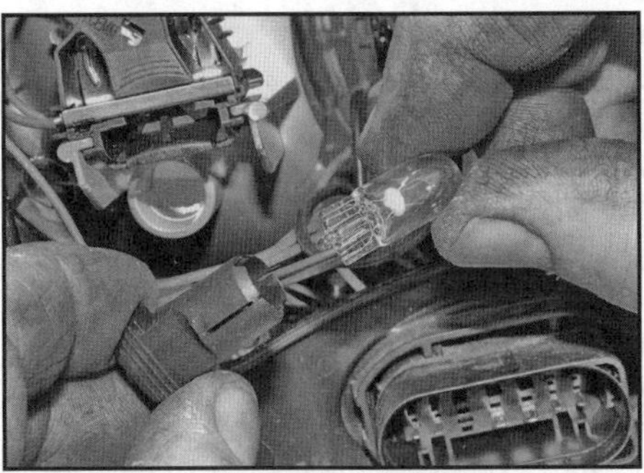

5.48 Ziehen Sie die sockellose Lampe aus dem Halter.

49 Drücken Sie den Lampenhalter in den Scheinwerfer und stecken Sie die Abdeckung auf. Montieren Sie den Scheinwerfer (siehe Sektion 7).

Blinkerlampe

50 Drehen Sie den Lampenhalter gegen den Uhrzeigersinn und befreien Sie ihn aus dem Scheinwerfer (Abb. 5.21).
51 Drücken Sie die Lampe in den Halter, drehen Sie sie gegen den Uhrzeigersinn und befreien Sie sie (Abb. 5.22).
52 Installieren Sie die neue Lampe und verdrehen Sie sie nach rechts, um sie zu sichern. Installieren Sie den Lampenhalter in den Scheinwerfer und verdrehen Sie auch ihn nach rechts, um ihn zu sichern.
53 Montieren Sie den Scheinwerfer (siehe Sektion 7).

Nebelscheinwerfer

54 Ziehen Sie die Handbremse, heben Sie das Fahrzeug vorn an und stützen Sie es sicher ab (siehe Seite 390).
55 Lockern Sie durch die Öffnungen unten in der Stoßstange die zwei Nebelscheinwerfer-Befestigungsschrauben um etwa zwei Umdrehungen (siehe Abbildungen).

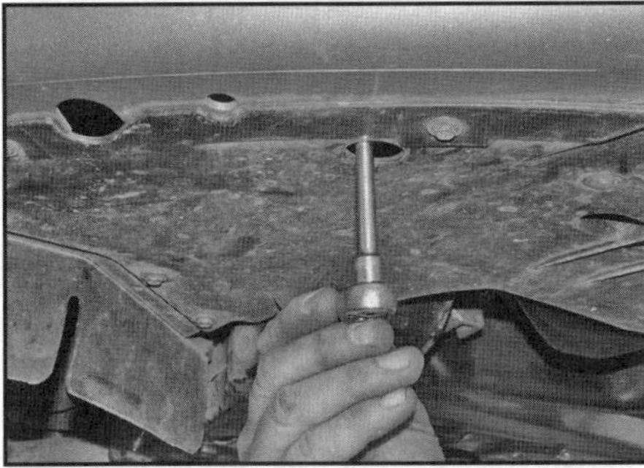

5.55a Lockern Sie durch die innere ...

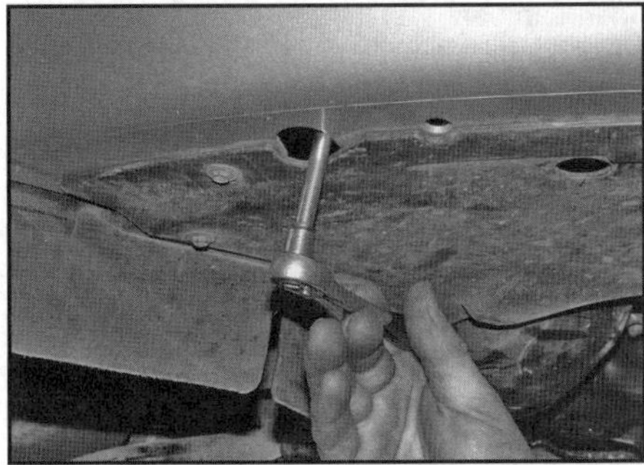

5.55b ... und die äußere Nebelscheinwerfer-Befestigungsschraube.

56 Führen Sie zwei geeignete Werkzeuge oben zwischen dem Scheinwerfer und der Stoßstange ein und drücken Sie damit die zwei Laschen an den Ecken (siehe Abbildung).

5.56 Drücken Sie die Laschen an den oberen Ecken des Nebelscheinwerfers ein.

57 Ziehen Sie den Nebelscheinwerfer aus der Stoßstange und trennen Sie dabei seinen Stecker (siehe Abbildungen).

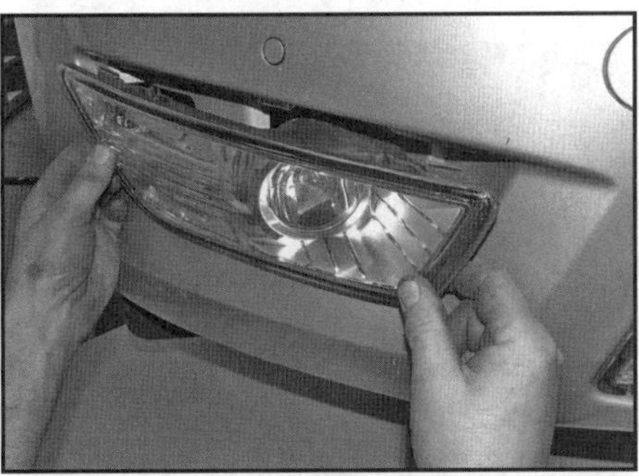

5.57a Ziehen Sie den Nebelscheinwerfer aus der Stoßstange ...

5.57b ... und trennen Sie dabei seinen Stecker.

58 Drehen Sie den Lampenhalter gegen den Uhrzeigersinn und befreien Sie ihn aus dem Nebelscheinwerfergehäuse (siehe Abbildung) – die Lampe kann nicht aus dem Halter befreit werden.
Achtung: Beachten Sie die Wattzahl der vorhanden Lampe – die neue Lampe muss die gleiche Leistung aufweisen!

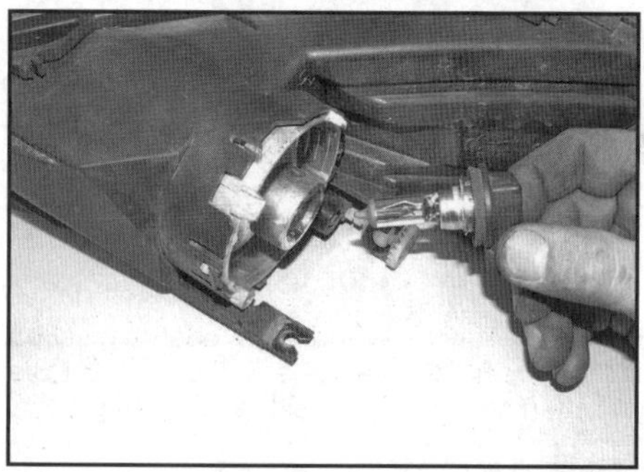

5.58 Drehen Sie den Lampenhalter gegen den Uhrzeigersinn und befreien Sie ihn aus dem Nebelscheinwerfer.

59 Berühren Sie das Glas der neuen Lampe nicht mit den Fingern, sondern halten Sie sie mit einem sauberen Tuch (Fett und Schmutz wird Brandflecken hinterlassen und den Verschleiß der Lampe beschleunigen) – wischen Sie Fingerabdrücke ggf. mit einem mit Spiritus getränktem Tuch ab.
60 Der Einbau entspricht der umgekehrten Ausbaureihenfolge.

Seitliche Blinkerlampe

Im Front-Kotflügel

61 Drücken Sie das Lampengehäuse nach hinten, um es hinten aus dem Kotflügel zu befreien (siehe Abbildung) – hebeln Sie es nötigenfalls mit einem Kunststoffkeil heraus (aber beschädigen Sie dabei nicht den Lack).

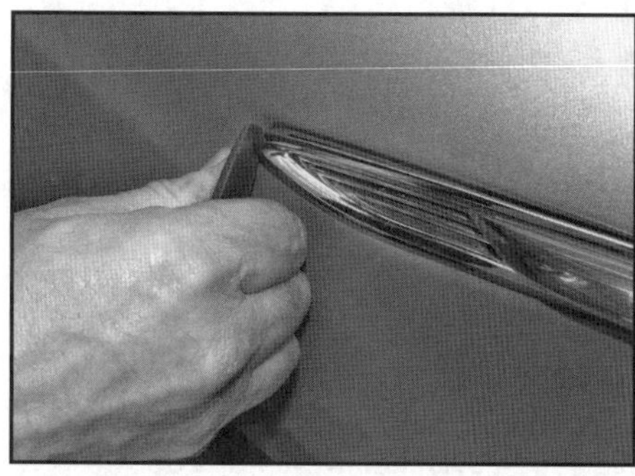

5.61 Drücken Sie das Lampengehäuse nach hinten und befreien Sie es hinten aus dem Kotflügel.

62 Drehen Sie den Lampenhalter gegen den Uhrzeigersinn und ziehen Sie ihn aus dem Gehäuse (siehe Abbildung).

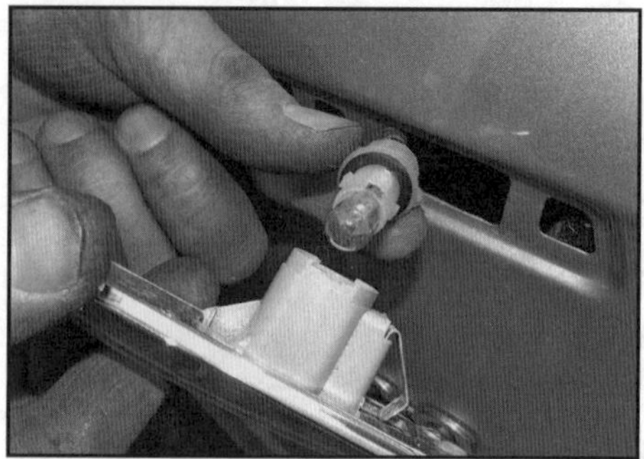

5.62 Drehen Sie den Lampenhalter gegen den Uhrzeigersinn und ziehen Sie ihn aus dem Gehäuse.

63 Ziehen Sie die sockellose Lampe aus dem Halter und ersetzen Sie sie durch ein Neuteil (siehe Abbildung).

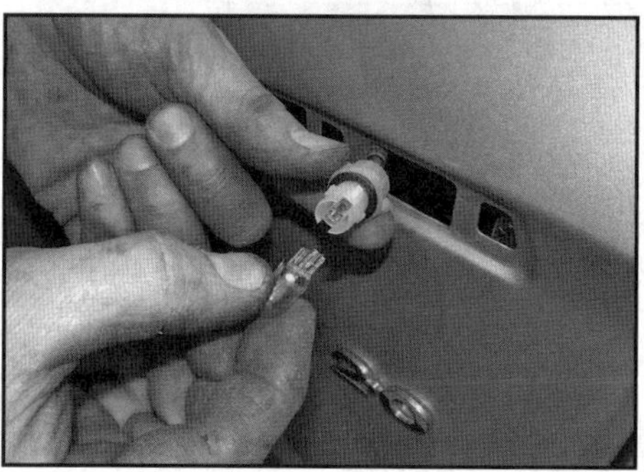

5.63 Ziehen Sie die sockellose Lampe aus dem Halter.

64 Der Einbau entspricht der umgekehrten Ausbaureihenfolge.

Im Außenspiegel

65 Hebeln Sie vorsichtig den äußeren Rand des Zusatzblinker-Rahmens aus dem Spiegelgehäuse und befreien Sie ihn.
66 Ziehen Sie den Lampenhalter aus dem Rahmen.
67 Ziehen Sie die sockellose Lampe aus dem Halter und ersetzen Sie sie durch ein Neuteil.
68 Der Einbau entspricht der umgekehrten Ausbaureihenfolge.

Vorfeldbeleuchtung im Außenspiegel

69 Ziehen Sie den Außenrand des Glases nach hinten, führen Sie einen Kunststoffspachtel oder ähnliches Werkzeug ein und hebeln Sie es vorsichtig heraus (siehe Abbildung).

5.69 Hebeln Sie das Spiegelglas vorsichtig ab.

70 Ziehen Sie den Vorfeldleuchten-Halter aus dem Spiegelgehäuse (siehe Abbildung).

5.70 Ziehen Sie den Vorfeldleuchten-Halter aus dem Spiegelgehäuse.

71 Ziehen Sie die sockellose Lampe aus dem Halter und ersetzen Sie sie durch ein Neuteil (siehe Abbildung).

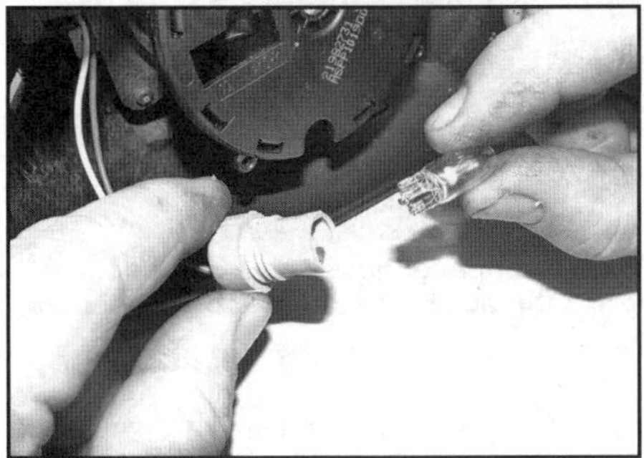

5.71 Ziehen Sie die sockellose Lampe aus dem Halter.

72 Der Einbau entspricht der umgekehrten Ausbaureihenfolge.

Rücklichtlampen

Blinker und Brems-/Rücklicht

73 Entfernen Sie die Zugangsklappe aus der seitlichen Kofferraumverkleidung (siehe Abbildung). Lösen Sie im Kombi an der linken Seite die drei Arretierungen des Seitendeckels und entfernen Sie diesen.

5.73 Entfernen Sie die Zugangsklappe aus der seitlichen Kofferraumverkleidung.

74 Trennen Sie innen den Stecker vom Lampenhalter (siehe Abbildung).

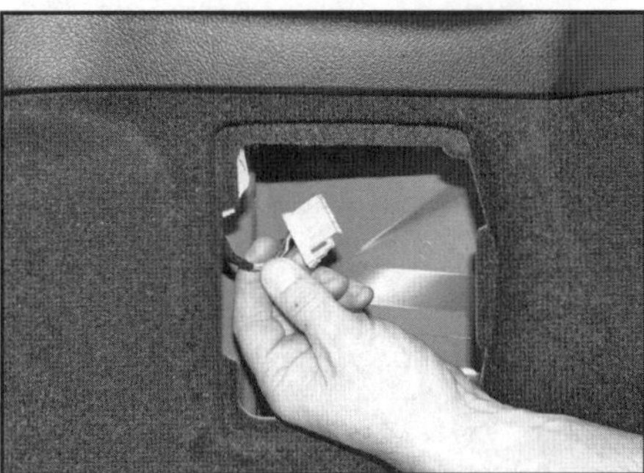

5.74 Trennen Sie innen den Stecker vom Lampenhalter.

75 Drücken Sie die zwei Laschen des Lampenhalters zusammen und ziehen Sie ihn aus der Rücklicht-Einheit (siehe Abbildung).

5.75 Drücken Sie die zwei Laschen des Lampenhalters zusammen und ziehen Sie ihn aus der Rücklicht-Einheit.

76 Drücken Sie die entsprechende Lampe sanft in den Halter, drehen Sie sie gegen den Uhrzeigersinn und befreien Sie sie aus dem Halter (siehe Abbildung).

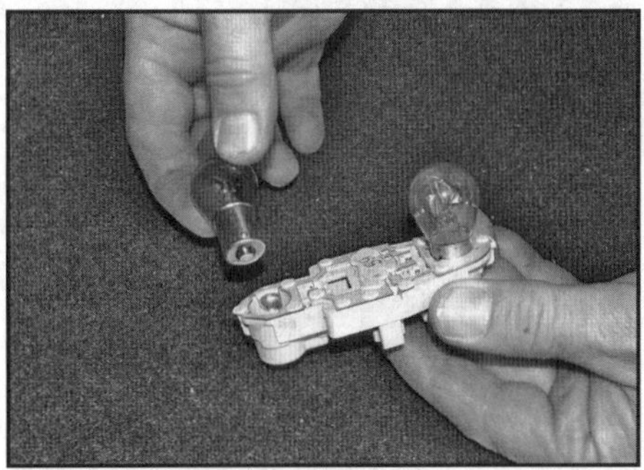

5.76 Befreien Sie die mit einem Bajonett-Sockel versehene Lampe aus dem Halter.

77 Installieren Sie die neue(n) Lampe(n) in den Halter und drehen Sie sie nach rechts. Drücken Sie den Lampenhalter in die Rücklichteinheit – er muss sicher einrasten.
78 Verbinden Sie den Kabelstecker und montieren Sie die Zugangsklappe.

Rückfahrlampe, Rücklicht und Nebelschlussleuchte

79 Öffnen Sie die Heckklappe und entfernen Sie die Zugangsklappe (siehe Abbildung).

5.79 Entfernen Sie die Zugangsklappe aus der Heckklappe.

80 Drücken Sie die zwei Laschen des Lampenhalters zusammen und ziehen Sie ihn aus der Rücklicht-Einheit (siehe Abbildungen).

5.80a Drücken Sie die zwei Laschen des Lampenhalters zusammen ...

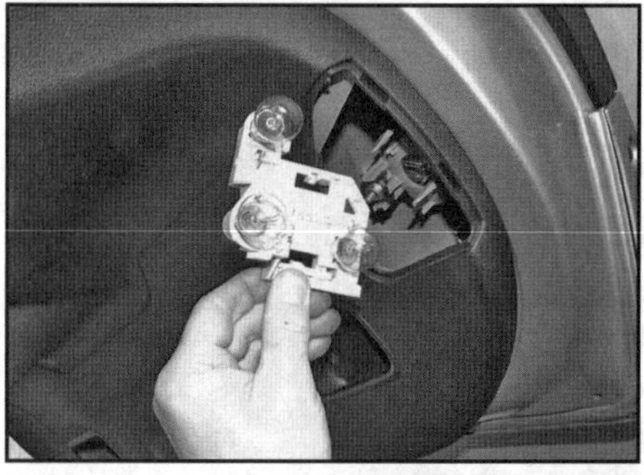

5.80b ... und ziehen Sie ihn aus der Rücklicht-Einheit.

81 Drücken Sie die entsprechende Lampe sanft in den Halter, drehen Sie sie gegen den Uhrzeigersinn und befreien Sie sie aus dem Halter (siehe Abbildung).

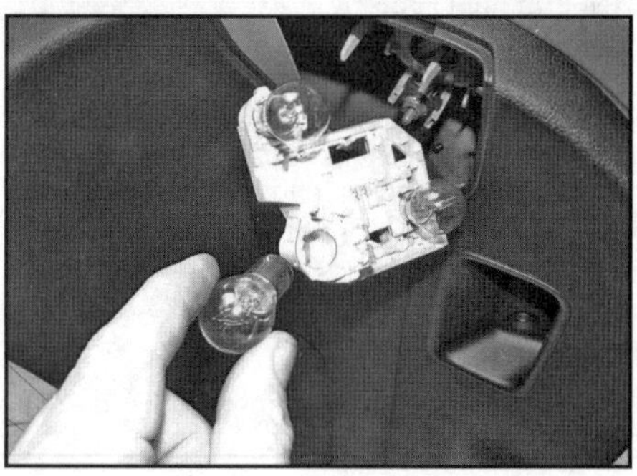

5.81 Befreien Sie die mit einem Bajonett-Sockel versehene Lampe aus dem Halter.

82 Installieren Sie die neue(n) Lampe(n) in den Halter und drehen Sie sie nach rechts. Drücken Sie den Lampenhalter in die Rücklichteinheit – er muss sicher einrasten.
83 Montieren Sie die Zugangsklappe in die Heckklappe.

Kennzeichenbeleuchtung

84 Zur Vereinfachung des Zugangs sollte der Kofferraumdeckel / die Heckklappe geöffnet und auf halber Höhe abgestützt werden.
85 Hebeln Sie das Lampengehäuse vorsichtig mit einem in die seitliche Nut gesteckten kleinen Schraubendreher heraus (siehe Abbildung).

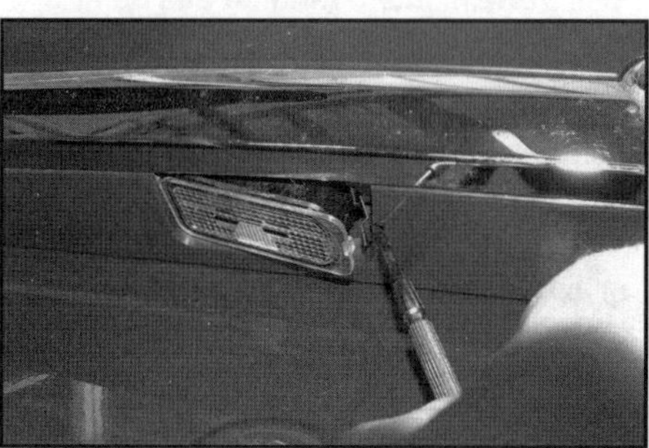

5.85 Hebeln Sie das Lampengehäuse der Kennzeichenbeleuchtung vorsichtig aus dem Kofferraumdeckel bzw. der Heckklappe.

86 Befreien Sie den Lampenhalter aus dem Gehäuse (siehe Abbildung).

5.86 Befreien Sie den Lampenhalter aus dem Gehäuse.

87 Ziehen Sie die sockellose Lampe aus dem Halter und ersetzen Sie sie durch ein Neuteil (siehe Abbildung).

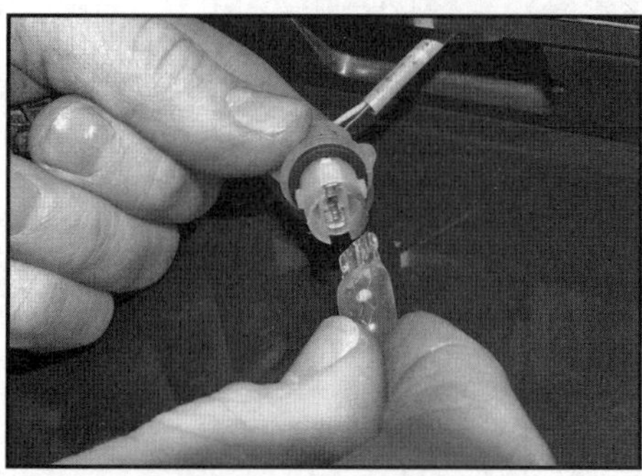

5.87 Ziehen Sie die sockellose Lampe aus dem Halter.

88 Installieren Sie den Lampenhalter ins Gehäuse und drücken Sie dies in seinen Sitz.

Zusatzbremsleuchte

Stufenheck- und Fließheck-Modelle

89 Entfernen Sie die Innenverkleidung aus dem Kofferraumdeckel bzw. der Heckklappe (siehe Kapitel 11, Sektion 27).
90 Stecken Sie einen Schraubendreher durch die Löcher im Lampenhalter und drücken Sie die Zusatzbremsleuchte vorsichtig heraus, um ihre inneren Clips zu befreien.
91 Sobald die Clips befreit sind, kann die Zusatzbremsleuchte nach außen herausgezogen und ihr Stecker getrennt werden (siehe Abbildungen).

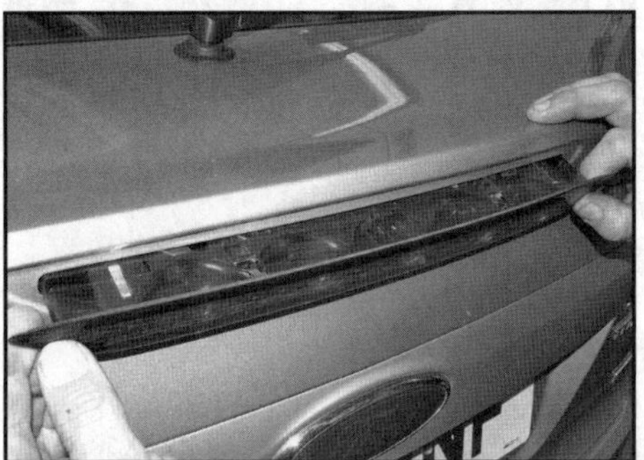

5.91a Ziehen Sie die Zusatzbremsleuchte heraus ...

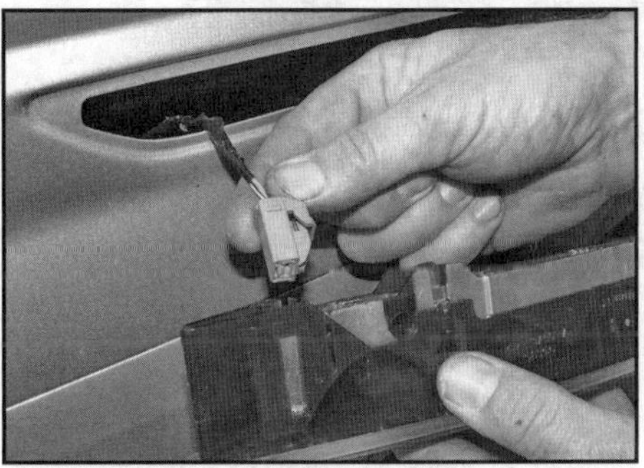

5.91b ... und trennen Sie ihren Stecker.

92 Stecken Sie den Schraubendreher wieder durch die Löcher des Lampenhalters und ziehen Sie diesen aus der Zusatzbremsleuchte (siehe Abbildungen).

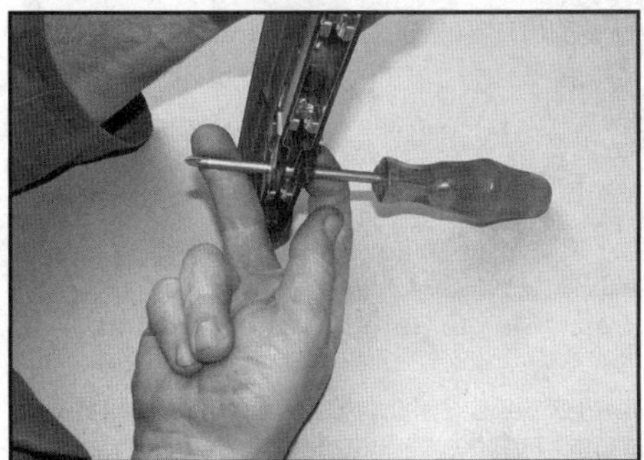

5.92a Stecken Sie den Schraubendreher durch die Löcher des Lampenhalters ...

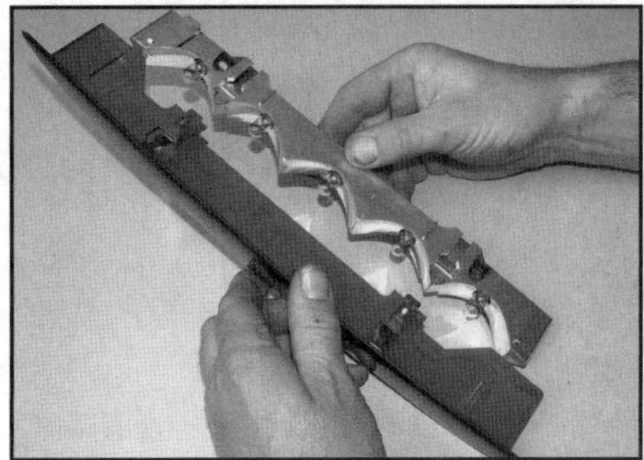

5.92b ... und ziehen Sie diesen aus der Zusatzbremsleuchte.

93 Ziehen Sie die entsprechende sockellose Lampe aus dem Halter und ersetzen Sie sie durch ein Neuteil (siehe Abbildung).

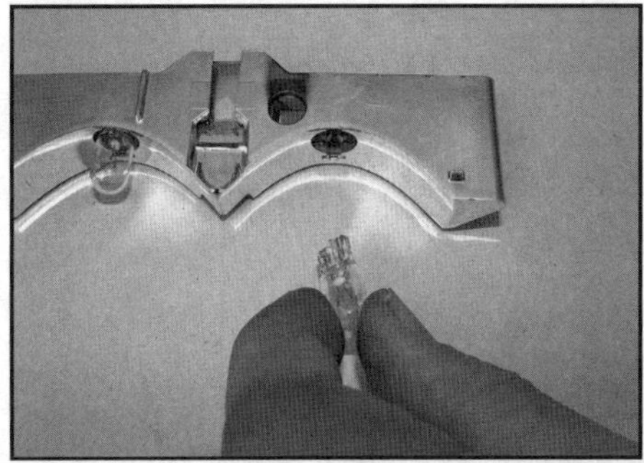

5.93 Ziehen Sie die sockellose Lampe aus dem Halter.

94 Drücken Sie den Lampenhalters in die Zusatzbremsleuchte, verbinden Sie den Kabelstecker und drücken Sie die Leuchte in den Kofferraumdeckel bzw. die Heckklappe.
95 Installieren Sie die Innenverkleidung in den Kofferraumdeckel bzw. die Heckklappe (siehe Kapitel 11, Sektion 27).

Kombi-Modelle

96 Öffnen Sie die Heckklappe und ziehen Sie die obere Innenverkleidung ab, um ihre inneren Clips zu befreien (siehe Abbildung)

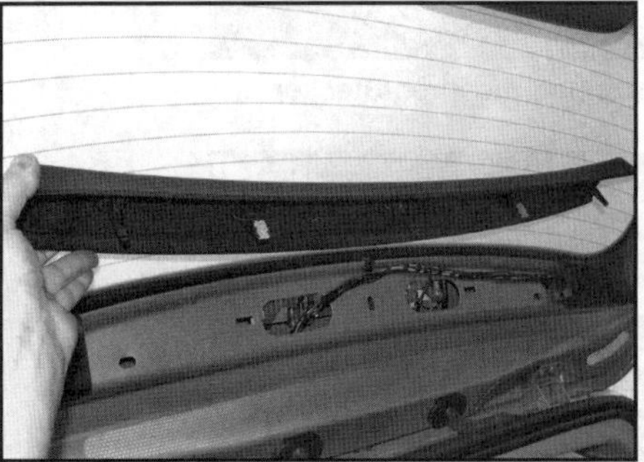

5.96 Ziehen Sie die obere Heckklappen-Innenverkleidung ab, um ihre inneren Clips zu befreien.

97 Stecken Sie einen Schraubendreher durch die Löcher im Lampenhalter und drücken Sie die Zusatzbremsleuchte vorsichtig heraus, um ihre inneren Clips zu befreien (siehe Abbildung).

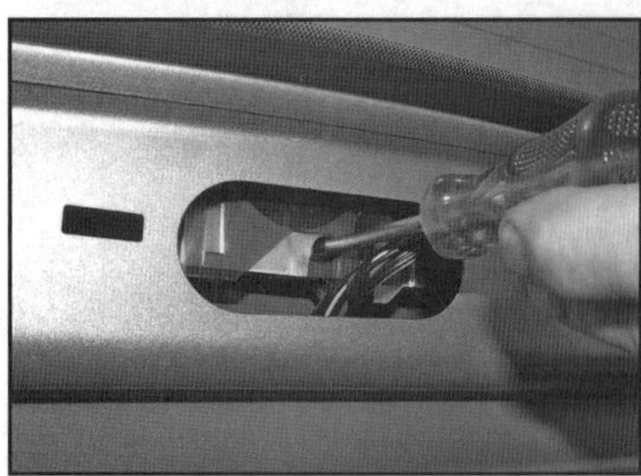

5.97 Stecken Sie einen Schraubendreher durch die Löcher im Lampenhalter und drücken Sie die Zusatzbremsleuchte heraus.

98 Sobald die Clips befreit sind, kann die Zusatzbremsleuchte nach außen herausgezogen und ihr Stecker sowie der Wischwasserschlauch getrennt werden (siehe Abbildungen).

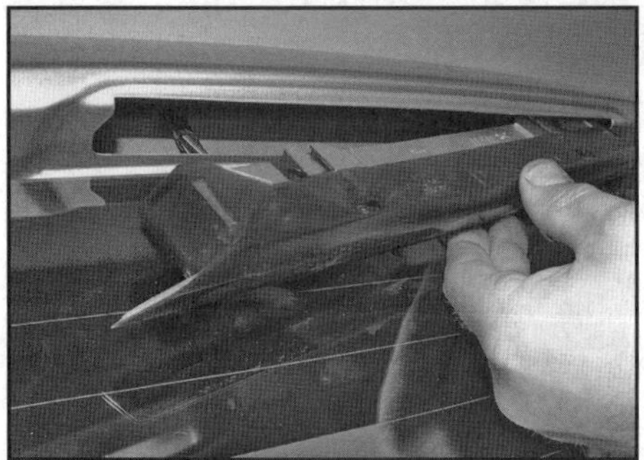

5.98a Ziehen Sie die Zusatzbremsleuchte heraus ...

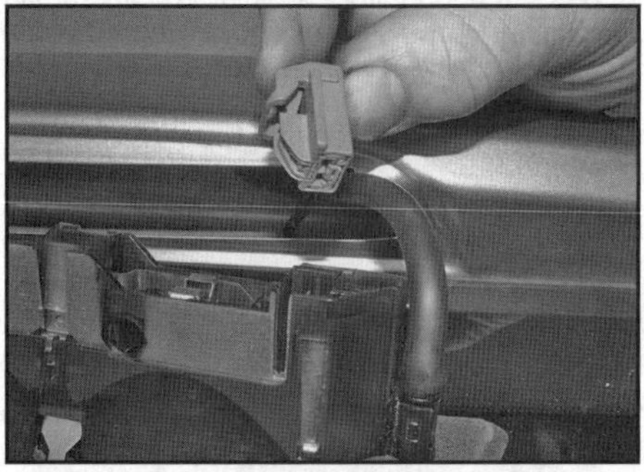

5.98b ... und trennen Sie ihren Stecker ...

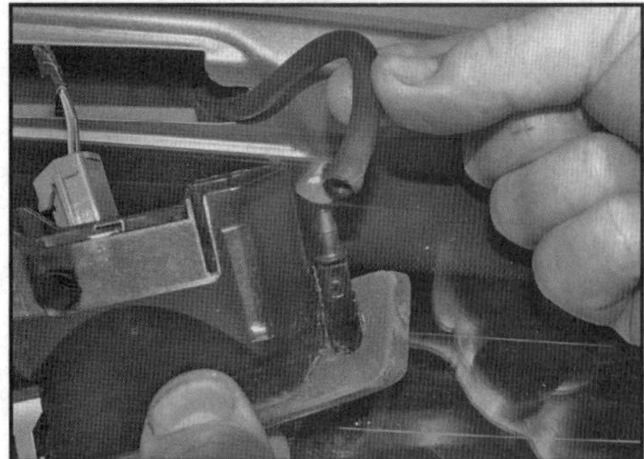

5.98c ... und den Wischwasserschlauch.

99 Stecken Sie den Schraubendreher wieder durch die Löcher des Lampenhalters und ziehen Sie diesen aus der Zusatzbremsleuchte (Abb. 5.92a und b).

100 Ziehen Sie die entsprechende sockellose Lampe aus dem Halter und ersetzen Sie sie durch ein Neuteil (Abb. 5.93).
101 Drücken Sie den Lampenhalters in die Zusatzbremsleuchte, verbinden Sie den Kabelstecker und den Wischwasserschlauch und drücken Sie die Leuchte in den Kofferraumdeckel bzw. die Heckklappe.
102 Installieren Sie die obere Heckklappen-Verkleidung.

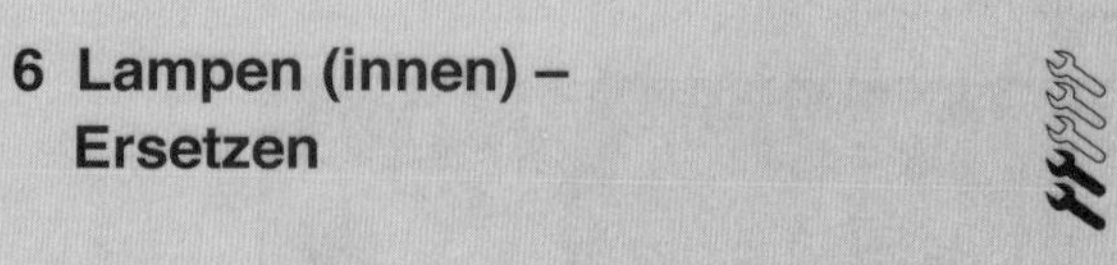

6 Lampen (innen) – Ersetzen

Allgemeines

1 Beachten Sie die Hinweise in Sektion 5, Schritt 1.

Innenbeleuchtung

2 Hebeln Sie das Lampenglas vorsichtig mit einem kleinen Schraubendreher ab und befreien Sie die Soffitte aus den Haltern (siehe Abbildungen).

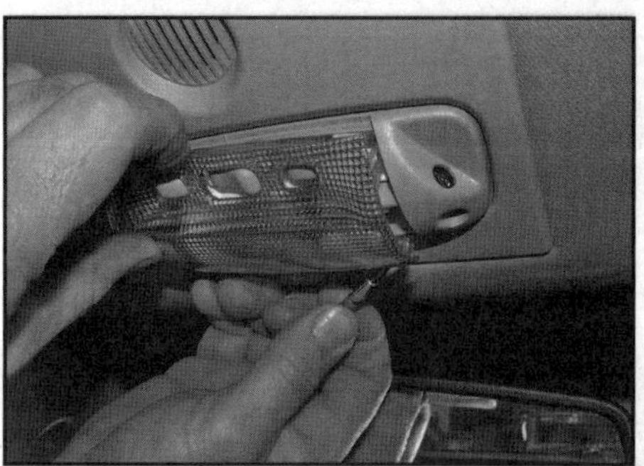

6.2a Hebeln Sie das Lampenglas vorsichtig ab ...

6.2b ... und befreien Sie die Soffitte aus den Haltern.

3 Installieren Sie die neue Soffitte zwischen die Halter und drücken Sie das Glas auf, bis es einrastet.

Leselampen

4 Stecken Sie einen kleinen Schraubendreher in die Nut vorn am Lampengehäuse, drücken Sie den Clip und hebeln Sie die Lampe vorsichtig heraus (siehe Abbildungen).

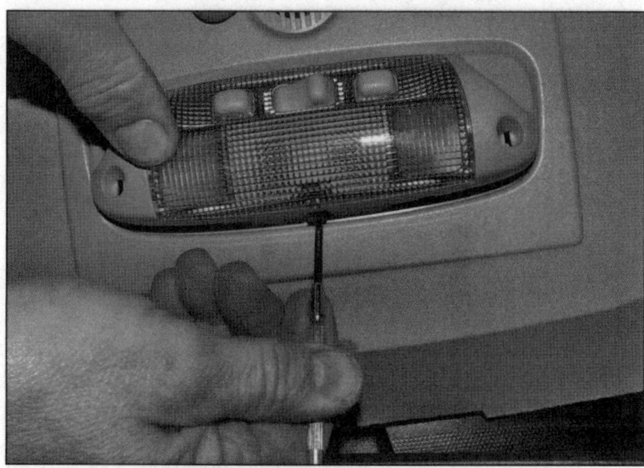

6.4a Stecken Sie einen kleinen Schraubendreher in die Nut vorn am Lampengehäuse, ...

6.4b ... drücken Sie den Clip und hebeln Sie die Lampe vorsichtig heraus.

5 Trennen Sie den Stecker und entnehmen Sie das Lampengehäuse.
6 Drehen Sie den entsprechenden Lampenhalter gegen den Uhrzeigersinn und befreien Sie ihn aus der Lampe (siehe Abbildung).

6.6 Drehen Sie den Lampenhalter nach links und befreien Sie ihn aus der Lampe.

7 Ziehen Sie die sockellose Lampe aus dem Halter und ersetzen Sie sie durch ein Neuteil (siehe Abbildung).

6.7 Ziehen Sie die sockellose Lampe aus dem Halter.

8 Der Einbau entspricht der umgekehrten Ausbaureihenfolge.

Sonnenblenden-Beleuchtung

9 Hebeln Sie vorsichtig die Lampe aus dem im Himmel sitzenden Halter (siehe Abbildung).

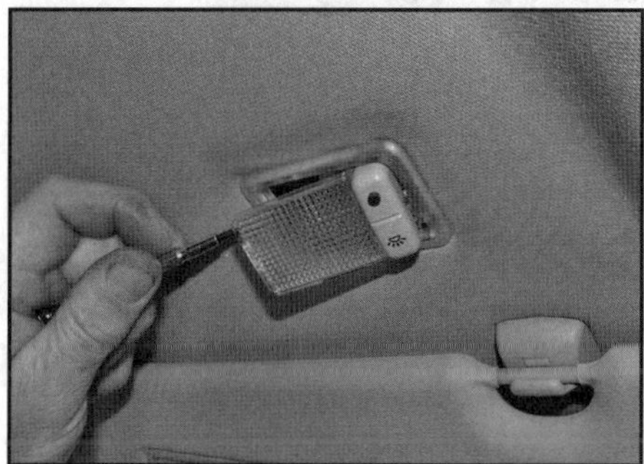

6.9 Hebeln Sie vorsichtig die Lampe aus dem im Himmel sitzenden Halter.

10 Ziehen Sie die sockellose Lampe aus dem Halter und ersetzen Sie sie durch ein Neuteil (siehe Abbildung).

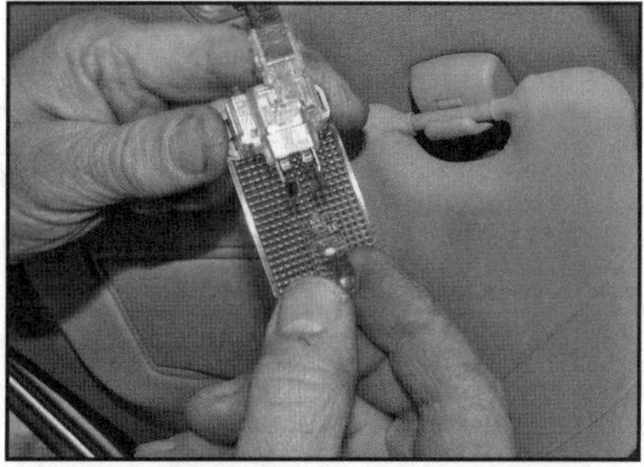

6.10 Ziehen Sie die sockellose Lampe aus dem Halter.

11 Der Einbau entspricht der umgekehrten Ausbaureihenfolge.

Handschuhfach- und Kofferraumbeleuchtung

12 Hebeln Sie vorsichtig die Lampe aus ihrem Sitz (siehe Abbildung).

355

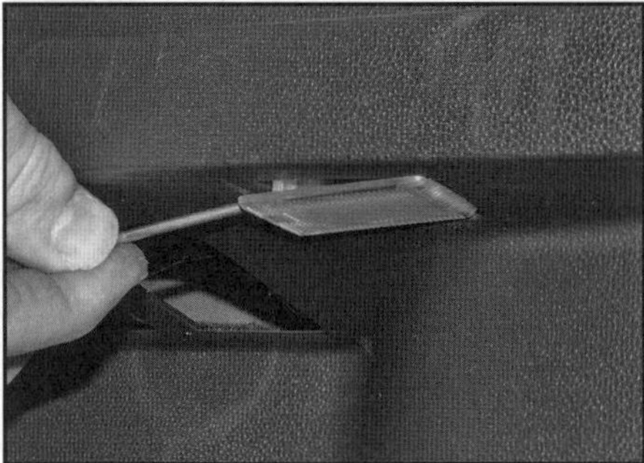

6.12 Hebeln Sie vorsichtig die Lampe aus ihrem Sitz

13 Ziehen Sie die sockellose Lampe aus dem Halter und ersetzen Sie sie durch ein Neuteil (siehe Abbildung).

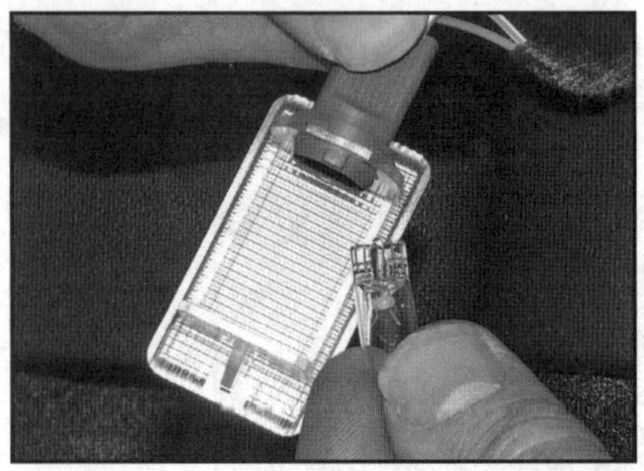

6.13 Ziehen Sie die sockellose Lampe aus dem Halter.

14 Der Einbau entspricht der umgekehrten Ausbaureihenfolge.

Instrumentenbeleuchtung

15 Da die Instrumente mit auf der Hauptplatine verlöteten LEDs beleuchtet werden, können hier keine Lampen gewechselt werden. Beim Ausfall einer LED muss die gesamte Platine ersetzt werden.

Schalterbeleuchtung

16 Alle Schalter sind mit integrierten LEDs ausgerüstet, die nicht separat ersetzt werden können. Beachten Sie zum Ausbau der jeweiligen Schalter die Hinweise in Sektion 4.

Heizungsregler-Beleuchtung

17 Die Heizungsregler sind mit integrierten LEDs ausgerüstet, die nicht separat ersetzt werden können. Beachten Sie zum Ausbau der Regler die Hinweise in Sektion 4.

Fußraumbeleuchtung

18 Befreien Sie den Lampenhalter aus seinem Sitz unter dem Armaturenbrett (siehe Abbildung).

6.18 Befreien Sie den Lampenhalter aus seinem Sitz unter dem Armaturenbrett.

19 Ziehen Sie die sockellose Lampe aus dem Halter und ersetzen Sie sie durch ein Neuteil.
20 Der Einbau entspricht der umgekehrten Ausbaureihenfolge.

7 Lampen-Baugruppen (außen) – Ausbau und Einbau

Scheinwerfer

Achtung: Bei Modellen mit Xenon-Scheinwerfern muss vor Arbeitsbeginn unbedingt der Haupt-Masseanschluss (–) der Batterie getrennt werden (siehe Kapitel 5A, Sektion 4)!

1 Öffnen Sie die Motorhaube und entfernen Sie den Kunststoffzapfen, der die Kühlergrill-Verlängerung an der Querstrebe der Karosserie sichert, indem Sie dessen Mittelteil herausschrauben und das Zapfengehäuse herausziehen.
2 Lösen Sie die obere Scheinwerfer-Befestigungsschraube sowie die untere Schraube neben dem Kühlergrill.
3 Ziehen Sie vorsichtig die Ecke des Kühlergrills und der Stoßstange nach vorn.
4 Heben Sie die Ecke des Scheinwerfers an und verschieben Sie ihn möglichst weit nach hinten.
5 Ziehen Sie den Scheinwerfer zur Fahrzeugmitte hinter den Kühlergrill und die Stoßstange, um seinen äußeren unteren Befestigungspunkt zu befreien.
6 Trennen Sie den Stecker hinten am Scheinwerfer und entnehmen Sie ihn aus dem Fahrzeug.
7 Der Einbau entspricht der umgekehrten Ausbaureihenfolge.

Nebelscheinwerfer

8 Die Prozedur ist Teil des Lampenwechsels – beachten Sie die Hinweise in Sektion 5, Schritte 54 bis 60.

Seitliche Blinkerlampe

9 Die Prozedur ist Teil des Lampenwechsels – beachten Sie die Hinweise in Sektion 5, Schritte 61 bis 68.

Vorfeldbeleuchtung im Außenspiegel

10 Ziehen Sie den Außenrand des Glases nach hinten, führen Sie einen Kunststoffspachtel oder ähnliches Werkzeug ein und hebeln Sie es vorsichtig heraus (Abb. 5.69).
11 Ziehen Sie den Vorfeldleuchten-Halter aus dem Spiegelgehäuse (Abb. 5.70).
12 Lösen Sie die Schraube der Vorfeldbeleuchtung und befreien Sie diese aus dem Spiegelgehäuse (siehe Abbildungen).

7.12a Lösen Sie die Schraube der Vorfeldbeleuchtung ...

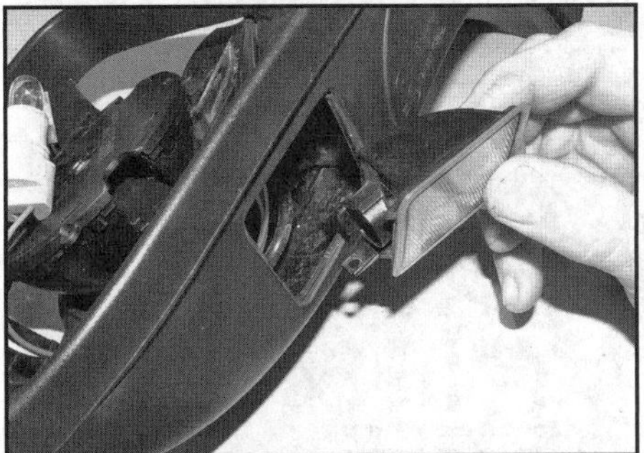

7.12b ... und befreien Sie diese aus dem Spiegelgehäuse.

13 Der Einbau entspricht der umgekehrten Ausbaureihenfolge.

Rücklichtgehäuse in Karosserie

14 Entfernen Sie die Zugangsklappe aus der seitlichen Kofferraumverkleidung (Abb. 5.73). Lösen Sie im Kombi an der linken Seite die drei Arretierungen des Seitendeckels und entfernen Sie diesen.
15 Drücken Sie die zwei Laschen des Lampenhalters zusammen und ziehen Sie ihn aus der Rücklicht-Einheit (siehe Abbildung).

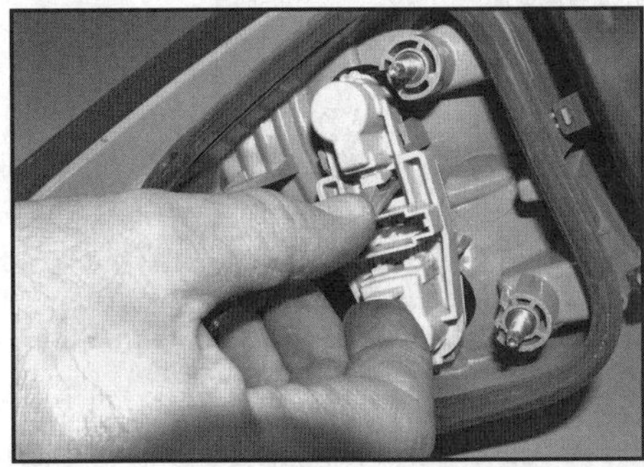

7.15 Drücken Sie die zwei Laschen des Lampenhalters zusammen und ziehen Sie ihn aus der Rücklicht-Einheit.

16 Lösen Sie die drei Muttern, mit denen das Rücklichtgehäuse am Kotflügel gesichert ist (siehe Abbildung).

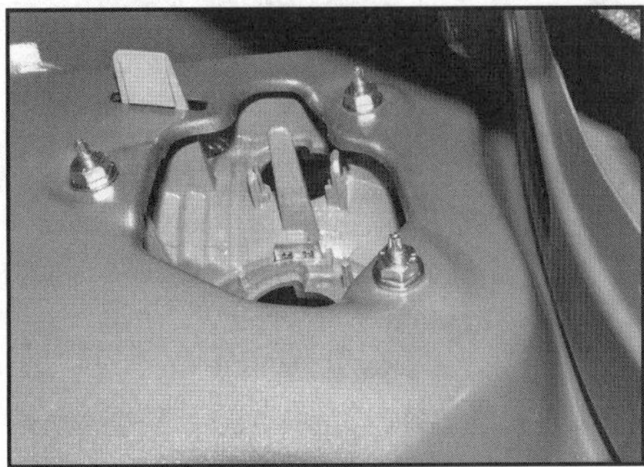

7.16 Rücklichtgehäuse-Muttern am Kotflügel

17 Ziehen Sie das Rücklichtgehäuse aus dem Kotflügel und schieben Sie es nach hinten, um die vordere Lasche zu befreien (siehe Abbildung).

7.17 Schieben Sie das herausgezogene Rücklichtgehäuse nach hinten, um die vordere Lasche zu befreien.

18 Der Einbau entspricht der umgekehrten Ausbaureihenfolge.

Rücklichtgehäuse im Kofferraumdeckel oder Heckklappe

Stufenheck- und Fließheck-Modelle

19 Entfernen Sie die Innenverkleidung aus dem Kofferraumdeckel bzw. der Heckklappe (siehe Kapitel 11, Sektion 27).
20 Hebeln Sie vorsichtig mit einem Kunststoffspachtel – beginnend in der oberen rechten Ecke – die Abdeckung über dem Kennzeichen hoch. Arbeiten Sie sich oben nach links voran, bis alle Clips befreit sind, und entfernen Sie die Abdeckung (siehe Abbildungen).

7.20a Hebeln Sie vorsichtig die Abdeckung über dem Kennzeichen ab ...

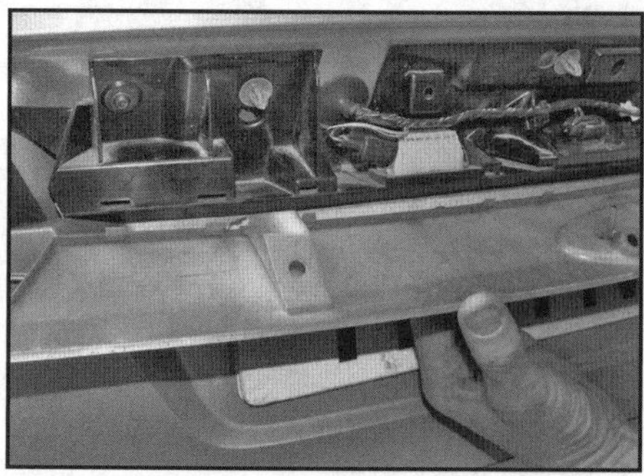

7.20b … und entnehmen Sie sie.

21 Lösen Sie die vier Schrauben, mit denen die Kennzeichenbeleuchtung am Kofferraumdeckel oder der Heckklappe gesichert ist, und ziehen Sie sie ab (siehe Abbildungen).

7.21a Lösen Sie die zwei linken …

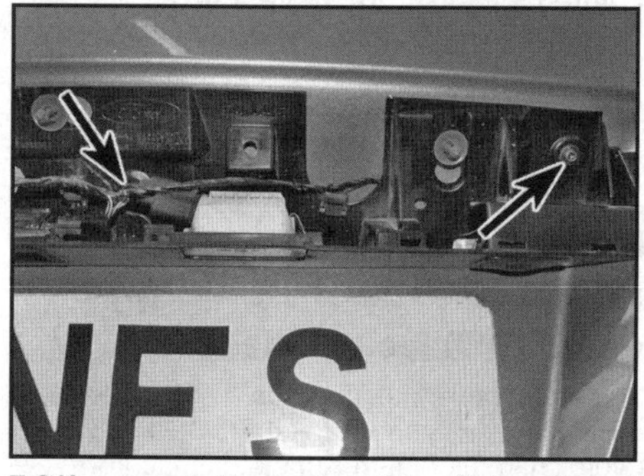

7.21b … und die zwei rechten Schrauben der Kennzeichenbeleuchtung.

22 Trennen Sie die Stecker der Kennzeichenbeleuchtung, des Auslösers und des Schlossschalters (siehe Abbildung). Befreien Sie die Verkabelung aus allen Befestigungen und entnehmen Sie die Kennzeichenbeleuchtungs-Baugruppe.

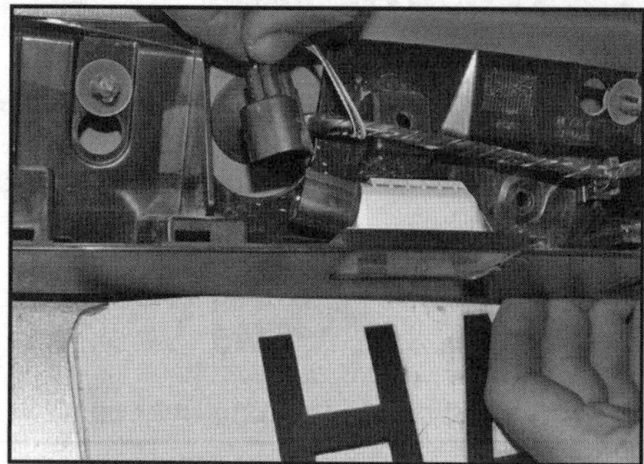

7.22 Trennen Sie die Stecker der Kennzeichenbeleuchtung, des Auslösers und des Schlossschalters.

23 Lösen Sie an beiden Seiten des Kofferraumdeckels bzw. der Heckklappe die zwei Schrauben sowie die zwei Schrauben, die oberhalb des Kennzeichens die untere äußere Abdeckung sichern (siehe Abbildungen).

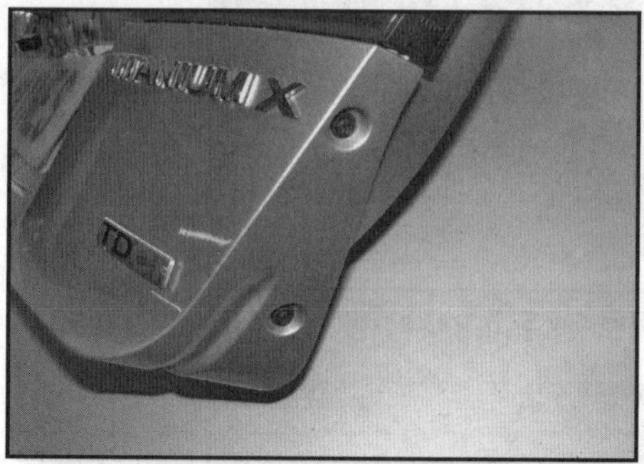

7.23a Lösen Sie die zwei Schrauben an jeder Seite …

7.23b … und die zwei Schrauben über dem Kennzeichen.

24 Ziehen Sie die untere Abdeckung an beiden Seiten ab, um die Clips unterhalb der Rücklicht-Baugruppe zu befreien (siehe Abbildung).

7.24 Ziehen Sie die untere Abdeckung an beiden Seiten ab, um die Clips unter dem Rücklicht zu befreien.

25 Ziehen Sie die Abdeckung herunter, um die unteren Clips zu befreien, mit denen sie am Kofferraumdeckel bzw. an der Heckklappe gesichert ist. Entnehmen Sie die Abdeckung.
26 Drücken Sie die zwei Laschen des Lampenhalters zusammen und ziehen Sie ihn aus der Rücklicht-Einheit (Abb. 5.80a und b).
27 Lösen Sie innen am Kofferraumdeckel bzw. an der Heckklappe die zwei Muttern der Rücklicht-Einheit (siehe Abbildung).

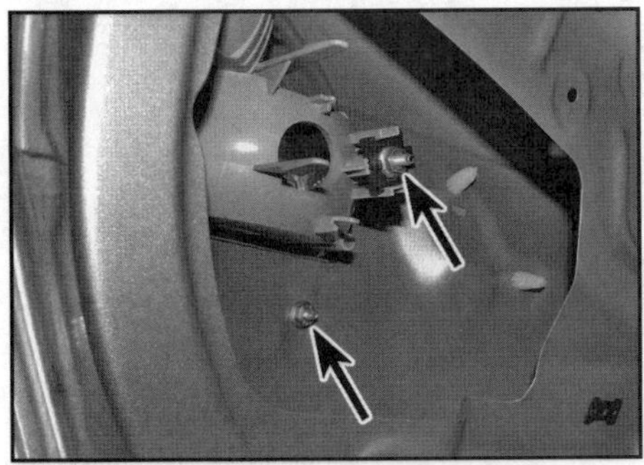

7.27 Lösen Sie innen am Kofferraumdeckel bzw. der Heckklappe die zwei Muttern der Rücklicht-Einheit.

28 Ziehen Sie die Rücklicht-Einheit heraus, befreien Sie äußeren Laschen und entnehmen Sie das Rücklicht (siehe Abbildungen).

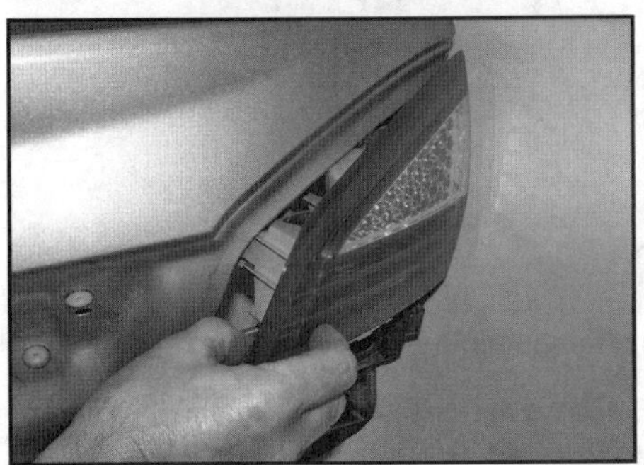

7.28a Ziehen Sie die Rücklicht-Einheit heraus ...

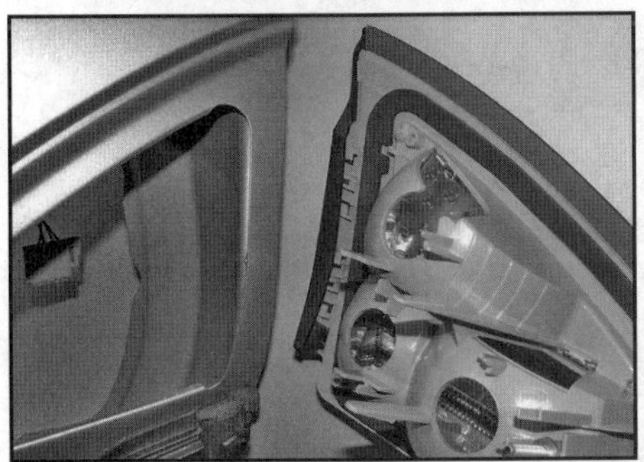

7.28b ... und befreien Sie äußeren Laschen.

29 Der Einbau entspricht der umgekehrten Ausbaureihenfolge.

Kombi-Modelle

30 Entfernen Sie die Innenverkleidung aus dem Kofferraumdeckel bzw. der Heckklappe (siehe Kapitel 11, Sektion 27).
31 Lösen Sie von innen die Muttern, mit denen die Kennzeichenbeleuchtung an der Heckklappe gesichert ist (siehe Abbildung).

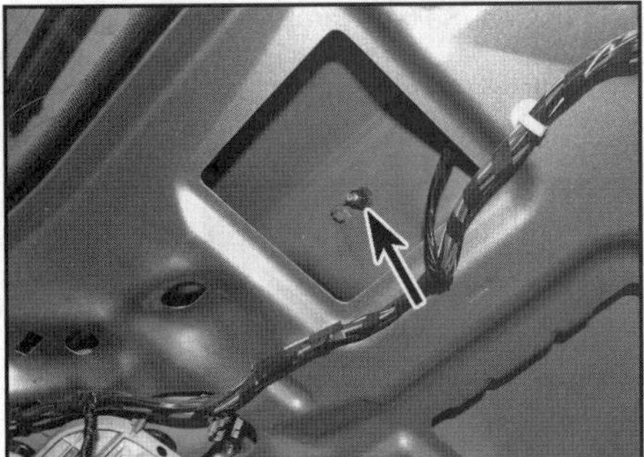

7.31 Eine der Kennzeichenbeleuchtungs-Muttern

32 Lösen Sie außen die zwei Schrauben der Kennzeichenbeleuchtung und befreien Sie sie von der Heckklappe (siehe Abbildungen).

7.32a Lösen Sie außen die zwei Schrauben ...

7.32b ... und ziehen Sie die Kennzeichenbeleuchtung von der Heckklappe ab.

33 Trennen Sie die Stecker der Kennzeichenbeleuchtung, des Auslösers und des Schlossschalters (siehe Abbildung). Befreien Sie die Verkabelung aus allen Befestigungen und entnehmen Sie die Kennzeichenbeleuchtungs-Baugruppe.

7.33 Trennen Sie die Stecker der Kennzeichenbeleuchtung, des Auslösers und des Schlossschalters.

34 Lösen Sie an beiden Seiten der Heckklappe die zwei Schrauben sowie die zwei Schrauben, die oberhalb des Kennzeichens die untere äußere Abdeckung sichern (siehe Abbildungen).

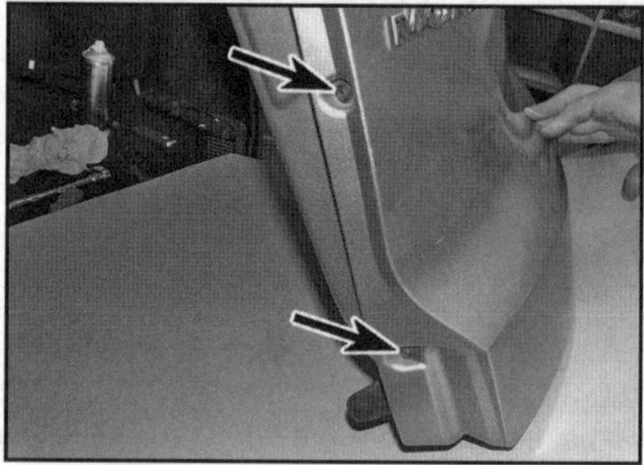

7.34a Lösen Sie die zwei Schrauben an jeder Seite ...

7.34b ... und die zwei Schrauben über dem Kennzeichen.

35 Ziehen Sie die untere Abdeckung an beiden Seiten ab, um die Clips unterhalb der Rücklicht-Baugruppe zu befreien (siehe Abbildung).

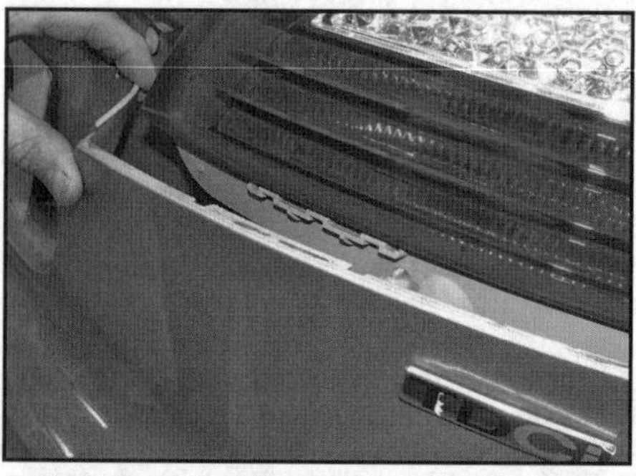

7.35 Ziehen Sie die untere Abdeckung an beiden Seiten ab, um die Clips unter dem Rücklicht zu befreien.

36 Ziehen Sie die Abdeckung herunter, um die unteren Clips zu befreien, mit denen sie an der Heckklappe gesichert ist. Entnehmen Sie die Abdeckung (siehe Abbildungen).

7.36a Ziehen Sie die Abdeckung herunter, um die Clips am unteren Rand zu befreien, ...

7.36b ... und entnehmen Sie die Abdeckung.

37 Drücken Sie die zwei Laschen des Lampenhalters zusammen und ziehen Sie ihn aus der Rücklicht-Einheit.
38 Lösen Sie innen an der Heckklappe die zwei Muttern der Rücklicht-Einheit (siehe Abbildung).

7.38 Lösen Sie innen an der Heckklappe die zwei Muttern der Rücklicht-Einheit.

39 Ziehen Sie die Rücklicht-Einheit heraus, befreien Sie äußeren Laschen und entnehmen Sie das Rücklicht (siehe Abbildung).

7.39 Ziehen Sie die Rücklicht-Einheit heraus und befreien Sie äußeren Laschen.

40 Der Einbau entspricht der umgekehrten Ausbaureihenfolge.

Kennzeichenbeleuchtung

41 Die Prozedur ist Teil des Lampenwechsels – beachten Sie die Hinweise in Sektion 5, Schritte 84 bis 88.

Zusatzbremsleuchte

42 Die Prozedur ist Teil des Lampenwechsels – beachten Sie die Hinweise in Sektion 5, Schritte 89 bis 102.

8 Scheinwerferausrichtungs-Komponenten – Ausbau und Einbau

Einstellungs-Schalter

1 Beachten Sie die Hinweise in Sektion 4, Schritte 14 bis 16

Einstellungs-Motor

2 Der Motor ist in den Scheinwerfer integriert und nicht separat erhältlich. Der Austausch des Scheinwerfers ist in Sektion 7 beschrieben.

9 Scheinwerferausrichtung – Allgemeine Informationen

1 Alle Modelle sind mit einer elektrischen Scheinwerfer-Höhenverstellung ausgerüstet, mit deren Hilfe die Ausrichtung der Scheinwerfer an unterschiedliche Beladungen angepasst werden kann. Im Armaturenbrett sitzt ein entsprechender Einstellschalter. Weitere Informationen finden sich in der Bedienungsanleitung.
2 Eine akkurate Einstellung der Scheinwerfer erfordert spezielle optische Messgeräte und muss daher einer entsprechend ausgerüsteten Fachwerkstatt überlassen werden.
3 Eine Feineinstellung erfolgt über die oben an jedem Scheinwerfer sitzende Einstellschraube.

Rechtsverkehr und Linksverkehr

Anmerkung: *Informationen über das Lichtanlagen-Steuermodul finden sich in Sektion 22.*
4 Modelle mit adaptiven Scheinwerfern (bei denen die Scheinwerfer-Reflektoren in die gelenkte Richtung schwenken) kann die Ausrichtung der Scheinwerfer für Rechtsverkehr oder Linksverkehr eingestellt werden. Demontieren Sie zunächst den Scheinwerfer (siehe Sektion 7).
5 Drücken Sie die zwei Laschen, um die hintere Abdeckung vom Scheinwerfer zu befreien (Abb. 5.26).
6 Drücken Sie den Hebel an der Seite des Reflektors herunter, um in Ländern mit Linksverkehr (z. B. Großbritannien oder Irland) nicht den Gegenverkehr zu blenden. In Ländern mit Rechtsverkehr (restliches Europa) muss der Hebel oben stehen.

10 Xenon-Scheinwerfer – Ausbau, Einbau und Einstellung

Allgemeine Informationen

1 Bei allen in diesem Buch behandelten Modelle können die Scheinwerfer optional mit Xenon-Gasentladungslampen ausgerüstet sein. Anders als bei konventionellen Halogenlampen wird hier kein Draht zum Glühen gebracht, sondern ein Lichtbogen erzeugt. Vor der Lampe sitzt eine elektronisch gesteuerte Blende dafür, um das Abblendlicht und Fernlicht entsprechend auszurichten. Eine zusätzliche Halogenlampe dient der Verbesserung des Fernlichts. Der Lichtbogen wird von einem Stromkreis mit über 28.000 Volt Spannung erzeugt. Die Intensität des Lichts erfordert eine permanente dynamische Regelung, damit der Gegenverkehr nicht geblendet wird. Ein Steuermodul überwacht mithilfe von an den Fahrwerkelementen angebrachten Sensoren die Neigung und Gesamthöhe des Fahrzeugs und justiert die Scheinwerfer mit den eingebauten Stellmotoren.
Warnung: Der Xenonlampen-Starterschaltkreis arbeitet mit extrem hohen Spannungen. Um bei der Arbeit an den Scheinwerfern keinen Stromschlag zu erleiden, muss der Haupt-Masseanschluss (–) der Batterie getrennt (siehe Kapitel 5A, Sektion 4) und das Abblendlicht ein und aus geschaltet werden, damit jede Restspannung abgebaut wird.

Fernlicht

2 Beachten Sie die Hinweise in Sektion 5.

Abblendlicht

Achtung: Die Abblendlampe ist mit einem unter hohem Druck stehendem Gas (mindestens 10 bar) gefüllt, sodass bei der Arbeit eine Schutzbrille getragen werden sollte.
3 Demontieren Sie den Scheinwerfer (siehe Sektion 7).
4 Drücken Sie die zwei Laschen, um die hintere Abdeckung vom Scheinwerfer zu befreien (Abb. 5.26).
5 Trennen Sie den Stecker, lösen Sie die zwei Schrauben und ziehen Sie die Lampe und das Modul nach hinten ab (siehe Abbildung) – falls die Lampe versehentlich mit den Fingern berührt wird, muss sie vor dem Einbau mit Spiritus gereinigt werden.

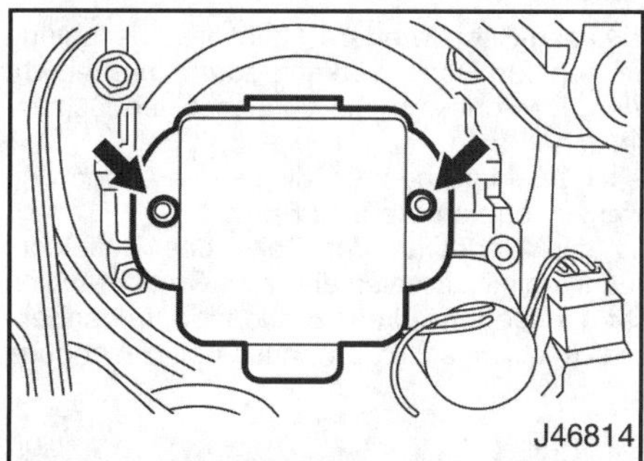

10.5 Schrauben der Abblend-Xenonlampe samt Modul

6 Der Einbau entspricht der umgekehrten Ausbaureihenfolge.

Standlicht und Blinker

7 Beachten Sie die Hinweise in Sektion 5.

Lichtanlagen-Steuermodul

Anmerkung: *Falls ein neues Steuermodul installiert wird, muss es mithilfe der Ford-Diagnoseausrüstung konfiguriert werden – überlassen Sie diese Arbeit einer entsprechend ausgerüsteten Fachwerkstatt.*

8 Das Lichtanlagen-Steuermodul findet sich bei Modellen mit Xenon-Scheinwerfern oder adaptiven Halogenscheinwerfern hinter dem Handschuhfach.

9 Demontieren Sie das Handschuhfach (siehe Kapitel 11, Sektion 27).

10 Trennen Sie den Stecker, lösen Sie die zwei Schrauben und entfernen Sie das Modul.

11 Der Einbau entspricht der umgekehrten Ausbaureihenfolge.

Fahrwerksensor vorn

12 Der Sensor sitzt am Querlenker des linken Vorderrads. Ziehen Sie die Handbremse, heben Sie das Fahrzeug vorn an und stützen Sie es sicher ab (siehe Seite 390). Demontieren Sie das linke Vorderrad.

13 Lösen Sie die Schraube, die den Sensorhebel-Halter am Querlenker sichert.

14 Lösen Sie die zwei Muttern, die den Sensor-Halter an der Karosserie sichern.

15 Trennen Sie den Sensorstecker, während dieser herausgezogen wird.

16 Der Einbau entspricht der umgekehrten Ausbaureihenfolge – falls ein neuer Sensor montiert wird, muss dieser zunächst mithilfe der Ford-Diagnoseausrüstung kalibriert werden – überlassen Sie diese Arbeit einer entsprechend ausgerüsteten Fachwerkstatt.

Fahrwerksensor hinten

17 Der Sensor ist mit dem unteren Querlenker und dem Hilfsrahmen verbunden. Blockieren Sie die Vorderräder, heben Sie das Fahrzeug hinten an und stützen Sie es sicher ab (siehe Seite 390).

18 Trennen Sie den Sensorstecker, lösen Sie die Muttern und befreien Sie den Sensor samt Halter und Hebel.

19 Der Einbau entspricht der umgekehrten Ausbaureihenfolge – falls ein neuer Sensor montiert wird, muss dieser zunächst mithilfe der Ford-Diagnoseausrüstung kalibriert werden – überlassen Sie diese Arbeit einer entsprechend ausgerüsteten Fachwerkstatt.

Rechtsverkehr und Linksverkehr

20 Modelle mit Xenon-Scheinwerfern kann die Ausrichtung der Abblend-Lampen für Rechtsverkehr oder Linksverkehr eingestellt werden. Demontieren Sie zunächst den Scheinwerfer (siehe Sektion 7).

21 Drücken Sie die zwei Laschen, um die hintere Abdeckung vom Scheinwerfer zu befreien (Abb. 5.26).

22 Drücken Sie den Hebel an der Seite des Reflektors herunter, um in Ländern mit Linksverkehr (z. B. Großbritannien oder Irland) nicht den Gegenverkehr zu blenden. In Ländern mit Rechtsverkehr (restliches Europa) muss der Hebel oben stehen.

Leuchtweiteneinstellung

23 Die Grundeinstellung erfolgt wie bei konventionellen Halogenlampen-Scheinwerfern (siehe Sektion 9) – zunächst müssen allerdings die Fahrwerksensoren mithilfe der Ford-Diagnoseausrüstung kalibriert werden – überlassen Sie diese Arbeit einer entsprechend ausgerüsteten Fachwerkstatt.

11 Instrumente – Ausbau und Einbau

Anmerkung: *Falls eine neue Instrumenten-Baugruppe eingebaut wird, müssen die in der Einheit gespeicherten Konfigurations-Informationen mithilfe einer Ford-Diagnoseausrüstung ausgelesen und in das neue Bauteil übertragen werden – überlassen Sie diese Arbeit einer entsprechend ausgerüsteten Fachwerkstatt.*

1 Trennen Sie zunächst den Haupt-Masseanschluss (–) der Batterie (siehe Kapitel 5A, Sektion 4).

2 Entfernen Sie die obere Lenksäulenverkleidung (siehe Kapitel 11, Sektion 27).

3 Lösen Sie die unteren Schrauben, mit denen die Instrumente am Armaturenbrett gesichert sind (siehe Abbildung).

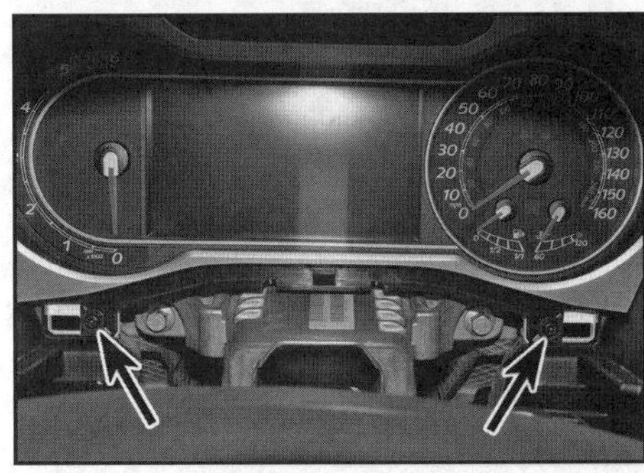

11.3 Untere Schrauben der Instrumenten-Baugruppe

4 Führen Sie ein abgerundetes Stahl-Lineal mittig über den Instrumenten ein, um die Haltelasche hochzudrücken (siehe Abbildungen).

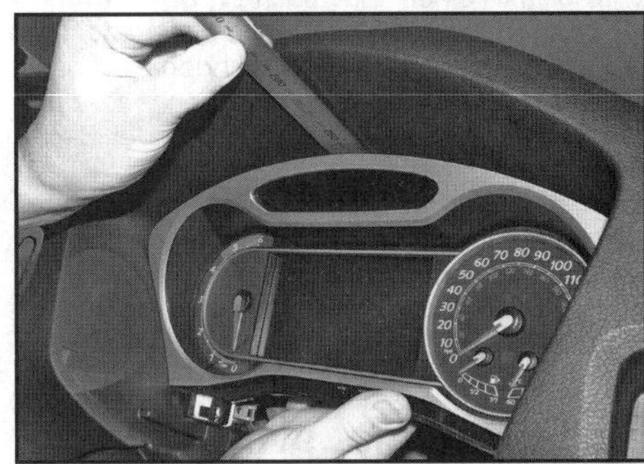

11.4a Führen Sie ein abgerundetes Stahl-Lineal mittig über den Instrumenten ein, ...

11.4b ... um die Haltelasche hochzudrücken.

5 Ziehen Sie die Instrumenten-Baugruppe aus dem Armaturenbrett, trennen Sie dabei den Stecker (siehe Abbildung).

11.5 Ziehen Sie die Instrumenten-Baugruppe heraus und trennen Sie dabei den Stecker.

6 Der Einbau entspricht der umgekehrten Ausbaureihenfolge.

12 Hupen – Ausbau und Einbau

1 Die Hupen sitzen rechts unter der vorderen Stoßstange.
2 Demontieren Sie die vordere Stoßstange (siehe Kapitel 11, Sektion 6).
3 Trennen Sie die Stecker von den Hupen.
4 Lösen Sie die Schraube des Hupenhalters und entnehmen Sie die Hupen (siehe Abbildung).

12.4 Schraube des Hupenhalters

5 Lösen Sie nötigenfalls die Mutter(n) der Hupe(n), um diese vom Halter zu befreien.
6 Der Einbau entspricht der umgekehrten Ausbaureihenfolge.

13 Scheibenwischerarme – Ausbau und Einbau

Ausbau

1 Schalten Sie die Scheibenwischer ein und wieder aus, sodass diese wieder in ihre Ruheposition gelangen.
2 Markieren Sie mit Kreppband die Position der Wischerblätter auf der Fensterscheibe, um sie später wieder korrekt ausrichten zu können.
3 Entfernen Sie die Kappe und lösen Sie die Mutter der Wischerarm-Welle; entfernen Sie sie samt Scheibe (siehe Abbildungen).

13.3a Entfernen Sie die Kappe, ...

13.3b ... lösen Sie die Mutter und entnehmen Sie sie samt Scheibe.

4 Heben Sie das Wischerblatt von der Fensterscheibe und ziehen Sie den Wischerarm von der Welle – hebeln sie ihn entweder ab oder ziehen Sie ihn mithilfe eines Abziehers ab (siehe Abbildung) – beschädigen Sie dabei nicht die Heckklappe oder die Lüftungsgitter-Verkleidung.

13.4 Befreien Sie den Wischerarm nötigenfalls mit einem Abzieher von der Welle.

Einbau

5 Die Kerbverzahnungen des Wischerarms und der Welle müssen sauber und trocken sein.
6 Richten Sie das Wischerblatt zur Markierung an der Scheibe aus und stecken Sie den Wischerarm auf die Welle.
7 Drehen Sie die Wellenmutter auf und ziehen Sie sie sorgfältig an. Drücken Sie die Kappe auf.

14 Windschutzscheibenwischermotor und Gestänge – Ausbau und Einbau

Ausbau

1 Demontieren Sie die Wischerarme (siehe Sektion 13) und die Lüftungsgitter-Verkleidung. (siehe Kapitel 11, Sektion 23).
2 Lösen Sie die drei Schrauben, mit denen der Scheibenwischermotor am Windlaufblech gesichert ist (siehe Abbildungen).

14.2a Lösen Sie rechts die zwei Schrauben ...

14.2b ... und links die einzelne Schraube, mit denen der Wischermotor samt Gestänge am Windlaufblech gesichert ist.

3 Befreien Sie den Motor samt Gestänge und trennen Sie dabei den Kabelstecker (siehe Abbildungen).

14.3a Befreien Sie den Motor samt Gestänge ...

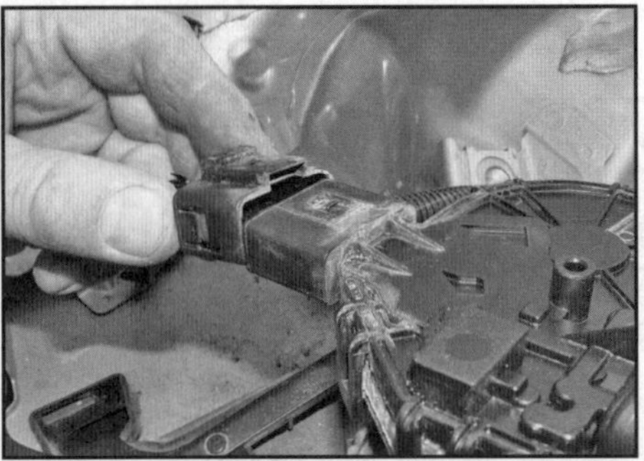

14.3b ... und trennen Sie dabei den Kabelstecker.

4 Falls der Motor vom Gestänge getrennt werden soll, muss sein Kurbelarm so gedreht werden, dass alle drei Befestigungsschrauben nach dessen Demontage zugänglich sind.
5 Halten Sie den Kurbelarm mit einem Maulschlüssel, lösen Sie seine Befestigungsmutter und ziehen Sie ihn von der Motorwelle (siehe Abbildungen).

14.5a Lösen Sie die Kurbelarm-Befestigungsmutter ...

14.5b ... und befreien Sie den Kurbelarm von der Motorwelle.

6 Lösen Sie die drei Schrauben und befreien Sie den Motor vom Gestängerahmen (siehe Abbildung).

14.6 Wischermotor-Befestigungsschrauben

Einbau

7 Verbinden Sie vor dem Einbau des Motors den Kabelstecker und betätigen Sie den Scheibenwischer-Schalter. Schalten Sie den Schalter wieder ab, um den Motor in die Grundposition zu bringen, und trennen Sie den Stecker wieder.
8 Verbinden Sie den Motor mit dem Gestängerahmen und ziehen Sie die drei Schrauben sorgfältig an.
9 Positionieren Sie den Kurbelarm am Motor und richten Sie ihn zwischen den zwei Pfeilen am Gestängerahmen aus (siehe Abbildung).

14.9 Richten Sie den Kurbelarm zwischen den zwei Pfeilen am Gestängerahmen aus.

10 Schieben Sie den Kurbelarm auf die Motorwelle und sichern Sie ihn mit der sorgfältig angezogenen Mutter.
11 Verbinden Sie den Kabelstecker, positionieren Sie den Motor samt Geständе am Windleitblech und ziehen Sie die drei Befestigungsschrauben sorgfältig an.
12 Montieren Sie die Lüftungsgitter-Verkleidung (siehe Kapitel 11, Sektion 23) und die Wischerarme (siehe Sektion 13).

15 Heckscheibenwischermotor – Ausbau und Einbau

1 Demontieren Sie die Heckklappen-Innenverkleidung (siehe Kapitel 11, Sektion 27).
2 Demontieren Sie den Wischerarm (siehe Sektion 13).
3 Trennen Sie den Kabelstecker vom Wischermotor.
4 Lösen Sie die drei Schrauben, entfernen Sie die Scheiben und ziehen Sie den Motor aus der Heckklappe (siehe Abbildung).

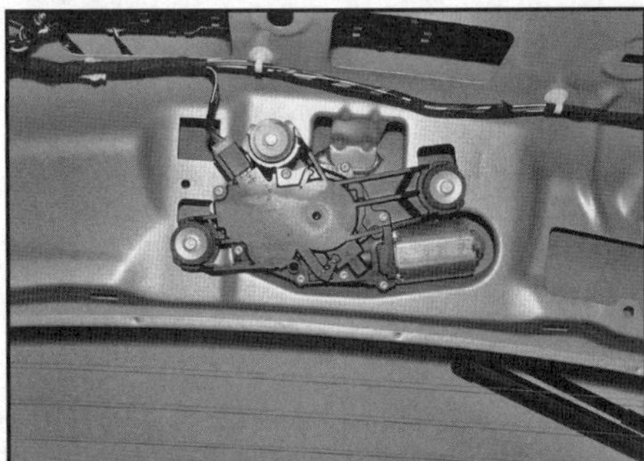

15.4 Heckscheibenwischermotor-Schrauben

5 Der Einbau entspricht der umgekehrten Ausbaureihenfolge – führen Sie die Motorwelle durch den in der Heckscheibe sitzenden Gummistopfen.

16 Scheibenwaschsystem-Komponenten – Ausbau und Einbau

Wischwasserbehälter

1 Der Behälter sitzt links hinter der vorderen Stoßstange.
2 Demontieren Sie die vordere Stoßstange (siehe Kapitel 11, Sektion 6).
3 Lösen Sie die Schraube des Einfüllstutzens und entfernen Sie diesen (siehe Abbildung).

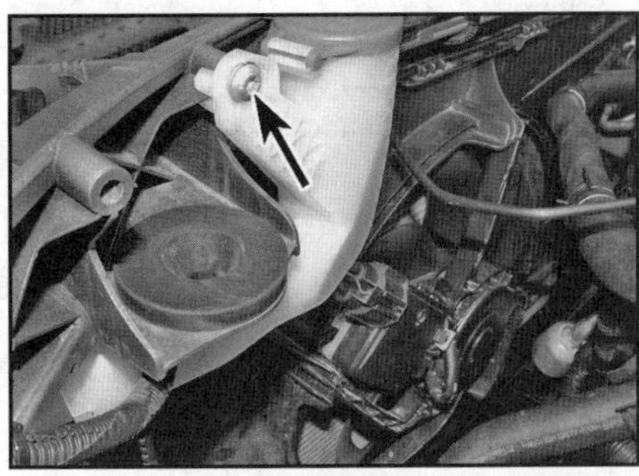

16.3 Schraube des Wischwasser-Einfüllstutzens

4 Entfernen Sie das Motorsteuergerät (PCM) (siehe Kapitel 4A, Sektion 10 oder Kapitel 4B, Sektion 12).
5 Trennen Sie den Stecker und alle Wischwasserschläuche vom Pegelsensor und von der/den am Wischwasserbehälter sitzenden Pumpe(n) – seien Sie auf etwas austretendes Wischwasser vorbereitet.
6 Lösen Sie die drei Befestigungsschrauben des Wischwasserbehälters und befreien Sie ihn aus dem Motorraum (siehe Abbildungen).

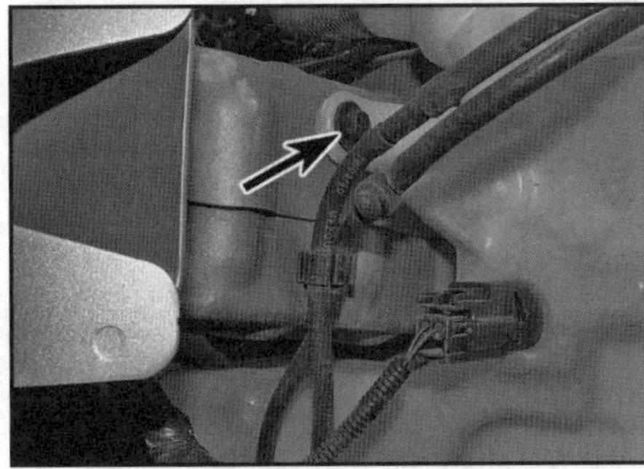

16.6a Vordere obere, ...

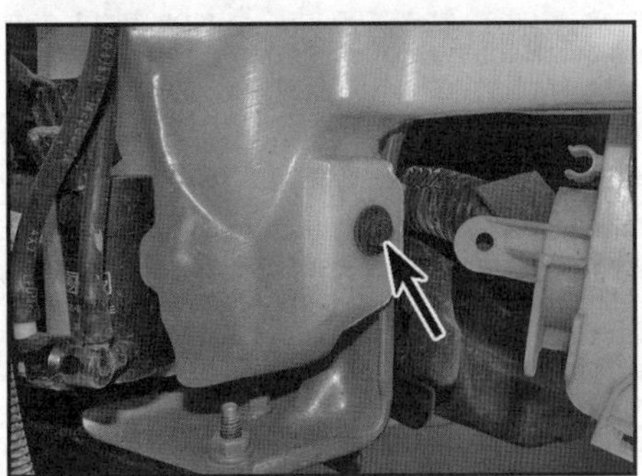

16.6b ... vordere untere ...

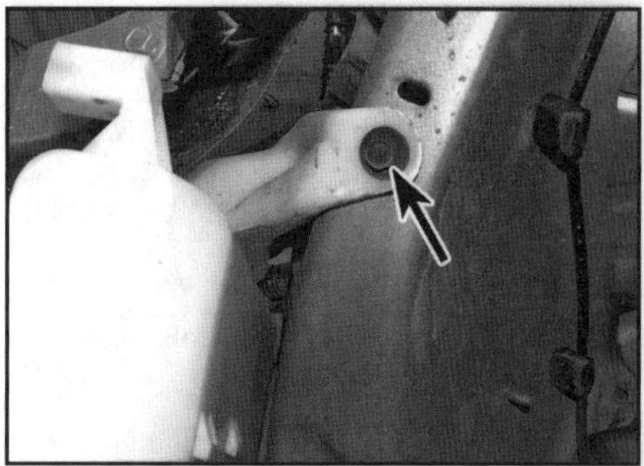

16.6c ... und hintere Befestigungsschrauben des Wischwasserbehälters

7 Der Einbau entspricht der umgekehrten Ausbaureihenfolge – schließen Sie den Stecker und alle Schläuche korrekt an.

Wischwasserpumpe

8 Saugen Sie möglichst mit einem durch den Einfüllstutzen eingeführten Schlauch das Wischwasser aus dem Behälter.
9 Ziehen Sie die Handbremse, heben Sie das Fahrzeug vorn an und stützen Sie es sicher ab (siehe Seite 390).
10 Demontieren Sie ggf. den Unterfahrschutz und den Spritzschutz unter dem Kühler.
11 Trennen Sie den Stecker und alle Schläuche von der Wischwasserpumpe (siehe Abbildung) – seien Sie auf etwas austretendes Wischwasser vorbereitet.

16.11 Trennen Sie den Stecker und alle Schläuche von der Wischwasserpumpe.

12 Hebeln Sie die Pumpe vom Behälter ab und stellen Sie den Gummistopfen sicher. Falls das Wischwasser nicht abgesaugt wurde, wird es jetzt auslaufen – halten Sie ggf. einen Sammelbehälter bereit.
13 Begutachten Sie den Gummistopfen und ersetzen Sie ihn nötigenfalls.
14 Der Einbau entspricht der umgekehrten Ausbaureihenfolge – drücken Sie beim Ansetzen der Pumpe nicht den Gummistopfen in den Behälter und schließen Sie den Stecker und alle Schläuche korrekt an.

Wischwasser-Pegelsensor

15 Saugen Sie möglichst mit einem durch den Einfüllstutzen eingeführten Schlauch das Wischwasser aus dem Behälter.
16 Ziehen Sie die Handbremse, heben Sie das Fahrzeug vorn an und stützen Sie es sicher ab (siehe Seite 390).
17 Demontieren Sie ggf. den Unterfahrschutz und den Spritzschutz unter dem Kühler.
18 Trennen Sie den Stecker vom Pegelsensor (siehe Abbildung) – seien Sie auf etwas austretendes Wischwasser vorbereitet.

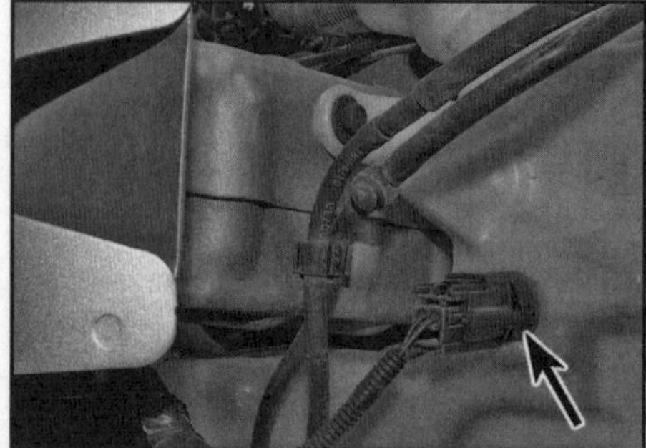

16.18 Wischwasser-Pegelsensor

19 Hebeln Sie den Sensor aus dem Behälter und stellen Sie den Gummistopfen sicher. Falls das Wischwasser nicht abgesaugt wurde, wird es jetzt auslaufen – halten Sie ggf. einen Sammelbehälter bereit.
20 Begutachten Sie den Gummistopfen und ersetzen Sie ihn nötigenfalls.
21 Der Einbau entspricht der umgekehrten Ausbaureihenfolge – drücken Sie beim Eindrücken des Sensors nicht den Gummistopfen in den Behälter und schließen Sie den Stecker an.

Windschutzscheiben-Düse

22 Öffnen Sie die Motorhaube und stützen Sie sie ab.
23 Hebeln Sie die Halterungen der Motorhauben-Dämmung heraus und entfernen Sie diese (siehe Abbildung).

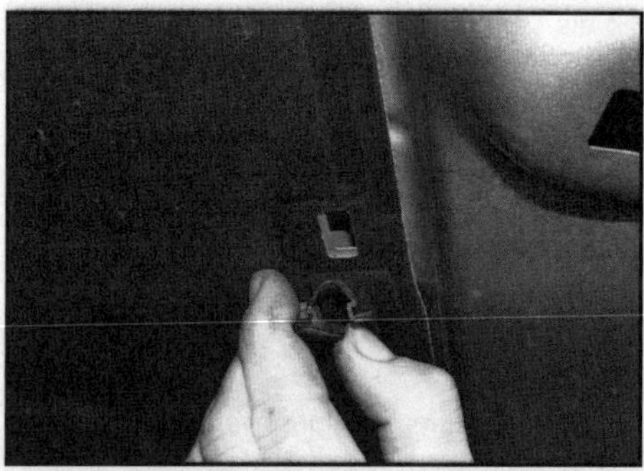

16.23 Hebeln Sie die Halterungen der Motorhauben-Dämmung heraus.

24 Ziehen Sie den T-Anschluss aus der in der Motorhaube sitzenden Wischwasserdüse (siehe Abbildung).

16.24 Ziehen Sie den T-Anschluss aus der Düse

25 Befreien Sie den Kabelstecker aus dem Clip der Motorhaube und trennen Sie ihn (siehe Abbildungen).

16.25a Befreien Sie den Kabelstecker aus dem Clip der Motorhaube ...

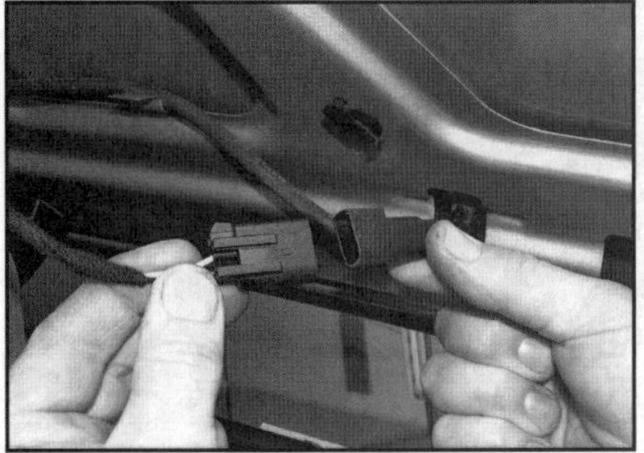

16.25b ... und trennen Sie ihn.

26 Drücken Sie die Düse nach vorn, heben Sie sie hinten an und befreien Sie sie aus der Motorhaube (siehe Abbildungen).

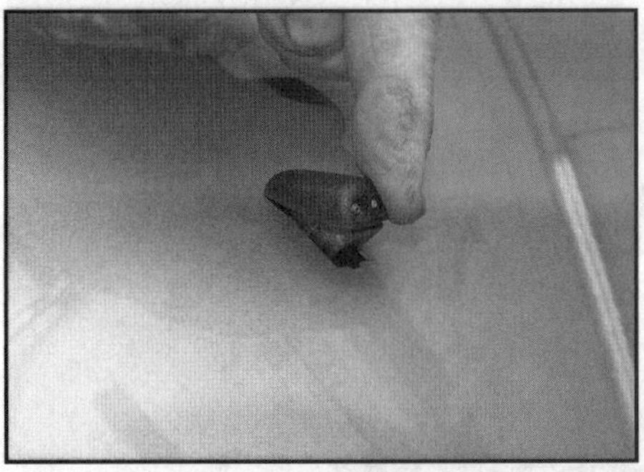

16.26a Drücken Sie die Düse nach vorn, heben Sie sie hinten an ...

16.26b ... und befreien Sie sie aus der Motorhaube.

27 Der Einbau entspricht der umgekehrten Ausbaureihenfolge.

Heckscheiben-Düse

Fließheck-Modelle

28 Entfernen Sie die Heckklappen-Innenverkleidung (siehe Kapitel 11, Sektion 27).
29 Ziehen Sie den Schlauch vom an der Heckklappe sitzenden T-Anschluss (siehe Abbildung).

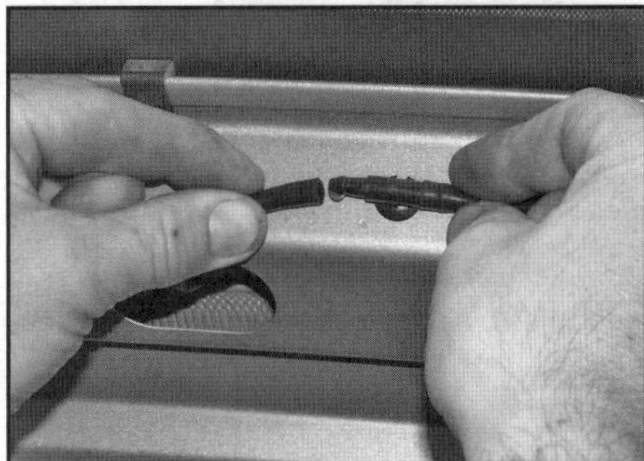

16.29 Ziehen Sie den Schlauch vom an der Heckklappe sitzenden T-Anschluss.

30 Führen Sie einen Schraubendreher ins Langloch der Heckklappe ein und drücken Sie die Lasche an der Unterseite der Düse, um diese nach außen aus der Heckklappe zu befreien (siehe Abbildungen).

16.30a Führen Sie einen Schraubendreher ins Langloch der Heckklappe ein ...

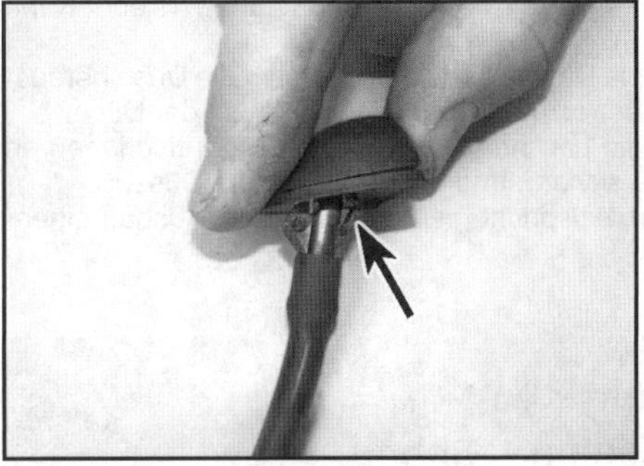

16.30b ... und drücken Sie die Lasche an der Unterseite der Düse, ...

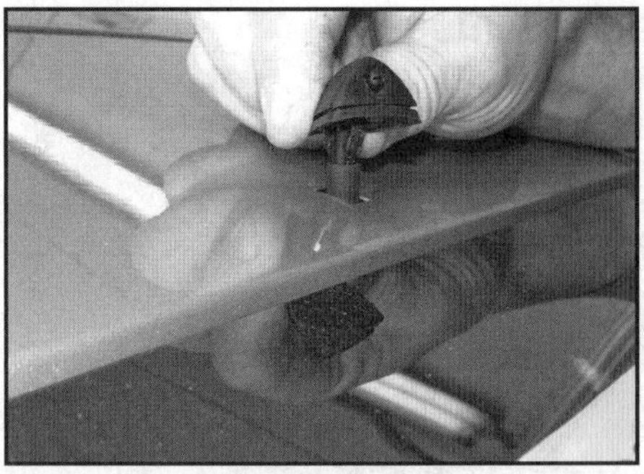

16.30c ... um diese nach außen aus der Heckklappe zu befreien.

31 Der Einbau entspricht der umgekehrten Ausbaureihenfolge.

Kombi-Modelle

32 Demontieren Sie die Zusatzbremsleuchte (siehe Sektion 7).
33 Heben Sie an der Zusatzbremsleuchte die Laschen an und befreien Sie die Düse (siehe Abbildung).

16.33 Heben Sie an der Zusatzbremsleuchte die Laschen an und befreien Sie die Düse.

34 Der Einbau entspricht der umgekehrten Ausbaureihenfolge.

Scheinwerfer-Düse

35 Demontieren Sie die vordere Stoßstange (siehe Kapitel 11, Sektion 6).
36 Heben Sie die Düsen-Abdeckung an, um die Düse herauszuziehen, und befreien Sie die Abdeckung von der Düse.
37 Lösen Sie die Laschen, die das Düsengehäuse innen an der Stoßstange sichern, und entfernen Sie die Düse.
38 Der Einbau entspricht der umgekehrten Ausbaureihenfolge.

17 Audiosystem – Ausbau und Einbau

Anmerkung: *Die folgende Prozedur gilt für das ab Werk erhältliche Audiosystem.*
Anmerkung: *Falls das Audiosystem mit einem Zugangscode ausgerüstet ist, muss dieser nach jedem Trennen der Batterie neu eingegeben werden.*
Anmerkung: *Sobald ein neues Audiosystem eingebaut wurde, muss dies mit einer Ford-Diagnoseausrüstung konfiguriert werden – überlassen Sie diese Arbeit einer entsprechend ausgerüsteten Fachwerkstatt.*

Ausbau

1 Trennen Sie zunächst stets den Haupt-Masseanschluss (–) der Batterie (siehe Kapitel 5A, Sektion 4).

Audiosystem

2 Entfernen Sie die mittlere Schalterkonsole aus dem Armaturenbrett (siehe Sektion 4).
3 Lösen Sie die vier Schrauben an den Ecken des Audiosystems, ziehen Sie es heraus und trennen Sie alle Kabelstecker und den Antennenanschluss (siehe Abbildungen).

17.3a Lösen Sie die vier Schrauben an den Ecken des Audiosystems, ...

17.3b ... ziehen Sie das Audiosystem aus dem Armaturenbrett ...

17.3c ... und trennen Sie alle Kabelstecker und den Antennenanschluss.

Audiosystem mit DVD-Navigationssystem

4 Der Ausbau des Audiosystems erfordert die Ford-Spezialwerkzeuge mit der Teilenummer GV3301 (siehe Abbildung) – vergleichbare Werkzeuge sind im Fachhandel erhältlich.

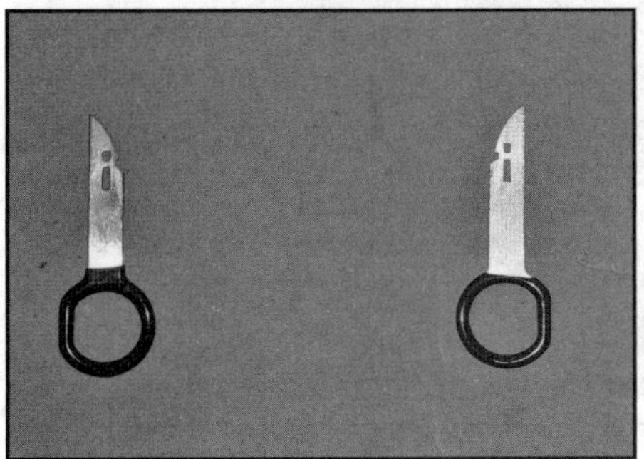

17.4 Ford-Spezialwerkzeuge für den Ausbau des Audiosystems mit DVD-Navigationssystem

5 Heben Sie die Mittelkonsolen-Abdeckung unter dem Aschenbecher heraus (Abb. 4.18).
6 Drehen Sie bei Modellen mit Schaltgetriebe den Schalthebel-Knauf ab und befreien Sie dann den Rahmen der Schalthebel-Manschette. Heben Sie die Manschette und den Rückwärtsgang-Sperrmechanismus über den Schalthebelschaft ab (Abb. 4.19a und b).
7 Befreien Sie bei Modellen mit Automatikgetriebe die Wahlhebel-Blende aus der Mittelkonsole.
8 Ziehen Sie die Mittelkonsole hinten beginnend zum Lösen der Clips vorsichtig hoch und befreien Sie ihre vorderen Laschen (Abb. 4.21). Trennen Sie alle vorhandenen Kabelstecker. Führen Sie bei Modellen mit Automatikgetriebe die Wahlhebel-Blende durch das obere Teil der Mittelkonsole.
9 Hebeln Sie bei Modellen bis 04/2010 vorsichtig die zwei seitlichen Dreieck-Segmente aus der mittleren Schalterkonsole. Trennen Sie ggf. den Stecker des POWER-Knopfs (Abb. 4.22). Lösen Sie bei Modellen ab 04/2010 vorsichtig die unter dem Armaturenbrett-Mittelteil sitzenden seitlichen Verkleidungen. Trennen Sie ggf. den Stecker des POWER-Knopfs.
10 Lösen Sie die sechs Schrauben der mittleren Schalterkonsole und befreien Sie es aus dem Armaturenbrett (Abb. 4.23a).
11 Hebeln Sie vorsichtig die Abdeckungen an den unteren Ecken der Mittelkonsole heraus (siehe Abbildung)

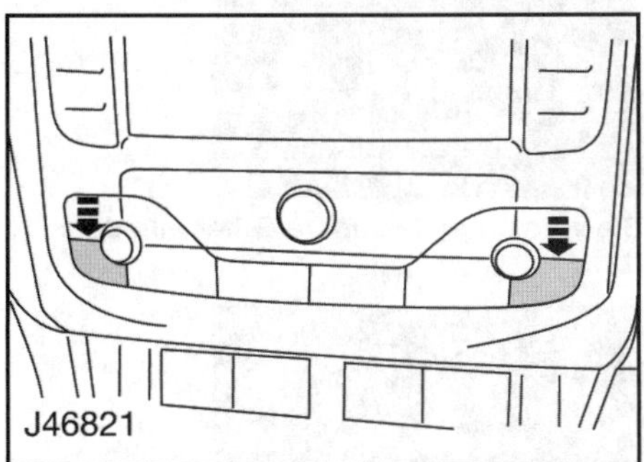

17.11 Abdeckungen an den unteren Ecken der Mittelkonsole

12 Stecken Sie die vier Spezialwerkzeuge mit den geraden Rändern nach außen in die Nuten an jeder Ecke des Audiosystems – die Werkzeuge sind mit »Top Left« usw. markiert. Ziehen Sie die Mittelkonsole samt Audiosystem aus dem Armaturenbrett.
13 Lösen Sie die Arretierlaschen der Stecker und trennen Sie sie vom Audiosystem.

CD-Wechsler

Anmerkung: *Sobald ein neuer CD-Wechsler eingebaut wurde, muss dieser mit einer Ford-Diagnoseausrüstung konfiguriert werden – überlassen Sie diese Arbeit einer entsprechend ausgerüsteten Fachwerkstatt.*
14 Falls vorhanden, müssen die Schrauben der CD-Wechsler-Abdeckung gelöst und diese entfernt werden.
15 Lösen Sie die zwei Muttern und befreien Sie den CD-Wechsler aus dem Rahmen. Trennen Sie den Stecker und befreien Sie das Gerät aus dem Fahrzeug.

Einbau

16 Der Einbau entspricht in allen Fällen der umgekehrten Ausbaureihenfolge.

18 Lautsprecher – Ausbau und Einbau

Ausbau

Haupt-Türlautsprecher

1 Entfernen Sie die Türverkleidung (siehe Kapitel 11, Sektion 13).
2 Trennen Sie den Lautsprecher-Stecker, lösen Sie die drei Schrauben und befreien Sie den Lautsprecher aus der Tür (siehe Abbildungen).

18.2a Trennen Sie den Lautsprecher-Stecker ...

18.2b ... und lösen Sie die drei Schrauben, um den Lautsprecher aus der Tür zu befreien.

Hochtöner in vorderen Türen

3 Hebeln Sie mit einem Kunststoffspachtel vorn an der Tür vorsichtig die Lautsprecherverkleidung ab, trennen Sie den Stecker und entnehmen Sie die Verkleidung samt Lautsprecher (siehe Abbildungen).

18.3a Hebeln Sie vorn an der Tür vorsichtig die Lautsprecherverkleidung ab ...

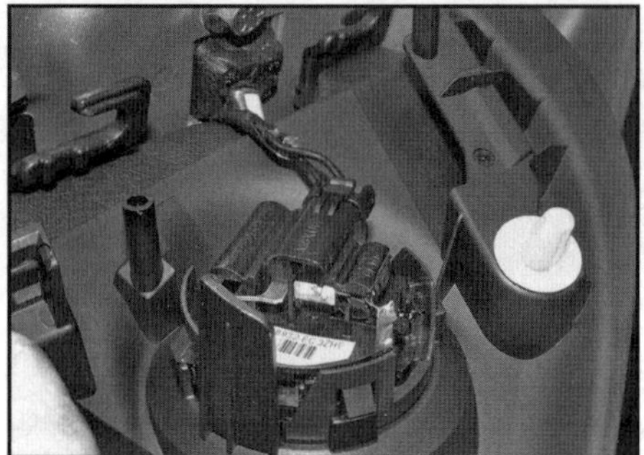

18.3b ... und trennen Sie den Stecker des Lautsprechers.

4 Drücken Sie die Laschen des Lautsprechers ein, um ihn nach vorn aus der Verkleidung zu befreien (siehe Abbildungen).

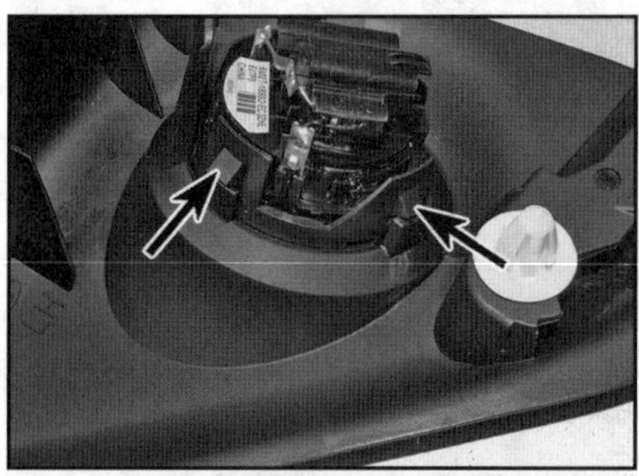

18.4a Drücken Sie die Laschen des Lautsprechers ein, ...

18.4b ... um ihn aus der Verkleidung zu befreien.

Hochtöner in hinteren Türen

5 Entfernen Sie die hintere Türverkleidung (siehe Kapitel 11, Sektion 13), trennen Sie dabei den Lautsprecher-Stecker.

6 Drücken Sie die Laschen des Lautsprechers ein, um ihn nach vorn aus der Verkleidung zu befreien (siehe Abbildungen).

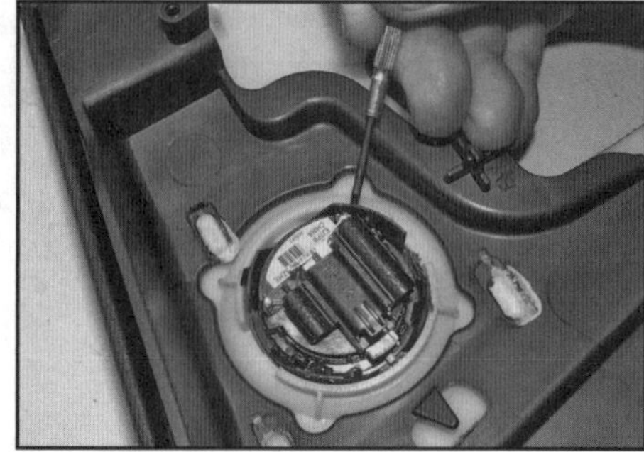

18.6a Drücken Sie die Laschen des Lautsprechers ein, ...

18.6b ... um ihn aus der Türverkleidung zu befreien.

Armaturenbrett-Lautsprecher

7 Hebeln Sie oben in der Mitte vorsichtig das Gitter aus dem Armaturenbrett – trennen Sie dabei den Stecker des Sonnenlichtsensors (siehe Abbildungen).

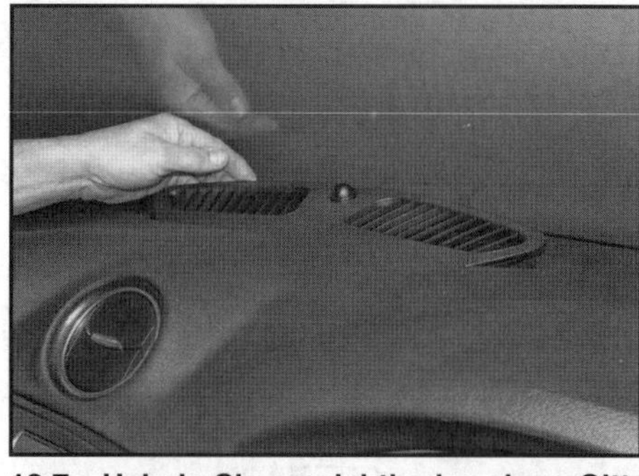

18.7a Hebeln Sie vorsichtig das obere Gitter aus dem Armaturenbrett ...

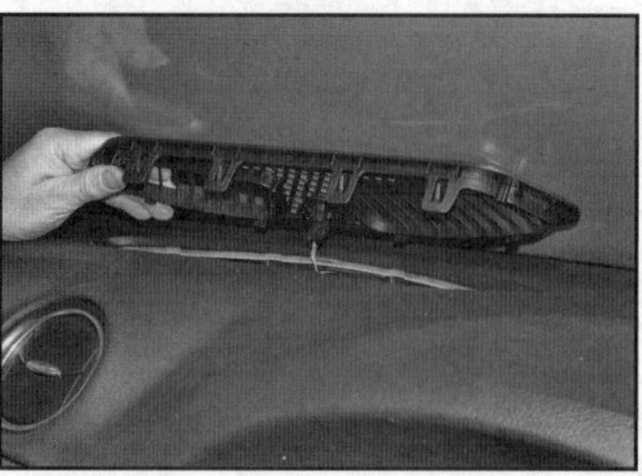

18.7b ... und trennen Sie den Stecker des Sonnenlichtsensors.

8 Lösen Sie die zwei Schrauben, trennen Sie den Stecker und befreien Sie den Lautsprecher aus dem Armaturenbrett.

Subwoofer

9 Der Haupt-Basslautsprecher (Subwoofer) sitzt in der Reserveradmulde im Kofferraum.
10 Entfernen Sie die linke Kofferraum-Seitenverkleidung (siehe Kapitel 11, Sektion 27).
11 Verfolgen Sie das Subwoofer-Kabel zum Stecker und trennen Sie diesen.
12 Lösen Sie die 8 Schrauben des Lautsprechers und befreien Sie ihn aus dem Fahrzeug.

Einbau

13 Der Einbau entspricht in allen Fällen der umgekehrten Ausbaureihenfolge.

19 Radio-Antenne – Ausbau und Einbau

1 Der Ausbau des Antennenfußes beinhaltet das Entfernen des Dachhimmels; dies ist eine komplizierte Operation und überfordert die meisten Hobbyschrauber. Falls also Probleme mit dem Antennenfuß oder seiner Verkabelung bestehen, sollte eine Fachwerkstatt konsultiert werden.

20 Einparkhilfen-Komponenten – Allgemeine Informationen, Ausbau und Einbau

Allgemeine Informationen

1 Die optional erhältliche Einparkhilfe besteht aus vier Ultraschall-Sensoren in jeder Stoßstange, die den Abstand zu Hindernissen ermitteln. Akustische Signale aus im Armaturenbrett und hinter der hinteren Kofferraumverkleidung sitzenden Lautsprechern informieren den Fahrer – je näher das Hindernis, desto höher die Frequenz des Signals.
2 Das System beinhaltet ein Steuermodul und ein Selbstdiagnose-Programm, sodass das Fahrzeug bei einem Defekt zu einer mit entsprechenden Diagnosegeräten ausgerüsteten Werkstatt gebracht werden muss.

Einparkhilfe-Modul

3 Das Modul sitzt hinter der rechten Kofferraum-Seitenverkleidung – deren Ausbau ist in Kapitel 11, Sektion 27 beschrieben.
4 Lösen Sie die zwei Schrauben, um das Modul zu befreien – trennen Sie dabei seine Kabelstecker.
5 Der Einbau entspricht in allen Fällen der umgekehrten Ausbaureihenfolge.

Abstandsensor

6 Demontieren Sie die entsprechende Stoßstange (siehe Kapitel 11, Sektion 6).
7 Trennen Sie den Sensorstecker, drücken Sie die Halteclips auseinander und ziehen Sie den Sensor heraus (siehe Abbildungen).

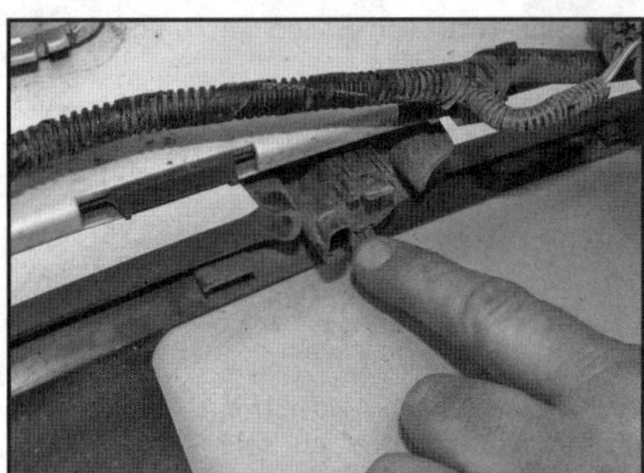

20.7a Drücken Sie die Halteclips auseinander ...

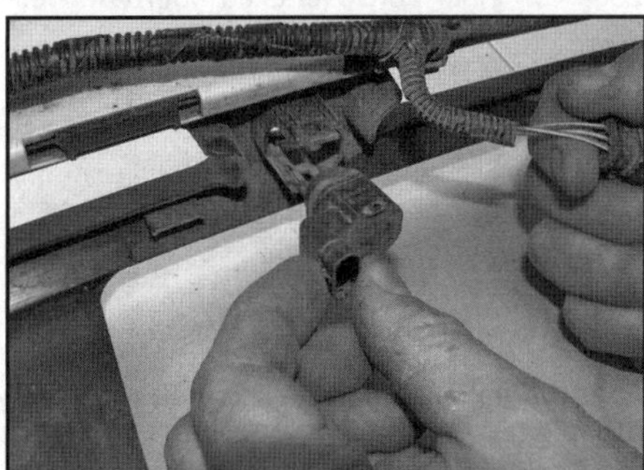

20.7b ... und ziehen Sie den Sensor heraus.

8 Der Einbau entspricht in allen Fällen der umgekehrten Ausbaureihenfolge – drücken Sie den Sensor in seinen Sitz, bis die Laschen einrasten.

Signalgeber vorn

9 Entfernen Sie die Instrumenten-Baugruppe (siehe Sektion 11).
10 Trennen Sie den Stecker, lösen Sie die zwei Schrauben und befreien Sie den Signalgeber aus dem Armaturenbrett (siehe Abbildung).

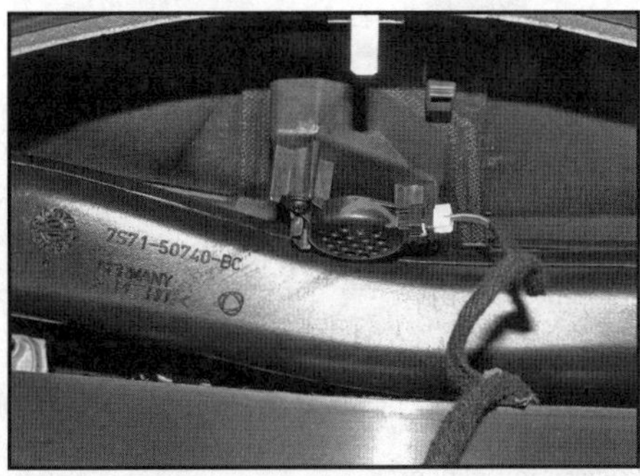

20.10 Vorderer Einparkhilfen-Signalgeber

11 Der Einbau entspricht in allen Fällen der umgekehrten Ausbaureihenfolge

Signalgeber hinten

12 Entfernen Sie beim Stufenheck- und Fließheck-Modell die rechte hintere Kofferraumverkleidung (siehe Kapitel 11, Sektion 27). Trennen Sie den Stecker, lösen Sie die zwei Schrauben und befreien Sie den Signalgeber aus der C-Säule.
13 Entfernen Sie beim Kombi die rechte Hutablagen-Halterung (siehe Kapitel 11, Sektion 27). Trennen Sie den Stecker, lösen Sie die zwei Schrauben und entfernen Sie den Signalgeber.

14 Der Einbau entspricht in allen Fällen der umgekehrten Ausbaureihenfolge.

21 Alarmanlage und Wegfahrsperre – Allgemeine Informationen

1 Alle Modeo-Modelle sind serienmäßig mit einer Alarmanlage und einer Wegfahrsperre ausgerüstet, die beim Verriegeln der Fahrertür oder Betätigen der Fernbedienung automatisch ab- und einschaltet. Falls an der Alarmanlage ein Fehler auftritt, muss das Fahrzeug von einer Ford-Werkstatt überprüft werden.

22 Steuermodule – Ausbau und Einbau

Anmerkung: *Alle Steuermodule sind in das komplexe Selbstdiagnosesystem des Fahrzeugs integriert. Falls ein Defekt auftritt, muss am Diagnosestecker unter dem Armaturenbrett ein Diagnosegerät angeschlossen und der Fehler ausgelesen werden.*

Ausbau

1 Trennen Sie zunächst stets den Haupt-Masseanschluss (–) der Batterie (siehe Kapitel 5A, Sektion 4).

Generisches Elektronikmodul (GEM)

2 Das GEM befindet sich in der Sicherungs- und Relaisbox unter dem Handschuhfach. Das Modul ist verantwortlich für die Steuerung folgender Funktionen:

- Stromverteilung
- Scheinwerfer
- Scheinwerfer-Einstellung
- Nebelleuchten
- Standlichter
- Rückleuchten
- Zusatzbremsleuchte
- Innenbeleuchtung
- Scheibenwischer
- Windschutzscheiben-Heizung
- Tempomat
- Zentralverriegelung
- Alarmanlage
- Handbremsenschalter
- Bremsflüssigkeitspegel-Sensor
- Kraftstoffpumpe
- Batterie-Ladung
- Datenübertragungs-Kommunikation

3 Entfernen Sie die Verkleidung unterhalb des Handschuhfachs (siehe Kapitel 11, Sektion 27).

4 Verdrehen Sie die Arretierlasche der GEM-Halterung um 90° und befreien Sie sie aus ihrer Halterung (siehe Abbildungen). Heben Sie das Steuermodul aus den zwei Scharnieren und platzieren Sie es beiseite.

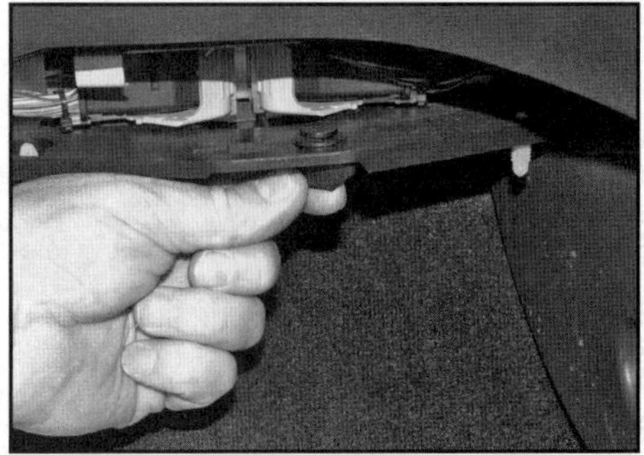

22.4a Verdrehen Sie die Arretierlasche der GEM-Halterung um 90° ...

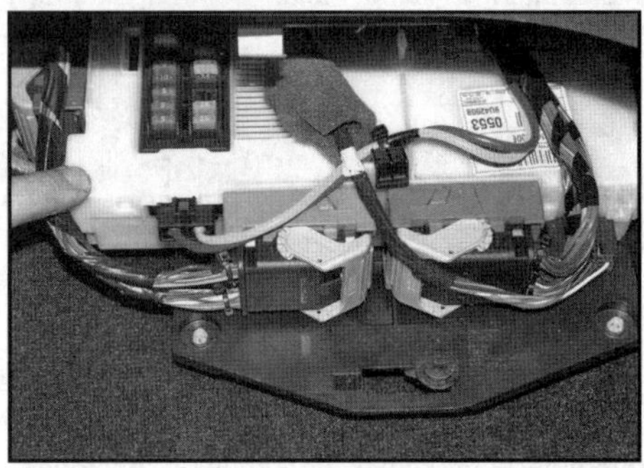

22.4b ... und befreien Sie sie aus ihrer Halterung.

Lichtanlagen-Steuermodul (LCM)

5 Dieses Modul findet sich nur an Modellen mit adaptiven Scheinwerfern oder Xenon-Scheinwerfern. Bei adaptiven Scheinwerfern überwacht es das Mitschwenken der Scheinwerfer beim Lenken, bei Xenon-Scheinwerfern überwacht es mithilfe der Sensoren am Fahrgestell die Leuchtweite.

6 Der Ausbau des Moduls ist in Sektion 10 beschrieben.

Keyless-Türschließsystem-Modul (KVM)

7 Der Austausch des Moduls ist in Kapitel 11, Sektion 19 beschrieben.

Klimaanlagen-Modul (CCM)

8 Der Ausbau des in die Heizungsregler-Konsole integrierten Moduls ist in Kapitel 3, Sektion 10 beschrieben.

Tür-Steuermodul (DCM)

9 Demontieren Sie die Türverkleidung (siehe Kapitel 11, Sektion 13).

10 Trennen Sie die Stecker des Moduls, lösen Sie seine Schrauben und befreien Sie das Modul von der Tür (siehe Abbildung).

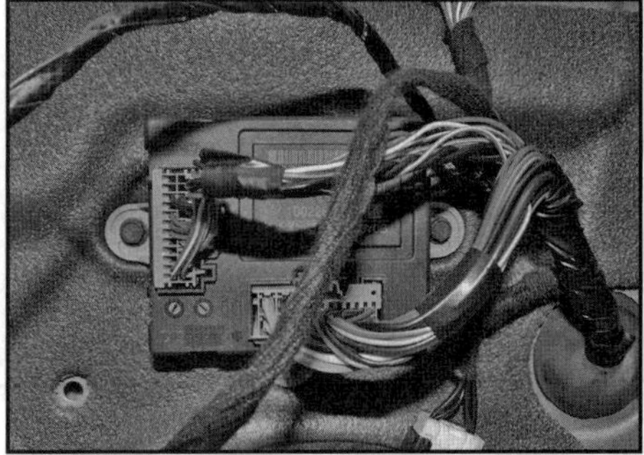

22.10 Das Tür-Steuermodul

Motor-Steuergerät (PCM)

11 Der Ausbau des Motorsteuergeräts ist in Kapitel 4A, Sektion 10 oder Kapitel 4B, Sektion 12 beschrieben.

Rückhaltesystem-Modul (RCM)

12 Der Austausch des Moduls ist in Kapitel Sektion 24 beschrieben.

Einbau

13 Der Einbau entspricht in allen Fällen der umgekehrten Ausbaureihenfolge. Falls ein neues Modul installiert wird, muss dies mit einer Ford-Diagnoseausrüstung konfiguriert werden – überlassen Sie diese Arbeit einer entsprechend ausgerüsteten Fachwerkstatt.

23 Airbag-System – Allgemeine Informationen, Warnhinweise und Deaktivierung

Allgemeine Informationen

1 Alle Modelle sind serienmäßig mit einem Fahrer-Airbag (im Lenkrad) und einem Beifahrer-Airbag (oberhalb des Handschuhfachs) ausgerüstet.
2 Manche Modelle sind zudem mit Seiten-Airbags (in den Vordersitzen), Vorhang-Airbags (im Dachhimmel) und einem Knie-Airbag (unter dem Armaturenbrett) ausgerüstet.
3 Das System ist nur bei eingeschalteter Zündung funktionsfähig, doch für den Fall einer Stromunterbrechung im Hauptkabel ist noch eine Reservestromquelle vorhanden. Die beiden vorderen Airbags werden von einem Verzögerungssensor aktiviert und vom (auch für die Gurtstraffer zuständige) RCM-Steuergerät überwacht.
4 Bei einem Aufprall werden die Airbags binnen Millisekunden aufgepumpt, um den Insassen ein Polster zum Lenkrad bzw. dem Armaturenbrett oder zur Seite zu bieten und das Risiko von Verletzungen zu reduzieren. Der Airbag entleert sich anschließend fast genauso schnell. **Achtung: Ein versehentlich ausgelöster Airbag kann schwere Verletzungen hervorrufen!**

Warnhinweise

Warnung: Die folgenden Vorsichtsmaßnahmen müssen bei der Arbeit am Airbag-System beachtet werden, um Gesundheitsrisiken zu minimieren.

Allgemeine Vorkehrungen

5 Die folgenden Vorsichtsmaßnahmen **müssen** bei der Arbeit am Fahrzeug beachtet werden:
*a) Trennen Sie **niemals** die Batterie bei laufendem Motor.*
b) Demontieren Sie alle Airbag-Komponenten, bevor irgendwelche Arbeiten in der Umgebung von Airbags durchgeführt werden.
*c) Testen Sie **niemals** Stromkreise des Airbag-Systems mit irgendwelchen Messgeräten.*
*d) Versuchen Sie beim Aufleuchten der Airbag-Warnlampe **niemals** selbst, eine Fehlerdiagnose durchzuführen oder Teile des Airbag-Systems zu zerlegen – bringen Sie das Fahrzeug **unbedingt** in eine Ford-Werkstatt.*
e) Deaktivieren Sie das Airbag-System, bevor Schweißarbeiten am Fahrzeug vorgenommen werden.

Umgang mit dem Airbag

*a) Transportieren Sie einen Airbag **immer** mit dem Luftsack nach oben.*
*b) Legen Sie **niemals** Ihre Arme um den Airbag.*
*c) Halten Sie den Airbag **stets** dicht am Körper – mit dem Luftsack nach außen.*
*d) Lassen Sie einen Airbag **niemals** fallen; setzen Sie ihn keinen Schlägen aus.*
*e) Versuchen Sie **niemals**, einen Airbag zu zerlegen.*
*f) Verbinden Sie **niemals** irgendwelche elektrischen Komponenten mit Teilen des Airbag-Stromkreises.*

Lagern eines Airbags

a) Lagern Sie einen Airbag mit dem Luftsack nach oben in einem geschlossenen Schrank.
*b) Setzen Sie einen Airbag **niemals** Temperaturen über 80 °C aus.*
*c) Setzen Sie einen Airbag **niemals** offenen Flammen aus.*
d) Entsorgen Sie einen Airbag nur über eine Ford-Werkstatt.
*e) Bauen Sie **niemals** einen Airbag ins Auto ein, der erwiesenermaßen defekt oder beschädigt ist.*

Deaktivieren des Airbag-Systems

6 Bevor Arbeiten an Airbag-Komponenten oder umliegenden Bereichen erledigt werden, muss der Airbag folgendermaßen deaktiviert werden:
a) Schalten Sie die Zündung ein und prüfen Sie die Funktion der Airbag-Warnlampe – sie muss aufleuchten und dann erlöschen.
b) Schalten Sie die Zündung ab und ziehen Sie den Zündschlüssel ab.
c) Schalten Sie alle elektrischen Verbraucher ab.
d) Trennen Sie das Haupt-Massekabel (–) der Batterie (siehe Kapitel 5A, Sektion 4).
e) Isolieren Sie den Minuspol der Batterie und das Ende des Massekabels, um alle Risiken auszuschließen.
f) Warten Sie mindestens drei Minuten, bevor Sie fortfahren.

24 Airbag-Systemkomponenten – Ausbau und Einbau

Warnung: Beachten Sie vor der Arbeit die Warnhinweise in Sektion 23!

Fahrer-Airbag

Modelle, die bis zum 13.07.2009 gebaut wurden

1 Deaktivieren Sie das Airbag-System (siehe Sektion 23). Der Airbag ist in die Lenkradnabe integriert.
2 Entfernen Sie die Lenksäulen-Abdeckungen (siehe Kapitel 11, Sektion 27).
3 Führen Sie einen kleinen Schraubendreher in die Bohrung am Sockel des Lenkrads ein und bringen Sie ihn in Kontakt zur Airbag-Sicherungsfeder. Drücken Sie den Schraubendreher hoch, um die Feder aus der Lasche am Lenkrad zu befreien, und ziehen Sie gleichzeitig die Airbag-Grundplatte vom Lenkrad ab.
4 Führen Sie den Schraubendreher in eine der Bohrungen an der Rückseite des Lenkrads ein und heben Sie ihn an, um den Federdraht von der Lasche des Lenkrads zu befreien, ziehen Sie gleichzeitig die Seite des Airbags vom Lenkrad ab.

Befreien Sie den Federdraht auf der anderen Seite auf die gleiche Weise.

5 Sobald die Airbag-Federdrähte befreit sind, wird der Airbag vom Lenkrad abgezogen – trennen Sie dabei den Hauptstecker und die zwei Massekabel. Entfernen Sie den Airbag und lagern Sie ihn an einem sicheren Ort – beachten Sie die Warnhinweise in Sektion 23.

6 Der Einbau entspricht der umgekehrten Ausbaureihenfolge – beachten Sie dabei folgende Punkte:

a) Die Batterie muss beim Verbinden der Airbag-Verkabelung unbedingt noch getrennt sein.

b) Der Airbag-Stecker muss sicher verbunden sein.

c) Der Airbag muss fest ins Lenkrad gedrückt werden, bis alle Federdrähte einrasten.

Modelle, die ab dem 13.07.2009 gebaut wurden

7 Deaktivieren Sie das Airbag-System (siehe Sektion 23). Der Airbag ist in die Lenkradnabe integriert.

8 Entfernen Sie die Lenksäulen-Abdeckungen (siehe Kapitel 11, Sektion 27).

9 Drehen Sie das Lenkrad um 90° nach links, sodass seine Speichen oben und unten stehen. Führen Sie einen kleinen Schraubendreher in die Bohrung an der Rückseite des Lenkrads ein und winkeln Sie um etwa 50° horizontal ab, um ihn unter den Airbag-Federdraht zu manövrieren (siehe Abbildung).

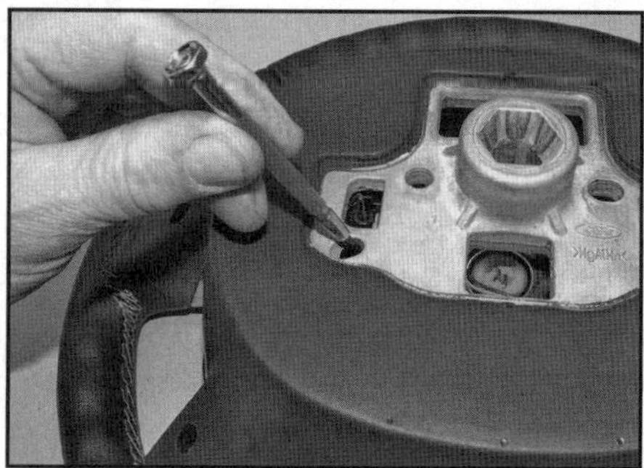

24.9 Führen Sie den Schraubendreher in die Bohrung an der Rückseite des Lenkrads ein.

10 Drücken Sie den Schraubendreher in die horizontale Position, um den Federdraht aus der Lasche am Lenkrad zu befreien, und ziehen Sie gleichzeitig die Airbag-Seite vom Lenkrad ab (siehe Abbildungen).

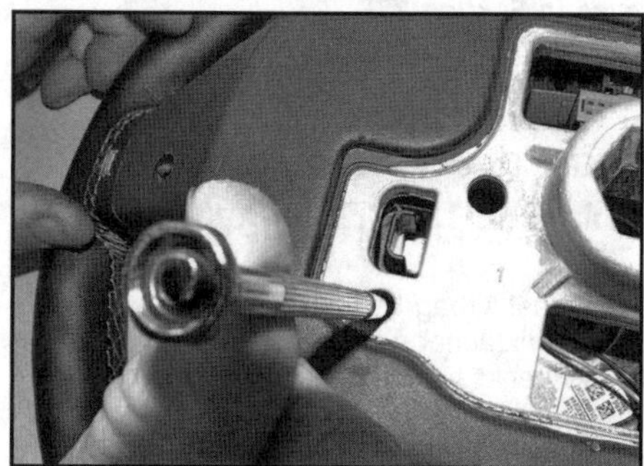

24.10a Drücken Sie den Schraubendreher in die horizontale Position, ...

24.10b ... um den Federdraht ...

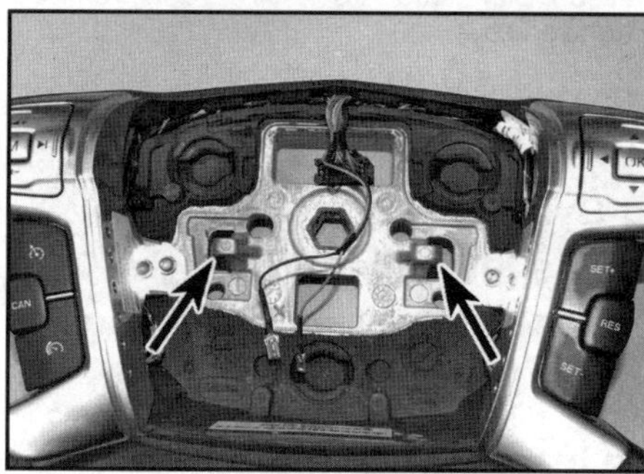

24.10c ... aus der Lasche am Lenkrad zu befreien.

11 Drehen Sie das Lenkrad um 180° nach rechts, sodass seine Speichen wieder oben und unten stehen. Wiederholen Sie die in den Schritten 9 und 10 beschriebene Prozedur.

12 Sobald die Airbag-Federdrähte befreit sind, wird der Airbag vom Lenkrad abgezogen – trennen Sie dabei den Hauptstecker und die zwei Massekabel (siehe Abbildung). Entfernen Sie den Airbag und lagern Sie ihn an einem sicheren Ort – beachten Sie die Warnhinweise in Sektion 23.

24.12a Ziehen Sie den Airbag vom Lenkrad ab ...

24.12b ... und trennen Sie dabei den Hauptstecker ...

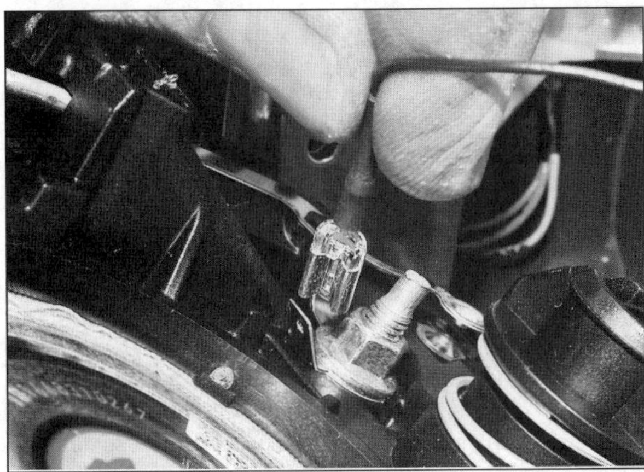

24.12c ... sowie die Masseanschlüsse.

13 Der Einbau entspricht der umgekehrten Ausbaureihenfolge – beachten Sie dabei folgende Punkte:

a) Die Batterie muss beim Verbinden der Airbag-Verkabelung unbedingt noch getrennt sein.

b) Der Airbag-Stecker muss sicher verbunden sein.

c) Der Airbag muss fest ins Lenkrad gedrückt werden, bis alle Federdrähte einrasten.

Beifahrer-Airbag

14 Deaktivieren Sie das Airbag-System (siehe Sektion 23).

15 Demontieren Sie das Handschuhfach (siehe Kapitel 11, Sektion 27).

16 Trennen Sie den Airbag-Stecker und lösen Sie die zwei Schrauben, die den Beifahrerairbag-Halter an der Armaturenbrett-Querstrebe sichern (siehe Abbildungen).

24.16a Trennen Sie den Airbag-Stecker ...

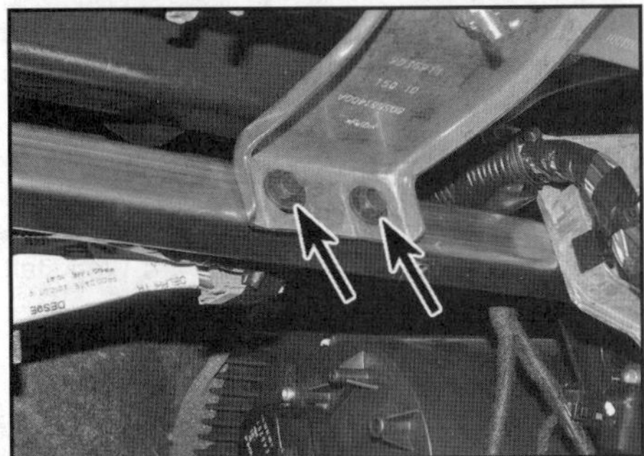

24.16b ... und lösen Sie die zwei Schrauben, die den Beifahrerairbag-Halter an der Armaturenbrett-Querstrebe sichern.

17 Lösen Sie die zwei Muttern der Airbag-Halterung und die sechs Muttern, die den Airbag-Rahmen am Armaturenbrett und dessen Querstrebe sichern, und befreien Sie die Baugruppe unter dem Armaturenbrett heraus (siehe Abbildungen).

24.17a Lösen Sie die Muttern der Airbag-Halterung sowie die drei oberen ...

24.17b ... und die drei unteren Muttern des Airbag-Rahmens.

18 Der Einbau entspricht der umgekehrten Ausbaureihenfolge – beachten Sie dabei folgende Punkte:

a) Die Batterie muss beim Verbinden der Airbag-Verkabelung unbedingt noch getrennt sein.

b) Der Airbag-Stecker muss sicher verbunden sein.

c) Alle Schrauben und Muttern müssen sorgfältig angezogen werden.

Knie-Airbag

19 Deaktivieren Sie das Airbag-System (siehe Sektion 23).

20 Demontieren Sie im Fahrerfußraum die untere Armaturenbrett-Verkleidung (siehe Kapitel 11, Sektion 27) – der Knie-Airbag ist in das Verkleidungsteil integriert kann nicht separat befreit werden.

Rückhaltesystem-Steuermodul (RCM)

21 Deaktivieren Sie das Airbag-System (siehe Sektion 23).

22 Demontieren Sie die Mittelkonsole (siehe Kapitel 11, Sektion 28).

23 Trennen Sie die Modulstecker, lösen Sie die drei Schrauben und befreien Sie das Modul aus dem Fahrzeug (siehe Abbildung)

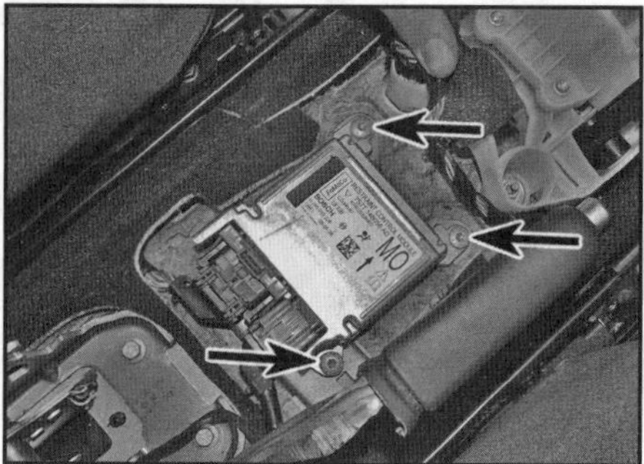

24.23 Befestigungsschrauben des Rückhaltesystem-Steuermoduls

24 Der Einbau entspricht der umgekehrten Ausbaureihenfolge.

Airbag-Drehstecker

25 Deaktivieren Sie das Airbag-System (siehe Sektion 23).
26 Demontieren Sie das Lenkrad (siehe Kapitel 10, Sektion 15).
27 Demontieren Sie die Lenksäulenverkleidungen (siehe Kapitel 11, Sektion 27).
28 Trennen Sie den Kabelstecker unten am Drehstecker (siehe Abbildung).

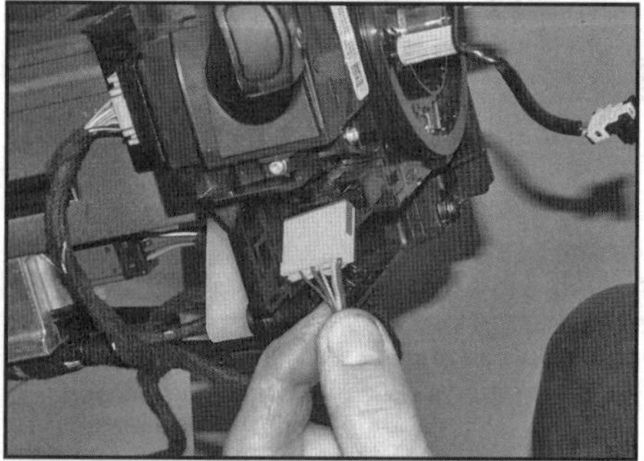

24.28 Trennen Sie den Kabelstecker unten am Drehstecker.

29 Lösen Sie die drei Schrauben des Drehsteckers und befreien Sie ihn von der Lenksäule (siehe Abbildungen).

24.29a Lösen Sie die drei Schrauben des Drehsteckers ...

24.29b ... und befreien Sie ihn von der Lenksäule.

30 Der Einbau entspricht der umgekehrten Ausbaureihenfolge.
31 Solange nicht absolut sichergestellt ist, dass das Lenkrad vor dem Ausbau zentriert wurde und der Drehschalter seit seiner Demontage nicht bewegt wurde, muss vor der Montage des Lenkrads der Drehschalter zentriert werden:
32 Die Prozedur zum Zentrieren des Drehschalter sollte darauf beschrieben sein; soweit sie sich deutlich vom unten Beschriebenen unterscheidet, müssen beim Ford-Händler die neuesten Informationen eingeholt werden.
33 Drehen Sie den Drehschalter zunächst sanft nach links, bis Widerstand fühlbar wird; drehen Sie ihn dann ca. 2,5 Umdrehungen nach rechts, bis die gelbe Anzeige in seinem Fenster sichtbar ist (siehe Abbildung).

24.33 Zentrieren Sie den Drehschalter, sodass die gelbe Anzeige in seinem Fenster sichtbar ist.

34 Montieren die Lenksäulenverkleidungen (siehe Kapitel 11, Sektion 27) und das Lenkrad (siehe Kapitel 10, Sektion 15).

Seiten-Airbag

35 Der Aus- und Einbau des Seiten-Airbags erfordert das Zerlegen des entsprechenden Sitzes – dies sollte einer Ford-Werkstatt überlassen werden.

Vorhang-Airbag

36 Der Aus- und Einbau des Vorhang-Airbags erfordert einen Teilausbau des Himmels – dies sollte einer Ford-Werkstatt überlassen werden.

Schaltpläne für Ford Mondeo-Modelle — Grafik 1

Als dieses Buch verfasst wurde, waren einige technische Informationen zu Schaltplänen nicht erhältlich. Daher behandeln diese Schaltpläne nur die am häufigsten in diesen Modellen zu findenden elektrischen Systeme.

Warnung: Die zum »Supplemental Restraint System« (SRS) gehörenden Airbags und Gurtstraffer können beim Einsatz elektrischer Prüfgeräte auslösen und schwere Verletzungen hervorrufen. Daher ist bei der Identifikation des korrekten Stromkreises extreme Vorsicht geboten, um nicht versehentlich SRS-Komponenten zu aktivieren.
Anmerkung: SRS-Anschlüsse lassen sich üblicherweise anhand gelber und/oder orangefarbener Kabel und Stecker identifizieren.

Symbol-Legende

Magnetstellantrieb

Massepunkt und Position (E7)

Kabelfarbe (hier: blau mit weißem Indikator) Bu/Wh

Gestrichelte Konturen markieren einen Teil einer größeren Komponente, enthält in diesem Fall ein elektronisches oder Halbleiter-Element (Kontakte 23 und 24 von Stecker A) A/23 A/24 K

Lampe

Schalter

Sicherung/Schmelzverbindung F26

Widerstand

Regelwiderstand

Regelwiderstand

Kabelverbindung, Lötverbindung oder nicht spezifizierte Steckverbindung

Kabelanschluss

Diode

Licht emittierende Diode (LED)

Bauteil-Nummer 12

Motor/Pumpe M

Heizelement

Motorraum-Sicherungsbox (2)

F1	10A	Getriebe-Steuergerät
F2	5A	Glühkerzen-Überwachung
F3	70A	Kühlerventilator
F3	80A	Servolenkung
F4	60A	Glühkerzen
F5	60A	Kühlerventilator
F6	10A	Motorsteuerung
F7	5A	Relaisspulen
F8	10A	Motorsteuerung
F9	10A	Motorsteuerung
F10	10A	Motorsteuerung
F11	10A	Motorsteuerung
F12	10A	Motorsteuerung
F13	15A	Klimaanlagen-Relais
F14	15A	Dieselfilterheizung
F15	40A	Anlasserrelais
F16	80A	Diesel-Zusatzheizung
F17	60A	Armaturenbrett-Sicherungsbox – Zugang A
F18	60A	Armaturenbrett-Sicherungsbox – Zugang B
F19	60A	Kofferraum-Sicherungsbox – Zugang C
F20	60A	Kofferraum-Sicherungsbox – Zugang D
F21	-	frei
F22	30A	Windschutzscheibenwischer-Steuermodul
F23	25A	Heckscheibenheizung
F24	30A	Scheinwerfer-Wischer
F25	30A	ABS-Ventile
F26	40A	ABS-Pumpe
F27	30A	Standheizung
F28	40A	Heizgebläse
F29	-	frei
F30	-	frei
F31	15A	Hupen
F32	5A	Standheizungs-Fernbedienung
F33	5A	Lichtsystem-Steuergerät, Motorraum-Sicherungsbox-Spulen
F34	40A	Windschutzscheibenheizung links
F35	40A	Windschutzscheibenheizung rechts
F36	5A	ABS
F37	10A	Wischwasserdüsen-Heizung

F37	10A	Wischwasserdüsen-Heizung
F38	5A	Adaptive Geschwindigkeitsregelung
F39	15A	Adaptive Scheinwerfer
F40	-	frei
F41	20A	Instrumente
F42	10A	Motorsteuerung, Getriebesteuerung, Servolenkung
F43	5A	Leuchtweitenverstellung, adaptive Scheinwerfer
F44	-	frei
F45	15A	Heckscheibenwischer

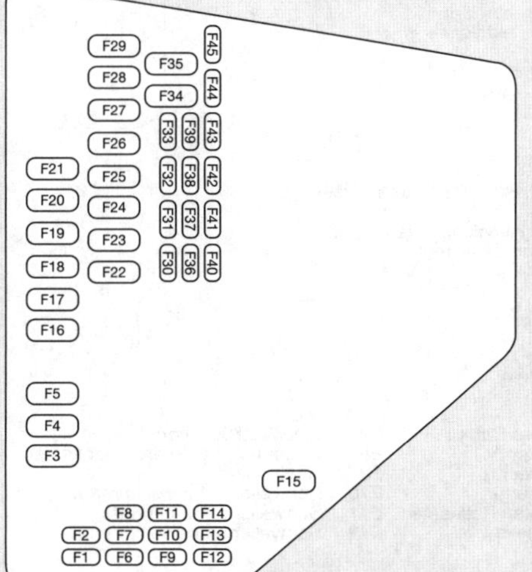

H47342

Schaltpläne für Ford Mondeo-Modelle — Grafik 2

Armaturenbrett-Sicherungen 5

F1	5A	Regensensor
F2	10A	SRS-Zugang
F3	7.5A	ESP-Gierratensensor, Gaspedal
F4	7.5A	Elektronik-Sicherung
F5	-	frei
F6	15A	Audiosystem
F7	7.5A	Lenkrad-Steuergerät
F8	5A	Instrumente
F9	15A	Fernlicht
F10	20A	Elektrisches Schiebedach
F11	7.5A	Rückleuchten
F12	-	frei
F13	15A	Nebelscheinwerfer
F14	15A	Wischwasserpumpe vorn
F15	10A	Adaptive Geschwindigkeitsregelung
F16	-	frei
F17	10A	Innenbeleuchtung
F18	5A	Wegfahrsperre
F19	15A	Zigarettenanzünder
F20	-	frei
F21	5A	Alarmanlage
F22	20A	Kraftstoffpumpe
F23	-	frei
F24	5A	Zündschloss
F25	10A	Tankdeckel-Klappe
F26	5A	Alarmanlage, Diagnosestecker
F27	5A	Lenksäulen-Baugruppe, Klimaanlagen-Steuergerät
F28	5A	Bremslichtschalter

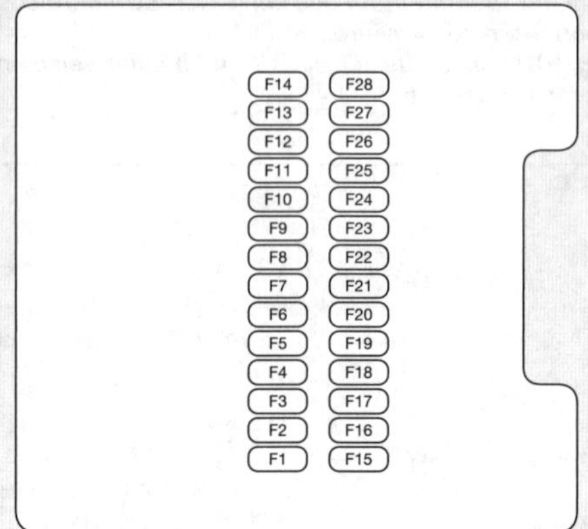

Kofferraum-Sicherungen 6

FA1	25A	Tür-Steuergerät links vorn
FA2	25A	Tür-Steuergerät rechts vorn
FA3	25A	Tür-Steuergerät links hinten
FA4	25A	Tür-Steuergerät rechts hinten
FA5	10A	Heckklappen-Verriegelung (ohne Heckklappen-Steuergerät)
FA6	15A	Steckdose
FA7	5A	Relaisspulen
FA8	20A	Lenkradschloss
FA9	-	frei
FA10	30A	Fahrersitz-Elektrik
FA11	20A	Zubehör, Anhängersteckdosen-Steuergerät
FA12	-	frei
FB1	5A	Einparkhilfen-Steuergerät
FB2	15A	Federungs-Steuergerät
FB3	15A	Fahrersitzheizung
FB4	15A	Beifahrersitzheizung
FB5	15A	Sitzheizung links hinten
FB6	-	frei
FB7	15A	Sitzheizung rechts hinten
FB8	-	frei
FB9	30A	Beifahrersitz-Elektrik
FB10	10A	Alarmsirene
FB11	-	frei
FB12	-	frei
FC1	-	frei
FC2	-	frei
FC3	-	frei
FC4	-	frei
FC5	7.5A	CD-Wechsler, Rücksitz-Entertainmentsystem
FC6	-	frei
FC7	5A	Sitzeinstellungsspeicher-Steuergerät
FC8	20A	Keyless-Türschließsystem
FC9	-	frei
FC10	-	frei
FC11	-	frei
FC12	-	frei

Stufenheck- und Fließheck-Modelle

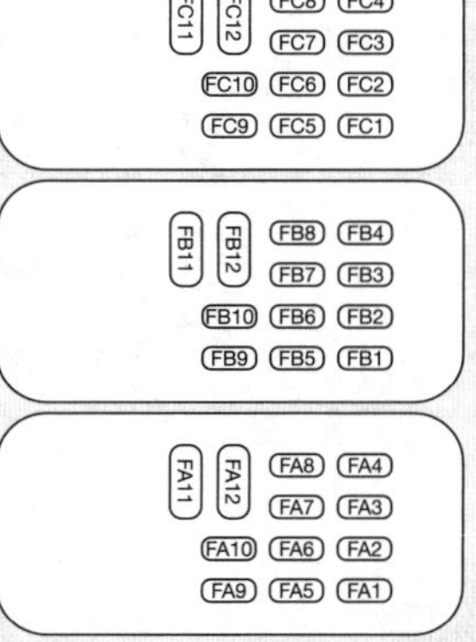

Kombi-Modelle

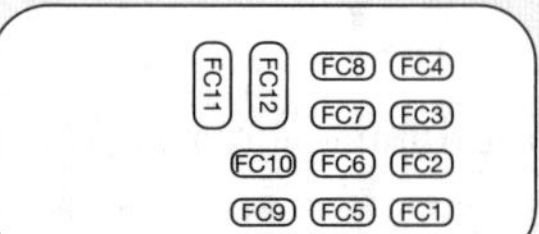

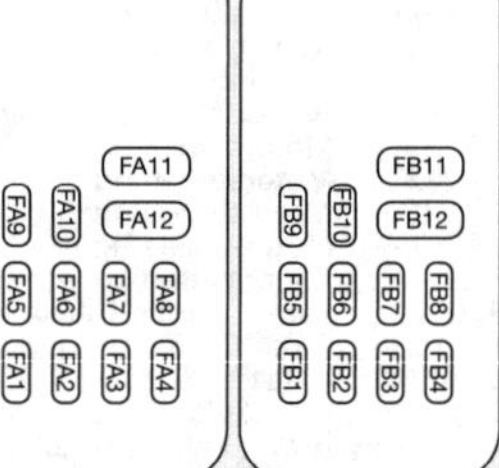

Massepunkte

E1	Federbein-Dom neben Batterie	*E7*	Innenkotflügel vorn links
E2	Schweller unter Fahrertür	*E8*	Hinter linkem hinteren Radkasten
E3	Innenkotflügel vorn rechts	*E9*	Radiohalter
E4	Schweller unter Fahrertür	*E10*	Schweller unter Beifahrertür
E5	Hinter rechtem hinteren Radkasten	*E11*	Schweller unter Fahrertür
E6	Innenkotflügel vorn links	*E12*	Schweller unter Beifahrertür

H47343

Farbcodes

Wh	Weiß	**Og**	Orange
Bu	Blau	**Rd**	Rot
Gy	Grau	**Pk**	Pink
Ye	Gelb	**Gn**	Grün
Bn	Braun	**Vt**	Violett
Bk	Schwarz	**Sr**	Silber
Na	Beige	**Lg**	Hellgrün

Legende – Komponenten

1 Batterie
2 Motorraum-Sicherungsbox
R1 = Anlasserrelais
R9 = Hupenrelais
3 Anlasser
4 Lichtmaschine
5 Armaturenbrett-Sicherungsbox
a = Steuergerät
b = Batterie-Schutzrelais
6 Kofferraum-Sicherungsbox
7 Zündschloss
8 Hupe
9 Hupenknopf
10 Lenkrad-Steuergerät
11 Zigarettenanzünder 1
12 Zigarettenanzünder 2
13 Kofferraum-Steckdose
14 Kühlerventilator
15 Glühkerzen-Steuergerät
16 Glühkerzen

Grafik 3

H47344

(Anlasser- und Ladesystem (ohne Keyless-Türschließsystem))

2 R1 F17 F15 3 1 2 5 B/1 G/1 A/6 A/5 A/4
5 F15 G/2 C/40
7 4 7
Rd Rd Bu/Wh Ye Bu/Wh Rd Vt/Rd Vt/Rd Bu/Wh
LIN BUS
1 Rd Bu/Wh Rd Bu/Bn A/1
Zum Motorsteuergerät (nicht gezeigt)
Bk E1 3 4

Hupe

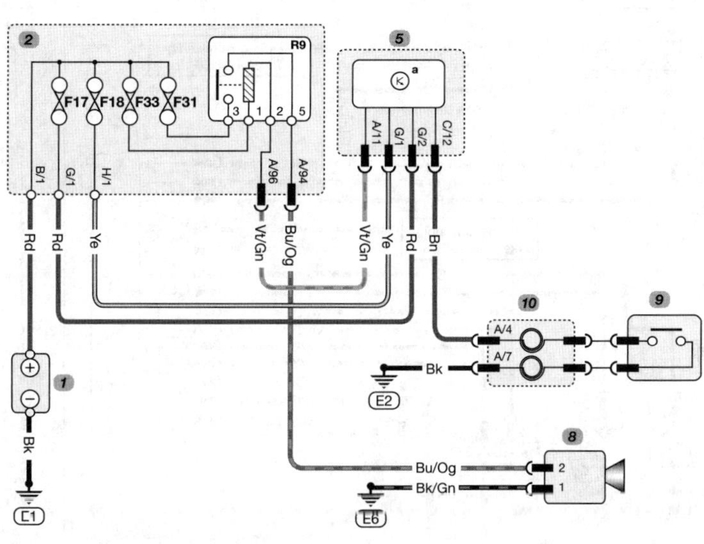

Zigarettenanzünder und Steckdosen

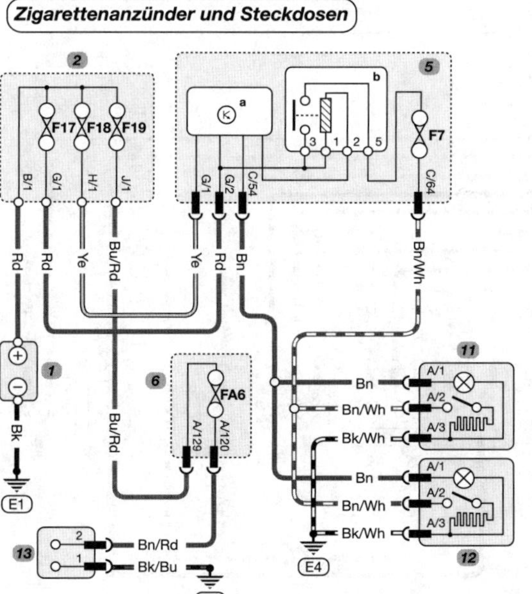

Kühlerventilatoren

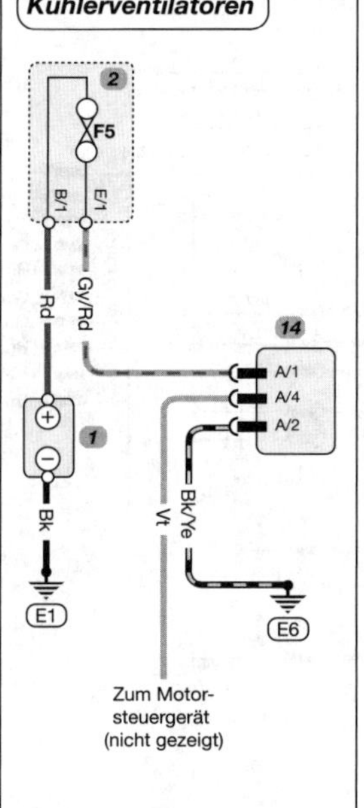

Diesel-Vorwärmung

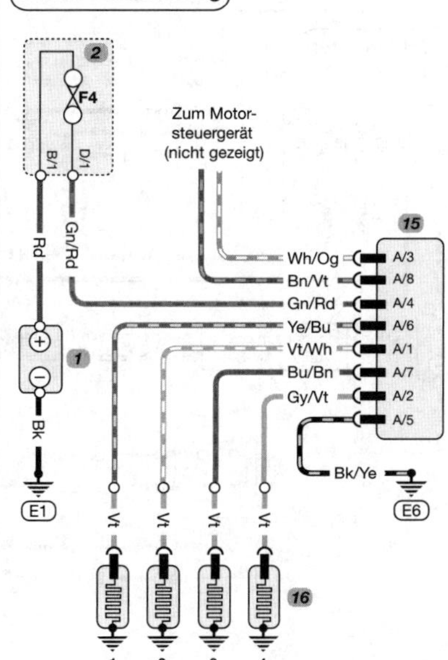

Farbcodes

Wh	Weiß	**Og**	Orange
Bu	Blau	**Rd**	Rot
Gy	Grau	**Pk**	Pink
Ye	Gelb	**Gn**	Grün
Bn	Braun	**Vt**	Violett
Bk	Schwarz	**Sr**	Silber
Na	Beige	**Lg**	Hellgrün

Legende – Komponenten

Grafik 4

1 Batterie
2 Motorraum-Sicherungsbox
  R7 = Zündrelais
5 Armaturenbrett-Sicherungsbox
  a = Steuergerät
10 Lenkrad-Steuergerät
20 Scheinwerfer links
  a = Standlicht
  b = Fernlicht
  c = Abblendlicht
  d = Leuchtweiteneinstellung
21 Scheinwerfer rechts
  a = Standlicht
  b = Fernlicht
  c = Abblendlicht
  d = Leuchtweiteneinstellung
22 Lichtschalter-Steuergerät
24 Bremslichtschalter
25 Kotflügel-Rückleuchte links
  a = Brems-/Rücklicht
26 Heckklappen-Rückleuchte links
  a = Rücklicht/Nebelschlusslicht
  b = Rückfahrlicht
27 Kotflügel-Rückleuchte rechts
  a = Brems-/Rücklicht
28 Heckklappen-Rückleuchte rechts
  a = Rücklicht/Nebelschlusslicht
  b = Rückfahrlicht
29 Rückfahrlichtschalter
30 Zusatzbremsleuchte
31 Kennzeichenbeleuchtung links
32 Kennzeichenbeleuchtung rechts
33 Nebelscheinwerfer links
34 Nebelscheinwerfer rechts

H47345

Scheinwerfer

Leuchtweitenverstellung

Rückleuchten

Diagram 5

Farbcodes

Wh	Weiß	**Og**	Orange
Bu	Bau	**Rd**	Rot
Gy	Grau	**Pk**	Pink
Ye	Gelb	**Gn**	Grün
Bn	Braun	**Vt**	Violett
Bk	Schwarz	**Sr**	Silber
Na	Beige	**Lg**	Hellgrün

Legende – Komponenten

1 Batterie
2 Motorraum-Sicherungsbox
a = Steuergerät
R7 = Zündrelais
5 Armaturenbrett-Sicherungsbox
b = Batterie-Schutzrelais
6 Kofferraum-Sicherungsbox
a = Heckscheibenheizungs-Relais
10 Lenkrad-Steuergerät
35 Kofferraumbeleuchtung
36 Kofferraumdeckel-Heckklappen-Schalter
37 Fußraumbeleuchtung links
38 Fußraumbeleuchtung rechts
39 Sonnenblendenleuchte links
40 Sonnenblendenleuchte rechts
41 Handschuhfachbeleuchtung
43 Heckscheibenheizung
44 Windschutzscheiben-/Heckscheibenheizungs-Schalter
45 Audiosystem
46 CD-Wechsler
47 Hochtöner links vorn
48 Lautsprecher links vorn
49 Hochtöner rechts vorn
50 Lautsprecher rechts vorn
51 Hochtöner links hinten
52 Lautsprecher links hinten
53 Hochtöner rechts hinten
54 Lautsprecher rechts hinten
55 Radio-Antenne
56 Mobilfunk-Antenne

H47346

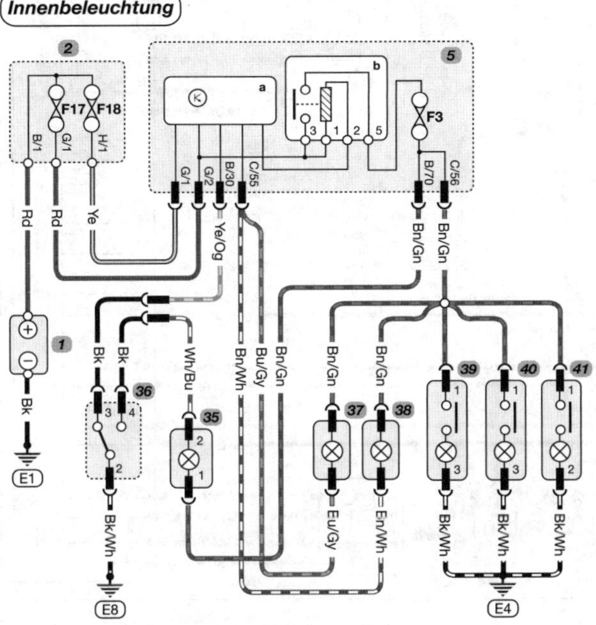

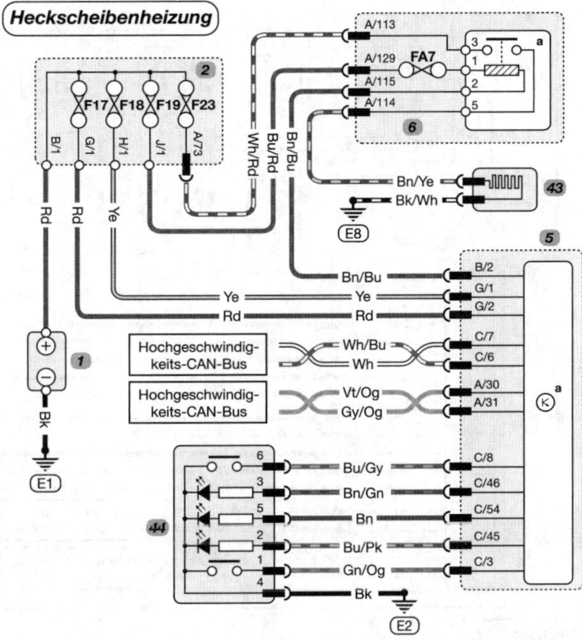

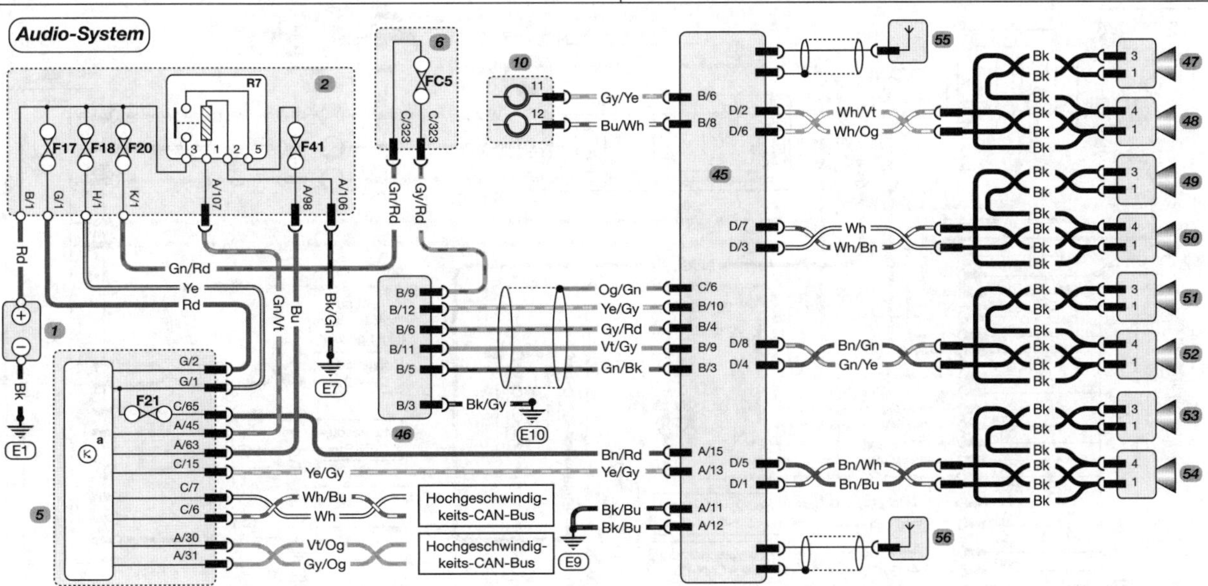

Farbcodes

Wh	Weiß	**Og**	Orange
Bu	Blau	**Rd**	Rot
Gy	Grau	**Pk**	Pink
Ye	Gelb	**Gn**	Grün
Bn	Braun	**Vt**	Violett
Bk	Schwarz	**Sr**	Silber
Na	Beige	**Lg**	Hellgrün

Legende – Komponenten

Grafik 6

1 Batterie
2 Motorraum-Sicherungsbox
R3 = Kompressorkupplungs-Relais
R5 = Heizgebläse-Relais
R7 = Zündrelais
5 Armaturenbrett-Sicherungsbox
a = Steuergerät
10 Lenkrad-Steuergerät
60 Verdampfertemperatur-Sensor
61 Klimaanlagen-Regler/Steuergerät
a = Steuergerät
b = Heizgebläse-Schalter
c = Klimaanlagen-Regler
d = Umluft-Schalter
62 Heizgebläsemotor
63 Heizgebläsemotor-Widerstände
64 Kompressorkupplung
65 Umluftgebläsemotor
66 Instrumente
67 Lenkradschalter
68 Handbremsenschalter
69 Wischwasserpegel-Sensor
70 Bremsflüssigkeitspegel-Sensor
71 Tankuhr-Geber

H47347

Manuelle Klimaanlagen-Regelung

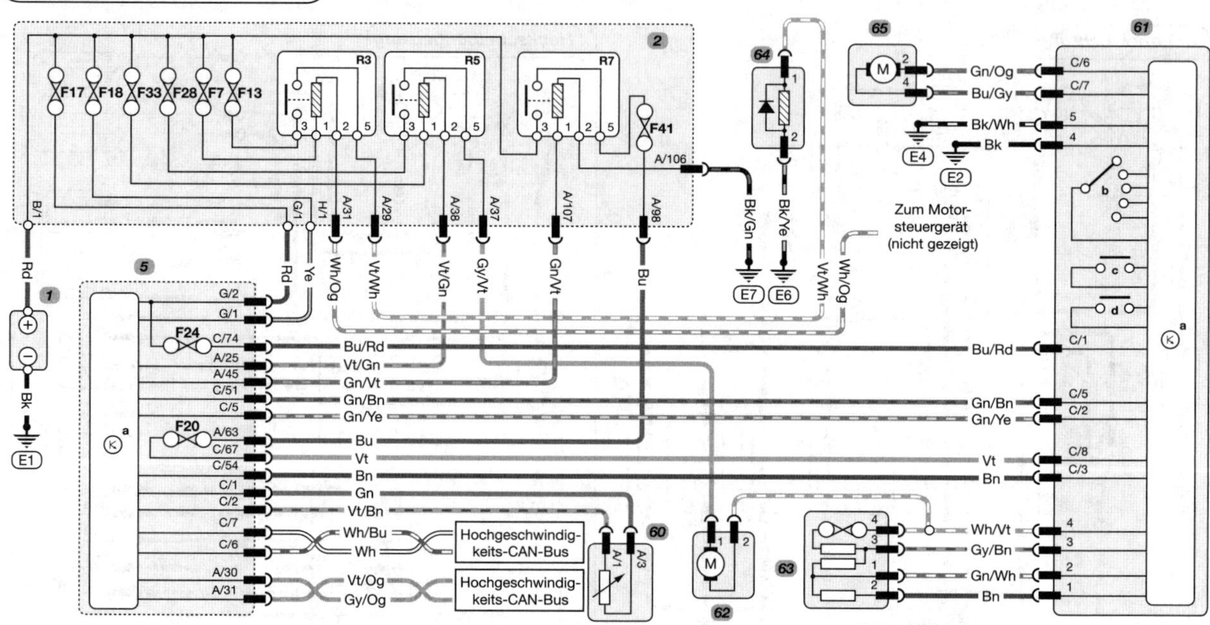

Instrumente

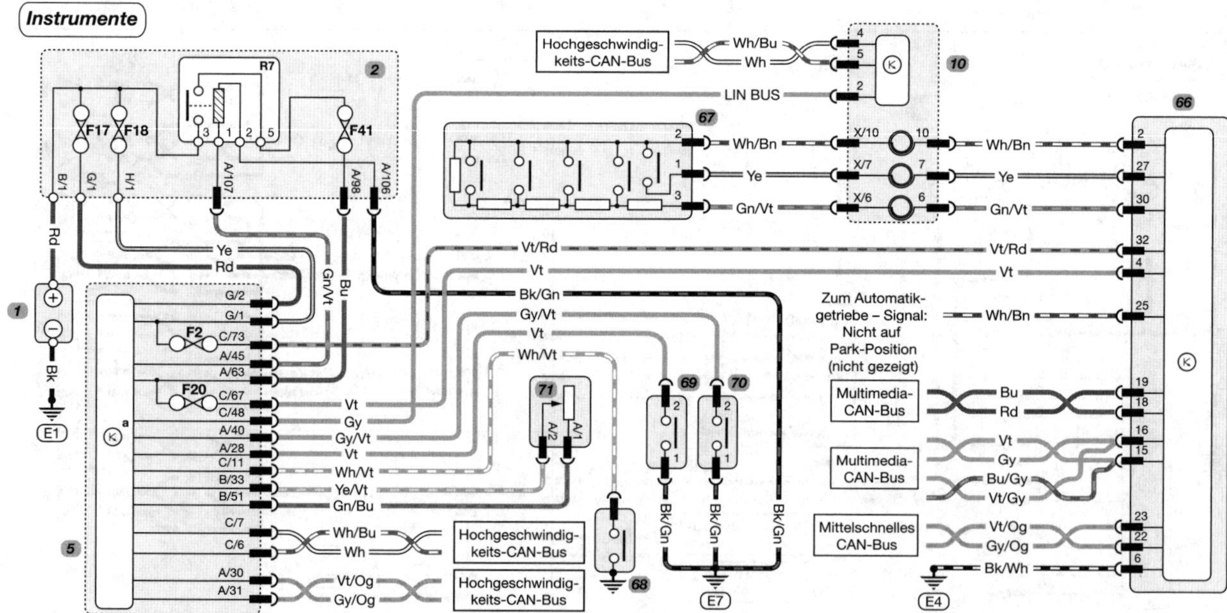

Grafik 7

Farbcodes

Wh	Weiß	**Og**	Orange
Bu	Blau	**Rd**	Rot
Gy	Grau	**Pk**	Pink
Ye	Gelb	**Gn**	Grün
Bn	Braun	**Vt**	Violett
Bk	Schwarz	**Sr**	Silber
Na	Beige	**Lg**	Hellgrün

Legende – Komponenten

1 Batterie
2 Motorraum-Sicherungsbox
R7 = Zündrelais
R8 = Scheibenwischer-Intervallrelais
R10 = Scheinwerferwaschsystem-Relais
R11 = Windschutzscheibenwischer-Relais
5 Armaturenbrett-Sicherungsbox
a = Steuergerät
b = Batterie-Schutzrelais
c = Scheibenwaschsystem-Relais vorn
d = Scheibenwaschsystem-Relais hinten
6 Kofferraum-Sidherungsbox
b =Heckscheibenwischer-Relais
10 Lenkrad-Steuergerät
75 Scheinwerferwaschsystem-Pumpe
76 Windschutzscheiben-Wasserpumpe
77 Regensensor
78 Wischwasserdüsen-Heizung links
79 Wischwasserdüsen-Heizung rechts
80 Windschutzscheibenwischer-Motor
81 Heckscheibenwischer-Motor

H47348

Wischwasch-System

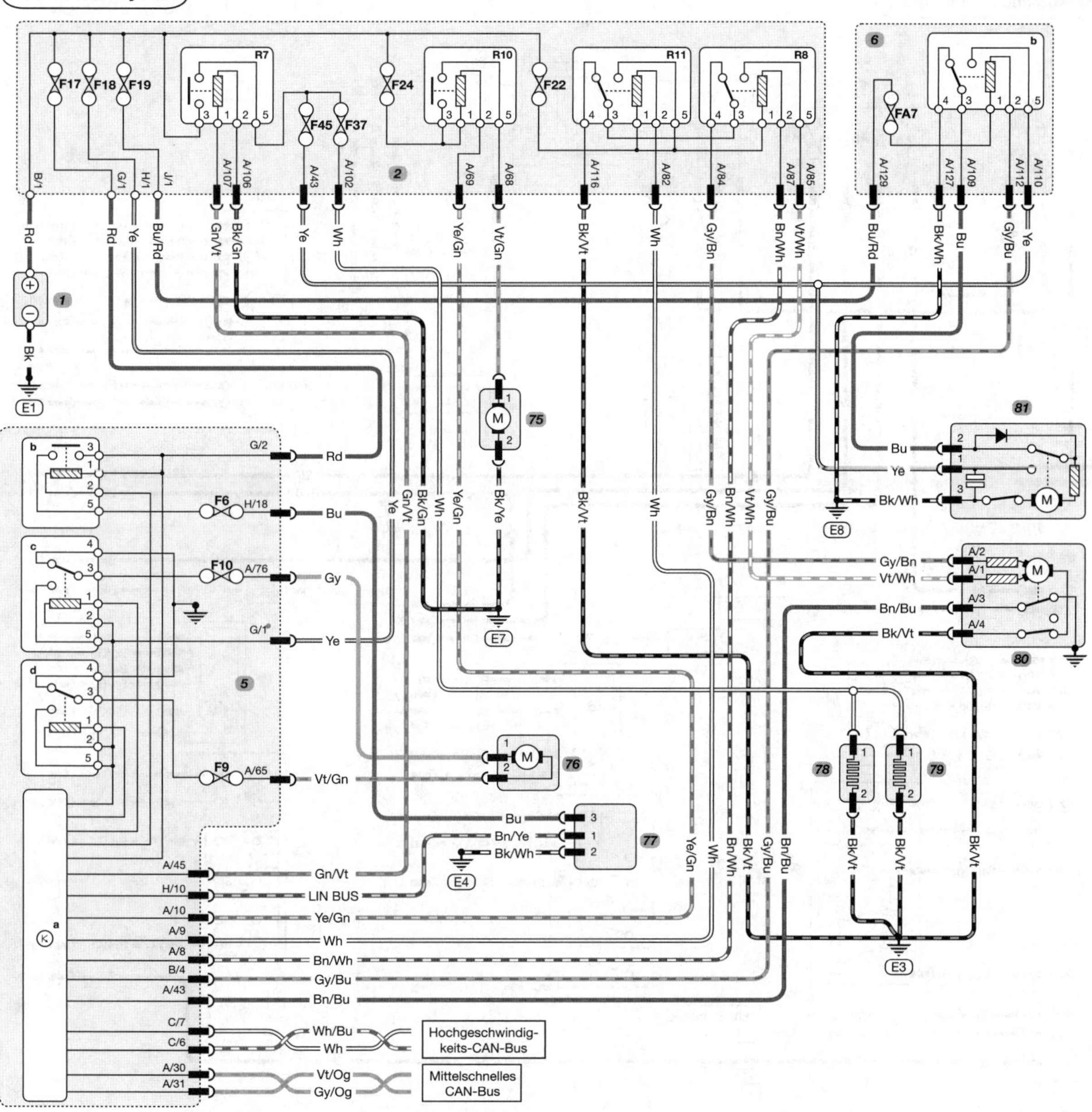

Farbcodes

Wh	Weiß	**Og**	Orange
Bu	Blau	**Rd**	Rot
Gy	Grau	**Pk**	Pink
Ye	Gelb	**Gn**	Grün
Bn	Braun	**Vt**	Violett
Bk	Schwarz	**Sr**	Silber
Na	Beige	**Lg**	Hellgrün

Legende – Komponenten

1 Batterie
2 Motorraum-Sicherungsbox
5 Armaturenbrett-Sicherungsbox
  a = Steuergerät
  b = Batterie-Schutzrelais
6 Kofferraum-Sidherungsbox
85 Türschloss-Schalter vorn
86 Fahrertür-Steuermodul
87 Beifahrertür-Steuermodul
88 Steuermodul hintere linke Tür
89 Steuermodul hintere rechte Tür
90 Fensterhebermotor Fahrertür
91 Fensterhebermotor Beifahrertür
92 Fensterhebermotor hintere linke Tür
93 Fensterhebermotor hintere rechte Tür
94 Fensterheberschalter Beifahrertür
95 Fensterheberschalter hintere linke Tür
96 Fensterheberschalter hintere rechte Tür

Grafik 8

H47349

Elektrische Fensterheber

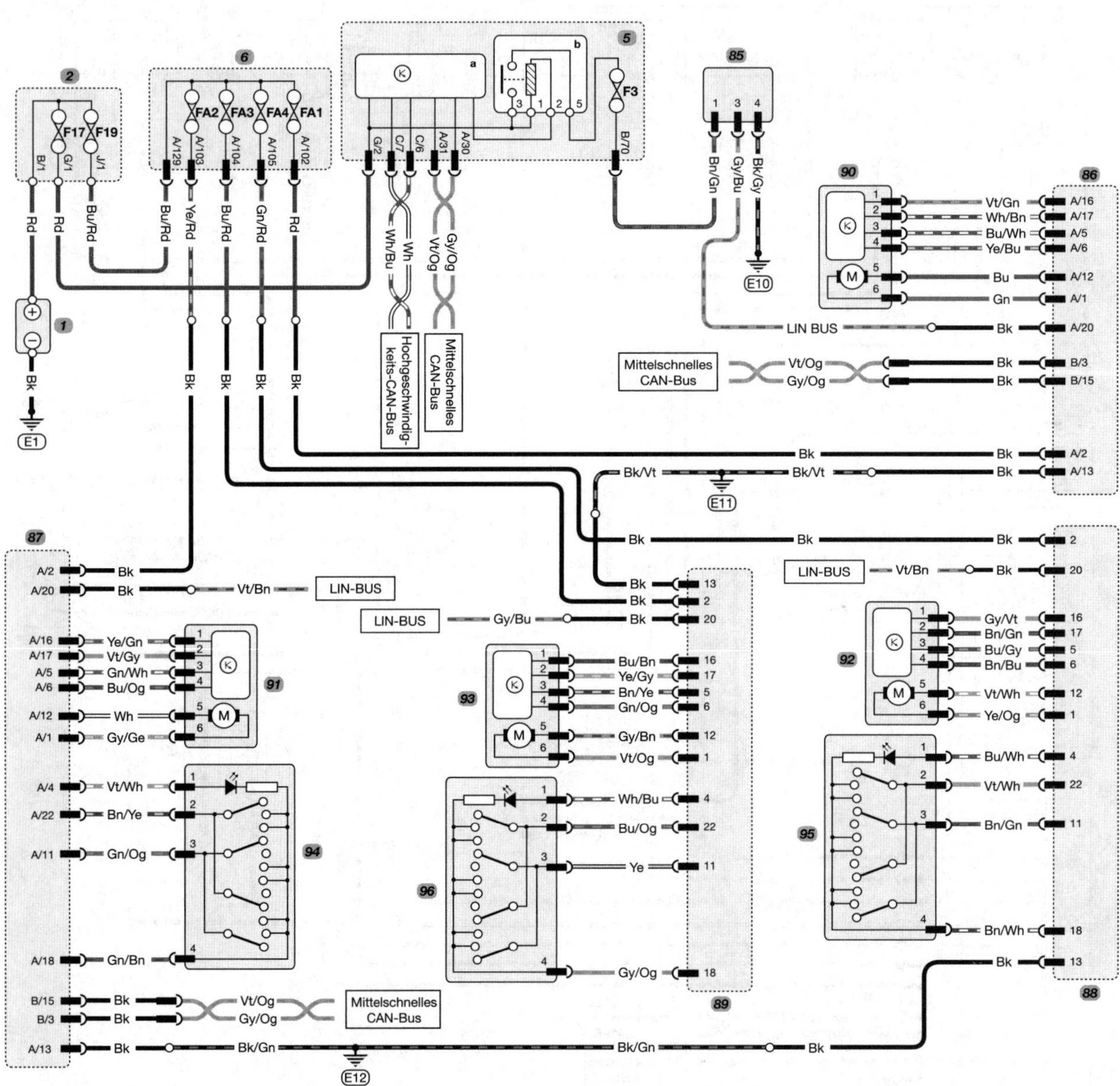

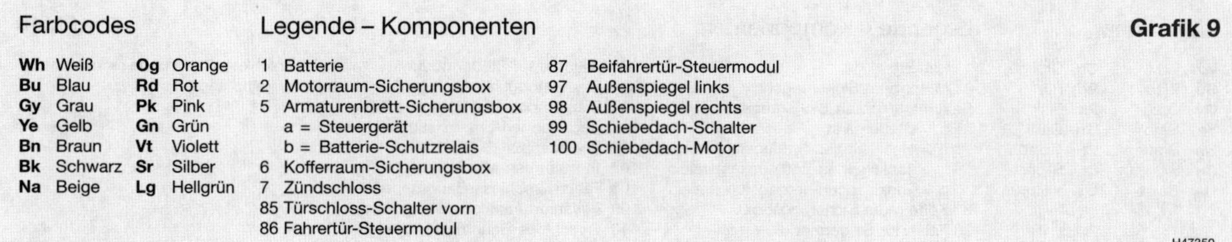

Farbcodes

Wh	Weiß	**Og**	Orange
Bu	Blau	**Rd**	Rot
Gy	Grau	**Pk**	Pink
Ye	Gelb	**Gn**	Grün
Bn	Braun	**Vt**	Violett
Bk	Schwarz	**Sr**	Silber
Na	Beige	**Lg**	Hellgrün

Legende – Komponenten

1 Batterie
2 Motorraum-Sicherungsbox
5 Armaturenbrett-Sicherungsbox
a = Steuergerät
b = Batterie-Schutzrelais
6 Kofferraum-Sicherungsbox
7 Zündschloss
85 Türschloss-Schalter vorn
86 Fahrertür-Steuermodul
87 Beifahrertür-Steuermodul
97 Außenspiegel links
98 Außenspiegel rechts
99 Schiebedach-Schalter
100 Schiebedach-Motor

Grafik 9

H47350

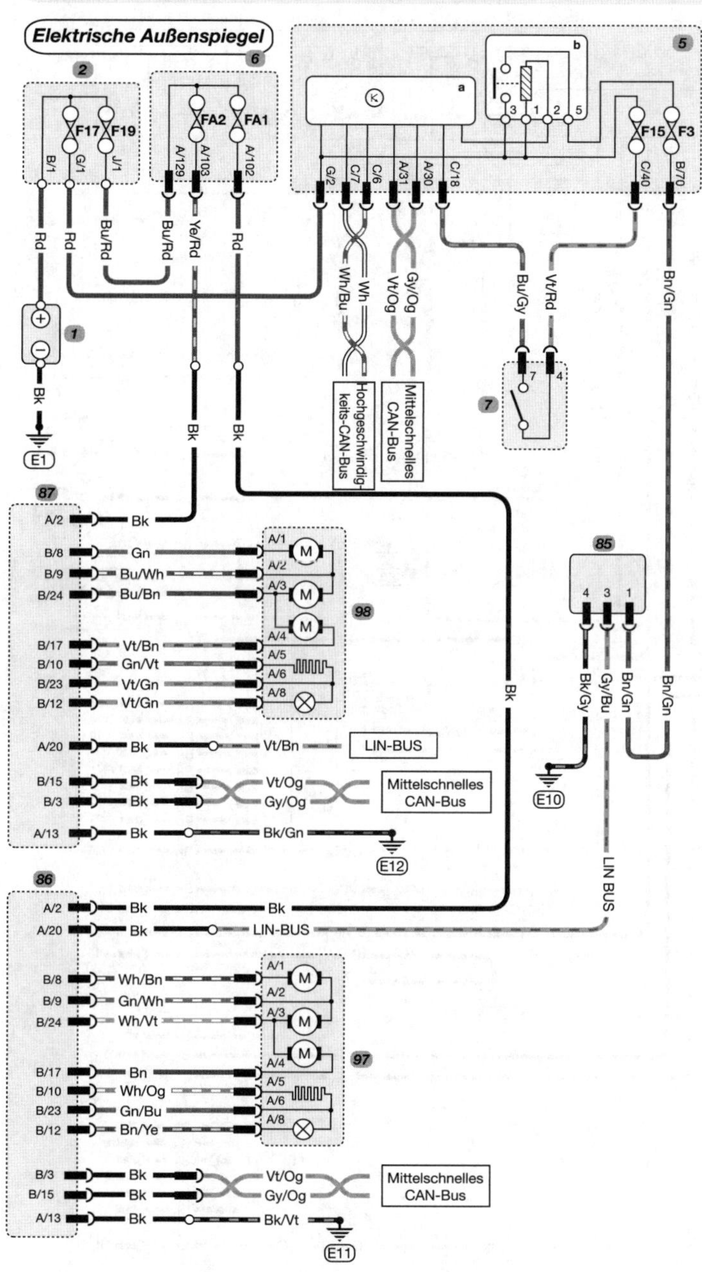

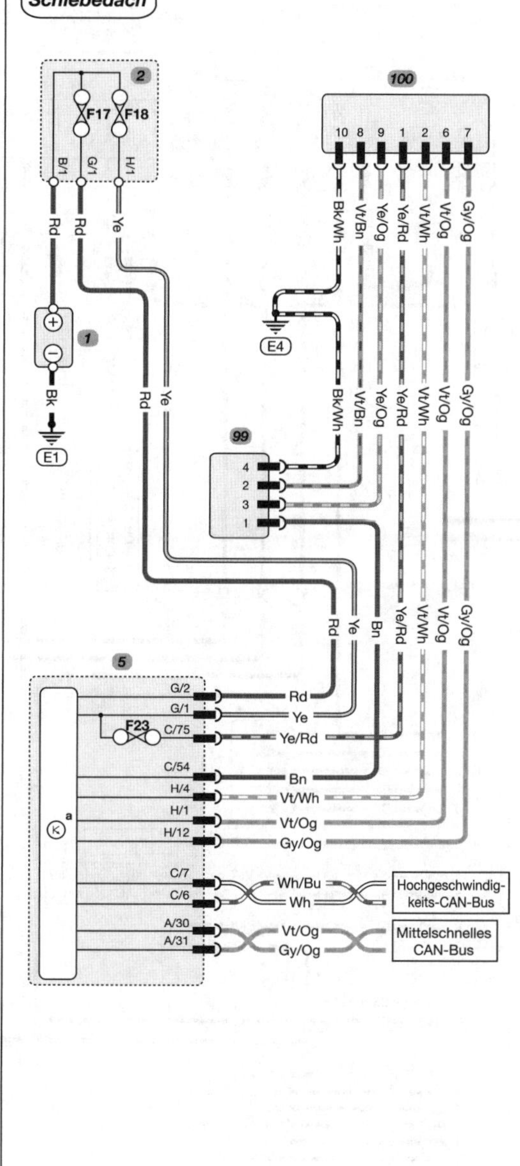

Farbcodes

Wh	Weiß	**Og**	Orange
Bu	Blau	**Rd**	Rot
Gy	Grau	**Pk**	Pink
Ye	Gelb	**Gn**	Grün
Bn	Braun	**Vt**	Violett
Bk	Schwarz	**Sr**	Silber
Na	Beige	**Lg**	Hellgrün

Legende – Komponenten

Grafik 10

1 Batterie
2 Motorraum-Sicherungsbox
5 Armaturenbrett-Sicherungsbox
  a = Steuergerät
  e = Heckklappen-Entriegelungsrelais
  f = Tankklappen-Entriegelungsrelais
  g = Tankklappen-Verriegelungsrelais
6 Kofferraum-Sicherungsbox
86 Fahrertür-Steuermodul
87 Beifahrertür-Steuermodul
88 Steuermodul hintere linke Tür
89 Steuermodul hintere rechte Tür
105 Heckklappen-Entriegelungsschalter
106 Heckklappen-Schließmotor
107 Tankklappen-Motor
108 Fahrertürschloss-Baugruppe
109 Beifahrertürschloss-Baugruppe
110 Türschloss-Baugruppe links hinten
111 Türschloss-Baugruppe rechts hinten
112 Funkempfänger

H47351

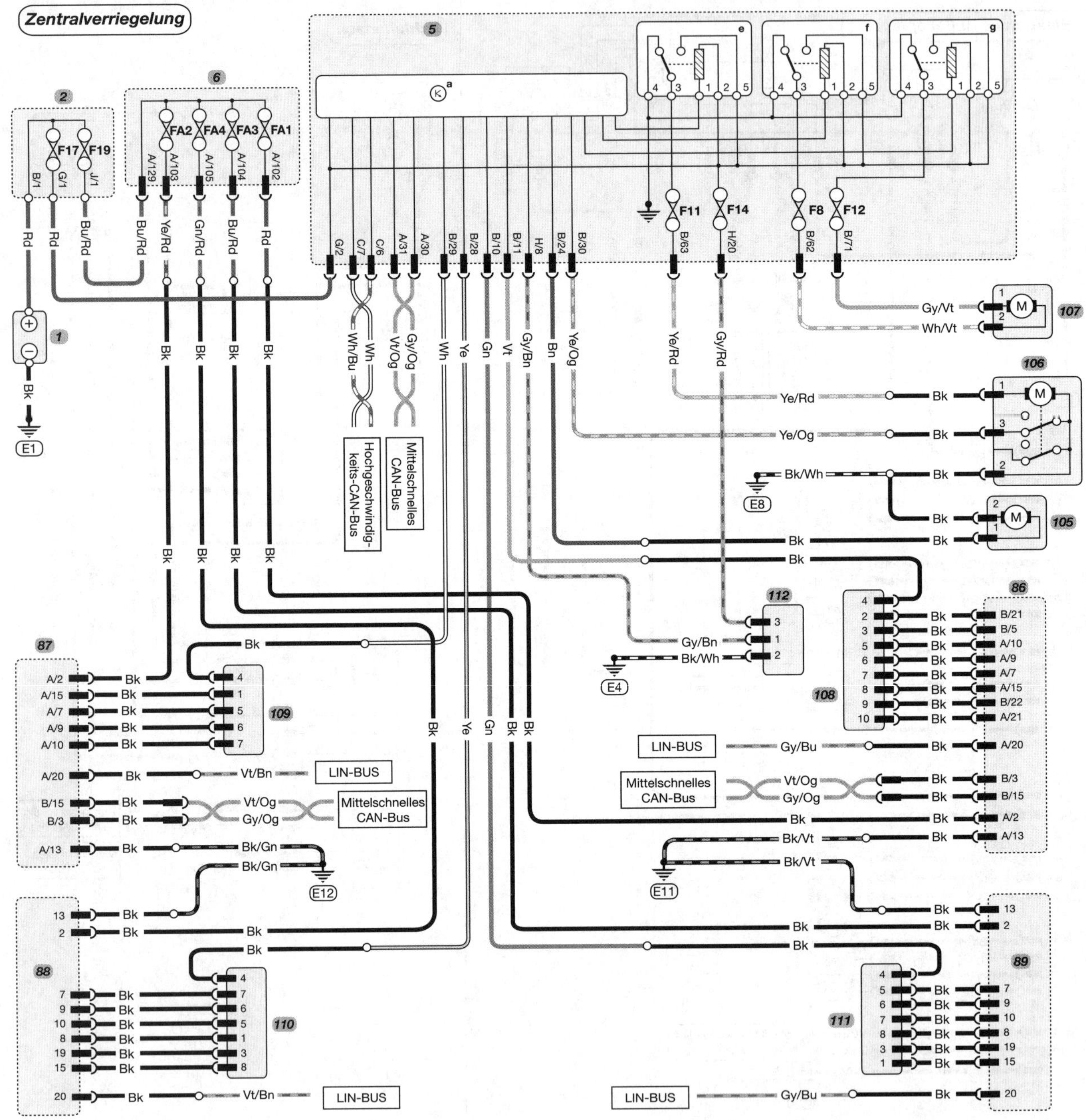

Zentralverriegelung

Anhang

Inhalt

Sektion

Maße und Gewichte

Anmerkung: *Alle Angaben sind grobe Richtwerte; die tatsächlichen Werte variieren je nach Modell und Ausstattung. Beachten Sie für exakte Werte die Hinweise des Fahrzeugherstellers.*

Maße

Gesamtlänge	
Stufenheck-Modell	4844 mm
Fließheck-Modell	4802 mm
Kombi	4856 mm
Gesamtbreite (mit Rückspiegeln)	2078 mm
Gesamthöhe (unbeladen)	
Stufenheck- und Fließheck-Modelle	1500 mm
Kombi	1512 mm
Radstand	2850 mm
Spurweite	
Vorderräder	1589 mm
Hinterräder	1605 mm

Gewicht

Leergewicht	siehe Angaben auf dem Typenschild
Zulässiges Gesamtgewicht	siehe Angaben auf dem Typenschild
Maximale Dachlast (inkl. Träger)	75 kg

Ersatzteilkauf

Ersatzteile sind aus unterschiedlichen Quellen erhältlich: über den offiziellen Ford-Ersatzteilkatalog, aus dem Zubehörhandel, von Fachwerkstätten, vom Autoverwerter usw. Um sicherzugehen, das richtige Teil zu bekommen, sollten die Fahrzeug-Identifikations-, die Fahrgestell- und ggf. die Motornummer bereitgehalten werden; es kann auch hilfreich sein, das alte Teil zum Händler mitzunehmen. Dinge wie der Anlasser und die Lichtmaschine sind oft als Austauschteile erhältlich, sodass die Altteile gesäubert abgegeben werden müssen.
Unsere Ratschläge zum Thema Ersatzteil-Quellen lauten:

Offizielle Vertragshändler

Hier bekommt man Original-Ersatzteile und muss nicht das Risiko eingehen, minderwertige Nachbauten zu erhalten. Dies hat zwar seinen Preis, doch bei sicherheitsrelevanten Bauteilen darf Geld keine Rolle spielen. Bei neueren Fahrzeugen gilt zudem, dass Nachbauteile die Garantie erlöschen lassen.

Zubehörhandel

Hier können Teile gekauft werden, die bei der Wartung benötigt werden: Öle, Kraftstoff- und Luftfilter, Zündkerzen, Lampen, Antriebsriemen, Schmierstoffe, Bremsbeläge, Reparaturlack usw. Achten Sie darauf, dass das Material qualitativ hochwertig ist.

Fachwerkstatt

Gute Werkstätten haben die wichtigsten Verschleißteile auf Lager und können Komponenten zum Überholen von Baugruppen beschaffen. Sie erledigen auch Arbeiten wie das Schleifen von Zylinderbohrungen, das Einpressen vom Bauteilen usw.

Reifen- und Auspuff-Spezialisten

Oft bieten Spezialbetriebe den Austausch entsprechender Dinge zu besonders günstigen Konditionen an. Allerdings muss genau auf das Angebot geachtet werden, da beispielsweise bei einem Reifenwechsel das Auswuchten oder ein neues Ventil zusätzlich bezahlt werden müssen.

Andere Quellen

Wer Ersatzteile günstig im Internet, auf dem Flohmarkt oder bei ähnlichen Gelegenheiten kaufen will, darf sich nicht wundern, wenn ein niedriger Preis auch minderwertige Qualität bedeutet. Bei allen sicherheitsrelevanten Bauteilen wie Bremsbelägen sollte hier kein Risiko eingegangen werden.

Fahrzeug-Identifikation

Während der Fahrzeugproduktion werden unabhängig von größeren Modelländerungen ständig Bauteile verbessert und verändert, ohne dass dies irgendwo publiziert wird. Ersatzteillisten und Handbücher wurden auf numerischer Basis erstellt und die individuellen Fahrzeug-Identifikationsnummern sind für die korrekte Identifikation der betreffenden Teile unerlässlich.
Beim Bestellen von Ersatzteilen müssen stets so viele Informationen wie möglich bereitgehalten werden: das Fahrzeug-Modell, das Modelljahr (nicht unbedingt identisch mit dem Baujahr und der Erstzulassung!) und ggf. die Fahrgestell- und Motornummer.
Die *Fahrzeug-Identifikationsnummer (FIN)* ist auf dem Typenschild angegeben (siehe Abbildung) und im Bodenblech zwischen dem rechten Vordersitz und dem Schweller eingeschlagen – für den Zugang muss der Teppich angehoben werden.
Die *Fahrzeug-Identifikationsnummer ist auch auf der Fahrerseite von außen unten in der Windschutzscheibe ablesbar (siehe Abbildung).*
Die Motornummer ist vorn am Motorblock eingeschlagen oder auf einem Typenschild angegeben; bei manchen Modellen findet sich die Motornummer am Zahnriemendeckel.
Auch andere Baugruppen wie das Getriebe sind mit eigenen Identifizierungsnummern versehen.

Abgasnorm-Identifikation

Der 2,0 l-Dieselmotor wird in diesem Buch oft anhand der Abgasnorm (Euro 3 und 4 oder Euro 5) unterschieden. Am einfachsten lassen sich diese Motoren anhand der Motorraum-Abbildungen (siehe Seite 15) oder des Motorcodes (siehe Kapitel 2B, Sektion 1) unterscheiden.

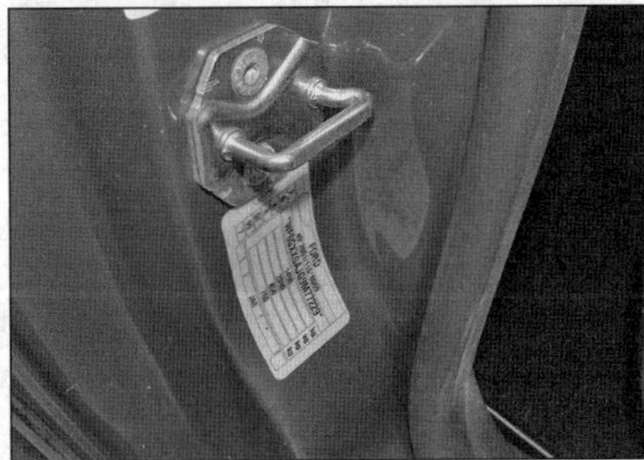

Das Typenschild ist vorn an der rechten B-Säule angebracht

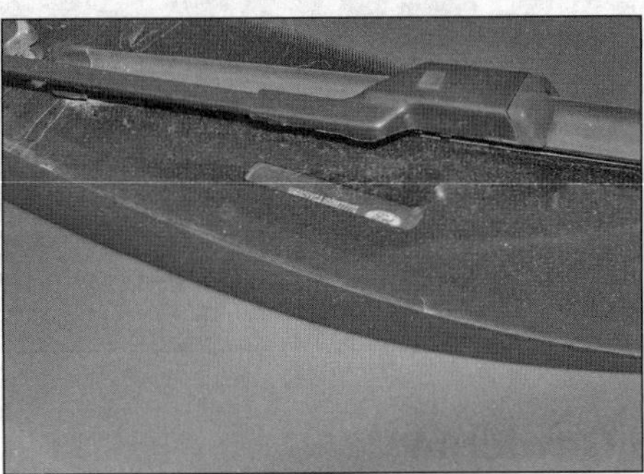

Die Fahrzeug-Identifizierungsnummer findet sich unten in der Windschutzscheibe wieder – gezeigt bei einem Rechtslenker-Modell.

Allgemeine Reparaturarbeiten

Wenn am Fahrzeug Wartungs-, Überhol- oder Reparaturarbeiten erledigt werden müssen, sollten die folgenden Hinweise und Anleitungen beachtet werden, um sämtliche Prozeduren effizient und professionell durchführen zu können.

Dichtflächen und Dichtungen

Zum Trennen von Komponenten an ihren Dichtflächen dürfen diese niemals mit einem Schraubendreher oder anderen Hilfsmitteln an diesen Kontaktbereichen auseinander gehebelt werden, da hierbei schwere Schäden entstehen können, die

zu austretenden Betriebsflüssigkeiten (Öl, Kühlmittel) führen können. Zum Trennen müssen die Teile im Bereich der Dichtflächen mit einem weichen Hammer abgeklopft werden, um sie voneinander zu lösen. Diese Methode ist jedoch an Verbindungen, die mit Passhülsen gesichert sind, nicht immer wirkungsvoll; bei solchen finden sich oft außerhalb der Dichtflächen spezielle Angüsse, an denen gehebelt werden darf.
Wo zwischen zwei Komponenten eine Dichtung (aus Papier, Metall oder anderen Materialien) vorhanden ist, muss diese generell ersetzt werden. Solange nicht anders erwähnt, müssen die Dichtflächen trocken und sauber sein und die Dichtungen trocken aufgelegt werden. Falls eine Dichtfläche von altem Dichtmaterial befreit werden muss, dürfen dazu nur mechanische Hilfsmittel verwendet werden, die kein Gehäusematerial abtragen oder ihm Riefen zufügen. Falls Kerben oder Grate vorhanden sind, müssen diese vorsichtig mit einem Abziehstein oder einer feinen Feile beseitigt werden.
Gewindebohrungen sollten mit einem Pfeifenreiniger von Dichtungsresten befreit werden; ein Gewindebohrer kann auch die Reste alter Gewinde-Sicherungspaste beseitigen.
Alle Bohrungen, Kanäle und Rohre müssen sauber sein und möglichst mit Druckluft ausgeblasen werden.

Wellendichtringe

Diese auch »Simmerringe« genannten Dichtringe können z. B. mit einem breiten Schlitzschraubendreher aus ihren Sitzen gehebelt werden. Alternativ können selbstschneidende Blechschrauben in vorgebohrte Löcher gedreht werden, um daran eine Zange anzusetzen und den Ring herauszuziehen. Ein einmal ausgebauter Wellendichtring muss auf jeden Fall durch ein Neuteil ersetzt werden.
Die sehr feine Dichtlippe eines Wellendichtrings ist empfindlich und wird eine Welle, die nicht völlig frei von Kratzern oder Riefen ist, nicht lange abdichten können. Falls die originale Dichtfläche des Bauteils nicht wiederhergestellt werden kann und der Hersteller keine Angaben dazu macht, ob der Dichtring vielleicht etwas tiefer eingebaut werden darf, muss die Welle ersetzt werden.
Falls ein Dichtring z. B. über die Kerbverzahnung einer Welle geschoben werden muss, sollte diese mit Kreppband abgeklebt werden; an scharfen Kanten einer Welle sollte möglichst eine konische Hülse angesetzt werden. Schmieren Sie die Dichtlippe vor dem Einbau mit Öl; bei Doppel-Dichtlippen sollte der Bereich zwischen den beiden Lippen mit Fett gefüllt werden.
Soweit nicht anders erwähnt, müssen Wellendichtringe immer mit der Dichtlippe in Richtung der Flüssigkeit eingebaut werden.
Treiben Sie den Dichtring mit einem passenden Holzstück in seinen Sitz. Soweit der Sitz nicht in einer Vertiefung liegt und soweit nicht anders erwähnt, werden Dichtringe stets bündig zum Gehäuse installiert.

Schraubengewinde und Befestigungen

Festsitzende Muttern und Schrauben sind bei Korrosion ein unvermeidlicher Nebeneffekt. Kriechöl oder Rostlöser kann dieses Problem oft verringern, wenn ihm genügend Zeit zum Einwirken gegeben wird. Auch der Einsatz eines Schlagschraubers kann festsitzende Verbindungen lösen. Falls keine dieser Methoden Wirkung zeigt, muss das Glück mithilfe von Hitze und/oder einem Mutternsprenger gesucht werden; manchmal hilft nur noch eine Säge bzw. ein Winkelschleifer.
Stehbolzen werden üblicherweise mithilfe zweier gegeneinander verkonterter Muttern herausgeschraubt – der Schlüssel wird hierbei an der unteren Mutter angesetzt. Schrauben oder Stehbolzen, die bündig oder unterhalb der Kontaktfläche abgerissen sind, können manchmal mit einem Linksausdreher entfernt werden – hierzu gehört allerdings etwas Geschick.
Gewinde-Sacklöcher müssen frei von Öl, Wasser, Fett und Schmutz sein, bevor die Schraube oder der Stehbolzen wieder eingedreht wird – andernfalls kann der dabei entstehende hydraulische Druck Risse im Gehäuse erzeugen.
Eine Kronenmutter, die mit einem Splint gesichert wird, muss zunächst bis zum vorgeschriebenen Drehmoment und dann weitergedreht werden, bis die nächste Kerbe zur Bohrung ausgerichtet ist, um den Splint zu installieren.
Viele Befestigungen – z. B. bei Zylinderköpfen – werden in mehreren Schritten (und einer vorgeschriebenen Reihenfolge!) angezogen, bei der im letzten Schritt die Mutter oder Schraube in einem bestimmten Winkel per Gradscheibe weitergedreht werden muss.
Ob Schrauben oder Muttern mit dem korrekten Drehmoment angezogen sind, kann geprüft werden, indem man sie um eine Viertelumdrehung lockert und dann wieder mit dem korrekten Wert anzieht; dies gilt nicht für Befestigungen, die nach dem Anziehen per Drehmomentschlüssel in einem zweiten Schritt per Gradscheibe angezogen werden müssen.

Sicherungsmuttern, Sicherungsscheiben, Sicherungsbleche

Bei Befestigungen, die beim Anziehen gegen ein Gehäuse oder ein anderes Bauteil gedreht werden, muss stets eine Scheibe untergelegt werden.
Federringe oder Federscheiben müssen immer erneuert werden, wenn sie wichtige Komponenten wie z. B. Pleuelschrauben sichern. Auch Sicherungsbleche, bei denen Laschen gegen Muttern gebogen werden, müssen ersetzt werden.
Selbstsichernde Muttern können in unkritischen Bereichen wiederverwendet werden, solange beim Aufdrehen ein gewisser Widerstand fühlbar ist; die Nylon-Einsätze verlieren allerdings mit den Jahren ihre Spannkraft, sodass die Muttern hin und wieder ersetzt werden müssen.
Splinte, deren Enden umgebogen werden, müssen nach jedem Ausbau durch Neuteile ersetzt werden.
Falls eine Schraube mit Sicherungspaste (»Loctite«) versehen wurde, muss ihr Gewinde mit einer Drahtbürste und Lösungsmittel gereinigt werden (die Bohrung möglichst mit einem Gewindebohrer), bevor direkt vor dem Einsetzen frische Dichtmasse aufgetragen wird.

Spezialwerkzeuge

Manche Reparaturmethoden in diesem Handbuch erfordern spezielle Werkzeuge wie eine Hydraulik-Presse, einen Zwei- oder Dreiarmabzieher, Federpressen usw. Soweit möglich, werden Alternativen zu den Spezialwerkzeugen des Herstellers beschrieben und im Einsatz gezeigt. Manchmal ist jedoch aus Gründen der Sicherheit oder der Wirksamkeit keine Alternative möglich. Solange man nicht Profi ist und die durchzuführende Prozedur komplett verstanden hat, darf niemals versucht werden, ein Spezialwerkzeug zu umgehen, wenn dies verlangt ist; neben Gefahren für die Gesundheit besteht ansonsten auch das Risiko teurer Schäden.

Umweltschutz

Öle, Bremsflüssigkeit und Kühlmittel dürfen weder im Boden versickern noch in die Kanalisation gelangen. Füllen Sie alle Betriebsflüssigkeiten (separat!) in auslaufsichere Behälter. Jeder Händler, der technische Öle verkauft, ist auch dazu verpflichtet, entsprechende Mengen Altöl zurückzunehmen. Bringen Sie andere Flüssigkeiten zur fachgerechten Entsorgung oder zum Recyclinghof.

Anheben und Abstützen

Der dem Bordwerkzeug beigefügte Wagenheber sollte nur bei Reifenpannen am Straßenrand verwendet werden, um das Reserverad zu montieren – siehe Seite 12. Für andere Arbeiten sollte das Fahrzeug unter den vorgegebenen Punkten mit einer hydraulischen Vorrichtung angehoben und mit Böcken abgestützt werden (siehe Abbildung). Falls die Räder nicht demontiert werden müssen, kommt auch eine Rampe in Betracht (die auch nach dem Anheben des Fahrzeugs unter die Räder geschoben werden kann).
Das Anheben darf nur auf einer festen und ebenen Oberfläche erfolgen. Selbst bei leichtem Gefälle muss sorgfältig darauf geachtet werden, dass sich das Fahrzeug nach dem Anheben nicht bewegen kann. Vom Anheben auf unebenem oder lockerem Untergrund wird abgeraten, da das Fahrzeuggewicht nicht gleichmäßig verteilt ist und die Hebevorrichtung abrutschen kann.
Belassen Sie ein angehobenes Fahrzeug möglichst niemals unbeaufsichtigt – besonders bei in der Nähe spielenden Kindern.
Ziehen Sie vor dem Anheben der Fahrzeug-Front stets die Handbremse an. Blockieren Sie vor dem Anheben des Hecks die Vorderräder mit Keilen und legen Sie den ersten Gang ein. Bei der Verwendung eines hydraulischen Rangierwagenhebers oder von Stützböcken müssen diese stets an den gezeigten Stellen unter den Schwellern angesetzt werden – die Nuten unterhalb der Schweller dienen ausschließlich als Wagenheber-Aufnahmen (siehe Abbildung). Verwenden Sie beim Anheben stets zwischen den Heber und das Fahrzeug eingesetzte Hölzer mit eingeschnittenen Kerben für die Blechfalze – diese verteilen die Last so besser und schützen Lack oder Unterbodenschutz vor Schäden.
Bei ausreichender Sorgfalt darf das Fahrzeug auch in der Mitte des vorderen oder hinteren Hilfsrahmens abgestützt werden (Hölzer verteilen auch hier die Last auf größere Flächen). Auch verstärkte Bereiche des Unterbodens (z. B. an Federelement-Aufnahmen) können zum Abstützen verwendet werden – wenden Sie sich jedoch zuvor an eine Ford-Werkstatt, um hierzu Ratschläge einzuholen.
Heben Sie das Fahrzeug KEINESFALLS unter der Ölwanne oder an Lenkungs- oder Federungs-Komponenten an!
Warnung: Arbeiten Sie NIEMALS unter oder neben einem nur angehobenen, aber nicht abgestützten Fahrzeug!

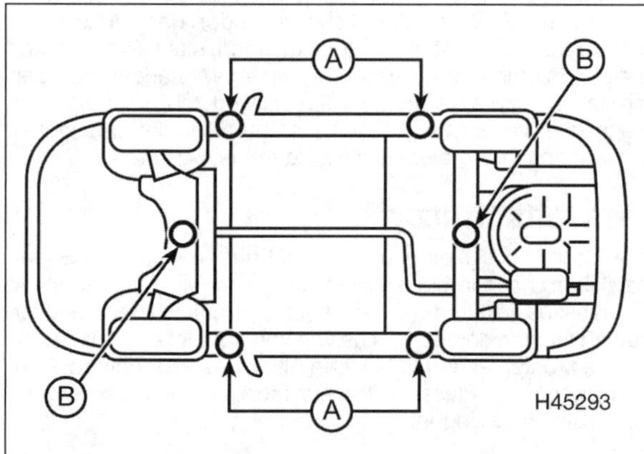

Hebepunkte unter den Schwellern (A) und den Hilfsrahmen (B)

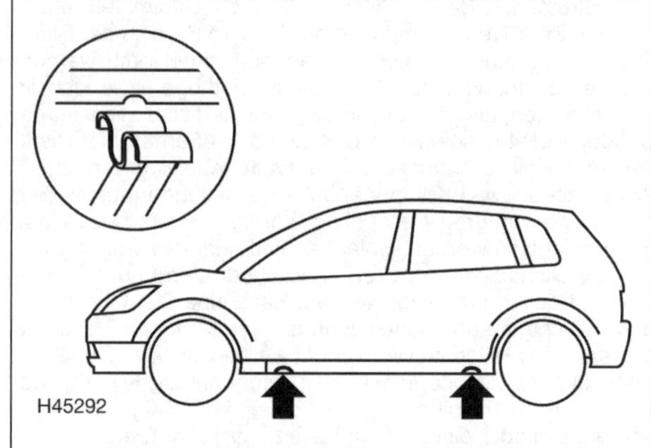

Hebepunkte unter den Schwellern sind mit Vertiefungen markiert.

Werkzeug und Werkstatt-Ausrüstung

Einleitung

Ein gutes Werkzeugsortiment ist für jedermann, der Wartungs- und Reparaturarbeiten an seinem Fahrzeug durchführen möchte, eine grundlegende Voraussetzung. Wer kein oder nur sehr wenig Werkzeug zu Hause hat, muss zunächst in Werkzeug investieren, um durch Eigenleistung das Geld wieder einzusparen. Hochwertiges Werkzeug hält jahrzehntelang und macht sich bei regelmäßigem Gebrauch mehrfach bezahlt.
Um den Fahrzeugbesitzer besser entscheiden zu lassen, welche Werkzeuge er für die verschiedenen in diesem Buch beschriebenen Aufgaben benötigt, haben wir drei Listen erstellt: *Wartung und kleinere Reparaturen; Reparaturen und Überholung* sowie *Spezialwerkzeug*. Wer neu im Schrauber-Sektor ist, sollte mit dem Werkzeugsatz *Wartung und kleinere Reparaturen* beginnen und sich zunächst mit einfacheren Aufgaben am Fahrzeug vertraut machen. Sobald die Erfahrungen und das Vertrauen wachsen, können schwierigere Arbeiten verrichtet werden – mit den entsprechenden zusätzlichen Werkzeugen. Auf diese Weist kann ein Set *für Wartungsarbeiten und kleinere Reparaturen mit* der Zeit und ohne große Ausgaben zu einem Kit für *umfangreiche Reparaturen und Überholungen ausge*baut werden. Der erfahrene Hobbyschrauber hat dann eine Werkzeug-Ausstattung für die meisten Reparaturen und Überholtätigkeiten und muss nur noch dann Werkzeuge aus der letzten Kategorie dazukaufen, wenn er der Meinung ist, dass sich der finanzielle Aufwand zur Häufigkeit des Einsatzes lohnt.

Wartungsarbeiten und kleinere Reparaturen

Die hier aufgelisteten Werkzeuge können als Minimalausstattung für routinemäßige Wartungsarbeiten, die Instandhaltung und kleine Reparaturen betrachtet werden. Wir empfehlen den Kauf von kombinierten Ring-/Maul-Schlüsseln – diese sind zwar teurer als reine Maulschlüssel, hinterlassen bei richtigem Gebrauch aber auch weniger Schäden an Muttern und Schrauben.

- ☐ *Schraubenschlüssel-Set 8 bis 19 mm*
- ☐ *Rollgabelschlüssel bis ca. 35 mm*
- ☐ *Zündkerzenschlüssel (mit Gummieinsatz)*
- ☐ *Drahtlehre für Zündkerzen-Elektroden*

- ☐ *Fühlerlehren-Set*
- ☐ *Ringschlüssel für Entlüftungsnippel (falls kleiner als 8 mm)*
- ☐ *Schraubendreher: Schlitz – 100 mm lang, 6 mm breit*
  Phillips (Kreuzschlitz) – 100 mm lang, 6 mm breit
- ☐ *Inbus-Schlüssel, 4–10 mm Größe – je nach Fahrzeugtyp*
- ☐ *Torx-Schlüssel, verschiedene Größen – je nach Fahrzeugtyp*
- ☐ *Kombizange*
- ☐ *Metall-Bügelsäge*
- ☐ *Reifen-Luftpumpe*
- ☐ *Luftdruckprüfer*
- ☐ *Ölkanne*
- ☐ *Ölfilterschlüssel (Bandschlüssel)*
- ☐ *Feines Schleifpapier*
- ☐ *Drahtbürste (klein)*
- ☐ *Trichter (mittelgroß)*
- ☐ *Ablassschrauben-Schlüssel (je nach Fahrzeug)*

Umfangreiche Reparaturen und Überholung

Diese Werkzeuge sind – zusammen mit denen für Wartung und kleinere Reparaturen – für Reparaturen und andere Arbeiten am Fahrzeug unerlässlich. Zu dieser Liste gehört ein umfangreicher Steckschlüsselsatz; auch wenn er relativ teuer ist, ist er aufgrund seiner Vielseitigkeit unbezahlbar – besonders, wenn darin verschiedene Antriebe enthalten sind. Wir empfehlen einen Knarrenkasten mit Halbzoll-Antrieb, weil diese Steckschlüssel auch auf die meisten Drehmomentschlüssel passen.

Die Werkzeuge aus dieser Liste müssen manchmal durch Teile aus der Spezialwerkzeug-Liste ergänzt werden:

- ☐ *Steckschlüsselkasten mit*
  Sechskantschlüsseln (6–24 mm)
  Inbus-Einsätze
  Torx-Einsätze
  Ratsche
  Verlängerung 250 mm
  Kreuzgelenk
  verstellbarem T-Griff
- ☐ *Drehmomentschlüssel*
- ☐ *Gripzange*
- ☐ *Schlosserhammer mit Kugelkopf*
- ☐ *Kunststoff- oder Gummihammer*
- ☐ *Schlitzschraubendreher (verschiedene Größen)*
- ☐ *Phillips-Kreuzschlitzschraubendreher (verschiedene Größen)*
- ☐ *Zangen:*
  Spitzzange
  Wasserpumpenzange
  Seitenschneider
  Seegerringzange (innen und außen)
- ☐ *Flachmeißel*
- ☐ *Reißnadel*
- ☐ *Schaber*
- ☐ *Körner*
- ☐ *Treibdorn*
- ☐ *Metallsäge*
- ☐ *Bremsschlauch-Klemme*
- ☐ *Bremsen-/Kupplungs-Entlüftungskit*
- ☐ *Bohrer-Set*
- ☐ *Metall-Lineal/Richtwinkel*
- ☐ *Feilen-Sortiment*
- ☐ *Drahtbürsten*
- ☐ *Stützbock*
- ☐ *Hydraulischer Heber oder Rangierwagenheber*
- ☐ *Lampe mit Verlängerungskabel*
- ☐ *Multimeter (Volt AC/DC, Ohm, Ampere)*

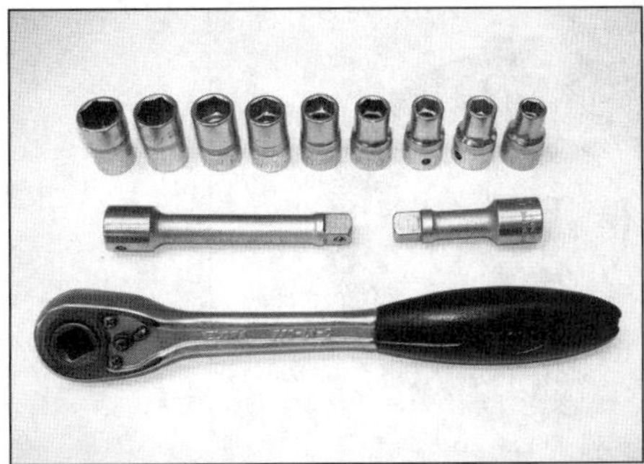

Steckschlüssel mit Ratsche und Verlängerungen

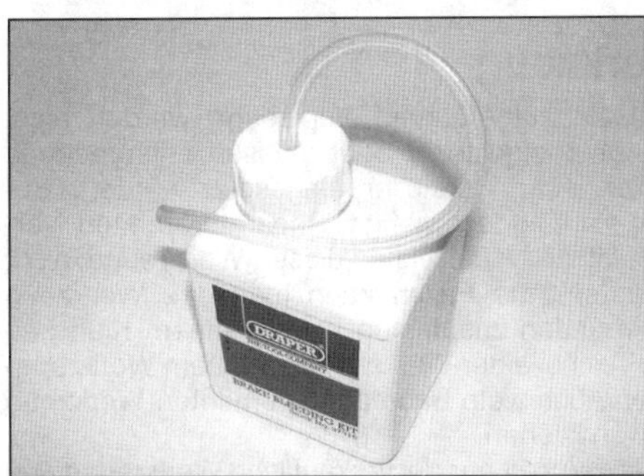

Bremsen-Entlüftungskit

Torx-Schlüssel, -Steckschlüssel und -Bit

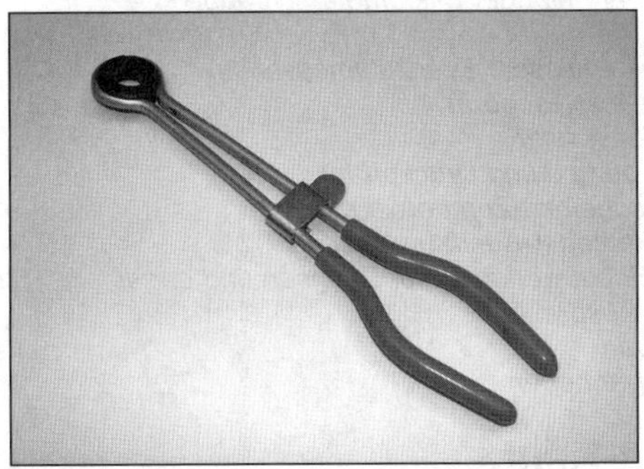

Schlauchklemme

Gradscheibe mit Vierkant für Steckschlüssel-Antrieb

Spezialwerkzeug

Die in dieser Liste aufgeführten Werkzeuge werden nicht regelmäßig benötigt, sind teuer oder müssen entsprechend der Anweisungen ihrer Hersteller eingesetzt werden. Solange nicht regelmäßig schwierige Reparaturarbeiten verrichtet werden, ist der Kauf vieler dieser Werkzeuge nicht wirtschaftlich. In solchen Fällen kann man das Werkzeug entweder mit Freunden zusammen kaufen, einem Klub beitreten oder das Teil bei einer Werkstatt oder einem Werkzeugverleiher mieten. Auch viele Baumärkte vermieten Werkzeug zu moderaten Konditionen.

Die folgende Liste enthält nur frei verkäufliche Werkzeuge und Instrumente, aber keine Spezialwerkzeuge, die vom Fahrzeughersteller für sein Händlernetz produziert werden. Im Handbuch wird gelegentlich auf solche Werkzeuge verwiesen und oft wird auch eine Alternative dazu angegeben, doch manchmal ist das Hersteller-Spezialwerkzeug unerlässlich, sodass es beim Hersteller gekauft oder der Fachwerkstatt des Vertrauens ausgeliehen werden muss.

- ☐ *Gradscheibe*
- ☐ *Ventilfederpresse*
- ☐ *Ventil-Einschleif-Ausrüstung*
- ☐ *Kolbenringzange*
- ☐ *Zylinderbohrungs-Honwerkzeug*
- ☐ *Kolbenring-Aus- und Einbauwerkzeug*
- ☐ *Federpresse für Fahrwerk-Federn*
- ☐ *Kugelgelenk-Abzieher*
- ☐ *Zwei- und Dreiarmabzieher*
- ☐ *Schlagschrauber*
- ☐ *Messschieber und/oder Mikrometerschraube*
- ☐ *Messuhr*
- ☐ *Schließwinkelmesser / Drehzahlmesser*
- ☐ *Fehlercode-Auslesegerät*
- ☐ *Kompressionsprüfer*
- ☐ *Unterdruckpumpe und Druckprüfer*
- ☐ *Kupplungsscheiben-Zentrierwerkzeug*
- ☐ *Bremsbackenfeder-Ausbauwerkzeug*
- ☐ *Aus- und Einbauwerkzeug für Buchsen und Lager*
- ☐ *Stehbolzenausdreher*
- ☐ *Werkstattkran*
- ☐ *Rangierwagenheber*

Werkzeug-Kauf

Im Autozubehör- und Werkzeugfachhandel wird oft hochwertiges Werkzeug zu günstigen Preisen angeboten, sodass sich der Preisvergleich lohnt.

Man muss nicht das teuerste Werkzeug kaufen, doch es ist auch ratsam, nicht das billigste zu nehmen. Vorsicht ist auf Flohmärkten und bei »Kofferraum«-Geschäften auf Automärkten geboten. Es gibt zahlreiche Marken, die hochwertiges Werkzeug produzieren, doch stets sollte vor allem darauf geachtet werden, dass das Material alle wichtigen Sicherheitsstandards erfüllt. Im Zweifelsfall sollten vor einer Kaufentscheidung Fachleute zurate gezogen werden.

Werkzeug – Sorgfalt und Pflege

Nachdem ein akzeptables Werkzeug-Sortiment erworben wurde, ist es wichtig, die Werkzeuge in einem sauberen und brauchbaren Zustand zu erhalten. Nach jedem Einsatz müssen Schmutz, Fett und Metallpartikel mit sauberen und trockenen Lappen abgewischt werden, bevor das Werkzeug weggepackt wird. Niemals sollte man Werkzeug herumliegen lassen. Ein einfaches Regal an der Garagen- oder Werkstattwand ist für die meisten Werkzeuge völlig ausreichend. Ein Knarrenkasten sollte stets vollständig sein und Messinstrumente, Messuhren und andere sensible Geräte müssen sorgfältig gelagert werden, sodass sie weder Stöße abbekommen noch rosten.

Werkzeuge verschleißen mit der Zeit: Ein Hammerkopf bekommt unweigerlich Riefen und Schraubendreher-Klingen werden mit der Zeit rund. Der gelegentliche Einsatz von Schleifleinen oder einer Feile kann solche Dinge wieder in einen guten Zustand versetzen.

Arbeitsplatz

Beim Thema Werkzeug darf die Werkstatt nicht vergessen werden. Sobald mehr als routinemäßige Wartungsarbeiten verrichtet werden sollen, kommt man um einen brauchbaren Arbeitsplatz nicht herum.

Viele Fahrzeugbesitzer sind gezwungen, Bauteile ihres Autos – bis hin zum Motor – im Freien auszubauen, doch dann sollten Reparaturen stets unter einem schützenden Dach stattfinden.

Sämtliche Zerlegungen sollten stets auf einer sauberen und ebenen Arbeitsfläche durchgeführt werden, die sich in einer angenehmen Arbeitshöhe befindet.

Jede Werkbank benötigt einen Schraubstock; mit einem Öffnungsbereich von 100 mm sollten sich die meisten Arbeiten erledigen lassen. Wie bereits erwähnt, werden auch saubere und trockene Lagerflächen für Werkzeug, aber auch für Schmiermittel, Reinigungsmittel, Lacke usw. benötigt.

Das wichtigste Elektrowerkzeug ist eine gute Bohrmaschine mit Drehzahl-Einstellung; in diese können außer Bohrern viele andere Werkzeuge eingespannt werden, die die Arbeit erleichtern.

Schließlich muss eine Sammlung alter Zeitungen und sauberer, nicht fusselnder Lappen bereitgehalten werden, um den Arbeitsplatz, das Werkzeug und die zu reparierenden Dinge möglichst sauber zu halten.

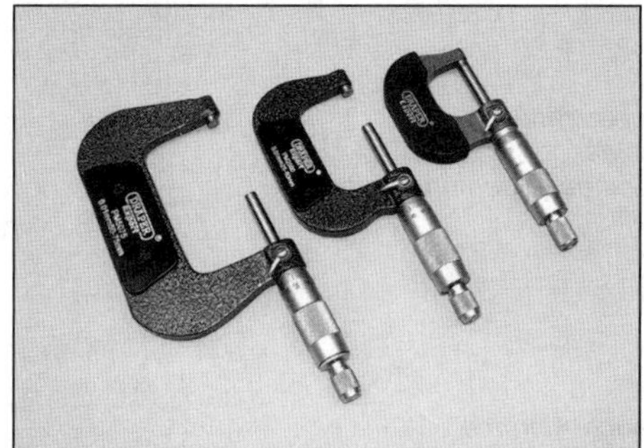

Mikrometerschraube (Bügelmessschraube)

Messuhr

Bandschlüssel

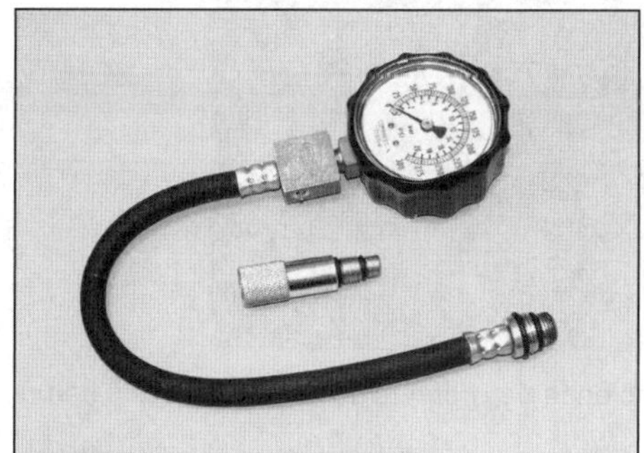
Kompressionsprüfer

Lagerabzieher

Hauptuntersuchungs-Vorbereitungen

Diese Hinweise sollen helfen, das Fahrzeug durch die alle zwei Jahre anstehende Hauptuntersuchung (HU) zu führen.

Natürlich kann der Hobbyschrauber sein Auto nicht genauso kontrollieren wie der Prüfer beim TÜV, bei der DEKRA oder anderen Organisationen. Wer sich jedoch durch die folgenden Prüfpunkte arbeitet, sollte alle Probleme erkannt haben, bevor das Fahrzeug vorgeführt wird.

Wenn der Zustand einer zu prüfenden Komponente grenzwertig ist, liegt es im Ermessen des Prüfers, ob er sie beanstandet oder durchgehen lässt. Die Grundlage dieses Ermessens liegt darin, ob der Prüfer gut damit leben könnte, das Fahrzeug in diesem Zustand einem Freund oder Verwandten anzuvertrauen. Wenn das Auto sauber und offenbar gut gepflegt vorgestellt wird, wird der Prüfer vielleicht eher geneigt sein, eine grenzwertige Komponente durchgehen zu lassen, als dies bei einem ungepflegten und offensichtlich vernachlässigten Fahrzeug der Fall wäre.

Die hier beschriebenen Anforderungen können nur den aktuellen Stand beim Verfassen des Buchs wiedergeben. Prüfstandards werden immer strenger, doch für ältere Fahrzeuge gelten oft Ausnahmen.

Für einige Kontrollen wird ein Assistent benötigt.

Die Kontrollen wurden in vier Kategorien unterteilt:

1 Die Prüfung erfolgt:
Im Innenraum

2 Die Prüfung erfolgt:
Bei auf dem Boden stehendem Fahrzeug

3 Die Prüfung erfolgt:
Bei angehobenem Fahrzeug mit freien Rädern

4 Die Prüfung erfolgt:
Am Abgassystem

1 Die Prüfung erfolgt: **Im Innenraum**

Handbremse

☐ Prüfen Sie die Funktion der Handbremse. Zu viele Klicks weisen auf eine schlecht eingestellte Bremse hin. Die Wirkung lässt sich behelfsweise im Fahrversuch prüfen: Lassen Sie das Fahrzeug rollen und bremsen Sie es mit der Handbremse ab – die Räder müssen zum Blockieren gebracht werden können.

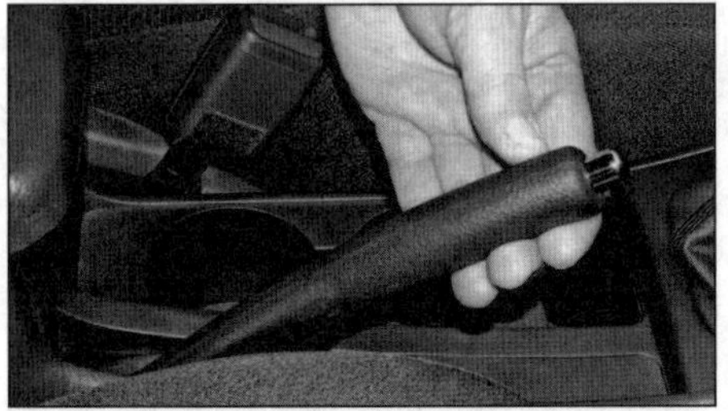

☐ Prüfen Sie, ob die Handbremse nicht durch seitliches Drücken des Hebels gelöst wird. Kontrollieren Sie die Festigkeit der Hebelaufnahme.

☐ Prüfen Sie bei einer elektrischen Handbremse, ob sie ohne große Verzögerung anzieht und wieder löst. Falls die Warnleuchte nicht erlischt oder beim Lösen der Bremse eine Warnmeldung angezeigt wird, kann dies auf einen Fehler hinweisen, der umgehend behoben werden muss.

Fußbremse

☐ Treten Sie auf das Pedal und prüfen Sie, ob es sich nicht bis zum Boden durchdrücken lässt (was auf einen Defekt im Hauptbremszylinder hinweist). Lassen Sie das Pedal zurückkehren, warten Sie einige Sekunden, und treten Sie es erneut. Falls es sich fast durchtreten lässt, bevor Widerstand spürbar wird, sind Einstellungen oder Reparaturen erforderlich. Falls sich das Pedal schwammig anfühlt und/oder sich „aufpumpen" lässt, befindet sich Luft im System, die entleert werden muss.

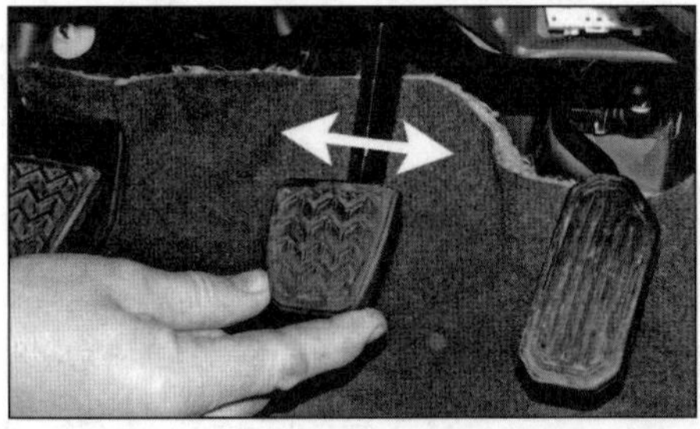

☐ Prüfen Sie, ob das Bremspedal sicher befestigt und nicht ausgeschlagen ist. Kontrollieren Sie auch den Bereich um das Pedal herum auf ausgetretene Bremsflüssigkeit – dies weist auf einen defekten Dichtring im Hauptbremszylinder hin.

☐ Kontrollieren Sie den Bremskraftverstärker, indem Sie das Bremspedal mehrmals durchtreten, dann gedrückt halten und den Motor starten – hierbei muss es sich etwas weiter herunterdrücken lassen; andernfalls kann der Unterdruckschlauch oder der Bremskraftverstärker selbst defekt sein. Schalten Sie bei getretenem Bremspedal den Motor ab: Wird der Unterdruck nicht gehalten, so sind Bremskraftverstärker und/oder Schlauch defekt.

Lenkrad und Lenksäule

☐ Begutachten Sie das Lenkrad auf Brüche, lockeren Sitz oder lockere Teile.

☐ Drücken Sie das Lenkrad nach links und rechts sowie auf und ab – es darf kein Spiel aufweisen. Kontrollieren Sie ggf. das Lenksäulen-Lager und die Lenkradschraube.

☐ Drehen Sie das Lenkrad – es darf weder Spiel aufweisen noch rau laufen, ansonsten können Lager, Kreuzgelenke oder das Lenkgetriebe verschlissen sein.

☐ Bei abgezogenem Zündschlüssel muss beim Drehen des Lenkrads das Lenkschloss einrasten.

Windschutzscheibe, Rückspiegel und Sonnenblende

☐ Die Windschutzscheibe darf im Sichtbereich des Fahrers keine Kratzer, Risse oder Steinschlaglöcher aufweisen. Als grobe Einschätzung für das Sichtfeld kann behelfsmäßig ein hochkant vor die Scheibe gelegtes DIN-A4-Blatt genommen werden. Die Rückspiegel müssen funktionsfähig und einstellbar sein.

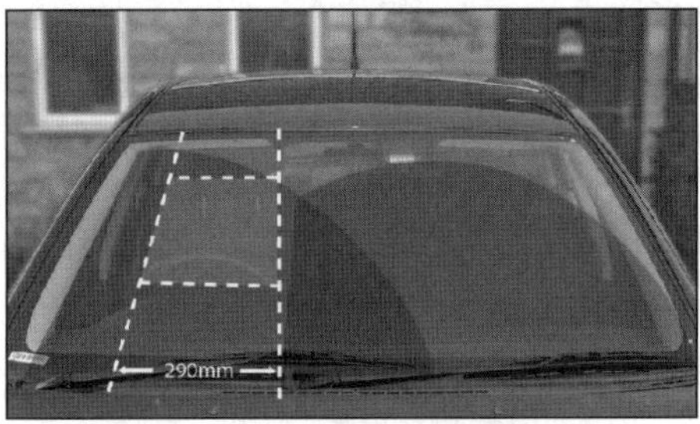

☐ Die Sonnenblende des Fahrers darf nicht von allein herunterklappen.

Sicherheitsgurte, Sitze und zusätzliche Rückhaltesysteme (SRS)

Anmerkung: *Die folgenden Kontrollen betreffen sowohl die Vordersitze als auch die Rücksitze.*

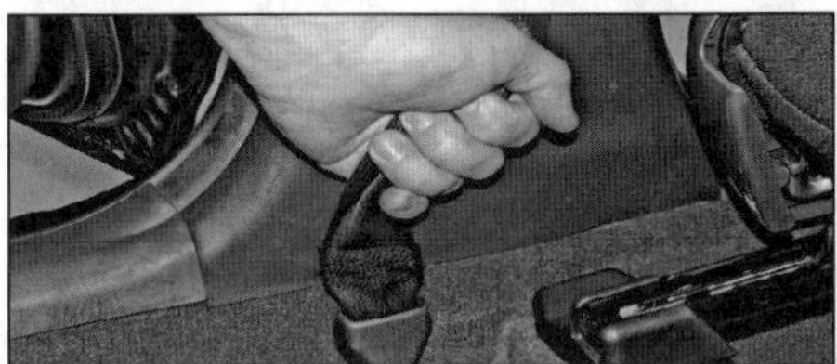

☐ Kontrollieren Sie das Gewebe aller Gurte auf Risse, Ausfransungen oder andere Beschädigungen. Prüfen Sie bei allen Gurten die Funktion der Gurtschlösser und – falls vorhanden – der Gurtrollen-Sperren. Prüfen Sie die Festigkeit aller von innen zugänglichen Gurt- und Gurtpeitschen-Befestigungen. Die Höhenverstellungen der oberen Aufhängungen müssen sicher einrasten.

☐ Wo ein Gurt am Sitz befestigt ist, muss dessen Rahmen und die Aufnahmen auf festen Sitz kontrolliert werden.

☐ Gurte mit Gurtstraffer-Vorrichtungen haben an der Gurtpeitsche eine Kennzeichnung – die Gurtstraffer selbst können nicht getestet werden.

☐ Alle Airbags dürfen keine sichtbaren Schäden aufweisen.
☐ Die Vordersitze müssen sicher befestigt sein und die Rückenlehne muss in jeder Position arretierbar sein.

Türen

☐ Die vorderen müssen sich von innen und außen öffnen und schließen lassen. Beim Zudrücken müssen sie sicher einrasten.
☐ Die hinteren müssen sich von außen öffnen und schließen lassen. Beim Zudrücken müssen sie sicher einrasten.
☐ Alle Türscharniere, Türfangbänder und Schließbolzen müssen fest angebracht und so beschaffen sein, dass sie das Öffnen und Schließen der Türen nicht behindern.

Motorhaube und Kofferraumdeckel oder Heckklappe

☐ Die Motorhaube und die Heckklappe müssen beim Zuschlagen sicher verriegelt werden.

Tachometer

☐ Der Tachometer muss funktionieren und mit entsprechender Beleuchtung auch Nachts ablesbar sein.

2 Die Prüfung erfolgt:
Bei auf dem Boden stehendem Fahrzeug

Fahrzeug-Identifikation

☐ Die Kennzeichen müssen sich in einem guten Zustand befinden und in ihren Maßen den Vorschriften entsprechen.
☐ Das Typenschild und die eingeschlagene Fahrgestellnummer müssen lesbar sein.

Fahrzeug-Elektrik

☐ Schalten Sie die Zündung ein und prüfen Sie die Funktion der Hupe.
☐ Prüfen Sie die Funktion aller Scheibenwischer und der Scheibenwaschanlage. Ersetzen Sie beschädigte oder verschlissene Wischerblätter.

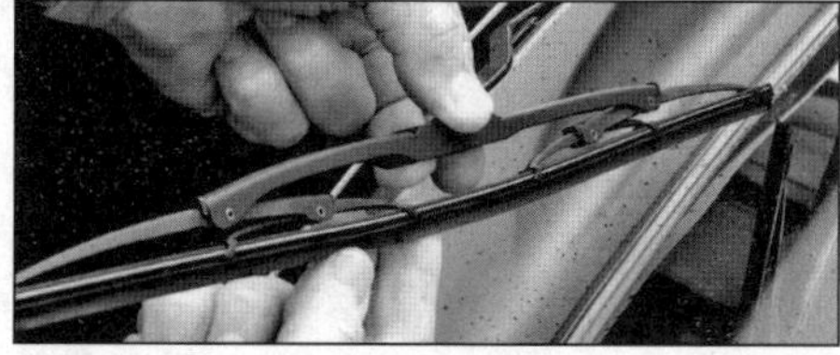

☐ Prüfen Sie die komplette Beleuchtungseinrichtung
☐ Prüfen Sie die Funktion der Bremsleuchten. Auch die Zusatzbremsleuchte muss funktionieren.
☐ Prüfen Sie die Funktion der Standleuchten und Rücklichter. Lampengläser und Reflektoren müssen fest sitzen, sauber sein und dürfen keine Risse aufweisen.
☐ Prüfen Sie bei eingeschalteter Zündung die Funktion und Ausrichtung der Scheinwerfer. Die Reflektoren dürfen nicht matt sein und die Lampengläser dürfen weder matt sein noch Risse aufweisen.
☐ Achten Sie bei der Kontrolle des Abblendlichts darauf, dass die ggf. vorhandene Leuchtweitenregelung funktioniert (Anpassung der Scheinwerfereinstellung an eventuelle Beladung). Die Einstellung des Abblendlichts ist für den Gegenverkehr von entscheidender Bedeutung und ist daher immer genau zu überprüfen (korrekte Asymmetrie und Höhe der Einstellung)
☐ Prüfen Sie bei eingeschalteter Zündung die Funktion aller Blinker einschließlich der Kontrollleuchten im Armaturenbrett. Prüfen Sie die Funktion des Warnblinkers. Die Blinker dürfen nicht die Standlicht- oder Rücklichtlampen beeinträchtigen – ansonsten liegt ein Massefehler vor. Falls die Blinkfrequenz ungewöhnlich schnell oder langsam ist, kann das Blinkrelais defekt sein oder ebenfalls ein Massefehler vorliegen.
☐ Prüfen Sie die Funktion der Nebelschlussleuchte und ihrer Kontrollleuchte im Armaturenbrett oder im Schalter.
☐ Prüfen Sie die Funktion der Rückfahrleuchte – sie muss sich beim Einlegen des Rückwärtsgangs einschalten.
☐ Alle Kontrollleuchten müssen nach dem Einschalten der Zündung entsprechend der Herstellervorgaben aufleuchten. Nach dem Starten des Motors müssen die meisten Leuchten wieder erlöschen, die ABS-Warnleuchte muss nach wenigen Sekunden erlöschen.
☐ Alle sichtbaren Kabel müssen korrekt verlegt sein und dürfen keine Scheuerstellen aufweisen, die zu einem Kurzschluss führen können.

Bremsen

☐ Begutachten Sie den Hauptbremszylinder, den Bremskraftverstärker, den ABS-Modulator und alle Bremsleitungen auf korrekte Verlegung/Befestigung, Undichtigkeit, lockere Anschlüsse, Korrosion und andere Schäden.
☐ Der Ausgleichsbehälter am Hauptbremszylinder muss fest sitzen und der Pegel muss zwischen der MAX- (A) und MIN-Markierung (B) liegen (ein kurz vor Minimum stehender Bremsflüssigkeitsstand deutet auf verschlissene Scheibenbremsbeläge hin, eventuell auch auf eine Undichtigkeit).

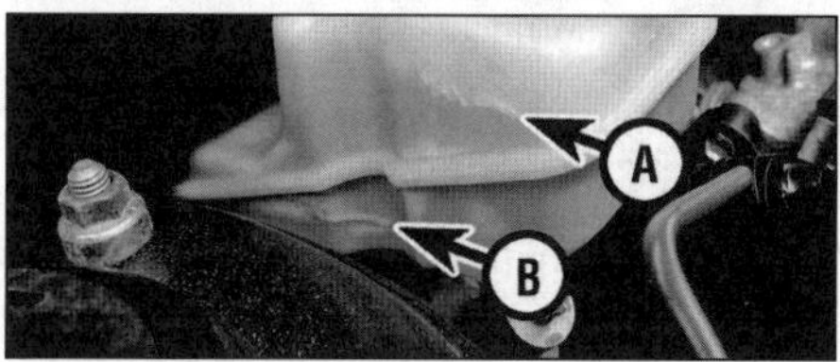

☐ Kontrollieren Sie die Hydraulikflüssigkeit im Ausgleichsbehälter auf Verschmutzung und Ablagerungen.
☐ Kontrollieren Sie alle Bremsschläuche auf Risse und Alterungserscheinungen. Drehen Sie die Lenkung von Anschlag zu Anschlag, um zu prüfen, ob die vorderen Schläuche nicht die Räder, Reifen oder andere Teile der Lenkung oder der Radaufhängung berühren. Bei fest gedrücktem Bremspedal muss kontrolliert werden, ob die Schläuche ausbeulen oder Lecks aufweisen. Treten Sie bei laufendem Motor ohne Gasgeben (also aktivem Bremskraftverstärker) mehrfach schlagartig und kräftig auf das Pedal, um eine Extrembelastung zu simulieren, der eine intakte Bremsanlage gewachsen sein muss.

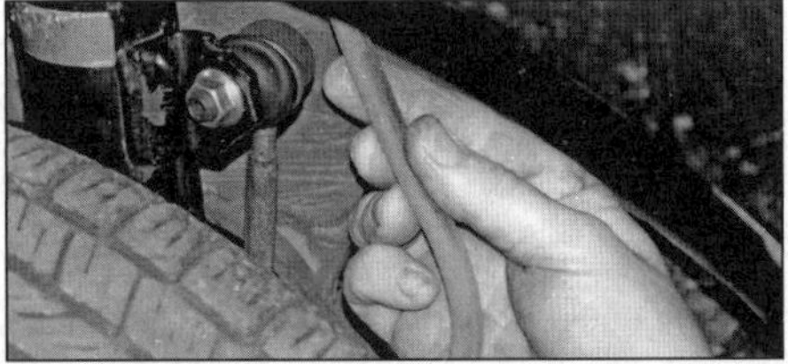

Lenkung und Radaufhängungen

☐ Lassen Sie einen Assistenten das Lenkrad leicht zwischen den Punkten, an denen die Bewegung auf die Räder übertragen wird, hin- und herdrehen, um sein Spiel zu ermitteln. Ein Standard-Lenkrad (380 mm Durchmesser) darf bei einer Zahnstangenlenkung außen nicht mehr als 13 mm Spiel aufweisen

☐ Lassen Sie den Assistenten das Lenkrad kräftig in beide Richtungen drehen, sodass sich die Vorderräder zu bewegen beginnen. Kontrollieren Sie hierbei alle Verbindungselemente, Befestigungen und Anschlüsse (also Spurstangenköpfe, Spurstangen, Lenkhebel, Lenkschubstangen, Trag- und Führungsgelenke etc.). Ersetzen Sie alle Bauteile, die Verschleiß (also unzulässiges Spiel) oder Schäden aufweisen.
☐ Prüfen Sie die Funktion und den Zustand aller Komponenten der Servo-Unterstützung (bei laufendem Motor).
☐ Prüfen Sie, ob das auf einer ebenen Fläche stehende Fahrzeug nicht an einer Seite oder vorn bzw. hinten herunterhängt.

Stoßdämpfer

☐ Drücken Sie das Fahrzeug nacheinander an jeder Ecke herunter und lassen Sie es wieder los – es muss wieder ausfedern und in seine Ruheposition zurückkehren. Falls es nachwippt, ist der Stoßdämpfer defekt; dieser Zustand kann zu gefährlichem Fahrverhalten führen. Zudem sind alle Stoßdämpfer auf Dichtigkeit zu überprüfen.

Auspuffanlage

☐ Starten Sie den Motor und lassen Sie einen Assistenten das Auspuffrohr mit einem Lappen verstopfen. Prüfen Sie jetzt die gesamte Auspuffanlage auf Undichtigkeit und reparieren oder ersetzen Sie entsprechende Bauteile.

3 Die Prüfung erfolgt: **Bei angehobenem Fahrzeug mit freien Rädern**

Heben Sie das Fahrzeug vorn und hinten an und stützen Sie es so auf Böcken ab, dass diese nicht die Federelemente behindern. Die Räder müssen frei drehbar und die Lenkung von Anschlag zu Anschlag zu drehen sein.

Lenkung

☐ Lassen Sie einen Assistenten das Lenkrad von Anschlag zu Anschlag drehen. Prüfen Sie, ob sich die Lenkung frei drehen lässt und keine Teile der Lenkung (einschließlich der Räder und Reifen) mit Bremsleitungen oder andere Bauteilen in Kontakt kommen.
☐ Kontrollieren Sie die Gummimanschetten des Lenkgestänges auf Beschädigungen oder lockere Schellen. Prüfen Sie, ob irgendwo Hydraulikflüssigkeit der Servolenkung austritt. Kontrollieren Sie, ob die Lenkung schwergängig ist, ob irgendwo Splinte fehlen oder Befestigungen locker sind und ob im Umkreis von 30 cm um irgendwelche Befestigungspunkte der Lenkung an der Karosserie starke Korrosion auftritt.

Vorder- und Hinterradfederung sowie Radlager

☐ Beginnen Sie an der vorderen rechten Ecke, greifen Sie das Vorderrad in der 3- und 9-Uhr-Position und versuchen Sie, daran zu wackeln. Prüfen Sie, ob Spiel in den Radlagern, an den Federungs-Kugelgelenken, den Aufhängungen, Gelenken und Befestigungen festzustellen ist.
☐ Greifen Sie jetzt das Rad in der 12- und 6-Uhr-Position und wiederholen Sie die Prüfung. Drehen Sie das Rad, um im Radlager Schwergängigkeit oder rauen Lauf festzustellen.

☐ Falls an einem Gelenk übermäßiges Spiel vermutet wird, kann dies mit einem zwischen der Halterung und dem angeschlossenen Teil als Hebel eingeführten großen Schraubendreher festgestellt werden; so lässt sich ermitteln, ob der Verschleiß in seiner Befestigung, den Lagerbuchsen oder in der Halterung selbst liegt (oft schlagen die Schraubenlöcher aus).

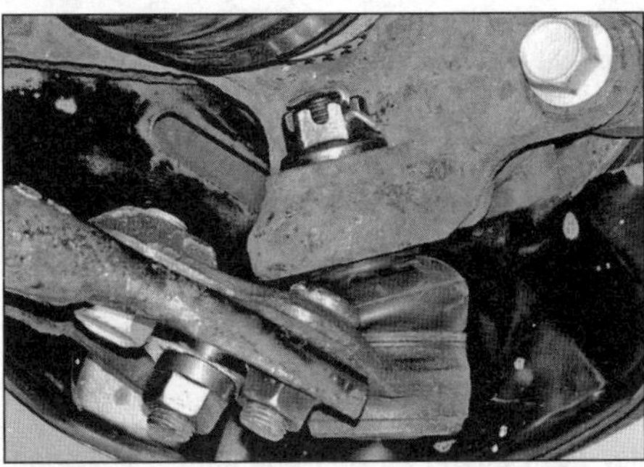

☐ Führen Sie alle beschriebenen Kontrollen am anderen Vorderrad und dann an den Hinterrädern durch.

Federn und Stoßdämpfer

☐ Begutachten Sie die Federbeine auf austretendes Öl, Korrosion oder ein beschädigtes Gehäuse. Prüfen Sie auch die Festigkeit aller Aufnahmen.
☐ Die Enden von Schraubenfedern müssen in ihren Sitzen liegen und die Feder selbst darf nicht korrodiert, gerissen oder gebrochen sein.
☐ Kontrollieren Sie die Stoßdämpfer auf Undichtigkeit. Anschlaggummis sowie Gummibuchsen in den Aufnahmen dürfen nicht spröde oder beschädigt sein.

Antriebswellen

☐ Drehen Sie die angetriebenen Räder und überprüfen Sie dabei die Manschetten der Gleichlaufgelenke auf Risse und Beschädigungen. Die Antriebswellen selbst dürfen nicht verbogen oder beschädigt sein.

Bremssystem

☐ Prüfen Sie die Bremsbelag-Stärke und den Zustand der Bremsscheiben möglichst im eingebauten Zustand. Das Belagmaterial (A) und die Bremsscheibe (B) dürfen nicht unter die in Kapitel 9 angegebenen Werte verschlissen sein. Die Bremsscheibe darf weder gebrochen noch gerissen sein oder starke Riefen oder Ausbrüche aufweisen.

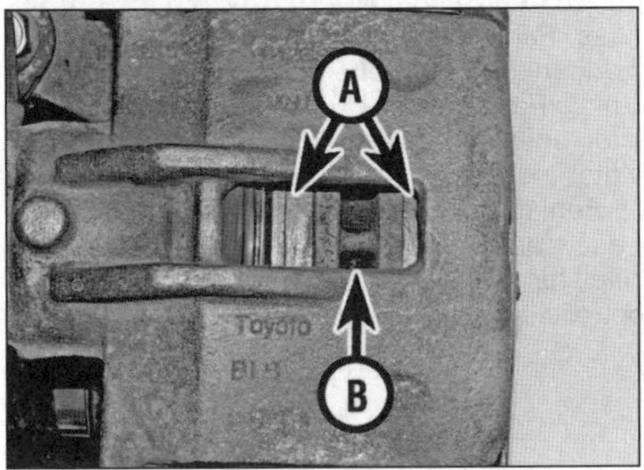

☐ Kontrollieren Sie alle Bremsleitungen und Bremsschläuche unter dem Fahrzeug auf Undichtigkeit und/oder andere Schäden. Die Leitungen dürfen nicht verrostet oder geknickt sein, die Schläuche dürfen keine Risse oder Blasen aufweisen.
☐ An den Bremssätteln und den Bremsankerplatten dürfen keine Flüssigkeiten austreten. Reparieren oder erneuern Sie undichte Bauteile.
☐ Drehen Sie jedes Rad langsam von Hand, während der Assistent das Bremspedal gleichmäßig herunterdrückt und wieder löst. Jede Bremse muss korrekt funktionieren und das Rad muss sich nach dem Lösen wieder frei drehen lassen.
☐ Kontrollieren Sie den Handbremsmechanismus auf ausgefranste oder gerissene Seilzüge, starke Korrosion oder Verschleiß und übermäßiges Spiel am Gestänge. Prüfen Sie, ob die Bremse auf beide Hinterräder wirkt und diese sich nach dem Lösen wieder frei drehen lassen.

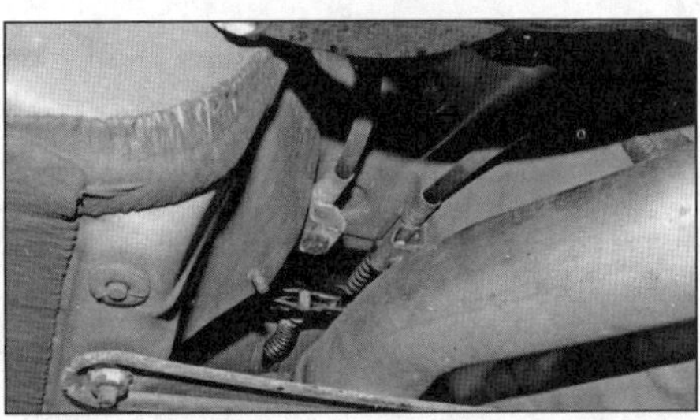

☐ Kontrollieren Sie die Kabel der ABS-Sensoren auf Beschädigungen, Scheuerstellen und Alterungserscheinungen.
☐ Die Bremswirkung ist ohne einen Prüfstand nicht kontrollierbar, aber bei einer Probefahrt kann später getestet werden, ob das Fahrzeug beim Bremsen nicht zu einer Seite zieht.

Kraftstoff- und Auspuffsystem

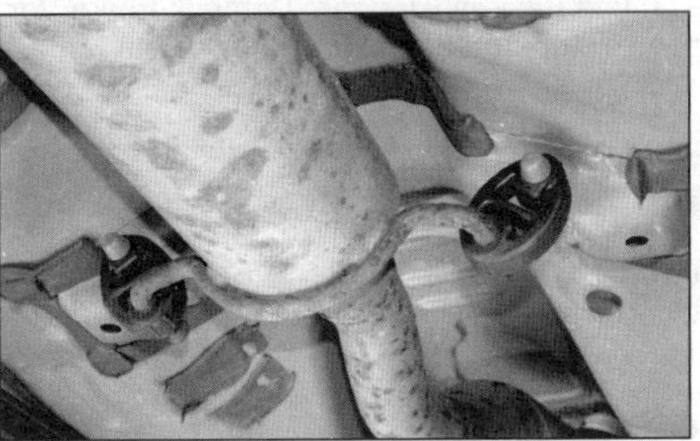

☐ Kontrollieren Sie den Tank (einschließlich Tankdeckel), alle Kraftstoffleitungen und ihre Anschlüsse. Alle Komponenten müssen sicher befestigt sein und dürfen nicht lecken.
☐ Begutachten Sie die Auspuffanlage von vorn bis hinten auf Beschädigungen, gerissene oder fehlende Befestigungen, fest sitzende Schellen und Durchrostungen.
☐ Die Auspuffanlage muss mit allen serienmäßig vorgesehenen Katalysatoren und Lambdasonden ausgerüstet sein.

Räder und Reifen

☐ Kontrollieren Sie die Flanken und Laufflächen aller Reifen. Achten Sie auf Schnitte, Risse, Beulen, Auswölbungen, sich lösende Profilblöcke und durch Beschädigungen oder Verschleiß sichtbares Gewebe. Der Reifenwulst muss korrekt auf der Felge sitzen, das Ventil muss dicht sein und korrekt sitzen.
☐ Keine Felge darf verzogen, verbogen, gerissen oder stark korrodiert sein. Alle Radmuttern oder Bolzen müssen fest sitzen.
☐ Die Reifen müssen die in den Fahrzeugpapieren angegebene Größen haben. Reifen auf einer Achse sollten baugleich sein (empfehlenswert, aber nicht vorgeschrieben). Der Luftdruck aller Reifen muss in Ordnung sein.

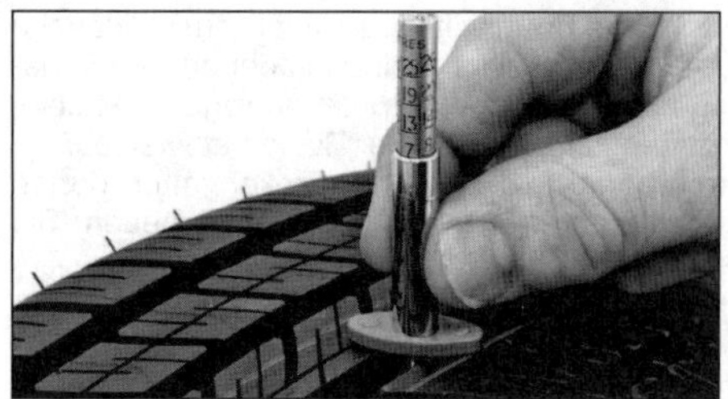

☐ Kontrollieren Sie die Profiltiefe. Aktuell darf an keiner Stelle weniger als 1,6 mm gemessen werden. Ungleichmäßig verschlissene Reifen weisen auf falsch eingestellte Radaufhängungen hin.

Korrosion

☐ Überprüfen Sie die gesamte Fahrzeugstruktur auf Korrosion an tragenden Teilen (Kastenprofile des Chassis, Schweller, Querträger, Säulen und sämtliche Radaufhängungen, Federelemente, Lenkungs- und Bremsenteile sowie Gurtbefestigungen und Verankerungen). Jede Korrosion, die die Materialstärke tragender Teile verringert, stellt eine ernsthafte Gefahr dar, sodass professionelle Reparaturmaßnahmen eingeleitet werden müssen. Bei einer selbsttragenden Karosserie (um solche Karosserien handelt es sich bei heutigen Autos in 99 % aller Fälle) sind alle Blechteile als tragend zu betrachten. Eine durchgerostete Tür kann also durchaus dafür sorgen, dass eine HU nicht positiv abgeschlossen wird.
☐ Beschädigungen oder Korrosion, die zu scharfkantigen Rändern führen, können dazu führen, dass die HU nicht bestanden wird.

Abschlepp-Vorrichtungen

☐ Überprüfen Sie die Abschleppösen oder deren Befestigungen auf Korrosion und Beschädigungen. Demontierbare Vorrichtungen dürfen kein übermäßiges Spiel aufweisen.

4 Die Prüfung erfolgt: Am Abgassystem

Benzinmotor

☐ Bringen Sie den gut gewarteten Motor (Zündsystem in Ordnung, Luftfilter sauber usw.) auf Betriebstemperatur.
☐ Lassen Sie den Motor zunächst rund 20 Sekunden mit etwa 2500/min drehen und dann auf Standgasdrehzahl abfallen; beobachten Sie dabei, ob aus dem Auspuff Rauch austritt. Falls das Standgas offensichtlich zu hoch ist oder länger als 5 Sekunden dichter blauer oder schwarzer Rauch austritt, kann dies dazu führen, dass die HU nicht bestanden wird. Als Faustregel gilt, dass blauer Rauch für verbranntes Öl und damit Motorverschleiß steht, während schwarzer Rauch auf unverbrannten Kraftstoff hinweist (verschmutzter Luftfilter oder Schäden bzw. Verschleiß im Kraftstoff- oder Zündsystem.
☐ Für weitere Kontrollen wird ein Abgas-Analysegerät benötigt, das den Gehalt an Kohlenmonoxid (CO) und Kohlenwasserstoff (CH) ermitteln kann. Falls dies nicht gemietet oder ausgeliehen werden kann, sollte die Prüfung gegen ein kleines Entgelt von einer Fachwerkstatt durchgeführt werden.

CO-Emissionen (Gemisch)

☐ Der HU-Prüfer hat Zugang zu den erlaubten CO-Abgaswerten aller Fahrzeuge. Der CO-Wert wird bei Standgas und »erhöhtem Standgas« (2500 bis 3000/min) gemessen. Die folgenden Werte sind nur Anhaltswerte:
Bei Standgas – weniger als 0,5 % CO
Bei erhöhtem Standgas – weniger als 0,3 % CO
Lambda-Messung – 0,97 bis 1,03
☐ Falls der CO-Wert zu hoch ist, kann dies ein Hinweis auf schlechte Wartung, ein Problem in der Gemischaufbereitung (Vergaser oder Einspritzanlage), eine defekte Lambdasonde oder einen schadhaften Katalysator sein. Probieren Sie eine Einspritzdüsen-Reinigung aus und lesen Sie ggf. das Steuergerät auf Fehlercodes aus.

CH-Emissionen

☐ Der HU-Prüfer hat Zugang zu den erlaubten CH-Abgaswerten aller Fahrzeuge. Der CH-Wert wird bei »erhöhtem Standgas« (2500 bis 3000/min) gemessen. Als Anhaltswerte gilt: weniger als 200 ppm.
☐ Zu hohe CH-Emissionen weisen auf verbranntes Motoröl hin. Der Grund hierfür kann ein verschlissener Motor, eine verstopfe Motorentlüftung oder zu altes und verdünntes Motoröl sein, sodass ein Ölwechsel hilft. Falls der Motor insgesamt schlecht läuft, sollte ggf. das Steuergerät auf Fehlercodes ausgelesen werden.
Im Normalfall sind die CH-Emissionen zwar ermittelbar, im Rahmen der Abgasuntersuchung gibt es jedoch derzeit keine Grenzwerte. Gemessen werden CO, CO_2, O_2, HC und Lambda, wobei es lediglich für CO und Lambda vom Gesetzgeber bzw. Fahrzeughersteller einzuhaltende Vorgaben gibt. Hohe CO-Werte haben aber für sich allein auch schon eine hohe Aussagekraft über die Funktion der Abgasreinigung.
Zudem gelten die groben Faustregeln: Lambda-Werte über 1 (bei intakter Gemischaufbereitung) deuten auf eine undichte Auspuffanlage hin, Lambda unter 1 (fettes Gemisch) lassen auf eine defekte Gemischaufbereitung schließen. Hohe CO-Werte bei Lambda 1 deuten auf einen verschlissenen Katalysator hin.

Dieselmotor

☐ Hier wird lediglich der Anteil der Rußpartikel gemessen. Bei diesem Test wird der Motor je nach Herstellervorgabe für ein paar Sekunden mit Maximaldrehzahl betrieben. Bei der „freien Beschleunigung“ wird die sogenannte Rauchgastrübung gemessen, die weder die vom Fahrzeug-Hersteller vorgegebenen noch die gesetzlichen Grenzwerte übersteigen darf.
Anmerkung: *Bei Modellen mit Steuerriemen (»Zahnriemen«) muss dieser in einem perfekten Zustand sein, damit der Motor den Test übersteht. Im permanenten Stadtverkehr zugesetzte Dieselmotoren sollten vor der Abgasuntersuchung auf einer längeren Strecke »freigefahren« werden.*
☐ Der aufgewärmte Motor wird zunächst maximal 5 Sekunden nach Herstellervorgabe (meistens Abregeldrehzahl) »gespült«, dann wird der Motor langsam auf seine maximale Drehzahl gebracht, um zu sehen, ob er dies aushält. Anschließend wird das Abgasmessgerät angeschlossen und der Motor wird dreimal hintereinander rasch auf Höchstdrehzahl beschleunigt. Liegt dabei die Rußentwicklung unter dem Maximalwert von 2,5 m^{-1} (Saugmotoren) bzw. 3,0 m^{-1} (Turbomotoren), hat das Fahrzeug die Prüfung bestanden (bei aktuellen Fahrzeugen liegt sie eher im Bereich zwischen 0,5 m^{-1} und 1,5 m^{-1}). Falls zu viel Ruß produziert wird, kann ein neuer Luftfilter oder eine Einspritzdüsen-Reinigung helfen. Falls der Motor insgesamt schlecht läuft, sollte ggf. das Steuergerät auf Fehlercodes ausgelesen werden. Kontrollieren Sie ggf. auch das Abgasrückführungs-System. Nach einer hohen Laufleistung müssen eventuell die Einspritzdüsen professionell kontrolliert werden.

Fehlersuche

Motor

- ☐ Motor lässt sich nicht per Anlasser durchdrehen
- ☐ Motor dreht, springt aber nicht an
- ☐ Motor springt kalt schlecht an
- ☐ Motor springt warm schlecht an
- ☐ Anlasser macht laute Geräusche oder rückt übermäßig hart ein
- ☐ Motor startet und geht gleich wieder aus
- ☐ Motor läuft im Standgas ungleichmäßig
- ☐ Motor produziert im Standgas Fehlzündungen
- ☐ Motor produziert im Fahrbetrieb Fehlzündungen
- ☐ Motor beschleunigt schlecht
- ☐ Motor stirbt ab
- ☐ Motorleistung mangelhaft
- ☐ Motor erzeugt Auspuffknallen
- ☐ Öldrucklampe leuchtet bei laufendem Motor auf
- ☐ Motor läuft nach dem Abschalten weiter
- ☐ Motor macht ungewöhnliche Geräusche

Kühlsystem

- ☐ Kühlmittel überhitzt
- ☐ Kühltemperatur zu gering
- ☐ Kühlmittel läuft aus
- ☐ Kühlmittel gelangt in den Motor
- ☐ Korrosion

Kraftstoff- und Auspuffsystem

- ☐ Übermäßiger Kraftstoffverbrauch
- ☐ Kraftstoff läuft aus und/oder verursacht Gerüche
- ☐ Laute Geräusche aus dem Auspuff
- ☐ Rauch aus dem Auspuff

Kupplung

- ☐ Kupplungspedal lässt sich bis zum Boden durchtreten – kein Druck oder geringer Widerstand
- ☐ Kupplung trennt nicht (Gänge lassen sich nicht einlegen)
- ☐ Kupplung rutscht (Motordrehzahl steigt, Geschwindigkeit aber nicht)
- ☐ Kupplung vibriert beim Einrücken
- ☐ Geräusche beim Einrücken oder Ausrücken der Kupplung

Schaltgetriebe

- ☐ Geräusche im Leerlauf bei laufendem Motor
- ☐ Geräusche in einem bestimmten Gang
- ☐ Gänge lassen sich schwierig einlegen
- ☐ Gang springt heraus
- ☐ Vibrationen
- ☐ Getriebeöl tritt aus

Automatikgetriebe

- ☐ Getriebeöl tritt aus
- ☐ Generelle Gangwahl-Probleme
- ☐ Getriebe schaltet bei Vollgas nicht herunter – kein Kick-down
- ☐ Motor lässt sich in keiner Getriebestufe starten oder startet außerhalb von P oder N
- ☐ Getriebe rutscht durch, schaltet rau, macht Geräusche oder überträgt keine Kraft

Antriebswellen

- ☐ Vibrationen beim Beschleunigen oder im Schiebebetrieb
- ☐ Geräusche (Klopfen oder Klicken) in Kurven (geringes Tempo bei eingeschlagener Lenkung)

Bremssystem

- ☐ Fahrzeug zieht beim Bremsen zu einer Seite
- ☐ Geräusche (Schleifen oder Quietschen) beim Bremsen
- ☐ Langer Bremspedalweg
- ☐ Bremspedal fühlt sich beim Treten schwammig an
- ☐ Zum Verzögern ist übermäßige Kraft beim Treten des Bremspedals nötig
- ☐ Beim Bremsen treten im Bremspedal oder im Lenkrad Vibrationen auf
- ☐ Bremsen schleifen
- ☐ Hinterräder blockieren beim normalen Bremsen

Radaufhängungen und Lenkung

- ☐ Fahrzeug zieht zu einer Seite
- ☐ Räder flattern oder vibrieren
- ☐ Starkes Einsinken und/oder Schlingern in Kurven oder beim Bremsen
- ☐ Fahrzeug bleibt nicht in der Spur oder ist generell instabil
- ☐ Schwergängige Lenkung
- ☐ Übermäßiges Spiel in der Lenkung
- ☐ Mangelnde Servo-Unterstützung
- ☐ Starker Reifenverschleiß

Elektrik

- ☐ Batterie entlädt nach wenigen Tagen
- ☐ Zündungs- oder Ladekontrollleuchte leuchtet nach dem Starten des Motors weiter
- ☐ Zündungs- oder Ladekontrollleuchte leuchtet beim Einschalten der Zündung nicht
- ☐ Licht funktioniert nicht
- ☐ Instrumente zeigen falsch oder ungleichmäßig an
- ☐ Hupe funktioniert nicht oder nur unzuverlässig
- ☐ Scheibenwischer funktionieren nicht oder nur unzuverlässig
- ☐ Scheibenwaschanlage funktioniert nicht oder nur unzuverlässig
- ☐ Elektrische Fensterheber funktionieren nicht oder nur unzuverlässig
- ☐ Fenster bewegen sich nicht
- ☐ Zentralverriegelung funktioniert nicht oder nur unzuverlässig

Einleitung

Fahrzeugbesitzer, die alle Wartungsarbeiten entsprechend der Vorgaben erledigen, müssen in diese Sektion nicht allzu oft hineinschauen. Vorausgesetzt, dass Verschleiß und Alterung regelmäßig überprüft und entsprechende Teile erneuert werden, muss dank der Zuverlässigkeit moderner Komponenten heute kaum noch mit plötzlichen Ausfällen gerechnet werden; allerdings steigt die Wahrscheinlichkeit mit zunehmendem Alter und hoher Laufleistung immer mehr an. Störungen entstehen üblicherweise nicht als Ergebnis eines plötzlichen Ausfalls, sondern entwickeln sich mit der Zeit. Gerade größeren technischen Defekten gehen oft charakteristische Symptome über Hunderte oder gar Tausende von Kilometern voraus. Bauteile, die gelegentlich ohne Vorwarnung ausfallen, sind oft klein und können leicht repariert oder ausgetauscht werden.
Bei jeder Fehlersuche liegt der erste Schritt in der Entscheidung, wo mit der Untersuchung begonnen werden soll. Manchmal ist dies offensichtlich, doch hin und wieder ist

auch etwas Detektivarbeit nötig. Besitzer, die ein halbes Dutzend planlose Einstellungen vornehmen oder willkürlich Teile tauschen, mögen beim Behandeln von Ausfällen (oder deren Symptomen) erfolgreich sein, sind aber nicht klüger, wenn der Defekt zurückkehrt; zudem haben sie am Ende mehr Geld und Zeit als nötig investiert. Eine ruhige und logische Herangehensweise ist langfristig gesehen deutlich zufriedenstellender. Stets müssen Warnsignale und Abnormalitäten aller Art berücksichtigt werden, die in der Zeit vor dem Ausfall bemerkt wurden: Leistungsmangel, hohe oder niedrige Anzeigewerte, ungewöhnliche Gerüche usw. Zudem muss bedacht werden, dass Ausfälle von Bauteilen wie Sicherungen oder Zündkerzen zumeist nur Hinweise auf tatsächliche Defekte sind.

Die folgenden Seiten stellen einen einfachen Leitfaden zu den üblichen Problemen dar, die im normalen Fahrbetrieb auftreten können. Diese Probleme und ihre möglichen Ursachen sind nach den verschiedenen Komponenten oder Systemen (Motor, Kühlung usw.) geordnet. Das Kapitel, in dem das Problem behandelt wird, ist in Klammern angegeben. Wo auch immer der Defekt liegt – es gelten stets gewisse Grundprinzipien:

- ☐ *Überprüfen Sie den Defekt.* Hier geht es einfach darum, vor Arbeitsbeginn die Symptome mit Sicherheit zu erkennen. Dies ist besonders wichtig, falls man einen Fehler für jemand anderes finden muss, der das Problem vielleicht nicht exakt beschreiben konnte.
- ☐ *Übersehen Sie nicht das Wesentliche.* Lässt sich das Fahrzeug beispielsweise nicht starten, sollte auch überprüft werden, ob Kraftstoff im Tank ist (Vertrauen Sie gerade hierbei nie den Worten anderer oder der Tankanzeige). Falls ein Elektrik-Ausfall festgestellt wird, muss zuerst auf getrennte Stecker oder lockere Kabel geachtet werden, bevor die Prüfausrüstung ausgepackt wird.
- ☐ *Heilen Sie das Leiden, nicht die Symptome.* Eine entladene Batterie durch eine vollständig geladene zu ersetzen, kann einen zunächst einmal wieder nach Hause bringen, doch wenn die zugrunde liegende Ursache nicht behandelt wird, ist die neue Batterie auch bald wieder leer. Genauso macht bei Benzinmotoren der Austausch verölter Zündkerzen durch Neuteile das Auto erst einmal wieder mobil, doch auch der Grund für diese Verschmutzung (solange es nicht ein falscher Wärmewert war) muss rasch gefunden und behoben werden.
- ☐ *Nehmen Sie nichts als gegeben hin.* Vergessen Sie vor allem niemals, dass auch eine »neue« Komponente defekt sein kann (besonders, wenn sie schon monatelang im Kofferraum durchgeschüttelt wurde). Schließen Sie auch keine Komponenten bei der Fehlerdiagnose aus, nur weil sie neu sind oder erst kürzlich installiert wurden. Wenn schließlich ein schwieriger Defekt diagnostiziert wurde, wird man möglicherweise feststellen, dass alle Beweise von Anfang an darauf hingewiesen haben.

Fehlerdiagnose beim Dieselmotor

Die Mehrheit aller Startprobleme bei PKW-Dieselmotoren haben elektrische Ursachen. Mechaniker, die sich mit Benzinmotoren besser auskennen als mit Dieselmotoren, könnten dazu neigen, die Einspritzdüsen und die Einspritzpumpe beim Diesel ähnlich zu betrachten wie Zündkerzen und den Verteiler beim Benziner. Aber dies wäre ein großer Fehler. Falls sich das Fahrzeug schwierig starten lässt, muss zunächst sichergestellt werden, dass die korrekte Startprozedur verstanden und befolgt wurde. Manche Fahrer sind sich nicht über die Bedeutung der Vorwärmsystem-Warnleuchte bewusst; bei mildem Wetter springen die meisten modernen Motoren auch beim Ignorieren dieser Lampe an, doch im Winter beginnen die Probleme. Vor allem die Glühkerzen werden oft vernachlässigt – und nur ein einziger defekter Stecker erschwert den Motorstart bei kaltem Wetter beträchtlich. Wenn der Motor schlecht anspringt, aber anschließend korrekt läuft, gilt die Faustregel: Das Problem ist elektrischer Natur (Batterie, Anlasser oder Vorwärmsystem). Wenn nach dem schlechten Anspringen mangelnde Leistung hinzukommt, kann das Problem in der Kraftstoffversorgung liegen. Bevor die Einspritzdüsen und die Hochdruckpumpe verdächtigt werden, sollte jedoch der mit niedrigem Druck arbeitende Versorgungsbereich überprüft werden. Häufig ist eingedrungene Luft das Problem bei der Kraftstoffversorgung, sodass die Leitungen vom Tank zum Druckspeicher auf Undichtigkeiten überprüft werden müssen. Die Pumpe ist üblicherweise unverdächtig, da sie zumeist fehlerfrei arbeitet, solange nicht an ihr manipuliert wurde.

Motor

Motor lässt sich nicht per Anlasser durchdrehen

- ☐ Batterieanschlüsse locker oder korrodiert (*Wöchentliche Kontrollen*)
- ☐ Batterie entladen oder defekt (Kapitel 5A, Sektion 3)
- ☐ Verkabelung im Anlasserstromkreis gebrochen, locker oder getrennt (Kapitel 5A, Sektion 3)
- ☐ Anlasser-Magnetschalter oder Zündschloss defekt (Kapitel 5A, Sektion 9 oder Kapitel 5B, Sektion 2)
- ☐ Anlasser defekt (Kapitel 5A, Sektion 8)
- ☐ Zähne am Anlasser-Zahnrad oder Schwungscheiben-Zahnkranz gebrochen (Kapitel 2a oder 2B, Sektion 15 oder Kapitel 5A, Sektion 8)
- ☐ Massekabel des Motors gebrochen oder getrennt (Kapitel 5A, Sektion 7)
- ☐ »Hydraulische Blockade« durch eingedrungenes Wasser (größeres internes Leck im Kühlsystem oder angesaugt beim Waten) – konsultieren Sie eine Fachwerkstatt.
- ☐ Automatikgetriebe nicht in Position P oder N oder Park-/Neutral-Schalter defekt (Kapitel 7B)

Motor dreht, springt aber nicht an

- ☐ Tank leer
- ☐ Batterie entladen (Anlasser dreht langsam) (Kapitel 5A, Sektion 3)
- ☐ Batterieanschlüsse locker oder korrodiert (*Wöchentliche Kontrollen*)
- ☐ Wegfahrsperre defekt oder nicht codierter Zündschlüssel (Kapitel 12, Sektion 21 oder *Straßenrand-Reparaturen*)
- ☐ Benzinmotoren: Zündungskomponenten feucht oder beschädigt (Kapitel 1a und 5B)
- ☐ Benzinmotoren: Gebrochene, lockere oder getrennte Kabel im Zündungs-Stromkreis (Kapitel 1A, Sektion 17 oder Kapitel 5B, Sektion 2)
- ☐ Benzinmotoren: Zündkerzen verschlissen, defekt oder mit falschem Elektrodenabstand (Kapitel 1A, Sektion 19)
- ☐ Dieselmotoren: Vorwärmsystem defekt (Kapitel 5A, Sektion 11)
- ☐ Einspritzung/Motorsteuerung defekt (Kapitel 4A, Sektion 9, Kapitel 4B, Sektion 3 oder Kapitel 4C)
- ☐ Dieselmotoren: Luft im Kraftstoffsystem (Kapitel 4B, Sektion 4)
- ☐ Größerer technischer Defekt (z. B. Steuerkette oder Zahnriemen übergesprungen) (Kapitel 2A, 2b oder 2C)

Motor springt kalt schlecht an

- ☐ Batterie entladen (Kapitel 5A, Sektion 3)
- ☐ Batterieanschlüsse locker oder korrodiert (*Wöchentliche Kontrollen*)
- ☐ Benzinmotoren: Zündkerzen verschlissen, defekt oder mit falschem Elektrodenabstand (Kapitel 1A, Sektion 19)
- ☐ Benzinmotoren: Anderer Zündsystem-Defekt (Kapitel 1A, Sektion 17 oder Kapitel 5B, Sektion 2)

- ☐ Dieselmotoren: Vorwärmsystem defekt (Kapitel 5A, Sektion 10)
- ☐ Einspritzung/Motorsteuerung defekt (Kapitel 4A, Sektion 9, Kapitel 4B, Sektion 3 oder Kapitel 4C)
- ☐ Motoröl mit falscher Viskosität (zu »zäh«) (*Wöchentliche Kontrollen, Kapitel 1a oder 1B, Sektion 6)*
- ☐ Motorkompression niedrig (Kapitel 2a oder 2B, Sektion 2)

Motor springt warm schlecht an

- ☐ Luftfilterelement verschmutzt oder verstopft (Kapitel 1A, Sektion 20 oder Kapitel 1B, Sektion 21)
- ☐ Einspritzung/Motorsteuerung defekt (Kapitel 4A, Sektion 9, Kapitel 4B, Sektion 3 oder Kapitel 4C)
- ☐ Motorkompression niedrig (Kapitel 2a oder 2B, Sektion 2)

Anlasser macht laute Geräusche oder rückt übermäßig hart ein

- ☐ Zähne am Anlasser-Zahnrad oder Schwungscheiben-Zahnkranz gebrochen (Kapitel 2a oder 2B, Sektion 15 oder Kapitel 5A, Sektion 9)
- ☐ Anlasser-Befestigungsschrauben locker oder verloren gegangen (Kapitel 5A, Sektion 8)
- ☐ Interne Anlasser-Komponenten verschlissen oder defekt (Kapitel 5A, Sektion 9)

Motor startet und geht gleich wieder aus

- ☐ Benzinmotoren: Lockere oder defekte Anschlüsse im Zündungs-Stromkreis (Kapitel 1A, Sektion 17 und Kapitel 5B, Sektion 2)
- ☐ Benzinmotoren: Unterdruck-Leck im Drosselklappengehäuse oder Einlassstutzen (Kapitel 4A, Sektion 9 oder 11)
- ☐ Einspritzdüse(n) verstopft (Kapitel 4A, Sektion 9 oder Kapitel 4B, Sektion 3)

Motor läuft im Standgas ungleichmäßig

- ☐ Luftfilterelement verstopft (Kapitel 1A, Sektion 20 oder Kapitel 1B, Sektion 21)
- ☐ Benzinmotoren: Unterdruck-Leck im Drosselklappengehäuse, Einlassstutzen oder Verbindungsschläuchen (Kapitel 4A, Sektion 9 oder 11 oder Kapitel 4C)
- ☐ Benzinmotoren: Zündkerzen verschlissen, defekt oder mit falschem Elektrodenabstand (Kapitel 1A, Sektion 19)
- ☐ Motorkompression ungleichmäßig oder niedrig (Kapitel 2a oder 2B, Sektion 2)
- ☐ Nockenwellen-Nocken stark verschlissen (Kapitel 2A, Sektion 9 oder Kapitel 2B, Sektion 7)
- ☐ Einspritzdüsen verstopft, Einspritzung/Motorsteuerung defekt (Kapitel 4A, Sektion 9 oder Kapitel 4B, Sektion 3)

Motor produziert im Standgas Fehlzündungen

- ☐ Benzinmotoren: Zündkerzen verschlissen, defekt oder mit falschem Elektrodenabstand (Kapitel 1A, Sektion 19)
- ☐ Benzinmotoren: Unterdruck-Leck im Drosselklappengehäuse, Einlassstutzen oder Verbindungsschläuchen (Kapitel 4a oder 4C)
- ☐ Einspritzung/Motorsteuerung defekt (Kapitel 4A, Sektion 9, Kapitel 4B, Sektion 3 oder Kapitel 4C)
- ☐ Dieselmotoren: Einspritzdüse(n) defekt (Kapitel 4B, Sektion 11)
- ☐ Motorkompression ungleichmäßig oder niedrig (Kapitel 2a oder 2B, Sektion 2)
- ☐ Motorentlüftungsschläuche getrennt, undicht oder beschädigt (Kapitel 4C)

Motor produziert im Fahrbetrieb Fehlzündungen

- ☐ Benzinmotoren: Kraftstoffpumpe defekt oder Druck zu gering (Kapitel 4A, Sektion 8)
- ☐ Tankentlüftung oder Kraftstoffleitungen verstopft (Kapitel 4a oder 4B, Sektion 7)
- ☐ Benzinmotoren: Unterdruck-Leck im Drosselklappengehäuse, Einlassstutzen oder Verbindungsschläuchen (Kapitel 4A, Sektion 9 oder Kapitel 4C)
- ☐ Benzinmotoren: Zündkerzen verschlissen, defekt oder mit falschem Elektrodenabstand (Kapitel 1A, Sektion 19)
- ☐ Dieselmotoren: Einspritzdüse(n) defekt (Kapitel 4B, Sektion 11)
- ☐ Benzinmotoren: Zündmodul defekt (Kapitel 5B, Sektion 2)
- ☐ Motorkompression ungleichmäßig oder niedrig (Kapitel 2a oder 2B, Sektion 2)
- ☐ Einspritzdüsen verstopft, Einspritzung/Motorsteuerung defekt (Kapitel 4A, Sektion 11, Kapitel 4B, Sektion 17 oder Kapitel 4C)
- ☐ Motor überhitzt (Kapitel 3)

Motor beschleunigt schlecht

- ☐ Benzinmotoren: Zündkerzen verschlissen, defekt oder mit falschem Elektrodenabstand (Kapitel 1A, Sektion 19)
- ☐ Benzinmotoren: Unterdruck-Leck im Drosselklappengehäuse, Einlassstutzen oder Verbindungsschläuchen (Kapitel 4A, Sektion oder Kapitel 4C)
- ☐ Einspritzdüsen verstopft, Einspritzung/Motorsteuerung defekt (Kapitel 4A, Sektion 9 oder Kapitel 4B, Sektion 3)
- ☐ Dieselmotoren: Einspritzdüse(n) defekt (Kapitel 4B, Sektion 11)

Motor stirbt ab

- ☐ Benzinmotoren: Unterdruck-Leck im Drosselklappengehäuse, Einlassstutzen oder Verbindungsschläuchen (Kapitel 4A, Sektion 9 oder Kapitel 4C)
- ☐ Dieselmotoren: Kraftstofffilter verstopft (Kapitel 1B, Sektion 10)
- ☐ Benzinmotoren: Kraftstoffpumpe defekt oder Druck zu gering (Kapitel 4A, Sektion 8)
- ☐ Tankentlüftung oder Kraftstoffleitungen verstopft (Kapitel 4A, Sektion 9 oder Kapitel 4B, Sektion 3)
- ☐ Einspritzdüsen verstopft, Einspritzung/Motorsteuerung defekt (Kapitel 4A, Sektion 9 oder Kapitel 4B, Sektion 3)
- ☐ Dieselmotoren: Einspritzdüse(n) defekt (Kapitel 4B, Sektion 11)

Motorleistung mangelhaft

- ☐ Luftfilter verstopft (Kapitel 1, Sektion 20 oder 1B, Sektion 21)
- ☐ Dieselmotoren: Kraftstofffilter verstopft (Kapitel 1B, Sektion 10)
- ☐ Kraftstoffleitungen verstopft oder gequetscht (Kapitel 4A, Sektion 9 oder Kapitel 4B, Sektion 3)
- ☐ Benzinmotoren: Zündkerzen verschlissen, defekt oder mit falschem Elektrodenabstand (Kapitel 1A, Sektion 19)
- ☐ Motor überhitzt (Kapitel 3)
- ☐ Dieselmotoren: Kraftstoffpegel zu niedrig (siehe Kapitel 4B, Sektion 4)
- ☐ Gaspedalsensor defekt (Kapitel 4a oder 4B, Sektion 6)
- ☐ Benzinmotoren: Unterdruck-Leck im Drosselklappengehäuse, Einlassstutzen oder Verbindungsschläuchen (Kapitel 4a oder 4C)
- ☐ Einspritzdüsen verstopft, Einspritzung/Motorsteuerung defekt (Kapitel 4a oder 4B)
- ☐ Dieselmotoren: Einspritzdüse(n) defekt (Kapitel 4B, Sektion 11)
- ☐ Benzinmotoren: Kraftstoffpumpe defekt oder Druck zu gering (Kapitel 4A, Sektion 8)
- ☐ Motorkompression ungleichmäßig oder niedrig (Kapitel 2a oder 2B, Sektion 2)
- ☐ Katalysator blockiert (Kapitel 4A, Sektion 11, Kapitel 4B, Sektion 17 oder Kapitel 4B, Sektion 4)
- ☐ Bremsen schleifen (Kapitel 1A, Sektion 11, Kapitel 1B, Sektion 12 und Kapitel 9)
- ☐ Kupplung rutscht durch (Kapitel 6)

Motor erzeugt Auspuffknallen
- ☐ Benzinmotoren: Unterdruck-Leck im Drosselklappengehäuse, Einlassstutzen oder Verbindungsschläuchen (Kapitel 4A)
- ☐ Einspritzdüsen verstopft, Einspritzung/Motorsteuerung defekt (Kapitel 4A, Sektion 9 oder Kapitel 4B, Sektion 3)
- ☐ Katalysator blockiert (Kapitel 4A, Sektion 11, Kapitel 4B, Sektion 17 oder Kapitel 4B, Sektion 4)
- ☐ Benzinmotoren: Zündmodul defekt (Kapitel 5B, Sektion 2)

Öldrucklampe leuchtet bei laufendem Motor auf
- ☐ Ölpegel niedrig, Viskosität gering oder Ölsorte falsch (*Wöchentliche Kontrollen*)
- ☐ Öldruckschalter oder Kabel defekt (Kapitel 2A, Sektion 14 oder Kapitel 2B, Sektion 12)
- ☐ Ölpumpe und/oder Gleitlager im Motor verschlissen (Kapitel 2A, Sektion 13, Kapitel 2B, Sektion 11 oder Kapitel 2C, Sektion 16)
- ☐ Motortemperatur zu hoch (Kapitel 3)
- ☐ Öl-Überdruckventil defekt (Kapitel 2A, Sektion 13 oder Kapitel 2B, Sektion 11)
- ☐ Öl-Ansaugsieb verstopft (Kapitel 2A, Sektion 13 oder Kapitel 2B, Sektion 11)

Motor läuft nach dem Abschalten weiter
- ☐ Erhebliche Kohleablagerungen im Motor (Kapitel 2a oder 2B, Sektion 1)
- ☐ Motortemperatur zu hoch (Kapitel 3)
- ☐ Einspritzung/Motorsteuerung defekt (Kapitel 4A, Sektion 9 oder Kapitel 4B, Sektion 3 oder Kapitel 4C)

Motor macht ungewöhnliche Geräusche

Klingeln oder Klopfen beim Beschleunigen oder unter Last
- ☐ Benzinmotoren: Zündzeitpunkt unkorrekt/Zündsystem defekt (Kapitel 1A, Sektion 19 oder Kapitel 5B, Sektion 4)
- ☐ Benzinmotoren: Zündkerzen mit falschem Wärmewert (Kapitel 1A, Sektion 19)
- ☐ Kraftstoffsorte falsch (Kapitel 4a oder 4B, Sektion 3)
- ☐ Benzinmotoren: Klopfsensor defekt (Kapitel 4A, Sektion 10)
- ☐ Benzinmotoren: Unterdruck-Leck im Drosselklappengehäuse, Einlassstutzen oder Verbindungsschläuchen (Kapitel 4A)
- ☐ Erhebliche Kohleablagerungen im Motor (Kapitel 2a oder 2B, Sektion 1)
- ☐ Einspritzung/Motorsteuerung defekt (Kapitel 4A, Sektion 9 oder Kapitel 4B, Sektion 3 oder Kapitel 4C)
- ☐ Dieselmotoren: Einspritzdüse(n) defekt (Kapitel 4B, Sektion 11)

Pfeifen oder Zischen
- ☐ Benzinmotoren: Einlassstutzen- oder Drosselklappengehäuse-Dichtung undicht (Kapitel 4A)
- ☐ Auspuffstutzen-Dichtung oder Rohranschluss undicht (Kapitel 4A, Sektion 11 oder Kapitel 4B, Sektion 17)
- ☐ Unterdruckschlauch undicht (Kapitel 4A, Sektion 9, Kapitel 4B, Sektion 3, Kapitel 4c oder Kapitel 9, Sektion 13)
- ☐ Zylinderkopfdichtung defekt (Kapitel 2A, Sektion 11 oder Kapitel 2B, Sektion 9)
- ☐ Motorentlüftung teilweise blockiert oder undicht (Kapitel 4C)

Pochen oder Klappern
- ☐ Ventiltrieb oder Nockenwelle(n) verschlissen (Kapitel 2A, Sektion 9 oder Kapitel 2B, Sektion 7)
- ☐ Nebenaggregate (Wasserpumpe, Lichtmaschine usw.) defekt (Kapitel 3, 5a usw.)

Klopfen oder Schlagen
- ☐ Pleuelfußlager verschlissen (gleichmäßiges starkes Klopfen, unter Last eventuell leiser) (Kapitel 2C, Sektion 16)
- ☐ Kurbelwellen-Hauptlager verschlissen (Rumpeln und Klopfen, unter Last eventuell stärker) (Kapitel 2C, Sektion 16)
- ☐ Kolben-Kippen (bei kaltem Motor am lautesten) (Kapitel 2C, Sektion 2)
- ☐ Nebenaggregate (Wasserpumpe, Lichtmaschine usw.) defekt (Kapitel 3, 5a usw.)
- ☐ Motorhalterungen verschlissen oder defekt (Kapitel 2a oder 2B, Sektion 16)
- ☐ Vorderradaufhängung oder Lenkung defekt (Kapitel 10)

Kühlsystem

Kühlmittel überhitzt
- ☐ Kühlmittel-Pegel zu niedrig (*Wöchentliche Kontrollen*)
- ☐ Thermostat defekt (klemmt geschlossen) (Kapitel 3, Sektion 3)
- ☐ Wasserkühler verstopft oder Rippen stark verschmutzt (Kapitel 3, Sektion 6)
- ☐ Kühlerventilator oder Kühlmodul defekt (Kapitel 3, Sektion 4)
- ☐ Kühltemperatursensor defekt (Kapitel 3, Sektion 5)
- ☐ Lufteinschlüsse im Kühlsystem (Kapitel 1A, Sektion 25, Kapitel 1B, Sektion 28 oder Kapitel 3, Sektion 1)
- ☐ Überdruckventil defekt (Kapitel 3, Sektion 6)
- ☐ Motorsteuerung defekt (Kapitel 4A, Sektion 10, Kapitel 4B, Sektion 12 oder Kapitel 4C)

Kühltemperatur zu gering
- ☐ Thermostat defekt (klemmt offen) (Kapitel 3, Sektion 3)
- ☐ Kühltemperatur-Geber sendet falsche Werte (Kapitel 3, Sektion 5)
- ☐ Kühlerventilator defekt (Kapitel 3, Sektion 4)
- ☐ Motorsteuerung defekt (Kapitel 4A, Sektion 10 Kapitel 4B, Sektion 12 oder Kapitel 4C)

Kühlmittel läuft aus
- ☐ Schläuche porös oder beschädigt, Schellen defekt (Kapitel 1a oder 1B, Sektion 8)
- ☐ Wasserkühler oder Heizungs-Wärmetauscher undicht (Kapitel 3, Sektion 2)
- ☐ Überdruckventil defekt (Kapitel 1a oder 1B, Sektion 8)
- ☐ Wasserpumpendichtring defekt (Kapitel 3, Sektion 7)
- ☐ Wasserpumpendichtung defekt (Kapitel 3, Sektion 7)
- ☐ Kühlmittel kocht bei Überhitzung auf (Kapitel 3, Sektion 1)
- ☐ Froststopfen undicht (Kapitel 2C, Sektion 13)

Kühlmittel gelangt in den Motor
- ☐ Zylinderkopfdichtung defekt (Kapitel 2A, Sektion 11 oder Kapitel 2B, Sektion 9)
- ☐ Zylinderkopf oder Motorblock gerissen (Kapitel 2A, Sektion 11, Kapitel 2B, Sektion 9 oder Kapitel 2C, Sektion 7)

Korrosion
- ☐ Kühlmittel wurde nicht regelmäßig ersetzt (Kapitel 1A, Sektion 25 oder Kapitel 1B, Sektion 28)
- ☐ Falsches Frostschutz-Gemisch oder falscher Frostschutzmittel-Typ (*Wöchentliche Kontrollen*)

Kraftstoff- und Auspuffsystem

Übermäßiger Kraftstoffverbrauch
- ☐ Unökonomischer Fahrstil oder ungünstige Bedingungen (Kälte, starker Gegenwind usw.)

- ☐ Luftfilter verschmutzt oder verstopft (Kapitel 1A, Sektion 20 oder Kapitel 1B, Sektion 21)
- ☐ Einspritzung/Motorsteuerung defekt (Kapitel 4A, Sektion 9, Kapitel 4B, Sektion 3 oder Kapitel 4C)
- ☐ Motorentlüftung blockiert (Kapitel 4C)
- ☐ Kraftstoffsystem undicht (vorgetäuschter hoher Verbrauch) (Kapitel 1a oder 1B, Sektion 8, Kapitel 4A, Sektion 4 oder Kapitel 4B, Sektion 3)
- ☐ Reifendruck zu gering (*Wöchentliche Kontrollen*)
- ☐ Bremsen schleifen (Kapitel 1A, Sektion 11, Kapitel 1B, Sektion 12 oder Kapitel 9, Sektion 1)

Kraftstoff läuft aus und/oder verursacht Gerüche

- ☐ Tank, Kraftstoffleitungen oder Anschlüsse verrostet oder beschädigt (Kapitel 4A, Sektion 4, Kapitel 4B, Sektion 3 oder Kapitel 4C)
- ☐ Verdunstungsregelung defekt (Kapitel 4C, Sektion 2)

Laute Geräusche aus dem Auspuff

- ☐ Auspuffanlagen-Verbindungen oder Auspuffstutzen undicht (Kapitel 1A, Sektion 14, Kapitel 1B, Sektion 15, Kapitel 4A, Sektion 11 oder Kapitel 4B, Sektion 17)
- ☐ Schalldämpfer innerlich verrostet oder Rohre durchgerostet (Kapitel 1A, Sektion 14, Kapitel 1B, Sektion 15 Kapitel 4A, Sektion 12 oder Kapitel 4B, Sektion 18)
- ☐ Halterungen gebrochen oder gerissen, sodass Kontakt zu Karosserie oder Fahrgestell entsteht (Kapitel 1A, Sektion 14 oder Kapitel 1B, Sektion 15)

Kupplung

Kupplungspedal lässt sich bis zum Boden durchtreten – kein Druck oder geringer Widerstand

- ☐ Kupplungshydraulik enthält Luft (Kapitel 6, Sektion 3)
- ☐ Kupplungshydraulik defekt (Kapitel 6, Sektion 5)
- ☐ Kupplungspedal-Rückholfeder ausgehängt oder gebrochen (Kapitel 6, Sektion 2)
- ☐ Tellerfeder in Druckplatte gebrochen (Kapitel 6, Sektion 6)

Kupplung trennt nicht (Gänge lassen sich nicht einlegen)

- ☐ Kupplungshydraulik enthält Luft (Kapitel 6, Sektion 4)
- ☐ Kupplungshydraulik defekt (Kapitel 6, Sektion 5)
- ☐ Mitnehmerscheibe klemmt auf Getriebewellen-Kerbverzahnung (Kapitel 6, Sektion 6)
- ☐ Mitnehmerscheibe klemmt in Schwungscheibe oder an Druckscheibe (Kapitel 6, Sektion 6)
- ☐ Druckscheiben-Baugruppe defekt (Kapitel 6, Sektion 6)
- ☐ Ausrückmechanismus verschlissen oder falsch montiert (Kapitel 6, Sektion 6)

Kupplung rutscht (Motordrehzahl steigt, Geschwindigkeit aber nicht)

- ☐ Kupplungshydraulik defekt (Kapitel 6, Sektion 5)
- ☐ Druckscheiben-Beläge extrem verschlissen (Kapitel 6, Sektion 6)
- ☐ Druckscheiben-Beläge verölt (Kapitel 6, Sektion 6)
- ☐ Druckscheiben-Baugruppe defekt oder Tellerfeder ermüdet (Kapitel 6, Sektion 6)

Kupplung vibriert beim Einrücken

- ☐ Druckscheiben-Beläge verölt (Kapitel 6, Sektion 6)
- ☐ Druckscheiben-Beläge extrem verschlissen (Kapitel 6, Sektion 6)
- ☐ Druckscheibe oder Tellerfeder defekt oder verzogen (Kapitel 6, Sektion 6)
- ☐ Motor/Getriebe-Aufnahmen verschlissen oder locker (Kapitel 2a oder 2B, Sektion 16)
- ☐ Druckscheiben-Nabe oder Getriebewellen-Kerbverzahnung verschlissen (Kapitel 6, Sektion 6)

Geräusche beim Einrücken oder Ausrücken der Kupplung

- ☐ Ausrückzylinder verschlissen (Kapitel 6, Sektion 5)
- ☐ Kupplungspedal-Buchsen verschlissen oder trocken (Kapitel 6, Sektion 2)
- ☐ Geberzylinder-Kolben verschlissen oder trocken (Kapitel 6, Sektion 2)
- ☐ Druckscheiben-Baugruppe defekt (Kapitel 6, Sektion 2)
- ☐ Tellerfeder gebrochen (Kapitel 6, Sektion 6)
- ☐ Druckscheiben-Dämpferfedern gebrochen (Kapitel 6, Sektion 6)

Schaltgetriebe

Geräusche im Leerlauf bei laufendem Motor

- ☐ Getriebeölpegel zu niedrig (Kapitel 7A, Sektion 6)
- ☐ Eingangswellen-Lager verschlissen (wird beim Treten der Kupplung leiser) (Kapitel 7A, Sektion 8)*
- ☐ Kupplungs-Ausrücklager verschlissen (wird beim Treten der Kupplung lauter) (Kapitel 6, Sektion 6)

Geräusche in einem bestimmten Gang

- ☐ Zahnrad-Zähne verschlissen oder ausgebrochen (Kapitel 7A, Sektion 8)*
- ☐ Getriebelager verschlissen (Kapitel 7A, Sektion 8)*

Gänge lassen sich schwierig einlegen

- ☐ Kupplung defekt (Kapitel 6, Sektion 6)
- ☐ Schaltgestänge und Anlenkungen verschlissen, beschädigt oder schlecht eingestellt (Kapitel 7A, Sektion 8)
- ☐ Getriebeölpegel zu niedrig (Kapitel 7A, Sektion 6)
- ☐ Synchronringe verschlissen (Kapitel 7A, Sektion 8)*

Gang springt heraus

- ☐ Schaltgestänge und Anlenkungen verschlissen, beschädigt oder schlecht eingestellt (Kapitel 7A, Sektion 8)
- ☐ Synchronringe verschlissen (Kapitel 7A, Sektion 8)*
- ☐ Schaltgabeln verschlissen (Kapitel 7A, Sektion 8)*

Vibrationen

- ☐ Getriebeöl-Mangel (Kapitel 7A, Sektion 6)
- ☐ Getriebelager verschlissen (Kapitel A, Sektion 8)*

Getriebeöl tritt aus

- ☐ Antriebs- oder Schaltwellendichtring undicht (Kapitel 7A, Sektion 4)
- ☐ Getriebegehäuse-Dichtfläche undicht (Kapitel 7A, Sektion 8)*
- ☐ Eingangswellen-Dichtring defekt (Kapitel 7A, Sektion 4)*

** Obwohl die notwendigen Arbeitsschritte zur Beseitigung der beschriebenen Symptome außerhalb der Fähigkeiten eines Hobbyschraubers liegen, können die Informationen helfen, die Ursache zu isolieren, sodass bei einer Fachwerkstatt klare Aussagen gemacht werden können.*

Automatikgetriebe

Anmerkung: *Weil die Fehlerdiagnose und die notwendigen Arbeitsschritte zur Beseitigung der beschriebenen Symptome außerhalb der Fähigkeiten eines Hobbyschraubers liegen, sollte das Fahrzeug in einer Fachwerkstatt überprüft werden. Viele Kontrollen müssen bei eingebautem Getriebe durch-*

geführt werden, sodass dessen vorzeitiger Ausbau eher kontraproduktiv wäre. Beachten Sie, dass abgesehen von den speziellen Getriebe-Sensoren auch viele der in Kapitel 4a oder 4b beschriebenen Motorsensoren für die korrekte Funktion des Getriebes unerlässlich sind.

Getriebeöl tritt aus

☐ Die rötliche Einfärbung des Automatikgetriebeöls (ATF-Öl) sollte dafür sorgen, dass es nicht mit Motoröl verwechselt werden kann, welches durch den Luftstrom ans Getriebe gelangt ist.

☐ Um die Ursache der Undichtigkeit zu finden, müssen zunächst das Getriebegehäuse und umliegende Komponenten gereinigt und entfettet werden – nötigenfalls mithilfe eines Dampfstrahlers. Führen Sie dann eine Probefahrt mit geringem Tempo durch, damit der Fahrtwind das Öl nicht allzu weit verteilen kann. Heben Sie das Fahrzeug dann an und stützen Sie es ab, um die »Ölquelle« zu entdecken – folgende Bereiche kommen infrage:
a) Ölwanne
b) Peilstab-Rohr
c) Getriebeölkühler-Rohre und Anschlüsse

Generelle Gangwahl-Probleme

☐ In Kapitel 7B, Sektion 3 ist die Kontrolle und Einstellung des Wahlhebel-Seilzugs beschrieben. Folgende Probleme können bei einem schlecht eingestellten Zug auftreten:
a) Motor lässt sich nicht nur in Position P oder N starten.
b) Ganganzeige zeigt andere Fahrstufe an als tatsächlich eingelegt ist.
c) Fahrzeug bewegt sich in Position P oder N.
d) Schlechte oder ungleichmäßige Gangwechsel

Getriebe schaltet bei Vollgas nicht herunter – kein Kickdown

☐ Ölpegel zu niedrig (Kapitel 7B, Sektion 2)
☐ Falsch eingestellter Wahlhebel-Seilzug (Kapitel 7B, Sektion 3)

Motor lässt sich in keiner Getriebestufe starten oder startet außerhalb von P oder N

☐ Falsch eingestellter Wahlhebel-Seilzug (Kapitel 7B, Sektion 3)

Getriebe rutscht durch, schaltet rau, macht Geräusche oder überträgt keine Kraft

☐ Ölpegel zu niedrig (Kapitel 7B, Sektion 2)

Anmerkung: *Für diese Probleme gibt es zahlreiche mögliche Ursachen, doch der Hobbyschrauber kann sich lediglich um einen korrekten Ölpegel und funktionsfähige Sensorkabel kümmern. Falls weiterhin Probleme bestehen, muss Rat in einer Fachwerkstatt gesucht werden, wo mithilfe eines Diagnosegeräts Fehler ausgelesen und interpretiert werden können.*

Antriebswellen

Vibrationen beim Beschleunigen oder im Schiebebetrieb

☐ Innere Gleichlaufgelenke verschlissen (Kapitel 8, Sektion 6)
☐ Antriebswelle verbogen oder verdreht (Kapitel 8, Sektion 6)
☐ Antriebswellen-Zwischenlager (rechts) verschlissen (Kapitel 8, Sektion 5)

Geräusche (Klopfen oder Klicken) in Kurven (geringes Tempo bei eingeschlagener Lenkung)

☐ Schmierstoffmangel an Gleichlaufgelenk (eventuell wegen beschädigter Manschette) (Kapitel 8, Sektion 2)
☐ Äußere Gleichlaufgelenke verschlissen (Kapitel 8, Sektion 3 und 4)

Bremssystem

Anmerkung: *Bevor von einem Bremsenproblem ausgegangen wird, muss überprüft werden, ob die Reifen in Ordnung und korrekt aufgepumpt sind, die Spur der Vorderräder korrekt eingestellt ist und das Fahrzeug nicht ungleichmäßig beladen ist. Abgesehen von der Überprüfung aller Bremsleitungen sollten alle Mängel am ABS von einer Fachwerkstatt diagnostiziert und behoben werden.*

Fahrzeug zieht beim Bremsen zu einer Seite

☐ Bremsbeläge einer Seite sind verschlissen, beschädigt oder verölt (Kapitel 1A, Sektion 11, Kapitel 1B, Sektion 12 oder Kapitel 9, Sektion 4)
☐ Bremssattelkolben schwergängig oder fest (Kapitel 1A, Sektion 11, Kapitel 1B, Sektion 12 oder Kapitel 9)
☐ Bremsbelag-Material unterscheidet sich zwischen beiden Seiten (Kapitel 1A, Sektion 11, Kapitel 1B, Sektion 12 oder Kapitel 9)
☐ Bremssattel- oder Bremsankerplatten-Befestigung locker (Kapitel 9)
☐ Lenkungs- oder Radaufhängungs-Komponenten verschlissen oder beschädigt (Kapitel 1A, Sektion 13, Kapitel 1B, Sektion 14 oder Kapitel 10)

Geräusche (Schleifen oder Quietschen) beim Bremsen

☐ Bremsbeläge bis auf Trägerplatte verschlissen (Kapitel 1A, Sektion 11, Kapitel 1B, Sektion 12 oder Kapitel 9)
☐ Bremsscheiben oder Bremstrommeln stark korrodiert (z. B. nach langer Standzeit) (Kapitel 1A, Sektion 11, Kapitel 1B, Sektion 12 oder Kapitel 9)
☐ Fremdkörper (Steine, Äste usw.) zwischen Bremsscheibe und Spritzschutz eingeklemmt (Kapitel 1A, Sektion 11, Kapitel 1B, Sektion 12 oder Kapitel 9)

Langer Bremspedalweg

☐ Hauptbremszylinder defekt (Kapitel 9, Sektion 10)
☐ Luft in Bremshydraulik (Kapitel 9, Sektion 2)
☐ Bremskraftverstärker defekt (Kapitel 9, Sektion 12)

Bremspedal fühlt sich beim Treten schwammig an

☐ Luft in Bremshydraulik (Kapitel 9, Sektion 2)
☐ Bremsschläuche stark gealtert (Kapitel 1A, Sektion 11, Kapitel 1B, Sektion 12 oder Kapitel 9, Sektion 3)
☐ Hauptbremszylinder-Muttern locker (Kapitel 9, Sektion 10)
☐ Hauptbremszylinder defekt (Kapitel 9, Sektion 10)

Zum Verzögern ist übermäßige Kraft beim Treten des Bremspedals nötig

☐ Bremskraftverstärker defekt (Kapitel 9, Sektion 12)
☐ Dieselmotoren: Unterdruckpumpe defekt (Kapitel 9, Sektion 21)
☐ Bremskraftverstärker-Unterdruckschlauch getrennt, beschädigt oder schlecht gesichert (Kapitel 9, Sektion 3)
☐ Primär- oder Sekundär-Bremskreis defekt (Kapitel 9, Sektion 3)
☐ Geberzylinder- oder Bremssattelkolben schwergängig oder fest (Kapitel 9)
☐ Bremsbeläge falsch montiert (Kapitel 9)
☐ Bremsbelag-Material falsch (Kapitel 9)
☐ Bremsbeläge verölt (Kapitel 1A, Sektion 11, Kapitel 1B, Sektion 12 oder Kapitel 9)

Beim Bremsen treten im Bremspedal oder im Lenkrad Vibrationen auf

Anmerkung: *Durch das ABS können beim starken Bremsen im Bremspedal Vibrationen fühlbar sein – dies ist normal und beeinträchtigt nicht die Funktion.*

- ☐ Bremsscheibe(n) stark verzogen oder verformt (Kapitel 9)
- ☐ Bremsbeläge verschlissen (Kapitel 1A, Sektion 11, Kapitel 1B, Sektion 12 oder Kapitel 9)
- ☐ Bremssattel-Befestigung locker (Kapitel 9)
- ☐ Lenkungs- oder Radaufhängungs-Komponenten verschlissen (Kapitel 1A, Sektion 13, Kapitel 1B, Sektion 14 oder Kapitel 10)
- ☐ Vorderräder sind nicht korrekt gewuchtet (*Wöchentliche Kontrollen*)

Bremsen schleifen

- ☐ Bremssattelkolben schwergängig oder fest (Kapitel 9)
- ☐ Handbremsmechanismus falsch eingestellt (Kapitel 9, Sektion 14)
- ☐ Hauptbremszylinder defekt (Kapitel 9, Sektion 10)

Hinterräder blockieren beim normalen Bremsen

- ☐ Hinterradbremsbeläge verschmutzt oder beschädigt (Kapitel 1A, Sektion 11, Kapitel 1B, Sektion 12)
- ☐ Hinterradbremsscheibe(n) verzogen (Kapitel 1A, Sektion 11, Kapitel 1B, Sektion 12 oder Kapitel 9)
- ☐ ABS defekt (Kapitel 9)

Radaufhängungen und Lenkung

Anmerkung: *Bevor von einem Problem an den Radaufhängungen oder der Lenkung ausgegangen wird, muss überprüft werden, ob das Problem nicht durch falschen Reifendruck, falsche Reifen oder eine schleifende Bremse entstanden ist.*

Fahrzeug zieht zu einer Seite

- ☐ Reifen defekt (*Wöchentliche Kontrollen*)
- ☐ Lenkungs- oder Radaufhängungs-Komponenten stark verschlissen (Kapitel 1A, Sektion 13, Kapitel 1B, Sektion 14 oder Kapitel 10)
- ☐ Spur und Sturz nicht korrekt eingestellt (Kapitel 10, Sektion 22)
- ☐ Unfallschaden an Lenkungs- oder Radaufhängungs-Komponenten (Kapitel 1A, Sektion 13 oder Kapitel 1B, Sektion 14)

Räder flattern oder vibrieren

- ☐ Vorderräder nicht gewuchtet (Vibrationen vor allem im Lenkrad spürbar) (*Wöchentliche Kontrollen*)
- ☐ Hinterräder nicht gewuchtet (Vibrationen im Fahrzeug spürbar) (*Wöchentliche Kontrollen*)
- ☐ Räder beschädigt oder verzogen (*Wöchentliche Kontrollen*)
- ☐ Reifen beschädigt oder defekt (*Wöchentliche Kontrollen*)
- ☐ Lenkungs- oder Radaufhängungs-Gelenke, Buchsen und Komponenten verschlissen (Kapitel 1A, Sektion 13 oder Kapitel 1B, Sektion 14 oder Kapitel 10)
- ☐ Radmuttern locker (Kapitel 1A, Sektion 15 oder Kapitel 1B, Sektion 16)

Starkes Einsinken und/oder Schlingern in Kurven oder beim Bremsen

- ☐ Stoßdämpfer defekt (Kapitel 1A, Sektion 13 oder Kapitel 1B, Sektion 14 oder Kapitel 10)
- ☐ Federn und/oder Federelemente ermüdet oder gebrochen (Kapitel 1A, Sektion 13 oder Kapitel 1B, Sektion 14 oder Kapitel 10)
- ☐ Stabilisator oder Befestigungen verschlissen oder beschädigt (Kapitel 1A, Sektion 13 oder Kapitel 1B, Sektion 14 oder Kapitel 10)

Fahrzeug bleibt nicht in der Spur oder ist generell instabil

- ☐ Spur und Sturz nicht korrekt eingestellt (Kapitel 10, Sektion 22)
- ☐ Lenkungs- oder Radaufhängungs-Gelenke, Buchsen und Komponenten verschlissen (Kapitel 1A, Sektion 13 oder Kapitel 1B, Sektion 14 oder Kapitel 10)
- ☐ Räder nicht gewuchtet (*Wöchentliche Kontrollen*)
- ☐ Reifen beschädigt oder defekt (*Wöchentliche Kontrollen*)
- ☐ Radmuttern locker (Kapitel 1A, Sektion 15 oder Kapitel 1B, Sektion 16)
- ☐ Stoßdämpfer defekt (Kapitel 1A, Sektion 13 oder Kapitel 1B, Sektion 14 oder Kapitel 10)

Schwergängige Lenkung

- ☐ Spurstangenkopf- oder Federbein-Kugelgelenk klemmt (Kapitel 1A, Sektion 13 oder Kapitel 1B, Sektion 14 oder Kapitel 10)
- ☐ Spur und Sturz der Vorderräder nicht korrekt eingestellt (Kapitel 10, Sektion 22)
- ☐ Lenkgestänge oder Lenksäule verbogen oder beschädigt (Kapitel 10, Sektion 17)
- ☐ Servolenkungs-System defekt (Kapitel 10)

Übermäßiges Spiel in der Lenkung

- ☐ Lenksäulen-Kreuzgelenk(e) verschlissen (Kapitel 10)
- ☐ Lenk-Zahnstange verschlissen (Kapitel 1A, Sektion 13 oder Kapitel 1B, Sektion 14 oder Kapitel 10)
- ☐ Spurstangenköpfe verschlissen (Kapitel 10, Sektion 17)
- ☐ Lenkungs- oder Radaufhängungs-Gelenke, Buchsen und Komponenten verschlissen (Kapitel 1A, Sektion 13 oder Kapitel 1B, Sektion 14 oder Kapitel 10)

Mangelnde Servo-Unterstützung

- ☐ Servolenkungs-System defekt (Kapitel 10)
- ☐ Lenk-Zahnstange verschlissen (Kapitel 10, Sektion 10)

Starker Reifenverschleiß

Reifenprofil bildet »Sägezähne«

- ☐ Spur nicht korrekt eingestellt (Kapitel 10, Sektion 22)

Reifenverschleiß in der Profilmitte

- ☐ Luftdruck zu hoch (*Wöchentliche Kontrollen*)

Verschleiß an den Innen- und Außenrädern

- ☐ Luftdruck zu gering (*Wöchentliche Kontrollen*)

Verschleiß an den Innen- oder Außenrädern

- ☐ Luftdruck zu gering (*Wöchentliche Kontrollen*)
- ☐ Spur und Sturz nicht korrekt eingestellt (Verschleiß nur an einer Seite) (Kapitel 10, Sektion 22)
- ☐ Lenkungs- oder Radaufhängungs-Gelenke, Buchsen und Komponenten verschlissen (Kapitel 10, Sektion 22)
- ☐ Sportliche Fahrweise
- ☐ Unfallschaden

Ungleichmäßiger Verschleiß

- ☐ Reifen schlecht oder nicht gewuchtet (*Wöchentliche Kontrollen*)
- ☐ Reifen oder Felge stark verschlissen (*Wöchentliche Kontrollen*)
- ☐ Stoßdämpfer verschlissen (Kapitel 1A, Sektion 13 oder Kapitel 1B, Sektion 14 oder Kapitel 10)
- ☐ Reifen defekt (*Wöchentliche Kontrollen*)

Elektrik

Anmerkung: *Probleme mit dem Anlasser werden unter dem Stichpunkt »Motor« behandelt.*

Batterie entlädt nach wenigen Tagen

- ☐ Batterie stark verschmutzt, sodass Kriechströme entstehen (*Wöchentliche Kontrollen*)
- ☐ Batterie hat internen Defekt (Kapitel 5A, Sektion 4)
- ☐ Batterieanschlüsse locker oder korrodiert (*Wöchentliche Kontrollen*)
- ☐ Keilrippenriemen locker oder verschlissen (Kapitel 1a oder 1B, Sektion 9)
- ☐ Lichtmaschine lädt nicht mit korrekter Leistung (Kapitel 5A, Sektion 6)
- ☐ Lichtmaschine oder Spannungsregler defekt (Kapitel 5A, Sektion 6)
- ☐ Kurzschluss verursacht dauerhafte Entladung (Kapitel 5A, Sektion 2 oder Kapitel 12, Sektion 2)

Ladekontrollleuchte leuchtet nach dem Starten des Motors weiter

- ☐ Keilrippenriemen locker oder verschlissen (Kapitel 1a oder 1B, Sektion 9)
- ☐ Lichtmaschine oder Spannungsregler defekt (Kapitel 5A, Sektion 6)
- ☐ Kabel des Ladestromkreises getrennt, locker oder gebrochen (Kapitel 5A, Sektion 6 oder Kapitel 12, Sektion 2)

Ladekontrollleuchte leuchtet beim Einschalten der Zündung nicht

- ☐ Kontrollleuchte defekt (Kapitel 12, Sektion 11)
- ☐ Kabel des Kontrollleuchten-Stromkreises getrennt, locker oder gebrochen (Kapitel 5A, Sektion 2 oder Kapitel 12, Sektion 2)
- ☐ Lichtmaschine defekt (Kapitel 5A, Sektion 6)

Licht funktioniert nicht

- ☐ Lampe durchgebrannt (Kapitel 12, Sektion 5)
- ☐ Lampen- oder Sockel-Kontakt korrodiert (Kapitel 12, Sektion 5)
- ☐ Sicherung durchgebrannt (Kapitel 12, Sektion 3)
- ☐ Relais defekt (Kapitel 12, Sektion 3)
- ☐ Kabel getrennt, locker oder gebrochen (Kapitel 12, Sektion 2)
- ☐ Schalter defekt (Kapitel 12, Sektion 4)

Instrumente zeigen falsch oder ungleichmäßig an

Tankuhr oder Temperaturanzeige zeigt nichts an

- ☐ Geber defekt (Kapitel 3, Sektion 5 oder Kapitel 4a bzw. 4B, Sektion 8)
- ☐ Stromkreis unterbrochen (Kapitel 12, Sektion 2)
- ☐ Anzeige defekt (Kapitel 12, Sektion 11)

Tankuhr oder Temperaturanzeige zeigen ständig Maximalwerte an

- ☐ Geber defekt (Kapitel 3, Sektion 5 oder Kapitel 4a bzw. 4B, Sektion 8)
- ☐ Kurzschluss im Stromkreis (Kapitel 12, Sektion 2)
- ☐ Anzeige defekt (Kapitel 12, Sektion 11)

Hupe funktioniert nicht oder nur unzuverlässig

Hupe arbeitet ständig

- ☐ Hupenknopf klemmt oder hat Dauer-Massekontakt (Kapitel 12, Sektion 12)
- ☐ Lenkrad-Kabelstecker hat Massekontakt (Kapitel 12, Sektion 2)

Hupe funktioniert nicht

- ☐ Sicherung durchgebrannt (Kapitel 12, Sektion 3)
- ☐ Lenkrad-Kabelstecker getrennt, locker oder gebrochen (Kapitel 12, Sektion 2)
- ☐ Hupe defekt (Kapitel 12, Sektion 12)

Hupe arbeitet unzuverlässig oder erzeugt krächzende Töne

- ☐ Kabelstecker locker (Kapitel 12, Sektion 2)
- ☐ Hupen-Befestigung locker (Kapitel 12, Sektion 12)
- ☐ Hupe defekt (Kapitel 12, Sektion 12)

Scheibenwischer funktionieren nicht oder nur unzuverlässig

Scheibenwischer funktioniert gar nicht oder nur sehr langsam

- ☐ Wischerblätter kleben auf Scheibe (Pollen, Baumharz, Blattläuse)
- ☐ Wischergestänge klemmt, Gelenke stark verrostet (Kapitel 12, Sektion 14)
- ☐ Sicherung durchgebrannt (Kapitel 12, Sektion 3)
- ☐ Batterie entladen (Kapitel 5A, Sektion 3)
- ☐ Kabel getrennt, locker oder gebrochen (Kapitel 12, Sektion 2)
- ☐ Relais defekt (Kapitel 12, Sektion 3)
- ☐ Scheibenwischermotor defekt (Kapitel 12, Sektion 14)

Wischerblätter wischen über zu großen oder zu kleinen Bereich der Glasscheibe

- ☐ Wischerblätter falsch montiert oder falsche Größe (*Wöchentliche Kontrollen*)
- ☐ Wischerarm falsch auf Welle positioniert (Kapitel 12, Sektion 13)
- ☐ Wischergestänge stark verschlissen (Kapitel 12, Sektion 14)
- ☐ Scheibenwischermotor- oder Wischerarm-Befestigungen locker (Kapitel 12, Sektion 14)

Wischerblätter können Glasscheibe nicht wirkungsvoll reinigen

- ☐ Wischerblätter stark verschmutzt, verschlissen oder eingerissen (*Wöchentliche Kontrollen*)
- ☐ Wischerblätter falsch montiert oder falsche Größe (*Wöchentliche Kontrollen*)
- ☐ Wischerarm-Feder gebrochen oder Scharniere verrostet (Kapitel 12, Sektion 13)
- ☐ Waschwasser-Zusatz zu wenig, fehlt oder falsch (*Wöchentliche Kontrollen*)

Scheibenwaschanlage funktioniert nicht oder nur unzuverlässig

Eine oder mehrere Düsen funktionieren nicht

- ☐ Düse verstopft – mit Nadel reinigen
- ☐ Schlauch abgezogen, abgeknickt oder verstopft (Kapitel 12, Sektion 16)
- ☐ Wischwasserbehälter leer (*Wöchentliche Kontrollen*)

Wischsystem-Pumpe arbeitet nicht

- ☐ Kabel getrennt, locker oder gebrochen (Kapitel 12, Sektion 2)
- ☐ Sicherung durchgebrannt (Kapitel 12, Sektion 3)
- ☐ Schalter defekt (Kapitel 12, Sektion 4)
- ☐ Pumpe defekt (Kapitel 12, Sektion 16)

Wischsystem-Pumpe läuft lange, bis Wasser aus Düsen austritt

- ☐ Einwegventil in Schlauch defekt (Kapitel 12, Sektion 16)

Elektrische Fensterheber funktionieren nicht oder nur unzuverlässig

Fensterheber arbeitet nur in eine Richtung

☐ Schalter defekt (Kapitel 12, Sektion 4)

Fensterheber arbeitet sehr langsam

☐ Batterie entladen (Kapitel 5A, Sektion 3)
☐ Fensterheber-Mechanismus festgegangen, Schmiermangel (Kapitel 11, Sektion 15)
☐ Türverkleidung oder andere Komponenten behindern Fensterheber-Mechanismus (Kapitel 11, Sektion 13)
☐ Motor defekt (Kapitel 11, Sektion 15)

Fensterheber arbeitet nicht

☐ Sicherung durchgebrannt (Kapitel 12, Sektion 3)
☐ Kabel getrennt, locker oder gebrochen (Kapitel 12, Sektion 2)
☐ Motor defekt (Kapitel 11, Sektion 15)
☐ Relais defekt (Kapitel 12, Sektion 3)

Zentralverriegelung funktioniert nicht oder nur unzuverlässig

Zentralverriegelung komplett ausgefallen

☐ Fernbedienungs-Batterie entladen (falls vorhanden) (Kapitel 1A, Sektion 24 oder Kapitel 1B, Sektion 27)
☐ Sicherung durchgebrannt (Kapitel 12, Sektion 3)
☐ Relais defekt (Kapitel 12, Sektion 3)
☐ Kabel getrennt, locker oder gebrochen (Kapitel 12, Sektion 2)
☐ Aktuator defekt (Kapitel 11, Sektion 19)

Türverriegelung schließt, aber öffnet nicht oder umgekehrt

☐ Fernbedienungs-Batterie entladen (falls vorhanden) (Kapitel 1A, Sektion 24 oder Kapitel 1B, Sektion 27)
☐ Hauptschalter defekt (Kapitel 12, Sektion 4)
☐ Gestänge oder Hebel ausgehängt oder gebrochen (Kapitel 11, Sektion 16)
☐ Relais defekt (Kapitel 12, Sektion 3)
☐ Aktuator defekt (Kapitel 11, Sektion 19)

Einzelnes Türschloss funktioniert nicht

☐ Kabel getrennt, locker oder gebrochen (Kapitel 12, Sektion 2)
☐ Betätigung defekt (Kapitel 11, Sektion 16)
☐ Gestänge oder Hebel ausgehängt oder gebrochen (Kapitel 11, Sektion 16)
☐ Türverriegelung defekt (Kapitel 11, Sektion 16)